W0262082

HANDBUCH DER NORMALEN UND PATHOLOGISCHEN PHYSIOLOGIE

MIT BERÜCKSICHTIGUNG DER EXPERIMENTELLEN PHARMAKOLOGIE

HERAUSGEGEBEN VON

A. BETHE · G. v. BERGMANN
FRANKFURT A. M.   BERLIN

G. EMBDEN · A. ELLINGER†
FRANKFURT A. M.

SECHSTER BAND / ERSTE HÄLFTE

BLUT UND LYMPHE

ERSTER TEIL

(C/I. 1. a—e. BLUT)

BERLIN
VERLAG VON JULIUS SPRINGER
1928

BLUT UND LYMPHE

ERSTER TEIL

BLUT

BEARBEITET VON

E. ADLER · A. ALDER · G. BARKAN · R. BRINKMAN
K. BÜRKER · H. FISCHER · A. FONIO · R. HÖBER
G. LILJESTRAND · W. LIPSCHITZ · E. MEYER †
L. MICHAELIS · P. MORAWITZ · S. M. NEUSCHLOSZ

MIT 74 ABBILDUNGEN

BERLIN

VERLAG VON JULIUS SPRINGER

1928

ISBN 978-3-642-89178-6   ISBN 978-3-642-91034-0 (eBook)
DOI 10.1007/978-3-642-91034-0

Inhaltsverzeichnis.

Blut.

Blut.

Die körperlichen Bestandteile des Blutes.

Von

Karl Bürker

Gießen.

Mit 15 Abbildungen.

Zusammenfassende Darstellungen.

Chronologisch.

Preyer, W.: Die Blutkrystalle. Jena: Mauke (H. Dufft) 1871. — Vierordt, K.: Die Anwendung des Spektralapparates zur Photometrie der Absorptionsspektren und zur quantitativen chemischen Analyse. Tübingen: H. Lauppsche Buchhandl. 1873. — Leichtenstern, O.: Untersuchungen über den Hämoglobingehalt des Blutes in gesunden und kranken Zuständen. Leipzig: F. C. W. Vogel 1878. — Rollett, A.: Physiologie des Blutes und der Blutbewegung. Hermanns Handb. d. Physiol. Bd. IV, Teil 1, S. 3. 1880. — Hayem, G.: Du sang et de ses altérations anatomiques. Paris: G. Masson 1889. — Reinert, E.: Die Zählung der Blutkörperchen und deren Bedeutung für Diagnose und Therapie. Leipzig: F. C. W. Vogel 1891. — Hüfner, G.: Neue Versuche zur Bestimmung der Sauerstoffkapazität des Blutfarbstoffs. Arch. f. Physiol. 1894, S. 130. — Limbeck, R. v.: Grundriß einer klinischen Pathologie des Blutes. 2. Aufl. Jena: G. Fischer 1896. — Gamgee, A.: Haemoglobin, its compounds and the principal products of its decomposition. Schäfers Textbook of physiol. Bd. 1. S. 185. Edinburgh u. London: Young J. Pentland 1898. — Cohnheim, O.: Das Hämoglobin. Roscoe-Schorlemmers Lehrbuch d. organ. Chemie Bd. IX, S. 216 u. 191. Braunschweig: F. Vieweg & Sohn 1901. — Kobert, H. U.: Das Wirbeltierblut in mikrokrystallographischer Hinsicht. Stuttgart: F. Enke 1901. — Hamburger, H. J.: Osmotischer Druck und Ionenlehre in den medizinischen Wissenschaften. 3 Bde. Wiesbaden: J. F. Bergmann 1902 u. 1904. — van Voornveld, H. J. A.: Das Blut im Hochgebirge. Pflügers Arch. f. d. ges. Physiol. Bd. 92, S. 1. 1902. — Pappenheim, A.: Atlas der menschlichen Blutzellen. Jena: G. Fischer 1905—1912. — Helly, K.: Die hämatopoetischen Organe in ihren Beziehungen zur Pathologie des Blutes. Nothnagels Spezielle Pathol. u. Therapie, 2. Aufl., Bd. VIII, Teil 1, Abt. 1, S. 1. 1906. — Vierordt, H.: Anatomische, physiologische und physikalische Daten und Tabellen. 3. Aufl. Jena: G. Fischer 1906. — Meyer, E. u. H. Rieder: Atlas der klinischen Mikroskopie des Blutes. 2. Aufl. Leipzig: F. C. W. Vogel 1907. — Schleip, K.: Atlas der Blutkrankheiten nebst einer Technik der Blutuntersuchung. Berlin u. Wien: Urban & Schwarzenberg 1907. — Engel, C. S.: Leitfaden zur klinischen Untersuchung des Blutes. 3. Aufl. Berlin: A. Hirschwald 1908. — Müller, F.: Tierische Farbstoffe. Oppenheimers Handb. d. Biochem. d. Menschen u. d. Tiere Bd. I, S. 654 u. 662. 1908. — Aynaud, M.: Le globulin des mammifères. Med. Dissert. Paris 1909. — Bohr, C.: Blutgase und respiratorischer Gaswechsel. Nagels Handb. d. Physiol. d. Menschen Bd. I, S. 70. 1909. — Ehrlich, P. u. A. Lazarus: Die Anämie. I. Abt. Normale und pathologische Histologie des Blutes. Nothnagels Spezielle Pathol. u. Therapie Bd. VIII, Abt. 1, S. 1. Wien: A. Hölder 1898. 2. Aufl. von A. Lazarus u. O. Naegeli, 1909. — Gerhartz, H.: Chemie der postembryonalen Organe der Blutzellenbildung. Oppenheimers Handb. d. Biochemie d. Menschen u. d. Tiere Bd. II, 2. Hälfte, S. 163. 1909. — Höber, R.: Physikalische Chemie des Blutes und der Lymphe. Oppenheimers Handb. d. Biochem. d. Menschen u. d. Tiere Bd. II, 2. Hälfte, S. 1. 1909. — Müllern, K. v.: Grundriß der klinischen Blutuntersuchung. Leipzig u. Wien: F. Deuticke 1909. — Bohr, C.: Die Gasarten des Blutes. Tigerstedts Handb. d. physiol. Methodik Bd. II, Abt. 1, S. 1. 1910. — Boruttau, H.: Blut und Lymphe. Nagels Handb. d. Physiol. d. Menschen, Erg.-Bd., S. 22. 1910. — Bürker, K.: Gewinnung, qualitative und quantitative Bestimmung des Hämoglobins. Tigerstedts Handb. d. physiol. Methodik Bd. II, Abt. 1, S. 68. 1910. — Küster, W.: Das Hämatin und seine Abbauprodukte. Abderhaldens Handb. d. biochem. Arbeitsmethoden Bd. II, S. 617. 1910. — Schridde, H. u. O. Naegeli: Die hämatologische Technik. Jena: G. Fischer 1910. —

Grawitz, E.: Klinische Pathologie des Blutes nebst einer Methodik der Blutuntersuchungen und spezieller Pathologie und Therapie der Blutkrankheiten. 4. Aufl. Leipzig: G. Thieme 1911. — Pappenheim, A.: Grundriß der hämatologischen Diagnostik und praktischen Blutuntersuchung. Leipzig: W. Klinkhardt 1911. — Pappenheim, A.: Technik der klinischen Blutuntersuchung für Studierende und Ärzte. Berlin: Julius Springer 1911. — Weidenreich, F.: Die Leukocyten und verwandte Zellformen. Wiesbaden: J. F. Bergmann 1911. — Bürker, K.: Zählung und Differenzierung der körperlichen Elemente des Blutes. Tigerstedts Handb. d. physiol. Methodik Bd. II, Abt. 5, S. 1. 1912. — Bürker, K.: Blut. Handwörterbuch der Naturwissenschaften Bd. II, S. 47. 1912. — Hamburger, H. J.: Physikalisch-chemische Untersuchungen über Phagocyten. Wiesbaden: J. F. Bergmann 1912. — Klieneberger, C. u. W. Carl: Die Blut-Morphologie der Laboratoriums-Tiere. Leipzig: J. A. Barth 1912. — Schilling-Torgau, V.: Das Blutbild und seine klinische Verwertung. Jena: G. Fischer 1912. — Türk, W.: Vorlesungen über klinische Hämatologie. 1. Teil 1904, 2. Teil 1912. Wien u. Leipzig: W. Braumüller, — Bürker, K., E. Jooss, E. Moll u. E. Neumann: Die physiologischen Wirkungen des Höhenklimas (auf das Blut). Zeitschr. f. Biol. Bd. 61, S. 379. 1913. — Pappenheim, A.: Morphologische Hämatologie, herausgeg. von H. Hirschfeld. Leipzig: W. Klinkhardt 1919; ferner Folia haematol., angeschlossen an Bd. 23 u. 24. 1919. — Schulz, Fr. N.: Darstellung von Blutfarbstoffen. Abderhaldens Handb. d. biol. Arbeitsmethoden, Abt. 1, Teil 8, S. 185. 1919. — Arneth, J.: Die qualitative Blutlehre. 4 Bde. Leipzig: W. Klinkhardt u. Münster: H. Steuderhoff 1920—1926. — Pappenheim, A.: Die Blutveränderungen im allgemeinen, ihr Wesen, Zustandekommen, symptomatologischer Wert und diagnostische Bedeutung. Kraus u. Brugschs Spez. Pathol. u. Therapie innerer Krankheiten Bd. VIII, S. 1. Berlin u. Wien: Urban & Schwarzenberg 1920. — Naegeli, O.: Die Leukocytosen. Ebenda S. 57. — Pappenheim, A.: Hämatologische Bestimmungstafeln, herausgeg. von H. Hirschfeld. Leipzig: W. Klinkhardt 1920. — Domarus, A. v.: Methodik der Blutuntersuchung. Berlin: Julius Springer 1921. — Lampé, A. E.: Technik der Blutentnahme, Plasma und Serumgewinnung. Abderhaldens Handb. d. biol. Arbeitsmethoden, Abt. 4, Teil 3, S. 1. 1921. — Müller, F.: Die Blutkörperchenzählung und Bestimmung des Blutfarbstoffgehaltes. Ebenda S. 19. — Schumm, O.: Spektrographische Methoden zur Bestimmung des Hämoglobins und verwandter Farbstoffe. Ebenda S. 63. — Hamburger, H. J.: Bestimmung der Resistenz der roten Blutkörperchen. Ebenda S. 263. — Degkwitz, R.: Methodik der Blutplättchenuntersuchung. Ebenda S. 393. — Schlecht, H.: Mikroskopie des Blutes. Ebenda S. 409. — Frank, E. u. S. Seeliger: Die Untersuchungsmethoden der hämatopoetischen Organe. Ebenda S. 451. — Höber, R.: Physikalische Chemie der Zelle und der Gewebe. 5. Aufl. Leipzig: W. Engelmann 1922 bis 1924. — Götze, R.: Züchterisch-biologische Studien über die Blutausrüstung der landwirtschaftlichen Haustiere. Zeitschr. f. d. ges. Anat., Abt. 2: Zeitschr. f. Konstitutionslehre Bd. 9, S. 217. 1923. — Naegeli, O.: Blutkrankheiten und Blutdiagnostik. 4. Aufl. Berlin: Julius Springer 1923. — Barcroft, J.: The significance of hemoglobin. Physiol. reviews Bd. 4, S. 329. 1924. — Schulz, Fr. N.: Die Formelemente des Blutes. Wintersteins Handb. d. vergleich. Physiol. Bd. I, 1, S. 1189. 1925. — Bürker, K.: Genauere Hämoglobinbestimmungen und Erythrocytenzählungen zur Ermittlung des absoluten Hämoglobingehaltes eines Erythrocyten und des Hämoglobins pro Quadratmikron Oberfläche des Erythrocyten. Abderhaldens Handb. d. biol. Arbeitsmethoden Abt. 4, Teil 4, S. 1197. 1926. — Morawitz, P.: Blut und Blutkrankheiten, unter Mitwirkung von G. Denecke. v. Bergmann u. Staehelins Handb. d. inn. Med., 2. Aufl., Bd. IV, S. 1. 1926. — Schilling, V.: Das Blut als klinischer Spiegel somatischer Vorgänge. Verhandl. d. dtsch. Ges. f. inn. Med., 38. Kongr., S. 160. 1926.

I. Einleitung.

Beim höheren Organismus wird der für den Lebensprozeß so nötige Stoffwechsel durch zwei im Körper kreisende Flüssigkeiten, das Blut und die Lymphe, vermittelt. Beide Flüssigkeiten enthalten körperliche Bestandteile, welche wichtige physiologische Funktionen zu erfüllen haben. Von diesen Bestandteilen sollen uns hier nur die des Blutes beschäftigen, nämlich *die roten Blutkörperchen oder Erythrocyten, die weißen Blutkörperchen oder Leukocyten* und *die Blutplättchen oder Thrombocyten*[1]. Diesen wesentlichen körperlichen Bestandteilen gegenüber

---

[1] Eingehende Literaturangaben und Leitsätze für die hier behandelten Themata sind in den Beiträgen des Verfassers zum Tigerstedtschen Handbuch der physiologischen Methodik enthalten (siehe von Seite 3 ab „Zusammenfassende Darstellungen"). Die mit ⁰ bezeichnete Literatur konnte Verfasser nicht selbst einsehen. Fräulein M. H. Mülberger bin ich für Mithilfe bei Beschaffung der Literatur zu Dank verpflichtet.

spielen die *Blutstäubchen oder Hämatokonien,* welche teils von den genannten Blutkörperchen stammen, größtenteils aber resorbiertes oder sonstwie mobilisiertes Fett in feinster Suspension darstellen[1], eine untergeordnete Rolle.

Genaueres wurde über die *feinere Morphologie* der Blutkörperchen und Blutplättchen erst bekannt, als P. EHRLICH die Methoden zu ihrer Untersuchung schuf und im Deckglasausstrichpräparat mit Hilfe der Chromoanalyse diese Gebilde histochemisch zu untersuchen lehrte. Seitdem hat sich besonders die Pathologie und die sich aus ihr herausdifferenzierende *Hämatologie* mit Feuereifer auf die Untersuchung der körperlichen Bestandteile des Blutes geworfen und, wie sich aus den eingehenden Darstellungen von P. EHRLICH, A. PAPPEN-HEIM und O. NAEGELI ergibt, die wichtigsten Ergebnisse erzielt, handelt es sich doch auch nach einem Ausspruch von V. SCHILLING bei der Blutuntersuchung um eine pathologische Anatomie am Lebenden und beim Blut selbst um einen Spiegel, in dem sich das Ringen des Organismus um sein gestörtes Gleichgewicht in großen Zügen widerspiegelt. Noch steht die Physiologie, der sich hier ein weites Feld der Forschung eröffnet, etwas abseits, aber sie wird, durch die Macht der jetzt schon ermittelten Tatsachen gezwungen, sich eingehender mit diesen Bestandteilen befassen müssen.

Methodik. Um die *Blutkörperchen und Blutplättchen auf ihre Form und Funktion untersuchen* zu können, empfiehlt sich ihre Beobachtung unter möglichst physiologischen Bedingungen innerhalb der Blutgefäße im strömenden Blut, ferner nach Abklemmung der Blutgefäße ebendort im stagnierenden Blut und endlich im ausgetretenen Blut, sei es, daß man ein Nativ- oder Trockenpräparat herstellt. Die Untersuchung soll nicht nur im Hell-, sondern auch im Dunkelfeld des Mikroskops, unter Umständen auch im Polarisationsmikroskop erfolgen.

Die Beobachtung im strömenden oder stagnierenden Blut geschieht beim Menschen in den Capillaren der Haut und Schleimhäute, bei Tieren ebenda und auch noch in den Capillaren der durchsichtigen Flug-, Schwimm- und serösen Häute, unter Umständen auch der Netzhaut.

Eine feinere morphologische und auch physiologische Differenzierung kann dann noch mit Hilfe der Chromoanalyse (Vital- und Postmortalfärbung) vorgenommen werden.

Die gerade für die Blutkörperchen und Blutplättchen so wichtige *Chromoanalyse* beruht auf der *Chromophilie* bestimmter, chemisch differenter Bestandteile der Körperchen, die als Receptoren die haptophoren Seitenketten der Farbstoffe chemisch verankern, sei es substantiv, d. h. direkt, oder adjektiv, d. h. indirekt mit Hilfe von Beizen. Die Receptoren der Blutkörperchen und Blutplättchen werden, wenn sie basischer Natur sind (Amidogruppen), die sauren Seitenketten binden, also *oxyphil* sein, wenn sie saurer Natur sind (Carboxylgruppen), aber die basischen binden und damit *basophil* sein, und wenn sie zugleich basischer und saurer Natur sind, wie das bei der Doppelnatur der Eiweißkörper der Fall ist, die sauren und basischen Seitenketten an sich heften, also *amphophil* bzw. *neutrophil* sein.

Die zu bindenden *Farbstoffe* finden meist als Farbsalze Verwendung, da die freien Farbsäuren und Farbbasen in Wasser vielfach unlöslich sind. Die Farbsalze dissoziieren in wässeriger Lösung und stellen so die Farbbase (*basochromer Farbstoff*) oder die Farbsäure (*acidochromer Farbstoff*) zur Färbung zur Verfügung. Da neutrale Farbstoffe solche Farbsalze sind, bei welchen sowohl die basische als auch die saure Komponente ein Farbstoff ist (*amphochromer Farbstoff*), so können in diesem Fall beide Komponenten zur Färbung dienen. Seine färberischen Eigenschaften erlangt der Farbstoff durch *chromophore Gruppen im Chromogenmolekül*; zur Farbbase wird dabei der Farbstoff durch freie oder substituierte (alkylierte, phenylierte) Amidogruppen, zur Farbsäure durch Hydroxyl-, Sulfo- oder Carboxylgruppen.

Die *Färbung* selbst ist ein chemischer oder physikalisch-chemischer Vorgang; ihr Effekt hängt noch sehr wesentlich davon ab, ob das zu färbende Substrat sich in vitalem oder supravitalem, d. h. postmortalem Zustand befindet. Eine wichtige Rolle für die Aufnahme von Farbstoffen spielt ferner die Beschaffenheit der äußeren und inneren Oberfläche der Blutkörperchen, ob sie engporig oder weitporig als Ultrafilter (W. RUHLAND) wirken kann, ob sie lipoidhaltig ist, ob Adsorption oder andere Oberflächenkräfte in Betracht kommen.

---

[1] WELTMANN, O.: Experimentelle Untersuchungen über die Hämokonien. Biochem. Zeitschr. Bd. 65, S. 440. 1914.

Auch der Zustand, in welchem sich der Farbstoff befindet, ob in echter oder kolloidaler Lösung oder in Schwebefällung, ob er basischer, saurer oder neutraler Natur ist, ob noch Salze zugegen sind, deren Kationen die sauren, deren Anionen die basischen Farbstoffe beeinflussen, ist von Bedeutung, schließlich auch äußere Umstände, wie die Temperatur und das Licht. Die Färbung kann ferner eine *singuläre*, mit nur einem Farbstoff, oder eine Mehrfachfärbung, eine *panoptische*, sein; im letzteren Falle kann sie *simultan* oder *sukzessiv* erfolgen.

Vital werden die Blutkörperchen im allgemeinen nur durch die basischen Farbstoffe *gefärbt*, die Affinitäten zu bestimmten sauren Bestandteilen der Körperchen besitzen und damit eine größere Haftfestigkeit erlangen. Die sauren Farbstoffe werden nur abgelagert, es kommt unter Umständen in Vakuolen zur Farbstoffspeicherung; fügt man in letzterem Fall einen basischen Farbstoff zu, so kann man in vivo die Neutralfarbe entstehen sehen. Das Umgekehrte, den aufgenommenen basischen Farbstoff durch einen sauren färberisch zu neutralisieren, gelingt nicht, weil der basische von Zellbestandteilen mit Beschlag belegt ist. Ein Farbstoff kann ferner aufgenommen, aber nicht sichtbar sein, weil er reduziert oder oxydiert, unter Umständen lichtempfindlich ist.

Im allgemeinen findet eine Vitalfärbung des Kernes nicht statt, wohl aber eine solche von Protoplasmabestandteilen. Phagocytierte Körper, die außerhalb des Protoplasmas nicht gefärbt sind, können nach der Phagocytose im Anschluß an chemische Umwandlungen färbbar werden. Lipoide der Blutkörperchen werden besonders durch lipoidlösliche Farbstoffe hervorgehoben.

Eine feinere morphologische und physiologische Differenzierung wird erst durch die *postmortale Färbung* der Blutkörperchen im Ausstrichpräparat (am besten Ehrlichs Deckglasmethode) besonders mit Hilfe der kombinierten May-Grünwald-Giemsa-Färbung nach A. Pappenheim möglich, die eine *sukzessive, panoptische Universalfärbung* mit den Farbstoffen eosinsaures Methylenblau und Methylenazur darstellt. Durch diese Methode werden die basophilen sauren Bestandteile blau, die acidophilen basischen rot und die neutrophilen violett gefärbt. Gewisse basophile Bestandteile zeigen nicht *Ortho-*, sondern *Metachromasie*, Farbenumschlag; sie färben sich nicht blau, sondern in anderem Farbton, mehr rötlich. Auch die *Azurophilie* bestimmter Bestandteile der Blutkörperchen soll auf Metachromasie beruhen.

Zu Kernstudien eignet sich sehr gut die von R. Feulgen[1] angegebene Nuclealfärbung, welche auf der Gegenwart eines bestimmt definierten Stoffes, der Thymonucleinsäure, im Kern beruht, also eine wahrhaft chemische Kernfärbung darstellt.

Differentialdiagnostisch sehr wichtig ist ferner die *Oxydasenreaktion der Granula* im Protoplasma bestimmter Blutkörperchen mit Hilfe der Methode der Indophenolblausynthese nach Winkler-Schultze, welche zur Blaufärbung der Granula führt[2].

Und endlich ist physiologisch bedeutsam die *Unterscheidung lebender Blutkörperchen von toten*, was mit Hilfe der Růžičkaschen Methode[3] (Einwirkung eines Neutralrot-Methylenblau-Gemisches) möglich ist: lebende Blutkörperchen nehmen dabei den roten, tote den blauen Farbstoff auf.

Sollen *die körperlichen Bestandteile von den flüssigen abgetrennt* werden, so bedient man sich der spontanen Sedimentierung oder in besonderen Apparaten, den Hämatokriten, der Zentrifugalkraft, die zugleich bis zu einem gewissen Grad die Bestandteile in eine bei weitem überwiegende unterste Schicht, die Erythrocyten, in eine mittlere, die Leukocyten, und eine obere, die Thrombocyten, entsprechend ihrer verschiedenen Dichte, scheidet; die Leuko- und Thrombocytenschicht steht dann wie eine graue Kuppe auf der roten Erythrocytensäule. Handelt es sich endlich noch darum, den Anteil der körperlichen Bestandteile am

---

[1] Feulgen, R. u. H. Rossenbeck: Mikroskopisch-chemischer Nachweis einer Nucleinsäure vom Typus der Thymonucleinsäure und die darauf beruhende elektive Färbung von Zellkernen in mikroskopischen Präparaten. Hoppe-Seylers Zeitschr. f. physiol. Chem. Bd. 135, S. 203. 1924. Ferner F. Feulgen-Brauns: Untersuchungen über die Nuclealfärbung. Pflügers Arch. f. d. ges. Physiol. Bd. 203, S. 415. 1924.

[2] Über die Färbung der Blutkörperchen und Blutplättchen und die Theorie dieses Vorganges siehe insbesondere A. Pappenheim: Morphologische Hämatologie, herausgegeben von H. Hirschfeld. Leipzig: W. Klinkhardt 1919, beigegeben Bd. 23 u. 24 der Folia haematol. Ferner W. v. Möllendorff: Vitale Färbungen an tierischen Zellen. Ergebn. d. Physiol. Bd. 18, S. 141. 1920 und H. Hirschfeld u. A. Hittmair: Ergebnisse und Fehlerquellen bei der supravitalen Färbung des frischen Blutes. Folia haematol. Bd. 31, S. 137. 1925.

[3] Růžička, V.: Über tinktorielle Differenzen zwischen lebendem und abgestorbenem Protoplasma. Pflügers Arch. f. d. ges. Physiol. Bd. 107, S. 497. 1905.

Blut quantitativ in Volumprozenten festzustellen, so kann man dazu gleichfalls die Hämatokriten oder auch indirekte Methoden benutzen.

Die Trennung der körperlichen Bestandteile des Blutes von den flüssigen durch spontane Sedimentierung setzt die Anwendung von Kälte oder gerinnungshemmenden Substanzen voraus. Die Trennung mit Hilfe der Hämatokriten kann nach H. KOEPPE[1] bei mittlerer Temperatur und hoher Rotationsgeschwindigkeit der Zentrifuge ohne Zusatz gerinnungshemmender Substanzen, bei höherer Temperatur nach Zusatz derselben, besonders von Hirudin, vorgenommen werden. Zur indirekten Bestimmung des Blutkörperchenvolumens bedient man sich neuerdings nach dem Vorgang von A. ALDER[2] in der NAEGELIschen Klinik der Refraktometrie des Plasmas und des mit 0,9% Kochsalzlösung verdünnten Bluts; weniger geeignet ist die Viscosimetrie des Plasmas und Bluts[3].

Mit der Untersuchung der körperlichen Bestandteile im Blut allein ist es aber, wenn anders man Einblick in das funktionelle Geschehen gewinnen will, nicht getan, man wird auch die *Bildungsstätten der Blutkörperchen und Blutplättchen*, das Knochenmark, die Milz, die lymphatischen Apparate und unter Umständen auch den reticulo-endothelialen Apparat in den Bereich der Untersuchung ziehen müssen; es sei in dieser Beziehung auf die entsprechenden Beiträge in diesem Handbuch hingewiesen.

Mit diesem allgemein gehaltenen Hinweis auf die Methoden soll es vorerst sein Bewenden haben, auf spezielle Methoden wird an Ort und Stelle des Textes hingewiesen werden.

Dem *Volumen* nach enthält das menschliche Blut 41 bis 46, im Mittel 44%, Blutkörperchen; C. FROEHLICH[4] gibt 45,13% beim Mann und 41,38% bei der Frau an. Im venösen Blut ist der Wert etwas größer, da dort unter dem Einfluß der Kohlensäure die für das Volumen besonders in Betracht kommenden Erythrocyten quellen: E. HENSSEN[5] fand in der Tat im Capillarblut 43,2 bis 48,7, im Stauungsblut 46,2 bis 51,4 Vol.-%[6]. Alle Umstände, welche besonders die Zahl der Erythrocyten beeinflussen (S. 18 u. f.), werden auch für das Volumen bestimmend sein. Mit einem Thrombocytokrit fand CH. M. VAN ALLEN[7] Thrombocytenvolumina von 0,35 bis 0,67, im Mittel 0,49%. In pathologischen Fällen kann *Oligocythämie* oder *Polycythämie* bestehen und so das Volumen von etwa 9—80% schwanken. Bei Säugetieren erhielt R. GÖTZE[8] folgende Werte: Schwein 39,4, Pferd 32,9, Rind 31,9, Schaf 30,9, Ziege 27,8 Vol.-%. VAN ALLEN bestimmte das Thrombocytenvolumen beim Hund zu 0,70 bis 1,50, Mittel 1,04%, beim Kaninchen zu 0,40 bis 0,72, Mittel 0,53%.

Im folgenden seien nunmehr die einzelnen Arten der körperlichen Bestandteile des Blutes, ihre Eigenschaften und ihre Funktionen gesondert besprochen.

---

[1] KOEPPE, H.: Über die Volumenbestimmung der roten Blutkörperchen durch Zentrifugieren im Hämatokriten. Pflügers Arch. f. d. ges. Physiol. Bd. 107, S. 187. 1905. Siehe ferner P. FRIEDHOFEN: Über die Volumenbestimmung der roten Blutkörperchen. Med. Dissert., Gießen 1915, der zum Teil Hirudin verwendete.

[2] ALDER, A.: Eine klinische Methode der Blutkörperchenvolumbestimmung. Zeitschr. f. klin. Med. Bd. 88, S. 74. 1919.

[3] Siehe auch R. STEINBACH: Beitrag zur Bestimmung des Volumens der körperlichen Elemente im Blut. Zeitschr. f. Biol. Bd. 74, S. 131. 1922.

[4] FROEHLICH, C.: Über genaue Bestimmung des Färbeindex der roten Blutkörperchen; Färbeindex (Zahl) und Färbeindex (Volumen). Folia haematol. Bd. 27, S. 109. 1922.

[5] HENSSEN, E.: Die Bestimmung des Volumens der roten Blutkörperchen im Capillar- und Stauungsblut mittelst des Hämatokriten. Med. Dissert., Gießen 1914.

[6] Über unstetige Volumenzunahme bei einer bestimmten H-Ionenkonzentration siehe KL. MEYER: Blutreaktion und Blutkörperchenvolumen. Biochem. Zeitschr. Bd. 133, S. 67. 1922.

[7] ALLEN, CH. M. VAN: Über Volumenmessung von Blutplättchen. Münch. med. Wochenschr. Jg. 74, S. 141. 1927.

[8] GÖTZE, R.: Züchterisch-biologische Studien über die Blutausrüstung der landwirtschaftlichen Haustiere. Sonderabdruck aus der Zeitschr. f. d. ges. Anat., Abt. 2, Zeitschr. f. Konstitutionslehre. Bd. 9, S. 217. 1923; Bd. 9, S. 245. 1923.

II. Die Erythrocyten.

Die *Erythrocyten* (erythrocytes, red blood discs or corpuscles, érythrocytes ou globules rouges, hématies, eritrociti, globuli [corpuscoli] rossi) des Menschen und der Säugetiere sind keine eigentlichen Zellen mehr, da ihnen ein wichtiges Kriterium der Zelle, der Kern, fehlt, es sind weiter differenzierte Zellen, Überzellen, die aber aus kernhaltigen Zellen, den *Erythroblasten*, hervorgegangen sind. Kernhaltig dagegen sind die Erythrocyten der übrigen Wirbeltiere. Die Entkernung beim Menschen und den Säugetieren, die nach eingehenden Beobachtungen von O. Naegeli durch allmähliche Auflösung des Kerns, Karyolysis, erfolgt, wird mit der höheren biologischen Funktion dieser Erythrocyten in Zusammenhang stehen; es ist so, als ob für einen wichtigeren Bestandteil Platz geschaffen werden solle.

Das Protoplasma der ursprünglichen Zellen ist paraplasmatisch von dem roten Blutfarbstoff, dem *Hämoglobin*, erfüllt, das in dünnster Schicht gelbgrünlich, in dickerer rot aussieht und so den Gebilden den Namen „rote Blutkörperchen" verschafft hat. Begrenzt wird das Protoplasma durch eine Zellmembran, eine Hülle, von der nach innen zu ein Gerüstwerk ausgeht; das Ganze wird *Stroma* genannt.

Eine sehr viel kompliziertere Struktur mit einem sogenannten „Glaskörper" und „Kapselkörper" (Ehrlichs hämoglobinämischer Innenkörper) nimmt V. Schilling[1] an. H. Bechhold[2] hat sich folgende Vorstellung von dem Bau der roten Blutkörperchen gebildet. Sie besitzen ein schwammähnliches Gerüst aus einer fibrinartigen Masse, dem Stroma. Der Schwamm ist erfüllt mit einer Emulsion aus Tröpfchen einer salzhaltigen Eiweißlösung, hauptsächlich Hämoglobin, die von ganz dünnen Lipoidhäuten umhüllt sind.

Bei Vitalfärbung stellen sich die Erythrocyten des Menschen und der Säugetiere gleichmäßig gefärbt dar unter stärkerer Betonung der äußersten Randschicht. Färben sich Granula vital, so spricht das für junge Zellen. Auch Kernreste und eine feine Randgranulierung, bzw. die Substantia reticulo-filamentosa, sind durch Vitalfärbung sichtbar zu machen, besonders bei jugendlichen Elementen.

Bei Postmortalfärbung im Ausstrichpräparat nach der Pappenheimschen Methode erweisen sich die Erythrocyten als acido- bzw. eosinophil, und zwar um so stärker, je mehr Hämoglobin in ihnen enthalten ist, so daß man aus der Stärke der Färbung den Grad der Hämoglobinfüllung einigermaßen zu schätzen vermag. Dieser *Orthochromasie* steht bei jugendlichen Erythrocyten bzw. bei höheren Graden von Blutregeneration die *Polychromasie*, auch *Polychromatophilie*[3] genannt, gegenüber, d. h. es findet nicht nur die Färbung im Ton des sauren, sondern auch in dem des basischen Farbstoffs, des Methylenblaus, und in Zwischenstufen statt. Auch *basophile Punktierung* kann dann in besonderen Fällen nachweisbar werden, besonders bei Bleivergiftung, aber auch bei Anämien. Die kernhaltigen Erythrocyten zeigen im Jugendzustand gleichfalls Polychromasie, die älteren Orthochromasie; bei den letzteren ist ferner der Kern kleiner und das Chromatin verdichtet, pyknotisch, bei ersteren dagegen locker und in Radspeichenform angeordnet, dabei der ganze Kern größer. Es gibt Blutarten,

---

[1] Schilling-Torgau, V.: Arbeiten über die Erythrocyten (II—VII). Folia haematol. Bd. 14, S. 95 u. 214. 1912.
[2] Bechhold, H.: Die Kolloide in Biologie und Medizin. 2. Aufl., S. 331. Dresden u. Leipzig: Th. Steinkopff 1919.
[3] Schilling-Torgau, V.: Arbeiten über die Erythrocyten (I). Folia haematol. Bd. 11, S. 327. 1911.

in welchen unter physiologischen Verhältnissen fast nur orthochromatische Erythrocyten vorkommen (z. B. Mensch, Hund, Schaf, Ziege), in anderen dagegen sind fast immer auch polychromatische vorhanden (z. B. Schwein, Kaninchen, Huhn, Taube).

In pathologischen Fällen kommen in Erythrocyten auch noch Kernreste als sog. *Howell-Jollysche Körper*, ferner *Cabot-Schleipsche Ringkörper, Heinzkörper*, als vorspringende „Blaukörner", durch Vitalfärbung darstellbar, und außer der genannten basophilen auch *azurophile Punktierung* vor.

Diese so darstellbaren Erythrocyten unterliegen physiologischerweise einem beständigen *Verbrauch*, der seinerseits regulatorisch wieder einen entsprechenden *Ersatz* hervorruft, so daß normalerweise der Quotient $\dfrac{\text{Ersatz}}{\text{Verbrauch}}$ der 1 zustrebt und die Bildungsstätte der Erythrocyten, das Knochenmark, sich in einem mittleren Funktionszustand befindet. Je nach Bedarf kann das Tempo der Erythrocytenregeneration verlangsamt oder beschleunigt werden. Einer Regeneration aus sich heraus sind die im Blut kreisenden Erythrocyten nicht fähig, wie es auch eine mit anabolischen Prozessen verbundene Erkrankung dieser Erythrocyten, auch eine solche des Blutes als Ganzes, eine Hämatitis, nicht gibt, es sind vielmehr immer nur die Bildungsstätten, welche hierfür in Betracht kommen.

1. Die Form der Erythrocyten.

Ihrer Form nach sind die Erythrocyten des Menschen winzige *bikonkave Scheibchen*, die in Masse rot, einzeln schwach gelbgrünlich aussehen. Diese Form ist aber keine starre, die Erythrocyten sind vielmehr durch äußere Umstände leicht veränderliche, biegsame, elastische Gebilde, die beim Nachlassen der Einwirkung von außen her ebenso leicht wieder in ihre ursprüngliche Gestalt zurückkehren. Die angeblich normale, besonders von F. WEIDENREICH[1] behauptete *Glocken- oder Napfform* muß als ein Kunstprodukt bezeichnet werden, das wohl dadurch zustande kommt, daß die Substanz am Rand etwas andere Eigenschaften aufweist als in der Mitte; dort ist neuerdings von M. ROMIEU[2] auch ein Randreifen nachgewiesen worden. H. KOEPPE[3] nimmt an, daß bei dieser Formveränderung eine Volumenveränderung nicht eintritt, nach W. KNOLL[4] haben dagegen die Glocken ein etwas größeres Volumen als die Scheiben, 81,4 gegen 73,9 μ^3.

Die bikonkave Scheibenform wird dem Erythrocyten durch die *Hülle* und das die *Hülle* stützende *Gerüstwerk* aufgezwungen und ist offenbar für die Funktion wesentlich; für die Erhaltung dieser Form ist nach H. J. HAMBURGER[5] ein Bestandteil der Hülle, das Cholesterin, von Bedeutung.

In hypotonischen Lösungen kommt es bei der Permeabilität der Hülle durch Wassereintritt zur *Kugelform*, wodurch der Durchmesser zunächst ab-, das Volumen aber zunimmt. Ähnlich wirkt die Kohlensäure des venösen Bluts auf die Erythrocyten ein; unter ihrem Einfluß treten Chlorionen, andere Anionen

---

[1] WEIDENREICH, F.: Über die Form der Säugererythrocyten. Pflügers Arch. f. d. ges. Physiol. Bd. 132, S. 143. 1910.

[2] ROMIEU, M.: Sur l'existance de la strie bordante dans les hématies de l'homme. Cpt. rend. des séances de la soc. de biol. Bd. 86, S. 1090. 1922°.

[3] KOEPPE, H.: Form und Volumen der roten Blutkörperchen. Folia haematol. Jg. 2, S. 334. 1905.

[4] KNOLL, W.: Über die Form menschlicher roter Blutkörperchen. Verhandl. d. Schweiz. naturforsch. Ges., Luzern 1924, II. Teil, S. 217°.

[5] HAMBURGER, H. J.: Ergebn. d. Physiol. Bd. 23, Abt. I, S. 132. 1924.

und Wasser in die Erythrocyten ein, Alkaliionen aber heraus. Der Vorgang ist aber durch Austreiben der Kohlensäure reversibel zu gestalten. Hypertonische Lösungen dagegen führen durch Wasserentziehung zu Schrumpfungen, Fältelungen oder zu *Stechapfelformen*, wobei die Stacheln Teile des die Hülle stützenden, nicht so stark schrumpfenden Gerüstwerks sein sollen. Bei Erhitzung des Bluts und bei schweren Krankheiten können sich Teile der Erythrocyten abschnüren, so daß sehr bunte Formen, Ehrlichs *Schisto- oder Poikilocyten*, entstehen.

Eine ganze Reihe von Momenten kann *der Hülle und damit der Form gefährlich* werden, wie die schon genannten hypotonischen Lösungen, ferner lipoidlösende Stoffe, Säuren (durch H-Ionen), Laugen (durch OH-Ionen), von Körperbestandteilen Galle oder gallensaure Salze, artfremdes Serum, tierische Gifte, wie Schlangen- und Krötengift, Pflanzengifte, wie Saponinsubstanzen und das Gift der Speisemorchel, die Helvellasäure. Auch physikalische Eingriffe können die Form zerstören, wie Hitze, Gefrierenlassen und Wiederauftauen, ultraviolette und Radiumstrahlen, elektrische Entladungen Leydener Flaschen. In all diesen Fällen kommt es zur *Hämolyse*, zu Austritt von Blutfarbstoff, so daß nur das Stroma in Form der sog. „*Schatten*" übrigbleibt; mit der Zeit können diese Schatten wieder deutlicher hervortreten, so daß man glaubt, wieder Erythrocyten vor sich zu haben. Daß die Hülle das Hämoglobin vor chemischen Angriffen zu schützen vermag, ist sicher.

Die *Erythrocyten* des Menschen weisen ferner eine Formeigentümlichkeit auf, sie ballen sich leicht zu Häufchen zusammen, sie *agglutinieren*, und senken sich dann auch rascher im Plasma zu Boden. In der Schwangerschaft (R. Fahraeus[1]) und bei akuten fieberhaften Krankheiten ist diese Sedimentierung noch ausgesprochener, was von R. Höber[2] und seiner Schule auf eine Vermehrung der Globuline gegenüber den Albuminen des Plasmas zurückgeführt wird. Auch durch Neutralisierung der eine negative Ladung besitzenden Erythrocyten — sie wandern bei der Elektrophorese nach der Anode — kommt es am isoelektrischen Punkt zur Ausflockung. Elektrolyse, OH-Ionen, Serum, tierische und pflanzliche Gifte wirken gleichfalls agglutinierend. Auch durch das Alkali des Glases der Objektträger und Deckgläschen können nach F. Schwyzer[3] die Erythrocyten in ihrer Ladung beeinflußt und so zur Agglutination gebracht werden.

Ähnlich, wenn auch graduell verschieden, wie die Erythrocyten des Menschen verhalten sich in all diesen Beziehungen die *Erythrocyten der Säugetiere*, es herrscht auch hier mehr oder weniger die bikonkave Scheibenform vor, nur sind die Gebilde größer oder kleiner; sehr leicht zerfließlich sind die Erythrocyten des Schweins. Eine Säugetiergruppe freilich macht bezüglich der Form eine Ausnahme, die Tylopoden, zu denen Kamel und Lama gehören; ihre Erythrocyten sind merkwürdigerweise elliptische und bikonvexe Gebilde, dabei aber doch ohne Kern. Die *Erythrocyten der übrigen Wirbeltiere* sind meist viel größere, elliptische, bikonvexe und kernhaltige Zellen.

2. Die Größe der Erythrocyten, ihr Volumen, ihre Oberfläche.

Die bikonkave oder bikonvexe Scheibenform der Erythrocyten bedingt eine große Oberflächenentwicklung bei diesen Gebilden, was funktionell von besonderer Bedeutung ist. Es muß daher genauer auf die *Dimensionen der Erythrocyten* eingegangen werden.

---

[1] Fahraeus, R.: The Suspension-stability of the blood. Stockholm: Norstedt u. Söhne 1921.
[2] Höber, R.: Physikalische Chemie der Zelle und der Gewebe. 5. Aufl., S. 608 ff. Leipzig: W. Engelmann 1924.
[3] Schwyzer, F.: Die Geldrollenbildung im Blute vom kolloidchemischen Standpunkte aus. Biochem. Zeitschr. Bd. 60, S. 297. 1914.

Diese Dimensionen sind, wie sich schon ergeben hat, wandelbare, weisen doch die Erythrocyten des venösen Blutes ein größeres Volumen auf als die des arteriellen; nach Untersuchungen von E. WIECHMANN und A. SCHÜRMEYER ist besonders die Reaktion des Blutes von Einfluß auf die Dimensionen[1]. Um vergleichbare Werte zu erzielen, müssen daher die Dimensionen unter konstanten Bedingungen bestimmt werden.

Durch Versuche von M. OHNO[2] hat sich in Bestätigung früherer Angaben von M. BETHE[3] ergeben, daß beim Menschen der Durchmesser (D_E) der im Plasma befindlichen Erythrocyten etwa gleich groß ist wie der Durchmesser der eingetrockneten Erythrocyten im Ausstrichpräparat. B. COLLATZ[4] fand neuerdings im Plasma um 1,9% größere Werte. Die Präparate dürfen nicht

Blutwerte von 20 Studenten (nach L. HORNEFFER).

Lauf. Nr.	Versuchsperson	Alter: Jahre	Hb-Gehalt: g	E-Zahl: Mill.	Hb_E: 10^{-12} g	Durchm. D_E: μ	Oberfl. O_E: μ^2	Hb pro μ^2: 10^{-14} g
1	L. H.	27	15,21	4,60	33	8,12	103,6	32
2	J. K.	21	15,66	4,74	33	8,23	106,2	31
3	H. G.	20	16,87	5,06	33	8,18	104,9	32
4	W. C.	22	16,36	5,07	32	8,24	106,6	30
5	H. W.	20	16,68	5,01	33	8,19	105,3	32
6	F. K.	26	17,51	5,25	33	8,37	109,8	30
7	J. D.	26	15,67	4,99	32	8,04	101,5	32
8	H. M.	20	15,75	5,08	31	7,98	99,9	30
9	E. H.	20	15,66	4,85	32	8,18	105,2	31
10	E. W.	20	16,75	5,19	32	8,20	105,7	31
11	H. K.	25	16,41	5,53	30	8,00	100,4	30
12	H. B.	22	15,79	4,87	32	8,03	101,2	32
13	W. S.	21	15,78	4,50	35	8,20	108,1	32
14	A. T.	20	17,17	5,22	33	8,23	106,3	31
15	F. R.	25	15,72	4,88	32	7,86	97,0	33
16	W. P.	20	16,12	5,08	32	8,14	104,1	30
17	B. C.	27	15,66	4,58	34	8,38	110,3	31
18	R. J.	22	16,49	5,08	32	8,23	106,4	30
19	H. G.	22	16,27	5,26	31	7,92	98,6	31
20	R. B.	24	17,37	5,29	33	8,27	107,3	31
Mittelwerte:		23	16,25	5,00	33	8,15	104,4	31

in Canadabalsam eingebettet werden, da die Erythrocyten dort ihren Durchmesser verkleinern, beim Menschen um fast 6%, bei den Haus- und Laboratoriumstieren um etwa 5 bis 9%.

Im Plasma oder im Ausstrichpräparat mit dem Okularschraubenmikrometer oder auf Photogrammen bestimmt, beträgt so der Durchmesser der Erythrocyten beim Menschen rund 8 μ mit nur geringen Schwankungen von Person zu Person, wenigstens beim Erwachsenen; man muß aber 100, noch besser 200 Erythrocyten messen, um einen guten Mittelwert zu erhalten. Neueste

---

[1] WIECHMANN, E. u. A. SCHÜRMEYER: Untersuchungen über den Durchmesser der roten Blutkörperchen. Dtsch. Arch. f. klin. Med. Bd. 146, S. 362. 1925.

[2] OHNO, M.: Die Dimensionen und die Senkungsgeschwindigkeit der Erythrocyten des Menschen in Beziehung zum Hämoglobin-Verteilungsgesetz. Pflügers Arch. f. d. ges. Physiol. Bd. 201, S. 376. 1923.

[3] BETHE, M.: Beiträge zur Kenntnis der Zahl und Maßverhältnisse der roten Blutkörperchen, S. 20. Med. Dissert. Straßburg 1891.

[4] COLLATZ, B.: Das Blut des Menschen, mit neueren Methoden untersucht. I. Vergleichende Untersuchungen über die Messung des Durchmessers der Erythrocyten mit dem Okularschraubenmikrometer und auf Photogrammen. Pflügers Arch. f. d. ges. Physiol. (erscheint noch).

Untersuchungen von L. Horneffer[1] an 20 Studenten (siehe S. 11) und 20 Soldaten ergaben als Mittel 8,15 μ (trocken), bzw. 8,00 μ (feucht); man hat damit zu rechnen, daß die zur Eichung der Meßinstrumente dienenden Objektmikrometer auch bester optischer Firmen eine für vorliegende Zwecke nicht ausreichende Genauigkeit besitzen. Auffallend hohe Werte, 8,8 μ, haben neuerdings E. Ponder und W. G. Millar[2] gefunden; nach diesen Autoren weist der feuchte Erythrocyt einen um etwa 1 μ größeren Durchmesser auf als der trockene.

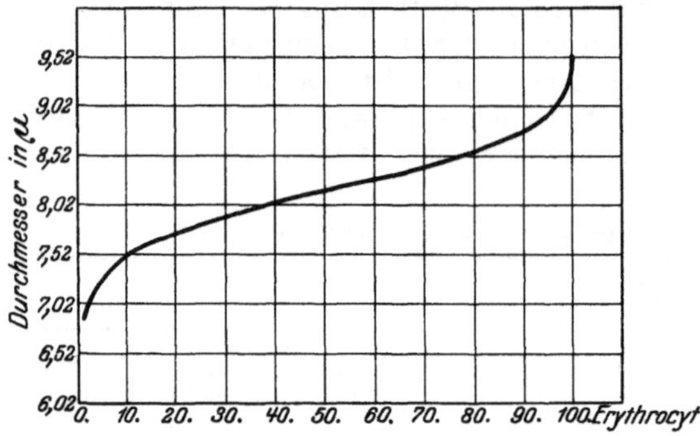

Abb. 1. Durchmesser von 100 Erythrocyten des Menschen, nach steigenden Werten geordnet. (Nach L. Horneffer.)

Die einzelnen Erythrocyten sind selbst im gleichen Blut sehr verschieden groß. Trägt man die Durchmesser von 100 gemessenen Erythrocyten nach steigenden Werten in ein Koordinatensystem ein und verbindet die Endpunkte der Ordinaten, so erhält man eine Kurve, wie sie Abb. 1 als Mittel von 40 Kurven zeigt, aus der hervorgeht, daß von den 100 Erythrocyten eigentlich kaum einer gleich groß wie der andere ist[3]. Der D_E scheint *beim weiblichen Geschlecht* um wenige Zehntel eines μ größer zu sein als beim männlichen. Die mittlere Schwankungsbreite beträgt nach M. Ohno und O. Gisevius[4] für beide Geschlechter 6,48 bis 9,63 μ, Differenz zwischen Minimum und Maximum demnach 3,15 μ in ziemlicher Übereinstimmung mit M. Bethe.

Jedenfalls kann man schon im normalen Blut von *Anisocytose* mit *Mikrocyten, Normocyten* und *Makrocyten* sprechen, von letzteren besonders im Blut des Neugeborenen[5]. Dazu kommen embryonal oder in pathologischen Fällen bei einem Rückschlag in die embryonale Blutbildung die *Megalocyten*, welche morphologische und funktionelle Riesen (O. Naegeli) darstellen, ferner die *Erythroblasten*, und zwar die *Normo-* und *Megaloblasten*[6].

Nach vorliegenden Untersuchungen hat man damit zu rechnen, daß die D_E-Werte bei den verschiedenen Menschenrassen und unter dem Einfluß wech-

---

[1] Horneffer, L.: Das Blut des Menschen, mit neueren Methoden untersucht. II. Pflügers Arch. f. d. ges. Physiol. (erscheint noch).

[2] Ponder, E. u. W. G. Millar: The measurement of the diameters of erythrocytes. I. The mean diameter of the red cells in man. Quart. journ. of exp. physiol. Bd. 14, S. 67. 1924. II. The effect of drying on the diameter of the red cells in man. Ebenda S. 319. — Über eine besondere Meßmethode siehe F. K. Bergansius: Die Messung von roten Blutkörperchen mittels der dadurch erzeugten Beugungserscheinungen. Pflügers Arch. f. d. ges. Physiol. Bd. 192, S. 118. 1921. Siehe ferner A. Pijper: The diagnosis of Addisons (pernicious) anaemia by a new optical method. Lancet Bd. 207, 2. Hälfte, S. 367. 1924; A. Siegenbeck van Heukelom: Über die Messung roter Blutkörperchen nach der Pijperschen Methode. Nederlandsch tijdschr. v. geneesk. Bd. 69, S. 2818. 1925⁰; W. G. Millar: The diffraction method of measuring the diameters of erythrocytes. Proc. of the roy. soc. of London, Ser. B, Bd. 99, S. 264. 1926⁰.

[3] Dreht man die Kurve um 90° und ermittelt zu dieser Kurve die Kurve des ersten Differentialquotienten, so erhält man die bekannte Häufigkeitskurve.

[4] Ohno, M. u. O. Gisevius: Schwankungsbreite und Schwankungsart der Durchmesser menschlicher Erythrocyten. Pflügers Arch. f. d. ges. Physiol. Bd. 210, S. 315. 1925.

[5] Siehe auch J. v. Boros: Über Größe, Volumen und Form der menschlichen Erythrocyten und deren Zusammenhang. I. Mitt. Die physiologische Anisocytose. Wien. Arch. f. inn. Med. Bd. 12, S. 243. 1926⁰.

[6] Siehe auch S. 46.

selnder äußerer Umstände verschieden sind; C. GRAM[1] gibt sogar an, daß in
Europa die Werte von Süden nach Norden zunehmen, wie folgende Tabelle zeigt:

$$D_E \text{ in Italien} \ldots \ldots \ldots \ldots 7{,}0{-}7{,}5 \; \mu$$
$$\text{,, ,, Frankreich} \ldots \ldots \ldots 7{,}5{-}7{,}6 \text{ ,, }^2$$
$$\text{,, ,, Deutschland} \ldots \ldots \ldots 7{,}8 \text{ ,,}$$
$$\text{,, ,, Norwegen} \ldots \ldots \ldots 8{,}5 \text{ ,,}$$

Vielleicht erklärt sich auf diese Weise der hohe, von PONDER und MILLAR gefundene Wert.

Ob sich der D_E bei besseren Ernährungsverhältnissen und bei stärkerer
funktioneller Inanspruchnahme der Erythrocyten, wie bei Atemnot, Muskeltätigkeit[3] und im Höhenklima, ändert, welchen Einfluß insbesondere die H-Ionenkonzentration, Eindickung und Verdünnung des Blutes oder Änderung der

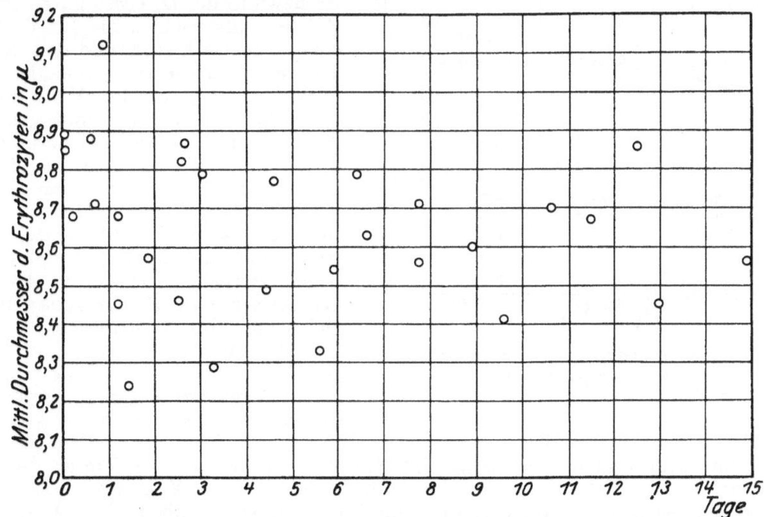

Abb. 2. Mittlerer Durchmesser von je 100 Erythrocyten bei 30 Neugeborenen im Alter von 25 Minuten bis
15 Tagen. (Nach R. BÖRNER.)

chemischen Korrelationen durch Hormone hat, bedarf noch genauerer Untersuchung. Jedenfalls liegen jetzt schon Angaben dahingehend vor, daß die mittleren D_E bei ein und demselben Individuum schwanken können.

Bei Untersuchung von 30 *Neugeborenen* bis zum Alter von 15 Tagen fand
R. BÖRNER[4] mittlere D_E-Werte von 8,24 bis 9,12 μ; kein Kind erreichte einen
so niedrigen Wert wie im Durchschnitt der Erwachsene. Eine stärkere Abnahme des Durchmessers mit zunehmendem Alter war, wenigstens bis zum
Alter von 15 Tagen, nicht zu konstatieren. Geschlechtsunterschiede ergaben
sich nicht (Abb. 2).

---

[1] GRAM, C.: Untersuchungen über die Größe der roten Blutkörperchen im Normalzustande und bei verschiedenen Krankheiten. Fortschr. d. Med. Bd. 2, S. 37. 1884.

[2] Siehe auch T. SARAGEA: Le diamètre des hématies de l'homme aux différents âges
de la vie. Cpt. rend. des séances de la soc. de biol. Bd. 86, S. 312. 1922.

[3] DRYERRE, H., W. G. MILLAR u. E. PONDER (An investigation into the size of human
erythrocytes before and after exercise. Quart. journ. of exp. physiol. Bd. 16, S. 69. 1926)
fanden keine Unterschiede im Durchmesser bei Ruhe und nach starker körperlicher Arbeit.

[4] BÖRNER, R.: Das Blut des Menschen, mit neueren Methoden untersucht. III. Das
Blut des Neugeborenen in bezug auf absoluten Hämoglobingehalt, Erythrocytenzahl, Gehalt
eines Erythrocyten an Hämoglobin, Hämoglobin pro μ^2 Oberfläche des Erythrocyten und
Brechungsexponent bzw. Eiweißprozente des Plasmas. Pflügers Arch. f. d. ges. Physiol.
(erscheint noch).

Was von den D_E der menschlichen Erythrocyten gesagt wurde, gilt mutatis mutandis auch für die D_E der *Erythrocyten der Haus- und Laboratoriumstiere*. Die Schwankungsbreite der D_E in ein und demselben Präparat und bei verschiedenen Blutarten ist recht beträchtlich. M. Bethe[1] sprach sogar das Gesetz aus: Bei erwachsenen Säugetieren ist das größte im Präparate gefundene Blutkörperchen immer um 2,64 μ größer als das kleinste Blutkörperchen, wobei allerdings vereinzelt vorkommende ganz kleine und ganz große Blutkörperchen unberücksichtigt blieben. Bei noch in der Entwicklung begriffenen Tieren ist diese Differenz viel größer, oft doppelt so groß, und die D_E wechseln dann auch sehr und sind andere als bei reifen Individuen. Bethe fand ferner, daß die Grenzwerte der D_E bestimmten absoluten Werten entsprechen, die für die Tierart charakteristisch sind, und daß bei jedem Tier ein Durchmesser besonders häufig vorkommt, der in der Mitte zwischen dem Minimum und Maximum gelegen ist. Auf Grund dieser Konstatierungen war es Bethe möglich, sogar die Blutarten voneinander zu unterscheiden.

Zur Veranschaulichung der Variation der D_E in ein und demselben Präparat und in Präparaten von verschiedenen Tierarten sei auf die Abb. 3 aus der Arbeit von F. Eisbrich[2] im Vergleich zur Abb. 1 verwiesen.

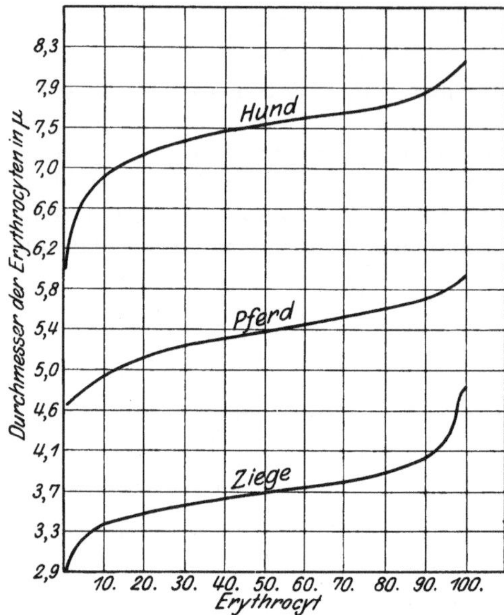

Abb. 3. Durchmesser von 100 Erythrocyten eines Hundes, eines Pferdes und einer Ziege, nach steigenden Werten geordnet. (Nach F. Eisbrich.)

Auf S. 15 seien die *Mittelwerte der D_E in μ für eine Reihe von Haus- und Laboratoriumstieren* angegeben. Am eingehendsten sind diese Werte von G. Gulliver[3] bestimmt worden, der eine Lebensarbeit an die Ermittlung derselben gesetzt hat.

In der Literatur finden sich mehrfache Hinweise darauf, daß bei Tieren die D_E der *Weibchen* meist etwas größer sind als die der Männchen. Nach W. Lange[4] soll Domestikation einen ungünstigen Einfluß auf die Blutbeschaffenheit ausüben, den D_E-Wert aber unbeeinflußt lassen.

Durch Angabe des Durchmessers der Erythrocyten ist ihre Größe noch nicht eindeutig bestimmt, es müßte denn sein, daß man sich auf das Trockenpräparat beschränkt, in welchem die *Dicke der Erythrocyten* eine minimale ist. Bei feuchten Erythrocyten des Menschen hat H. Welcker[5] die *Dicke* im Mittel zu 1,9 μ bestimmt. Als Mittel von mehreren hundert Messungen gibt W. Knoll[6] 2,0 μ an. Bei *Haus- und Laboratoriumstieren* fand R. Götze[7] folgende Werte: Schwein 2,1, Pferd 1,9, Rind 2,2, Schaf 1,8, Ziege 1,5 μ.

---

[1] Bethe: S. 23, zitiert auf S. 11.

[2] Eisbrich, F.: S. 298, zitiert auf S. 39.

[3] Gulliver, G.: On the size of the red corpuscles of the blood in the vertebrata, with copius tables of measurements. Jardine a. Selby's Ann. of nat. hist. Bd. 17, S. 200; Edinburgh med. a. surg. journ. Bd. 65, S. 497. Zitiert nach Th. L. W. Bischoff: Arch. f. Anat., Physiol. u. wissensch. Med. Jg. 1847, S. 107. Die Werte sind in Pariser Linien angegeben.

[4] Lange, W.: Untersuchungen über den Hämoglobingehalt, die Zahl und die Größe der roten Blutkörperchen, mit besonderer Berücksichtigung der Domestikationseinwirkung. Abdruck aus den Zool. Jahrb., Abt. f. allg. Zool. u. Physiol. Bd. 36, S. 669 u. 672. 1919.

[5] Welcker, H.: Größe, Zahl, Volum, Oberfläche und Farbe der Blutkörperchen bei Menschen und bei Tieren. Zeitschr. f. ration. Med., 3. Reihe, Bd. 20, S. 264. 1863.

[6] Knoll, W.: Oberflächenberechnungen bei menschlichen Erythrocyten. Pflügers Arch. f. d. ges. Physiol. Bd. 198, S. 368. 1923.

[7] Götze, R.: S. 245, zitiert auf S. 7, aus nicht veröffentlichten Tabellen.

	GULLIVER[1]	HAYEM[2]	FORMAD[3]	BETHE[4]	C. SCHMIDT[5]	KLIENEBERGER und CARL[6]	GÖTZE[7]
Mensch	7,9	7,5	7,9	7,9	7,7	—	—
Affe	7,4	5,5—8,5	—	—	—	7,1	—
Hund	7,1	7—8	7,1	7,3	7,0	6,8	—
Katze	5,8	5—7	—	5,3	5,6	5,7	—
Schwein	6,0	—	6,0	6,6	6,2	—	6,5
Ratte	6,8	—	—	—	6,4	6,2	—
Maus	6,7	—	—	5,9	6,1	5,7	—
Pferd	5,5	4,9—6,6	5,9	5,9	5,7	—	6,0
Rind	6,0	—	6,0	5,9	5,8	—	6,1
Schaf	4,8	—	5,1	4,6	4,5	4,3	5,2
Ziege	4,0	—	4,2	—	—	—	4,4
Kaninchen	7,0	6,6—7,5	6,9	6,6	6,4	5,7—6,9	—
Meerschweinchen	7,1	6,6—7,9	7,5	7,9	—	5,0—5,7	—
Huhn	—	7,2 u. 11,5	—	—	7,6 u. 12,7	7,3 u. 12,0	—
Taube	—	—	—	—	—	5,7—7,1 u. 11,8—14,3	—
Frosch	—	16,3 u. 24,4	—	—	15,4 u. 21,1	15,7 u. 22,8	—

Zur Beurteilung der Funktion der Erythrocyten ist noch die Kenntnis des Volumens und vor allem, in Hinsicht auf die Natur der Erythrocyten als typische Oberflächengebilde, die Kenntnis der Oberfläche als Ganzes und in Beziehung zur Volumeneinheit des Erythrocyten notwendig.

Bei der bikonkaven Scheibenform des Erythrocyten begegnet die genaue *Volumenbestimmung* aus den mikrometrisch ermittelten Maßen großen Schwierigkeiten. H. WELCKER[8] fand seinerzeit (1863) bei seinen grundlegenden Bestimmungen mit Hilfe von Modellversuchen „als Volumen des mittleren Blutkörperchens eines gesunden Mannes" 72,2 μ^3, bei 7,74 μ Durchmesser und 1,9 μ Dicke des Erythrocyten. Legt man den neuerdings von A. ALDER[9] angegebenen, schon S. 7 erwähnten Wert für das Volumen der körperlichen Bestandteile des menschlichen Bluts, nämlich 44 Vol.-%, zugrunde und nimmt als Erythrocytenzahl in 1 cmm Blut 5,00 Mill. an, so berechnet sich daraus das *Volumen eines Erythrocyten* zu 88,0 μ^3, nach Abzug des Leukocyten- und Thrombocytenvolumens zu 86—87 μ^3. Nach Untersuchungen von C. FROEHLICH[10] beträgt dagegen das Volumen 83,2 bis 102,1, im Mittel 91,1 μ^3 bei Männern, 84,0 bis 106,1, im Mittel 92,3 μ^3 bei Frauen, nach R. L. HADEN[11] sogar 96 μ^3 bei beiden Geschlechtern. W. KNOLL[12] fand auch noch Verschiedenheiten im Volumen bei

---

[1] Zitiert nach H. FORMAD: Comparative studies of mammalian blood. Journ. of comp. med. a. surg. Bd. 9, S. 275. 1888. FORMAD hat die Inches-Werte in Millimeter-Werte umgerechnet.

[2] Nach M. BETHE: S. 6, zitiert auf S. 11, und H. VIERORDT: Anatomische, physiologische und physikalische Daten und Tabellen, S. 204. Jena: G. Fischer 1906.

[3] FORMAD, H.: S. 275, zitiert Anm. 1.

[4] BETHE, M.: S. 29, zitiert auf S. 11.

[5] SCHMIDT, C.: Die Diagnostik verdächtiger Flecke in Kriminalfällen, S. 2. Mitau u. Leipzig: G. A. Reyher 1848.

[6] KLIENEBERGER, C. u. W. CARL: Die Blut-Morphologie der Laboratoriums-Tiere. Leipzig: J. A. Barth 1912.

[7] GÖTZE, R.: S. 245, zitiert auf S. 7, nach freundlichst überlassenen, in der Arbeit nicht veröffentlichten Tabellen.

[8] WELCKER, H.: S. 266, zitiert auf S. 7.

[9] ALDER, A.: S. 86, zitiert auf S. 14.

[10] FROEHLICH, C.: S. 132, zitiert auf S. 7.

[11] HADEN, R. L.: The volume and hemoglobin content of the erythrocytes in health and disease. Folia haematol. Bd. 31, S. 125. 1925.

[12] KNOLL, W.: Zitiert auf S. 9.

scheiben- und glockenförmigen Erythrocyten, nämlich bei ersteren 73,9, bei letzteren 81,4 μ^3. In pathologischen Fällen wurden Werte von 59 bis 165 μ^3 gefunden[1].

Bei Annahme einer mittleren Dichte der menschlichen Erythrocyten von 1,10 ergibt sich bei 86,5 μ^3 Volumen das *Gewicht eines Erythrocyten* zu $95,2 \cdot 10^{-12}$ g.

Die Volumina von Säugetiererythrocyten sind wesentlich kleiner; Modellversuche führten neuerdings R. Götze[2] zu folgender. Werten: Schwein 57,0, Rind 52,9, Pferd 45,1, Schaf 31,6 und Ziege 19,9 μ^3.

Auch die Bestimmung der *Oberfläche eines Erythrocyten* ist nur mit Annäherung an den wahren Wert möglich. H. Welcker[3] ermittelte sie seinerzeit für den Menschen mit Hilfe seines oben erwähnten Modells zu 128 μ^2. W. Knoll[4] nimmt sie neuerdings auf Grund von Berechnungen des Ingenieurs Scheller zu $O = 2 D_E^2$ an, dann wäre bei einem Durchmesser von 8,00 μ der Wert O gleichfalls 128 μ^2. Nach Knoll ist die Oberfläche scheibenförmiger Erythrocyten kleiner als die glockenförmiger, z. B. 112,5 gegen 130,4 μ^2.

Da es sehr erwünscht ist, diesen wichtigen Wert für irgendein Blut auf Grund einer größeren Zahl von leicht durchzuführenden Einzelmessungen zu bestimmen, so kann man nach dem Vorgang von K. Bürker[5] so verfahren, daß man im Ausstrichpräparat, das aber nicht in Canadabalsam eingebettet sein darf, die D_E von wenigstens 100 Erythrocyten mißt. Die Oberfläche ergibt sich dann bei der minimalen Dicke der angetrockneten Erythrocyten aus der doppelten Kreisfläche zu

$$O = 2\left(\frac{D_E}{2}\right)^2 \cdot \pi = D_E^2 \cdot 1{,}57 \quad [6].$$

Man geht so von einem einigermaßen konstanten und leicht reproduzierbaren Bezugssystem aus.

Dieser so berechnete Wert für die Oberfläche wird etwas zu klein sein, er wird aber doch in einem einigermaßen konstanten Verhältnis zu dem des wasserhaltigen Erythrocyten stehen; um den Wert für letzteren zu erhalten, multipliziert man nach Knoll D_E^2 mit 2,00 statt mit 1,57. Ob eine analoge Berechnungsweise für die Erythrocyten verschiedener Tiere zulässig ist, bedarf noch genauerer Untersuchungen; a posteriori darf man aber aus später (S. 39) mitzuteilenden Versuchsresultaten schließen, daß die eben angegebene Berechnungsweise für den trockenen Erythrocyten auch für die Säugetiere in erster Annäherung zulässig ist[7].

Bei einem Durchmesser des menschlichen Erythrocyten von 8,15 bzw. 8,00 μ ergibt sich so die Oberfläche des trockenen Erythrocyten zu 104,4 μ^2, die des feuchten, wie erwähnt, zu 128 μ^2. Die schon (S. 12) erwähnten neuesten Untersuchungen von L. Horneffer ergaben bei Studenten und Soldaten als Mittel 104,2 μ^2 Oberfläche des trockenen Erythrocyten.

Auf den trockenen Erythrocyten bezogen berechnete K. Bürker auf Grund der D_E-Messungen von M. Bethe und C. Schmidt beim Hund die Oberfläche des Erythrocyten

---

[1] Über Volumenberechnung siehe auch J. Brodersen: Über die Entstehung der Glockenform aus der Biskuitform menschlicher Erythrocyten. Anat. Anz. Bd. 56, S. 555. 1923.

[2] Götze, R.: S. 245, zitiert auf S. 7.

[3] Welcker, H.: S. 269, zitiert auf S. 14.

[4] Knoll, W.: S. 368, zitiert auf S. 14; siehe auch S. 9 dieses meines Beitrags.

[5] Bürker, K.: Die Verteilung des Hämoglobins auf die Oberfläche der Erythrocyten. Sitzungsber. d. Preuß. Akad. d. Wiss., phys.-math. Kl. 1922, S. 140, und: Das Gesetz der Verteilung des Hämoglobins auf die Oberfläche der Erythrocyten. Pflügers Arch. f. d. ges. Physiol. Bd. 195, S. 516. 1922.

[6] Siehe auch J. Brodersen: Anm. 1.

[7] Siehe die zuletzt zitierte Arbeit von K. Bürker: S. 522, Anm. 5.

zu 82,7, beim Schwein zu 68,4, beim Kaninchen zu 68,4, beim Rind zu 55,4, beim Pferd zu 55,4, beim Schaf zu 33,6 und bei der Ziege zu 25,1 μ^2. Die neuerdings von R. Götze[1] durch Modellversuche erzielten Werte weichen davon erheblich ab, beziehen sich aber auch auf feuchte Erythrocyten: Schwein 90,6, Rind 84,4, Pferd 78,7, Schaf 60,5, Ziege 45,3 μ^2.

Für andere Wirbeltiere findet man in der Arbeit von H. Welcker noch eine Reihe von Angaben.

Entsprechend den etwas größeren D_E beim weiblichen Geschlecht hat man auch etwas größere Oberflächenwerte zu erwarten. Bei Mikro-, Makro- und Megalocyten und bei den Erythroblasten, seien sie Normo- oder Megaloblasten, schwanken die Oberflächenwerte beträchtlich. Bei Neugeborenen bis zum Alter von 15 Tagen fand R. Börner[2] Oberflächenwerte bei trockenen Erythrocyten von 106,6 bis 130,6 μ^2.

Zur Kennzeichnung der Erythrocyten als Oberflächengebilde ist es noch erforderlich, *die Oberfläche O in Beziehung zum Volumen V* zu setzen, also die Oberfläche pro Volumeneinheit anzugeben. Bei der Unsicherheit der Ausgangswerte kann es sich auch hier nur um Annäherungswerte handeln. Im ungünstigsten Fall, bei der Kugel, wäre dieses Verhältnis O/V für einen Durchmesser der Kugel von rund 8 μ, wie beim Erythrocyten, gleich 0,75. Für die von H. Welcker ermittelten Werte von 128 μ^2 für die Oberfläche und 72,2 μ^3 für das Volumen wäre $O/V = 1,77$.

Die entsprechenden *Werte für Säugetiere* fand R. Götze[3] beim Schwein zu 1,59, Rind 1,60, Pferd 1,75, Schaf 1,91, Ziege 2,29.

Für *jugendliche und pathologische Erythrocyten und Erythroblasten* sind mir Bestimmungen dieser Art, die erhebliches Interesse hätten, nicht bekannt geworden.

Bei der minimalen Größe der roten Blutkörperchen ist ihre ungeheure Zahl in der Volumeneinheit und im Gesamtblut funktionell von größter Bedeutung.

3. Die Zahl, das Volumen und die Oberfläche der in der Volumeneinheit und im Gesamtblut enthaltenen Erythrocyten.

Seit den ersten Blutkörperchenzählungen durch K. Vierordt im Jahre 1852 hat die *Methode der Zählung* erhebliche Wandlungen durchgemacht. Während Vierordt für eine einzige Zählung eine Woche brauchte, ist die Methode durch die Einführung des Melangeurs von Potain und Vervollkommnung der Zählkammer durch R. Thoma und die *Zeisswerke* wesentlich gefördert worden.

Aber diese durch theoretische Erwägungen von E. Abbe sanktionierte Methode hat sich praktisch als noch verbesserungsbedürftig erwiesen insofern, als durch das rasche Senkungsbestreben der Erythrocyten in der Verdünnungsflüssigkeit ein systematischer Fehler in die Methode eingeführt wird, worauf zuerst W. Brünings genauer aufmerksam gemacht hat. Durch eingehende Prüfung der Thomaschen Kammer mit Hilfe einer optischen Interferenzmethode und durch Kritik der Mischpipette hat sich K. Bürker[4] ergeben, daß die Methode in der Tat in mehrfacher Beziehung Verbesserungen aufweisen muß, wenn sie den gesteigerten Anforderungen an Genauigkeit gerecht werden soll. Aus diesen Untersuchungen ist eine neue Zählmethode entstanden, bei der die Blutmischung, wie das schon G. Hayem getan hat, mit Hilfe getrennter Pipetten für Blut und Verdünnungsflüssigkeit hergestellt, in einem Glaskölbchen aufbewahrt und ferner die schon vorher zusammen-

---

[1] Götze, R.: S. 245, zitiert auf S. 7.

[2] Börner, R., zitiert auf S. 13.

[3] Götze, R.: S. 245, zitiert auf S. 7.

[4] Über die Kritik der älteren Zählmethoden und über eine neue Zählmethode siehe K. Bürker: Zählung und Differenzierung der körperlichen Elemente des Blutes. Tigerstedts Handb. d. physiol. Methodik Bd. II, Abt. 5, S. 27 u. f. Leipzig: S. Hirzel 1913. — K. Bürker: Genauere Hämoglobinbestimmungen und Erythrocytenzählungen zur Ermittlung des absoluten Hämoglobingehaltes eines Erythrocyten und des Hämoglobins pro Quadratmikron Oberfläche des Erythrocyten. Abderhaldens Handb. d. biol. Arbeitsmethoden, Abt. 4, Teil 4, S. 1217. 1926.

gesetzte Zählkammer rasch durch Capillarität gefüllt wird[1]. Bei allen früheren, mit der Thomaschen und ähnlichen Methoden erzielten Werten muß damit gerechnet werden, daß sie zu hoch, und zwar um so höher sind, je größer die Senkungsgeschwindigkeit der betreffenden Erythrocyten in der Verdünnungsflüssigkeit ist[2]. Zuverlässige Zählresultate sind aber auch mit der neuen Zählmethode nur zu erwarten, wenn das Blut bei der Blutentziehung aus der Wunde frei ausfließt, denn jede Stauung schafft unklare Verhältnisse; auch entzieht man das Blut am besten morgens früh, noch bevor die Versuchsperson irgend etwas genossen hat, oder doch wenigstens in größerem zeitlichen Abstand von der letzten Mahlzeit und von körperlicher Anstrengung.

Die Erythrocytenzahl (*E-Zahl*) für 1 cmm Blut beträgt *beim erwachsenen Mann rund 5,0 Millionen, bei der Frau rund 4,5 Mill.*, ist also bei letzterer um etwa 10% kleiner[3]. In neuesten, im Gießener Physiologischen Institut durchgeführten Untersuchungen stellte L. Horneffer (zitiert auf S. 12) als Mittel bei 20 Studenten und 20 Soldaten 4,96 Mill. fest. Die physiologische Schwankungsbreite ist aber eine recht beträchtliche, mit Abweichungen von 10% und mehr nach unten und oben vom Mittelwert wird man für beide Geschlechter zu rechnen haben. Bei zu hoher E-Zahl spricht man von *Erythrocytose*, bei zu niederer von *Erythrocytopenie*.

Die *Konstitution* allein ist nicht maßgebend. Menschen mit kräftigem Körperbau zeigen oft kleinere E-Zahlen als schwächliche Individuen, auch zwischen *Hautfarbe* und E-Zahl besteht oft ein Mißverhältnis.

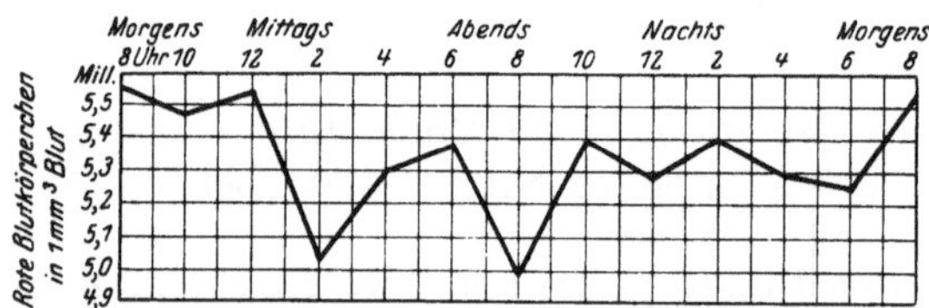

Abb. 4. Tagesschwankungen der Erythrocytenzahlen, ermittelt auf Grund einer 7tägigen Versuchsreihe, bei welcher der Autor sein Blut alle zwei Stunden untersuchte. (Nach E. Reinert.)

Von einer Reihe von Autoren ist auch ein *Einfluß der Tageszeit* auf die E-Zahl behauptet worden insofern, als die Zahl nach der Mahlzeit, etwa von 2—4 Uhr, kleiner sein soll; es handelt sich aber wohl hier nur um relative, durch erhöhten Flüssigkeitsgehalt des Blutes bedingte Veränderungen, wie sie noch besprochen werden (S. 20 u. 24). Die in Abb. 4 dargestellte, von E. Reinert[4] durch 7tägigo oorgfältigo Vorsucho an ocinom Blut gewonnene Kurve enthält die Mittelwerte für die angegebenen Tages- und Nachtstunden. Die Werte sind wohl wegen des der Thoma-Zeissschen Methode anhaftenden systematischen Fehlers etwas zu hoch, untereinander aber vergleichbar.

Ganz offenkundig ist aber der *Einfluß des Lebensalters* auf die E-Zahl. Unmittelbar nach der Geburt ist die Zahl größer als in allen späteren Lebenszeiten[5]. In den drei ersten Lebenstagen, in welchen das Gewicht des Kindes abnimmt, soll die Zahl noch etwas ansteigen (bis zu 7 Mill.), um dann wieder mit zunehmendem Gewicht des Kindes zuerst rascher, dann langsamer abzunehmen und im 1. Jahrzehnt ein Minimum (4,5 Mill.) zu erreichen. Von da an erhebt sich die

---

[1] Über eine genauere Prüfung dieser neueren Zählmethode siehe B. Feucht: Zur Bürkerschen Methodik der Blutkörperchenzählung. Pflügers Arch. f. d. ges. Physiol. Bd. 187, S. 139. 1921.

[2] Marloff, R.: Die früheren Zählungen der Erythrocyten im Blute verschiedener Tiere sind teilweise mit großen Fehlern behaftet. Pflügers Arch. f. d. ges. Physiol. Bd. 175 S. 355. 1919. Ferner B. Behrens: Über den Einfluß der Verdünnungsflüssigkeit auf das Zählresultat bei Erythrocytenzählungen. Ebenda Bd. 195, S. 266. 1922.

[3] Höhere Erythrocytenzahlen fand neuerdings W. Komocki: Über die Zahl der roten Blutkörperchen bei gesunden erwachsenen Menschen. Virchows Arch. f. pathol. Anat. u. Physiol. Bd. 253, S. 386. 1924.

[4] Reinert, E.: Die Zählung der Blutkörperchen und deren Bedeutung für Diagnose und Therapie, S. 95. Leipzig: F. C. W. Vogel 1891.

[5] Siehe auch R. Th. v. Jaschke: Physiologie, Pflege und Ernährung des Neugeborenen, 2. Aufl. S. 93. Wiesbaden: J. F. Bergmann 1927.

Zahl bis ins 3. bis 5. Jahrzehnt (5,5 Mill.) und sinkt dann wieder ab (5,0 Mill.). Häufig wird im hohen Alter nochmals eine geringe Zunahme beobachtet. *Vor der Geschlechtsreife* sind die Zahlen bei beiden Geschlechtern nicht wesentlich verschieden, mit der Ausbildung der sekundären Geschlechtscharaktere kommen die schon (S. 18) erwähnten Differenzen in der E-Zahl zustande.

Neueste, in der Gießener Frauenklinik und im Physiologischen Institut daselbst an 30 Neugeborenen bis zum Alter von 15 Tagen durchgeführte Unter-

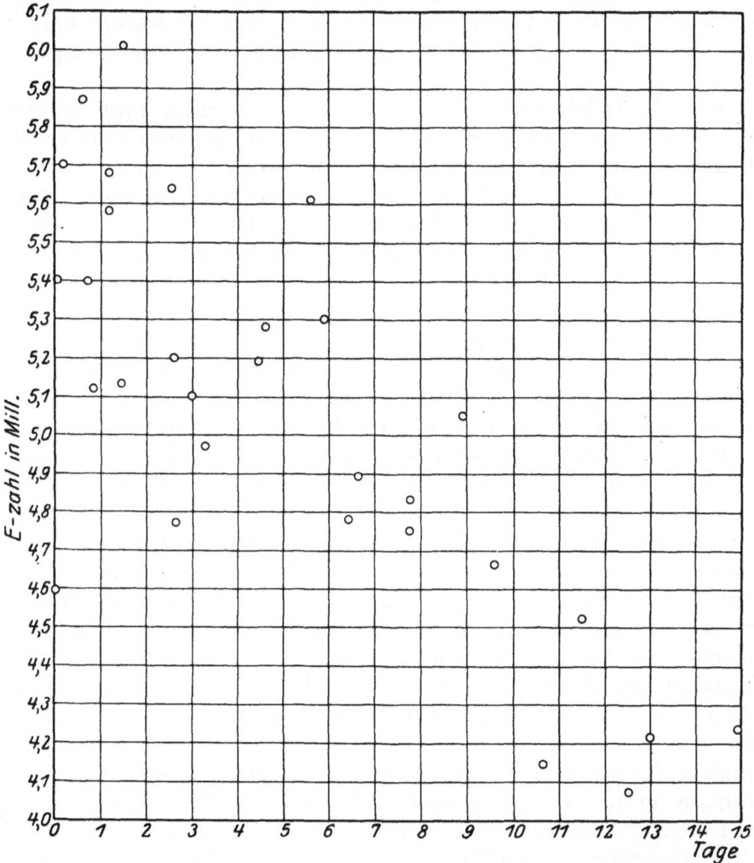

Abb. 5. Erythrocytenzahlen von 30 Neugeborenen im Alter von 25 Minuten bis 15 Tagen. (Nach R. BÖRNER.)

suchungen ergaben R. BÖRNER[1] Werte zwischen 4,07 und 6,01 Mill. (Abb. 5), die höchsten Werte wurden im allgemeinen am ersten und zweiten Lebenstag erhalten, die sinkende Tendenz der Werte bei den älteren Kindern bis zu Werten weit unter denen des Erwachsenen ist offenkundig. Nur 7 von den 30 Kindern hatten eine höhere Zahl als 5,54 Mill., welche Zahl dem maximalen Hb-Gehalt des Erwachsenen von 18 g entsprechen würde. Spät abgenabelte Kinder hatten höhere E-Zahlen als früh abgenabelte. Das Geschlecht war ohne Einfluß auf die E-Zahl. Es ist sehr wahrscheinlich, daß die in der älteren Literatur angegebenen wesentlich höheren E-Zahlen durch die ältere Zählmethode vorgetäuscht sind.

Bei der *Menstruation* sind die Werte eher etwas höher als niedriger.

---

[1] BÖRNER, R.: S. 14, zitiert auf S. 13.

In der *Schwangerschaft* nimmt die E-Zahl im mütterlichen Blut, wenn überhaupt, nur unwesentlich zu. Im Wochenbett zeigt sich ein langsamer Abfall und dann wieder langsamer Anstieg[1]. *Im fetalen Blut* ist die E-Zahl in den ersten Zeiten der Fetalperiode kleiner als im mütterlichen Blut, nimmt aber mit der Reife des Fetus zu, um am Ende der Fetalperiode die Zahl des mütterlichen Blutes zu erreichen oder zu übertreffen. Das Geschlecht des Fetus ist sicher ohne Einfluß. Die Zusammensetzung des fetalen Blutes ist also von der des mütterlichen unabhängig[2]. Bei späterer Abnabelung ist die E-Zahl im kindlichen Blut in der Tat größer als bei früherer. Bei weiterem Wachstum hält die Vermehrung der Blutkörperchen nicht mit der Massenzunahme der übrigen Gewebe Schritt.

Die *Umstände, welche verändernd auf die Zahl wirken*, sind zu trennen in solche, welche die Erythrocytenbildung selbst im Zusammenhang mit dem Verbrauch und Ersatz (S. 44) regeln, und ferner in solche, welche zu einer verschiedenen Verteilung der vorhandenen Erythrocyten innerhalb des Gefäßsystems führen oder den Gehalt des Blutes an Blutflüssigkeit beeinflussen. Im ersteren Fall wird es sich um absolute Änderungen in der E-Zahl, in letzteren nur um relative handeln; es ist auch eine Kombination beider Fälle möglich.

Absolute Änderungen werden zunächst durch ungenügende *Ernährung* hervorgebracht (*alimentäre Anämie*)[3], wenn auch der Organismus aus eigenen Mitteln alles aufbietet, um gerade den ganz besonderen Saft, den Vermittler des stofflichen Geschehens im Körper, das Blut, möglichst funktionstüchtig zu erhalten. Durch den Krieg und seine ungünstigen Nachwirkungen ist die E-Zahl herabgedrückt worden, sie ist aber wieder im Steigen begriffen. Eine besondere Rolle spielen als Nahrungsstoffe die für den roten Blutfarbstoff so wesentlichen Eisenverbindungen, die geradezu eine spezifische Wirkung auf die blutbereitenden Organe ausüben; auch Arsen tut dies. Nach Versuchen von E. Bürgi[4] und seiner Schule wirkt auch Chlorophyll günstig. Zufuhr von Flüssigkeit führt nach neueren Untersuchungen von R. Siebeck[5] und seiner Schule über den Wasserhaushalt des Körpers zu vorübergehender Verdünnung des Blutes und damit Abnahme der Erythrocytenzahl; der Verlauf der Verdünnung ist ein eigentümlicher und weist auf komplexe Vorgänge hin.

Verändernd, und zwar im positiven Sinn, wirkt ferner ganz besonders alles, was die *Zufuhr der gasförmigen Nahrung, des Sauerstoffs, erschwert*, sei es, daß die Hindernisse im Körper selbst oder außerhalb desselben gelegen sind. Stauungen im Lungenkreislauf, Beschränkung der respiratorischen Oberfläche der Lungen, Verkleinerung der zuführenden Atemwege oder Erschwerung des Zutritts der Luft zu den normal großen Atemwegen sind Hindernisse ersterer Art. Bei Herzfehlern, Pneumothorax, Asthma und beim Gebrauch der Kuhnschen Saugmaske geht daher die Erythrocytenzahl in die Höhe. Ganz akut lassen

---

[1] Sieben, W.: Über das Blut des Weibes in der Geburt und im Wochenbett. Med. Dissert. Straßburg 1914.

[2] Panum, P. L.: Die Blutmenge neugeborener Hunde und das Verhältnis ihrer Blutbestandteile, verglichen mit denen der Mutter und ihrer älteren Geschwister. Virchows Arch. f. pathol. Anat. u. Physiol. Bd. 29, S. 481. 1864.

[3] Über die Zusammensetzung des Blutes bei experimenteller Avitaminose siehe P. M. Suski: Biochem. Zeitschr. Bd. 137, S. 405. 1923; über die Funktion des hämatopoetischen Apparates bei Avitaminosen, besonders beim experimentellen Skorbut (5. Mitt.) siehe F. Verzár u. E. Kokas: Pflügers Arch. f. d. ges. Physiol. Bd. 206, S. 688. 1924.

[4] Bürgi, E. u. C. F. v. Traczewski: Über die biologischen Eigenschaften des Chlorophylls. Biochem. Zeitschr. Bd. 98, S. 256. 1919.

[5] Siebeck, R.: Physiologie des Wasserhaushaltes. Dieses Handbuch Bd. 17, S. 161. 1926.

sich nach K. Bürker, R. Ederle und F. Kircher[1] solche Erythrocytosen durch *Pneumothorax* hervorrufen, wie folgende graphische Darstellung des Versuchsergebnisses bei einem männlichen Foxterrier anschaulich zeigt (Abb. 6).

Man sieht, wie die E-Zahlen an den 3 Vortagen ziemlich gleich sind, am Tage der Erzeugung des Pneumothorax aber ansteigen, und zwar hatte schon 1 Stunde nach der Operation die E-Zahl um 11,3% zugenommen. Als am 8. Tage sich ein kleinerer Wert ergab, wurde Stickstoff nachgefüllt, die Kurve erhob sich wieder, und zwar zu einem Maximum (Zunahme 28,6%), um ohne weitere Eingriffe langsam zum Ausgangspunkt abzusinken.

Von Hindernissen für die Atmung, welche außerhalb des Körpers gelegen sind, kommt vor allem *Sauerstoffmangel in der umgebenden Luft* in Betracht, und zwar sowohl bei gleichbleibendem prozentischen Gehalt der Luft, aber vermindertem Luftdruck, als auch bei prozentisch herabgesetztem Sauerstoffgehalt, aber gleichbleibendem Luftdruck.

Was den ersteren Fall betrifft, so haben schon Tierversuche, welche O. Schauman und E. Rosenqvist[2] unter eingehender Berücksichtigung fast aller wesentlichen Momente durchführten, ergeben, daß zum Teil unter initialer

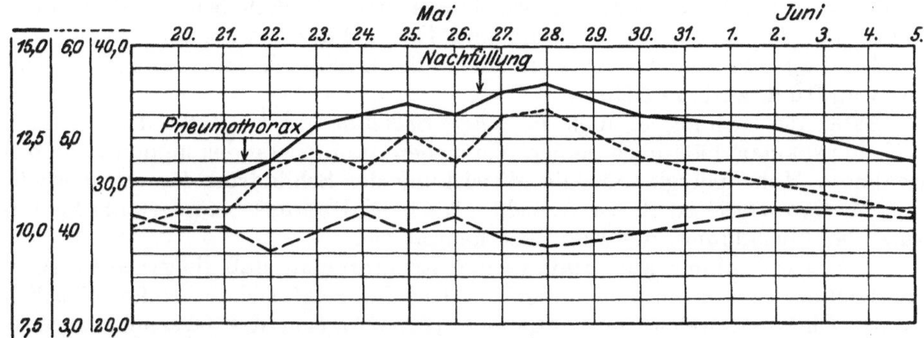

Abb. 6. Änderungen in der Zusammensetzung des Blutes eines männlichen Foxterriers nach künstlichem Pneumothorax. ——— Hämoglobingehalt in Gramm in 100 ccm Blut, ... Erythrocytenzahl in Millionen in 1 cmm Blut, — — — Gehalt eines Erythrocyten an Hämoglobin in 10^{-12} g. (Nach K. Bürker, R. Ederle und F. Kircher.)

Verminderung schließlich eine Vergrößerung der E-Zahl zustandekommt, die eine absolute sein muß, da nach weiteren Versuchen von A. Jaquet[3] an Kaninchen unter diesen Umständen auch der gesamte Blutfarbstoff vermehrt ist; bei Herabsetzung des atmosphärischen Drucks um 100 mm Hg fand der letztere Autor eine Erhöhung des Hämoglobingehaltes des Blutes um mehr als 20%.

Von den genannten beiden Fällen verdient der erstere auch noch deshalb besonderes Interesse, weil er bei *Höhenaufenthalt* gegeben ist. Die zuerst von F. Viault in den südamerikanischen Anden in 3—4000 m Höhe beobachtete sehr starke Zunahme der Erythrocyten von 60% ist später vermißt worden; eine eingehende Untersuchung ergab K. Bürker, E. Joos, E. Moll und E. Neu-

---

[1] Bürker, K., R. Ederle u. F. Kircher: Über Änderung der sauerstoffübertragenden Oberfläche des Blutes bei Änderung der respiratorischen Oberfläche der Lungen. Pflügers Arch. f. d. ges. Physiol. Bd. 167, S. 155. 1917. — Siehe ferner O. Moog u. W. Pelling: Über den Einfluß des künstlichen Pneumothorax auf das rote Blutbild. Dtsch. med. Wochenschr. Jg. 51, S. 981. 1925.

[2] Schauman, O. u. E. Rosenqvist: Über die Natur der Blutveränderungen im Höhenklima. Zeitschr. f. klin. Med. Bd. 35, S. 126 u. 315. 1898.

[3] Jaquet, A.: Höhenklima und Blutbildung. Arch. f. exp. Pathol. u. Pharmakol. Bd. 45, S. 8. 1881.

Mann[1] mit neuerer Methodik in einer Höhe von 1874 m (Davos-Schatzalp) nur eine maximale Zunahme der E-Zahl von 11,5% (Durchschnittswert für eine Woche).

Auch bei *Fliegern* findet man erhöhte E-Zahlen und Hämoglobinwerte.

Der Gang der Reaktion bei anhaltendem Sauerstoffhunger pflegt noch der zu sein, daß nach initialer Vermehrung die E-Zahlen in den ersten Tagen wieder etwas abnehmen, um dann allmählich zu einem Maximum anzusteigen, das aber nicht festgehalten, sondern unter leichtem Absinken wieder verlassen wird. Aufhören des Sauerstoffhungers hat nicht sofort völlige Abnahme der E-Zahl zum Ausgangswert zur Folge, es kann vielmehr eine nicht unbeträchtliche positive Nachwirkung beobachtet werden. Die initiale Vermehrung beruht wohl auf Mobilisierung von Reserven, die spätere langsame Zunahme auf einer gesteigerten Tätigkeit des Knochenmarks.

Daß Sauerstoffmangel bei dieser Reaktion das Wesentliche ist, ergibt sich daraus, daß A. v. Korányi[2] und seine Mitarbeiter Kovács, Bence und Scharl durch Atmung reinen Sauerstoffs die durch den Höhenaufenthalt vergrößerten E-Zahlen wieder herabdrücken konnten. Daß nicht etwa Eindickung des Bluts die größeren E-Zahlen hervorrief, wurde aus dem Gleichbleiben des Brechungsexponenten des Serums im Tiefland und Hochgebirge erschlossen.

Auf Sauerstoffmangel ist wohl auch die erhöhte E-Zahl bei der Kohlenoxydvergiftung zurückzuführen.

Außer der Atmung ist auch die *innere Sekretion von Einfluß* auf die E-Zahl, ja G. Mansfeld[3] hält nach seinen Versuchen zum Zustandekommen der eben erwähnten Höhenpolyglobulie die Mitwirkung der Schilddrüse für erforderlich; auch M. Gutstein[4] ist dieser Ansicht. Nach M. Dubois[5] befördert die Schilddrüse die Blutbildung, die Milz aber hemmt sie.

O. Naegeli nimmt auf Grund reicher Erfahrung an, daß die ganze Erythro- und Leukocytopoese hormonal reguliert ist; das zeigt sich besonders deutlich bei der Chlorose, welche jetzt auf eine Hypofunktion des Ovariums zurückgeführt wird. Nach Exstirpation des Ovariums oder der Schilddrüse fanden in der Tat L. Asher und seine Mitarbeiter[6] eine langsamere Regeneration des Blutes nach Blutentziehung. Bei der noch nicht sicheren Wirkung des Adrenalins und Pituitrins spielen Gefäßreaktionen mit herein[7].

Bei *gesteigerter Assimilation* (Höhenklima) und besonders unter dem Einfluß von Eisenpräparaten geht die E-Zahl in die Höhe, ja sie schießt nach allgemein konsumierenden Krankheiten und speziell nach Krankheiten der blutbereitenden Organe über die normale Zahl hinaus (*reparative Polyglobulie*) und kehrt erst allmählich wieder zur Norm zurück.

---

[1] Bürker, K., E. Jooss, E. Moll u. E. Neumann: Die physiologischen Wirkungen des Höhenklimas. II. Die Wirkungen auf das Blut, geprüft durch tägliche Erythrocytenzählungen und tägliche qualitative und quantitative Hämoglobinbestimmungen im Blute von vier Versuchspersonen während eines Monats. Zeitschr. f. Biol. Bd. 61, S. 379. 1913 und die hier zitierte Literatur. Die Blutbildung im Hochgebirge wird in einem besonderen Abschnitt dieses Handbuches von E. Laquer behandelt.

[2] Korányi, A. v.: in dem Handbuch „Physikalische Chemie und Medizin" S. 70. Leipzig: G. Thieme 1908.

[3] Mansfeld, G.: Blutbildung und Schilddrüse. Pflügers Arch. f. d. ges. Physiol. Bd. 152, S. 23. 1913.

[4] Gutstein, M.: Über ein typisches Verhalten des Blutes unter dem Einfluß des Sauerstoffmangels. Folia haematol. Bd. 26, S. 211. 1921.

[5] Dubois, M.: Über das Zusammenwirken von Milz, Schilddrüse und Knochenmark. In Ashers Beitr. z. Physiol. d. Drüsen, 31. Mitt. Biochem. Zeitschr. Bd. 82, S. 141. 1917.

[6] Furuya, K.: Der Einfluß des Ovariums und der Schilddrüse auf die Regeneration der roten Blutkörperchen. Biochem. Zeitschr. Bd. 147, S. 390. 1924.

[7] Über die Wirkung der „Hämatopoietine" siehe S. 45.

Wie *erhöhte Dissimilation* im Körper, besonders bei *starker Muskeltätigkeit* wirkt, bedarf noch genauerer Untersuchung.

Neuerdings haben A. SCHEUNERT, C. MÜLLER und FR. W. KRZYWANEK[1] in Bestätigung früherer Untersuchungen von L. MÜLLER und HAUBER bei Pferden gefunden, daß nach einem Jagdgalopp das Volumen der körperlichen Elemente des Pferdebluts von etwa 33 auf 50% in die Höhe geht und die Zahl der Erythrocyten in der Volumeneinheit Blut dabei auch beträchtlich steigt, in der Ruhe aber bald wieder den Ausgangswert erreicht. Refraktometrisch wurde auch eine Zunahme des Eiweißgehalts festgestellt, während der Prozentgehalt des Serums an Salzen und organischen, nicht eiweißartigen Substanzen bei Ruhe und Bewegung gleichblieb. Es wird angenommen, daß die Milz, als Blutkörperchenreservoir, unter diesen Umständen Erythrocyten in die Blutbahn abgibt. Daß katabolische Prozesse die E-Zahl ungünstig beeinflussen, ist sicher.

Spezifischer *Nerveneinfluß* auf die blutbereitenden Organe etwa von seiten des parasympathischen oder sympathischen Systems im Sinne einer Beschleunigung oder Verlangsamung der Erythrocytenbildung ist nicht bekannt; über die Wirkung des Pilocarpins und Atropins lauten die Angaben verschieden. Wohl aber wird angenommen, daß besonders das vegetative Nervensystem auf dem Umweg über die Hormondrüsen wirkt und ferner das Gefäßendothel beeinflußt, das seinerseits Stoffe ans Blut abgibt, welche reizend auf die blutbildenden Organe einwirken.

Von *Einflüssen, die von außen her auf den Körper wirken,* wurde in Zusammenhang mit der Atmung (Sauerstoffhunger) schon das *Höhenklima* erwähnt, das auch der starken violetten und ultravioletten Strahlung wegen förderlich auf die E-Bildung wirken soll; K. BERNER[2] fand aber, wenigstens bei Einwirkung der künstlichen Höhensonne, in keinem Falle eine Vermehrung der E-Zahl. An sich finden die Strahlen, und zwar nach K. A. HASSELBALCH[3] besonders die unter 310 $\mu\mu$, wie auch die *Röntgen-* und *Radiumstrahlen,* Angriffspunkte in den Erythrocyten[4], lösen sie diese doch unter Umständen auf. Nicht ohne Bedeutung ist wohl auch die Tatsache, daß der Hauptbestandteil der Erythrocyten, das Hämoglobin, die violetten und ultravioletten Strahlen viel stärker absorbiert als die sichtbaren Strahlen; ob aber dadurch die Bildungsstätten der Erythrocyten beeinflußt werden, ist unsicher. O. KESTNER[5] nimmt neuerdings an, daß durch die Strahlung der Bogenlampe und vermutlich auch durch die Sonnenstrahlung in der Höhe Stoffe in der Luft entstehen, die, eingeatmet, anregend auf die Erythrocytenbildung wirken. Die Verhältnisse bedürfen aber noch sehr der Klärung[6].

---

[1] SCHEUNERT, A. u. C. MÜLLER: Einfluß von Bewegung und sportlicher Höchstleistung auf die Blutbeschaffenheit des Pferdes. Pflügers Arch. f. d. ges. Physiol. Bd. 212, S. 468. 1926. — SCHEUNERT, A. u. FR. W. KRZYWANEK: Weitere Untersuchungen über Schwankungen der Blutkörperchenmenge. Ebenda Bd. 213, S. 198. 1926.

[2] BERNER, K.: Über die Wirkung der Bestrahlung mit Quecksilberdampfquarzlampe („künstliche Höhensonne") auf das Blut. Strahlentherapie Bd. 5, S. 342. 1914.

[3] HASSELBALCH, K. A.: Untersuchungen über die Wirkung des Lichtes auf Blutfarbstoffe und rote Blutkörperchen wie auch über optische Sensibilisation für diese Lichtwirkungen. Biochem. Zeitschr. Bd. 19, S. 435. 1909.

[4] Siehe auch P. W. SIEGEL: Die Veränderungen des Blutbildes nach gynäkologischen Röntgen-, Radium- und Mesothorium-Tiefenbestrahlungen und ihre klinische Bedeutung. Strahlentherapie Bd. 11, S. 64. 1920.

[5] KESTNER, O.: Klimatologische Studien. I. Der wirksame Anteil des Höhenklimas, Zeitschr. f. Biol. Bd. 73, S. 6. 1921.

[6] Siehe auch P. LIEBESNY: Der Einfluß des Höhenklimas auf den Capillarkreislauf und die Beziehung des letzteren zu der in Höhenlagen beobachteten Blutkörperchen- und Hämoglobinvermehrung. Schweiz. med. Wochenschr. 1922, Nr. 18.

Die angebliche *Polaranämie* konnte von dem Arzt der Nansenschen Expedition auf der „Fram" H. G. Blessing[1], nicht bestätigt werden, die E-Zahl hatte sich in der Polarnacht eher vergrößert. Auch eine *Tropenanämie* besteht wohl nicht; auf Java fand Frau H. Mengert-Presser[2] mit der Bürkerschen Kammer bei gesunden Eingeborenen 5,20 Mill., bei eingewanderten Europäern 4,85 Mill. Bei den verschiedenen *Menschenrassen* sind wesentliche Unterschiede in der E-Zahl nicht nachgewiesen worden.

In pathologischen Fällen kann es zu einer Verkleinerung (*Erythrocytopenie*) oder Vergrößerung (*Erythrocytose*, *Polycythämie*, *Polyglobulie*) der E-Zahl kommen, extreme Werte sind 0,143 und 14 Mill.; letztere Zahl ist aber nur möglich, wenn die betreffenden Erythrocyten kleiner waren als normal, denn regelmäßig neben- und übereinandergereiht gehen in 1 cmm Blut bei einem Durchmesser der Erythrocyten von rund $8\,\mu$ und einer Dicke von $2\,\mu$ nur 7,81 Mill. Erythrocyten, ferner kann das Volumen eines Erythrocyten von rund $87\,\mu^3$ nur 11,49 millionenmal in 1 cmm enthalten sein. Neben Erythrocyten können in pathologischen Fällen auch Erythroblasten zur Zählung gelangen.

Handelte es sich bisher um absolute *Änderungen* in der E-Zahl, so bedürfen doch auch *die relativen* der Besprechung. Hier kommen folgende Fälle in Betracht:

1. Die Gesamtmenge der Erythrocyten und des Plasmas bleibt die gleiche, durch eine verengte Stelle des Gefäßsystems wird aber mehr Plasma hindurchgetrieben als Erythrocyten, diesseits wird daher die E-Zahl steigen, jenseits sinken; es handelt sich also um eine Entmischung.

2. Durch Kontraktion der Gefäße oder stärkere Sekretion der Capillarendothelien wird eiweißärmere Blutflüssigkeit ausgepreßt bzw. stärker sezerniert: die E-Zahl in der Volumeneinheit Blut steigt.

3. Eiweißärmere Gewebsflüssigkeit gelangt in erhöhtem Maße ins Blut: die E-Zahl in der Volumeneinheit Blut sinkt.

Eine Entscheidung, was geschieht, ist bis zu einem gewissen Grad durch Refraktometrie des Plasmas möglich, im Fall 1 wird der Brechungsexponent des Plasmas gleichbleiben wie normal, im Fall 2 steigen, im Fall 3 sinken. Es ist aber zu bedenken, daß die einmal gegebene Zusammensetzung des Bluts, besonders auch der Flüssigkeitsgehalt, mit Hilfe der Lungen, Nieren und Haut fein einreguliert wird, wie auch die Konstanz der molekularen Konzentration und des osmotischen Drucks beweist. Daß es aber doch beim Trinken größerer Flüssigkeitsmengen vorübergehend zu einer Verdünnung und bei starker körperlicher Anstrengung vorübergehend zu einer Eindickung des Bluts kommen kann, haben die schon (S. 20 und 23) erwähnten Versuche der Siebeckschen und Scheunertschen Schule ergeben.

Mit alledem steht in nahem Zusammenhang die Frage, ob die *E-Zahl in den verschiedenen Gefäßprovinzen*, in den Arterien, Capillaren und Venen, gleich ist. Diese Frage muß, Verdauungs- und Muskelruhe vorausgesetzt, bejaht werden, wenn nur alles vermieden wird, was die Freiheit der Blutzirkulation in den Teilen des Körpers, aus welchen das Blut entzogen wird, stört. Bei guter Durchblutung ist Capillarblut dem Arterienblut gleichzuachten. Jede Stauung aber führt zur Entmischung, meistens zu einer erhöhten

---

[1] Blessing, H. G.: Von der norwegischen „Fram"-Expedition. Dtsch. med. Wochenschr. Jg. 23, S. 251. 1897.

[2] Mengert-Presser, H.: Determining hemoglobin and iron in human blood under tropical conditions. Mededeelingen van den dienst der volksgezondheid in Nederlandsch-Indië Teil 3, S. 240. 1926. Batavia-Weltevreden: G. Kolff & Co.

E-Zahl[1]. Nach neueren Angaben von J. BARCROFT[2] kann es in der Milz zu einer Stagnation des Blutes kommen.

Nach *Blutverlusten* nimmt die E-Zahl in der Volumeneinheit Blut noch einige Zeit ab, weil immer mehr Gewebsflüssigkeit in das Blutgefäßsystem übertritt. Dann steigt die E-Zahl mit der lebhafteren Tätigkeit des Knochenmarks, die sich auch durch das Auftreten polychromatischer Erythrocyten und Erythroblasten kundgibt, langsam an, meist über die Norm, um alsdann wieder zu dieser zurückzukehren.

Bei einer Gesamtblutmenge von 7,6% oder $^1/_{13,2}$ des Körpergewichts beim Mann und den entsprechenden Werten 6,9% bzw. $^1/_{14,5}$ bei der Frau (W. GRIESBACH[3]) ergibt sich die Gesamtblutmenge bei einem Körpergewicht von 70 bzw. 59 kg zu 5,0 bzw. 4,0 l Blut; in diesem Gesamtblut sind daher rund 25 Billionen Erythrocyten beim Mann und 18 Billionen bei der Frau enthalten, die zusammengefaßt ein Organ größer als die Leber ergeben würden. Sollten alle Erythrocyten im Blut eines einzigen Menschen gezählt werden, so wären dazu, falls ununterbrochen Tag und Nacht jede Sekunde ein Erythrocyt zur Zählung käme, etwa 800 000 Jahre erforderlich, und würden diese 25 Billionen Erythrocyten aneinandergereiht, so käme eine Strecke von rund 200 000 km zustande, es könnte dieses Erythrocytenband also 5 mal um die Erde geschlungen werden.

Aus der E-Zahl in 1 cmm Blut von 5,00 Mill. und aus der mittleren Oberfläche eines Erythrocyten von 128 μ^2 berechnet sich die *Oberfläche der in 1 cmm Blut befindlichen Erythrocyten* zu 640 qmm und bei einer Menge des Gesamtblutes von 5,0 l die *Gesamtoberfläche* der darin enthaltenen Erythrocyten zu 3200 qm.

Die mit den älteren Zählmethoden bei den *Haus- und Laboratoriumstieren* ermittelten E-Zahlen sind mit einem systematischen Fehler behaftet, der um so größer ist, je größer die Senkungsgeschwindigkeit der betreffenden Erythrocyten in der Verdünnungsflüssigkeit ist[4]. Zählungen mit der von diesem Fehler freien BÜRKERschen Methode ergaben P. KUHL, G. FRITSCH, W. WELSCH und H. WERNER[5] im Mittel folgende Werte: Hunde 6,59 Mill., Schweine ♂ 7,59, ♀ 7,29, Ratten ♂ 8,93, ♀ 8,20, Kaninchen 5,86, Rinder 5,72, Pferde 6,94, Schafe ♂ 11,60, ♀ 9,80, Ziegen ♂ 13,39, ♀ 14,49, Hähne 3,24, Hennen 2,77, Tauben 3,18, Enten ♂ 2,94, ♀ 2,56, Gänse 2,65 Mill. Bei den Tierarten, bei welchen die Geschlechter nicht angeführt sind, ergaben sich keine wesentlichen Differenzen in der E-Zahl zwischen beiden Geschlechtern; es konnten allerdings bei Rindern und Pferden nur wenig männliche Tiere untersucht werden.

R. GÖTZE[6], welcher neuerdings Hunderte von Tieren untersucht hat, gibt folgende Zahlen an: Eber 7,09, Mutterschweine 6,90, Schnitteber 6,82, Bullen 6,52, Kühe 5,97,

---

[1] BÜRKER, K.: Vergleichende Untersuchungen über den Gehalt des menschlichen Blutes an Hämoglobin und Erythrocyten in verschiedenen Teilen des Gefäßsystems. Pflügers Arch. f. d. ges. Physiol. Bd. 167, S. 143. 1917. — BOGENDÖRFER u. NONNENBRUCH: Vergleichende Bestimmung der Blutkörperchenzahl, des Serumeiweißes und Serumkochsalzes im Venen- und Capillarblut. Dtsch. Arch. f. klin. Med. Bd. 133, S. 389. 1920. — BOSTROM, E. F.: Conditions causing an unequal distribution of erythrocytes in the blood stream. Americ. journ. of physiol. Bd. 58, S. 195. 1921. — VERZÁR, F. u. F. KELLER: Der Sauerstoffgehalt des Capillarblutes. Biochem. Zeitschr. Bd. 141, S. 21. 1923. — HOFMEIER, K.: Untersuchungen über die Blutkonzentration. Zeitschr. f. d. ges. exp. Med. Bd. 35, S. 191. 1923.

[2] BARCROFT, J.: Die Stellung der Milz im Kreislaufsystem. Ergebn. d. Physiol. Bd. 25, S. 818. 1926.

[3] Siehe GRIESBACH, W.: Über die Gesamtblutmenge. Dieses Handbuch, diesen Band.

[4] MARLOFF, R.: S. 368, zitiert auf S. 18.

[5] KUHL, P.: Das Blut der Haustiere, mit neueren Methoden untersucht. I. Untersuchung des Pferde-, Rinder- und Hundeblutes. Pflügers Arch. f. d. ges. Physiol. Bd. 176, S. 263. 1919. — FRITSCH, G.: II. Untersuchung des Kaninchen-, Hühner- und Taubenblutes. Ebenda Bd. 181, S. 78. 1920. — WELSCH, W.: V. Untersuchung des Schweine-, Schaf- und Ziegenblutes. Ebenda Bd. 198, S. 37. 1923. — WERNER, H.: nach noch nicht veröffentlichten Versuchen.

[6] GÖTZE, R.: S. 245, zitiert auf S. 7, und nicht veröffentlichte Tabellen.

Schnittochsen 5,69, Hengste 7,75, Stuten 7,39, Wallache 6,99, Schafböcke 10,03, Mutterschafe 9,51, Ziegenböcke 14,74, Mutterziegen 13,60; Gesamtdurchschnitt für Schwein 6,90, Rind 6,03, Pferd 7,34, Schaf 9,69, Ziege 13,98 Mill. Der Einfluß der Artzugehörigkeit, Rasse und Leistungsrichtung, des Geschlechts, Alters, Lebendgewichts, der Lebenslage, Konstitution, Kondition, Gesundheit, Widerstandskraft und des individuellen Charakters wird von R. Götze zusammen mit Ausblicken für die praktische Tierzucht eingehend erörtert.

Die E-Zahl wird bei den Säugetieren von ganz ähnlichen Momenten beeinflußt wie beim Menschen, weshalb auf das dort Gesagte (S. 20 u. f.) verwiesen sein soll. Tiere gleichen Wurfs weisen durchaus nicht immer gleiche E-Zahlen auf. Wie sehr bei Tieren die E-Zahl vom Funktionszustand, besonders wohl vom Gaswechsel, abhängig ist, konnte K. Vierordt beim Murmeltier erweisen, das im Winterschlaf eine E-Zahl von nur 2,4 Mill., im wachen Zustand aber 7,7 Mill. aufwies. Bei Hunden hat J. F. Lyon[1] den Einfluß von Blutverlusten genauer untersucht und gefunden, daß nach einem Verlust von 4% des Körpergewichts etwa am 4. Tage die niedrigste E-Zahl erreicht war, dann stieg die Zahl allmählich wieder an, um am 25. Tage durchschnittlich normal zu sein. Bei Kaninchen bewirkten schon relativ geringe Blutverluste eine starke Abnahme der E-Zahl. Bei der Blutentnahme aus dem Kaninchenohr ist darauf zu achten, daß dort die Blutgefäße sich in einem von der Herztätigkeit unabhängigen, viel langsameren Rhythmus füllen und wieder entleeren.

Die *Oberfläche der in 1 cmm Blut enthaltenen tierischen Erythrocyten* beträgt nach R. Götze beim Schwein 625, Rind 509, Pferd 578, Schaf 586 und Ziege 633 qmm. Bei der Unsicherheit der Angaben über die Gesamtblutmenge dieser Tiere lassen sich noch keine zuverlässigen Angaben über die Gesamtoberfläche der darin befindlichen Erythrocyten machen.

4. Der Inhalt der Erythrocyten.

Der wesentliche Inhalt der Erythrocyten ist der rote Blutfarbstoff, das *Hämoglobin*, das bei seiner großen physiologischen Bedeutung in diesem Band S. 76 besonders behandelt wird. Bei einem Gewicht des menschlichen Erythrocyten von $95,2 \cdot 10^{-12}$ g (S. 16) und einem Hämoglobingehalt von $32,4 \cdot 10^{-12}$ g (S. 35) macht also das Hämoglobin mehr als ein Drittel des Erythrocytengewichts aus.

Das *Stroma* besteht nach O. Pascucci[2] zu etwa zwei Dritteln des Trockengewichts aus in Wasser und Kochsalzlösung unlöslichen Eiweißstoffen, zu etwa einem Drittel aus Lecithin, Cholesterin und einem Cerebrosid; die Trockensubstanz enthielt im Mittel 0,87% Asche, 12,3% Stickstoff und 30,7% in Äther, Chloroform und Alkohol lösliche Substanz.

Der Stickstoff-(N-)Gehalt von 1 Million Erythrocyten beträgt nach R. Schoen[3] 0,00563 mg beim Mann und 0,00527 bei der Frau, auf ein Erythrocyt würde also 5,63 bzw. $5,27 \cdot 10^{-12}$ g N fallen. Da der Hämoglobingehalt eines Erythrocyten, wie oben erwähnt, beim Mann rund $32,4 \cdot 10^{-12}$ g beträgt, was bei einem N-Gehalt des Hämoglobins von 16,38% $5,32 \cdot 10^{-12}$ g N absolut wäre, so bleibt für die anderen Bestandteile des Erythrocyten nur $0,31 \cdot 10^{-12}$ g N übrig. Vom Gesamt-N-Gehalt sind also rund 94% im Hämoglobin und nur 6% in anderen Bestandteilen enthalten.

Nach H. J. Hamburger[4] müssen Lecithin und Cholesterin, die vom Standpunkt der Permeabilität aus antagonistische Substanzen sind, in einem bestimmten Verhältnis zueinander in der Oberflächenschicht vorhanden sein, die Resistenz der Erythrocyten, die elektrische Isolierung der Zellen, die Permeabilität der Oberflächenschicht für Ionen und ihr Gehalt an Wasser ist davon

[1] Lyon, J. F.: Blutkörperzählungen bei traumatischer Anämie. Virchows Arch. f. pathol. Anat. Bd. 84, S. 207. 1881.

[2] Pascucci, O.: Die Zusammensetzung des Blutscheibenstromas und die Hämolyse. Hofmeisters Beitr. z. chem. Physiol. u. Pathol. Bd. 6, S. 543. 1905.

[3] Schoen, R.: Studien über den anhämoglobinischen Stickstoffgehalt der Erythrocyten, ein Beitrag zur Kenntnis des Stickstoffwechsels der Gewebe. Biochem. Zeitschr. Bd. 128, S. 293. 1921.

[4] Hamburger, H. J.: Die zunehmende Bedeutung der Permeabilitätsprobleme für Physiologie und Pathologie. Ergebn. d. Physiol. Bd. 23, Abt. 1, S. 129. 1924.

abhängig. Mit isotonischer Kochsalzlösung kann Lecithin aus der Oberflächenschicht ausgewaschen werden, der Erythrocyt wird dann osmotisch resistenter, durch Waschung mit isotonischer Rohrzuckerlösung wird dagegen Cholesterin entfernt, ·die osmotische Resistenz nimmt dann ab. Lecithin, zu Erythrocyten hinzugefügt, schwächt deren Resistenz, intravenös injiziert ruft es daher Hämolyse und damit Hämoglobinämie hervor.

Der Wassergehalt der menschlichen Erythrocyten beträgt nach neueren Bestimmungen von R. STEINBACH[1] 57,5% beim Mann und 57,3% bei der Frau, *die Erythrocyten gehören also nach Knochen- und Fettgewebe zu den trockensten Gebilden des menschlichen Körpers.* Von dem Gewicht des Erythrocyten von $95,2 \cdot 10^{-12}$ g sind $54,7 \cdot 10^{-12}$ g Wasser und $40,5 \cdot 10^{-12}$ g andere Bestandteile, Da der Hämoglobingehalt $32,4 \cdot 10^{-12}$ beträgt, so bleiben für weitere Bestandteile nur $8,0 \cdot 10^{-12}$ g übrig; nicht weniger als 34% der feuchten und 79% der trockenen Erythrocyten sind Hämoglobin.

Was sonst noch in den Erythrocyten in qualitativer und quantitativer Beziehung enthalten ist, ergibt sich aus den Analysen von E. ABDERHALDEN[2], die sich auf Säugetiererythrocyten beziehen.

	100 Gewichtsteile Blutkörperchen enthalten							
	Hund	Katze	Schwein	Kaninchen	Rind	Pferd	Schaf	Ziege
Wasser	64,43	62,42	62,56	63,35	59,19	61,32	60,48	60,87
Feste Stoffe	35,58	37,58	37,44	36,64	40,81	38,68	39,52	39,13
Hämoglobin	32,75	33,00	32,68	33,19	31,67	31,51	30,33	32,40
Eiweiß	0,99	2,68	1,92	1,22	6,42	5,68	7,85	5,40
Zucker	—	—	—	—	—	—	—	—
Cholesterin	0,22	0,13	0,05	0,07	0,34	0,04	0,24	0,17
Lecithin	0,26	0,31	0,35	0,46	0,37	0,40	0,34	0,39
Fett	—	—	—	—	—	—	—	—
Fettsäuren	0,01	—	0,01	—	—	—	—	—
Phosphors. als Nuclein	0,01	0,01	0,01	0,01	0,01	0,01	0,01	0,01
Natron	0,28	0,27	—	—	0,22	—	0,21	0,22
Kali	0,03	0,03	0,50	0,52	0,07	0,49	0,07	0,07
Eisenoxyd	0,16	0,16	0,16	0,17	0,17	0,16	0,16	0,16
Kalk	—	—	—	—	—	—	—	—
Magnesia	0,01	0,01	0,02	0,01	0,001	0,01	0,002	0,004
Chlor	0,14	0,10	0,15	0,12	0,18	0,19	0,17	0,15
Phosphorsäure	0,16	0,16	0,21	0,22	0,07	0,19	0,08	0,07
Anorgan. Phosphorsäure	0,13	0,12	0,17	0,17	0,04	0,15	0,05	0,03

Aus den Tabellen geht hervor, daß in den Blutkörperchen kein Zucker[3], kein Fett und kein Kalk enthalten ist. Der Alkaligehalt ist bei den verschiedenen Tierarten verschieden. Bei den Carnivoren und den Wiederkäuern ist Natron in den Körperchen enthalten, während es beim Schwein, Kaninchen und Pferd fehlt. Auffallend sind die Unterschiede im Phosphorsäuregehalt, der bei den Carnivoren, ferner dem Schwein, Kaninchen und Pferd größer ist als bei den

---

[1] STEINBACH, R.: Der Wassergehalt der menschlichen Erythrocyten und seine Bestimmung. Zeitschr. f. Biol. Bd. 75, S. 305. 1922.

[2] ABDERHALDEN, E.: Zur quantitativen vergleichenden Analyse des Blutes. Hoppe-Seylers Zeitschr. f. physiol. Chem. Bd. 25, S. 108. 1898. Die Werte werden für 100 statt für 1000 Gewichtsteile Blutkörperchen angegeben, die Dezimalstellen sind gekürzt und abgerundet.

[3] Auch H. J. HAMBURGER gibt an, daß im *strömenden* Blut die Glucose ausschließlich im Plasma vorkommt und daß ein Übergang von Zucker aus dem Plasma in die Blutkörperchen erfolgt, wenn das Blut gerinnt und defibriniert wird; auch in Hirudinblut findet der Übertritt statt. Ergebn. d. Physiol. Bd. 23, Abt. 1, S. 117. 1924.

Wiederkäuern. Aus Kataphoreseversuchen von R. Höber[1] und seiner Schule geht gleichfalls hervor, daß die Art und Konzentration der Binnenelektrolyte der Erythrocyten bei verschiedenen Tierarten verschieden ist, dementsprechend auch die Wasserstoffionenkonzentration, welche zur Entladung der Erythrocyten erforderlich ist.

Für den Menschen gibt E. Abderhalden[2] an, daß die Erythrocyten kein Na und Ca enthalten, Mg in Spuren; der K-Gehalt von 100 ccm Erythrocyten beträgt 410 bis 440 mg.

Der Gehalt der Erythrocyten an Stoffen ist noch von Umständen abhängig, welche die Permeabilität der Oberflächenschicht beeinflussen. So hat sich insbesondere H. J. Hamburger[3] ergeben, daß jede Gleichgewichtsstörung in der Zusammensetzung des Plasmas zu einem Austausch von Stoffen und damit zu einer Veränderung des Inhalts der Erythrocyten führt. Im arteriellen Blut ist, wie sich noch ergeben wird, der Inhalt ein anderer als im venösen, im defibrinierten Blut auch ein anderer als im möglichst frisch gewonnenen, nicht geronnenen Blut. Na- und K-Ionen wirken ferner erweichend auf die Membran (lyotrope Wirkung) und machen sie durchlässiger, Ca-Ionen dagegen verdichten die Membran und verhindern Hämolyse. K- und Ca-Ionen haben ferner nach Neuschloss eine antagonistische Wirkung auf die Oberflächenspannung einer Lecithinemulsion in Kochsalzlösung, jede Änderung der Oberflächenspannung muß aber eine Änderung der Permeabilität im Gefolge haben. Auch die H-Ionen sind von Einfluß, der Konzentration der H-Ionen ist aber zugleich die Konzentration der Ca-Ionen proportional, Zusatz von $NaHCO_3$ vermindert dagegen die Konzentration der Ca-Ionen. Mit Kobragift behandelte Erythrocyten sind nicht mehr permeabel für Wasser.

Was die *quantitative Bestimmung des Hämoglobins* anlangt, so hat man sich dazu chemischer, kolorimetrischer, photographischer, spektroskopischer, spektrophotometrischer und photoelektrischer Methoden bedient[4].

Die chemischen Methoden gründen sich auf die Sauerstoffkapazität des Hämoglobins und auf seinen Eisengehalt. Die Sauerstoffkapazität kann auch in kleinen Blutmengen, bis zu 0,1 ccm herab, nach der Barcroftschen Methode[5] recht genau bestimmt werden, der Eisengehalt nach der Neumannschen Methode in der Modifikation von Butterfield[6]. Bei der Colorimetrie gehen die neueren Methoden darauf aus, Hämoglobinderivat mit Hämoglobinderivat zu vergleichen und nicht mit Ersatzfarben; dies wird in den Apparaten von F. Hoppe-Seyler, P. Giacosa, E. Nebelthau, J. Haldane, J. Plesch, W. Zangemeister und H. Sahli angestrebt. Als ein besonders haltbares Derivat hat sich das reduzierte Hämoglobin erwiesen, das in dem neuesten, auch optisch verbesserten Hämoglobinometer von K. Bürker[7], einem Kompensationscolorimeter, Verwendung findet.

Von den anderen genannten Methoden verdient noch die spektrophotometrische besonders hervorgehoben zu werden, da mit ihrer Hilfe, vor allem in der Hand von G. Hüfner,

---

[1] Höber, R. u. O. Nast: Beiträge zum arteigenen Verhalten der roten Blutkörperchen. I. Hämolysen bei gleichzeitiger Einwirkung von Neutralsalzen und anderen cytolysierenden Stoffen. Biochem. Zeitschr. Bd. 60, S. 131. 1914. — Kozawa, S.: II. Kataphorese und Hämolyse. Ebenda S. 146.

[2] Abderhalden, E.: Lehrbuch der Physiologie II. Teil, S. 111. Berlin u. Wien: Urban & Schwarzenberg 1925.

[3] Hamburger, H. J.: S. 111, zitiert auf S. 26.

[4] Siehe K. Bürker: Gewinnung, qualitative und quantitative Bestimmung des Hämoglobins. Tigerstedts Handb. d. physiol. Methodik Bd. II, Abt. 1, S. 213. Leipzig: S. Hirzel 1910.

[5] Barcroft, J., Differential method of blood-gas analysis. Journ. of physiol. Bd. 37, S. 12. 1908.

[6] Butterfield, E. E.: Über die Lichtextinktion das Gasbindungsvermögen und den Eisengehalt des menschlichen Blutfarbstoffs in normalen und krankhaften Zuständen. Hoppe-Seylers Zeitschr. f. physiol. Chem. Bd. 62, S. 173. 1909.

[7] Bürker, K.: Ein neuer Hämoglobinometer. Pflügers Arch. f. d. ges. Physiol. Bd. 203, S. 274. 1924.

die wichtigsten Konstatierungen gelangen. Nach K. VIERORDTs grundlegenden Untersuchungen ist auch für Hämoglobin und seine Derivate das Verhältnis von Konzentration c und Extinktionskoeffizient ε konstant, und zwar gleich dem Absorptionsverhältnis A, also

$$\frac{c}{\varepsilon} = A.$$

Stellt man daher z. B. mit krystallisiertem Hb—O_2 eine bestimmte Konzentration her und ermittelt in der Region des zweiten, nach Grün zu gelegenen Absorptionsstreifens den Extinktionskoeffizienten ε_0', so ergibt sich daraus A_0' als eine Konstante, mit deren Hilfe sich dann eine beliebige andere Konzentration c aus deren Extinktionskoeffizient ε_0' zu

$$c = \varepsilon_0' \cdot A_0'$$

bestimmen läßt.

Für ein HÜFNERsches Spektrophotometer werde z. B. A_0' zu $1{,}25 \cdot 10^{-3}$ gefunden. Nach 100facher Verdünnung des Blutes ergebe sich der Extinktionskoeffizient ε_0' zu $1{,}200$, dann ist die Konzentration dieser Blutlösung

$$c = 1{,}200 \cdot 1{,}25 \cdot 10^{-3} = 0{,}001\,500,$$

oder in 100 ccm Blut sind $15{,}00$ g Hb—O_2 enthalten[1].

Mit der spektrophotometrischen Methode können auch zwei gleichzeitig in Lösung befindliche Hb-Derivate quantitativ bestimmt werden, denn K. VIERORDT hat gezeigt, daß jedes der Derivate das Licht nach Maßgabe seiner Konzentration und seines Absorptionsverhältnisses schwächt, so daß der Extinktionskoeffizient der Mischung gleich ist der Summe der Extinktionskoeffizienten der gemischten Stoffe; man hat in diesem Fall nur nötig, den Extinktionskoeffizienten der Mischung in einer weiteren Region des Spektrums zu ermitteln. G. HÜFNER ging zur gleichzeitigen quantitativen Bestimmung zweier Hb-Derivate von folgender Überlegung aus. Es seien z. B. Hb—O_2 und reduziertes Hb nebeneinander in Lösung. Der Extinktionskoeffizient für Hb—O_2, in der Region des nach Grün zu gelegenen Absorptionsstreifens bestimmt, betrage ε_0', in der Region zwischen den beiden Streifen ε_0, dann ist das Extinktionsverhältnis $\dfrac{\varepsilon_0'}{\varepsilon_0}$ konstant und beträgt $1{,}578$. Reduziertes Hb, unter denselben Bedingungen untersucht, gibt das Extinktionsverhältnis $\dfrac{\varepsilon_r'}{\varepsilon_r} = 0{,}762$. Befinden sich nun beide Farbstoffe gleichzeitig in Lösung und sind $\varepsilon_{0,r}'$ und $\varepsilon_{0,r}$ die beiden entsprechenden Extinktionskoeffizienten der Mischung, so muß das Extinktionsverhältnis $\dfrac{\varepsilon_{0,r}'}{\varepsilon_{0,r}}$ zwischen den Werten $1{,}578$ und $0{,}762$ gelegen sein, es muß sich um so mehr $1{,}578$ nähern, je mehr Hb—O_2 in Lösung ist, und um so mehr $0{,}762$, je mehr reduziertes Hb vorhanden ist. Aus Tabellen, die HÜFNER zusammengestellt hat, läßt sich das prozentische Mischungsverhältnis nach Ermittlung des Extinktionsverhältnisses leicht ablesen.

Daß die spektrophotometrische Methode neben der quantitativen zugleich auch die qualitative Bestimmung des Hb und seiner Derivate ermöglicht, ist bei der leichten Veränderlichkeit einiger dieser Derivate von großem Vorteil.

Ein sehr empfindliches photoelektrisches Colorimeter, bei welchem lichtempfindliche Kaliumzellen Verwendung finden, hat F. WILDERMUTH[2] angegeben.

Der *absolute Hämoglobingehalt*, wie er mit den genannten Methoden bestimmt werden kann, beträgt nach neueren Untersuchungen von L. HORNEFFER[3] beim erwachsenen Mann, entsprechend der E-Zahl von $5{,}00$ Mill., $16{,}0$ g in

---

[1] Siehe auch E. LETSCHE: Beiträge zur Kenntnis des Blutfarbstoffs. Hoppe-Seylers Zeitschr. f. physiol. Chem. Bd. 76, S. 243. 1911, ferner E. E. BUTTERFIELD: Zur Photometrie des Blutfarbstoffes. Ebenda Bd. 79, S. 439. 1912.

[2] WILDERMUTH, F.: Ein für fortlaufende Untersuchungen geeignetes photoelektrisches Colorimeter. Pflügers Arch. f. d. ges. Physiol. Bd. 183, S. 91. 1920.

[3] HORNEFFER, L.: Zitiert auf S. 12.

100 ccm Blut, bei der Frau wäre er entsprechend 4,50 Mill. Erythrocyten zu 14,6 g anzunehmen. Man erhält aus Gründen, die noch später (S. 36) besprochen werden, schätzungsweise den Hb-Gehalt, wenn man die E-Zahl mit 3,2 multipliziert. Wie bei der E-Zahl ist aber auch beim Hb-Gehalt die physiologische Schwankungsbreite beträchtlich, Abweichungen um 10% nach oben und unten vom Mittelwert kommen häufig zur Beobachtung. In pathologischen Fällen hat man als extreme Werte 3,2 g und 30 g beobachtet.

In den Tropen (Batavia-Weltevreden, auf Java) fand Frau H. Mengert-Presser[1] bei 150 Schülern der Medizinschule (Eingeborene von Java und Sumatra im Alter von 20 bis 30 Jahren) im Mittel Werte von 104% Sahli = 18,0 g, bei eingewanderten Europäern 97% = 16,8 g.

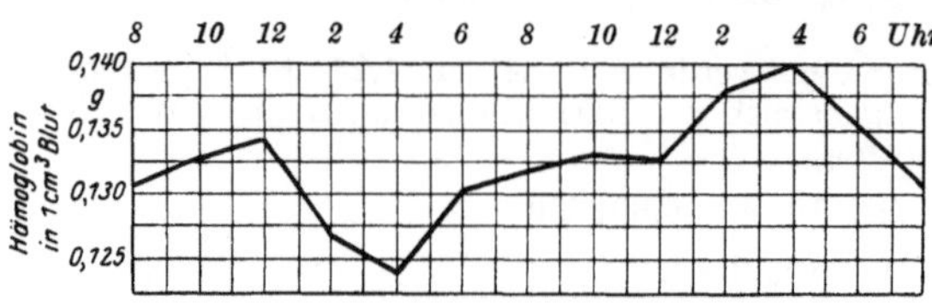

Abb. 7. Tagesschwankungen im Hämoglobingehalt, ermittelt auf Grund einer 7 tägigen Versuchsreihe, bei welcher der Autor sein Blut alle zwei Stunden untersuchte. (Nach E. Reinert.)

Wie bei der E-Zahl, so fand E. Reinert auch *Tagesschwankungen* im Hb-Gehalt mit dem Vierordtschen Spektrophotometer, die in Abb. 7 dargestellt und gleichzeitig mit denen der E-Zahl (Abb. 4 auf S. 18) ermittelt wurden. Schon vor Reinert hat O. Leichtenstern[2] durch stündliche spektrophotometrische Untersuchungen an sich selbst während 6 Tagen Werte erhalten, die im Mittel die Abb. 8 zeigt. Aus beiden Kurven geht hervor, daß einige Stunden nach dem Mittagessen die Hb-Werte am niedrigsten sind, offenbar wegen erhöhten Flüssigkeitgehalts des Blutes.

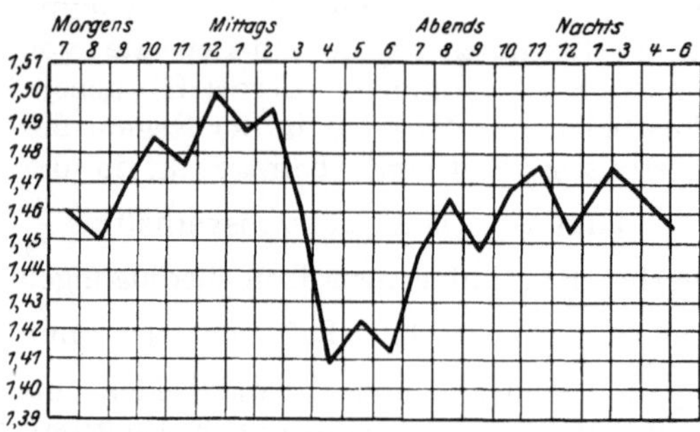

Abb. 8. Tagesschwankungen im Hämoglobingehalt, ermittelt auf Grund einer 6 tägigen Versuchsreihe, bei welcher der Autor sein Blut stündlich untersuchte. (Nach O. Leichtenstern.)

Der Hb-Gehalt ist weiterhin von allen den Umständen abhängig, von welchen die E-Zahl abhängig ist (S. 20 u. f.), also von der *Konstitution* innerhalb gewisser Grenzen, der *Ernährung* und besonders der *Flüssigkeitszufuhr*[3], der *Atmung*, der *inneren Sekretion*, der *Assimilation*, der *Dissimilation*, dem *Höhenaufenthalt* und besonders von dem *Lebensalter*. Als allgemein gültiges Gesetz kann man es aber aussprechen, daß absolute Änderungen im Hb-Gehalt sich langsamer vollziehen als absolute Änderungen der E-Zahl, d. h. es werden bei Neubildungsprozessen zunächst Hb-ärmere Erythrocyten in die Blutbahn geschickt bzw. es bleiben bei Abnahme der E-Zahl zunächst noch Hb-reichere Erythrocyten in der Blutbahn zurück. Die E-Zahl ist also labiler als der Hb-Gehalt. Das beschriebene Verhalten kommt besonders auch nach Aderlässen zur Beobachtung.

---

[1] Mengert-Presser, H.: S. 246, zitiert auf S. 24. Siehe ferner M. Djamil: Die Bestimmung des Hämoglobingehaltes und des Volumens der roten Blutkörperchen und des Färbeindex des Blutes in den Tropen. Geneesk. tijdschr. v. Nederlandsch Indië Bd. 65, S. 318. 1925. °

[2] Siehe S. 31 dieses meines Beitrages, Anm. 1.

[3] Siehe R. Siebeck: Physiologie des Wasserhaushaltes. Dieses Handbuch Bd. 17, S. 187. 1925. Die Blutverdünnung nach Flüssigkeitszufuhr wurde mit dem Bürkerschen Hämoglobinometer festgestellt.

Nicht nur auf die E-Zahl, sondern auch auf den Hb-Gehalt hat der große *Krieg* mit seinen Folgezuständen ungünstig gewirkt, die Werte sind aber jetzt wieder im Steigen begriffen.

Während des *Hungerns* ändert sich das Verhältnis des Hb zu den übrigen festen Bestandteilen des Blutes zugunsten des Hb, es wird also weniger rasch aufgezehrt als die andern festen Bestandteile; bei Nahrungszufuhr werden die andern festen Bestandteile rascher ergänzt als das Hb (L. HERMANN und S. GROLL).

Was noch besonders das *Lebensalter* anlangt, so ergeben sich nach früheren spektrophotometrischen Bestimmungen von O. LEICHTENSTERN[1] folgende Werte. Das Blut gesunder Neugeborener[2] ist reicher an Hb als das irgendeiner späteren

Hb-Gehalt. Untersuchungsergebnisse (Mittelwerte) von Ch. S. WILLIAMSON.

Alter	Gramme Hb in 100 ccm Blut			Anzahl der Fälle		
	männlich	weiblich	Mittel aus beiden	männlich	weiblich	zusammen
1 Tag	23,31	23,19	23,25	16	15	31
2— 3 Tage	22,50	23,05	22,78	15	16	31
4— 8 ,, ...	22,14	22,11	22,12	15	18	33
9—13 ,, ...	21,36	21,33	21,35	15	15	30
2 Wochen bis 2 Monate .	18,70	18,04	18,42	15	15	30
3— 5 Monate	13,08	14,25	13,66	16	16	32
6—11 ,, ...	13,22	14,19	13,70	18	15	33
1 Jahr	12,80	12,23	12,53	18	16	34
2 Jahre	12,44	12,70	12,57	16	17	33
3 ,, ...	13,21	13,11	13,16	15	16	31
4 ,, ...	13,28	13,98	13,62	16	15	31
5 ,, ...	13,83	13,27	13,54	17	18	35
6—10 Jahre	14,57	13,70	14,18	18	15	33
11—15 ,, ...	14,48	14,87	14,69	17	20	37
16—20 ,, ...	16,81	15,64	16,25	16	15	31
21—25 ,, ...	17,23	15,03	16,02	17	21	38
26—30 ,, ...	16,41	15,53	15,88	19	28	47
31—35 ,, ...	16,94	15,44	16,19	16	16	32
36—40 ,, ...	16,98	15,36	16,22	17	15	32
41—45 ,, ...	16,85	15,64	16,23	15	16	31
46—50 ,, ...	17,07	15,49	16,43	22	15	37
51—55 ,, ...	16,96	16,08	16,56	19	16	35
56—60 ,, ...	16,97	15,76	16,36	15	15	30
61—65 ,, ...	16,46	15,71	16,07	15	16	31
66—70 ,, ...	16,19	15,51	15,87	17	15	32
71—75 ,, ...	15,22	15,46	15,34	19	17	36
76 Jahre und darüber . .	15,67	15,04	15,39	30	23	53
			zusammen	464	455	919

Lebensperiode (ca. 21 g). Dieser Hb-Reichtum sinkt in den ersten Lebenswochen ziemlich rasch, so daß der Hb-Gehalt des Blutes 10 bis 12 Wochen alter Kinder dem des Erwachsenen gleichkommt (ca. 14 g). Im weiteren Verlauf des Kindesalters sinkt der Farbstoffgehalt des Blutes noch mehr und erreicht sein Minimum im Alter von $^1/_2$ bis 5 Jahren (ca. 11 g). Im Alter von 6 bis 15 Jahren ist ein geringes Ansteigen des Hb-Gehaltes bemerkbar. Entschiedener wird dieses Ansteigen nach dem 15. Jahre; es nähert sich der Farbstoffgehalt von diesem Alter an rasch einem zweiten Maximum, das in die Zeit zwischen dem

---

[1] LEICHTENSTERN, O.: Untersuchungen über den Hämoglobingehalt des Blutes in gesunden und kranken Zuständen. Leipzig: F. C. W. Vogel 1878.

[2] Siehe auch R. TH. v. JASCHKE: S. 93, zitiert auf S. 18.

21. und 45. Lebensjahr fällt (ca. 15 g). Von hier ab ist eine entschiedene, aber geringe Abnahme im Hb-Gehalt bemerkbar. Im Greisenalter nimmt wahrscheinlich der Hb-Gehalt wieder zu.

Sehr eingehende Untersuchungen über den Einfluß des Lebensalters auf den Hb-Gehalt hat Ch. S. Williamson[1] an 919 gesunden männlichen und weiblichen Personen in Chicago in den Jahren vor 1916 mit der Hüfnerschen spektrophotometrischen Methode unter Benutzung der Kurventafel von Bürker durchgeführt, die Resultate der Untersuchung sind in der Tabelle S. 31 und in Kurven (Abb. 9 und 10) anschaulich zur Darstellung gebracht. Die Wandlungen im Hb-Gehalt sind ähnlich, wie sie Leichtenstern angibt, nur liegen die Werte im ganzen etwas höher: am 1. Lebenstag Maximum im Mittel 23,25 g, nach vollendetem 1. Lebensjahr Minimum von 12,53 g, zwischen 16 und 20 Jahren zweites Maximum mit 16,25 g, das bis zu mittleren Lebensjahren bestehen bleibt, um im höheren Alter wieder etwas abzufallen.

Was das Geschlecht betrifft, so wurden bis zum 16. Lebensjahr wesentliche Unterschiede nicht gefunden, vom 16. bis 60. Jahr erwies sich der Hb-Gehalt beim weiblichen Geschlecht zu 91,8% des männlichen, vom 61 bis 70 Jahren zu 95,6% des männlichen, um sich im höheren Alter dem

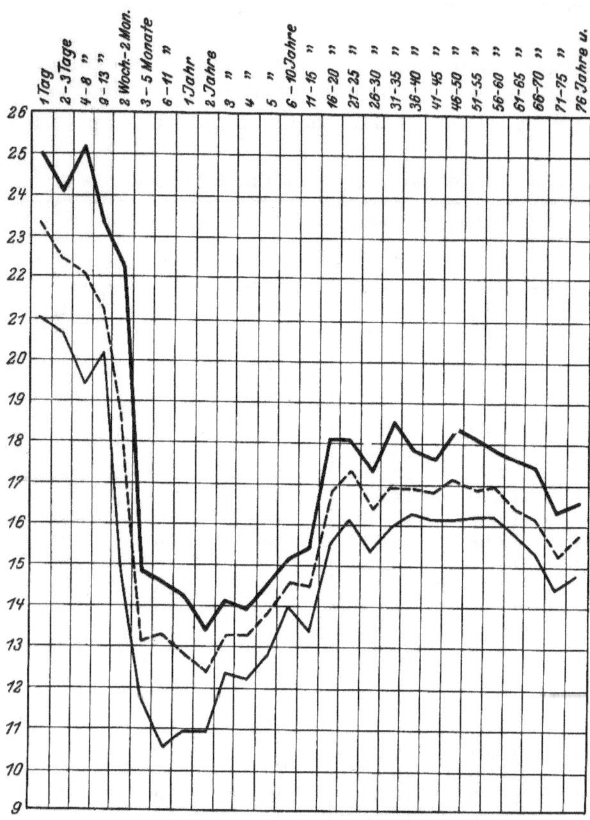

Abb. 9. Der Hämoglobingehalt des Blutes von 464 männlichen Personen in seiner Abhängigkeit vom Lebensalter. Nach Untersuchungen von Ch. S. Williamson, Chicago. Die mittlere Kurve enthält die Durchschnittswerte sämtlicher untersuchter Personen, die obere Kurve die Mittelwerte von allen *über* den Durchschnittswerten liegenden, die untere Kurve die Mittelwerte aus allen *unter* den Durchschnittswerten liegenden Fällen.

des männlichen noch mehr zu nähern. Bei einem 5 Stunden alten Zwillingspaar verschiedenen Geschlechts waren die Hb-Werte fast identisch.

Die schon S. 13 erwähnten Untersuchungen von R. Börner an 30 *Neugeborenen* bis zum Alter von 15 Tagen ergaben Hb-Werte zwischen 23,71 und 15,20 g. Allein 22 von den 30 Neugeborenen hatten einen Hb-Gehalt von über 18 g, welch letzterer Wert bei Erwachsenen schon eine Ausnahme darstellt. Je jünger die Neugeborenen waren, um so größer war im allgemeinen der Hb-Gehalt, wie sich aus Abb. 11 ergibt. Das Geschlecht war ohne Einfluß auf den

[1] Williamson, Ch. S.: Influence of age and sex on hemoglobin, a spectrophotometric analysis of nine hundred and nineteen cases. Arch. of internal med. Bd. 18, S. 504. 1916.

Hb-Gehalt, die später abgenabelten Kinder wiesen einen höheren Hb-Gehalt auf als die früher abgenabelten.

Bei Schwangeren und im fetalen Blut sind die Verhältnisse bezüglich des Hb-Gehaltes ähnlich wie bei der E-Zahl (S. 20), die beiden Werte sind also bei Mutter und Kind unabhängig voneinander. Je größer bei Schwangeren oder Gebärenden der Eiweißgehalt des Fruchtwassers ist, um so größer ist nach H. FEHLING der Hb-Gehalt ihres Blutes. Bei relativ kleinem Gewicht der Placenta hat das fetale Blut einen großen, bei relativ großem Gewicht einen kleinen Hb-Gehalt; das aus den Arterien und Venen der Nabelschnur stammende Blut hat denselben Hb-Gehalt (E. CATTANEO).

Was die *relative Änderung im Hb-Gehalt und den Hb-Gehalt in verschiedenen Gefäßprovinzen* betrifft, so gilt annähernd das gleiche, was von S. 24 ab von der relativen Änderung der E-Zahl gesagt wurde[1].

Bei einer Gesamtblutmenge des Mannes von 5 l, der Frau von 4 l beträgt die *Gesamt-Hb-Menge* etwa 800 g beim Mann und 584 g bei der Frau.

Bei den *Haus- und Laboratoriumstieren* fanden P. KUHL, G. FRITSCH, W. WELSCH und H. WERNER[2] mit der spektrophotometrischen Methode von HÜFNER im Mittel folgende Werte: Hunde 15,8 g, Schweine ♂ 16,8, ♀ 15,4, Ratten, 9 Monate alt, ♂ 15,6, ♀ 14,5, Kaninchen 11,9, Rinder 10,8, Pferde 12,4, Schafe ♂ 12,7, ♀ 11,3, Ziegen ♂ 10,7, ♀ 11,0, Hähne 12,3, Hennen 9,6, Tauben 13,7, Enten ♂ 13,8, ♀ 12,2, Gänse ♂ 14,1, ♀ 13,0 g.

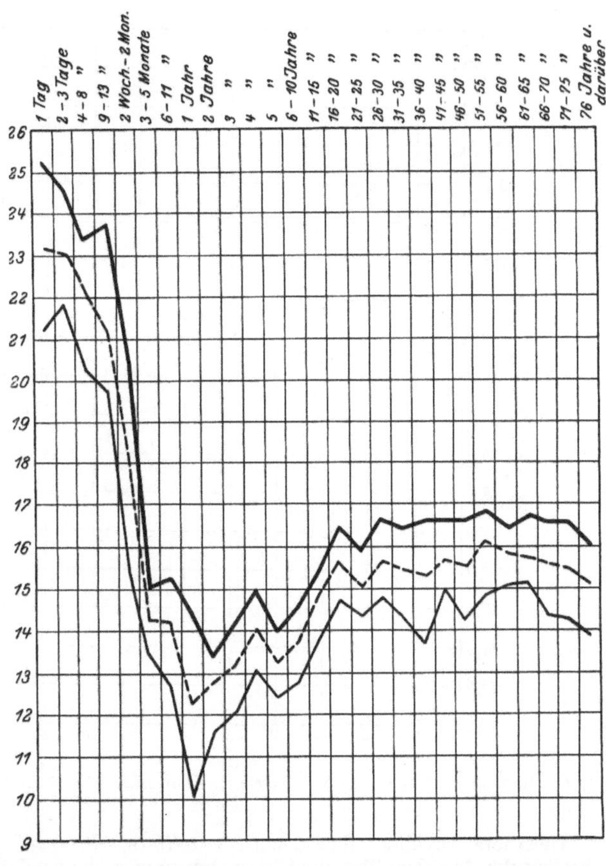

Abb. 10. Der Hämoglobingehalt des Blutes von 455 weiblichen Personen in seiner Abhängigkeit vom Lebensalter. Nach Untersuchungen von CH. S. WILLIAMSON, Chicago. Die mittlere Kurve enthält die Durchschnittswerte sämtlicher untersuchter Personen, die obere Kurve die Mittelwerte von allen *über* den Durchschnittswerten liegenden, die untere Kurve die Mittelwerte aus allen *unter* den Durchschnittswerten liegenden Fällen.

R. GÖTZE[3] gelangte bei seinen schon (S. 7) erwähnten eingehenden Untersuchungen mit der SAHLIschen Methode zu ähnlichen Werten, nur sind seine Werte für das Schwein auffallend niedrig: Eber 12,98, Mutterschwein 11,81, Schnitteber 11,67, Bullen 12,26, Kühe 10,14, Schnittochsen 9,58, Hengste 13,15, Stuten 12,16, Wallache 11,05, Schafböcke 10,63, Mutterschafe 9,91, Ziegenböcke 11,32, Mutterziegen 9,26; Gesamtdurchschnitt für Schwein 11,87, Rind 10,49, Pferd 12,17, Schaf 10,16, Ziege 9,94.

---

[1] Über die Veränderung des Hämoglobins sowie des Eiweißgehaltes im Blutserum bei Muskelarbeit und Schwitzen siehe E. COHN: Zeitschr. f. Biol. Bd. 70, S. 366. 1919.
[2] KUHL, P., G. FRITSCH, W. WELSCH u. H. WERNER: Zitiert auf S. 25.
[3] GÖTZE, R.: S. 245, zitiert auf S. 7.

Sehr eingehend haben CH. S. WILLIAMSON und H. N. ETS[1] das *Rattenblut* mit der HÜFNERschen spektrophotometrischen Methode untersucht, es kamen nicht weniger als 730 Ratten im Alter von 1—250 Tagen zur Untersuchung: der Hb-Gehalt betrug in den ersten 19 Tagen im Mittel 12,94 g, sank im Laufe des 2. Monats auf 12,44 g, stieg dann bis zum 150. Tag auf 15,51 g, um von da an wieder auf etwa 13,80 g zurückzugehen und sich auf dieser Höhe zu halten. Nach E. STEINACH[2] werden Ratten nur etwa 27—30 Monate alt.

Der absolute Hb-Gehalt wird bei den Tieren von ganz ähnlichen Momenten beeinflußt wie die E-Zahl (S. 26), aber auch hier erweist sich die E-Zahl labiler als der Hb-Gehalt. Über die für den Züchter wichtigen Momente ist die Arbeit von R. GÖTZE[3] einzusehen.

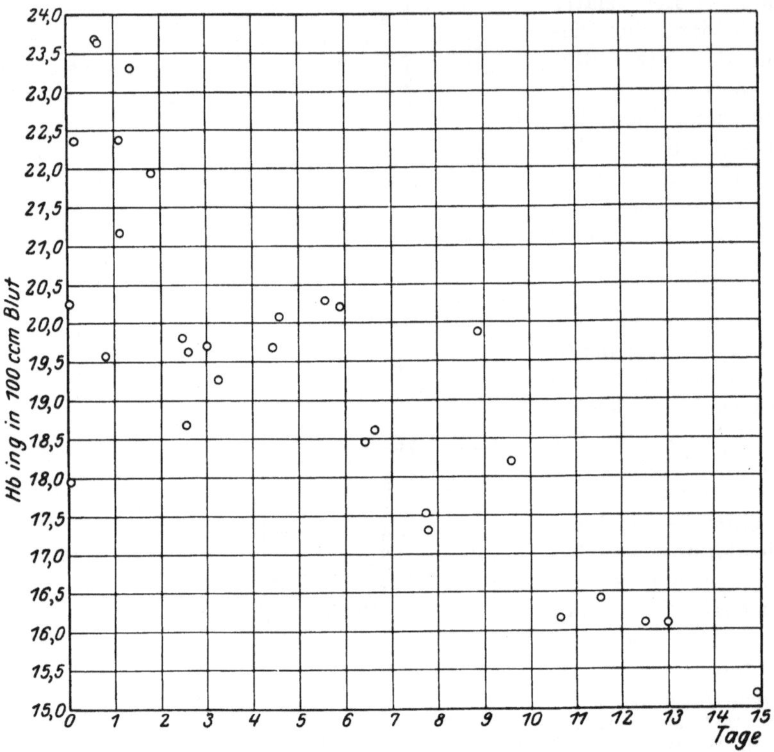

Abb. 11. Hämoglobingehalte von 30 Neugeborenen im Alter von 25 Minuten bis 15 Tagen. (Nach R. BÖRNER.)

Genauere Angaben über den *Gesamt-Hb-Gehalt* von Tieren zu machen ist bei der Unsicherheit der Angaben über die Gesamtblutmenge nicht möglich. Bei Kaninchen und Ratten fand E. ABDERHALDEN[4] den Gesamt-Hb-Gehalt bei der Geburt am kleinsten, der Gehalt nimmt dann im Verlaufe der Säuglingsperiode allmählich zu, rascher sobald die eisenarme Milchnahrung verlassen und zur eisenreichen Nahrung übergegangen wird. Die auf das Körpergewicht berechnete Gesamt-Hb-Menge ist unmittelbar nach der Geburt am höchsten, um dann, stetig abfallend, gegen Ende der Säuglingsperiode ihr Minimum zu erreichen; sobald die Milch mit eisenreicher Nahrung vertauscht wird, steigen die relativen Hb-Werte rasch an. Das nicht als Hb vorhandene Eisen hat ein Maximum unmittelbar nach der Geburt, nimmt aber mit den steigenden absoluten Hb-Werten von Tag zu Tag ab.

Bei trächtigen Hunden nimmt der Gesamt-Hb-Gehalt in der zweiten Hälfte der Tracht zu (O. SPIEGELBERG und R. GSCHEIDLEN). Unter dem Einfluß des Höhenklimas steigt

---

[1] WILLIAMSON, CH. S. u. H. N. ETS: The effect of age on the hemoglobin of the rat. Americ. journ. of physiol. Bd. 77, S. 480. 1926.

[2] STEINACH, E.: Verjüngung durch experimentelle Neubelebung der alternden Pubertätsdrüse. Berlin: Julius Springer 1920, S. 15.

[3] GÖTZE, R.: Zitiert auf S. 7.

[4] ABDERHALDEN, E.: Assimilation des Eisens. II. Methode der Hämoglobinbestimmung im ganzen Tiere. Zeitschr. f. Biol. Bd. 39, S. 197. 1900.

nicht nur die Konzentration des Blutes an Hb, sondern auch die Menge des gesamten Hb des Körpers (F. SUTER und A. JAQUET). In der Dunkelheit und im roten Licht nimmt bei Tieren das Gesamt-Hb ab, im Lichtbad und speziell im blauen Licht zu (H. P. T. OERUM).

Zu berücksichtigen ist noch, daß sich Hb außer im Blutgefäßsystem und in den blutbereitenden Organen auch in der Muskulatur vorfindet. Das Verhältnis des gesamten Muskel-Hb zu dem Hb des übrigen Körpers wurde bei Hunden zu 1 : 18 bis 24, bei einer Katze zu 1 : 21, bei Meerschweinchen zu 1 : 11 bis 26 gefunden (R. GSCHEIDLEN)[1].

a) Der Gehalt eines Erythrocyten an Hämoglobin.

Als einen für die Hämatologie sehr wichtigen Wert hat sich der Gehalt eines Erythrocyten an Hb erwiesen. Man hat sich bisher meist darauf beschränkt, diesen Gehalt in relativem Maß als *„Färbeindex"* auszudrücken, indem man den Hb-Gehalt des Blutes in Prozenten einer ziemlich willkürlichen Norm, diese gleich 100 angenommen, ermittelte, desgleichen die E-Zahl, wobei 5,00 Mill. als Norm gewählt und mit 100 bezeichnet wurde, und den Quotienten

$$\frac{\text{Hb in Prozenten der Norm}}{\text{E-Zahl in Prozenten der Norm}}$$

bildete, der normalerweise den Wert 1 ergeben mußte. Die Unsicherheit beginnt aber schon mit dem Begriff *„normaler Hb-Gehalt"* und *„normale E-Zahl"*. Beide Werte sind, wie sich ergeben hat, beim männlichen Geschlecht, wenigstens beim Menschen, größer als beim weiblichen, sie sind ferner in den verschiedenen Lebensaltern sehr verschieden, sie sind endlich im Hochgebirge größer als im Tiefland.

Was soll nun als *Norm* aufgestellt werden? Man könnte daran denken, den Hb-Gehalt und die E-Zahl gesunder erwachsener Männer, die sich in Meereshöhe unter mittleren klimatischen Verhältnissen aufhalten, als normal anzunehmen und mit 100 zu bezeichnen, wie dies auch, freilich unter Verwendung nicht ganz ausreichender Methoden, geschehen ist. Die Erfahrung zeigt aber, daß Hb-Gehalt und E-Zahl gesunder erwachsener Männer um volle 20 % und mehr schwanken können. Dazu kommt, daß der Färbeindex doch auch für das Tierblut bestimmt werden muß, der Konsequenz halber müßte dann aber auch für jede Tierart eine besondere Norm aufgestellt werden, was auch zum Teil geschehen ist; aber eine Vergleichung all dieser Werte ist doch nur auf Umwegen möglich. All diese Schwierigkeiten werden beseitigt, wenn man nicht nur die Erythrocytenzählung sondern auch die Hb-Bestimmung zu einer absoluten macht und nach K. BÜRKER den Hb-Gehalt von 1 ccm Blut durch die E-Zahl in dem gleichen Volumen dividiert; man erhält dann den *absoluten Hb-Gehalt eines Erythrocyten*, er sei mit Hb_E-Gehalt bezeichnet und in 10^{-12} g ausgedrückt. Beträgt der Hb-Gehalt von 100 ccm Blut im Mittel 16,0 g bzw. in 1 ccm 0,00016 g und die E-Zahl im gleichen Volumen 5,00 Mill. im Mittel, so ergibt sich daraus ein mittlerer Hb_E-Gehalt von $32,4 \cdot 10^{-12}$ g. Es genügt die Angabe der Zahl 32,4, welche einem Färbeindex von 1,0 entspricht[2]. In diesen $32,4 \cdot 10^{-12}$ g Hb sind schätzungsweise 700 Millionen Molekel Hb enthalten.

---

[1] Siehe auch R. P. KENNEDY u. G. H. WHIPPLE: The identity of muscle hemoglobin and blood hemoglobin. Americ. journ. of physiol. Bd. 76, S. 685. 1926, und die dort folgenden Arbeiten von WHIPPLE.

[2] Siehe die auf S. 12, Anm. 1 zitierte Arbeit von L. HORNEFFER. Siehe ferner C. FROEHLICH: Über genaue Bestimmung des Färbeindex der roten Blutkörperchen; Färbeindex (Zahl) und Färbeindex (Volumen). Folia haematol. Bd. 27, S. 109. 1922, und endlich J. J. JONG: Untersuchungen über die Bedeutung des „Färbeindex" des Blutes. Geneesk. bladen Bd. 24, S. 139. 1925⁰.

Es hat sich nun gezeigt, daß an diesem Wert unter physiologischen Verhältnissen ziemlich zäh festgehalten wird, einer kleineren E-Zahl entspricht nämlich auch meist ein kleinerer Hb-Gehalt des Blutes, einer größeren E-Zahl ein größerer Hb-Gehalt. Man kann deshalb beim Menschen schätzungsweise aus der E-Zahl auf den Hb-Gehalt des Blutes schließen, indem man die E-Zahl mit 3,2 multipliziert: einer E-Zahl von 5,00 Mill. entspricht daher ein Hb-Gehalt von $5,00 \cdot 3,2 = 16,0$ in 100 ccm Blut. Während also E-Zahl und Hb-Gehalt beim Menschen beträchtlich schwanken können, ist der Hb_E-Gehalt *unter normalen Verhältnissen geradezu eine Konstante für das menschliche Blut.*

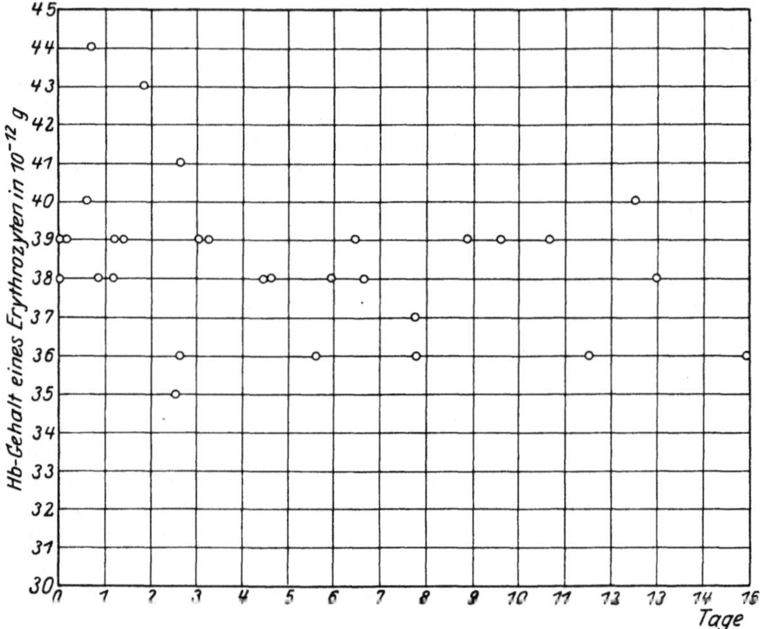

Abb. 12. Mittlerer Gehalt eines Erythrocyten an Hämoglobin bei 30 Neugeborenen im Alter von 25 Minuten bis 15 Tagen. (Nach R. Börner.)

Bei seinen schon S. 13 erwähnten Untersuchungen des Blutes von *Neugeborenen* erhielt R. Börner Werte zwischen 35 und $44 \cdot 10^{-12}$ g, sämtliche Werte lagen über dem Durchschnittswert des Erwachsenen; das Geschlecht erwies sich ohne Einfluß (Abb. 12).

Man kann zu diesem Hb_E-*Gehalt bzw. dem Färbeindex* auch noch auf einem indirekten, relativ leicht gangbaren Weg gelangen. Die *Senkungsgeschwindigkeit der Erythrocyten* in stark verdünntem Blut ist nämlich auch eine Funktion ihres Hb_E-Gehalts. Um die Senkungsgeschwindigkeit und damit den Ausschlag zu vergrößern, verdünnt man das Blut 200fach mit Hayemscher Lösung, aus welcher die Erythrocyten Sublimat aufnehmen und sich so beschweren. Ermittelt man nun die Senkung des Blutkörperchenspiegels in Millimeter pro Stunde bei dem Versuchsblut und in gleicher Weise beim Normalblut, so ergibt der Quotient beider Werte nach B. Behrens[1] ungefähr den Färbeindex. Nach

---

[1] Behrens, B.: Ist es möglich, aus der Senkungsgeschwindigkeit roter Blutkörperchen in einer Suspensionsflüssigkeit Schlüsse auf ihren Färbeindex zu ziehen? Münch. med. Wochenschr. 1924, S. 229.

M. OHNO[1] ist diese Senkungsgeschwindigkeit bei normalem menschlichen Blut ziemlich konstant und beträgt durchschnittlich 8,1 mm pro Stunde bei 20 ° C; sie ist beim weiblichen Geschlecht etwas größer als beim männlichen. Noch konstantere Werte erhält man nach OHNO, wenn man die Erythrocyten zuerst mit 0,9% NaCl-Lösung wäscht und dann erst in HAYEM-Lösung einträgt.

Der Hb_E-*Gehalt* kann auch als *Indicator dafür* dienen, *was im menschlichen Blut bzw. den blutbereitenden Organen vor sich geht*, es kann mit seiner Hilfe häufig entschieden werden, ob es sich bei Änderungen in der E-Zahl und im Hb-Gehalt um absolute oder relative handelt, ob ferner Neubildungsprozesse vorliegen oder nicht. Hier sind folgende Fälle möglich:

1. *Der Hb_E-Gehalt verändert sich.* In diesem Fall ist der normale Gang der Blutregeneration gestört. Wie sich früher schon ergab, nimmt bei stärkeren Neubildungsprozessen die E-Zahl meist rascher zu als der Hb-Gehalt, was aber nur dadurch verständlich ist, daß der Hb_E-Gehalt kleiner wird; es wird eben etwas überhastet mobilisiert, noch nicht ganz ausgebildete Erythrocyten werden in Zirkulation gebracht. Das Umgekehrte wird nach Wegfall des Reizes bei Rückkehr zu dem ursprünglichen Tempo der Blutregeneration beobachtet, es bleiben Hb-reichere Erythrocyten in der Blutbahn zurück. Aus den Kurven der Abb. 6 (S. 21) geht dies ganz deutlich hervor. Im Fall 1 handelt es sich also um absolute Veränderungen.

2. *Der Hb_E-Gehalt verändert sich nicht.* In diesem Fall kann es sich um absolute oder relative Änderungen der E-Zahl bzw. des Hb-Gehaltes handeln. Um absolute dann, wenn bei gleicher Plasmakonzentration die E-Zahl und der Hb-Gehalt in gleichem Verhältnisse zu- bzw. abnehmen; um relative, durch Eindickung oder Verdünnung des Blutes bedingt, wenn die Plasmakonzentration zugleich zu- bzw. abnimmt.

So kann man z. B. beobachten, wie unter dem Einfluß des Höhenklimas die eine Versuchsperson die E-Zahl und den Hb-Gehalt ohne Änderung des Hb_E-Gehalts vermehrt, die andere dagegen mit Änderung, und zwar Zunahme desselben.

Der Hb_E-Gehalt drückt sich auch in dem Grad der Färbung im Trockenpräparat aus, die *Erythrocyten* können *orthochromatisch* im Tone des Eosins und mittelstark gefärbt sein, entsprechend dem normalen Hb_E-Gehalt von $32,4 \cdot 10^{-12}$ g, sie können aber auch *hyper-* oder *hypochromatisch* sein, mit höherem oder geringerem Hb_E-Gehalt, in welchem Fall die Delle verschwindet oder noch stärker als normal hervortreten kann. Statt Orthochromasie kann aber auch *Polychromasie*, Färbung mehr im Ton des Methylenblaus, bestehen, wobei es sich offenbar um noch nicht ganz reife Erythrocyten, jedenfalls aber um stärkere Neubildungsprozesse handelt.

In pathologischen Fällen kann der Hb_E-Gehalt von 10 bis $60 \cdot 10^{-12}$ g oder der Färbeindex von 0,3 bis 1,9 schwanken. Auch die Senkungsgeschwindigkeit der Erythrocyten in HAYEMscher Lösung ist unter diesen Umständen stark verändert; so fand sie B. BEHRENS[2] in einem Fall von Chlorose bei einem Hb_E-Gehalt von $15 \cdot 10^{-12}$ g bzw. einem Färbeindex von 0,50 zu 3,8 mm, in einem Fall von perniziöser Anämie bei einem Hb_E-Gehalt von $41 \cdot 10^{-12}$ g bzw. einem Färbeindex von 1,37 zu 10,8 mm in der Stunde.

---

[1] OHNO, M.: Die Dimensionen und die Senkungsgeschwindigkeit der Erythrocyten des Menschen in Beziehung zum Hämoglobinverteilungsgesetz. Pflügers Arch. f. d. ges. Physiol. Bd. 201, S. 376. 1923.
[2] BEHRENS, B.: S. 230, zitiert auf S. 36.

Auch bei den *Haus- und Laboratoriumstieren* ist der Hb_E-Gehalt mehr oder weniger eine Konstante, wofür besonders die Hunde mit ihren sehr wechselnden E-Zahlen und Hb-Gehalten ein treffendes Beispiel liefern, wie folgende von P. Kuhl[1] gewonnene Tabelle zeigt:

Obwohl also die E-Zahl von 5,39 bis 7,74 Mill. und der Hb-Gehalt von 12,9 bis 19,3 g schwanken kann, sind doch die Abweichungen des Hb_E-Gehalts vom Mittelwert $24,1 \cdot 10^{-12}$ g relativ gering, wenn von dem aus der Reihe fallenden Wert bei Tier Nr. 3 abgesehen wird.

Hunde. (Nach P. Kuhl.)

Tier Nr.	E-Zahl in Millionen	Hb-Gehalt in g	Hb_E-Gehalt in 10^{-12} g
1	5,85	12,9	22
2	5,99	13,1	22
3	6,18	17,9	29
4	6,55	15,5	24
5	5,39	12,9	24
6	7,73	19,3	25
7	7,74	18,3	24
8	6,61	15,9	24
9	6,50	14,9	23
10	7,37	17,4	24

Ziegen. (Nach W. Welsch.)

Tier Nr.	E-Zahl in Millionen	Hb-Gehalt in g	Hb_E-Gehalt in 10^{-12} g
1	14,13	11,52	8
2	14,09	10,92	8
3	14,01	11,55	8
4	12,03	9,21	8
5	12,70	10,47	8
6	13,24	10,47	8
7	14,25	12,07	8
8	13,48	9,37	7
9	15,76	10,72	7
10	15,70	12,41	8

Bei Ziegen fand W. Welsch[2] geringere Schwankungen im Hb-Gehalt des Blutes, auch in diesem Falle erwies sich der Hb_E-Gehalt recht konstant (siehe Tabelle).

Für andere Tiere fanden P. Kuhl, G. Fritsch, W. Welsch und H. Werner[3] folgende Werte: Schweine ♂ 22, ♀ 21, Ratten 18, Kaninchen 20, Rinder 19, Pferde 18, Schafe 11, Hähne 38, Hennen 35, Tauben 43, Enten 47, Gänse ♂ 53, ♀ $50 \cdot 10^{-12}$ g; wo es nicht erwähnt ist, ergaben sich wesentliche, auf das Geschlecht zurückzuführende Unterschiede nicht.

Bei seinen eingehenden Untersuchungen gelangte R. Götze[4] zu ähnlichen, nur bei den Schweinen stärker abweichenden Werten: Eber 18, Mutterschwein 17, Schnitteber 17, Hengste 17, Stuten 16, Wallache 16, Schafböcke 11, Mutterschafe 10, Ziegenböcke 8, Mutterziegen $7 \cdot 10^{-12}$ g.

Der Hb_E-Gehalt von Schweinen, die auf die Weide getrieben wurden, ergab sich E. Nippert[5] zu 22, bei Stalltieren zu $19 \cdot 10^{-12}$ g. K. Hübner[6] fand viel größere Schwankungen im Hb_E-Gehalt als P. Kuhl.

Gerade bei Tieren wurde zuerst festgestellt, und zwar von R. Marloff[7], daß, je größer der Hb_E-Gehalt ist, um so größer auch die Senkungsgeschwindigkeit der Erythrocyten in Hayemscher Lösung ausfällt.

b) Die Verteilung des Hämoglobins auf das Volumen und die Oberfläche der Erythrocyten.

Wird das Volumen des menschlichen Erythrocyten auf Grund der Ermittlungen von A. Alder[8] zu 86,5 μ^3 und der Hb_E-Gehalt nach den neuesten Bestimmungen von L. Horneffer[9] zu $32,4 \cdot 10^{-12}$ g angenommen, so kommt auf die Volumeneinheit des Erythrocyten, 1 μ^3, $37,5 \cdot 10^{-14}$ g Hb, ein Wert, der

---

[1] Kuhl, P.: S. 282, zitiert auf S. 25.

[2] Welsch, W.: S. 51, zitiert auf S. 25.

[3] Siehe die auf S. 25 zitierten Arbeiten dieser Autoren.

[4] Götze, R.: S. 245, zitiert auf S. 7, aus den nicht veröffentlichten Tabellen.

[5] Nippert, E.: Einfluß der verschiedenartigen Haltungsweise (Stall und Weide) auf das Blutbild unseres Hausschweines, untersucht speziell am deutschen Edelschwein und veredelten Landschwein. Pflügers Arch. f. d. ges. Physiol. Bd. 195, S. 537. 1922.

[6] Hübner, K.: Die Senkungsgeschwindigkeit der Erythrocyten im Zusammenhange mit anderen Blutuntersuchungen bei gesunden und kranken Pferden. Monatsschr. f. prakt. Tierheilk. Bd. 34, S. 229. 1924.

[7] Marloff, R.: S. 369, zitiert auf S. 18.

[8] Alder, A.: Zitiert auf S. 7, Anm. 2.

[9] Horneffer, L.: Zitiert auf S. 12, Anm. 1.

spezifischer Hb_E-Gehalt des menschlichen Erythrocyten genannt sei[1]. Beträgt dagegen das Volumen eines Erythrocyten nach H. WELCKER 72,2 μ^3 oder 91,1 μ^3 bei Männern und 92,3 μ^3 bei Frauen, wie C. FROEHLICH[2] fand, oder nach R. L. HADEN[3] gar 96 μ^3 bei beiden Geschlechtern, so wären die entsprechenden spezifischen Hb_E-Gehalte 45 bzw. 36 bzw. 35 bzw. 34 $\cdot$ 10^{-14} g. Legt man die von W. KNOLL[4] ermittelten Volumenwerte für scheiben- bzw. glockenförmige Erythrocyten von 73,9 bzw. 81,4 μ^3 zugrunde, so ergeben sich Werte von 44 bzw. 40 $\cdot$ 10^{-14} g. Die Angaben schwanken also beträchtlich.

Für die von ihm untersuchten *Tiere* gibt R. GÖTZE[5] folgenden spezifischen Hb_E-Gehalt an: Schwein 30, Rind 33, Pferd 36, Schaf 33, Ziege 35, im Mittel für die untersuchten Tiere also 34 $\cdot$ 10^{-14} g, Werte, die dem beim Menschen gewonnenen nahestehen.

Es muß H. WELCKER[6] hoch angerechnet werden, daß er schon im Jahre 1863 mit relativ einfachen Hilfsmitteln zu dem Resultat kam, „daß *gleiche Volumina Blutkörperchensubstanz auch bei den verschiedenartigsten Tieren nahezu gleiche Färbekraft besitzen*", ein Resultat, das bisher kaum Beachtung gefunden hat.

Funktionell noch bedeutsamer als die Beziehung des Hb auf das Volumen ist die *Beziehung des Hb auf die Oberfläche der Erythrocyten*; durch Division des Hb_E-Gehaltes von 32,4 $\cdot$ 10^{-12} g durch die Oberfläche in μ^2 erhält man den Hb-Gehalt pro μ^2 Oberfläche. Für den feuchten Erythrocyten von 128 μ^2 Oberfläche ergibt sich so der Hb pro μ^2-Wert zu 25 $\cdot$ 10^{-14} g, für den trockenen Erythrocyten mit 104,2 μ^2 Oberfläche zu 31 $\cdot$ 10^{-14} g (siehe Tabelle S. 11).

Aus den von R. GÖTZE[7] gefundenen Werten berechnet sich das Hb pro μ^2 Oberfläche des feuchten Erythrocyten beim Schwein zu 19, Rind 21, Pferd 21, Schaf 17, Ziege 16, im Mittel bei diesen Tieren zu 19 $\cdot$ 10^{-14} g.

Zu besser vergleichbaren Werten gelangt man, wenn man das Hb auf die genauer bestimmbare Oberfläche der Erythrocyten im Trockenpräparat bezieht und die Oberfläche, wie früher (S. 16) angegeben, als doppelte Kreisfläche mit $D_E^2 \cdot 1,57$ in Rechnung setzt. Man erhält dann nach K. BÜRKER[8] auf Grund der D_E-Messungen von M. BETHE und C. SCHMIDT folgende Hb pro μ^2-Werte: Hund 29, Schwein 32, Kaninchen 29, Rind 34, Pferd 33, Schaf 33, Ziege 32, Gesamtmittel 31,7 $\cdot$ 10^{-14} g.

Das Hb ist also beim Menschen und den untersuchten Säugetieren offenbar in einer gesetzmäßigen Weise auf die Oberfläche der Erythrocyten (O_E) verteilt, es ist der Quotient

$$\frac{Hb_E}{O_E} \text{ } konstant \text{ und rund } 31 \cdot 10^{-14} \text{ g.}$$

Da die Erythrocyten des Menschen und der Ziege, was die Zahl und die Größenverhältnisse betrifft, Extreme darstellen, für diese Erythrocyten das Gesetz aber ebenso gilt wie für alle anderen bisher untersuchten Säugetiere,

---

[1] Der Ausdruck Hämoglobindichte, den R. GÖTZE für diesen Fall gebraucht, könnte Mißverständnisse hervorrufen und an die Dichte des Hb denken lassen.

[2] FROEHLICH, C.: Zitiert auf S. 7.

[3] HADEN, R. L.: Zitiert auf S. 15.

[4] KNOLL, W.: Zitiert auf S. 9.

[5] GÖTZE, R.: S. 245, zitiert auf S. 7. Um Kommata zu vermeiden, sei der Wert in 10^{-14} g angegeben.

[6] WELCKER, H.: S. 299, zitiert auf S. 14.

[7] GÖTZE, R.: S. 245, zitiert auf S. 7.

[8] BÜRKER, K.: Zitiert auf S. 16. Ferner F. EISBRICH: Das Blut der Haustiere, mit neueren Methoden untersucht. VI. Die Verteilung des Hämoglobins auf die Oberfläche von Säugetier-Erythrocyten. Pflügers Arch. f. d. ges. Physiol. Bd. 203, S. 285. 1924.

so darf man annehmen, daß hier ein für Mensch und Säugetier gültiges biologisches Gesetz vorliegt, das von K. Bürker das *Gesetz der Verteilung des Hämoglobins auf die Oberfläche der Erythrocyten*, kurz Hb-Verteilungsgesetz, genannt wurde.

Auf Grund dieses Gesetzes muß sich der Hb_E-Gehalt von Säugetier-Erythrocyten voraussagen lassen, wenn man nur den Durchmesser dieser Erythrocyten kennt, denn es müssen sich die Hb_E-Gehalte wie die Quadrate der Durchmesser verhalten, also

$$Hb_{E,s} = \frac{Hb_{E,m} \cdot D_s^2}{D_m^2}$$

sein, worin die Indices s und m den Hb_E-Gehalt bzw. den Durchmesser von Säugetier- bzw. Menschenerythrocyten bedeuten sollen. Die Werte für $Hb_{E,m}$ und D_m sind $32,4 \cdot 10^{-12}$ g und $8,15 \mu$ [1].

Auf diese Weise konnte z. B. der Hb_E-Gehalt von Ratten auf Grund des Durchmessers des Rattenerythrocyten zu $18 \cdot 10^{-12}$ g vorausgesagt werden und wurde auch bei Untersuchung von 10 Tieren von diesem Wert gefunden.

Durch diese auffallend gleichmäßige Verteilung des Hb auf die Oberfläche der Erythrocyten von Mensch und Säugetier wird die *biologische Bedeutung von Oberflächen* wieder so recht *betont*. Der Stoffverkehr durch diese Oberflächen wird im allgemeinen um so besser gewährleistet sein, je größer diese Oberfläche in der Volumeneinheit Blut ist; die biologische Wertigkeit der Erythrocyten ist damit — Funktionstüchtigkeit des Hb und der das Hb umgebenden Membran vorausgesetzt — bis zur Aufdeckung etwa noch feinerer Zusammenhänge hinreichend zum Ausdruck gebracht [2].

Die mehrfach (S. 13) erwähnten Untersuchungen von R. Börner an *Neugeborenen* bis zum Alter von 15 Tagen führten diesen Autor zu Werten zwischen 29 und $37 \cdot 10^{-14}$ g. Auf das Geschlecht zurückzuführende Unterschiede wurden nicht gefunden. Diese Werte erwiesen sich im Mittel als nur wenig größer als beim Erwachsenen. (Abb. 13.)

Statt nach dem Hb-Gehalt pro μ^2 Oberfläche kann man auch nach der *Oberfläche* fragen, *welche für die Gewichtseinheit Hb, $1 \cdot 10^{-12}$ g, zur Verfügung steht*, wie es W. Knoll getan hat; diese Oberfläche beträgt für den feuchten menschlichen Erythrocyten $\frac{128}{32,4} = 4,0 \mu^2$, für den trockenen $\frac{104,2}{32,4} = 3,2 \mu^2$.

Von der berechtigten Annahme ausgehend, daß die Erythrocyten ihrer Aufgabe um so besser gewachsen sein werden, je größer ihre Zahl, R_n, ihre Oberfläche, O_1, und ihr Hämoglobingehalt, Hgl_1, je kleiner aber ihr Volumen, V_1, ist, hat R. Götze [3] noch den Ausdruck *Leistungsmöglichkeit*, L_n, bzw. *Hämoglobinoberfläche* geprägt und ihn durch folgende Formel ausgedrückt:

$$L_n = \frac{R_n \cdot O_1 \cdot Hgl_1}{V_1} ,$$

die durch Multiplikation einer Oberfläche $R_n \cdot O_1$ mit der Hb-Dichte oder besser dem spezifischen Hb_E-Gehalt $\frac{Hgl_1}{V_1}$ entstanden ist. Da aber der spezifische Hb_E-Gehalt unter normalen Verhältnissen offenbar eine Konstante ist, so genügt wohl die Angabe der Gesamtoberfläche der Erythrocyten in der Volumens-

---

[1] Siehe auch M. A. Wamsteker: Der Hämoglobingehalt von Chromocyten. Dissert. Leiden 1925 [0].

[2] Über die Begriffe „volume index" und „Haemoglobin content" siehe J. A. Capps: A study of volume index. Observations upon the volume of erythrocytes in various disease conditions. Journ. of med. research Bd. 10, S. 367. 1903.

[3] Götze, R.: S. 241, zitiert auf S. 7.

einheit Blut, zumal ja das Hb bei Mensch und Säugetier gleichmäßig auf diese Oberfläche verteilt ist.

In der untenstehenden Tabelle sind von F. EISBRICH[1] erhaltene *Oberflächenwerte in 1 cmm Blut für einige Säugetiere* angegeben, ferner auch der Hb-Gehalt in dem gleichen

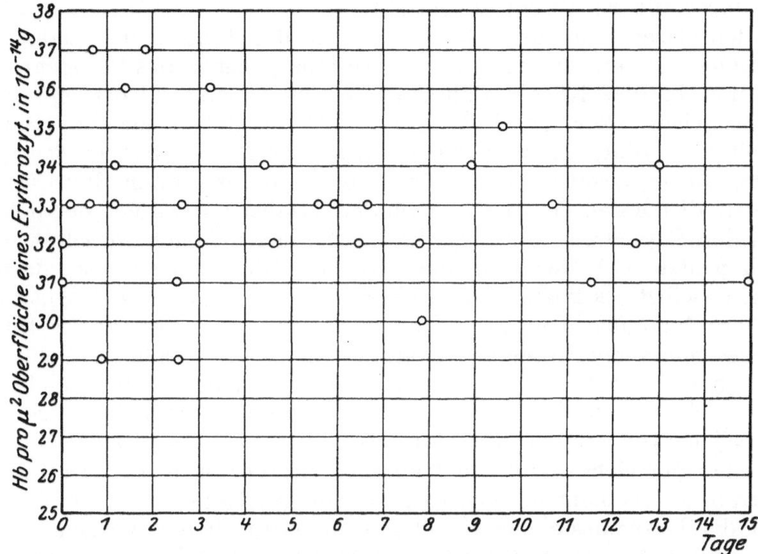

Abb. 13. Mittlerer Hämoglobingehalt pro μ^2 Oberfläche eines Erythrocyten bei 30 Neugeborenen im Alter von 25 Minuten bis 15 Tagen. (Nach R. BÖRNER.)

Volumen Blut. Da die Erythrocyten zuerst getrocknet, darauf in Canadabalsam eingeschlossen und dann erst gemessen wurden, so sind die Oberflächen absolut zu klein, sie sind aber wohl untereinander vergleichbar.

Tierart	Mittl. Oberfläche eines Erythrocyt. in μ^2	Erythrocyten in 1 cmm Blut in Millionen	Mittlere Oberfläche der Erythrocyten in 1 cmm Blut in mm²	Hämoglobingehalt von 1 cmm Blut in 10^{-6} g
Hunde	73,1	6,59	481	158
Schweine	61,9	7,44	461	161
Ratten	65,8	8,57	564	152
Kaninchen	64,5	5,86	378	119
Rinder	44,4	5,72	254	108
Pferde	43,3	6,94	301	124
Schafe	32,8	10,70	351	119
Ziegen	23,0	13,94	321	109

Die von R. GÖTZE für Säugetierblut ermittelten Oberflächenwerte für feuchte Erythrocyten sind schon S. 26 angegeben.

5. Die Funktion der Erythrocyten.

Die Funktion der Erythrocyten besteht einerseits in der *Aufnahme von Sauerstoff* aus der Lungenluft, im *Transport* desselben nach den Körpercapillaren hin und in der *Abgabe* daselbst durch die dünne, nur etwa 0,8 μ dicke Wand hindurch an die Gewebsflüssigkeit bzw. die Körperzellen, andererseits in der *Aufnahme und Beförderung der Kohlensäure* aus der Umgebung der Körpercapillaren in die Lungenluft hinein. Im arteriellen Gebiet des Blutgefäßsystems

---

[1] EISBRICH, F.: S. 298, zitiert auf S. 39, Anm. 8.

herrscht also der Sauerstoff-, im venösen der Kohlensäuretransport vor. Die Triebfeder für den Gasaustausch ist die Druckdifferenz, welche an den Orten der Aufnahme des betreffenden Gases ins Blut und dem Ort der Abgabe desselben aus dem Blut besteht; der Wagen für den Gasverkehr nach diesen Orten hin wird durch die Erythrocyten gestellt.

Von den Gasen wird der *Sauerstoff*, O_2, in den Lungen dissoziabel *an das Hb der Erythrocyten*, und zwar an die Farbstoffkomponente, das Hämochromogen, *gebunden* und in den Körpercapillaren, wo der Sauerstoffdruck minimal ist, wieder abgegeben. Für die *Kohlensäure*, CO_2, bestehen mehrere Bindungsmöglichkeiten im Blut, eine ist *durch die Erythrocyten bzw. die Eiweißkomponente des Hb, das Globin*, gegeben, wird doch $^1/_3$ bis $^1/_4$ der gesamten Blut-CO_2 in den körperlichen Elementen des Blutes gefunden. Dabei unterstützt der hohe CO_2-Gehalt in den Capillaren des Körperkreislaufs die O_2-Abgabe daselbst und der schließlich niedere CO_2-Gehalt in den Capillaren des Lungenkreislaufs die O_2-Aufnahme daselbst; es kommt so zu einer Selbststeuerung des Gasaustausches.

Für ihre *Funktion, dem Gasverkehr zu dienen,* erscheinen die Erythrocyten insofern besonders gut ausgerüstet, als sie, selbst flächenhafte Gebilde, den Gasen durch die ungeheure Zahl, in der sie sich in der Volumeneinheit Blut vorfinden, große Oberflächen darbieten und so rasch die Aufnahme und Abgabe größerer Gasmengen ermöglichen. Als biegsame, elastische Gebilde schmiegen sie sich ferner der Gefäßwand leicht an, werden aber auch ihrer Gestalt wegen im Blutstrom durcheinander gewirbelt, was für den Gasaustausch förderlich ist. Da ferner der Durchmesser der Capillaren mit etwa 10 μ nur wenig größer als der der Erythrocyten von 8,00 μ ist, so werden diese Gebilde gezwungen, hauptsächlich hintereinander, nicht nebeneinander die Capillaren zu passieren und so in ausgiebige Berührung mit der Wand zu treten.

Wesentlich ist ferner, daß die *Erythrocyten* mit ihren relativ großen Oberflächen der Wand der Capillaren durch Adhäsion *nicht anhaften*, wobei wohl auch der Lipoidgehalt der Membran eine Rolle spielt, und endlich, daß sie *nicht agglutinieren*, besonders nicht in Geldrollenform, was zu einer Verlegung der Oberflächen führen müßte. Von F. Schwyzer[1] wird in der Tat auch angenommen, daß im lebenden Gefäß die Erythrocyten durch kontaktelektrische Ladung auseinandergehalten und von der Gefäßwand abgestoßen werden; auf die negative Ladung der Erythrocyten wurde schon S. 10 hingewiesen.

Auch für sich selbst *verbrauchen die Erythrocyten* Sauerstoff, wie O. Warburg[2] gezeigt und P. Morawitz[3] bestätigt hat, die Erythrocyten des erwachsenen Menschen allerdings nur wenig, die des Kaninchens wesentlich mehr; das hängt offenbar damit zusammen, daß im Kaninchenblut viel jugendliche Elemente enthalten sind, wie die Polychromasie dieser Elemente zeigt[4]. Die kernhaltigen Erythrocyten ausgewachsener Vögel haben eine sehr erhebliche Sauerstoffatmung, im Vogelblut ist auch die Polychromasie besonders ausgeprägt.

Für den von den Erythrocyten zu vermittelnden Gasaustausch ist aber nicht nur die *Beschaffenheit der Erythrocyten* selbst, sondern auch die *ihrer Umwelt, des Gefäßsystems,* und die Fortbewegung der Erythrocyten in demselben von Bedeutung.

---

[1] Schwyzer, F.: zitiert auf S. 10.

[2] Warburg, O.: Zur Biologie der roten Blutzellen. Hoppe-Seylers Zeitschr. f. physiol. Chem. Bd. 59, S. 112, 1909.

[3] Morawitz, P.: Über Blutregeneration bei Anämien. Verhandl. d. XXVII. Kongr. f. inn. Med. 1910, S. 449.

[4] Fritsch, G.: S. 103, zitiert auf S. 25. Siehe ferner G. Denecke: Über die Jugendformen der Erythrocyten und ihren Stoffwechsel. Zeitschr. f. d. ges. exp. Med. Bd. 36, S. 179. 1923.

Nehmen wir einmal an, der *Aortenquerschnitt* betrage 8 qcm bzw. 800 qmm, was einem inneren Durchmesser der Aorta von 32 mm entsprechen würde, der Gesamtquerschnitt der aus der Aorta hervorgehenden Körpercapillaren sei 500 mal größer als der der Aorta selbst, dann wäre die *Zahl dieser Capillaren* bei einem mittleren Durchmesser der Capillare von 10 μ auf etwa *5,10 Milliarden* zu schätzen; hintereinander angeordnet würden diese Capillaren, von denen jede im Mittel etwa 0,5 mm lang ist, ein Capillarrohr von 2550 km Länge ergeben, das ist etwa $^1/_{16}$ des Erdumfangs.

Die *innere Oberfläche einer Capillare* berechnet sich zu 0,0157 qmm, die 5,10 Milliarden Capillaren des Körpers würden also dem darin befindlichen Blut eine *Gesamtoberfläche* von rund 80 qm darbieten. Diese innere Oberfläche ist 1,6 millionenmal größer als die eines gleich langen Stückes Aorta, sie ist ferner von etwa derselben Größenordnung wie die innere *respiratorische Oberfläche der Lungen*, die zu 90 qm angegeben wird.

Bei einem Inhalt der 0,5 mm langen Capillare von 0,0000393 cmm beträgt die E-Zahl in diesem Volumen Blut etwa 197 und die Oberfläche dieser Erythrocyten, die eines Erythrocyten zu 128 μ^2 angenommen, 0,0252 qmm, ist also von derselben Größenordnung wie die innere Oberfläche der Capillare selbst, von 0,0157 qmm. Die *Kapazität der 5,10 Milliarden Capillaren des Körperkreislaufs* beträgt 0,20 l Blut oder etwa $^1/_{25}$ des Gesamtblutes mit einer *Oberfläche der darin befindlichen Erythrocyten* von 129 qm.

Demnach stehen in funktioneller Beziehung zueinander die respiratorische Oberfläche der Lungen mit 90 qm, die Sauerstoff übertragende Oberfläche der in den Capillaren befindlichen Erythrocyten mit 129 qm und die Sauerstoff durchlassende Oberfläche der Capillaren mit 80 qm; man sieht, daß die doch nur schätzungsweise anzugebenden Werte in der Größenordnung einander naheliegen, was wohl kein Zufall sein wird.

Der funktionelle Zusammenhang dieser Oberflächen ergibt sich auch noch dadurch, daß Verkleinerung der respiratorischen Oberfläche durch einseitigen Pneumothorax nach den Versuchen von K. Bürker, R. Ederle und F. Kircher[1] eine offenbar kompensatorische Vergrößerung der Sauerstoff übertragenden Oberfläche im Blut durch Vermehrung der Erythrocyten und Erhöhung des Hb-Gehalts im Gefolge hat, wie deutlich aus der Abb. S. 21 hervorgeht. Von K. Bürker[2] wird daher von einer *funktionellen Koppelung solcher Oberflächen* gesprochen. Man wird erwarten dürfen, daß eine solche Koppelung auch gegenüber der Sauerstoff durchlassenden Oberfläche der Capillaren hergestellt ist[3].

Sehr auffallende Verhältnisse ergeben sich noch, wenn man berechnet, welche Zeit 1 cmm Blut braucht, um den Querschnitt einer Capillare bei der Stromgeschwindigkeit, die dort herrscht, zu passieren; es dauert dies nach neueren Berechnungen von O. Zoth[4] nicht weniger als 4 Stunden und 27 Minuten.

Für den *Gasaustausch in den Capillaren* ist es nun von fundamentaler Bedeutung, daß dort die Geschwindigkeit, mit welcher das Blut strömt, bei dem 500 mal größeren Gesamtquerschnitt 500 mal kleiner als in der Aorta sein muß und nur 0,8 mm pro Sekunde beträgt; der Erythrocyt verweilt also etwas über

---

[1] Bürker, K., R. Ederle u. F. Kircher: Zitiert auf S. 21.

[2] Bürker, K.: Sobre las superficies importantes bajo el concepto hematológico y acopladas en su funcionamiento. La Medicina Germano — Hispano — Americana. S. 731. 1925. — Ferner Bürker, K., S. 524, zitiert auf S. 16, Anm. 5.

[3] S. auch A. Krogh: Anatomie und Physiologie der Capillaren. Deutsche Übersetzung von U. Ebbecke. Monographien aus dem Gesamtgebiet der Physiologie der Pflanzen und der Tiere. V. Berlin: Julius Springer 1924.

[4] Zoth, O.: In welcher Zeit fließt ein Kubikmillimeter Blut durch eine Blutcapillare? Pflügers Arch. f. d. ges. Physiol. Bd. 199, S. 651. 1923.

0,6 Sekunde in der Capillare. Es fragt sich nun, ob in dieser Zeit der Gasaustausch vor sich gehen kann; das muß, jedenfalls was den Sauerstoff betrifft, bejaht werden, denn in den Capillaren zeigt das gelbrote Blut, mit dem Mikrospektroskop beobachtet, das Spektrum des $Hb-O_2$, hinter den Capillaren das blaurote Blut aber das Spektrum des reduzierten Hb, wenn auch das des $Hb-O_2$ nicht ganz verschwunden ist.

Mit dieser Funktion der Erythrocyten, dem Gasverkehr zu dienen, ist es aber allein noch nicht getan, die *Erythrocyten* gewinnen, im Plasma suspendiert, nach H. J. Hamburger *Einfluß auf die Zusammensetzung des Plasmas*, kann doch mit ihrer Hilfe ein Säurestoß, der das Plasma trifft, pariert werden. So treten bei Anhäufung von Kohlensäure im Blut Cl-Ionen aus dem Plasma in die Erythrocyten über, auch für andere Anionen sind diese durchgängig. Dadurch wird aber im Plasma Alkali zur Neutralisierung der Säure zur Verfügung gestellt, die Erythrocyten dienen somit der Ionenbalancierung im Interesse der Aufrechterhaltung des Säurebasengleichgewichts des Plasmas. Mit den Cl-Ionen wandert auch noch Wasser in die Erythrocyten, deren Volumen so unter dem Einfluß der Kohlensäure größer wird.

Die in die Erythrocyten übertretenden sauren Anionen werden dort durch das Kalium des Hb neutralisiert, indem aus K-Hämoglobin und Anion freies Hb und ein Salz entsteht. In den Lungen reißt das $Hb-O_2$, da es eine stärkere Säure als reduziertes Hb ist, das Alkali wieder an sich und das frei werdende Anion wandert wieder ins Plasma zurück. Auch das Globin des Hb kann als Puffersubstanz wirken und vermöge seines Aminosäurengehaltes je nachdem H- oder OH-Ionen abgeben.

Es gehen also *mit Hilfe der Erythrocyten rhythmische Veränderungen im Plasma* infolge der Atmung vor sich. Strömt das Blut durch die Capillaren der Gewebe und nimmt so Kohlensäure auf, so wird die Blutflüssigkeit alkalisch, dabei ärmer an Chlor und Phosphorsäure und an Wasser; die Konzentration des Eiweiß und der anderen organischen Substanzen im Plasma nimmt zu. In den Capillaren der Lungen dagegen wird die Kohlensäure ausgetrieben, die Anionen wandern mit Wasser wieder ins Plasma zurück, das dadurch wieder annähernd neutral und etwas verdünnt wird.

Ob mit der Vermittlung des Gasaustausches und der Ionenbalancierung die Funktion der Erythrocyten erschöpft ist, steht dahin. Besonders das Hb ist eine so komplizierte Substanz, daß man geneigt ist anzunehmen, es diene auch noch anderen Funktionen; in diesem Zusammenhang sei auf die peroxydasenähnliche Wirkung des Hb hingewiesen. Nach neueren Versuchen von B. Sbarsky[1] adsorbieren die Formelemente des Blutes Abbauprodukte der Eiweißkörper und Toxine und können somit für deren Transport in Frage kommen.

Daß die Erythrocyten rassenbiologisch verschieden sind, ergibt sich aus Beobachtungen über Isoagglutination menschlicher Erythrocyten.

6. Verbrauch und Ersatz der Erythrocyten.

Die Erythrocyten unterliegen bei ihrer physiologischen Funktion der *Abnutzung*, sie altern, schrumpfen dabei und sind dann stärker eosinophil, während die Jugendformen größer sind und mehr den basischen Farbstoff, das

---

[1] Sbarsky, B.: Adsorption von Eiweißabbauprodukten durch die Formelemente des Blutes in vivo und in vitro. Biochem. Zeitschr. Bd. 135, S. 21. 1922; ebenda Bd. 141, S. 33 u. 37. 1923, letztere Arbeit mit D. Michlin zusammen. Siehe dagegen N. Griasnow: Neue Beiträge zur Frage nach der Adsorption der Eiweißabbauprodukte durch Erythrocyten. Biochem. Zeitschr. Bd. 145, S. 63. 1924.

Methylenblau, bevorzugen. Im zirkulierenden Blut sind immer verschiedene Altersstufen nebeneinander vorhanden, was ganz besonders aus dem Vogelblut hervorgeht, in dem auch der Kern der Erythrocyten alle Übergänge vom jugendlichen, großen und lockeren Kern zum alten, kleinen und pyknotischen Kern zeigt. Von Laboratoriumstieren weist besonders das Kaninchen verschiedene Altersstufen von Erythrocyten in seinem Blut auf.

Wie lange ein Erythrocyt seine Funktion im Blut versieht, läßt sich noch nicht sicher entscheiden, es werden etwa 3 bis 4 Wochen angenommen.

Die ihrer Funktion nicht mehr gewachsenen Erythrocyten werden von der Milz, dem ,,Kirchhof der roten Blutkörperchen'' (KÖLLIKER), der Leber, dem Knochenmark und den Blutlymphdrüsen *aus dem Kreislauf* durch Makrophagen *herausgenommen* und ihr Hb teils zu eisenhaltigem Pigment, *Hämosiderin*, teils zu Gallenfarbstoff verarbeitet; letzteres geschieht nach neueren Beobachtungen in den Zellen des reticulo-endothelialen Apparates, besonders in den KUPFFERschen Sternzellen der Leber. T. BRUGSCH und E. POLLAK[1] ist es gelungen, Hb bzw. Hämin und seine Derivate durch Einwirkung von Brenzkatechin glatt in Gallenfarbstoff umzuwandeln. Bei starkem Zerfall der Erythrocyten kommt es durch die Zerfallsprodukte in der Milz zur Anschwellung dieses Organs: spodogener Milztumor.

Eine *Reserve* steht in der Hauptbildungsstätte der Erythrocyten, dem Knochenmark, das im 3. Embryonalmonat angelegt wird, stets parat und kann im Bedarfsfall rasch mobilisiert werden. Sind die Ansprüche an den Ersatz zu groß, so kommt es zur Mobilisierung noch nicht ganz ausgebildeter Reserven, bestehend in größeren, Hb-ärmeren, polychromatophilen Erythrocyten, die sogar hie und da Kernreste zeigen können. Die jungen Erythrocyten sind, nach J. SNAPPER[2], gegen hypotonische Salzlösungen resistenter als ältere. Auf die Vorstufen der Erythrocyten, die kernhaltigen Erythroblasten, wird unter physiologischen Verhältnissen nicht zurückgegriffen, nur ganz vereinzelt kommen diese Gebilde einmal im Blut vor.

Von welcher Art der *Reiz* ist, *der das Knochenmark* zu erhöhter Tätigkeit *antreibt*, dafür ergeben sich Anhaltspunkte aus den Arbeiten von P. CARNOT und C. DEFLANDRE[3], P. TH. MÜLLER[4] und A. LOEWY und J. FÖRSTER[5]. Die beiden erstgenannten Autoren fanden, daß im Serum anämischer Tiere, besonders 20 Stunden nach der Blutentziehung, thermolabile Stoffe, die *Hämopoietine*, enthalten sind, welche blutbildend und antagonistisch zu den Hämolysinen wirken. MÜLLER stellte solche Stoffe auch bei Tieren (Meerschweinchen) fest, die bei niederem Luftdruck gehalten wurden; die Stoffe erwiesen sich aber als thermostabil. LOEWY und FÖRSTER bestätigten in sorgfältigen Arbeiten, daß Kaninchen, welche 24 bis 49 Stunden bei einem Luftdruck von 410 bis 480 mm Hg entsprechend einem Höhenaufenthalt in 4000 bis 4500 m (Monte Rosa) gehalten wurden, ein Serum aufweisen, das in einer Menge von 2 bis 3 ccm

---

[1] BRUGSCH, T. u. E. POLLAK: Über die Umwandlung von Blutfarbstoff in Gallenfarbstoff. Biochem. Zeitschr. Bd. 147, S. 253. 1924.

[2] SNAPPER, J.: Vergleichende Untersuchungen über junge und alte rote Blutkörperchen. Resistenz und Regeneration. Biochem. Zeitschr. Bd. 43, S. 256. 1912.

[3] CARNOT, P. u. C. DEFLANDRE: Sur l'activité haemopoiétique du sérum au cours de la régénération du sang. Cpt. rend. hebdom. des séances de l'acad. des sciences Bd. 143, S. 384 u. 432. 1906.

[4] MÜLLER, P. TH.: Über die Wirkung des Blutserums anämischer Tiere. Arch. f. Hyg. Bd. 75, S. 290. 1911.

[5] LOEWY, A. u. J. FÖRSTER: Die Wirkung der Luftverdünnung auf den Gaswechsel des Blutes. Biochem. Zeitschr. Bd. 145, S. 328. 1924. Ferner FÖRSTER, J.: Luftverdünnung und Blutregeneration durch Hämopoetine. Biochem. Zeitschr. Bd. 145, S. 309. 1924.

anämisch gemachten Kaninchen intraperitoneal injiziert, den Wiederersatz des Blutes beschleunigt, ohne aber die Erythrocytenzahl über den ursprünglichen Wert zu steigern. Daß es sich dabei um eine Neubildung von Erythrocyten handelt, ging aus der Größenzunahme der Erythrocyten, aus ihrer Polychromasie und aus stärkerer Sauerstoffzehrung dieser Gebilde hervor[1].

Neuere Untersuchungen von L. Asher und seiner Schule sprechen dafür, daß die Reizstoffe hormonaler Natur sind und von der Schilddrüse und dem Ovarium stammen, worauf schon S. 22 hingewiesen wurde.

Nach starken Blutverlusten und bei starker Reizung der blutbereitenden Organe kann das Auftreten von *Erythrocyten mit vital färbbaren Granula*, ferner von *Erythroblasten*, und zwar zunächst von *Normoblasten*, beobachtet werden, deren größere, besonders jugendliche Formen von O. Naegeli *Makroblasten* genannt werden. Auch Mitosen und sogar zwei Kerne kann man dann in Erythroblasten sehen, ferner auch sog. „freie Kerne" im Blut, von den Erythroblasten stammend.

In besonders schweren pathologischen Fällen (*perniziöse Anämie*) kommt es zu einem Rückschlag in die embryonale Blutbildung und zu extramedullärer Hämatopoese, zu myeloischer Metaplasie in Milz, Leber und anderen Organen; es erscheinen dann die größeren, onto- und phylogenetisch älteren *Megalocyten* (oft 15 bis 18 μ groß) und *Megaloblasten* im Blut, deren Protoplasma noch mehr als dies schon bei den Normoblasten der Fall sein kann, Polychromatophilie zeigt, ja sich sogar mit dem basischen Farbstoff rein blau färbt. Der Kern der Megaloblasten weist nicht die Radspeichenform auf, sondern eine feine, mehr netzförmige Struktur des Chromatins.

In anderen pathologischen Fällen können die schon (S. 10) erwähnten *Poikilocyten* entstehen, es können ferner die Erythrocyten *Howell-Jollysche Körper, Cabot-Schleipsche Ringkörper, Heinzkörper, basophile* und *azurophile Punktierung* enthalten.

Wie das Hb in den Erythroblasten entsteht, ist noch völlig unerforscht.

Unter physiologischen Verhältnissen ist es besonders der Sauerstoffbedarf des Organismus, welcher das Tempo der Erythrocytenproduktion regelt.

III. Die Leukocyten.

Mit ganz anderen Funktionen als die Erythrocyten sind die Leukocyten (white blood corpuscles or leucocytes, globules blancs ou leucocytes, leucociti) betraut. Sie kommen im Blut auch nicht nur in einer Art vor, wie die Erythrocyten, sondern in fünf Arten und unterscheiden sich ferner scharf dadurch von den Erythrocyten, daß sie nicht nur passiv im Blutstrom bewegt werden, wie jene, sondern auch der Eigenbewegung fähig, also amöboide Wanderzellen sind und als solche sogar die Blutgefäße verlassen und sich zu den Orten ihrer Wirksamkeit hinbegeben können. Dort können sie anregend auf ihre Umgebung wirken, sie können ferner schädliche oder nutzlos gewordene Stoffe in sich aufnehmen und unschädlich machen oder fortschaffen. Die Aufnahme solcher Stoffe hat ihnen den Namen Freßzellen oder Phagocyten verschafft. An Zahl treten sie weit hinter die Erythrocyten zurück, aber nicht an physiologischer Bedeutung; ihr prozentisches Verhältnis ist ein bestimmt geregeltes, aber je nach der Funktion veränderliches. Ihre Funktion läßt sich kurz dahin zusammenfassen, daß sie eine bestimmt differenzierte Transport- und Polizeitruppe, noch besser eine Leibwache darstellen, deren sich der Organismus inner-

---

[1] Siehe auch J. Förster: Die Wirkung des Luftdrucks auf den Gaswechsel der roten Blutkörperchen. Biochem. Zeitschr. Bd. 169, S. 93. 1926.

halb und außerhalb der Blutbahn für seine Zwecke bedient. Auch die Leukocyten unterliegen der Abnutzung, dem Verbrauch, und müssen immer wieder neu gebildet werden, aber wie bei den Erythrocyten liegt die Bildungsstätte dieser Blutelemente nicht im Blut selbst, sondern in den blutbereitenden Organen.

1. Die Arten der Leukocyten, ihre Form und Größe, ihr Inhalt.

Die unter physiologischen Verhältnissen im Blut vorkommenden *fünf Arten von Leukocyten* sind die polymorphkernigen neutrophilen, die acido- oder eosinophilen, die basophilen Leukocyten, die Monocyten und die Lymphocyten. Nach Form, Größe, Inhalt und Zahl verschieden, dienen sie auch verschiedenen Funktionen.

Zu diesen fünf Arten können bei starker Reizung ihrer Bildungsstätten auch noch die *Vorstufen* kommen, also die Lymphoblasten und die diesen nahestehenden lymphatischen Plasmazellen, ferner die Monoblasten, die neutrophilen, die acido- oder eosinophilen, die basophilen Myelocyten und die Mutterzelle dieser vier letzteren, der Myeloblast, endlich die myeloblastischen Plasmazellen und die Knochenmarksriesenzellen, die Megakaryocyten.

Die Lymphocyten und lymphatischen Plasmazellen sind Abkömmlinge des *lymphatischen Systems* (Lymphfollikel, Tonsillen, Lymphdrüsen, Thymus), alle übrigen Leukocyten Abkömmlinge des *myeloischen Systems* (rotes Knochenmark). Die Milz, welche lymphatische und myeloische Elemente enthält, kann beide produzieren. Diese *dualistische Lehre* von den beiden Systemen stammt insbesondere von P. EHRLICH. Die *Unitarier* dagegen, deren Hauptvertreter A. PAPPENHEIM war, leiteten lange Zeit nicht nur alle Leukocyten, sondern auch die Erythrocyten von einer Stammzelle, dem *Lymphoidocyt*, ab: monophyletischer Standpunkt. A. FERRATA läßt alle Blutzellen aus sehr großen Zellen, den *Hämocytoblasten*, hervorgehen. A. MAXIMOW[1] nimmt an, daß es zwei Arten von undifferenzierten mesenchymalen Elementen gibt, die eine Art ist die freie, lymphoide und zugleich basophile, in den Körpersäften zirkulierende Stammzelle der Blutelemente, die andere die überall im Bindegewebe und besonders in perivasculären Herden vorkommende fixe Mesenchymzelle, die dem Fibroblasten ähnlich sieht, aber weder mit diesem, noch mit der Endothelzelle oder dem Histiocyt identisch ist. Unter dem Einfluß verschiedener Reize gehen aus diesen fixen Mesenchymzellen Fibroblasten, Histiocyten oder Blutzellen hervor, und zwar zunächst Lymphocyten bzw. Lymphoblasten, die zu Monocyten, Myeloblasten und Erythroblasten werden können. Eine ähnliche Auffassung vertritt schon seit 1914 Gg. HERZOG[2], der die großen, spindeligen und sternförmigen Adventitiazellen als indifferente fixe Gefäßmesenchymzellen bezeichnet, aus denen neben Zellen der Bindesubstanzen auch die Vorstufen der Erythrocyten und Leukocyten hervorgehen können, und zwar nicht nur in embryonalen Zeiten, sondern auch später. Ein *Trialismus* wird besonders von V. SCHILLING vertreten, der wie ASCHOFF und KIYONO die Monocyten aus den reticuloendothelialen Apparaten hervorgehen läßt. Sind die Verhältnisse auch noch nicht vollkommen geklärt, so sprechen doch vor allem biologische Momente, die ganz besonders von O. NAEGELI betont werden, für die EHRLICHsche Lehre.

Die Nomenklatur auf diesem Gebiet ist verwirrend, da dieselbe Blutzelle von verschiedenen Autoren mit verschiedenen Namen belegt wurde. O. NAEGELI

---

[1] MAXIMOW, A.: Über undifferenzierte Blutzellen und mesenchymale Keimlager im erwachsenen Organismus. Klin. Wochenschr. Jg. 5, S. 2193. 1926.
[2] HERZOG, GG.: Experimentelle Zoologie und Pathologie. Ergebn. d. allg. Pathol. u. pathol. Anat. d. Menschen u. d. Tiere Jg. 21, 1. Abt., S. 232, 235, 254. 1925.

hat in seiner Hämatologie auf S. 255 eine sehr nützliche Übersicht über die Nomenklatur gegeben.

Wie bei den Erythrocyten, so kann auch bei den Leukocyten ein *Rückschlag in die embryonale Blutbildung* (P. Ehrlich) stattfinden und Organe wieder leukocytoplastisch tätig werden, die in der fortschreitenden Ontogenese andere Funktionen übernommen hatten.

Im folgenden sei nunmehr auf die einzelnen Leukocytenarten eingegangen.

Die histologischen und histochemischen Angaben stützen sich insbesondere auf das schon Seite 6 erwähnte panoptische Färbeverfahren von A. Pappenheim, das jetzt fast ausschließlich in der Hämatologie Anwendung findet.

Zum Studium der physiologischen Eigenschaften wie der amöboiden Bewegung, der Emigration aus den Gefäßen, der Phagocytose und der Wirkung der Leukocytenfermente empfiehlt sich die Beobachtung innerhalb und außerhalb der Gefäße, in letzterem Fall im Plasma auf dem geheizten Objekttisch, wobei man zur Gewinnung von Leukocyten und Plasma dasselbe Verfahren anwenden kann, das K. Bürker[1] zur Gewinnung von Thrombocyten angegeben hat, nur hebt man die Kuppe des Blutstropfens schon nach 10 Minuten ab. Zum Studium der amöboiden Bewegung eignet sich auch besonders das Agarverfahren von H. Deetjen[2], zum Studium der Phagocytose das Hamburgersche[3] Kohlenpartikelverfahren, zum Studium der Fermentwirkung siehe die Arbeit von L. Haberlandt[4].

a) Die neutrophilen Leukocyten.

Was diese Leukocytenart von 9 bis 12 μ Größe besonders auszeichnet, ist der lange, schlanke, vielfach gewundene und an manchen Stellen stark eingeschnürte *Kern*. Polynucleär, wie er vielfach bezeichnet wird, ist dieser Leukocyt nicht, die einzelnen Kernstücke sind vielmehr immer durch feine Brücken von Kernsubstanz miteinander verbunden, weshalb man besser von polymorphkernigen oder segmentkernigen Leukocyten spricht. Die Färbung des chromatinreichen Kerns ist meist eine dunkelviolette. Nucleolen wurden bisher nicht nachgewiesen.

In das oxyphile *Protoplasma* ist eine feine, reichliche, schwach lichtbrechende neutrophile Granulation, Ehrlichs ε-Granulation, eingebettet, die sich violettrot färbt. Die Neutrophilen stellen das amöboid beweglichste Element des Blutes dar, chemotaktisch angelockt verlassen sie massenhaft die Capillaren und sind ein Hauptbestandteil des Eiters. Die Phagocytose ist sehr entwickelt bei ihnen, es sind die Mikrophagen, auch sind sie besonders Träger von Antitoxinen und Fermenten[5], und zwar einer Protease, Amylase, Diastase, Katalase und Peroxydase, dagegen angeblich keiner Lipase, während F. Nees[6] eine solche fand. Auch autolytische und oxydierende Fermente — daher Indophenolblausynthese positiv — sind in ihnen enthalten, ferner jodophile Substanzen (Glykogen, Amyloid)[7]. Unter besonderen Umständen (schwere Intoxikationen bei akuten Infektionskrankheiten) kann man Vakuolen im Protoplasma der Neutrophilen auftreten sehen.

---

[1] Bürker, K.: Zitiert auf S. 67.

[2] Deetjen, H.: Untersuchungen über die Blutplättchen. Virchows Arch. f. pathol. Anat. u. Physiol. Bd. 164, S. 260. 1901.

[3] Hamburger, H. J.: Osmotischer Druck und Ionenlehre, Bd. 1, S. 400. Wiesbaden: J. F. Bergmann 1902.

[4] Haberlandt, L.: Zur Existenz eines diastatischen Leukocytenfermentes. Pflügers Archiv f. d. ges. Physiol. Bd. 132, S. 175. 1910.

[5] Tschernoruzki, M.: Über die Fermente der Leukocyten. Hoppe-Seylers Zeitschr. f. physiol. Chem. Bd. 75, S. 216. 1911.

[6] Nees, F.: Über die lipolytische Fähigkeit der weißen Blutkörperchen. Biochem. Zeitschr. Bd. 124, S. 156. 1921.

[7] Über Glykogenbildung in Leukocyten nach subcutaner Stärkezufuhr siehe L. Haberlandt: Zeitschr. f. Biol. Bd. 70, S. 348. 1919. Über den mit einer Mikromethode bestimmten Glykogengehalt der weißen Blutkörperchen siehe J. de Haan: Biochem. Zeitschr. Bd. 128, S. 124. 1921.

Weniger polymorpher und weniger stark gefärbter Kern, schwache Basophilie des Protoplasmas und hier und da auch der Granula sind Kennzeichen *jugendlicher Neutrophiler.*

Eine feinere Differenzierung der Neutrophilen nach dem Alter hat J. ARNETH[1] durch *Aufstellung des neutrophilen Blutbildes* angestrebt. Der Autor teilt diese Leukocyten nach der Polymorphie des Kerns in 5 Klassen mit 1, 2, 3, 4, 5 und mehr Kernteilen, die Kernteile selbst noch in schleifenförmige und runde. Da mit zunehmendem Alter die neutrophilen sich immer mehr segmentieren, die Schleifenteile immer mehr in kleinere runde Teile übergehen, so ergeben sich aus der Zahl und Art der Kernteile Hinweise auf das Alter der Leukocyten.

Unter physiologischen Verhältnissen fallen von 100 Neutrophilen etwa 5 in Klasse 1, 35 in 2, 41 in 3, 17 in 4 und 2 in Klasse 5. Dieses normale neutrophile Blutbild kann nun eine *Verschiebung nach links* erfahren, wenn die Neutrophilen der Klasse 1 und 2 überwiegen, oder eine *Verschiebung nach rechts*, wenn die der Klasse 4 und 5 in der Überzahl sind. Im ersteren Fall handelt es sich dann um überwiegend unreife, im letzteren um überreife Formen[2].

Einwände gegen diese Aufstellung des neutrophilen Blutbildes richten sich insbesondere gegen die zu weitgehende Scheidung in 5 Klassen, in pathologischen Fällen sollen ferner alte Neutrophile vorkommen, die durch Kleinheit und geringe Lappung des Kerns auffallen (TÜRKS Fieberzellen) und die man nach ARNETH geneigt wäre, für Jugendliche zu halten. V. SCHILLING-TORGAU begnügt sich daher mit Feststellung von Jugendlichen, stab- und segmentkernigen Neutrophilen. O. NAEGELI legt mehr Wert auf den Kernbau und die Chromatinstruktur als auf die Segmentierung[3].

J. ARNETH hat unterdessen auf Grund 20 jähriger Erfahrungen seine Lehre weiter ausgebaut und so wichtige Resultate damit erzielt, daß sich die Aufnahme des ARNETHschen Blutbilds bei tiefer schürfenden Arbeiten doch sehr empfiehlt.

Die sich biologisch wie Neutrophile verhaltenden Leukocyten kommen bei allen *Haus-* und *Laboratoriumstieren* vor, doch färben sich bei einigen (Kaninchen, Meerschweinchen) die Granula rot im Ton des Eosins, sind also oxyphil, und diese Leukocyten werden dann *pseudoeosinophile* genannt; es handelt sich hier um sog. *Spezialgranula.* Auch die Vögel (Huhn, Taube) zeigen ähnliche Protoplasmabestandteile, die aber nicht als Körnchen, sondern als *pseudoeosinophile Stäbchen* vorkommen.

b) Die acido- oder eosinophilen Leukocyten.

Durch ihre relativ grobe, glänzende, stark lichtbrechende Granulation fallen diese 12 bis 15 μ großen Leukocyten schon im frischen Blutpräparat auf, sie sind im allgemeinen auch etwas größer als die Neutrophilen. Im gefärbten Präparat erweist sich der *Kern* als plumper und weniger polymorph, häufig kommt die Hantelform vor, d. h. es sind zwei größere, ovale Kernstücke vorhanden, die durch eine feine Brücke miteinander verbunden sind. Der Kern ist auch lockerer, chromatinärmer. Nucleolen sind nur bei Vitalfärbung zu sehen.

Die das *Protoplasma* meist ganz ausfüllende acido- bzw. eosinophile Granulation, von P. EHRLICH α-Granulation genannt, soll Eisen enthalten, aber mit Hämoglobin nichts zu tun haben. Unreife Granula sind nicht acido-, sondern basophil, färben sich also nicht rot, sondern blau. Vielfach kann man auch

---

[1] ARNETH, J.: Die neutrophilen weißen Blutkörperchen bei Infektionskrankheiten. Jena: G. Fischer 1904.

[2] Siehe ferner die große Monographie J. ARNETHS: Die qualitative Blutlehre, 2 Bde. Leipzig: W. Klinkhardt 1920; 3. u. 4. Bd. Münster: H. Stenderhoff 1925 u. 1926, und E. BECHERS Bericht im Zentralbl. f. inn. Med. Jg. 42, H. 26. 1921.

[3] Sehr warm tritt für die ARNETHsche Lehre A. VON BONSDORFF ein: Untersuchungen über die Arnethsche Methode der Bestimmung des neutrophilen Blutbildes und das neutrophile Blutbild bei Gesunden. Brauers Beitr. z. Klin. d. Tuberkul., 5. Suppl.-Bd. 1913.

zwischen den Granula das basophile Protoplasma bläulich durchschimmern sehen. Die amöboide Bewegung ist gut entwickelt, die Phagocytose viel weniger. Auf Gegenwart von Oxydasen weist die positive Indophenolblausynthese hin.

Erheblichere Größe, weniger polymorpher und lockerer Kern, basophile Granula neben acidophilen sprechen für *Jugendformen*. Entsprechend dem neutrophilen Blutbild (S. 49) nimmt J. Arneth[1] auch ein *eosinophiles Blutbild* auf, indem er die Eosinophilen in 4 Klassen mit 1 bis 4 Kernteilen einordnet. In Klasse 1 fallen normalerweise 11%, in 2 69%, in 3 19% und in 4 1% der Eosinophilen. Gegenüber dem neutrophilen Blutbild ist das eosinophile nach links verschoben.

Die Eosinophilen sind normale Bestandteile des Blutes aller *Haus- und Laboratoriumstiere*; eine Sonderstellung nimmt einerseits das Pferd ein, dessen eosinophile Leukocyten Riesengranula enthalten (Semmersche Körnerkugeln), andererseits Katze, Kaninchen und Vögel, welche an Stelle oder neben den eosinophilen Körnchen auch eosinophile Stäbchen im Protoplasma aufweisen.

c) Die basophilen Leukocyten.

Eigenartige Leukocyten sind die basophilen Leukocyten, auch Mastzellen genannt, von durchschnittlich 8 bis 10 μ Größe; es gibt aber neben wesentlich größeren auch kleinere Exemplare. Der relative große, eigenartig wulstige *Kern*, in dem bei Vitalfärbung Nucleolen sichtbar werden, ist vielfach von der groben, aber nicht glänzenden, sich metachromatisch blauviolett färbenden basophilen Granulation verdeckt: Ehrlichs γ-Granulation. Da die Granula im Gegensatz zu allen bisher genannten wasserlöslich sind, so kommen sie durch wasserhaltige Farbstofflösungen verklumpt oder verschwommen zur Darstellung, sie können auch ganz ausgewaschen sein, so daß geradezu Lücken im *Protoplasma* entstehen: negative Granulation.

Die Mastzellen sind amöboid beweglich, Phagocytose wurde nicht beobachtet, Indophenolblausynthese positiv, also Träger von Oxydasen[2]. Die unreife Mastzellengranulation soll wasserbeständiger sein. Da auch bei den Mastzellen ähnliche kernmorphologische Studien möglich sind wie bei den Neutrophilen und Eosinophilen, so hat J. Arneth[3] auch ein Mastzellenblutbild aufgestellt, das normal 10% in Klasse 1, 67% in 2, 21% in 3 und 2% in Klasse 4 enthält.

Die Mastzellen gehören zum normalen Leukocytenbestand der *Haus- und Laboratoriumstiere*, besonders reich ist das Blut der Kaninchen und des Geflügels an Mastzellen.

d) Die Monocyten.

Während die noch zu besprechenden Lymphocyten die kleinsten Leukocyten darstellen, sind die Monocyten mit einem Durchmesser von 10 bis 20 μ die größten, und zwar in bezug auf Kern und auf Protoplasma. Der sich schwächer als der Lymphocytenkern färbende runde, ovale, auch nierenförmige oder noch stärker gelappte, manchmal wie gelocht aussehende *Monocytenkern* zeigt auch eine feinere Chromatinstruktur, die bei Vitalfärbung besonders deutlich hervortritt. Nucleolen sind gewöhnlich nicht zu sehen, wohl aber durch Vitalfärbung in einer Zahl von 3 bis 4 sichtbar zu machen. Eine verdickte Kernwandschicht besteht nicht, desgleichen nicht ein perinucleärer heller Hof wie bei den Lymphocyten. Das basophile, graublaue *Protoplasma* enthält eine sehr feine und sehr reichliche rotviolette azurophile Granulation von konstanter Größe und Form: spezifische Monocytengranulation (O. Naegeli), Vakuolen werden öfters beobachtet.

---

[1] Arneth, J.: Die qualitative Blutlehre, Bd. 2, S. 431. 1920, zitiert auf S. 49.

[2] Alder, A.: Über klinisches Verhalten und diagnostische Bedeutung der basophilen Leukocyten. Folia haematol. Bd. 28, S. 249. 1923.

[3] Arneth, J.: Die qualitative Blutlehre, Bd. 2, S. 466. 1920, zitiert auf S. 49.

Amöboide Bewegung und Phagocytose ist nachgewiesen, als Makrophagen können die Monocyten sogar Erythrocyten aufnehmen. Die positive Indophenolblausynthese weist auf Oxydasen hin, was wichtig zur Unterscheidung von Lymphocyten ist. In Plasmakulturen wollen A. CARREL und A. H. EBELING[1] unter bestimmten Bedingungen die Umwandlung von Monocyten in Fibroblasten beobachtet haben.

Die *jugendlichen Monocyten* sind durch ein feineres Chromatinnetz und einen weniger polymorphen Kern, ferner durch stärkere Basophilie des Protoplasmas und durch eine weniger reichliche Granulation gekennzeichnet[2]. Die Aufstellung des Blutbildes der Monocyten ergab J. ARNETH[3] in der 1. Klasse mit 1 Kern 68%, in der 2. mit 2 Kernsegmenten 31%, in der 3. mit 3 und mehr 1%. Die Kernentwicklung ist bei diesen Leukocyten eine ganz andere als bei den bisher genannten, eine mächtige Verschiebung nach links stellt hier die Norm dar.

Auch bei *Haus- und Laboratoriumstieren* kommt diese Leukocytenart vor, Verwechslung mit Lymphocyten wird durch Anwendung der Methode der Indophenolblausynthese vorgebeugt[4].

e) Die Lymphocyten.

Die Lymphocyten, 7 bis 9 μ groß, stehen an Größe den Erythrocyten nahe, es sind die kleinsten Leukocyten. Der chromatinreiche, sich kräftig rotviolett färbende, eine plumpe Struktur aufweisende *Kern* ist rund oder leicht oval, aber auch eingekerbt, und enthält 1 bis 2 Nucleolen, die aber erst bei gequetschten Exemplaren, blau gefärbt, deutlich hervortreten. Das meist nur einen schmalen Saum bildende, stark basophile, sich himmelblau färbende *Protoplasma* zeigt in der Umgebung des Kerns vielfach einen perinucleären hellen Hof und enthält in einem Drittel der Fälle eine wechselnde Zahl sehr feiner, leuchtend roter Azurgranula. Bei bestimmter Färbung[5] lassen sich perinucleäre Körnchen und Stäbchen im Protoplasma darstellen, die ALTMANN-SCHRIDDEschen Lymphocytengranula.

Die amöboiden und phagocytären Eigenschaften sind wenig entwickelt. Biochemisch unterscheiden sich die Lymphocyten dadurch von den anderen Leukocyten, daß sie keine oxydierenden und proteolytischen Fermente, wohl aber fettspaltende enthalten, Indophenolblausynthese negativ. Hier und da kann man eine oder mehrere kleine Vakuolen im Protoplasma beobachten.

Bei den *Jugendformen* ist der meist größere Kern schwächer gefärbt, die Chromatinstruktur ist lockerer und läßt die Nucleolen deutlicher hervortreten, das Protoplasma ist breiter und noch stärker basophil.

Für das *Lymphocytenblutbild*, das J. ARNETH analog wie bei den anderen Leukocytenarten aufstellt, wird die Einteilung in 3 Klassen (kleine von 7 bis 9 μ von der Größe der Erythrocyten, mittlere von 9 bis 11 μ und große von 12 bis 15 μ) mit Unterabteilungen vorgenommen; normalerweise werden in Klasse 1 rund 62%, in Klasse 2 rund 35% und in Klasse 3 rund 3% gefunden. ARNETH nimmt auch das *Lymphoidzellenblutbild* auf, wobei er unter Lymphoidzellen Lympho- und Monocyten versteht, von denen erstere 83, letztere 17% ausmachen.

---

[1] CARREL, A. u. A. H. EBELING: The transformation of monocytes into fibroblasts through the action of Rous virus. Journ. of exp. med. Bd. 43, S. 461. 1926.

[2] Zur Morphologie der Monocyten siehe A. ALDER: Folia haematol. Bd. 28, S. 45. 1923, ferner C. FREHSE: Beobachtungen über Monocyten. Ebenda S. 1.

[3] ARNETH, J.: Die qualitative Blutlehre, Bd. 2, S. 514. 1920, zitiert auf S. 49.

[4] HERREL, H.: Das Blut der Haustiere mit neueren Methoden untersucht. III. Differentialzählungen der Lymphocyten und Monocyten im Pferde-, Rinder- und Hundeblut. Pflügers Arch. f. d. ges. Physiol. Bd. 196, S. 560. 1922.

[5] SCHRIDDE, H. u. O. NAEGELI: Die hämatologische Technik, S. 97. Jena: G. Fischer 1910.

Neuerdings unterscheidet Arneth[1] noch in jeder Klasse R-Zellen, das sind rundkernige, W-Zellen, solche mit wenig gebuchtetem Kern, T-Zellen, bei welchen der Kern tiefer als bis zur Mitte gebuchtet ist, und segmentkernige S-Zellen mit meist zwei Kernfragmenten, die sog. Riederzellen.

Ganz ähnlich wie beim Menschen verhalten sich die Lymphocyten bei den *Haus- und Laboratoriumstieren.*

In pathologischen Fällen, besonders bei Röteln (Rubeolae), kommen im Blut Zellen mit stark basophilem Protoplasma vor, die Beziehungen zu Lymphocyten bzw. Lymphoblasten aufweisen, die lymphocytären *Plasmazellen.* Das Chromatin des vielfach exzentrisch liegenden Kerns ist in Radspeichenform angeordnet. Das mit den üblichen Methoden tief blau gefärbte Protoplasma zeigt einen perinucleären hellen Hof, enthält oft Vakuolen und manchmal Azurgranula. Es kommen aber auch, sogar in normalen Fällen, Formen vor, die bei tiefblauem Protoplasma in ihrer Kernstruktur wie Abkömmlinge des myeloischen Systems aussehen: Türksche *Reizungsformen.* W. Türk[2] sieht in den Plasmazellen eines der wichtigsten Dokumente für den „überbrückten Dualismus", er kann lymphocytäre und myeloblastische Plasmazellen nicht voneinander unterscheiden.

2. Die Zahl der Leukocyten und das prozentische Verhältnis der Leukocytenarten.

Die Zahl der Leukocyten (L-Zahl) ist viel variabler als die der Erythrocyten und muß es sein, sind doch die Leukocyten durch ihre amöboide Beweglichkeit ein selbständiges Element, welches, chemotaktisch angelockt, das Blut durch die Capillarwand hindurch verlassen und sich ins benachbarte Gewebe begeben kann. Auch ist offenbar die Ansammlung von Leukocyten in gewissen Gefäßprovinzen, wohl auch wieder infolge von Chemotaxis, leichter möglich als die von Erythrocyten, welche im allgemeinen gleichmäßig im gesamten Blutgefäßsystem verteilt zu sein pflegen. Einen Einblick in das ganze Geschehen wird man nur erhalten, wenn man die Leukocyten nicht nur in den Hautgefäßen, sondern auch in den Gefäßen der inneren Organe und auch im Gewebe derselben berücksichtigt; vorerst soll es sich nur um den Leukocytengehalt des Blutes handeln.

Die *Zählung der Leukocyten* erfolgt prinzipiell ähnlich wie die der Erythrocyten in der Zählkammer, nur wird das Blut 20fach statt 200fach verdünnt, und zwar mit 0,3% Essigsäure, welche die an Zahl weit überwiegenden Erythrocyten auflöst, die Leukocyten aber erhält, ja ihren Kern noch deutlicher hervortreten läßt. Um eine genügende Genauigkeit zu erzielen, muß der Zählraum vergrößert werden. Enthält das Blut normalerweise kernhaltige Erythrocyten, so entstehen für die eben genannte Art der Zählung zur Zeit noch unüberwindliche Hindernisse, da die Leukocyten zwischen der Unzahl der Kerne der Erythrocyten nicht zu erkennen sind. In diesem Fall hat man sich bisher dadurch geholfen, daß man im Ausstrichpräparat auf gleichen Flächenräumen das Verhältnis von Erythrocyten und Leukocyten ermittelte und dann eine absolute Erythrocytenzählung in der Zählkammer vornahm, woraus sich dann auch die absolute L-Zahl ergab. Der Leukocytenzählung haften größere Fehler an als der Erythrocytenzählung; es ist an der Zeit, die Methode einer gründlichen Prüfung zu unterziehen und sie womöglich zu verbessern[3].

Die Ermittlung des sog. *Cytenquotienten* $\frac{\text{E-Zahl}}{\text{L-Zahl}}$ hat insofern wenig Bedeutung, als die Erythrocytenbildung bis zu einem gewissen Grad unabhängig

---

[1] Arneth, J.: Die qualitative Blutlehre, Bd. 2, S. 502. 1920, zitiert auf S. 49.

[2] Türk, W.: Vorlesungen über klinische Hämatologie, Teil 2, Hälfte 1, S. 337. 1912.

[3] Brandt, T.: Über die Fehlerberechnung der hämatologischen Methoden; ein Beitrag zur kritischen Beurteilung der gefundenen Werte. Folia haematol. Bd. 32, S. 177. 1926. Siehe ferner B. Spiethoff: Zur Methode der Blutuntersuchungen und Mitteilungen über fortlaufende Blutuntersuchungen an Gesunden. Ebenda S. 325.

von der Leukocytenbildung erfolgt und diese beiden Blutzellenarten auch funktionell wenig miteinander zu tun haben.

Neben der L-Zahl ist von größter Bedeutung das *Verhältnis, in welchem die einzelnen Leukocytenarten an der Gesamtzahl beteiligt sind*; es wird gewöhnlich in Prozenten (L-Prozente) angegeben, es empfehlen sich aber auch absolute Angaben. Je nach der Funktion können hier beträchtliche Veränderungen stattfinden. Man ermittelt das Verhältnis gewöhnlich im gefärbten Trockenpräparat, eine Differentialzählung ist aber auch bis zu einem gewissen Grad in der Zählkammer möglich.

Die *L-Zahl* beträgt beim erwachsenen Menschen, Verdauungs- und Muskelruhe vorausgesetzt, nach J. ARNETH 5000 bis 6000 (5,00 bis 6,00 Taus.) in 1 cmm Blut. In den rund 5 l des Gesamtblutes (Mann) wären dann im Mittel 27,5 Milliarden Leukocyten enthalten, die zusammengefaßt nach E. GRAWITZ ein Organ von etwa Schilddrüsengröße ergeben. Es steht noch nicht fest, ob Geschlechtsunterschiede bestehen, angeblich ist nach der Geschlechtsreife die L-Zahl beim männlichen Geschlecht höher als beim weiblichen, vorher nicht. Bei wesentlich höheren Werten spricht man von *Leukocytose*, bei wesentlich niederen von *Leukocytopenie* *In pathologischen Fällen* kann die Zahl außerordentlich schwanken, und zwar von einigen hundert bis zu einer Million.

Das *prozentische Verhältnis der Leukocytenarten und die absolute Zahl der einzelnen Arten* in 1 cmm Blut beträgt beim Menschen für die Neutrophilen 65 bis 70% bzw. 3575 bis 3850, Eosinophile 2 bis 4% bzw. 110 bis 220, Basophile 0,5% bzw. 28, Monocyten 6 bis 8% bzw. 330 bis 440, Lymphocyten 20 bis 25% bzw. 1100 bis 1375.

Feste Beziehungen zwischen *Konstitution und L-Zahlen bzw. L-Arten* haben sich bisher unter physiologischen Verhältnissen noch nicht ermitteln lassen.

Über *Schwankungen der L-Zahl im Laufe des Tages* ist viel gearbeitet, aber ein einheitliches Resultat nicht erzielt worden. E. REINERT[1] fand bei sorgfäl-

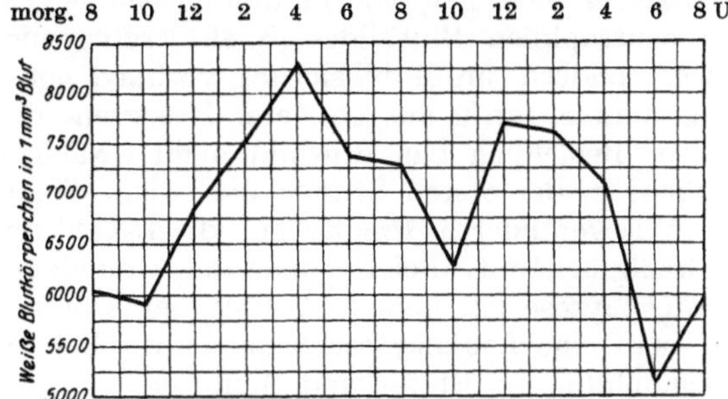

Abb. 14. Tagesschwankungen der Leukocytenzahlen, ermittelt auf Grund einer 7 tägigen Versuchsreihe, bei welcher der Autor sein Blut alle zwei Stunden untersuchte. (Nach E. REINERT.)

tigen Untersuchungen zwei Maxima um 4 Uhr mittags und um 12 Uhr nachts, jeweils 4 Stunden nach der Mahlzeit und ein gewisses gegensätzliches Verhalten zur E-Zahl und zum Hb-Gehalt des Blutes; die Kurve in Abb. 14 zeigt die Mittelwerte einer 7 tägigen Versuchsreihe. Im allgemeinen wird man abends höhere L-Werte (7 bis 8 Taus.) finden als morgens (5 bis 6 Taus.).

Was den *Einfluß des Lebensalters* betrifft, so besteht eine starke Leukocytose bei den Neugeborenen[2], Mittelwerte 17,00 bis 19,00 Taus., Minimum 7,60, Maximum 32,50 Taus. Die Werte nehmen bis zum 3. Tag ab, steigen dann wieder etwas, um in den darauffolgenden Tagen beträchtlich abzunehmen. Diese Leukocytose ist eine neutrophile Leukocytose mit über 70% Neutrophilen und Linksverschiebung des neutrophilen Blutbildes. Beim Säugling bleibt die L-Zahl noch weiterhin groß (13,00 Taus. im Mittel), die neutrophile Leukocytose geht aber gegen Ende der 1. Woche in eine Lymphocytose mit ca. 50% Lymphocyten über, zugleich nehmen aber auch die Monocyten bis auf 18% und mehr zu,

---

[1] REINERT, E.: S. 95, zitiert auf S. 18.
[2] Siehe auch R. TH. v. JASCHKE: S. 95, zitiert auf S. 18.

während die Prozentzahlen der Eosinophilen nur geringe Schwankungen aufweisen[1]. Im Kindesalter werden die L-Zahlen allmählich kleiner, die Lymphocyten nehmen prozentual ab, wenn auch eine Geneigtheit, mit Lymphocytose zu reagieren, bestehen bleibt, die Neutrophilen nehmen zu, bis die obengenannten Werte des Erwachsenen erreicht sind. Für das Kindesalter wird eine leichte Eosinophilie angegeben. Im höheren Alter soll die L-Zahl wieder zunehmen.

Eine ganze Reihe von physiologischen Funktionen ist von Einfluß auf die L-Zahl und die L-Prozente im Blut.

Zahlreich sind die Arbeiten, welche sich mit der Vermehrung der zirkulierenden Leukocyten nach der Mahlzeit, mit der *Verdauungsleukocytose*, befassen; zu einer völligen Klärung haben sie noch nicht geführt. Es ist wohl nicht genügend beachtet worden, daß die Schwankungsbreite unter physiologischen Verhältnissen, auch bei Verdauungs- und Muskelruhe, schon eine recht große ist. Die Verdauungsleukocytose soll eine neutrophile sein und insbesondere durch Eiweiß- und Fettkost hervorgerufen werden. Die von E. REINERT erzielte und auf S. 53 erwähnte Kurve weist zwei Maxima jeweils 4 Stunden nach der Mahlzeit auf. Auch der Einfluß vorwiegender Eiweiß-, Kohlenhydrat- und Fettkost ist geprüft worden, aber Übereinstimmung in den erzielten Resultaten besteht nicht. Durch die vorwiegend vegetabilische kohlenhydratreiche Kriegskost ist eine Leukocytose, die speziell eine Lymphocytose war, hervorgerufen worden; R. FERBER[2] fand bei Frontsoldaten Thymuspersistenz und Vergrößerung der Milz und der lymphatischen Apparate, was die Lymphocytose erklären würde. Nach J. ARNETH[3] handelt es sich bei der Verdauungsleukocytose, wie sich durch Aufstellung des neutrophilen Blutbildes (S. 49) ergibt, nicht um Neubildung von Leukocyten, sondern um Mobilisierung vorhandener, in den blutbereitenden Organen aufgestellter, fertig ausgebildeter Reserven; die Verdauung stört also in qualitativer Beziehung das Blutbild nicht. Nach Versuchen von J. SCHLOSS[4] ruft Alkohol in der ersten Stunde nach dem Genuß eine Leukocytose hervor.

Wie veränderte *Atmung* auf die L-Zahl und die L-Prozente wirkt, darüber ist wenig bekannt. Bei Dyspnoe soll es zu einer Leukocytose, die anfänglich eine Lymphocytose ist, kommen; auch bei Anwendung der KUHNschen Saugmaske hat man eine Leukocytose beobachtet. Bei Asthma bronchiale ist typisch die Eosinophilie des Blutes und Sputums.

Der *inneren Sekretion* schreibt man neuerdings einen großen Einfluß auf die L-Bildung zu. O. NAEGELI hält nicht nur die Erythro-, sondern auch die Leukopoese für hormonal reguliert. Im einzelnen sind aber die Verhältnisse zur Zeit noch schwer übersehbar. Hyperfunktion der Hormondrüsen führt im allgemeinen zu einer Leukocytose, die eine Lymphocytose ist, während das Knochenmark dann eher weniger suffizient ist; eine gegenseitige Beeinflussung des myeolischen Systems durch das lymphatische und umgekehrt ist häufig zu beobachten; die Milz soll ja auch hemmend auf das Knochenmark wirken. Nach A. WASER[5] übt subcutane Injektion von Schilddrüsenextrakt, wie die von Eisen, eine Reizwirkung auf das Knochenmark aus. Die Lymphocytose im Kindesalter

---

[1] Über das normale qualitative Leukocytenblutbild des Säuglings siehe J. ARNETH: Die qualitative Blutlehre, Bd. 3, S. 140. 1925, zitiert auf S. 49.

[2] FERBER, R.: Über Lymphocytose bei Frontsoldaten. Med. Dissert. Gießen 1919.

[3] ARNETH, J.: Die qualitative Blutlehre, Bd. 1, S. 50. 1920 u. Bd. 3, S. 159. 1925, zitiert auf S. 49.

[4] SCHLOSS, J.: Die Beeinflussung der Blutleukocyten durch Alkoholgenuß. Zeitschr. f. d. ges. exp. Med. Bd. 37, S. 281. 1923.

[5] WASER, A.: Das relative weiße Blutbild nach Injektion von Eisen und Schilddrüsenpräparaten. Zeitschr. f. Biol. Bd. 71, S. 107. 1920. Nr. 41 der Arbeiten aus dem ASHERschen Institut: Beiträge zur Physiologie der Drüsen.

wird auf den persistierenden Thymus zurückgeführt, bei Status thymolymphaticus ist Lymphocytose nachgewiesen. Nach Kastration soll eine Lymphocytose zustande kommen. Die Adrenalinleukocytose ist wohl eine durch die Gefäßreaktion bedingte Verschiebungs- bzw. Verteilungsleukocytose (S. 57).

Ob Beziehungen zwischen *assimilatorischen Vorgängen* und L-Zahl bzw. L-Prozenten bestehen, bedarf noch genauerer Untersuchung, die Leuko- und speziell Lymphocytose beim wachsenden Organismus läßt solche Beziehungen erwarten.

Bei physiologisch gesteigerter *Dissimilation, besonders bei körperlichen Anstrengungen*, soll die L-Zahl um mehrere Tausend in die Höhe gehen, wobei zuerst die Lymphocyten, später besonders die Neutrophilen zunehmen. Die initiale Lymphocytose wird durch stärkere Lymphzirkulation, die später einsetzende Vermehrung der Neutrophilen durch eine Reizung des Knochenmarks erklärt, zu welcher die Dissimilationsprodukte der Muskulatur und die Dyspnoe Veranlassung geben sollen. Hierher gehört auch die *Schreileukocytose bei Kindern*. Ja, schon aufrechte Körperhaltung soll zu höheren L-Zahlen führen als Liegen. Die Aufstellung des neutrophilen Blutbildes bei körperlichen Anstrengungen könnte auch hier wohl weiteren Aufschluß geben.

Auch bei gesteigerter *Exkretion* könnte die L-Zahl Veränderungen erleiden, da man annimmt, daß die Leukocyten unlösliche Dissimilationsprodukte (Eisen-, Kalk-, Magnesiumsalze) nach den unteren Abschnitten des Darmes transportieren. Jedenfalls sind sie bei der Einschmelzung und dem Transport überschüssiger Gewebssubstanzen beteiligt; in Fällen solchen Abbaues wird man daher auch mit einer Änderung der L-Zahl und L-Prozente zu rechnen haben.

Bei *Einwirkung von niederer und hoher Temperatur* (kalte und heiße Bäder, Duschen, Heißluft- und Glühlichtbäder) kommt es mit der Steigerung des Stoffwechsels zu einer Leukocytose, aber ohne eingreifende Veränderung des neutrophilen Blutbildes (J. ARNETH); der Mehrbedarf an Leukocyten wird also auch hier wie bei der Verdauung durch ausgebildete, stets zur Verfügung stehende Reserven gedeckt.

Über Beziehungen zwischen *Sinnesfunktionen* und Leukocyten hat bisher nichts ermittelt werden können. Auf die Leukocytose im Zusammenhang mit *Muskeltätigkeit*[1] wurde schon hingewiesen. Muskelkrämpfe sollen zu Leukocytose führen, doch lauten die Angaben verschieden, auch je nach der Natur der Krämpfe. Ob auf *nervösem Weg*, etwa durch Einwirkung des vegetativen Nervensystems, die L-Zahl und die L-Prozente beeinflußt werden können — vagotonisches und sympathicotonisches Blutbild —, ist noch unsicher. Versuche mit Pilocarpin und Atropin haben bezüglich des parasympathischen und mit Adrenalin bezüglich des sympathischen Nervensystems zu eindeutigen Resultaten nicht geführt. Auch hier wäre gegebenenfalls eine Einwirkung auf die blutbereitenden Organe selbst und auf die Gefäßendothelien, welche Stoffe ans Blut abgeben, in Betracht zu ziehen. Wahrscheinlicher ist ein indirekter Einfluß des vegetativen Nervensystems auf dem Umweg über die Hormondrüsen[2].

Die *Menstruation* ist mit einer geringfügigen Leukocytose verknüpft, ebenso die *Gravidität*; das neutrophile Blutbild erfährt dabei keine Veränderung. Im Verlauf der Geburt und in der Nachgeburtsperiode nimmt die Leukocytose beträchtlich zu, sie ist dann eine neutrophile mit Linksverschiebung des Blut-

---

[1] Beim Stehen der Versuchsperson fand G. JÖRGENSEN niedrigere Leukocytenwerte als beim Liegen: Über die Abhängigkeit der Leukocytenzahl von der Körperstellung. Zeitschr. f. klin. Med. Bd. 90, S. 216. 1920.

[2] PLATZ, O.: Vegetatives Nervensystem und Blut, in L. R. MÜLLER: Die Lebensnerven, 2. Aufl., S. 447. Berlin: Julius Springer 1924.

bildes. Nach W. Sieben[1] erreicht die Geburtsleukocytose in der zweiten Woche ihr Ende, die Neutrophilen nehmen von der Geburt bis zum Ende des Wochenbettes ununterbrochen ab, ähnlich verhalten sich die Lymphocyten, ihre Zahl kann aber nach vorübergehender Abnahme wieder etwas zunehmen. Eosinophile, noch mehr Basophile und Monocyten fehlen im allgemeinen gleich nach der Geburt und treten auch im Wochenbett meist nur spärlich auf.

In pathologischen Fällen kann die L-Zahl außerordentliche Veränderungen erleiden und, wie erwähnt, von einigen hundert bis zu einer Million schwanken[2]. Auch das Blutbild kann dann sehr bunt werden, die L-Prozente ändern sich stark, und es treten im Blut auch noch die Vorstufen der Leukocyten, seien es die des myeloischen oder lymphatischen Systems, auf, unter Umständen auch noch *Plasmazellen, Knochenmarksriesenzellen* (*Megakaryocyten*) oder wenigstens Trümmer derselben und endlich auch noch *Endothelien*; dabei kommt es dann auch zu einer Verschiebung des Blutbildes nach links. J. Arneth faßt die überhaupt eintretenden Fälle einschließlich der normalen in folgendes Schema zusammen:

    1. *Normale Leukocytenzahl* (*Normocytose*) mit

    a) über die Norm ,,nach rechts‘‘ entwickeltem Blutbild (*Hypernormocytose*),

    b) normalem Blutbild (*Normo-[normo-]cytose* oder *Isonormocytose* oder Dinormocytose),

    c) pathologisch ,,nach links‘‘ verschobenem Blutbild (*Anisonormocytose*).

    2. *Vermehrte Leukocytenzahl* (*Hypercytose*) mit

    a) über die Norm ,,nach rechts‘‘ entwickeltem Blutbild (*Hyperhypercytose*, Dihypercytose),

    b) normalem Blutbild (*Isohypercytose*),

    c) pathologisch ,,nach links‘‘ verschobenem Blutbild (*Anisohypercytose*).

    3. *Verminderte Leukocytenzahl* (*Hypocytose*) mit

    a) über die Norm ,,nach rechts‘‘ entwickeltem Blutbild (*Hyperhypocytose*),

    b) normalem Blutbild (*Isohypocytose*),

    c) pathologisch ,,nach links‘‘ verschobenem Blutbild (*Anisohypocytose*).

    Dieses Schema wäre auf jede Leukocytenart anwendbar. In jedem der Fälle 1, 2, 3 könnten die Unterabschnitte a), b), c) auch einfacher so aufgefaßt werden: a) Verschiebung nach rechts, b) ohne Verschiebung, c) Verschiebung nach links.

    Von *Einwirkungen*, welche *von außen her* den Körper treffen und die L-Zahl und L-Prozente beeinflussen, sei das *Höhenklima* genannt, das nach C. Stäubli[3] zu einer Leukopenie und zu einer relativen und absoluten Lymphocytose führt. Offenbar ist diese Wirkung auf die starke Strahlung zurückzuführen; die *künstliche Höhensonne*, im Tiefland angewandt, führt zu gleichen Resultaten[4]. Nach W. Biehler[5] übt das *Seeklima* keine Einwirkung auf das weiße Blutbild aus.

    Einwirkung von *Röntgen-* und *Radiumstrahlen* führt nach P. Linser und E. Helber[6] zu einer Leukopenie, wobei besonders die Lymphocyten betroffen werden; die Verminderung der Leukocyten soll nach diesen Autoren durch Zerstörung der Leukocyten besonders im kreisenden Blut zustande kommen, während

---

[1] Sieben, W.: Zitiert auf S. 20.

[2] Über Leukocytosen und Leukocytopenien siehe Kraus u. Brugschs Spezielle Pathol. u. Therapie innerer Krankheiten Bd. VIII, S. 57. 1920: O. Naegeli: Die Leukocytosen.

[3] Stäubli, C.: Über den physiologischen Einfluß des Höhenklimas auf den Menschen. Bericht über die 10. deutsche Studienreise von A. Oliven und S. Kaminer, S. 168. Berlin 1910.

[4] Siehe die auf S. 23, Anm. 2 u. 4 erwähnten Arbeiten von K. Berner und P. W. Siegel.

[5] Biehler, W.: Weißes Blutbild, Seebäder und Seeklima. Folia haematol. Bd. 27, S. 257. 1922.

[6] Linser, P. u. E. Helber: Experimentelle Untersuchungen über die Einwirkung der Röntgenstrahlen auf das Blut und Bemerkungen über die Einwirkung von Radium und ultraviolettem Lichte. Dtsch. Arch. f. klin. Med. Bd. 83, S. 479. 1905.

von anderer Seite (Rosenbach) eine Hemmung, eine Insuffizienz der leuko-
plastischen Organe angenommen wird. Bei langer Einwirkung von Röntgenstrahlen glaubt J. Arneth zugleich eine Linksverschiebung des Blutbildes annehmen zu müssen.

Bei subcutaner, intravenöser oder stomachaler Einverleibung von *Thorium-
X-Präparaten* (wasserklare Lösung der Emanation, steril in Ampullen) kommt
es nach J. Arneth[1] bei Kaninchen zu einem raschen und starken Abfall der
Leukocytenzahl mit prozentischer Abnahme der Neutrophilen und Monocyten,
prozentischer Zunahme der Lymphocyten, während die Eosinophilen und Mastzellen prozentisch gleichbleiben. Die Lymphocyten sind im Blut und in den
Organen besonders widerstandsfähig gegenüber Strahlenwirkungen. Das Blutbild, nicht nur der Granulocyten, sondern auch das der Lymphocyten ist normal
oder mehr oder weniger nach rechts verschoben, was auf eine hemmende Wirkung
auf die Leukocytenproduktion hinweist. Bei sehr starken Dosen kommt es sogar
zu einer Leukocytenlosigkeit des Blutes, was den Tod im Gefolge hat. Die
Erythrocyten werden der Zahl nach nicht wesentlich verändert, es kommt aber
zu Polychromasie und basophiler Punktierung derselben und zum Auftreten
vereinzelter Normoblasten im Blut.

Bei der größeren biologischen Selbständigkeit der Leukocyten spielen die
relativen Änderungen in der Zahl der Leukocyten eine größere Rolle als bei den
Erythrocyten. Ohne absolute Vermehrung der Leukocyten in der Blutbahn kann
es zu einer ungleichen Verteilung daselbst kommen, indem die Leukocyten
durch besondere Stoffwechselvorgänge in bestimmte Organe gelockt (positive
Chemotaxis) oder auch von diesen abgestoßen werden können (negative Chemotaxis). Man spricht in diesem Fall von *Verteilungsleukocytosen*[2]. Der Untersuchung werden hier beim Menschen Schwierigkeiten bereitet, weil das Blut für
die Versuche im allgemeinen nur aus den Hautgefäßen, höchstens noch aus den
Venen der Ellbogenbeuge entnommen werden kann.

Die Resultate der in dieser Richtung an Tieren angestellten Versuche widersprechen sich. Während A. Goldscheider und P. Jakob die Schulzsche Theorie,
es bestehe bei Leukopenie in peripheren Gefäßen Leukocytose in zentralen
und umgekehrt, nicht bestätigen konnten, in den peripheren Gefäßen vielmehr
immer eine größere Anzahl von Leukocyten vorfanden als in den zentralen,
ferner bei Vermehrung der Leukocyten in der Peripherie auch immer eine entsprechende Vermehrung im Zentrum feststellten, führten Versuche von Schwenkenbecher und Siegel[3] zu dem Resultat, daß die Verteilung der Leukocyten
in den verschiedenen Gefäßbezirken des normalen Tierorganismus eine recht
gleichmäßige ist. Der Widerspruch zu den Ergebnissen von Goldscheider und
Jakob erklärt sich dadurch, daß diese Autoren Äthernarkose bei der Blutentziehung angewendet haben. Bei den physiologischen Leukocytosen wird es
sich meistens um Verteilungsleukocytosen handeln, die wohl daran erkannt
werden können, daß sie nur vorübergehende sind, und daß die Vorstufen der
Leukocyten oder auch nur reichlicheres Vorkommen jugendlicher Elemente
nicht nachgewiesen werden kann[4].

---

[1] Arneth, J.: Die qualitative Blutlehre, Bd. 1, S. 378. 1920, zitiert auf S. 49.

[2] Der Ausdruck „Verteilungsleukocytose" ist dem Ausdruck „Verschiebungsleukocy-
tose" vorzuziehen, da letzterer zur Verwechslung mit Arneths „Verschiebung des neutrophilen Blutbildes" führen könnte. (V. Schilling.)

[3] Schwenkenbecher u. Siegel: Über die Verteilung der Leukocyten in der Blutbahn. Dtsch. Arch. f. klin. Med. Bd. 92, S. 303. 1908.

[4] Über Unterschiede im Leukocyten- und Erythrocytengehalt des Blutes an verschiedenen Stellen des Gefäßsystems und deren Ursachen und Bedeutung siehe E. Becher:
Med. Klinik Bd. 16, S. 1086. 1920.

Vagusreizung soll zu einer Anhäufung der Leukocyten in inneren Organen, zu einer Verminderung in äußeren führen, *Sympathicusreizung* umgekehrte Effekte im Gefolge haben. Man nimmt aber auch an, daß das vegetative Nervensystem, auf die Gefäßendothelien oder die Hormondrüsen einwirkend, Blutreize schafft, die die blutbildenden Organe beeinflussen.

Nach *Blutverlusten* steigt die L-Zahl um das 2—5fache in den nächsten Stunden an und bleibt einige Tage hoch (Lyon). Die Zahl der Leukocyten kehrt aber viel früher zur Norm zurück als die der Erythrocyten, das leukocytäre System ist labiler als das erythrocytäre. Bei kleinen Blutverlusten erfährt das Blutbild keine Veränderung, der Verlust an Leukocyten wird durch ausgebildete Reserven gedeckt, bei größeren Blutverlusten kommt es zu einer Linksverschiebung des Blutbilds. Nach Ido und Suzuki[1] sind dabei zwei Maxima in der L-Zahl nachweisbar, das erste in der 5. Stunde nach der Blutentziehung, das zweite nach 24 Stunden und mehr; im ersten Fall handelt es sich wohl um Mobilisierung von Reserven, im zweiten um Neubildung.

Bei *Haus- und Laboratoriumstieren* ist die L-Zahl meist höher als beim Menschen, ganz besonders ist dies der Fall beim Schwein. Auch die L-Prozente sind insofern verschieden, als, abgesehen vom Hund, die Abkömmlinge des lymphatischen Systems viel reichlicher vertreten sind als beim Menschen, ja bei einer ganzen Reihe von Tierarten enthält das Blut mehr Lymphocyten als Neutrophile. All dies ergibt sich aus folgender Tabelle, die nach neueren Untersuchungen von P. Kuhl, G. Fritsch, W. Welsch und H. Werner (zitiert auf S. 25) zusammengestellt ist, in deren Arbeiten auch die bisherigen Ergebnisse anderer Autoren zusammengefaßt sind.

	Leukocytenzahl in Taus.	Leukocytenarten in Prozenten				
		Neutrophile bezw. Pseudo-eosinophile	Eosinophile	Basophile	Monocyten	Lymphocyten
Mensch	5,50	67	3	<1	7	23
Hunde	12,60	57	10	<1	8	25
Schweine ♂	16,32	38	2	<1	6	53
„ ♀	17,91	45	3	<1	9	42
Ratten	6,14	17	2	<1	7	74
Kaninchen	8,91	31	2	2	1	63
Rinder	7,90	21	5	<1	10	64
Pferde	10,30	54	4	<1	4	38
Schafe ♂	7,25	40	6	<1	7	47
„ ♀	7,63	44	2	<1	5	49
Ziegen ♂	9,80	40	1	<1	4	55
„ ♀	8,08	50	2	<1	6	42
Hühner ♂	—	49	5	3	2	40
„ ♀	—	23	5	2	5	64
Tauben	—	35	2	2	3	58
Enten	—	41	4	7	4	44
Gänse	—	52	3	2	5	38

Wie schon S. 52 erwähnt, ist eine exakte Leukocytenzählung im Vogelblut der kernhaltigen Erythrocyten wegen sehr erschwert; die von C. Klieneberger und W. Carl[2] auf indirektem Weg ermittelten Werte fallen durch ihre außerordentliche Größe auf: Huhn 35,00 bis 60,80, Taube 10,43 bis 31,43 Taus.

3. Die Funktion der Leukocyten.

Wie schon kurz angedeutet wurde (S. 46), handelt es sich bei den Leukocyten um eine Transport- und Polizeitruppe, man kann auch sagen um eine Leibwache des Körpers. Daß diese Leibwache schon histologisch in fünf Arten differenziert

---

[1] Zitiert nach O. Naegeli: Blutkrankheiten und Blutdiagnostik, 4. Aufl., S. 228. 1923.
[2] Klieneberger, C. u. W. Carl: Die Blutmorphologie der Laboratoriumstiere, S. 108. Leipzig: J. A. Barth 1912.

vorkommt und auch physiologisch-chemisch verschieden ausgerüstet ist, weist auf verschiedene, wohl für jede Art typische Funktionen hin, die sich auch in verschiedenen Graden der amöboiden Beweglichkeit, der Phagocytose und der Wirkungsweise der Leukocytenfermente und Antitoxine kundgibt. Noch ist die Pathologie und speziell die klinische Hämatologie eine größere Fundgrube zur Ermittlung der Funktion der Leukocyten und besonders der Arten als die Physiologie, die letztere sollte aber bei der Lösung dieses wichtigen Problems nicht beiseite stehen.

Zu ihrer Transport- und Polizeifunktion befähigt die Leukocyten vor allem ihre *amöboide Beweglichkeit*, die sich am besten in der natürlichen Suspensionsflüssigkeit, dem Plasma[1], bei Körpertemperatur beobachten läßt; besonders stark ist die amöboide Bewegung auf dem DEETJENschen Agar[2]. An Stelle von Agar ist von L. HABERLANDT[3] Gelatine verwandt worden. Unter physiologischen Verhältnissen kann man so Leukocyten in den Geweben wandern sehen, was ihnen den Namen W a n d e r z e l l e n eingetragen hat; Lymphocyten gelangen von ihren Bildungsstätten, den Follikeln in der Submucosa aus, durch Schleimhäute hindurch in Se- und Exkrete, andere Leukocyten durch die Capillarwand ins umgebende Gewebe. Da die Leukocyten Träger von Fermenten und Abwehrstoffen (bactericide *Leucine* nach R. SCHNEIDER) sind, kann so Verdauung und Abwehr an Orten vor sich gehen, die von sich aus zu diesen Funktionen nicht fähig wären.

Der *Grad der amöboiden Bewegung* ist bei den einzelnen Leukocytenarten verschieden, am meisten ausgeprägt ist die Bewegung bei den Neutrophilen. Mc CUTCHEON[4] ermittelte die Geschwindigkeit der Bewegung bei den Neutrophilen zu 34,1 μ pro Minute bei 37°, bei verschiedenen Temperaturen folgte sie der VAN 'T HOFFschen R-G-T-Regel. Tagelang, nach L. HABERLANDT[5] 3 bis 5 Wochen lang, nach der Entfernung aus dem Körper kann man die in Plasma suspendierten Leukocyten lebend erhalten, wie die S. 6 erwähnte RŮŽIČKAsche Methode erweist, und sie bei Körpertemperatur wieder zur amöboiden Bewegung bringen. Insbesondere die Temperatur und chemische Reize sind es, welche fördernd oder hemmend auf die Bewegung wirken. Nach neueren Beobachtungen bewegen sich die Leukocyten vor allem nach Orten erhöhter H-Ionenkonzentration hin.

Die Polizeifunktion der Leukocyten zeigt besonders anschaulich der COHNHEIM*sche Entzündungsversuch*[6], also die Beobachtung ihres Verhaltens in der Schwimmhaut oder im Mesenterium unter dem Einfluß von Reizen. Man sieht, wie auf Erweiterung der Blutgefäße und Strombeschleunigung hin eine Stromverlangsamung mit Randstellung der Leukocyten zustande kommt. Durch Stomata der Blutgefäße, besonders der Capillaren und Venen, strecken die Leukocyten Pseudopodien hindurch, denen der übrige Körper nachfolgt. Extravasculär wandern dann die Leukocyten amöboid nach den Orten der Reizung hin. Handelt es sich um chemische Reize, was meist der Fall ist, so ist die Bewegungsrichtung durch positive Chemotaxis gegeben. Auch negative Chemotaxis, Abstoßung der Leukocyten, kann in Betracht und Anhäufung von Leukocyten in entfernten Gefäßprovinzen, besonders den Lungen, zustande kommen.

---

[1] Siehe diesen Beitrag S. 67, Methode von K. BÜRKER.

[2] Siehe diesen Beitrag S. 48, Methode von H. DEETJEN.

[3] HABERLANDT, L.: Kulturversuche an Froschleukocyten. Zeitschr. f. Biol. Bd. 69, S. 275. 1918. Siehe auch dieses Autors Arbeit „Über amöboide Bewegung". Ebenda S. 409.

[4] Mc CUTCHEON, M.: Studies on the locomotion of leucocytes I. II. Americ. journ. of physiol. Bd. 66, S. 180 u. 185. 1923.

[5] HABERLANDT, L.: Über Vitalfärbung an Froschleukocyten und ihre Lebensdauer außerhalb des Tierkörpers. Zeitschr. f. Biol. Bd. 69, S. 331. 1919.

[6] COHNHEIM, J.: Vorlesungen über allgemeine Pathologie, 2. Aufl., Bd. 1, S. 237. 1882.

Sind die Leukocyten am Reizort angelangt, so können sie dort mechanisch oder chemisch oder in beiderlei Beziehung zugleich wirksam sein; mechanisch[1], wenn es sich um Beseitigung körperlicher Elemente, besonders von Schädlingen, von Bakterien, durch Einverleibung ins Protoplasma und Wegbeförderung handelt, chemisch, wenn solche Schädlinge verdaut oder überflüssig gewordene Gewebssubstanzen abgebaut werden.

Die Aufnahme körperlicher Elemente in das Protoplasma, das geradezu Auffressen derselben, die *Phagocytose*, ist eine sehr bedeutsame Funktion der Leukocyten, wie besonders E. Metschnikoff[2] und H. J. Hamburger[3] dargetan haben. *Makrophagen* sind dabei die Monocyten, welche besonders Blutkörperchen und Protozoen, *Mikrophagen* die übrigen Leukocyten, welche vorwiegend Bakterien aufnehmen. „Man sieht Phagocyten einen oder mehrere Ausläufer in der Richtung der in der Nachbarschaft liegenden Bakterien oder anderen Mikroorganismen senden, um dieselben dann mehr oder weniger schnell mit Protoplasma zu umschließen. Wenige Minuten später wird der Infektionserreger ins Innere des Mikrophagen befördert, wo um ihn eine Vakuole sich bildet. Die letztere enthält, außer dem aufgefressenen Parasiten, noch eine klare Flüssigkeit in mehr oder weniger großer Quantität angesammelt."

„Wenn die von Mikrophagen aufgenommenen Bakterien beweglich sind, wie z. B. die Bacillen des blauen Eiters, Typhus oder Colibacillen, so kann man mitunter mit großer Deutlichkeit die aktiven Bewegungen dieser Mikrobien noch im Innern dieser Verdauungsvakuolen verfolgen. Früher oder später hören diese Bewegungen auf, was schon auf einen nachteiligen Einfluß des Phagocyten auf den Mikroorganismus hindeutet. Die weitere Beobachtung lehrt in der Tat, daß die meisten Infektionserreger durch Phagocyten geschädigt und schließlich aufgelöst, d. h. vollständig verdaut werden (S. 692)."

Die Verdauung kann bei schwach saurer, aber auch, z. B. in Makrophagen, bei schwach alkalischer Reaktion vor sich gehen, wie sich durch Neutralrot erweisen läßt.

„Es gibt aber auch Mikrobien, welche sehr lange innerhalb der Phagocyten ihre äußere Form und Konsistenz behalten (Tuberkel- und Leprabacillen, Sporen). In solchen Fällen beschränken sich die Phagocyten darauf, nur die Auskeimung der Sporen resp. die Vermehrung der Bacillen aufzuhalten, womit dem bedrohten Organismus ein großer Dienst erwiesen wird." (S. 692.)

Das Vorhandensein oder das Fehlen einer *Immunität* gegenüber Infektionskrankheiten beruht zum Teil darauf, daß es im ersteren Fall zu lebhafter Phagocytose der Leukocyten, im letzteren aber nicht dazu kommt. Unterstützt werden die Phagocyten in ihrer Wirkung durch den sessilen reticulo-endothelialen Apparat.

Durch Agglutination und durch besondere spezifische Stoffe des Serums, die einfacheren, relativ thermostabilen *Tropine* und die komplexeren *Opsonine*[4] werden nach E. Wright und F. Neufeld die Bakterien der Phagocytose zugängiger gemacht; das normale Serum enthält schon solche Stoffe.

---

[1] Krönig, G.: Der morphologische Nachweis des Methämoglobins im Blut (und zwar in Leukocyten). Sitzungsber. d. preuß. Akad. d. Wiss., phys.-mathem. Kl., Bd. 28, S. 539. 1910.

[2] Metschnikoff, E.: Die Lehre von den Phagocyten und deren experimentelle Grundlagen. Kolles u. v. Wassermanns Handb. d. pathog. Mikroorganismen, 2. Aufl., Bd. II, 1. Hälfte, S. 655. 1913.

[3] Hamburger, H. J.: Physikalisch-chemische Untersuchungen über Phagocyten. Wiesbaden: J. F. Bergmann 1912.

[4] Neufeld, F.: Bakteriotropine und Opsonine. Kolles u. v. Wassermanns Handb. d. pathog. Mikroorganismen, 2. Aufl., Bd. II, 1. Hälfte, S. 401. 1913.

Die *Größe der Phagocytose* hat sich nach R. Höber[1] und T. Kanai[2] von der Zusammensetzung des Plasmas in bezug auf seine Eiweißkörper (Fibrinogen, Globulin, Albumin) abhängig erwiesen, deren Adsorbierbarkeit und Stabilität der Dispersion im Zusammenhang mit ihrer elektrischen Ladung, der der Leukocyten und der zu phagocytierenden Teilchen von Einfluß auf die Phagocytose ist. Der Sinn der Vermehrung der Globulinfraktion des Plasmas bei entzündlichen Erkrankungen wird so in einer Anregung zur Phagocytose erblickt. Ein Optimum der Phagocytose soll bei $p_H = 7{,}0$ bestehen[3].

Auch viele andere chemische Stoffe sind in ihrer Einwirkung auf Phagocytose untersucht worden[4], nach H. J. Hamburger und J. de Haan[5] wirkt Calcium durch Einfluß auf das Protoplasma fördernd, was Kanai für kleine Mengen Calciumchlorid bestätigen konnte, nach B. Stuber[6] Cholesterin hemmend. Hamburger und de Haan fanden ferner die Phagocytose durch lipoidlösliche Stoffe, wie Jodoform, Chloroform, Chloral, Terpentin in infinitesimalen Dosen beschleunigt, was dadurch erklärt wird, daß diese Stoffe die lipoide Oberfläche erweichen und dadurch die amöboide Bewegung fördern. Des weiteren regten Seifen auch bei höherer Konzentration zur Phagocytose an, gelangen aber nicht, wie Calcium, in die Zellen, sondern wirken durch Herabsetzung der Oberflächenspannung. Freie H-Ionen und hypertonische Kochsalzlösungen schädigen dagegen die Phagocytose.

Auch von inneren Sekreten ist die Phagocytose abhängig, sie wird, wie sich aus neueren Arbeiten von L. Asher und seiner Schule[7] ergibt, durch das Sekret des Ovariums und besonders der Schilddrüse gefördert.

Außer den Fermenten, welche den phagocytierten Körper abbauen und offenbar auch in die Umgebung des Leukocyten bei der Gewebseinschmelzung abgegeben werden können, enthalten die Leukocyten noch Antitoxine und jodophile Substanzen (Glykogen, Amyloid).

Nach neueren Untersuchungen von A. Carrel und A. H. Ebeling[8] sind in den Leukocyten besondere Stoffe enthalten, welche wachstumsbefördernd auf Gewebe wirken, die sog. *Trephone.*

Wenig Sicheres ist über die chemische Natur und die physiologische Bedeutung der spezifischen Protoplasmabestandteile, der *Granula*, bekannt. Am genauesten sind noch die *eosinophilen Granula*, besonders die Riesenformen beim Pferd, untersucht. Bei der Untersuchung der noch im Knochenmark befindlichen eosinophilen Leukocyten fand E. Petry[9], daß die Granula gegen

---

[1] Höber, R.: Physikalische Chemie der Zelle und der Gewebe, 5. Aufl., S. 618. 1924.

[2] Kanai, T.: Physikalisch-chemische Untersuchungen über Phagocytose. Pflügers Arch. f. d. ges. Physiol. Bd. 198, S. 401. 1923.

[3] Fenn, W. O.: Effect of the hydrogen ion concentration of the phagocytosis and adhesiveness of leucocytes. Journ. of gen. physiol. Bd. 5, S. 169. 1922.

[4] Neuerdings von K. J. Feringa u. J. de Haan: Über die Ursachen der Emigration der Leukocyten. I. II. Pflügers Arch. f. d. ges. Physiol. Bd. 197, S. 404. 1922 u. Bd. 199, S. 365. 1923.

[5] Hamburger, H. J., u. J. de Haan: Zur Biologie der Phagocyten. Einfluß von Fettsäuren und Seifen auf die Phagocytose. Arch. f. Physiol. 1913, S. 77.

[6] Stuber, B.: Über Blutlipoide und Phagocytose. I. Biochem. Zeitschr. Bd. 51, S. 211. 1913.

[7] Furuya, K.: Die Abhängigkeit der Phagocytose von inneren Sekreten, eine neue Methode zur Untersuchung der inneren Sekretion. Biochem. Zeitschr. Bd. 147, S. 410. 1924, und Y. Abe: Der Einfluß der inneren Sekretion auf das phagocytäre Vermögen der Leukocyten, geprüft mit der Methode von Fenn. Ebenda Bd. 166, S. 295. 1925.

[8] Carrel, A.: Growth-promoting function of leucocytes. Journ. of exp. med. Bd. 36, S. 385. 1922; ferner Carrel, A., u. A. H. Ebeling: Tréphones leucocytaires et leur origine. Cpt. rend. des séances de la soc. de biol. Bd. 89, S. 1266. 1923.

[9] Petry, E.: Zur Chemie der Zellgranula. Die Zusammensetzung der eosinophilen Granula des Pferdeknochenmarks. Biochem. Zeitschr. Bd. 38, S. 92. 1911.

Trypsin resistent sind, Eiweißreaktionen geben, aber ihrer Schwerlöslichkeit wegen doch wohl nur aus Elastin oder Hornsubstanz aufgebaut sind. Eisen ist in festerer Bindung vorhanden, aber nicht als Hämoglobin bzw. Hämatin. Deponierung und Transport von Eisen könnte also eine Funktion der Eosinophilen sein. Nach A. Neumann[1] ist die eosinophile Substanz in schwach saurem oder alkalischem Alkohol bei leichtem Erwärmen löslich, sie besteht nicht aus Eiweiß, enthält ein phosphorhaltiges Lipoid und eine peroxydatisch wirksame Substanz, Eisengehalt wechselnd. Eine Entleerung und Wiederauffüllung des Protoplasmas in bezug auf diese Granula wie bei Drüsenzellen kann man gewöhnlich nicht beobachten[2], und doch muß eine spezifische Wirkungsweise dieser schon morphologisch und physikalisch-chemisch so verschiedenen Granula angenommen werden, wie sich besonders aus der Pathologie ergibt.

Jedenfalls verfährt der Organismus im Kampf ums Dasein mit seiner *weitgehend differenzierten Schutztruppe*, den Leukocyten, wie ein Feldherr mit seinen verschiedenen Waffengattungen.

Zwei Stämme stehen zum Angriff und zur Abwehr zur Verfügung, die Abkömmlinge des myeloischen und die des lymphatischen Systems. Die ersteren sind die körperlich ansehnlicheren und beweglicheren Truppen und auch in vier Sippen als Spezialtruppen ausgebildet, die letzteren sind durch geringe Größe und damit leichteres Eindringungsvermögen, ferner durch nachhaltigeres Wesen ausgezeichnet und nur in einer Sippe vertreten.

In Friedenszeiten ist die Truppe, wenigstens beim erwachsenen Menschen, derart organisiert, daß der myeloische Stamm im Blut bei weitem überwiegt. In dem Maße, wie die alten Jahrgänge beider Stämme außer Funktion gesetzt werden, strömen aus den Rekrutendepots neue zu, der Quotient Ersatz : Verbrauch strebt dem Wert 1 zu.

Werden an den Körper — zunächst immer noch in Friedenszeiten, also *unter physiologischen Verhältnissen* — höhere Anforderungen gestellt, so fragt es sich, ob diese den myeloischen Stamm oder den lymphatischen betreffen. Durch Hyperfunktion wird der betroffene dann, zunächst ohne wesentliche Vergrößerung seiner Rekrutendepots, den erhöhten Anforderungen zu genügen suchen. Dabei ist es gewöhnlich so, daß Hyperfunktion des myeloischen Stammes Hypofunktion des lymphatischen im Gefolge hat, und umgekehrt. Es hängt ferner noch von der Art der Anforderung ab, welche Sippe des myeloischen Stammes in erhöhtem Maße mobilisiert wird, meist geschieht das auf Kosten einer anderen Sippe. Werden die gesteigerten Anforderungen bei dem einen oder anderen Stamm chronisch, dann wird das entsprechende Rekrutendepot vergrößert, es kommt zur Hyperplasie des betreffenden leukocytenbildenden Apparats.

Wird der Körper mit Krieg überzogen, stellen sich also *pathologische Zustände* ein, so ist das Verhalten der Leukocyten noch davon abhängig, ob die *Rekrutendepots selbst Kriegsschauplatz* werden oder nicht. Werden sie es, so kommt es darauf an, ob sie sich aufraffen und auf ein höheres Niveau der Rekrutenausbildung einstellen können, was Hyperplasie im Gefolge hätte, oder ob sie der Kriegsfurie unterliegen und hypoplastisch werden. Dabei kann durch Hyperplasie des myeloischen Gewebes das lymphatische geradezu erdrückt werden, und umgekehrt. Trotz Hyperplasie kann es aber auch zu einer Minderleistung kommen, wenn zugleich entzündliche Zerstörung des spezifischen Gewebes mit Wucherung des unspezifischen verbunden ist.

<hr>

[1] Neumann, A.: Die eosinophile Granulasubstanz des Blutes und ihre Darstellung. Untersuchungen über ihre Beschaffenheit und Eigenschaften. I. Biochem. Zeitschr. Bd. 148, S. 524. 1924; II. Ebenda Bd. 150, S. 256. 1924; III. Folia haematol. Bd. 32, S. 166. 1926.
[2] Ehrlich, P. soll bei Mastzellen einen Austritt von Granula gesehen haben.

Schwindet die alte Mannschaft immer mehr und mehr, so werden die Rekrutendepots selbst immer jugendlicher, es kommt schließlich in den Depots sogar zu einem Rückschlag in die embryonale Blutbildung und die ungenügend ausgebildeten Truppen tragen dann alle Kennzeichen der Unreife an sich. Vielfach zeigt sich auch hier bei dem Dualismus der Stämme ein gewisses antagonistisches Verhalten derselben.

Werden die *Rekrutendepots selbst nicht Kriegsschauplatz*, so kann doch der Bedarf an Truppen an anderen Stellen so groß werden, daß in den Depots intensiver gearbeitet werden muß. Ja, an diesen anderen Stellen kommt es im Drange der lebenden Substanz, sich zu erhalten, zu lebhafter Neubildung, zu einer Verjüngung des Organs und im Zusammenhang damit zu Funktionen, die in der Ontogenese, und zwar embryonal, an dieser Stelle einmal bestanden haben, aber mit zunehmendem Alter an andere Organe übergegangen sind. So können Organe, wie die Leber, wieder zu Rekrutendepots werden, die es früher einmal waren.

In all diesen Fällen ist durch einen *fein geregelten Signal- und Etappendienst*, durch nervöse und chemische Korrelation, für ein einheitliches Zusammenwirken auf dem weiten Schlachtfeld und für die nötige Zufuhr Sorge getragen. Auch das Aufräumen des Schlachtfeldes nach dem Ausgang des Kampfes ist in die Organisation mit aufgenommen.

Bevor über die *Funktion der einzelnen Leukocytenarten* berichtet wird, seien noch einige *allgemeine Gesichtspunkte* hervorgehoben.

Es muß zunächst daran erinnert werden, daß das Geschehen im Blut nur zu verstehen ist aus dem Geschehen in den blutbereitenden Organen. Von diesen Organen gibt es, wie erwähnt, zwei Modalitäten, das myeloische und lymphatische System. Jedes dieser hämatopoetischen Systeme ist durch adäquate Reize spezifisch reizbar, so daß man auch von zwei *Reizmodalitäten*, den myeloischen und lymphatischen Reizen, sprechen kann.

Innerhalb des myeloischen Systems müssen qualitativ verschiedene Reize wirksam sein, die auf die Partialkomponenten dieses Systems abgestimmt sind; es ist also berechtigt, von einer *Qualität der myeloischen Reize* zu sprechen.

Auch die *Intensität der Reizung* ist zu beachten, ferner die *Extensität*, also die Ausbreitung des Reizes auf mehr oder weniger große Teile des betreffenden Systems. *Zeitlich* kann noch in Frage kommen, ob der Reiz rasch oder langsam, einmal oder wiederholt, im letzteren Falle simultan oder sukzessiv oder gar als Dauerreiz einwirkt.

Was die *Reaktion* betrifft, so wird man entsprechend der Modalität und Qualität der Reize *Modalitäten und Qualitäten der Reaktion* zu unterscheiden haben. Es ist ferner damit zu rechnen, daß sich die Reaktion aus Teilreaktionen zusammensetzt, aus der Neubildung von Leukocyten an Ort und Stelle und aus der Überführung der neugebildeten Leukocyten in die Blutbahn, die physiologisch nur von reifen Elementen, pathologisch aber auch von unreifen betreten zu werden pflegt. Wie in dem erythrocytenbildenden System, so stehen auch in dem leukocytenbildenden normalerweise Reserven zur Verfügung, welche rasch Verwendung finden können, während für den nächsten Nachschub, der Funktionssteigerung voraussetzt, etwas Zeit zur Verfügung stehen muß.

In welchem Verhältnis physiologisch die *Intensität der Reaktion* zur Intensität des Reizes steht, darüber liegen genauere Untersuchungen nicht vor. Man wird aber erwarten dürfen, daß die hämatopoetischen Systeme ähnlich reagieren wie andere physiologische Systeme, d. h. mit linearem Anstieg des Reizes nimmt die Reaktion zuerst rasch, dann immer langsamer nach Art einer logarithmischen Kurve zu. Aber auch hier führt jede Überreizung zu einer Schädigung des Organs und bei fortdauernder Schädigung zur Lähmung der Funktion.

Bezüglich der *zeitlichen Verhältnisse bei der Reaktion* wird zu beachten sein, ob ein Latenz-, ob ein Refraktärstadium besteht, ein An- und Abklingen und eine Nachwirkung.

Für die *Beurteilung der Reaktion* darf nicht außer acht gelassen werden, daß die L-Zahl im Blut durch positive oder negative Chemotaxis und durch mehr oder weniger starke Emigration der Leukocyten beeinflußt sein und daß endlich durch Verteilungsleukocytose eine ungleiche Anhäufung der Leukocyten in den verschiedenen Gefäßsystemen zustande kommen kann. Besonders sehe man darauf, ob es sich um kräftige, voll ausgerüstete Leukocyten oder um überhastet mobilisierte, mit Zeichen der Unreife versehene oder um zu alte Individuen handelt, endlich um geschädigte, um Degenerationsformen; die Einwirkung auf die leukocytenbildenden Organe kann nach V. Schilling eben regenerativer, degenerativer und gemischt regenerativ-degenerativer Natur sein.

Bei der Verschiedenheit der beiden hämatopoetischen Systeme wird man erwarten dürfen, daß gleiche Reize zu verschiedenen Reaktionen dieser Systeme führen werden. Auch ist zu berücksichtigen, daß es hämatopoetische Organe vorwiegend myeloischer Natur gibt, wie das Knochenmark, oder vorwiegend lymphatischer, wie die Lymphfollikel, daß aber auch myeloisches und lymphatisches Gewebe in einem Organ vereinigt sein kann, wie in der Milz. Übrigens ist auch das Knochenmark nicht ganz frei von lymphatischen Elementen. Auch mit dem schon erwähnten Rückschlag in die embryonale Blutbildung ist zu rechnen, wobei Organe leukocytoplastisch werden, die es in der Ontogenese einmal waren. Schließlich kann der Reiz auch auf andere Organe als nur die hämatopoetischen wirken und komplizierende Sekundärwirkungen im Gefolge haben.

Endlich sei noch kurz zusammengefaßt, was sich über die *Funktion der einzelnen Leukocytenarten* hat ermitteln lassen.

Die *neutrophilen Leukocyten* sind besonders bei der Eiweißresorption, der Abwehr von Bakterien und ihrer giftigen Stoffwechselprodukte beteiligt, sie wenden sich ferner gegen Blutgifte und vielleicht auch schon gegen die normalen Dissimilationsprodukte. Vermöge ihrer proteolytischen Fermente sind sie in der Lage, überflüssige Gewebe abzubauen, sie befördern auch unlösliche Stoffe, wie Erdalkali- und Eisensalze, nach den unteren Abschnitten des Darms.

Eine wesentliche Rolle bei der Abwehr artfremden Eiweißes, der Anaphylaxie im Anschluß an Seruminjektionen und bei Wurmkrankheiten, spielen die *eosinophilen Leukocyten*. Damit hängt wohl zusammen, daß sie auch bei der Verdauung reichlich in der Darmwand getroffen werden, im Hunger aber daraus verschwinden. Das Blut verlassen sie bei Beginn akuter Infektionskrankheiten, beim Wiedererscheinen zeigen sie eine Rechtsverschiebung im Sinne von J. Arneth. Bei vagotonischen Zuständen werden sie auch in Anspruch genommen. Ihr postinfektiös und posttoxisch gehäuftes Auftreten weist auf eine Reparationsfunktion hin und ist prognostisch günstig zu beurteilen.

Über die Funktion der *basophilen Leukocyten* ist wenig Sicheres zu sagen, man findet auch sie bei der Abwehr artfremden Eiweißes und postinfektiös beteiligt, im Anschluß an die Infektion verschwinden sie aus dem Blut, beim Wiedererscheinen ist wie bei den Eosinophilen eine Rechtsverschiebung nachweisbar.

Von den *Monocyten* ist bekannt, daß sie als Makrophagen gröbere, körperliche Elemente, z. B. verbrauchte Erythrocyten, zu beseitigen haben, dagegen im allgemeinen nicht die Bakterien. Ihr gegensätzliches Verhalten zu den Lymphocyten in bezug auf die Zahl im Blut weist auf antagonistische Funktion hin. An der postinfektiösen und posttoxischen Reparationsarbeit nehmen auch sie vorübergehend teil.

Funktionell in einem gewissen Gegensatz zu den myeloischen Zellen stehen die *Lymphocyten,* was auch vielfach in ihrem zahlenmäßigen Auftreten im Blut sich kundgibt. Bei vorwiegender Kohlenhydrat- und Fettkost werden sie besonders in Anspruch genommen. Die postinfektiöse Lymphocytose wird als eine bedeutsame Immunitätsreaktion, Lymphocytensturz in dieser Zeit als prognostisch sehr ungünstig aufgefaßt. Nach Milzexstirpation ist ein offenbar kompensatorisch gehäuftes Auftreten im Blut zu konstatieren. Ihre stärkere Reaktionsbereitschaft im kindlichen Organismus, wohl in Verbindung mit der Funktion des Thymus, sei besonders hervorgehoben. Bei den Zusammenhängen, welche hormonal zwischen Thymus und Geschlechtsorganen bestehen, ist die Lymphocytose nach Kastration verständlich.

Als Grundtypus aller infektiösen Leukocytenbewegungen nimmt V. Schilling[1] eine neutroleukocytäre Hauptreaktion oder Kampfphase, eine mit immunisatorischen Vorgängen verknüpfte monoleukocytäre Abwehrphase (relative Monocytose) und eine lymphocytäre und eosinophile Heilphase an.

Man darf erwarten, daß mit der Zeit noch allerlei andere wichtige Funktionen der Leukocyten aufgedeckt werden. Neuerdings hat Ch. A. Doan[2] festgestellt, daß die Leukocyten auch rassenbiologisch verschieden sind.

Bei den *Haus- und Laboratoriumstieren* ist die Funktion der Leukocyten eine analoge wie beim Menschen, nur spielen bei einigen Tierarten die Lymphocyten eine größere Rolle insofern, als sie auch beim erwachsenen Organismus die Abkömmlinge des myeloischen Systems an Zahl übertreffen.

4. Verbrauch und Ersatz der Leukocyten.

Bei ihrer Transport- und Polizeifunktion gehen viele Leukocyten zugrunde, oder sie werden mit Se- und Exkreten aus dem Körper entfernt. Die Makrophagen in der Milz und im Knochenmark sollen nicht nur verbrauchte Erythrocyten, sondern auch Leukocyten aus der Blutbahn herausnehmen. Bei reichlichem Zerfall der Leukocyten ist die Harnsäureausscheidung (die endogene) vermehrt. Da auch die Lebensdauer der Leukocyten eine beschränkte ist, so muß für Ersatz gesorgt werden, sofern die Sollstärke aufrechterhalten bleiben soll. Daß dieser Ersatz hormonal angeregt wird, dafür sprechen die schon S. 61 erwähnten Untersuchungen von L. Asher und seiner Schule bei Tieren, denen Ovarien und Schilddrüse exstirpiert wurden; während nämlich normale Tiere nach Blutentziehung eine Zunahme der polymorphkernigen Leukocyten, eine Abnahme der Lymphocyten zeigten, war dieses Verhalten bei den operierten Tieren, besonders denen ohne Schilddrüse, viel weniger ausgesprochen.

Die neutro-, acido- und basophilen Leukocyten gehen aus *neutro-, acido- und basophilen Myelocyten* hervor, die, normalerweise im Knochenmark verweilend, nur unter pathologischen Verhältnissen in die Blutbahn übertreten. Es sind 10 bis 20 μ große Zellen mit großem, rundem oder ovalem, auch etwas eingebuchtetem Kern, der, arm an Chromatin, sich weniger stark färbt und oft Nucleolen zeigt. Das meist breite, leicht basophile Protoplasma enthält die entsprechende Granulation; die unreife acidophile kann sich auch blau färben, die basophile ist weniger wasserlöslich. Im Protoplasma sind ferner proteolytische Fermente enthalten, Indophenolblausynthese positiv, Phagocytose ausgesprochen.

---

[1] Schilling, V.: Das Hämogramm in der Poliklinik. I. Biologische Kurven der Leukocytenbewegung als Grundlage der praktischen Bewertung einmaliger Blutuntersuchungen. Zeitschr. f. klin. Med. Bd. 99, S. 232. 1923.

[2] Doan, Ch. A.: The recognition of a biologic differentiation in the white blood cells. With especial reference to blood transfusion. Journ. of the Americ. med. assoc. Bd. 86, S. 1593. 1926.

Die Übergangsformen zu den Leukocyten hin nennt man *Metamyelocyten*, die zur gemeinsamen Stammform hin *Promyelocyten*.

Diese Stammform, der *Myeloblast* (O. Naegeli 1900), zeigt im Kern ein feines, regelmäßiges, engmaschig-netzförmiges Chromatingerüst mit 2 bis 6 Nucleolen, im Protoplasma ein basophiles Reticulum ohne Granula. Proteolytische Fermente sind fast immer vorhanden, hie und da wird Indophenolblausynthese vermißt. Starke Phagocytose wurde beobachtet. Diese Myeloblasten sind im Knochenmark des Kindes reichlicher als in dem des Erwachsenen enthalten und kommen embryonal auch in der Leber und Milz vor. Funktionell bedeutsam ist die Tatsache, daß es hochgradige Leukocytosen ohne Myelocyten gibt und daß andererseits Myelocyten im Blute auftreten können ohne jede Leukocytose (O. Naegeli).

Von den Myeloblasten leitet sich auch nach O. Naegeli der Monocyt ab[1], der in seiner Jugendform *Monoblast* genannt wird und durch einen dem Myeloblastenkern nahestehenden Kern mit Nucleolen, stärker basophiles Protoplasma und keine oder nur sehr spärliche Granulation gekennzeichnet ist. Andere Autoren, wie L. Aschoff und V. Schilling, leiten den Monocyten aus dem reticulo-endothelialen Apparat ab[2], J. Arneth läßt ihn aus großen Lymphocyten hervorgehen. Wie schon früher (S. 51) mitgeteilt wurde, sahen A. Carrel und A. H. Ebeling in Plasmakulturen Monocyten in Fibroblasten übergehen.

Von dem Myeloblast stammen nach O. Naegeli auch die Knochenmarksriesenzellen, die *Megakaryocyten*, ab, die nur beim Menschen und den Säugetieren, nicht bei den anderen Wirbeltieren, vorkommen, 20 bis 50 μ groß sind und ihrer Größe wegen die Capillaren nicht passieren können, höchstens nur in Trümmern[3]. Der auffallende große Kern ist stark gelappt, das Protoplasma enthält eine sehr feine azurophile Granulation. Aus dem Protoplasma sollen sich nach J. H. Wright die Blutplättchen abschnüren.

Die Mutterzelle der Lymphocyten endlich ist der größere *Lymphoblast*, in den Keimzentren des lymphatischen Systems, mit feinerem und regelmäßigem Chromatingerüst und 1 bis 3 deutlich sichtbaren Nucleolen. Im stärker basophilen Protoplasma kann die azurophile Granulation fehlen.

Auf die den Lymphoblasten nahestehenden *Plasmazellen* wurde schon S. 52 hingewiesen, auch darauf, daß sie als Türksche *Reizungsformen* Abkömmlingen des myeloischen Systems sehr ähnlich sehen; solche Reizungsformen kann man vereinzelt auch in Blut finden, das sonst keine Abnormitäten aufweist. Da auch von erythroblastischen und myeloblastischen Plasmazellen gesprochen wird, so sieht man, daß hier offenbar Zellen vorliegen, die entweder morphologisch, aber nicht genetisch zusammengehören oder die Mutterzellen für alle anderen Blutzellen darstellen.

Sehr vielseitig wird das Blutbild und damit die Funktion, wenn neben reifen Leukocyten auch noch all diese Vorstufen, womöglich auch noch mit denen der Erythrocyten zusammen, im Blut erscheinen. Beachtenswert ist, daß die embryonale Stammform des myeloischen und lymphatischen Systems, die Mesenchymzelle, nie im Blut erscheint, auch beim Embryo nicht, wohl aber treten bei manchen Erkrankungen (Endocarditis lenta) abgestoßene Gefäß-

---

[1] Siehe auch A. Krjukof: Über die Monocytenfrage. Folia haematol. Bd. 31, S. 222. 1925.

[2] Siehe auch M. Masugi: Über die Beziehungen zwischen Monocyten und Histiocyten. Beitr. z. pathol. Anat. u. z. allg. Pathol. Bd. 76, S. 396. 1927.

[3] Oelhafen, H.: Über Knochenmarksriesenzellen im strömenden Blut. Folia haematol. Bd. 18, S. 171. 1914.

endothelien im Blut auf. Im Lymphknotensinus und im Milzvenenblut fand H. Petersen[1] normalerweise regelmäßig *Endothelphagocyten.*

Bezüglich der Entstehung der Blutzellen aus einer gemeinsamen Stammzelle, worauf schon S. 47 hingewiesen wurde, äußert sich J. Arneth[2] auf Grund vielfältiger Erfahrungen folgendermaßen:

„Wenn die Produktion bei den Roten ungestört fortgehen kann, während sämtliche Leukocytenarten — auf das tödlichste an den Orten ihrer Produktion getroffen sind, so kann man sich nicht denken, daß die Entwicklung aus einer gemeinsamen Stammzelle für Rote und Weiße postembryonal vor sich gehen soll, oder man müßte sich vorstellen, daß die Entwicklung dieser Stammzelle nur nach der Seite der Weißen hin gelähmt wird. Es ist aber doch schwer denkbar, daß eine Mutterzelle, wenn sie so schwer nach der einen Richtung betroffen wird, trotzdem nach der anderen Seite sich normal verhält. Wenn weiterhin die Neutrophilen stärkste plastisch-regeneratorisch-positive Linksverschiebung darbieten, die Lymphocyten, Eosinophilen und Mastzellen dagegen eine komplette aplastische Reaktion mit Rechtsverschiebung und umgekehrt, so kann ebenfalls nicht an die Abstammung von einer gemeinsamen Mutterstammzelle sämtlicher Leukocytenarten gedacht werden. Nichts ist mehr imstande wie das Studium der isolierten Blutzellenreaktionen bei Krankheiten, um den klinischen Beobachter auf den Standpunkt zu drängen, daß im postembryonalen Leben eine weitgehende Differenzierung und Selbständigkeit der einzelnen Blutzellen, also mit eigenem Muttergewebe und eigenen Blutbildungszentren, statthat."

IV. Die Thrombocyten.

Der dritte Formbestandteil des Blutes[3], der *Thrombocyt* (T), auch *Blutplättchen,* platelet, globulin, hématoblaste, plaquette, piastrine genannt, ist als solcher seiner außerordentlichen Hinfälligkeit wegen erst spät erkannt worden. Es bedarf besonderer Methoden, um ihn zur Darstellung und in größerer Zahl zur Untersuchung zu bringen.

Alle Methoden zur Darstellung haben zur Voraussetzung, daß die Blutgerinnung verhindert wird. Ist diese einmal erfolgt, dann sind alle Thrombocyten in das Fibrinnetz miteinbezogen; in defibriniertem Blut sind daher Thrombocyten nicht mehr enthalten.

Vor allem sollte die Beobachtung unter möglichst physiologischen Verhältnissen im strömenden Blut (S. 5), dann auch im stagnierenden innerhalb der Blutgefäße vorgenommen werden[4].

Außerhalb des Körpers wird zunächst die Gerinnung dadurch verhindert, daß man das Blut auf bestimmte Unterlagen (Paraffin) auftropft oder in abgekühlten Gefäßen aufhängt oder zum Blut Ca-fällende Stoffe oder endlich Hirudin zufügt. Die Thrombocyten, als die leichtesten körperlichen Bestandteile des Blutes, sammeln sich dann in den obersten Schichten an, was man durch Zentrifugieren beschleunigen kann.

Um rasch und ohne viel Mühe Blutplättchen zu erhalten, verfährt man nach der Methode von K. Bürker[5] folgendermaßen:

Aus einer Paraffinplatte schneidet man sich ein rechteckiges Stück von 4×5 cm Seite aus und glättet die nach oben gerichtete Fläche durch Abschaben mit der Kante eines geschliffenen Objektträgers. Die so geglättete Paraffinfläche muß frei von jeder Verunreinigung sein. Das Paraffinstück wird, so vorbereitet, in eine feuchte Kammer gelegt.

---

[1] Petersen, H.: Über die Endothelphagocyten des Menschen. Zeitschr. f. Zellforsch. u. mikroskop. Anat. Bd. 2, S. 112. 1925.

[2] Arneth, J.: Die qualitative Blutlehre, Bd. 3, S. 37. 1925, zitiert auf S. 49.

[3] Bizzozero, J.: Über einen neuen Formbestandteil des Blutes und dessen Rolle bei der Thrombose und der Blutgerinnung. Virchows Arch. f. pathol. Anat. u. Physiol. Bd. 90, S. 261. 1882.

[4] Bürker, K.: Methoden zur Beobachtung und Gewinnung von Blutplättchen. Gildemeisters Zeitschr. f. physiol. Technik u. Methodik Bd. 1, S. 176. 1908.

[5] Bürker, K.: Blutplättchen und Blutgerinnung. Pflügers Arch. f. d. ges. Physiol. Bd. 102, S. 41. 1904.

Aus der Fingerkuppe wird dann auf folgende Weise ein Blutstropfen entnommen. Man reinigt das Messerchen des verbesserten FRANCKEschen Instruments zur Blutentziehung mit breiter Schneide sorgfältig mit Äther-Alkohol a̅a̅, schwenkt es in der Luft zur Beseitigung etwa noch vorhandenen Äther-Alkohols und läßt es dann mit Hilfe der Schnappvorrichtung in die mit Äther-Alkohol sorgfältig gereinigte Fingerkuppe[1] so tief einschlagen, daß sich ohne weiteres oder auf leichten Druck hin Blutstropfen entleeren. Diese Tropfen läßt man getrennt voneinander aus möglichst geringer Höhe auf das der feuchten Kammer entnommene Paraffinstück fallen, wobei sich die Tropfen hoch einstellen, und bringt Paraffin samt Blutstropfen in die feuchte Kammer zurück. Die Blutstropfen gerinnen nicht auf dem Paraffin, wenn Eintrocknung und Berührung mit Fremdkörpern vermieden wird.

In den Blutstropfen beginnt nun eine natürliche Trennung der spezifisch verschieden schweren Formbestandteile des Blutes; die roten und weißen Blutkörperchen, als die schwersten Elemente, senken sich zu Boden, die Blutplättchen, als die leichtesten, steigen in die Höhe.

Berührt man nach ca. 20 Minuten die Kuppe des Blutstropfens leicht mit einem sehr sorgfältig gereinigten Deckglas (20×25 mm) und hebt dieses wieder ab, so haftet an ihm ein Tröpfchen Plasma, das eine Unmenge von Blutplättchen, aber fast keine roten und weißen Blutkörperchen enthält, wovon man sich nach Auflegen des Deckglases auf einen Objektträger überzeugen kann. Fixierung und Färbung wie bei den Leukocyten.

Will man den Einfluß verschiedener chemischer Stoffe auf die Blutplättchen prüfen, so bringt man ein Tröpfchen der Lösung auf einen Objektträger und legt in dieses das auf der Unterseite des Deckglases hängende Tröpfchen Plasma samt Blutplättchen ein.

Das Aussehen der Thrombocyten im mikroskopischen Präparat ist weiterhin davon abhängig, ob man dort die Blutgerinnung zustande kommen läßt oder nicht, im ersteren Fall kommt es zum Zerfall der Thrombocyten, im letzteren nicht.

1. Form, Farbe, Größe und Inhalt der Thrombocyten.

Die ohne konservierende Mittel erhaltenen Thrombocyten sind morphologisch recht unbestimmte farblose Gebilde von Scheibchen- oder Spindelform, vielfach auch mit feinen Fortsätzen versehen. Beim Heben des Mikroskoptubus zeigen sie deutlichen Hebeglanz, besitzen also ein stärkeres Lichtbrechungsvermögen als ihre Umgebung. Ihre Größe beträgt im Mittel etwa 3 μ, die Schwankungsbreite in bezug auf die Größe ist aber eine recht beträchtliche, 2 bis 5 μ und mehr. Beim normalen Erwachsenen fand R. DEGKWITZ[2] rund 94% gewöhnliche Plättchen bis zur Größe von 3 μ und 6% große Plättchen von über 3 μ. Eine besondere Struktur läßt sich ohne weiteres nicht nachweisen, das Aussehen ist ein fein granuliertes.

Kurze Zeit nach Herstellung des Präparats sitzen die Thrombocyten am Deckglas oder Objektträger oder an Bestandteilen des Präparats fest, sie sind sehr klebrig oder werden es jedenfalls und legen sich dann leicht zu Häufchen und auch ganzen Rasen zusammen, agglutinieren also stark. Die Häufchen und Rasen zeigen besonders stark das granulierte Aussehen.

Vom Moment des Austretens der Thrombocyten aus den Gefäßen gehen schon Veränderungen an ihnen vor sich. Nach verschiedenen Angaben soll es besonders der Gewebssaft sein, der den Thrombocyten gefährlich wird; diese Annahme ist aber nicht zwingend, auch ohne Einwirkung von Gewebssaft spielen sich die gleichen Veränderungen ab. Diese bestehen darin, daß die Thrombocyten an Volumen zunehmen, sich geradezu blähen und dann schollig zerfallen, worauf die Fibrinfäden anschießen, denen hauptsächlich die zerfallenden Thrombocyten als Gerinnungszentren dienen. Die Ursache des Zerfalls der Thrombocyten sieht H. DEETJEN[3] neben anderem darin, daß nach Entweichen der CO_2 aus dem Blute dieses schwach alkalisch wird, Alkali, und zwar schon das des Glases der Objekt-

---

[1] Sehr zu empfehlen ist, ein warmes Handbad vorauszuschicken.

[2] DEGKWITZ, R.: Studien über Blutplättchen. Folia haematol. Bd. 25, S. 153. 1920.

[3] DEETJEN, H.: Zerfall und Leben der Blutplättchen. Hoppe-Seylers Zeitschr. f. physiol. Chem. Bd. 63, S. 3. 1909.

träger und Deckgläschen, beschleunigt aber den Zerfall beträchtlich. Die sehr schönen, im Dunkelfeld aufgenommenen Photogramme von H. Stübel[1] erläutern die Verhältnisse treffend[2].

Wird die Gerinnung des Blutes verhindert, so kommt es nicht zum Blähen und zum Verfall der Thrombocyten, auch sind diese Gebilde dann viel weniger klebrig und zur Agglutination geneigt. Auch auf alkalifreiem Glas (Quarz) und in alkalifreien Flüssigkeiten halten sich die Thrombocyten besser; bei einer OH-Ionenkonzentration entsprechend etwa $^1/_{100\,000}$ n-NaOH gehen die Thrombocyten mit Sicherheit zugrunde[3].

Unter besonderen Verhältnissen, so auf Agar, der mit gerinnungshemmenden Phosphaten versetzt war oder in mangansuperoxydhaltigen Lösungen konnte H. Deetjen die Thrombocyten sich zu größeren, schönen, sternförmigen Gebilden mit einem deutlichen Innenkörper ausbreiten sehen, er hielt die Thrombocyten für Zellen mit Kern und Protoplasma.

Über die *Kernnatur des tatsächlich vorhandenen Innenkörpers* ist viel gestritten worden[4]. Für einen Kern spricht:

1. das ganze Aussehen der nach der Deetjenschen Methode dargestellten Thrombocyten, deren Kern ein Kerngerüst und eine Kernmembran aufweist;

2. der Umstand, daß auf Zusatz dünner Essigsäure sich ein besonderes Gebilde vom übrigen Thrombocytenkörper abhebt, und daß Nucleinsubstanzen in ihm gefunden wurden;

3. daß auf Einwirkung von Pepsin-Salzsäure hin der Innenkörper nicht verdaut wird, wohl aber der Außenkörper;

4. daß Methylgrün als spezifischer Kernfarbstoff den Innenkörper färbt;

5. daß die Thrombocyten einen Sauerstoffverbrauch aufweisen[5] wie kernhaltige Erythrocyten, während reife kernlose Erythrocyten diesen viel weniger zeigen;

6. daß die den Thrombocyten der Säugetiere entsprechenden Spindelzellen der übrigen Wirbeltiere einen von niemand bestrittenen Kern besitzen.

Gegen das Vorhandensein eines Kernes wird angeführt:

1. vor allem die Beobachtung von J. H. Wright[6], daß die Knochenmarksriesenzellen Abschnürungsprodukte ihres Protoplasmas liefern sollen, welche den Thrombocyten im Blutausstrichpräparat entsprechen;

2. daß die Tiere, welche Spindelzellen im Blut besitzen, keine Riesenzellen im Knochenmark enthalten, so daß die Spindelzellen mobilisierte Riesenzellen wären;

3. daß der Kern der Thrombocyten die Feulgensche Nuclealreaktion[7], welche auf Gegenwart von Thymonucleinsäure beruht, nicht gibt, während die bisher untersuchten menschlichen Zellen die Reaktion geben;

4. daß der Thrombocyt im Dunkelfeld optisch leer erscheint.

---

[1] Stübel, H.: Ultramikroskopische Studien über Blutgerinnung und Thrombocyten. Pflügers Arch. f. d. ges. Physiol. Bd. 156, S. 361. 1914.

[2] Siehe auch Fr. Kopsch: Die Thrombocyten (Blutplättchen) des Menschenblutes und ihre Veränderungen bei der Blutgerinnung. Anat. Anz. Bd. 19, Nr. 541. 1901.

[3] Deetjen, H.: Zitiert auf S. 68.

[4] Kopsch, Fr.: Über den Kern der Thrombocyten und über einige Methoden zur Einführung in das Studium der Säugetierthrombocyten. Internat. Monatsschr. f. Anat. u. Physiol. Bd. 21, S. 344. 1904.

[5] Onaka, M.: Über Oxydationen im Blut. Hoppe-Seylers Zeitschr. f. physiol. Chem. Bd. 71, S. 193. 1911. — Loeber, J.: Zur Physiologie der Blutplättchen. Pflügers Arch. f. d. ges. Physiol. Bd. 140, S. 281. 1911.

[6] Wright, J. H.: Die Entstehung der Blutplättchen. Virchows Arch. f. pathol. Anat. u. Physiol. Bd. 186, S. 55. 1906. — Wright, J. H.: The histogenesis of the blood platelets. Public. of the Massachusetts General Hospital Boston Bd. 3, S. 1. 1910; Reprinted from the Journ. of morphol. Bd. 21, S. 102. 1910.

[7] Feulgen, R. u. H. Rossenbeck, ferner F. Feulgen-Brauns: Zitiert auf S. 6.

Diese *gegen die Kernnatur angeführten Gründe* scheinen mir *nicht stichhaltig* zu sein. Wer einmal die Deetjenschen Präparate gesehen hat, wird die dort dargestellten Gebilde niemals nur für Abschnürungsprodukte von Protoplasma halten können. Daß ferner die gewaltigen Knochenmarksriesenzellen mit ihrem eigenartigen Kern und die kleinen, ganz anders gestalteten Spindelzellen mit normalem Kern homologe Gebilde sein sollen, ist sehr unwahrscheinlich. Was endlich den negativen Ausfall der Nuclealfärbung betrifft, so gibt es ja auch andere Zellen, wie die Hefezellen, welche die Färbung nicht geben, weil wohl Hefenucleinsäure, aber nicht Thymonucleinsäure in ihnen enthalten ist. Auch die optische Leere ist kein Beweis gegen das Vorhandensein des Kernes, sagt doch H. Stübel selbst, daß der Zellkern bei Dunkelfeldbeleuchtung in der Regel sehr deutlich hervortritt, der Thrombocyt ist aber gerade ein sehr regelwidriges Gebilde mit seinem nicht nur sehr rasch zerfallenden Protoplasma, sondern auch sehr rasch zerfallenden Kern, der sich der Nuclealreaktion gegenüber anders verhalten kann als ein normaler Kern.

Bei der Besprechung der Funktion der Thrombocyten (S. 72) wird sich ergeben, daß sie eben ganz anders bewertet werden müssen als andere Zellen.

Eine spezifische Granulation ist in dem *Protoplasma* der Thrombocyten nicht nachweisbar. Dagegen enthalten die Thrombocyten jodophile Substanzen und nach Versuchen von E. Abderhalden und H. Deetjen[1] peptolytische Fermente, welche das Peptid Glycyl-l-tyrosin spalten. Auch sollen sie Träger von Stoffen (Plakinen) sein, die bei der Immunität eine Rolle spielen.

Im Blut der *Haus- und Laboratoriumstiere* sind, sofern sie zu den Säugetieren gehören, Thrombocyten enthalten, die sich nicht wesentlich von denen des Menschen unterscheiden; besonders geeignet ist das langsam gerinnende Pferde- und Eselblut zum Studium der Thrombocyten[2]. Bei den übrigen Wirbeltieren spielen spindelförmige Zellen, deren Protoplasma an den Spitzen der Spindel auch abgerundet sein kann, wie bei den Vögeln, und auch 1 bis 4 azurophile Polkörperchen enthalten kann, die Rolle von Thrombocyten der Säugetiere. Über die Zellnatur dieser Spindelzellen besteht kein Zweifel, es sind aber gleichfalls in bezug auf Kern und Protoplasma sehr hinfällige Zellen, welche klebrig sind und stark agglutinieren[3].

2. Die Zahl der Thrombocyten.

Bei der Kleinheit und Hinfälligkeit der Gebilde wird man erwarten dürfen, daß die genauere Ermittlung der Zahl großen Schwierigkeiten begegnet, was auch in der Tat der Fall ist.

Es ist eine ganze Reihe von Zählmethoden der Thrombocyten angegeben worden, aber keine erfüllt ihren Zweck völlig. Bei der Klebrigkeit der Gebilde hat man vielfach auf den Gebrauch von Pipetten zur Abmessung und Verdünnung des Blutes verzichtet, das Blut vielmehr direkt in konservierende Flüssigkeiten eintreten lassen, nach gleichmäßiger Mischung in der Zählkammer oder in einem Ausstrich das Verhältnis von Erythrocyten : Thrombocyten (E:T) bestimmt und auf eine absolute Erythrocytenzählung hin die absolute T-Zahl berechnet. Schwierig bleibt aber stets die sichere Entscheidung, ob das vorliegende Gebilde auch tatsächlich ein Thrombocyt ist oder nicht, auch kommt in Betracht, daß die größeren Erythrocyten die kleineren Thrombocyten zudecken können.

Wie sehr die Skepsis auf diesem Gebiet berechtigt ist, geht daraus hervor, daß mit der vielfach verwendeten Methode von Fonio beim Menschen im Mittel 234 Taus. Thrombocyten in 1 cmm Blut gefunden werden, während O. Flössner

---

[1] Abderhalden, E. u. H. Deetjen: Weitere Studien über den Abbau einiger Polypeptide durch die roten Blutkörperchen und die Blutplättchen des Pferdeblutes. Hoppe-Seylers Zeitschr. f. physiol. Chem. Bd. 53, S. 280. 1907.

[2] Neuere Untersuchungen über „Die Blutplättchen beim gesunden und kranken Pferd, Hund und Schwein" liegen von P. Hikmet vor (Arch. f. wiss. u. prakt. Tierheilk. Bd. 55, S. 222. 1926). Die Arbeit enthält auch viel Literatur über Blutplättchen.

[3] Siehe auch O. Flössner: Zum Vergleich der Spindelzellen des Blutes mit den Blutplättchen. Zeitschr. f. Biol. Bd. 78, S. 37. 1923.

und K. Boshamer[1] mit einer neuerdings unter F. B. Hofmann ausgearbeiteten Methode 760 Taus. Thrombocyten beim Mann (E:T = 6,4) und 682 Taus. Thrombocyten bei der Frau (E:T = 5,74) fanden, also ähnlich hohe Zahlen, wie sie schon im Jahre 1897 von T. G. Brodie und A. E. Russell[2] und im Jahre 1901 von G. T. Kemp und H. Calhoun[3] angegeben wurden; nach den erwähnten Beobachtungen von Boshamer gehen eben besonders die kleinen Thrombocyten in den meisten seither benutzten Verdünnungsflüssigkeiten zugrunde. Die von Flössner und Boshamer gefundene Zahl dürfte die richtigere, wenn auch vielleicht noch zu klein sein, da viele Thrombocyten in der Wunde zurückgehalten werden.

Bei vermehrter Zahl spricht man von *Thrombocytose*, bei verminderter von *Thrombocytopenie*.

Der Einfluß der *Konstitution* auf die Zahl ist noch nicht genauer untersucht. Das *Alter* spielt auch hier eine große Rolle: beim Neugeborenen ist die Zahl groß, nimmt aber mit zunehmendem Alter ab. Das Verhältnis E:T ist beim Neugeborenen kleiner als beim Erwachsenen, es sind also relativ mehr Thrombocyten im Blut vorhanden. Nach R. Degkwitz[4] (S. 175, zitiert auf S. 68, Anm. 2) besteht eine Tagesschwankung insofern, als die Werte morgens nüchtern am niedrigsten, nachmittags am höchsten sind.

Unter dem Einfluß des *Höhenklimas* nimmt die Zahl zu, auch bei künstlicher *Erwärmung*, *Quarzlichtbestrahlung* und kleinen Dosen von *Röntgenstrahlen*, bei großen nimmt sie ab.

Wie die *Verdauungsvorgänge* auf die Thrombocytenzahl wirken, steht nicht fest, im Hunger ist die Zahl beträchtlich vermindert. Bei *Asphyxie* ist E:T nicht wesentlich verändert; da aber in diesem Fall die E-Zahl zunimmt, so müßte man das gleiche von der T-Zahl erwarten. Auch die *innere Sekretion* wird nicht ohne Einfluß sein, ist doch bei der Chlorose die Zahl hoch, desgleichen bei Milzexstirpation. Nach *intravenöser Injektion von Kolloiden* (Serum, Pepton, Gelatine) nimmt die T-Zahl beträchtlich ab, E:T kann 400 bis 500 werden; die Thrombocyten sollen sich dabei in den Capillaren der Leber anhäufen. Auch durch Injektion von Saponin (Firket[5]) und Antiplättchenserum (Degkwitz) kann die T-Zahl vermindert werden. Wie *Dissimilationsprodukte* auf die T-Zahl wirken und ob insbesondere erhöhte *Muskeltätigkeit* die Zahl beeinflußt, ist nicht bekannt. Nach *Aderlässen* sinkt E:T, ohne daß eine absolute Vermehrung der Thrombocyten stattfindet; nach Degkwitz sinkt beim Kaninchen zuerst die Zahl, erreicht am 3. Tag die Norm und überschreitet sie sogar noch, zugleich treten Riesenblutplättchen auf. Entzieht man einem Tier Blut, defibriniert das Blut, injiziert es dem Tier wieder, so findet man schließlich nur noch sehr wenig Thrombocyten im Blut; nach 4 bis 6 Tagen ist aber ihre Zahl wieder normal, wie sehr anschaulich aus der von W. W. Duke[6] mitgeteilten Kurve

---

[1] Flössner, O.: Beobachtung und Zählung von Blutplättchen. Zeitschr. f. Biol. Bd. 77, S. 113. 1922. — Siehe ferner K. Boshamer: Über Zählung, Resistenz und Neubildung von Blutplättchen. Zeitschr. f. d. ges. exp. Med. Bd. 48, S. 631. 1926.

[2] Brodie, T. G. u. A. E. Russell: The enumeration of blood-platelets. Journ. of physiol. Bd. 21, S. 392. 1897.

[3] Kemp, G. T. u. H. Calhoun: La numération des plaquettes du sang et la relation des plaquettes et des leucocytes avec la coagulation. Arch. ital. de biol. Bd. 36, S. 82. 1901; ferner G. T. Kemp, H. Calhoun u. C. E. Harris: The blood plates. Their numeration in physiology and pathology. Journ. of the Americ. med. assoc. Bd. 46, S. 1022 u. 1091. 1906.

[4] Die absoluten, von R. Degkwitz ermittelten Werte sind viel zu niedrig.

[5] Firket, J.: Recherches sur la régénération des plaquettes. Cpt. rend. des séances de la soc. de biol. Bd. 87, S. 84. 1922⁶.

[6] Duke, W. W.: The rate of regeneration of blood platelets. Journ. of exp. med. Bd. 14, S. 265. 1911.

(Abb. 15) hervorgeht. In der *Schwangerschaft* soll E : T vermindert sein; da unter diesen Umständen die E-Zahl nicht wesentlich verändert ist, so müssen die Thrombocyten vermehrt sein. Beim Fetus ist E : T noch kleiner als beim Neugeborenen.

In *pathologischen Fällen* ist der Thrombocytengehalt beträchtlichen Schwankungen unterworfen, bei der Chlorose ist ihre Zahl groß, bei der perniziösen Anämie klein; die wenigen vorhandenen Gebilde sind aber relativ groß, sind „Riesenplättchen". Bei der myeloischen Leukämie ist die Zahl zuerst groß, dann klein. Bei parenteraler Einverleibung von Eiweiß (Proteinkörpertherapie) und bei Infektionskrankheiten, wie bei der croupösen Pneumonie, kommt es zunächst zu einem Thrombocytensturz, nach der Krise zu einer starken Zunahme der Thrombocyten (*Blutplättchenkrise*).

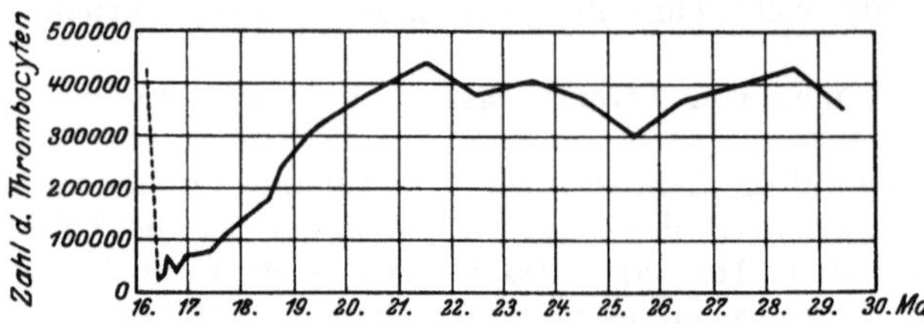

Abb. 15. Ersatz von Thrombocyten nach möglichst vollständiger Beseitigung derselben aus dem Blut. (Nach W. W. DUKE.)

Normalerweise scheint *in den verschiedenen Gefäßprovinzen* die Zahl der Thrombocyten nicht verschieden zu sein, M. AYNAUD[1] fand jedenfalls in dem Blut der Carotis und verschiedener Venen ziemlich übereinstimmende Werte; unter besonderen Verhältnissen — Injektion von Kolloiden — kommt es aber, wie oben erwähnt wurde, zu einer Verschiebungs- bzw. Verteilungsthrombocytose.

Bei den *Haus- und Laboratoriumstieren* kann die Zählung durch starke Agglutination der Thrombocyten sehr erschwert werden, das ist besonders bei der Ratte und dem Meerschweinchen der Fall. Bei Hunden erhielt M. AYNAUD Werte zwischen 354 und 536 Taus., E : T im Mittel 13, bei Kaninchen zwischen 424 und 587 Taus., E : T im Mittel 8,08. P. HIKMET erhielt mit der, wie schon erwähnt (S. 70), nicht einwandfreien Methode von FONIO beim Pferd 350, beim Hund 430 und beim Schwein 400 Taus. im Mittel. C. KLIENEBERGER und W. CARL[2] fanden beim Huhn 22,9 bis 130,0, bei der Taube 9,1 bis 63,5, beim Frosch 3,4 bis 39,1 Taus. Thrombocyten in 1 cmm Blut.

3. Die Funktion der Thrombocyten.

Für die Beurteilung der Thrombocyten in funktioneller Hinsicht ist zunächst die Tatsache von Bedeutung, daß sie, wie kernhaltige Erythrocyten im Gegensatz zu kernlosen (S. 69), einen Sauerstoffverbrauch aufweisen, also offenbar selbst Zellen sind, aber mit einer ganz eigenartigen spezifischen Funktion.

Die außerordentliche Hinfälligkeit der Thrombocyten von dem Moment an, da sie die Blutgefäße verlassen oder die Intima derselben beschädigt wird, ferner ihr auffallendes Verhalten bei der Blutgerinnung weist darauf hin, daß sie bei der *Blutstillung* eine wichtige Rolle zu spielen haben.

Vermöge ihrer großen Klebrigkeit und Agglutinationsfähigkeit setzen sie sich in den Wundrändern fest, und zwar in immer größeren Mengen, so daß sie schließlich einen Pfropf (Thrombus) bilden, was ihnen ja auch den Namen Thrombocyt verschafft hat. Sie werfen sich also geradezu in die Bresche, verstopfen diese und, indem sie nun zerfallen (was durch Entweichen der Kohlensäure und damit Alkalischwerden des Blutes befördert wird), werden sie für den Organismus geopfert und verhindern so den weiteren Verlust des lebenswichtigen Saftes, des Blutes. Es sind *Morituri* oder, wie sie M. C. DEKHUYZEN[3] genannt

---

[1] AYNAUD, M.: Le globulin des mammifères. Med. Dissert. Paris 1909.
[2] KLIENEBERGER, C. u. W. CARL: Zitiert auf S. 15.
[3] DEKHUYZEN, M. C.: Über die Thrombocyten (Blutplättchen). Anat. Anz. Bd. 19, S. 533. 1901.

hat, *„Elemente mit spezifischer Agone"*. Dadurch, daß sie als leichteste Elemente im Randstrom der Blutgefäße fortbewegt werden, sind sie dem Ort ihrer Wirksamkeit, der Gefäßwand, sehr nahe.

In offenbar funktionellem Zusammenhang damit steht nun ferner die bedeutsame *Rolle*, die sie *bei der Blutgerinnung* spielen[1]. Diese Gerinnung tritt nämlich nur ein, wenn die Thrombocyten zerfallen, sie bleibt aber aus, wenn der Zerfall verhindert wird, und dies geschieht durch den Einfluß der Gefäßwand, auf besonderen Oberflächen (Paraffin), durch Kälte, durch Ca-fällende und durch spezifisch wirkende Stoffe wie Hirudin und Schlangengift; das sind aber auch alles Momente, welche die Blutgerinnung hemmen, dabei aber sehr verschiedenartige Momente. Auch bei der Bluterkrankheit, der Hämophilie der Männer, ist die Blutgerinnung und auch der Zerfall der Thrombocyten sehr verzögert. Die Thrombocyten sind es ja auch hauptsächlich, welche im Anschluß an den Zerfall die Gerinnungszentren darstellen, von ihnen strahlen vor allem die Fibrinfäden aus. Ob Erythrocyten oder Leukocyten zerfallen, ist auf die Gerinnung ohne wesentlichen Einfluß; was man früher als Zerfallsprodukte von Leukocyten ansah, waren offenbar Thrombocyten. Bei sehr niedrigen T-Zahlen ist auch die Neigung zu Blutungen groß.

Bei dem Zerfall der Thrombocyten wird nun offenbar ein für den Vorgang der Gerinnung wesentlicher Stoff frei. Nach der zur Zeit gangbarsten Theorie der Blutgerinnung liefern die Thrombocyten die *Thrombokinase*, jenen Stoff, welcher als Aktivator der Vorstufe des Fibrinferments, des Thrombogens, dieses in Thrombin verwandelt.

So sind also die *Thrombocyten in zweierlei Weise bei der Blutstillung beteiligt, physikalisch durch mechanische Verstopfung der Wunde, chemisch durch Aktivierung des Fibrinferments.*

Damit ist aber ihre Funktion sicher noch nicht erschöpft, worauf schon ihr Gehalt an proteolytischen Fermenten hinweist und wofür auch ihre phagocytären Eigenschaften sprechen. Nach DEETJEN zeigen sie auch amöboide Bewegung, aber es ist mehr ein Ausstrecken und Einziehen von Fortsätzen ohne besondere Ortsveränderung als eine Lokomotion; M. C. DEKHUYZEN spricht von Pteropodien statt von Pseudopodien. Nach neueren Untersuchungen von K. BOSHAMER[2] sind die Thrombocyten zwar nicht Träger spezifischer Antikörper, sie spielen aber bei Immunitätsvorgängen, wie schon TSCHISTOWITSCH[3] annahm, insofern eine wichtige Rolle, als sie unter dem Einfluß von Blutplasma agglutinierend auf Bakterien und Fremdkörper wirken. Die Thrombocytopenie nach parenteraler Eiweißzufuhr und bei Infektionskrankheiten wird auf verstärkte Milzfunktion (Herausnahme von Thrombocyten aus dem Kreislauf) und auf eine Hemmung der Bildungsstätten der Thrombocyten durch die Milz zurückgeführt; nach Entmilzung kann man statt Thrombocytopenie Thrombocytose beobachten.

4. Verbrauch und Ersatz der Thrombocyten.

Die Lebensdauer der Thrombocyten soll nur einige Tage betragen, wäre also wesentlicher kürzer als die der übrigen Blutelemente; auch ihr Ersatz erfolgt rascher, schon nach 4 bis 6 Tagen, wie oben (S. 71) angegeben wurde. Da ihre Funktion geradezu die ist, zugrunde zu gehen, so ist dieser rasche Ersatz offenbar von Vorteil.

---

[1] BÜRKER, K.: Zitiert auf S. 67, Anm. 5.

[2] BOSHAMER, K.: Untersuchungen über den Thrombocytensturz bei Infektionskrankheiten und bei Eiweißinjektion (zugleich ein Beitrag zur Frage der Milzfunktion). Folia haematol. Bd. 33, S. 105. 1926.

[3] TSCHISTOWITSCH, N.: Über die Blutplättchen bei akuten Infektionskrankheiten. Folia haematol. Bd. 4, S. 295. 1907.

Die Milz ist nicht nur der Kirchhof der Erythrocyten und Leukocyten, sondern auch der Thrombocyten; demnächst nimmt auch der übrige reticulo-endotheliale Apparat die verbrauchten Thrombocyten aus der Blutbahn heraus. Nach Milzexstirpation nimmt die Zahl der zirkulierenden Blutplättchen zu.

Über die Neubildung der Thrombocyten sind außerordentlich verschiedene Ansichten geäußert worden. Die einen Autoren lassen sie aus Erythrocyten oder gar Erythroblasten hervorgehen, wie neuerdings V. Schilling-Torgau, der den Thrombocyt für den physiologisch abgebauten oder im Abbau befindlichen Kernrest des Erythroblasten hält, die anderen aus Leukocyten, wieder andere sehen in ihnen selbständige Elemente. Die Wrightsche Theorie von der Entstehung der Thrombocyten aus den Megakaryocyten erscheint sehr wenig begründet. Nach vielfältigen Erfahrungen des Verfassers sind die Thrombocyten in der Tat selbständige Elemente, die mit den Erythrocyten so wenig zu tun haben wie die Leukocyten mit den Erythrocyten. Es muß deshalb auch eine Vorstufe davon in den blutbereitenden Organen vorhanden sein; M. C. Dekhuyzen, der wieder die Aufmerksamkeit auf die schon Bizzozero gut bekannten Thrombocyten gelenkt hat, will die Vorstufen im Knochenmark gesehen haben, wo sie als *Thromboblasten* zu bezeichnen wären. Bei starker Thrombocyten-regeneration erscheinen die schon erwähnten Riesenthrombocyten im Blut[1].

V. Rückblick und Ausblick.

Bei einem Rückblick auf die in den vier vorausgehenden Abschnitten geschilderten Eigenschaften und Funktionen der körperlichen Bestandteile des Blutes ergibt sich eine weitgehende Differenzierung dieser Bestandteile und damit eine jeweils spezifische Funktion in dem komplexen Lebensgetriebe des Körpers.

Die bikonkave Scheibenform charakterisiert die *Erythrocyten* als Gebilde mit relativ großer Oberfläche, beträgt doch schon in 1 cmm Blut die Oberfläche der darin enthaltenen Erythrocyten 6,4 qcm und im Gesamtblut gar 3200 qm.

Durch diese große Oberfläche hindurch geht der Gasverkehr vor sich. Die Verlegung der Oberfläche durch Agglutination der Erythrocyten wird normalerweise durch eine elektrische Ladung und durch elektrische Isolierung infolge besonderer Beschaffenheit der Hülle verhindert. Die Hülle kann auch das in den Erythrocyten untergebrachte Hämoglobin, den respiratorischen Farbstoff, vor chemischen Angriffen schützen.

Das Hämoglobin seinerseits ist den Erythrocyten in einer bestimmten, für den Menschen und jede Säugetierart charakteristischen Menge zugemessen, die ihrerseits in fester Beziehung zur Oberfläche des Erythrocyten steht insofern, als auf die Einheit der Oberfläche, $1\,\mu^2$, beim Menschen und allen bisher untersuchten Säugetieren die gleiche Hämoglobinmenge fällt. Diese Oberflächenbeziehung gewinnt noch dadurch an Bedeutung, daß sie selbst unter den ganz absonderlichen Verhältnissen des Neugeborenenbluts mit seinem enormen Hämoglobingehalt von fast 24 g in 100 ccm Blut annähernd aufrechterhalten wird.

Der Sinn dieser merkwürdig gleichmäßigen Verteilung des Hämoglobins bedarf noch der Aufklärung, auch der Umstand, warum sich der Organismus zur Sauerstoffübertragung eines so komplizierten Wagens, wie des Hämoglobins, bedient.

Die Sauerstoff übertragende Oberfläche des Blutes in Form der Oberfläche der darin befindlichen Erythrocyten ist auch noch funktionell mit der respiratori-

---

[1] Eine Übersicht über die Literatur der letzten zehn Jahre, die Blutplättchen betreffend, gibt A. Hittman in den Folia haematol. Bd. 35, S. 156. 1927.

schen Oberfläche der Lungen gekoppelt, denn Verkleinerung dieser Oberfläche durch einseitigen Pneumothorax führt offenbar kompensatorisch zu einer Vergrößerung der Sauerstoff übertragenden Oberfläche durch Zunahme der Zahl der Erythrocyten und des Hämoglobingehalts des Blutes. Auch eine Koppelung mit der Sauerstoff durchlassenden Oberfläche, der Wand der Capillaren des Körperkreislaufes, ist nicht unwahrscheinlich im Zusammenhang mit dem spezifischen Sauerstoffbedürfnis der einzelnen Organe.

Mit der Vermittlung des Sauerstoff- und ja auch des Kohlensäureverkehrs ist die Funktion der Erythrocyten noch nicht erschöpft, durch die besonderen Permeabilitätsverhältnisse ihrer Hüllen dienen sie der Ionenbalancierung zur Aufrechterhaltung des so wesentlichen Säurebasengleichgewichts im Blut.

Von besonderem Interesse wird die weitere Untersuchung der rassenbiologischen Verschiedenheit der Erythrocyten sein.

Ganz anderer Art ist die Funktion der *Leukocyten* als einer nicht nur passiv mitgeführten, sondern aktiv beweglichen Transport- und Polizeitruppe, einer Leibwache, durch die vom Blut ausgehende Wirkungen auch außerhalb der Blutbahn erzielt werden können.

Die Scheidung dieser Truppe in den myeloischen und lymphatischen Stamm, die in einem gewissen Antagonismus zueinander stehen, weist auf differente Aufgaben hin. Auffallend ist auch, daß nur der myeloische, nicht der lymphatische Stamm mit Oxydasen ausgerüstet ist. Daß ferner der myeloische Stamm in vier Sippen geschieden ist, während der lymphatische nur über eine Sippe verfügt, gibt ersterem Stamm auch funktionell ein gewisses Übergewicht und deutet auf Partialfunktionen desselben hin.

Je nach der Natur der Reize — hormonale spielen wohl eine wesentliche Rolle — kommt es zu einer Hyper- oder Hypofunktion des betreffenden Stammes, man kann hier von einer Modalität der Reize sprechen, je nachdem der Reiz das myeloische oder lymphatische System trifft, und auch von einer Qualität, wenn innerhalb des myeloischen Systems der Reiz auf die einzelnen Komponenten des Systems wirkt, nämlich die Neutrophilen, die Eosinophilen, die Basophilen oder die Monocyten. Besonderer Aufklärung bedarf hier noch die Natur der myeloischen und lymphatischen Reize und auch die chemische Natur der spezifischen Granula im Zusammenhang mit ihrer physiologischen Wirkung.

Morituri oder auch Elemente mit spezifischer Agone sind die *Thrombocyten*, die hinfälligsten körperlichen Bestandteile des Blutes und des Gesamtorganismus überhaupt. Sie sind es insbesondere, welche ihrer großen Klebrigkeit und Agglutinationsfähigkeit wegen in den Wundrändern hängen bleiben, Thromben bilden und so blutende Wunden verstopfen. Sie stehen ferner in naher Beziehung zur Blutgerinnung, die eintritt, wenn die Thrombocyten zerfallen, die aber ausbleibt, wenn der Zerfall der Thrombocyten verhindert wird, ganz gleichgültig, durch welche Momente dies geschieht, ob durch besondere Oberflächen (Paraffin), durch Kälte, durch Kalk fällende Stoffe oder durch einen spezifischen Stoff wie Hirudin. Der Zerfall der anderen körperlichen Bestandteile des Blutes, der Erythrocyten oder Leukocyten, ist für die Blutgerinnung nicht wesentlich.

Die Genese dieser merkwürdigen Thrombocyten, ihre Zellnatur und die Aufdeckung etwa noch weiterer Funktionen derselben muß Gegenstand zukünftiger Untersuchungen sein.

So sind im gleichen Lebensraum, dem Plasma des Blutes, drei Arten körperlicher Bestandteile von sehr verschiedener aber spezifischer Funktionen enthalten, die für den Gesamtorganismus von nicht geringer Bedeutung sind.

Der normale rote Blutfarbstoff.[1]

Von

Georg Barkan
Frankfurt a. M.

Mit einer Abbildung.

Zusammenfassende Darstellungen.

Barcroft, J.: Haemoglobin. Journ. of the chem. soc. (London) Jg. 1926, S. 1146. 1926. — Boruttau, H.: Blut und Lymphe. In Nagels Handb. d. Physiol. d. Menschen, Erg.-Band S. 34. 1910. — Bürker, K.: Gewinnung, qualitative und quantitative Bestimmung des Hämoglobins. Im Handb. d. physiol. Method. von R. Tigerstedt, Bd. II/1, S. 68—346. 1911. — Fischer, Hans: Über Blut- und Gallenfarbstoff. Ergebn. d. Physiol. Bd. 15, S. 185. 1916. — Heubner, W.: Über die Anwendung der photographischen Methode in der Spektrophotometrie des Blutes. In Abderhaldens Handb. d. biol. Arbeitsmethoden Abt. IV, Teil 3, Heft 1, S. 127. 1921. — Krüger, F. v.: Chemie des Blutes. In Wintersteins Handb. d. vergleich. Physiol. Bd. I/1, S. 1117 ff. 1925. — Küster, W.: Blutfarbstoffe. In Abderhaldens Biochem. Handlexikon Bd. X, S. 11. 1923. — Müller, Franz: Tierische Farbstoffe. Im Handb. d. Biochemie von C. Oppenheimer, 1. Aufl., Bd. I, S. 654 u. 662. 1909. — Müller, Franz: Die Eigenschaften des roten Blutfarbstoffes. Im gleichen Handbuch, 1. Aufl., Erg.-Bd., S. 113. 1913. — Müller, Franz u. Wilhelm Biehler: Respiratorische Farbstoffe. Im gleichen Handbuch, 2. Aufl., Bd. I, S. 405. 1923. — Preyer, W.: Die Blutkrystalle. Jena 1871. — Reinbold, B. v.: Blutfarbstoffe. In Abderhaldens Biochem. Handlexikon Bd. VI, S. 188. 1911. — Reinbold, B. v.: Blutfarbstoffe. Nachträge. Ebenda Bd. IX, S. 331 u. 399. 1915. — Rollet, A.: Physiologie des Blutes und der Blutbewegung. Hermanns Handb. d. Physiol. Bd. IV/1, S. 38—72. Leipzig 1880. — Rost, E., Fr. Franz u. R. Heise: Beiträge zur Photographie der Blutspektra unter Berücksichtigung der Toxikologie der Ameisensäure. Arb. a. d. Kaiserl. Gesundheitsamte Bd. 32, H. 2, S. 232. 1909. — Schulz, F. N.: Die Krystallisation von Eiweißstoffen. Jena: G. Fischer 1901. — Schulz, F. N.: Die physiologische Farbstoffbildung beim höheren Tiere. Ergebn. d. Physiol. Bd. I/1, S. 505. 1902. — Schumm, O.: Spektrographische Methoden zur Bestimmung des Hämoglobins und verwandter Stoffe. In Abderhaldens Handb. d. biol. Arbeitsmethoden Abt. IV, Teil 3, H. 1, S. 116. 1921.

Einleitung.

Das Blut der Wirbeltiere enthält als Hauptbestandteil seiner gefärbten Zellen den *roten Blutfarbstoff*, das Hämoglobin, das 90% und mehr von der Trockensubstanz ausmacht. Nur der Amphioxus und außerdem die Larvenformen gewisser Fische (Leptocephaliden) besitzen farbloses Blut. Auch unter den niederen Tieren ist das Hämoglobin sehr verbreitet und findet sich vielfach bei Echinodermen, Würmern, Mollusken und manchen Arthropoden. Jedoch ist bei vielen von ihnen der Farbstoff nicht in den Blutzellen enthalten, sondern zirkuliert frei im Plasma. Näheres über die Verteilung in der Tierreihe findet sich in Wintersteins[2] Handbuch der vergleichenden Physiologie.

Die Ausführungen des vorliegenden Kapitels beziehen sich größtenteils auf den Blutfarbstoff der Wirbeltiere und beschreiben seine Eigenschaften, wie man sie teils an hämolysiertem Blut, teils an krystallisiertem Hämoglobin und dessen Lösungen studiert hat.

---

[1] Abgeschlossen März 1927.

[2] Winterstein, H.: Handb. d. vergleich. Physiol. Bd. I/1. Jena: G. Fischer 1925. Dort findet man auch ausführliche Angaben über die bei den niederen Tieren vorkommenden anderen Blutfarbstoffe, wie *Hämocyanin, Chlorocruorin* u. a. Im ausdrücklichen Einverständnis mit den Herausgebern wird im vorliegenden Handbuch auf jene Farbstoffe nicht eingegangen.

Entsprechend seiner physiologischen Aufgabe, als Sauerstoffüberträger zu dienen, der den durch die äußere Atmung aufgenommenen Luftsauerstoff den Körperzellen zuführt und ihn an diese abgibt, kommt der rote Blutfarbstoff in zwei leicht ineinander überführbaren Formen vor; dies sind *Oxyhämoglobin* (O_2Hb) und *reduziertes Hämoglobin* (Hb). Wo im folgenden nicht diese Ausdrücke benutzt werden, sondern von Hämoglobin schlechthin gesprochen wird, sind stets beide Stoffe gemeint.

Reduziertes Hämoglobin und Oxyhämoglobin, das sich seiner chemischen Zusammensetzung nach durch ein Molekül locker gebundenen Sauerstoffes von jenem unterscheidet, haben, wie im folgenden näher erörtert werden wird, verschiedene Farbe. Mit dem verschiedenen Gehalt an diesen beiden Stoffen wechselt daher die Farbe des Blutes. Das arterielle Blut enthält in überwiegender Menge O_2Hb, es sieht hellrot aus; im venösen Blute findet sich ein Gemenge der beiden Farbstoffe, seine Farbe ist daher wesentlich dunkler; im Erstickungsblut findet sich fast nur reduziertes Hämoglobin, die Farbe solchen Blutes ist dementsprechend tief dunkel blaurot[1].

Die Annahme HOPPE-SEYLERS[2], daß der Blutfarbstoff in den roten Blutkörperchen nicht frei, sondern an eine andere Substanz, beispielsweise Lecithin, gebunden vorkommt, hat sich bisher nicht beweisen lassen. Die Unterscheidung einer venösen und arteriellen Blutfarbstoffverbindung, *Phlebin* und *Arterin*, die nach HOPPE-SEYLER in ihren Eigenschaften von denen des reduzierten und des Oxyhämoglobins abweichen, hat demnach heute nur historisches Interesse. Eine ähnliche Annahme BOHRS[3], der den Farbstoff *in* den Blutkörperchen im Gegensatz zum *freien* „Hämochrom" nannte, die sich ebenso wie die Annahme verschiedener Hämoglobine beim gleichen Individuum[4] wesentlich auf die beobachteten Unterschiede im Sauerstoffbindungsvermögen stützte, hat ihre Bedeutung verloren, seit man die verschiedenen physikalisch-chemischen Beeinflussungen der Gasbindung gründlich kennengelernt hat (vgl. hierüber das Kapitel dieses Handbuches von LILJESTRAND: Physiologie der Blutgase).

Das Studium der hierbei maßgebenden Faktoren, insbesondere die Beobachtung des verschiedenen Kohlensäurebindungsvermögens von oxydiertem und reduziertem Blut (CHRISTIANSEN, DOUGLAS und HALDANE[5]), führte im Laufe etwa der letzten 10 Jahre zu der neuen und wichtigen Erkenntnis, daß dem Blutfarbstoff neben seiner Funktion des Sauerstofftransportes freilich aufs engste mit dieser verknüpft, eine bedeutsame Rolle bei der Regulierung der aktuellen Reaktion des Blutes und damit derjenigen der Gewebssäfte zukommt. Ein kurzes Eingehen auf diese Verhältnisse schon in der Einleitung scheint zweckmäßig, selbst auf die Gefahr hin, damit gewisse, in den folgenden Abschnitten erst näher zu besprechende Dinge vorweg zu nehmen. Seine ausführlichere Darstellung erfährt jener angedeutete Regulationsmechanismus an anderen Stellen dieses Handbuches[6].

In zweifacher Weise ist der Blutfarbstoff an der Reaktionsregulation des Blutes beteiligt. *Erstens* stellt er den wesentlichen „*Puffer*" des Blutes dar. Ihren deutlichen Ausdruck findet diese Tatsache darin, daß Blutkörperchen bzw. Gesamtblut gegen Reaktionsverschiebungen, etwa gegen Säuerung durch erhöhte

---

[1] Vgl. hierzu auch die Ausführungen von LILJESTRAND, dieses Handb., dieser Bd. S. 444.

[2] HOPPE-SEYLER, F.: Hoppe-Seylers Zeitschr. f. physiol. Chem. Bd. 13, S. 479. 1889.

[3] BOHR, CHR.: Zentralbl. f. Physiol. Bd. 17, S. 688. 1904.

[4] BOHR, CHR.: Zentralbl. f. Physiol. Bd. 4, S. 249. 1890 u. Ber. d. Dänisch. Akad. d. Wiss. 1900.

[5] CHRISTIANSEN, J., C. DOUGLAS u. J. S. HALDANE: Journ. of physiol. Bd. 48, S. 244. 1914.

[6] Vgl. auch KL. GOLLWITZER-MEYER: Die Regulierung des Säurebasengleichgewichts. Klin. Wochenschr. Jg. 5, S. 737. 1926.

CO_2-Spannung, besser geschützt sind als das von den Blutkörperchen abgetrennte Serum, welches ein vergleichsweise nur geringes Pufferungsvermögen besitzt. Die *Natur des Pufferungsvorganges* wird verständlich, wenn wir schon hier darauf hinweisen, daß nach Ansicht der meisten Autoren den beiden Blutfarbstoffen bei der im Blute herrschenden Wasserstoffzahl die Eigenschaften schwacher Säuren zukommen. Aus der Tatsache, daß O_2Hb und Hb *verschieden starke Säuren* sind, folgt weiterhin, daß je nach dem Gehalt an beiden Farbstoffen das Pufferungsvermögen ein verschiedenes sein wird. Aus diesem Unterschied in der Stärke der Säuren O_2Hb und Hb ergibt sich aber noch ein *zweiter*, fast noch wichtigerer Regulationsmechanismus, der gleichzeitig dem *Kohlensäuretransport* von den Geweben zur Lunge dient. Wird in den Geweben durch Abgabe des Sauerstoffes aus der stärkeren Säure O_2Hb die etwa 70mal schwächere Säure Hb, so wird Alkali aus seiner Bindung an den Blutfarbstoff frei und es kann entsprechend mehr Kohlensäure im Blut gebunden werden. Wird andererseits in der Lunge durch Oxydation wieder O_2Hb gebildet, so tritt diese Säure durch Massenwirkung mit der CO_2 in Konkurrenz um das vorhandene Alkali, die Kohlensäurebindung des Blutes nimmt ab, die Kohlensäureabdunstung in der Lunge wird erleichtert. Wir sehen also eine umgekehrte Proportionalität zwischen Sauerstoffgehalt und Kohlensäurebindungsfähigkeit des Blutes[1]. Daß der Blutfarbstoff nicht frei im Blute, sondern, wie bei allen höheren Tieren, innerhalb der Blutkörperchen sich befindet, hat für die geschilderten Vorgänge naturgemäß noch eine ganz besondere Bedeutung und führt zu nicht ganz einfach zu übersehenden Austauschprozessen.

Jedenfalls geht aus diesen kurzen Andeutungen wohl bereits zur Genüge hervor, daß der Blutfarbstoff in viel vollkommenerer Weise noch, als man früher annahm, seiner „respiratorischen" Aufgabe gerecht wird. Gleichzeitig aber erkennt man dementsprechend, daß pathologische Zustände, wie etwa Herabsetzung des Hämoglobingehaltes bei Anämieen oder Untauglichmachung des Hämoglobins zur reversiblen O_2-Bindung (Methämoglobinbildung, CO-Vergiftung), Störungen zur Folge haben müssen, die sich durchaus nicht auf eine schlechtere Sauerstoffversorgung beschränken werden, sondern viel mannigfacher sind.

Denkt man fernerhin an die Bedeutung des Hämoglobins für die Gallenfarbstoffbildung und an die dominierende Rolle, die es im Eisenstoffwechsel spielt, so ist es verständlich, daß von jeher Physiologie und Pharmakologie, Pathologie und Klinik in gleicher Weise dem roten Blutfarbstoff ihr Interesse geschenkt haben.

Wie aus den nachfolgenden, zum Teil freilich nur deskriptiven Abschnitten hervorgeht, sind unsere Kenntnisse über das Hämoglobin teilweise immer noch recht lückenhaft. Mit zunehmenden Fortschritten in der Erforschung seiner Eigenschaften darf man, wie das sowohl die Arbeiten konstitutionschemischer als auch besonders physikalisch-chemischer Natur der letzten Jahre lehren, auch neue Erkenntnisse in der Physiologie des Hämoglobins erhoffen.

Chemische Natur des Hämoglobins als Proteid.

Das Hämoglobin gehört in die Gruppe der zusammengesetzten Proteine (Proteide). Bei seiner Spaltung, die schon durch verhältnismäßig milde chemische Eingriffe erfolgt, liefert es vorwiegend eine Eiweißsubstanz, das von Schulz[2] so genannte *Globin*, ferner in viel geringerer Menge einen eisenhaltigen Farbstoff. Durch die Zusammensetzung dieser eisenhaltigen Komponente unterscheiden sich O_2Hb und Hb; die Sauerstoffbindung erfolgt also an dieser Stelle. Dem O_2Hb

---

[1] Wegen der physikalisch-chemischen Ableitung einen ähnlichen physiologisch bedeutsamen Beziehung zwischen Kohlensäuregehalt und Sauerstoffbindung vergleiche man die Ausführungen von Liljestrand; dieser Band S. 444.

[2] Schulz, F. N.: Hoppe-Seylers Zeitschr. f. physiol. Chem. Bd. 24, S. 449. 1898.

entspricht als Spaltstück das *Hämatin*, während die Spaltung des reduzierten Hämoglobins zum *Hämochromogen* führt.

Nach neueren Untersuchungen von ANSON und MIRSKY[1] soll das Hämochromogen und sein Oxyd, das Hämatin, noch Globin enthalten. Der *globinfreie* Farbstoffrest wird von den Autoren als „Häm" bezeichnet und unterscheidet sich nicht nur spektroskopisch, sondern auch durch seine Löslichkeitsverhältnisse und eine Reihe anderer Eigenschaften von der bislang als solcher beschriebenen prosthetischen Gruppe. Die Möglichkeit des Ersatzes des Globins durch andere N-haltige basische Stoffe, die sich mit „Häm" vereinigen, erklärt das Vorhandensein verschiedener Hämochromogene, die beschrieben wurden, während das „Häm" als universeller Bestandteil einer großen Anzahl natürlicher Pigmente betrachtet werden muß.

Ein kurzer Hinweis auf diese neuartigen Vorstellungen, die sich auf ein umfangreiches experimentelles Material stützen, muß hier genügen.

Nach SCHULZ[2] besteht das Hämoglobin nur zu etwa 4% aus der charakteristischen Farbgruppe, während annähernd 96% auf die Eiweißkomponente und sehr geringe Mengen wohl auch heute noch nicht genau definierter Stoffe (Fettsäuren usw.) fallen.

Während der eigentlichen nicht mehr eiweißhaltigen Farbstoffkomponente, der prosthetischen Gruppe, und ihren Abkömmlingen und Verwandten ein eigenes Kapitel aus anderer Feder gewidmet ist, sollen im vorliegenden die über das intakte Hämoglobin und über das eiweißhaltige Spaltprodukt bekannten Tatsachen besprochen werden.

Das eiweißhaltige Spaltprodukt (Globin).

Die Elementaranalyse des Globins aus Pferdeoxyhämoglobin durch SCHULZ ergab:

$$C\ 54{,}97\%,\quad H\ 7{,}20\%,\quad N\ 16{,}89\%,\quad S\ 0{,}42\%.$$

Das Hundeglobin fand SCHULZ dem des Pferdes identisch, während das Globin aus Vogelblut gewisse Unterschiede aufwies, die auf die Anwesenheit eines nucleinartigen Stoffes zurückgeführt wurden. Bei der Säurehydrolyse fanden EMIL FISCHER und ABDERHALDEN[3] folgende Abbauprodukte: Alanin, Serin, Cystin, Leucin, Asparaginsäure, Glutaminsäure, Phenylalanin, Tyrosin, Prolin, Oxyprolin, Tryptophan, Histidin, Arginin und Lysin. Von den genannten Aminosäuren traf der größte Teil auf das Leucin und Histidin; dagegen fehlt das Glykokoll vollständig (E. FISCHER und E. ABDERHALDEN). Die folgende Tabelle (nach HOPPE-SEYLER-THIERFELDER[4]) enthält eine Übersicht der gefundenen quantitativen Verhältnisse:

Tabelle 1. Quantitative Verteilung der Mono- und Diaminosäuren des Globins.

Abbauprodukte	%	Abbauprodukte	%
Alanin	4,2	Lysin	4,3
Leucin	29,0	Histidin	11,0
Asparaginsäure	4,4	Prolin	2,3
Glutaminsäure	1,7	Oxyprolin	1,0
Cystin	0,3	Phenylalanin	4,2
Serin	0,6	Tyrosin	1,3
Arginin	5,4	Tryptophan	+

[1] ANSON, M. L. u. A. E. MIRSKY: Journ. of physiol. Bd. 60, S. 50 u. 161. 1925.

[2] SCHULZ, F. N.: Zitiert auf S. 78.

[3] FISCHER, EMIL u. EMIL ABDERHALDEN: Hoppe-Seylers Zeitschr. f. physiol. Chem. Bd. 36, S. 268. 1902 u. Bd. 37, S. 484. 1903.

[4] HOPPE-SEYLER-THIERFELDER: Handb. d. physiol. u. pathol. chem. Analyse. 9. Aufl., S. 596. Berlin: Julius Springer 1924.

Der Frage nach dem Gehalt des Globins an Tryptophan und Tyrosin wurden in letzter Zeit wiederholte Untersuchungen gewidmet. Nach Kiyotaki[1] beträgt der Tryptophangehalt des Globins im Mittel 3,57%; ein Molekül Globin soll 2 Moleküle Tyrosin enthalten. Hunter und Borsook[2] kommen für das Tryptophan zu einem Mittelwert von nur 2,61%; für Tyrosin fanden sie 4,63%. Sie berechnen unter der Annahme, daß im Globinmolekül auf 2 Moleküle Tryptophan 4 Moleküle Tyrosin treffen, das Molekulargewicht des Globins zu 15630 bis 15640. Die Bestimmung der N-Verteilung nach van Slyke ergab: NH_3-N 5,37, Humin-N 1,90, Arginin-N 8,0, Histidin-N 12,7, Lysin-N 11,1. Im Globinmolekül sind nach den genannten kanadischen Autoren 4 Moleküle Arginin, 8 Histidin, 10 Lysin und etwa 100 Moleküle anderer Aminosäuren enthalten[3].

Das Globin hat vorwiegend basische Eigenschaften und gibt eine Reihe von Reaktionen, die Schulz[4] veranlaßten, diesen Stoff den *Histonen* zuzurechnen. Von den eigentlichen Histonen unterscheidet es sich durch sein Verhalten gegenüber Ammoniak. Der in der salzfreien neutralen Lösung durch Ammoniak entstehende Niederschlag löst sich leicht im Überschuß des Fällungsmittels. Falls die Lösung nicht zu ammoniakalisch ist, ruft Ammoniumchlorid neuerdings eine Fällung hervor. Kossel und Pringle[5] bestritten, daß das Globin zu den Histonen gehört. Hammarsten[6] weist darauf hin, daß die Definition der Histone als Zwischenglieder zwischen echten Eiweißstoffen und Protaminen keine recht scharfe ist. Man wird daher den Tatsachen wohl am ehesten gerecht, wenn man, wie es meist üblich ist, das Globin als einen „*histonähnlichen basischen Eiweißstoff*" bezeichnet.

Eine neutrale salzfreie Globinlösung wird schon durch geringe Mengen Ammonsulfat und Kochsalz gefällt, auch Alkohol ruft Fällung hervor. Calciumchlorid, neutrales Bleiacetat, Kupfersulfat, Eisenchlorid und Natriumphosphat fällen nicht. Die Biuret- und Xanthoproteinreaktion ist deutlich positiv, die Probe nach Millon und Adamkiewicz nur schwach. Die Schwefelbleireaktion ist in Gegenwart von Zink positiv[7]. Globin zeigt, wie alle Eiweißkörper, optische Linksdrehung (vgl. S. 98, Gamgee und Hill).

Eine neue Darstellungsmethode für das Globin stammt von R. Hill und H. F. Holden[8].

Die Globine der verschiedenen Individuen und Tierarten scheinen sich mehr oder weniger voneinander zu unterscheiden[9]. Auf solchen artspezifischen Differenzen in der Eiweißkomponente des Blutfarbstoffes dürfte wenigstens teilweise das voneinander abweichende Verhalten der verschiedenen Hämoglobine beruhen[10].

---

[1] Kiyotaki, N.: Biochem. Zeitschr. Bd. 134, S. 322. 1922.

[2] Hunter, A. u. H. Borsook: Journ. of biol. chem. Bd. 57, S. 507. 1923; zit. nach Ber. üb. d. ges. Physiol. u. Pharm. Bd. 23, S. 316. 1924.

[3] Über partielle Hydrolyse des Globins vgl. F. Haurowitz: Hoppe-Seylers Zeitschr. f. physiol. Chem. Bd. 162, S. 41. 1926.

[4] Schulz, F. N.: Zitiert auf S. 78.

[5] Kossel, A. u. H. Pringle: Hoppe-Seylers Zeitschr. f. physiol. Chem. Bd. 49, S. 301. 1906.

[6] Hammarsten, O.: Lehrb. d. Physiol. Chemie, 9. Aufl., S. 84. München u. Wiesbaden 1922.

[7] Die Angabe der chemischen Eigenschaften des Globins erfolgt nach Hoppe-Seyler-Thierfelder: Handbuch d. physiol. u. pathol. chem. Analyse. 9. Aufl. S. 473. Berlin: Julius Springer 1924.

[8] Hill, R. u. H. F. Holden: Biochem. journ. Bd. 20, S. 1326. 1926.

[9] Douglas, C., I. S. Haldane u. I. B. Haldane: Journ. of physiol. Bd. 44, S. 275. 1912.

[10] Bezüglich des optischen Verhaltens vgl. z. B. M. L. Anson, J. Barcroft, A. E. Mirsky u. S. Oinuma: Proc. of the roy. soc. of London, Ser. B, Bd. 97, S. 61—83.

Denn man hat Grund zu der Annahme, daß der *Farbstoffanteil* für die meisten Hämoglobine, wenigstens bei den höheren Tieren, identisch ist.

Nach den oben zitierten Untersuchungen von ANSON und MIRSKY würde dies nur für das „Häm" zu gelten haben.

Die Bindung der Farbstoffgruppe an das Globin.

Während man in früherer Zeit nicht daran zweifelte, daß man es beim Hämoglobin mit einer echten, wenn auch relativ leicht aufspaltbaren Verbindung zwischen Eiweißstoff und Farbkomponente zu tun habe, wird gerade in letzter Zeit die Frage nach der Natur der Bindung der beiden Hämoglobinkomponenten verschiedentlich sehr lebhaft diskutiert. Nach HERZFELD und KLINGER[1] bedarf es keiner Säureeinwirkung, um aus dem Hämoglobin Eiweiß- und Farbkomponente voneinander zu trennen. Verreiben des trockenen Blutfarbstoffes mit Bicarbonat genügt, um bei der nachfolgenden Extraktion mit Alkohol die Abgabe eines roten, von den Autoren „Hämochrom" genannten Farbstoffes zu bewirken. Hämoglobin ist nach ihrer Ansicht ein an die Abbauprodukte von Eiweißoberflächen adsorbiertes „Hämochrom", das mit dem Rest seiner Nebenvalenzen noch zur Gasbindung befähigt ist. Während das „Hämochrom" mit einwandfreier spektroskopischer Methodik als Hämatin identifiziert werden konnte (PARTHOS[2]), ist die grundsätzliche Auffassung des Hämoglobins als einer Adsorptionsverbindung von Bedeutung. Einen ähnlichen und entsprechend begründeten Standpunkt findet man bereits in der Dissertation von MADINAVEITIA[3] (unter WILLSTÄTTER) vertreten. Und besonders auf dessen Versuchen fußend, kommen auch WILLSTÄTTER und STOLL[4] zu der Annahme einer kolloiden Adsorptionsverbindung, „bei deren Bildung sich die Affinität basischer Gruppen des Globins zu elektronegativen Gruppen des Hämochromogens betätigt". Die auffallend leichte Spaltbarkeit des Hämoglobins läßt die genannten Autoren an seinem Charakter als echter chemischer Verbindung zweifelhaft werden. Demgegenüber halten HANS FISCHER und K. SCHNELLER[5] an der älteren Auffassung fest. Sie sehen im Hämoglobin eine Molekularverbindung der „noch unbekannten Farbstoffkomponente" (*Hämochromogen als solches* ist bis jetzt noch nicht isoliert worden) mit Eiweiß. Die leichte Krystallisierbarkeit, und die selbst in pathologischen Fällen gleichbleibende Zusammensetzung der Hämoglobine (BUTTERFIELD[6]) spricht nach Ansicht von FISCHER und SCHNELLER neben anderen Gründen gegen die Auffassung als Adsorptionsverbindung.

CONANT[7] tritt für komplexsalzartige Bindung der beiden Farbstoffkomponenten ein. Auch KÜSTER[8] sieht im Hämoglobin ein komplexes Salz, an dessen Entstehen sich basische Gruppen des Hämochromogens und Carboxyle beteiligen, die sowohl im Globin wie in der prosthetischen Gruppe vorhanden sind. STEUDEL und PEISER[9] schließen aus ihren Versuchen auf salzartige Bindung, eine Auffassung,

---

[1] HERZFELD, E. u. R. KLINGER: Biochem. Zeitschr. Bd. 100, S. 64. 1919.

[2] PARTHOS, S.: Biochem. Zeitschr. Bd. 129, S. 89. 1922.

[3] MADINAVEITIA, A.: Zur Kenntnis der Katalase. Dissert. Zürich 1912.

[4] WILLSTÄTTER, R. u. H. STOLL: Liebigs Ann. d. Chem. Bd. 416, S. 27. 1918.

[5] FISCHER, H. u. K. SCHNELLER: Hoppe-Seylers Zeitschr. f. physiol. Chem. Bd. 128, S. 230. 1923.

[6] BUTTERFIELD, E. E.: Hoppe-Seylers Zeitschr. f. physiol. Chem. Bd. 62, S. 173. 1909.

[7] CONANT, I. B.: Journ. of biol. chem. Bd. 57, S. 401. 1923.

[8] KÜSTER, W.: Hoppe-Seylers Zeitschr. f. physiol. Chem. Bd. 151, S. 56. 1925, u. Chemie d. Zelle u. Gewebe Bd. 12, S. 1. 1924.

[9] STEUDEL, H. u. E. PEISER: Hoppe-Seylers Zeitschr. f. physiol. Chem. Bd. 136, S. 75. 1924.

gegen die Kestner[1] sowie Haurowitz[2] Einwände erheben, deren Folgerichtigkeit Küster[3] jedoch bestreitet.

Aufs engste mit der Frage nach der Art der Bindung ist die Frage verknüpft, ob man den Blutfarbstoff aus seinen Spaltprodukten wieder erhalten kann, wie das aus älteren Versuchen von Ham und Balean[4] hervorzugehen schien, denen es sogar gelungen sein sollte, das Globin durch andere Eiweißstoffe zu ersetzen. Menzies[5] widersprach jedoch später der Ansicht dieser Autoren, während Steudel und Peiser[6] sowie Anson und Mirsky[7] auf Grund neuerer Versuche auch zu der Ansicht kommen, daß man den Blutfarbstoff aus seinen Spaltprodukten durch einfaches Neutralisieren wiedergewinnen kann. Nach Haurowitz[2] ist aber der Niederschlag, den man beim Neutralisieren einer durch Säure oder Alkali gespaltenen Blutfarbstofflösungerhält, nicht mit Hämoglobin identisch, sondern entspricht dem *Kathämoglobin* älterer Autoren, von dem Haurowitz[8] zeigen konnte, daß es eine Kolloidverbindung des Globins mit der bereits abgespaltenen prosthetischen Gruppe ist. Möglicherweise spielen ähnliche Verhältnisse eine Rolle bei den Versuchen von R. Hill[9]. Nach diesem, der unveröffentlichte Beobachtungen von J. S. Haldane weiter führte, ist die selbst mittels starken Alkali bewirkte Spaltung des reduzierten Hb unter gewissen Bedingungen (in der Kälte und beim Fernhalten organischer Verunreinigungen) spontan reversibel. Der Übergang zur Irreversibilität erfolgt sehr leicht und beruht auf einer Eiweißveränderung. Spektroskopisch zeigt sich kein Unterschied im Verhalten der reversibel oder irreversibel gespaltenen Blutlösung. (Vgl. auch die Bemerkungen von R. Hill und H. F. Holden[10] über die Reaktion zwischen Globin und Hämatin.) Das Vorliegen einer adsorptiven Bindung trotz gleichbleibender Zusammensetzung, wie im Falle des Kathämoglobins, erinnert, wie Haurowitz betont, an die Erfahrungen am Cassiusschen Goldpurpur[11] und mahnt meines Erachtens auch zur Vorsicht bei Schlüssen bezüglich der Bindung im ungespaltenen Blutfarbstoff. Freilich ist nach der heutigen Auffassung zwischen echter chemischer und adsorptiver Bindung überhaupt kaum ein derart prinzipieller Unterschied mehr zu machen, als daß nicht die scheinbar so entgegengesetzt klingenden Anschauungen der verschiedenen Autoren doch miteinander vereinbar wären. Im übrigen sei hier ausdrücklich auf die ausführlichen experimentell begründeten Darlegungen Küsters[12] zu dieser ganzen Frage verwiesen.

Hämoglobinkrystalle.

Oxyhämoglobin und reduziertes Hämoglobin gehören zu den am leichtesten krystallisierbaren Proteinstoffen. Das klassische Verfahren zur Darstellung der O_2Hb-Krystalle stammt von Hoppe-Seyler[13]; es beruht auf einer Behandlung

---

[1] Kestner, O.: Chemie der Eiweißkörper, S. 354. 1925.

[2] Haurowitz, F.: Hoppe-Seylers Zeitschr. f. physiol. Chem. Bd. 151, S. 139. 1926.

[3] Küster, W.: Chemie d. Zelle u. Gewebe Bd. 13, S. 65. 1926.

[4] Ham, C. E. u. H. Balean: Journ. of physiol. Bd. 32, S. 312. 1905.

[5] Menzies, J.: Journ. of physiol. Bd. 49, S. 452. 1915.

[6] Steudel, H. u. E. Peiser: Zitiert auf S. 81.

[7] Anson, M. L. u. A. E. Mirsky: Journ. of physiol. Bd. 60, S. 50. 1925.

[8] Haurowitz, F.: Hoppe-Seylers Zeitschr. f. physiol. Chem. Bd. 137, S. 63. 1924.

[9] Hill, R.: Biochem. journ. Bd. 19, S. 341. 1925.

[10] Hill, R. u. H. F. Holden: Journ. of physiol. Bd. 61, Proc. S. XXII. 1926.

[11] Seiner konstanten Zusammensetzung wegen hielt man ihn lange Zeit für eine echte chemische Gold-Zinnsäureverbindung, bis es Zsigmondy zu zeigen gelang, daß es sich um eine Kolloidverbindung von Gold und Zinnsäure handelt. Liebigs Ann. d. Chem. Bd. 301, S. 375. 1898. Vgl. Zsigmondy: Kolloidchemie. 4. Aufl., S. 259. Leipzig: Spamer 1922.

[12] Küster, W.: Chemie d. Zelle u. Gewebe Bd. 12, S. 1 u. 323. 1924/26; Bd. 13, S. 50. 1926.

[13] Hoppe-Seyler, F.: Med.-chem. Untersuchungen, 2. Aufl., S. 181. Berlin 1867.

hämolysierter Blutkörperchenlösung mit Äther und Krystallisation aus alkoholhaltiger Lösung in der Kälte. Zur Gewinnung der Krystalle eignet sich am besten Hunde- oder Pferdeblut. HOPPE-SEYLERS Verfahren wurde späterhin vielfach verbessert und vervollkommnet, meist jedoch ohne grundsätzlich geändert zu werden[1]. Nach WILLSTÄTTER und POLLINGER[2] lassen sich auch diese verbesserten Methoden noch erheblich abkürzen, wenn man die mit dem halben Volumen Äther versetzte Blutkörperchenlösung, anstatt sie tagelang im Scheidetrichter stehenzulassen und dann von Zeit zu Zeit in Anteilen abzulassen, mit der Zentrifuge verarbeitet.

Grundsätzlich andere Verfahren zur Darstellung von O_2Hb-Krystallen stammen von MARSHALL und WELKER[3] sowie HARTRIDGE[4], DUDLEY und EVANS[5], HEIDELBERGER[6] und FERRY[7]. Die Methodik der beiden erstgenannten Autoren beruht auf dem elektiven Verhalten des Oxyhämoglobins gegenüber Aluminiumhydroxydgallerten. O_2Hb ist der einzige Eiweißstoff, der durch jene Gallerten nicht gefällt wird und nach entsprechender Vorbehandlung rein zur Krystallisation in Lösung bleibt. HARTRIDGE, DUDLEY und EVANS und die übrigen genannten Autoren vermeiden bei ihren Methoden jede Anwendung von Äther und Alkohol. Neuerdings hat HAUROWITZ[8] eine modifizierte Darstellungsmethode für O_2Hb aus Pferdeblut angegeben, die jedoch für Rinder- und Schweinehämoglobin nicht anwendbar ist. — Von AMANTEA[9] stammt eine Methode der Hämoglobinkrystallisation mittels Saponin. STADIE und ROSS[10] gewinnen isoelektrisches O_2Hb durch Elektrodialyse der roten Blutkörperchen mit einer Ausbeute von 60—70%.

Reduziertes Hämoglobin wurde erstmalig von KÜHNE[11], später von ROLLET[12] in Krystallen dargestellt. NENCKI und SIEBER[13] benutzten die Reduktion durch Fäulnis in Wasserstoffatmosphäre zur Darstellung. Will man die Krystallisation des reduzierten Farbstoffes ohne Zusatz von Alkohol bewirken, so kann man nach HAUROWITZ[14] einen 40proz. O_2Hb-Brei in der Kälte evakuieren und der vollkommenen Reduktion durch Sauerstoffzehrung überlassen (beispielsweise durch Stehenlassen im zugeschmolzenen Rohr), um nach 1 bis 2 Tagen prachtvolle sechsseitige Tafeln zu erhalten.

Die Krystalle des O_2Hb sind blutrot, glänzend, durchsichtig; diejenigen des Hb sind dunkler mit einem Stich ins Bläuliche. Die Krystalle beider Farbstoffe sind ausgesprochen pleiochromatisch. „Farblose" Hämoglobinkrystalle aus Meer-

---

[1] Vgl. K. BÜRKER: Tigerstedts Handb. d. physiol. Methodik Bd. II/1, S. 92. 1910, u. F. N. SCHULZ: Abderhaldens Handb. d. biol. Arbeitsmethoden Abt. I, Teil 8, S. 187. 1922.

[2] WILLSTÄTTER, R. u. A. POLLINGER: Hoppe-Seylers Zeitschr. f. physiol. Chem. Bd. 130, S. 287. 1923.

[3] MARSHALL, J. u. W. H. WELKER: Journ. of the Americ. chem. soc. Bd. 35, S. 820. 1913.

[4] HARTRIDGE, H.: Journ. of physiol. Bd. 51, S. 252. 1917.

[5] DUDLEY, H. W. u. CH. LOVATT EVANS: Biochem. journ. Bd. 15, S. 487. 1921.

[6] HEIDELBERGER, M.: Journ. of biol. chem. Bd. 53, S. 34. 1922.

[7] FERRY, R. M.: Journ. of biol. chem. Bd. 57, S. 819. 1923.

[8] HAUROWITZ, F.: Hoppe-Seylers Zeitschr. f. physiol. Chem. Bd. 136, S. 147. 1924.

[9] AMANTEA, G.: Arch. di fisiol. Bd. 18, S. 87. 1920. — Ebenda: Bd. 21, S. 107 u. 411. 1923. — Boll. d. soc. di biol. sperim. Bd. 1, S. 66. 1926, ref. in Ber. üb. die ges. Physiol. u. exp. Pharmakol. Bd. 37, S. 518. 1926. — FALCO, G.: Zacchia Bd. 4, S. 249. 1925, ref. in Ber. üb. d. ges. Physiol. u. exp. Pharmakol. Bd. 37, S. 285. 1926.

[10] STADIE, W. C. u. E. C. ROSS: Journ. of biol. chem. Bd. 68, S. 229. 1926.

[11] KÜHNE, W.: Virchows Arch. f. pathol. Anat. u. Physiol. Bd. 34, S. 423. 1865.

[12] ROLLET, A.: Sitzungsber. d. Akad. d. Wiss., Wien. Mathem.-naturw. Kl. II, Bd. 52, S. 246. 1866.

[13] NENCKI, M. u. N. SIEBER: Ber. d. dtsch. chem. Ges. Bd. 19, S. 128 u. 410. 1886.

[14] HAUROWITZ, F.: Hoppe-Seylers Zeitschr. f. physiol. Chem. Bd. 136, S. 147. 1924.

schweinchen- und Rattenblut, die Harris[1] beobachtete, erwiesen sich als Pseudomorphosen. — Das reduzierte Hämoglobin ist viel leichter löslich als das Oxyhämoglobin, dementsprechend seine Gewinnung in Krystallen schwieriger als die des letzteren. Dazu kommt, daß die Hb-Krystalle an der Luft sehr schnell zerfließen und wieder Sauerstoff aufnehmen.

Entsprechende Beziehungen zwischen Löslichkeit und Krystallisierbarkeit bestehen auch bei den Oxyhämoglobinen verschiedener Tierarten. Die schwer zu gewinnenden Krystalle aus dem Blute von Kaninchen, Schafen, Rindern, Schweinen, Vögeln, Fischen, Menschen und Affen sind leicht löslich und ordnen sich in ihrer Wasserlöslichkeit annähernd in der angeführten Reihenfolge. Schwerer löslich sind die leicht krystallisierbaren Oxyhämoglobine aus Pferde-, Hunde-, Katzen-, Eichhörnchen-, Meerschweinchen- und Rattenblut. Eine Ausnahme von der obigen Regel scheint das Pferdeoxyhämoglobin zu bilden, dessen immerhin noch relativ leichte Löslichkeit in gewissem Gegensatz zu seiner guten Krystallisierbarkeit steht.

In verdünnten Lösungen von Alkalicarbonat löst sich O_2Hb leichter als in Wasser. Beim Stehenlassen solcher Lösung tritt jedoch je nach der Menge des angewandten Alkalis, ein langsamerer· oder rascherer Zerfall des Blutfarbstoffes ein. — In Äther, Chloroform und Benzol ist O_2Hb unlöslich.

Außer durch ihre Löslichkeit unterscheiden sich nach den Angaben der Literatur die Oxyhämoglobine der verschiedenen Tiere auch noch durch ihren Krystallwassergehalt, der zwischen 3 und 9, ja selbst 15% schwanken soll (Hoppe-Seyler[2], Gamgee[3]). Nach Haurowitz[4] erklären sich die Schwankungen daraus, daß die einzelnen Autoren verschieden weit getrocknete Substanz zur Untersuchung des Krystallwassergehaltes verwendeten. Haurowitz fand, daß krystallisiertes O_2Hb verschiedener Darstellungsweise und verschiedener Tiere, ja daß selbst Stickoxyd- und CO-Hämoglobin, sowie auch amorphes O_2Hb beim Trocknen annähernd den gleichen Gewichtsverlust erleiden, der auf einer Entquellung beruhen soll. Beim Stehen an der Luft erfolgt wieder Wasseraufnahme.

Werden die O_2Hb-Krystalle vorher sorgfältig über H_2SO_4 getrocknet, so vertragen sie im Gegensatz zu ihrer geringen Hitzebeständigkeit in feuchtem Zustande Erhitzen auf 110 bis 130° C unter Erhaltenbleiben ihrer Löslichkeit; erst bei höheren Temperaturen tritt Zersetzung ein. Aus dieser Widerstandsfähigkeit *trockenen* Hämoglobins und aus der Tatsache, daß der Koagulationsverlauf des ungetrockneten Hämoglobins dem Typus einer monomolekularen Reaktion entspricht, wurde geschlossen, daß die Hitzekoagulation kein bloßer Temperatureffekt ist, sondern als eine Reaktion zwischen Wasser und Protein aufzufassen sei (Chick und Martin[5]). Über die Kinetik der Hitzedenaturierung von O_2Hb vgl. auch Lewis[6].

Ein weiterer Unterschied zwischen den Oxyhämoglobinen verschiedener Tierarten besteht in der Krystallisationsform, die man seit den Untersuchungen v. Langs[7] im Jahre 1862 für wohldefiniert zu halten pflegte. Bei der Mehrzahl der Tiere erhält man dem rhombischen System zugehörige Formen; das O_2Hb des Eichhörnchenblutes krystallisiert in sechsseitigen Tafeln des hexagonalen

[1] Harris, D. F.: Journ. of physiol. Bd. 61, S. 20 u. Proc. S. XXXIV. 1926.
[2] Hoppe-Seyler, F.: Med.-Chem. Untersuchungen, S. 174. Tübingen 1867.
[3] Gamgee, A. W.: Schäfers Textbook of physiol. Bd. 1, S. 205. 1898.
[4] Haurowitz, F.: Zitiert auf S. 83.
[5] Chick, H., u. C. J. Martin: Journ. of physiol. Bd. 40, S. 404. 1910.
[6] Lewis, Ph. St.: Biochem. journ. Bd. 20. S. 965 u. 984. 1926.
[7] v. Lang: Sitzungsber. d. Akad. d. Wiss., Wien. Mathem.-naturw. Kl. II, Bd. 46, S. 5. 1862.

Systems, dasjenige des Hamsters gehört nach KRUMMACHER[1] dem monoklinen System an, was MÖLLENHOF[2] bestätigen konnte. Über die Krystalle aus Taubenblut vgl. SCHWANTKE[3]. — Das schwer krystallisierbare Schweinehämoglobin ordnet MÖLLENHOF dem mono- oder triklinen System ein. Die Kleinheit der Krystalle ließ genaue Bestimmungen nicht zu, doch konnte das rhombische System mit Sicherheit ausgeschlossen werden. Die Krystalle des reduzierten Hämoglobins galten, soweit sie dargestellt wurden, im allgemeinen für isomorph mit denen des entsprechenden Oxyhämoglobins. Jedoch beobachtete MÖLLENHOF[4] zwischen rhombischen Nadeln des Pferdehämoglobins sechsseitige Krystalle des hexagonalen Systems, die sich nach der spektroskopischen Untersuchung als aus reduziertem Hämoglobin bestehend erwiesen, während jene Nadeln Oxyhämoglobin waren. Bei geeigneter Versuchsanordnung gelang es später MÖLLENHOF[5] sogar, aus Lösungen von reduziertem Pferdehämoglobin *ausschließlich hexagonale Tafeln* zu erhalten. Sobald diese Krystalle mit Sauerstoff in Berührung kamen, gingen sie in kürzester Zeit in Nadeln über. — HAUROWITZ[6] hingegen, der reduziertes Hämoglobin ohne Zusatz von Alkohol zur Krystallisation brachte, beobachtete *außer sechsseitigen Tafeln auch rhombenförmige Krystalle*, die deutlich Farbe und Spektrum des *reduzierten* Hämoglobins zeigten. Immerhin scheint aus MÖLLENHOFS Untersuchungen mit Sicherheit hervorzugehen, daß der durch Fäulnis bewirkte Übergang der rhombischen in die hexagonale Krystallform (UHLIK[7]) auf nichts anderem beruht, als auf der reversiblen Verwandlung des O_2Hb in Hb. Intramolekulare Änderungen unbekannter Art, wie sie v. KRÜGER[8] noch 1925 in WINTERSTEINS Handbuch annehmen zu müssen glaubt, dürften kaum vorliegen. Ein Heteromorphismus des Blutfarbstoffes, wie er aus UHLIKS sehr gründlichen Untersuchungen hervorzugehen schien, ist jedenfalls nicht sicher erwiesen; denn O_2Hb und Hb des Pferdeblutes sind zweierlei verschiedene Stoffe. Insofern wendet sich v. KRÜGER nicht mit Unrecht gegen die aus dem angenommenen Heteromorphismus abgeleitete Auffassung MÜLLERS und BIEHLERS[9], daß Identität oder Unterschied im Krystallisationstyp für die Frage nach Gleichheit oder Verschiedenheit der einzelnen Oxyhämoglobine ihre Beweiskraft verloren habe.

Die Identität speziell menschlicher Hämoglobine untereinander wird neuerdings durch ADAIR, BARCROFT und BOCK[10] aus dem Verhalten der Gasbindung bewiesen.

Übrigens scheint es selbst durch wiederholtes Umkrystallisieren kaum zu gelingen, O_2Hb-Krystalle völlig von Verunreinigungen durch anhaftende Eiweißstoffe und Kolloide frei zu bekommen[11]. Literatur über Blutfarbstoffkrystalle siehe u. a. bei W. PREYER[12], H. U. KOBERT[13], F. N. SCHULZ[14].

[1] KRUMMACHER, O.: Zeitschr. f. Biol. Bd. 77, S. 175. 1923.

[2] MÖLLENHOF, E.: Zeitschr. f. Biol. Bd. 79, S. 93. 1923.

[3] SCHWANTKE, A.: Hoppe-Seylers Zeitschr. f. physiol. Chem. Bd. 29, S. 486. 1900.

[4] MÖLLENHOF, E.: Zeitschr. f. Biol. Bd. 79, S. 93. 1923.

[5] MÖLLENHOF, E.: Zeitschr. f. Biol. Bd. 82, S. 153. 1924.

[6] HAUROWITZ, F.: Zitiert auf S. 83.

[7] UHLIK, M.: Pflügers Arch. f. d. ges. Physiol. Bd. 104, S. 64. 1904.

[8] KRÜGER, F. v.: Wintersteins Handb. d. vergleich. Physiol. Bd. I/1, S. 1171. 1925.

[9] MÜLLER, F., u. W. BIEHLER: Oppenheimers Handb. d. Biochemie, 2. Aufl., Bd. I, S. 427. 1923.

[10] ADAIR, G. S., J. BARCROFT u. A. V. BOCK: Journ. of physiol. Bd. 55, S. 332. 1921.

[11] Vgl. z. B. W. HEUBNER u. JAKOBS: Biochem. Zeitschr. Bd. 58, S. 532. 1913; ferner E. ABDERHALDEN: Hoppe-Seylers Zeitschr. f. physiol. Chem. Bd. 37, S. 484. 1908.

[12] PREYER, W.: Blutkrystalle. Jena 1871.

[13] KOBERT, H. U.: Zeitschr. f. angew. Mikroskop. Bd. 5, S. 6—10. 1900 u. Das Wirbeltierblut in mikrokrystallinischer Hinsicht. Stuttgart 1901.

[14] SCHULZ, F. N.: Die Krystallisation von Eiweißstoffen. Jena 1901.

Elementare Zusammensetzung des Hämoglobins.

Auf derartigen wechselnden Verunreinigungen mag es beruhen, daß die von verschiedenen Untersuchern ausgeführten Elementaranalysen des Oxyhämoglobins nicht einmal für die einzelnen Tierarten gut übereinstimmen. Ob man daher in scheinbaren Unterschieden der *Zusammensetzung* bei verschiedenen Blutarten einen Ausdruck für die Verschiedenartigkeit der Hämoglobine erblicken darf, erscheint in höchstem Maße zweifelhaft. Wie aus folgender, dem Lehrbuch von Hammarsten[1] entnommenen Tabelle ersichtlich ist, sind die gefundenen Schwankungen besonders im Schwefel- und selbst im Eisengehalt nicht unbeträchtlich. C 51 bis 55%, H ca. 7%, N 16 bis 18%, S 0,4 bis 0,9%, Fe 0,3 bis 0,6%, O 20 bis 23%.

Tabelle 2 (nach Hammarsten). Oxyhämoglobinzusammensetzung bei verschiedenen Tierarten.

Hämoglobin von	C	H	N	S	Fe	O	Autor
Hund	53,85	7,32	16,17	0,39	0,43	21,84	Hoppe-Seyler
,, ...	54,57	7,22	16,38	0,568	0,336	20,93	Jaquet
Pferd	54,58	6,97	17,31	0,650	0,470	19,73	Kossel
,, ...	51,15	6,76	17,94	0,390	0,335	23,43	Zinoffsky
Rind	54,66	7,25	17,70	0,447	0,400	19,543	Hüfner
Schwein	54,17	7,38	16,23	0,660	0,430	21,360	Otto
,, ...	54,71	7,38	17,43	0,479	0,399	19,602	Hüfner
Meerschweinchen . . .	54,12	7,36	16,78	0,580	0,480	20,680	Hoppe-Seyler
Eichhörnchen	54,09	7,39	16,09	0,400	0,590	21,440	,,
Gans	54,26	7,10	16,21	0,540	0,430	20,690	,,
Huhn	52,47	7,19	16,45	0,857	0,335	22,500	Jaquet

Phosphor ist im Hämoglobinmolekül nicht vorhanden. Der im Gänse-[2] und Hühnerhämoglobin[3] gefundene P-Gehalt rührt von Verunreinigungen durch Nucleinsubstanzen her[4]. Was die gefundenen Schwankungen im Fe-Gehalt betrifft, so weist Butterfield[5] wohl mit Recht darauf hin, daß sie auf mangelhafte Technik der Darstellungsart und in der analytischen Bestimmung beruhen. Bei sorgfältigem Vorgehen fanden Zinoffsky[6] und Jaquet[7] im Hämoglobin von Pferd, Hund und Huhn übereinstimmend einen Fe-Gehalt von im Mittel 0,335 bzw. 0,336 (vgl. Tab. 2).

Etwa denselben Wert fand Burterfield[8] für menschliches Hämoglobin als Mittel aus 16 Bestimmungen. Nicht unerwähnt darf aber hierbei bleiben, daß ein großer Teil der Eisenanalysen Butterfields nicht an krystallisiertem Hämoglobin, sondern an Blut, dessen Farbstoffgehalt spektrophotometrisch bestimmt war, vorgenommen wurde und daß also etwa vorhandenes, nicht dem Hämoglobin zugehöriges Eisen im Blute mitbestimmt wurde[9].

---

[1] Hammarsten, O.: Lehrb. d. physiol. Chemie, 9. Aufl., S. 219. München u. Wiesbaden 1922.

[2] Hoppe-Seyler, F.: Handb. d. physiol. u. pathol.-chem. Analyse, 5. Aufl., S. 292, Anmerkung.

[3] Jaquet, A.: Hoppe-Seylers Zeitschr. f. physiol. Chem. Bd. 14, S. 289. 1890.

[4] Abderhalden, E., u. F. Medigreceanu: Hoppe-Seylers Zeitschr. f. physiol. Chem. Bd. 59, S. 165. 1909.

[5] Butterfield, E. E.: Hoppe-Seylers Zeitschr. f. physiol. Chem. Bd. 62, S. 215. 1909.

[6] Zinoffsky, O.: Hoppe-Seylers Zeitschr. f. physiol. Chem. Bd. 10, S. 16. 1885.

[7] Jaquet, A.: Hoppe-Seylers Zeitschr. f. physiol. Chem. Bd. 14, S. 289. 1889.

[8] Butterfield, E. E.: Hoppe-Seylers Zeitschr. f. physiol. Chem. Bd. 62, S. 215. 1909.

[9] Bezüglich der Eisenbestimmungen der *älteren* Autoren sei auch auf die kritischen Bemerkungen F. v. Krügers in Wintersteins Handb. d. vergleich. Physiol. Bd. I/1, S. 1117. 1925 verwiesen.

Selbst am pathologischen menschlichen Blut ist nach BUTTERFIELD der Eisengehalt, bezogen auf den Blutfarbstoff innerhalb der methodischen Fehlergrenzen, eine konstante Größe.

Ein Molekül Hämoglobin enthält mindestens ein Atom Fe; es kann ebensoviele Moleküle Sauerstoff binden, als es Eisenatome enthält. Die Begründung dieser Annahme und die Größe des Molekulargewichts, wird bei der Erörterung der physikalisch-chemischen Eigenschaften des Hämoglobins besprochen werden. Die Bruttoformel, beispielsweise des Hundehämoglobins, wird von HÜFNER[1] mit $C_{636}H_{1025}N_{164}FeS_3O_{181}$, von JAQUET[2] mit $C_{758}H_{1203}N_{195}FeS_3O_{218}$ angegeben. Über N-Verteilung im Hämoglobin vgl. auch VAN SLYKE und BIRCHARD[3].

Zur Aufklärung der *chemischen Konstitution* des Hämoglobins oder der Hämoglobine kann selbstverständlich nur das Studium seiner Abbau- und Umwandlungsprodukte führen. Während man bezüglich der prosthetischen Gruppe in dieser Hinsicht dank der systematischen Arbeiten von KÜSTER, HANNS FISCHER und manchen anderen schon sehr weit gekommen ist, steht man beim Globin, wie ja bei der Konstitutionsermittlung der meisten Eiweißkörper noch bei den ersten Anfängen[4].

Chemisches Verhalten gegenüber Eiweißreagenzien usw.

Hämoglobinlösungen von zunehmendem Reinheitsgrade erhält man durch einfache Hämolyse von Blutkörperchen, durch Dialyse hämolysierten Blutes, oder schließlich durch Auflösen von krystallisiertem Hämoglobin. Wäßrige Hämoglobinlösungen verhalten sich in vielen Beziehungen ähnlich wie andere Eiweißlösungen. Sie geben viele der für diese charakteristischen Fällungsreaktionen, beispielsweise mit Alkohol und mit Schwermetallsalzen. Erwähnenswert ist jedoch das Ausbleiben der Fällung sowohl mit neutralem, als mit basischem Bleiacetat. Natürlich gilt das nur für reine Hämoglobinlösungen, die keine anderen Eiweißsubstanzen enthalten. Bei 64° findet Koagulation der Hämoglobinlösungen statt. Die meisten dieser Fällungen, so auch die Hitzekoagulation, sind mit einer Zersetzung des Hämoglobins unter Abspaltung der Eiweißkomponente verbunden. Die Reaktion spielt sich dann am Globin ab. Die leichte Zersetzlichkeit des Hämoglobins wurde bereits wiederholt erwähnt. Zusatz von Säure oder Alkali bewirkt eine Spaltung. Dabei zeigt sich das Hämoglobin gegen Laugen weniger empfindlich als gegen Säuren. Fügt man zu einer Blutlösung verdünnte Salzsäure, etwa sog. Verdauungssalzsäure (0,4%), so tritt momentan ein Umschlag der Farbe von rot in braun ein. Beim Hinzufügen von Lauge erfolgt die Braunfärbung nur allmählich und ebenso allmählich kann man spektroskopisch das Auftreten von Hämatin beobachten. ZEYNEK[5] konnte diese verschiedene Empfindlichkeit gegenüber Säuren und Alkalien durch folgenden Versuch recht anschaulich quantitativ zeigen. Er ließ 7 bis 20proz. Oxyhämoglobinlösungen gegen 200 bis 300 ccm Salzsäure verschiedener Konzentrationen dialysieren und stellte als Grenzkonzentration, bei der nach 2- bis 3tägiger Einwirkung keine Hämatinbildung mehr nachweisbar war, eine Verdünnung der Säure auf $^1/_{150}$ bis $^1/_{200}$ Normalität fest. Bei gleicher Versuchsanordnung bewirkte Kalilauge bereits bei einer Verdünnung auf $^1/_{40}$ Normalität keine Hämatinabspaltung mehr.

---

[1] Angabe nach O. HAMMARSTEN: Lehrb. d. physiol. Chem. 9. Aufl., S. 219.

[2] JAQUET, A.: Hoppe-Seylers Zeitschr. f. physiol. Chem. Bd. 14, S. 289. 1889.

[3] VAN SLYKE, D. D. u. FR. BIRCHARD: Journ. of biol. chem. Bd. 16, S. 539. 1914; ref. Chem. Zentralbl. 1914, I, S. 1192.

[4] Vgl. hierzu FELIX HAUROWITZ: Hoppe-Seylers Zeitschr. f. physiol. Chem. Bd. 162, S. 41. 1926.

[5] ZEYNEK, R. v.: Hoppe-Seylers Zeitschr. f. physiol. Chem. Bd. 130, S. 242. 1923.

— Eine quantitative Bestimmung derjenigen Säuremenge, die zur *vollständigen* Trennung des Globins vom Farbstoff erforderlich ist, erfolgte meines Wissens erstmalig durch Gamgee und A. C. Hill[1]. Sie fanden, daß zur vollständigen Spaltung des Blutfarbstoffes in einer Lösung von 1,84 g O_2Hb in 200 ccm Wasser 20 ccm $^n/_{10}$ HCl nötig waren.

v. Krüger und Bischoff[2] weisen auf die verschiedene „Resistenz" des Hämoglobins verschiedener Tierarten gegenüber Laugen und Säuren hin. Maß der Resistenz ist die Zeit bis zum Verschwinden der O_2Hb-Streifen im Spektrum. Die Resistenz des Hämoglobins gegen NaOH fand Krüger beim Menschen 2000mal größer als bei Schwein und Rind. Ein Parallelismus zwischen der Resistenz gegen NaOH und Essigsäure wurde nicht festgestellt, dagegen konstante Resistenz bei ein und derselben Tierart. Der Blutfarbstoff des Neugeborenen (Nabelvenenblut) ist 130 bis 150mal widerstandsfähiger gegen NaOH als der Erwachsener. Mit zunehmendem Alter erfolgt eine anfangs rasche, dann langsam verlaufende Abnahme der Resistenz, die am Schlusse des ersten Lebensjahres etwa den Wert des Erwachsenen erreicht. Nach v. Krüger und Bischoff ist für den Beginn der Resistenzabnahme nicht der Geburtstermin, sondern das Konzeptionsalter maßgebend, was zu diagnostischen Zwecken bei der Feststellung des Alters von Frühgeburten Verwendung finden kann. Die Resistenz des Männerblutes wurde etwas größer gefunden als die des Frauenblutes, bei graviden und kreißenden fand sich eine geringfügige Resistenzerhöhung gegenüber der Norm[3].

Zur Zeit läßt sich über das Wesen derartig verschiedener Resistenz noch nichts sicheres sagen. Unterschiede bzw. Veränderungen an der Globinkomponente mögen auch bei der Festigkeit der Bindung an die prosthetische Gruppe eine Rolle spielen. Erinnert sei aber daran, daß auch O_2Hb und Hb eine sehr verschiedene „Resistenz" zeigen. So gibt R. Hill[4] an, daß Oxyhämoglobin (und auch Kohlenoxydhämoglobin) im Gegensatz zum reduzierten Farbstoff selbst in starker Natronlauge (bis zu 30%) bezüglich Farbe und Absorptionsspektrum unverändert bleiben; auch soll keine Fällung des Farbstoffes eintreten. Wenn alkalische O_2Hb-Lösungen evakuiert werden, dann bildet sich Hämochromogen neben Hämatin, was Hill damit erklärt, daß das *reduzierte Hämoglobin gespalten* und das entstehende Hämochromogen teilweise zu Hämatin oxydiert wird. Die in der Kälte reversible Spaltung von reduziertem Hämoglobin durch Alkali (R. Hill) wurde bereits früher erwähnt (S. 82).

Trypsinverdauung — auch bei Blut-Reaktion — bewirkt eine mit der Verdauung offenbar schritthaltende Oxyhämoglobinspaltung. Man hat sich wohl vorzustellen, daß jeder angebaute Globinkomplex sein Hämatin frei gibt. Daß tatsächlich die Spaltung von dem Wirksamwerden des Fermentes abhängt, geht daraus hervor, daß gekochte Trypsinlösungen unter sonst gleichen Bedingungen mit Blut zusammengebracht bei Brutschranktemperatur selbst

---

[1] Gamgee, A. u. A. C. Hill: Beitr. z. chem. Physiol. u. Pathol. Bd. 4, S. 1. 1904.

[2] Krüger, F. v.: Zeitschr. f. wiss. Biol., Abt. C: Zeitschr. f. vergl. Physiol. Bd. 2, S. 254. 1925. — Krüger, F. v., u. H. Bischoff: 9. Tagung der Physiol. Ges. Rostock 10. bis 13. August 1925, Vortrag ref. in Ber. üb. d. ges. Physiol. Bd. 32, S. 696. 1925.

[3] Vgl. auch F. v. Krüger in Wintersteins Handb. d. vergleich. Physiol. Bd. I/1, S. 1174. 1925, woselbst sich eine tabellarische Zusammenstellung der Zersetzungszeiten für das Hämoglobin der verschiedensten Tierarten findet, u. H. Bischoff: Zeitschr. f. d. ges. exp. Med. Bd. 48, S. 472. 1926. Ferner H. Bischoff u. H. Schulte: Jahrb. f. Kinderheilkd. Bd. 112, 3. Folge 62, S. 56. 1926. Über die experimentelle Beeinflussung der Resistenz vgl. F. v. Krüger u. W. Gerlach: Zeitschr. f. d. ges. exp. Med. Bd. 53, S. 233. 1926 u. G. Brann u. H. Bischoff: Zeitschr. f. Immunitätsforschung u. exp. Therapie Bd. 49, S. 50. 1926.

[4] Hill, Robert: Biochem. journ. Bd. 19, S. 341. 1925.

nach längerer Zeit keine Spur von Hämatinbildung, sondern lediglich eine geringe Reduktion zeigen[1]. *Reduzierter* Blutfarbstoff wird bei der tryptischen Verdauung im Gegensatze zum O_2Hb nicht gespalten, wovon sich Verf. in Bestätigung der alten Literaturangaben durch eigene Versuche überzeugte.

Biologische Eiweißreaktionen. Antigennatur.

Seiner chemischen Zugehörigkeit zu den Eiweißstoffen entsprechend, ist besonders in letzter Zeit die Frage wiederholt diskutiert worden, ob dem Hämoglobin als solchem Antigennatur zukommt oder nicht. So konnten LANDSTEINER[2] und HEIDELBERGER[3] an Kaninchen (allerdings nur bei einem Teil ihrer Versuchstiere) durch Vorbehandlung mit krystallisiertem Pferdehämoglobin spezifische präzipitierende Antikörper gegen Pferdehämoglobin im Serum erzeugen. Die wirksamen Sera zeigten nur schwache hämolytische und serumpräzipitierende Reaktion, so daß also die eingetretene Wirkung lediglich durch das Hämoglobin selbst erzeugt zu sein schien. Überdies ging bei teilweiser Spaltung des Hämoglobins in Hämatin und Globin durch geringen Säurezusatz die Präzipitinreaktion genau mit dem noch jeweils vorhandenen Rest an unverändertem Blutfarbstoff parallel zurück. Auch HIGASHI[4] schreibt dem Hämoglobin antigene Eigenschaften zu. Er konnte nach entsprechender Vorbehandlung im Tierkörper Präzipitine, komplementbindende und anaphylaktische Antikörper feststellen, dagegen keine Lysine oder Agglutinine. Nach HIGASHI ist das Hämoglobin ein organspezifisches Antigen, das von Serumeiweiß verschieden ist und über eine deutliche Artspezifität verfügt. Wie LANDSTEINER (vgl. obiges Zitat) konnte aber auch er Verwandtschaftsreaktionen der einzelnen Hämoglobine nachweisen. In neueren Untersuchungen halten auch FRIEDLI und HOMMA[5] auf Grund eingehender Analyse — besonders mit der Methode am sensibilisierten isolierten Meerschweinchenuterus — das Hämoglobin für die verantwortliche Substanz bei der Erythrocytenanaphylaxie, während MOLDOVAN und ISAICU[6] dies bestreiten. Eine passive Übertragung des anaphylaktischen Antikörpers gelang FRIEDLI und HOMMA nicht.

Über Hämoglobinpräzipitine vgl. auch die Untersuchungen von HEKTOEN und SCHULHOFF[7], sowie von ISHIKAWA und SAKURABAYASHI[8]. Die letztgenannten Autoren zeigten, daß die Bildung des Hämoglobinpräzipitins lediglich der Globinkomponente zu verdanken sei und daß der nicht eiweißhaltige Paarling daran unbeteiligt ist, was in gewissem Widerspruch zu den oben erwähnten Beobachtungen von LANDSTEINER und HEIDELBERGER bei der partiellen Hämoglobinspaltung zu stehen scheint. Auch HEKTOEN und SCHULHOFF halten die Antigennatur des Hämoglobins für bedingt durch die Globinkomponente des Blutfarbstoffmoleküls.

Im Gegensatz zu den meisten der bisher genannten Autoren bestreitet DEPLA[9] (in Übereinstimmung mit den Angaben von CHODAT[10] u. a.), das Vor-

[1] BARKAN, G.: Hoppe-Seylers Zeitschr. f. physiol. Chem. Bd. 148, S. 124. 1925.

[2] LANDSTEINER, K.: Verslag. d. afdeel. natuurkunde, Königl. Akad. d. Wiss., Amsterdam Tl. 27, Nr. 7, S. 1029. 1921; ref. in Ber. üb. d. ges. Physiol. Bd. 8, S. 331. 1921.

[3] HEIDELBERGER, M., u. K. LANDSTEINER: Journ. of exp. med. Bd. 38, S. 561. 1923.

[4] HIGASHI, SHIGEZO: Journ. of biochem. Bd. 2, S. 315. 1923.

[5] FRIEDLI, H. u. H. HOMMA: Zeitschr. f. Hyg. u. Infektionskrankh. Bd. 104, S. 67. 1925. — FRIEDLI, H.: Ebenda Bd. 104, S. 233. 1925.

[6] MOLDOVAN, I. u. L. ISAICU: Cpt. rend. des séances de la soc. de biol. Bd. 94, S. 295 u. 1303. 1926.

[7] HEKTOEN, LUDW. u. KAMIL SCHULHOFF: Journ. of infect. dis. Bd. 31, S. 32. 1922, Bd. 33, S. 224. 1923 u. Bd. 41, S. 476. 1927.

[8] ISHIKAWA, TETSURO, u. KAKUZO SAKURABAYASHI: Tohoku journ. of exp. med. Bd. 6, S. 395. 1925.

[9] DEPLA, N.: Cpt. rend. des séances de la soc. de biol. Bd. 87, S. 383. 1922.

[10] CHODAT: Cpt. rend. des séances de la soc. de biol. Bd. 85, S. 735. 1921.

handensein irgendwelcher antigener Eigenschaften beim Hämoglobin. Er fand nach entsprechender Vorbehandlung weder Präzipitine noch Bordetsche Antikörper und Hämolysine nicht anders, als nach Serumeinspritzung.

Engelhardt[1], der mit besonders empfindlicher Methodik arbeitete, konnte jedoch zeigen, daß bei der Immunisierung von Kaninchen mit krystallisiertem Hundehämoglobin im Serum der Versuchstiere spezifische Antikörper entstehen, die das Hämoglobin binden können. Er fällte in einem Gemisch von Hämoglobinlösung und Immunserum die Globuline durch Halbsättigung mit Ammonsulfat. Die mit den Globulinen ausfallenden Antikörper führen bei entsprechender Konzentration nur den von ihnen gebundenen Blutfarbstoff in den Niederschlag. Zur quantitativen Bestimmung der äußerst geringen Mengen von Blutfarbstoff diente die colorimetrische Auswertung seiner peroxydatischen Wirkung gegenüber H_2O_2 und Guajacol (vgl. den letzten Abschnitt dieses Kapitels). Die von 0,1 ccm Serum gebundenen Hämoglobinmengen wurden auf diese Weise zwischen 0,020 und 0,070 mg bestimmt. Mehrmaliges Umkrystallisieren der Hämoglobinpräparate war ohne wesentlichen Einfluß auf die Antikörperbildung.

Man hat früher gelegentlich hinsichtlich der antigenen Eigenschaften das Hämoglobin in gewissen Gegensatz gestellt zum Hämocyanin, dem kupferhaltigen Blutfarbstoff gewisser niederer Tierarten; dessen Antigennatur gilt als erwiesen. Nach den obigen Darlegungen ist diese prinzipielle Unterscheidung wohl nicht mehr aufrecht zu erhalten[2].

Reduktion und Oxydation.

Oxyhämoglobin und reduziertes Hämoglobin lassen sich sowohl in reiner Lösung, als auch in durch Verdünnen mit Wasser hämolysiertem Blut leicht ineinander überführen. Wie aus den Gesetzmäßigkeiten der Gasbindung verständlich wird (vgl. das Kapitel dieses Bandes von Liljestrand: Physiologie der Blutgase), genügt Durchleiten eines indifferenten Gases, beispielsweise Stickstoff oder Wasserstoff oder aber Evakuieren evtl. unter Erwärmung, um aus einer O_2Hb-Lösung eine solche von Hb zu erhalten. Ebenso wirkt der Zusatz reduzierender Stoffe, z. B. Hydrazin, Schwefelammon oder Ferrosalzen. Die Reaktion beispielsweise von Hydrazin bzw. seinem Hydrat mit O_2Hb verläuft nach Buckmaster[3] in folgender Weise:

$$H_2N - NH_2 \cdot H_2O + O_2Hb \rightarrow N_2 + 3H_2O + Hb.$$

Bei der Anwendung von $(NH_4)_2S$ ist zu berücksichtigen, daß dieses bzw. der hydrolytisch freiwerdende H_2S selbst mit O_2Hb reagiert, was z. B. bei der spektroskopischen Untersuchung störend wirken kann. Besser, vor allem auch wegen seiner rascheren Wirkung, ist die Verwendung des Stokesschen Reagens. Es wird hergestellt durch Zusammengießen von 1 Teil 20proz. Ferrosulfatlösung, 2 Teilen 10proz. Weinsäure und 2 Teilen Ammoniak unter gründlichem Durch-

---

[1] Engelhardt, W.: Biochem. Zeitschr. Bd. 163, S. 187. 1925.

[2] Zur ganzen Frage sei noch auf folgende Literaturstellen verwiesen, wo teilweise auch die älteren Arbeiten über den Gegenstand angegeben sind: Schmidt, C. L. A.: Univ. California publ. Bd. 2, S. 157. 1916. — Schmidt, C. L. A. u. C. B. Benett: Journ. of infect. dis. Bd. 25, S. 207. 1919. — Benett, C. B., u. C. L. A. Schmidt: Journ. of immunol. Bd. 4, S. 29. 1919. — Browning, C. H., u. G. H. Wilson: Ebenda Bd. 5, S. 417. 1920. — Fujiwara, K.: Mitt. d. med. Ges. Tokio Bd. 34, S. 23. 1920. — Azuma, S.: Japan med. world Bd. 2, S. 85. 1922. — Ferner sei auf die ausführlichen experimentellen und kritischen Ausführungen in einer demnächst erscheinenden Arbeit von F. Ottensooser u. E. Straus über die immunochemischen Eigenschaften des Globins und seiner Derivate verwiesen. Bioch. Zeitschr. 1928.

[3] Buckmaster, G. A.: Journ. of physiol. Bd. 46, Proc. S. XLVIII. 1913.

schütteln. Die Reaktion der Lösung muß alkalisch sein, ihr Aussehen klar von grünblauer Farbe. Es entsteht eine komplexe Ferrosalzverbindung.

In Gegenwart von Blutkatalase (EWALD[1]) und anderen katalysierenden organischen Extrakten (WOLFF[2]) soll die Reduktion durch $(NH_4)_2S$ leichter erfolgen als in reinen Lösungen.

Trypanosomen (YORKE und HAMIS[3]) und bakterienhaltige Macerate von Käse (WOLFF[2]) reduzieren *wie alle atmenden Zellen* in vitro O_2Hb ohne weitere Zusätze.

Auch beim Aufbewahren von O_2Hb-Lösungen in verschlossenen Gefäßen oder bei der Fäulnis solcher Lösungen findet eine langsame Reduktion statt.

Die Reduktion des O_2Hb verläuft bei niederer Temperatur langsamer als bei höherer, worauf THONNARD[4] neuerdings wieder hinwies.

Lösungen von reduziertem Hämoglobin können bekanntlich durch Hindurchleiten von O_2 oder Luft oder Schütteln mit letzterer leicht wieder in solche von O_2Hb zurückverwandelt werden.

Farbe.

Ähnlich wie an den Krystallen, zeigt sich der Unterschied in der Farbe der Lösungen von O_2Hb und Hb. Jene sind hellrot, der Schaum besonders verdünnter Lösungen, sieht gelbrot bis gelb aus. Lösungen von reduziertem Hämoglobin sind dunkelrot-bläulich mit violettem Schimmer; in sehr dünner Schicht zeigen sie eine mehr grünliche Farbe, was sich besonders am Schaum bemerkbar macht. Man kann bereits an der Farbe die beiden Blutfarbstoffe sehr leicht voneinander unterscheiden.

Über die verschiedene Farbe des Blutes unter verschiedenen physiologischen und pathologischen Bedingungen vergleiche man die Ausführungen von LILJE-STRAND in dem bereits erwähnten Kapitel dieses Handbuchbandes.

Spektroskopisches Verhalten.

Die Entdeckung des Absorptionsspektrums des Oxyhämoglobins verdankt man HOPPE-SEYLER[5]. Das spektroskopische Verhalten des O_2Hb aller untersuchten Tiere stimmt unter gleichen Bedingungen beobachtet, *im wesentlichen* überein, wie sich insbesondere bei der Spektrophotometrie (s. folgenden Abschnitt) ergibt. Besonders hierauf stützt sich HÜFNER[6], wenn er das Hämoglobin nicht nur bei einer Tierart, sondern überhaupt für eine einheitliche Substanz hält. BOHRS[7] hiervon abweichende Anschauung (Annahme eines Gemenges mehrerer Hämoglobine auch bei der gleichen Tierart und beim gleichen Individuum) wurde bereits oben erwähnt.

Eine ausgezeichnete historisch-kritische Übersicht über die Entwicklung der Blutspektroskopie mit ausführlichen Literaturangaben findet sich bei E. ROST, F. R. FRANZ und R. HEISE[8], auf die hiermit ausdrücklich verwiesen sei. An

---

[1] EWALD, W.: Pflügers Arch. f. d. ges. Physiol. Bd. 116, S. 334. 1907.

[2] WOLFF, J.: Cpt. rend. hebdom. des séances de l'acad. des sciences Bd. 152, S. 1332. 1911.

[3] YORKE, W., u. R. W. HAMIS: Ann. of trop. med. a. parasitol. Bd. 5, S. 199. 1911; ref. Zentralbl. f. Biochem. u. Biophysik Bd. 12, Ref. 1730. 1911.

[4] THONNARD, J.: Cpt. rend. des séances de la soc. de biol. Bd. 83, S. 441, 443 u. 637. 1920.

[5] HOPPE-SEYLER, F.: Virchows Arch. f. pathol. Anat. u. Physiol. Bd. 23, S. 446. 1862.

[6] HÜFNER, G.: Arch. f. (Anat. u.) Physiol. 1894, S. 120.

[7] BOHR, CHR.: Zentralbl. f. Physiol. Bd. 4, S. 249. 1890; u. Ber. d. Dänisch. Akad. d. Wiss. 1900.

[8] ROST, E., F. R. FRANZ u. R. HEISE: Arb. a. d. Kaiserl. Gesundheitsamt Bd. 32, H. 2, S. 273 ff. 1909.

gleicher Stelle[1] findet sich neben eingehenden methodischen Angaben zur Photographie der Blutspektren eine systematische Beschreibung der spektralen Eigenschaften des Blutfarbstoffes und seiner Derivate; mustergültige photographische Reproduktionen sind der Monographie beigegeben. Weitere technische Einzelheiten, deren Verbesserungen man großenteils Schumm verdankt, beschreibt dieser in Abderhaldens Handbuch[2].

Die für O_2Hb charakteristischen Absorptionsbanden treten bei 100- bis 200-facher Verdünnung von frischem Blut bzw. entsprechend konzentrierten Oxyhämoglobinlösungen am deutlichsten in die Erscheinung. Es sind zwei, zwischen den Fraunhoferschen Linien D und E gelegene Streifen α und β. Der Streifen α, der weniger breit, aber dunkler und schärfer ist, erstreckt sich von der Gegend der D-Linie in Richtung nach dem blauen Ende des Spektrums, der breitere Streifen β von der Gegend der E-Linie in Richtung nach Rot. Bei zunehmender Konzentration des O_2Hb werden beide Streifen breiter, und der anfänglich zwischen ihnen vorhandene Zwischenraum verschwindet mehr und mehr. Gleichzeitig rückt allmählich der Schatten vom violetten Ende des Spektrums näher gegen den β-Streifen vor. Bei größeren Verdünnungen werden die beiden geschilderten Streifen immer schmäler und schwächer, um schließlich gänzlich zu verschwinden. Wie man bei der photographischen Untersuchung feststellen kann, hellt sich das violette Ende des Spektrums partiell auf und es wird ein nach seinem ersten Beobachter[3] auch als Soretscher Streifen, jetzt als γ-Streifen bezeichnetes, scharf abgegrenztes Absorptionsband an der Grenze des sichtbaren Violett erkennbar[4]. Eine direkte okulare Beobachtung ist an dieser Stelle des Spektrums nicht möglich. Die spektroskopischen Eigenschaften des O_2Hb werden für alle untersuchten Tierarten von den verschiedenen Autoren *im wesentlichen* übereinstimmend beschrieben. Schumm[2] beispielsweise fand keinen Unterschied zwischen Menschen- und Pferdeblut oder zwischen Blutlösungen und Lösungen von krystallisiertem O_2Hb aus Pferdeblut. Das Absorptionsmaximum der beiden direkt sichtbaren Streifen α und β fand sich für alle untersuchten Lösungen, gleichgültig, ob mit oder ohne Sodazusatz, im Mittel bei folgenden Wellenlängen:

	α $\mu\mu$	$\beta.$ $\mu\mu$
spektrogrammetrisch bestimmt	576,9	542,4
bei okularer Messung im Gitterspektrometer . .	577,5	541,7

Der γ-Streifen des O_2Hb hat ein konstantes Maximum nur in klar filtrierten, 0,1% Soda enthaltenden Lösungen. In solchen fand sich das Maximum von γ

für Pferdeblutlösungen	bei $\mu\mu$ 413,4
für Lösungen von krystall. Pferde-O_2Hb	bei $\mu\mu$ 413,5
für normale Menschenblutlösungen	bei $\mu\mu$ 414,0

Dagegen fand Schumm bei rein wäßrigen Lösungen sowohl von Menschen- als auch von Pferdeblut stark schwankende Werte, die untereinander (bei Blut von verschiedenen Individuen) und von den in sodahaltigen Lösungen ermittelten Werten stark abwichen: γ bei $\mu\mu$ 407,9 bis 411,5.

Sollten sich für Lösungen von *sicher unverändertem* O_2Hb derartige Abweichungen bestätigen, so böte eine Erklärung Schwierigkeiten. Man müßte etwa

---

[1] Rost, E., F. R. Franz u. R. Heise: Zitiert auf S. 91.

[2] Schumm, O.: Abderhaldens Handb. d. biol. Arbeitsmethoden Abt. IV, Teil 3, Heft 1, · S. 116. 1921.

[3] Soret, J. L.: Cpt. rend. hebdom. des séances de l'acad. des sciences Bd. 78, S. 708. 1878; u. Bd. 97, S. 1267. 1883.

[4] Gamgee, A.: Zeitschr. f. Biol. Bd. 34, S. 505. 1896.

annehmen, daß die eindeutig alkalische Sodareaktion eindeutige physikalisch-chemische Verhältnisse bezüglich der elektrolytischen Dissoziation schafft, daß dagegen in wässeriger Lösung mit ihrer schlecht definierten und Störungen zugänglichen Wasserstoffionenkonzentration beim Ampholytcharakter des Oxyhämoglobins die schwankenden Dissoziationsverhältnisse den gefundenen Differenzen möglicherweise zugrunde liegen. Jedoch ist bisher nicht bekannt, daß Reaktionsverschiebungen die optischen Eigenschaften des *unveränderten* O_2Hb beeinflussen. Es liegt daher näher, mit HÁRI (vgl. S. 97) anzunehmen, daß *Verunreinigungen mit Methämoglobin* in solchen und ähnlichen Fällen die Unregelmäßigkeiten im optischen Verhalten bedingen, da dieses beim Methämoglobin ja stark von der Reaktion abhängt.

Mit der Temperatur schwanken die Maxima der Streifen etwas, und zwar im Sinne einer Verschiebung nach Rot bei Temperatursteigerung (HARTRIDGE[1]).

Über gewisse Veränderlichkeiten des Hämoglobinspektrums vgl. auch DOUMER und FOURRIER[2].

Für das Oxyhämoglobin ist nicht allein die Lage der erwähnten Absorptionsstreifen α, β, γ charakteristisch, sondern auch die Tatsache, daß sein Spektrum bei der Reduktion durch eines der vorher aufgeführten Mittel in dasjenige des reduzierten Hämoglobins übergeht, und daß nach Schütteln mit Luft das O_2Hb-Spektrum wiedererscheint.

Wie schon aus dem bläulichen Schimmer der Lösungen von reduziertem Hämoglobin hervorgeht, absorbieren diese die blauen und violetten Lichtstrahlen weniger stark als O_2Hb-Lösungen. In der zwischen den FRAUNHOFERschen Linien C und D liegenden Spektralgegend ist die Lichtabsorption stärker als beim O_2Hb. Bei entsprechender Verdünnung zeigt das Spektrum einer Lösung von Hb einen verwaschenen breiten Streifen zwischen D und E, dessen Maximum der Mitte zwischen den Maxima der beiden O_2Hb-Streifen α und β entspricht: $\lambda = 559\ \mu\mu$ (LEWIN, MIETHE und STENGER[3]). E. FORMANEK[4] fand bei direkter Beobachtung das Maximum der Absorption bei $\lambda = 554{,}7$, HÁRI[5] spektrophotometrisch bei $\lambda = 555{,}3\ \mu\mu$.

Das Absorptionsband des Hb ist gegenüber den α- und β-Streifen des O_2Hb etwas nach dem roten Spektralende zu über die D-Linie verschoben. Die Absorption am violetten Ende des Spektrums löst sich auch beim Hb bei stärkerer Verdünnung in einen Streifen auf, dessen Maximum einem λ von $429\ \mu\mu$ entspricht (LEWIN, MIETHE und STENGER) und in charakteristischer Weise von dem γ-Streifen des O_2Hb durch seine Verschiebung nach Rot sich unterscheiden läßt.

VIERORDT[6] beschrieb ein Verfahren, welches gestattet, die beiden Streifen des O_2Hb sowie das Absorptionsband des reduzierten Hb unmittelbar am Finger des lebenden Menschen zu beobachten, und das er benutzte, um die *Sauerstoffzehrung des lebenden Gewebes* unter verschiedenen Bedingungen zu studieren. Ähnlich ging HÉNOCQUE[7] vor. Neuerdings gibt R. H. KAHN[8] eine Methode der Spektroskopie des Hämoglobins am lebenden Tiere an (am albinotischen Kaninchen mit vor die Lider luxiertem Bulbus).

---

[1] HARTRIDGE, H.: Journ. of physiol. Bd. 54, S. 128. 1921.

[2] DOUMER, E. u. L. FOURRIER: Cpt. rend. des séances de la soc. de biol. Bd. 92, S. 105. 1925.

[3] LEWIN, L., A. MIETHE u. E. STENGER: Pflügers Arch. f. d. ges. Physiol. Bd. 118, S. 80. 1907.

[4] FORMANEK, E.: Zeitschr. f. analyt. Chem. Bd. 40, S. 505. 1901.

[5] HÁRI, PAUL: Biochem. Zeitschr. Bd. 115, S. 52. 1921.

[6] VIERORDT, K.: Zeitschr. f. Biol. Bd. 11, S. 188. 1875; u. Bd. 14, S. 422. 1878.

[7] HÉNOCQUE: Spectroscopie biologique. Paris 1895; zit. nach BORUTTAU: Nagels Handb. d. Physiol., Erg.-Bd., S. 34—58. 1910.

[8] KAHN, R. H.: Pflügers Arch. f. d. ges. Physiol. Bd. 195, S. 361. 1922.

Schließlich wurde in allerjüngster Zeit das Verfahren nach dem Prinzip von Vierordt durch Erich Meyer und A. Reinhold[1] technisch soweit ausgestaltet, daß es klinisch brauchbar zu werden verspricht. In vorläufigen Versuchen fanden die beiden Autoren, daß beim Morbus Basedow die Sauerstoffzehrung in der Haut beschleunigt, bei der endogenen Fettsucht dagegen annähernd normal ist.

Spektrophotometrie.

Zur quantitativen Bestimmung der Lichtabsorption gefärbter Stoffe in den einzelnen Spektralbezirken dient seit Vierordt die Spektrophotometrie, ein Verfahren, dessen erstmalige Anwendung auf die Blutfarbstoffe man Hüfner[2] verdankt.

Da das Grundsätzliche dieser Methode nicht allgemein bekannt ist, die Ergebnisse ihrer Anwendung auf die Blutfarbstoffe aber in der physiologischen Literatur eine vielfache Diskussion gefunden haben, sei an dieser Stelle eine kurze elementare Darstellung ihrer Prinzipien und die Definition einiger zum Verständnis notwendiger Begriffe — teilweise in Anlehnung an Butterfield[3] — nicht unterlassen. Wegen aller methodischen und technischen Einzelheiten und der verschiedentlich verbesserten Apparaturen muß aber auf die Handbücher der physikalischen und physiologischen Methodik verwiesen werden.

Bringt man in den Gang eines Bündels paralleler Strahlen homogenen Lichtes die Lösung einer farbigen Substanz, so tritt mehr oder weniger starke Absorption ein, d. h. das Licht ist nach dem Durchgang durch die farbige Lösung mehr oder weniger in seiner Intensität geschwächt. Hierbei gelten folgende Gesetzmäßigkeiten:

1. Die Menge des durchgelassenen Lichtes ist der des auffallenden proportional.

2. Gleiche Schichtdicken der Lösung verschlucken immer den gleichen Bruchteil des auffallenden Lichtes.

3. Bei wechselnder Konzentration der Lösung ist die Absorption *unter sonst gleichen Verhältnissen*, d. h. wenn keinerlei chemische Vorgänge mit der Konzentrationsänderung verknüpft sind, der Konzentration proportional (Beersches Gesetz).

4. Je nach der Farbe der Lösung wird Licht verschiedener Wellenlänge verschieden stark absorbiert.

Verwendet man also nicht homogenes, sondern polychromatisches Licht, so findet eine elektive Absorption statt, wie sich bei der spektralen Zerlegung zeigt.

Als Maß der Lichtabsorption wird in der Spektrophotometrie eine von Bunsen eingeführte Einheit, der *Extinktionskoeffizient* ε, gebraucht, dessen Definition sich aus folgender, zunächst ganz allgemeinen Beziehung, ergibt:

$$J_p = J_a \cdot 10^{-\varepsilon d}. \tag{1}$$

Hierin bedeuten J_a und J_p die Intensität des Lichtes irgendeiner Wellenlänge vor bzw. nach Passieren der Absorptionsschicht, ε den Extinktionskoeffizienten und d die Schichtdicke in cm.

Durch Logarithmieren nach leichter Umformung erhält man:

$$\log \frac{J_p}{J_a} = -\varepsilon d \tag{2}$$

oder auch

$$\varepsilon = \frac{1}{d} \log \frac{J_a}{J_p}. \tag{2a}$$

Aus dieser Gleichung sieht man, daß $\varepsilon = 1/d$ wird, wenn $\log J_a/J_p = 1$ ist. Dies ist der Fall, wenn $J_a/J_p = 10$, d. h. $J_p = 1/10 \, J_a$ ist.

---

[1] Meyer, Erich u. Albert Reinhold: Klin. Wochenschr. Jg. 5, S. 1692. 1926.

[2] Hüfner, G.: Festschr. z. 70. Geburtstage C. Ludwigs, S. 74. Leipzig 1887; u. Arch. f. (Anat. u.) Physiol. 1894, S. 130.

[3] Butterfield, E. E.: Hoppe-Seylers Zeitschr. f. physiol. Chem. Bd. 62, S. 215. 1909.

Der Extinktionskoeffizient ε für ein bestimmtes Licht ist also der reziproke Wert derjenigen Schichtdicke der Lösung, durch welche das einfallende Licht der betreffenden Wellenlänge auf $1/_{10}$ geschwächt wird.

Aus Gleichung (2a) geht ferner hervor, daß bei bekannter Schichtdicke (die man zweckmäßig gleich der Längeneinheit 1 cm wählt) die Bestimmung des Verhältnisses der beiden Lichtintensitäten J_a/J_p zur Berechnung des Extinktionskoeffizienten genügt.

Das Prinzip der üblichen Spektrophotometer beruht nun darauf, daß man vor die eine Hälfte des Spaltes eines Spektralapparates die absorbierende Lösung bringt; dann erhält man bei Verwendung polychromatischen Lichtes 2 Spektra, ein normales und eins, das an verschiedenen Stellen je nach dem Absorptionsverhalten verschieden geschwächt ist. Eine geeignete Vorrichtung gestattet nun, das normale Spektrum an irgendeiner beobachteten Stelle *meßbar* so zu schwächen, daß es gleiche Helligkeit besitzt wie das andere. Wegen der verschiedenen Anordnungen, durch die diese meßbare Lichtschwächung bei den einzelnen Apparaturen bewirkt wird, vergleiche man die methodischen Handbücher.

Der gemessene Wert dieser (willkürlichen) Lichtschwächung ist ein Maß für die Lichtabsorption einer bestimmten Wellenlänge in der zu prüfenden Lösung und ergibt ε.

Nach Satz 3 ist die Absorption der Konzentration proportional. Sind also ε_1, ε_2, ε_3 usw. die bei verschiedenen Konzentrationen c_1, c_2, c_3 usw. gemessenen Extinktionskoeffizienten, so gilt

$$\frac{c_1}{\varepsilon_1} = \frac{c_2}{\varepsilon_2} = \frac{c_3}{\varepsilon_3} = \cdots A, \tag{3}$$

d. h. das Verhältnis Konzentration : Extinktionskoeffizient ist eine konstante Größe A, die man nach VIERORDT das *Absorptionsverhältnis* nennt und die für jede Wellenlänge naturgemäß ihren eigenen Wert hat[1].

Aus Gleichung (3) folgt allgemein:

$$c = A\varepsilon \tag{3a}$$

Wird $\varepsilon = 1$, dann wird $c = A$; d. h. die Konstante A oder *das Absorptionsverhältnis ist diejenige Konzentration, bei welcher der Extinktionskoeffizient $= 1$ ist*, oder anders ausgedrückt, die Konzentration, bei welcher durch eine Schichtdicke von 1 cm das auffallende Licht auf $1/_{10}$ geschwächt wird.[2]

Die Feststellung der Konstanten A, beispielsweise für Hämoglobinlösungen, bei irgendeiner Wellenlänge, erfolgt leicht durch die Bestimmung des zu einer bekannten Konzentration gehörigen Extinktionskoeffizienten. Kennt man A, so kann man, wie sich aus Gleichung (3a) ohne weiteres ergibt, durch Bestimmung des betreffenden Extinktionskoeffizienten einer Lösung deren Konzentration finden. Man bestimmt nach HÜFNERS Vorgang das Absorptionsverhältnis an zwei charakteristischen Stellen des Spektrums, für die Blutfarbstoffe z. B. bei einer mittleren Wellenlänge von 560 $\mu\mu$ und 538 $\mu\mu$.

Die auf solche Weise aus den beiden Konstanten $A_{(560)}$ und $A'_{(538)}$, sowie den Extinktionskoeffizienten $\varepsilon_{(560)}$ und $\varepsilon'_{(538)}$ berechneten Konzentrationen müssen natürlich innerhalb der methodischen Fehlergrenzen übereinstimmen (Genauigkeit für O_2Hb mit HÜFNERS Spektrophotometer 2,5%).

Man erhält also beispielsweise

$$c_1 = A\varepsilon_1 = A'\varepsilon_1'. \tag{4}$$

Daraus ergibt sich

$$\frac{A}{A'} = \frac{\varepsilon_1'}{\varepsilon_1}. \tag{4a}$$

---

[1] HÁRI, P.: Biochem. Zeitschr. Bd. 95, S. 266. 1919.

[2] Nach VIERORDT wird hier unter „Konzentration" die Gewichtsmenge des Farbstoffes in Gramm pro Kubikzentimeter verstanden. Vgl. G. HÜFNER, Hoppe-Seylers Zeitschr. f. physiol. Chem. Bd. 3, S. 17. 1879. S. a. A. ROLLET in Hermanns Handb. d. Physiol. Bd. IV/1, S. 54. 1880.

Für eine andere Konzentration ergibt sich entsprechend

$$c_2 = A \varepsilon_2 = A' \varepsilon_2' \tag{5}$$

oder

$$\frac{A}{A'} = \frac{\varepsilon_2'}{\varepsilon_2}. \tag{5a}$$

Aus Gleichung (4a) und (5a) folgt:

$$\frac{\varepsilon_1'}{\varepsilon_1} = \frac{\varepsilon_2'}{\varepsilon_2}, \tag{6}$$

d. h.: *Der Quotient zweier bei verschiedener Wellenlänge gemessener Extinktionskoeffizienten ist eine von der Konzentration unabhängige und für die betreffende Farbstofflösung charakteristische Konstante.*

Mischt man zwei *chemisch nicht aufeinander einwirkende* Farbstofflösungen, so entspricht die Lichtabsorption dieses Gemisches der Summe der Absorption der beiden Komponenten. Kennt man den Extinktionsquotienten (ε'/ε) der beiden Komponenten, beispielsweise von Blutfarbstoffen oder deren Derivaten, so kann man nach Hüfner aus der Größe des Quotienten des Gemisches den Prozentgehalt an beiden Farbstoffen mit Hilfe einer Interpolationsformel berechnen oder aus Tabellen entnehmen[1].

Für O_2Hb bzw. Hb fand Hüfner[2] Werte, die in folgender Tabelle wiedergegeben sind.

Tabelle 3. Absorptionsverhältnis und Quotient für Oxyhämoglobin und reduziertes Hämoglobin.

Blutfarbstoff	Gegend zwischen $\lambda = 554$ bis 565 A	Gegend zwischen $\lambda = 531,5$ bis $542,5$ A'	Quotient $\dfrac{\varepsilon'}{\varepsilon}$
O_2Hb	0,002070	0,001312	1,58
Hb	0,001354	0,001778	0,76

Wie Butterfield[3] betont, hängt der Ausfall der spektrophotometrischen Untersuchung wesentlich davon ab, wie sehr man sich den theoretisch verlangten Versuchsbedingungen (Messung von ε bei *einer einzelnen* Wellenlänge) nähert. Da für O_2Hb ε' das Maximum einer Absorption, ε das Minimum einer solchen darstellt, muß, wie eine einfache Überlegung ergibt, unter den erwähnten optimalen Bedingungen der Quotient seinen höchsten Wert erreichen. Auch sind die mit *einer* Apparatur gewonnenen Werte nicht ohne weiteres mit denen bei Untersuchung mit *anderen* Instrumenten vergleichbar.

Der Wert Hüfners für O_2Hb von 1,58 wurde von Butterfield[4] an normalem und pathologischem menschlichen Blute, sowie für krystallisiertes Oxyhämoglobin von Mensch, Pferd und Rind bestätigt. Niedere Werte fanden unter anderem Aron und Müller[5], sowie Heubner und Rosenberg[6], während Hári[7] den etwas

---

[1] Bezüglich O_2Hb und Hb vgl. auch E. E. Butterfield (Hoppe-Seylers Zeitschr. f. physiol. Chem. Bd. 79, S. 439. 1912), wo auch die Gültigkeit des Beerschen Gesetzes für die Blutfarbstoffe innerhalb eines weiten Konzentrationsbereiches nachgewiesen wird. Gegenteilige Beobachtungen, allerdings nicht an Lösungen von reinem O_2Hb, sondern an *hämolysiertem Blut* wurden kürzlich von J. Strub veröffentlicht. (Zeitschr. f. wiss. Photogr., Photophysik u. Photochemie Bd. 24, S. 97. 1926.)

[2] Hüfner, G.: Arch. f. (Anat. u.) Physiol. 1894, S. 130.

[3] Butterfield, E. E.: Hoppe-Seylers Zeitschr. f. physiol. Chem. Bd. 62, S. 215. 1909; u. Bd. 79, S. 439. 1912.

[4] Butterfield, E. E.: Hoppe-Seylers Zeitschr. f. physiol. Chem. Bd. 62, S. 215. 1909.

[5] Aron, H. u. Franz Müller: Arch. f. (Anat. u.) Physiol. 1906, Suppl. S. 118.

[6] Heubner, W. u. H. Rosenberg: Biochem. Zeitschr. Bd. 38, S. 345. 1912.

[7] Hári, P.: Biochem. Zeitschr. Bd. 82, S. 229. 1917; u. Bd. 95, S. 257. 1919.

höheren Wert von 1,60 erhielt. Die niederen Werte anderer Autoren hält er für durch Methämoglobinbildung bedingt. Ebenso ist der geringe Unterschied in der Lichtabsorption neutraler und sodaalkalischer O_2Hb-Lösungen nach HÁRI der Beimischung von Methämoglobin zuzuschreiben, welches im Gegensatz zum reinen Oxyhämoglobin dieses unterschiedliche Verhalten zeigt (vgl. S. 93).

Zur vergleichenden Darstellung der Lichtabsorption der Blutfarbstoffe und ihrer Derivate führte HÁRI[1] den Begriff des spezifischen Extinktionskoeffizienten ein. Darunter versteht man den Extinktionskoeffizienten einer 0,1 proz. Farbstofflösung. Bestimmt man diesen für die ganze Farbenskala, d. h. im ganzen Bereich des sichtbaren Spektrums, so erhält man außerordentlich charakteristische Kurven, die das optische Verhalten anschaulicher und objektiver zum Ausdruck bringen als die üblichen Wiedergaben der Absorptionsspektren in Spektraltafeln.

Die nebenstehende Abbildung (Abb. 16) nach HAUROWITZ[2] zeigt das Verhalten der Lichtabsorption von Hb, O_2Hb und Kohlenoxyd-Hb und schließt sich der Darstellung HÁRIS an. Die Kurvenmaxima entsprechen den dunklen Absorptionsstreifen des Spektralbildes.

Kennt man diese Kurven für die verschiedensten bisher dargestellten Blutfarbstoffderivate (eine große Anzahl verdankt man den gründlichen Untersuchungen von HAUROWITZ[3]), so kann man, falls neue Derivate vorzuliegen scheinen, entscheiden,

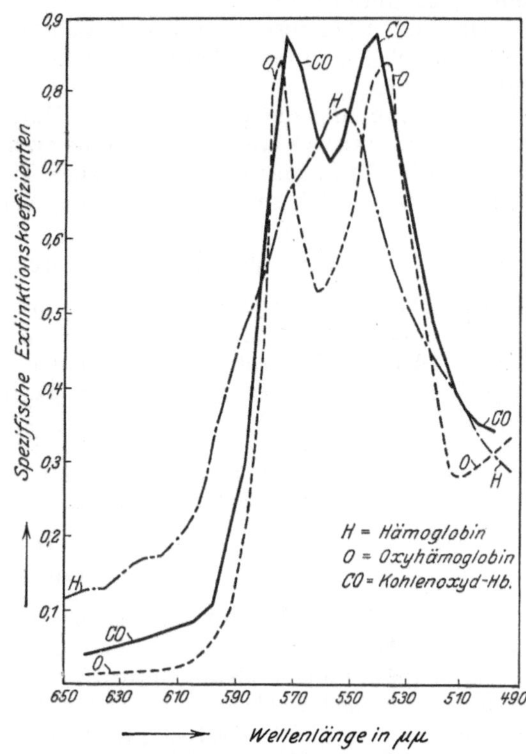

Abb. 16. Lichtabsorption von Hämoglobin, Oxyhämoglobin und Kohlenoxydhämoglobin bei verschiedener Wellenlänge. (Nach HAUROWITZ).

ob es sich in der Tat um *neue* Stoffe handelt oder ob man es mit Gemischen zu tun hat (vgl. HAUROWITZ). Diese Art der Darstellung gestattet zudem ohne weiteres die Berechnung des Quotienten zweier beliebiger, für den betreffenden Farbstoff geeigneter Extinktionskoeffizienten.

Handelt es sich um einen mehr qualitativen Identitätsnachweis, also um das Erkennen eines Farbstoffes, den man nur in Lösung vor sich hat, so sollten stets die geeigneten Extinktions*quotienten* bestimmt werden. Die heutzutage noch im weitesten Umfange geübte Bestimmung der Grenzen und Maxima der einzelnen Absorptionsstreifen, deren Breite und Schärfe mit der unbekannten Konzentration sich ändert, bedeutet nur einen ersten Hinweis, besonders wenn es sich um viel-

---

[1] HÁRI, P.: Biochem. Zeitschr. Bd. 82, S. 229. 1917.
[2] HAUROWITZ, F.: Hoppe-Seylers Zeitschr. f. physiol. Chem. Bd. 151, S. 135. 1926.
[3] HAUROWITZ, F.: Hoppe-Seylers Zeitschr. f. physiol. Chem. Bd. 136. S. 147. 1924; Bd. 137, S. 63. 1924; Bd. 138, S. 68. 1924; Bd. 151, S. 130. 1926.

streifige und einander ähnelnde Farbstoffderivate, wie beispielsweise die verschiedenen Porphyrine, handelt.

Hüfners alte Angabe, daß die optischen Werte nicht allein für eine Tierart, sondern für die Blutfarbstoffe aller Tiere gleiche Größen sind, konnte durch die Untersuchungen von Butterfield[1], Hári[2], Heubner und Rosenberg[3], Peyrega[4] u. a. bezüglich der Wirbeltiere immer wieder bestätigt werden. Auch Welker und Williamson[5] finden unter einer großen Tierreihe die Differenzen im optischen Verhalten zu gering, um spezifisch verschiedene Hämoglobine annehmen zu dürfen[6].

Ob diese Übereinstimmung sich auch auf den Blutfarbstoff aller *niederen* Tiere erstreckt, muß nach den Untersuchungen von Vlès[7] an Würmern zweifelhaft srecheinen.

Vgl. hierzu auch die schon erwähnten Untersuchungen von Anson, Barcroft, Mirsky und Oinuma[8], welche die Spanne zwischen dem α-Streifen des O_2Hb und CO-Hb beim Blutfarbstoff verschiedener Tierarten verschieden groß fanden. (S. auch das Kapitel über das Kohlenoxydhämoglobin[9]).

Sonstige physikalische Eigenschaften.

Optisches Drehungsvermögen. Die optische Aktivität des Blutfarbstoffes wurde von Gamgee und A. C. Hill[10] bestimmt und das Hämoglobin als *rechtsdrehend* erkannt. Für rotes Licht von der mittleren Wellenlänge der C-Linie ergab sich die spezifische Drehung des Oxyhämoglobins

$$(\alpha)_C = +10,0 \pm 0,2°.$$

Die spezifische Drehung einer schwach-sauren Globinlösung fanden die gleichen Autoren bei rotem bzw. gelben Licht zu

$$(\alpha)_C = -54,2°,$$
$$(\alpha)_D = -65,5°.$$

Optisches Brechungsvermögen. Nach Howard[11] ist der Brechungsindex einer Oxyhämoglobinlösung in woitom Umfango oino goradlinigo Funktion dor Konzentration (bestimmt für 20 bis 90proz. Verdünnungen der gleichen Krystallösung). In der Brechungsformel $n - n_1 = ac$ wurde a in wäßriger, ammoniakalischer oder Serumlösung gleich 0,001830 gefunden, und zwar gleichgültig, ob es sich um rein dargestelltes O_2Hb oder um hämolysiertes Blut handelte. — In der Formel bedeutet n den Brechungsindex der Lösung, n_1 denjenigen des reinen Lösungsmittels, c die Konzentration und a eine Konstante. — Die von Howard auf Grund seiner Befunde angegebene Methode wurde von Stoddard und Adair[12] etwas modifiziert. Sie fanden $a = 0,001942$. Untersuchungen von Pupilli[13] scheinen

---

[1] Butterfield, E. E.: Zitiert auf S. 96.

[2] Hári, P.: Zitiert auf S. 95 u. 96.

[3] Heubner, W. u. Rosenberg: Biochem. Zeitschr. Bd. 38, S. 345. 1912.

[4] Peyrega, E.: Cpt. rend. des hebdom. séances de l'acad. des sciences Bd. 154, S. 1732. 1912.

[5] Welker, W. H. u. Ch. Sp. Williamson: Journ. of biol. chem. Bd. 41, S. 75. 1920.

[6] Vgl. demgegenüber F. v. Krüger in Wintersteins Handb. d. vergleich. Physiol. Bd. I/1, S. 1173. 1925.

[7] Vlès, Fr.: Cpt. rend. hebdom. des séances de l'acad. des sciences Bd. 169, S. 303. 1919.

[8] Anson, Barcroft, Mirsky u. Oinuma: Zitiert auf S. 80.

[9] Dieser Band S. 131 ff.

[10] Gamgee, A. u. A. Cr. Hill: Beitr. z. chem. Physiol. u. Pathol. Bd. 4, S. 1. 1904.

[11] Howard, Fr.: Journ. of biol. chem. Bd. 41, S. 537. 1920.

[12] Stoddard, J. L. u. G. S. Adair: Journ. of biol. chem. Bd. 57, S. 437. 1923.

[13] Pupilli, Giulio: Arch. di scienze biol. Bd. 4, S. 285. 1923.

HOWARDS Beobachtungen zu widersprechen. Nach PUPILLI zeigt sich bei Hämoglobinlösungen verschiedener Herstellungsart (rasche Verdünnung oder langsame Dialyse) der Brechungsindex in *verschiedenem* Maße von der Dichte abhängig. Die bei den verschiedenen Herstellungsarten gleichfalls verschiedene Änderung der Oberflächenspannung deutet auf entsprechend verschiedene kolloidale Zustandsänderungen der Lösungen.

Zugabe von Milchsäure zu Hämoglobinlösungen erniedrigt den Brechungsexponenten, und zwar um so stärker, je konzentrierter die Lösungen sind. Die wahrscheinlichste Ursache für diese Abnahme ist eine Aggregation der Moleküle, die unter dem Einfluß des Säurezusatzes eintritt.

Das Verhalten der **Oberflächenspannung** und des **osmotischen Druckes** wird bei den physikalisch-chemischen Eigenschaften des Hämoglobins besprochen werden.

Magnetisches Verhalten. Wie schon GAMGEE[1] zeigte, ist das Hämoglobin, ebenso wie übrigens das Kohlenoxyd- und Methämoglobin, diamagnetisch, während dem eisenreichen Hämatin stark magnetische Eigenschaften zukommen. Bringt man entsprechend geformte Krystallstückchen von Hämoglobin an einem Seidenfaden aufgehängt, zwischen die Pole eines Elektromagneten, so stellen sie sich äquatorial ein, Hämatin dagegen axial.

GAMGEE schließt bereits aus diesem unterschiedlichen Verhalten auf charakteristische, das Eisen betreffende Strukturunterschiede. Dieser Unterschied im Verhalten von ungespaltenen Blutfarbstoffderivaten und abgespaltener prosthetischer Gruppr wird von HAUROWITZ[2] bestätigt, von HENZE[3] dagegen bestritten[4].

Physikalisch-chemische Eigenschaften.
Kataphoretisches Verhalten. Strittige Ampholytnatur.

Bringt man eine Lösung von Oxyhämoglobin in einem geeigneten Apparat, etwa dem Überführungsapparat nach L. MICHAELIS, unter die Einwirkung eines elektrischen Potentialgefälles, so zeigt sich je nach der Reaktion der Lösung, die man durch geeignete Pufferzusätze abstufen kann, ein verschiedenes Verhalten (MICHAELIS und TAKAHASHI[5], MICHAELIS und DAWIDSOHN[6]). Bei Wasserstoffionenkonzentrationen von $7 \cdot 10^{-5}$ bis $2{,}4 \cdot 10^{-7}$ erfolgt Wanderung des Farbstoffes nach der Kathode, von $[\text{H}^{\cdot}] = 1{,}2 \cdot 10^{-7}$ bis $5{,}9 \cdot 10^{-8}$ sieht man anodische Wanderung. Bei $[\text{H}^{\cdot}] = 1{,}8 \cdot 10^{-7}$ tritt Stillstand ein. Dieser *isoelektrische Punkt* wird bei höheren Walzkonzentrationen nach beiden Seiten von einer mehr oder weniger breiten Zone unbestimmter Wanderungsrichtung eingeschlossen (*isoelektrische Zone*).

Immer jedoch zeigt sich nach MICHAELIS und Mitarbeitern unter den verschiedensten Versuchsbedingungen — gleichgültig, ob Lösungen von krystallisiertem Hämoglobin oder von lackfarbenem Blut verwendet wurden — unabhängig von Salzzusätzen oder absichtlichen Verunreinigungen mit Albumin der gleiche isoelektrische Punkt. Oxyhämoglobin zeigt unter diesen Umständen demnach hier das Verhalten eines Ampholyten. Denselben isoelektrischen Punkt wie

---

[1] GAMGEE, A. W.: Proc. of the roy. soc. of London Bd. 68, S. 503. 1901.
[2] HAUROWITZ, F.: Hoppe-Seylers Zeitschr. f. physiol. Chem. Bd. 137, S. 69. 1924.
[3] HENZE, M.: Wien. klin. Wochenschr. Bd. 37, S. 92. 1925.
[4] Man vergleiche in diesem Zusammenhange die Untersuchungen von BAUDISCH und WELO über magnetisches Verhalten und katalytische Wirkung von Eisenverbindungen, z. B. Naturwissenschaften Bd. 13, S. 749. 1925.
[5] MICHAELIS, L. u. D. TAKAHASHI: Biochem. Zeitschr. Bd. 29, S. 439. 1910.
[6] MICHAELIS, L. u. H. DAWIDSOHN: Biochem. Zeitschr. Bd. 41, S. 102. 1912.

für O_2Hb fanden MICHAELIS und BIEN[1] innerhalb der Fehlergrenzen auch für reduziertes Hämoglobin und auch für Kohlenoxydhämoglobin ($[H^\cdot] = 1,7 \cdot 10^{-7}$ $p_H = 6,77$).

Gegenüber diesen Untersuchungsbefunden von MICHAELIS und Mitarbeitern, wird von H. STRAUB und KLOTHILDE MEYER[2] eine ganz andere Anschauung vertreten, die sie aus den Ergebnissen ihrer Blutgasanalysen ableiten. Aus dem Verlauf der Kohlensäurebindungskurve folgt nach ihrer Auffassung, daß sich das O_2Hb *nicht* wie ein amphoterer Elektrolyt verhält, der bei Änderung der Wasserstoffzahl seine Ladung *stetig* ändert; vielmehr erfolge diese Änderung sprunghaft in der Weise, daß innerhalb eines bestimmten Reaktionsbereiches (von $p_H = 7$ bis 6,39) die Ladung des O_2Hb gleich 0 sei und außerhalb dieser Zone maximale Ladung als starke Säure bzw. als starke Base trage. MICHAELIS und AIRILA[3] suchten diese Annahme durch Verfolgung der *stetigen* Änderung der Kataphoresegeschwindigkeit zu beiden Seiten des neuerdings bestimmten isoelektrischen Punktes bei $p_H = 6,66$ zu widerlegen und betonten neuerdings die von STRAUB und MEYER bestrittene Ampholytnatur des O_2Hb. Allerdings schließen sie aus dem mehrfach gebrochenen Verlauf ihrer Kurven (Kataphoresegeschwindigkeit des O_2Hb als Funktion des p_H), daß es sich um einen mehrwertigen Ampholyten handele, der also stufenweise $H^\cdot$ bzw. OH' abdissoziiert.

Auch T. R. und W. PARSONS[4] sehen im Hämoglobin einen polyvalenten kolloidalen Ampholyten mit 5 verschieden starken sauren Gruppen. Die Gültigkeit des Massenwirkungsgesetzes lehnen sie für das normale Blut im Gegensatz zum hämolysierten ab. Ähnlich nehmen auch VAN SLYKE[5] und Mitarbeiter an, daß sich bei $p_H = 7,2$ bis 7,5 mindestens 5 einwertige Gruppen an der Alkalibindung beteiligen. Auch CAMPBELL und POULTON[6] fassen neben anderen das Hämoglobin als Ampholyten auf und bestimmten nach einer indirekten Methode den isoelektrischen Punkt bei $p_H = 6,98$. Wegen der Gegensätzlichkeit zu MICHAELIS vgl. T. R. und W. PARSONS[7]. Vgl. ferner F. BOTAZZI[8].

Über die Ionennatur des Hämoglobins siehe auch H. TAYLOR[9].

Die fortgesetzten Untersuchungen von STRAUB und MEYER scheinen nun geeignet, die gegensätzlichen Befunde, besonders die Ergebnisse bei der Kataphorese (MICHAELIS und Mitarbeiter) aufzuklären. Nach dem mannigfach variierten Versuchsmaterial von STRAUB und MEYER kann an der Existenz des „Knicks" in der Kohlensäurebindungskurve kaum mehr ein Zweifel bestehen. Auch haben T. R. und W. PARSONS[10] durch kontrollierende elektrometrische Messung die Konstanz der von STRAUB und MEYER errechneten p_H-Werte im Verlaufe des „Knicks" bestätigt. Es gelingt aber leicht, den Knick zu beeinflussen, ihn entweder zu verschieben oder aber überhaupt auszugleichen. Hierzu genügt Durchleiten konstanten oder faradischen Stromes durch hämolysiertes Blut oder Blutkörperchenaufschwemmungen in physiologischer NaCl-Lösung, an denen

---

[1] MICHAELIS, L. u. Z. BIEN: Biochem. Zeitschr. Bd. 67, S. 198. 1914.

[2] STRAUB, H. u. KLOTHILDE MEYER: Biochem. Zeitschr. Bd. 90, S. 305. 1918; Bd. 98, S. 205 u. 228. 1919; Bd. 109, S. 47. 1920.

[3] MICHAELIS, L. u. Y. AIRILA: Biochem. Zeitschr. Bd. 118, S. 144. 1921.

[4] PARSONS, T. R. u. W.: Journ. of physiol. Bd. 53, Proc. S. C. 1920; Bd. 56, S. 1. 1922; Biochem. Zeitschr. Bd. 126, S. 109. 1921/22.

[5] VAN SLYKE, D. D., A. B. HASTINGS, M. HEIDELBERGER u. J. M. NEIL: Journ. of biol. chem. Bd. 54, S. 481. 1922.

[6] CAMPBELL, J. M. H. u. E. P. POULTON: Journ. of physiol. Bd. 54, S. 152. 1920.

[7] PARSONS, T. R. u. W.: Biochem. Zeitschr. Bd. 126, S. 109. 1921/22.

[8] BOTAZZI, FILIPPO: Arch. di fisiol. Bd. 11, S. 397; Jahresber. d. Tierchem. Bd. 43, S. 97. 1913.

[9] TAYLOR, H.: Proc. of the roy. soc. of London, Ser. B. Bd. 96, S. 383. 1924.

[10] PARSONS, T. R. u. W.: Journ. of physiol. Bd. 53; Proc. S. C. 1920.

jeweils grundsätzlich die gleichen CO_2-Bindungsverhältnisse sich zeigen[1]. Beim Durchleiten des konstanten Stromes, wie das beim Kataphoreseversuch erfolgt, wird also das Hämoglobin so verändert, daß sich die nun ergebende Kurve mit der Ampholyttheorie in Einklang bringen läßt. Der Kurvenverlauf entspricht dann den Befunden von MICHAELIS und AIRILA bei der Kataphorese. Da die Kurven *vor* Durchgang des elektrischen Stromes einen grundsätzlich anderen Verlauf nehmen, kann in *diesem* Zustande, wie STRAUB und MEYER betonen, die Ampholyttheorie *keine* Berechtigung haben. Der Aufklärung des Vorganges, der diese wesentliche Änderung bewirkt, haben STRAUB und MEYER eine Anzahl von experimentellen Untersuchungen gewidmet. Es hatte sich gezeigt[2], daß die verschiedenen Kationenbildner bei Zusatz zu hämolysiertem Blut und Körperchenaufschwemmungen den Knick der CO_2-Kurve mehr oder weniger verschieben, wobei STRAUB und MEYER Anhaltspunkte dafür finden, daß es weniger auf die Ionen als auf die Atome selbst und ihren physikalisch-chemischen Bau ankommt. Es zeigten sich gewisse Gesetzmäßigkeiten innerhalb der Reihe des periodischen Systems. Auch Bestrahlung durch kurzwellige Strahlen der Quarzlampe, durch Röntgenstrahlen und durch γ-Strahlen des Radiums führte zu Verschiebungen des Knicks der Kohlensäurebindungskurve; unter Umständen kommt es zu dessen gänzlichem Verschwinden. STRAUB und GOLLWITZER-MEYER halten nach alledem die Intaktheit des Phasengrenzpotentials für das Erhaltenbleiben der Unstetigkeit für notwendig. Erst nach Vernichtung der HELMHOLTZschen Doppelschicht an der Phasengrenze (disperse Hämoglobinteilchen/Dispersionsmittel) ergibt sich ein stetiger Verlauf der CO_2-Bindungskurve, wie er nach dem Massenwirkungsgesetz zu erwarten wäre. Bezeichnenderweise gleicht beispielsweise Auswaschen roter Blutkörperchen in isotonischer Rohrzuckerlösung, eine Maßnahme, die die Körperchenoberfläche stark verändert und ihre elektrische Ladung aufheben kann (W. RADSMA[3]), die Unstetigkeit der Kurve ebenso aus wie Einwirkung des elektrischen Stromes.

Ein weiteres Eingehen auf diese Verhältnisse im Rahmen des vorliegenden Kapitels scheint nicht angezeigt; wegen aller Einzelheiten und der mannigfachen, wenn auch teilweise stark hypothetischen Beziehungen zu den modernen Anschauungen vom Bau der Materie muß auf die angeführten Originalarbeiten verwiesen werden. Doch geht aus dem geschilderten Verhalten bereits deutlich hervor, daß man, wie dies auch MÜLLER und BIEHLER[4] betonen, nicht ohne weiteres vom Verhalten des Hämoglobins in wäßriger Lösung auf das Verhalten unter biologischen Bedingungen schließen darf, wenn sich schon bei anscheinend geringfügigen Änderungen selbst im physiologischen Milieu derart grundsätzliche Veränderungen nachweisen lassen

Noch ein weiterer Punkt bedarf in diesem Zusammenhange der Klärung. Am Beginne dieses Abschnittes wurde erwähnt, daß MICHAELIS und BIEN[5] für das reduzierte Hämoglobin und für das COHb den nämlichen isoelektrischen Punkt unter den dargelegten Bedingungen gefunden hatten wie für das O_2Hb. Bekanntlich ist nach MICHAELIS[6] die [H·] des isoelektrischen Punktes J eines amphoteren Elektrolyten definiert durch die Gleichung:

$$J = \sqrt{\frac{k_a}{k_b} \cdot k_w}\,, \tag{1}$$

<hr>

[1] STRAUB, H. u. KL. GOLLWITZER-MEYER: Biochem. Zeitschr Bd. 135, S. 224. 1923.

[2] STRAUB, H. u. KL. GOLLWITZER-MEYER: Biochem. Zeitschr. Bd. 98, S. 205 u. 228. 1919; Bd. 109, S. 47. 1920; Bd. 111, S. 45. 1920.

[3] RADSMA, W.: Biochem. Zeitschr. Bd. 89, S. 211. 1918; zit. nach STRAUB u. MEYER.

[4] MÜLLER, FR. u. W. BIEHLER: Oppenheimers Handb. d. Biochemie, 2. Aufl., Bd. 1.

[5] MICHAELIS, L. u. Z. BIEN: Biochem. Zeitschr. Bd. 67, S. 198. 1914.

[6] MICHAELIS, L.: Die Wasserstoffionenkonzentration. Berlin: Julius Springer 1914.

worin k_a und k_b die Dissoziationskonstanten des Ampholyten als Säure und als Base, k_w diejenige des Wassers bedeutet. Da letztere unter definierten Bedingungen eine gegebene Größe darstellt, so hängt also die Lage des isoelektrischen Punktes lediglich vom gegenseitigen Stärkeverhältnis des Ampholyten als Säure und Base ab. Nun kommen, wie schon aus den Beobachtungen von Christiansen, Douglas und Haldane[1] hervorgeht, dem O_2Hb stärker saure Eigenschaften zu als dem Hb. Nach Hendersons[2] Annahme, die wohl allgemein anerkannt wird, wird bei der Verbindung mit Sauerstoff die Dissoziation *einer* sauren Gruppe im Hämoglobinmolekül vermehrt. Nach van Slyke, Hastings, Heidelberger und Neill[3] bindet beispielsweise bei $p_H = 7,4$ ein Mol krystallisiertes Pferdeoxyhämoglobin etwa 2,15 Äquivalent Alkali, ein Mol Hb nur etwa 1,47 Äquivalent. Ähnliches gilt für natives Blut. Nach Brown und A. V. Hill[4] berechnet sich im Blut die Dissoziationskonstante des Oxyhämoglobins als Säure zu $5 \cdot 10^{-7}$, diejenige des reduzierten Hämoglobins zu $7,5 \cdot 10^{-9}$, danach wäre O_2Hb eine 67mal so starke Säure als das Hb.

Vgl. auch Doisy, Briggs und Chonke[5], ferner Hastings, van Slyke und Mitarbeiter[6]. Nach letzteren ist das gegenseitige Stärkeverhältnis der Säuren O_2Hb und Hb etwa 36 ($k_0 = 10^{-6,62}$, $k_r = 10^{-8,18}$).

Die von Michaelis gefundene Identität des isoelektrischen Punktes für die beiden Blutfarbstoffe als richtig vorausgesetzt, würde hieraus folgen, daß das Hb bei seinem Übergang in O_2Hb seine Eigenschaft als Säure und die seiner Ampholytnatur entsprechenden als Base um den gleichen Betrag erhöht. Eine solche symmetrische Einwirkung auf den Ampholyten beim Übergang des Hb in O_2Hb scheint aber schwer vorstellbar, selbst dann, wenn man etwa annehmen wollte, daß bei der Sauerstoffaufnahme die hydrolytische Spaltung eines Lactons eintritt. Es ist augenscheinlich, daß diese Dinge für die Frage nach der Natur der Sauerstoffbindung von großer Wichtigkeit sind.

Nach der ersten Niederschrift dieses Abschnittes (1924) erschien eine sehr gründliche Arbeit über „die thermodynamischen Beziehungen der sauerstoff- und basenbindenden Eigenschaften des Blutes" von Stadie und Martin[7], welche die soeben erwähnten Verhältnisse ebenfalls diskutierten. Die Autoren schließen ganz entsprechend, daß eine Verschiebung des isoelektrischen Punktes nur dann *nicht* zu erwarten sei, wenn die basische Dissoziation eines basischen Radikals durch die Oxydation des Hämoglobins ebenso stark geändert würde, wie die Säuredissoziation der „oxylabilen" Säuregruppe. Sie betrachten aber eine, wenn auch geringe *Verschiebung* des isoelektrischen Punktes bei der Sauerstoffaufnahme und -abgabe für experimentell bewiesen und daher die genannte Voraussetzung für nicht zutreffend.

Aus Gleichung (1) folgt durch Logarithmieren:

$$p_J = \tfrac{1}{2}(p_{ka} + p_{kw} - p_{kb}), \qquad (2)$$

<hr>

[1] Christiansen, Douglas u. Haldane: Journ. of physiol. Bd. 48, S. 244. 1914.

[2] Henderson, K. J.: Journ. of biol. chem. Bd. 41, S. 401. 1920.

[3] van Slyke, D. D., A. B. Hastings, M. Heidelberger u. J. M. Neill: Journ. of biol. chem. Bd. 54, S. 481. 1922.

[4] Brown, W. E. L. u. A. V. Hill: Arch. néerland. sc. exact. et nat. Bd. 7, S. 174. 1922; u. Proc. of the roy. soc. of London Bd. 94, S. 297. 1923; siehe auch A. V. Hill: Journ. of biol. chem. Bd. 51, S. 359. 1922.

[5] Doisy, E., A. P. Briggs u. K. S. Chonke: Journ. of biol. chem. Bd. 50, S. 48. 1922.

[6] Hastings, A. B., D. D. van Slyke, J. M. Neill u. M. Heidelberger: Journ. of biol. chem. Bd. 59, S. 20. 1924. — Hastings, van Slyke, Neill, Heidelberger u. C. R. Harrington: Ebenda Bd. 60, S. 89. 1924. — Hastings, Sendroy jr., Murray u. Heidel-

worin p mit den betreffenden Indices jeweils den negativen Logarithmus der in Gleichung (1) vorkommenden Symbole bedeutet. Bei konstanter Temperatur gilt für Oxyhämoglobin:

$$p_{Jo} = \tfrac{1}{2}\left(p_{k_{ao}} + p_{k_w} - p_{k_{bo}}\right) \tag{3}$$

und sinngemäß für reduziertes Hämoglobin:

$$p_{Jr} = \tfrac{1}{2}\left(p_{k_{ar}} + p_{k_w} - p_{k_{br}}\right). \tag{4}$$

Durch Subtraktion von (3) und (4) folgt:

$$p_{Jr} - p_{Jo} = \varDelta p_{J_{o-r}} = \tfrac{1}{2}\left(\varDelta p_{ka} - \varDelta p_{kb}\right). \tag{5}$$

Tritt bei der Sauerstoffaufnahme *keine* Veränderung in basischer Dissoziation ein, d. h. wird im Klammerausdruck der Gleichung (5) das Glied $\varDelta p_{kb} = 0$, so folgt für die Verschiebung des isoelektrischen Punktes

$$\varDelta p_J = \tfrac{1}{2}\varDelta p_{ka}, \tag{6}$$

Stadie und Martin nehmen nun auf Grund eigener Untersuchungen an menschlichem Blut das gegenseitige Stärkeverhältnis der Säuren O_2Hb und Hb nur zu etwa 10 an; d. h.:

$$\log \frac{k_{ao}}{k_{ar}} = p_{k_{ar}} - p_{k_{ao}} = \varDelta p_{ka} = 1{,}0\,,. \tag{7}$$

also

$$\varDelta p_J = 0{,}5,$$

mit anderen Worten: *unter den angegebenen Bedingungen erwarten die Autoren theoretisch eine Verschiebung des isoelektrischen Punktes um 0,5 bei der Oxydation des Hämoglobins.* Ja, die Verschiebung muß nach gewissen theoretischen Erwägungen von Stadie und Martin sogar noch geringer sein. Aus der überhaupt feststellbaren Verschiebung[1] von J folgt nach den genannten Autoren, daß die Oxydation wahrscheinlich ohne Einfluß auf die basischen Eigenschaften des Hämoglobins ist.

Ich glaube nicht, daß man sich dieser Schlußfolgerung ohne weiteres anschließen kann, da ihre Voraussetzungen nicht zweifelsfrei sind. Legt man beispielsweise das oben erwähnte Verhältnis von $\dfrac{k_{ao}}{k_{ar}} = 67$ (Brown und Hill) der Gleichung (6) zugrunde, so gelangt man unter sonst gleichen Bedingungen für die J-Verschiebung zu einem Wert von etwa 0,9, der sicher experimentell bisher nie zu finden war. *Selbst also, wenn sich überhaupt eine Verschiebung des isoelektrischen Punktes findet* (vgl. Stadie und Martin), so müßte man nach obiger Ableitung trotzdem auch eine recht *erhebliche Beeinflussung der basischen Dissoziation postulieren,* eine Konsequenz, gegen die sich Bedenken konstitutionschemischer Art erheben und für die uns wohl jedes Analogon fehlt.

Die obigen Gleichungen nach Stadie und Martin ermöglichen es übrigens, für alle Fälle den Grad dieser Beeinflussung approximativ zu berechnen.

Zusammenfassend muß man also sagen, daß *die bei der Sauerstoffaufnahme des Hämoglobins eintretenden Veränderungen in der elektrolytischen Dissoziation* trotz gründlichster Studien noch *keineswegs einwandfrei geklärt sind;* letzten Endes ist das ja nur ein Ausdruck dafür, daß die Frage nach dem Mechanismus der Gasbindung des Blutfarbstoffes noch ihrer befriedigenden Beantwortung harrt.

---

[1] Hastings, van Slyke, Neill, Heidelberger und Harrington geben in ihrer auf S. 102 zitierten Arbeit den indirekt bestimmten isoelektrischen Punkt des Hb mit p_H 6,81 $\pm$ 0,02, denjenigen des O_2Hb mit p_H etwas $< 6{,}7$ an, wobei allerdings zu bemerken ist, daß die Bestimmung des letzteren weniger genau war.

Elektrische Leitfähigkeit.

Die elektrische Leitfähigkeit von Hämoglobinlösungen wurde verschiedentlich untersucht (Gamgee[1], Stewart[2], Brown[3] u. a.).

Von Gamgee stammen Angaben über die spezifische Leitfähigkeit bei verschiedenen Temperaturen. Sie betrug für O_2Hb-Lösungen, welche ein Mol eines nach Zinoffsky[4] dargestellten Präparates in 542900 g Lösung enthielt:

$$\begin{array}{ccc} \text{bei} \quad 0° & 18° & 25° \\ 2{,}626 & 4{,}432 & 5{,}19 \cdot 10^{-5} \end{array}$$

Eine dialysierte Hämoglobinlösung, die im Vakuum völlig reduziert wurde, nimmt beim Schütteln mit Sauerstoff oder CO erheblich an Leitfähigkeit zu. Dieses Verhalten ist nach Brown ein Hinweis darauf, daß es sich bei der O_2- und CO-Aufnahme durch das Hämoglobin um die Bildung einer echten chemischen Verbindung dieser Base mit dem Blutfarbstoffe handele.

Diese Verbindungen, die stärkere Säuren darstellen als das Hb, was ja oben für das O_2Hb wiederholt betont wurde, leiten dann selbstverständlich infolge ihrer stärkeren Ionisierung. Schwer verständlich wäre die Leitfähigkeitszunahme aber, wenn man nur eine Adsorption der Gase an das Hämoglobin annimmt, wie das nach dem Vorgange von Wolfgang Ostwald[5] gelegentlich geschieht.

Gasbindung. Gegenseitige Beziehung von Hb und O_2Hb.

Die Gesetzmäßigkeiten der Gasbindung finden in dem Kapitel „Physiologie der Blutgase" von Liljestrand in diesem Handbuchbande ihre ausführliche Darstellung. Dort wird die Abhängigkeit der Sauerstoffaufnahme des Hämoglobins vom Partiardruck und die mannigfache Beeinflussung der Dissoziationskurve des O_2Hb eingehend erörtert, weshalb auf jene Darstellung, insbesondere auch als Grundlage für das Kapitel über das CO-Hämoglobin, verwiesen werden muß. — Hier soll bezüglich der Gasbindung nur in Kürze erwähnt werden, was für die folgenden Abschnitte des vorliegenden Kapitels, insbesondere für die physikalisch-chemische Natur der beiden Blutfarbstoffe, von Bedeutung ist.

Die einfache Formulierung des Vorganges der Sauerstoffaufnahme lautet nach Hüfner[6]:

$$Hb + O_2 \rightleftarrows O_2Hb \, . \tag{1}$$

Diese, die unvollständige Reaktion zwischen Hb und O_2 darstellende Gleichung die die Abhängigkeit der O_2-Aufnahme von der Sauerstoffspannung abzuleiten gestattet, wurde aus Gründen, deren Erörterung in dem Kapitel „Physiologie der Blutgase" erfolgt, von A. V. Hill[7] für salzhaltige Lösungen, in denen er die Bildung von Molekülaggregaten annimmt, zugunsten einer anderen aufgegeben.

Im Gegensatz zu dialysiertem Hb, für welches die Hüfnersche Formulierung zu Recht besteht, verläuft nach A. V. Hill die O_2-Bindung im Blute nach der Gleichung:

$$Hb_n + nO_2 \rightleftarrows (HbO_2)_n \, . \tag{2}$$

[1] Gamgee, A. W.: Chem. news Bd. 85, S. 145. 1902; ref. im Chem. Zentralbl. 1902, I, S. 1017.

[2] Stewart, G. N.: Proc. of the roy. soc. of London, Ser. B, Bd. 85, S. 413. 1912.

[3] Brown, W. E. L.: Journ. of physiol. Bd. 57, S. 68. 1923.

[4] Zinoffsky, O.: Hoppe-Seylers Zeitschr. f. physiol. Chem. Bd. 10, S. 16. 1885.

[5] Ostwald, W.: Kolloid-Zeitschr. Bd. 2, S. 264 u. 294. 1908.

[6] Hüfner, G.: Arch. f. (Anat. u.) Physiol. 1894, S. 130; 1900, S. 39; 1901, Suppl. S. 187; 1903, S. 217.

[7] Hill, A. V.: Journ. of physiol. Bd. 40, Proc. S. IV. 1910.

n bedeutet hier die durchschnittliche Zahl der in der Lösung zusammentretenden Moleküle und liegt zwischen 2 und 3. Im beststudierten Falle menschlichen Blutes ist n etwa gleich 2,2, wie aus den Untersuchungen von BARCROFT u. a. sich ergibt[1], d. h. also, daß im Blute die Blutfarbstoffmoleküle überwiegend zu Doppelmolekülen Hb_2, teilweise aber auch zu Hb_3 polymerisiert sind.

Nachdem besonders BARCROFT, ROBERTS und HILL[2] schon wiederholt darauf hingewiesen hatten, daß alles gegen die Annahme einer adsorptiven Sauerstoffbindung im O₂Hb spräche, wird neuerdings durch BROWN und HILL[3] auf Grund thermodynamischer Untersuchungen die Gültigkeit obiger Gleichung und damit die Brauchbarkeit der HILLschen Hypothese erwiesen. Aus der VAN 'T HOFFschen Isochorengleichung läßt sich für die Reaktion (2) die Reaktionswärme berechnen, d. h. die Wärme, die bei der Vereinigung von 1 Mol Hb_n mit dem entsprechenden Sauerstoff nO_2 frei wird. Dividiert man diesen Wert durch die direkt gemessene Wärme bei der Reaktion von einem Mol Sauerstoff O_2 mit Hämoglobin, so erhält man einen Wert für n, der übereinstimmt mit dem aus der Dissoziationskurve abgeleiteten. Auf zwei verschiedenen Wegen wurde n also identisch bestimmt. Dies spricht neben dem konstanten Verhältnis des Fe im Hämoglobin zum reversibel gebundenen O_2 und den charakteristischen Absorptionsbanden der beiden Farbstoffe nach den genannten Autoren auch gegen die Annahme einer Adsorption und für eine echte chemische Bindung in Übereinstimmung mit dem oben erwähnten Verhalten der elektrischen Leitfähigkeit (BROWN).

Man vergleiche hierzu auch die übersichtlichen Ausführungen A. V. HILLs in seiner *Joule Memorial Lecture* vom 24. III. 1924 in Manchester[4].

Die HILLsche Hypothese ist nicht ohne Kritik geblieben; man vergleiche darüber, soweit nicht im Kapitel „Physiologie der Blutgase" abgehandelt, unter anderem die Bemerkungen von STADIE und MARTIN[5] sowie HASTINGS, VAN SLYKE, NEILL, HEIDELBERGER und HARRINGTON[6].

Zur Frage der Gasbindung nehmen CONANT und SCOTT[7] neuerdings einen alten Gedanken von BAYLISS[8] wieder auf und erweitern ihn zu einer Hypothese, die im wesentlichen darauf hinausläuft, daß der Vorgang der O₂- bzw. CO-Bindung gewissermaßen in zwei Phasen vor sich geht. Danach hätte man zunächst *Adsorption* des Gases, dann *chemische Reaktion des adsorbierten Gases* mit dem Hämoglobinmolekül anzunehmen. Es würde also der erste Vorgang den *Adsorptionsgesetzen*, der zweite dem *Massenwirkungsgesetz* folgen. Unter gewissen Bedingungen, die hier nicht näher aufgeführt seien, ergibt dann die mathematische Formulierung eine der HILLschen entsprechende Gleichung (vgl. auch das folgende Kapitel über COHb und das Kapitel über die Physiologie der Blutgase).

---

[1] BARCROFT, J.: Biochem. journ. Bd. 7, S. 481. 1913; ferner J. BARCROFT, A. V. BOCK, A. V. HILL, T. R. PARSONS, W. PARSONS u. R. SHOJI: Journ. of physiol. Bd. 56, S. 157. 1922.

[2] BARCROFT, J. u. F. ROBERTS: Journ. of physiol. Bd. 39, S. 143. 1910. — BARCROFT, J. u. A. V. HILL: Ebenda Bd. 39, S. 411. 1910.

[3] BROWN, W. E. L. u. A. V. HILL: Proc. of the roy. soc. of London Bd. 94, S. 297. 1923; u. Arch. néerland. sc. exact. et nat. Bd. 7, S. 174. 1922.

[4] Im Auszug übersetzt von O. MEYERHOF: Naturwissenschaften Bd. 12, S. 517. 1924.

[5] STADIE, W. C. u. K. A. MARTIN: Journ. of biol. chem. Bd. 60, S. 191. 1924.

[6] HASTINGS, VAN SLYKE, NEILL, HEIDELBERGER u. HARRINGTON: Journ. of biol. chem. Bd. 60, S. 89. 1924.

[7] CONANT, J. B. u. N. D. SCOTT: Journ. of biol. chem. Bd. 68, S. 107. 1926.

[8] BAYLISS, W. M.: Principles of General Physiology, 4. Aufl., S. 618. London u. New York 1924.

Oberflächenspannung.

In der Zusammenlagerung der Hämoglobinmoleküle zu größeren Gruppen sieht Camis[1] auch die Erklärung für die Erniedrigung der Oberflächenspannung, welche dialysierte Hämoglobinlösungen durch Salzzusatz erfahren. Demgegenüber betont Quagliariello[2], daß es näher liegt, eine Beeinflussung des Dissoziationsgrades des Ampholyten Hämoglobins durch jene Zusätze anzunehmen. Er erinnert daran, daß beispielsweise beim Serumalbumin die elektrisch neutralen Moleküle die Oberflächenspannung stärker beeinflussen als die Ionen. Die gleichzeitig bei Salzzusatz in Hämoglobinlösungen erfolgende Beeinflussung des Extinktionskoeffizienten führt Quagliariello auf Methämoglobinbildung zurück.

Die Oberflächenspannung dialysierter Hämoglobinlösungen nimmt mit der Temperatur zu (Camis), fällt dagegen mit steigender Konzentration, und zwar in einer hyperbolischen Kurve (Quagliariello).

Durch Zusatz von Alkali oder Säure wird nach Quagliariello die Oberflächenspannung von Hämoglobinlösungen nicht anders beeinflußt wie bei anderen Eiweißlösungen. Die Art der Beeinflussung wechselt mit der Konzentration der Hämoglobinlösungen und derjenigen der Zusatzflüssigkeit. Neutralsalzzusatz bewirkt erst bei höheren Konzentrationen Abfall der Oberflächenspannung; ihren geringsten Wert hat diese im isoelektrischen Punkt.

Osmotischer Druck.   Molekulargewicht.

Die dargelegten Eigenschaften des Hämoglobins in Lösung, vor allem die Möglichkeit, als amphoterer Elektrolyt Ionen zu bilden, und ferner die angenommene Fähigkeit zur Molekülaggregierung lassen für das Verhalten des osmotischen Druckes von Hämoglobinlösungen unter verschiedenen Verhältnissen große Komplikationen erwarten. Um so erstaunlicher ist es, daß man zu einer Zeit, in der man von keiner dieser Eigenschaften etwas wußte, ganz eindeutige experimentelle Ergebnisse erhielt, die sich zwanglos den übrigen Erfahrungstatsachen einfügten und, wenigstens bis vor kurzem, als zu Recht bestehend angenommen wurden.

Es zeigt sich aber hier, wie ja so oft in den experimentellen Naturwissenschaften, daß, was gestern noch sicherer Besitz der Erkenntnis zu sein schien, heute neuen, mit besserer Methodik erhobenen Befunden weichen muß, die das Bisherige über den Haufen werfen.

Das Molekulargewicht des Rinderhämoglobins berechnete Hüfner[3] auf Grund eines mittleren Eisengehaltes von 0,336% zu 16669. Zu fast dem gleichen Wert kommt man, wenn man von den gefundenen Gasmengen (O_2 und CO) ausgeht, die sich mit 1 g Hämoglobin verbinden (Hüfner). Die Berechnung setzt in diesem Falle Bindung im molekularen Verhältnis voraus und nimmt 1 Atom Fe im Hämoglobinmolekül an. An sich wäre es aber durchaus möglich, daß das Hb-Molekül mehrere Atome Eisen enthält und mehrere Moleküle CO oder O_2 bindet, dann würde das Molekulargewicht des Hämoglobins ein Vielfaches des obigen Wertes betragen. Zur Entscheidung dieser Frage bestimmten Hüfner und Ganser[4] den osmotischen Druck von Hämoglobinlösungen und berechneten aus diesem in bekannter Weise das Molekulargewicht. Die gefundenen Drucke entsprachen etwa denen, die man bei Annahme des obigen Molekulargewichtes und echter

---

[1] Camis, M.: Fol. haematol. Bd. 2, S. 149. 1921; u. Arch. di scienze biol. Bd. 2, S. 134. 1921.

[2] Quagliariello, G.: Arch. di scienze biol. Bd. 2, S. 423. 1921; u. Bd. 3, S. 436. 1922.

[3] Hüfner, G.: Arch. f. (Anat. u.) Physiol. 1894, S. 175.

[4] Hüfner, G. u. E. Ganser: Arch. f. (Anat. u.) Physiol. 1907, S. 209.

molekularer Lösung erwarten müßte. Für das Rinderhämoglobin ergab sich daraus ein mittleres Molekulargewicht von 16321 (in 10 Bestimmungen waren die größten Abweichungen von dem Mittelwert 15500 und 18370), für das Pferdehämoglobin war der Mittelwert 15115. Diese Zahlen standen in guter Übereinstimmung mit den oben angegebenen aus dem Eisengehalt und der Gasbindung berechneten von 16669 und sprachen für die Richtigkeit der Annahme einfacher molekularer Verbindung. Die Zahl wurde überdies auch von BARCROFT und A. V. HILL[1] auf Grund thermodynamischer Berechnungen aus der Bildungswärme bestätigt.

Freilich hält BAYLISS[2] die Folgerungen, die aus der Untersuchung des osmotischen Druckes abgeleitet sind, neuerdings wegen der Ionenbildung für in Frage gestellt. Und in der Tat, wenn man sich die Frage vorlegt, wieso bei den osmotischen Versuchen die übereinstimmenden Werte für das Molekulargewicht zustande gekommen sein können trotz der vorhandenen Möglichkeit zur Aggregat- und Ionenbildung, so erheben sich bereits die ersten Schwierigkeiten.

Die Annahme etwa, daß sich Ionisation und Molekularaggregierung in ihrer entgegengesetzten Beeinflussung des osmotischen Druckes in HÜFNERS alten Versuchen gerade aufheben, kann nicht recht befriedigen[3]. Zunächst ist daran zu erinnern, daß man in dialysierten, also salzarmen Hämoglobinlösungen, wie sie bei der Bestimmung des osmotischen Druckes vorlagen, nach der HILLschen Hypothese *einfache molekulare Verteilung*, und keine Vereinigung zu Molekülkomplexen anzunehmen hat, wie das aus dem Verlauf der O_2-Dissoziationskurve in derartigen Lösungen hervorgeht (HÜFNER[4]). Das Vorhandensein elektrolytischer Dissoziation müßte also dann zu einer Erhöhung des osmotischen Druckes führen (VAN t'HOFF und ARRHENIUS). Wenn trotzdem der osmotische Druck dem eines Nichtelektrolyten bei molekularer Lösung entspricht, so erinnert das an das abnorme osmotische Verhalten gewisser anderer hochmolekularer Elektrolyte, wie sie u. a. für das Kongorot BILTZ und VEGESACK[5], BAYLISS[6], DONNAN und HARRIS[7], für Gelatine LOEB[8], für Salze der Thymonucleinsäure E. HAMMARSTEN[9] und für die Guanylsäure H. HAMMARSTEN[10] gefunden haben. Eine von den beiden letztgenannten Autoren aufgestellte Hypothese[11] wäre geeignet, auch das Verhalten des osmotischen Druckes in Hämoglobinlösungen dem Verständnis näher zu bringen. Nach dieser Hypothese ist der osmotische Druck von hochmolekularen Elektrolyten („Kolloidelektrolyten") außer vom Dissoziationszustand, Aggregatbildung usw. noch abhängig vom gegenseitigen *Volumenverhältnis* der gebildeten Ionen. Neben den sehr großen Ionen der betreffenden „Kolloidelektrolyte" wären demnach Ionen kleinen Volumens, wie beispielsweise Na-, NH_4-, H-Ionen osmotisch unwirksam und der *osmotische*

[1] BARCROFT, J. u. A. V. HILL: Journ. of physiol. Bd. 39, S. 411. 1910.

[2] BAYLISS, W. M.: Bull. of the John Hopkins hosp. Bd. 33, S. 307. 1922.

[3] Vgl. auch R. HÖBER: Physikalische Chemie der Zelle u. der Gewebe 5. Aufl., S. 217. Leipzig 1922/24.

[4] HÜFNER, G.: Arch. f. (Anat. u.) Physiol. 1894, S. 130; 1900, S. 39; 1901, Suppl. S. 187; 1903, S. 217.

[5] BILTZ, W. u. A. v. VEGESACK: Zeitschr. f. physikal. Chem. Bd. 68, S. 357. 1909; Bd. 73, S. 481. 1910; Bd. 77, S. 91. 1911; Bd. 83, S. 625. 1913.

[6] BAYLISS, W. M.: Zeitschr. f. Chem. u. Ind. d. Kolloide (Kolloid-Zeitschr.) Bd. 6, S. 23. 1910.

[7] DONNAN, FR. u. A. B. HARRIS: Transact. of the chem. soc. of London Bd. 99/2, S. 1554. 1911.

[8] LOEB, J.: Proteins and the theory of colloidal behavior. 1922.

[9] HAMMARSTEN, E.: Biochem. Zeitschr. Bd. 144, S. 383. 1924.

[10] HAMMARSTEN, H.: Biochem. Zeitschr. Bd. 147, S. 481. 1924.

[11] HAMMARSTEN, E. u. H.: Siehe die beiden vorigen Zitate und Arkiv f. Kemi, mineral. och geologi, Kungl. svenska vetensk. acad. Bd. 8, S. 27.

Druck in den betreffenden Lösungen wäre dann derselbe wie für Nichtelektrolyte. Wegen der theoretischen und experimentellen Begründung dieser Hypothese sei auf die angeführten Originalarbeiten von E. und H. Hammarsten verwiesen. Jedenfalls scheint sie unter der, wie wir jetzt freilich sagen müssen zweifelhaften, Voraussetzung eines richtig bestimmten osmotischen Druckes geeignet, auch auf die *Hämoglobinlösungen* angewandt zu werden; denn wir haben es gerade beim Hämoglobin mit einem typischen „Kolloidelektrolyten" zu tun. — Wenn die von H. C. Wilson[1] nachgewiesene reversible Zunahme des osmotischen Druckes, die Hämoglobinlösungen bei der Dialyse gegen Säuren (Kohlensäure, Essigsäure) erfahren, der Annahme Wilsons entsprechend, mit der Bildung eines ionisierten Hämoglobinsalzes zu erklären ist, so würde sich dies mit obiger Hypothese vereinbaren lassen. Die dem nunmehr als Kation auftretenden Hämoglobin zugeordneten Säureanionen sind dann nicht mehr als von so verschwindend kleinem Volumen aufzufassen, daß sie gegenüber dem großen Kation osmotisch unwirksam wären. (Vgl. hierzu auch Wilson[2], wo die Erscheinung als *Donnan*-Gleichgewicht gedeutet wird.)

Wie bereits oben angedeutet, scheint aber die Annahme eines Molekulargewichts von 16 bis 17000 für das Hämoglobin nach neueren Untersuchungen nicht mehr aufrecht erhalten werden zu können.

Aus den Verhältniszahlen von Eisen und Schwefel nach Hüfners und Jaquets Analysen errechnen Cohn, Hendry und Prentiss[3] als *minimales* Molekulargewicht, wenigstens für das Ochsenhämoglobin, nicht 16700, wie seither angenommen, sondern 33400. Als wahrscheinliches Molekulargewicht wird der Wert von 66800 sowohl für Pferde-, als auch für Ochsenhämoglobin angegeben. Zu dem gleichen Resultat auf anderem Wege kommt Adair[4]. In sehr sorgfältigen Untersuchungen unterzieht er das Verfahren der Bestimmung des osmotischen Druckes von Hämoglobinlösungen einer eingehenden Kritik. Bei der Versuchsanordnung muß auf Vermeidung zeitlicher Diffusionsdrucke und falscher Gleichgewichte geachtet werden. Unter Einhaltung gewisser Bedingungen erhielt Adair an Hämoglobinlösungen Resultate, die den 3 Kriterien: Beständigkeit, Reversibilität und Reproduzierbarkeit genügten, so daß man die gemessenen Drucke nach Adiar als *wahre osmotische Drucke* ansehen kann (Konstanz während 9 Wochen innerhalb 6%). *Isoelektrisches* Hämoglobin in 1proz. Lösung ergab osmotische Drucke von 2 bis 3 mm oder weniger. Drucke, die ein mehrfaches hiervon betragen, werden nach Adair nur dann erhalten, wenn Base oder Säure an das Hämoglobin gebunden sind, wie man das durch Leitfähigkeits- und p_H-Messung feststellen kann. Adair nimmt an, daß der von Hüfner und Gänsser seiner Zeit bei unbekannter Wasserstoffzahl gemessene osmotische Druck von 10 mm Hg und mehr zum großen Teil von vorhandener Säure oder Base herrühre, die bei der Dialyse nicht entfernt worden waren. Die Ansicht, daß die niederen Drucke auf Assoziation der Moleküle in Anwesenheit von Salzen zurückzuführen sei, erkennt Adair *nicht* an. Er kommt jedenfalls zu dem Schluß, daß das Molekulargewicht des Hämoglobins *nicht seinem Äquivalentgewicht gleich sei, sondern wahrscheinlich 4mal so groß*. Die früher für das Molekulargewicht von 17000 beigebrachten Beweise sind nach Adair[5] nicht stichhaltig; vor allem deshalb nicht,

---

[1] Wilson, H. C.: Biochem. journ. Bd. 17, S. 59. 1923.
[2] Wilson, H. C.: Biochem. journ. Bd. 19, S. 80. 1925.
[3] Cohn, Edwin J.: Journ. of biol. chem. Bd. 63, S. 15. 1925. — Cohn, Edwin J., J. L. Hendry u. A. M. Prentiss: Ebenda Bd. 63, S. 721. 1925.
[4] Adair, G. S.: Proc. of the roy. soc. of London, Ser. A, Bd. 108, S. 627 u. Ser. B, Bd. 98, S. 523. 1925; sowie ebenda Ser. A, Bd. 109, S. 292 u. Ser. B, Bd. 98, S. 524. 1925.
[5] Adair, G. S.: Journ. of physiol. Bd. 60, Proc. S. VI. 1925.

weil die aus der HILLschen Gleichung für die Zahl der aggregierten Moleküle errechneten n-Werte nicht übereinstimmen mit denen, die sich nach ADAIRS neuen Messungen des osmotischen Druckes ergeben und weiterhin, weil die berechnete Reaktionswärme unrichtig sei. Vgl. auch AUSTIN, SUNDERMAN und CAMACK[1].

Eine Bestätigung der Anschauungen von ADAIR und der vorgenannten Autoren (COHN, HENDRY und PRENTISS) muß man in den Resultaten erblicken, die neuerdings THE SVEDBERG[2] bei der Bestimmung des Molekulargewichtes von Hämoglobin mittels der „Ultrazentrifuge" erhielt. — Dieser Apparat, auf dessen Beschreibung hier verzichtet werden muß, dient dazu, das Molekulargewicht hochkomplizierter Substanzen aus dem Sedimentationsgleichgewicht, das photographisch registriert wird, zu berechnen. Dialysiertes Pferdehämoglobin in reiner Lösung ergab Werte von 2 bis 3mal 16 700. Zusatz von KCl war ohne erkennbaren Einfluß. Kohlenoxyd- und Methämoglobin ergaben unter den verschiedensten Bedingungen Werte von annähernd 4mal 16 700, nämlich 67 870 bzw 69 750, also dieselbe Zahl, wie sie oben als wahrscheinliches Molekulargewicht bereits angegeben wurde.

Man wird sich naturgemäß nach alledem die Frage vorlegen, ob diese Werte, die also ein vielfaches vom Äquivalentgewicht des Hämoglobins sind, etwa der Ausdruck für eine tatsächliche Molekülaggregierung in der Lösung sind. Die für das reine Oxyhämoglobin einerseits, für das CO-Hämoglobin und Methämoglobin andererseits etwas verschieden bestimmten Werte könnten diese Annahme rechtfertigen. In ein und derselben Lösung konnte jedoch THE SVEDBERG keine Anhaltspunkte dafür gewinnen, daß Molekülaggregate vorliegen, wenn es auch noch nicht endgültig entschieden zu sein scheint, ob tatsächlich nur Moleküle von einem Gewicht in der Lösung vorkommen.

Mit anderen Worten, es erhebt sich wohl auch noch weiterhin die Frage, ob die dem vierfachen Äquivalentgewicht entsprechende Molekulargewichtszahl das chemische Molekulargewicht ist, d. h. die kleinste als Hämoglobin existenzfähige Einheit, oder die unspezifische Angabe des Gewichtes eines suspendierten Teilchens (vgl. BANCROFT[3]). — Man sieht, daß wir hier beim Hämoglobin auf dieselben Schwierigkeiten stoßen, mit denen gegenwärtig die ganze Chemie bei der Definition des Molekulargewichtes hochmolekularer Stoffe zu kämpfen hat.

Bei aller Anerkennung der Kritik ADAIRS gegenüber den bisher für ein niederes Molekulargewicht vorgebrachten Argumenten, ist es doch eine sehr auffallende Tatsache, daß jene alten osmotischen Versuche von HÜFNER und anderen durch Beimengung von Elektrolyten *zufälligerweise* eine dem Äquivalentgewicht gerade gleiche Zahl für das Molekulargewicht ergeben haben sollen, und das stimmt immerhin bedenklich.

Erwähnt sei übrigens in diesem Zusammenhange, daß nach ANSON und MIRSKY[4], deren originelle Untersuchungen über die Struktur des Blutfarbstoffes hier schon wiederholt erwähnt wurden, und nach deren Auffassung die nativen Proteine als Aggregate von denaturierten anzusehen sind, dem *Hämoglobin ein 4mal so großes Molekulargewicht zukommt als dem Hämochromogen.*

<hr>

[1] AUSTIN, J. H., F. W. SUNDERMAN u. J. G. CAMACK: Journ. of biol. chem. Bd. 70, S. 427. 1926.

[2] THE SVEDBERG u. R. FÅHREUS: Journ. of the Americ. chem. soc. Bd. 48, S. 430. 1926. — THE SVEDBERG: Kolloid-Zeitschr. Erg.-Bd. 36, S. 63. 1925 u. Zeitschr. f. physikal. Chem. Bd. 121, S. 65. 1925.

[3] BANCROFT, W.: Molecular weight and solution. Journ. of physical chem. Bd. 29, S. 966. 1925.

[4] ANSON, M. L. u. A. E. MIRSKY: Journ. of gen. physiol. Bd. 9, S. 169. 1925.

Dispersionszustand des Hämoglobins in Lösung.

Die Frage, ob das Hämoglobin, beispielsweise auch in den Blutkörperchen, echte Lösungen bilde, oder ob es sich um solche kolloidaler Art handele, wurde wiederholt diskutiert. So veranlaßte das konstante Verhalten des osmotischen Druckes Reid[1] zu Annahme echter Löslichkeit. Auch Tague und Buxton[2] schlossen aus der unvollständigen Ausflockung von Hämoglobinlösungen durch kolloidfällende Reagenzien (Mastix, kolloidalem Platin, Arsensulfid), daß der Blutfarbstoff sich nur wenig kolloidal löse. Andererseits werden Hämoglobinlösungen durch geeignete Ultrafilter und Dialysiermembranen zurückgehalten, was bei der Größe des Moleküls nicht weiter Wunder nimmt, und erweisen sich demnach als Kolloide im Sinne der klassischen Definition Grahams. Nach einem Satze Zsigmondys[3] hat man im Hämoglobin eine Substanz vor sich, „die wie wenige andere geeignet ist, die Wege zweier Zweige der Wissenschaft in einem Treffpunkt zusammenzuführen". Auch Höber[4] drückte sich in ähnlichem Sinne aus.

Die leichte Krystallisierbarkeit des Oxyhämoglobins und die Möglichkeit, die Substanz durch Umkrystallisieren zu reinigen, stellt den Blutfarbstoff nach Zsigmondy zweifellos den Krystalloiden an die Seite. Aus einer von Reinganum[5] angegebenen Formel und unter Zugrundelegung einer Bruttoformel für das Hundeglobin von Jaquet berechnet Zsigmondy den Durchmesser des Hämoglobinmoleküls zu 2,3 bis 2,5 $\mu\mu$; Freundlich[6] kommt zu einem Wert von 1,7 $\mu\mu$. Die Berechnung des Durchmessers amikroskopischer kolloidaler Goldteilchen führt nach Zsygmondy bemerkenswerterweise zu ganz ähnlichen Werten. Man muß aus dem Gesagten schließen, daß die Hämoglobinlösungen gleichzeitig molekular und kolloidal sind; seine kolloidalen Eigenschaften verdanken die Lösungen des Blutfarbstoffes, dessen hohen Molekulargewicht (Freundlich). Im vorliegenden Falle wären also die Moleküle identisch mit den kolloidalen Teilchen (Ultramikronen) derselben Substanz, wenn auch im einzelnen diese Auffassung wegen der elektrolytischen Dissoziation und der evtl. Fähigkeit zur Aggregation vielleicht noch einer Korrektur bedarf.

Wie viele andere Kolloide wird auch das Hämoglobin leicht adsorbiert, z. B. lassen sich Oxyhämoglobinlösungen beim Filtrieren durch eine dicke Schicht von Tierkohle entfärben (Lachowitz und Nencki[7], Krysinski[8]).

Katalytische Eigenschaften des Hämoglobins.

Die große — wohl auch biologische — Bedeutung der Hämoglobinlösungen als heterogener Systeme ist offensichtlich; es braucht hier nur auf den Einfluß der Phasengrenze hinsichtlich der elektrischen Ladung der Hämoglobinteilchen, und die diesbezüglichen, oben erwähnten Untersuchungen von Straub und Meyer-Gollwitzer erinnert zu werden. Aber darüber hinaus scheint der Kolloidcharakter der Hämoglobinteilchen wesentlich verantwortlich zu sein für die Rolle, die der Blutfarbstoff als Katalysator einer Reihe chemischer Reaktionen spielt.

---

[1] Reid, F. W.: Journ. of physiol. Bd. 33, S. 12. 1905.

[2] Tague, O. u. B. H. Buxton: Zeitschr. f. physikal. Chem. Bd. 62, S. 287. 1908.

[3] Zsigmondy, R.: Kolloidchemie, S. 381. Leipzig 1922.

[4] Höber, R.: Physikalische Chemie der Zelle und der Gewebe, 4. Aufl., S. 273. Leipzig u. Berlin 1914.

[5] Vgl. R. Lorenz: Zeitschr. f. physikal. Chem. Bd. 73, S. 253. 1910; zit. nach Zsigmondy.

[6] Freundlich, H.: Capillarchemie, 2. Aufl., S. 765. Leipzig 1922.

[7] Lachowitz, B. u. M. Nencki: Ber. d. dtsch. chem. Ges. Bd. 18, S. 226. 1885.

[8] Krysinski: Sitzungsber. d. Jenaischen Ges. f. Med. u. Naturwiss. 1884.

Es werden im folgenden besprochen die *Peroxydasewirkung*, die Katalyse der *Chloratreduktion*, die Katalyse des *Hydroxylaminzerfalles* und die Katalyse der *Leinöloxydation*. —

Sicherlich werden sich noch manche andere Katalysen durch den Blutfarbstoff auffinden lassen, nachdem man es erst einmal gelernt hat, darauf zu achten. Welche Bedeutung etwa derartigen Vorgängen im Organismus zukommt, darüber kann man vorerst nichts sagen; immerhin muß man daran denken, daß die katalytische Wirkung des Blutfarbstoffes bei verschiedenen Oxydations- und Reduktionsprozessen in den tierischen Zellen unter Umständen physiologisch eine Rolle spielen mag. Vgl. auch den Vortrag von HILL[1].

Peroxydasewirkung. Bringt man Blut in Gegenwart peroxydhaltiger Stoffe, beispielsweise von H_2O_2, oder von altem verharzten Terpentinöl mit Guajactinktur zusammen, so färbt sich letztere durch Oxydation blau. Ameisensäure wird durch H_2O_2 in Gegenwart von Hämoglobin unter CO_2-Bildung oxydiert (BATELLI und STERN[2]). Das Blut überträgt also den Sauerstoff des Peroxydes auf das Oxydandum, während in Abwesenheit von Peroxyd bzw. des Blutes als Katalysator eine Oxydation nicht stattfindet. Es handelt sich um eine echte Peroxydasewirkung. Wie sich gezeigt hat, kommt diese Wirkung des Blutes wesentlich dem Oxyhämoglobin als solchem zu. Dies geht beispielsweise aus Versuchen von HSIEN WU[3] hervor. Beim Vergleich einer Lösung von reinem Hämoglobin mit einer Blutprobe gleichen Hämoglobingehaltes ergab sich genau gleiche Peroxydasewirkung. Allerdings ist nach WILLSTÄTTER bei derartigen Versuchen die Störung der peroxydatischen Wirksamkeit durch den Katalasegehalt der Blutkörperchen zu berücksichtigen[4].

WOLFF und STOECKLIN[5] weisen auf die grundsätzliche Übereinstimmung der Oxyhämoglobinwirkung mit derjenigen pflanzlicher Peroxydase hin, eine Auffassung, der auch WILLSTÄTTER, STOLL und POLLINGER[6] sich anschließen. Gegenüber BACH und ZUBKOWA[7] betonen aber WILLSTÄTTER und POLLINGER[8] ausdrücklich, daß es ihnen nicht möglich gewesen ist, irgendwelche Anhaltspunkte für das Vorkommen einer spezifischen Peroxydase *neben* dem Blutfarbstoff zu gewinnen. Neuerdings haben BACH und KULTJUGIN[9] die Auffassung WILLSTÄTTERS vollkommen bestätigt. Lösungen gleichen Hämoglobingehaltes zeigten gleiche Peroxydasewirkung. Das Verhältnis Hämoglobinzahl zu Peroxydasezahl ist bei Mensch und Kaninchen eine Konstante. Es gelang auch nicht, pflanzliche Peroxydasen an Hämoglobin zu adsorbieren. — *Oxyhämoglobin kann man demnach selbst als ein peroxydatisches Enzym ansprechen* (WILLSTÄTTER und POLLINGER) aber es ist von etwa 1000 bis 3000mal schwächerer Wirkung als die beste bisher dargestellte Peroxydase pflanzlicher Herkunft, und es ist nach WILLSTÄTTER und POLLINGER fraglich, ob dieser Eigenschaft des Blutfarbstoffes eine physio-

---

[1] HILL, A. V.: Ein Vortrag über die Funktion des Hämoglobins im Körper. Lancet Bd. 206, S. 994. 1924.

[2] BATELLI, F. u. L. STERN: Biochem. Zeitschr. Bd. 13, S. 44. 1908.

[3] WU, HSIEN: Journ. of biochem. Bd. 2, S. 181. 1923.

[4] Vgl. auch A. HERLITZKA: Atti d. accad. dei Lincei Roma (5) Bd. 16, II, S. 473. 1908; ref. Chem. Zentralbl. 1908, I, S. 143.

[5] WOLFF, J. u. E. DE STOECKLIN: Cpt. rend. hebdom. des séances de l'acad. des sciences Bd. 151, S. 483. 1910 u. Ann. de l'inst. Pasteur Bd. 25, S. 313. 1911.

[6] WILLSTÄTTER, R., u. A. STOLL: Liebigs Ann. d. Chem. Bd. 416, S. 21. 1917/18. — WILLSTÄTTER, R. u. A. POLLINGER: Hoppe-Seylers Zeitschr. f. physiol. Chem. Bd. 130, S. 281. 1923.

[7] BACH, A. u. S. ZUBKOWA: Biochem. Zeitschr. Bd. 125, S. 283. 1921/22.

[8] WILLSTÄTTER, R. u. POLLINGER: Hoppe-Seylers Zeitschr. f. physiol. Chem. Bd. 130, S. 281. 1923.

[9] BACH, A. u. A. KULTJUGIN: Biochem. Zeitschr. Bd. 167, S. 227. 1926.

logische Bedeutung zukommt. Jedenfalls gelang es, im Blutfarbstoff durch das Studium seiner peroxydatischen Funktion „ein bemerkenswertes Modell für die Differenzierung der Affinitätsverhältnisse eines Enzyms" zu erkennen (WILLSTÄTTER und POLLINGER). Erwähnt sei, daß im Gegensatze dazu der *Katalasegehalt* des Blutes in keinem zahlenmäßigen Zusammenhang mit dem Blutfarbstoff steht (KULTJUGIN)[1]. Bei wiederholtem Umkrystallisieren nimmt die Katalasewirkung des Hämoglobins bis zum vollständigen Verschwinden ab. Die *Katalase* bzw. das sie tragende Substrat, ist also an den Blutfarbstoff *nur adsorbiert* und hat mit dem O_2Hb als solchem nichts zu tun. Baut man diese Verbindung aber zum Hämin ab, so wird die peroxydatische Wirkung plötzlich geschwächt, während, wie kürzlich KUHN und BRANN[2] zeigten, Katalasewirkung auftritt.

Interessante Ergebnisse hatte das Studium der Reaktionskinetik an Hand der durch den Blutfarbstoff katalysierten Reaktion

$$\text{Pyrogallol} + H_2O_2 \rightarrow \text{Purpurogallin.}$$

Die peroxydatischen Aktivitätskurven einerseits bei konstantem O_2Hb-Gehalt und variierter H_2O_2-Konzentration, und andererseits bei konstantem H_2O_2 und wechselndem O_2Hb erwiesen sich WILLSTÄTTER und POLLINGER als typische Adsorptionsisothermen im Sinne der FREUNDLICHschen Gleichung. Es wird demzufolge das Hydroperoxyd an die O_2Hb-Teilchen adsorbiert und verteilt sich nach den hierfür gültigen Gesetzmäßigkeiten zwischen Lösung und Adsorbens. Beim Vergleich der Wirkung der Oxyhämoglobine verschiedener Tierarten zeigte sich eine weitgehende Übereinstimmung in der Abhängigkeit von der Konzentration, verschieden sind aber die einzelnen Oxyhämoglobine in ihrer quantitativen Wirksamkeit, wobei sich die absteigende Reihe ergab

$$\text{Pferdeblut} > \text{Hundeblut} \geqq \text{Rinderblut} > \text{Schweineblut.}$$

WILLSTÄTTER und POLLINGER halten diese Unterschiede in der peroxydatischen Wirksamkeit für bedingt durch Verschiedenheit im Globinmolekül, mit dem sich die spezifisch wirksame prosthetische Gruppe jeweils zum Hämoglobinmolekül vereinigt. Das an die verschiedenen Oxyhämoglobine adsorbierte H_2O_2 wird daher in wechselndem Maße aktiviert. „Nach der von WILLSTÄTTER, GRASER und KUHN[3] entwickelten Vorstellung besteht ein Enzym aus einem kolloiden Komplex und der von ihm getragenen rein chemisch wirkenden aktiven Gruppe. Beim Oxyhämoglobin erkennt man, daß es Unterschiede in der Konstitution der kolloiden Träger gibt, welche Unterschiede im Reaktionsvermögen der wirksamen Gruppe zur Folge haben"[4].

Katalyse des oxydo-reduktiven Hydroxylaminzerfalls. Neuerdings konnte LIPSCHITZ[5] zeigen, daß es sich bei der Reaktion zwischen Hydroxylamin und Blutfarbstoff, die bekanntlich mit Methämoglobinbildung einhergeht, um einen durch das Hämoglobin katalysierten sehr raschen oxydo-reduktiven Zerfall des Hydroxylamins handelt. Als Reaktionsprodukt der offenbar komplizierten Umsetzungen, in deren Verlauf die Methämoglobinbildung irgendwie eingeschaltet ist, wurden NH_3, gasförmiger Stickstoff, Nitrit und Nitrat gefunden. Durch das Vermissenlassen irgendwie nennenswerter Mengen von N_2O und NO unterscheidet sich der hier studierte Zerfallsvorgang von den durch anorganische

---

[1] KULTJUGIN, A.: Biochem. Zeitschr. Bd. 167, S. 238. 1926.

[2] KUHN, R. u. L. BRANN: Ber. d. dtsch. chem. Ges. Bd. 59, S. 2370. 1926.

[3] WILLSTÄTTER, R., J. GRASER u. R. KUHN: Hoppe-Seylers Zeitschr. f. physiol. Chem. Bd. 123, S. 1. 1922.

[4] Zitat nach R. WILLSTÄTTER u. A. POLLINGER: Hoppe-Seylers Zeitschr. f. physiol. Chem. Bd. 130, S. 286. 1923.

[5] LIPSCHITZ, W. u. J. WEBER: Hoppe-Seylers Zeitschr. f. physiol. Chem. Bd. 132, S. 251. 1924. — LIPSCHITZ, W.: Ebenda Bd. 146, S. 1. 1925.

Katalysatoren bewirkten Umsetzungen des Hydroxylamins. Die kurvenmäßigen Darstellungen der bei wechselweiser Variierung von Blutfarbstoff und NH_2OH erhaltenen NH_3- und N_2-Ausbeuten gleichen auch in diesem Falle Adsorptionsisothermen, so daß auch hier eine Katalyse an den kolloiden Hämoglobinteilchen wahrscheinlich wird. Unter dieser Annahme mußte es von Interesse sein, zu prüfen, inwieweit Veränderungen oder Zerstörungen der „Phasengrenze" die Katalyse und den Reaktionsverlauf beeinflussen. LIPSCHITZ konnte jedoch zeigen, daß weder Röntgenstrahlung, noch eine Fällung des Blutfarbstoffes mit Alkohol oder kolloidalem Eisenhydroxyd seine katalytische Wirksamkeit gegenüber Hydroxylamin vermindert; dagegen wird diese durch Erhitzen des Blutfarbstoffes — gemessen an der Menge gebildeten NH_3 — auf $1/_{10}$ oder weniger herabgesetzt.

Wichtig ist auch die Tatsache, daß O_2Hb und Hb offenbar *verschiedene* Katalysatoren sind, die verschiedenen Zerfallstypen des Hydroxylamins entsprechen; denn die bei Verwendung der beiden Blutfarbstoffe auftretenden Reaktionsprodukte sind zwar qualitativ identisch, unterscheiden sich aber hinsichtlich der gebildeten Mengen. So werden bei Einwirkung von O_2Hb 33%, bei Einwirkung von Hb dagegen 50% des Hydroxylamin-Stickstoffes als NH_3 wiedergefunden. Umgekehrt wird in Gegenwart von O_2Hb als Katalysator mehr N_2 gebildet als im Falle des reduzierten Hämoglobins. Wird das reduzierte Hämoglobin mit Kohlenoxyd gesättigt, so geht die Ammoniakausbeute wieder auf 33% zurück. Stickoxydhämoglobin und Methämoglobin wirken in ähnlicher Weise katalysierend, Blausäure hemmt die Katalyse nur mäßig. Hämatin (bzw. Hämin) erwies sich als unwirksam.

Katalyse der Chloratreduktion. R. L. MAYER[1] fand, daß die Methämoglobinbildung unter Chlorat auf einer katalytischen Wirkung des Blutfarbstoffes beruht. Die Reduktion von Chlorat unter Oxydation einer oxydablen Substanz (im studierten Falle von KJ zu J_2) wird durch den Blutfarbstoff katalytisch beschleunigt. Auch hier ist die Methämoglobinbildung in den Oxydationsvorgang eingeschaltet. Nach R. L. MAYER handelt es sich im vorliegenden Falle um eine Eisenkatalyse, wie aus der weitgehenden Übereinstimmung der Reaktionsgesetze für die Chlorat-Jodkalikatalyse durch Fe-Salze einerseits, durch Blutfarbstoff andererseits hervorgeht. Abweichungen im letzten Falle (Wirksamkeit des Hämoglobins bereits in erheblich geringerer Menge) führt MAYER auf die besondere Bindungsweise des Eisens im Hämoglobinmolekül zurück. Man muß wohl aber auch daran denken, daß vielleicht auch hierbei eine Adsorption und Anreicherung des Chlorates an den Hämoglobinteilchen die begünstigende Rolle spielt.

Katalyse der Leinöloxydation. Wie M. E. ROBINSON[2] zeigen konnte, wird durch Blutfarbstoff die Leinöloxydation mittels gasförmigen Sauerstoffs katalytisch beschleunigt. Auch hier erinnern die Geschwindigkeitskurven an Adsorptionsisothermen. Auch hier zeigte sich die katalytische Wirksamkeit nicht nur von Oxyhämoglobin, sondern auch von Methämoglobin, Kohlenoxydhämoglobin und Cyanhämoglobin. Im Gegensatz zum Verhalten im Falle des Hydroxylamins (LIPSCHITZ) erwies sich aber auch Hämin als wirksam. Das eisenfreie Hämatoporphyrin hingegen war katalytisch unwirksam.

Eine Zusammenstellung der katalytischen Eigenschaften des Blutfarbstoffes, speziell im Hinblick auf die Methämoglobinbildung, findet sich bei ROLF MEIER[3]. Hier ist auch weitere einschlägige Literatur verzeichnet.

Vgl. ferner den Abschnitt über Methämoglobin (LIPSCHITZ) im gleichen Bande dieses Handbuches.

---

[1] MAYER, R. L.: Arch. f. exp. Pathol. u. Pharmakol. Bd. 95, S. 351. 1922.
[2] ROBINSON, M. E.: Biochem. journ. Bd. 18, S. 255. 1924.
[3] MEIER, ROLF: Methämoglobinbildung und katalytische Wirkung des Blutfarbstoffes. Klin. Wochenschr. Jg. 4, S. 2261. 1925.

Das Kohlenoxydhämoglobin und das Problem der Kohlenoxydvergiftung[1].

Von

GEORG BARKAN

Frankfurt a. M.

Mit 9 Abbildungen.

Zusammenfassende Darstellungen.

BOHR, CHRISTIAN: Blutgase und respiratorischer Gaswechsel. Abschnitt IV. Das Kohlenoxyd. Nagels Handb. d. Physiol. d. Menschen Bd. I, S. 120 ff. Braunschweig: Vieweg 1909. — BOCK, JOHANNES: Die Kohlenoxydvergiftung. (Dänisch.) Kopenhagen 1895. — BOCK, JOHANNES: Das Kohlenoxyd. Heffters Handb. d. exp. Pharmakol. Bd. I, S. 1 ff. Berlin: Julius Springer 1923. — FRIEDBERG, HERMANN: Die Vergiftung durch Kohlendunst. Berlin 1866. — GRÉHANT, N.: L'oxyde de carbone. 1903. — JÄDERHOLM, AXEL: Die gerichtlich-medizinische Diagnose der Kohlenoxydvergiftung. 1876. — LEWIN, L.: Die Kohlenoxydvergiftung. Berlin: Julius Springer 1920. — MÜLLER, FRANZ, u. WILHELM BIEHLER: Respiratorische Farbstoffe. Handb. d. Biochemie von C. OPPENHEIMER, 2. Aufl., Bd. I, S. 405. 1923. — NICLOUX, MAURICE: L'oxyde de carbone et l'intoxication oxycarbonique. Paris: Masson et Cie. 1925. — REINBOLD, B. v.: Blutfarbstoffe. Abderhaldens Biochem. Handlexikon Bd. VI, S. 188. 1911 u. ebenda Bd. IX, S. 331 u. 399. 1915. — ROLLET, A.: Physiologie des Blutes und der Blutbewegung. Hermanns Handb. d. Physiol. Bd. IV/1, S. 38—72. Leipzig 1880. — SACHS, W.: Die Kohlenoxydvergiftung. Braunschweig: Vieweg 1900.

Einleitung.

Das Oxyhämoglobin stellt bekanntlich nicht die einzige, wenn auch die allein physiologisch brauchbare Verbindung des Blutfarbstoffes mit einem Gase dar. Neben dem Sauerstoff ist in dieser Hinsicht das *Kohlenoxyd* weitaus am wichtigsten, nicht nur wegen seiner praktisch-toxikologischen Bedeutung als Blutgift, sondern vor allem auch darum, weil gerade die Erforschung der Kohlenoxydwirkung auf den tierischen Organismus mannigfache Fortschritte in der physiologischen Erkenntnis bereits gebracht hat und weiterhin zu bringen verspricht.

Über das Kohlenoxyd und die Kohlenoxydvergiftung sind noch in den letzten Jahren sehr gründliche und lesenswerte Monographien und Handbuchartikel erschienen, die die Probleme von den verschiedensten Seiten beleuchten. Da zudem eine sehr umfangreiche Literatur über das Gebiet vorliegt, soll es sich hier nur darum handeln, eine kurze Übersicht über die wichtigsten Tatsachen und Probleme zu geben. Die neuere Literatur, besonders seit dem Erscheinen von BOCKS[2] zusammenfassendem Artikel im Heffters Handbuch, ist nach Möglichkeit berücksichtigt worden. In vielen Punkten wird ein Hinweis auf die ausführlichen monographischen Darstellungen in den verschiedenen Handbüchern genügen müssen.

Im *ersten Teil* des vorliegenden Kapitels, der sich mit dem *Kohlenoxydhämoglobin* als solchem beschäftigt, werden nur die wesentlichen Unterschiede dieser Verbindung gegenüber

---

[1] Abgeschlossen Oktober 1927.

[2] BOCK, JOH.: Heffters Handb. d. exp. Pharmakol. Bd. I, S. 1 ff. Berlin: Julius Springer 1923.

dem Oxyhämoglobin zu betonen sein. Die Angaben des vorigen Kapitels über den normalen Blutfarbstoff werden daher als bekannt vorausgesetzt. Ebenso wird in jenen Abschnitten, die die Gesetzmäßigkeiten der CO-Bindung an das Blutfarbstoffmolekül betreffen, die Bekanntschaft mit LILJESTRANDS Aufsatz über die Physiologie der Blutgase in diesem Handbuchband (S. 444) zur Voraussetzung gemacht, um umfangreiche Wiederholungen nach Möglichkeit zu vermeiden. In einem *zweiten Teil* dieses Kapitels, der sich mit der Giftwirkung des Kohlenoxyds befassen wird, soll nicht das bunte Vergiftungsbild, über das so zahlreiche vorzügliche Abhandlungen existieren, nochmals gezeichnet werden. Ich sehe meine Aufgabe eher darin, mehr das Problematische hervorzuheben und zu zeigen, daß wir in mehrfacher Hinsicht schon jetzt genötigt sind, umzulernen, daß jedoch noch umfangreiche Arbeit erforderlich sein wird, um unsere unvollständigen Kenntnisse vom Mechanismus der CO-Vergiftung und ihrer Folgezustände zu ergänzen.

I. Kohlenoxydhämoglobin.

1. Krystalle des Kohlenoxydhämoglobins. Optisches Verhalten und sonstige Eigenschaften seiner Lösungen.

Die Verbindung des Hämoglobins mit dem Kohlenoxyd, das sog. Kohlenoxydhämoglobin (COHb), ist ein Farbstoff, der sich in auffallender und charakteristischer Weise von dem reduzierten und oxydierten Blutfarbstoff durch seine Farbe unterscheidet.

Leitet man Kohlenoxyd durch venöses oder arterielles Blut oder Blutlösungen, so wird aus dem Dunkelrot des reduzierten Farbstoffes wie aus dem hellen Rot des Oxyhämoglobins ein charakteristisches *Kirschrot*. Dieser Farbton ist besonders deutlich am Schaum verdünnter Farbstofflösungen zu erkennen.

Im Anschluß an eine Beobachtung von NICLOUX[1] stellte in neuerer Zeit BENASSI[2] experimentelle Untersuchungen darüber an, wie ein steigender Gehalt an Kohlenoxyd die venöse Blutfarbe ändert. Hierbei zeigte sich, daß es relativ hoher CO-Konzentrationen bedarf, um den charakteristischen Farbenton für das Auge deutlich erkennbar zu machen.

Den jener Farbänderung zugrunde liegenden chemischen Vorgang erkannten, wenigstens in den Hauptzügen, bereits CLAUDE BERNARD[3] und HOPPE-SEYLER[4] richtig. Beide Forscher kamen annähernd gleichzeitig auf Grund ihrer Versuche zu der Ansicht, daß bei der chemischen Einwirkung des Kohlenoxydgases auf das Blut die Blutkörperchen bzw. der Blutfarbstoff unfähig würden, den Sauerstoff aufzunehmen und somit unfähig, ihrer physiologischen Aufgabe gerecht zu werden.

Historische Angaben über das Kohlenoxyd und über die ersten Ansätze zu einem Verständnis seiner Wirkungen findet man bei BOCK[5] und vor allem bei LEWIN[6]. Vergleiche auch W. SACHS[7].

Über die Kohlenoxydkapazität des Hämoglobins, dessen Affinität zu diesem Gas und die hierbei sich zeigenden Gesetzmäßigkeiten wird in einem späteren Abschnitt dieses Kapitels gesprochen werden. Doch sei schon hier erwähnt, daß offenbar die Bindung des Kohlenoxyds an derselben Stelle des Farbstoffmoleküls erfolgt wie beim Sauerstoff; daß also *allein die prothetische Farbstoffgruppe*, und zwar, wie wir jetzt wohl sagen müssen, in dieser das *Eisen* der *Träger dieser Bindung* ist. Wie wir sehen werden, ist zwar die Eiweißkomponente in

[1] NICLOUX, M.: Presse méd. Bd. 29, 'S. 701. 1921.

[2] BENASSI, G.: Biochim. e terap. sperim. Bd. 10, S. 357. 1922; zit. nach Ber. üb. d. ges. Physiol. u. Pharm.

[3] BERNARD, CLAUDE: Leçons sur les effects des substances toxiques et medicamenteuses, S. 157 ff. Paris 1857.

[4] HOPPE, F.: Virchows Arch. f. pathol. Anat. u. Physiol. Bd. 11, S. 288. 1857.

[5] BOCK, JOHANNES: Heffters Handb. d. exp. Pharmakol. Bd. I, S. 5 ff.

[6] LEWIN, L.: Die Kohlenoxydvergiftung. Berlin: Julius Springer 1920.

[7] SACHS, W.: Die Kohlenoxydvergiftung. Braunschweig: Vieweg 1900.

vielfacher Weise von Einfluß auf die Gasbindung des Moleküls; doch geht ihre grundsätzliche Entbehrlichkeit für jenen Vorgang schon aus der Tatsache hervor, daß, wie bereits HOPPE-SEYLER[1] zeigte, das vom Hämoglobin abgespaltene *Hämochromogen* dieselbe Menge Kohlenoxyd zu binden vermag wie der ungespaltene Blutfarbstoff, und daß hier ganz entsprechende Gesetzmäßigkeiten zu herrschen scheinen (vgl. auch ROCHE[2]).

HOPPE-SEYLER, dem man die klassische Methode der Darstellung von O_2Hb-Krystallen verdankt, beschrieb auch als erster ein Verfahren, um das Kohlenoxydhämoglobin krystallisiert zu gewinnen. Es beruht auf einer Ausfällung des Farbstoffes mittels Alkohol, wie beim Oxyhämoglobin[3]. Die neueren Methoden zur Krystallisation des Blutfarbstoffes ohne Anwendung denaturierender Agenzien, wie Alkohol, Äther usw. (vgl. S. 83), können naturgemäß auch zur Darstellung von COHb-Krystallen modifiziert werden. So sei beispielsweise auf das Verfahren hingewiesen, das HAUROWITZ[4] hierfür beschrieb.

Die Krystalle des COHb sind mit denen des dem betreffenden Blute zugehörigen O_2Hb isomorph. Alles, was im Kapitel, das sich mit dem normalen Blutfarbstoff befaßt, über jene Krystalle, besonders über die Krystallform des O_2Hb und Hb gesagt wurde, hat demnach auch für die Kohlenoxydverbindung seine Bedeutung. Durch schlechtere Wasserlöslichkeit und geringere Zersetzlichkeit sollen sich die COHb-Krystalle von den entsprechenden Hb-Krystallen unterscheiden[5].

Wässerige Lösungen von COHb unterscheiden sich, wie bereits angedeutet, von solchen des normalen Farbstoffes durch ihre Farbe. Auch gegenüber den meisten Fällungsmitteln verhalten sich derartige Lösungen, was die *Farbe* des entstandenen *Niederschlages* betrifft, anders als solche des O_2Hb. Es würde viel zu weit führen, auch nur annähernd vollständig die große Zahl derartiger Fällungsreaktionen anzugeben, die besonders zu diagnostischen Zwecken empfohlen wurden, um in einer Blut- oder Blutfarbstofflösung COHb qualitativ nachzuweisen. Letzten Endes handelt es sich bei derartigen Fällungsproben um *Spaltungen* des Blutfarbstoffes; die *rote* Farbe des CO-Hämochromogens kombiniert sich mit der Farbe der Eiweißkoagula naturgemäß anders als das *Braun* des Hämatins bei der Fällung des normalen Blutfarbstoffes. Am deutlichsten wird dieses, wenn man einfach eine neutrale wässerige COHb-Lösung zum Sieden erhitzt. Es entsteht dann im Gegensatz zum Verhalten des O_2Hb ein *hellrotes* Koagulum, das aus gefälltem Eiweiß und Kohlenoxydhämochromogen besteht; beim Stehen an der Luft dissoziiert allmählich das Kohlenoxyd ab und, der Bildung von Hämatin entsprechend, dunkelt dann die Farbe der Koagula nach. (Über den Temperaturkoeffizienten der Koagulationsgeschwindigkeit vgl. H. HARTRIDGE[6].) Durch starke Natronlauge (spez. Gew. 1,3) wird COHb ebenfalls *hellrot* gefällt (Probe nach HOPPE-SEYLER) und ebenfalls bei der bekannten Tanninprobe nach KUNKEL[7]. Hierher gehört auch eine neuerdings empfohlene Reaktion mit Chlorzinklösung (E. STOCKIS[8]).

---

[1] HOPPE-SEYLER, F.: Hoppe-Seylers Zeitschr. f. physiol. Chem. Bd. 13, S. 493. 1889.
[2] ROCHE, JEAN: Bull. de la soc. chim. de biol. Bd. 8, S. 362. 1926; Cpt. rend. des séances de la soc. de biol. Bd. 94, S. 63. 1926.
[3] HOPPE-SEYLER, F.: Med.-chem. Untersuchungen Heft 2, S. 201. 1867.
[4] HAUROWITZ, F.: Hoppe-Seylers Zeitschr. f. physiol. Chem. Bd. 136, S. 151. 1924.
[5] Vgl. JOH. BOCK: Heffters Handb. Bd. 1, S. 6. — HOPPE-SEYLER-THIERFELDER: Handb. d. physiol.-chem. Analyse, 9. Aufl., S. 526. 1924.
[6] HARTRIDGE, H.: Journ. of physiol. Bd. 44, S. 34. 1912.
[7] KUNKEL: Sitzungsber. d. physik.-med. Ges. Würzburg 1888, S. 86.
[8] STOCKIS, E.: Cpt. rend. des séances de la soc. de biol. Bd. 84, S. 743. 1921.

Besonders hinsichtlich der angeblichen Empfindlichkeit und Spezifität zahlreicher derartiger Fällungen und anderer chemischer Nachweismethoden des COHb sei auf die sicher nicht unberechtigte scharfe Kritik LEWINs in seinem wiederholt erwähnten Handbuch[1] verwiesen, wo auch die quantitativen Methoden angegeben sind. Zusammenstellungen über viele solche CO-Proben und Farbreaktionen finden sich ferner bei KOSTIN[2], WELZEL[3], SACHS[4], KOBERT[5], KATZ[6], SCHUMM[7] u. v. a.

Untersucht man wässerige COHb-Lösungen in passender Verdünnung *spektroskopisch*, so sieht man zwei Absorptionsstreifen, die denen des Oxyhämoglobins außerordentlich ähneln und fast an den gleichen Stellen liegen, wie der α- und β-Streifen jenes Farbstoffes. Die ebenfalls mit α und β bezeichneten Streifen des COHb sind ohne Vergleich und ohne Ausmessung bei der direkten Beobachtung überhaupt nicht von den beiden O_2Hb-Streifen zu unterscheiden. Das ist auch der Grund, weshalb HOPPE-SEYLER[8] anfänglich eine Veränderung des Absorptionsspektrums von Blutlösungen nach Behandeln mit Kohlenoxyd überhaupt entging. Erst als er später das Spektrum des normalen und des CO-Blutes gleichzeitig übereinander untersuchte[9], wurde der Unterschied in der Lichtabsorption, der ja seinen Ausdruck in der veränderten Farbe so deutlich findet, klargestellt. Dieser Unterschied des COHb gegenüber dem O_2Hb besteht, wie später immer wieder bestätigt wurde und wie sich besonders durch die spektrophotographischen Aufnahmen von ROST, FRANZ und HEISE[10] ergibt, wesentlich in folgendem:

1. Geringere Absorption im Blau beim COHb. Dabei Herausrücken der einseitigen Absorption in den kurzwelligen Teil des Spektrums.

2. Geringe Verschiebung der beiden Streifen α und β nach Violett zu.

3. Abnahme des Zwischenraums zwischen diesen beiden Streifen.

Dagegen ist das Maximum des von SORRET auch für das COHb aufgefundenen Absorptionsstreifens im Violett, in das sich bei zunehmender Verdünnung die Totalabsorption auflöst, fast genau an der gleichen Stelle wie der γ-Streifen des Oxyhämoglobins; im ganzen ist dieser Streifen beim COHb jedoch schmäler als beim O_2Hb.

Einer Tabelle bei ROST, FRANZ und HEISE[11] seien folgende Angaben über die gefundenen Absorptionsmaxima des COHb bei direkter Beobachtung (FORMÁNEK[12]) und bei Abmessung der photographischen Aufnahmen (LEWIN, MIETHE und STENGER[13]) entnommen. In Klammern darunter findet man die entsprechenden Maxima für das O_2Hb (Tabelle 1).

---

[1] LEWIN, L.: Die Kohlenoxydvergiftung, S. 79 ff.

[2] KOSTIN, S.: Pflügers Arch. f. d. ges. Physiol. Bd. 83, S. 572. 1901.

[3] WELZEL, A.: Sitzungsber. d. physik.-med. Ges. Würzburg Bd. 2, S. 942. 1889.

[4] SACHS, W.: Die Kohlenoxydvergiftung. Braunschweig 1900.

[5] KOBERT, R.: Lehrb. d. Intoxikationen, 2. Aufl., S. 881. 1916.

[6] KATZ, H.: Wien. klin. Wochenschr. Jg. 31, S. 516. 1918.

[7] SCHUMM, O.: Med. Klinik Jg. 4, S. 875. 1908.

[8] HOPPE-SEYLER, F.: Virchows Arch. f. pathol. Anat. u. Physiol. Bd. 23, S. 447. 1862.

[9] HOPPE-SEYLER, F.: Med.-chem. Untersuchungen H. 2, S. 203. 1867; Zentralbl. f. d. med. Wissensch. Bd. 2, S. 819. 1864.

[10] ROST, E., FR. FRANZ u. R. HEISE: Arb. a. d. Kaiserl. Gesundheitsamt Bd. 32, H. 2, S. 232. 1909.

[11] ROST, E., FR. FRANZ u. R. HEISE: Arb. a. d. Kaiserl. Gesundheitsamte Bd. 32, H. 2, S. 281. 1909.

[12] FORMÁNEK, J.: Zeitschr. f. analyt. Chem. Bd. 40, S. 505. 1901; Die qualitative Spektralanalyse anorganischer und organischer Körper, 2. Aufl. Berlin 1905.

[13] LEWIN, MIETHE u. STENGER: Pflügers Arch. f. d. ges. Physiol. Bd. 118, S. 80. 1907.

Tabelle 1. Absorptionsmaxima von COHb- und (eingeklammert) O₂Hb-Lösungen
λ **in** $\mu\mu$.

Untersucher und Art der Beobachtung	Streifen α	Streifen β	Streifen im Violett
Formánek direkte Beobachtung	571 (578,1)	537,5 (541,7)	— —
Lewin, Miethe und Stenger Plattenausmessung	570 (579)	542 (542)	416 (415)

Erwähnung verdient auch die bereits von Formánek[1] beobachtete Tatsache, daß die Verschiebung der beiden Absorptionsstreifen beim Übergang von O₂Hb in COHb nicht momentan erfolgt, sondern mit deutlich meßbarer Geschwindigkeit vor sich geht.

Über das Verhältnis der Lage des COHb-Spektrums zu dem des alkalischen Methämoglobins vgl. auch Doumer und Fourrier[2].

Untersuchungen der letzten Jahre ergaben, daß die Lage der Absorptionsmaxima des α-Streifens von O₂Hb und COHb bei verschiedenen Tieren schwankt. Dies gilt besonders für den *Abstand zwischen den beiden α-Streifen*, wie dies aus folgender Zusammenstellung nach Anson, Barcroft, Mirsky und Oinuma[3] sich ergibt, denen man die einschlägigen Untersuchungen mit der spektroskopischen Apparatur nach Hartridge[4] verdankt (Tab. 2)[5]. Die Differenzen der

Tabelle 2. Lage der Absorptionsmaxima des α-Streifens von O₂Hb und COHb bei verschiedenen Tieren.

Tier	Maximum des α-Streifens in Å.-E.		Spanne in Å.-E. zwischen beiden Maxima
	O₂Hb	COHb	
Mensch	5764	5710	54
Pferd	5764	5708	56
Taube	5762	5710	52
Huhn	5769	5718	51
Eidechse	5762	5715	47
Schildkröte	5766	5717	49
Karpfen	5762	5716	46
Arenicola	5746	5698	48
Lumbricus	5755	5720	35
Planorbis	5746	5708	38
Chironomus	5777	5727	50

Abstände der α-Streifen schwanken bei den untersuchten Tierarten zwischen 35 und 56 Angströmeinheiten. Über die eigenartigen Beziehungen, die zahlenmäßig zwischen den gefundenen Differenzen und dem Reaktionsvorgang bei der Gasbindung sich ergaben, vgl. den späteren Abschnitt dieses Kapitels.

Diese, allerdings nur für sehr geübte Untersucher deutlichen, spektroskopischen Unterschiede sprechen nach den genannten Autoren für die Verschiedenartigkeit der Hämoglobine, die sich jedoch, wie bereits im vorigen

---

[1] Formánek, J.: Zeitschr. f. analyt. Chem. Bd. 40, S. 501. 1901.

[2] Doumer, E. u. L. Fourrier: Cpt. rend. des séances de la soc. de biol. Bd. 93, S. 1366. 1925.

[3] Anson, M. L., J. Barcroft, A. E. Mirsky u. J. Oinuma: Proc. of the roy. soc. of London, Ser. B, Bd. 97, S. 61. 1924; bes. wegen der Befunde bei Arenicola vgl. J. u. H. Barcroft: Ebenda Bd. 96, S. 28. 1924. Vgl. auch M. L. Anson, J. Barcroft, H. Barcroft, A. E. Mirsky, S. Oinuma u. C. F. Stockmann: Journ. of physiol. Bd. 58, S. XXIX. 1924.

[4] Hartridge, H.: Journ. of physiol. Bd. 44, S. 1. 1912; Bd. 53, S. LXXVII. 1920.

[5] Tabellarische Zusammenstellung aus Berichte über die ges. Physiol. u. Pharm.

Kapitel (s. S. 80) betont, nur auf die *Eiweißkomponente* bezieht. Dementsprechend zeigen die den verschiedenen Hämoglobinen zugehörigen *Hämochromogene* nach den Untersuchungen von ANSON, BARCROFT, MIRSKY und OINUMA identisches spektroskopisches Verhalten.

Im Gegensatz zum O_2Hb-Spektrum verändert sich das COHb-Spektrum nicht beim Zusatz von Reduktionsmitteln. Während die zwei Streifen des O_2Hb nach der Behandlung mit Schwefelammonlösung oder STOKESschem Reagens oder bei der biologischen Reduktion (vgl. z. B. STRZYKOWSKI[1]) in den verwaschenen Hb-Streifen übergehen, bleiben die beiden COHb-Streifen völlig unbeeinflußt. Dieses Verhalten ist so außerordentlich charakteristisch, daß es bekanntlich zum Nachweis von COHb neben O_2Hb dient.

Befindet sich ein Gemisch der beiden Blutfarbstoffe (O_2Hb und COHb) in der zu untersuchenden Lösung, so findet man nach der Reduktion naturgemäß die Strecke zwischen den beiden Streifen verdunkelt und die Begrenzung unscharf. Vom gegenseitigen Mengenverhältnis von COHb und O_2Hb wird es abhängen, wie deutlich sich nach der Reduktion die beiden Streifen aus dem verwaschenen Band des reduzierten Farbstoffes herausheben. Die Frage, bei welchem Prozentsatz man am spektralen Verhalten noch die Gegenwart von COHb sicher erkennen kann, ist in diagnostischer Hinsicht von großem praktischen Interesse. Begreiflicherweise schwanken die Angaben hierüber sehr. Während in den meisten Lehrbüchern ein Mindestgehalt von 20 % als hierzu erforderlich angegeben wird, gelingt nach SCHUMM[2] der spektroskopische Nachweis bis herunter zu 10 % COHb, und nach LEWIN[3] bei einem noch geringeren COHb-Gehalt. — Vgl. auch M. NICLOUX[4]. Es ist nach dem vorher Gesagten selbstverständlich, daß es von der Güte des optischen Instrumentes, vor allem aber von der Übung und der Beobachtungsschärfe des Untersuchers abhängen wird, bei welchem gegenseitigen Verhältnis an COHb und reduziertem Hb man bei geeigneter Verdünnung innerhalb des breiten Absorptionsbandes noch zwei Absorptionsmaxima wird erkennen können.

Über die Empfindlichkeit der photographischen Platte *in dieser Hinsicht* finde ich weder bei LEWIN, MIETHE und STENGER, noch bei FRANZ, ROST und HEISE Angaben. Wohl zeigte sich[5], daß die oben angeführten drei Unterscheidungsmerkmale des COHb gegenüber dem O_2Hb bei einem Prozentgehalt von 20 und 15 % des Gesamtfarbstoffes an COHb nicht mehr deutlich waren; *vergleichende* Spektrophotogramme *nach der Reduktion* bei *verschiedenem* COHb-Gehalt scheinen aber nicht vorzuliegen.

Beim Vorhandensein der oben angedeuteten Variabilitäten des COHb-Spektrums nimmt es eigentlich kaum wunder, daß die *Spektrophotometrie* hier keine recht übereinstimmenden und befriedigenden Ergebnisse geliefert hat.

HÜFNER[6] bestimmte in denselben beiden Gegenden des Spektrums, die er für Hb und O_2Hb angegeben hatte ($\lambda = 554$ bis $565\ \mu\mu$ und $\lambda = 531{,}5$ bis $542{,}5\ \mu\mu$), die Extinktionskoeffizienten. Deren Verhältnis $q = \dfrac{\varepsilon'}{\varepsilon}$ fand er $= 1{,}095$. Das Absorptionsverhältnis ergab sich zu $A = 0{,}001\,383$, $A' = 0{,}001\,263$. Aus neueren

---

[1] STRZYKOWSKI, C.: Cpt. rend. des séances de la soc. de biol. Bd. 86, S. 310. 1922. Methode des spektr. CO-Nachweises im Blut nach der Reduktion mit Hefe.

[2] SCHUMM, O.: Med. Klinik Jg. 4, S. 875. 1908.

[3] LEWIN, L.: Die Kohlenoxydvergiftung, S. 77. Berlin: Julius Springer 1920.

[4] NICLOUX, MAURICE: Cpt. rend. hebdom. des séances de l'acad. des sciences Bd. 180, S. 1750. 1925; Vortrag a. d. XII. Internat. Physiol.-Kongr. Stockholm, Verhandlungen S. 116ff. 1926.

[5] ROST, E., FR. FRANZ, R. HEISE: Beiträge zur Photographie der Blutspektra. Arb. a. d. Kaiserl. Gesundheitsamte Bd. 32, H. 2, S. 249. 1909.

[6] HÜFNER, G.: Arch. f. (Anat. u.) Physiol. 1894, S. 141; 1899, S. 47.

spektrophotometrischen Daten für das COHb von Haurowitz[1] läßt sich für das Verhältnis der Extinktionskoeffizienten annähernd der gleichen Spektralregion ε'/ε zu 1,175 errechnen. Aus den Mittelwerten der *spezifischen* Extinktionskoeffizienten (vgl. S. 97) bei Haurowitz ergibt sich das jeweilige Absorptionsverhältnis $A = 10^{-3} \cdot \dfrac{1}{\varepsilon} = 0{,}001\,381$, $A' = 10^{-3} \cdot \dfrac{1}{\varepsilon'} = 0{,}001\,175$. A ist also fast identisch mit Hüfners Wert, dagegen weicht A' erheblich davon ab (vgl. auch Dreser[2], Aron und Müller[3] und Plesch[4]; vgl. auch das im vorigen Kapitel über die Spektrophotometrie Gesagte, vor allem Butterfields Kritik).

2. CO-Bestimmungsmethoden im Blute.

Einer Besprechung der für die CO-Bindung im Blute geltenden Gesetzmäßigkeiten soll eine kurze Aufzählung derjenigen Methoden vorangehen, mittels derer der CO-Gehalt des Blutes bzw. die Menge des gebildeten COHb im Blute bestimmt werden kann. Wir beschränken uns dabei auf die folgenden Verfahren, die in den Arbeiten über die Gasbindung hauptsächlich zur Anwendung kamen.

A. *Zur Bestimmung einer unbekannten Menge COHb neben O_2Hb in einer Blutlösung* kommen in Betracht:

a) Die spektrophotometrische Methode. Das Verfahren entspricht grundsätzlich demjenigen, das zur Bestimmung der relativen Menge von O_2Hb und Hb von Hüfner angegeben wurde (vgl. dieser Band S. 96). Es setzt lediglich die Kenntnis der verschiedenen mehrfach erwähnten optischen Konstanten des O_2Hb und COHb voraus. Die Bestimmung der Lichtabsorption (Extinktionskoeffizienten) an den zwei festgelegten Stellen des Spektrums führt dann rechnerisch unmittelbar zum gewünschten Ziel. — Das Verfahren, das besonders von Hüfner[5] und seiner Schule in seinen klassischen Untersuchungen benutzt wurde, ist wegen der oben dargelegten Unsicherheit hinsichtlich der optischen Konstanten des COHb wohl kaum als besonders zuverlässig zu bezeichnen.

b) Colorimetrische Methoden. Die häufigst angewandte ist die *Carmintitration nach* Haldane[6]. Mit steigendem prozentischem COHb-Gehalt steigt die Menge Carminlösung, die man zu einer Normalblutlösung zutropfen lassen muß, um sie auf den gleichen Farbton zu bringen wie das COHb-Gemisch. Aus dieser Menge Carmin und aus derjenigen, die bei vollständiger CO-Sättigung des Blutes verbraucht wird, ergibt sich rechnerisch der prozentische Gehalt des fraglichen Blutes an COHb. — Die Methode hat naturgemäß subjektive Fehlerquellen. Douglas und Haldane selbst fanden in sorgfältig kontrollierten Testbestimmungen als maximalen Fehler nur 2%, was gewiß sehr befriedigend ist. In Händen so geübter Untersucher ist die Methode also zuverlässig.

Andere colorimetrische Methoden stammen von Plesch[7].

c) Die spektroskopische Methode von Hartridge[8]. Das von Hartridge angegebene *Reversionsspektroskop* entwirft zwei Spektren übereinander, ein normales und ein spiegelbildlich verkehrtes, die gleichzeitig betrachtet werden. Die entsprechenden Stellen der beiden Spektren, also beispielsweise die α-Streifen, können durch eine geeignete Verschiebungsvorrichtung zur Deckung gebracht werden. Befinden sich die α-Streifen des O_2Hb in einer Linie, so rücken sie bei einem mehr oder weniger vollständigem Übergang in COHb wieder auseinander. Aus der gemessenen Verschiebung, die nötig ist, um die Streifen wieder zur Deckung zu bringen, ergibt sich nach vorheriger Eichung der COHb-Gehalt der zu untersuchenden Blutlösung (genaue Beschreibung bei H. Hartridge[1]). — Die Methode, die sich durch große Bequemlichkeit auszeichnet, scheint in geübten Händen sehr befriedigende Resultate zu liefern.

---

[1] Haurowitz, F.: Hoppe-Seylers Zeitschr. f. physiol. Chem. Bd. 151, S. 130. 1926, Tab. S. 133.

[2] Dreser, H.: Arch. f. exp. Pathol. u. Pharmakol. Bd. 29, S. 123. 1892.

[3] Aron, H., u. Franz Müller: Arch. f. (Anat. u.) Physiol. 1906, Suppl. S. 109.

[4] Plesch, J.: Zeitschr. f. exp. Pathol. u. Therapie Bd. 6, S. 434. 1909.

[5] Vgl. z. B. G. Hüfner u. R. Külz: Journ. f. prakt. Chem. Bd. 136, S. 256. 1883; G. Hüfner: Ebenda Bd. 138, S. 68. 1884 oder G. Hüfner: Arch. f. exp. Pathol. u. Pharmakol. Bd. 48, S. 87. 1902.

[6] Siehe bei C. G. Douglas u. J. S. Haldane: Journ. of physiol. Bd. 44, S. 309. 1912.

[7] Plesch, J.: Zeitschr. f. exp. Pathol. u. Therap. Bd. 6, S. 407 u. 408. 1909.

[8] Hartridge, H.: Journ. of physiol. Bd. 44, S. 1. 1912 u. Bd. 53, S. LXXII. 1920.

d) Die gasanalytischen Methoden[1]. Alle bisher genannten Methoden müssen durch die gasanalytischen kontrolliert sein. Sie sind also durch letztere, wenn auch in umständlicher, so doch *zuverlässiger* Weise ersetzbar. Sie beruhen auf einer Entbindung des CO aus dem Blute, entweder nach einer Zerlegung des Blutfarbstoffs, meist mittels Säure, und Auspumpen in der Wärme oder durch Einwirkung von Ferricyankalium, das Kohlenoxyd wie Sauerstoff aus hämolysiertem Blut vollständig austreibt (J. HALDANE[2]). Das aufgefangene Gasgemisch wird auf seinen CO-Gehalt analysiert. Hierher gehört beispielsweise auch das Mikroverfahren von ZUNTZ und PLESCH[3]. Erwähnt sei vor allem auch die Methode von D. D. VAN SLYKE und Mitarbeitern[4] und die Mikromethode von VAN SLYKE und ROBSCHEIT-ROBBINS[5]. — Ein neues jodometrisches Bestimmungsverfahren für das aus dem Blute entbundene CO stammt von D. G. COHEN TERVAERT[6].

B. *Zur Bestimmung* der vom Blutfarbstoff maximal aufnehmbaren Kohlenoxydmenge, *der sog. Kohlenoxydkapazität* dienen:

Erstens alle unter A d fallenden *gasanalytischen Methoden* unter Austreibung des CO aus der Blut- bzw. Blutfarbstofflösung nach deren vorheriger vollständiger Sättigung. — Sie werden ergänzt durch die sehr bequeme manometrische *Ferricyanid-Methode* nach HALDANE und BARCROFT[7].

Zweitens kann man mit Hilfe eines Absorptiometers (vgl. z. B. BUTTERFIELD[8] oder PLESCH[9]) bestimmen, wieviel Kohlenoxyd eine Lösung von reduziertem Hämoglobin aufnimmt.

3. Die Gesetzmäßigkeiten der Kohlenoxydbindung im Blut und in Blutfarbstofflösungen.

a) Die Kohlenoxydkapazität.

Bald nach Veröffentlichung der ersten Kohlenoxydarbeiten von CLAUDE BERNARD und HOPPE-SEYLER konnte LOTHAR MEYER[10] zeigen, daß das Blut genau soviel Kohlenoxyd wie Sauerstoff binden kann. Diese für die Erkenntnis des chemischen Vorganges äußerst wichtige Feststellung wurde in der Folge von den verschiedensten Forschern bestätigt[11]. Aber während man in früherer Zeit glaubte annehmen zu müssen, daß die Kohlenoxyd- und Sauerstoffkapazität, d. h. die von der Gewichtseinheit Blutfarbstoff *maximal* aufzunehmende Gasmenge (ausgedrückt in ccm bei 0° und 760 mm Hg) beim Blutfarbstoff verschiedener Tiere und Tierarten, ja sogar beim gleichen Individuum unter verschiedenen Bedingungen wechsle[12], wissen wir heute, daß beide Größen nicht nur untereinander *gleich*, sondern offenbar weitgehend *konstant* sind.

---

[1] Vgl. FRANZ MÜLLER: Biologische Gasanalyse. In Abderhaldens Handb. d. biol. Arbeitsmethoden Abt. IV, Teil 10, S. 1ff. 1926.

[2] HALDANE, J.: Journ. of physiol. Bd. 22, S. 298. 1898.

[3] ZUNTZ, N. u. J. PLESCH: Biochem. Zeitschr. Bd. 11, S. 47. 1908.

[4] VAN SLYKE, D. D.: Journ. of biol. chem. Bd. 33, S. 127. 1918; D. D. VAN SLYKE u. H. A. SALVESEN: Ebenda Bd. 40, S. 103. 1919; C. R. HARINGTON u. D. D. VAN SLYKE: Ebenda Bd. 61, S. 575. 1924.

[5] VAN SLYKE, D. D. u. FRIEDA S. ROBSCHEIT-ROBBINS: Journ. of biol. chem. Bd. 72, S. 39. 1927.

[6] COHEN TERVAERT, D. G.: Biochem. journ. Bd. 19, S. 300. 1925; Verslag. d. afdeel. natuurkunde, Königl. Akad. d. Wiss., Amsterdam Bd. 33, S. 759. 1924, zit. nach Ber. üb. d. ges. Physiol. u. exp. Pharmakol. Bd. 30, S. 591. 1925.

[7] HALDANE, J. u. J. BARCROFT: Journ. of physiol. Bd. 28, S. 232. 1902. Vgl. auch J. BARCROFT: Zur Lehre vom Blutgaswechsel in den verschiedenen Organen. Ergebn. d. Physiol. Bd. 7, S. 771. 1908. Vgl. ferner H. STRAUB: Technik der Blutgasanalyse nach BARCROFT. Abderhaldens Handb. d. biol. Arbeitsmethoden Abt. IV, Tl. 10, S. 213. 1926 u. FRANZ MÜLLER: Ebenda S. 165.

[8] Anwendung des HÜFNERschen Absorptiometers durch E. BUTTERFIELD: Hoppe-Seylers Zeitschr. f. physiol. Chem. Bd. 62, S. 204ff. 1909.

[9] PLESCH, J.: Zeitschr. f. exp. Pathol. u. Therap. Bd. 6, S. 409. 1909.

[10] MEYER, LOTHAR: De sanguine oxydo carbonico infecto. Dissert. Vratislaviae 1858. u. Zeitschr. f. ration. Med., 3. R., Bd. 5, S. 83. 1859.

[11] Literatur vgl. JOH. BOCK: Hefters Handb. Bd. I, S. 9. 1923.

[12] Vgl. z. B. JOHANNES BOCKS Versuche, wiedergegeben in den Tabellen bei FRANZ MÜLLER u. BIEHLER: Oppenheimers Handb. d. Biochem., 2. Aufl., Bd. I, S. 467/68. 1923; siehe ferner BOHR: Nagels Handb. d. Physiol. Bd. 1, S. 102 u. 124. 1909.

Da ferner kein Zweifel mehr darüber besteht, daß der Eisengehalt des Hämoglobins konstant ist (vgl. S. 86), so folgt daraus, daß auch die „spezifische Sauerstoffkapazität", d. h. die pro 1 g Eisen maximal gebundene Sauerstoffmenge und die entsprechend definierte „spezifische Kohlenoxydkapazität" miteinander identisch und konstant sind[1].

Aus Butterfields[2] Untersuchungen über die Kohlenoxydkapazität des Hämoglobins aus Menschen- und Rinderblut und denen von Masing[3], Siebeck[4], Peters[5] und in neuerer Zeit von Leschke und Neufeld[6] über die Sauerstoffkapazität bzw. spezifische Sauerstoffkapazität an verschiedenen Tierarten geht die Konstanz für das maximale Gasbindungsvermögen der verschiedenen Hämoglobine hervor. Alle gefundenen Zahlen schwanken innerhalb der Fehlergrenzen um die theoretischen Mittelwerte für die Bindung von 1 Molekül Gas pro 1 Fe-Atom im Hämoglobinmolekül. Das heißt 1,34 ccm für die CO- und O_2-Kapazität und 401 ccm für die spezifische Kapazität.

Mit anderen Worten, die alte Annahme, daß das Blutfarbstoffmolekül für je 1 Eisenatom 1 Molekül Kohlenoxyd (oder Sauerstoff) aufnimmt, besteht vollauf zu Recht. Der hiervon abweichende, auf Versuchen von Manchot[7] fundierte Satz Lewins[8] ist kaum haltbar.

b) Die Dissoziationskurve des Kohlenoxydhämoglobins.

Das Kohlenoxydhämoglobin ist gleich dem Oxyhämoglobin eine dissoziable Verbindung, eine Tatsache, deren erstmalige richtige Erkenntnis man Donders[9] verdankt. Ganz entsprechend, wie im Falle des O_2Hb und unter denselben einfachsten Voraussetzungen, müßte also für die Vereinigung von 1 Molekül CO mit 1 Molekül Hb folgende Gleichung Gültigkeit haben:

$$CO + Hb \rightleftharpoons COHb \tag{1}$$

und das Gleichgewicht wäre nach dem Massenwirkungsgesetz für diesen Fall gekennzeichnet durch

$$\frac{[COHb]}{[CO]\,[Hb]} = k_{CO}, \tag{2}$$

wo in üblicher Weise die eckigen Klammern Konzentrationen und k_{CO} die Gleichgewichtskonstante für die Reaktion nach Gleichung (1) bedeutet. Führt man statt der Konzentration des in der Flüssigkeit gelösten Gases unter Berücksichtigung seines Absorptionskoeffizienten α_{CO} den Partialdruck des Gases über der Blutfarbstofflösung p_{CO} ein, so erhält die Gleichung die Form, in der sie meist experimentell geprüft wurde. Zweckmäßig drückt man das Verhältnis [COHb] : [Hb] in Prozenten des Gesamthämoglobins aus. Bedeutet also x die prozentische

---

[1] Spez. CO-Kapazität $= \dfrac{100 \cdot \text{CO-Kapaz.}}{0,336}$.

[2] Butterfield, E. E.: Hoppe-Seylers Zeitschr. f. physiol. Chem. Bd. 62, Tab. III, S. 216. 1909.

[3] Masing, Ernst: Dtsch. Arch. f. klin. Med. Bd. 98, S. 122. 1910.

[4] Masing, E. u. R. Siebeck: Dtsch. Arch. f. klin. Med. Bd. 99, S. 130. 1910.

[5] Peters, R. A.: Journ. of physiol. Bd. 44, S. 131. 1912.

[6] Leschke, E., u. K. Neufeld: Klin. Wochenschr. Jg. 1, S. 849. 1922.

[7] Manchot, W.: Sitzungsber. d. physik.-med. Ges. Würzburg 1909 u. Liebigs Ann. d. Chem. Bd. 370, S. 241. 1909.

[8] Lewin, L.: Die Kohlenoxydvergiftung, S. 62.

[9] Donders, J. C.: Pflügers Arch. f. d. ges. Physiol. Bd. 5, S. 20. 1872.

Sättigung der Hämoglobinlösung mit CO, so gewinnt Gleichung (2) nach leichter Umformung folgende Gestalt:

$$\frac{x}{p_{CO}(100 - x)} = \frac{k_{CO}}{760} \cdot \alpha_{CO} = k'_{CO} . \tag{3}$$

Der reziproke Wert von k'_{CO} wird meistens als Dissoziationskonstante bezeichnet.

Die Untersuchungen von BOCK[1], HÜFNER[2], HALDANE[3] u. a. schienen einen Verlauf der Dissoziationskurve anzuzeigen, der der durch Gleichung (3) ausgedrückten Hyperbel entsprechen würde; freilich zeigten die zahlenmäßigen Werte der Dissoziationskonstanten bei den einzelnen Untersuchungen keine gute Übereinstimmung.

Immerhin ergibt sich aus solchen Versuchen das eine sehr deutlich, daß bereits bei sehr niedrigen, wenige Millimeter betragenden CO-Drucken eine fast vollständige Absättigung des vorhandenen Hämoglobins erfolgt, daß also *die Dissoziation des COHb eine außerordentlich viel geringere ist als diejenige des Oxyhämoglobins unter gleichen Bedingungen.*

In genaueren Untersuchungen zeigte sich später, daß, ebenso *wie dies beim Oxyhämoglobin beobachtet wurde,* auch beim *CO-Hämoglobin die Kurve der Gasbindung,* sobald man sie nicht für salzfreie Lösungen des reinen Farbstoffes, sondern für Blut und Blutlösungen prüft, *nicht im Sinne einer Hyperbel,* sondern eigenartig *S-förmig gekrümmt* verläuft[4,5]. Ferner wird dieser S-förmige Kurvenverlauf, wie wir noch sehen werden, durch die verschiedensten Einflüsse in ganz der gleichen Weise verändert wie die Sauerstoffbindung. Das geht aufs deutlichste aus den sehr bekannt gewordenen Untersuchungen von DOUGLAS, HALDANE und HALDANE[6] hervor. Alle Theorien, die die Entstehung des verschiedenartigen Kurvenverlaufs erklären wollen, müssen daher notwendigerweise sowohl für die Sauerstoff- wie für die Kohlenoxydbindung an den Blutfarbstoff unter den verschiedenen Bedingungen gelten und die experimentellen Befunde einheitlich erklären. Die ausführliche Darstellung der hierhergehörigen Probleme findet man in einem anderen Kapitel dieses Handbuchbandes, worauf hier nochmals verwiesen sei[7].

Daß für die *rechnerische* Erfassung des Ganzen die Aggregationshypothese A.V.HILLS sich als besonders brauchbar erwiesen hat, wurde bereits früher betont, aber auch bereits erwähnt, daß in neuerer Zeit die Hypothese selbst lebhaft umstritten wurde (vgl. diesen Band S. 104 u. 105).

Wenn also in *salzhaltiger* Lösung wie im nativen oder verdünnten Blut *Aggregate* der Blutfarbstoffmoleküle vorliegen, so geht Gleichung (1) bei der Reaktion mit CO über in

$$n\,CO + (Hb)_n \rightleftarrows (COHb)_n \tag{4}$$

---

[1] BOCK, J.: Zentralbl. f. Physiol. Bd. 8, S. 385. 1894; — Die Kohlenoxydvergiftung. (Dänisch.) Kopenhagen 1895.

[2] HÜFNER, G.: Arch. f. (Anat. u.) Physiol. 1895, S. 213.

[3] HALDANE, J.: Journ. of physiol. Bd. 18, S. 453. 1895.

[4] Vgl. demgegenüber bezüglich des Verhaltens von Hundeblut die Angaben von M. NICLOUX (Cpt. rend. hebdom. des séances de l'acad. des sciences Bd. 157, S. 1425. 1913 u. Bd. 158, S. 363. 1914).

[5] Die Dissoziationskurve des CO-Hämochromogens entspricht auch unter diesen Bedingungen einer Hyperbel (M. L. ANSON u. A. E. MIRSKY: Journ. of physiol. Bd. 59, S. XIII. 1924).

[6] DOUGLAS, C., J. S. HALDANE und J. B. HALDANE: Journ. of physiol. Bd. 44, S. 275. 1912.

[7] LILJESTRAND: Dieser Band S. 444.

und nach dem Massenwirkungsgesetz Gleichung (2) dementsprechend in

$$\frac{[(COHb)_n]}{[CO]^n\,[(Hb)_n]} = \text{konst.} , \tag{5}$$

worin n die *durchschnittliche* Zahl der im Aggregat vorhandenen Moleküle bedeutet. Sinngemäß wird aus Gleichung (3) dann

$$\frac{x}{p_{CO}^n\,(100 - x)} = K , \tag{6}$$

worin K nun ganz allgemein eine Konstante darstellt, die nur im einfachen Falle $n = 1$ in salzfreier Lösung mit derjenigen der Gleichung (3) identisch wird. Nur in diesem Falle haben wir also eine Hyperbelform der Kurve zu erwarten. Wir haben hier also *formal* genau dieselbe Gleichung wie für die Sauerstoffbindung[1]. Aus Gleichung (3) und (6) ersieht man ohne weiteres, daß derjenige CO- oder O_2-Druck, für den der vorhandene Blutfarbstoff gerade zu 50 % in COHb bzw. O_2Hb umgewandelt ist, unmittelbar ein Maß für die Gleichgewichtskonstante und damit für die Affinität zwischen Kohlenoxyd oder Sauerstoff und dem Blutfarbstoff darstellt. Für den Fall der Gleichung (3) wird dieser Druck gleich dem reziproken Wert der Konstanten. Wir bezeichnen diesen in mm Hg gemessenen Druck im folgenden als *„Halbwertsspannung"*. Die diesem Druck entsprechende Konzentration des physikalisch gelösten Gases in ccm (unter Normalbedingungen) pro 1 ccm Flüssigkeit heiße sinngemäß *„Halbwertskonzentration"*.

Es bedarf kaum eines Hinweises darauf, daß die Kurve der Kohlenoxydbindung je nach der Temperatur verschieden verlaufen wird. Da die Vereinigung von CO mit Blutfarbstoff zu COHb ein *exothermer* Vorgang ist, wird nach dem Prinzip vom „beweglichen Gleichgewicht" (van 't Hoff) mit zunehmender Temperatur das Gleichgewicht nach der Seite der Ausgangsstoffe verschoben. Nach welcher speziellen Form auch die Reaktion im Sinne der Gleichung (6) verläuft, jedenfalls wird die Gleichgewichtskonstante K mit steigender Temperatur kleiner werden, im umgekehrten Falle dagegen wachsen.

Aus den Untersuchungen von Douglas, Haldane und Haldane[2] an Menschen- und Mäuseblut ergibt sich weiterhin, daß auch mit zunehmender CO_2-Spannung die CO-Sättigungskurve immer flacher verläuft (Abb. 17, S. 125). Es macht sich also hier genau der gleiche Einfluß geltend, wie es früher Bohr, Hasselbalch und Krogh[3] für die Sauerstoffbindung am Hunde- und Pferdeblut beobachtet haben. Wie u. a. Barcroft und Murray[4] gezeigt haben, ist dieser CO_2-Effekt („Bohreffekt") lediglich einer Verschiebung der aktuellen Reaktion zuzuschreiben und kann durch jeden anderen Säurezusatz bei gleicher p_H-Verschiebung in demselben Maße bewirkt werden.

Alle Untersuchungen über die CO-Bindung bzw. über den Verlauf der Kurve setzen daher *gleiche Temperatur* und *gleiche Wasserstoffzahl* voraus, um untereinander vergleichbar zu sein.

---

[1] Die sog. Hillsche Gleichung, die lediglich eine Umformung obiger Gleichung (6) darstellt, wird gewöhnlich in folgender Form geschrieben:

$$\frac{y}{100} = \frac{K\,x^n}{1 + K\,x^n} .$$

Hierin bedeutet x die O_2- bzw. CO-Spannung, y die prozentische Sättigung des Hämoglobins mit O_2 bzw. CO.

[2] Douglas, C., J. S. Haldane u. J. B. Haldane: Journ. of physiol. Bd. 44, S. 275. 1912.

[3] Bohr, Chr., K. Hasselbalch u. Aug. Krogh: Skandinav. Arch. f. Physiol. Bd. 16, S. 402. 1904.

[4] Barcroft, J. u. C. D. Murray: Transact. of the roy. soc. of London, Ser. B, Bd. 211, S. 465. 1923.

Ferner ist bei derartigen Versuchen zu berücksichtigen, daß auch unter dem *Einfluß des Lichtes* die CO-Affinität des Blutfarbstoffes abnimmt (HARTRIDGE[1], HALDANE und SMITH[2]), so daß als fernere Bedingung für derartige Gleichgewichtsbestimmungen das Fernhalten von Licht verlangt werden muß, was in Unkenntnis der angegebenen Erscheinung früher verabsäumt wurde.

Unter den so definierten Bedingungen untersucht, ergab sich für das Blut von Menschen einerseits, von Mäusen andererseits ein sehr verschiedener Kurvenverlauf, der sich in letzterem Falle durch eine geringere Steilheit auszeichnete. Die Halbwertsspannung ist bei Mäuseblut annähernd viermal so hoch wie bei menschlichem Blut. Des weiteren zeigt sich aber, daß auch bei verschiedenen Individuen derselben Art ein unterschiedlicher Kurvenverlauf und damit verschiedene Halbwertsspannung gefunden wird. Diese ist im Blute von J. S. H. zu 0,057 mm, im Blute von C. G. D. jedoch zu annähernd 0,065 mm aus den Abbildungen von DOUGLAS, HALDANE und HALDANE[3] abzulesen; im Mäuseblut wurden noch viel beträchtlichere Differenzen gefunden (Abb. 17 u. 18[4]).

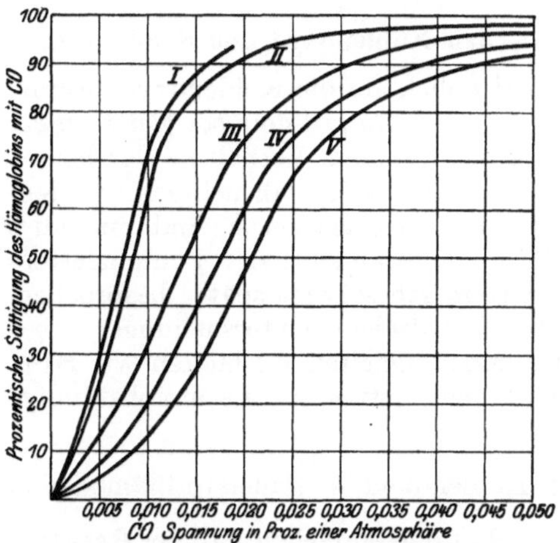

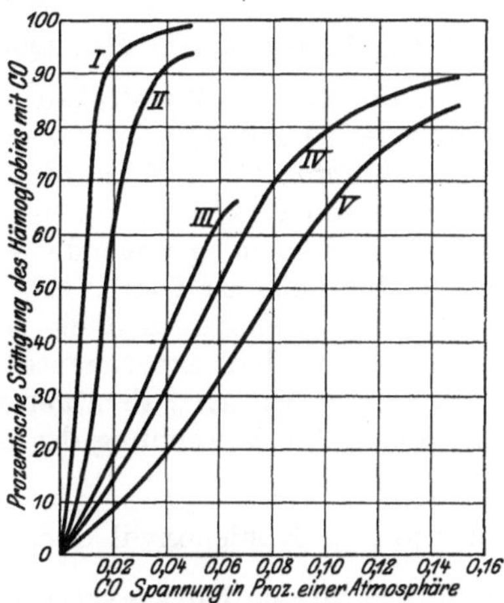

Abb. 17. Dissoziationskurven des Kohlenoxydhämoglobins bei schwankender CO_2-Spannung, Temp. 38°.
I = Blut von J. S. H. 0 mm CO_2-Spannung;
II = Blut von C. G. D. 0 mm CO_2-Spannung;
III = Blut von C. G. D. 19 mm CO_2-Spannung;
IV = Blut von C. G. D. 42 mm CO_2-Spannung;
V = Blut von C. G. D. 79 mm CO_2-Spannung.
(Nach C. DOUGLAS, J. S. HALDANE und J. B. HALDANE.)

Abb. 18. Dissoziationskurven des Kohlenoxydhämoglobins (Menschenblut und Mäuseblut), Temp. 38°.
I = Blut von C. G. D. 0 mm CO_2-Spannung;
II = Blut von C. G. D. 42 mm CO_2-Spannung;
III = Blut von Maus E. 0 mm CO_2-Spannung;
IV = Blut von Maus E. 40 mm CO_2-Spannung;
V = Blut von Maus F. 40 mm CO_2-Spannung.
(Nach C. DOUGLAS, J. S. HALDANE und J. B. HALDANE.)

Vergleicht man *im selben Blut* die Halbwertsspannung für die Kohlenoxyd- und für die Sauerstoffbindung, so zeigen sich auch hier nicht unbeträchtliche Unterschiede nach Individuen und Arten. Die Halbwertsspannungen für CO und O_2 im Blute von C. G. D. beispielsweise verhalten sich wie 1 : 235, für Mäuseblut wurde dasselbe Verhältnis als 1 : 148 bestimmt. Mit anderen Worten, die relativen Affinitäten gegenüber den beiden Gasen wechseln nicht unbedeutend, wie dies auch KROGH[5], NICLOUX[6] u. a. gezeigt haben.

<hr>

[1] HARTRIDGE, H.: Journ. of physiol. Bd. 44, S. 21. 1912.
[2] HALDANE, J. S. u. J. L. SMITH: Journ. of physiol. Bd. 20, S. 504. 1896.
[3] DOUGLAS, C., J. S. HALDANE u. J. B. HALDANE: Journ. of Physiol. Bd. 44, Fig. 4 u. 5 auf S. 287 u. 289. 1912.
[4] Die Abb. 17 u. 18 in der vorliegenden Form sind dem Kapitel von J. BOCK in Heffters Handb. Bd. I, S. 16. Berlin: Julius Springer 1923, entnommen.
[5] KROGH, AUG.: Skandinav. Arch. f. Physiol. Bd. 23, S. 218. 1920.
[6] NICLOUX, M.: Journ. de phys. et de pathol. gén. Bd. 16, S. 69 u. 145. 1914.

Barcroft[1] und Hill[2] wiesen darauf hin, daß der S-förmige Verlauf der CO-Kurven in den verschiedenen, von Douglas, Haldane und Haldane untersuchten Fällen dem nach der Hillschen Formel berechneten entspricht, während die letzteren Autoren unter Übernahme der Aggregationshypothese eine kompliziertere Gleichung mit 3 Konstanten ableiteten[3].

Wegen gewisser Schwierigkeiten bei der Anwendung der Hillschen Formel vergleiche die späteren Ausführungen auf S. 127 und das Kapitel „Physiologie der Blutgase" in diesem Band[4].

In der Hillschen Formel ist definitionsgemäß für bestimmtes Blut n eine gegebene Größe, so daß nur die Gleichgewichtskonstanten für die Reaktion mit CO und O_2 sich unterscheiden. Durch Multiplikation der Abszisse mit einem passenden Faktor gelingt es daher, die beiden Kurven für das gleiche Blut miteinander zur Deckung zu bringen. Dasselbe ist der Fall für die durch Veränderung der CO_2-Spannung verschobenen Kurven. Auch in diesem Falle bleibt n unverändert (Douglas, Haldane und Haldane[5], Barcroft[6]).

c) Die Verteilung des Hämoglobins zwischen Kohlenoxyd und Sauerstoff.

Von besonderer Wichtigkeit gerade im Hinblick auf die Kohlenoxydwirkung im lebenden Organismus ist die Frage, *wie sich der Blutfarbstoff bei gleichzeitiger Anwesenheit von CO und Sauerstoff* und bei wechselndem Verhältnis der beiden Gase zueinander zwischen ihnen verteilt. Als einfachsten Fall nehmen wir denjenigen an, in dem genügende Mengen der beiden Gase gelöst sind, um alles Hämoglobin teils zu O_2Hb, teils zu COHb umzuwandeln; der kompliziertere Fall gleichzeitiger Anwesenheit von reduziertem Hb sei erst später besprochen. Die grundlegenden experimentellen und theoretischen Untersuchungen über die in den genannten Fällen geltenden Gesetzmäßigkeiten verdanken wir Hüfner[7], der unter Anwendung des Massenwirkungsgesetzes auf die unvollständige Reaktion

Sauerstoff + Kohlenoxydhämoglobin $\rightleftarrows$ Kohlenoxyd + Sauerstoffhämoglobin

die Formel für den Kurvenverlauf ableitete. Für den einfachen Fall der Reaktion nach Gleichung (1) und sinngemäß für die entsprechende Reaktion mit Sauerstoff ergibt sich die Gleichgewichtsbedingung zu:

$$\frac{[O_2Hb]\,[CO]}{[COHb]\,[O_2]} = \frac{k_0}{k_{CO}} = K\,. \tag{7}$$

Hierin bedeutet die Konstante das Verhältnis der Gleichgewichtskonstanten der beiden Einzelreaktionen. Bezeichnet man mit x die prozentische Sättigung des vorhandenen Hämoglobins mit Kohlenoxyd und führt man wie früher statt der Konzentrationen der gelösten Gase ihre Partialdrucke (p_{CO} und p_0) ein, so wird, wenn α_{CO} und α_0 die zugehörigen Absorptionskoeffizienten bedeuten:

$$\frac{p_{CO}}{p_0} = K \cdot \frac{\alpha_0}{\alpha_{CO}} \cdot \frac{x}{100-x} = K' \cdot \frac{x}{100-x}\,. \tag{8}$$

---

[1] Barcroft, J.: Biochem. journ. Bd. 7, S. 481. 1913.

[2] Hill, A. V.: Biochem. journ. Bd. 7, S. 471. 1913.

[3] Douglas, C., J. S. Haldane u. J. B. Haldane: Journ. of physiol. Bd. 44, S. 301 ff. 1912.

[4] Liljestrand: Dieser Band S. 444.

[5] Douglas, C., J. S. Haldane u. J. B. Haldane: Journ. of physiol. Bd. 44, S. 288. 1912.

[6] Barcroft, J.: Biochem. journ. Bd. 9, S. 490. 1913.

[7] Hüfner, G., u. R. Külz: Journ. f. prakt. Chem. Bd. 136, S. 256. 1883. — Hüfner, G.: Ebenda Bd. 138, S. 68. 1884.

Dieser Gleichung gemäß müßte also der Kurvenverlauf für die CO-Bindung bei wechselnder CO-Spannung und gegebener O_2-Spannung derjenige einer rechtwinkligen Hyperbel sein. Mit anderen Worten, es müßte das Verhältnis von COHb und O_2Hb direkt proportional dem Verhältnis der Partialdrucke von Kohlenoxyd und Sauerstoff sein.

Nun sind aber die Voraussetzungen für Gleichung (7) nach der Aggregationshypothese nicht gegeben. Läßt man die Zahl n der im Molekülaggregat durchschnittlich zusammengetretenen Moleküle in die Rechnung eingehen, so ergeben sich, wie man leicht prüfen möge, je nach dem Werte von n für die Verteilung des Blutfarbstoffes zwischen O_2 und CO Beziehungen, für die von einer einfachen Proportionalität zum Verhältnis der Partialdrucke beider Gase keine Rede sein kann. Um so erstaunlicher ist es daher, daß, wie DOUGLAS, HALDANE und HALDANE[1] zeigten, bei der Einwirkung von Luft-Kohlenoxydgemischen sich in der Tat hyperbolische Kurven für den Prozentsatz des bei verschiedenen Kohlenoxyddrucken gebildeten COHb ergeben. Diese Feststellungen an Blut von Menschen und Mäusen wurden von anderen Autoren nachgeprüft und für Blut der verschiedensten Tiere bestätigt (ANSON, BARCROFT, MIRSKY, OINUMA)[2]. Durch welche Hilfshypothese einerseits HILL[3] einen solchen Kurvenverlauf verständlich zu machen sucht, andererseits welche Annahmen die genannten anderen Autoren bei der Ableitung ihrer komplizierteren Gleichung machen, das zu erörtern würde hier zu weit führen. Wir können um so eher darauf verzichten, als ja an einer anderen Stelle dieses Handbuchbandes die Verhältnisse eingehend erörtert und kritisch besprochen werden. Ob die neuere CONANTsche Hypothese (vgl. S. 105 voriges Kapitel), die ja der Annahme eines vierfachen Molekulargewichts für das Hb Rechnung trägt, auch für das eben angedeutete Verhalten eine zwanglosere Erklärung abgibt als die mit der Aggregationshypothese in Zusammenhang stehende, ist meines Wissens mathematisch noch nicht durchgeprüft.

Die umseitige Abbildung bringt nach DOUGLAS, HALDANE und HALDANE[4] Versuche zur Darstellung, die an je zwei Menschen und zwei Mäusen angestellt wurden (Abb. 19).

Wie man sieht, weisen die Kurven nicht unbeträchtliche Unterschiede auf. Sie finden sich auch hier wieder sowohl zwischen Mensch und Maus als auch bei verschiedenen Individuen. Bei einer CO-Spannung, die für die einzelnen Blutsorten zwischen 0,075 und 0,15% einer Atmosphäre beträgt, ist die Hälfte des Hämoglobins in COHb umgewandelt.

Aus den experimentellen Daten bei DOUGLAS und HALDANE ergibt sich aber noch folgendes. Die Konstante K' der Gleichung (8), also das Verhältnis der Spannungen von Kohlenoxyd und Sauerstoff für den Fall, daß die Hälfte des Blutfarbstoffs in COHb, die andere Hälfte in O_2Hb umgewandelt ist, ergibt sich gleich dem Verhältnis der Halbwertsspannungen für O_2 und CO bei alleiniger Anwesenheit nur eines der beiden Gase. Mit anderen Worten, bei gleichzeitiger Gegenwart von O_2 und CO in einer zur vollen Sättigung des Hämoglobins ausreichenden Menge stellt sich ein Gleichgewicht ein, *geradeso als spiele sich die einfache Reaktion ab*:

$$O_2 + COHb \rightleftarrows CO + O_2Hb .$$

---

[1] DOUGLAS, C., J. S. HALDANE u. J. B. HALDANE: Journ. of physiol. Bd. 44, S. 275. 1912.

[2] ANSON, M. L., J. BARCROFT, A. E. MIRSKY u. J. OINUMA: Proc. of the roy. soc. of London, Ser. B, Bd. 97, S. 68. 1925.

[3] HILL, A. V.: Biochem. journ. Bd. 7, S. 471. 1913.

[4] DOUGLAS, C., J. S. HALDANE u. J. B. HALDANE: Journ. of physiol. Bd. 44, S. 278. 1912.

Auf den Verlauf der Verteilungskurve ist mäßige Veränderung der aktuellen Reaktion (vgl. die Kreuze auf Abb. 19), Verdünnung des Blutes und Zusatz verschiedener Salze ohne jeden Einfluß, wie dies Douglas und Haldane[1] sowie Hartridge[2] zeigten.

Hieraus ist mit den genannten Autoren der Schluß zu ziehen, daß bei ein und demselben Blute der Einfluß der angegebenen Faktoren sich auch in identischer Weise auf den Einzelverlauf der Sauerstoff- und der Kohlenoxydbindungskurve geltend macht. Genau das Gegenteil ist von der Temperatur und der

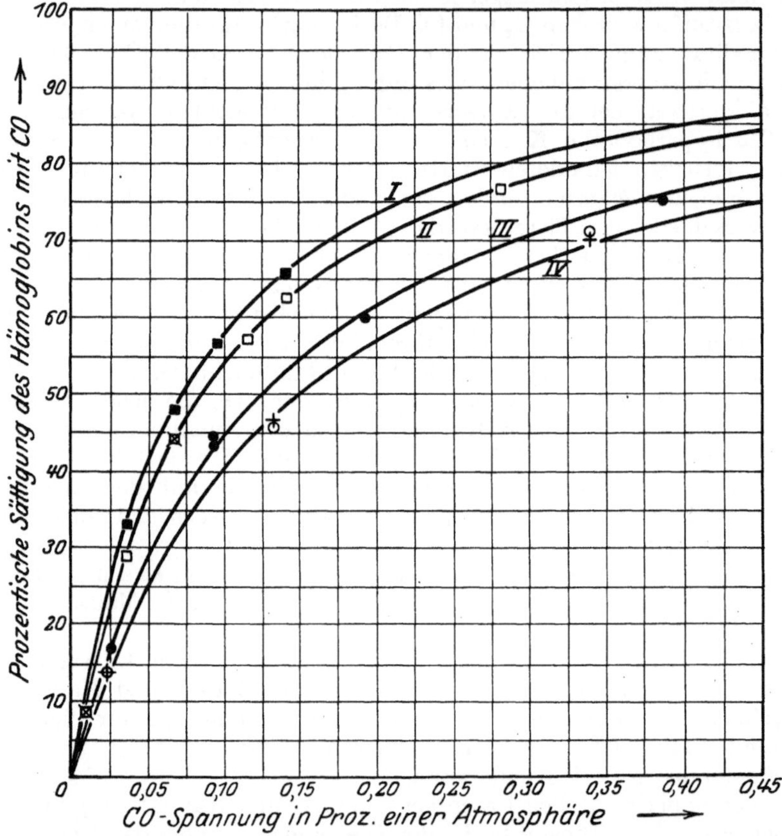

Abb. 19. Prozentische Sättigung des Hämoglobins mit CO bei konstanter O_2-Spannung (Gegenwart von Luft mit 20,9% O_2) und schwankender CO-Spannung. Temp. 38°. Die Kreuze zeigen diejenigen Werte an, die bei Hinzufügen von CO_2 unter einem Druck von 40 mm erhalten wurden. *I* = Blut von J. S. H.; *II* = Blut von C. G. D.; *III* = Blut von Maus A; *IV* = Blut von Maus B. (Nach C. Douglas, J. S. Haldane und J. B. Haldane.)

Belichtung zu sagen, die von verschiedenem Einfluß auf die Einzelkurven sind. Veränderungen dieser beiden Faktoren verschieben daher den Verlauf der Verteilungskurve sehr merklich.

Bei der *Belichtung* verschiebt sich das Gleichgewicht nach der Seite des Oxyhämoglobins, wie dies bereits Haldane und Smith[3] früher angaben. Denn während die Dissoziation des O_2Hb vom Licht unbeeinflußt bleibt, ist, wie schon erwähnt, die CO-Bindung an den Blutfarbstoff lichtempfindlich. Hierbei

---

[1] Douglas, C., J. S. Haldane u. J. B. Haldane: Journ. of physiol. Bd. 44, S. 275. 1912.
[2] Hartridge, H.: Journ. of physiol. Bd. 44, S. 22. 1912.
[3] Haldane, J. S. u. J. L. Smith: Journ. of physiol. Bd. 20, S. 504. 1896.

sind die ultravioletten Strahlen die wirksamsten (HARTRIDGE)[1], eine Tatsache, die experimentell therapeutisch ausgenutzt wurde[2]. Obwohl die Verschiebung des Verteilungsgleichgewichts also nicht etwa auf einer Zunahme der Sauerstoffaffinität des Hämoglobins bei Belichtung beruht, findet HARTRIDGE dennoch die *Gegenwart von Sauerstoff* für den Rückgang der CO-Bindung notwendig.

Mit sinkender Temperatur verschiebt sich das Gleichgewicht zugunsten des Kohlenoxydhämoglobins, wie DOUGLAS und HALDANE, HARTRIDGE u. a. in Berichtigung früherer Angaben fanden. Bei gleichem Prozentgehalt eines Luftgemisches an Kohlenoxyd wird bei niederer Temperatur viel mehr COHb gebildet als bei höherer Temperatur. Das Verhalten von Mäuseblut in Versuchen von DOUGLAS und HALDANE bei verschiedener Temperatur veranschaulicht folgende Zusammenstellung nach BOCK:

Blut von	Prozent Kohlenoxyd in atmosphärischer Luft	Prozent Kohlenoxydhämoglobin	
		37°	13°
Maus Nr. 1	0,0503	32,7	46,2
„ „ 2	0,127	51,6	59,0
„ „ 3	0,127	47,8	56,7
„ „ 4	0,127	57,5	63,7

Dieser Temperatureffekt ist eine notwendige Folge der *verschiedenen* Beeinflussung der Sauerstoff- und der Kohlenoxydbindungskurven des Blutfarbstoffes. Aus der VAN 'T HOFFschen Reaktionsisochore

$$\frac{d\ln K}{dT} = -\frac{U}{RT^2}$$

folgt unmittelbar, daß sich der Einfluß der Temperatur auf das Gleichgewicht

$$\text{Sauerstoff} + \text{Hämoglobin} \rightleftarrows \text{Oxyhämoglobin},$$

als der Reaktion mit *geringerer Bildungswärme*, durch eine geringere Verschiebung nach der rechten Seite der Gleichung bei Temperaturabfall geltend macht, als dies für die Reaktion mit *größerer Bildungswärme*:

$$\text{Kohlenoxyd} + \text{Hämoglobin} \rightleftarrows \text{Kohlenoxydhämoglobin}$$

der Fall ist. Vgl. BERTHELOT[3], DU BOIS-REYMOND[4], ADOLPH und HENDERSON[5], BROWN und HILL[6].

Bei der Darstellung der Kurve auf Grund der Gleichung (8) wird übrigens dieser Temperatureffekt verringert zum Ausdruck gebracht, da das Verhältnis der Absorptionskoeffizienten der beiden Gase, das als Faktor in die Konstante eingeht, mit sinkender Temperatur wächst.

An dieser Stelle bleibe nicht unerwähnt, daß die Frage der Absorptionskoeffizienten der Gase in der Blutflüssigkeit stets gewisse Schwierigkeiten machte; da O_2 und CO mit dem Blutfarbstoff reagieren, ist man auf indirekte Methoden

---

[1] HARTRIDGE, H.: Journ. of physiol. Bd. 44, S. 22. 1912.

[2] MACHT, D. J., u. S. S. BLACKMANN: Journ. of pharmacol. a. exp. therapeut. Bd. 23, S. 142. 1924.

[3] BERTHELOT: La chaleur animale Bd. I, S. 76; Cpt. rend. hebdom. des séances de l'acad. des sciences Bd. 109, S. 776. 1889.

[4] DU BOIS-REYMOND: Arch. f. (Anat. u.) Physiol. 1914, S. 237.

[5] ADOLPH u. HENDERSON: Journ. of biol. chem. Bd. 50, S. 463. 1919.

[6] BROWN, W. E. L. u. A. V. HILL: Proc. of the roy. soc. of London, Ser. B, Bd. 94, S. 297. 1923.

der Löslichkeitsbestimmung angewiesen. (Vgl. HÜFNER[1], BOHR[2], BUTTER-FIELD[3].) Teilweise wurde auch einfach der Wasserwert in die Formeln eingesetzt. Nach neueren direkten Bestimmungen von O'BRIEN und PARKER[4] ist der CO-Absorptionskoeffizient in Serum und Plasma identisch, jedoch nur etwa drei Viertel so hoch wie der für Wasser. Die von diesen Autoren bestimmten Löslichkeitswerte des CO in Serum und Wasser für verschiedene Temperaturen zeigt nebenstehende Zusammenstellung.

Tabelle 3. Absorptionskoeffizient des Kohlenoxyds in Serum und Wasser.

1. Temperatur C.	2. Absorptions- koeffizient für Serum	3. Absorptions- koeffizient für Wasser	2 : 3
15	0,0203	0,0253	0,80
20	0,0181	0,0236	0,77
25	0,0161	0,0213	0,76
30	0,0145	0,0198	0,73
37	0,0129	0,0179	0,72

Wenn die Spannungen der beiden Gase CO und O_2 *zur vollen Sättigung* des Blutfarbstoffes *nicht ausreichen*, dann werden die Verhältnisse zunächst etwas weniger übersichtlich.

Läßt man nämlich bei konstanter niederer CO-Spannung den O_2-Druck von annähernd 1 Atmosphäre mehr und mehr absinken, und zeichnet die hierbei gefundenen prozentischen Werte für die CO-Sättigung des Hämoglobins ein, so findet man nach DOUGLAS und HALDANE folgendes Verhalten: Die bei hohen O_2-Spannungen der Hyperbelform folgenden Kurven biegen bei einer bestimmten niederen O_2-Spannung mit einem Höcker zur Abszisse um. Bei niederer O_2-Spannung im Blute bindet also in diesem Falle der Blutfarbstoff von dem vorhandenen CO mehr als bei völliger Abwesenheit von Sauerstoff. Selbst bei einem CO-Druck, der *allein* zu einer 50 proz. Sättigung des Blutfarbstoffes ausreichen würde, zeigt sich nach den genannten Autoren noch der begünstigende Einfluß einer kleinen Menge Sauerstoff. Das zahlenmäßige Verhalten ersieht man aus den beiden Abbildungen, auf denen punktiert der hyperbolische Verlauf der CO-Bindungs-

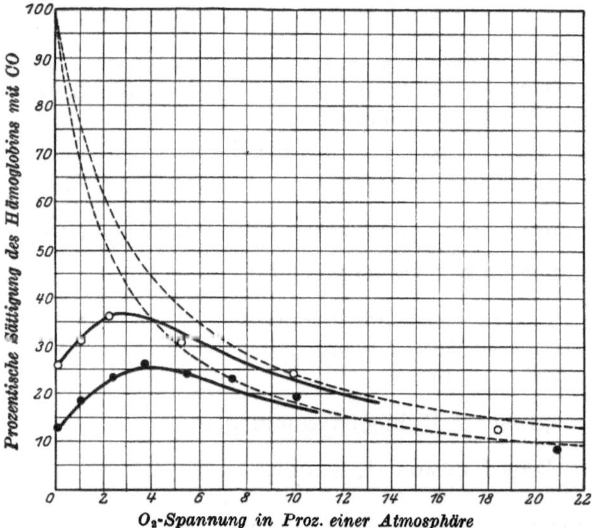

Abb. 20. Prozentische Sättigung des Hämoglobins mit CO bei konstanter CO-Spannung und schwankender O_2-Spannung in Gegenwart von 40 mm CO_2-Druck. Temperatur 38°. Blut von C. G. D. ○ Experimentelle Werte bei einem CO-Gehalt von 0,0122%, ● „ „ „ „ „ „ 0,00854%. Die ausgezogenen Kurven sind berechnet. Weitere Erläuterungen siehe im Text. (Nach C. DOUGLAS, J. S. HALDANE u. J. B. HALDANE.)

kurve angedeutet ist, wie er zu erwarten wäre, wenn die vorhandene CO-Menge allein zur 100 proz. Sättigung des Hb ausreichen würde. (Abb. 20 u. 21.)

[1] HÜFNER, G.: Arch. f. (Anat. u.) Physiol. 1894, S. 130; 1895, S. 229 u. Zeitschr. f. physikal. Chem. Bd. 57, S. 611. 1907.

[2] BOHR, C.: Nagels Handb. d. Physiol. d. Menschen Bd. I, S. 54. 1909 u. Skandinav. Arch. f. Physiol. Bd. 17, S. 104. 1905.

[3] BUTTERFIELD, E. E.: Hoppe-Seylers Zeitschr. f. physiol. Chem. Bd. 62, S. 210. 1909.

[4] O'BRIEN, H. R. u. W. L. PARKER: Journ. of biol. chem. Bd. 50, S. 289. 1922.

Douglas und Haldane berechnen den Kurvenverlauf in guter Übereinstimmung mit dem experimentell gefundenen unter der einfachen Annahme, daß die relativen Mengen des gebildeten COHb und O_2Hb stets vom Verhältnis der CO- und O_2-Spannung und von der relativen Affinität zu diesen Gasen abhänge, und zwar auch dann, wenn neben COHb und O_2Hb auch noch reduziertes Hb vorhanden ist[1]. Man hat daher nach Douglas und Haldane auch zu erwarten, daß umgekehrt bei niederen Sauerstoffpartialdrucken, wenn gleichzeitig CO unter niederem Druck vorhanden ist, das Hämoglobin mehr Sauerstoff binden kann, als bei

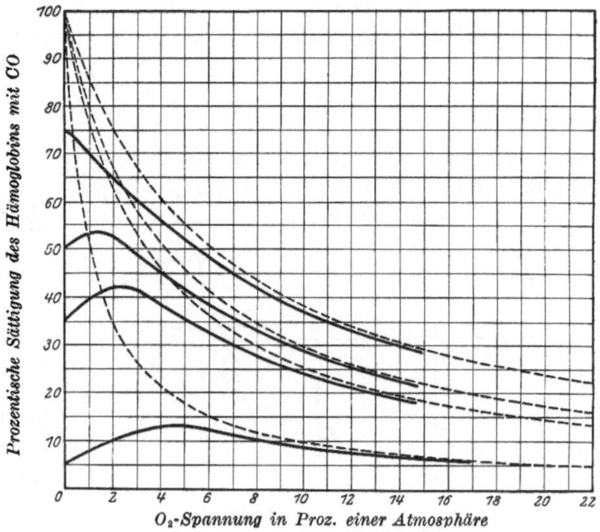

Abb. 21. CO-Bindungskurven bei konstanter, zur Sättigung von 5, 35, 50 und 75% des Blutfarbstoffes ausreichender CO-Spannung und wechselnder O_2-Spannung. 40 mm CO_2. Temperatur 38°. Nähere Erläuterungen siehe im Text. (Nach C. Douglas, J. S. Haldane und J. B. Haldane.)

völliger Abwesenheit von CO. Unter entsprechenden Voraussetzungen ist die Kurve auf Abb. 24, S. 138, von Haldane berechnet.

Man vergleiche gegenüber diesen Autoren die theoretischen Ableitungen bei A. V. Hill[2] und Barcroft[3].

d) Beziehungen zwischen Spektrum und Gasbindung bei Hämoglobin verschiedener Herkunft.

Die Differenz zwischen dem α-Streifen des O_2Hb und demjenigen des COHb, die „Spanne", schwankt beim Blutfarbstoff verschiedener Tiere, worauf früher bereits hingewiesen wurde. Anson, Barcroft, Mirsky und Oinuma[4], die diese Verhältnisse eingehend studierten, fanden nun eine interessante Beziehung zwischen dem zahlenmäßigen Wert der Spanne (gemessen in Ångströmeinheiten) und der Gleichgewichtskonstante für die mehrfach erwähnte Reaktion

$$O_2 + COHb \rightleftarrows CO + O_2Hb,$$

nach der sich dem Kurvenverlauf entsprechend die Verteilung des Blutfarbstoffes zwischen beiden Gasen abzuspielen scheint.

Die Konstante K der Gleichung (7) ist ja gleich dem Verhältnis der in Lösung vorhandenen Konzentrationen der Gase CO und O_2, für den Fall, daß gerade je 50% des Blutfarbstoffes als COHb bzw. als O_2Hb vorhanden sind. Wie sich aus einem Vergleich von Gleichung (7) und Gleichung (8) ergibt, ist dieses Verhältnis der *Konzentrationen in der Lösung* aus denjenigen der *Partialdrucke*

[1] Douglas, C., J. S. Haldane u. J. H. Haldane: Journ. of physiol. Bd. 44, S. 290ff. 1912.
[2] Hill, A. V.: Biochem. journ. Bd. 7, S. 471. 1913 u. Bd. 15, S. 577. 1921.
[3] Barcroft, J.: Biochem. journ. Bd. 7, S. 481. 1913.
[4] Anson, M. L., J. Barcroft, A. E. Mirsky u. J. Oinuma: Proc. of the roy. soc. of London, Ser. B. Bd. 97, S. 68. 1925.

der Gase über der Lösung unter Berücksichtigung des Verhältnisses der Absorptionskoeffizienten für jede beliebige Temperatur leicht zu berechnen; denn es gilt

$$K_{\text{(Gleichung 7)}} = K'_{\text{(Gleichung 8)}} \cdot \frac{\alpha_{CO}}{\alpha_0} \,.$$

Für Blut und krystallisierten Blutfarbstoff verschiedener Herkunft wurde auf diese Weise K und die Spanne (S) experimentell bestimmt. Die Aufzeichnung von $1/K$* als Funktion von S ergibt, daß die gefundenen Punkte sich um eine sehr wohldefinierte Kurve ordnen (Abb. 22).

Trägt man den negativen Logarithmus von K als Ordinate auf (Abb. 23), so sieht man, daß für 13 verschiedene Tierarten die gefundenen Punkte etwa auf einer Geraden liegen, die der Gleichung entspricht

$$- \log K = 0{,}05\, S$$

(S in Ångströmeinheiten).

Das Verhalten ändert sich nicht bei der Verwendung von krystallisiertem Hämoglobin.

Für die zugehörigen *Hämochromogene* fanden sich die Differenzen der Spanne *nicht*, wie dies bereits früher erwähnt wurde. Vgl. auch die Untersuchungen von R. Hill[1].

Nun ist aber der Logarithmus der Gleichgewichtskonstante ein unmittelbarer Ausdruck für die Änderung der „freien Energie" bei der Reaktion

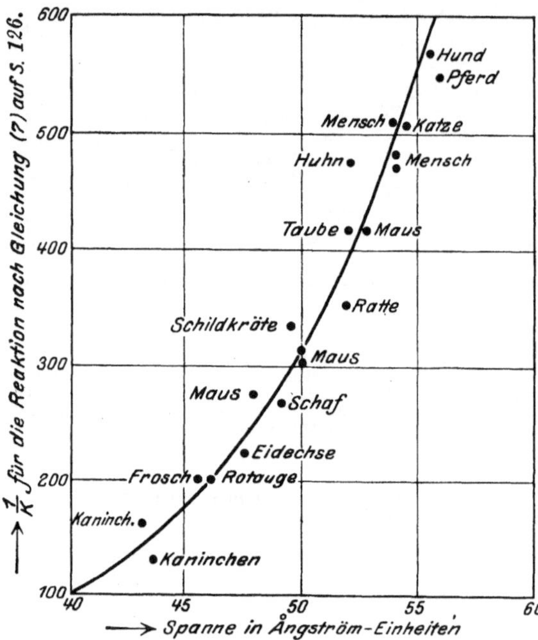

Abb. 22. Ordinate = reziproke Werte der Gleichgewichtskonstante für die Gleichung $\frac{[O_2Hb]}{[COHb]} = K \cdot \frac{[O_2]}{[CO]}$, worin $\frac{[O_2]}{[CO]}$ das Verhältnis der *Konzentrationen* der beiden Gase in der *Lösung* bedeutet. Abszisse = Abstand der Absorptionsmaxima der α-Streifen für O$_2$Hb und COHb. (Nach Anson, Barcroft, Mirsky und Oinuma.)

$$O_2 + COHb \rightleftarrows CO + O_2Hb;$$

denn es ist ja nach den Prinzipien der Thermodynamik die maximale Arbeit $A = -RT \ln K$ (van 't Hoff)[2].

Nach Anson, Barcroft, Mirsky und Oinuma zeigt sich also, daß die Änderung der freien Energie des Systems und die gegenseitige Verschiebung der Streifen in linearer Abhängigkeit voneinander stehen, eine zweifellos nicht vorauszusehende einfache Beziehung.

Die genannten Autoren finden u. a. ähnliche Beziehungen für die Änderung der Dissoziationskurve des O$_2$Hb mit der Temperatur (Brown und Hill[3]) einerseits und der ebenfalls mit der Temperatur erfolgenden Verschiebung des

---

* Die im Text und auf den Abbildungen der Originalarbeit als Gleichgewichtskonstante mit K bezeichnete Größe entspricht nach unserer bisherigen Definition der obigen Größe $1/K$. Statt K und $\log K$ ist daher hier stets $1/K$ bzw. $-\log K$ eingesetzt.

[1] Hill, R.: Proc. of the roy. soc. of London, Ser. B, Bd. 100, S. 419. 1926.

[2] Vgl. Nernst: Theoretische Chemie. 7. Aufl. S. 727 u. 730. 1913.

[3] Brown, W. E. u. A. V. Hill: Proc. of the roy. soc. of London, Ser. B, Bd. 94, S. 297. 1923.

Streifens (HARTRIDGE[1]) andererseits. Sind C_{t_1} und C_{t_2} die Halbwertskonzentrationen bei den Temperaturen t_1 und t_2 und bedeuten A_{t_1} und A_{t_2} die Maxima der Streifen in Ångströmeinheiten, so ergeben sich Kurven, die folgender linearer Gleichung entsprechen:

$$\log \frac{1}{C_{t_1}} - \log \frac{1}{C_{t_2}} = 0{,}049\,(A_{t_1} - A_{t_2})\,,$$

also, wie man sieht, die gleiche zahlenmäßige Beziehung für die Verschiebung[2].

Wenn das wohl sicher mehr als ein Zufall ist, so ist doch ausdrücklich zu sagen, daß für die Reaktion $Hb_n + nO_2 \rightleftarrows (HbO_2)_n$ die reziproken Halbwertskonzentrationen jedenfalls nicht gleich den K-Werten sind, so daß die Logarithmen der Konstanten sich erst durch Multiplikation von $\log 1/C$ mit einem Faktor ergeben.

Die mehrfach dargelegten individuellen Verschiedenheiten der Gasbindung finden also in dem optischen Verhalten ihre Parallele. Zweifellos sind sie auf die individuellen Eigentümlichkeiten des jeweiligen Eiweißpaarlings zurückzuführen, wenn uns auch noch jeder genauere Einblick in diese Zusammenhänge fehlt.

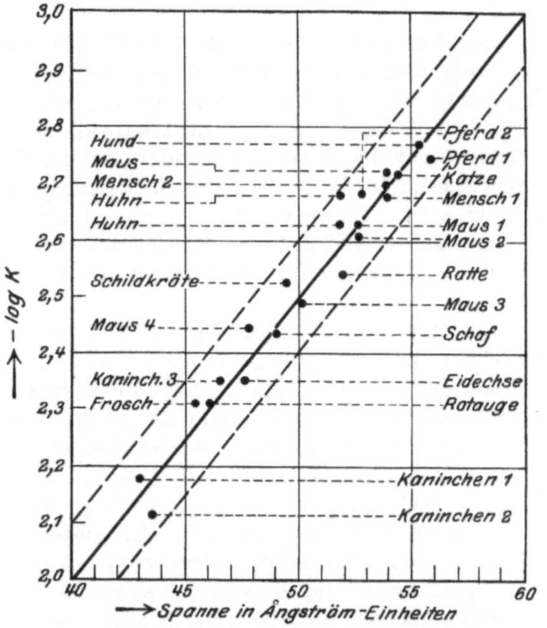

Abb. 23. Der Logarithmus von $1/K$ als Funktion der Spanne. Die ausgezogene Linie zeigt den mittleren Verlauf der Kurve an, die punktierten schließen die Versuchsfehler ein. (Nach ANSON, BARCROFT, MIRSKY und OINUMA.)

4. Weitere Angaben über das COHb.

Daß das COHb den gleichen *isoelektrischen Punkt* zeigt wie das O_2Hb (MICHAELIS und BIEN[3]), wurde bereits früher erwähnt; ebenso zeigte sich, wie verschiedentlich nachgewiesen wurde, daß das COHb annähernd dieselbe Stärke als Säure hat wie das O_2Hb[4]. Die frühere Annahme, daß nur die Dissoziationskonstante einer Säuregruppe, und zwar in identischer Weise erhöht wird, wenn Hb sich mit CO und O_2 vereinigt, hat sich neuerdings bestätigt (HASTINGS, SENDROY, MURRAY und HEIDELBERGER[5]).

Die Dissoziationskonstante dieser veränderlichen Gruppe beträgt bei 20° für

$$\text{red. Hb}\quad k'_r = 10^{-8{,}18},$$
$$\text{COHb}\quad k'_{CO} = 10^{-6{,}62},$$

---

[1] HARTRIDGE, H.: Journ. of physiol. Bd. 54, S. 128. 1921.

[2] Eine ähnliche Zahl ergab sich bei COHb für die *individuelle* Verschiebung der α-Streifen und die *individuelle* Änderung der Halbwertskonzentration.

[3] MICHAELIS, L. u. Z. BIEN: Biochem. Zeitschr. Bd. 67, S. 198. 1914.

[4] Man vergleiche hierzu die ausführlichen Erörterungen im vorigen Kapitel dieses Bandes, S. 100 ff.

[5] HASTINGS, A. B., J. SENDROY JR., MURRAY u. M. HEIDELBERGER: Journ. of biol. chem. Bd. 61, S. 317. 1924.

welch letzterer Wert in Übereinstimmung steht mit dem von denselben Autoren für das O_2Hb gefundenen.

Die Übereinstimmung zwischen O_2Hb und $COHb$ hinsichtlich des *magnetischen Verhaltens* (vgl. Gamgee[1], Haurowitz[2]) und der *katalytischen Eigenschaften* (vgl. Lipschitz[3], Robinson[4]) wurde ebenfalls bereits im vorigen Kapitel an den einschlägigen Stellen erwähnt, so daß hier auf eine Wiederholung verzichtet werden kann. Auch das *optische Drehungsvermögen* ist für beide Farbstoffe gleich[5].

$$[\alpha]_c = +10,0, \qquad \lambda \text{ der } C\text{-Linie} = 665\,\mu\mu\,.$$

Die Verschiedenheiten in der CO-Affinität der Hämoglobine verschiedener Herkunft und unter verschiedenen Bedingungen geben sicherlich eine gewisse Erklärung für die bekannten individuellen und zeitlichen Unterschiede im klinischen Verlauf einer CO-Intoxikation. Zweifellos sind aber auch noch andere Gründe dafür maßgebend, besonders für die Schnelligkeit, mit der bei gegebenen CO-Spannungen ein bestimmter Sättigungsgrad des vorhandenen Blutfarbstoffes erreicht wird. Wir verweisen wegen der hierhergehörigen Fragen der Resorptionsbedingungen des Kohlenoxyds und des Schicksals dieses Gases im Organismus auf die ausführlichen Darstellungen bei Bock[6], wo man auch die einschlägige Literatur findet.

Besonders Hartridge widmet sich in den letzten Jahren, ausgehend von Modellstudien[7], der Frage nach der Geschwindigkeit, mit der Sauerstoff und Kohlenoxyd in das Innere der Blutkörperchen eindringen. Die Aufnahmegeschwindigkeit für die beiden Gase ist bei intakten Blutkörperchen etwa 10 mal kleiner als nach Hämolyse und ist, jedoch nicht geradlinig, abhängig von der Konzentration des betreffenden Gases in der Lösung. Kohlenoxyd wird unter gleichen Bedingungen nur etwa halb so schnell aufgenommen wie Sauerstoff (Hartridge und Roughton[8]). In diesem Zusammenhange verdienen auch Angaben über veränderte Erythrocytenresistenz bei CO-Vergiftung ihre Beachtung (Olmer und Raybaud[9] sowie Douris[10]).

Die praktisch so wichtigen Fragen, bei welchem Sättigungsgrad des Blutes mit Kohlenoxyd und bei welchem CO-Gehalt der Luft der Tod eintritt, findet man ebenfalls bei Bock besprochen. Eine tabellarische Übersicht über die CO-Gleichgewichte bei Einatmung CO-haltiger Luft findet man bei Henderson[11], andere wichtige Zusammenstellungen bei Nicloux[12], der bekanntlich auch der eifrigste Verfechter der Anschauung vom normalen Vorhandensein von Kohlenoxyd im Blute ist[13]. Vgl. auch Liljestrand[14] und Bock[15].

---

[1] Gamgee, A. W.: Proc. of the roy. soc. of London Bd. 68, S. 503. 1901.

[2] Haurowitz, F.: Hoppe-Seylers Zeitschr. f. physiol. Chem. Bd. 137, S. 69. 1924.

[3] Lipschitz, W.: Hoppe-Seylers Zeitschr. f. physiol. Chem. Bd. 146, S. 1. 1925.

[4] Robinson, M. E.: Biochem. journ. Bd. 18, S. 255. 1924.

[5] Gamgee, A. W. u. A. Croft Hill: Hofmeisters Beitr. z. Physiol. Bd. 4, S. 1. 1904.

[6] Bock, J.: Heffters Handb. d. Pharmakol. Bd. I, S. 1ff. 1923. Wegen der Resorption von CO vom Peritoneum aus vgl. H. Fühner: Dtsch. med. Wochenschr. Jg. 47, S. 1393. 1921.

[7] Hartridge, H.: Journ. of physiol. Bd. 53, S. 75. 1920.

[8] Hartridge, H. u. F. I. W. Roughton: Journ. of physiol. Bd. 62, S. 232. 1927.

[9] Olmer, D. u. A. Raybaud: Cpt. rend. des séances de la soc. de biol. Bd. 88, S. 1310. 1923.

[10] Douris, R.: Bull. de l'acad. de méd. Bd. 97, S. 317. 1923.

[11] Henderson, Y.: Brit. med. journ. Nr. 3393, S. 41. 1926.

[12] Nicloux, M.: z. B. Ann. d'hyg. publ., industr. et soc. Bd. 4, S. 637. 1926; Presse méd. Bd. 29, S. 701. 1921.

[13] Vgl. z. B. Cpt. rend. hebdom. des séances de l'acad. des sciences Bd. 179, S. 1633. 1924 u. Skandinav. Arch. f. Physiol. Bd. 49, S. 190. 1926.

[14] Liljestrand: Dieses Handbuch, dieser Band S. 444.

[15] Bock, J.: Heffters Handb. d. Pharmakol. Bd. I, S. 44. 1923.

II. Das Kohlenoxyd als Blut- und Zellgift.

1. Allgemeines.

Wenn die Wirkung eines Giftes so offenkundig sich an einer physiologischen Funktion äußert, wie dies beim Kohlenoxyd der Fall ist hinsichtlich des gestörten Sauerstofftransportes, so ist es naheliegend, hierin die Ursache für die „Giftwirkung" überhaupt zu erblicken. Die Verwandlung des Blutfarbstoffes in das Kohlenoxydhämoglobin, dessen Eigenschaften in den bisherigen Abschnitten beschrieben wurden, ist also bei allen Deutungen vom Zustandekommen der Kohlenoxydvergiftung zunächst in den Vordergrund zu schieben, wie dies ja schulmäßig von jeher geschieht. CLAUDE BERNARD, HOPPE-SEYLER, LOTHAR MEYER sahen ja bereits hierin das Wesen der Vergiftung.

Immerhin läßt sich nicht leugnen, daß das Vergiftungsbild dem einer „Anoxämie" in mancher Hinsicht sich nicht befriedigend einfügt. LEWIN[1] bringt eine kritische Zusammenstellung einer Reihe derjenigen Einwände, die gegen die Auffassung sprechen, daß die akute Kohlenoxydvergiftung nur ein besonderer Fall von Asphyxie, eine Art Erstickung, sei, wie sie auch durch Sauerstoffentzug auf anderem Wege jederzeit zustande kommen könne. LEWIN lehnt alle diese Einwände, die sich auf abweichende Erscheinungen bei der CO-Vergiftung stützen, ab und gibt auf Grund seiner langen praktischen Erfahrung der Meinung Ausdruck, „daß es unmöglich ist, Gesetzmäßiges oder auch nur halbwegs Einheitliches über die Schnelligkeit des Ablaufs der Gaswirkung im Vergleich zu der Erstickung durch Sauerstoffmangel auszusagen". In einigen Punkten sind jedoch die experimentellen Tatsachen bei der akuten CO-Vergiftung mit der Annahme *lediglich der Anoxämie* als Ursache nicht zu erklären, teilweise stehen sie sogar in eigenartigem Gegensatz zu einer solchen Annahme. Um nur *ein* derartiges Beispiel anzuführen, sei hier eine Versuchsreihe von BOCK[2] erwähnt. BOCK stellte an Hunden Respirationsversuche an, aus denen einwandfrei hervorgeht, daß während der Kohlenoxydeinatmung die Sauerstoffaufnahme offenbar *nicht* geringer wurde. In weit fortgeschrittenem Vergiftungsstadium, wenn sich im Blute analytisch 70—75% des Hämoglobins als CO-Hämoglobin fanden, ergaben sich für den Sauerstoffverbrauch Zahlen, die denen unter normalen Verhältnissen entsprachen. HAGGARD und HENDERSON[3] fanden in ähnlichen Versuchen dasselbe, einmal sogar einen gegenüber der Normalperiode *gesteigerten* Sauerstoffverbrauch. So ergibt sich also das Paradoxon, daß *schwere asphyktische Erscheinungen bei unverändertem Sauerstoffverbrauch auftreten.* Möglichkeiten und Versuche, diese und andere Unstimmigkeiten befriedigend zu erklären, seien an dieser Stelle nicht erörtert. Das angeführte Beispiel soll nur demonstrieren, daß selbst im Bild der akuten Vergiftung durchaus nicht alles im reinen ist. Mancherlei Erscheinungen drängten die verschiedensten Autoren dazu, eine *unmittelbare Giftwirkung* des Gases *auf die Elemente des Zentralnervensystems* anzunehmen. Hierüber vergleiche man die Angaben bei BOCK und LEWIN, die beide übereinstimmend allen derartigen Versuchen ablehnend gegenüberstehen. So nimmt u. a. KOBERT[4] eine direkte CO-Wirkung auf das Nervensystem an. Er stützt sich dabei auf folgende Beobachtung: Beim Einatmen eines Gemisches von Sauerstoff mit mindestens 20% CO „treten schon in der ersten Minute fulminante Erscheinungen, wie heftige Krämpfe oder totale Paralyse der Glieder, ein, während das Blut anfangs noch keineswegs die zur

[1] LEWIN, L.: Die Kohlenoxydvergiftung, S. 98ff. 1920.
[2] BOCK, J.: Heffters Handb. d. Pharmakol. Bd. I, S. 63. 1923.
[3] HAGGARD, H. W. u. Y. HENDERSON: Journ. of biol. chem. Bd. 47, S. 421. 1921.
[4] KOBERT, R.: Lehrb. d. Intoxikationen Bd. II, S. 871. Stuttgart 1906.

Erklärung solcher Erscheinungen nötige Sättigung mit diesem Gift erreicht hat". Kobert hält das CO mit Geppert[1] für ein Gift, das eine primäre, spezifisch schädigende Einwirkung auf die Nervenzentren haben muß. Ja Kobert geht sogar noch weiter und ist der Meinung, daß wenigstens für den Menschen das CO nicht nur die Ganglienzellen des Gehirns, sondern auch periphere Nerven, sowie das Protoplasma der verschiedensten anderen Gewebe, wie das der Muskeln und Drüsen, schädigt und dadurch in denselben zu einer so rasch sich entwickelnden und so hochgradigen Degeneration Anlaß gibt, wie sie durch einfache, langsame Erstickung gar nicht zu erklären sei. Die Betrachtungen, die Kobert hinsichtlich der hochgradigen nervösen Erscheinungen anstellt, weist Bock als nicht stichhaltig zurück. Bei Einatmung derart hochprozentiger CO-Gemische, wie von Kobert angegeben, tritt schnell starke Dyspnoe ein, und der prozentische CO-Gehalt der Alveolenluft wird in ganz kurzer Zeit hoch ansteigen. Das hat aber zur Folge, daß das durch die Lungencapillaren passierende Blut fast völlig mit CO gesättigt wird. Man wird also nach Bock sehr wohl heftige Erscheinungen seitens des Zentralnervensystems bereits zu einem Zeitpunkt erwarten können, in dem das venöse Blut auch nicht annähernd mit Kohlenoxyd gesättigt ist. Der Reihe derjenigen von Bock zitierten Autoren, die im Gegensatze zu Kobert, Geppert u. a. der Ansicht sind, daß die Wirkungen des CO, gleichgültig, ob auf nervöse oder sonstige Organe, nur durch die stark herabgesetzte Sauerstoffzufuhr bedingt sind, schließt sich Bock selbst an. Und die gleiche Ansicht kann man bei Lewin, wenigstens hinsichtlich der akuten Vergiftung, häufig genug betont finden.

Den Untersuchungen über eine CO-Bindung an die Gehirnsubstanz oder über ein eventuelles Bindungsvermögen, gleichgültig, in welchem Sinne sie ausfielen, scheint m. E. aus methodischen und anderen Gründen kaum eine große Bedeutung zuzukommen; vgl. Wachholz[2], E. Noke[3], Müller[4] u. a. Und selbst die Versuche Herlitzkas[5] an Tieren mit freigelegtem Gehirn, in denen die Gehirnrinde bei Einatmung von Wasserstoff und Kohlenoxyd sich bezüglich ihrer Reizbarkeit gleichartig verhielt, brauchen noch nicht mit Sicherheit zu beweisen, daß es sich in beiden Fällen um den *gleichen* schädigenden Einfluß handelt.

Übereinstimmende Versuche von Haldane[6], Mosso[7] und Gréhant[8] lieferten einen viel deutlicheren Hinweis darauf, daß der gestörte Sauerstofftransport bei der Kohlenoxydvergiftung zum *Wesentlichen* gehört. Brachte man nämlich Tiere in ein Kohlenoxyd-Sauerstoff- oder Kohlenoxyd-Luftgemisch, das unter den normalen Verhältnissen des atmosphärischen Druckes schwerste Intoxikationserscheinungen und raschen Tod zur Folge hatte, so blieben Vergiftungssymptome aus, wenn der Druck von Anfang der Versuche an auf mehrere Atmosphären erhöht war; das zeigt sich in gleicher Weise an den verschiedensten Tieren, wie Mäusen, Ratten, Hunden, Katzen und Affen. Selbst Gasgemische von 50% CO und 50% Sauerstoff wurden nach Mosso bei einem Sauerstoffdruck von 2 Atmosphären von Ratten ohne merkliche Krankheitszeichen eingeatmet. Nach Haldane hat man sich vorzustellen, daß die physikalische Absorption des Sauerstoffes in der Blutflüssigkeit unter dem erhöhten Druck groß genug ist,

---

[1] Geppert, J.: Dtsch. med. Wochenschr. 1892, S. 418.

[2] Wachholz: Vierteljahrsschr. f. gerichtl. Med. 1914, Suppl.

[3] Noke, E.: Arch. f. exp. Pathol. u. Pharmakol. Bd. 56, S. 201. 1907.

[4] Müller: Münch. med. Wochenschr. 1912, S. 56.

[5] Herlitzka, A.: Arch. ital. de biol. Bd. 34, S. 416. 1900.

[6] Haldane, J.: Journ. of physiol. Bd. 18, S. 211. 1895.

[7] Mosso, A.: Arch. ital. de biol. Bd. 35, S. 21. 1901.

[8] Gréhant, N.: L'oxyde de carbone 1903, S. 182.

um die zur Funktion erforderliche Versorgung der Organe und Gewebszellen zu gewährleisten. Wurde der Druck herabgesetzt, so kam die Giftwirkung des Kohlenoxyds wieder zum Vorschein.

Mannigfache Untersuchungen galten gerade im Hinblick auf die entstandene Diskussion von der Möglichkeit einer *direkten Zellwirkung* des Kohlenoxyds der Frage, ob das Gift an nicht hämoglobinführende Lebewesen, Tieren und Pflanzen, sowie an tierischen und pflanzlichen Zellen irgendeine nachweisbare *funktionelle Schädigung* hervorrufe. Im wesentlichen fielen alle derartigen Versuche, die wir nicht einzeln anführen wollen, mehr oder weniger negativ aus, oder waren, wenigstens für die Entscheidung der Frage, nicht exakt verwertbar. Historisches Interesse verdient vielleicht die Tatsache, daß es bereits CLAUDE BERNARD im Jahre 1857 bekannt war, daß die Bierhefe durch das Kohlenoxyd *keinen* Schaden erleidet, zeigte sich doch, daß sie nach Aufenthalt in einer Kohlenoxydatmosphäre von ihrer Gärfähigkeit nichts verlor.

Bei der Beurteilung der ganzen Frage darf man nicht die Tatsachen aus dem Auge verlieren, die immer wieder dazu drängten, irgendeinen noch unbekannten Mechanismus im Zustandekommen der CO-Vergiftung zu suchen. Diese Tatsachen können wir nicht besser umschreiben als mit folgenden Sätzen LEWINS[1]: „Das, was seine (des Kohlenoxyds) vergiftende Einwirkung von allen anderen, nur dem Blute Sauerstoff entziehenden bzw. nicht zuführenden oder den Blutfarbstoff verändernden Gasen trennt, sind die *Nachwirkungen*, die sich an die akute Vergiftung anschließen können. *Im ganzen Giftbereich findet sich nichts, was dem Kohlenoxyd in dieser Beziehung an Umfang und Vielfältigkeit von Funktionsstörungen gleich käme.*" Und weiter: „Im Gegensatz zu allen anderen narkotischen Stoffen, die eine verhältnismäßig sehr geringe Variabilität in denjenigen Symptomen zeigen, *die nach Ablauf der akuten Vergiftung kommen können*, ist die Kohlenoxydvergiftung so überreich damit versehen, daß daraus allein schon den Schluß ziehen zu dürfen gerechtfertigt ist, daß hier noch ganz besondere Bedingungen für ihr Entstehen vorliegen müssen, *die andere Gifte oder die Entziehung von Sauerstoff nicht liefern. Diese Bedingungen stellen das allein bis jetzt Rätselhafte der ganzen Kohlenoxydvergiftung dar. Sie sind dem heutigen Stand der Erkenntnis nach kaum notdürftig zu deuten.*"

Gibt man aber zu, daß hinsichtlich der *Nachwirkung* es noch ein bisher unbekanntes X zu suchen gilt, so ist durchaus nicht einzusehen, warum dieses X nicht auch im Stadium der akuten Vergiftung das Bild, das etwa durch die „Anoxämie" allein bedingt würde, ändern oder sogar zur Unkenntlichkeit gegenüber anderen asphyktischen Zuständen verzerren soll. Es erscheint nicht folgerichtig, wenn man sich für den Fall der akuten Vergiftung auf den Standpunkt stellt: *Alles*, was wir sehen, ist Ausdruck oder unmittelbare Folge eines durch die bestehende Anoxämie bedingten asphyktischen Zustandes, während man für die Nachkrankheiten die Unmöglichkeit einer solchen Erklärung zugesteht.

Zur Beurteilung des ganzen, den Mechanismus der Kohlenoxydvergiftung betreffenden Fragenkomplexes scheint es zweckmäßig, ihn in eine Reihe von *Einzelfragen* aufzulösen, die sich nacheinander ergeben. Hierbei scheint es gerade wesentlich, daß man *nicht* zwischen *akuter Vergiftung* und den später eintretenden *Vergiftungsfolgen* einen allzu scharfen Trennungsstrich macht, wie dies LEWIN implicite fordert, wenn er die Vermengung dieser beiden Dinge für das Entstehen der „irrigen Vorstellung von der protoplasmatischen Giftwirkung des Kohlenoxyds" verantwortlich macht. Die *gemeinsame* Betrachtungsweise ist m. E. besonders hinsichtlich der Wirkungen am Zentralnervensystem am Platze,

---

[1] LEWIN, L.: Die Kohlenoxydvergiftung, S. 108. 1920.

da sich gerade hierbei zwischen den der akuten Vergiftung zugehörigen Erscheinungen und den Nachkrankheiten und Spätfolgen mannigfache Übergänge finden. Nur so kann es m. E. gelingen, jene „rätselhaften Bedingungen" (Lewin) kennenzulernen, die während der akuten Vergiftung für das Entstehen der Spätfolgen verantwortlich sind.

2. Spezielle Fragen über das Wesen der CO-Vergiftung.

a) Entsprechen die Vergiftungserscheinungen bei Umwandlung eines bestimmten Prozentsatzes Blutfarbstoff in Kohlenoxydhämoglobin nach Schwere und Typus dem Bilde bei Herabsetzung des Blutsauerstoffes um den gleichen Prozentsatz auf irgendeine andere Weise? Diese Frage ist längst verneint. Ein Mensch oder ein Versuchstier, dessen Blut zur Hälfte mit Kohlenoxyd gesättigt ist, verhält sich durchaus anders als ein Individuum, dem die Hälfte des Hämoglobins entzogen wurde. Bei dem genannten Prozentsatz an Kohlenoxydhämoglobin treten bereits bedrohliche Erscheinungen auf, und wenn die prozentische Sättigung des Hämoglobins mit Kohlenoxyd einen etwas höheren Grad erreicht hat, stellt sich bei dem betreffenden Individuum ein komatöser Zustand ein, der bei Anämischen mit etwa dem gleichen niederen O_2Hb-Gehalt keineswegs zu beobachten ist.

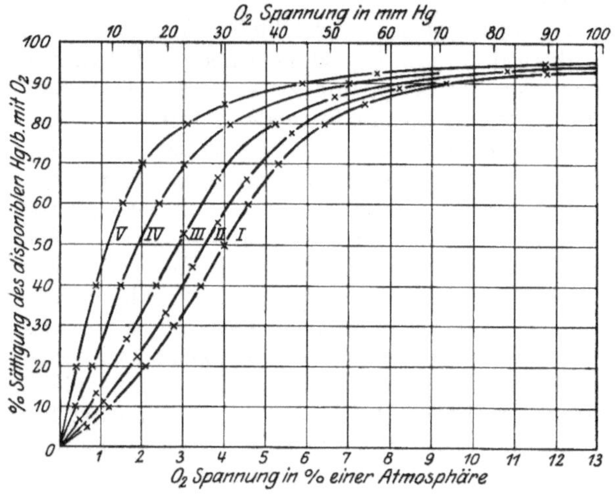

Eine Erklärung für dieses verschiedenartige Verhalten gab Haldane[1]. Unter bestimmten, früher bereits näher erörterten Voraussetzungen[2] berechnete er für Blut bei verschiedenem aber jeweils konstantem Gehalt an Kohlenoxydhämoglobin die Dissoziationsverhältnisse des Oxyhämoglobins, das heißt die bei schwankenden Sauerstoffspannungen vorhandenen Mengen Oxyhämoglobin. Obige Abbildung (Abb. 24) zeigt die Ergebnisse von Haldanes Berechnungen für eine CO_2-Spannung von 40 mm. Für Normalblut und bei verschiedenen bis 75% des Gesamt-Hb betragenden COHb-Gehaltes ist die berechnete Sättigungskurve des disponiblen Hämoglobins mit Sauerstoff eingezeichnet.

Wie man sieht, verlaufen die Kurven mit zunehmendem Gehalt an COHb immer steiler; mit anderen Worten, mit zunehmendem COHb-Gehalt ist unter sonst gleichen Bedingungen *von dem vorhandenen Sauerstoff für die Gewebe ein immer niederer Prozentsatz verfügbar.*

Stadie und Martin[3] halten ebenfalls die Erniedrigung des Sauerstoffpartialdruckes für wichtig bei der CO-Vergiftung, die sich auch nach ihrer Meinung nicht nur durch die Ausschaltung des Hämoglobins aus dem Atemprozeß erklären läßt.

Abb. 24. Prozentische Sättigung des disponiblen Hämoglobins mit Sauerstoff bei schwankenden Sauerstoffspannungen. *I* – 0%, *II* – 10%, *III* – 25%, *IV* – 50%, *V* – 75% des Gesamthämoglobins mit CO gesättigt. (Nach Haldane.)

[1] Haldane, J. S.: Journ. of physiol. Bd. 45, S. XXII. 1912/13.   [2] Vgl. S. 131.
[3] Stadie, W. C. u. K. A. Martin: Journ. of clin. investig. Bd. 2, S. 77. 1925.

Wenn nach den obigen Kurven HALDANES die COHb-Bildung gewissermaßen ein den Sauerstoffmangel der Gewebe noch begünstigendes Moment in sich trägt, so könnte man erwarten, daß die CO-Vergiftung vielleicht bereits bei einem niedrigen COHb-Gehalt des Blutes zu Erscheinungen führe, die einem hochgradigen O_2Hb-Entzug entsprechen, daß also ein *potenzierter* Effekt sich zeige. Doch auch das ist bekanntlich nicht der Fall.

Wer die lebendige und anschauliche Schilderung der *akuten* Vergiftungsstadien bei LEWIN[1] liest und dazu ergänzend die ausführlichen Darstellungen BOCKS[2] über die pharmakologisch-toxikologischen Einwirkungen des Kohlenoxyds auf die einzelnen Organsysteme sowie auf Stoffwechsel und Wärmehaushalt studiert, kann nie zu der Auffassung kommen, daß wir es bei der CO-Vergiftung lediglich mit einem asphyktischen Zustand zu tun haben.

Damit ergibt sich aber eine zweite Frage:

b) *Kann die alleinige Umwandlung des Blutfarbstoffes in Kohlenoxydhämoglobin in vivo noch eine andere Bedeutung haben, als nur die einer Anoxämie?* Das ist unbedingt zu bejahen[3]. Wir erinnern an das in der Einleitung zum Kapitel über den normalen Blutfarbstoff Gesagte. Bekanntlich hat nach den Ergebnissen der physikalisch-chemischen Durchforschung des Blutes und Blutfarbstoffes das Hämoglobin eine viel umfangreichere „respiratorische Funktion" zu erfüllen, als es lediglich der Sauerstofftransport ist. Wir sahen — und an anderer Stelle ist es ausführlicher dargelegt —, daß der Wechsel in der Stärke des Säurecharakters beim gegenseitigen Übergang von Oxyhämoglobin und reduziertem Hämoglobin in eigenartiger Weise dem Kohlensäure- und Sauerstofftransport im Blute dient und sehr zweckmäßig in den Mechanismus zur Aufrechterhaltung der optimalen Reaktion (p_H-Regulierung) eingeschaltet ist. Nun hat das Kohlenoxydhämoglobin, wie bereits betont, annähernd die gleiche Stärke als Säure wie das Oxyhämoglobin (nämlich beide etwa gleich derjenigen der Kohlensäure). Da durch die unter den gegebenen Bedingungen weitgehende Unfähigkeit des COHb zum Übergang in die schwächere Säure reduziertes Hämoglobin die begünstigende Wirkung des frei gegebenen Alkalis für die Aufnahme der aus den Geweben freiwerdenden CO_2 als Bicarbonat wegfällt, so können allein hierdurch Störungen in der p_H-Regulation eintreten. Wenn etwa auf diese Weise die Abgabe von Kohlensäure durch die Lungencapillaren an die Ausatmungsluft gegenüber der CO_2-Aufnahme im venösen System überwiegt und durch eine, gleichviel durch welchen adäquaten Reiz (HAGGARD und HENDERSON[4]) bedingte Steigerung der Atemfrequenz die CO_2-Abgabe noch vermehrt wird[5], so ist eine Verschiebung der [H·] nach der alkalischen Seite die notwendige Folge. HAGGARD und HENDERSON beobachteten in ihren Hundeversuchen während der CO-Vergiftung eine dauernde *Alkalose* des arteriellen Blutes, die erst unmittelbar vor dem Tode einer leichten *Acidose* Platz machte, wenn die Atemfrequenz sich verringerte.

Eine Übereinstimmung zwischen dem respiratorischen Stoffwechsel bei CO-Vergiftung und demjenigen bei vermindertem Sauerstoffdruck, die BOCK[6] besonders hervorhebt, findet sich in dieser Hinsicht nicht. HENDERSON[7] betont,

---

[1] LEWIN, L.: Die Kohlenoxydvergiftung, S. 189—192.

[2] BOCK, J.: Heffters Handb. d. Pharmakol. Bd. I, S. 45 ff.

[3] Daß freilich das COHb als solches kein „Gift" ist, wie gelegentlich vermutet wurde, zeigte W. HEUBNER. (XII. Internat. Physiol.-Kongr. Stockholm. 1926.)

[4] Vgl. H. W. HAGGARD u. Y. HENDERSON: Journ. of biol. chem. Bd. 47, S. 421. 1921.

[5] BOCK, J.: Heffters Handb. d. Pharmakol. Bd. I, S. 65. 1923; u. H. W. HAGGARD u. Y. HENDERSON: wie vorher.

[6] BOCK, J.: wie vorher.

[7] HENDERSON, Y.: Physiol. reviews Bd. 5, S. 135. 1925.

daß die Erfahrungen der Everestexpedition und andere Untersuchungen in großen Höhen gezeigt haben, daß ein gesunder Mensch auch bei stark erniedrigtem Luftdruck annähernd *denselben* p_H-*Wert* in seinem Plasma zeigt wie bei Normaldruck. Und aus neueren Versuchen von Fritz[1] aus dem Davoser Höhen-Institut A. Loewys geht hervor, daß bei Aufenthalt von Versuchstieren (Kaninchen und Katzen) unter vermindertem Luftdruck sogar eine deutliche *Acidose* und jedenfalls *keine Alkalose* feststellbar ist.

Wenn dieser Unterschied zwischen hypobarischer und Kohlenoxydasphyxie sich weiterhin bestätigen sollte, so könnte man geneigt sein, in der *akapnisch* bedingten Alkalose ein wesentliches Moment der CO-Vergiftung und damit den Umstand zu erblicken, der zusammen mit dem Sauerstoffmangel für die *Folgezustände* verantwortlich ist[2]. Dies um so mehr, als ja Erniedrigung der Wasserstoffzahl nach den Gesetzmäßigkeiten der Gasbindung eine erhöhte Affinität des Hämoglobins zum Sauerstoff und zum Kohlenoxyd bedingt, so daß also im Falle der Alkalose bei gleichbleibenden Spannungen die Abdissoziation beider Gase erschwert wird (vgl. Henderson und Haggard[3]). Experimentelle Untersuchungen über Erscheinungsbild und Folgezustände bei Sauerstoffmangel und gleichzeitiger Alkalose sowie über eine etwaige Verwandtschaft derartiger Zustände mit der CO-Vergiftung liegen jedoch noch nicht vor.

Als therapeutisch erfolgreiche Konsequenz, die Haggard und Henderson aus der Erkenntnis zogen, daß die *Akapnie für die CO-Vergiftung wesentlich* ist, ergab sich die Anwendung von O_2-CO_2-Gemischen zur Wiederbelebung. Der Vorzug der CO_2-Beimengung gegenüber dem reinen Sauerstoff hat sich experimentell vielfach bestätigt. Hierauf kann an dieser Stelle nur kurz hingewiesen werden. Näheres hierüber und über damit in Zusammenhang stehende Fragen findet man bei Henderson, Haggard u. a.[4].

Wir erörtern schließlich weiter eine dritte und häufig gestellte Frage, zumal sie gerade in letzter Zeit mehrfach experimentell in Angriff genommen wurde.

c) Ist der Blutfarbstoff der einzige direkte Angriffspunkt des Kohlenoxyds im tierischen Organismus? Von den verschiedensten Versuchen, die eine etwaige Wirkung des Kohlenoxyds auf bestimmte Zellelemente beweisen oder ausschließen sollten, war oben schon die Rede. In allen derartigen Experimenten wurde bis vor kurzem, wie erwähnt, eine Giftwirkung des CO vermißt. Erst vor einigen Jahren zeigte Haggard[5], daß Gewebskulturen von embryonalem Hühnerhirn im hängenden Tropfen in Hühnerplasma in einer Atmosphäre von 79% CO und 21% O_2 ebenso wuchsen und sich entwickelten wie die Kontrollen in Luft, also bei 79% N_2 und 21% O_2; daß also kein Effekt erkennbar war, obwohl die CO-Spannung 100—200mal so hoch war, als sie nötig wäre, um ein Hühnchen

---

[1] Fritz, G.: Biochem. Zeitschr. Bd. 170, S. 236. 1926.

[2] Für eine derartige Auffassung ist es natürlich belanglos, daß in den Versuchen von Haggard und Henderson während der CO-Einwirkung die Steigerung der Atemfrequenz und die Alkalose ausbleiben, wenn an den Versuchstieren vorher eine Vagusdurchschneidung vorgenommen war, und wenn weiterhin trotz der fehlenden Alkalose der Tod der Versuchstiere eintrat. Vgl. hierzu besonders Y. Henderson: Physiol. reviews Bd. 5, S. 133. 1925.

[3] Hendersob, Y. u. H. W. Haggard: Journ. of the Americ. med. assoc. Bd. 79, S. 1137. 1922.

[4] Henderson, Y. u. H. W. Haggard: Journ. of pharmacol. a. exp. therapeut. Bd. 16, S. 11. 1920. — Haggard, H. W. u. Y. Henderson: Journ. of the Americ. med. assoc. Bd. 77, S. 1065. 1921. — Henderson, Y. u. H. W. Haggard: Journ. of the industr. a. engin. chem. Bd. 14, S. 229. 1922. — Mellanby, J.: Journ. of physiol. Bd. 56, S. 311. 1922. — Nicloux, M., H. Herson, J. Stahl u. J. Weibl: Cpt. rend. des séances de la soc. de biol. Bd. 92, S. 178. 1925. — Chance, O. G. u. D. E. Jackson: Journ. of pharmacol. a. exp. therapeut. Bd. 25, S. 145. 1925.

[5] Haggard, H. W.: Americ. journ. of physiol. Bd. 60, S. 244. 1922.

durch Verbindung mit dessen Blutfarbstoff zur Erstickung zu bringen. HAGGARD und HENDERSON[1] schließen hieraus, daß „the whole toxicity of carbon monoxid depends on its union with hemoglobin".

Diesen Worten, die demnach unsere Frage mit „nein" beantworten, stehen jedoch Erfahrungen der letzten Jahre gegenüber. Da die in Frage kommenden Versuche von grundsätzlicher Wichtigkeit sind, erfordern sie eine etwas eingehendere Besprechung.

OTTO WARBURG gelang in überzeugender Weise der Nachweis, daß es sehr wohl eine *Kohlenoxydwirkung ohne Hämoglobin* gibt. Nach WARBURGS bekannter Theorie ist die Zellatmung eine *Schwermetallkatalyse*. Da das Kohlenoxyd bekanntlich mit Schwermetallverbindungen reagieren kann[2], stellte sich WARBURG die Aufgabe, zu untersuchen, ob Kohlenoxyd die Zellatmung hemmt. Das ist nun in der Tat der Fall. An den verschiedensten lebenden Zellen wurde der Nachweis erbracht, daß Kohlenoxyd die Zellatmung *reversibel und spezifisch hemmt*[3]. Die ersten Untersuchungen, die WARBURG hierüber veröffentlichte, waren an verschiedenen Hefesorten gemacht; später wurden die Ergebnisse an Bakterien, Leberzellen, Netzhaut und Chorion bestätigt. So zeigte beispielsweise in einem Versuche WARBURGS die Atmung von Hefe in Kohlenoxyd-Sauerstoff-Gemischen unter *Atmosphärendruck* folgende prozentische Hemmung:

Nach Entfernung des Kohlenoxyds kehrt die Atmung wieder zur Norm zurück.

In eigenartiger Weise wiederholen sich am eisenhaltigen Atmungsferment die Gesetzmäßig-

Temperatur	Gasmischung in Vol.-%		Hemmung der Atmung in Prozent
	CO	O₂	
37,5	80	20	36
	80	4,4	74

keiten, wie sie hinsichtlich der CO-Bindung für den Blutfarbstoff längst gefunden und in den früheren Abschnitten beschrieben wurden. Ebenso wie beim Hämoglobin in Lösung bezüglich seiner Verteilung zwischen Kohlenoxyd und Sauerstoff die Gleichgewichtsbeziehung besteht:

$$\frac{[O_2Hb]}{[COHb]} = k\,\frac{[O_2]}{[CO]}\,, \tag{1}$$

fand WARBURG auch für das Atmungsferment, das er mit Fe symbolisiert, bei der Verteilung zwischen CO und O_2 das Gleichgewicht

$$\frac{[FeO_2]}{[FeCO]} = K \cdot \frac{[O_2]}{[CO]}\,. \tag{2}$$

$[FeO_2]$ und $[FeCO]$ lassen sich natürlich nicht direkt bestimmen, doch ergibt sich das Verhältnis $[FeO_2]/[FeCO]$ durch Messung der Atmungshemmung. In irgendeinem Sauerstoff-Kohlenoxyd-Gemisch sei nach WARBURG mit α der Bruchteil der ungehemmten Atmung bezeichnet; dann ist

$$\frac{[FeO_2]}{[FeCO]} = \frac{\alpha}{1-\alpha} \tag{3}$$

und obige Gleichung (2) geht über in

$$\frac{\alpha}{1-\alpha} = K \cdot \frac{[O_2]}{[CO]}\,. \tag{4}$$

<hr>

[1] HAGGARD, H. W. u. Y. HENDERSON: Journ. of the Americ. med. assoc. Bd. 77, S. 1065. 1921.

[2] Vgl. W. MANCHOT: Ber. d. dtsch. chem. Ges. Bd. 45, S. 2869. 1912. — MANCHOT, W. u. WORINGER: Ebenda Bd. 46, S. 3514. 1913. — MANCHOT, W.: Ebenda Bd. 53, S. 984. 1920.

[3] WARBURG, O.: Biochem. Zeitschr. Bd. 177, S. 471. 1926; vgl. ferner Naturwissenschaften Bd. 14, S. 759 u. 1181. 1926, sowie Bd. 15, S. 546. 1927. — Biochem. Zeitschr. Bd. 189, S. 354. 1927.

Warburg findet diese Gleichung verifiziert für Hefezellen, suspendiert in alkoholhaltiger Phosphatlösung[1] und nimmt daher an, daß das Atmungsferment entsprechend dem Blutfarbstoff reagiert:

$$FeO_2 + CO \rightleftarrows FeCO + O_2 . \tag{5}$$

„Kohlenoxyd wirkt also auf die Atmung, indem es den Sauerstoff aus dem Atmungsferment verdrängt" (Warburg). Und da es also nur auf das Verhältnis CO/O_2 und nicht auf die absoluten Gasdrucke ankommt, wird, wie in dem oben angeführten Beispiel bei gleichbleibendem CO-Druck die Hemmung stärker, wenn der O_2-Druck sinkt. Ferner zeigt sich die Wirkung irgendeines Sauerstoff-Kohlenoxyd-Gemisches auf die Zellatmung ebenso wie auf das Hämoglobin *unabhängig von der Verdünnung* mit einem anderen indifferenten Gas.

Der Unterschied gegenüber dem Hämoglobin besteht darin, daß im Gegensatz zu diesem das Atmungsferment Sauerstoff fester bindet als Kohlenoxyd. Während kleine CO-Drucke genügen, um den Sauerstoff aus seiner Verbindung mit dem Hämoglobin auszutreiben, bedarf es großer Kohlenoxyddrucke, um den Sauerstoff aus seiner Verbindung mit dem Atmungsferment zu verdrängen und so die Zellatmung zu hemmen. Warburg fand die Konstante der Gleichung (2) und (4) etwa 1000mal größer als diejenige der Gleichung (1). Auf diesen Punkt werden wir später noch zurückkommen.

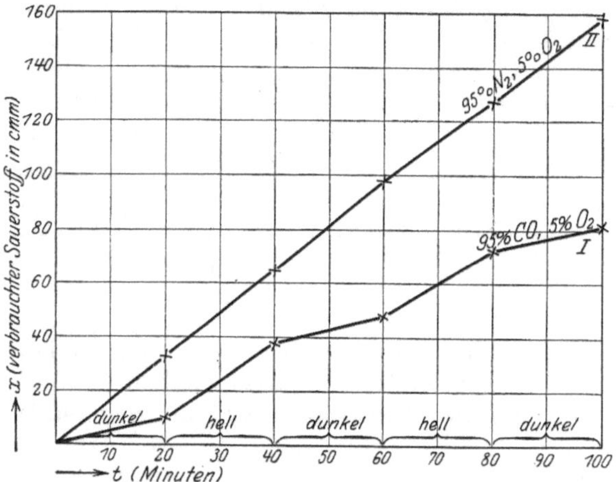

Abb. 25. Einfluß des Lichts auf die Atmung einer Hefesuspension in Kohlenoxyd-Sauerstoff- und Stickstoff-Sauerstoffatmosphäre. (Nach O. Warburg.)

Die Analogie mit dem Blutfarbstoff im Verhalten des eisenhaltigen Atmungsferments gegenüber dem Kohlenoxyd geht aber noch weiter. Sie betrifft den Einfluß des Lichtes. Ebenso wie die Verbindung COHb im Licht stärker dissoziiert[2], während O_2Hb lichtunempfindlich ist, nimmt auch die Affinität des Atmungsferments zum CO im Licht ab, nicht dagegen die zum Sauerstoff. Ist also die Reaktion nach Gleichung (5) im Dunkeln ins Gleichgewicht gekommen, so verschiebt sich das Gleichgewicht im Sinne der Reaktion von rechts nach links, wenn man belichtet. Die atmungshemmende Wirkung des Kohlenoxyds kann, wie Warburg fand, bei genügend starker Belichtung vollständig oder fast vollständig verschwinden.

Obige Abbildung nach Warburg[3] bringt das Verhalten der Atmung bei abwechselndem Belichten und Verdunkeln einer Hefesuspension zur Darstellung. In einer Atmosphäre von Stickstoff-Sauerstoff zeigt sich die Atmung praktisch unabhängig von der Belichtung. Im Kohlenoxyd-Sauerstoff-Gemisch dagegen verläuft die Atmungskurve, je nachdem ob verdunkelt oder belichtet wird, flacher oder steiler (Abb. 25).

---

[1] Warburg, O.: Naturwissenschaften Bd. 15, S. 546. 1927; u. Biochem. Zeitschr. Bd. 189, S. 371. 1927.
[2] Haldane, J. S. u. I. L. Smith: Journ. of physiol. Bd. 20, S. 497. 1896.
[3] Warburg, O.: Biochem. Zeitschr. Bd. 177, S. 477, Abb. 3. 1926.

Weiterhin interessiert noch die Tatsache, daß Licht verschiedener Wellenlänge einen verschiedenen photochemischen Effekt zeigt. Blaues Licht ($\lambda = 436\,\mu\mu$) war etwa $2^1/_2$ bis 3 mal wirksamer als grünes ($\lambda = 546\,\mu\mu$) und gelbes ($\lambda = 578\,\mu\mu$). Rotes Licht ($\lambda = 700{-}750\,\mu\mu$) erwies sich als photochemisch unwirksam. Unter der wahrscheinlichen Annahme, daß die Unterschiede in den Wirkungen wesentlich durch Unterschiede in der Lichtabsorption bedingt sind, schließt WARBURG, daß das Atmungsferment bzw. seine Kohlenoxydverbindung ähnlich wie das Hämoglobin ein *roter Farbstoff* ist.

Besonders wichtig für das Verständnis früherer Beobachtungen ist die von WARBURG gefundene Tatsache, daß andere Zellkatalysen, wie etwa die Gärungen, nicht durch CO gehemmt werden. Bei völligem Fernhalten von O_2 zeigten *Hefezellen in Stickstoff und Kohlenoxyd die gleiche Gärung*, und selbst in CO von 60 Atmosphären Druck war die Gärung nicht nachweisbar gehemmt.

Diese Befunde werfen gewisses Licht auf die früher zitierten Beobachtungen von HAGGARD[1], der ja Neuroblasten in CO-Atmosphäre ungehemmt wachsen sah. Wenn wir annehmen, daß in einem Gasgemisch von 79% CO und 21% O_2 die Atmung der Neuroblastenkultur (HAGGARD) etwa um den gleichen Betrag (36%) gehemmt war, wie in den oben aufgeführten Versuchen mit Hefezellen bei annähernd dem gleichen Verhältnis von CO zu O_2, und wenn wir uns daran erinnern, daß nach früheren Untersuchungen WARBURGS und seiner Mitarbeiter[2] embryonales Gewebe seinen Energiebedarf weitgehend aus anaerobiotischen gärungsartigen Vorgängen decken und wachsen kann, so verschwindet der scheinbare Widerspruch der Resultate. Und wenn also das Kohlenoxyd eine Substanz ist, „mit der man, ähnlich wie mit Blausäure oder Schwefelwasserstoff, die Atmung von der Gärung trennen kann“ (WARBURG), so kann man aus HAGGARDS negativen Versuchen nur den Schluß ziehen, daß bei einer Hemmung der Gewebsatmung, sagen wir unter der obigen Annahme, um rund ein Drittel, die anaeroben Spaltungsprozesse zur Deckung des Energiebedarfs und zur Gewährleistung normalen Wachstums von Neuroblastenkulturen genügen. Damit entfallen aber die Schlüsse, die HENDERSON und HAGGARD aus den Versuchen des letzteren Autors gezogen haben.

Zur Frage der Beeinflussung von Pflanzenkeimlingen durch CO vgl. WEHMER[3] und demgegenüber MACHT und SWIGARD[4].

Das *Kohlenoxyd* ist also nach obigem zweifellos als ein *Zellgift* zu bezeichnen. Man wird sich natürlich die Frage vorlegen, ob es als solches bei der akuten CO-Vergiftung *praktisch* eine Rolle spielt. Sahen wir doch, daß es verhältnismäßig großer CO-Spannungen bedarf, um die Atmung merklich zu hemmen, da die Affinität des Atmungsferments zum Sauerstoff erheblich größer ist als zum Kohlenoxyd. Bei den CO-Partialdrucken, die praktisch in Frage kommen, also etwa höchstens 0,5 oder 1% einer Atmosphäre, wird nach den Erfahrungen an der Hefe von einer meßbaren Hemmung der Zellatmung wohl kaum die Rede sein können. Auch die Tatsache der prompten Reversibilität, selbst nach weitgehend gehemmter Atmung, wird für die Beurteilung der Bedeutung des CO als Zellgift bei der CO-Intoxikation zu berücksichtigen sein.

Wie die Dinge aber auch liegen mögen, prinzipiell ist WARBURGS Entdeckung von der größten Bedeutung, weil sich damit erstmalig einwandfrei ergeben hat, daß die CO-Bindung an den Blutfarbstoff nur einen speziellen Fall unter vielen

---

[1] HAGGARD, H. W.: Americ. journ. of physiol. Bd. 60, S. 244. 1922.

[2] Vgl. z. B. O. WARBURG, K. POSNER u. E. NEGELEIN: Biochem. Zeitschr. Bd. 152, S. 309. 1924.

[3] WEHMER, C.: Ber. d. dtsch. botan. Ges. Bd. 43, S. 184. 1925.

[4] MACHT, D. J. u. M. SWIGARD: Journ. of pharmacol. a. exp. therapeut. Bd. 23, S. 140. 1924.

möglichen darstellt, und *daß andere Schwermetallverbindungen im Organismus in ähnlicher Weise* und nach ähnlichen Gesetzmäßigkeiten mit Sauerstoff und Kohlenoxyd *reagieren können wie das Hämoglobin.*

In diesem Zusammenhange seien noch nicht ausführlich veröffentlichte Untersuchungen von Barkan und Berger über eine weitere Kohlenoxydwirkung erwähnt. Ersterer hatte früher gefunden, daß bei der Behandlung von Blutlösungen mit verdünnter (0,4 proz.) Salzsäure ein gewisser kleiner Teil des Bluteisens ultrafiltrabel und in Ionenform im Ultrafiltrat bestimmbar würde. Dieser geringe, aber regelmäßig bei allen bisher untersuchten Tierarten nachweisbare abspaltbare Teil des Bluteisens, der vorwiegend an den Blutkörperchen sich vorfindet, beträgt um 5% des gesamten Hämoglobineisens. Es wird, wie wahrscheinlich gemacht werden konnte, bei der Behandlung mit der verdünnten Säure *nicht aus dem Blutfarbstoffmolekül selbst* abgespalten, sondern entstammt vermutlich einer anderen eisenhaltigen Substanz, die an das Hämoglobin adsorbiert ist. Die Gründe, die dafür sprechen, gehören nicht hierher. Vgl. hierüber die früheren Mitteilungen des Verfassers[1].

Barkan und Berger[2] konnten nun zeigen, daß das Kohlenoxyd in vivo und in vitro auf den Vorgang der Eisenabspaltung aus Blutlösungen mittels verdünnter Säure („chemische Eisenabspaltung") einen ausgesprochen hemmenden Einfluß hat. Hierbei waren folgende zwei Tatsachen bemerkenswert:

1. Die hemmende Wirkung des Kohlenoxyds läuft nicht annähernd parallel mit der Menge des vorhandenen Kohlenoxydhämoglobins, sondern die Hemmungskurve steigt viel rascher an.

2. Bei nachträglicher tagelanger lebhafter Durchlüftung der mit CO vergifteten Blutlösung ließ sich der hemmende Einfluß des Kohlenoxyds nur schwer und unvollständig wieder rückgängig machen, viel schwerer, als etwa der Rückbildung des $COHb$ zu O_2Hb entsprechen würde.

Das erste ist ein weiterer Beweis für die Richtigkeit der oben erwähnten Annahme über die Natur des abspaltbaren Eisens als Nicht-Hämoglobineisen. Das zweite und in diesem Zusammenhange wohl wichtigere scheint der erstmalige Nachweis einer chemischen Dauerveränderung des Blutes bei CO-Vergiftung zu sein, jedenfalls einer Veränderung, die die COHb-Bildung zeitlich zweifellos wesentlich überdauert. Aus beidem geht aber hervor, daß zu einem Zeitpunkt, in dem die im Blute vorhandenen CO-Mengen zweifellos außerordentlich gering sind, die CO-Wirkung im Blute ihren deutlichen Ausdruck findet in der gehemmten chemischen Fe-Abspaltung. In Versuchen von Barkan und Berger zeigte sich beispielsweise bei einem COHb-Gehalt von weniger als 10% des Gesamt-Hb eine Hemmung der Fe-Abspaltung mittels Säure von über 40%.

Das alles heißt aber nichts anderes als:

1. Die CO-Verbindung der eisenhaltigen, durch Säure leicht spaltbaren Substanz ist dadurch charakterisiert, daß sie unter sonst gleichen Bedingungen ihr Eisen unvollständiger abgibt als die normale Fe-Substanz.

---

[1] Barkan, G.: Hoppe-Seylers Zeitschr. f. physiol. Chem. Bd. 148, S. 124. 1925; — Studien zur Eisentherapie. Vortrag a. d. 5. Tagg. d. dtsch. pharmakol. Ges., Aug. 1925, Rostock. Arch. f. exp. Pathol. u. Pharmakol. Bd. 111, Tagungsbericht S. 73. 1926; — Das Problem des Eisentransports im tierischen Organismus. Med.-biol. Abend Frankfurt a. M., 10. Jan. 1927. Klin. Wochenschr. Jg. 6, S. 1067. 1927; — Hoppe-Seylers Zeitschr. f. physiol. Chem. Bd. 171, S. 179. 1927; — Zur Frage der Einheitlichkeit der Eisenbindung im Hämoglobinmolekül. Vortrag a. d. 10. Tagg. d. dtsch. physiol. Ges., Sept. 1927, Frankfurt.

[2] Vgl. G. Barkan: Das Kohlenoxyd als Blut- und Zellgift. Öffentl. Antrittsvorlesung 5. März 1927, Frankfurt a. M.; — Der Einfluß des Kohlenoxyds auf das leicht abspaltbare Bluteisen. Vortrag a. d. 7. Tagg. d. dtsch. pharmakol. Ges., Sept. 1927, Würzburg. Arch. f. exp. Pathol. u. Pharmakol. Bd. 128, Tagungsbericht S. 129. 1928.

2. Die Affinität dieser Fe-haltigen Substanz zum CO ist wesentlich größer als die CO-Affinität des Blutfarbstoffes.

Über die etwaige spezielle Bedeutung der Hemmung einer Fe-Abspaltung im Organismus unter CO-Wirkung seien später an Hand von eigenen Versuchen noch einige Angaben gemacht.

Von allgemeinerer Bedeutung scheint jedoch der grundsätzliche Beweis vom Vorhandensein solcher Eisenverbindungen im tierischen Organismus zu sein, die sich durch *noch geringere* Dissoziation ihres CO-Derivates auszeichnen als der Blutfarbstoff.

Man hätte also in dieser Beziehung etwa das Gegenstück zum Atmungsferment WARBURGS und hätte damit gleichzeitig einen nicht unwesentlichen Fingerzeig für das Zustandekommen der vielfach erwähnten Spätfolgen und Nachkrankheiten.

In der Fülle der hierhergehörigen wechselnden Symptome und pathologisch-anatomischen Veränderungen (vgl. LEWIN), der allgemeinen sowohl als auch besonders derer im Bereiche des Zentralnervensystems, stellen den weitaus regelmäßigsten Befund die herdförmigen Erweichungen im Gebiete des Pallidums und gewisser anderer Abschnitte der Stammganglien dar (vgl. z. B. A. MEYER[1]).

Bemerkenswerterweise sind es die gleichen Gebiete, die sich nach SPATZ' vielseitig bestätigten Untersuchungen durch einen *hohen* histo-chemisch leicht nachweisbaren *Eisengehalt* auszeichnen. Über dieses eigenartige Zusammentreffen macht SPATZ[2] bereits einige Angaben. Im Zusammenhang mit der Frage nach der physiologischen Bedeutung der von ihm aufgefundenen regionären Eisenverteilung im Gehirn erwähnt SPATZ folgende Möglichkeit. Wenn etwa nach WARBURGS bekannter Theorie über das Eisen als Atmungsferment der Fe-Reichtum bestimmter Gehirnabschnitte dafür spräche, daß hier ein besonders lebhafter Oxydationsstoffwechsel stattfindet, so könnte es vielleicht verständlich werden, daß bei Vergiftungen, die mit einer Asphyxie einhergehen (Blausäure- oder CO-Vergiftung), gerade diese Hirnpartien am ehesten leiden und zu dauerndem Schaden kommen.

Wenn sich nun aber etwa nachweisen ließe, daß jenes von SPATZ gefundene Gehirneisen sich auch durch eine *besonders hohe* Affinität zum Kohlenoxyd auszeichnet, so könnte man auch von hier aus das Zusammentreffen der Prädilektionsorte für die Fe-Ablagerungen und für die CO-Schädigungen erklären. Hierfür wäre es zunächst belanglos, ob etwa die abgelagerte Fe-Verbindung unter CO ihr Eisen schwerer abgäbe (in Analogie zu den Befunden BARKANS am Bluteisen), dieses also weniger „verfügbar" würde, oder ob das Eisen unmittelbar durch seine Verbindung mit dem Kohlenoxyd, wie von WARBURG beschrieben, seiner Atmungsfunktion mehr oder weniger entzogen würde.

Hierdurch gewänne die von C. und O. VOGT[3] im Rahmen ihrer Pathoklisenlehre vertretene Auffassung über die Pallidumherde nach CO-Vergiftung eine neuartige Stütze. Denn man hätte dann im Fe-Reichtum jener Hirnabschnitte diejenigen physikochemischen und funktionellen Besonderheiten tatsächlich zu erblicken, die ein bevorzugtes Befallenwerden durch das Kohlenoxyd erklären soll.

Hier seien noch folgende Bemerkungen eingeschaltet.

1. Von verschiedensten Seiten wird auf die zirkulatorische Bedingtheit der Gehirnveränderungen nach CO-Vergiftung hingewiesen (vgl. z. B. SPIEL-

---

[1] MEYER, A.: Zeitschr. f. d. ges. Neurol. u. Psychiatrie Bd. 100, S. 201. 1926; Klin. Wochenschr. Jg. 6, S. 145. 1927.

[2] SPATZ, H.: Zeitschr. f. d. ges. Neurol. u. Psychiatrie Bd. 77, S. 376. 1922.

[3] VOGT, C. u. O.: Journ. f. Psychol. u. Neurol. Bd. 25, Erg.-H. 3. 1920.

Meyer[1], Hiller[2], A. Meyer[3]). Besonderheiten der Gefäßversorgung der in Frage kommenden Hirnabschnitte werden hierbei zur Erklärung herangezogen. Schwierigkeiten macht hierbei, wie ich besonders A. Meyer entnehme, einmal die Tatsache, daß bei anderen zirkulatorischen Erkrankungen das Pallidum *nicht* an erster Stelle ergriffen wird, und ferner der Umstand, daß „angrenzende Teile der inneren Kapsel, die unter ähnlichen vasculären Bedingungen stehen sollen, meist verschont bleiben" (A. Meyer). Vielleicht könnten die zirkulatorischen Verhältnisse der befallenen Abschnitte und jene durch den hohen Fe-Gehalt geschaffenen funktionellen und toxikologisch-chemischen Eigentümlichkeiten *gemeinsam* zur Erklärung der Prädilektion gerade dieser Hirnpartien für die CO-Schädigungen ausreichen.

Im Hinblick auf die Möglichkeit eines wie auch immer gearteten Zusammenhanges zwischen Eisenstoffwechsel und CO vgl. auch E. C. Eaves[4], in deren Arbeit *eisenhaltige Ablagerungen* im Gehirn bei CO-Vergiftung beschrieben werden.

2. Die Möglichkeit des Vorhandenseins von Schwermetallmolekülen, die mit CO schwerer dissoziierbare Verbindungen eingehen als der Blutfarbstoff oder gar das Atmungsferment, bedarf keines Beweises. Auch das von Warburg erwähnte NH_3-Derivat des Nitroprussidnatriums $Na_3[Fe(CN)_5NH_3]$, das mit Kohlenoxyd $Na_3[Fe(CN)_5CO]$ liefert, ist u. a. eine solche Substanz (Manchot[5]). Ferner sei an das Verhalten des CO gegenüber Schwermetallkatalysatoren erinnert; wegen des Einsetzens von chemischen Reaktionen wurde die Adsorption häufig nicht vollständig reversibel gefunden (vgl. Hoskins und W. C. Bray[6]).

3. Die Bildung derartiger CO-Fe-Verbindungen im Gehirn kann durch negativ ausfallende Versuche bei CO-Vergiftung, das Gas im Gehirn nachzuweisen, nicht ausgeschlossen werden. Erinnert man sich daran, daß etwa zwei Drittel des ganzen Körper-Fe sich im Blute befinden und von dem Rest doch auch nur der geringste Teil auf das Gehirn enttällt, so ergibt sich von vornherein die Schwierigkeit, wenn nicht Aussichtslosigkeit derartiger Bemühungen und vor allem ihre mangelnde Beweiskraft bei negativem Ausfall.

Über die Hemmung der Fe-Abspaltung aus der eisenhaltigen Begleitsubstanz des Hämoglobins (Barkan) unter CO ermöglichen noch folgende Beobachtungen gewisse Schlüsse. Wie Verfasser kürzlich zeigte[7], findet unter gewissen noch nicht genau zu übersehenden Bedingungen durch Abspaltung aus der Muttersubstanz ein Übertritt von Eisen aus den Blutkörperchen in die Blutflüssigkeit statt. Auf Grund dieses Vorganges entwickelte Verfasser eine hypothetische Vorstellung über den Mechanismus des Eisentransports am Lebenden. Auch diese „biologische Eisenabspaltung" wird wie jene „chemische" mittels Säure durch CO gehemmt[8]. Und zwar ließ sich diese Hemmung sowohl bei der Behandlung ungerinnbar gemachten Blutes mit CO in vitro zeigen, als auch, was wohl noch wichtiger ist, bei den leichtesten Graden von CO-Vergiftung am lebenden Tier. Eine Störung im angenommenen Mechanismus des Eisentransportes würde demnach die erste Folge einer CO-Vergiftung sein.

---

[1] Spielmeyer, W.: Zeitschr. f. d. ges. Neurol. u. Psychiatrie Bd. 99, S. 756. 1925.

[2] Hiller, Fr.: Zeitschr. f. d. ges. Neurol. u. Psychiatrie Bd. 93, S. 594. 1924.

[3] Meyer, A.: Klin. Wochenschr. Jg. 6, S. 145. 1927.

[4] Eaves, E. C.: Brain Bd. 49, S. 307. 1926.

[5] Manchot, W.: Ber. d. dtsch. chem. Ges. Bd. 45, S. 2869. 1912.

[6] Hoskins, W. M. u. W. C. Bray: Journ. of the Americ. chem. soc. Bd. 48, S. 1454. 1926.

[7] Barkan, G.: Hoppe-Seylers Zeitschr. f. physiol. Chem. Bd. 171, S. 194. 1927.

[8] Barkan, G.: Der Einfluß des Kohlenoxyds auf das leicht abspaltbare Bluteisen. Vortrag a. d. 7. Tagg. d. dtsch. pharmakol. Ges. Sept. 1927, Würzburg. Arch. f. exp. Pathol. u. Pharmakol. Bd. 128. Tagungsbericht S. 129. 1928.

Unter diesen Umständen mag es begreiflich erscheinen, daß bei dem ubiquitären Vorkommen von Eisenverbindungen im tierischen Organismus sich in den verschiedensten Organbezirken, je nach der Größe des derzeitigen oder dauernden Bedarfs, vorübergehende oder dauernde Schäden der verschiedensten Art einstellen können.

Die fruchtbare Idee WARBURGS, das *Kohlenoxyd* nicht nur als ein Blutfarbstoff-, sondern allgemein als *ein Schwermetallgift* aufzufassen, eröffnet so, wie an wenigen Beispielen hier zu zeigen versucht wurde, neue Möglichkeiten der Erkenntnis vom Wesen der CO-Vergiftung.

3. Kohlenoxydvergiftung und Milz.

Ein eigenartiger nervöser Mechanismus bei der CO-Vergiftung, der in den letzten Jahren durch BARCROFT und seine Schule studiert wurde, sei anhangsweise erörtert; es handelt sich hier um die Rolle der Milz. In einer kürzlich erschienenen Monographie hat BARCROFT[1] über seine Milzforschungen zusammenfassend berichtet, so daß ich mich hier bezüglich der Kohlenoxydvergiftung auf eine kurze Wiedergabe des Wesentlichsten beschränken kann.

Die Beobachtungen bei der Kohlenoxydvergiftung oder, sagen wir besser, gewisse Erfahrungen bei der Blutmengenbestimmung nach HALDANES CO-Inhalationsmethode führten zur Aufdeckung der Rolle der *Milz als Hämoglobin- oder Blutreservoir.*

Im Vergleich zum Hämoglobin des zirkulierenden Blutes setzt sich das Hb der Milzpulpa langsamer mit Kohlenoxyd ins Gleichgewicht (SCOTT und BARCROFT[2]). Wenn jenes einen gewissen Sättigungsgrad erreicht hat, so vergeht eine beträchtliche Zeit, bis die Milzpulpa dieselbe Sättigung aufweist. Beim Kaninchen wurden mehr als 2 Stunden hierfür beobachtet (HANAK und HARKAVY[3]), beim Meerschweinchen sogar 4 bis 6 Stunden. Umgekehrt verliert das Hämoglobin der Milz sein CO später als das Blut des allgemeinen Kreislaufs, wenn man Tiere aus einer CO-haltigen in eine CO-freie Atmosphäre bringt. *Die Milz reagiert bei der CO-Vergiftung mit Kontraktionen,* durch die ihr Blut- bzw. Hämoglobinvorrat in den allgemeinen Kreislauf geworfen wird. Der Mechanismus ist sehr empfindlich und reagiert bereits auf einen COHb-Gehalt des Blutes von 8%. Wie CARREL und DE BOER[4] in folgender Weise zeigen konnten, geschieht die *Auslösung der Milzkontraktion auf nervösem Wege.* Wurde die Milz am lebenden Tier operativ aus dem Kreislauf ausgeschaltet, aber in Zusammenhang mit den Nerven belassen, so rief CO-Vergiftung des Tieres Milzkontraktion hervor, dagegen blieb Durchströmung der Milz mit CO-haltiger Lösung wirkungslos. Ebenso blieb die CO-Vergiftung unwirksam, wenn etwa durch Nicotin die Milz aus der Nervenverbindung ausgeschaltet wurde. Der gleiche positive CO-Effekt wie im erstgeschilderten Versuch zeigte sich an der dekapitierten Katze und nach Entfernung der Nebennieren. Hieraus ist zu schließen, daß der Reflex lediglich über das Rückenmark wahrscheinlich durch sympathische Fasern zur Milz verläuft und daß nicht etwa Adrenalin oder Hypophysin hierbei eine Rolle spielen.

Daß auf diese Weise die Milz als Hämoglobinreservoir für den vergifteten Organismus einen natürlichen Selbstschutz darstellt, wird begreiflich. Diese Tatsache geht auch aus folgendem hervor. Wurden normale, entmilzte und

---

[1] BARCROFT, J.: Ergebn. d. Physiol. Bd. 25, S. 818. 1926.

[2] SCOTT u. J. BARCROFT: Biochem. journ. Bd. 18, S. 1. 1924.

[3] HANAK, A. u. J. HARKAVY: Journ. of physiol. Bd. 59, S. 121. 1924.

[4] CARROL, D. C.: Arch. néerland. de physiol. de l'homme et des animaux Bd. 11, S. 140. 1926; S. DE BOER u. D. C. CARROL: Journ. of physiol. Bd. 59, S. 312. 1924.

kontrolloperierte Tiere (Meerschweinchen) mit CO vergiftet, so war die tödliche CO-Konzentration im Kreislaufblut bei allen Tieren gleich. Aber der Tod trat bei den milzlosen Tieren wesentlich rascher ein, während die kontrolloperierten Tiere kaum schneller starben als die normalen (Barcroft und Mitarbeiter[1]). Siehe Tabelle 4.

Tabelle 4.

	A normal 18 Tiere	B operierte Kontrollen 16 Tiere	C Splenektomierte 17 Tiere
Mittlerer Prozentsatz an COHb beim Tode .	83,3	83,5	83,3
Lebensdauer im Gas, ausgedrückt durch Prozente von A	100	93	74

Ein Beweis für die Richtigkeit der Annahme, daß die kurze Lebensdauer der milzlosen Tiere auf dem Mangel an Hb-Reserven beruht, wurde darin gesehen, daß in Blausäureversuchen gleicher Anordnung sich kein Unterschied in der Lebensdauer der normalen und milzlosen Tiere ergab, da ja hierbei nicht O_2Hb-Verarmung die Todesursache ist.

---

[1] Barcroft, J., C. D. Murray u. J. Sands: Proc. of the physiol. soc. Journ. of physiol. Bd. 59, S. XXXVII. 1924. — Barcroft, J., C. D. Murray, D. Orahovats, J. Sands u. R. Weiss: Journ. of physiol. Bd. 60, S. 79. 1925. — Barcroft, J.: Naturwissenschaften Bd. 13, S. 325. 1925.

Umwandlungsprodukte des ungespaltenen Blutfarbstoffes.[1]

Von

WERNER LIPSCHITZ

Frankfurt a. M.

Mit einer Abbildung.

Zusammenfassende Darstellungen.

KUNKEL: Handb. d. Toxikologie. Jena 1901. — KOBERT, R.: Lehrb. d. Intoxikationen. 2. Aufl., Bd. II. Stuttgart 1906. — GILBERT, A., u. M. WEINBERG: Traité du sang. Bd. I. M. Tiffeneau Paris: 1913. — v. MEHRING: Das chlorsaure Kali. Berlin: Hirschwald 1885. — MÜLLER, FRANZ, u. BIEHLER in Oppenheimers Handb. d. Biochemie, 2. Aufl., Bd. I, D V S. 405. 1923. — LIPSCHITZ, W.: Ergebn. d. Physiol. Bd. 23, S. 1. 1924. — MEIER, R.: Klin. Wochenschrift Jg. 4, Nr. 47, S. 2261. 1925.

1. Allgemeines.

Die folgenden Ausführungen, in deren Mittelpunkt das — neben dem Kohlenoxydhämoglobin — physiologisch und pharmakologisch wichtigste Hämoglobinderivat, das Methämoglobin, steht, leiden an dem prinzipiellen Mangel, daß die Natur und Eigenschaften des *normalen* Blutfarbstoffs trotz einer Unzahl trefflicher Untersuchungen in wesentlichen Punkten noch strittig sind. Das ergibt sich klar aus den vorhergehenden Abschnitten dieses Handbuches[2] und soll deshalb hier nicht mehr besprochen werden. Nur sei betont, daß die Beschreibung charakteristischer Merkmale der in ihrem Gesamtmolekül intakten Blutfarbstoffderivate relativen Wert hat, d. h. die Richtigkeit der herrschenden Anschauungen über die Natur des Hämoglobins selbst voraussetzt, von der sich die Eigenschaften der Hämoglobinabkömmlinge unterscheiden. So hat die Frage nach der Größe des Hämoglobinmoleküles nicht nur für den normalen Blutfarbstoff, sondern auch für seine Umwandlungsprodukte Bedeutung, ebenso die oft diskutierte Unsicherheit bzgl. seiner Einheitlichkeit, und es liegt auf der Hand, daß von der Entscheidung, ob für die Bindung von Sauerstoff oder Kohlenoxyd ausschließlich die prosthetische Gruppe und in dieser speziell das Eisenatom in Betracht kommt, die Konstitutionsauffassung des Cyan-, Stickoxyd-, Sulfhämoglobins abhängt. In dieser Hinsicht verdienen atypische Beobachtungen, wofern sie mit exakten Methoden gewonnen wurden, große Beachtung, und es sei zur Charakterisierung der noch vorhandenen Schwierigkeiten nur erwähnt, daß CONANT[3] den Übergang von Hämatin zu Hämochromogen mit einer Aufnahme

---

[1] Abgeschlossen Pfingsten 1927.
[2] BARKAN, G.: Dieser Band S. 76.
[3] CONANT, J. B.: Journ. of biol. chem. Bd. 57, S. 2, 401. 1923.

von zwei Wasserstoffatomen verbunden fand, während Methämoglobin und Hämoglobin sich nur durch ein Wasserstoffäquivalent unterscheiden. Allerdings ergibt sich aus einer eben erschienenen Mitteilung von HAUROWITZ[1], daß auch bei der — durch Hydrazin bewirkten — Umwandlung von Hämatin in Hämochromogen nur ein Äquivalent H aufgenommen wird.

Eine andere Schwierigkeit, die sich aus der Molekülgröße des Hämoglobins ergibt, besteht in der Entscheidung darüber, welche seiner Abkömmlinge als chemische Individuen anzusehen sind; ist doch zu ihrer Kennzeichnung die Heranziehung der üblichen chemischen und physikalischen Daten: Analysenzahlen, Schmelzpunkte usw. kaum möglich und nur das spektrale Verhalten als maßgebend betrachtet worden. Dementsprechend hat sich die Existenz einer ganzen Reihe von früher anerkannten Hämoglobinderivaten neuerdings nicht bestätigen lassen, so daß sie in der Literatur zu streichen sind. Nach den Untersuchungen von HAUROWITZ[2] sind die bloß auf spektroskopische Prüfung begründeten Begriffe des von BORRI[3] beschriebenen *Sulfoxyhämoglobin* wie des von CLARKE und HURTLEY[4] angenommenen *Kohlenoxyd-Sulfhämoglobin* aufzugeben, da die entsprechenden Spektralbilder sich mit einfacher Überlagerung des Sulfhämoglobinspektrums durch die Spektren des Hb, HbO_2, Methämoglobin und HbCO erklären. Ebenso sind die Begriffe *Selenhämoglobin* und CO-*Selen*-Hb fallen zu lassen, da sie auf Verunreinigung des verwendeten Selenwasserstoffs durch Schwefelwasserstoff, also Bildung von Sulfhämoglobin zurückzuführen sind. Weiter erwiesen sich nach HAUROWITZ *Arsenwasserstoffhämoglobin*[5] (= Methämoglobin), *Stickoxydmethämoglobin* (= Meth. + NOHb), *Nitrithämoglobin*[6] (= Meth. + NOHb) und *Kathämoglobin*[7] nicht als eigene chemische Individuen, letzteres speziell als eine Kolloidverbindung des α-Hämatins und der mehr oder weniger veränderten Proteinkomponente des Blutfarbstoffes (HAUROWITZ[8]). Noch schlechter begründet ist die Existenz eines *Cyanmethämoglobins* (KOBERT[9]), das nach v. ZEYNEK[10] mit Cyanhämoglobin identisch ist; es entsteht auch bei Belichtung von Ferricyankali und Methämoglobin enthaltenden Lösungen durch Abspaltung von HCN: „Photomethämoglobin" (BOCK, LEERS[11]). Über die Bildung definierter von Methämoglobin verschiedener aber im Gesamtmolekül intakter Hamoglobinderivate durch *Wasserstoffsuperoxyd* (KOBERT[12], TAKAYAMA[13]), *Acetylen* (BISTROW u. LIEBREICH[14], HERMANN[15], ROSEMANN[16], BROCINER[17], GRÉ-

---

[1] HAUROWITZ, F.: Hoppe-Seylers Zeitschr. f. physiol. Chem. Bd. 164, S. 255. 1927.

[2] HAUROWITZ, F.: Hoppe-Seylers Zeitschr. f. physiol. Chem. Bd. 151, S. 130. 1926.

[3] BORRI: Jahrb. d. Tierchem. Bd. 32, S. 221. 1903.

[4] CLARKE, TH. W., u. W. H. HURTLEY: Journ. of physiol. Bd. 36, S. 62. 1907.

[5] MEISSNER: Zeitschr. f. exp. Therapie Bd. 13, S. 284. 1913; Bd. 22, S. 310. 1921.

[6] HARTRIDGE: Journ. of physiol. Bd. 54, S. 253. 1920.

[7] TAKAYAMA, M.: Beiträge zur Toxikologie und gerichtlichen Medizin. Stuttgart: Enke 1905. — DILLING: Atlas der Hämochromogene 1910, S. 19, 53. — FORMANEK, E.: Hoppe-Seylers Zeitschr. f. physiol. Chem. Bd. 29, S. 420. 1900. — ARNOLD, V.: Ebenda Bd. 29, S. 78. 1899. — VAN KLAVEREN, K. H. L.: Ebenda Bd. 33, S. 293. 1901.

[8] HAUROWITZ, F.: Hoppe-Seylers Zeitschr. f. physiol. Chem. Bd. 137, S. 62. 1924.

[9] KOBERT, R.: Pflügers Arch. f. d. ges. Physiol. Bd. 82, S. 603. 1900. — KOBERT, R.: Über Cyanmethämoglobin und den Nachweis der Blausäure. Stuttgart: Enke 1891.

[10] v. ZEYNEK, R.: Hoppe-Seylers Zeitschr. f. physiol. Chem. Bd. 33, S. 426. 1901.

[11] LEERS, O.: Biochem. Zeitschr. Bd. 12, S. 252. 1908.

[12] KOBERT: Zitiert auf S. 149.

[13] TAKAYAMA, M.: loc. cit.

[14] BISTROW, A., u. O. LIEBREICH: Ber. d. dtsch. chem. Ges. Bd. 1, S. 220. 1868.

[15] HERMANN, L.: Lehrb. d. exp. Toxikologie. Berlin 1874.

[16] ROSEMANN, R.: Arch. f. exp. Pathol. u. Pharmakol. Bd. 36, S. 179. 1895.

[17] BROCINER, L.: Cpt. rend. hebdom. des séances de l'acad. des sciences Bd. 121, S. 773. 1895. — AUGIER: Jahresber. f. Pharmakognos. 1889, S. 597.

HANT[1], LEWIN, MIETHE u. STENGER[2], MANCHOT[3], SCHOEN[4]), *Stickoxydul* (WIELAND[5]), *Säure* („Acidhämoglobin" HARNACK[6], „Säuremethämoglobin" ZEYNECK[7], HAUROWITZ[8]) geben die Angaben in der Literatur keinen sicheren Anhalt. Auch das *Sulfomethämoglobin* (HOPPE-SEYLER u. ARAKI[9]) und *Kohlenoxydmethämoglobin* (WEYL u. ANREP[10]) sind als *Met*hämoglobinderivate kaum aufrecht zu erhalten. Umgekehrt dürfen auch bei Anwendung moderner Methoden bisher als einheitlich gelten: Methämoglobin, Stickoxydhämoglobin, Cyanhämoglobin und wohl auch Sulfhämoglobin und Fluormethämoglobin. Diese Verbindungen wurden durchweg krystallisiert erhalten und spektrophotometrisch definiert; von ihnen allein wird im folgenden zu sprechen sein.

2. Methämoglobin.

a) Konstitution. Seit der letzten Darstellung des Verfassers[11] sind so wesentliche Fortschritte in der experimentellen Bearbeitung der Frage nach dem Verhältnis von Methämoglobin zu dem normalen Blutfarbstoff gemacht worden, daß auf die ausführliche Darstellung unrichtiger älterer Angaben und Meinungen verzichtet werden darf.

Eine jahrzehntelange Diskussion entspann sich über die Frage, ob Methämoglobin mehr oder weniger Sauerstoff enthalte als Oxyhämoglobin. Auf Grund unzureichender Experimente oder zu weitgehender Schlüsse faßten SORBY[12], JAEDERHOLM[13], SAARBACH[14] und DITTRICH[15] Methämoglobin als sauerstoffreicheres Produkt auf als Oxyhämoglobin, das sogar gelegentlich als Zwischenprodukt zwischen Hb und Methämoglobin — widerlegt von MARCHAND[16] — oder als Peroxyd betrachtet wurde. Umgekehrt erkannten GAMGEE[17] und vor allem HOPPE-SEYLER[18] bereits richtig, daß Methämoglobin O-ärmer als HbO_2 ist, und daß es durch reduzierende Mittel z. B. Palladiumwasserstoff aus diesem zu gewinnen ist. HOPPE-SEYLER formulierte:

$$2\ H + HbO_2 \rightarrow Hb + H_2O_2 \rightarrow \underline{HbO} + H_2O$$

oder

$$3\ H + HbO_2 \rightarrow \underline{HbOH} + H_2O\,.$$

Eine dritte Auffassung äußerten HÜFNER und KÜLZ[19], die Oxyhämoglobin und Methämoglobin den gleichen O_2-Gehalt zuwiesen und in der verschiedenen

---

[1] GRÉHANT, N.: Cpt. rend. hebdom. des séances de l'acad. des sciences Bd. 121, S. 564. 1895.

[2] LEWIN, MIETHE u. STENGER: Pflügers Arch. f. d. ges. Physiol. Bd. 129, S. 603. 1909.

[3] MANCHOT, W.: Liebigs Ann. d. Chem. Bd. 370, S. 241. 1909.

[4] SCHOEN, R.: Hoppe-Seylers Zeitschr. f. physiol. Chem. Bd. 127, S. 243. 1923.

[5] WIELAND, HERM.: Arch. f. exp. Pathol. u. Pharmakol. Bd. 92, S. 96. 1922.

[6] HARNACK: Hoppe-Seylers Zeitschr. f. physiol. Chem. Bd. 26, S. 558. 1898.

[7] v. ZEYNEK: Hoppe-Seylers Zeitschr. f. physiol. Chem. Bd. 130, S. 242. 1923.

[8] HAUROWITZ, F.: Hoppe-Seylers Zeitschr. f. physiol. Chem. Bd. 137, S. 1. 1924.

[9] ARAKI, T.: Hoppe-Seylers Zeitschr. f. physiol. Chem. Bd. 14, S. 412. 1890.

[10] WEYL, TH., u. C. ANREP: Arch. f. (Anat. u.) Physiol. 1880, S. 227.

[11] LIPSCHITZ: Ergebn. d. Physiol. Bd. 23, S. 1. 1924.

[12] SORBY, H. C.: Quart. journ. of microscop. science Bd. 10, S. 400. 1870.

[13] JAEDERHOLM, A.: Zeitschr. f. Biol. Bd. 13, S. 193. 1877; Bd. 16, S. 1. 1880; Bd. 20, S. 419. 1894.

[14] SAARBACH, L.: Pflügers Arch. f. d. ges. Physiol. Bd. 28, S. 382. 1882.

[15] DITTRICH: Arch. f. exp. Pathol. u. Pharmakol. Bd. 29, S. 274. 1892.

[16] MARCHAND, F.: Arch. f. pathol. Anat., Physiol. usw. Bd. 77, S. 488. 1879.

[17] GAMGEE, A.: Phil. transact. of the roy. soc. of London Bd. 58, S. 589. 1868.

[18] HOPPE-SEYLER, F.: Hoppe-Seylers Zeitschr. f. physiol. Chem. Bd. 1, S. 396. 1878; Bd. 2, S. 149. 1878; Bd. 6, S. 166. 1882.

[19] HÜFNER, G., u. R. KÜLZ: Hoppe-Seylers Zeitschr. f. physiol. Chem. Bd. 7, S. 366. 1883.

Bindung des Sauerstoffs den charakteristischen Unterschied erblickten; sie basierten diese Meinung auf der Beobachtung, daß gleiche Mengen Oxyhb. und Methb. mit Stickoxyd und Harnstoff gleiche Mengen gasförmigen Stickstoff liefern.

Vor allem schien eine wichtige Reaktion, die Haldane[1] fand, im Sinne von Hüfner zu sprechen, die Umwandlung von Oxyhämoglobin in Methämoglobin durch Ferricyankali unter Freiwerden äquivalenter Mengen gasförmigen Sauerstoffes, was Haldane zu folgender Formel:

$$Hb\diagdown^O_O + 4\,Na_3FeCy_6 + 4\,NaHCO_3 \rightarrow Hb\diagdown^O_O + 4\,Na_4FeCy_6 + 4\,CO_2 + 2\,H_2O + O_2$$

Methämoglobin

und der Behauptung führte, im Oxyhämoglobin seien die beiden O-Atome miteinander fest, an das Hb aber locker gebunden, im Methämoglobin sei es umgekehrt. v. Zeynek[2] deutete die Reaktion richtig so, daß der gasförmige Sauerstoff aus dem Oxyhämoglobin stammt und Methämoglobin sauerstoffärmer als Oxyhämoglobin ist :

$$2\,K_3FeCy_6 + 2\,H_2O \rightarrow 2\,K_3HFeCy_6 + {OH \atop OH},$$

$$Hb\diagdown^O_O + {OH \atop OH} \rightarrow Hb\diagdown^{OH}_{OH} + O_2.$$

Methämoglobin

Die Formulierung $Hb\diagdown^{OH}_{OH}$ für Methämoglobin schien ihm berechtigt, weil das indicatorähnliche Verhalten dieses Umwandlungsproduktes gegenüber Säuren und Alkalien auf Anwesenheit von Hydroxylen an Stelle des Peroxydsauerstoffes schließen lasse. Auch Tiffeneau[3] hielt diese Formel für besonders glücklich, weil sie die Methämoglobinbildung einerseits durch einfache reduzierende Agenzien (Palladiumwasserstoff), andererseits durch oxydierende (Ferricyankali, Permanganat, Chinon) verständlich macht:

$$X{-}Fe\diagdown^O_O + H_2 \rightarrow X{-}Fe\diagdown^{OH}_{OH}.$$

$$X{-}Fe\diagdown^O_O + O + H_2O \rightarrow X{-}Fe\diagdown^{OH}_{OH} + O_2.$$

Küster[4] griff mit besonderem Erfolg die Hüfner-Haldanesche Isomeriehypothese an, indem er die mangelnde Beweiskraft der Stickoxydversuche von Hüfner und Külz in folgendem Sinne klarlegte:

1) $2\,Hb\cdot OH + 4\,NO \rightarrow 2\,Hb\cdot NO + 2\,HNO_2,$
Methämoglobin

$$2\,HNO_2 + CO{NH_2 \atop NH_2} \rightarrow \underline{2\,N_2} + CO_2 + 3\,H_2O,$$

2) $2\,HbO_2 + 6\,NO \rightarrow 2\,HbOH + 4\,NO_2,$

$$4\,NO_2 + 2\,H_2O \rightarrow 2\,HNO_3 + 2\,HNO_2,$$

$$2\,HNO_2 + CO(NH_2)_2 \rightarrow \underline{2\,N_2} + CO_2 + 3\,H_2O.$$

---

[1] Haldane, J.: Journ. of physiol. Bd. 22, S. 298. 1898.

[2] Zeynek, R. v.: Arch. f. (Anat. u.) Physiol. 1899, S. 461.

[3] Tiffeneau, M., in „Traité du sang" Bd. I. Paris 1913.

[4] Küster, W.: Hoppe-Seylers Zeitschr. f. physiol. Chem. Bd. 66, S. 165. 1910; Bd. 110, S. 107. 1920; Bd. 121, S. 121. 1923.

Auch die Tatsache, daß sich 1 Molekül Methämoglobin mit 1 Molekül Blausäure zu Cyanhämoglobin verbindet, spricht für die KÜSTERsche Methämoglobinformel $Hb \cdot OH$. Eine weitere Stütze findet sie in der Ferricyanidreaktion von HALDANE, die aber nach den genaueren Versuchen von v. REINBOLD[1] folgendermaßen verläuft:

$$HbO_2 + K_3FeCy_6 + H_2O = HbOH + K_3HFeCy_6 + O_2.$$

Damit waren alle Theorien über den höheren oder dem Oxyhämoglobin gleichen O_2-Gehalt des Methämoglobin überwunden und die Diskussion auf die Frage gelenkt, ob das O_2-ärmere Methämoglobin nach v. ZEYNEK als $Hb{<}^{OH}_{OH}$ bzw. HbO oder nach KÜSTER als $Hb \cdot OH$ zu formulieren sei. Für die v. ZEYNEKsche Auffassung schien die von LETSCHE[2] studierte Reaktion zwischen Oxyhämoglobin und Hydroxylamin zu sprechen; er schloß aus der quantitativen Bildung von Methämoglobin neben freiem Stickstoff bei Anwendung von 2 Mol Hydroxylamin auf folgende Umsetzung:

$$HbO_2 + 2\,NH_2OH \rightarrow Hb{<}^{OH}_{OH} + 2\,H_2O + N_2.$$

Daß jedoch aus der Methämoglobinbildung durch Hydroxylamin wegen des sehr komplizierten Reaktionsablaufes keine Aufklärung der Methämoglobinformel gewonnen werden kann, ergaben die Versuche von LIPSCHITZ und WEBER[3], die als Umwandlungsprodukte des NH_2OH neben Stickstoff beträchtliche Mengen von Ammoniak und Nitrit fanden und nachwiesen, daß der normale Blutfarbstoff ebenso wie Methämoglobin den Hydroxylaminzerfall *katalysieren*.

Die Umsetzung zwischen dem Blutfarbstoff und Hydrazin wurde gleichfalls zur Klärung der Methämoglobinformel herangezogen. BUCKMASTER[4] beobachtete, daß bei Verwendung von 1 Mol HbO_2 1 Molekül Hydrazin zu N_2 oxydiert werde, bei Anwendung von 1 Mol Methämoglobin aber nur $^1/_2$ Mol N_2 entstehe; das führte ihn und besonders QUAGLIARIELLO[5] zu der Auffassung, daß Methämoglobin nur durch HbO ausgedrückt werden könne — entsprechend den Formeln:

$$HbO_2 + H_2N{-}NH_2 + H_2O \rightarrow Hb + 3\,H_2O + N_2,$$

$$2\,HbO + H_2N{-}NH_2 + H_2O \rightarrow 2\,Hb + 3\,H_2O + N_2,-$$

andernfalls beim Übergang von $H_2N \cdot NH_2$ in N_2 nicht 2 sondern 4 Moleküle Methämoglobin reduziert werden würden:

$$4\,HbOH + H_2N{-}NH_2 + H_2O \rightarrow 4\,Hb + 5\,H_2O + N_2.$$

Voraussetzung für die Berechtigung stöchiometrischer Formeln wäre allerdings auch hier die exakte quantitative Verfolgung *aller* Reaktionsprodukte unter Ausschluß etwaiger katalytischer Funktionen des Blutfarbstoffes.

Nicht nur die BUCKMASTERsche Reaktion, sondern auch eigene Studien dienten QUAGLIARIELLO[6] zur Stütze der v. ZEYNEKschen Formel. Anknüpfend an die alte Beobachtung dieses Autors, die von L. HILL und MACLEOD[7] bestätigt

---

[1] REINBOLD, R. v.: Hoppe-Seylers Zeitschr. f. physiol. Chem. Bd. 85, S. 250. 1913.

[2] LETSCHE, E.: Hoppe-Seylers Zeitschr. f. physiol. Chem. Bd. 80, S. 412. 1912.

[3] LIPSCHITZ, W., u. J. WEBER: Hoppe-Seylers Zeitschr. f. physiol. Chem. Bd. 132, S. 251. 1924. — LIPSCHITZ, W.: Ebenda Bd. 146, S. 1. 1925.

[4] BUCKMASTER, G. A.: Journ. of physiol. Bd. 46, S. 48. 1913; Bd. 48, S. 25. 1914.

[5] QUAGLIARIELLO, G.: Arch. di scienze biol. Bd. 5, Nr. 1/2, S. 194. 1923.

[6] QUAGLIARIELLO: loc. cit.

[7] HILL, L., u. J. R. MACLEOD: Journ. of hyg. Bd. 3, S. 401. 1903. Siehe auch HAM E., u. H. BALEAN: Journ. of physiol. Bd. 32, S. 312. 1905.

wurde, daß bei vorsichtiger Einwirkung von HCl auf HbO_2 freier Sauerstoff und Methämoglobin entstehen, fand Quagliariello auch bei Auspumpen des Blutes und Anwendung eben ausreichender Mengen Säure, um quantitativ Met-hämoglobin zu bilden, daß nur $^1/_2$ Mol O_2 frei wird, also:

$$2\ HbO_2 + \text{Säure} \to 2\ HbO + O_2\,.$$

Die gleiche Beobachtung mittels Essigsäure machten Roaf und Smart[1] und gaben ihr die gleiche Deutung. Auch Nicloux und Roche[2] kommen zu dem Resultat, daß Methämoglobin die Hälfte Sauerstoff enthält wie Oxyhämoglobin. Sie wandelten HbO_2 und Methämoglobin durch Natriumhydrosulfit in Hb um und verbrauchten im zweiten Falle nur die Hälfte Hydrosulfit wie im ersten; daraus schlossen sie

$$HbO_2 + 2\ Na_2S_2O_4 + H_2O \to Hb + 2\ Na_2S_2O_5 + H_2O\,,$$

$$2\ HbO + 2\ Na_2S_2O_4 + H_2O \to 2\ Hb + 2\ Na_2S_2O_5 + H_2O\,.$$

Die Richtigstellung all dieser nicht erschöpfenden Einzelbeobachtungen und die umfassende Beweisführung für die von Küster aufgestellte, von Heubner, Lipschitz u. a. verteidigte Methämoglobinformel $Hb \cdot OH$, die besagt, daß dieses Hämoglobinderivat $^1/_4$ so viel Sauerstoff enthält wie Oxyhämoglobin, gelang Conant[3].

Er zeigte durch elektrometrische Titration, daß bei der reduktiven quantitativen Umwandlung von Methämoglobin zu Hb mittels $Na_2S_2O_4$ oder anthrachinondisulfosaurem Natrium ein Wasserstoffäquivalent des Reduktionsmittels aufgenommen wird, bezogen auf 1 Atom Eisen

$$2\ HbOH + Na_2S_2O_4 \to 2\ Hb + Na_2S_2O_5 + H_2O$$

und umgekehrt, daß bei der oxydativen Umwandlung von Hb in Methämoglobin durch K_3FeCy_6 ein Wasserstoffäquivalent des Oxydationsmittels aufgenommen wird:

$$Hb + K_3FeCy_6 + H_2O \to HbOH + K_4FeCy_6\,.$$

Der feinere Mechanismus des Vorganges ergibt sich dabei aus der Tatsache, daß reduziertes Hämoglobin, Oxyhämoglobin und freier Sauerstoff in einer Oxyhämoglobinlösung im Gleichgewicht stehen; zugefügtes Ferricyanid oxydiert das Hämoglobin zu Methämoglobin; dadurch wird dem System Hämoglobin entzogen, es dissoziiert neues Oxyhämoglobin in Hämoglobin und freien O_2 usf., bis alles Hämoglobin in Methämoglobin umgewandelt und aller Sauerstoff frei geworden ist.

Die Deutung der Versuche von Nicloux, Roaf und Smart und Quagliariello wird gleichfalls von Conant und Scott[4] im Sinne der Küsterschen Methämoglobinformel durchgeführt: Oxyhämoglobin reagiert nämlich mit Natriumhydrosulfit unter Hydroperoxydbildung, Methämoglobinsauerstoff ist dazu nicht imstande; infolgedessen gelten die Formeln:

$$HbO_2 + Na_2S_2O_4 + H_2O \to Hb + Na_2S_2O_5 + \underline{H_2O_2}$$

$$2\ HbOH + Na_2S_2O_4 \to 2\ Hb + Na_2S_2O_5 + H_2O\,.$$

---

[1] Roaf, H. E., u. W. A. M. Smart: Biochem. journ. Bd. 17, S. 579. 1923.

[2] Nicloux, M. u. J. Roche: Bull. soc. de chim. biol. Bd. 8, S. 71. 1926; Cpt. rend. des séances de la soc. de biol. Bd. 93, S. 275 u. 1373. 1925.

[3] Conant, J. B.: Journ. of biol. chem. Bd. 57, S. 401. 1923; Conant u. L. F. Fieser: Ebenda Bd. 62, S. 595. 1925.

[4] Conant, J. B., u. Norman S. Scott: Journ. of biol. chem. Bd. 69, S. 575. 1926.

Ebenso bildet sich wahrscheinlich bei der Methämoglobinbildung aus Oxyhämoglobin durch Säure neben Sauerstoff primär H_2O_2, das nur in Gegenwart von Hämoglobin nicht nachweisbar ist. CONANT macht mit Recht darauf aufmerksam, daß der gasförmig auftretende Sauerstoff bei der Umwandlung von HbO_2 durchaus kein Maß für die Sauerstoffbilanz ist, da ein Teil sehr wohl für gleichzeitige Oxydationen z. B. zugesetzter Weinsäure, Zitronensäure, Bernsteinsäure[1] verbraucht sein könne. Es enthält also Methämoglobin nicht die Hälfte des im Oxyhämoglobin enthaltenen Sauerstoffes, sondern nur den vierten Teil. Wenn Oxyhämoglobin durch HbO_2 auszudrücken ist, ist Methb. nicht HbO [oder $HbO + H_2O = Hb(OH)_2$], sondern HbOH. Aber, wie schon KÜSTER im Jahre 1910 vermutete, ist genau genommen bereits die Frage nach dem „Sauerstoffgehalt" des Methämoglobin unrichtig, sondern es handelt sich um die Wertigkeit des Fe-Atoms im Blutfarbstoffmolekül. Die KÜSTERsche Auffassung, daß Methämoglobin die Ferriverbindung, Hämoglobin und Oxyhämoglobin Ferroverbindungen darstellen, hat durch den Nachweis der

$$\text{Reversibilität Hb} \underset{\text{Reduktion}}{\overset{\text{Oxydation}}{\rightleftarrows}} \text{Methämogl.}$$ und die Bestimmung charakteristischer

Oxydations-Reduktionspotentiale durch CONANT ihre stärkste Stütze erhalten. Da der Gewinn oder Verlust eines Elektrons also das Wesen des Vorgangs ausmacht, darf HbOH nicht so verstanden werden, als ob eine Hydroxylgruppe fest an das Eisenatom gebunden sei, sondern es ist so aufzufassen:

$$Hb^+OH^-.$$

Auf der Auffassung basierend, daß Hämoglobin wie Methämoglobin Substanzen von amphoterem Charakter sind und eine Anzahl von sauren H-Ionen enthalten, daß sie in stärker alkalischer Lösung, als ihrem isoelektrischen Punkt entspricht, als negative Ionen enthalten sind, und daß sie mit gewissen Aminoferrocyaniden vom Typ $Na_3[Fe(CN)_5NH_2R]$ (MANCHOT[2], BAUDISCH[3]) starke Analogien bzgl. Bindung von CO und NO aufweisen, führte CONANT folgende Formeln ein:

$$H_3\begin{bmatrix} (NH_2) \diagdown \\ (Pr)_4Fe(OOC) \diagup \end{bmatrix} G \qquad H_3\begin{bmatrix} (O_2) & NH_2 \\ (Pr)_4Fe(OOC)\!-\!G \end{bmatrix}$$

Hämoglobin (Ferrokörper)   Oxyhämoglobin

$$H_2\begin{bmatrix} (NH_2) \diagdown \\ (Pr)_4Fe(OOC) \diagup \end{bmatrix} G$$

Methämoglobin (Ferrikörper)
Pr=Pyrrolring   G=Globinrest.

Danach ist also Methämoglobin eine zweibasische, Hämoglobin und Oxyhämoglobin eine dreibasische Säure, letzteres von Peroxydnatur. In alkalischer Lösung läßt sich demnach Methämoglobin auch schreiben: $Na_2[X]$.

b) Darstellung. Den Verfahren, Methämoglobin durch Einwirkung von Ferricyankali auf Hämoglobin mit nachfolgendem Zusatz von Alkohol[4] oder

---

[1] Vgl. KLEIN: Biochem. Zeitschr. Bd. 156, S. 323. 1924. — NEILL, JAMES, u. AVERY: Journ. of exp. med. Bd. 41, S. 551. 1924.

[2] MANCHOT, W.: Ber. d. dtsch. chem. Ges. Bd. 45, S. 2869. — MANCHOT, C., u. WORINGER: Ebenda Bd. 46, S. 3516. 1913.

[3] BAUDISCH, O.: Ber. d. dtsch. chem. Ges. Bd. 54, S. 413. 1921; Bd. 55, S. 2698. 1922.

[4] HÜFNER u. OTTO: Hoppe-Seylers Zeitschr. f. physiol. Chem. Bd. 74, S. 65. 1883.

Ammonsulfat[1] krystallisiert zu erhalten, haftet der Nachteil an, daß die gewonnenen Krystalle schwer von den letzten Verunreinigungen durch Eisencyanid zu befreien sind. Ähnliche Schwierigkeiten zeigten sich nach Haurowitz[2] bei Verwendung von $KMnO_4$ oder Hydroxylamin; auch Chinon ist ungünstig, weil die Form der entstandenen Methämoglobinkrystalle nicht ganz einheitlich ist. Die schönsten Krystalle wurden durch 6 bis 8 Wochen langes Stehenlassen von reinem Pferdeoxyhämoglobin in 20proz. Alkohol unter Luftzutritt gewonnen: große braune sechsseitige Tafeln.

Sie wurden in folgender Weise umkrystallisiert: Nach Abgießen der Mutterlauge und Abpressen wurde je 1 Teil der feuchten Krystallmasse in 4 Teilen Wasser von 35° gelöst, filtriert und auf höchstens +5° abgekühlt; dabei erfolgte nach 2 Stunden reichliche Abscheidung von beiderseits spitz auslaufenden etwa 1 mm langen braunen Nadeln.

c) **Eigenschaften.** Beim Auspumpen gibt der braune Farbstoff keinen Sauerstoff ab — im Gegensatz zu Oxyhämoglobin. Er ist nach Gamgee[3] ebenso wie Oxyhämoglobin und CO—Hb stark diamagnetisch. — Abgesehen von Variationen in der Globingruppe darf man Methämoglobin wohl als einheitlich auffassen, wenn auch R. L. Mayer[4] zwei Arten von Methämoglobin annimmt. Über seine spektralen Eigenschaften werden von den verschiedenen Autoren etwas voneinander abweichende Angaben gemacht; allerdings unterscheidet sich Methämoglobin in alkalischer Lösung von dem in saurer in vieler Hinsicht; es verhält sich nämlich z. B. gegenüber den Soerensenschen Puffergemischen wie ein Indicator, indem es Farbe wie Spektrum zwischen $p_H = 7—9$ allmählich[5] ändert — bei $p_H = 8,5$ enthält eine Lösung je 50% saures und alkalisches Methämoglobin —, während es bei $p_H < 7$ das reine Spektrum des sauren Methämoglobins — ohne Streifen im Gelbgrün und Grün — und bei $p_H > 9$ das Spektrum des alkalischen Methämoglobins zeigt (Haurowitz). Die charakteristischen Absorptionsstreifen wurden meistens bei $\lambda = 626, 575, 533, 499$ festgestellt.

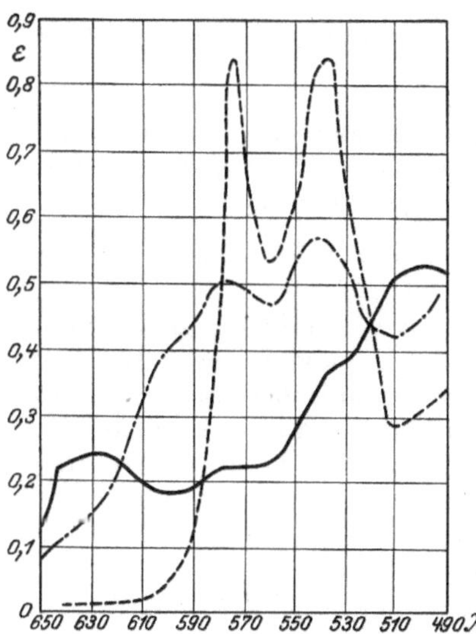

Abb. 26. — — — — Oxyhämoglobin;
———— Methämoglobin, sauer;
— · — · — Methämoglobin, alkalisch.
(Nach Haurowitz: Zeitschr. f. physiol. Chemie Bd. 151. 1926).

Praktisch ist wichtig zu wissen, daß der typische Methämoglobinstreifen zwischen $\lambda = 620 — 40\ \mu\mu$ bei Alkalisieren einer Methämoglobinlösung durch Ammoniak verschwindet und dafür ein „Vorschlagschatten" in der Gegend $\lambda = 600\ \mu\mu$ leicht erkennbar wird.

Die Verhältnisse werden durch die Kurven der spezifischen Extinktionskoeffizienten übersichtlich (Abb. 26). Über Einzelheiten der spektroskopischen und spektrophotometrischen Befunde geben die Messungen von Rost, Franz

[1] Ville u. Derrien: Cpt. rend. hebdom. des séances de l'acad. des sciences Bd. 140, S. 743. 1905.
[2] Haurowitz, F.: Hoppe-Seylers Zeitschr. f. physiol. Chem. Bd. 137, S. 1. 1924.
[3] Gamgee: Proc. of the roy. soc. of London Bd. 68, S. 503. 1901.
[4] Mayer, R. L.: Arch. f. exp. Pathol. u. Pharmakol. Bd. 95, S. 351. 1922.
[5] Zeynek: Arch. f. (Anat. u.) Physiol. Bd. 23, S. 486, Anm. 1899. — Hartridge: Journ. of physiol. Bd. 54, S. 253. 1920.

und Heise[1], Zeynek[2], Letsche[3], Heubner[4], Quagliariello[5], Hári[6], Haurowitz[7] Auskunft[8].

d) Die Methämoglobinbildung. Entsprechend der Tatsache, daß Methämoglobin die höhere Oxydationsstufe der Ferroverbindung Hämoglobin darstellt, sind alle Versuche, in vitro durch *ausschließlich reduzierende* Mittel unter Sauerstoffabschluß Hämoglobin in Methämoglobin zu verwandeln, negativ verlaufen, worin Heubner[9] schon früh mit Recht eine starke Stütze der Küsterschen Formel erblickte. Derartige Substanzen sind z. B. Palladiumwasserstoff, Arsenwasserstoff, Phosphorwasserstoff, Hydrochinon, Phenylhydrazin, Hydrazobenzol, β-Phenylhydroxylamin, Aminophenole, während manche ihrer Oxydationsstufen, z. B. Chinon, Chinonimin, aber auch das oxydoreduktiv zerfallende Hydroxylamin unter Sauerstoffabschluß blutwirksam sind[10]. Dem entspricht, daß typische Oxydationsmittel: Ferricyankali[11], Kaliumpermanganat, Chlorat[12], Nitrit[13] Hämoglobin oder Oxyhämoglobin in Methämoglobin umwandeln und selbst dabei reduziert werden. Der Mechanismus des Vorganges ist dabei im einzelnen verschieden, und wenn z. B. Ferricyankali eine recht glatte stöchiometrisch formulierbare Reaktion eingeht, liegt umgekehrt im Falle des Chlorats eine ziemlich komplizierte Katalyse vor, bei der das Hämoglobin als Eisenkatalysator wirkt und das gleichzeitig entstehende Methämoglobin allmählich seine Katalysatoreigenschaften verliert; als Endprodukt der Reaktion tritt Chlorid auf; als Oxydationsäquivalente kommen neben Methämoglobin unbekannte Blutsubstanzen in Betracht, die im Modellversuch z. B. durch KJ → J vertreten werden können.

Bei der Einwirkung von Nitrit auf den Blutfarbstoff kompliziert sich der Vorgang in der Weise, daß neben der Bildung von Methämoglobin ein Teil der salpetrigen Säure in Nitrat übergeht, und daß gleichzeitig entstehendes NO + Hb sich zu Stickoxydhämoglobin verbindet. Aber auch solche Substanzen, die zwar leicht oxydabel sind, aber nicht in typische oxydative Methämoglobinbildner durch Sauerstoff verwandelt werden, können Hämoglobin bei Sauerstoffgegenwart in Methämoglobin umwandeln: durch *Aktivierung* von Sauerstoff. Diese ist so aufzufassen, daß in gekoppelter Reaktion durch ein halbes Molekül Sauerstoff der Blutfarbstoff, durch das andere halbe Molekül das oxydable Blutgift oxydiert wird; häufig katalysiert sogar der Blutfarbstoff diese gekoppelte Reaktion, also seine eigene Vergiftung. Dieser Reaktionsmechanismus ergab sich besonders deutlich bei Prüfung von β-Phenylhydroxylamin, Hydrazobenzol, Arsenwasser-

---

[1] Rost, E., Fr. Franz u. R. Heise: Arb. a. d. Reichs-Gesundheitsamte 1909, S. 30.

[2] Zeynek: loc. cit.

[3] Letsche: Zitiert auf S. 153.

[4] Heubner, W.: Arch. f. exp. Pathol. u. Pharmakol. Bd. 72, S. 241. 1913.

[5] Quagliariello, G.: Arch. di scienze biol. Bd. 3, S. 65. 1922.

[6] Hári, P.: Biochem. Zeitschr. Bd. 103, S. 271. 1920.

[7] Haurowitz: Zitiert auf S. 156.

[8] Siehe Müller-Biehler in Oppenheimers Handb. d. Biochemie.

[9] Heubner: loc. cit.

[10] Lipschitz u. Weber: Hoppe-Seylers Zeitschr. f. physiol. Chem. Bd. 132, S. 251. 1924.

[11] Meier, R.: Arch. f. exp. Pathol. u. Pharmakol. Bd. 100, S. 128. 1923; Bd. 108, S. 280. 1925.

[12] v. Mering: Zitiert auf S. 149. — Mayer, R. L.: Arch. f. exp. Pathol. u. Pharmakol. Bd. 95, S. 351. 1922.

[13] Anson u. Mirsky: Journ. of physiol. Bd. 60, S. 100. 1925. — Meier, R.: Arch. f. exp. Pathol. u. Pharmakol. Bd. 110, S. 241. 1925. — Gamgee: Schaefers textbook of physiol. 1898, S. 241. — Haldane, Macgill u. Mavrogordato: Journ. of physiol. Bd. 21, S. 165. 1897. — Haurowitz: Hoppe-Seylers Zeitschr. f. physiol. Chem. Bd. 137, S. 18. 1924. — Barcroft u. Fr. Müller: Journ. of physiol., Proc. XX, Bd. 43. 1911. — Hartridge: Ebenda Bd. 54, S. 253. 1920.

stoff[1] und Phosphorwasserstoff, als dessen Umwandlungsprodukt die an sich blutunwirksame phosphorige Säure nachgewiesen wurde[2].

Mit den bisher geschilderten Tatsachen ist das Problem der Methämoglobinbildung im Organismus noch keineswegs erschöpft, beziehen sie sich doch durchweg auf die Reaktion allein zwischen Blutfarbstoff und Blutgift im Reagensglas, ohne die mitunter entscheidende Bedeutung des *cellulären* Stoffwechsels für Entstehen und Vergehen blutgiftiger Substanzen zu berücksichtigen. Dies ist eingehender in dem früher erwähnten Referat des Verfassers[3] geschehen; es sollen deshalb hier nur die prinzipiellen Gesichtspunkte gebracht werden:

Anilin als Typus der aromatischen Amine ist in vitro gegenüber Blut weitgehend indifferent, wird aber z. B. im Stoffwechsel der Leber oxydativ zu einem wirksamen Methämoglobinbildner, wahrscheinlich β-Phenylhydroxylamin. Ebenso wurde als Blutgift aus dem Blut acetanilidvergifteter Katzen Acetylphenylhydroxylamin von Ph. Ellinger[4] isoliert. Der umgekehrte Vorgang wird an den aromatischen Nitroverbindungen bewirkt, die cellulär reduziert gleichfalls als β-Phenylhydroxylamine blutwirksam werden[5]. Auf ganz ähnliche Weise kann durch Reduktion in den Geweben Nitrat zu dem methämoglobinbildenden Nitrit umgewandelt werden[6]. Als vorbereitende, giftende Vorgänge kommen besonders in der Gruppe der antipyretischen Anilinderivate hydrolytische Absprengungen schützender Säurereste usw. in Betracht. Auch die Methämoglobinbildung N-freier Substanzen ist häufig an vorherige oxydative Umwandlung im Zellstoffwechsel geknüpft; so zeigten Ph. Ellinger und Rost[7], daß Blut von längere Zeit mit Äther (ähnlich Chloroform!) narkotisierten Katzen Methämoglobin enthält, obwohl Äther gegenüber Oxyhämoglobin völlig indifferent ist; als Ursache kommt intermediär gebildeter Acetaldehyd[8] in Frage.

Die Art und Intensität gewisser Stoffwechselvorgänge — giftender und entgiftender — bestimmt also zu einem wesentlichen Teil die Disposition zu Blutfarbstoffvergiftungen. Fleischfresser (Katze) scheinen erheblich empfindlicher zu sein als Pflanzenfresser (Kaninchen).

Über die klinischen Krankheitsbilder und den Mechanismus der autotoxischen Methämoglobinämie siehe H. v. d. Bergh[9].

e) Die Rückbildung des Methämoglobins. Obwohl Methämoglobin für die Atmung der Gewebe untauglich ist, weil es keinen Sauerstoff abgibt, wird es — ähnlich wie durch Ammonsulfid und Stokessches Reagens — im Organismus allmählich den normalen Funktionen durch Reduktion zu $Hb \rightarrow HbO_2$ wieder dienstbar gemacht, vorausgesetzt, daß nicht vorher innere Erstickung eintritt. Dittrich[10] erzeugte bei Hunden durch Nitroglycerin und Acetanilid starke Methämoglobinämie, die ohne Methämoglobinurie oder Änderung der Erythrocytenzahl am 2. bis 3. Tag wieder verschwunden war. Ebenso beobachteten

[1] Heubner, Meier u. Rhode: Arch. f. exp. Pathol. u. Pharmakol. Bd. 100, S. 149. 1923. — Heubner u. Meier: Ebenda Bd. 100, S. 137. 1923. — Lipschitz u. Weber: Hoppe-Seylers Zeitschr. f. physiol. Chem. Bd. 132, S. 251. 1924.
[2] Haurowitz: Hoppe-Seylers Zeitschr. f. physiol. Chem. Bd. 137, S. 16. 1924.
[3] Lipschitz, W.: Ergebn. d. Physiol. Bd. 23, S. 1. 1924.
[4] Ellinger, Ph.: Hoppe-Seylers Zeitschr. f. physiol. Chem. Bd. 111, S. 90. 1920.
[5] Lipschitz, W.: Ergebn. d. Physiol. Bd. 23, S. 1. 1924.
[6] Heffter, zit. nach R. Meier: Arch. f. exp. Pathol. u. Pharmakol. Bd. 110, S. 263. 1925. — Stepanow, A.: Ebenda Bd. 47, S. 411. 1902.
[7] Ellinger, Ph. u. F. Rost: Arch. f. exp. Pathol. u. Pharmakol. Bd. 95, S. 281. 1922.
[8] Albertoni, P. u. Pisenti: Med. Zentralbl. 1888, S. 401.
[9] van den Bergh, Hijmans u. Engelkes: Klin. Wochenschr. Jg. 1, Nr. 39, S. 1930. 1922. — Lipschitz: Ergebn. d. Physiol. Bd. 23, S. 1. 1924.
[10] Dittrich, P.: Arch. f. exp. Pathol. u. Pharmakol. Bd. 29, S. 247. 1892.

Dennig[1], Aron[2] und Dreser[3] Rückbildung des Methämoglobins im lebenden Tier; Kobert[4] vermutete, daß die Leber als Ort dieser Rückbildung eine Rolle spielt.

Eingehende Untersuchungen über den Mechanismus der Umwandlung von Methämoglobin in den normalen Blutfarbstoff wurden von Sakurai[5] durchgeführt. Nach ihm findet in defibriniertem steril gehaltenen Blut, das durch Amylnitrit partiell methämoglobinhaltig geworden ist, schon spontan besonders in den ersten zwei Tagen eine Restitution statt, die durch Zusatz von reduzierendem Organbrei beträchtlich beschleunigt und verstärkt wird; am wirksamsten ist hierbei Leber und (Katzen-) Lunge, weniger Muskel und Milz. Unter günstigen Bedingungen ($^1/_{20}$% Amylnitrit, Verwendung von Leberbrei) kann eine *vollständige* Rückbildung des Methämoglobins erreicht werden, die im übrigen durch Zufuhr von Natriumthiosulfat begünstigt wird. Ähnliche Resultate wurden bei Durchströmung der isoliert überlebenden Katzenlunge gewonnen[6]; Voraussetzung für eine Rückbildung ist aber, daß der Methämoglobingehalt 60% des gesamten Blutfarbstoffes nicht wesentlich übersteigt. In Versuchen mit tödlichen Dosen von Anilin und Nitrit an Katzen wurde prinzipiell die Möglichkeit gezeigt, durch intravenöse Infusion von Substanzen, wie Natriumthiosulfat, die Spontanheilung der Blutfarbstoffvergiftung zu unterstützen[7].

Im allgemeinen beginnen Vergiftungserscheinungen, wenn 40% des Blutfarbstoffes in Methämoglobin umgewandelt sind; steigt die Methämoglobinbildung über 60 auf 75%, so wirkt sie tödlich[8].

f) Bestimmung von Methämoglobin. Sie erfolgt entweder spektrophotometrisch (Butterfield[9], Letsche[10]) oder, wenn angängig, durch Bestimmung der veränderten Atmungskapazität gegenüber der vorher normalen mittels der Ferricyanidmethode nach Haldane-Barcroft (Dreser[11], Ph. Ellinger[12]). Neuerdings hat Stadie[13][14] ein sehr brauchbares Verfahren angegeben, um Methämoglobin neben Oxyhämoglobin zu bestimmen: Der Gesamtblutfarbstoff wird mittels Ferricyanid in Methämoglobin, dieses durch verdünnte KCN-Lösung quantitativ in Cyanhämoglobin verwandelt, das wegen seiner schön orangeroten Farbe leicht colorimetrisch zu bestimmen ist. Das Oxyhämoglobin in dem methämoglobinhaltigen Blut wird gasometrisch nach van Slyke bestimmt. Die Differenz beider Werte gibt den Gehalt an Methämoglobin.

Eine Spezialmethode, um Methämoglobin in Gegenwart von gefärbten Abbauprodukten oder anderen Farbstoffen quantitativ zu bestimmen, wurde von Conant und Fieser[15] ausgearbeitet: Sie besteht darin, daß mittels Anthrahydrochinon-β-sulfosaurem Natrium quantitativ Methämoglobin in Hämoglobin verwandelt und die Steigerung der Atmungskapazität der so behandelten Lösung gegenüber dem unbehandelten Gemisch nach van Slyke gemessen wird.

[1] Dennig, A.: Dtsch. Arch. f. klin. Med. Bd. 65, S. 524. 1900.
[2] Aron, H.: Biochem. Zeitschr. Bd. 3, S. 1. 1906.
[3] Dreser, H.: Arch. f. exp. Pathol. u. Pharmakol. 1908, Suppl. S. 138.
[4] Kobert, R.: Lehrb. d. Intoxikationen 1906, S. 773.
[5] Sakurai, K.: Arch. f. exp. Pathol. u. Pharmakol. Bd. 107, S. 287. 1925.
[6] Sakurai, K.: Arch. f. exp. Pathol. u. Pharmakol. Bd. 109, S. 198. 1925.
[7] Sakurai, K.: Arch. f. exp. Pathol. u. Pharmakol. Bd. 109, S. 214. 1925.
[8] Siehe auch P. Masoin: Arch. internat. de pharmaco-dyn. et de thérapie Bd. 5, S. 307. 1899.
[9] Butterfield: Hoppe-Seylers Zeitschr. f. physiol. Chem. Bd. 62, S. 173. 1909.
[10] Letsche, E.: Hoppe-Seylers Zeitschr. f. physiol. Chem. Bd. 67, S. 177. 1910.
[11] Dreser: Arch. f. exp. Pathol. u. Pharmakol. 1908, Suppl. S. 138.
[12] Ellinger, Ph.: Hoppe-Seylers Zeitschr. f. physiol. Chem. Bd. 111, S. 86. 1920.
[13] Stadie, W. C.: Journ. of biol. chem. Bd. 41, S. 237. 1920.
[14] van Slyke, D. D. u. Stadie: Journ. of biol. chem. Bd. 49, S. 1. 1921.
[15] Conant, J. B. u. L. F. Fieser: Journ. of biol. chem. Bd. 62, S. 623. 1925.

3. Fluormethämoglobin.

Diese Verbindung hat bisher keine biologische Bedeutung und erscheint als reines Laboratoriumsprodukt. Sie wurde zuerst von Piettre und Vila[1] und fast gleichzeitig von Ville und Derrien[2] beobachtet, von Derrien[3] näher charakterisiert und krystallisiert, von Haurowitz[4] kürzlich in Krystallen erhalten, die frei von beigemischtem Fluorid waren. Zur Darstellung geht man zweckmäßig von einer 10proz. wässerigen Lösung von krystallisiertem Methämoglobin aus, die mit dem Zwanzigfachen der berechneten Menge Fluorkalium in 20proz. wässeriger Lösung versetzt und durch Zusatz von 20% Alkohol zur Krystallisation gebracht wird; die Kristalle werden auf der Zentrifuge 4mal mit kaltem 20proz. Alkohol gewaschen. Die Form der Krystallnadeln und viele ihrer Eigenschaften gleichen denen des Methämoglobins, dagegen ergibt die Analyse, daß 1 Atom Fe zirka 1 Atom F entspricht; das Spektrum zeigt einen typischen Absorptionsstreifen bei $\lambda = 612$. Die rote Lösung erscheint in dünner Schicht grün. Zusatz von $Na_2S_2O_4$ läßt das Spektrum des reduzierten Hb erscheinen; mit KCN setzt sich Fluormethämoglobin nur langsam und erst bei großem Überschuß an Cyanid zu Cyanhämoglobin um; ein Überschuß von NH_3 läßt das Spektrum des alkalischen Methämoglobins entstehen.

4. Cyanhämoglobin.

Obwohl Cyanhämoglobin besonders glatt aus Methämoglobin durch Zufügen von 1 Mol wässeriger Blausäure unter mildesten Bedingungen entsteht, wobei die Farbe von Braun in Rot umschlägt[5], ist es doch nicht als ein Derivat des Methämoglobins, sondern des Hämoglobins aufzufassen, aus dem es durch Behandlung mit Blausäure oder Cyangas bei Sauerstoffabschluß gleichfalls dargestellt werden kann[6]. Es ist bereits von Zeynek krystallisiert erhalten worden; im zugeschmolzenen Rohr halten sich die Krystalle monatelang[7]. Die Konstitution der Verbindung ist in Einzelheiten noch durchaus unsicher, doch ergab sich nach Elementaranalysen übereinstimmend, daß an 1 Molekül Hb 1 Molekül CN gebunden ist. In welcher Weise diese Bindung erfolgt, ist noch nicht geklärt; im allgemeinen wird angenommen, daß es sich um eine Komplexbildung mit dem Eisen der prosthetischen Gruppe handelt, wenn auch die Tatsache, daß Cyanhämoglobin als Katalysator der Leinöloxydation (Robinson[8]) und der Hydroxylamin-Oxydoreduktion (Lipschitz u. Weber[9]) ähnlich wirksam ist wie Hämoglobin selbst, diese Auffassung nicht gerade stützt. Haurowitz vertritt sogar deshalb die Meinung, daß das CN an O und nicht an Fe gebunden sei. Die Bindung ist auffallend fest, so daß weder im Vakuum noch bei Durchperlen mit indifferenten Gasen eine Lösung von Cyanhämoglobin Blausäure abgibt. Schwefelwasserstoff dagegen bewirkt Veränderungen des Spektrums. Cyanhämoglobin zeigt eine starke Absorption im Blauviolett $\lambda = 552$ und eine gegenüber dem

---

[1] Piettre u. Vila: Cpt. rend. hebdom. des séances de l'acad. des sciences Bd. 140, S. 1350. 1905.

[2] Ville u. Derrien: Cpt. rend. hebdom. des séances de l'acad. des sciences Bd. 140, S. 743. 1905.

[3] Derrien: Thèse de Montpellier 1906.

[4] Haurowitz: Hoppe-Seylers Zeitschr. f. physiol. Chem. Bd. 137, S. 1. 1924.

[5] Kobert, R.: Lehrb. d. Intoxikationen. — v. Zeynek: Hoppe-Seylers Zeitschr. f. physiol. Chem. Bd. 33, S. 426. 1901.

[6] Stadie, W. C.: Journ. of biol. chem. Bd. 41, S. 237. 1920. — van Slyke, D. D. u. Stadie: Ebenda Bd. 49, S. 1. 1921.

[7] Haurowitz: Hoppe-Seylers Zeitschr. f. physiol. Chem. Bd. 137, S. 1. 1924.

[8] Robinson: Biochem. journ. Bd. 18, S. 255. 1924.

[9] Lipschitz u. Weber: Hoppe-Seylers Zeitschr. f. physiol. Chem. Bd. 132, S. 251. 1924.

Hämoglobin breitere aber geringere und nach Blau verschobene Absorption im Grün.

Daß die Bildung von Cyanhämoglobin für den Mechanismus der Blausäurevergiftung des lebenden Tieres bedeutungslos ist, wird immer wieder betont[1].

5. Stickoxydhämoglobin.

Auch diese Verbindung mit dem Symbol $Hb \cdot NO$ ist als Derivat des Hämoglobins (Fe^{II}) und nicht des Methämoglobins, wie ANSON und MIRSKY[2] wollen, aufzufassen[3]. Sie bildet sich glatt beim Behandeln einer Lösung von Hb[4], Methämoglobin[5] oder allmählich auch von Kohlenoxydhämoglobin mit NO-Gas unter sorgfältigem Sauerstoffabschluß, wobei evtl. CO quantitativ ausgetrieben wird. Die Lösung ist kirschrot, ähnlich der von $Hb \cdot CO$; die Intensität der Rosafärbung sehr verdünnter $Hb \cdot NO$-Lösungen liegt zwischen der des Kohlenoxyd-Hb und der von Oxyhämoglobin, dessen Farbe mehr nach Gelb spielt. Die Darstellung[6] des reinen Präparates gelingt leicht, wenn das in eine etwa 20 proz. Hämoglobinlösung einzuleitende Stickoxyd frei von höheren Stickoxyden ist; dieses wird aus Kaliumnitrit durch salzsaure $FeSO_4$-Lösung bereitet, mit alkalischer Pyrogallollösung gründlich gewaschen und in den evakuierten sauerstofffreies Hämoglobin enthaltenden Kolben eingeleitet. Nach Sättigung mit NO wird der Kolben wieder evakuiert, mehrmals mit Stickstoff gewaschen und 3 bis 12 Stunden stehen gelassen, wobei Krystallisation eintritt: „lange nadelförmige Krystalle mit gerader Auslöschung; Austritt der optischen Normalen senkrecht zur Nadelrichtung; Pleochroismus; der in der Nadelrichtung schwingende Strahl wird stärker absorbiert als der senkrecht dazu schwingende.“ Isomorphismus mit den als Ausgangsmaterial dienenden Oxyhämoglobinkrystallen.

Die Löslichkeit von $Hb \cdot NO$-Krystallen in kaltem Wasser ist geringer als die von HbO_2 oder $Hb \cdot CO$. Der isoelektrische Punkt liegt nahe bei $p_H = 7$, die Koagulationstemperatur beträgt 62 bis 63°. Obwohl die Verbindung noch fester als Kohlenoxydhämoglobin ist, läßt sie sich doch zerlegen: im Laufe mehrerer Wochen wird $Hb \cdot NO$-Lösung spontan in reduziertes Hämoglobin umgewandelt; ebenso gibt sie im Verlauf mehrerer Minuten mit Natriumhydrosulfit das Spektrum des reduzierten Hämoglobins. Ferricyanid führt langsam in Methämoglobin über; Chinon ist dazu nicht imstande.

Das sichtbare Spektrum des Stickoxydhämoglobins ist dem des Oxyhämoglobins sehr ähnlich, jedoch ist die linke Grenze des an der D-Linie liegenden Streifen über sie nach Rot verschoben, der Streifen also nach links verbreitert; im Ultraviolett besteht Übereinstimmung zwischen HbNO und HbCO. Die alte Beobachtung von HÜFNER und REINBOLD[7], daß zur Umwandlung eines Mols Methämoglobin die doppelte Menge NO nötig ist, wie CO zur Umwandlung der entsprechenden Menge Blutfarbstoffes in HbCO, wird durch Nebenreaktionen des Stickoxyds entwertet:

$$HbOH + 2\,NO + Na_2\,CO_3 = HbNO + NaNO_2 + NaHCO_3\,[8].$$

[1] HILLER u. WEBER: Med. Zentralbl. 1877. — KOBERT, R.: Lehrb. d. Intoxikationen. — GEPPERT, J.: Über das Wesen der Blausäurevergiftung. Berlin: Hirschwald 1889. — FLURY, F. u. W. HEUBNER: Biochem. Zeitschr. Bd. 95, S. 249. 1919.

[2] ANSON u. MIRSKY: Journ. of physiol. Bd. 60, S. 100. 1925.

[3] HAUROWITZ, F.: Hoppe-Seylers Zeitschr. f. physiol. Chem. Bd. 151, S. 138. 1926.

[4] HERMANN, L.: Arch. f. (Anat. u.) Physiol. 1865, S. 469.

[5] HÜFNER, G. u. OTTO: Hoppe-Seylers Zeitschr. f. physiol. Chem. Bd. 7, S. 65. 1883. — HÜFNER u. KÜLZ: Ebenda Bd. 7, S. 367. 1883.

[6] HAUROWITZ: Hoppe-Seylers Zeitschr. f. physiol. Chem. Bd. 136, S. 147. 1924. — HARTRIDGE: Journ. of physiol. Bd. 44, S. 34. 1912.

[7] HÜFNER, G. u. B. REINBOLD: Arch. f. (Anat. u.) Physiol. 1904, Suppl. S. 391.

[8] MEIER, R.: Arch. f. exp. Pathol. u. Pharmakol. Bd. 110, S. 241. 1925.

Im Organismus bildet sich Stickoxydhämoglobin niemals direkt durch Einatmen von NO-haltigen Gasen, weil dieses durch Sauerstoff sofort zu salpetriger Säure, Salpetersäure usw. oxydiert wird, wohl aber bei Resorption von Nitriten, besonders bei Aufbewahren des Blutes, wie Haldane[1] an Mäusen, R. Meier an Katzen fand. Man muß also bei dem Befund von hellrotem Blut in der Leiche neben CO-Vergiftung auch an Stickoxyd denken, das aus dem primär vorhandenen Nitrit und dadurch gebildeten Methämoglobin durch reduktive Synthese entstehen kann:

$$\text{HbOH} \xrightarrow{+\text{H}} \text{Hb}; \quad \text{HNO}_2 \xrightarrow{+\text{H}} \text{NO}$$

$$\text{Hb} + \text{NO} \rightarrow \text{HbNO}.$$

6. Sulfhämoglobin.

Viel weniger definiert als die bisher geschilderten Verbindungen des reduzierten Blutfarbstoffes mit Gasen ist die mit Schwefelwasserstoff[2]; ihre Auffassung als Methämoglobinderivat[3] ist überholt. Sie ist erst ganz kürzlich von Haurowitz[4] krystallisiert erhalten worden: Es wurde in eine 20proz. Lösung von reinem Pferde-Oxyhämoglobin tagelang abwechselnd H_2S und O_2 bis zum Verschwinden der HbO_2- resp. Hb-Streifen eingeleitet, dann zu der eisgekühlten Lösung 20% stark gekühlter Alkohol gegeben. Die Krystalle, die durch amorphen Schwefel verunreinigt waren, wurden auf der Zentrifuge mit eiskaltem 20proz. Alkohol gewaschen, in wenig Wasser gelöst, vom Schwefel durch Zentrifugieren getrennt, dann wieder mit Alkohol versetzt und so dreimal umkrystallisiert: sechsseitige olivgrüne Tafeln, intensiver Absorptionsstreifen im Rot bei $\lambda = 610 - 25$. Die Bildung des Sulfhämoglobinspektrums in 20proz. Lösung erfolgt sehr allmählich; lange sind Beimengungen des normalen Blutfarbstoffes nachweisbar; auch Gegenwart kleiner Mengen von Methämoglobin kann stören. Übrigens bildet sich Sulfhämoglobin auch aus Kohlenoxydhämoglobin durch Behandeln mit H_2S.

Die wässerige Lösung von Sulfhämoglobin scheidet an der Luft langsam Schwefel ab; überhaupt gelang es bisher nicht, den S-Gehalt der Substanz zu bestimmen und die Frage zu entscheiden, ob er chemisch gebunden oder nur adsorbiert ist. Haurowitz erhielt ein Präparat mit 3,3% S, was einem Verhältnis von 1 Fe : ca. 16 S entsprechen würde; er konnte daher nur sicherstellen, daß das Eisen in Sulfhämoglobin noch organisch gebunden und in normaler Menge (0,34%) enthalten ist, und wahrscheinlich machen, daß auch das Porphyrinskelett der prosthetischen Gruppe intakt geblieben ist.

Bei der Schwefelwasserstoffvergiftung des ganzen Tieres ist nur im Kaltblüterblut regelmäßig Sulfhämoglobin nachzuweisen, beim Warmblüter liegt die tödliche Konzentration so tief, daß die Blutveränderung gegenüber der Nervengiftigkeit noch keine Rolle zu spielen braucht — ähnlich wie bei der HCN-Vergiftung. Dazu kommt, daß Sulfhämoglobin sich nur in sauerstoffhaltigem Blute bildet, und vor allem, daß der chemische Nachweis von H_2S im Blut 10mal so empfindlich ist wie der spektroskopische. Der charakteristische Absorptions-

---

[1] Haldane, Macgill u. Mavrogordato: Journ. of physiol. Bd. 21, S. 165. 1897.

[2] Meyer, E.: Arch. f. exp. Pathol. u. Pharmakol. Bd. 41, S. 325. 1898. — Harnack, E.: Hoppe-Seylers Zeitschr. f. physiol. Chem. Bd. 26, S. 558. 1899.

[3] Clarke, Th. W. u. W. H. Hurtley: Journ. of physiol. Bd. 36, S. 63. 1907. — Araki, T.: Hoppe-Seylers Zeitschr. f. physiol. Chem. Bd. 14, S. 412. 1890. — Kobert, R.: Lehrb. d. Intoxikationen, S. 833.

[4] Haurowitz: Hoppe-Seylers Zeitschr. f. physiol. Chem. Bd. 151, S. 130. 1926.

streifen tritt nämlich erst bei einer H_2S-Konzentration von 0,0072 bis $0,0288^0/_{00}$ auf, während das CARO-FISCHERsche Reagenz, p-Aminodimethylanilinchlor-hydrat $+$ Eisenchlorid, noch bei Durchlüften 0,0005 bis $0,0007^0/_{00}$ H_2S enthalten-den angesäuerten Blutes Methylenblaubildung zeigt. KOBERT empfiehlt für der-artige Nachweiszwecke auch Filtrierpapier, das mit ammoniakalischem Nitro-prussidnatrium getränkt ist. Fälle von toxischer oder autotoxischer Sulfhämo-globinämie sind neuerlich von MASON und CONROY[1], SNAPPER, HIJMANS v. D. BERGH[2] beschrieben worden.

---

[1] MASON, V. R. u. F. D. CONROY: Bull. of the John Hopkins hosp. Bd. 32, S. 391. 1921.
[2] VAN DEN BERGH, A. A. HIJMANS u. H. ENGELKES: Klin. Wochenschr. Jg. 1, S. 1930. 1922. Nederlandsch tijdschr. v. geneesk. Bd. 66, S. 2510. 1922.

Konstitution der eiweißfreien Farbstoffkomponenten und ihrer Derivate (Chlorophyll).

Von

HANS FISCHER

München.

Allgemeines.

Zwei Hauptpigmente sind es, die für das Leben auf der Erde notwendig sind, der Blatt- und der Blutfarbstoff. Der Blattfarbstoff vermittelt die Assimilation der Kohlensäure zu Kohlehydraten, bewirkt also synthetische Prozesse, während der Blutfarbstoff der Vermittler der Abbaureaktionen ist. Der Blattfarbstoff enthält Magnesium (WILLSTÄTTER[1]) komplex gebunden, jenes Metall, das der Chemiker für Aufbaureaktionen — man denke nur an die Grignardsynthesen — vielfach anwendet, der Blutfarbstoff dagegen Eisen, das durch vorwiegend zwei Oxydationsstufen als Sauerstoffüberträger zur Vermittlung der Abbauprozesse besonders geeignet erscheint. Zuerst von VERDEIL[2], später von SCHUNCK und von NENCKI[3] wurde die Hypothese der Abstammung des Blutfarbstoffs vom Blattfarbstoff aufgestellt. Vorwiegend aus den chemischen Untersuchungen WILLSTÄTTERS gehen klare Beziehungen zwischen Chlorophyll und Hämin (wir betrachten nur die Pyrrolfarbstoffkomponente, auf das Phytol bzw. Globin gehen wir nicht näher ein) hervor. WILLSTÄTTER fand beim weitgehenden Abbau von Chlorophyll und Hämin eine gemeinschaftliche Stammsubstanz, das Ätioporphyrin, ein tetramolekulares Pyrrolderivat. Ätioporphyrin ist auch chemisch sehr wichtig, denn letzten Endes leiten sich von ihm alle Blut- und Blattfarbstoff-Porphyrine ab.

Ätioporphyrin ist ein typischer Vertreter der Porphyrine. Entdecker der Porphyrinreaktion ist HOPPE-SEYLER[4]. Dieser fand, daß beim Eingießen von Blut in Salzsäure Porphyrin entsteht, und in komplizierter Reaktion konnte er aus Chlorophyll einen purpurroten Farbstoff gewinnen, der spektroskopisch Porphyrin war und den er Phylloporphyrin nannte.

Die chemische Geschichte der Porphyrine beginnt mit NENCKI[5]. Er gewann aus Hämin mit Hilfe von Eisessigbromwasserstoff und nachfolgender Behandlung

---

[1] WILLSTÄTTER u. STOLL: Untersuchungen über Chlorophyll. Berlin: Julius Springer 1913. — WILLSTÄTTER, R.: Über Pflanzenfarbstoffe. Ber. 47. S. 2831 [1914].

[2] VERDEIL: Cpt. rend. des séances de la soc. de biol. Bd. 33, S. 689 [1851].

[3] SCHUNCK u. NENCKI: Ber. d. dtsch. chem. Ges. Bd. 29, S. 2877 [1896].

[4] HOPPE-SEYLER: Medizinisch-chem. Untersuchungen 1871, H. 1—4.

[5] NENCKI u. SIEBER: Arch. f. exp. Pathol. u. Pharmakol. Bd. 24, S. 442 [1900].

mit Alkali unter Eisenabspaltung das Hämatoporphyrin, das als Chlorhydrat gut krystallisierte, später auf reduktivem Wege Mesoporphyrin[1] und seitdem sind noch viele Porphyrine erhalten worden. Näheres im speziellen Teil.

Bei der Porphyrinreaktion wird neben anderen Veränderungen beim Chlorophyll das komplex gebundene Magnesium, beim Blutfarbstoff das Eisen abgespalten.

Zaleski[2] gelang zuerst die Wiedereinführung der Metalle und Willstätter[3] verdanken wir die Erkenntnis der Bindung der Metalle in komplexem Zustand. Näheres über die Porphyrine ist im speziellen Teil zu ersehen; hier nur wenige Worte.

Die Blutfarbstoffporphyrine sind zweibasische Säuren, Hämatoporphyrin enthält noch zwei Hydroxylgruppen. Chlorophyll ist eine Tricarbonsäure, aus ihr entstehen durch energischen alkalischen Abbau zwei- und einbasische Porphyrine. Der wichtigste Unterschied zwischen den Chlorophyll- und den Blutfarbstoffporphyrinen besteht in der Haftfestigkeit der Carboxylgruppen. Die Decarboxylierung der Blutfarbstoffporphyrine gelingt schwer, die der Chlorophyllporphyrine leichter.

Der Zusammenhang zwischen Hämin und der Mehrzahl der aus ihm entstehenden Porphyrine ist vollkommen aufgeklärt und wir fassen in folgender Tabelle einige wichtige vom Hämin sich ableitende Porphyrine zusammen:

Hämin	$C_{34}H_{30}N_4O_4FeCl$
Protoporphyrin = Ooporphyrin = Kämmerers Porphyrin	$C_{34}H_{32}N_4O_4$
Hämatoporphyrin	$C_{34}H_{36}N_4O_6$
Mesoporphyrin	$C_{34}H_{38}N_4O_4$
Porphyrinogen	$C_{34}H_{44}N_4O_4$
Bromporphyrin I	$C_{32}H_{32}N_4O_5Br_2$
Aetioporphyrin	$C_{32}H_{38}N_4$

Beraubt man Hämin mit Hilfe von Ameisensäure-Eisen seines Eisens, so entsteht Proto-, bzw. Kämmerers Porphyrin. Verwendet man zur Eisenabspaltung nach Nencki Eisessig-Bromwasserstoff und arbeitet nach dessen Methode, so erfolgt außer der Abspaltung des Eisens Anlagerung von 2 Mol. Wasser an ungesättigte Seitenketten des Hämins und es entsteht Hämatoporphyrin.

Benutzt man zur Eisenabspaltung aus Hämin Eisessig-Jodwasserstoff, so tritt außer Eisenabspaltung Reduktion der ungesättigten Seitenketten ein und man erhält Mesoporphyrin, das durch Reduktionsmittel in seine Leukoverbindung Porphyrinogen überführbar ist, das durch Dehydrierung wieder rückwärts in Mesoporphyrin umgewandelt werden kann.

Wird Hämatoporphyrin mit Bromeisessig behandelt, so wird eine ungesättigte Seitenkette abgeschlagen und durch Brom substituiert, während in der Oxäthylgruppe Bromierung eintritt. Es resultiert Bromporphyrin I[4].

Wird Hämoporphyrin oder das mit ihm isomere oder um zwei Wasserstoffatome reichere Mesoporphyrin der totalen Decarboxylierung unterworfen, so resultiert Ätioporphyrin[5], die Stammsubstanz der gesättigten Porphyrine.

---

[1] Nencki u. Zaleski: Ber. d. dtsch. chem. Ges. Bd. 34, S. 997 [1901].

[2] Zaleski: Zeitschr. f. physiol. Chem. Bd. 43, S. 11 [1902]; 37, S. 54 [1902].

[3] Willstätter u. Stoll: Untersuchungen über Chlorophyll, Berlin: Julius Springer 1913. — R. Willstätter: Über Pflanzenfarbstoffe, Ber. 47, S. 2831 [1914]. Ältere Literatur über Chlorophyll s. Marchlewski: Die Chemie des Chlorophylls usw. Vieweg [1909].

[4] Fischer, H. u. Kotter: Ber. d. dtsch. chem. Ges. Bd. 60, S. 861 [1927].

[5] Willstätter u. Stoll: Untersuchungen über Chlorophyll. Berlin: Julius Springer [1913]. — R. Willstätter: Über Pflanzenfarbstoffe, Ber. 47, S. 2831 [1914].

Chlorophyll ist ebenfalls über zweibasische Porphyrine (bekannt sind im ganzen fünf) bzw. über Monocarbonsäuren in Ätioporphyrin überführbar. Ob dies Ätioporphyrin identisch ist mit dem Ätioporphyrin aus Mesoporphyrin, ist noch nicht bewiesen; es steht auch nicht fest, ob die Ätioporphyrine aus Chlorophyllporphyrinen untereinander identisch sind.

Beim höheren Tier treten unter normalen und pathologischen Bedingungen Porphyrine auf. In den Spektralerscheinungen erwiesen sich diese Porphyrine dem Hämatoporphyrin, dem am längsten bekannten Porphyrin, außerordentlich ähnlich, und es ist deshalb verständlich, daß in der umfangreichen Literatur über die natürlichen Porphyrine diese als Hämatoporphyrin angesehen wurden und eine Krankheit, bei der Porphyrine in besonders großer Menge ausgeschieden werden, als Hämatoporphyrie bezeichnet wurde. Es gelang nun im Jahre 1916 bei einem Patienten, der an der genannten Krankheit litt, Porphyrine aus Harn und Kot in reinem Zustand auszuscheiden und zu näherer chemischer Untersuchung zu bringen[1]. Zwei verschiedene Porphyrine wurden hauptsächlich gefunden: Uro- und Koproporphyrin. Uroporphyrin ist im Harn vorhanden, Koproporphyrin kommt im Harn und Kot vor. Chemisch sind beide Stoffe miteinander nahe verwandt. Uroporphyrin enthält 8 Carboxylgruppen, Koproporphyrin 4, und Uroporphyrin kann künstlich im Reagensglas in Koproporphyrin umgewandelt werden. Zwischenkörper vom Uro- zum Koproporphyrin, die wahrscheinlich in der Carboxylgruppenzahl zwischen den genannten Hauptporphyrinen stehen, sind mit großer Wahrscheinlichkeit vorhanden. In den Löslichkeitsverhältnissen sowie spektroskopisch sind Uro- und Koproporphyrin abweichend und können leicht unterschieden werden. Schon aus der empirischen Zusammensetzung geht hervor, daß beide natürliche Porphyrine nicht mit Hämatoporphyrin identifiziert werden können, und die nähere chemische Untersuchung bestätigte dies in weitgehendem Maße.

So gelingt es nicht, vom Koproporphyrin reduktiv zum Mesoporphyrin zu kommen, und durch biologische Versuche ist bewiesen, daß Koproporphyrin das primäre Porphyrin ist, das sekundär durch Carboxylierung in Uroporphyrin übergeht. Koproporphyrin kommt auch im Vegetarianer-Harn und -Kot vor und demgemäß erscheint es wahrscheinlich, daß das Koproporphyrin ein normales Stoffwechselprodukt ist und die Porphyrie, wie obige Krankheit am zweckmäßigsten benannt wird, ist deshalb wahrscheinlich bedingt durch die krankhafte Vermehrung eines physiologischen Vorgangs, eine Anschauung, die weiter dadurch gestützt wird, daß die Porphyrie durch zahlreiche Giftstoffe, wie z. B. Sulfonal, Blei u. a. künstlich erzeugt werden kann.

Das Kupfersalz des Uroporphyrins kommt in den Schwungfedern des Turacus[2], eines afrikanischen Vogels, vor, während in den gefleckten Schalen der im Freien brütenden Vögel Ooporphyrin[3] — identisch mit Kämmerers Porphyrin bzw. Protoporphyrin — nachgewiesen wurde. Koproporphyrin konnte auch aus Hefe[4] in reinem krystallisiertem Zustand gewonnen werden.

Eine Umwandlung von Blutfarbstoff in Koproporphyrin ist bis jetzt weder

---

[1] Zeitschr. f. physiol. Chem. Bd. 95, S. 34 [1915]; Bd. 96, S. 184 [1915]; vgl. auch Garrod: Inborn Errors of Metabolisme, II. Aufl. London [1923]; ferner Günther: Ergebnisse d. allgem. Pathologie u. pathol. Anatomie d. Menschen u. der Tiere Bd. 20, I, S. 609—764 u. spätere Bände.

[2] Fischer, H. u. Hilger: Hoppe-Seylers Zeitschr. f. physiol. Chem. Bd. 138, S. 49 [1924].

[3] Fischer, H. u. Kögl: Hoppe-Seylers Zeitschr. f. physiol. Chem. Bd. 131, S. 241 [1923]; Bd. 138, S. 262 [1924]. — Fischer, H. u. Lindner: Ebenda Bd. 142, S. 142 [1925].

[4] Fischer, H. u. Schneller: Hoppe-Seylers Zeitschr. f. physiol. Chem. Bd. 135, S. 253 [1924]. — Fischer, H. u. Hilger: Ebenda Bd. 138, S. 49 u. 288 [1924]. — Fischer, H. u. Fink: Hoppe-Seylers Zeitschr. f. physiol. Chem. Bd. 144, S. 102 [1925]. — Fischer, H. u. H. Hilmer: Zeitschr. f. physiol. Chem. Bd. 153, S. 198 [1923].

auf biologischem noch chemischem Wege gelungen. Durch Fäulnis tritt eine interessante Umwandlung des Blutfarbstoffs ein. Das Eisen wird eliminiert, es entsteht KÄMMERERS Porphyrin[1], identisch mit Protoporphyrin, dem Porphyrin, das beim Eingießen von Blut in Salzsäure auftritt. Bei durch Wochen und Monate hingezogener Fäulnis werden zwei ungesättigte Seitenketten entfernt und es entsteht Deuteroporphyrin[2], ein Prozeß, der chemisch noch nicht voll nachgeahmt werden konnte. Nur durch Einwirkung von Brom gelingt es, im Hämatoporphyrin und Tetramethylhämatoporphyrin-Eisenkomplexsalz *eine* Seitenkette durch Brom zu ersetzen.

Biologisch wird der Blutfarbstoff zu Gallenfarbstoff abgebaut, der im Organismus weiter in Urobilinogen übergeführt wird, das dann in Urobilin sich umwandelt. Wie dieser Abbau erfolgt, ist noch unklar. Wahrscheinlich wird nicht zunächst Eisen aus dem Blutfarbstoff abgespalten, sondern der Gesamtkomplex als solcher wird oxydativ verändert und erst im späteren Stadium wird das Eisen abgespalten. Auch im Magen- und Darmkanal erfolgt ein Abbau des Hämoglobins bzw. der Blutfarbstoffkomponente. SNAPPER[3] hat bei Blutungen und nach Bluteinnahme Porphyrine beobachtet, die dann später durch PAPENDIECK[4] und SCHUMM[5] spektroskopisch eingehender charakterisiert wurden. Es handelt sich um KÄMMERERS Porphyrin und Deuteroporphyrin. Ersteres wurde mit SCHNELLER[6] aus Kot krystallisiert erhalten; auch bei der Fleischfäulnis sowie der sterilen Autolyse tritt es nach der spektroskopischen Beobachtung auf[6, 7]. Seine Partialsynthese aus Hämatoporphyrin wurde durchgeführt[8].

Während die biologische Umwandlung des Blutfarbstoffs zu Gallenfarbstoff sichergestellt ist, wissen wir nicht, ob umgekehrt Gallenfarbstoff, wieder zur Resynthese des Blutfarbstoffs Verwendung finden kann. Auf chemischem Wege ist diese Umwandlung möglich, wie mit LINDNER[9] bewiesen wurde. Durch Einwirkung von Eisessigbromwasserstoff auf die Bilirubinsäure und Mesobilirubinogen werden Mesoporphyrin und andere Porphyrine erzeugt. Auch Bilirubin gibt, wenn auch in schlechter Ausbeute, Mesoporphyrin, jedoch ist hier die Identifikation noch nicht durch Krystallisation und Analyse durchgeführt.

Über Deuteroporphyrin haben wir bereits oben berichtet. Über das biologische Schicksal des Chlorophylls ist bis jetzt nur sein Übergang in Bilipurpurin bekannt. Das Bilipurpurin wurde zuerst von LÖBISCH und FISCHLER[10] aus Galle dargestellt, von diesen für ein Gallenfarbstoffderivat gehalten; MARCHLEWSKI[11]

---

[1] KÄMMERER: Dtsch. Arch. f. klin. Med. Bd. 145, S. 257 [1924]. — FISCHER, H. u. SCHNELLER: Hoppe-Seylers Zeitschr. f. physiol. Chem. Bd. 130, S. 316 [1923]. — FISCHER, H. u. LINDNER: Ebenda Bd. 145, S. 203 [1925]; Bd. 161, S. 18 [1926].

[2] FISCHER, H. u. LINDNER: Hoppe-Seylers Zeitschr. f. physiol. Chem. Bd. 161, S. 118 [1926].

[3] SNAPPER: Berl. klin. Wochenschr. Jg. 58, S. 800 [1921].

[4] PAPENDIECK: Hoppe-Seylers Zeitschr. f. physiol. Chem. Bd. 128, S. 109 [1923].

[5] SCHUMM: Hoppe-Seylers Zeitschr. f. physiol. Chem. Bd. 132, S. 34 u. 61 [1923].

[6] SCHNELLER: Hoppe-Seylers Zeitschr. f. physiol. Chem. Bd. 135, S. 268 [1923]. — FISCHER, H. u. LINDNER: Ebenda Bd. 145, S. 203 [1925]. — FISCHER, H. u. SCHNELLER: Ebenda Bd. 135, S. 268 [1923]. — FISCHER, H., KÄMMERER u. KÜHNER: Ebenda Bd. 139, S. 108 [1924].

[7] FISCHER, H. u. SCHNELLER: Hoppe-Seylers Zeitschr. f. physiol. Chem. Bd. 135, S. 253 [1924]. — FISCHER, H. u. HILGER: Ebenda Bd. 138, S. 49 u. 288 [1924]. — FISCHER, H. u. H. FINK: Ebenda Bd. 144, S. 102 [1925]. — FISCHER, H. u. SCHWERDTEL: Ebenda Bd. 159, S. 120 [1926].

[8] FISCHER, H. u. LINDNER: Hoppe-Seylers Zeitschr. f. physiol. Chem. Bd. 142, S. 146 [1925]. — FISCHER, H. u. R. MÜLLER: Ebenda Bd. 142, S. 156 [1925].

[9] Hoppe-Seylers Zeitschr. f. physiol. Chem. Bd. 161, S. 2 [1926].

[10] LÖBISCH u. FISCHLER: Monatshefte f. Chemie 1903, S. 159.

[11] MARCHLEWSKI: Hoppe-Seylers Zeitschr. f. physiol. Chem. Bd. 43, S. 464 [1904]; Bd. 145, S. 176 [1905]; vgl. auch H. FISCHER: Ebenda Bd. 96, S. 292 [1916].

hat dann auf biologischem Weg Bilipurpurin als Chlorophyllderivat erkannt, ein Resultat, das auf chemischem Wege Bestätigung fand, und hat deshalb mit Recht dem Bilipurpurin den Namen Phylloerythrin gegeben. Dieses ist magnesiumfrei und im Prinzip erfährt das Chlorophyll biologisch also die gleiche Umwandlung im Magen- und Darmkanal wie das Hämoglobin; in beiden Fällen wird das komplex gebundene Metall abgespalten. Die nähere Untersuchung des Phylloerythrins wird sicher von großem Interesse sein. — Von H. Fischer und Hilger[1] wurden dann in pflanzlichem Material einwandfrei Porphyrine gefunden. In grünen Gräsern treten sie auf, ebenso in der Cocosmilch, in keimender Gerste, überall wenig, aber deutlich nachweisbar. In der Hefe wurde Hämin gefunden, aber auf tierische Verunreinigungen der Hefe zurückgeführt. Keilin[2] fand dann das Cytochrom, nach ihm ein Atmungskatalysator, und stellt seine außerordentliche Verbreitung im Tier- und Pflanzenreich fest, ebenso in der Hefe. Was das Cytochrom ist, ist noch unbekannt, wenn man aber cytochromhaltiges Material mit Pyridin extrahiert, so erhält man das Hämochromogenspektrum[3] und deswegen ist es wahrscheinlich, daß das Cytochrom in nahen Beziehungen zum Blutfarbstoff steht. Nachdem aus Hefe Koproporphyrin in reinem krystallisiertem Zustand dargestellt ist, ist unzweifelhaft die Pflanze zur Synthese des Blutfarbstoffsystems[4] befähigt, und damit wird auch die Hypothese des phyllogenetischen Zusammenhangs zwischen Chlorophyll und Hämin sehr wahrscheinlich.

Schließlich muß noch kurz auf die synthetische Bildungsmöglichkeit von Blut- und Blattfarbstoff eingegangen werden. Beide werden vom höheren Tier bzw. der Pflanze zu jeder Zeit synthetisch aufgebaut, und es sind schon viele Theorien über diese Synthese entwickelt worden. Nencki[5] hat zuerst das Tryptophan als Baustein des Blutfarbstoffs angenommen, während Abderhalden[6] das Oxyprolin und die Glutaminsäure, die leicht in Pyrrolidoncarbonsäure übergeht, herangezogen hat. Viel näher liegt die einfache Synthese von Pyrrolkernen aus entsprechenden Acetessigsäuren bzw. Aminocrotonsäuren und 1,4-Diketonen, wie sie sich ja im Reagensglas spielend vollzieht. Auch Pentosen kämen als Ausgangsmaterial in Betracht. Es ist ja bekannt, wie leicht die Pentosen in Furfurol übergehen, und von da bis zum α-Pyrrolaldehyd braucht es ja nur den Austausch des Sauerstoffs gegen die Imidgruppe, um in die Pyrrolreihe zu gelangen, eine Reaktion, die letzten Endes für den Organismus kaum mehr bedeutet als z. B. die von Knoop[7] und Embden[8] beobachteten biologischen Synthesen von Aminosäuren aus Ketonsäuren und Ammoniak. Viele der oben angeführten Möglichkeiten werden experimentell prüfbar sein, sei es, daß man den Einfluß der genannten Stoffe auf die Koproporphyrin- bzw. Häminsynthese der Hefe untersucht, sei es auf die Chlorophyllsynthese der wachsenden Pflanze.

Auf die photodynamische Erscheinung der Porphyrine kann hier nicht

---

[1] Fischer, H. u. Schneller: Hoppe-Seylers Zeitschr. f. physiol. Chem. Bd. 135, S. 253 [1924]. — Fischer, H., u. Hilger: Ebenda Bd. 138, S. 49 u. 288 [1924]. — Fischer, H. u. H. Fink: Ebenda Bd. 144, S. 102 [1925]. — Fischer, H. u. Schwerdtel: Ebenda Bd. 159, S. 120 [1926].

[2] Keilin: Proc. of the roy. soc. of London Bd. 98, S. 312 [1925].

[3] Journ. of Physiol. Bd. 60, S. 166 [1925].

[4] Neuerdings ist es Verfasser mit F. Schwerdtel gelungen, Hämin aus Hefe krystallisiert zur Analyse zu bringen. Es erwies sich als identisch mit tierischem Hämin.

[5] Nencki: Ältere Literatur Marchlewski: Die Chemie des Chlorophylls usw. Braunschweig: Vieweg u. Sohn [1909].

[6] Abderhalden: Lehrb. d. phys. Chem. 4. Aufl., S. 768 [1920].

[7] Knoop: Hoppe-Seylers Zeitschr. f. physiol. Chem. Bd. 67, S. 489 [1910].

[8] Embden u. Schmitz: Biochem. Zeitschr. Bd. 29, S. 424 [1911].

eingegangen werden. Näheres siehe bei HAUSMANN[1]. Bemerkenswerterweise zeigt das Chlorophyll nach HAUSMANN[1] intensiv sensibilisierende Wirkung, während den Eisen- und Kupfersalzen der Blutfarbstoffreihe diese Wirkung nicht zukommt. Führt man aber in die Porphyrine statt Eisen Magnesium ein, so tritt sensibilisierende Wirkung auf.

Wenn sich dieser bis jetzt nur beim Hämophyllin erhobene Befund allgemein bestätigen sollte, kann dies als weitere Stütze für die WILLSTÄTTERsche Anschauung der Abhängigkeit der biologischen Wirkung des Chlorophylls vom komplex gebundenen Magnesium dienen.

Wenn wir nun sehen, daß die natürlichen Porphyrine ebenso wie der Blutfarbstoff zu Ätioporphyrin abgebaut werden können, so ist die wahrscheinlichste Deutung für das Auftreten der pathologischen Porphyrine die gemeinschaftliche Abstammung dieser vom normalen Blutfarbstoff. Diese an sich naheliegende Annahme konnte bis jetzt nicht bewiesen werden, und aus der Tatsache, daß in der Hefe bei Fortzucht unter bestimmten Bedingungen eine ganz erhebliche Vermehrung von Koproporphyrin auftritt, ohne daß eine Verminderung im Hämingehalt eintritt, macht es wahrscheinlich, daß die Koproporphyrinsynthese selbständig durchgeführt wird, somit für den Blutfarbstoff, mindestens für die Porphyrine ein Dualismus besteht. und wir sind versucht, die Verhältnisse mit denen beim Chlorophyll zu vergleichen. Dort besteht auch, wie aus den Arbeiten von TSWETT[2] und WILLSTÄTTER[3] hervorgeht, ein Dualismus. Es existieren zwei Chlorophylle, die sich durch den Sauerstoffgehalt unterscheiden. Neuere Untersuchungen haben jedoch gezeigt, daß beide Eigentümlichkeiten nicht miteinander in Zusammenhang stehen können. Chlorophyll A und B sind, wie aus den Untersuchungen WILLSTÄTTERS[3] hervorgeht, abbaufähig zu gemeinsamen Porphyrinen. Das Pyrrolkernsystem, das also letzten Endes hier erhalten wird, ist im Bau übereinstimmend. Anders ist es bei den Beziehungen zwischen Koproporphyrin und dem Blutfarbstoff. Diese sind im *Bau* verschieden (vgl. S. 187 u. 191) und *nicht* zu gemeinsamen Porphyrinen abbaubar. Die Ätioporphyrine sind verschieden und demgemäß muß man für den Blutfarbstoff und für Kopro- und Uroporphyrin im Organismus selbständige Synthesen, die nebeneinander verlaufen, annehmen. Wollte man eine Ableitung aus Hämin aufrecht erhalten, müßte man einen vollkommenen Abbau zu den Pyrrolbausteinen annehmen mit folgender Resynthese des Koproporphyrins aus den Pyrrolsäuren oder eine Anlagerung von 2 Mol. Ameisensäure und 1 Mol. Wasserstoff an Hämin und Drehung eines sauren Pyrrolkerns im *Molekularverband* um 180°. Beide Annahmen sind vom chemischen Standpunkt aus kaum diskutierbar.

Die monomolekularen Abbauprodukte der Pyrrolfarbstoffe.

Wir beginnen bei der Besprechung der Chemie der Pyrrolfarbstoffe mit ihren Bausteinen. Dies ist notwendig deshalb, weil für die Charakterisierung der Farbstoffe die Spaltprodukte wichtig sind.

Die erfolgreichste Abbaumethode der Pyrrolfarbstoffe wurde von NENCKI[4] in der Reduktion mit Eisessig-Jodwasserstoff gefunden. NENCKI erhielt so aus Hämin Hämopyrrol, das er für einheitlich ansah und in Form einer Quecksilberchloridverbindung und eines Pikrates isolierte. Daß bei der Reduktion

---

[1] HAUSMANN: Grundzüge der Lichtbiologie und Lichtpathologie. Berlin u. Wien: Urban & Schwarzenberg [1923].

[2] TSWETT: Ber. d. dtsch. botan. Ges. Bd. 24, S. 316 u. 385 [1906].

[3] WILLSTÄTTER u. STOLL: Untersuchungen über Chlorophyll. Berlin: Julius Springer [1913]. — R. WILLSTÄTTER: Über Pflanzenfarbstoffe, Ber. 47. S. 2831 [1914].

[4] NENCKI: Op. Omn. Bd. II, S. 792. Braunschweig: Vieweg u. Sohn [1901].

auch saure Bestandteile entstehen, festgestellt zu haben, ist das Verdienst Pilotys[1]. Piloty ersetzte die Eisessig-Jodwasserstoffmethode Nenckis durch Reduktion mit Zinn und Salzsäure und fand dabei Hämopyrrolcarbonsäure. Die Nenckische Methode wurde dann wieder von neuem von Willstätter[2] und H. Fischer[3] eingeführt, später dann auch von Piloty angewandt, und es stellte sich bald heraus, daß das Hämopyrrol Nenckis keine einheitliche Verbindung war, sondern ein kompliziertes Gemisch. Auch die sauren Spaltprodukte erwiesen sich nach Untersuchungen von Piloty und H. Fischer und ihren Mitarbeitern als ein Gewirr von Pyrrolsäuren. Wir geben zunächst die Formeln sämtlicher reduktiven Spaltprodukte des Hämins wieder und bemerken gleichzeitig, daß die Konstitution aller durch Synthese sichergestellt ist.

Die Synthese ist die bequemste Methode für die präparative Darstellung der Bausteine und waren diese Arbeiten die Voraussetzung für die später zu beschreibenden Synthesen der Porphyrine.

Reduktive Spaltungsprodukte des Hämins.

Hämopyrrolbasen.

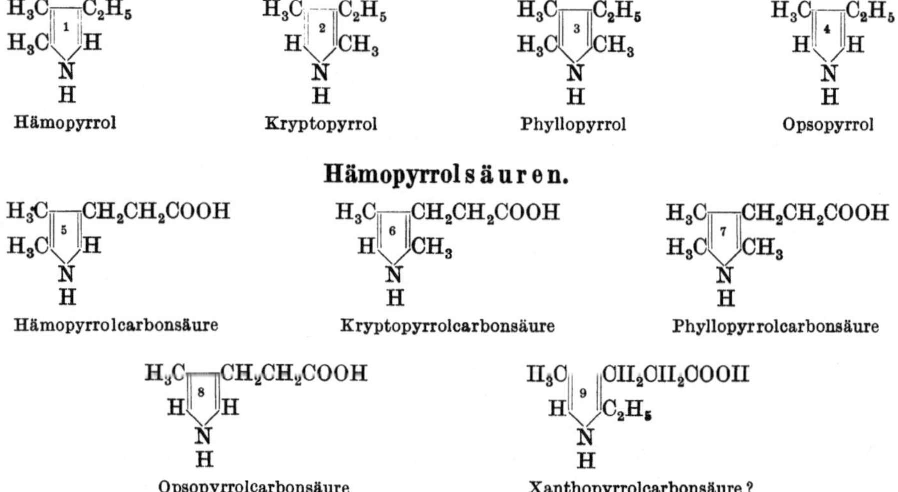

Hämopyrrolsäuren.

Aus den Formeln ersieht man zunächst die Analogie zwischen den basischen und den sauren Bestandteilen. Die Hämopyrrolsäuren tragen lediglich Propionsäurereste an Stelle der Äthylgruppen der Hämopyrrolbasen. Als prinzipiell neu tritt lediglich bei den Säuren die mit einem Fragezeichen versehene Xanthopyrrolcarbonsäure Pilotys hinzu, die in einer α-Stellung eine Äthylgruppe trägt. Ihr Vorkommen ist sehr unwahrscheinlich. — Auf die Trennungsmethoden der Säuren gehen wir nicht näher ein. Die Ausbeute ist bei der reduktiven Spaltung des Hämins an Basen und Säuren ca. vier Pyrrolkernen entsprechend, so daß man den Schluß ziehen kann, daß vier Pyrrolkerne im Blutfarbstoff enthalten sind, zwei basische und zwei saure.

Mit guter Ausbeute verläuft auch die alkylierende Spaltung, die beim Hämin durch Erhitzen mit Alkoholaten auf 230° durchgeführt wurde. Man erhält so

[1] Piloty: Über den Farbstoff des Blutes. Liebigs Ann. d. Chem. Bd. 366, S. 237 [1910].
[2] Willstätter: Liebigs Ann. d. Chem. Bd. 385, S. 188 [1911].
[3] Fischer, H.: Zeitschr. f. physiol. Chem. Bd. 73, S. 204 [1911].

ausschließlich Phyllopyrrol und Phyllopyrrolcarbonsäure, ein Resultat, das die obigen Ergebnisse bestätigt[1].

Sehr wichtig ist die von Küster[2] zuerst mit Erfolg ausgeführte Oxydation des Hämins und des Rohhämopyrrols und der oxydative Abbau der Porphyrine hat für ihre Konstitutionsermittlung ganz allgemein wichtige Aufschlüsse gegeben. Folgende Formeln geben eine Übersicht über die bisher erhaltenen oxydativen Spaltprodukte:

Oxydative Spaltprodukte.

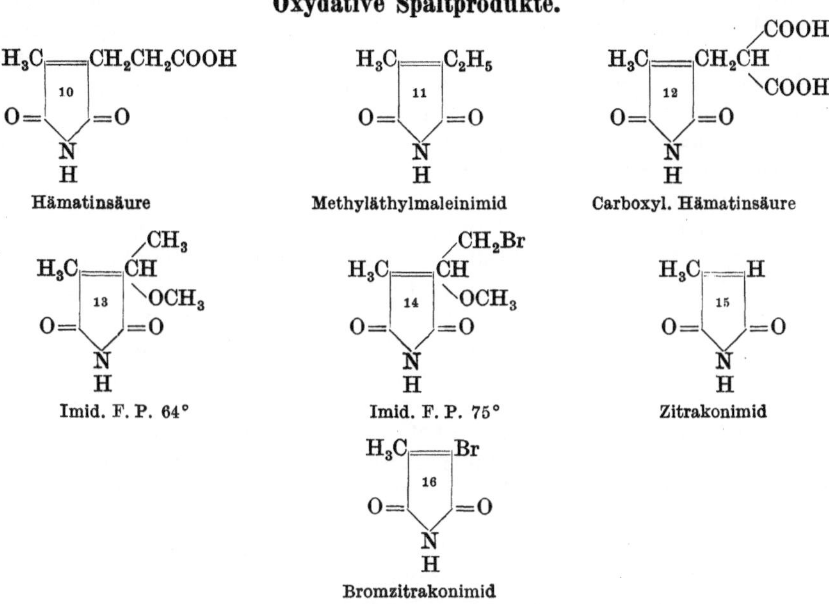

KÜSTER isolierte die Hämatinsäure bei der Oxydation des Blutfarbstoffs, des Gallenfarbstoffs und man erhält sie auch aus vielen Porphyrinen. Sie war auch der erste Anhaltspunkt dafür, daß bei der reduktiven Spaltung Pyrrolsäuren vorhanden sein müßten und im Konstitutionsbeweis der Pyrrolsäuren spielt der oxydative Übergang in die Hämatinsäure (10), wie aus den Formeln ersichtlich, eine grundlegende Rolle. Hämatinsäure wurde von KÜSTER[3] synthetisch aus Acetessigester auf folgendem Wege hergestellt:

Synthese der Hämatinsäure und des Methyläthylmaleinimids.

(Die Formeln sind schematisiert).

$$H_3C-COCH_2 \quad + \quad JCH_2CH_2COOH \quad \rightarrow \quad H_3C \cdot COCHCH_2 \cdot CH_2COOH \quad + \ HCN \quad \rightarrow$$
$$\quad\ COOC_2H_5 \qquad\qquad\qquad\qquad\qquad\qquad\quad COOC_2H_5$$

$$\rightarrow \quad H_3C \cdot COH \cdot CH \cdot CH_2 \cdot CH_2COOH \quad \rightarrow \quad H_3C \cdot C \cdot OH \cdot HC \cdot CH_2 \cdot CH_2COOH \quad \rightarrow$$
$$\qquad CN \quad\ COOCH_3 \qquad\qquad\qquad\qquad CO \cdot OH \cdot H \cdot OCO$$

$$H_3C = CH_2CH_2COOH$$
$$O = \quad = O$$
$$O$$

---

[1] FISCHER, H. u. RÖSE: Zeitschr. f. physiol. Chem. Bd. 87, S. 39 [1913].
[2] KÜSTER: Ber. d. dtsch. chem. Ges. Bd. 35, S. 2948. [1902]; Bd. 40, S. 2017 [1907].
[3] KÜSTER u. WELLER: Ber. d. dtsch. chem. Ges. Bd. 47, S. 532 [1914].

Acetessigester wird mit Jodpropionsäureester umgesetzt zum Acetylglutarsäureester, der durch Blausäureanlagerung das Nitril gibt, das durch Verseifung in die entsprechende Carbonsäure übergeht, die bei der Destillation 2 Mol. Wasser abspaltet. Es resultiert ein Maleinsäurederivat der angegebenen Konstitution, nämlich die N-freie Hämatinsäure, die durch Behandlung mit Ammoniak in das Imid übergeht.

In den nächsten Beziehungen zu dieser Säure steht das durch Abspaltung von Kohlendioxyd aus ihr hervorgehende Methyläthylmaleinimid, das auf analogem Wege aus Acetessigester durch Behandlung mit Jodäthyl statt Jodpropionsäure usw. durch Küster synthetisiert wurde. Aus Hämin entsteht dieser Körper nicht, wohl aber erhielt ihn Küster aus Rohhämopyrrol durch Oxydation. Aus Chlorophyllporphyrinen[1] sowie Mesobilirubinogen[2], ebenso Meso[3]- und Ätioporphyrin[4] entsteht dieses Imid und ist für die Konstitutionsfrage dieser Körper von Wichtigkeit.

Weitere Oxydationsprodukte sind die carboxylierte Hämatinsäure, die beim Erhitzen auf höhere Temperatur Hämatinsäure und Methyläthylmaleinimid gibt, mithin die angegebene Formel besitzt, wobei die Stellung der Carboxylgruppe nach *diesem* Abbau unsicher ist; sie wird erhalten aus Uroporhyrin und seinem synthetischen analogen Iso-uroporphyrin[5] bei der Oxydation, und da im synthetischen Produkt die Malonsäurestellung der Carboxylgruppen feststeht, entspricht die carboxylierte Hämatinsäure der angegebenen Formel (12).

Weiterhin sind wichtig ein methoxyliertes (13) und ein gebromtes methoxyliertes Imid (14), die beide von Küster[6] durch Oxydation aus Tetramethylhämatoporphyrin bzw. Dibrom-hämatoporphyrin-dimethyl*äther* gewonnen wurden. Ein eindeutiger Beweis für die Richtigkeit der Konstitution der letzten beiden Imide ist noch nicht erbracht.

Als letzte oxydative Spaltprodukte sind Citraconimid (15) und Bromcitraconimid (16) zu nennen, die aus Deuteroporphyrin[7] (vgl. später) bzw. Dibromdeuteroporphyrin bzw. Bromporphyrin[8] bei der Oxydation neben Hämatinsäure erhalten werden.

Über Bilirubinsäure und Xanthobilirubinsäure. Bimolekulare Abbauprodukte des Hämins und der Porphyrine sind bis jetzt nicht bekannt, dagegen entsteht bei der Reduktion des Gallenfarbstoffs, dem biologischen Abbauprodukt des Blutfarbstoffs, die von Piloty[9] und uns[10] fast gleichzeitig entdeckte Bilirubinsäure, deren Konstitutionsformel[11] sowie die ihres Dehydrierungsproduktes hier wiedergegeben ist.

$$H_3C \quad C_2H_5 \qquad H \qquad H_3C \quad CH_2CH_2COOH$$
$$HO \qquad \qquad C \qquad \qquad CH_3$$
$$N \qquad \qquad \qquad N$$
$$\qquad \qquad \qquad \qquad H$$

Xanthobilirubinsäure

$$H_3C \quad C_2H_5 \qquad \qquad H_3C \quad CH_2CH_2COOH$$
$$HO \qquad \qquad CH_2 \qquad \qquad CH_3$$
$$N \qquad \qquad \qquad N$$
$$H \qquad \qquad \qquad H$$

Bilirubinsäure

---

[1] Willstätter, R. u. Asahina: Liebigs Ann. d. Chem. Bd. 273. S. 228 [1910].

[2] Fischer, H. u. P. Mayer: Zeitschr. f. physiol. Chem. Bd. 75, S. 341 [1911].

[3] Küster, W. u. P. Deihle: Ber. d. dtsch. chem. Ges. Bd. 45, S. 1935 u. 1945 [1912]; Bd. 82, S. 463. [1912]. — Fischer, H. u. Meyer-Betz: Ebenda Bd. 82, S. 96 [1912].

[4] Fischer, H. u. Klarer: Liebigs Ann. d. Chem. Bd. 450, S. 193 [1926].

[5] Fischer, H. u. Heisel: Liebigs Ann. d. Chem. Bd. 457, S. 99 [1927].

[6] Küster, W.: Zeitschr. f. physiol. Chem. Bd. 163, S. 270 [1927]; Bd. 168, S. 295 [1927].

[7] Fischer, H. u. Lindner: Zeitschr. f. physiol. Chem. Bd. 161, S. 18 [1926].

[8] Fischer, H. u. Kotter: Ber. d. dtsch. chem. Ges. Bd. 60, S. 1862 [1927].

[9] Piloty u. Thannhauser: Liebigs Ann. d. Chem. Bd. 390, S. 191 [1912].

[10] Fischer, H. u. Röse: Ber. d. dtsch. chem. Ges. Bd. 45, S. 1579 [1912].

[11] Fischer, H. u. Röse: Zeitschr. f. physiol. Chem. Bd. 89, S. 255 [1914].

Im Einklang mit dieser Formulierung entsteht bei der energischen Oxydation Hämatinsäure und Methyläthylmaleinimid. Beim 17 stündigen Kochen mit Eisessig-Jodwasserstoff entsteht Kryptopyrrolcarbonsäure und Kryptopyrrol. Salpetrige Säure baut zu Methyläthylmaleinimid und dem Oxim der Hämatinsäure, das auch aus Hämopyrrolcarbonsäure erhalten wird, ab. Bilirubinsäure ist ein primäres Spaltprodukt des Gallenfarbstoffs, denn die Xanthobilirubinsäure, die von PILOTY und THANNHAUSER zuerst durch milde Oxydation aus Bilirubinsäure erhalten wurde, entsteht auch aus Gallenfarbstoff durch Behandlung mit Alkoholaten[1]. Nachdem Gallenfarbstoff auf biologischem Wege mit Sicherheit aus Blutfarbstoff entsteht und für den Gallenfarbstoff nach diesem Befund eine Kohlenstoffbrücke zwischen zwei Pyrrolkernen experimentell bewiesen ist, gilt dasselbe mit großer Wahrscheinlichkeit auch für den Blutfarbstoff. Darin liegt die Wichtigkeit der Bilirubinsäure.

Allgemeines über die Konstitution des Hämins. Aus den bisher angeführten Spaltprodukten geht hervor, daß Hämin und Porphyrine eine komplizierte Struktur haben müssen und schon frühzeitig wurden für das Hämin Strukturformeln aufgestellt. Die älteste Formel stammt von NENCKI[2], während KÜSTER[3] folgende. vertrat:

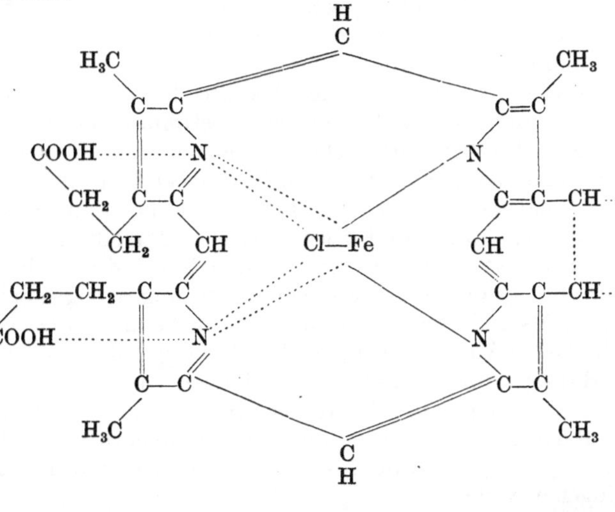

$$
\begin{array}{c}
\text{H} \\
\text{C} \\
\text{H}_3\text{C} \qquad\qquad\qquad\qquad \text{CH}_3 \\
\text{C–C} \qquad\qquad\qquad \text{C=C} \\
\text{COOH} \cdots\cdots \text{N} \qquad\qquad \text{N} \\
\text{CH}_2 \quad \text{C–C} \qquad \text{C=C–CH} \cdots\cdots \text{CH}_2 \\
\text{CH}_2 \quad \text{CH} \quad \text{Cl–Fe} \quad \text{CH} \\
\text{CH}_2\text{–CH}_2\text{–C–C} \qquad\qquad \text{C–C–CH} \cdots\cdots \text{CH}_2 \\
\text{COOH} \cdots\cdots \text{N} \qquad\qquad \text{N} \\
\text{C–C} \qquad\qquad\qquad \text{C–C} \\
\text{H}_3\text{C} \qquad\qquad\qquad\qquad \text{CH}_3 \\
\text{C} \\
\text{H}
\end{array}
$$

Auch PILOTY[4] stellte Blutfarbstofformeln auf. Nach WILLSTÄTETR[5] ist die Bindungsfrage der Pyrrolkerne im Hämin dadurch nicht gelöst worden und 1921 zog KÜSTER für das Hämin die Formulierung mit zwei Neunringen in Betracht[6]. KÜSTERS Formel war aufgestellt vor der Entwirrung der basischen und sauren Spaltprodukte. Nach dem *heutigen* Stande der Wissenschaft muß sie im wesentlichen als das beste Bild für die Struktur des Hämins betrachtet werden. Die Bindung des Eisens im Hämin wird von KÜSTER in Übereinstimmung mit WILLSTÄTTERS Anschauung als Substitution zweier Pyrrol-Imingruppen durch die Gruppe FeCl aufgefaßt. Im Widerspruch hierzu steht die experimentelle

[1] FISCHER, H. u. RÖSE: Ber. d. dtsch. chem. Ges. Bd. 46, S. 439 [1913].
[2] NENCKI u. ZALESKI: Ber. d. dtsch. chem. Ges. Bd. 34, S. 997 [1901].
[3] KÜSTER, W.: Zeitschr. f. physiol. Chem. Bd. 82, S. 463 [1913].
[4] PILOTY: Liebigs Ann. d. Chem. Bd. 388, S. 313 [1912]; Bd. 392, S. 215 [1912].
[5] WILLSTÄTTER: Ber. d. dtsch. chem. Ges. Bd. 47, S. 2861 [1914].
[6] KÜSTER: Abderhaldens biologische Arbeitsmethoden, Abt. I, Chem. Methoden, Teil 8, Heft 2, S. 319; vgl. auch KÜSTER in Abderhaldens Handlexikon Bd. X, S. 16—21 [1923].

Tatsache, daß die Einführung des Eisens in die Porphyrine am besten mit Ferrosalzen gelingt und neuerdings hat F. Haurowitz[1] hervorgehoben, daß die Einführung von Ferrieisen nur bei Gegenwart von reduzierend wirkenden Stoffen gelingt. Er schließt daraus, daß das Eisen nicht in drei-, sondern in zweiwertigem Zustand im Hämin enthalten ist. Nencki hat früher die Bindung des Eisens am Kohlenstoff angenommen. Merkwürdig ist das außerordentlich verschiedene Verhalten der Hämine und der Porphyrine bei der Einwirkung von Halogen und milder Oxydation. Hier erhält man bei den Porphyrinen leicht Tetrachlor- und Tetrabromkörper und bei der Einwirkung von Bleidioxyd die Xanthoporphinogene, beides Reaktionen, die, besonders die letztere, mit Sicherheit den Porphinkern selbst betreffen. Die bisherige Formulierung des komplex gebundenen Eisens erklärt den starken Unterschied im chemischen Verhalten zwischen Hämin und Porphyrinen schwer. Dazu kommt noch, daß nur in manche Dipyrrylmethene[2] sich Eisen komplex einführen läßt, aber nur Ferroeisen. Diese Eisensalze sind tetramolekulare Komplexsalze, die sehr unbeständig sind und kein Chlor enthalten. Beim Versuch, Chlorwasserstoff anzulagern, spaltet sich sofort Eisen ab. Auffallenderweise geben Hämine und Porphyrine mehr „aktiven Wasserstoff"[3], als die Theorie verlangt; wahrscheinlich ist dies durch die Reaktionsfähigkeit der Methingruppen bedingt, auf die zu schließen ist, weil Methingruppen in synthetischen einheitlichen Verbindungen positiv bei der Zerewitinoffbestimmung reagieren[4].

Die Molekulargewichtsbestimmung[5] des Hämins beweist, daß in ihm vier Pyrrolkerne enthalten sind. Molekular-Gewichtsbestimmungen wurden weiter an vielen Porphyrinen durchgeführt. Diese sprachen alle in demselben eindeutigen Sinne, so daß an vier Pyrrolkernen im Blutfarbstoff nicht zu zweifeln ist.

Hämin ist eine Dicarbonsäure. In der Tat sind Mono- und Dimethylester[6] bekannt. Es enthält zwei saure und zwei basische Pyrrolkerne. Die sauren Pyrrolkerne tragen gesättigte Seitenketten, werden infolgedessen bei der Oxydation als Hämatinsäure gefaßt; die basischen tragen ungesättigte Seitenketten, Vinylgruppen nach Küster[7] und werden deshalb beim oxydativen Abbau zerstört; beim reduktiven Abbau geben sie die Hämopyrrolbasen, während die sauren Kerne als Hämopyrrolcarbonsäuren erscheinen. Die Menge der Säuren und Basen übersteigt die für je einen Pyrrolkern berechnete beträchtlich, so daß auch hieraus vier Pyrrolkerne im Häminmolekül zu folgern sind. Im Hämin ist das Chlor gegen Hydroxyl austauschbar; man erhält das Hämatin, auf das wir nicht näher eingehen wollen.

Sowie man das Hämin seines Eisens beraubt, entstehen, wie schon erwähnt, Porphyrine, von denen wir eine Reihe besprechen wollen. Die Entfernung des Eisens kann unter den verschiedenartigsten Bedingungen vorgenommen werden, und zwar kann als Ausgangsmaterial nach Nencki[8] Hämin benutzt werden oder

---

[1] Haurowitz, F.: Zeitschr. f. physiol. Chem. Bd. 169, S. 91 [1927].

[2] Fischer, H. u. Klarer: Liebigs Ann. d. Chem. Bd. 448, S. 190 [1926].

[3] Fischer, H. u. J. J. Postowsky: Zeitschr. f. physiol. Chem. Bd. 152, S. 300 [1926]. — Kuhn, R., L. Braun, C. Seyffert, u. M. Furter: Ber. d. dtsch. chem. Ges. Bd. 60, S. 1151 [1927]. — Fischer, H. u. E. Walter: Ebenda Bd. 60, S. 1987 [1927]. — Kuhn, R. u. M. Furter: Ebenda Bd. 61, S. 127 [1928].

[4] Unveröffentlicht.

[5] Fischer, H. u. Hahn: Ber. d. dtsch. chem. Ges. Bd. 46, S. 2308 [1913].

[6] Nencki: Arch. f. exp. Pathol. u. Pharmakol. Bd. 18. — Zaleski: Zeitschr. f. physiol. Chem. Bd. 30, S. 384 [1901]. — Küster, W.: Ebenda Bd. 82, S. 113 [1913]. — Willstätter u. Fritsche: Liebigs Ann. d. Chem. Bd. 371. S. 49 [1909].

[7] Küster, W.: Ber. d. dtsch. chem. Ges. Bd. 45, S. 1935 [1912].

[8] Nencki u. Sieber: Arch. f. exp. Pathol. u. Pharmakol. Bd. 24, S. 442 [1900].

auch nach HOPPE-SEYLER[1] Blut. Mit Hilfe von Alkalien gelingt es nicht, das Eisen abzuspalten, nur Säuren sind geeignet und je nach Art der Säure entstehen verschiedene Porphyrine.

Spezielles.

Hämin und Derivate.

Das Hämoglobin ist eine zusammengesetzte Verbindung, bestehend aus einem Pyrrolfarbstoff und Eiweißkörper. Wir besprechen hier nur den Pyrrolfarbstoff, den man mit BOHR[2] und HERZFELD und KLINGER[3] als Hämochrom bezeichnen kann, der aber noch nicht in reinem Zustand isoliert ist.

Hämochromogen. Das Hämochromogen wird gewöhnlich als die Farbstoffkomponente des Hämoglobins bezeichnet. Es ist jedoch eine Molekülverbindung zwischen dem eigentlichen Farbstoff und Pyridin bzw. Ammoniak, wie aus den Untersuchungen von CALMUS[4], v. ZEYNEK[5], PREGL[6] hervorgeht. Von DHÉRÉ[7] ist das Hämochromogen mit Hilfe von Natriumhydrosulfit in kristallisiertem Zustand dargestellt, aber nicht analysiert worden. Das Hämochromogen ist ausgezeichnet durch einen charakteristischen Spektralbefund (s. Tafel). Im Hämochromogen ist das Eisen zweiwertig.

Hämin. Als Ausgangsmaterial für die chemische Untersuchung dient am besten das Hämin. Das Hämin ist ein Kunstprodukt. Es entsteht, wenn man das Oxyhämoglobin oder auch Blut mit Eisessig, der Kochsalz enthält, längere Zeit auf 105° erhitzt[8]. Es krystallisiert dann ein Farbstoff, Hämin, in mikroskopischen Krystallen aus. Diese Reaktion ist von TEICHMANN entdeckt worden und bekannt unter dem Namen der TEICHMANNschen Blutprobe[9].

Hämin hat die Zusammensetzung $C_{34}H_{32}O_4N_4FeCl$. Die Molekulargröße wurde von FISCHER und HAHN[10] entsprechend obiger Formulierung ermittelt. Im Hämin läßt sich das Chlor leicht durch Brom und Jod ersetzen, statt der Halogene kann auch ebensogut der Rest der Essigsäure bzw. Ameisensäure eintreten, wie KÜSTER[11] gefunden hat. Das Hämin ist leicht veresterbar. So erhält man bei der Darstellung nach MÖRNER[12] Ester des Hämins, und zwar sowohl einen Mono- wie Dialkylester; denn Hämin enthält zwei Carboxylgruppen. Hämin zeigt ungesättigten Charakter. KÜSTER[13] erhielt durch Addition von Brom an den Dimethylester des Bromhämins einen Dibromhäminester.

KÜSTER unterscheidet α- und β-Hämin. α-Hämin ist das eben besprochene, β-Hämin entsteht neben α-Hämin nach der MÖRNERschen Methode mit Hilfe von Methylalkohol oder von Äthylalkohol[14]. Nach KÜSTER[15] kann die β-Form

---

[1] HOPPE-SEYLER: Mediz.-chem. Untersuchungen 1871, H. 1—4.

[2] BOHR: Zentralbl. f. phys. Chem. Bd. 17, S. 688 [1909].

[3] HERZFELD u. KLINGER: Biochem. Zeitschr. Bd. 100, S. 70 [1919].

[4] CALMUS: Zeitschr. f. physiol. Chem. Bd. 70, S. 217. [1910]

[5] v. ZEYNEK: Zeitschr. f. physiol. Chem. Bd. 70, S. 228 [1910].

[6] PREGL: Zeitschr. f. physiol. Chem. Bd. 44, S. 173 [1905].

[7] DHÉRÉ: Cpt. rend. des séances de la soc. de biol. Bd. 79, S. 1087 [1916]; Bd. 165, S. 515.

[8] SCHALFEJEFF, M.: Ber. d. dtsch. chem. Ges. Bd. 18 (Ref. 232) [1885].

[9] TEICHMANN, L. T. J.: Zeitschr. f. ration. Med. N. F. Bd. 3, S. 375 [1853]; Bd. 8, S. 143. [1857].

[10] FISCHER, H. u. HAHN: Ber. d. dtsch. chem. Ges. Bd. 46, S. 2308 [1913].

[11] KÜSTER, W.: Zeitschr. f. physiol. Chem. Bd. 119, S. 98 [1922]; vgl. auch PARTHOS: Biochem. Zeitschr. Bd. 105, S. 49 [1920].

[12] MÖRNER, K. A.: Zeitschr. f. physiol. Chem. Bd. 29, S. 187 [1900].

[13] KÜSTER, W.: Zeitschr. f. physiol. Chem. Bd. 86, S. 185 [1913].

[14] KÜSTER, W.: Ber. d. dtsch. chem. Ges. Bd. 43, S. 2960 [1910].

[15] KÜSTER, W.: Zeitschr. f. physiol. Chem. Bd. 109, S. 117 [1920]. — Vgl. dagegen F. HAUROWITZ: ibidem, 173, 119 [1928].

im Blut alter Tiere vorgebildet sein. Näheres über das Hydrochloridhämin und über Pseudohämine siehe Küster[1]. In einer neueren Arbeit findet Hamsick[2] einen beträchtlichen Unterschied der Haftfestigkeit des Chlors in einzelnen Häminen. Näheres in der Originalmitteilung.

Hämatin. Hämatin hat die Zusammensetzung $C_{34}H_{32}O_4N_4FeOH$. Formelmäßig entsteht es also durch Austausch von Chlor im Hämin gegen Hydroxyl. Es entsteht bei der peptischen Verdauung des Oxyhämoglobins. Nach Schumm[3] ist es bei vielen Krankheiten und Vergiftungen im Blut vorhanden.

Auch im Harn und Serum kommt es nach Schumm unter krankhaften Umständen vor. Das Hämatin krystallisiert nicht und eine Hauptschwierigkeit bei diesem Körper ist die, daß nicht jedes Hämatin in Hämin rückverwandelbar ist[4]. All diese Schwierigkeiten können vermieden werden, wenn man nach Willstätter statt Hämin den Dimethylester verwendet. Die vorsichtige Einwirkung von Basen auf Hämindimethylester führt zur entsprechenden Hydroxylverbindung, aus der mit Salzsäure das Ausgangsmaterial regenerierbar ist[5]. Mit dem feuchten Hämatinschlamm jedoch gelingt die Rückverwandlung in Hämin glatt[6].

Mesohämin. Das Mesohämin wurde zuerst von Zaleski[7] auf „synthetischem Wege“ aus Mesoporphyrin erhalten und es ist verständlich, daß man daher auch rückwärts aus Mesohämin leicht Mesoporphyrin erhält. Die Zusammensetzung des Mesohämins ist $C_{34}H_{38}O_4N_4FeCl$. Mesohämin läßt sich unter Erhaltung des komplex gebundenen Eisens aus Hämin durch Behandlung mit Alkoholaten im Druckrohr gewinnen[8, 5]. Direkte Wasserstoffaddition an Hämin gelingt unter dem Einfluß von kolloidalem Palladium, wie die Isolierung des krystallisierten Mesoporphyrins aus dem Reduktionsprodukt erhärtet[9].

Die Guajacreaktion ebenso die mit Benzidin des Mesohämins[10] ist positiv wie bei allen von uns bis jetzt untersuchten Eisenkomplexsalzen der Porphyrine. In bezug auf vergleichende Peroxydasewirkung fand Kuhn[11] Mesohämin gegenüber Hämin in der Wirkung gewaltig herabgesetzt.

Porphyrine des Blutfarbstoffs.

Hämatoporphyrin. Hämatoporphyrin in Form eines krystallisierten Derivates, nämlich des salzsauren Salzes, ist zuerst von Nencki und seinen Mitarbeitern dargestellt worden, ebenso ein krystallisiertes Dinatriumsalz. Man ließ auf Hämin Bromwasserstoffeisessig einwirken und isolierte dann das Hämatoporphyrin als salzsaures Salz. Das freie Hämatoporphyrin in krystallisiertem Zustand zu erhalten, ist Willstätter und Max Fischer[5] gelungen. Die Zusammensetzung des Hämatoporphyrins ist $C_{34}H_{38}O_6N_4$. Es besitzt also zwei Sauerstoffatome mehr als Hämin.

---

[1] Zusammenstellung von W. Küster in Abderhaldens Handlexikon. Bd. X, S. 16 bis 21 [1923].

[2] Hamsick: Publications de la faculté de médic. Bd. I, S. 5. Brünn [1923].

[3] Schumm, O.: Zeitschr. f. physiol. Chem. Bd. 87, S. 171 [1913]; vgl. auch Vork. u. Nachw. einiger wichtiger Abbauprod. d. Blutfarbstoffs: Festschr. d. Eppend. Krankenhauses zum 25jähr. Bestehen 1914.

[4] Näheres s. Handb. d. Biochemie. S. 358 [1923]; vgl. auch Hamsick: Zeitschr. f. physiol. Chem. Bd. 133, S. 174 [1924].

[5] Willstätter, R. u. M. Fischer: Zeitschr. f. physiol. Chem. Bd. 87, S. 423 [1913].

[6] Fischer, H. u. Walter bzw. Enk: Ber. d. dtsch. chem. Ges. Bd. 60, S. 1987 [1927].

[7] Zeitschr. f. physiol. Chem. 43, S. 11 [1904].

[8] Fischer, H. u. Röse: Zeitschr. f. physiol. Chem. Bd. 88, S. 9 [1913].

[9] Fischer, H. u. Hahn: Zeitschr. f. physiol. Chem. Bd. 91, S. 181 [1914]; s. auch Bd. 60, S. 1988 [1927].

[10] Fischer, H. u. Klarer: Liebigs Ann. d. Chem. Bd. 448, S. 183 [1926].

[11] Kuhn: Ber. d. dtsch. chem. Ges. Bd. 59, S. 2370 [1926].

In verdünnter Natronlauge ist Hämatoporphyrinnatrium leichter löslich als Mesoporphyrinnatrium, wodurch die beiden Porphyrine leicht getrennt werden können[1].

Mit Natriumamalgam ist Hämatoporphyrin zur Leukoverbindung reduzierbar, die durch Luftoxydation zu 30% in krystallisiertes Hämatoporphyrin[2] rückverwandelbar ist. Daneben entsteht „Urobilin“.

Konstitution des Hämatoporphyrins. Hämatoporphyrin ist eine Dicarbonsäure, die zwei Hydroxylgruppen enthält, wie aus der Isolierung des Tetramethylhämatoporphyrins hervorgeht, das Küster[3] zuerst gefunden hat. Das Molekulargewicht ist ca. 600, wie von Willstätter[4] festgestellt wurde. Es sind also im Hämatoporphyrin vier Pyrrolkerne enthalten. Das Tetramethylhämatoporphyrin war auch für die weitere Konstitutionsermittlung des Hämatoporphyrins von Wichtigkeit. Beim oxydativen Abbau entsteht das methoxylierte Imid[5] der Konstitution 13 neben 2 Mol. Hämatinsäure. Das Imid entsteht in einer Ausbeute einem Pyrrolkern entsprechend, demgemäß wird der zweite basische Pyrrolkern zerstört und hiernach ist im Hämatoporphyrin eine gesättigte und eine ungesättigte Seitenkette, d. h. eine Oxyvinyl- und eine Oxäthylgruppe, enthalten, während das Hämin mit zwei Vinylgruppen formuliert wurde. W. Küster[6] isolierte nun einen Dibromhämatoporphyrindimethyläther, der durch Oxydation zwei Moleküle eines gebromten methoxylierten Imids der Konstitution 14 gab[7]. Der Dibromhämatoporphyrindimethyläther war aus dem Bromwasserstoff-Anlagerungsprodukt des Dibromhämindimethylesters erhalten worden, und nach diesen Befunden formulierte Küster die ungesättigten Seitenketten des Hämins mit C_4H_4 in Bestätigung unserer Untersuchungsresultate beim Übergang von Tetramethylhämatoporphyrin in Protoporphyrin. Auf diese kommen wir nachher zu sprechen. Im Tetramethylhämatoporphyrin haben wir also eine ungesättigte Seitenkette neben drei gesättigten und dies ist wohl eine der Ursachen für das Auftreten von vier Isomeren[8] von verschiedenem Schmelzpunkt der Tetramethylverbindung, die sich durch die krystallographische Untersuchung unterscheiden.

Tetramethylhämatoporphyrin entsteht nach Küster[3] durch Behandeln von Hämin mit Eisessigbromwasserstoff, Abdestillieren dieses Lösungsmittels und Behandlung des Rückstandes mit Methylalkohol. Damit war ein indirekter Beweis geliefert, daß bromhaltige Zwischenprodukte auftreten, die dann der Methanolyse unterliegen. Willstätter[4] hat die bromhaltigen Zwischenprodukte isoliert und sie gleichfalls in Tetramethylhämatoporphyrin übergeführt. Der Prozeß, der sich hier abspielt, ist also durchaus analog der Hämatoporphyrinbildung. Dort Anlagerung von 2 Mol. Wasser, hier 2 Mol. Methylalkohol. Es gelingt auch beim Hämin, selbst die gleiche Veränderung der ungesättigten Seitenketten unter Erhaltung des komplex gebundenen Eisens durchzuführen, wie mit Lindner[9] gefunden wurde. Beim langen Kochen von Hämin mit methylalkoholischer Schwefelsäure entsteht das Eisenkomplexsalz des Tetramethyl-

---

[1] Fischer, H. u. Röse: Ber. d. dtsch. chem. Ges. Bd. 46, S. 2460 [1913]. — Fischer, H., u. R. Müller: Zeitschr. f. physiol. Chem. Bd. 142, S. 130 [1924].

[2] Fischer, H. u. Röse: Zeitschr. f. physiol. Chem. Bd. 88, S. 11 [1913].

[3] Küster, W.: Zeitschr. f. physiol. Chem. Bd. 86, S. 54 [1913].

[4] Willstätter, R. u. M. Fischer, Zeitschr. f. physiol. Chem. Bd. 87, S. 429 [1913].

[5] Küster, W. u. Bauer: Zeitschr. f. physiol. Chem. Bd. 94, S. 188 [1915].

[6] Küster, W.: Zeitschr. f. physiol. Chem. Bd. 86, S. 187 [1913]; Bd. 136, S. 234 [1924].

[7] Küster, W. u. W. Hess: Ber. d. dtsch. chem. Ges. Bd. 58, S. 1022 [1925].

[8] Fischer, H. u. R. Müller: Zeitschr. f. physiol. Chem. Bd. 142, S. 155 [1925].

[9] Fischer, H. u. Lindner: Hoppe-Seylers Zeitschr. f. physiol. Chem. Bd. 153, S. 175. [1926].

hämatoporphyrins[1]. Auffallenderweise läßt sich mit Hilfe von Methylalkohol-Chlorwasserstoff heiß die analoge Reaktion im wesentlichen nicht durchführen. Hier tritt Eisenabspaltung ein, aber der entstandene Porphyrinester krystallisiert nur teilweise und bei der Oxydation entsteht wenig Imid 13. In der Kälte gelingt die Anlagerung von Methylalkohol unter dem Einfluß von mit HCl gesättigtem Methylalkohol an Hämin, besser an Essigsäureanhydridhämin[2] zum krystallisierten Tetramethylhämatoporphyrin-Eisenkomplexsalz[3].

Mesoporphyrin. Nencki und Zaleski[4] haben durch gelinde Reduktion von Hämin mit Hilfe von Jodwasserstoffsäure und Phosphoniumjodid unter Eisenabspaltung und Reduktion ein schön krystallisiertes Porphyrin erhalten, das sie Mesoporphyrin nannten. Besonders eingehend ist dann das Mesoporphyrin von Zaleski[5] untersucht worden. Das Mesoporphyrin krystallisiert sowohl als salzsaures Salz wie als freies Porphyrin. Bei der quantitativen Oxydation entsteht ein Mol. Hämatinsäure und ein Mol. Methyläthylmaleinimid.

Eine neue Methode der Gewinnung des Mesoporphyrins ist von Fischer und Röse[6] durch die Einwirkung von Alkoholaten auf Hämin gefunden worden; später hat dann Forsen[7] in einer unter Willstätters Leitung entstandenen Dissertation gleichfalls die reduzierende Wirkung der Alkoholate auf Hämin erkannt.

Auch aus Hämin durch Erhitzen mit Ameisensäure mit kolloidalem Palladium gelingt es leicht, Mesoporphyrin zu erhalten[8].

Wichtig sind die Komplexsalze des Mesoporphyrins, die außerordentlich leicht entstehen, wenn man zu einer essigsauren Lösung des salzsauren Mesoporphyrins Metalle, in Essigsäure gelöst, zugibt. Auch mit Hilfe von Ferrosulfat in ammoniakalischer Lösung bei Anwesenheit von Seignettesalz läßt sich in Porphyrine Eisen einführen, wie Laidlaw gezeigt hat[9]. Von großem Interesse ist das Eisensalz, das oben beschriebene Mesohämin, das von Zaleski[5] zuerst auf diesem Wege aus Mesoporphyrin erhalten worden ist. Besonders bemerkenswert ist ferner die von Zaleski stammende Beobachtung, daß die „Salze" des Mesoporphyrins bei der Spektralanalyse ein prinzipiell anderes Absorptionsspektrum wie das Mesoporphyrin geben. Diese „Salz"bildung beschränkt sich jedoch nicht allein auf das Mesoporphyrin, sondern in gleicher Weise erhält man auch die „Salze" aus den Estern des Mesoporphyrins. Zaleski fand, daß das Mesoporphyrin nach der Veresterung seinen „sauren" Charakter nicht einbüßt. Aus diesen Befunden zog dann Willstätter[10] den Schluß, daß das Metall in den Salzen des Mesoporphyrins komplex gebunden ist. Das Mesoporphyrin ist im Verhältnis zum Hämatoporphyrin ungiftig[11]. Aus Mesoporphyrin läßt sich leicht eine schön krystallisierte Tetrachlor- und Tetrabromverbindung darstellen, auch die Jodverbindung krystallisiert schön. Mesoporphyrin gibt eine schön krystallisierende Leukoverbindung, das Mesoporphyrinogen[12]. Bei

[1] Fischer, H. u. Lindner: Zeitschr. f. physiol. Chem. Bd. 168, S. 152 [1927].
[2] Kuhn: Zeitschr. f. angew. Chem. [1927], S. 1151.
[3] Fischer, H. u. Hummel: Zeitschr. f. physiol. Chem. Bd. 175, S. 75 [1928].
[4] Nencki u. Zaleski: Ber. d. dtsch. chem. Ges. Bd. 34, S. 997 [1901].
[5] Zaleski: Zeitschr. f. physiol. Chem. Bd. 37, S. 54 [1902]; Bd. 43, S. 11 [1904].
[6] Fischer, H. u. Röse: Zeitschr. f. physiol. Chem. Bd. 87, S. 38 [1913].
[7] Forsen, L.: Promotionsarbeit. Zürich [1913].
[8] Fischer, H. u. Pützer: Zeitschr. f. physiol. Chem. Bd. 154, S. 39 [1926].
[9] Laidlaw: Journ. of Physiol. Bd. 31, S. 465 [1904].
[10] Willstätter: Liebigs Ann. d. Chem. Bd. 371, S. 49 [1910].
[11] Fischer, H.: Zeitschr. f. physiol. Chem. Bd. 97, S. 124 [1916].
[12] Fischer, H., m. Bartholomäus u. Röse: Zeitschr. f. physiol. Chem. Bd. 84, S. 262 [1913].

der Oxydation gibt Mesoporphyrin 2 Mol. Hämatinsäure und Methyläthyl-maleinimid, letzteres in einer Ausbeute, die nur einem Pyrrolkern entspricht, so daß also hier nun ein basischer Pyrrolkern gefunden wird, während bei der Oxydation des Hämins beide verlorengehen. Auf Grund der Synthese ist Meso-porphyrin in bezug auf beide basischen Pyrrolkerne gesättigt.

Bromporphyrin I. Behandelt man Hämatoporphyrin mit Eisessigbrom, so bildet sich ein schön krystallisierter Körper mit locker gebundenem Brom. Letzteres wird durch Behandlung mit Aceton leicht abgespalten und man erhält das reine Bromporphyrin I, das als Ester gut krystallisiert[1]. Bromporphyrin I läßt sich auch aus Tetramethylhämatoporphyrin sowie seinem Eisensalz in ähn-licher Weise gewinnen[2]. Nach der Elementaranalyse hat das Bromporphyrin I die Zusammensetzung $C_{32}H_{32}N_4O_5Br_2$, die Stellung eines Bromatoms ist festgelegt als β-Substituent eines Pyrrolkerns, denn bei der Oxydation wurde Bromcitracon-imid neben Hämatinsäure, die 1 Mol. übersteigt, erhalten. Offensichtlich ist eine ungesättigte Seitenkette im Hämatoporphyrin durch die Mißhandlung mit Brom abgeschlagen und durch Brom ersetzt worden. Das zweite Bromatom dürfte im Oxäthylrest des Hämatoporphyrins stehen und es wird sich um eine Tetramethyl-brom-bromoxäthyl-porphin-dipropionsäure handeln.

Hämoporphyrin. Hämoporphyrin wurde von WILLSTÄTTER und M. FISCHER[3] aus Hämatoporphyrin durch Reduktion mit Hilfe von konz. methylalkoholischer Kalilauge und Pyridin bei 200° erhalten. Das Porphyrin krystallisiert schön und besitzt nach den genannten Autoren die Zusammensetzung $C_{33}H_{36}O_4N_4$ oder $C_{33}H_{38}O_4N_4$. Es scheint mit Mesoporphyrin isomer zu sein. Durch Behandeln mit Bromwasserstoff-Eisessig läßt es sich nicht in Hämatoporphyrin überführen, vielmehr wird es unverändert wiedergewonnen. Durch Methylalkohol bei Gegen-wart von Chlorwasserstoff bildet es einen krystallisierenden Dimethylester. FISCHER und RÖSE erhielten aus Hämoporphyrin wenig Methyläthylmaleinimid und Hämatinsäure beim Oxydieren.

Häminoporphyrin. Läßt man flüssigen Chlorwasserstoff im zugeschmolzenen Rohr auf Hämin einwirken, so erhält man nicht das bekannte Hämatoporphyrin, sondern eine neue Verbindung, die seine Entdecker, WILLSTÄTTER und MAX FISCHER[3], als Häminoporphyrin bezeichnen. In ihren Eigenschaften ist sie dem Hämatoporphyrin außerordentlich ähnlich, in der Zusammensetzung aber ver-schieden. Der Körper entspricht der Formel $(C_{33}H_{37}O_{5,5}N_4)_2$. Er geht leicht wieder in Hämatoporphyrin über.

Hämidoporphyrin. Das Hämidoporphyrin wurde von WILLSTÄTTER und MAX FISCHER[3] gewonnen, prachtvoll krystallisiert, von Hämato- wie von Hämino-porphyrin scharf unterschieden. Es besitzt die Zusammensetzung $C_{33}H_{38}O_6N_4$ und spaltet in der Hitze leicht ein Mol Wasser ab.

Protoporphyrin. Protoporphyrin kann nach HOPPE-SEYLER bzw. LAIDLAW[4] durch direktes Eingießen von Blut in konz. Salzsäure gewonnen werden. Krystalli-siert wurde es zuerst auf biologischem Wege als KÄMMERERS Porphyrin[5] erhalten. Präparativ wird es am besten aus Hämin[6] durch Einwirkung von Ameisensäure-eisen auf Hämin gewonnen. Unsere Untersuchungen haben bewiesen, daß Protoporphyrin im wesentlichen lediglich durch Abspaltung von Eisen aus Hämin entsteht[6].

---

[1] FISCHER, H. u. KOTTER: Ber. d. dtsch. chem. Ges. Bd. 60, S. 1861 [1927].
[2] FISCHER, H. u. HUMMEL: Zeitschr. f. physiol. Chem. Bd. 175, S. 75 [1928].
[3] WILLSTÄTTER, R. u. M. FISCHER, Zeitschr. f. physiol. Chem. Bd. 87, S. 429 [1913].
[4] LAIDLAW: Journ. of physiol. Bd. 31, S. 465 [1905].
[5] FISCHER, H. u. SCHNELLER: Zeitschr. f. physiol. Chem. Bd. 130, S. 316 [1923].
[6] FISCHER, H. u. PÜTZER: Zeitschr. f. physiol. Chem. Bd. 154, S. 39 [1926].

Der krystallisierte Protoporphyrinester wurde in krystallisierten Häminester und schließlich freies Protoporphyrin in krystallisiertes Hämin zurückverwandelt[1]. Letztere Überführung hat besonders Schwierigkeiten gemacht. Näheres über das Protoporphyrin führen wir bei dem mit ihm identischen Ooporphyrin an.

Ätioporphyrin. Durch Erhitzen mit Natronkalk kann aus Hämoporphyrin[2] Kohlensäure abgespalten werden. Jedoch verläuft die Reaktion nicht glatt. Willstätter[1] hat nun beobachtet, daß in der Chlorophyllreihe[3] die *Phylline* (das sind die Magnesiumsalze der Porphyrine) ihre Carboxyle leichter verlieren als die Porphyrine, und deshalb schlug er diesen Weg auch in der Blutfarbstoffreihe ein, um die Kohlensäureabspaltung zu erzwingen. Aus dem Phyllin des Hämoporphyrins gelang es ihm, die Carboxylgruppen durch schnelles Erhitzen des Kaliumsalzes mit Natronkalk abzuspalten, und er erhielt so die sauerstoffreie Grundsubstanz, das Ätiophyllin, in Lösung. Dieses wurde durch Einwirkung von Säure in das zugehörige Ätioporphyrin übergeführt. Das Ätioporphyrin krystallisiert gut, aber nicht einheitlich. Damit ist nach Willstätter zum erstenmal ein gemeinsames hochmolekulares Abbauprodukt aus beiden Farbstoffen dargestellt worden. Wir erhielten Ätioporphyrin auch aus Mesoporphyrin. Im Mesoporphyrin sind nun sämtliche Seitenketten gesättigt, und hiernach müßte das Ätioporphyrin ein vollkommen gesättigtes Gebilde sein, während Willstätter ihm „mit einiger Wahrscheinlichkeit folgende, 31 C-Atome enthaltende Formel" zuschrieb. „Nähere Einzelheiten dieser Formel, wie die Stellung von zwei Methylen, sind willkürlich, auch könnte der Cyclobutenring in β-β'-Stellung an das Pyrrol angegliedert sein[4]."

$$
\begin{array}{c}
\text{HC---CH} \\
\text{H}_3\text{C}\cdot\text{C---CH} \quad\quad \text{C---C} \\
\text{C}_2\text{H}_5\cdot\text{C---C} \;\;\text{N} \quad \text{N}\;\; \text{C---CH} \\
\text{C---C} \\
\text{C}_2\text{H}_5\cdot\text{C===C} \quad\quad \text{C===C}\cdot\text{C}_2\text{H}_5 \\
\text{NH} \quad \text{NH} \\
\text{H}_3\text{C}\cdot\text{C===C} \quad\quad \text{C===C}\cdot\text{CH}_3 \\
\text{CH}_3 \quad\quad \text{CH}_3
\end{array}
$$

In das Ätioporphyrin läßt sich leicht Eisen einführen und Willstätter erhielt so das Ätiohämin.

Natürliche Porphyrine.

Wir kommen nunmehr zu der Besprechung der natürlichen Porphyrine, die wir in zwei Gruppen teilen — in primäre und in sekundäre Porphyrine. Unter primären verstehen wir die in der Natur vorgebildeten, unter sekundären die auf biologischem Wege künstlich erzeugten.

Primäre Porphyrine.

Uroporphyrin. Unter pathologischen Verhältnissen kommt im Harn eine beträchtliche Menge von Porphyrin vor. So isolierte Salkowski[5] 0,87 g aus

---

[1] Willstätter u. Stoll: Untersuchungen über Chlorophyll. Berlin: Julius Springer [1913.] — Willstätter, R.: Über Pflanzenfarbstoffe. Ber. 47. S. 2831 [1914].
[2] Willstätter R. u. M. Fischer, Zeitschr. f. physiol. Chem. Bd. 87, S. 429 [1913].
[3] Willstätter u. M. Fischer: Liebigs Ann. d. Chem. Bd. 400, S. 182 [1913].
[4] Willstätter u. Stoll: Ber. d. dtsch. chem. Ges. Bd. 47, S. 2861 [1914].
[5] Salkowski: Zeitschr. f. physiol. Chem. Bd. 15, S. 286 [1891].

einem Liter Harn. Auch bei Erkrankung der Schweine, im Fieberharn, bei Bleivergiftung, bei Sulfonal- und Trionalvergiftung kommt Porphyrin im Harn vor. Näheres hierüber findet man in der Zusammenfassung von GÜNTHER[1]. In krystallisiertem Zustand wurde es zuerst von HAMMARSTEN[2] beobachtet, wahrscheinlich in Form des Esters. Es ist von Wichtigkeit, die Natur dieser Porphyrine in jedem Fall einzeln festzustellen. Die spektroskopische Untersuchung ist dafür nicht ausreichend, da die Porphyrine in ihren spektroskopischen Erscheinungen außerordentlich ähnlich sind und in der Regel Gemische vorliegen. Auch ist der chemische Nachweis nach den von H. FISCHER ausgearbeiteten Methoden so einfach, daß die Darstellung im krystallisierten Zustand, wenigstens bei den bis jetzt bekannten natürlichen Porphyrinen, auch mit kleineren Mengen leicht durchführbar ist[3].

Das freie Uroporphyrin hat die Zusammensetzung $C_{40}H_{36}N_4O_{16}$, besitzt keinen Schmelzpunkt und ist in allen Lösungsmitteln außer Alkalien nahezu unlöslich. Zur Identifizierung eignet sich besonders sein Methylester $C_{48}H_{52}N_4O_{16}$. Als Porphyrin ist es erkannt durch die Tatsache der Komplexsalzbildung mit zahlreichen Metallen, unter denen Eisen und Kupfersalz besonders hervorzuheben sind. Das Eisensalz ist halogenfrei, es tritt intramolekular Salzbildung zwischen einer der 8 Carboxylgruppen und dem komplex gebundenen Eisen ein. Hierdurch ist wahrscheinlich das abnorme spektroskopische Verhalten dieses Eisensalzes bedingt[4]. Das Kupfersalz des freien Uroporphyrins ist identisch mit Turacin. Ein Abbau durch kurzdauernde Fäulnis erfolgt nicht, ebensowenig übrigens beim Hämatoporphyrin NENCKI[5]. Das Uroporphyrin wurde durch Abspaltung von vier Carboxylgruppen in Koproporphyrin übergeführt. Uroporphyrin läßt sich leicht in eine Leukoverbindung überführen, die wieder zum Farbstoff reoxydierbar ist. Die Leukoverbindung geht dabei teilweise in „Urobilin" über. Der Uroporphyrinmethylester gibt eine schön krystallisierende Leuko- und eine Tetrachlorverbindung. Die Oxydation des Uroporphyrinmethylesters ergibt eine carboxylierte Hämatinsäure, deren Bau bei den Konstitutionsfragen erörtert wird. Uroporphyrin wurde auch von ELLINGER und RIESSER[6], LÖFFLER[7], ABDERHALDEN[8], GARROD[9], VEIL und WEISS[10] in krystallisiertem Zustand erhalten, gelegentlich jedoch ein ca. 30° niedrigerer Schmelzpunkt beobachtet, vielleicht bedingt durch Gehalt an Koproporphyrinester oder Porphyrin mit anderer Carboxylgruppenzahl. Näher läge das Auftreten eines Isouroporphyrins, das sich vom normalen Blutfarbstoff ableitet; sein Nachweis wäre von größter Wichtigkeit (vgl. S. 191).

Gewinnung und Nachweis von Uroporphyrin aus Harn. Ziel der Untersuchung muß immer zunächst sein, das Porphyrin in krystallisiertem Zustand zu erhalten und durch den Schmelzpunkt des Esters zu identifizieren, wobei vorausgesetzt wird, daß es sich immer nur um Uro- bzw. Koproporphyrin handelt oder Glieder, die zwischen diesen beiden Porphyrinen liegen. Gelingt die Ab-

---

[1] GÜNTHER, H.: Ergebnisse d. allgem. Pathologie u. patholog. Anatomie der Menschen u. der Tiere. 20, I, S. 609—764; dort auch nähere Angaben über die umfangreiche Literatur.

[2] HAMMARSTEN: Skandinav. Arch. f. Physiol. Bd. 3, S. 319.

[3] FISCHER, H. u. LINDNER: Zeitschr. f. physiol. Chem. Bd. 153, S. 175 [1926].

[4] FISCHER, H. u. ANDERSAG: Liebigs Ann. d. Chem. Bd. 458, S. 127 u. 147 [1927].

[5] NENCKI: Op. omn. Bd. 2, S. 760 [1905]. — FISCHER, H.: Zeitschr. f. physiol. Chem. Bd. 96, S. 174 [1914].

[6] ELLINGER u. RIESSER: Zeitschr. f. physiol. Chem. Bd. 98, S. 1 [1916].

[7] LÖFFLER: Biochem. Zeitschr. Bd. 98, S. 105 [1919].

[8] ABDERHALDEN: Zeitschr. f. physiol. Chem. Bd. 106, S. 178 [1919].

[9] GARROD: Quart. Il. of Med. Bd. 15, Nr. 60 [1922].

[10] VEIL u. WEISS: Verhandl. d. Kongr. f. inn. Med. Wien [1923], S. 189.

scheidung des Porphyrins durch Essigsäure, so gelingt auch immer die Krystallisation. Koproporphyrin macht sich sofort bemerkbar, wenn man den mit Essigsäure versetzten Harn mit Äther ausschüttelt. Der Äther färbt sich bei Gegenwart von Koproporphyrin rosarot an und der Ätherextrakt zeigt das Porphyrinspektrum. Mißlingt die Abscheidung durch Eisessig, so führt die Fällung mit Bariumchlorid und Bariumhydroxyd, der alten Liebigschen Mischung, zur Fällung des Farbstoffes, oder man erzeugt nach Garrod[1] mit Natronlauge einen Phosphatniederschlag. Tonerde (käuflich in Pastenform) kann mit gutem Erfolg zur Adsorption der Farbstoffe benutzt werden. Ammoniak entzieht der Tonerde das Porphyrin und die Fällung mit Essigsäure wird dann in der üblichen Weise mit Methylalkohol-Chlorwasserstoff behandelt und sinngemäß auf Ester verarbeitet[2]. — Gelegentlich beobachtet man in Porphyrinharnen das Spektrum des komplexen Zinksalzes. Dies ist ziemlich sicher bedingt durch Aufnahme dieses Metalles aus den Gläsern, die zur Aufbewahrung dienen.

Das normale Harnporphyrin (Koproporphyrin) wird nach Saillet[3] durch Extraktion mit Äther nachgewiesen. Bei dem Sailletschen Verfahren kann ein eventueller Gehalt an Uroporphyrin nicht erkannt werden, da dieses in Äther absolut unlöslich ist[2]. Trocknen mit Natriumsulfat ist zu vermeiden, weil geringe Mengen von Porphyrin so quantitativ adsorbiert werden und der Beobachtung entgehen.

Kopro- und evtl. Uroporphyrin sind im normalen Harn durch Fällung mit Aluminiumhydroxyd nachweisbar[4].

Koproporphyrin. Für die Gewinnung gelten dieselben Zitate wie für das Uroporphyrin. Das Koproporphyrin ist im Kot fast ausschließlich als Leukoverbindung enthalten. Die Zusammensetzung des Koproporphyrins ist $C_{36}H_{38}N_4O_8$ Zur Charakterisierung ist auch hier der Methylester $C_{40}H_{46}N_4O_8$ von Bedeutung. Von dem Methylester wurden eine Reihe von Komplexsalzen dargestellt; unter ihnen ist besonders das Eisen- und Kupfersalz hervorzuheben; das Eisensalz, weil es ein analoges Spektrum bildet wie Hämin und in ein „Hämochromogen" überführbar ist, das Kupfersalz, weil es gekennzeichnet ist durch einen scharfen Schmelzpunkt und daher besonders geeignet für den Nachweis. Uro- und Koproporphyrin unterscheiden[4] sich vor allem in der Löslichkeit insofern, als Koproporphyrin sich in Äther relativ leicht löst, besonders bei Gegenwart von Essigsäure, wie die meisten Porphyrine. Koproporphyrin ist kolloidal in Wasser löslich. Es gibt eine Tetrachlor- und eine Tetrabromverbindung. Die Oxydation ergibt Hämatinsäure, die Reduktion relativ viel Hämopyrrolcarbonsäure. Die Aufspaltung mit Kaliummethylat liefert Phyllopyrrolcarbonsäure und im basischen Anteil eine nicht näher identifizierte, schön krystallisierte Substanz. Außer den eben geschilderten Porphyrinen hat Verfasser aus dem Harn des Patienten Petry ein Porphyrin mit fünf Carboxylgruppen isoliert.

Isolierung des Koproporphyrins aus Stuhl[5]. Entfernung des störenden Fettes, Urobilins, Cholesterins, Koprosterins durch Alkoholäther nach H. Fischer. Aceton nach Snapper tut den gleichen Dienst. Weitere Verarbeitung zur Reingewinnung nach H. Fischer. Diese Methode führt mit Sicherheit zu einem

---

[1] Garrod: Inborn Errors of Metabolisme, II. Aufl. London [1923].

[2] Fischer, H.: Neuere Methoden der Isolierung u. des Nachweises von Porphyrinen. Abderhaldens Handbuch der biologischen Arbeitsmethoden, November 1926; ferner Zeitschr. f. physiol. Chem. Bd. 132, S. 15 [1923]; Bd. 137, S. 228 [1924].

[3] Saillet: Rev. de méd. Bd. 16, S. 542 [1896]; vgl. auch Schumm: Die spektrochemische Analyse natürlicher organischer Farbstoffe. Jena [1927]; 156.

[4] Fischer, H.: Zeitschr. f. physiol. Chem. Bd. 96, S. 170 [1915].

[5] Fischer, H.: Neuere Methoden d. Isolierung u. d. Nachweises von Porphyrinen. Abderhaldens Handb. d. biolog. Arbeitsmethoden. November [1926].

krystallisierten Präparat, wenn genügend Porphyrin vorhanden ist und Koproporphyrin vorliegt.

Aus pathologischem Harn kann das Koproporphyrin nach H. FISCHER durch Extraktion mit Äther isoliert werden. So wurde es auch aus dem Harne Petrys zuerst rein dargestellt. Neuerdings hat es sich als bequemer erwiesen, das rohe, mit Essigsäure abgeschiedene Porphyrin direkt mit heißem Eisessig auszuziehen. Das Uroporphyrin bleibt zurück, aus dem heißen Eisessig krystallisiert dann das Koproporphyrin in Nadeln aus.

Auch aus Hefe ist Koproporphyrin in reinem krystallisiertem Zustand isoliert worden[1]. Am bequemsten ist es durch Synthese zugänglich.

Turacin (Kupfersalz des Uroporphyrins). Aus den Federn einer Reihe von Helmvögeln ist von CHURCH ein kupferhaltiger Farbstoff, das Turacin, isoliert und analysiert worden. Die Analysen von CHURCH stimmen ausgezeichnet auf das Kupfersalz des von H. FISCHER „synthetisch" erhaltenen Kupfersalzes des Uroporphyrins. H. FISCHER und HILGER haben dann aus Turacin mit Natriumamalgam das komplex gebundene Kupfer eliminiert und die entstandene Leukoverbindung durch Luftoxydation und Veresterung in den krystallisierten Uroporphyrinester übergeführt. Turacin ist somit das Kupfersalz des Uroporphyrins[2].

Zusammenhang zwischen Uro- und Koproporphyrin. Uro- und Koproporphyrin stehen in nahem konstitutionellen Zusammenhang, denn es ist nach verschiedenen Methoden gelungen, Uroporphyrin zu Koproporphyrin abzubauen[3]. Bei der Oxydation gibt Uroporphyrin die carboxylierte Hämatinsäure folgender Konstitution:

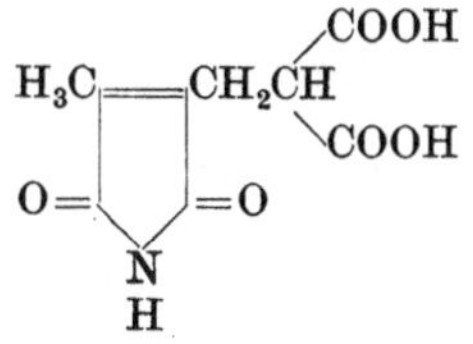

$$\text{H}_3\text{C} {=\!=} \text{CH}_2\text{CH} \Big\langle {\text{COOH} \atop \text{COOH}}$$
$$\text{O} = = \text{O}$$
$$\underset{\text{H}}{\text{N}}$$

während Koproporphyrin nur Hämatinsäure ergab. Die Reduktion des Koproporphyrins ergab Hämopyrrolcarbonsäure; die Basenfraktion war negativ, nicht einmal die für den Nachweis trisubstituierter Pyrrole so ungemein empfindliche EHRLICHsche Reaktion mit Dimethylamidobenzaldehyd war positiv. Die beste Erklärung für diese Befunde ist die, daß im Uro- und Koproporphyrin keine basischen Pyrrolkerne enthalten sind, sondern nur saure, mithin beide Farbstoffe je vier saure Pyrrolkerne enthalten. Der Beweis hierfür wurde durch Abbau zum Ätioporphyrin erbracht[4] — ein Befund, der für die Konstitution des Koproporphyrins wie Ätioporphyrins von großer Wichtigkeit war.

Ooporphyrin. Ein viertes natürliches Porphyrin wurde durch eine Untersuchung mit KÖGL in krystallisiertem Zustand isoliert. Es war bekannt, daß die Mehrzahl der Eierschalen der im Freien brütenden Vögel gefleckt ist und Pigmente enthalten, die von WICKE, SORBY, LIEBERMANN, KRUKENBERG, WICKMANN und GIERSBERG untersucht wurden. Insbesondere LIEBERMANN hat sich mit den Eierschalenfarbstoffen etwas eingehender beschäftigt und nach den Abbildungen seiner spektroskopischen Befunde[5] konnte es keinem Zweifel

---

[1] FISCHER, H. u. SCHNELLER: Zeitschr. f. physiol. Chem. Bd. 135, S. 253 [1924]. — FISCHER, H. u. HILGER: Ebenda Bd. 138, S. 49. u. 288 [1924]. — FISCHER, H. u. FINK: Ebenda Bd. 144, S. 102 [1925]. — FISCHER, H. u. SCHWERDTEL: Ebenda Bd. 159, S. 120 [1926].
[2] FISCHER, H. u. HILGER: Zeitschr. f. physiol. Chem. Bd. 138, S. 49 [1924].
[3] FISCHER, H.: Zeitschr. f. physiol. Chem. Bd. 97, S. 115 [1916]; Bd. 149, S. 65 [1925].
[4] FISCHER, H. u. HILGER: Zeitschr. f. physiol. Chem. Bd. 140, S. 231 [1924].
[5] LIEBERMANN: Ber. d. dtsch. chem. Ges. Bd. 11, S. 605 [1878].

unterliegen, daß dieser Farbstoff der Porphyrinreihe angehören würde. Es gelang uns bald, das Ooporphyrin[1], wie wir den Farbstoff nannten, als Ester krystallisiert abzuscheiden und Eisen komplex einzuführen. Weiterhin wurde Ooporphyrinester in Mesoporphyrin übergeführt und so die nahe Verwandtschaft zum Hämin festgelegt. Diese Untersuchung wurde weiter bestätigt durch den Identitätsbeweis des Ooporphyrinesters mit dem Ester von Kämmerers Porphyrin, einem sekundären natürlichen, bei Blutfäulnis entstehenden Porphyrin, das weiter unten besprochen wird. Auch das Eisenkomplexsalz von Kämmerers Porphyrin stimmte mit dem Eisenkomplexsalz des Ooporphyrinesters überein. Derselbe Identitätsbeweis wurde auch für den von A. Papendieck[2] aus Schwefelwasserstoffblut mit konz. Salzsäure erhaltenen Ester geführt, wodurch auch dessen Stellung zum Hämin zum erstenmal bewiesen war. Die Untersuchung wurde dann später mit F. Lindner und R. Müller[3] weiter fortgesetzt und die erhaltenen Resultate bestätigt und vertieft. Ooporphyrin wurde auch als freie Säure analysiert und es gelang, seine Partialsynthese durchzuführen, ausgehend von Hämatoporphyrin, das durch Abspaltung von genau 2 Mol. Wasser in Ooporphyrin übergeführt wurde. Die analoge Reaktion gelang auch mit Tetramethylhämatoporphyrin, das durch Abspaltung von 2 Mol. Methylalkohol in den Ester des Ooporphyrins überging. Die obenerwähnten isomeren Ester des Tetramethylhämatoporphyrins geben alle den gleichen Ooporphyrinester.

Umgekehrt gelang es auch Ooporphyrin in Tetramethylhämatoporphyrin überzuführen und weiterhin die Identität des Ooporphyrinesterhämins mit Häminester[3] festzustellen. Folgende Tabelle gibt diese Verhältnisse wieder:

$$\text{Mesoporphyrin}$$
$$\uparrow$$
$$\text{Tetramethylhämatoporphyrin} \rightleftharpoons \text{Ooporphyrinester} \rightleftharpoons \text{Hämatoporphyrin}$$
$$\Updownarrow$$
$$\text{Häminester.}$$

Diese Feststellungen sind auch für die Konstitutionsauffassung der ungesättigten Seitenketten des Hämins und Protoporphyrins von Wichtigkeit. Aus den oben angeführten Gründen müssen wir im Hämatoporphyrin neben vier Methylgruppen, zwei Propionsäureresten und einem Oxäthylrest eine ungesättigte hydroxylierte Seitenkette annehmen; es dürfte also zwei Wasserstoffatome weniger enthalten als Mesoporphyrin. Da Ätioporphyrin auf Grund des analytischen Abbaues und der Synthese (vgl. hierüber die späteren Ausführungen auf S. 187) 38 H-Atome besitzt, so muß Hämatoporphyrin mit $C_{34}H_{36}N_4O_6$ festgelegt werden. Ooporphyrin bzw. Protoporphyrin hat dann die Formel $C_{34}H_{32}N_4O_6$ und Hämin $C_{34}H_{30}N_4O_4FeCl$. Wenn im Hämatoporphyrin ein Oxäthyl- und ein Oxyvinylrest angenommen wird, muß im Protoporphyrin eine Acetylen- und eine Vinylgruppe enthalten sein. Ob im Hämin selbst eine freie Acetylen- und eine Vinylgruppe formuliert werden muß, bleibt dahingestellt.

Wir beginnen nunmehr mit der Besprechung der sekundären natürlichen Porphyrine.

Kämmerers Porphyrin = Protoporphyrin. Kämmerer[4] fand unter dem Einfluß eines bestimmten Bakteriensynergismus Porphyrinbildung aus Blutfarbstoff

---

[1] Fischer, H. u. Kögl: Zeitschr. f. physiol. Chem. Bd. 131, S. 241 [1923]; Bd. 138, S. 262 [1924]. — Fischer, H. u. Lindner: Ebenda Bd. 142, S. 142 [1925].

[2] Papendieck, A.: Zeitschr. f. physiol. Chem. Bd. 134, S. 158 [1924].

[3] Fischer, H. u. F. Lindner: Zeitschr. f. physiol. Chem. Bd. 142, S. 146 [1925]. — Fischer, H. u. R. Müller: Ebenda Bd. 142, S. 156 [1925].

[4] Kämmerer: Dtsch. Arch. f. klin. Med. Bd. 145, S. 257 [1924].

und ebenso wird bei der Autolyse[1] des Fleisches in Bestätigung der Untersuchungen von HOAGLAND[2] Porphyrin gebildet. Bei der Fleischfäulnis entstehen mindestens zwei verschiedene Porphyrine, wie mit SCHNELLER[4] gefunden wurde. Von KÄMMERER wurden uns des öfteren stark porphyrinhaltige Blutbakterienkulturen zur Verfügung gestellt und es gelang uns bald, das Porphyrin in krystallisiertem Zustand zu isolieren[3].

Mit LINDNER[4] gelang dann auch die Darstellung des Kämmerer-Porphyrins in zur Elementaranalyse ausreichender Menge, und es bestätigte sich durchaus, daß Kämmerer-Porphyrin mit Protoporphyrin bzw. Ooporphyrin identisch ist. Bei kurzdauernder Fäulnis wird also aus dem Blutfarbstoff im wesentlichen lediglich das komplex gebundene Eisen abgespalten, wenn man mit dem Synergismus von Fäulnisbakterien arbeitet nach den Vorschriften von KÄMMERER. Interessanterweise entsteht Protoporphyrin auch bei reiner steriler Autolyse von Fleisch. Daß Porphyrin hierbei entsteht, wurde zuerst von HOAGLAND gezeigt, von uns dann bestätigt und durch spektroskopische Messung KÄMMERERS Porphyrin in hohem Maße wahrscheinlich gemacht. Durch Krystallisation und Analyse ist die Identität noch nicht bewiesen.

Deuteroporphyrin[5]. Läßt mah Blut unter ständigem Versetzen mit Soda zur schwach alkalischen Reaktion monatelang faulen, so entsteht nur wenig Porphyrin. Dagegen verschiebt sich in herausgenommenen Proben das Hämochromogenspektrum auf ca. 545, und nach MÖRNERS Methode kann man leicht das neue Hämin in krystallisiertem Zustand isolieren. Nach der Elementaranalyse besitzt es die Zusammensetzung $C_{30}H_{28}O_4N_4FeCl$. Als Ester krystallisiert es gut. Durch Abspaltung des komplexgebundenen Eisens wird das freie, schön krystallisierende Porphyrin gewonnen von der Zusammensetzung $C_{30}H_{30}O_4N_4$. Auch der Ester krystallisiert gut, schmilzt bei 218°, ist ein Dimethylester und gibt gut krystallisierende Komplexsalze. Beim oxydativen Abbau wurde Citraconimid und Hämatinsäure erhalten. Hieraus und aus den Resultaten der Elementaranalyse ergibt sich, daß die beiden ungesättigten Seitenketten des Hämins bei der lange dauernden Fäulnis abgebaut worden sein müssen. Deuteroporphyrin besitzt also zwei freie Methingruppen in β-Stellung. Über welche Zwischenprodukte der Abbau sich vollzieht, ist noch nicht bekannt; für biologische und synthetische Versuche bietet sich hier noch ein weites Feld.

Auf rein chemischem Wege ist es bis jetzt nicht gelungen, im Hämin oder Protoporphyrin beide ungesättigten Seitenketten zu entfernen, dagegen wird bei der Einwirkung von Brom auf Hämatoporphyrin eine ungesättigte Seitenkette abgeschlagen und durch Brom ersetzt.

Die Konstitutionsauffassung des Deuteroporphyrins wurde weiter sichergestellt durch Überführung in Dibromdeuteroporphyrin, das beim Abbau neben Hämatinsäure Bromcitraconimid gibt.

Xanthoporphinogene. Oxydiert man Porphyrine in Chloroformlösung mit Hilfe von Bleidioxyd und wenig Eisessig, so verschwindet binnen kurzem die spektroskopische Erscheinung der Porphyrine völlig und man kann schön krystallisierte gelbe Körper isolieren, die Sauerstoff aufgenommen haben und äußerlich dem Gallenfarbstoff außerordentlich ähnlich sehen. Zum Gallenfarbstoff haben sie keine direkten Beziehungen. Die Reaktionen des Gallenfarbstoffs

---

[1] FISCHER, H., KÄMMERER u. KÜHNER: Zeitschr. f. physiol. Chem. Bd. 139, S. 108 [1924].
[2] HOAGLAND: Chem. Centralbl. [1917], I, S. 76.
[3] SCHNELLER: Münch. med. Wochenschr. [1923], S. 1143. — FISCHER, H. u. SCHNELLER: Zeitschr. f. physiol. Chem. Bd. 135, S. 268 [1923].
[4] FISCHER, H. u. LINDNER: Zeitschr. f. physiol. Chem. Bd. 161, S. 18 [1926].
[5] FISCHER, H. u. LINDNER: Zeitschr. f. physiol. Chem. Bd. 161, S. 18 [1926].

erfüllen sie nicht, und charakteristisch für sie ist die leichte Rückverwandlung in Porphyrin; durch Natriumamalgam bei essigsaurer Reaktion geben sie ihren Sauerstoff wieder ab und gehen in das ursprüngliche Porphyrin über. Genauer untersucht ist bis jetzt das Xanthoporphinogen des Ätioporphyrins und des Mesoporphyrins, die beide gut krystallisieren und nach der Analyse vier Sauerstoffatome aufgenommen haben. Näheres ist aus der Originalmitteilung zu entnehmen[1].

Über die Konstitution der Porphyrine und des Hämins. Wir beginnen mit der Diskussion auf Grund der analytischen Ergebnisse. Willstätters Ätioporphyrin ist von besonderem Interesse, alle Porphyrine sind von diesem ableitbar und die Festlegung seiner Konstitution ist wichtig. Auf Grund seiner Entstehung aus Mesoporphyrin und besonders Uroporphyrin bzw. Koproporphyrin ist es in bezug auf seine Substituenten ein vollkommen gesättigtes System, denn in diesen beiden natürlichen Porphyrinen können unmöglich ungesättigte Seitenketten vorhanden sein, weil die Oxydation nur Hämatinsäure bzw. carboxylierte Hämatinsäure einerseits gibt, andererseits es nicht gelingt, in Uroporphyrin durch Natriumamalgam oder katalytische Reduktion Wasserstoff in die Seitenketten einzuführen. Bei letzteren Prozessen entstehen zwar die Leukoverbindungen, sie sind aber zu den ursprünglichen Porphyrinen reoxydierbar.

Mesoporphyrin ist demgemäß ein zweifach carboxyliertes, Koproporphyrin ein vierfach und Uroporphyrin ein achtfach carboxyliertes Ätioporphyrin. Beim Uroporphyrin ist die Malonsäurestellung der Carboxylgruppen auf Grund der analytischen Untersuchung nicht bewiesen, jedoch sehr wahrscheinlich. Protoporphyrin ist ein zweifach carboxyliertes Ätioporphyrin mit zwei ungesättigten Seitenketten, die durch die Formel C_4H_4 auszudrücken sind, wahrscheinlich durch eine Vinyl- und eine Acetylengruppe. Durch Addition von 2 Mol Wasser an diese ungesättigten Seitenketten entsteht das Hämatoporphyrin. Bei der lange dauernden Fäulnis des Hämins werden beide ungesättigten Seitenketten (C_4H_4) abgespalten und wir erhalten Deuteroporphyrin mit zwei freien Methingruppen. Dies wird bewiesen durch die Bromierung, die Dibromdeuteroporphyrin ergibt. Im Hämatoporphyrin ist wahrscheinlich ein Oxyvinyl- und ein Oxäthylrest enthalten. Durch Einwirkung von Brom wird der Oxyvinylrest abgesprengt, Brom tritt an die Stelle, im Oxäthylrest tritt ein Bromatom ein (Bromporphyrin I).

Außer den bereits angeführten Porphyrinen sind wichtig Willstätters Hämo-, Hämino- und Hämidoporphyrin, deren Stellung zum Ätioporphyrin noch nicht genau feststeht.

Über die Struktur des Kernsystems (Porphinkerns) gehen die Ansichten auseinander. Willstätter hielt ein Tetrapyrryläthylen für wahrscheinlich, während Küster vier Methingruppen für die Verknüpfung der Pyrrolkerne formuliert. Was die Anordnung der Seitenketten im Kern anlangt, zieht Küster aus seinen Oxydationsversuchen beim Tetramethylhämatoporphyrin einerseits, dem Dibromhämatoporphyrindimethyläther andererseits den Schluß der Nachbarstellung der beiden ungesättigten Gruppen im Hämin, die durch C-C-Bindungen miteinander verbunden sein sollen.

Synthetische Ergebnisse.

Definitive Konstitutionsbeweise können nur auf Grund von Synthesen geführt werden. In neuerer Zeit sind dem Referenten mit seinen Mitarbeitern Klarer, Halbig, Walach, Sturm, Treibs, Heisel und Stangler zahlreiche

---

[1] Fischer, H. u. Treibs: Liebigs Ann. d. Chem. Bd. 457, S. 209 [1927].

Porphyrinsynthesen[1] geglückt. Auf Grund dieser Synthesen in Übereinstimmung mit der Theorie gibt es vier verschiedene Ätioporphyrine, die durch folgende Formeln wiederzugeben sind:

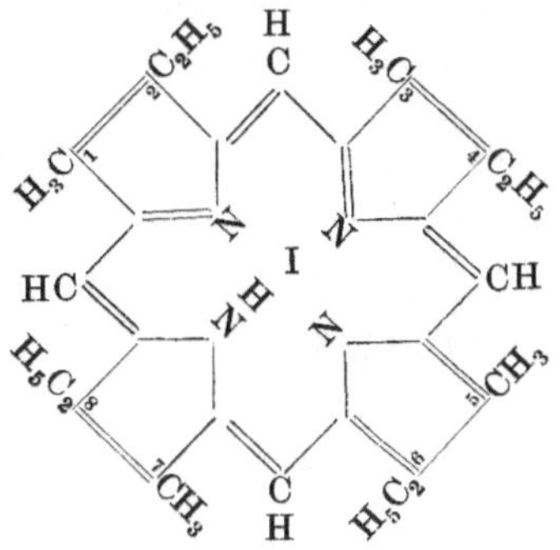

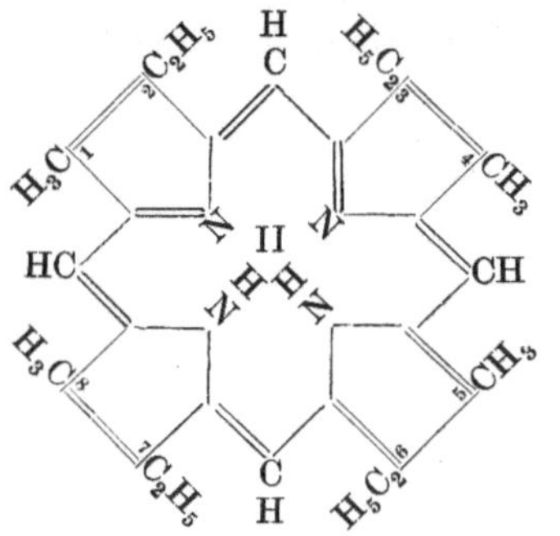

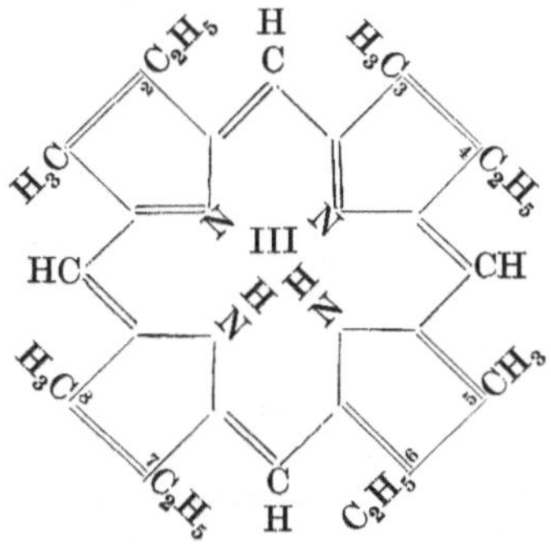

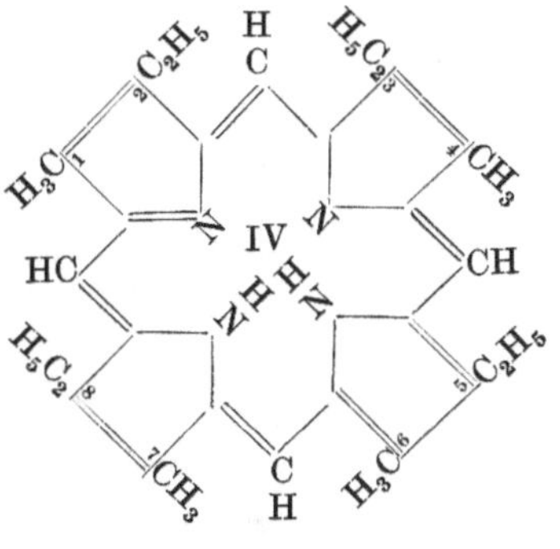

und welche sämtlich als wohlcharakterisierte chemische Individuen vorliegen und jeweilig nach zwei verschiedenen Methoden synthetisiert sind.

Die Ätioporphyrine tragen also vier Methyl- und vier Äthylgruppen, sind in bezug auf die Seitenketten vollkommen gesättigte Verbindungen und haben die Formel $C_{32}H_{38}N_4$.

Mesoporphyrine leiten sich vom Ätioporphyrin ab dadurch, daß in zwei Äthylgruppen je ein Wasserstoffatom durch Carboxyl ersetzt ist. Demgemäß sind 15 verschiedene Mesoporphyrine theoretisch denkbar, die zum Teil synthetisiert sind.

Koproporphyrin leitet sich vom Ätioporphyrin ab durch Ersatz von je einem Wasserstoffatom in vier Äthylgruppen durch Carboxyl. Demgemäß existieren vier isomere Koproporphyrine und ebenso vier Uroporphyrine.

---

[1] FISCHER, H. u. J. KLARER: Liebigs Ann. d. Chem. Bd. 448, S. 178 [1926]. — FISCHER, H. u. P. HALBIG: Ebenda Bd. 448, S. 193 [1926]. — FISCHER, H. u. A. TREIBS: Ebenda Bd. 450, S. 132 [1926]. — FISCHER, H. u. P. HALBIG: Ebenda Bd. 450, S. 151 [1926]. — FISCHER, H. u. F. LINDNER: Zeitschr. f. physiol. Chem. Bd. 161, S. 1 [1926]. — FISCHER, H. u. B. WALACH: Liebigs Ann. d. Chem. Bd. 450, S. 164 [1926]. — FISCHER, H. u. J. KLARER: Ebenda Bd. 450, S. 181 [1926]. — FISCHER, H. u. H. ANDERSAG: Ebenda Bd. 450, S. 201 [1926]. — FISCHER, H. u. P. HALBIG u. B. WALACH: Ebenda Bd. 452, S. 268 [1927]. — FISCHER, H. u. P. HEISEL: Ebenda Bd. 457, S. 83 [1927]. — FISCHER, H. u. A. TREIBS: Ebenda Bd. 457, S. 209 [1927]. — FISCHER, H. u. H. ANDERSAG: Ebenda Bd. 458, S. 117 [1927]. — FISCHER, H. u. G. STANGLER: Ebenda Bd. 459, S. 53 [1927].

Was die Nomenklatur anlangt, so nennen wir das Ringsystem, das den Porphyrinen zugrunde liegt, unter Weglassung der β-Substituenten, Porphinkern. Die Numerierung der β-Substituenten erfolgt dann im Sinne des Uhrzeigers mit 1 bis 8 mit Beginn bei einer Methylgruppe.

Ätioporphyrin I liegt dem Kopro- und Uroporphyrin zugrunde und diesen beiden Porphyrinen kommen demgemäß folgende Formulierungen zu:

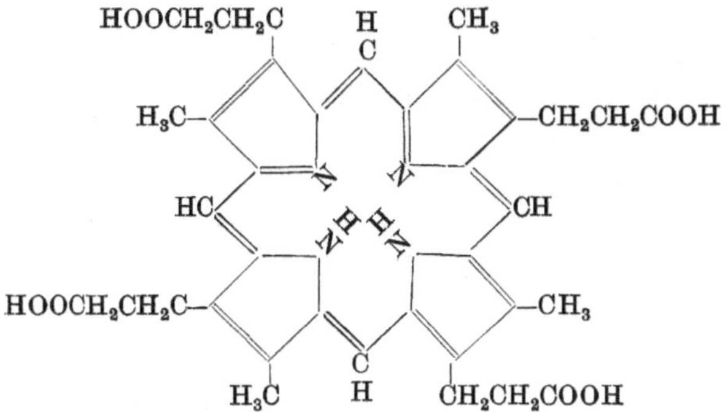

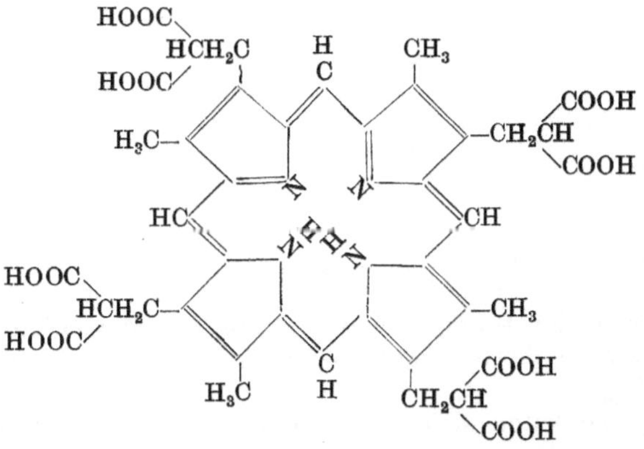

Koproporphyrin wurde mit Andersag[1] gewonnen, dieses Porphyrin ist nun durch die Synthese wie die drei übrigen isomeren Koproporphyrine bequem zugänglich. Alle vier sind spektroskopisch identisch, geben schwerlösliche Chlorhydrate, unterscheiden sich aber scharf durch den Schmelzpunkt der Ester[2].

Uroporphyrin ist noch nicht synthetisiert, jedoch wurde ein mit Uroporphyrin isomeres Porphyrin, nämlich Isouroporphyrin, mit Heisel aufgebaut, das in seinen Eigenschaften, auch in biologischen, die größte Ähnlichkeit mit Uro-

---

[1] Fischer, H. u. H. Andersag: Liebigs Ann. d. Chem. Bd. 450, S. 201 [1926]; Bd. 458, S. 117 [1927].
[2] Die Schmelzpunkte sind: I 251°, II 287°, III 135°, IV 168°.

porphyrin zeigt, bemerkenswerterweise spektroskopisch nicht identisch mit ihm ist.

Isouroporphyrin unterscheidet sich lediglich durch die Stellung der β-Substituenten. Ihm kommt folgende Formulierung zu:

Es leitet sich also vom Ätioporphyrin II ab. Die Synthese der drei übrigen „Uroporphyrine" ist in Angriff genommen.

Von den Porphyrinen, die sich vom Blutfarbstoff ableiten, konnte mit STANGLER[1] Mesoporphyrin synthetisiert werden. Dem Mesoporphyrin, das sich vom Blutfarbstoff ableitet, kommt auf Grund der Synthese folgende Konstitution zu:

Es ist also ein 1,3,5,8-Tetramethyl-2,4-diäthyl-6,7-dipropionsäureporphin und leitet sich vom Ätioporphyrin III ab.

Für das Hämin gilt natürlich die gleiche Anordnung der Seitenketten, denn der Übergang von Hämin in Mesohämin läßt sich sogar durch katalytische Reduktion durchführen und es ist ausgeschlossen, daß unter so milden Bedingungen eine Umlagerung der Seitenketten erfolgt.

---

[1] FISCHER, H. u. G. STANGLER: Liebigs Ann. d. Chem. Bd. 459, S. 53 [1927].

Das dem Hämin zugrunde liegende Protoporphyrin ist wie folgt zu formulieren:

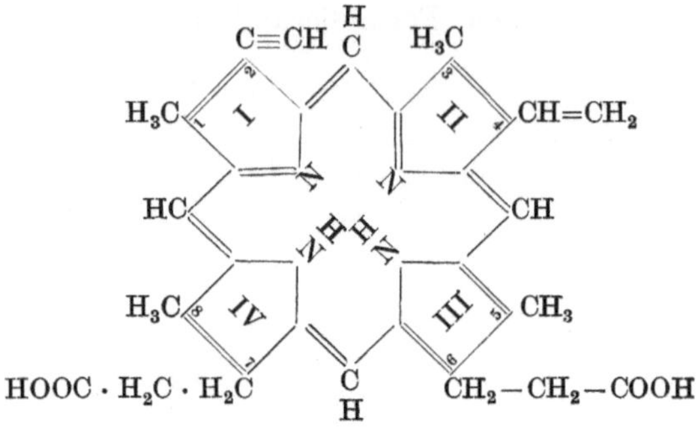

wobei die Stellung der Acetylen- und Vinylgruppe in 2 und 4 auch umgekehrt sein kann dergestalt, daß die Vinylgruppe in 2 steht und die Acetylengruppe in 4. Hierüber muß die Synthese entscheiden. Hämin, Hämatoporphyrin und Deuteroporphyrin sind dann in folgender Weise zu formulieren, wobei nur noch Einzelheiten beim Hämin und Hämatoporphyrin unsicher sind.

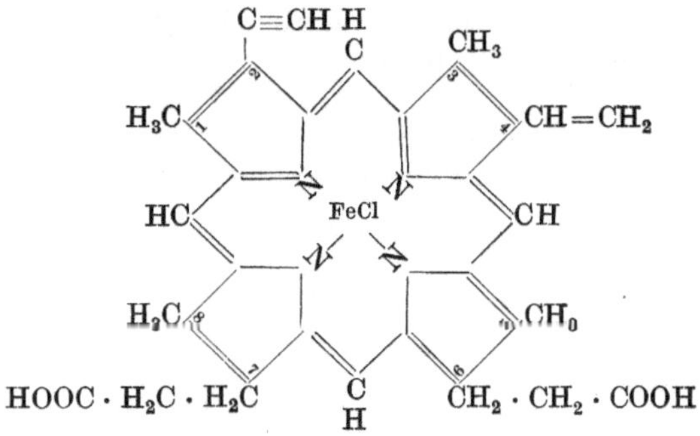

Hämin

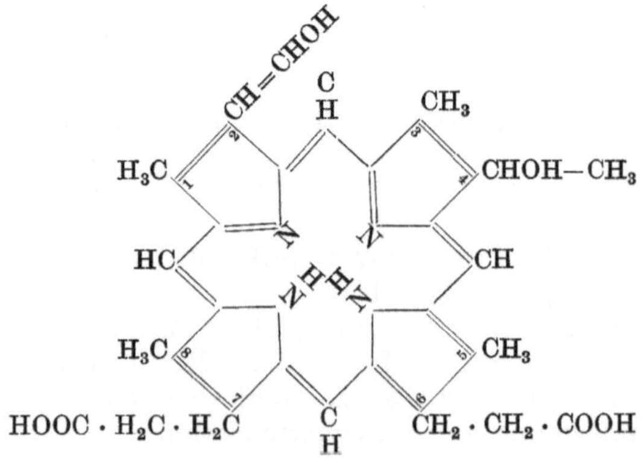

Hämatoporphyrin

Deuteroporphyrin

Auf Grund der gewonnenen Ergebnisse leitet sich der Blutfarbstoff vom Ätioporphyrin III ab, das Kopro- und Uroporphyrin dagegen von der Formel I. Es ist also nunmehr auch durch die chemische Untersuchung der Dualismus der Porphyrine mit Sicherheit bewiesen. Ob der Dualismus der Hämine besteht, ist nicht bewiesen, wie oft hervorgehoben wurde[1], und wir haben zahlreiche Beobachtungen veröffentlicht, die gegen die Existenz des Dualismus der Hämine angeführt werden können. Nachdem jedoch Koproporphyrin durch unsere Untersuchungen im Pflanzenorganismus, in der Hefe, nachgewiesen ist und Koprohämin scheinbar in der Natur nicht vorkommt, ist Koproporphyrin vielleicht entwicklungsgeschichtlich das ältere. Man kann annehmen, daß die Synthese des Blutfarbstoffs über die Porphyrine läuft und in der Koproreihe die Einführung des Eisens nicht mehr vollzogen wird.

Von großem Interesse ist natürlich die Frage, ob Kopro- und Uroporphyrin, die sich von Ätioporphyrin III ableiten, in der Natur vorkommen oder nicht. Auf Grund der bisherigen Experimentaluntersuchungen läßt sich ein Urteil nicht fällen, da zumeist der Nachweis der Porphyrine im Harn und Kot leider nur spektroskopisch erfolgt und die isomeren Koproporphyrine nach den bisherigen Untersuchungen miteinander spektroskopisch identisch sind. Im Schmelzpunkt der Ester ist jedoch zwischen den einzelnen Porphyrinen ein großer Unterschied; das dem Ätioporphyrin III entsprechende Koproporphyrin haben wir synthetisch bereitet, sein Ester schmilzt bei 137°, und ein Gemisch von reinem Koproester (90%) mit diesem Koproester (10%) ist in der Tat außerordentlich schwer trennbar und der Schmelzpunkt ist auch durch häufiges Umkrystallisieren nicht über 240° zu bringen — ein Verhalten, das man auch öfters beim natürlichen Koproporphyrinester beobachtet. Auch sind die Befunde von ELLINGER und RIESSER[2] bei einer Trionalvergiftung besonders hervorzuheben. Sie isolierten einen krystallisierten Ester, der nach der Analyse auf Uroporphyrinester stimmte, dessen Schmelzpunkt aber bei 255 bis 257° lag. Die Synthese des dem Hämin entsprechenden Uroporphryins ist noch nicht durchgeführt. Da sich aber der Abbau des Uroporphyrins zum Koproporphyrin leicht vollziehen läßt, so wäre auf diesem Wege auch jetzt schon leicht eine Entscheidung möglich. Auf das etwaige Vorkommen isomerer Uro- bzw. Koproporphyrine in der Natur muß besonders geachtet werden. Der Nachweis ist natürlich nur durch Isolierung in Substanz möglich.

---

[1] FISCHER, H.: Strahlentherapie Bd. 18, S. 192 [1924]; Zeitschr. f. physiol. Chem. Bd. 153, S. 181 u. 182. [1926]. — FISCHER, H., HILMER, LINDNER u. PÜTZER: Ebenda Bd. 150, S. 53. [1925]; vgl. auch Ber. d. dtsch. chem. Ges. Bd. 60, S. 2629 [1927].

[2] ELLINGER u. RIESSER: Zeitschr. f. physiol. Chem. Bd. 98, S. 8 [1916].

Chlorophyll. Über Chlorophyll kann naturgemäß hier nur eine ganz kurze Übersicht gegeben werden und wir verweisen für genaue Unterrichtung auf das Buch von Willstätter und Stoll „Untersuchungen über Chlorophyll"[1].

In krystallisiertem Zustande ist das Chlorophyll noch nicht isoliert worden. Borodin[2] und Monte Verde[3] haben „krystallisiertes" Chlorophyll im mikroskopischen Präparat bei der Behandlung von Blattschnitten mit Methylalkohol und Austrocknen im Jahre 1881 zuerst beobachtet. Im Jahre 1907 haben Willstätter und Benz[4], das Verfahren der Autoren in großem Maßstab übersetzend, Chlorophyll krystallisiert dargestellt. Es hat sich dann herausgestellt, daß das so gewonnene Chlorophyll nicht mehr den intakten Blattfarbstoff darstellt, sondern daß durch die Tätigkeit eines Fermentes, der von Willstätter und Utzinger[5] entdeckten Chlorophyllase, der ursprüngliche Farbstoff eine Spaltung erfährt dergestalt, daß an die Stelle eines hochmolekularen Alkohols, des Phytols, der als Lösungsmittel verwendete Alkohol eintritt. Um dieser Tatsache Rechnung zu tragen, nennt Willstätter, z. B. bei Anwendung von Äthylalkohol als Lösungsmittel, das abgeschiedene Präparat „Äthylchlorophyllid", bei Anwendung von Methylalkohol „Methylchlorophyllid". Diese Chlorophyllide sind noch nicht einheitlich, sondern sie bestehen aus zwei Komponenten A und B. Sie bilden Mischkrystalle im Verhältnis $A:B = 2,5:1$. Nach der Elementaranalyse hat

$$\text{Chlorophyllid } A \text{ die Zusammensetzung } C_{37}H_{39}O\, 5^1/_2\ N_4Mg$$
$$\text{Chlorophyllid } B \text{ die Zusammensetzung } C_{37}H_{37}O\, 6^1/_2\ N_4Mg$$

Eine weitere Komplikation ist dadurch gegeben, daß das Äthylchlorophyllid nicht nur mit Äthylalkohol, sondern auch mit Methylalkohol verestert ist, wie bei der Zeiselbestimmung erkannt wurde.

Es hat sich herausgestellt, daß beim Erhitzen mit Jodwasserstoffsäure Jodäthyl und Jodmethyl in molekularen Verhältnissen abgespalten werden, und demgemäß hat die unveresterte Carbonsäure des Chlorophyllid 3 Kohlenstoffatome weniger, also 34 Kohlenstoffatome. Da im Chlorophyllid nach Willstätters Untersuchungen 3 Carboxylgruppen enthalten sind, besitzt auch das Ätiophyllin 31 C-Atome. Wie aus den bisherigen Ausführungen schon hervorgeht, ist das Chlorophyll magnesiumhaltig im Gegensatz zu den Angaben älterer Autoren, die Eisen in Chlorophyll angenommen haben. Die bisher erwähnten krystallisierten Körper stellten sich als Kunstprodukte heraus, indem, wie erwähnt, ein hochmolekularer ungesättigter Alkohol, das Phytol, $C_{20}H_{39}OH$, abgespalten und durch den Alkohol, der als Lösungsmittel dient, ersetzt wird. Näheres über das Phytol s. R. Willstätter, O. Schublitz und E. W. Mayer[6]. Durch Vermeiden von Alkohol, z. B. durch Verwendung von 80- bis 85proz. Aceton, erhält man den Blattfarbstoff intakt, und es hat sich herausgestellt, daß auch der so erhaltene Blattfarbstoff nicht einheitlich ist, sondern aus zwei Komponenten besteht.

Von Stokes ist dies zuerst aus spektrochemischen Gründen ausgesprochen worden[7] und Tswett[8] hat die Ansicht von Stokes bestätigt, indem es ihm gelang,

---

[1] Willstätter u. Stoll: Untersuchungen über Chlorophyll. Berlin: Julius Springer [1913]. — Willstätter, R.: Über Pflanzenfarbstoffe. Ber. 47, S. 2831.

[2] Borodin: Botan. Ztg. Bd. 40, S. 608 [1882].

[3] Monte Verde: Acta Horti Petropolitani Bd. 13, Nr. 9, S. 123 [1893].

[4] Willstätter u. Benz: Liebigs Ann. d. Chem. Bd. 358, S. 277 [1907].

[5] Willstätter u. Utzinger: Liebigs Ann. d. Chem. Bd. 382, S. 142 [1911].

[6] Willstätter, R., O. Schublitz u. E. W. Mayer: Liebigs Ann. d. Chem. Bd. 418, S. 121 [1919]; Ber. d. dtsch. chem. Ges. Bd. 47, S. 2839 [1914].

[7] Stokes: Proc. of the roy. soc. of London Bd. 13, S. 144 [1864].

[8] Tswett: Ber. d. dtsch. botan. Ges. Bd. 24, S. 316 u. 385 [1906].

durch die „chromatographische Adsorptionsanalyse" den Beweis für die Dualität des Chlorophylls zu erbringen. TSWETT filtrierte seine Lösungen durch reines Calciumcarbonat: die beiden Komponenten des Chlorophylls werden dann aus den mit dem Messer zerteilten Schichten für sich mit einem geeigneten Lösungsmittel ausgezogen. Die Methode ist jedoch nur für kleine Mengen brauchbar, und es ist das Verdienst WILLSTÄTTERS[1], durch fraktioniertes Verteilen der Substanz zwischen Methylalkohol und Petroläther eine glatte Trennung der beiden Chlorophyllkomponenten durchgeführt zu haben, so wie die chemische Untersuchung es erfordert.

Chlorophyll A ist blaugrün und hat die Zusammensetzung $C_{55}H_{72}O_5N_4Mg$, Chlorophyll B ist gelbgrün und hat die Zusammensetzung $C_{55}H_{70}O_6N_4Mg$.

Von A ist dreimal soviel vorhanden wie von B. Der Unterschied von A und B besteht nach WILLSTÄTTER darin, daß in A zwei Wasserstoffatome eingetreten sind an Stelle eines Sauerstoffatomes von B. So erklärt sich der Unterschied in der Zusammensetzung. Dies wird auch weiterhin bestätigt dadurch, daß bei zweckentsprechendem Abbau aus beiden Komponenten schließlich dieselben Körper erhalten werden. Chlorophyll A und B stellen also den intakten Blattfarbstoff dar. Durch Abzug der 20 Kohlenstoffatome des Phytols kommen wir auf 35 Kohlenstoffatome und da in dem Chlorophyll noch eine zweite Carboxylgruppe mit Methylalkohol verestert ist, so hat die zugrunde liegende Tricarbonsäure 34 Kohlenstoffatome, in Übereinstimmung mit der Ableitung aus dem Chlorophyllid. Nach WILLSTÄTTER sind aber drei Carboxylgruppen im Chlorophyll vorhanden, und da das Chlorophyll vollkommen neutral ist, muß die dritte intramolekular irgendwie abgesättigt sein; sie ist, wie WILLSTÄTTER sich ausdrückt, „latent". Die Latenz wird erklärt durch Lactambildung[2]. KÜSTER[3] ersetzt diese Lactamtheorie durch Betainannahme, die vieles für sich hat.

Wenn nun die drei Carboxylgruppen abgespalten sind, so kommt man unter weitgehender Moleküländerung zu der Grundsubstanz des Chlorophylls, dem Ätiophyllin. Dieser Abbau ist WILLSTÄTTER gelungen; er hat das Ätiophyllin in reinem Zustande isoliert, es besitzt 31 Kohlenstoffatome.

Dieser Abbau[4] ist nun über viele Zwischenprodukte erfolgt, wir können darauf nur sehr kursorisch eingehen. Beim Abbau durch Alkalien bleibt das komplex gebundene Magnesium entsprechend folgendem Schema erhalten:

$$\text{Chlorophyll } a\ (C_{32}H_{30}N_4MgO)\ (CO_2CH_3)\ (CO_2C_{20}H_{39}) \longrightarrow \text{Alkali kalt}$$
$$\text{Chlorophyllin } a\ C_{32}H_{30}N_4MgO\ (COOH)_2$$
$$\text{mit Alkali auf } 140°\text{ erhitzt} \longrightarrow \text{Glaukophyllin } (C_{31}H_{32}N_4Mg)\ (COOH)_2 \longrightarrow$$
$$\text{Alkali bei } 150° \longrightarrow \text{Rhodophyllin } (C_{31}H_{32}N_4Mg)\ (COOH)_2$$
$$\text{mit Alkali auf } 200°\text{ Pyrrophyllin } (C_{31}H_{33}N_4Mg)\ COOH\text{ mit Natronkalk}$$
$$\text{Ätiophyllin } C_{31}H_{34}N_4Mg\ .$$

Wir kommen so zu den Phyllinen, von denen eine ganze Reihe dargestellt worden ist. Geht man mit Alkali auf höhere Temperatur, so wird Kohlendioxyd abgespalten und man erhält Rhodophyllin bzw. Glaukophyllin, prachtvoll krystallisierend. Hierbei dürfen keine Glasgefäße verwendet werden, da sonst Magnesium durch andere Metalle, besonders Zink, ersetzt wird, sondern die Umsetzung

---

[1] WILLSTÄTTER u. STOLL: Untersuchungen über Chlorophyll. Berlin: Julius Springer [1913]. — WILLSTÄTTER, R.: Über Pflanzenfarbstoffe. Ber. 47, S. 2831 [1914].

[2] WILLSTÄTTER: Ber. d. dtsch. chem. Ges. Bd. 47, S. 2857 [1914].

[3] KÜSTER, W.: Zeitschr. f. physiol. Chem. Bd. 109, S. 117 u. 125 [1920].

[4] WILLSTÄTTER u. PFANNENSTIEL: Über Rhodophyllin. Liebigs Ann. d. Chem. Bd. 358, S. 205 [1907]. — WILLSTÄTTER u. FRITSCHE: Über den Abbau von Chlorophyll durch Alkalien. Liebigs Ann. d. Chem. Bd. 371, S. 33 [1909].

muß im Autoklaven in silbernen Gefäßen vorgenommen werden. Schließlich kann nochmals Kohlendioxyd abgespalten werden und man erhält wieder zwei isomere einbasische Säuren, das Pyrrophyllin und das Phyllophyllin von der Zusammensetzung $C_{31}H_{33}N_4Mg$ (COOH). Dies tritt erst ein bei ca. 200°.

Endlich gelingt auch die Abspaltung des letzten Carboxyls, und zwar nach der Natronkalkmethode. Das komplexe Magnesiumsalz der Monocarbonsäure wird in kleinen Mengen mit Natronkalk schnell auf höhere Temperatur erhitzt und es entsteht das Ätiophyllin, und zwar dasselbe, einerlei, von welcher der isomeren Monocarbonsäuren man ausgeht. Dies ist wichtig, weil hieraus hervorgeht, daß der Unterschied zwischen den isomeren Carbonsäuren nach Willstätter nur durch den Ort des Carboxyls bedingt ist.

Aus den Phyllinen nun wird durch Behandlung mit Säuren das komplex gebundene Magnesium abgespalten und man kommt dann zu Porphyrinen[1], die in ihrer spektroskopischen Erscheinung den Porphyrinen des Blutfarbstoffs recht ähnlich sind.

Die Trennung der Porphyrine des Chlorophylls ist Willstätter gelungen durch Ausschütteln der ätherischen Lösungen mit Säuren bestimmter Konzentration; oft wurde auch Ausschütteln mit Salzsäure aus Chloroformlösung zur Trennung benutzt — eine Methode, die sich auch für synthetische Porphincarbonsäuren, insbesondere einsäurige, bewährt hat. Die Salzsäuretrennungsmethode hat Willstätter auch bei den Porphyrinen des Blutfarbstoffs angewandt. Wir ziehen zur präparativen Darstellung im allgemeinen die Trennung über die Natriumsalze vor, weil sie billiger und bequemer ist, wenigstens in der Blutfarbstoffreihe; in der Chlorophyllreihe macht vielfach die überaus schwere Löslichkeit der Natriumsalze ihre Anwendung schwierig.

Marchlewski und Robel[1] haben in α-Phylloporphyrin und auch in β-Phylloporphyrin Eisen komplex eingeführt und sind zu einem krystallisierten Körper gelangt, der nach allen Eigenschaften dem Hämin an die Seite zu stellen ist und deshalb als Phyllohämin von den genannten Autoren bezeichnet wird. Durch reduzierende Mittel wird das Phyllohämin in „Hämochromogen" übergeführt, und aus diesen Eigenschaften geht auch hervor, daß relativ enge, konstitutionelle Beziehungen zwischen dem Blutfarbstoff und dem weit abgebauten Blattfarbstoff bestehen müssen.

Aus den Porphyrinen des Chlorophylls können ebenfalls durch Erhitzen mit Natronkalk die Carboxylgruppen abgespalten werden und man erhält die Grundsubstanz der Porphyrine, das Ätioporphyrin[2]. Dasselbe Ätioporphyrin kann man natürlich auch aus dem Ätiophyllin durch Behandlung mit Säuren erhalten.

Als letzte wichtige Methode des Chlorophyllabbaues wollen wir noch die gelinde Säurewirkung auf das Chlorophyll erwähnen[3].

Willstätter wandte zuerst Oxalsäure in alkoholischer Lösung an, während vor ihm immer nur sehr energisch die Anwendung von Mineralsäuren versucht wurde. Unter der gelinden Säurewirkung gelingt die quantitative Abspaltung des Magnesiums, und es entsteht aus Chlorophyll A zunächst Phäophytin A, das mit HCl-Methylalkohol das Phytol durch Methyl ersetzt und dann mit konz. Säure verseift wird zum Phäophorbid A. In Phäophytin A ist mit Hilfe von Magnesiumjodid wieder rückwärts Magnesium komplex einführbar, und man

---

[1] Marchlewski u. Robel: Ber. d. dtsch. chem. Ges. Bd. 45, S. 816 [1912].

[2] Willstätter u. Stoll: Untersuchungen über Chlorophyll. Berlin: Julius Springer [1913]. — Willstätter, R.: Über Pflanzenfarbstoffe. Ber. 47, S. 2831 [1914].

[3] Willstätter u. Mieg: Über eine Methode der Trennung und Bestimmung von Chlorophyllderivaten. Liebigs Ann. d. Chem. Bd. 350, S. 1 [1906].

gelangt wieder zum Chlorophyll A. Beiliegende Tafel, WILLSTÄTTERS Buch S. 26 entnommen, beleuchtet diese Umsetzungen neben der durch Enzyme, die ohne weiteres aus der Tafel abgelesen werden können.

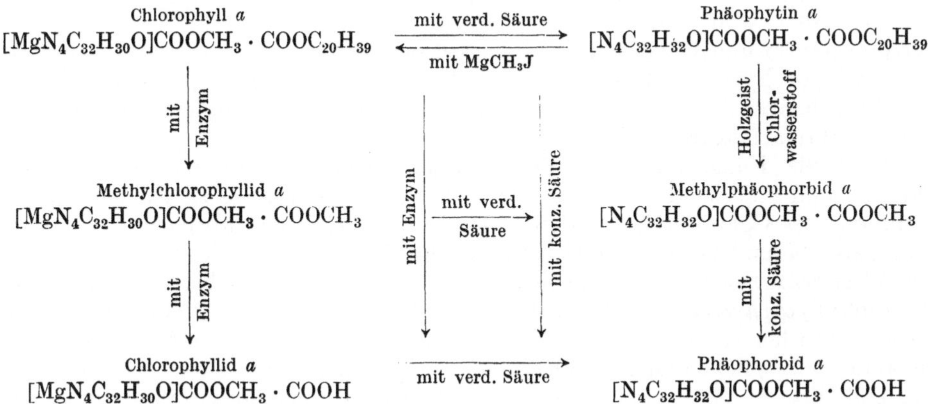

Durch Behandlung des Phäophytins A mit Alkali gelangt man zu dem Phytochlorin e entsprechend folgendem Schema:

Chlorophyll a
$[MgN_4C_{32}H_{30}O]COOCH_3COOC_{20}H_{39}$ → (mit Säure) →   Phäophytin a
$[N_4C_{32}H_{32}O] COOCH_3COOC_{20}H_{39}$

mit ↓ Alkali   mit ↓ Alkali

Isochlorophyllin
$[MgN_4C_{32}H_{30}O]COOH · COOH$ → (mit Säure) →   Phytochlorin e
$[N_4C_{32}H_{32}O]COOH · COOH$

Zu diesem Phytochlorin e kann man auch durch Behandlung des Chlorophylls a mit Alkali kommen. Heißes Alkali führt zum Isochlorophyllin, während kaltes Alkali zu Chlorophyllin a führt. Aus Isochlorophyllin erhält man nun mit Säure ebenfalls das Phytochlorin e.

Die Bezeichnung e stammt daher, daß von diesen Chlorinen ursprünglich eine ganze Reihe isoliert worden ist, a, b, c, d, e usw., und zwar, ehe die Dualität des Chlorophylls bekannt war. Aus Phäophytin a erhält man Phytochlorin e, das in zwei Formen auftritt, die sich bei der Analyse um ein Wasser unterscheiden. Wenn sich nun das Phytochlorin aus Phäophytin bildet, so hat man zuerst eine grün gefärbte Lösung, bei Zugabe von Lauge schlägt die Farbe in Braun um, um nach wenigen Minuten die ursprüngliche grüne Farbe wiederkehren zu lassen. Diese braune Phase hat lange Schwierigkeiten gemacht: WILLSTÄTTER erklärt sie durch eine lactamartige Bindung einer Carboxylgruppe mit einer Amid- bzw. Imidgruppe. Wenn sich nun Phytochlorin aus Phäophytin bildet, so findet außer der einfachen Verseifung eine „Umlactamisierung" statt, der Lactamring öffnet sich, hierbei wird die komplexe Bindung des Magnesiums gelockert, eine kurzdauernde, braune Phase, und unter Rückkehr der grünen Farbe tritt neuerdings alkalibeständiger Ringschluß ein.

Oxydativer Abbau des Chlorophylls. Der totale Abbau des unversehrten Chlorophylls ist noch nicht durchgeführt worden; er würde wohl auch auf große Schwierigkeiten stoßen wegen des anwesenden Phytols.

MARCHLEWSKI hat das Phylloporphyrin der Oxydation unterworfen und dabei das Anhydrid der Hämatinsäure erhalten. WILLSTÄTTER[1] hat dann die

---

[1] WILLSTÄTTER u. ASAHINA: Liebigs Ann. d. Chem. Bd. 373, S. 227 [1910].

Oxydation verschiedener Chlorophyllderivate durchgeführt und festgestellt, daß außer Hämatinsäure noch Methyläthylmaleinimid erhalten wird.

Aus Phylloporphyrin erhielt er

an Imid . . . . 38% statt 27% = 1 Mol.
an Hämatinsäure . . . . 28% „ 36% = 1 „

Pyrroporphyrin und Rhodoporphyrin geben bei der Oxydation dasselbe Resultat wie Phylloporphyrin. WILLSTÄTTER schloß aus diesen Resultaten, daß mindestens drei Pyrrolkerne dieser Porphyrine die Quelle für das Methyläthylmaleinimid und die Hämatinsäure sind.

Über die Konstitution des Chlorophylls. Hier herrscht noch völlige Unklarheit, und insbesondere wissen wir nicht, welche Vorgänge sich bei der Umwandlung des Chlorophylls zu den Chlorophyllporphyrinen abspielen, und hier muß ganz besonders die künftige Chlorophyllforschung einsetzen. Auf Grund der WILLSTÄTTERschen Untersuchungen ist es sehr wahrscheinlich, daß die Chlorophyll*porphyrine* den Blutfarbstoffporphyrinen ähnlich gebaut sind, und hierüber werden ja wohl bald unsere Synthesen Klarheit verschaffen. Den vier theoretisch möglichen Ätioporphyrinen entsprechen acht Monocarbonsäuren, während WILLSTÄTTER zwei isoliert hat. Synthetisch haben wir bis jetzt sechs Monocarbonsäuren gewonnen. Diese haben sich nicht als identisch erwiesen mit denen von WILLSTÄTTER und sind spektroskopisch verschieden. An Porphyrindicarbonsäuren aus Chlorophyll sind fünf bekannt, die alle vermutlich dem Mesotyp zugehören, nämlich: Glauko-, Rhodo-, Cyano-, Erythro- und Rubiporphyrin[1]. Die Theorie sieht hier wieder unter obiger Voraussetzung 15 Dicarbonsäuren vor, mit deren Synthese wir beschäftigt sind. Auffallenderweise verlieren die Chlorophyllporphyrine viel leichter Kohlendioxyd als die Blutfarbstoffporphyrine, und es ist deshalb auch möglich, daß nicht Propionsäuren vorliegen, sondern Malonsäuren, evtl. auch Essigsäuren, oder daß Carboxylgruppen direkt an den Porphinkernen angegliedert sind. Zwischen diesen Auffassungen wird am eindeutigsten weitere synthetische und analytische Arbeit Aufklärung geben.

Gallenfarbstoffe. Das Bilirubin ist in der Galle der Säugetiere vorhanden, ferner im Blutserum, beim Ikterus im Harn, in den gelb gefärbten Geweben und in alten Blutextravasaten, wo es mit VIRCHOW[2] als Hämatoidin bezeichnet wird. VIRCHOW hatte gezeigt, daß aus roten Blutkörperchen später Pigmentkörper und Hämatoidinkrystalle entstehen, und schloß deshalb, daß Hämatoidin aus Hämatin gebildet wird. Nach einer Untersuchung mit REINDEL[3] ist das Hämatoidin mit dem Bilirubin identisch und damit bewiesen, daß der Gallenfarbstoff aus dem Blutfarbstoff direkt gebildet wird, und zwar nicht nur in der Leber, sondern auch an anderen Stellen, als welche insbesondere nach ASCHOFF[4] das retikolendotheliale System in Betracht kommt. Nachdem die Zellen direkt den Blutfarbstoff in den Gallenfarbstoff überführen können, müssen wir nahe Beziehungen zwischen den beiden Farbstoffen annehmen.

Weitere Gallenfarbstoffe. Das Bilirubin wird am besten aus Rindergallensteinen gewonnen, und es sind aus Rindergallensteinen besonders von STÄDELER[5] und KÜSTER[6] noch eine Reihe von Gallenfarbstoffen isoliert worden, z. B. Choleprasin, Bilifuscin, Biliprasin u. a.

---

[1] WILLSTÄTTER u. STOLL: Untersuchungen über Chlorophyll. Berlin: Julius Springer [1913]. — WILLSTÄTTER, R.: Über Pflanzenfarbstoffe. Ber. 47, S. 2831 [1914].
[2] VIRCHOW: Liebigs Ann. d. Chem. Bd. 78, S. 353 [1851].
[3] REINDEL: Zeitschr. f. physiol. Chem. Bd. 127, S. 300 [1922].
[4] ASCHOFF: Münch. med. Wochenschr. Bd. 69, S. 352 [1922].
[5] STÄDELER: Liebigs Ann. d. Chem. Bd. 132, S. 323 [1864].
[6] KÜSTER, W.: Abderhaldens biol. Arbeitsmethoden, Abtlg. I, Teil 2, H. 8 [1921].

Nach unseren Untersuchungen sind alle diese Produkte Kunstprodukte, bedingt durch die langsame Verarbeitung, wie sie Küster vorschreibt. Arbeitet man nach der von H. Fischer[1] angegebenen Methode, so treten alle diese Farbstoffe nur in geringer Menge auf und erst gegen Ende der Operation. Primär ist in den Rindergallensteinen nur Bilirubin als Calcium- bzw. Magnesiumsalz neben Eiweiß enthalten. In den menschlichen Gallensteinen dagegen scheinen auch andere Farbstoffe vorhanden zu sein, die ihre Entstehung jedenfalls Fäulnisprozessen verdanken. Solange diese Farbstoffe jedoch nicht krystallisieren, erübrigt es sich, auf sie näher einzugehen.

Eine kurze Besprechung verdient das Biliverdin, und zwar deshalb, weil es in der Galle vieler Tiere vorkommt. Es ist ein grüner Farbstoff, der noch nicht zur Krystallisation gebracht werden konnte. Die bisherigen Untersuchungen allerdings gehen auch immer vom Bilirubin aus; meiner Ansicht nach müßte zuerst das Biliverdin aus natürlichen Produkten isoliert werden, weil dort die Aussichten, ein chemisches Individuum zu fassen, beträchtlich größer sind. Die Untersuchungen von Küster wie unsere eigenen am Bilirubin zeigen eben, daß das Biliverdin keine einheitliche Substanz ist, es erfolgt ja auch bei der künstlichen Biliverdindarstellung außerordentlich leicht partielle Aufspaltung des Gallenfarbstoffs.

Bilirubin, seine Umwandlungs- und Abbauprodukte.

Bilirubin. Das Bilirubin ist zuerst von Städeler[2] rein dargestellt worden, und seine Darstellungsart mit den von H. Fischer angegebenen Verbesserungen ist für die Gewinnung des Farbstoffes allein zu empfehlen. Zum Umkrystallisieren des Bilirubins in größerem Maßstab ist nur geeignet das Küstersche Verfahren über das Bilirubinammonium[3].

Das Bilirubin hat nach den Untersuchungen von H. Fischer und Küster die Zusammensetzung $C_{33}H_{36}N_4O_6$.

Zum Nachweis des Bilirubins dienen eine Reihe von Farbenreaktionen, von denen die Gmelinsche Probe die älteste ist. Die viel angewandte Hammarstensche Probe, die in einer intensiven Grünfärbung besteht, ergibt sich, wenn zu gallenfarbstoffhaltigem Material Alkohol und eine Mischung von einem Teil 25proz. Salpetersäure, die salpetrige Säure enthält, und 19 Teilen 25proz. Salzsäure zugegeben wird[4].

Das Bilirubin kuppelt mit Diazoverbindungen, wie Paul Ehrlich[5] zuerst zeigte, und diese Azofarbstoffe sind sowohl von Proescher[6] wie besonders von Orndorff und Teeple[7] näher untersucht worden. Mono- und Disazofarbstoffe des Bilirubins sind isoliert worden, jedoch herrscht über die Art der Reaktion noch immer nicht völlige Klarheit. Die Azoreaktion wird neuerdings von A. Hymmanns v. d. Bergh[8] zum Nachweis des Gallenfarbstoffs im Serum und zur quantitativen Bestimmung benutzt. Nach vielen Lehrbüchern besteht ein näherer Zusammenhang zwischen Hämatoporphyrin und Bilirubin wegen der ähnlichen elementaren Zusammensetzung. Es ist ausdrücklich darauf hinzuweisen, daß die beiden Farbstoffe miteinander gar nichts zu tun haben. Sie

---

[1] Fischer, H.: Zeitschr. f. physiol. Chem. Bd. 73, S. 227 [1911].
[2] Städeler: Liebigs Ann. d. Chem. Bd. 132, S. 323 [1864].
[3] Küster, W.: Zeitschr. f. physiol. Chem. Bd. 94, S. 152. [1915]; Bd. 99, S. 87 [1917].
[4] Sonstige Reaktionen s. Hammarstens Lehrb. 9. Aufl., S. 343 [1922].
[5] Ehrlich: Zeitschr. f. analyt. Chem. Bd. 32, S. 275 [1883].
[6] Proescher: Zeitschr. f. physiol. Chem. Bd. 29, S. 411 [1900].
[7] Orndorff u. Teeple: Salkowski-Festschr. Berlin 1904.
[8] Hymmanns v. d. Bergh: Monographie. Leipzig 1918.

sind nach dem chemischen Abbau total verschieden, was sich insbesondere in der ganz verschiedenen Bindung des Sauerstoffs ausdrückt. Das Hämatoporphyrin läßt sich leicht seines Sauerstoffs berauben, z. B. durch Eisessig-Jodwasserstoff (es geht dabei in Mesoporphyrin über), während dies beim Bilirubin nicht gelingt. Von Küster ist ein komplexes Kupfersalz des Bilirubins dargestellt, von dem aus rückwärts auch ein Ester des Bilirubins gewonnen werden kann.

Hämatoidin. Ältere Literatur s. Fischer und Reindel[1] sowie Hammarsten[2] Die Identität mit Bilirubin ist durch die zuerst genannte Arbeit festgestellt. Hämatoidin kann sowohl in der Krystallform des Bilirubins wie auch in der des Mesobilirubins auftreten. Der Vollständigkeit halber behandeln wir noch kurz das Hämosiderin.

Hämosiderin. Das Hämosiderin ist sehr gut beschrieben in der Habilitationsschrift von Hueck. Dieser Autor hebt hervor, daß, wenn man hämosiderinhaltige Schnitte mit Säuren behandelt, man Eisen nachweisen und bei genügend großen Mengen durch Soda Eisenoxydhydrat ausfällen kann, „ein Körper, der dem Hämosiderin in fast allen Punkten gleicht" (Hueck). Wir können diese Angaben bestätigen, nur haben wir bis jetzt allerdings nur in einer einzigen hämosiderinhaltigen Leber feststellen können, daß das Eisen nach Extraktion mit Säuren der Hauptsache nach nicht in Form von Oxyd, sondern in Form von Oxydul vorhanden ist; da wir die Leber erst in Alkohol konserviert untersuchen konnten, können wir natürlich nicht sagen, ob es sich nicht um postmortale Veränderungen handelt. Würde sich dieser Befund an der frischen Leber bestätigen, so wäre für das Hämosiderin, da es nicht mit Wasser extrahierbar ist, das wahrscheinlichste, daß es nichts anderes ist als fein verteiltes elementares Eisen, oberflächlich überzogen von einer Oxydschicht, die die Farbe des Pigmentes bedingt.

Umwandlungsprodukte des Bilirubins. Gerade so, wie sich Hämin zu Mesohämin reduzieren läßt, ohne daß die äußeren Eigenschaften des Farbstoffs eine wesentliche Änderung erfahren, läßt sich Bilirubin zu Mesobilirubin reduzieren.

Das Mesobilirubin erhält man aus Bilirubin durch Behandeln mit Wasserstoff bei Gegenwart von kolloidalem Palladium oder Platinschwarz. Man kann es auch aus seiner Leukoverbindung, dem Mesobilirubinogen, durch Behandlung mit Kaliummethylat erhalten. Ebenso aus Bilirubin mit Hydrazin und Natriumäthylat im Druckrohr. Seine Zusammensetzung ist $C_{33}H_{40}N_4O_6$. Es ist ein schön krystallisierender Farbstoff, der in allen Eigenschaften dem Bilirubin zum Verwechseln ähnlich ist. So gibt er auch unter den gleichen Bedingungen dieselben Farbenreaktionen. Wenn man dem Körper in der Natur begegnen würde, hielte man ihn zunächst für Bilirubin, von dem er sich jedoch sehr scharf durch das Ergebnis der Oxydation unterscheidet, gerade so wie Hämin vom Mesoporphyrin. Mesoporphyrin wie Mesobilirubin geben bei der Oxydation neben Methyläthylmaleinimid Hämatinsäure, während Hämin und Bilirubin nur Hämatinsäure liefern.

Das Mesobilirubinogen ist die Leukoverbindung des Farbstoffes Mesobilirubin und wird aus diesem sowie aus Bilirubin durch Reduktion mit Natriumamalgam erhalten und ebenso durch katalytische Hydrierung des Bilirubins bei Gegenwart von kolloidalem Palladium, wobei vom Bilirubin zum Mesobilirubin zwei Moleküle Wasserstoff verbraucht werden und vom Mesobilirubin zum Mesobilirubinogen wiederum zwei Moleküle[3].

---

[1] Reindel: Zeitschr. f. physiol. Chem. Bd. 127, S. 300 [1922].
[2] Lehrbuch der physiolog. Chemie. 9. Aufl. S. 239 [1922].
[3] Fischer, H. u. Niemann: Zeitschr. f. physiol. Chem. Bd. 127, S. 317 [1923]; Bd. 137, S. 294 [1924].

Das Mesobilirubinogen ist das Urobilinogen. Die analytische Zusammensetzung des Körpers wurde zu $C_{33}H_{44}N_4O_6$ gefunden, die Molekulargröße entsprechend der angegebenen Formel.

In bezug auf Wasserstoff- und Stickstoffgehalt konstatieren wir Übereinstimmung mit Mesoporphyrinogen, von dem es sich jedoch durch zahlreiche Reaktionen charakteristisch unterscheidet. So gibt Urobilinogen intensive Aldehydreaktion, die dem Mesoporphyrinogen abgeht. Letzteres läßt sich leicht wieder durch die verschiedenartigsten Oxydationsmittel in Mesoporphyrin überführen, während die Überführung des Mesobilirubinogens in Mesobilirubin noch nicht geglückt ist. Hier wäre auch der Platz, mit wenigen Worten auf die Ehrlichsche Aldehydreaktion einzugehen, die zur Erkennung des Urobilinogens sehr geeignet ist, aber auch sonst als Wegweiser in der Pyrrolchemie sehr wichtig ist[1]. Nur Pyrrole mit mindestens einer freien Methingruppe erfüllen die Ehrlichsche Reaktion, während tetrasubstituierte sie nicht geben[2]. Was den Reaktionsmechanismus anlangt, so sind zwei Typen nachgewiesen; einmal kann ein Mol Dimethylamidobenzaldehyd mit einem Mol eines Pyrrols zu einem den Dipyrrylmethenen analogen Farbstoff[3] kondensieren, zum anderen können ein Mol Dimethylamidobenzaldehyd mit 2 Mol Pyrrol kondensieren zu einem Dipyrrylphenylmethanfarbstoff[4], der also in Analogie zu den Triphenylmethanfarbstoffen zu setzen wäre. Nach welchem Typ der Farbstoff mit Mesobilirubinogen gebaut ist, steht noch nicht fest.

Mesobiliviolin und Mesobiliviolinogen[5]. Mit Eisenchlorid gibt das Mesobilirubinogen ein schwerlösliches Eisenchlorid-Doppelsalz; mit konz. Salzsäure in der Hitze entsteht ein blauvioletter Farbstoff, das Mesobiliviolin. Der Farbstoff selbst ist nicht krystallisiert erhalten, wohl aber seine Leukoverbindung, die interessanterweise dem Mesobilirubinogen in den meisten Eigenschaften sehr ähnlich ist, durch den Schmelzpunkt 240° und nach der Analyse sich aber sehr scharf unterscheidet. Zusammensetzung: $C_{33}H_{48}N_4O_5$.

Urobilin. Die bilirubinhaltige Galle ergießt sich in den Darm, und dort erfolgt die Einwirkung der Darmbakterienflora. Das Bilirubin nimmt dabei Wasserstoff auf und geht über in Stercobilinogen[6]. Bemerkenswerterweise erhält man Blauviolettfärbung auch bei Behandlung des „Stercobilinogens" mit Eisenchlorid wie beim Mesobilirubinogen. Unter pathologischen Verhältnissen wird dieses Stercobilinogen, das ausgezeichnet ist durch intensiv positive Ehrlichsche Aldehydreaktion, resorbiert und in den Harn ausgeschieden. Hier geht es dann sekundär in Urobilin über, das mit alkoholischer Zinkacetatlösung eine intensiv grünrote Fluorescenzerscheinung gibt. Aus dem Harn wurde das Urobilinogen in krystallisiertem Zustande durch H. Fischer und Meyer-Betz[7] erhalten und durch krystallographische Untersuchungen von Steinmetz identifiziert mit Mesobilirubinogen. H. Fischer[8] hat später ein bequemeres Verfahren ausgearbeitet, um das Urobilinogen zu isolieren, und soviel erhalten, daß der Schmelz- und Mischschmelzpunkt mit Mesobilirubinogen genommen und ebenso eine

[1] Ehrlich, P.: Med. Woche [1901], S. 151. — Neubauer, O.: Sitzungsber. d. Ges. f. Morphol. u. Physiol., München [1903].
[2] Fischer, H.: Zeitschr. f. physiol. Chem. Bd. 73, S. 238. [1911].
[3] Fischer, H. u. Nenitzescu: Zeitschr. f. physiol. Chem. Bd. 145, S. 296 [1926].
[4] Fischer, H. u. Meyer-Betz: Zeitschr. f. physiol. Chem. Bd. 75, S. 253 [1911].
[5] Fischer, H. u. G. Niemann: Zeitschr. f. physiol. Chem. Bd. 137, S. 294 [1924].
[6] Müller, Fr.: Jahresbericht d. Schlesischen Ges. f. vaterländische Kultur. Breslau [1892]. — Kämmerer u. Miller: Dtsch. Arch. f. klin. Med. Bd. 141, S. 318 [1923].
[7] Fischer, H. u. Meyer-Betz: Zeitschr. f. physiol. Chem. Bd. 75, S. 232 [1911].
[8] Fischer, H.: Zeitschr. f. Biol. Bd. 65, S. 163 [1914].

Mikro-N-Bestimmung durchgeführt werden konnte. Urobilinogen ist identisch mit Mesobilirubinogen.

Das Urobilinogen ist eine farblose Substanz und stellt die Leukoverbindung des Mesobilirubins dar, aus dem es erhalten werden kann. Im allgemeinen bestehen zwischen Leukoverbindung und Farbstoff reversible Beziehungen derart, daß man nicht nur vom Farbstoff zur Leukobase, sondern auch von der Leukobase zum Farbstoff gelangen kann; hier ist es anders. Das Urobilinogen geht beim Stehen an der Luft (Mesobilirubinogen natürlich genau so) nicht wieder in das Mesobilirubin über, sondern entsteht eben der neue Farbstoff Urobilin (indigoide Struktur?). So wenig wie das künstliche Biliverdin bis jetzt krystallisiert erhalten werden konnte, ebensowenig gelang dies beim Urobilin. Über die Konstitution herrscht Dunkelheit; es muß nur hervorgehoben werden, daß zahlreiche Pyrrole, auch ganz einfach gebaute, „Urobilin" geben, d. h. die Reaktion dieses Farbstoffs zeigen. Ebenso wären auf Grund solcher Reaktionen viele Dipyrrylmethene Urobiline.

Außer dem fluorescierenden Zinksalz kommt hauptsächlich spektroskopisch noch eine charakteristische Absorption im Blauviolett in Betracht. Auch die Leukoverbindung der Porphyrine, des Hämatoporphyrins und des Mesoporphyrins, des Koproporphyrins und des Uroporphyrins verwandeln sich teils in die zugehörigen Farbstoffe beim Stehen an der Luft zurück, teils geben sie jedoch auch „Urobilin". Wenn diese Farbstoffe daher im Harn enthalten sind, so beweist die positive Fluorescenzprobe nichts und ebensowenig die Ehrlichsche Aldehydreaktion, wenn nicht der für die Aldehydreaktion des Urobilinogens charakteristische Streifen bei Linie D erscheint.

Chemisch ist der Zusammenhang zwischen Bilirubin und Urobilin gesichert. Biologisch durch den grundlegenden Versuch von Friedrich Müller[1], der einem Patienten mit totalem Choledochusverschluß urobilinfreie Galle eingab und danach in dem vorher urobilinfreien Harn Urobilin nachweisen konnte. Im Reagensglas ist diese Überführung des Bilirubins in Urobilin neuerdings H. Kämmerer[1] gelungen, der gezeigt hat, daß nur bei Anwesenheit eines ganz bestimmten Bakterienmilieus, wobei besonders eine sog. Tennissohlägerform von Wichtigkeit ist, die Überführung gelingt, dann aber regelmäßig. Es ist wichtig, daß auch Mesobilirubin, dieses zuerst im Reagensglas dargestellte Reduktionsprodukt des Bilirubins, in Urobilin übergeht. Nachdem wir wissen, daß die Bakterien im allgemeinen spezifisch eingestellt sind, spricht dieses Versuchsergebnis außerordentlich für die Annahme des Mesobilirubins als Zwischenstufe auf dem Wege Bilirubin-Urobilin.

Abbauprodukte des Bilirubins. Von diesen erwähnten wir der Kürze halber nur die wichtige Bilirubinsäure[2] von der Konstitution:

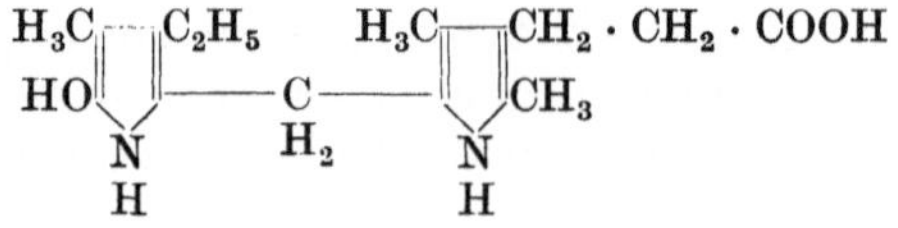

$$\begin{array}{ccccc} H_3C\!\!-\!\!-\!\!C_2H_5 & & H_3C\!\!-\!\!-\!\!CH_2\cdot CH_2\cdot COOH \\ HO\diagdown\!\!\diagup\!\!-\!\!-\!\!C\!\!-\!\!-\!\!\diagdown\!\!\diagup CH_3 \\ N \qquad H_2 \qquad N \\ H \qquad\qquad\quad H \end{array}$$

Ein Kondensationsprodukt dieser Säure mit Benzaldehyd erhält man aus Mesobilirubinogen durch Erhitzen mit Benzaldehyd bei Gegenwart von konz. Salzsäure[3].

---

[1] Müller, Fr.: Jahresbericht d. Schlesischen Ges. f. vaterländische Kultur. Breslau [1892]. — Kämmerer u. Miller: Dtsch. Arch. f. klin. Med. Bd. 141, S. 318 [1923].

[2] Fischer, H. u. Röse: Ber. d. dtsch. chem. Ges. Bd. 45, S. 1579 [1912]. — Piloty u. Thannhauser: Liebigs Ann. f. Chem. Bd. 390, S. 191 [1912.]

[3] Fischer, H. u. G. Niemann: Ztschr. f. physiol. Chem. Bd. 137, S. 294 [1924].

Die Bilirubinsäure läßt sich zu einem Farbstoff, der Xanthobilirubinsäure, dehydrieren[1] von folgender Konstitution:

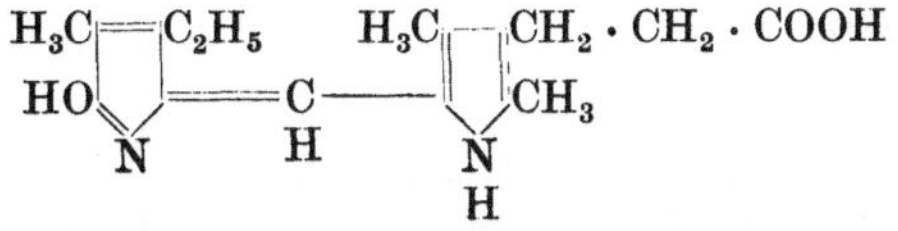

$$H_3C{=}C_2H_5 \qquad H_3C{-}CH_2 \cdot CH_2 \cdot COOH$$
$$HO{-}\!{=}\!{-}C{-}CH_3$$
$$N \quad H \quad N$$
$$H$$

die ebenso wie die Konstitution der Bilirubinsäure durch H. Fischer und Röse[2] bewiesen wurde. Die Xanthobilirubinsäure ist von den zuletzt genannten Autoren auch durch direkten Abbau des Bilirubins, Mesobilirubins und Mesobilirubinogens durch Abbau mit Alkoholaten[3] erhalten worden.

Auch Kryptopyrrolcarbonsäure, Hämopyrrol, Phyllopyrrol, Phyllopyrrolcarbonsäure sind Abbauprodukte des Bilirubins. Bei der Oxydation mit Nitrit konnte ein Maleinimidderivat isoliert werden, dem mit der größten Wahrscheinlichkeit folgende Konstitutionsformel zukommt:

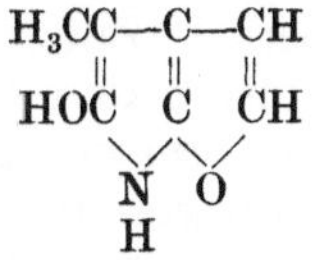

$$H_3CC{-}C{-}CH \qquad\qquad H_3CC{-}C{-}CH_2$$
$$\| \quad \| \quad \| \qquad\qquad\qquad \| \quad \| \quad |$$
$$HOC \quad C \quad CH \qquad\qquad HOC \quad C \quad CH_2$$
$$N \quad O \qquad\qquad\qquad\qquad N \quad O$$
$$H \qquad\qquad\qquad\qquad\qquad H$$
$$\text{I} \qquad\qquad\qquad\qquad\qquad \text{II}$$

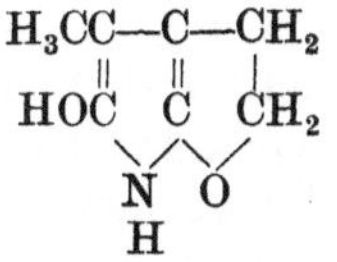

und das bei der katalytischen Reduktion in einen um 2 H-Atome reicheren Körper II übergeht, der nicht Methyläthylmaleinimid ist. Deshalb kommt für I die Formel eines Methylvinylmaleinimids nicht in Frage, und hier bleiben die Formulierungen I bzw. II übrig.

Über die Konstitution des Gallenfarbstoffs.

Auf Grund der Tatsache der Entstehung der Bilirubinsäure bei der Reduktion mit Eisessig-Jodwasserstoff bzw. der Xanthobilirubinsäure mit Kaliummethylat muß dieses bimolekulare Pyrrol die Grundlage für die Aufstellung der Bilirubinformel sein. Folgende Formel halten wir für die wahrscheinlichste:

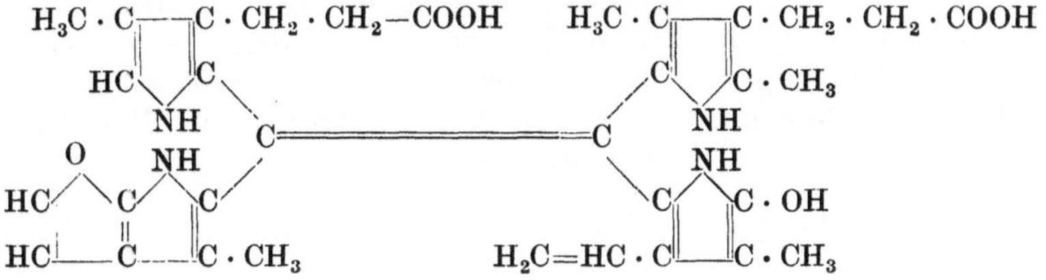

$$H_3C \cdot C{-}C \cdot CH_2 \cdot CH_2{-}COOH \qquad H_3C \cdot C{-}C \cdot CH_2 \cdot CH_2 \cdot COOH$$

und sie steht im Einklang mit den bisher gewonnenen synthetischen Erfahrungen. Sie ist auch imstande, den Übergang in Mesobilirubin und Mesobilirubinogen zu erklären. Küster hat für das Bilirubin neuerdings[4] folgende Formel aufgestellt, die das Bilirubin „offen" formuliert:

[1] Piloty u. Thannhauser: Ber. d. dtsch. chem. Ges. Bd. 45, S. 2393 [1912].
[2] Fischer, H. u. Röse: Zeitschr. f. physiol. Chem. Bd. 89, S. 255 [1912].
[3] Fischer, H. u. Röse: Zeitschr. f. Biol. Bd. 65, S. 163 [1914].
[4] Küster, W.: Chemie der Zelle u. Gewebe Bd. 12, S. 337 [1926].

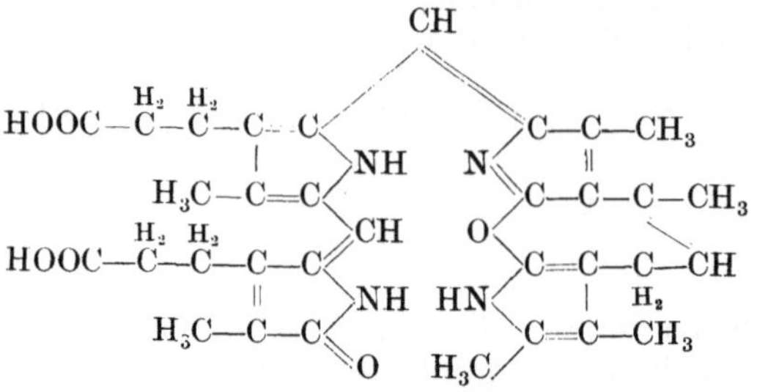

$$C_{33}H_{36}O_6N_4$$

Nach ihr ist die Kupplungsreaktion des Bilirubins und das übereinstimmende Verhalten von Bilirubin und Mesobilirubin gegenüber Diazoverbindungen schwer verständlich. Sie erklärt nicht den leichten Eintritt von vier bzw. acht H-Atomen ins Bilirubinmolekül. Den Bestimmungsergebnissen des aktiven Wasserstoffs nach Zerewitinoff[1] trägt sie Rechnung, wenn die beiden formulierten Methingruppen zwischen den Pyrrolkernen mit reagieren. Aber die Entstehung der auf S. 201 mit Formel I und II wiedergegebenen Oxydationsprodukte bleibt unerklärt. Aus all diesen Gründen halte ich obige Formel für unwahrscheinlich.

Was den Reaktionsmechanismus des Übergangs von Hämin in Gallenfarbstoff anlangt, so habe ich früher in Oppenheimers Handb. S. 386 die Meinung vertreten, daß dieser über Kämmerers Porphyrin erfolge. Nachdem sich jedoch herausgestellt hat, daß gerade die Eisenkomplexsalze besonders leicht oxydativ angreifbar sind, möchte ich es für möglich halten, daß die Oxydation direkt am Hämin ansetzt. Diese Anschauung wird auch weiter gestützt durch die Konstitutionsaufklärung des Hämins. In diesem sind die Propionsäurereste miteinander in Nachbarstellung und an der Verknüpfung der vier Pyrrolkerne durch Methingruppen kann kein Zweifel mehr sein. Mit Vorbehalt möchte ich beim Übergang von Blutfarbstoff in Gallenfarbstoff einen weitgehenden Abbau des Hämins vielleicht bis zu den Spaltprodukten in Betracht ziehen und dann eine sekundäre Synthese der Bausteine zum Bilirubin. Jedoch sind dies nur Hypothesen, und auch hier müssen die Resultate weiterer Experimente abgewartet werden, bis man sich ein richtiges Urteil bilden kann. Bemerkt sei nur noch, daß bei dieser Hypothese Koproporphyrin als Nebenprodukt entstehen könnte; man könnte sich vorstellen, daß bei der Gallenfarbstoffbildung Pyrrolbausteine übrigblieben, die dann in Koproporphyrin umgewandelt werden. Dem widerspricht aber die weite Verbreitung des Koproporphyrins auch in solchen Organismen, z. B. Hefe, die keinen Gallenfarbstoff enthalten, und daß zwischen Bilirubinmenge und Koproporphyrin keine Relation besteht.

---

[1] Fischer, H. u. J. Postowsky: Zeitschr. f. physiol. Chem. Bd. 152, S. 300 [1926].

Messung des Blutumsatzes.

Von

P. Morawitz

Leipzig.

Mit 6 Abbildungen.

Das alte, schon seit 50 Jahren viel erörterte Problem (Quincke[1]), *Blutbildung oder Blutzerfall zu messen* und sichere Anhaltspunkte für den Blutumsatz zu gewinnen, ist in den letzten Jahrzehnten seiner Lösung näher gebracht worden. Diese Frage hat vorwiegend ein praktisch klinisches Interesse. Im Besitze sicherer Meßmethoden wären wir in der Lage, einen klareren Einblick in die Pathogenese vieler Anämien zu gewinnen. Es könnte auch mit mehr Aussicht auf Erfolg die Wirkung verschiedener Faktoren, wie atmosphärischer Einflüsse, Bewegung und Ernährung, auf die Blutbildung studiert werden. Endlich wäre es auch möglich, sichere Anhaltspunkte für die Wirkung gewisser Medikamente auf die Blutbildung zu gewinnen. Nach heute stehen sich ja hier die Anschauungen vielfach unversöhnt gegenüber, z. B. in der Eisenfrage. Während die Kliniker (v. Noorden[2], Naegeli[3]) eine Reizwirkung medikamentösen Eisens auf die blutbildenden Organe für erwiesen oder doch für sehr wahrscheinlich ansehen, verhalten sich die Forscher, die experimentell am Tier arbeiten (Zahn[4], Whipple[5]), dieser Vorstellung gegenüber ablehnend. Über den Arsenik ist vollends nach dieser Richtung nichts bekannt.

Im folgenden sollen jene Verfahren kritisch besprochen werden, die eine Messung des Blutumsatzes anstreben. Es handelt sich hier zum Teil um neue Tatsachen. Daher gibt es noch keine zusammenfassende Darstellung dieses Gebietes.

Verfolgt man bei einem normalen Menschen Jahre, ja Jahrzehnte hindurch die Zusammensetzung des Blutes, so tritt eine auffallende Konstanz hervor, die sich besonders auf Zahl der Erythrocyten und Hämoglobingehalt bezieht. Jeder Mensch hat die seiner Konstitution entsprechende Blutkörperchenzahl, die zähe festgehalten wird, selbst unter wechselnden äußeren Bedingungen. So schwankt das O_2-Bindungsvermögen meines Blutes schon seit vielen Jahren um etwa 21,3 Vol.-%, während es bei anderen Menschen ebenso konstant höhere Werte bis 22,5 oder niedrigere bis etwa 19 Vol.-% aufweist. Da das O_2-Bindungsvermögen ceteris paribus von der Hämoglobinmenge in der Volumeinheit abhängig ist, wird man sagen dürfen, der Hämoglobingehalt bleibt durch Jahre konstant. Ja, dieselbe Erscheinung läßt sich zuweilen auch bei niedrigem Farbstoffgehalt des Blutes feststellen, Es gibt, besonders bei Frauen, sehr chronische Anämien

---

[1] Quincke: Weitere Beobachtungen über perniziöse Anämie. Dtsch. Arch. f. klin. Med. Bd. 20, S. 1. — Quincke: Über Siderose. Ebenda Bd. 25, S. 580. 1880 u. Bd. 27, S. 193. 1881.

[2] v. Noorden u. v. Jagic: Die Bleichsucht, 2. Aufl. 1912.

[3] Naegeli: Blutkrankheiten und Blutdiagnostik, 4. Aufl. 1923.

[4] Zahn, A.: Experimentelle Untersuchungen über Eisenwirkung. Dtsch. Arch. f. klin. Med. Bd. 104, S. 245. 1911.

[5] Whipple: Pigment metabolism and regeneration of hemoglobin. Arch. of internal med. Bd. 29, S. 711. 1922.

mäßigen Grades, die durch Jahre sich hinziehen und durch therapeutische Maß-
nahmen schwer zu beeinflussen sind. v. Noorden[1] hat diese Fälle als chronische
Chlorosen bezeichnet, ohne indessen damit ausdrücken zu wollen, daß sie mit der
echten Chlorose oder Bleichsucht wesensverwandt sind. Hier habe ich in einzelnen
Fällen denselben niedrigen Blutfarbstoffwert lange Zeit hindurch unverändert
verfolgen können[2].

Da das Blut sicher einem ziemlich lebhaftem Wechsel unterliegt, müssen wir
annehmen, daß es Faktoren gibt, die jene außerordentlich fein eingestellte Konstanz
der Zusammensetzung garantieren; mit anderen Worten: Blutbildung und Blutzerfall müssen normalerweise zueinander in einem bestimmten Verhältnis stehen,
das Abweichungen von der Norm unmöglich macht. Sorgt man auf künstliche
Weise für Ersatz des täglich zugrunde gehenden Blutes, so hört der eigene Blutersatz des Versuchstieres auf, die histologischen Zeichen der normalen Blutregeneration in Knochenmark und Blut sind weniger ausgeprägt als in der Norm. Itami[3]
fand bei Kaninchen, denen durch Blutinfusionen eine künstliche Plethora bei-
gebracht worden war, Knochenmarksbefunde, die auf Reduktion des erythroblastischen Markes deuteten. Robertson[4] injizierte seinen Versuchstieren täglich eine kleine Blutmenge, die ungefähr dem täglichen Blutumsatze entsprach,
und sah alle Zeichen der Regeneration (Vitalfärbbare und polychromatische
Erythrocyten) aus dem zirkulierenden Blute schwinden. Das Knochenmark
hat unter diesen Verhältnissen Ferien, es wird inaktiv.

*Mithin ist also der Blutuntergang gleichzeitig der Reiz für die Regeneration des
Blutes*, normale blutbildende und blutzerstörende Organe vorausgesetzt.

Wie kann man nun den Blutumsatz messen? Es muß gleich gesagt werden,
daß wir von einem Blutumsatz nur in beschränktem Sinne sprechen dürfen.
Es ist nämlich sicher, daß die einzelnen Zellarten des Blutes und die gelösten
Bestandteile des Plasma ganz verschiedene Aufgaben im Stoffwechsel erfüllen
und mithin auch eine ganz verschiedene Schnelligkeit des Umsatzes zeigen.
Über Verbrauch und Neubildung der Plasmaeiweißkörper ist nichts bekannt.
Ebensowenig läßt sich etwas sicheres über die Lebensdauer der Leukocyten
sagen. Daß die Blutplättchen sehr kurzlebige Gebilde sind, ist zu vermuten.
Nach völliger Defibrinierung eines Tieres und stärkster Verminderung der Plättchenzahl sind sie in sehr kurzer Zeit (wenige Stunden bis einen Tag) in normaler
oder sogar übernormaler Zahl im Blute.

Wenn wir vom Blutumsatz oder *Blutmauserung* (Eppinger[5]) sprechen,
meinen wir lediglich den Umsatz der Erythrocyten.

Methoden zur Beurteilung des Erythrocyten- und Hämoglobinumsatzes.

A. Histologische Untersuchungen.

Die Untersuchung des gefärbten Blutpräparates liefert bekanntlich wertvolle Anhaltspunkte zur Beurteilung der Frage, ob generell eine lebhafte Blutregeneration besteht oder nicht.

---

[1] v. Noorden: Zitiert auf S. 203.

[2] Morawitz: Einige neuere Anschauungen über Blutregeneration. Ergebn. d. inn.
Med. u. Kinderheilk. Bd. 11, S. 277. 1913.

[3] Itami: Veränderungen der blutbildenden Organe bei Polycythämie. Folia haematol.
Bd. 6, S. 425. 1908.

[4] Robertson: Journ. of exp. med. Bd. 5, S. 26. 1917; zit. nach Denecke: Jugendformen der Erythrocyten usw. Zeitschr. f. d. ges. exp. Med. Bd. 36. S. 179. 1923.

[5] Eppinger-Ranzi: Hepatolienale Erkrankungen. Berlin 1920.

a) Kernhaltige Erythrocyten (Normo- und Megaloblasten) im strömenden Blute gelten seit langem als Indicatoren einer lebhaften Blutregeneration. Dabei darf allerdings nicht vergessen werden, daß gewisse Laboratoriumstiere (Hunde!) sehr häufig schon normalerweise spärliche Normoblasten im Blute führen. Es ist durch neuere Untersuchungen[1] wahrscheinlich geworden, daß der Blutumsatz bei Hunden, und vielleicht überhaupt bei Fleischfressern, sich in lebhafterem Tempo vollzieht, als bei Menschen und Pflanzenfressern.

Tatsächlich zeigen Untersuchungen von MORAWITZ und KÜHL[2], daß überreiche Fleischnahrung zu vermehrten Blutumsatz führt, wobei Blutbildung und -zerfall in beschleunigtem Tempo ablaufen. Die Prüfung der Blutbildung geschah durch die weiter unten (S. 213) beschriebene Methode der Sauerstoffzehrung, die des Blutzerfalls durch quantitative Urobilinbestimmung (S. 221). Kernhaltige rote Blutkörperchen treten aber in diesen Versuchen nicht in das strömende Blut über, da die Intensität der Erscheinungen dafür zu gering ist.

Beim Menschen darf man nur mit größter Vorsicht aus dem Auftreten und der Zahl der Normoblasten Rückschlüsse quantitativer Art auf die Blutbildung ziehen. Denn, wenn auch im allgemeinen vielleicht die Ansicht zutrifft, daß bei einer Anämie um so mehr Erythroblasten im Blute vorkommen, je lebhafter das Knochenmark arbeitet, so gibt es doch zahlreiche Ausnahmen von dieser Regel. Bei Knochenmarkstumoren findet man z. B. oft auffallend viel Erythroblasten ohne sonstige Zeichen besonders lebhafter Blutbildung. Es handelt sich hier wohl sicher um Lokalwirkungen der Tumoren auf ihre Umgebung, nicht um allgemeine Knochenmarksreizung. Andererseits weiß jeder Arzt, daß man durchaus nicht bei jeder Anämie, die mit beschleunigter Blutbildung verläuft, auch kernhaltige Erythrocyten antrifft. Es gehört offenbar, wenigstens beim Menschen, schon ein recht lebhaftes Tempo der Blutbildung dazu, damit überhaupt Normoblasten aus dem Knochenmark ausgeschwemmt werden.

Wenn also das Auftreten von Normoblasten im allgemeinen auch für verstärkte Blutbildung spricht, so erfahren wir doch nichts Quantitatives über die Gesamtleistung des Knochenmarkes. Außerdem werden sich nur starke Grade der Knochenmarksreizung durch das Auftreten kernhaltiger Erythrocyten verraten.

Es ist außerdem auch noch zu erwägen, ob nicht der Vorgang der Entkernung selbst gestört sein kann. Das häufige Auftreten atypischer karyorhektischer Figuren in Normoblasten bei schweren Anämien könnte in diesem Sinne verwendet werden.

Keinesfalls kann also der Nachweis von Normoblasten uns mehr als ganz rohe Anhaltspunkte für den Blutumsatz geben. C. und M. DRINKER und KREUTZMANN[3] fanden beim Versuchstiere zahlreiche Normoblasten ohne jeden Aderlaß nach starken körperlichen Anstrengungen. Die Autoren denken an verschiedene Verteilung der kernhaltigen Zellen in den einzelnen Gefäßgebieten. Es muß aber auch daran gedacht werden, daß Änderungen der Durchblutung des Knochenmarkes das Übertreten einer gewissen Zahl von Normoblasten ins Blut veranlassen können.

b) Die vitale Granulierung der Erythrocyten. Ist ein Erythrocyt kernlos, so kann man ihm nicht ohne weiteres ansehen, ob es sich um eine jugendliche oder eine schon ältere Zelle handelt. Es gibt aber einige Färbemethoden, die uns wenigstens in einem Teile jugendlicher Erythrocyten besondere Gebilde zeigen.

---

[1] DENECKE: Jugendformen der Erythrocyten usw. Zeitschr. f. d. ges. exp. Med. Bd. 36, S. 179. 1923.

[2] MORAWITZ u. KÜHL: Blutumsatz des Normalen. Klin. Wochenschr. Jg. 4, Nr. 1. 1925.

[3] DRINKER, C. u. M., u. KREUTZMANN: Journ. of exp. med. Bd. 27. 1918; zit. nach ROESSINGH.

Zu diesen histologischen Charakteren jugendlicher Zellen gehört die *vitale Granulierung*, die zuerst von Israel und Pappenheim[1] beschrieben worden ist. Zum Nachweise jener Granulierung empfiehlt Roessingh[2] folgendes Verfahren (nach Widal, Abrami und Brulé): In einem Reagensglase mischt man 2 ccm einer $^1/_2$proz. Kaliumoxalatlösung in 0,9% NaCl-Lösung mit 10 Tropfen polychromem Methylenblau Unna, dazu 5 Tropfen Blut. Nach 10 Minuten wird zentrifugiert und vom Bodensatze ein Trockenpräparat hergestellt. Die Erythrocyten erscheinen bläulich, die vitale Granulation dunkelbraun. Andere brauchbare Verfahren stammen von Pappenheim[3] und V. Schilling[4]. Die vitale Granulierung, deren Darstellung nur an unfixiertem Blute gelingt, stellt sich in verschiedenen Formen dar. Zum Teil handelt es sich um dichte fädige Netzwerke, die bei oberflächlicher Betrachtung an ein Kerngerüst erinnern. Häufig sieht man feine Ranken und Maschenwerke aus strich- und punktförmigen Elementen zusammengesetzt. Auch in kernhaltigen Erythrocyten findet man sie zuweilen. Im Knochenmarke des Erwachsenen, beim Embryo auch im Blute, findet man regelmäßig zahlreiche vitalgranulierte Erythrocyten (Naegeli[5]). Die Herkunft der vitalen Körnelung (*Substantia reticulo-filamentosa*) von Chromatinsubstanzen ist sehr unwahrscheinlich (Roessingh, Denecke[6]); dagegen bestehen gewisse Beziehungen zur Polychromatophilie (Schilling). Anscheinend besitzt das Knochenmark ziemlich große Reserven an vitalgranulierten Erythrocyten, die bei plötzlichen Anforderungen ins Blut geworfen werden.

Die Vitalgranulierten sind sicher junge Zellen, wie sich aus den Untersuchungen von Cesaris-Dehmel[7], Ferrata[8], Naegeli[9], Chauffard[10], Widal[11] u. a. ergibt. Sie sind anscheinend diejenigen jungen Zellen, die der Reife am nächsten stehen.

Im Blute des gesunden erwachsenen Menschen finden sich spärlich vitalgranulierte. Naegeli gibt 0,1 bis 0,2% an, Roessingh 0,4 bis 1,8%. Methodische Differenzen sind wahrscheinlich für diese verschiedenen Zahlen verantwortlich zu machen. Ist die Blutbildung verstärkt, so erhebt sich in der Regel auch die Zahl der vitalgranulierten. So findet Roessingh bei Anaemia perniciosa bis 19% vitalgranulierte Erythrocyten.

In neuerer Zeit hat C. Seyfarth[12] das Problem der vitalfärbbaren Erythrocyten einer umfangreichen Bearbeitung unterzogen. Zur Darstellung der Vitalgranulation empfiehlt Seyfarth folgende Methode:

---

[1] Israel u. Pappenheim (1895), zit. nach Roessingh.

[2] Roessingh: Beurteilung der Knochenmarksfunktion bei Anämien. Dtsch. Arch. f. klin. Med. Bd. 138, S. 267. 1922. — Roessingh: Zur Pathogenese der Carcinomanämie. Ebenda Bd. 139, S. 310. 1922. — Roessingh: Carcinom en Anaemie. Dissert. Utrecht (holländ.).

[3] Pappenheim u. Nakano: Beziehungen zwischen Vitalfärbung, Supravitalfärbung usw. Folia haematol. Bd. 14, S. 260. 1912.

[4] Schilling, V.: Vitalfärbung. Folia haematol. Bd. 11, S. 327. 1911.

[5] Naegeli: Zitiert auf S. 203.

[6] Denecke: Zitiert auf S. 205.

[7] Cesaris-Dehmel: Studien über die roten Blutkörperchen. Folia haematol. Bd. 4, S. 1. 1907.

[8] Ferrata: Klinische Bedeutung der vitalfärbbaren Substanz. Folia haematol. Bd. 9, S. 253. 1910.

[9] Naegeli: Zitiert auf S. 203.

[10] Chauffard u. Fiessinger: Ictère congénital hémolytique. Soc. méd. des hôp. de Paris, 8. Nov. 1907.

[11] Widal u. Abrami: Types divers d'ictères hémolytiques etc. Soc. méd. des hôp. de Paris, 8. Nov. 1907.

[12] Seyfarth: Experimentelle und klinische Untersuchungen über die vitalfärbbaren Erythrocyten. Folia haematol. Bd. 34, H. 1, S. 7. 1927.

Ein Tropfen konzentrierter alkoholischer Lösung von Brillantkresylblau wird auf einen sauberen Objektträger gebracht. Nachdem die Farbe eingetrocknet ist, wird sie leicht angehaucht und mit einem feinen Tuche zu einer zarten Schicht verrieben. Auf diese Stelle läßt man dann ein mit einem Tropfen frischen Blutes beschicktes großes Deckglas fallen. Unter dem Mikroskop können die Vorgänge bei der nun eintretenden Farbstoffaufnahme durch die Blutzellen beobachtet werden.

Um Dauerpräparate zu erhalten, kann nach der Durchfärbung das Deckgläschen abgehoben, das Blut ausgestrichen und an der Luft getrocknet werden. Nach 3 bis 5 Minuten währender Fixierung im Methylalkohol wird mit Giemsalösung (1 Tropfen auf 1 ccm Wasser) 20 bis 30 Minuten nachgefärbt.

Man erhält auf diese Weise, wie ich selbst gesehen habe, prächtige kombinierte Bilder, die neben den nur postvital färbbaren Substanzen auch die vitalfärbbare retikuläre Substanz schön erkennen lassen.

Nach SEYFARTHS Untersuchungen scheint die Substantia reticulo-filamentosa in einem frühen Stadium embryonaler Entwicklung sich in allen Erythrocyten zu finden, auch in kernhaltigen. Hier ist sie oft kranzförmig in der Umgebung des Zellkerns angeordnet. Sie zeigt gesetzmäßige Reifungserscheinungen, wird im Laufe der Reifung des Erythrocyten immer lockerer, spärlicher, um endlich ganz zu verschwinden. Auch Erythrocyten mit Dauerkernen (Vögel) zeigen die Substantia reticulo-filamentosa ganz analog wie Säugetiererythrocyten. Sie läßt sich bei Tierembryonen erst zugleich mit dem Erscheinen des Hämoglobins in den Stammformen der Erythrocyten nachweisen.

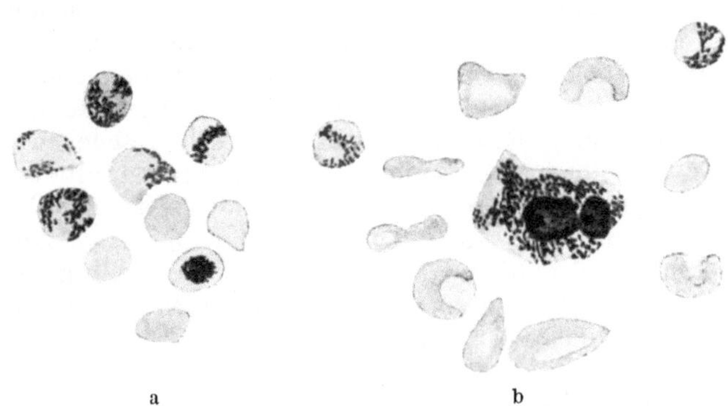

a   b

Abb. 27. a) Substantia reticulo-filamentosa. b) Megaloblast mit Substantia reticulo-filamentosa. (Nach G. DENECKE.)

Beim erwachsenen gesunden Menschen findet SEYFARTH 0,1 bis 0,2% aller zirkulierenden Erythrocyten retikuliert, bei ausgetragenen Neugeborenen 5 bis 10%, wesentlich mehr bei Frühgeburten (10 bis 30%). Etwa dieselben Zahlen auch bei neugeborenen Laboratoriumstieren.

Die Reticulocyten sind etwas größer und spezifisch leichter als ältere Erythrocyten. Daher können sie in den oberen Schichten des zentrifugierten Citratblutes angereichert werden. KOMIYA[1] fand eine Anreicherung auf etwa das 3fache in den oberen Schichten der Erythrocytensäule. Dasselbe hatten DENECKE und Mitarbeiter[2] schon vorher für die polychromatischen und atmenden Erythrocyten gezeigt.

Man kann mit dem Verfahren von KOMIYA spärliche Reticulocyten gut finden und in zweifelhaften Fällen Schlüsse auf die Knochenmarksfunktion ziehen. Eine quantitative Methode ist das natürlich nicht.

In ähnlicher Weise, wie sich KOMIYA der Untersuchung der oberen Schichten des Zentrifugates zur Feststellung spärlicher Jugendformen bedient, empfiehlt V. SCHILLING[3] die Untersuchung des nach ROSS und RUGE hergestellten, dann

---

[1] KOMIYA: Verfahren zur Anreicherung junger Erythrocyten. Münch. med. Wochenschr. 1927, S. 1835.
[2] DENECKE, HEIMANN u. EIMER: Zeitschr. f. d. ges. exp. Med. Bd. 47, S 167. 1925.
[3] SCHILLING, V.: Das Blutbild und seine klinische Verwertung. 3. u. 4. Aufl. Jena 1924. Vgl. ferner SCHREIBER: Deutlichere Darstellung von basischen Erythrocyten. Dtsch. med. Wochenschr. 1922, Nr. 40, S. 1337.

vitalgefärbten „dicken Tropfens". Sicher lassen sich auch damit *qualitative* Anhaltspunkte für die Erythrocytenbildung gewinnen.

Lassen sich nun durch die einfache quantitative Bestimmung der vitalgranulierten Roten brauchbare Anhaltspunkte für die Beurteilung der Blutbildung und Knochenmarksfunktion erhalten? Das läßt sich bisher nicht sicher behaupten. Auffallend ist es, daß unter allen Krankheiten der chronisch-hämolytische Ikterus meist die höchsten Zahlen für die Granulierung aufweist. Denecke teilt Zahlen mit, die zwischen 10 und 50% aller Erythrocyten sich bewegen. Ist nun bei dieser Krankheit die Blutbildung lebhafter als bei allen anderen uns bekannten Krankheitszuständen? Das ist nicht sehr wahrscheinlich. Eine sichere Entscheidung ist allerdings nur möglich, wenn man diese Methode durch eine andere kontrolliert. Das ist durch Roessingh und Denecke geschehen (s. S. 215).

Im allgemeinen scheint Vermehrung der vitalen Tüpfelung für lebhaftere Blutbildung zu sprechen. So findet Roessingh z. B. im Nabelvenenblut 4,8% Vitalgranulierte. Aber eine strenge quantitative Abhängigkeit zwischen Blutbildung und vitaler Körnelung ist offenbar doch nicht vorhanden. Beim Hunde, der sicher schon normalerweise eine lebhafte Blutbildung hat, ist die Zahl der Vitalgranulierten im allgemeinen niedrig (Denecke). Es scheinen eben nicht alle aus dem Knochenmark entlassenen Erythrocyten vitale Granulation zu haben. Es müssen wohl noch unbekannte Faktoren mitspielen, die das besonders intensive und häufige Auftreten der Vitalgranulation bei bestimmten Krankheiten (hämolytischer Ikterus) beherrschen.

Immerhin ist zuzugeben, daß die Auszählung der vitalgranulierten Erythrocyten uns einen besseren Anhaltspunkt für die Beurteilung der Leistungsfähigkeit des Knochenmarkes gibt, als der Nachweis von Erythroblasten. Zu einer wirklich brauchbaren quantitativen Methode, die es gestattet, den Blutumsatz zu erfassen, läßt sich die Auszählung der Vitalgranulierten einstweilen nicht gestalten (s. S. 215). Trotzdem sollte das Verfahren bei seiner Einfachheit mehr geübt werden. Unter allen morphologischen Untersuchungsmethoden auf Regeneration wird die Zählung der Vitalgranulierten von neueren Untersuchern am höchsten bewertet (Minot[1], Pepper und Peet[2], Musser[3], Harrop[4], Cunningham[5], Rieux[6]).

Auch Seyfarth[7] kommt zu demselben Ergebnis. Er findet u. a. eine sehr schnelle und erhebliche Zunahme retikulierter Erythrocyten unter dem Einflusse einer Verminderung des Luftdruckes resp. des O_2-Partiardruckes. Nach 3 bis 4tägigem Aufenthalte im luftverdünnten Raume stieg die Zahl der Vitalgranulierten bei verschiedenen Versuchstieren (Nager) auf das 3fache und mehr. Seyfarth bezeichnet die Auszählung der Reticulocyten als die beste morphologische Methode zur Feststellung vermehrter Erythropoiese. Der hämolytische Ikterus mit seinen besonders hohen Werten nimmt allerdings eine Sonderstellung ein. Möglicherweise liegt bei dieser Krankheit eine Anomalie der Erytrocyten vor, so daß sie ihre vitalfärbbaren Substanzen länger behalten als normale Erythrocyten.

c) Die Polychromasie der Erythrocyten. Als *Polychromasie* oder *Polychromatophilie* (Gabritschewsky, Ehrlich) bezeichnet man die Eigenschaft gewisser Erythrocyten, sich auch mit basischen Farbstoffen, z. B. Methylenblau, zu färben.

---

[1] Minot: Americ. journ. of the med. sciences 1916.

[2] Pepper u. Peet: Arch. of internal med. 1914.

[3] Musser: Arch. of internal med. 1914.

[4] Harrop: Arch. of internal med. 1919.

[5] Cunningham: Arch. of internal med. 1920.

[6] Rieux: Arch. des malad. du coeur et du sang 1920, Nr. 1—6; zit. nach Roessingh.

[7] Seyfarth: Blutveränderungen bei Luftdruckerniedrigung. Klin. Wochenschr. 1927, Nr. 11.

Bei einfacher Methylenblaufärbung erscheinen die polychromatischen Erythrocyten dunkler oder heller blau gegenüber den grünlich-gelb gefärbten orthochromatischen Zellen. Daß die Polychromasie im strömenden Blute Zeichen der Jugend der betreffenden Erythrocyten sein kann, wird allgemein zugegeben (Literatur bei Naegeli). Eine Alterspolychromasie durch Degeneration ist zweifelhaft. Die Angaben von Hirschfeld[1], der in steril aufgehobenem Blute die Bildung einer Polychromasie in vitro beobachten konnte, hat Denecke nicht bestätigt. Auch im Knochenmarke finden sich regelmäßig zahlreiche polychromatische Erythroblasten und Erythrocyten, am reichlichsten in gewissen Stadien der embryonalen Entwicklung.

Polychromatische im strömenden Blute kommen ungefähr unter denselben Bedingungen vor wie vitalgranulierte Erythrocyten, d. h. also bei beschleunigter Blutbildung. Manche Versuchstiere (Hunde) haben schon normalerweise polychromatische Erythrocyten. Denecke fand in 5 Versuchen an Hunden 1 bis 4% dieser Zellen. Schilling hat gezeigt, daß offenbar zwischen Vitalgranulierung und Polychromasie gewisse Beziehungen bestehen. Durch nachfolgende Giemsafärbung läßt sich die Polychromasie mancher vitalgranulierter Erythrocyten erweisen. Trotzdem glaube ich nicht, daß diese beiden Erscheinungen stets gemeinsam vorkommen. Denecke findet z. B. keine bestimmten quantitativen Beziehungen zwischen Polychromasie und Vitalgranulierung. Beim hämolytischen Ikterus ist ja die vitale Granulierung quantitativ besonders in die Augen fallend; dagegen ist die Polychromasie nur unbedeutend. Schon viel früher hat Ferrata[2] gezeigt, daß die vitale Granulierung sowohl in ortho-, als in polychromatischen Erythrocyten vorkommt. Schilling[3] weist demgegenüber auf die nahen Beziehungen zwischen Polychromasie und vitaler Granulierung hin. Auch Naegeli ist der Meinung, daß diese bestehen. Er glaubt, die Vitalfärbung wäre eben die feinere Methode, die uns auch solche Zellen als jugendliche erkennen läßt, bei denen die Giemsafärbung versagt. Wenn dem so wäre, müßte man bei allen regenerativen Vorgängen stets mehr Vitalgranulierte als Polychromatische finden. Das scheint aber nach Deneckes Beobachtungen doch nicht immer der Fall zu sein.

C. Seyfarth[4] vertritt wiederum dieselbe Meinung wie V. Schilling. Er hält Vitalgranulation und Polychromasie für ganz innig verknüpfte Erscheinungen.

Denecke glaubt, die Polychromasie sei ein brauchbareres morphologisches Kriterium der beschleunigten Blutbildung als die Vitalgranulierung. Indessen stellt doch die Mehrheit der Autoren die Vitalgranulierung höher.

Es ist natürlich schwer, zu dieser Frage Stellung zu nehmen. Im ganzen möchte ich glauben, daß beide Verfahren uns höchst wertvolle Anhaltspunkte für die Reaktionsfähigkeit des Knochenmarkes geben, daß es aber unmöglich sein dürfte, sie als quantitative Methoden auszubauen.

Es kommt, speziell bei Beurteilung der Polychromasie, noch in Betracht, daß es sehr verschiedene Grade dieses Zustandes gibt, und daß einzelne Untersucher an ein- und demselben Präparat recht wechselnde Werte finden können. Dasselbe ist im gewissen Grade auch bei der Vitalgranulierung der Fall. Schwächere Grade, wie z. B. die feine Randgranulierung, können leicht übersehen werden.

Über Vergleiche der Leistungsfähigkeit der morphologischen mit anderen Methoden der Messung des Blutumsatzes s. S. 215.

d) Andere morphologische Kriterien der Jugendlichkeit des Erythrocyten. Hier sind zu nennen die *basophile Tüpfelung*, die *azurophile Fleckung* und *Punktierung*, die *Cabotschen Ringe*, *Howell-Jolly-Körperchen*, *Kernbröckel*. Bezüglich der Einzelheiten sei auf

---

[1] Hirschfeld: Dtsch. Klinik 1909.   [2] Ferrata: Zitiert auf S. 206.
[3] Schilling: Zitiert auf S. 206.   [4] Seyfarth: Zitiert auf S. 206.

Naegeli[1] verwiesen. Diese färberisch darstellbaren Abweichungen von der Norm sind nach Anschauung der Mehrzahl der Hämatologen zwar durchweg an junge, neugebildete Erythrocyten gebundene und daher wohl als Zeichen einer Knochenmarksreaktion verwertbar. Aber sie finden sich keineswegs mit derselben Häufigkeit in jungen Erythrocyten wie Polychromasie und Vitalgranulierung. Offenbar handelt es sich um pathologische Bildungen oder doch wenigstens um solche, die nur unter bestimmten Bedingungen in jugendlichen roten Blutscheiben vorkommen. Die Howell-Jolly-Körperchen, die wahrscheinlich Kernreste darstellen, kommen in größerer Zahl und oft jahrelang nach Milzexstirpation vor, sonst sind sie ziemlich selten. Die am längsten bekannte und am besten studierte Änderung der Erythrocyten ist die basophile Tüpfelung oder Punktierung. Im Protoplasma des Erythrocyten sind in meist ziemlich großer Zahl rundliche Körnchen nachweisbar, die sich mit basischen Farbstoffen (Methylenblau) färben lassen. Es kann jetzt als bewiesen angesehen werden, daß es sich hier um eine regenerative Erscheinung handelt, nicht, wie man ursprünglich glaubte, um einen Vorgang der Degeneration. Die basophile Punktierung ist viel häufiger als die Howell-Jolly-Körperchen. Sie kommt bei den verschiedensten Anämien, ferner sehr häufig bei der Bleivergiftung vor. Auch im Blute normaler Embryonen ist sie von Naegeli in gewissen Entwicklungsstadien massenhaft gefunden worden. Aber es handelt sich bei dem Auftreten basophil gekörnter Erythrocyten nicht um eine regelmäßige Erscheinung. Es spielen bei ihrer Entstehung offenbar Reize mit, die wir nicht kennen. Naegeli spricht von einer pathologischen oder wenigstens abnormen Art der Reifung. Interessant ist die von Naegeli gefundene Tatsache, daß nach Verfütterung von Blut ziemlich große Mengen basophil gekörnter Erythrocyten längere Zeit hindurch im strömenden Blute nachweisbar sind. Wenn also die basophile Körnelung auch sicher nur jungen Erythrocyten zukommt, so wird man aus ihrem Auftreten oder Ausbleiben keine Schlüsse auf die Lebhaftigkeit der Blutbildung ziehen können. Sie tritt eben nur unter bestimmten, nur teilweise bekannten Bedingungen auf, als Zeichen einer wahrscheinlich von der Norm abweichenden Regeneration.

Aus den anderen morphologischen Befunden (Cabotsche Ringe, Tüpfelung usw.) wird man höchstens den Schluß ziehen können, daß das Knochenmark tätig ist.

So stehen von allen morphologischen Befunden lediglich Vitalgranulierung und Polychromasie als Meßmethoden der Blutregeneration zur Erörterung.

e) Untersuchung des Knochenmarkes am Lebenden. Es ist möglich, sich vom Patienten Knochenmark aus Tibia oder Sternum ohne große Belästigung des Kranken zu verschaffen[2]. Diese Untersuchungsmethode kann gewiß ihren Wert haben, z. B. für die Diagnose der aplastischen Anämie. Für die Frage der Blutbildung besagt sie dagegen nicht viel. Denn wir wissen, daß auch bei einem an Erythroblasten sehr reichen Mark ein Zustand der Knochenmarkssperre vorkommen kann, so z. B. im Verlauf der perniziösen Anämie. Trotz reichlicher Bildung von Erythroblasten liegt die Blutregeneration darnieder, die Zellen gelangen aus dem Mark nicht in den Kreislauf. Irgendwelche Schlüsse auf den Blutumsatz, geschweige solche quantitativer Art, lassen sich also aus Knochenmarksbefunden nicht ziehen.

B. Physikalische und physikalisch-chemische Untersuchungsmethoden.

a) Prüfung der Resistenz der Erythrocyten. Gewöhnlich meint man die osmotische Resistenz, wenn von Resistenzprüfungen die Rede ist. Es besteht ein gewisser, allerdings keineswegs sehr inniger Zusammenhang zwischen der osmotischen Resistenz und der Widerstandsfähigkeit der Erythrocyten gegen andere hämolytisch wirkende Faktoren, wie mechanische und thermische Schädigungen, hämolytische Gifte. Zur Untersuchung der Resistenz verwendet man meist eine von Hamburger[3] angegebene, später nur unwesentlich modifizierte Methode: Eine größere Zahl von Glasröhrchen wird mit 2 ccm Kochsalzlösung steigender Konzentration gefüllt. Man wählt meist die Konzentrationen von 0,26 bis etwa 0,62% NaCl, wobei die Differenz im NaCl-Gehalt der einzelnen Röhrchen 0,02% betragen soll. Man läßt nun in jedes Gläschen einen Blutstropfen fallen, schüttelt um und läßt die Blutkörperchen sedimentieren. Nach einigen Stunden sieht man nach, bei welcher Konzentration zuerst Hämolyse, kenntlich an der Rotfärbung der

---

[1] Naegeli: Zitiert auf S. 203.

[2] Seyfarth, C.: Sternalpunktion am Lebenden. Dtsch. med. Wochenschr. 1923, S. 180.

[3] Hamburger: Osmotischer Druck und Ionenlehre, Bd. I, S. 378.

NaCl-Lösung, bemerkbar ist. Bei vollständiger Hämolyse bildet sich am Boden des Röhrchens kein rotgefärbtes Sediment mehr.

Normalerweise liegt beim Menschen die sog. Minimumresistenz bei 0,42 bis 0,46% (obere Resistenzgrenze), die sog. Maximumresistenz (untere Resistenzgrenze) bei 0,30 bis 0,32% NaCl.

Die Spannung zwischen maximaler und minimaler Resistenz ist die *Resistenzbreite*.

Es ergibt sich also, daß im Blute stets resistentere und weniger resistente Erythrocyten vorkommen.

Es fragt sich, ob diese Unterschiede der Resistenz Unterschiede im Alter der Erythrocyten bedeuten, ob etwa die widerstandsfähigen Erythrocyten junge Zellen sind, wir also durch Untersuchung der Resistenz Anhaltspunkte dafür gewinnen können, ob viele oder wenig neugebildete Erythrocyten in der Blutbahn sind. Dazu reicht aber die HAMBURGERsche Methode nicht aus.

Von ARRHENIUS und MADSEN[1] ist das Prinzip eines exakteren Meßverfahrens angegeben worden. Es wird auf colorimetrischem Wege das bei jeder NaCl-Konzentration aus den Erythrocyten ausgetretene Hämoglobin bestimmt. Mit diesem Verfahren haben HANDOVSKY[2], SNAPPER[3], BAUER und ASCHNER[4] gearbeitet. Letztere haben die Methodik vereinfacht und handlicher gestaltet. Sie verfahren dabei folgendermaßen: Nach beendeter Hämolyse (20 Minuten) werden die Eprouvetten scharf zentrifugiert, die obenstehende klare Hämoglobinlösung in eine von 2 ganz gleichen gradwandigen Eprouvetten gebracht. In die 2. wird 1 ccm einer Hämoglobinlösung gebracht, die genau soviel Blut enthält wie die Hämolysegefäße, nur völlig in Aqua dest. hämolysiert. (3 Tropfen Erythrocytenaufschwemmung in 3 ccm Aqua dest.) Hier sind sicher alle Erythrocyten hämolysiert. Indem man nun von den schwächsten NaCl-Konzentrationen ausgeht und colorimetrisch vergleicht, kann man durch Verdünnung der zum Vergleich dienenden Hämoglobinlösung feststellen, bei welcher Konzentration 100,50% usw. die vorhandenen Erythrocyten hämolysiert worden sind.

Findet man z. B. bei 0,3% NaCl-Konzentration Farbengleichheit mit der Vergleichslösung, so sind 100% der Erythrocyten hämolysiert. Muß man bei 0,4% die Vergleichslösung auf das Doppelte verdünnen, so sind bei 0,4% NaCl-Konzentration 50% der Erythrocyten hämolysiert usw.

Da nun HANDOVSKY gefunden hat, daß es keine partielle Hämolyse gibt, d. h. daß jeder Erythrocyt bei einer gewissen osmotischen Spannungsdifferenz die Gesamtheit seines Hämoglobins abgibt, so ist man mit der Methode von ARRHENIUS und MADSEN in der Lage, Kurven aufzustellen, aus denen ersichtlich ist, wieviel Prozent der vorhandenen Erythrocyten bei einer bestimmten NaCl-Konzentration lysiert werden (Abb. 28).

Sind nun junge Erythrocyten osmotisch resistenter als ältere? Die Untersuchungen von HANDOVSKY, SNAPPER, BAUER und ASCHNER weisen in der Tat darauf hin. Nach Aderlässen beobachtet man bei Mensch und Tier folgende Veränderungen (s. Kurven Abb. 28): Zunächst eine Abnahme der Zahl resistenter Erythrocyten, dann eine erhebliche Zunahme, die verschieden lange (bis zu 18 Tagen) nachweisbar ist, um allmählich wieder die Norm zu erreichen. BAUER

---

[1] ARRHENIUS u. MADSEN: Hoppe-Seylers Zeitschr. f. physiol. Chem. 1903, zit. nach SNAPPER.

[2] HANDOVSKY: Untersuchungen über partielle Hämolyse. Arch. f. exp. Pathol. u. Pharmakol. Bd. 60, S. 412. 1912.

[3] SNAPPER: Vergleichende Untersuchungen über junge und alte rote Blutkörperchen. Biochem. Zeitschr. Bd. 43, S. 256 u. 266. 1912.

[4] BAUER u. ASCHNER: Studien über die Resistenzbreite der Erythrocyten. Dtsch. Arch. f. klin. Med. Bd. 130, S. 172. 1919.

und Aschner nehmen an, die primäre Abnahme sei bedingt durch Einströmen von Gewebsflüssigkeit nach dem Aderlasse, die sekundäre Zunahme der Resistenz aber durch Auftreten junger, stark widerstandsfähiger Erythrocyten. Man hätte also in dieser Methode eine Handhabe, die Anwesenheit junger Erythrocyten, die sich morphologisch von älteren nicht unterscheiden, zu erweisen. Auch aus älteren Beobachtungen von Itami und Pratt[1], Sattler[2] u. a. ergibt sich, daß tatsächlich junge Erythrocyten resistenter sind wie alte.

Das gilt aber nur ceteris paribus, wie Bauer und Aschner selbst hervorheben. Das Alter ist sicher nicht der einzige Faktor, der die wechselnde Resistenz der Erythrocyten beherrscht. Das Verhalten des Plasma, gewisse chemische Änderungen des Stroma, schaffen Verhältnisse, die besonders in pathologischen Fällen ganz unübersichtlich liegen. Zu einer Messung der Neubildungsvorgänge eignet sich dieses Verfahren meiner Ansicht nach nicht und wird sich auch durch Verfeinerung der Methodik deswegen nicht dazu ausbauen lassen, weil es unmöglich ist, alle Bedingungen bis auf das Alter der Erythrocyten gleichmäßig zu gestalten. Dagegen können wir mit Bauer und Aschner vielleicht folgendes sagen: Eine geringe Resistenzbreite deutet entweder auf kurze Lebensdauer oder auf langsamen Ablauf der physiologischen Altersveränderungen der Erythrocyten. Man findet z.B. bei perniziöser Anämie meist eine geringe Resistenzbreite (0,36 bis 0,40% NaCl), wahrscheinlich als Zeichen eines beschleunigten Blutumsatzes.

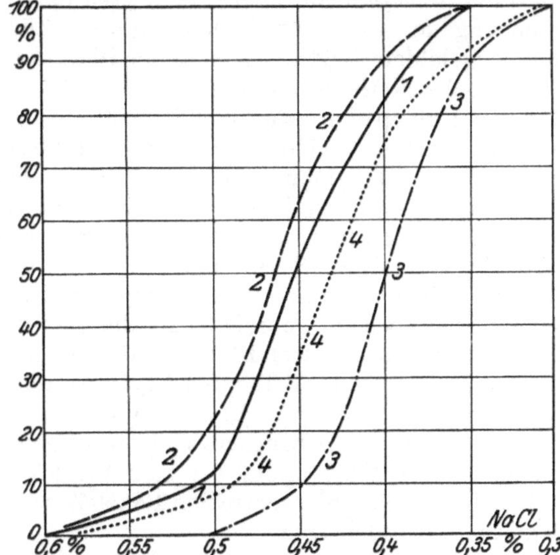

Abb. 28. 1. Vor dem Aderlaß; 2. 4 Tage nach dem Aderlaß; 3. 9 Tage nach dem Aderlaß; 4. 18 Tage nach dem Aderlaß. (Nach Bauer und Aschner.)

Umgekehrt wird man bei einer großen Resistenzbreite vermuten, daß entweder die Lebensdauer der Erythrocyten besonders groß ist oder ihre Altersveränderungen sich besonders rasch vollziehen. Immerhin sind auch unter diesem Gesichtspunkte viele Befunde schwer zu erklären.

b) Sedimentierung. Nach Handovsky[3] ist die Senkungsgeschwindigkeit der gegen Saponin resistenten, also der jüngeren Erythrocyten geringer als die der weniger resistenten. Bauer und Aschner[4] fanden bei Prüfung der osmotischen Resistenz diese Beobachtung nicht regelmäßig bestätigt. Indessen glaube ich doch, daß sie im allgemeinen zutrifft, wie ich aus älteren eigenen Beobachtungen mit der Methode der Sauerstoffzehrung (s. S. 213)

[1] Itami u. Pratt: Veränderungen der Resistenz und der Stromata der Erythrocyten usw. Biochem. Zeitschr. Bd. 18, S. 302. 1909.

[2] Sattler: Experimentell erzeugte allgemeine Resistenzerhöhung der roten Blutkörperchen. Folia haematol. Bd. 9, S. 216. 1910.

[3] Handovsky: Zitiert auf S. 211.   [4] Bauer u. Aschner: Zitiert auf S. 211.

schließen möchte: Läßt man nämlich stark atmende rote Blutkörperchen sedimentieren, so kann man beobachten, daß nach einiger Zeit das Hämoglobin in den oberen Schichten stärker reduziert, d. h. also dunkler erscheint als in den unteren. Lebhaft atmende (d. h. also junge) Erythrocyten sedimentieren also langsamer als ältere, ausgereifte Exemplare. Dasselbe ergeben auch die neueren Arbeiten von Komiya[1] und Denecke[2] (s. S. 207).

Wir haben hier einen neuen Hinweis auf physikalische oder chemische Verschiedenheiten junger und alter kernloser Erythrocyten. Quantitative Schätzungen des Blutumsatzes sind aber hiermit natürlich nicht ausführbar.

c) Methode der Sauerstoffzehrung. Dieses Verfahren ist von Morawitz und Pratt[3] 1908 zuerst beschrieben und 1909 zur Prüfung der Funktion des Knochenmarkes vorgeschlagen worden.

Es gründet sich auf folgende Beobachtungen: Läßt man sauerstoffgesättigtes Blut eines normalen Menschen steril unter Luftabschluß im Brutschrank stehen, so ändert sich der O_2-Gehalt des Blutes nur sehr wenig, falls man dafür gesorgt hat, das Blut durch vorheriges Defibrinieren (am besten mit Glasperlen) von Blutplättchen und einem Teile der Leukocyten zu befreien. Durch Loeber[4] und Onaka[5] wissen wir, daß die Blutplättchen einen lebhaften respiratorischen Stoffwechsel haben. Der Gaswechsel der im Blute verbliebenen Leukocyten muß berücksichtigt werden. Itami[6] hat gefunden, daß man für 1000 Leukocyten in 1 ccm etwa 0,1 Vol.-% Sauerstoffverlust in 5 Stunden bei Brutschranktemperatur anzusetzen hat. Diese Zahlen werden auch von neueren Untersuchern (Roessingh[7], Denecke[8]) angenommen. Haben wir also 3000 Leukocyten im defibrinierten Blut, so müßten wir den Verlust von 0,3 Vol.-% O_2 auf diese Zellen allein beziehen. Durch Substraktion dieser Zahl vom gesamten O_2-Verlust erhält man die durch die Atemtätigkeit der Erythrocyten veranlaßten Verluste.

Beim normalen Menschen und Kaninchen ist die Sauerstoffzehrung bei 5stündigem Aufenthalte im Brutschranke gering. Sie beträgt im Durchschnitt 0,8 Vol.-% oder, da das Blut etwa 20 Vol.-% O_2 bindet, rund 4% des vorhandenen Sauerstoffs. Durch Abzug der für die O_2-Zehrung der Leukocyten berechneten Werte erhält man den *reduzierten Wert* der O_2-Zehrung, der auf den Gaswechsel der Erythrocyten zu beziehen ist. Er liegt normalerweise fast in den Fehlergrenzen der Methodik. Bei Hunden, bei denen der Blutumsatz überhaupt wesentlich lebhafter ist, findet Denecke reduzierte Zehrungswerte von 6,9 bis 14% des vorhandenen O_2.

Zur Methodik sei folgendes gesagt: Dem Patienten wird aus der gestauten Armvene 10 bis 15 ccm Blut entnommen und dieses in einem sterilen Pulverglas durch langsames Schütteln mit Glasperlen defibriniert. Dadurch entfernt man neben den Blutplättchen auch einen erheblichen Teil der Leukocyten. Das defibrinierte Blut wird durch sterile Gaze filtriert und zur völligen Sättigung des Hämoglobins mit O_2 10 bis 15 Minuten vorsichtig in einem sterilen Erlenmeyer mit Luft geschüttelt. In einem Teil des Blutes wird nun sofort eine Sauerstoffbestimmung gemacht, der größere Anteil wird in sterile, etwa 2 bis 3 ccm fassende Glasgefäße gefüllt, die mit einem Glasstopfen versehen und mit einer Perle beschickt sind. Die Gefäße müssen völlig mit Blut gefüllt sein und dürfen keine Luft enthalten. Diese Gläschen werden auf 5 Stunden in den Brutschrank gestellt. Dann wird auch mit diesem Blute eine Sauerstoffbestimmung ausgeführt, wobei man darauf zu achten hat, daß

---

[1] Komiya: Zitiert auf S. 207.   [2] Denecke: Zitiert auf S. 207.

[3] Morawitz u. Pratt: Einige Beobachtungen bei experimentellen Anämien. Münch. med. Wochenschr. 1908, Nr. 35. — Morawitz: Oxydationsvorgänge im Blut. Arch. f. exp. Pathol. u. Pharmakol. Bd. 60, S. 298. 1909. — Morawitz u. Itami: Klinische Untersuchungen über Blutregeneration. Dtsch. Arch. f. klin. Med. Bd. 100, S. 91. 1910.

[4] Loeber: Zur Physiologie der Blutplättchen. Pflügers Arch. f. d. ges. Physiol. Bd. 140. 1910.

[5] Onaka: Oxydationen im Blut. Hoppe-Seylers Zeitschr. f. physiol. Chem. Bd. 71, S. 193. 1911.

[6] Itami: Atemvorgänge im Blut und Blutregeneration. Arch. f. exp. Pathol. u. Pharmakol. Bd. 62, S. 93. 1910.

[7] Roessingh: Zitiert auf S. 206.   [8] Denecke: Zitiert auf S. 205.

es sich jetzt um ungesättigtes Blut handelt (Barcroft[1]). Die Differenz der beiden Bestimmungen minus der für die Leukocytenatmung berechneten Zahl ergibt den O_2-Verbrauch der Erythrocyten.

Die O_2-Bestimmungen führten wir früher durchweg nach der Ferricyanidmethode von Haldane und Barcroft[1] aus, in letzter Zeit auch mit der Blutgaspumpe nach van Slyke.

Es zeigt sich nun, daß bei vielen Anämien verschiedener Art die O_2-Zehrung stark gesteigert ist. War doch der Ausgangspunkt der ganzen Methode eine zufällige Beobachtung gewesen, nämlich das schnelle Dunkelwerden der Blutprobe eines anämischen Kaninchens. Es gilt diese Tatsache des starken O_2-Verbrauches nicht nur für die experimentelle Tieranämien, sondern auch für Erkrankungen des Menschen.

Durch die Untersuchungen von Warburg[2], Morawitz[3], Itami[4], Masing[5] wurden folgende Tatsachen gefunden: Je stärker die Blutregeneration, um so intensiver auch die Sauerstoffzehrung. Bei experimentellen Giftanämien (Pyrodin oder Phenylhydrazin) ist die Zehrung besonders stark. Zuweilen kann in wenigen Stunden der gesamte O_2-Vorrat des Blutes verbraucht werden. Bei Aderlaßanämien (Itami) ist sie meist weniger groß, kann aber deutlich in die Höhe gehen, wenn man die Regeneration durch intraperitoneale Injektionen von Lackblut anregt. Immerhin kann man durch einmaligen großen Aderlaß beim Kaninchen die Zehrung auf das 5- bis 10fache erhöht finden, wenn man z. B. am 3. Tage nach dem Aderlaß untersucht. Beim Menschen (Masing und Morawitz[6]) bewirkt ein Aderlaß von 400 ccm eine deutliche Zunahme der Sauerstoffzehrung. Auch bei Vögeln, deren kernhaltige Erythrocyten an sich schon einen meßbaren O_2-Verbrauch haben (Warburg), kann man ihn durch Aderlässe deutlich in die Höhe treiben. Endlich ergibt sich aus Beobachtungen von Morawitz und Itami an menschlichen Anämien, daß die O_2-Zehrung weniger von dem Grade der Anämie, als vielmehr von dem der Regeneration abhängt. Einige Beispiele aus der Arbeit von Denecke[7] mögen das belegen.

Krankheit	Ursprünglicher O_2-Gehalt %	Nach 5 Stunden	Sauerstoffverbrauch in Proz. des vorhandenen
Hämolytischer Ikterus	15,71	11,9	24,3
„ „	15,12	12,28	18,8
Perniziöse Anämie	8,2	7,2	12,8
Dieselbe nach Transfusion	8,7	5,4	38,0
Perniziöse Anämie	6,1	2,9	52,0
Dieselbe in Remission	13,1	12,8	2,5
Aplastische Anämie	13,8	13,5	2,4

Es kann nach den oben gegebenen Erfahrungen, die durch Douglas[8], Harrop[9], Roessingh[10], Denecke[11], bestätigt worden sind, als sicher angesehen

---

[1] Barcroft, J.: Respiratory function of the blood. Cambridge 1914.
[2] Warburg: Zur Biologie der roten Blutzellen. Hoppe-Seylers Zeitschr. f. physiol. Chem. Bd. 59, S. 112. 1909.
[3] Morawitz: Zitiert auf S. 213.   [4] Itami: Zitiert auf S. 213.
[5] Masing: Chemische Beiträge zur Blutregeneration. Arch. f. exp. Pathol. u. Pharmakol. Bd. 66, S. 71. 1911.
[6] Masing u. Morawitz: Höhenklima und Blutbildung. Dtsch. Arch. f. klin. Med. Bd. 98, S. 301. 1909.
[7] Denecke: Zitiert auf S. 205.
[8] Douglas: O_2-Gehalt des Blutes nach Hämorrhagie. Journ. of physiol. Bd. 39, S. 433. 1909/10.
[9] Harrop: Oxygen consumption of human erythrocytes. Arch. of internal med., Juni 1919, S. 745.
[10] Roessingh: Zitiert auf S. 206.   [11] Denecke: Zitiert auf S. 205.

werden, *daß die O_2-Zehrung abhängig ist von der Zahl junger neugebildeter Erythrocyten,* denen im Gegensatz zu älteren ausgereiften Formen ein meßbarer und nicht ganz unbedeutender respiratorischer Stoffwechsel zukommt.

Handelt es sich nun hierbei um Elemente, die auch mit anderen Methoden sich als junge Erythrocyten erkennen lassen? Daß nicht einfach der Stoffwechsel kernhaltiger Erythrocyten gemessen wird, geht daraus hervor, daß erstens die Zahl kernhaltiger Erythrocyten in der Regel zu gering ist, als daß ihr Stoffwechsel in Betracht kommen kann, zweitens aber zuweilen, und nicht einmal selten, kernhaltige Erythrocyten überhaupt fehlen, trotz starker oder stärkster Zehrung.

Auf gewisse Beziehungen zwischen Intensität der Zehrung und Polychromasie der Erythrocyten hat zuerst WARBURG hingewiesen. Genauer hat DENECKE diese Frage untersucht. Ich gebe eine seiner Tabellen, die sich auf Untersuchungen bei hämolytischem Ikterus beziehen.

	Heglb.	Rote	F. J.	Poly-chrom. %	Vital-gran. %o	Basophil getüpf.	Kern-haltig %	O_2 Zehrung
1. M. K. 23. 2. 21	77	3,8	1,0	2	45	0	0	16,6
M. K. 25. 2. 21	74	3,4	1,0	2	38	0	0	18,8
2. B. 14. 3. 21	78	4,2	0,9	3	50	0	0	24,3
3. S. 3. 4. 21	75	3,7	1,0	0	32	0	0	7,6
4. S. 18. 10. 21	90	4,9	0,9	0	10	0	0	3,5

Auch sonst deuten seine Beobachtungen auf einen Parallelismus der Polychromasie mit der O_2-Zehrung hin, wenngleich die Übereinstimmung der Befunde durchaus nicht immer ideal genannt werden kann.

HARROP und ROESSINGH[1] finden im Gegensatze zu DENECKE eher Beziehungen zwischen der Zahl der vitalgranulierten Erythrocyten und der O_2-Zehrung. Man sieht in der Tat in einigen Beobachtungen jener Autoren eine gewisse, allerdings durchaus nicht quantitative Übereinstimmung. ROESSINGH selbst ist weit entfernt, einen völligen Parallelismus behaupten zu wollen.

Übersieht man die bisher vorliegenden Resultate, so scheint mir die Methode der O_2-Zehrung das beste und zuverlässigste Verfahren zu sein, um zu beurteilen, ob viel oder wenig junge Erythrocyten in der Blutbahn sind. Es ist auch die einzige Methode, die wirklich quantitative Aufschlüsse gibt. Von den morphologischen Verfahren läßt sich das nicht behaupten.

Gestattet nun die Methode der O_2-Zehrung quantitative Schlüsse auf die gesamte Blutbildung und auf den Blutumsatz? Wenn wir die gesamte Blutbildung messen können, sind wir durch gleichzeitige Zählung der Erythrocyten auch imstande, den Blutumsatz zu erfassen. Solche quantitativen Schätzungen des Blutumsatzes sind mit dieser Methode bis zu einer gewissen Grenze wohl möglich. Aber man muß sich der Grenzen des Verfahrens wohl bewußt bleiben.

Zunächst haben wir — und das bedeutet einen gewissen Mangel — keine zuverlässigen Zahlen für die normale Zehrung der Erythrocyten. Der durch die Erythrocyten bedingte Sauerstoffverbrauch des Normalen (Mensch, Kaninchen) ist oft so gering, daß er in die Fehlergrenzen der Methodik fällt. In manchen Versuchen findet man nach Abzug des für die Leukocytenatmung errechneten O_2-Verbrauches überhaupt keine Zehrung. Aber selbst wenn man, wie das meistens der Fall ist, eine solche nachweisen kann, sind die Werte ziemlich schwankend, wie das bei so kleinen Zahlen und der Breite der Versuchsfehler verständlich ist. Ich fand z. B. in 3 Versuchen an Normalen 2,4 bis 0 % (relative Werte). Ähnliche Schwankungen kommen auch bei Kaninchen vor. Auch

---

[1] ROESSINGH: Zitiert auf S. 206.

Denecke findet in 40 Untersuchungen an Menschen mit normalem Blutumsatz nur einen O_2-Verlust von 2 bis 4 % (relative Werte), der fast völlig auf die Leukocyten bezogen werden muß. Beim Hunde mit seiner schon normalerweise lebhafteren Blutregeneration findet man Grundwerte, die etwa zwischen 7 und 14 % (relative O_2-Verluste) schwanken.

Die Tatsache also, daß man im ganzen doch keinen meßbaren einheitlichen Wert für die normale O_2-Zehrung erhält, macht es unmöglich, in pathologischen Fällen zu sagen, die Zahl junger Erythrocyten ist auf das Doppelte, Dreifache usw. erhöht.

Ein anderer Punkt, den man sich vor Augen zu halten hat, ist von Masing[1] hervorgehoben worden: Wir erhalten mit der Methode der O_2-Zehrung Anhaltspunkte über die Zahl junger unausgereifter Erythrocyten im Blute. Das ist nicht ohne weiteres mit der Regenerationsgröße gleichzusetzen. Denn wenn das rote Knochenmark 2 bis 3mal mehr Erythrocyten in die Blutbahn werfen würde, die Zellen aber alle reif wären, so wäre diese Art vermehrter Regeneration mittels der Zehrungsmethode nicht zu fassen. Bei manchen Krankheiten (perniziöse Anämie, Polycythämie), bei denen sich das rote Mark über weite Gebiete ausdehnt, muß man an diese Möglichkeit denken. Daß sie praktisch eine gewisse Rolle spielt, geht vielleicht aus der Tatsache hervor, daß man bei chronischen schweren Anämien des Menschen selten so hohe Zehrungswerte findet, wie bei den akuteren Giftanämien im Tierexperiment.

Trotz dieser Einschränkungen ist die Methode der Sauerstoffzehrung vorerst sicher das beste Verfahren, die Blutneubildung zu erfassen. Wie weit sie nur in großen Zügen die Richtung angibt, wie weit die Werte auch im einzelnen als quantitatives Maß der Blutbildung brauchbar sind, kann sich erst zeigen, wenn das Verfahren mit einer zuverlässigen Methode kontrolliert wird. Nur die Tatsache, daß die Methode bisher zu umständlich ist, steht ihrer allgemeinen Einführung im Wege.

Die bisher im Tierexperiment und beim Menschen mit diesem Verfahren gewonnenen Befunde stimmen sehr gut mit den Vorstellungen überein, die man sich, unabhängig von ihr, von der Art und Intensität der Regenerationsvorgänge macht: Bei experimentellen Giftanämien findet man die höchsten Werte (Pyrodin, Phenylhydrazin), völlige Reduktion des Oxyhämoglobins nach einer oder wenigen Stunden. Etwas schwächer ist die Zehrung bei gleich intensiven Aderlaßanämien (Itami). Zuweilen sieht man, daß ein einziger Aderlaß ein stärkeres Ansteigen der Zehrung veranlaßt als eine größere Zahl von Aderlässen. Itami nimmt an, daß im Knochenmark ein Vorrat junger unreifer Erythrocyten vorhanden ist, der auf den Aderlaß hin schlagartig in die Blutbahn geworfen wird und sich, wenn die Anämie weiter unterhalten wird, nicht so schnell wieder ersetzen kann.

Von den Befunden bei Blutkrankheiten des Menschen seien einige erwähnt (Morawitz und Itami, Roessingh, Denecke): perniziöse Anämien haben häufig eine hohe Sauerstoffzehrung. Die höchsten, beim Menschen überhaupt beobachteten Werte (60 bis 70 %) sind bei dieser Krankheit gefunden worden. Während der Remissionen der Erkrankung sinkt die O_2-Zehrung erheblich, um schließlich oft normale Werte zu erreichen. Das bedeutet also: Die Remission kommt nicht zustande durch vermehrte Leistung des Knochenmarkes und schnellere Erythrocytenproduktion, sondern dadurch, daß die Erythrocyten länger am Leben bleiben, so daß trotz verminderter Blutregeneration die Zell- und Hämoglobinmenge im strömenden Blute zunimmt. Das stimmt auch gut mit dem Verschwinden anderer Symptome während der Remission: Die Megalocytose nimmt ab, der Bilirubin-

---

[1] Masing: Zitiert auf S. 214.

gehalt des Serums und die Urobilinurie nähern sich normalen Werten. Übrigens kann die Zehrung bei perniziöser Anämie auch außerhalb der Remission gering sein, wenn eine sog. Knochenmarksperre besteht, d. h. also die Jugendstadien der Erythrocyten zeitweise nicht ins periphere Blut gelangen (DENECKE). Nach Transfusionen von Blut, besonders solchen, die mit Schüttelfrost und Hämolyse verlaufen, steigt die Zehrung gewaltig an. So finden sich bei DENECKE Steigerungen von 0,4 auf 38%, von 22 auf 60% nach der Transfusion. Dasselbe findet ROESSINGH. Offenbar ist also die Transfusion zuweilen ein starker Reiz für das Knochenmark, der mit Ausschwemmung von Jugendformen beantwortet wird.

Bei der aplastischen Anämie (EHRLICH) fehlt entsprechend der Atrophie des Knochenmarks jede auf Erythrocyten zu beziehende Sauerstoffzehrung.

Ziemlich hohe Werte kommen auch bei hämolytischem Ikterus vor (10 bis 20%). Indessen besteht gerade hier gar kein Parallelismus zwischen der großen Zahl der Vitalgranulierten und der im ganzen doch nur mäßigen O_2-Zehrung. Auffallenderweise gibt auch die Urobilinmethode (s. S. 221) bei hämolytischem Ikterus besonders hohe Werte für den Blutumsatz, höhere als bei Anaemia perniciosa. Es muß einstweilen dahingestellt bleiben, welche Methode hier die zuverlässigste ist. Ich habe nicht den Eindruck, daß die Blutbildung bei hämolytischem Ikterus lebhafter oder auch nur annähernd so lebhaft ist wie in gewissen Stadien der perniziösen Anämie.

Bei Chlorotischen sind die Werte recht wechselnd. Im Stadium der Reparation überwiegen jedenfalls Fälle mit erheblicher Steigerung der O_2-Zehrung.

Sekundäre Anämien verhalten sich verschieden. Bei der Krebsanämie überwiegen niedrige Werte, ebenso anscheinend bei den spärlich untersuchten nephritischen und tuberkulösen Anämien. Auch posthämorrhagische und infektiöse Anämien weisen wechselnde Befunde auf.

Reine Fleischnahrung erhöht auch beim Menschen die O_2-Zehrung deutlich[1]. ROESSINGH[2] sah auch nach Darreichung sehr hoher Eisendosen die Zehrung ansteigen, was er auf Knochenmarksreizung durch das Eisen bezieht.

Anhang: Bestimmung des Nucleinphosphors nach E. MASING[3]. Von dem Gedanken ausgehend, die O_2-Zehrung der Erythrocyten könne vielleicht mit der Anwesenheit von Kernabkömmlingen in den Erythrocyten einhergehen, die morphologisch nicht mehr nachweisbar sind, hat E. MASING Phosphorbestimmungen in den Erythrocyten des Kaninchenblutes ausgeführt.

In normalen Kaninchenkörperchen fand er pro 350 mg N etwa 7 mg P, davon etwa 1 mg Lipoid-P und Bruchteile eines Milligramms an Nuclein-P. Bei Aderlaß- und Giftanämien gehen alle P-Werte in die Höhe: der Gesamt-P kann das Doppelte des Normalwertes erreichen, weniger steigt der Lipoid-P. Relativ sehr bedeutend ist die Zunahme des Nuclein-P, der das Zehnfache der Norm überschreiten kann.

Prinzipiell dieselben Veränderungen finden sich auch im anämischen Gänseblut, wobei natürlich zu berücksichtigen ist, daß normales Gänseblut an sich schon beträchtliche Mengen Nuclein-P enthält.

MASING hat dieses Verfahren nicht mit der Methode der O_2-Zehrung quantitativ verglichen. Eine Nachprüfung hat die umständliche P-Bestimmung nicht gefunden. Immerhin ist sie theoretisch interessant, da sie zeigt, daß im jungen kernlosen Erythrocyten sich noch nennenswerte Reste von Nucleinen finden.

C. Chemische Methoden.

Es ist klar, daß man das Problem, den Blutumsatz zu erfassen, von 2 Seiten angreifen kann. Entweder man sucht Anhaltspunkte zur Beurteilung der Blutbildung. Alle bisher besprochenen morphologischen oder physikalisch-chemischen

---

[1] MORAWITZ u. KÜHL: Der Blutumsatz des Normalen usw. Klin. Wochenschr. Jg. 4, Nr. 1, S. 7. 1925.
[2] ROESSINGH: Wirkung des Eisens usw. Klin. Wochenschr. Jg. 3, Nr. 16, S. 673. 1924.
[3] MASING: Zitiert auf S. 214.

Methoden gehen darauf aus, den Blutumsatz aus der Zahl neugebildeter Erythrocyten zusammen mit dem morphologischen Blutbefunde zu erschließen. Dieser Weg ist aber nicht der einzig mögliche. Man kann den Blutumsatz ebensogut berechnen, wenn man neben den morphologischen Blutbefunden irgendein Zerfallsprodukt des Blutes quantitativ erfassen kann. Es kommen nur Abbauprodukte des Hämoglobins in Frage.

a) Eisenbestimmungen. Da das Hämoglobin der eisenreichste Eiweißkörper des Organismus ist — man kann die gesamte an Hämoglobin gebundene Eisenmenge beim Menschen auf etwa 2 g Fe schätzen, während die übrigen Organe nur rund 1 g Fe enthalten — wird man zunächst daran denken, den Eisenstoffwechsel zur Grundlage einer Messung des Blutumsatzes zu machen.

1. Siderose. Das ist in der Tat auch seit Quincke[1] und Hunter[2] wiederholt versucht worden. Diese Autoren fanden, daß nach starkem Blutzerfall im Organismus gewisse Organe, Leber, Milz, Knochenmark, lymphatisches Gewebe (M. B. Schmidt[3]), besonders eisenreich sind. Das sind dieselben Organe, in denen auch schon unter normalen Verhältnissen Abbauprodukte des Hämoglobins mehr oder weniger reichlich gefunden werden (Literatur über die Morphologie und Histochemie des Blutabbaues bei Hueck[4]).

Der Beweis für die vermehrte Eisenablagerung in diesen Organen kann bei vielen Vorgängen, die sicher mit starkem Blutzerfall einhergehen, leicht auf histochemischem und chemisch-analytischem Wege erbracht werden. Im Schnitt fallen die Eisenreaktionen mit Schwefelammonium stärker aus als normal, ja bei nicht gar zu hohem Eisengehalt sind sogar quantitative Schätzungen möglich (Hueck[4]). Auch chemisch ist der relativ hohe Eisengehalt von Milz und Leber bei hämolytischen Anämien erwiesen. In der Leber fand Hunter z. B. normal 80 mg Fe auf 100 g feuchte Substanz, bei perniziöser Anämie bis 290. In der Milz, deren Eisengehalt schon normalerweise ziemlich hoch (90 bis 230 mg) und recht wechselnd ist, sind diese Unterschiede weniger deutlich.

Trotz dieser Beobachtungen kann die Siderose der blutzerstörenden Organe uns kein richtiges Bild vom Blutumsatze geben. Ganz abgesehen davon, daß die Siderose erst nach dem Tode festgestellt werden kann, läßt sich auch leicht zeigen, daß der Gehalt blutzerstörender Organe an Eisen durchaus nicht allein vom Blutzerfall abhängig ist. Eppinger[5] hat auf das Krankheitsbild der *Hämochromatose* hingewiesen. Hier findet man die höchsten, bisher in der Leber beobachteten Eisenwerte. Während man den gesamten normalen Eisenbestand des Organismus auf 3 g veranschlagen kann, fanden Hess und Zurhelle[6] in einer Leber bei Hämochromatose 38,7 g Fe. Das kann nicht allein oder auch nur vorwiegend durch vermehrten Blutzerfall erklärt werden. Eppinger ist sogar der Ansicht, der Blutumsatz sei bei Hämochromatose überhaupt nicht nennenswert erhöht. Nach ausgedehnten Untersuchungen von Kühl[7] an einem Falle von Bronzediabetes meiner Klinik kommen aber, wenigstens in manchen Fällen von Hämochromatose, Perioden vermehrten Blutzerfalles vor. Doch ist dieser nicht so

---

[1] Quincke: Zitiert auf S. 203.

[2] Hunter: Severest anaemias, Bd. I. London 1909.

[3] Schmidt, M. B.: Organe des Eisenstoffwechsels. Verhandl. d. dtsch. pathol. Ges. Bd. 11. Dresden 1907. — Schmidt, M. B.: Zentralbl. d. Pathol. Bd. 18, S. 593. 1907.

[4] Hueck: Die hämatogenen Pigmente. Handb. d. allg. Pathol. (Krehl-Marchand) Bd. III/2, S. 312. 1921.

[5] Eppinger: Zitiert auf S. 204.

[6] Hess u. Zurhelle: Klinische und anatomische Beiträge zum Bronzediabetes. Zeitschrift f. d. ges. klin. Med. Bd. 57, S. 244. 1905.

[7] Kühl: Untersuchungen über den Blutumsatz usw. Dtsch. Arch. f. klin. Med. Bd. 144, S. 331. 1924.

intensiv, wie etwa bei perniziöser Anämie. Trotzdem ist bei dieser die Leber-
siderose nicht annähernd so stark. Es müssen also, wenigstens unter bestimmten
Umständen, auch noch andere Faktoren neben der Intensität des Blutzerfalls
für die Ablagerung eisenhaltiger Pigmente in den visceralen Organen maßgebend
sein.

Auffallenderweise findet man z. B. auch bei der *aplastischen* Anämie, bei der
doch der Blutzerfall nicht gesteigert sein soll, oft eine ansehnliche Hämosiderose
der Leber[1].

Im höchsten Maße ist ferner der Eisengehalt der Organe von Zufuhr und Verlust von Eisen abhängig. Das Fe-Ion gehört zu den Kationen, die im Körper
thesauriert und für längere Zeit aufgestapelt werden können. Der normal ernährte
Organismus besitzt Eisenvorräte, die bei eisenreicher Ernährung zunehmen, bei
eisenarmer Nahrung oder bei Eisenverlusten (Blutungen!) sich vermindern.

KUNKEL[2] gelang es, bei Mäusen und Hunden den Eisenbestand der Leber
durch Darreichung größerer Eisenmengen per os auf das 8fache zu erhöhen.
Es steigt zwar bei eisenreicher Nahrung auch die Fe-Ausfuhr durch den Darm,
aber anfangs doch nicht in gleichem Maße wie die Zufuhr, so daß es zu beträchtlicher
Thesaurierung von Reserveeisen kommt. Andererseits verschwanden bei den
eisenarm ernährten Mäusen M. B. SCHMIDTS[3] die Eisenreaktionen in der Leber
völlig, in der Milz bis auf geringe Spuren. Nach Blutverlusten fand HUNTER in
Leber und Milz nur etwa $^1/_5$ des normalen Eisenbestandes. Nach eisenreicher
Nahrung erfolgt die Eisenspeicherung zunächst in den Zellen des reticulo-endothelialen Stoffwechselapparates (M. B. SCHMIDT, EPPINGER).

Schon diese Tatsachen lassen erkennen, daß Siderose nur unter gewissen
Bedingungen Schlüsse auf vermehrten Blutzerfall zuläßt. Wenn HUECK der Meinung ist, daß zum Entstehen einer Siderose noch eine Hemmung in der Verarbeitung und Ausscheidung des Eisens hinzukommen muß, so kann man das für die
Hämochromatose gelten lassen. Bei den verschiedenen Anämien ist man aber zu
dieser Annahme nicht gezwungen. Siderose fehlt allerdings oft bei sekundären
Anämien (Tuberkulose, Carcinom); aber diese Formen der Blutarmut entstehen
wohl überwiegend myelopathisch durch ungenügende Funktion des Knochenmarkes[4]. Sie sind zum mindesten nicht in erster Linie hämolytische Anämien;
außerdem muß zur Erklärung des Fehlens der Siderose in solchen Fällen auch
die meist ungenügende Nahrungs- und Eisenaufnahme berücksichtigt werden.

2. Untersuchung der Ausscheidung des Eisens. Allein schon die Tatsache der
Eisenspeicherung im Organismus, ferner die gutgesicherte Beobachtung, daß der
Körper mit seinen Eisenvorräten sparsam umzugehen pflegt und Eisen, das durch
Hämoglobinzerfall frei wird, intermediär zu neuen Hämatinsynthesen verwendet,
läßt es von vorneherein wenig aussichtsvoll erscheinen, durch Bestimmung der
Eisenausscheidung quantitative Anhaltspunkte für den Blutumsatz zu gewinnen.
Das geht schon aus einer einfachen Berechnung hervor: Nimmt man an, daß
täglich 2 bis 3% der gesamten roten Blutscheiben zerfallen, so werden dadurch
etwa 60 bis 100 mg Eisen frei. In den Ausscheidungen erscheint aber viel weniger.
Der Organismus hält also einen großen Teil des Eisens zurück und verwendet
ihn wahrscheinlich zu neuen Synthesen. Wieviel retiniert wird, ein wie großer

---

[1] AUBERTIN: Les anémies, in ROGER, WIDAL, TEISSIER: Traité de méd. I. XI. 1927.
[2] KUNKEL: Zur Frage der Eisenresorption. Pflügers Arch. f. d. ges. Physiol. Bd. 50,
S. 1. 1891. — KUNKEL: Eisen- und Farbstoffausscheidung durch die Galle. Ebenda Bd. 14,
S. 353. 1877.
[3] SCHMIDT, M. B.: Über die Organe des Eisenstoffwechsels und der Blutbildung bei
Eisenmangel. Verhandl. d. dtsch. pathol. Ges. Bd. 91. 1912.
[4] ROESSINGH: Zitiert auf S. 206.

Teil des Eisens in den Ausscheidungen zum Vorschein kommt, hängt wahrscheinlich durchaus von dem Eisenbedarf des Organismus ab. Aber auch andere Faktoren sind bedeutsam: Nach Milzexstirpation verloren die Versuchstiere Ashers und seiner Mitarbeiter[1] längere Zeit hindurch deutlich mehr Eisen als die ebenso ernährten Kontrolltiere (16 bis 29 mg gegen 11 mg). Die Milz wirkt also anscheinend als Eisenfänger und gestaltet den Eisenstoffwechsel sparsamer. Eppinger ist der Meinung, daß diese Funktion nicht der Milz allein zukommt, sondern dem gesamten reticulo-endothelialen Stoffwechselapparat. In der Tat fand auch Asher Leber und Knochenmark nach Milzexstirpation ziemlich eisenreich, wohl ein Zeichen für stärkere Beteiligung dieser Organe am Eisenstoffwechsel. Es ergibt sich also daraus, daß offenbar recht verschiedene Faktoren die Eisenausscheidung beeinflussen, daß diese nicht allein vom Blutzerfall abhängt.

α) **Harneisen.** Die Menge des Harneisens ist sehr gering. Es liegen wechselnde analytische Resultate vor (Normalwerte von 1 bis 8 mg Fe pro Tag schwankend). Die zuverlässigsten, mit den besten Methoden gewonnenen Befunde von Neumann und Mayer[2] sowie Gottlieb[3] geben nur 1 mg an, also minimale Werte. Daß es bei gewissen Anämien, besonders der perniziösen Anämie, oftmals zu einer beträchtlichen Steigerung der Harneisenwerte kommt, ist durch W. Hunter[4], Hopkins[5], Jolles und Winkler[6] erwiesen, wenn allerdings auch die mit älteren Methoden gewonnenen Zahlen (bei perniziöser Anämie bis 52 mg Harneisen p. d.) vielleicht nicht ganz zuverlässig sein dürften. Jedenfalls verzeichnen neuere Untersucher (Queckenstedt[7], Kisch[8]) viel niedrigere Zahlen. So beschreibt Kisch einen Fall perniziöser Anämie mit nur 2 bis 3 mg Fe im Urin. Irgendein Parallelismus zwischen Intensität des Blutzerfalls und Harneisenwerten besteht also nicht oder doch nicht immer (Eppinger). Auch parenteral (intravenös) zugeführtes Eisen vermag nach Kisch bei Anaemia perniziosa den Harneisenwert nicht zu erhöhen. Bei Blutungsanämien soll das Harneisen vermindert sein (Damaskin[9]). Bei den an sich schon recht minimalen Werten dürfte aber eine Verminderung sich schwer feststellen lassen.

Die Verhältnisse werden nun dadurch noch undurchsichtiger und für die Frage des Hämoglobinumsatzes unklarer, als man auch bei verschiedenartigen Erkrankungen, bei denen von einem vermehrten Blutzerfall wenigstens nicht generell die Rede sein kann, hohe Eisenwerte im Urin findet, z. B. bei verschiedenen hepato-lienalen Erkrankungen, wie Lebercirrhose und Icterus catarrhalis. Ältere Beobachtungen von Hoffmann[10] sowie Neumann und Mayer[2] sind durch Kisch bestätigt worden. Dieser findet z. B. bei Icterus catarrhalis 2,1 bis 2,8 mg Fe, ähnliche Werte bei Lebercirrhose. Kisch denkt hier an eine Schädigung des reticulo-endothelialen Stoffwechselapparates im Sinne der obenerwähnten Milzversuche von Asher. Auch bei Leukämikern sind die Harneisenwerte oft auffallend hoch.

Endlich scheinen auch, wie E. Meyer[11] schon vor längerer Zeit vermutete, renale Momente die Ausscheidung des Eisens durch die Niere zu beeinflussen. Man kann nämlich nach A. Karsten[12] die Harneisenmenge durch Erzwingung einer starken Diurese (Coffein, Salicyl-

---

[1] Asher u. Grossenbacher: Untersuchungen über die Funktion der Milz. Biochem. Zeitschr. Bd. 17, S. 78. 1909. — Vogel: Funktion der Milz usw. Ebenda Bd. 43, S. 386. 1912. — Sollberger: Inaug.-Dissert. Bern 1914.

[2] Neumann u. Mayer: Eisengehalt im menschlichen Harn. Hoppe-Seylers Zeitschr. f. physiol. Chem. Bd. 37, S. 143. 1902.

[3] Gottlieb: Eisenausscheidung durch den Harn. Arch. f. exp. Pathol. u. Pharmakol. Bd. 26, S. 139. 1890.

[4] Hunter: Zitiert auf S. 218.

[5] Hopkins: Guys hosp. rep. Bd. 50, S. 349.

[6] Jolles u. Winkler: Beziehungen des Harneisens zum Bluteisen. Arch. f. exp. Pathol. u. Pharmakol. Bd. 44, S. 464.

[7] Queckenstedt: Eisenstoffwechsel bei perniziöser Anämie. Zeitschr. f. klin. Med. Bd. 79, S. 49. 1913.

[8] Kisch: Zur Kenntnis der Ausscheidung des Harneisens. Wien. Arch. f. inn. Med. Bd. 3, S. 283. 1922.

[9] Damaskin: Zur Bestimmung des Eisens des normalen und pathologischen Harns. Arb. a. d. pharm. Inst. Dorpat Bd. 7. 1891.

[10] Hoffmann: Eisengehalt des Harns. Zeitschr. f. analyt. Chem. Bd. 40, S. 73.

[11] Meyer, E.: Resorption und Ausscheidung des Eisens. Ergebn. d. Physiol. Bd. 5, S. 698. 1906.

[12] Karsten, A.: Inaug.-Dissert. Göttingen 1921; zit. nach W. Heubner: Mineralstoffwechsel. Handb. d. Balneol. Bd. II, S. 181. 1922.

säure) erheblich steigern, bis auf 22 mg Fe in maximo. Es ist nicht von der Hand zu weisen, daß die Vermehrung des Harneisens bei verschiedenen Formen chronischer Nierenleiden sowie bei Amyloidose in dieses Gebiet gehören. Auch die hohen, bei Diabetes mellitus von NEUMANN und MAYER gefundenen Harneisenwerte sind vielleicht in diesem Sinne einer Deutung zugänglich. Sie stehen merkwürdigerweise zuweilen in einem gewissen Parallelismus zur Zuckerausscheidung (2,5 mg Fe auf 180 g Zucker). Doch scheint dieses Verhältnis nicht konstant zu sein.

Jedenfalls ergibt sich aus diesen Erörterungen die Unbrauchbarkeit der Harneisenbestimmung als Maß des Blutzerfalls. Es spielen eben, abgesehen vom Blutzerfall, der vielleicht eine gewisse Bedeutung hat, viele andere renale und extrarenale Faktoren mit. Das Bild wird völlig undurchsichtig.

β) **Eisenbestimmungen im Stuhl.** Wir wissen, daß der weitaus überwiegende Anteil des Eisens den Körper durch den Darm verläßt. Es existieren aber, soviel ich sehen kann, keine ausreichenden Fe-Analysen im Stuhl bei Krankheiten mit erhöhtem Blutumsatz. Tatsächlich würden wir auch durch solche Analysen nicht viel erfahren. Denn abgesehen davon, daß der komplizierte intermediäre Stoffwechsel und die Thesaurierung des Eisens im Körper von vornherein schon verbieten, die Eisenbilanz als Grundlage einer Berechnung des Blutzerfalls zu wählen, ist außerdem beim Darmeisen immer auch mit der Möglichkeit zu rechnen, daß unresorbiertes Nahrungseisen in den Faeces enthalten sein kann. Übrigens findet QUECKENSTEDT[1] im Stuhl bei perniziöser Anämie keineswegs besonders große Eisenmengen.

γ) **Eisenbestimmungen in der Galle.** Diese sind besonders wichtig. Denn wenn man annimmt, daß in der Leber aus dem Hämoglobin oder seinen Derivaten unter Abspaltung von Eisen Gallenfarbstoff entsteht, so müßte, falls alles freigewordene Eisen mit der Galle ausgeschieden wird, das Verhältnis Gallenfarbstoff zu Eisen etwa dasselbe sein wie im Hämoglobin. Tatsächlich ist aber die Galle, wie schon die ersten Untersucher fanden (HOPPE-SEYLER[2], YOUNG[3]), sehr eisenarm. YOUNG findet, daß nur $^1/_7$ der erwarteten resp. berechneten Eisenmenge in der Galle zum Vorschein kommt. Dabei sind die Zahlen, die YOUNG für den Eisengehalt der Galle angibt, wahrscheinlich noch erheblich zu hoch gegriffen. Nach NEUHAUS[4] erscheint etwa nur $^1/_{10}$ bis $^1/_{15}$ der auf Gallenfarbstoff (Biliverdin) bezogenen Eisenmenge in der Duodenalgalle. Bei gewissen, mit starkem Blutzerfall einhergehenden Krankheiten, wie der perniziösen Anämie, ist der Eisengehalt zwar auch relativ erheblich größer, bei anderen aber, bei denen auch ein erhöhter Blutumsatz besteht, relativ viel geringer. Das ist besonders die Hämochromatose und der hämolytische Ikterus. Hier finden sich Zahlen von $^1/_{19}$ bis $^1/_{73}$. Wenn man auch für die Hämochromatose besondere Verhältnisse gelten lassen darf (s. S. 218) und der Blutumsatz bei ihr wenigstens nicht immer gesteigert zu sein braucht, so ist letzteres beim hämolytischen Ikterus doch sicher der Fall. Daraus ergibt sich, daß auch der Eisengehalt der Galle in keiner Weise als Maß des Blutumsatzes dienen kann.

Zusammenfassend läßt sich sagen, daß eine Hämosiderose im Allgemeinen für vermehrten Blutzerfall spricht. Doch ist die Siderose auch von anderen Faktoren abhängig, nicht allein von der Intensität des Blutzerfalls. Die Eisenbestimmung in den Ausscheidungen gibt uns vollends meist nicht einmal eine bestimmte Richtung an. Sie kann bei starkem Blutzerfall gering, bei niedrigem hoch sein. Die verwickelten intermediären Vorgänge, die im Eisenstoffwechsel mitspielen, lassen es auch wenig aussichtsvoll erscheinen, in dieser Richtung einen weiteren Ausbau der Messung des Blutumsatzes zu suchen.

b) Bestimmung der Ausscheidung des Gallenfarbstoffes. Versuche, durch Bestimmung der Gallenfarbstoffe in der Galle selbst oder in den übrigen Ausscheidungen des Körpers (Stuhl, Harn) eine Vorstellung vom Blutumsatze zu gewinnen, sind schon ziemlich alten Datums. Diese Vorstellungsreihe steht und fällt mit dem Satze, daß Bilirubin aus dem Hämatin der zerfallenden Erythrocyten entsteht, und zwar *nur* aus diesem, und daß intermediäre Vorgänge, Thesaurierung usw., hier nicht die Bedeutung haben wie etwa beim Eisenstoffwechsel (s. S. 218). Mit anderen Worten, die Gesamtmenge des eben gebildeten Gallenfarbstoffes

---

[1] QUECKENSTEDT: Zitiert auf S. 220.

[2] HOPPE-SEYLER: Physiol. Chem. S. 301; zit. nach EPPINGER: Zitiert auf S. 204.

[3] YOUNG: Beziehungen zwischen dem Eisen in der Galle und dem Blutfarbstoff. Journ. of anat. a. physiol. 1871, S. 158.

[4] NEUHAUS, zit. bei EPPINGER (S. 61): Zitiert auf S. 204.

muß auch quantitativ zur Ausscheidung gelangen. Ob diese beiden Sätze richtig sind, wird später geprüft werden.

1. Untersuchung an Gallenfisteln. Am einfachsten dürfte die quantitative Schätzung der gesamten Tagesmenge des Bilirubins an Trägern einer totalen Gallenfistel möglich sein. Im Tierversuch hat man die totale Gallenfarbstoffmenge oftmals bestimmt. Zur Verwendung kamen vorwiegend colorimetrische und spektrophotometrische Methoden. Die gewonnenen Zahlen zeigen keine sehr gute Übereinstimmung, was sich wahrscheinlich durch ungenügende Methodik der älteren Untersucher erklärt, vielleicht auch daraus, daß neben Bilirubin in der Galle noch wechselnde Mengen anderer Farbstoffe sich finden (Biliverdin usw.). Ein großes Zahlenmaterial gibt Stadelmann[1] für den Hund. Danach beträgt der Durchschnittswert für einen 16 bis 17 kg schweren Hund 0,164 g Bilirubin oder rund 0,01 g pro Kilo. Ähnliche, teils niedrigere, teils höhere Zahlen sind auch sonst in der Literatur verzeichnet (Brugsch und Retzlaff[2], Vossius[3]). Für menschliche Gallenfistelträger liegen natürlich nicht so zahlreiche Untersuchungen vor. Eppinger fand bei 2 Gallenfistelträgern 0,30 bis 0,37 g. Eppinger nimmt als Normalwert pro Kilo Mensch und 24 Stunden die Bildung von 0,005 bis 0,007 g Bilirubin an. Wenn man mit Tigerstedt berechnet, daß der Mensch in 24 Stunden 0,5 g Bilirubin bildet und im ganzen rund 20 g Hämatin enthält, was der Wahrheit ziemlich nahekommen dürfte, so würde sich daraus berechnen lassen, daß täglich rund $1/40$ oder 2,5% des gesamten Blutfarbstoffes umgesetzt wird. Legt man andere Zahlen zugrunde (Brugsch), so kommt man zu wesentlich höheren Werten für den täglichen Blutumsatz (5 bis 7%). Diese Zahlen gelten natürlich nur unter der Voraussetzung der quantitativen Umwandlung des Hämatins in Bilirubin und der sofortigen Ausscheidung des letzteren. Theoretisch können aus 100 g Hämatin 94 g Bilirubin entstehen. Niedriger sind die von Adler[4] an 5 Gallenfistelträgern ermittelten Werte (200 bis 350 mg Bilirubin p. d.).

Eppinger ist der Ansicht, man könne durch quantitative Bilirubinbestimmungen an einer totalen Gallenfistel einen exakten Eindruck der „Blutmauserung" gewinnen. Gegenteilige Anschauungen s. S. 227.

Da man nun an Kranken natürlich nur ganz ausnahmsweise in der Lage ist, an totalen Gallenfisteln arbeiten zu können, hat man auch versucht, einen ungefähren Anhalt für die Bilirubinbildung durch *Farbstoffbestimmung im Duodenalinhalt* zu gewinnen, der mit der Einhorn-Grossschen Sonde gewonnen wird. Medak und Pribram[5], die diese Frage unter Eppinger bearbeiteten, finden in Fällen, in denen ein starker Blutzerfall angenommen werden muß, wie z. B. bei perniziöser Anämie, bis über das Doppelte erhöhte Werte für Bilirubin im Duodenalsaft. Ein gewisser Parallelismus besteht unzweifelhaft zwischen dem mit dieser Methode und dem an Gallenfistelträgern gewonnenen Werten. Trotzdem wird sich das relativ einfache Verfahren kaum einbürgern. Man erhält mit der Duodenalsonde ja nur einen, und zwar sehr wechselnden Teil des gesamten Bilirubins. Auch die Verdünnung der Galle mit anderen Sekreten des Magens, Darmes und der Bauchspeicheldrüse kann die Befunde unübersichtlich gestalten. Eine quantitative Methode ist es sicher nicht.

2. Untersuchung der Urobilinausscheidung im Urin und Stuhl. Ältere Versuche, die vorwiegend von italienischen Forschern stammen, gehen von der Vorstellung aus, die Urobilin- und Urobilinogenmenge des Harns sei als Maß des Blutzerfalles verwendbar, da bei manchen, mit starker Hämolyse einhergehenden

---

[1] Stadelmann: Ikterus. Stuttgart 1891. — Stadelmann: Kreislauf der Galle. Dtsch. med. Wochenschr. 1896, S. 49.

[2] Brugsch u. Retzlaff: Blutzerfall, Galle und Urobilin. Zeitschr. f. exp. Pathol. u. Therap. Bd. 9, S. 508. 1912.

[3] Vossius: Quantitative spektralanalytische Bestimmung des Gallenfarbstoffs. Dissert. Gießen 1879.

[4] Adler: Zeitschr. f. d. ges. exp. Med. Bd. 46, S. 418.

[5] Medak u. Pribram: Gallenuntersuchungen am Krankenbett. Berlin. klin. Wochenschrift 1915, Nr. 27 u. 28.

Krankheiten (Anaemia perniciosa) hohe Urobilinwerte im Urin gefunden werden. Das ist nicht zu bestreiten, und man muß auch wohl zugeben, daß die Quantität der Gallenfarbstoffbildung einen der Faktoren darstellt, der die Urobilinausscheidung im Harn beherrscht. Aber schon BRUGSCH und RETZLAFF[1] haben darauf hingewiesen, daß auch noch andere Momente für die Verteilung der Gallenfarbstoffe auf Urin und Stuhl maßgebend sind, vor allem der hepatische Faktor. Mit guter Begründung wird in der Klinik Urobilinurie als ein Symptom angesehen, das auf Schädigung der Leber hindeutet. Es kann ganz ohne Abhängigkeit vom Blutzerfall zu beträchtlicher Ausscheidung von Urobilin im Harn kommen, wenn die Leber krank ist, wie bei Lebercirrhosen und anderen Krankheiten. Auch verschwindet normalerweise die Menge des Harnurobilins (10 bis 20 mg) so sehr gegenüber der täglich produzierten gesamten Bilirubinmenge (nach TIGERSTEDT ca. 500 mg), daß schon aus diesem Grunde die Urobilinausscheidung im Harn nicht als Maß der Gallenfarbstoffbildung angesehen werden kann. Vermehrte Urobilinogen- und Urobilinausscheidung im Harn kann auf vermehrte Bilirubinbildung hinweisen, sie ist aber mindestens ebensosehr von anderen Faktoren (Leber) abhängig. Es sind also aus solchen Bestimmungen kaum qualitative, geschweige denn quantitative Rückschlüsse auf die Bilirubinbildung zulässig.

Aussichtsvoller erscheinen von vornherein Gallenfarbstoffbestimmungen im Stuhl. Denn bei weitem die größte Menge des Gallenfarbstoffes wird unter normalen und pathologischen Verhältnissen mit dem Stuhl ausgeschieden. Es kommen hier, da Bilirubin im normalen Stuhl fehlt, Urobilinogen resp. Urobilinbestimmungen in Betracht. Leider war die Methodik solcher Bestimmungen bis vor kurzem so wenig ausgearbeitet, daß schon die Werte für den normalen Gallenfarbstoffgehalt erheblich auseinandergingen.

Es haben sich zwar schon seit HOPPE-SEYLER zahlreiche Untersucher mit der Ausarbeitung quantitativer Methoden der Urobilinbestimmung im Stuhle abgemüht. Die von verschiedenen Forschern angegebenen Verfahren sind zum Teil sehr kompliziert, außerdem durchweg nicht als wirklich auch nur annähernd quantitative Methoden anzusehen, da sie zahlreiche, zum Teil noch wenig durchsichtige Fehlermöglichkeiten enthalten. Einige Autoren (BORRIEN[2], BRULÉ[3]) gelangen zu dem resignierten Schlusse, es sei unmöglich, einigermaßen zuverlässige quantitative Werte für den Urobilinogengehalt des Stuhles zu erlangen.

Es kommen zur Zeit im wesentlichen 2 Methoden in Frage: die spektrophotometrische Bestimmung des Urobilinogens nach CHARNAS[4]. Mit diesem Verfahren haben BRUGSCH und RETZLAFF gearbeitet. Auch EPPINGER legt es seinen auf breiter Basis angelegten Untersuchungen zugrunde; zweitens die colorimetrische Bestimmung des Urobilins nach ADLER[5].

Die Methode von CHARNAS, auf deren Einzelheiten hier nicht eingegangen werden soll, beruht auf der EHRLICHschen Aldehydreaktion. Urobilinogen gibt, wie O. NEUBAUER[6] gezeigt hat, mit Paradimethylamidobenzaldehyd bei mineralsaurer Lösung einen roten Farbstoff, der einen charakteristischen Absorptionsstreifen hat. Das Absorptionsverhältnis A ist für diesen Farbstoff von CHARNAS mit 0,00001 bestimmt worden. Die Methode besteht im wesentlichen darin, daß man den Stuhl möglichst frisch und unter Vermeidung jeder

---

[1] BRUGSCH u. RETZLAFF: Zitiert auf S. 222.

[2] BORRIEN: Soc. biol. 1920, 28. Febr.

[3] BRULÉ: Presse méd. 1920, 16. Juni. Diese und die vorige Fußnote zit. nach ADLER u. SCHUBERT: Zitiert auf S. 225.

[4] CHARNAS: Quantitative Bestimmung des reinen Urobilins und Urobilinogens. Biochem. Zeitschr. Bd. 20, S. 401. 1909.

[5] ADLER: Über Urobilin. Dtsch. Arch. f. klin. Med. Bd. 138, S. 309. 1922 u. Bd. 140, S. 302. 1922.

[6] NEUBAUER, O.: Bedeutung der EHRLICHschen Farbenreaktion. Münch. med. Wochenschrift 1903, S. 1846.

Lichteinwirkung, die eine Überführung des Urobilinogens in Urobilin bedingt, mit weinsaurem Alkohol extrahiert, dann den Alkoholextrakt alkalisch macht und mit Äther schüttelt. Es sollen dadurch störende Farbstoffe, die ebenfalls mit dem Aldehydreagens reagieren (alkalische Chromogene) und wahrscheinlich der Indol- und Skatolgruppe des Eiweißmoleküls entstammen, entfernt werden. Dann wird wieder angesäuert und das Urobilinogen aus dem sauren Alkohol durch Äther extrahiert. Der Äther wird mit etwas trockenem Dimethylamidobenzaldehyd versetzt, passend eingeengt und mit Salzsäure angesäuert; der Äther erscheint intensiv rot. Durch passende Verdünnung mit Alkohol erhält man die für die Spektrophotometrie geeignete Lösung. Über nähere technische Einzelheiten vgl. Eppinger sowie Hueck und Brehme[1]. Eppinger findet als täglichen Durchschnittswert 0,13 g Urobilinogen für den normalen Menschen, also recht niedrige Werte.

Zur Kritik der Methode, die wir an unserer Klinik eingehend geprüft haben (Hueck und Brehme), einige Worte: Das Verfahren ist sehr mühsam und kostspielig. Nur bei großer Übung gelingt es, leidlich zuverlässige Werte zu erhalten. Lästig ist es auch, daß der Einfluß des Lichtes ganz ausgeschaltet sein muß. Stuhl, der dem Lichte ausgesetzt war, zeigt viel niedrigere Farbstoffwerte. Fraglich erscheint es auch, wieweit nicht doch andere Chromogene (Chlorophyll?) die Resultate beeinflussen. Bei Tieren (Hunden und Kaninchen) haben wir überhaupt keine deutliche Urobilinogenreaktion erhalten. Die Stühle enthielten lediglich Urobilin. Auch beim Menschen kommt es trotz größter Sorgsamkeit (Licht!) vor, daß die Stühle schon bald nach der Entleerung nur noch wenig Urobilinogen enthalten. Für saure und diarrhöische Faeces ist es die Regel.

Abgesehen von allen, in der komplizierten Technik des Verfahrens liegenden Schwierigkeiten, haften also der Methodik noch so viele Unsicherheiten an, daß es nicht wundernehmen kann, wenn die Werte einzelner Untersucher auch für den Normalen recht weit auseinandergehen. Selbst die Forscher, die über die größte Erfahrung verfügen (Eppinger, Charnas), geben als Normalwert für den Menschen 0,13 g an, obwohl die in den Darm sich ergießende Bilirubinmenge sicher nicht unerheblich größer ist (s. S. 222).

Wo bleibt der Rest? Im Urin erscheinen ja meist nur sehr geringe Mengen. Auch schwanken die Urobilinogenmengen von Tag zu Tag ganz gewaltig, und zwar in Abhängigkeit von der Stuhlmenge. Es muß daher empfohlen werden, stets mehrere, etwa 5 Tage, zu einer Periode zusammenzufassen, wobei sich die Unterschiede ausgleichen, die Methodik aber noch mühsamer wird. Hueck und Brehme werfen die Frage auf, ob die sog. alkalischen Chromogene, die aus alkalischem Alkohol durch Äther entfernt werden und deren Menge oft recht bedeutend sein kann, für die Berechnung des Blutumsatzes wirklich ganz bedeutungslos sind. Kurz, es ergeben sich noch manche ungeklärte Fragen. Trotzdem ist im Prinzip der hauptsächlich von Charnas und Eppinger angebahnte Fortschritt voll anzuerkennen.

Eppinger ist auch weit davon entfernt, von einer idealen quantitativen Methode zur Messung des Blutumsatzes zu sprechen. Er glaubt aber doch, daß die mit dieser Methode gefundenen Werte ernsthafte Berücksichtigung verdienen, da tatsächlich bei den Krankheiten, bei denen ein vermehrter Blutzerfall angenommen werden kann, auch besonders hohe Urobilinogenwerte im Stuhl auftreten: Bei hämolytischem Ikterus z. B. 2 bis 3 g Urobilinogen p. d. (gegen 0,13 normal), bei perniziöser Anämie bis über 1 g. Legt man diese Zahlen zugrunde, so muß man schließen, daß in manchen Krankheitsfällen der Gesamtbestand an Erythrocyten nicht in 40, sondern in 8 Tagen, ja in noch geringerer Zeit völlig zugrunde gehen und sich ersetzen muß. Diese Annahme macht zunächst allerdings einige Schwierigkeiten.

Die *colorimetrische Methode* von Adler ist die Übertragung einer von diesem Autor für den Harn angegebenen Methode auf die Urobilinuntersuchung des Stuhles. Adler wählt nicht das Urobilinogen, sondern das Urobilin zur Grundlage

---

[1] Hueck u. Brehme: Urobilinogenbestimmung nach Eppinger-Charnas. Dtsch. Arch. f. klin. Med. Bd. 141, S. 233. 1922.

seiner Methodik, da im Urin und im Stuhl, wenn er zur Untersuchung gelangt, meist schon ein wechselnder Teil Urobilinogen in Urobilin verwandelt ist und in komplizierter Weise reduziert werden müßte.

Die Methode selbst ist in den Grundzügen (Einzelheiten s. ADLER) folgende: 5 g der gewogenen, gut gemengten Faeces werden abgewogen und in einer Reibschale mit 20 ccm Petroläther gut durchgerieben. Diese Prozedur, die 2—3mal zu wiederholen ist, dient zur Entfernung von Indol und Skatol, von Substanzen, die auch mit dem SCHLESINGERschen Urobilinreagens reagieren. Die Faeces werden dann mit 10 ccm Alkohol absolutus, 1 g Zinkacetat, 3 Tropfen Jodtinktur (um Reste von Urobilinogen zu oxydieren) versetzt und filtriert. Dieses Filtrat wird mit einer alkoholischen Zinkacetatlösung so lange verdünnt, bis die grünliche Fluorescenz eben verschwindet. Aus einer von ADLER empirisch aufgestellten Tabelle läßt sich aus dem Verdünnungsgrade, bei dem die Reaktion eben verschwindet, die Urobilinmenge mit hinreichender Genauigkeit ermitteln. Ein Dunkelkasten mit Beleuchtung von oben erleichtert die Ablesungen ungemein. Die Werte in normalen Stühlen, die ADLER mit dieser Methode findet, entsprechen ungefähr denen von EPPINGER (100 bis 200 mg Urobilin). Später hat aber ADLER[1] selbst eine beträchtliche Fehlerquelle dieser, wie auch wahrscheinlich aller anderen ähnlichen Extraktionsmethoden der Gallenfarbstoffe des Stuhles entdeckt: es ist nämlich unmöglich, selbst durch mehrfach wiederholte Alkoholextraktion des Stuhles, alles Urobilin oder Urobilinogen zu gewinnen. Der Farbstoff ist an die Faecespartikelchen fest adsorbiert. Setzt man ein Lösungsmittel zu, so bildet sich ein Gleichgewichtszustand zwischen dem gelösten und adsorbierten Farbstoff aus. Niemals erhält man, selbst bei lange fortgesetzter Extraktion, die Gesamtmenge des Urobilins. Daraus erklären sich wahrscheinlich die verhältnismäßig niedrigen Urobilinogen- und Urobilinwerte früherer Untersucher, auch die Zahlen von EPPINGER-CHARNAS.

Trotzdem ist es nach ADLER möglich, recht exakte Urobilinbestimmungen auszuführen. Es ergibt sich nämlich durch Feststellung der bei den einzelnen aufeinander folgenden Extraktionen gewonnenen Urobilinwerte eine gesetzmäßige logarithmische Kurve. „Durch die Größe der ersten Extraktion ist sowohl die aller folgende, wie die Summe der bei dieser enthaltenen Farbstoffmenge eindeutig bestimmt." In praxi braucht man also nur die erste Extraktion auszuführen, um nach der ADLERschen Formel die Gesamtmenge des Urobilins zu berechnen. Für genaueres Arbeiten empfiehlt ADLER 2 bis 3 Extraktionen.

Die Werte, die man mit der neuen ADLERschen Methode erhält, sind nicht unwesentlich höher als die nach CHARNAS-EPPINGER. Sie betragen für den normalen Menschen rund 200 bis 400 mg und stimmen mit der bei Gallenfistelträgern berechneten Bilirubinmenge recht gut überein. Es ist mithin nicht notwendig, die Hypothese zu machen, daß schon normalerweise etwa $^2/_3$ des in den Darm ergossenen Gallenfarbstoffes wieder resorbiert und zu irgendwelchen intermediären Synthesen, z. B. zur Hämoglobinsynthese, wieder verwendet wird.

Im Harn, wo die Urobilinbestimmung nach ADLER auf keine Schwierigkeiten stößt, ergeben sich normalerweise Maximalwerte von 20 bis 25 mg.

Zur Kritik der ADLERschen Methode wäre wohl zu sagen, daß sie zunächst einen erheblich weniger exakten Eindruck macht wie das spektrophotometrische Verfahren von CHARNAS. Die durch Verdünnung zu ermittelnde Grenze, die Berechnung der Gesamtmenge nach einer logarithmischen Kurve, alles das erscheint zunächst wenig genau. Tatsächlich konnte sich aber KÜHL[2] an meiner Klinik bei sehr ausgedehnten Untersuchungen durchaus von der Brauchbarkeit der Methoden überzeugen. Sie hat auch den Vorteil der relativen Einfachheit vor anderen Verfahren voraus. Man kann, wie das auch unbedingt nötig ist, ganze Serien fortlaufender Untersuchungen ausführen. Die Methode ist gewiß nicht ideal, aber doch brauchbar. Zu einer vollständigen Untersuchung des Umsatzes der Gallenfarbstoffe ist außer der Stuhluntersuchung natürlich auch die Untersuchung des Harnes erforderlich. Sind auch die durch die Nieren unter normalen Verhältnissen ausgeschiedenen Urobilinmengen nur gering, so steigen

---

[1] ADLER u. SCHUBERT: Urobilinbestimmung in den Faeces. Biochem. Zeitschr. Bd. 133, S. 532. 1922.
[2] KÜHL: Experimentelle Untersuchungen über Blutumsatz usw. Arch. f. exp. Pathol. u. Pharmakol. Bd. 103, S. 247. 1924.

sie bei verschiedenen pathologischen Zuständen bekanntlich stark an, so bei hämolytischem Ikterus, perniziöser Anämie. Die Werte des Harnurobilins sollten daher nicht vernachlässigt werden.

Mit der eben beschriebenen Methode ist es, wie oben erwähnt, nicht möglich, *exakte* Schlüsse auf die Größe des Blutumsatzes zu ziehen. Aus verschiedenen Gründen:

1. Wie bereits betont, ist die Methode als eine klinische Methode der „approximativ-quantitativen Schätzung" angegeben worden. Als solche ist sie zum Zwecke der Leberfunktionsprüfung, wo es auf Vergleichsresultate ankommt, gut brauchbar (Sonnenfeld[1], Lepehne[2], Harpuder[3], Tora Oka[4], Umber[5], Rosenthal[6], Isaac[7], van Spengler[8]), besonders in ihrer vereinfachten Ableseform (Adler und Tützer[9]), nicht aber für zahlenmäßige Feststellung der Größe des Blutumsatzes, wobei es auf quantitative Zahlen ankommt.

2. Hat sich herausgestellt, daß die Fluorescenzkraft (Adler[10]) einzelner, selbst sehr reiner Urobilinpräparate in ungeheuren Grenzen schwankt (Schwankungen von 1 mg in 15 bis 1 mg in 400 l), so daß absolute Zahlen mit der Bestimmung der Fluorescenzgrenzen nicht zu erhalten sind.

3. Beruht die Methode auf der Bestimmung des Urobilins; chemisch aber ist dieser Körper durchaus nicht eindeutig charakterisiert. Chemisch scharf definiert ist einzig das Mesobilirubinogen, das identisch ist mit dem Urobilinogen. In welchem zahlenmäßigen Verhältnis das Urobilinogenmolekül zum Urobilinkomplex steht, wissen wir nicht. Es ist nicht einmal sicher, ob dieser Farbstoff überhaupt ein einheitlicher Körper ist. Mithin kann eine Bestimmung der Größe des Blutumsatzes niemals über das Urobilin gehen, sondern muß auf der quantitativen Erfassung des Urobilinogens aufgebaut sein. Nur vom Urobilinogen können wir durchaus exakt annehmen, wieviel reines Hämoglobin nötig ist, um eine gewisse vorgefundene Urobilinogenmenge entstehen zu lassen, und zwar entstehen aus 100 g Hämoglobin 4,47 g Hämatin, aus diesen 4,17 g Bilirubin und aus diesem 4,22 g Urobilinogen. Adler[11] hat daher jüngst eine Methode angegeben, die das native Urobilinogen *quantitativ* aus den Faeces zu erfassen sucht. Diese Methode ist, wie sich aus Kontrolluntersuchungen ergab, die mit Hans Fischerschem reinem Mesobilirubinogen vorgenommen wurden, recht genau. Das zu Faeces zugesetzte Urobilinogen wurde bis auf $\pm$ 0,02 mg wiedergefunden.

Die Methodik gestaltet sich wie folgt: Urobilinogen-Bestimmung im Stuhl. 1 g der gut durchgemischten, dunkel aufbewahrten und gewogenen Faecesmenge wird in einer Reibschale mit 25 ccm 50proz. Alkohols, der 1% Eisessig enthält, übergossen. 2 g Natriumacetat und 0,2 g Mangansulfat hinzugefügt und gut durchgerieben. Der Inhalt der Reibschale wird auf eine Saugflasche mit Nutsch gebracht und abgesaugt, der Rückstand samt Filter wiederum mit 25 ccm der genannten Alkohollösung gut verrieben und diese Prozedur insgesamt viermal wiederholt. Jetzt wird der Rückstand auf das Vorhandensein von Urobilinogen geprüft und bei negativer Reaktion werden 50 ccm der vereinigten Filtrate in einem hierfür eigens konstruierten Extraktionsapparate bei niederer Temperatur unter

[1] Sonnenfeld: Klin. Wochenschr. 1923, S. 2124.
[2] Lepehne: Klin. Wochenschr. 1924, S. 73.
[3] Harpuder: Techn. d. klin. Untersuchungsmethoden von Brugsch-Schittenhelm, Bd. II.
[4] Oka, Tora: Tohoku journ. of exp. med. Bd. 6, S. 489.
[5] Umber: Handb. d. inn. Med. von Bergmann-Staehelin Bd. III, 2. Aufl.
[6] Rosenthal: Ergebn. d. Chir. u. Orthop. Bd. 17, S. 353.
[7] Isaac: Ergebn. d. inn. Med. u. Kinderheilk. Bd. 7, S. 456. 1925.
[8] van Spengler: Inaug.-Dissert. Leiden 1924.
[9] Adler u. Tützer: Klin. Wochenschr. 1924, Nr. 29.
[10] Adler: Dtsch. Arch. f. klin. Med. Bd. 154, S. 239.
[11] Adler: Zeitschr. f. d. ges. exp. Med. Bd. 55, S. 340.

Abschluß von Licht und Luftsauerstoff etwa 6 Stunden lang mit Chloroform extrahiert. Nach beendigter Extraktion wird die zu extrahierende Flüssigkeit auf Urobilinogen-Freiheit geprüft und 2 ccm des Chloroformextrakts mit 1 ccm EHRLICHschem Aldehydreagens und 2 ccm Alkohol versetzt. Die quantitative Urobilinogenbestimmung geschieht colorimetrisch (auf einfache Weise und recht genau in dem Colorimeter ohne Vergleichsflüssigkeit[1]). Die Bestimmung des Urobilinogens im Harn mit dieser Methodik geschieht genau so wie in den Faeces, nur daß der Harn, der in dunkler, verschlossener Flasche als Gesamttagesmenge aufbewahrt wird, mit dem doppelten Volumen 50proz. Alkohols, der 10% Petroläther und 1% Eisessig und 0,2 g Mangansulfat enthält, versetzt und gut durchgeschüttelt wird und 50 ccm dieser Lösung in das Extraktionsgefäß gelangen.

Mit Hilfe dieser Methode ergeben sich beim Normalen Urobilinogenmengen im Stuhl bis 100 mg täglich, beim hämolytischen Ikterus wurden Werte gefunden, die 10 bis 30mal so hoch lagen[2]. Bei perniziösen Anämien bewegten sich die gefundenen Werte um das Drei- bis Zehnfache des Normalen. Außerordentlich hohe Werte bis zum 20fachen der Norm wurden im Stuhl von Patienten, die an Icterus catharrhalis litten und bei denen die Gallensperre aufgehört hatte, gefunden. Wenn man die mit dieser neuen Methode gefundenen Zahlen mit denen der früheren vergleicht, so zeigt sich die relative Übereinstimmung; absolut liegen aber die Zahlenwerte in anderem Bereich, was zurückzuführen ist auf den viel höheren Fluorescenzgrenzwert der reinen Urobilinogenpräparate und weiter zusammenhängen mag mit dem noch unbekannten Zahlenverhältnis von Urobilinogen zu Urobilin. Versucht man mit den so gewonnenen Zahlen an die Berechnung der Größe des Blutumsatzes heranzugehen, was möglich ist, unter der Voraussetzung, daß alles im Körper abgebaute Hämoglobin als Bilirubin in der Galle erscheint und dieses Bilirubin quantitativ in Urobilinogen übergeführt wird, so ergibt sich, wenn man als Durchschnittsmenge 7% des Körpergewichts rechnet, für den Normalen eine Lebensdauer der roten Blutkörperchen bis etwa rund 150 bis 200 Tagen, beim hämolytischen Ikterus von 8 bis 10 Tagen, bei perniziösen Anämien 25 bis 50 Tagen.

Ob diese Werte zutreffende sind — sie stehen ja mit älteren Bestimmungen im Widerspruch — müssen weitere Überprüfungen dieser Methode ergeben.

Darf die Ausscheidung der Gallenfarbstoffe als Maß des Blutzerfalls angesehen werden? Es ist notwendig, darüber ausführlicher zu sprechen, da diese Frage, von der die Zulässigkeit einer Berechnung des Blutumsatzes aus dem Gallenfarbstoffe überhaupt beruht, in neuerer Zeit nicht mehr einheitlich beantwortet wird.

WHIPPLE[3] und seine Mitarbeiter HOOPER, ROBSCHEIT und ASHBY[3] treten der herrschenden Vorstellung, das Hämatin der zerfallenden Erythrocyten sei die einzige Quelle des Gallenfarbstoffes, energisch und mit einem großen experimentellen Material entgegen.

Nach WHIPPLE sind die Beziehungen der Körperpigmente zueinander nicht so einfach. Im Mittelpunkt des ganzen Pigmentstoffwechsels steht nach WHIPPLE ein hypothetischer „Pigmentkomples", der nicht allein aus Hämoglobin, sondern auch aus Eiweißkörpern der Nahrung und aus zerfallenden Körperzellen entstehen kann. Dieser Pigmentkomplex ist als Muttersubstanz aller hämoglobinähnlichen Farbstoffe anzusehen. Die ältere, bisher herrschende Ansicht läßt sich nach WHIPPLE schematisch folgendermaßen wiedergeben:

---

[1] ADLER: Zitiert auf S. 226.

[2] ADLER: Dtsch. Arch. f. klin. Med. Bd. 155, S. 326.

[3] WHIPPLE: Pigment metabolism and regeneration of hemoglobin in the body. Arch. of internal med. Bd. 29, S. 711. 1922 (Zusammenfassende Übersicht). — WHIPPLE u. HOOPER: Americ. journ. of physiol. Bd. 40, S. 349. 1916; Bd. 43, S. 258. 1917; Bd. 45, S. 576. 1918. — HOOPER, ROBSCHEIT u. WHIPPLE: Ebenda Bd. 53, S. 263. 1920. — ASHBY: Journ. of exp. med. Bd. 29, S. 267. 1919.

Nahrung + Eisen → Hämoglobin → Gallenfarbstoff → Stercobilin
↓
Urobilin.

Whipplesche Anschauung ist durch folgendes Schema auszudrücken:

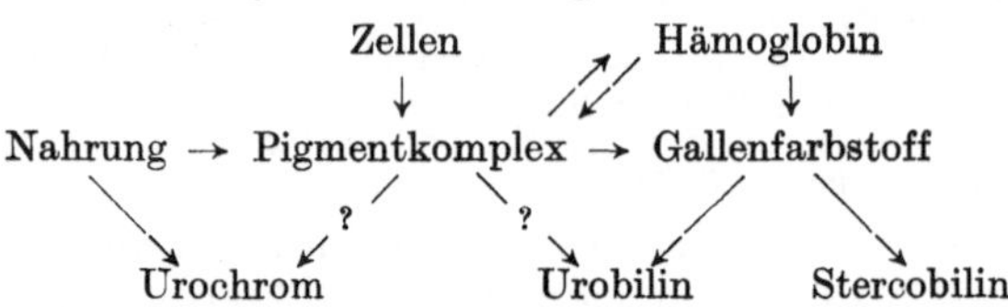

Whipple belegt diese Vorstellung mit folgenden Argumenten, wobei nur die wichtigsten erwähnt werden mögen: an Gallenfisteltieren glaubte er zeigen zu können, daß die Menge der produzierten Galle nicht vom Blutzerfall, sondern von der Tätigkeit der Leber abhängt. Nach Milzexstirpation tritt bei Gallenfistelhunden eine stark vermehrte Bilirubinausscheidung auf. Wenn hier das Gesamtbilirubin durch Verarbeitung von Hämoglobin entstände, dann müßten täglich 20 bis 25% des gesamten Blutes zugrunde gehen, was recht unwahrscheinlich ist. Whipple nimmt vielmehr eine stärkere Beteiligung der übrigen Pigmentbildner (Pigmentkomplex) an der Gallenfarbstoffbildung an und glaubt sich hierzu um so mehr berechtigt, als auch der Färbeindex der Erythrocyten nach Milzausschaltung ansteigen soll. Injiziert man Normaltieren Hämoglobin (Whipple und Hooper), so sieht man, daß die Farbstoffmenge in der Galle keineswegs entsprechend der injizierten Hämoglobinmenge ansteigt, sondern oft erheblich dahinter zurückbleibt. Hooper, Robscheit und Whipple geben ferner an, daß nach Verfütterung von Hämoglobin an anämische Tiere der Gallenfarbstoff in der Fistelgalle nicht vermehrt erscheint, obwohl die Blutregeneration des anämisierten Tieres lebhafter wird. Das spricht dafür, daß aus dem zugeführten Hämoglobin nicht, oder wenigstens nicht quantitativ Gallenfarbstoff entsteht, obwohl mindestens gewisse Komplexe des Hämoglobinmoleküls aus dem Darm resorbiert werden, worauf die Steigerung der Blutregeneration hindeutet. Auch nach Verfütterung von Galle steigt die Bilirubinmenge in der Gallenfistel nicht an. Gifte, die die Leber schädigen (Chloroform, Phosphor), bewirken ganz unabhängig von ihrem Einfluß auf den Blutzerfall eine verminderte Ausscheidung von Bilirubin. Durch Übergang von Fleisch- zur Kohlehydratkost kann beim Gallenfistelhunde die Farbstoffproduktion erheblich vermehrt werden, obwohl der Blutzerfall dadurch nicht nennenswert gesteigert zu sein scheint. Alle diese Versuche weisen auf eine weitgehende Unabhängigkeit der Bilirubinbildung vom Blutzerfall hin. Es kommt noch etwas anderes hinzu: wenn die Menge des ausgeschiedenen Bilirubins sich wirklich allein vom zerfallenden Blutfarbstoff herleiten würde, so käme man nach Whipples Ansicht bei manchen Krankheiten (perniziöse Anämie) zu ganz unmöglich hohen Zahlen für den Blutumsatz. Ashby berechnet hier einen täglichen Blutumsatz von 30—40% des gesamten Blutes. Die Erythrocyten leben also nur 1 bis 2 Tage. Auch die älteren Urobilinwerte Adlers[1] bei Anaemia perniciosa (bis 8000 mg) würden eine Steigerung des Umsatzes auf fast das 20fache des Normalen, also auf rund 40 bis 50% täglich, bedeuten. Das ist nach Whipple unmöglich. Es liegt also seiner Meinung nach viel näher anzunehmen, daß diese gewaltigen Urobilinmengen nicht ausschließlich aus zerfallenden Erythrocyten, sondern durch eine allgemeine Überproduktion von Pigment aus

---

[1] Adler u. Sachs: Über Urobilin. III. Zeitschr. f. d. ges. exp. Med. Bd. 31, S. 370. 1923; Bd. 31, S. 398. 1923.

Nahrungseiweiß und Zellzerfallsproduktion entsteht. Bei der Hämochromatose besteht wahrscheinlich kein erhöhter Blutzerfall, worin WHIPPLE mit EPPINGER übereinstimmt.

Eine Rückresorption von Stercobilin (Darmurobilin) lehnt WHIPPLE ab. Hunde, die 2 Jahre lang eine Gallenfistel haben, lassen keine Verminderung der Bilirubinproduktion erkennen. Mithin ist eine Resorption von Stercobilin für die Bilirubinbildung entbehrlich. Dieses kann man, meiner Ansicht nach, WHIPPLE wohl zugeben. Daß aber überhaupt und unter keinen Umständen eine Rückresorption stattfindet, ist wenig wahrscheinlich. BROUN, McMASTER und ROUS[1] prüften hiese Hypothese WHIPPLES nach, indem sie Schafgalle an Hunde verfütterten. In der Fistelgalle des Hundes konnten sie die für Schafgalle charakteristischen Farbstoffe (Cholohämatin, Bilipurpurin) nachweisen. Damit ist gezeigt, daß eine Rückresorption von Stercobilin wohl vorkommt. Fraglich bleibt es aber, wieweit es sich um eine regelmäßige Erscheinung handelt und wie groß diese Rückresorption ist. Nach Verfütterung von Hundegalle fanden BROUN und Mitarbeiter keinen eindeutigen Einfluß auf die Gallenproduktion.

Auch sonst haben sich die Ansichten WHIPPLES nicht voll durchsetzen können. Nach WILBUR und ADDIS[2] ist es wahrscheinlich, daß aus dem Darm mindestens der Pyrrolkomplex des Hämoglobins resorbiert werden kann. BROUN, McMASTER und ROUS[3] können die von WHIPPLE behauptete völlige Unabhängigkeit der Gallenproduktion vom Blutzerfall nicht bestätigen. Jede Verminderung des zirkulierenden Hämoglobins wird von einer vermehrten Gallenproduktion beantwortet, wobei allerdings die Menge des produzierten Bilirubins hinter der des zerstörten Hämatins zurückbleibt. Die von WHIPPLE geleugnete Stercobilinresorption aus dem Darme wird von BROUN und Mitarbeitern als sicher bestehend angesehen. Im Gegensatz zu WHIPPLE finden diese Autoren bei langem Bestande einer Choledochusfistel Anämien, die sie auf Mangel an Bildungsmaterial für das Hämoglobin beziehen. BOCK[4] bezeichnet in einer jüngst erschienenen kritischen Besprechung die Darlegungen WHIPPLES als hypothetisch. Ein Zusammenhang zwischen Blutzerfall und Bilirubinausscheidung ist jedenfalls vorhanden. Trotzdem möchte BOCK die Lehre vom „Pigmentkomplex" WHIPPLES nicht ganz ablehnen; denn nicht immer löst starker Blutzerfall eine entsprechende Bilirubinvermehrung aus. Als Beispiel eines fehlenden Zusammenhanges wird die rote Hepatisation bei Pneumonie angeführt, bei der trotz anscheinend erheblichen Blutunterganges doch keine vermehrte Urobilinausscheidung zu finden ist.

Nun ist in neuester Zeit die noch sehr in den Anfängen befindliche Lehre vom *Cytochrom*[5] aufgetaucht. Das Cytochrom, in zahlreichen Zellen und Geweben vorkommend, soll chemisch nahe Beziehungen zum Hämoglobin haben. Es wäre denkbar, daß wir in ihm tatsächlich den hypothetischen Pigmentkomplex von WHIPPLE zu suchen haben. Indessen weiß man noch nichts Sicheres über die Mengen des verfügbaren Cytochromes. Sollte es sich bestätigen, daß die Cytochrommengen erheblich sind und der Gesamtmenge des Hämatins nahe kommen, so wären allerdings alle Versuche, aus der Galleausscheidung den Blutumsatz zu berechnen, ganz unzulässig.

---

[1] BROUN, MAC MASTER u. ROUS: The entero-hepatic regulation of bile pigment. Journ. of exp. med. Bd. 37, S. 699. 1923.

[2] WILBUR u. ADDIS: Arch. of internal med. Bd. 13, S. 235. 1914; zit. nach WHIPPLE.

[3] BROUN, McMASTER u. ROUS: Relation between blood destruction and the output of bile pigment. Journ. of exp. med. Bd. 37, S. 377. 1923.

[4] BOCK: Zum Problem der Gallenfarbstoffbildung und des Ikterus. Klin. Wochenschr. 1924, S. 587.

[5] Vgl. BIERICH u. ROSENBOHM: Cytochrom der Gewebe. Hoppe-Seylers Zeitschr. f. physiol. Chem. Bd. 155, S. 249. 1926.

Man kann also Whipple nicht so ganz unrecht geben, wenn er die Grundlagen der ganzen Vorstellungsreihe, die genaue quantitative Beziehungenn zwischen zerfallendem Hämoglobin und ausgeschiedenen Gallenfarbstoffderivaten voraussetzt, als noch nicht genügend gesichert bezeichnet. Trotzdem sind auch noch in den letzten Jahren mehrfach Untersuchungen pathologischer Fälle vorgenommen worden, teils mit der Methode von Charnas-Eppinger (Canelli[1], Grignani[2]), teils nach Wilbur und Addis (Bauman[3]), die eine colorimetrische Schätzungsmethode ausgearbeitet haben. Die Befunde entsprechen etwa denen Eppingers: Regelmäßige, oft erhebliche Zunahme des ausgeschiedenen Urobilins bei perniziöser Anämie, zuweilen auch bei Malariaanämie und Leberkrankheiten, Abnahme bei Anämien von myelopathischen Typ, wie Chlorosen, Schulanämien und der aplastischen Anämie Ehrlichs. Grignani stellte fest, daß bei anämischen Nephritikern verschiedener Art wenig Urobilin ausgeschieden wird. Er nimmt daher hier Anämien myelopathischer Art an, Lähmung der Knochenmarksfunktion durch die nephritischen Gifte.

Eigene Untersuchungen. Bei dieser noch so wenig geklärten Sachlage erschien es erforderlich, zunächst die Grundlagen der Methode zu prüfen, was bisher nie in genügendem Maße geschehen ist. Es mußte experimentell untersucht werden, ob man imstande ist, unter geeigneten Bedingungen nach Injektion von Hämoglobinlösungen die berechnete Menge Urobilin quantitativ wiederzufinden. Kühl[4] hat an meiner Klinik in größerem Umfange solche Versuche an Hunden

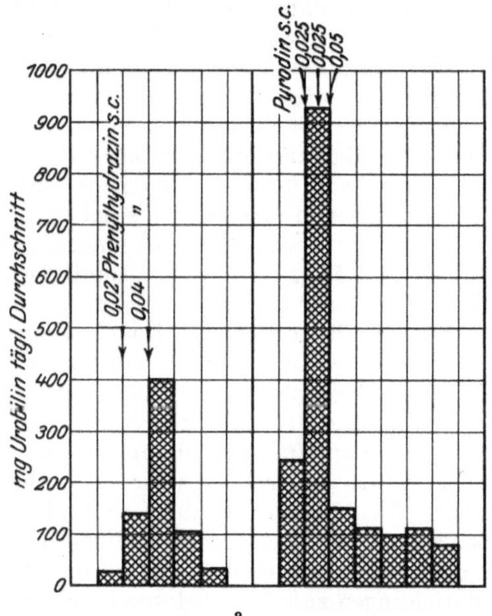

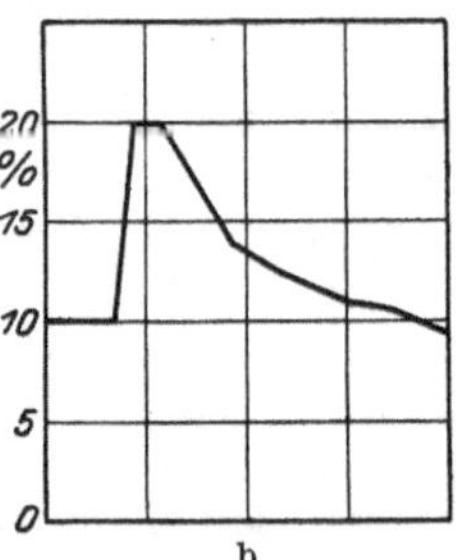

Abb. 29a und b. Urobilinausscheidung und Sauerstoffzehrung nach Injektion von Pyrodin.

vorgenommen, indem er sich der älteren Adlerschen Methodik bediente. Die Urobilinwerte (Kot + Urin) wurden aus 10tägigen Perioden errechnet. In einigen Fällen nahm Kühl auch Bestimmungen der Sauerstoffzehrung vor.

Die Versuche a und b (Abb. 29) unterrichten zunächst darüber, wie die Ausscheidung von Gallenfarbstoffen nach Injektion hämolytischer Gifte ansteigt. So

[1] Canelli: Sulla eliminazione del bilinogeno. Pediatria Bd. 29, S. 495. 1921.

[2] Grignani: Il ricambio emoglobinico nei nefritici. Arch. di patol. e clin. med. Bd. 1, S. 48. 1921.

[3] Bauman: The chemistry and clinic significance of urobilin. Arch. of internal med. Bd. 28, S. 475. 1921.

[4] Kühl: Experimentelle Untersuchungen über Blutumsatz usw. Arch. f. exp. Pathol. u. Pharmakol. Bd. 103, S. 247. 1924.

erhebt sie sich bei einem kleinen Hunde nach 2 Phenylhydrazininjektionen von 30 auf 400 mg am Tage, bei einem größeren nach Pyrodin von 240 auf über 900 mg. In diesem 2. Versuche erkennt man deutlich in der Nachperiode ein Absinken der Urobilinwerte unter die Norm, offenbar als Zeichen der Fähigkeit des Organismus, Derivate des Blutfarbstoffes zurückzuhalten und zum Neuaufbau von Hämoglobin zu verwerten. Die Sauerstoffzehrung steigt im Versuch b auf das Doppelte der Norm, offenbar als Ausdruck vermehrter Knochenmarksfunktion (Abb. 29 b).

Diese ersten Versuche zeigen nur die Vermehrung der Urobilinausscheidung unter dem Einflusse von hämolytischen Giften. Quantitative Anhaltspunkte gibt die nächste Versuchsreihe, wobei normalen Hunden eine gewisse Menge Lackblut mit bekanntem Hämoglobingehalt intraperitoneal injiziert wird. In einigen dieser Versuche kam es zu einer kurzdauernden Hämoglobinurie, die schon von Conti[1] beschrieben wurde. Der Hämoglobinverlust durch die Niere war aber stets so gering, daß er quantitativ nicht in Betracht gezogen werden mußte (Abb. 30).

Die Versuche 3 und 4 zeigen, daß nach intraperitonealen Injektionen von Lackblut tatsächlich genau die berechnete Urobilinmenge ausgeschieden wird. Hier ist also das intraperitoneal injizierte Hämatin quantitativ als Urobilin zum Vorschein gekommen. Das

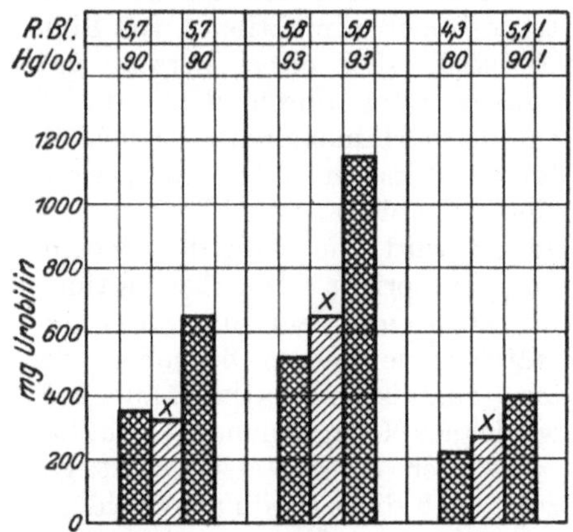

Abb. 30. Versuch 3—5. Bei × Lackblutfarbstoff (auf Bilirubin umgerechnet intraperitoneal).

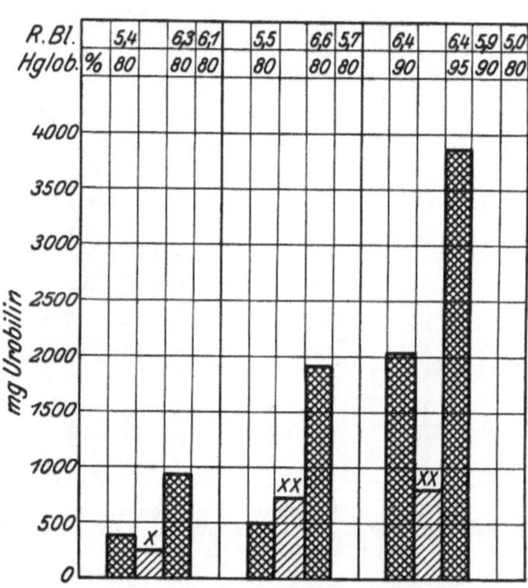

Abb. 31. Versuch 6—8. Bei × Lackblut, bei × × Citratblut intraperitoneal.

trifft aber nicht immer zu; denn in dem ganz gleich angelegten Versuche 5 wird etwa $^1/_3$ der berechneten Menge retiniert. Auch das umgekehrte konnten wir beobachten. In den Versuchen 6—8 wird erheblich mehr Urobilin ausgeschieden als der berechneten Menge entspricht (Abb. 31).

Woher kommen diese wechselnden Resultate? Zunächst zeigen die Versuche 3 und 4 mit Sicherheit, daß unter Umständen einfache und anscheinend sehr genaue Beziehungen zwischen Hämatinzerfall und Urobilinbildung bestehen. Damit ist wahrscheinlich gemacht, daß die Methode im Prinzip richtig ist und die Vorstellungen Whipples jedenfalls nicht für alle Fälle zutreffen. Wie erklären sich dann aber jene Befunde (Versuche 5—8), bei denen ein Mißverhältnis zwischen Hämatinzufuhr und Urobilinausscheidung besteht?

[1] Conti: Una particol. forma di emoglobinuria sperimentale. Arch. per le scienze med. Bd. 44, S. 298. 1922.

Diese Vorgänge werden verständlich, wenn man den Begriff des *Blutgleichgewichtes* einführt. Nur wenn dieser Zustand, unter dem ein normaler Ablauf der Blutregeneration und des Blutzerfalles zu verstehen ist, besteht, werden wir auch einfache quantitative Beziehungen zwischen Hämatinzufuhr und Urobilinausscheidung finden können. Ist das Blutgleichgewicht gestört, so gestalten sich die Dinge viel weniger klar und übersichtlich. Im Versuch 5 war der Hund anämisch. Die Zahl seiner Erythrocyten hob sich nach der Lackblutinfusion von 4,3 auf 5,1 Millionen, der Hämoglobingehalt von 80 auf 90%. Mithin ist also ein Teil des Hämatins zur Blutbildung verwendet, retiniert worden und tritt in den Ausscheidungen nicht in Erscheinung. Schwieriger zu deuten ist die überschießende Ausscheidung in den Versuchen 6 bis 8. Man muß hier wohl zum Teil an toxische Wirkungen des injizierten Blutes denken, zum Teil wohl auch an Anregung der Erythropoese durch den injizierten Blutfarbstoff in Analogie zu Versuchen von Itami[1], Whipple und Hooper[2] über Anregung der Erythropoese durch Hämoglobininjektionen.

Daß diese Erklärungen zum Teil wenigstens richtig sind, daß insbesondere eine Störung des „Blutgleichgewichtes" zu völliger Verschiebung der quantitativen Verhältnisse zwischen Hämatinzufuhr und Urobilinausscheidung führt, ergeben die Versuche 9 und 10. Hier sind Aderlässe von bestimmter Größe ausgeführt worden. Unmittelbar danach erhielten die Tiere intraperitoneale Injektionen von Blut. Es stellt sich dabei heraus, daß nahezu alles durch den Aderlaß entzogene Hämoglobin zurückgehalten wird, indem in der Nachperiode eine Urobilinausscheidung beobachtet wird, die etwa der Berechnung entspricht. Die Tiere retinieren eben von dem injizierten Hämatin soviel als sie brauchen, um ihre anämische Blutbeschaffenheit wieder der Norm zu nähern (Abb. 32).

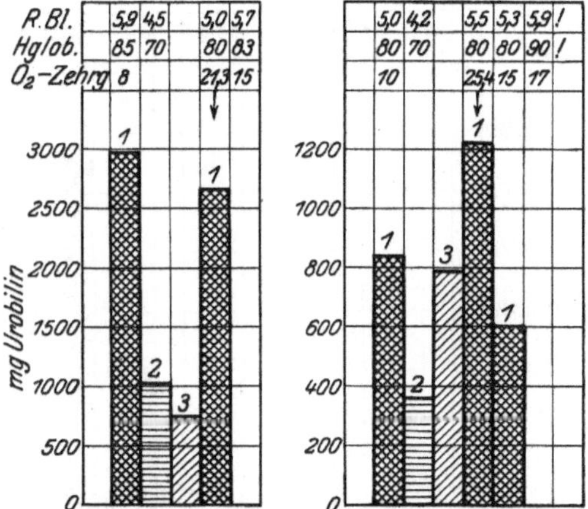

Abb. 32. Versuch 9 und 10. 1. Urobilinausscheidung. 2. Farbstoffentzug durch Aderlaß. 3. Farbstoffzufuhr durch intraperitoneale Injektion.

Durch diese Versuche ist gezeigt, daß die Urobilinausscheidung unter gewissen Bedingungen (Blutgleichgewicht) als Maß des Hämoglobinstoffwechsels dienen kann, daß wir aber keineswegs beim Anämischen aus einer geringen Urobilinausscheidung auf einen geringen Blutumsatz schließen können. Denn die Versuche an künstlich anämisierten Hunden haben deutlich gezeigt, daß bei Bedarf nach Hämoglobin ein Teil des abgebauten Hämatins nicht in den Ausscheidungen erscheint, sondern intermediär verwendet wird, anscheinend zum Neuaufbau von Blut. Eine nennenswerte Rückresorption von Stercobilin aus dem Darm besteht wahrscheinlich bei erhaltenem Blutgleichgewicht nicht. Sonst wäre es nicht möglich, daß man in den doch relativ kurz dauernden 10tägigen Perioden so gut übereinstimmende Werte erhalten würde. Daß unter pathologischen Verhältnissen die Rückresorption größeren Umfang erreicht, ist nach den Erfahrungen von Broun, McMaster und Rous wohl denkbar. Es ist aber auch

---

[1] Itami: Weitere Studien über Blutregeneration. Arch. f. exp. Pathol. u. Pharmakol. Bd. 62, S. 104. 1910.

[2] Whipple u. Hooper: Zitiert auf S. 227.

möglich, daß bei Blutmangel und Hämoglobinbedarf ein Teil des zerfallenden Hämatins nicht zu Bilirubin abgebaut, sondern direkt aus den blutzerstörenden Organen dem Knochenmarke wieder zu neuen Synthesen zur Verfügung gestellt wird.

Sind nun aber jene gewaltig hohen Urobilinausscheidungen, wie wir sie bei Anaemia perniciosa, dem hämolytischen Ikterus und anderen Zuständen sehen, wirklich als Ausdruck eines entsprechend vermehrten Blutzerfalls anzusehen? Ich erwähnte schon, daß dann die schwierige Annahme gemacht werden müßte, der perniziös Anämische setze zuweilen sein gesamtes Blut in 2 bis 3 Tagen um. Außerdem müßte man voraussetzen, daß jene Schutzvorrichtungen, die beim Normalen, aber in seinem Blutgewicht gestörten Individuum, die zum Aufbau nötigen Hämoglobinbausteine im Organismus zurückhalten, bei diesen Kranken unwirksam geworden sind, so daß sie trotz Hämoglobinmangel doch dessen Bausteine verlieren. Es ist nicht zu leugnen, daß die Dinge in solchen Fällen noch recht undurchsichtig liegen, und die Hypothese Whipples von der Bilirubinbildung aus einem hypothetischen Pigmentkomplex (Cytochrom?) nicht a limine abgelehnt werden sollte. Die von Bock angeführte Tatsache des Fehlens einer vermehrten Urobilinausscheidung im Stadium der roten Hapatisation der Pneumonie ist nicht sehr beweiskräftig. Denn es ist a priori sehr unwahrscheinlich, daß ein Pneumoniker sich im Blutgleichgewichte befindet, bei ihm wird man wohl, wie in Versuch 5, eine Neigung zur Retention anzunehmen haben.

Zusammenfassend läßt sich sagen, daß die Methode der Bestimmung des Blutumsatzes aus der Urobilinausscheidung sehr ernstliche Beachtung verdient. Unter gewissen Bedingungen kann man tatsächlich die Urobilinausscheidung als quantitatives Maß des Blutunterganges ansehen. Ob das allerdings auch für jene aus der Pathologie bekannten Fälle zutrifft, bei denen ungeheure Urobilinmengen (10 bis 20mal mehr als normal) in den Ausscheidungen gefunden werden, ist noch fraglich. Etwas skeptisch wird man diesen Dingen besonders beim hämolytischen Ikterus gegenüberstehen. Hier ist die Anämie meist gering, die Sauerstoffzehrung nach Denecke nicht übermäßig hoch; trotzdem findet Eppinger gerade bei dieser Krankheit besonders hohe Urobilinwerte. Es ist allerdings möglich, daß sich das Mißverhältnis zwischen den verschiedenen Methoden durch die gewaltige Ausdehnung des roten Knochenmarkes gerade beim hämolytischen Ikterus erklärt, wodurch verhältnismäßig wenig unreife Erythrocyten in die Zirkulation gelangen, trotz vielleicht sehr bedeutender Steigerung des gesamten Blutumsatzes.

Zusammenfassung.

Von den zur Messung des Blutumsatzes angegebenen und hier kritisch besprochenen Methoden sind es 3, die auch in Zukunft größte Aufmerksamkeit verdienen und scheinbar am zuverlässigsten sind.

Von den morphologischen Verfahren ist es die Zählung der vitalgranulierten Erythrocyten, vielleicht auch der polychromatischen. Doch ist die Feststellung, ob eine Zelle polychromatisch ist oder nicht, zu sehr vom Beobachter abhängig, als daß die Polychromasie als brauchbares quantitatives Maß der Blutregeneration gelten könnte. Die vitale Granulierung ist anscheinend auch nicht nur von der Schnelligkeit der Regeneration abhängig. Es müssen auch andere Faktoren auf ihr selteneres oder häufigeres Auftreten im strömenden Blute Einfluß haben, wie man aus der Massenhaftigkeit des Auftretens der vitalen Granulierung bei hämolytischem Ikterus folgern kann. Dadurch wird der Wert dieser Untersuchungsmethode als einer quantitativen wesentlich vermindert.

Wertvolle quantitative Anhaltspunkte, die uns anscheinend Schlüsse auf die Zahl junger Erythrocyten in der Blutbahn gestatten, ergibt die Methode der

Sauerstoffzehrung. Prinzipielle Fehler haften ihr offenbar nicht an. Ihr Wert ist nur dadurch etwas beschränkt, als wir keinen normalen Standardwert haben, von dem wir ausgehen können, da die Sauerstoffzehrung normaler, kernloser Erythrocyten, beim Menschen wenigstens, unmeßbar klein ist. Außerdem ist S. 216 ausgeführt, daß die Zahl junger kernloser Erythrocyten nur unter gewissen Bedingungen als Maß der Blutregeneration anzusehen ist. Bei großer Ausdehnung roten Markes kann die Blutbildung wesentlich gesteigert sein, ohne daß sich dieses in einer Steigerung des Zehrungswertes auszudrücken braucht, da nur reife Erythrocyten in die Blutbahn gelangten. Trotzdem scheint mir die Methode der Sauerstoffzehrung zuverlässiger zu sein als die morphologischen Verfahren, die natürlich derselben Einschränkung unterworfen sind.

Viel umstritten, aber wie es scheint, doch aussichtsvoll, ist die Berechnung des Blutumsatzes aus den Urobilinwerten im Stuhl und Urin. Daß unter gewissen Bedingungen die Urobilinwerte tatsächlich der erwarteten Ausscheidung entsprechen, ist oben gezeigt worden. Ebenso ist die hohe Urobilinausscheidung bei gewissen Krankheiten, bei denen ein starker Blutzerfall angenommen werden muß, ein Hinweis auf die Brauchbarkeit des Gedankens. Aber leider bestehen noch manche Unsicherheiten: Erstens kann es noch nicht als erwiesen gelten, daß die Gallenfarbstoffe nur aus dem Hämoglobin entstehen. Besonders bedarf die Frage des Cytochroms und seine Beteiligung an der Bilirubinbildung noch der Klärung. Auch an andere „Pigmentkomplexe" (Muskelhämoglobin?) muß gedacht werden.

Während diese Frage unmittelbar von grundsätzlicher Bedeutung für die Möglichkeit der Berechnung des Blutumsatzes aus dem Gallenfarbstoffe ist, ergeben sich weitere, aber nicht grundsätzliche Schwierigkeiten methodischer Art. Die bisher vorliegenden Befunde bewegen sich, soweit sie mit verschiedener Methodik gewonnen wurden, zwar in derselben Richtung, zeigen aber noch gewaltige absolute Unterschiede. Es muß weiteren Untersuchungen vorbehalten bleiben, darzutun, welches Verfahren der Gallenfarbstoffbestimmung am zuverlässigsten ist. Trotz dieser Unsicherheiten ist ein weiterer Ausbau aussichtsvoll und notwendig. Haben wir doch hier den einzigen, leidlich gangbaren Weg, den Blutzerfall zu erfassen.

Große Fortschritte sind also in den letzten 20 Jahren auf diesem Gebiete gemacht worden. Von dem Ziele, den Blutumsatz quantitativ zu erfassen, sind wir vielleicht nicht mehr weit entfernt und können das für gewisse Fälle jetzt schon erreichen. Bei den schwierigen und wenig übersichtlichen Verhältnissen, die uns in der Pathologie entgegentreten, wird man wohl die klarste Auskunft erhalten, wenn man die 3 Verfahren kombiniert anwendet. Dadurch werden unzweifelhaft weitere Einblicke in die Pathogenese anämischer Zustände gewonnen werden.

Plasma und Serum.

Von

Erich Adler
Frankfurt a. M.
Unter Mitarbeit von Kurt Schwerin-Frankfurt a. M.

Zusammenfassende Darstellungen.

Fürth: Lehrb. d. physiol. u. pathol. Chemie. 1925. — Hammarsten: Lehrb. d. physiol. Chem., 11. Aufl. 1926. — Letsche: Abderhaldens Handb. d. biol. Arbeitsmethoden Abt. IV, Bd. 3. 1922. — Morawitz: Oppenheimers Handb. d. Biochemie, 2. Aufl., Bd. IV. 1925. — Die übrige Literatur siehe bei den betreffenden Kapiteln.

Plasma und Serum werden seit Beginn der Durchforschung ihrer Partiarfunktionen als biologische Systeme angesehen, deren Hauptaufgabe der koordinierten Aufrechterhaltung des Stoffaustausches der einzelnen Gewebe gilt: als Träger der Nähr- und Endstoffe des Zellstoffwechsels sowie der Antikörper und anderer spezifisch eingestellter Substanzen erfüllt mithin die Blutflüssigkeit die Aufgabe der Erhaltung optimaler Lebensfähigkeit für den gesamten Organismus. Neben diesem statisch eingestellten Gleichgewicht offenbart sich, soweit physikochemische Forschung zu zeigen vermag, ein dynamisches, das durch ein Ineinandergreifen verschiedenartigster regulatorischer Funktionen die lebensnotwendige Bedingung der Isoionie und Isotonie gewährleistet. Die Konstanz der Eigenreaktion des Blutes sowie seine Fähigkeit, größere Säure- und Alkalimengen ohne Störung dieser Konstanz zu eliminieren, stellen weitere für die Zelle unerläßliche Lebensnotwendigkeiten dar. Während diese komplexe Funktion von Plasma und Serum auf Grund der Forschungen der letzten Jahrzehnte immer deutlicher hervortritt, sind auch heute noch die ursächlichen Bedingungen für das Zustandekommen dieses Regulationsmechanismus durchaus ungeklärt.

Indessen soll dieses Kapitel hauptsächlich der Biochemie von Plasma und Serum gelten, so daß auf biologische Überlegungen erst in zweiter Linie eingegangen werden kann.

Plasma enthält den bei der Gerinnung ausfallenden Faserstoff, während Serum durch die Retraktion des Blutkuchens bei der Gerinnung aus diesem als klare, gelbliche Flüssigkeit ausgeschieden wird. *Serum* enthält kein Fibrinogen, dagegen Thrombin, das im Blutplasma fehlt (Morawitz). Sonst besteht, was Konzentration der einzelnen Bestandteile der Blutflüssigkeit anbetrifft, keine wesentliche Differenz zwischen Plasma und Serum; ein Teil des Ca, Mg und der Phosphorsäure soll allerdings mit dem Faserstoff bei der Gerinnung ausgefällt werden. Menschliches Blut enthält ca. 60% Serum.

Physikalische Konstanten:

p_H: 7,4 bis 7,7
Spezifisches Gewicht: 1,029 bis 1,032 (1,028)
Gefrierpunktserniedrigung: $-0,560°$
Viscosität: 1,8 bis 2,1 (Hammarsten).

Die Farbe menschlichen Serums ist blaß-citronengelb und im wesentlichen durch den Gehalt an Gallenfarbstoff und Lipochromen bedingt. Gallenfarbstoffretention ändert den Farbton ins Grüngelbe oder Dunkelgrünliche, Fettüberfüllung ins Weißlich-Milchigtrübe. Bei perniziöser Anämie findet sich oft eine goldgelbe Verfärbung des Serums.

Beim Pferd wird bernsteingelbe Serumfarbe beobachtet, beim Kaninchen dagegen häufig fast farbloses Serum.

1. Wassergehalt des Blutplasmas und Blutserums.

Zusammenfassende Darstellungen.

EPPINGER: Zur Pathologie und Therapie des menschlichen Ödems. Berlin 1917. — HOEBER: Physikalische Chemie der Zelle und Gewebe. 2. Aufl. Leipzig 1924. — MORAWITZ: Wasser und Salze des Blutserums. Oppenheimers Handb. d. Biochemie, 2. Aufl., Bd. IV. 1925. — MORAWITZ-NONNENBRUCH: Pathologie des Wasserhaushaltes. Ebenda Bd. VIII. Jena 1925. — NONNENBRUCH: Pathologie und Pharmakologie des Wasserhaushaltes. Handb. d. norm. u. pathol. Physiol. Bd. XVII. Berlin 1926. — SCHADE: Wasserstoffwechsel. Oppenheimers Handb. d. Physiol. 2. Aufl., Bd. VIII. 1924. — SIEBECK: Physiologie des Wasserhaushaltes. Handb. d. norm. u. pathol. Physiol. Bd. XVII. Berlin 1926. — VEIL, W. H.: Physiologie und Pathologie des Wasserhaushaltes. Ergebn. d. inn. Med. u. Kinderheilk. Bd. 23. 1923.

Der Wassergehalt von Plasma und Serum stellt die intravasale Komponente des Gesamtwasserstoffwechsels im Organismus dar; eine Beurteilung seiner Funktion wird mithin nur ein Teilproblem des Wasserhaushaltes andeuten können, während die Untersuchungen über den Austausch von Wasser zwischen Blut und Geweben sowie die Steuerung dieser Regulation durch die verschiedenartigsten physiologischen Einwirkungen auf die Gesetzmäßigkeiten des Wasserhaushaltes im Gesamtorganismus zurückgreifen müssen. Die Beurteilung der Konzentration des Blutwassers hat dem Rechnung zu tragen, ergibt sich doch, daß ihre Zusammensetzung von zahlreichen Faktoren, wie ständigem Gewebeaustausch, Ausscheidungsfähigkeit der Niere, Eiweißkonzentration des Blutes, Wasserbindungsvermögen der lyophilen Plasmakolloide, ebenso abhängig erscheint wie von der mit der Nahrung zugeführten Flüssigkeit. Wenn trotzdem bei Mensch und Säugetier unter physiologischen Bedingungen eine ausgesprochene Konstanz des Blutwassergehaltes besteht, so deutet dies auf eine in ihrer Kompliziertheit noch kaum übersehbare regulatorische Befähigung des Organismus hin, seine Wasserbilanz in dynamischem Gleichgewicht zu halten.

Konstanten: Wassergehalt des Menschenblutes: normal im Gesamtblut 75 bis 85%, im Serum 90%; rote Blutkörperchen 57 bis 64%.

Tierblut (nach ABDERHALDEN) auf 1000 Teile Blut:

	Rinderblut				Pferdeblut		
Blutkörperchen	325,5	Serum	674,5	Blutkörperchen	397,7	Serum	602,3
Wasser:	192,65		616,25		243,86		555,14
feste Stoffe:	132,85		58,249		153,84		51,15

Die Bestimmung geschieht entweder gravimetrisch durch Wägung des Trockenrückstandes oder refraktometrisch durch Ermittlung des Eiweißgehaltes. Die Beurteilung des Blutwassergehalts aus den Erythrocytenwerten hat die starken Tagesschwankungen der roten Blutkörperchen entsprechend zu berücksichtigen, wobei Differenzen bis zu ± 900000 innerhalb 24 Stunden auftreten können (LASCH und BILLICH[1]).

Um Wiederholungen zu vermeiden, sei im folgenden die Physiologie und Pathologie des Blutwassers nur andeutungsweise besprochen. Über viele hier nicht erwähnte Einzelheiten sowie über die Stellung des Blutwassers zum Gesamtwasserhaushalt resp. dessen Einzelfaktoren Diurese, Ödem usw. siehe die Kapitel

---

[1] LASCH u. BILLICH: Zeitschr. f. d. ges. exp. Med. Bd. 48, S. 651. 1926.

„Physiologie und Pathologie des Wasserhaushaltes" (dieses Handbuch, Bd. XVII Abschnitte SIEBECK S. 161 und NONNENBRUCH S. 223).

Jede Flüssigkeitszufuhr bedingt durch ihre Störung des normalen Regulationsablaufes im Blut-Gewebsaustausch eine Umstellung der Blutwasserkonzentration auf diesen Reiz, die in ihrem Ausmaß jedoch völlig unabhängig von der Menge des zugeführten Wassers ist. MARX[1], BLIX[2] fanden 20 bis 40 Minuten nach Wasseraufnahme von 1 l eine kurze Zeit anhaltende Blutverdünnung von fast gleicher Größenordnung wie nach Zuführung kleinerer Quanten (50 g), so daß die Flüssigkeitsaufnahme nach Ansicht dieser Autoren nur einen Reiz darzustellen scheint, der sensibilisierend in die Austauschvorgänge zwischen Blut- und Gewebsflüssigkeit eingreift. Gleichsinnig ist auch die Hydrämie nach Glykokollverabreichung oder nach peroraler Dextrosezufuhr anzusehen (BLIX). Lävulose bedingt dagegen fast ausnahmslos eine Bluteindickung (MEYER-BISCH[3]). Im Gegensatz zu diesen Befunden sah VEIL[4] während des Trinkversuches meist unveränderte Refraktometerwerte, mitunter sogar einen Anstieg, während bei Blutverdünnung oft gleichzeitig durch Gewebsmobilisation ein Einstrom osmotisch wirksamer Substanzen in die Blutbahn stattfand. Ebenso wies NONNEN-BRUCH[5] nach Wasserzufuhr wiederholt eine Bluteindickung nach; SIEBECK[6] hebt die individuellen Differenzen des Trinkversuchs sowie seine Abhängigkeit von Alter und Ernährungszustand hervor. Die Diurese geht unabhängig von Flüssigkeitsaufnahme und Blutwassergehalt vor sich, indem die zugeführte Flüssigkeit zunächst durch Gewebsbindung der Sekretion entzogen wird. Nach NONNENBRUCH[7] tritt am entnierten Kaninchen intravenös zugeführte Ringerlösung ebenso schnell aus dem Blut in das Gewebe über wie beim Normaltier. Eine gewisse Austauschregulation scheint dem reticulo-endothelialen Apparat zuzukommen. SAXL und DONATH[8] zeigten, daß im Kaninchenblut nach intravenöser Injektion von 200 ccm physiologischer Kochsalzlösung durch vorhergehende Elektrokollargolinjektion eine Hydrämie auftritt, die ohne Blockierung des R. E. S. nicht nachgewiesen werden konnte; unter gleichen experimentellen Bedingungen fand sich auch im menschlichen Blute während des VOLHARDschen Wasserversuchs eine entsprechende Blutverdünnung (JOCHWED[9]). Kochsalzzufuhr führt bei mehr oder minder konstantem Chlorgehalt des Serums zu einem Einstrom seröser Gewebsflüssigkeit in das Blut (VEIL[10]), während die hydropigene Natur anderer Salze (Ka, Ca, Na) resp. deren Gemische nach OEHME[11] weniger einer Elektrolyteinwirkung auf die Bluteiweißkörper als dem „Äquivalentverhältnis der zugeführten Ionen" zuzuschreiben ist.

Blutdruckschwankungen vermögen Änderungen der Blutwasserkonzentration zu bedingen, Vasomotorenlähmung einen Übertritt von Gewebsflüssigkeit ins Blut, Vasoconstriction eine Bluteindickung (HESS[12], ERB JUN.[13]). Bei dem An-

---

[1] MARX: Klin. Wochenschr. Jg. 4, S. 2339. 1925.

[2] BLIX: Biochem. Zeitschr. Bd. 74, S. 302. 1916.

[3] MEYER-BISCH: Klin. Wochenschr. Jg. 3, S. 60. 1924.

[4] VEIL: Dtsch. Arch. f. klin. Med. Bd. 113, S. 226. 1914; Bd. 119, S. 376. 1916; Biochem. Zeitschr. Bd. 91, S. 267. 1918.

[5] NONNENBRUCH: Dtsch. med. Wochenschr. S. 6. 1922.

[6] SIEBECK: Physiologie des Wasserhaushaltes. Dieses Handbuch Bd. XVII.

[7] NONNENBRUCH: Arch. f. exp. Pathol. u. Pharmakol. Bd. 91, S. 230. 1921.

[8] SAXL u. DONATH: Wien. klin. Wochenschr. Nr. 26. 1924; Nr. 2. 1925; Klin. Wochenschr. Nr. 31, S. 1397. 1924.

[9] JOCHWED: Wiener Arch. f. inn. Med. Bd. 11, S. 561.

[10] VEIL: Biochem. Zeitschr. Bd. 91, S. 267. 1918.

[11] OEHME: Arch. f. exp. Pathol. u. Pharmakol. Bd. 102, S. 40. 1924; Bd. 104, S. 115. 1924.

[12] HESS: Dtsch. Arch. f. klin. Med. Bd. 79, S. 128. 1903.

[13] ERB JUN.: Dtsch. Arch. f. klin. Med. Bd. 88, H. 1—3, S. 36. 1907.

stieg der Bluttrockensubstanz, den Bauer und Aschner[1] nach Purinkörper-injektionen erzielten, ist sowohl der diuretische Effekt wie die entquellende Einwirkung der Purine auf die Blutkolloide zu berücksichtigen. Auch die durch Untersuchungen von Eppinger[2], Nonnenbruch[3] u. a. nachgewiesene hormonale Beeinflussung des Wasserhaushaltes vermag ebenfalls zu Konzentrations-änderungen des Blutwassers zu führen. So ist die Thyroxindiurese beim Kanin-chen von einem starken Gewebsflüssigkeitseinstrom in die Blutbahn begleitet (Fujimaki und Hildebrandt[4]), während Hypophysenextrakt keinen gesetz-mäßigen Einfluß erkennen läßt (Bauer und Aschner[5], Fromherz[6]). Als kon-trovers sind die Angaben über die Einwirkung von Adrenalin zu bezeichnen: Hess[7] und Erb[8] fanden eine Vermehrung der Trockensubstanz des Blutes, die von Asher und Böhm[9] als unabhängig von der Blutdrucksteigerung nach-gewiesen wurde; Lamson[10] und Donath[11] beobachteten dagegen am Tier, Bauer und Aschner[12] am Menschen keine spezifische Beeinflussung der Blutwasser-konzentration. Die Ödemtendenz des Insulins läßt den Blutwassergehalt ent-weder unbeeinflußt oder führt bei Zunahme der Eiweißkonzentration zur Herab-minderung der Plasmamengen, während beim Tier durch große Dosen Insulin eine Wasserverarmung des Blutes um 20 bis 60% hervorgerufen werden kann, wahrscheinlich infolge Abströmens von Wasser aus dem Blut in die Gewebe (s. Staub[13]).

Die von Lamson[14], Molitor, Mautner und Pick[15] auf Grund eines Sperr-mechanismus nachgewiesene Einschaltung der Leber in die Wasserregulation zeigt sich in bedeutend länger anhaltender Blutverdünnung nach Zufuhr iso-tonischer Kochsalzlösung bei Hunden mit Eckscher Fistel als bei den Kontroll-tieren; entsprechende Untersuchungen an Leberkranken haben dagegen noch nicht zu einem eindeutigen Ergebnis geführt.

Selten beobachtet werden Verminderungen des Blutwassergehaltes. Durst läßt diesen meist unbeeinflußt, während profuse Schweiße und Diarrhöen eine Bluteindickung zur Folge haben können. Die stärkste Wasserverarmung des Blutes wurde bei asiatischer Cholera gefunden, wobei das spez. Gewicht des Serums von 1029 auf 1047 anstieg (Schmidt[16]). Ferner findet sich eine ausgesprochene Bluteindickung bei Fällen von strikturierendem Oesophaguscarcinom, bei Magenkrebsen mit reichlichem Erbrechen, hochsitzendem Duodenalcarcinom. Ursächlich ist eine verminderte Resorption des Nahrungswassers anzusprechen, die erst in höheren Darmabschnitten erfolgt. Pathologische Hydrämien, deren Abgrenzung von hypalbuminotischen Zuständen schwierig sein kann, finden sich beim Aderlaß, bei Kreislaufinsuffizienz und Ödemkrankheit. Auch beim Dia-

---

[1] Bauer u. Aschner: Zeitschr. f. d. ges. exp. Med. Bd. 27, S. 191. 1922.
[2] Eppinger: Zur Pathologie und Therapie des menschlichen Ödems. 1917.
[3] Nonnenbruch: Ergebn. d. inn. Med. u. Kinderheilk. Bd. 26, S. 204. 1924.
[4] Fujimaki u. Hildebrandt: Arch. f. exp. Pathol. u. Pharmakol. Bd. 102, S. 226. 1924.
[5] Bauer u. Aschner: Wien. Arch. f. inn. Med. Bd. 1, S. 324.
[6] Fromherz: Arch. f. exp. Pathol. u. Pharmakol. Bd. 100, S. 1. 1923.
[7] Hess: Dtsch. Arch. f. klin. Med. Bd. 79, S. 128. 1903.
[8] Erb jr.: Dtsch. Arch. f. klin. Med. Bd. 88, S. 36. 1907.
[9] Asher u. Böhm: Biochem. Zeitschr. Bd. 14, S. 1. 1918.
[10] Lamson: Join. of pharmacol. a. exp. therapeut. Bd. 8, S. 167. 1916.
[11] Donath: Arch. f. exp. Pathol. u. Pharmakol. Bd. 77, S. 1. 1914.
[12] Bauer u. Aschner: Zeitschr. f. d. ges. exp. Med. Bd. 27, S. 191. 1922.
[13] Staub: Insulin. Berlin 1925.
[14] Lamson: Journ. of pharmacol. a. exp. therapeut. Bd. 17, S. 481. 1921.
[15] Mautner u. Pick: Biochem. Zeitschr. Bd. 127, S. 72. 1922; Molitor u. Pick: Arch. f. exp. Pathol. u. Pharmakol. Bd. 97, S. 317. 1923; Mautner: Wien. Arch. f. inn. Med. Bd. 7, S. 251. 1924.
[16] Schmidt: Charakter der epidemischen Cholera. Leipzig 1850.

betes mellitus ist das Serum gegenüber der Norm verdünnt, offenbar durch Eintritt von Wasser aus dem Gewebe in die Blutbahn (KLEIN[1]). Kachexien, hochgradige Anämien führen ebenfalls meist zu schweren Hydrämien, während bei progredienter Phthise häufig eine Bluteindickung mit Zunahme des Serumeiweißes besteht (MEYER-BISCH[2]). Die nephritische Hydrämie, die hauptsächlich bei albuminurischen Prozessen aufzutreten pflegt, stellt meist eine Kombination von Hypalbuminose und wahrem Blutödem dar. Daß es sich nicht nur um eine Wasserretention handelt, zeigt die oft gleichzeitig vorhandene Polyurie. Ob in diesen Fällen ursächlich irgendeine vermehrte Wasserbindung im Blute anzunehmen ist und inwieweit der Hydratationszustand der lyophilen Blutkolloide hierfür in Betracht kommt, läßt sich bei der Schwierigkeit des Nachweises solcher Einwirkungen in vivo vorerst nicht sagen.

2. Mineralische Bestandteile des Blutplasmas und Blutserums.

Gehalt der normalen Blutflüssigkeit an Mineralstoffen nach HEUBNER[3].

	mg auf 100 ccm Grenzwerte	100 ccm Mittel	Konzentration in Äquivalenten
Cl	320—400	355	0,100n
HCO_3	—	160	0,026n
SO_4	—	22	0,005n
HPO_4	3—15	10	0,002n
Na	280—320	—	0,130n
K	16— 24	—	0,05n
Ca	8— 16	—	0,005n
Mg	1— 4	—	0,002n
Summe		880	sauer 0,133 bas. 0,142

Die Möglichkeit der Erhaltung optimaler Lebensbedingungen für die einzelne, in ihrem Eigenstoffwechsel ständig irritierte Zelle liegt in der außerordentlich regulatorisch eingestellten Zusammensetzung der sie umspülenden Flüssigkeit begründet. Jede Variation des osmotischen Gleichgewichts im Sinne einer Anreicherung oder Verarmung des Serums an osmotisch wirksamen Substanzen mit ihren für die Zelle funktionsbeeinträchtigenden Folgen wird durch die Fähigkeit des Blutes, seine molekulare Konzentration innerhalb engster Grenzen konstant zu erhalten, paralysiert. Zur Aufrechterhaltung dieser Isotonie kommen neben den Kolloiden in erster Linie infolge ihrer weit stärkeren Molekularkonzentration die Elektrolyte in Betracht, indem gerade ihre Lösungskonstanz durch ständigen Austausch und Abgabe osmotisch störender Salze gewahrt wird. Eine weitere wesentliche Aufgabe, die besonders den Salzen schwacher Säuren (Phosphaten, Carbonaten) zukommt, ist die Aufrechterhaltung der durch die Wasserstoffionenkonzentration bedingten aktuellen Reaktionen von Blut und Geweben. Ihre Bedeutung wird an anderer Stelle behandelt. Ferner besitzen die Salze, soweit sie ionisiert sind — und das ist der größte Teil der im Blut zirkulierenden Mineralstoffe —, eine besondere Reaktionsfähigkeit gegenüber Kolloiden, deren Hydratation, Dispersität, Fällbarkeit in weitestem Maße von dem Salzgehalt der sie umgebenden Flüssigkeit abhängig erscheint; es ist deshalb anzunehmen, daß die äquilibrierte Ionenmischung des Blutes sowohl den

---

[1] KLEIN: Zeitschr. f. klin. Med. Bd. 100, S. 458. 1924; Zeitschr. f. d. ges. exp. Med. Bd. 43, S. 663. 1924.

[2] MEYER-BISCH: Klin. Wochenschr. Jg. 1, Nr. 38. 1922.

[3] HEUBNER: Handb. d. Balneologie Bd. II. 1922.

Wassergehalt der einzelnen Zelle wie auch deren Eigenstoffwechsel entscheidend zu beeinflussen vermag. Hierbei finden sich jedoch weitgehende Unterschiede und antagonistische Einstellung der einzelnen Ionen in bezug auf ihre Wirksamkeit, die nicht nur durch Verschiedenheiten ihrer chemischen Valenz gebildet sind. So ist trotz gleicher chemischer Wertigkeit die Kaliumwirkung stärker als die Natriumwirkung, ohne daß verallgemeinernd als Erklärung die Stellung der einzelnen Kationen in der lyotropen Reihe angegeben werden kann. Weiterhin besteht zwischen den einwertigen Alkali-Ionen und den zweiwertigen Erdalkali-Ionen ein ausgeprägter Antagonismus. Während jedes einzelne Kation giftig wirkt, kann z. B. die parthogenetische Entwicklung von Funduluseiern durch eine entsprechend kombinierte Kationenlösung stark gefördert werden (Loeb[1]). Besonders ausgeprägt und in letzter Zeit in zahlreichen Arbeiten untersucht ist das antagonistische Verhalten von Natrium- und Kaliumion zum Calciumion.

Natriumionen vermögen im Überschuß glykosurisch zu wirken, während Calciumionen diese Glykosurie zu verhindern vermögen (Fischer[2]). Für das Salzfieber stellen die Na-Ionen den pyrogenen, die Ca-Ionen den antipyrogenen Faktor dar (Meyer[3], Schloss[4], Freund[5]). Auch das Bakterienwachstum kann durch entsprechenden Gehalt beider Elektrolyte weitgehend beeinflußt werden (v. Eissler[6]). Hamburger und Brinkmann[7] fanden bei Durchströmungsversuchen an der Froschniere, daß die Durchlässigkeit für Glucose von dem jeweiligen Quotienten Ca : K in der Durchströmungsflüssigkeit abhängig war. Auch die während der Durchströmung eines Froschgefäßpräparats nach Läwen-Trendelenburg in der Regel auftretenden Ödeme beruhen auf einer Störung des Kalium-Calcium-Verhältnisses (R. Hamburger[8]). Kaliumübergewicht führt am Magendarmtraktus zu Tonussteigerung, Calciumübergewicht zu entsprechender Erschlaffung (Tesner und Turolt[9]), ebenso treten am quergestreiften Muskel nach Kaliumüberdosierung Krämpfe auf, die durch Calciumzufuhr zu beseitigen sind. Calcium fördert, Kalium hemmt die Phagocytose der Leukocyten (Hamburger und Hekma[10]).

Von wesentlicher Bedeutung erscheinen die Versuche über die Beeinflussung der Herztätigkeit durch die antagonistische Salzkonzentration (S. G. Zondek[11]). Es zeigte sich am Froschherz, daß Kaliumübergewicht zur Verstärkung der Diastole, Calciumübergewicht zur Verstärkung der Systole und systolischem Herzstillstand führte. Diese Funktionsäußerungen stehen aber in unmittelbarer Beziehung zu den einzelnen Abteilungen des vegetativen Nervensystems, so daß von Kraus, S. G. Zondek, Dresel, Arnoldi, Wollheim[12] u. a. Beziehungen zwischen diesem und dem Kationengleichgewicht aufgestellt werden derart,

---

[1] Loeb: Die chemische Entwicklungserregung des tierischen Eies. Berlin 1909.

[2] Fischer: Pflügers Arch. f. d. ges. Physiol. Bd. 106, S. 80. 1905.

[3] Meyer: Dtsch. med. Wochenschr. Nr. 5. 1909.

[4] Schloss: Biochem. Zeitschr. Bd. 18, S. 14. 1909.

[5] Freund: Arch. f. exp. Pathol. u. Pharmakol. Bd. 65, S. 225. 1911; Bd. 47, S. 311. 1913.

[6] v. Eissler: Zentralbl. f. Bakteriol., Parasitenk. u. Infektionskrankh. Bd. 51, S. 546. 1909.

[7] Hamburger u. Brinkmann: Biochem. Zeitschr. Bd. 88, S. 97. 1918.

[8] Hamburger, R.: Biochem. Zeitschr. Bd. 129, S. 153. 1922.

[9] Tesner u. Turolt: Zeitschr. f. d. ges. exp. Med. Bd. 24, S. 1. 1921.

[10] Hamburger u. Hekma: Biochem. Zeitschr. Bd. 9, S. 275. 1908.

[11] Zondek, S. G.: Arch. f. exp. Pathol. u. Pharmakol. Bd. 87, S. 342; Bd. 88, S. 158. 1920; Biochem. Zeitschr. Bd. 121, S. 87. 1921.

[12] Kraus, F. u. Mitarbeiter: Klin. Wochenschr. Jg. 2, S. 382. 1923; Jg. 3, S. 707, 735. 1924; Jg. 4, S. 905. 1925.

daß Nerv- und Ionenwirkung nicht nur parallel gehen, sondern einander identisch sind. So führt Vagusreizung im Gewebe resp. dessen Zellmembranen zu Kaliumanreicherung, Sympathicusreizung zu Calciumanreicherung. Durchschneidung eines Vagus am Halse oder beider Vagi unterhalb des Zwerchfells bedingt eine Herabsetzung des Koeffizienten K : Ca, Entfernung des Plexus solaris, sowie Durchtrennung des Nervus splanchnicus führt zur Erniedrigung des Calciumgehaltes im Serum (Leites[1]). Während die Nervenwirkung jedoch vom normalen Ionenantagonismus abhängig ist, kommt die Ionenwirkung auch nach Ausschaltung des vegetativen Nerven zustande. Besonders wichtig erscheint die Einschaltung dieser Kuppelung in den Mechanismus der Hydroxylionenregulation. So soll ein relatives Calciumübergewicht an der Zelle eine Abdissoziation von H-Ionen, relatives Kaliumübergewicht ein Abdissoziieren von OH-Ionen hervorrufen; es entsteht mithin in ersterem Falle eine lokale Acidose, in letzterem eine entsprechende Alkalose (Kraus, S. G. Zondek). Inwieweit im lebenden Organismus die antagonistischen Tonusschwankungen der einzelnen vegetativen Komponenten (Sympathicus und Parasympathicus) ein Spiegelbild in entsprechenden Schwankungen beider Elektrolyte verursachen können, läßt sich zur Zeit noch nicht sagen; es ist jedoch wahrscheinlich, daß infolge eines übergeordneten zentralen Regulationsmechanismus die Erregung *eines* Systems die reflektorische Erregung des antagonistischen Systems bedingt (Dresel und Katz[2]). Nach Leites[3] läßt sich weder der Kaliumgehalt des Serums noch der Charakter des Koeffizienten K : Ca mit einer bestimmten Abteilung des vegetativen Nervensystems in Beziehung bringen; auch ist wahrscheinlich, daß zur Aufrechterhaltung der osmotischen Isotonie gerade die Konstanz der Na-K-Calcium-Isoionie ungefähr im molekularen Verhältnis 100 : 2 : 2 gewahrt wird, deren Versagen — experimentell-pathologisch durch Zufuhr hyper- oder hypotonischer Salzlösung — bekanntlich zur Destruktion der Erythrocyten und weitgehender Schädigung der Gewebe führt.

Für die Mengenbestimmungen der im Organismus zirkulierenden Salze kommen Aschenanalysen nur in beschränktem Maße in Betracht, da bei ihnen neben den ionisierten Salzen auch die an die organische Substanz (z. B. Eiweiß) gebundenen oder im Gewebe als unlösbarer Niederschlag vorhandenen Mineralien miteinbezogen werden, die Wirkung der Neutralsalze jedoch lediglich von ihrem ionisierten Anteil abhängt. Die Berechnung der Gesamtmenge der Kat- und Anionen des Serums in Grammäquivalenten ergibt einen Basenüberschuß von 250 ccm $^n/_{10}$-Base; dieser Überschuß (etwa 15%) dürfte durch Proteine gebunden sein (Kramer und Tisdall[4]). Die Trennung der freidiffusiblen von den organisch gebundenen Salzen geschieht mittels der Kompensationsdialyse (Rona und Mitarbeiter[5]), wobei die zu untersuchende Flüssigkeit gegen verschiedene Konzentrationen der betreffenden Elektrolyte bis zum Ausgleich der osmotischen Partiardrucke der Dialyse unterworfen wird; CO_2-Spannung und H-Ionenkonzentration sind bei diesen Untersuchungen infolge ihres Einflusses auf Austauschvorgänge zwischen roten Blutkörperchen und Plasma entsprechend zu berücksichtigen (van Creveld[6]). Es zeigt sich, daß die größte Menge des Na (Cushny[7]), K, Cl, der Phosphorsäure und Kohlensäure in diffusibler Form vorhanden sind, Ca und Mg (Myers und Short[8]) dagegen zum Teil aus nicht dissoziierten organischen Eiweißverbindungen bestehen. Konzentrationsbestimmungen der Elektrolyte sind infolge der Austauschmöglichkeiten zwischen Blutkörperchen und Serum nur am unmittelbar nach der Entnahme gewonnenen Serum vorzunehmen, auch wird ein Teil des Calciums, Magnesiums und der Phosphorsäure mit dem Faserstoff bei der Gerinnung ausgefällt (Hammarsten[9]).

---

[1] Leites: Biochem. Zeitschr. Bd. 166, S. 47. 1925.
[2] Dresel u. Katz: Klin. Wochenschr. Jg. 1, Nr. 32, S. 1601.
[3] Leites: Biochem. Zeitschr. Bd. 166, S. 47. 1925.
[4] Kramer u. Tisdall: Journ. of biol. chem. Bd. 53, Nr. 2. 1922.
[5] Rona u. Mitarbeiter: Biochem. Zeitschr. Bd. 29, 31, 48, 49 u. 56.
[6] van Creveld: Biochem. Zeitschr. Bd. 123, S. 304. 1922.
[7] Cushny: Journ. of physiol. Bd. 53, S. 391. 1920.
[8] Myers u. Short: Journ. of biol. chem. Bd. 44, S. 47. 1920.
[9] Hammarsten: Lehrb. d. physiol. Chemie. München 1926.

Kationen.

Calcium kommt als bivalentes Ca-Ion, als undissoziiertes Salz $(Ca[HCO_3]_2)$ und als undiffusible kolloidale Ca-Eiweißverbindung vor; letztere ist im Serum als undissoziiert anzusehen, während alles übrige Ca in ionisierter Form vorhanden zu sein scheint (MOND und NETTER[1]). Der Anteil der organischen Calciumverbindung wurde von RONA und TAKAHASHI[2] mittels Dialyse zu 31 bis 39% des Gesamtserumkalks gefunden (vgl. RICHTER-QUITTNER[3]). Bei Versuchen über den Einfluß von Kollodiummembranen auf das Verhalten beider Anteile ergab sich, daß schon geringe Beimengungen von Lecithin zu den Membranen den Anteil des nichtdialysablen Ca auf über 50% zu steigern vermochten, welcher Vorgang durch Cholesterinzusatz nicht rückgängig gemacht werden konnte (RONA und MELLI[4]). Da bei prozentuell konstanter H-Ionenkonzentration das Säurenund Basenbindungsvermögen einer Eiweißlösung bei herabgeminderter Dispersität infolge entsprechender Verminderung der Eiweißionen abnimmt, war zu erwarten, daß die einzelnen Eiweißfraktionen infolge ihres verschiedenen Dispersitätsgrades auch Ca in verschiedenen Mengen gebunden enthielten. Es gelang CSAPO und FAUBL[5] zu zeigen, daß für je 100 g das Bindungsvermögen für Fibrin 11,5 mg, Globulin 37,5 mg, Albumin 78 mg Ca, insgesamt ebenfalls ein Drittel des Gesamtserumkalks betrug. Die für die normale Funktionsfähigkeit der Membranen erforderliche Ca-Ionenkonzentration ist in Lösungen von konstantem p_H und ausreichenden HCO_3-Mengen wie die H-Ionenkonzentration durch ein Puffersystem weitgehend eingestellt (R. BRINKMAN[6]). Schwankungen der H-Ionenkonzentrationen bewirken Konzentrationsänderungen des ionisierten Kalks, indem durch Vermehrung von sauren Valenzen eine Erhöhung des ionisierten Kalks, von basischen Valenzen eine Entionisierung eintreten soll (HETÉNY und v. GAAL[7]).

Die Menge des Gesamtkalks wird verschieden angegeben, je nachdem sie als Ca, CaO, $CaSO_4$ ermittelt, auf Blut oder Blutasche bezogen wird. Die Jahreskurve des Blutcalciumgehalts zeigt in ihren Schwankungen zwei Gipfel im Mai und November, während die tiefsten Normalwerte im Januar und September gefunden werden; GRANT und GATES[8] führen diese Erscheinung auf Gewichtsschwankungen der Epithelkörperchen zurück.

Der Blutkalkgehalt gesunder Katzen beträgt im Mittel 11 mg (9,5 bis 12,5 mg) Ca pro 100 ccm Blut (HEUBNER und RONA[9]). Bei Hungertieren kommt es innerhalb der ersten 10 Tage zu einem kontinuierlichen Abfall (GOTO[10]).

Im normalen menschlichen Serum finden KRAMER und TISDALL[11] ungefähr 10 mg Ca, im Serum von Kindern 9,5 bis 10 mg Ca[12]. Der Serumkalkwert der Säuglinge beträgt 10,2 mg (GYÖRGY[13]). Venenblut enthält in der Regel etwas mehr Ca als arterielles, ebenso hat Asphyxie oft eine leichte Hypercalcämie zur Folge (BINÉT und BLANCHETIÈRE[14]).

[1] MOND u. NETTER: Pflügers Arch. f. d. ges. Physiol. Bd. 212, S. 558. 1926.
[2] RONA u. TAKAHASHI: Biochem. Zeitschr. Bd. 31, S. 336. 1911.
[3] RICHTER-QUITTNER: Biochem. Zeitschr. Bd. 114, S. 58. 1921.
[4] RONA u. MELLI: Biochem. Zeitschr. Bd. 166, S. 242. 1925.
[5] CSAPO u. FAUBL: Biochem. Zeitschr. Bd. 150, S. 509. 1924.
[6] BRINKMAN, R.: Biochem. Zeitschr. Bd. 95, S. 101. 1919.
[7] HETÉNY u. v. GAAL: Zeitschr. f. d. ges. exp. Med. Bd. 53, S. 841. 1926.
[8] GRANT u. GATES: Proc. of the soc. f. exp. biol. a. med. Bd. 22, S. 315. 1925.
[9] HEUBNER u. RONA: Biochem. Zeitschr. Bd. 93, S. 187. 1919.
[10] GOTO: Journ. of biochem. Bd. 1, S. 321. 1922.
[11] KRAMER u. TISDALL: Journ. of biol. chem. Bd. 47, S. 475. 1921.
[12] KRAMER u. TISDALL: Journ. of biol. chem. Bd. 53, Nr. 2. 1922.
[13] GYÖRGY: Jahrb. f. Kinderheilk. Bd. 99, 3. Folge, H. 1. 1922.
[14] BINÉT u. BLANCHETIÈRE: Cpt. rend. des séances de la soc. de biol. Bd. 93, S. 511. 1925.

Die Methodik der Ca-Bestimmung, wie sie meist geübt wird, besteht nach KRAMER und TISDALL[1] in einer Fällung der Blutlösung mit Oxalat und permanganometrischer Bestimmung der aus dem Niederschlag freigemachten Oxalsäure.

Injiziertes $CaCl_2$ verschwindet größtenteils in kurzer Zeit aus dem Blute; da im Urin und Stuhl nur ca. 50% wiedergefunden werden, ist ein Übertritt und Haftenbleiben im Gewebe anzunehmen (HETÉNYI[2]).

Das Ca-Ion zeichnet sich als Antagonist des kolloidlösenden Na-Ions durch seine kolloidverdichtenden Eigenschaften aus, die mit seiner quellungshemmenden Einwirkung auf kolloidale Systeme in Beziehung gebracht werden. Infolge dieser geloiden Eigenart hemmt es die Saponinhämolyse (MAC CALLUM[3]), bestimmte Toxinwirkungen (BANG[4]) und die Exsudationsbildung bei Jod-Thiosinamin-, Senföl- oder Diphtherietoxinvergiftung (CHIARI und JANUSCHKE[5] u. a.). Ca übt eine Schutzwirkung am Muskel gegen Guanidin (FÜHNER[6]), am Froschherzen gegen Muscarin (ISHIZAKA und LOEWI[7]) aus. Weiterhin dämpft es die durch Natrium oder infolge Ca-Mangel entstandene Übererregbarkeit des vegetativen Nervensystems, woraus sich seine Anwendung bei den verschiedensten vegetativen Neurosen (Spasmophilie, Asthma nervosum, Urticaria usw.) ergibt. Sehr weitgehende Übereinstimmung mit der Ca-Wirkung am Herzen im Sinne einer verminderten Ionendurchlässigkeit der Zellkolloide fanden STRAUB und KL. MEIER[8] für das Strophantin, Verodigen und Digifolin, so daß die Wirkung dieser spezifischen Herzmittel als eine Verstärkung (Sensibilisierung) der natürlichen Ca-Wirkung aufgefaßt wird (vgl. GEIGER und JARISCH[9]). Das mit Ca-freier Lösung durchspülte Herz spricht auf Coffein nicht an (v. KONSCHEGG[10]), während Adrenalin im kalkarmen Herzen einen diastolischen, im kalküberfüllten einen systolischen Stillstand herbeiführt (PICK[11]). Es ist nach S. G. ZONDEK[12] anzunehmen, daß die Wirkungsweise und die Intensität der Wirkung der Cardiaca weitgehend von dem Ionengleichgewicht der umspülenden Lösung abhängig ist. Pharmakologische Konzentrationsänderungen des Serumkalkspiegels lassen sich durch vegetative Pharmaka erzielen. So bewirkt Adrenalin sowie gleichsinnig Thyreoidin und Hypophysin eine Erniedrigung des Ca im Blute (LEICHER[13]), indem durch den Sympathicusreiz die Ca-Ionen sich am Erregungsort (in Nerv oder Gewebe) anreichern und dem Blut zum Teil entzogen werden (BILLIGHEIMER[14]). Atropin verursacht (infolge Sympathicuslähmung?) keine Veränderungen, der Anstieg des Ca nach Pilocarpininjektionen muß wohl größtenteils auf gleichzeitige Bluteindickung zurückgeführt werden. Über die Einwirkung des Ca auf die Blutzuckerkonzentration liegen keine eindeutigen Ergebnisse vor. UNDERHILL[15], BEUMER und SCHÄFER[16] sahen eine Steigerung der zucker-

---

[1] KRAMER u. TISDALL: Zitiert auf S. 242.

[2] HETÉNYI: Zeitschr. f. d. ges. exp. Med. Bd. 43, S. 123. 1924.

[3] MAC CALLUM: Univ. of Kalifornia publ., Physiol., Bd. 2, S. 93. 1905.

[4] BANG: Chemie und Biochemie der Lipoide, S. 176. Wiesbaden 1911.

[5] CHIARI u. JANUSCHKE: Arch. f. exp. Pathol. u. Pharmakol. Bd. 65, S. 120. 1911.

[6] FÜHNER: Arch. f. exp. Pathol. u. Pharmakol. Bd. 58, S. 1. 1907.

[7] ISHIZAKA u. LOEWI: Zentralbl. f. Phys. Bd. 19, S. 593. 1905.

[8] STRAUB u. KL. MEIER: Biochem. Zeitschr. Bd. 111, S. 67. 1920.

[9] GEIGER u. JARISCH: Arch. f. exp. Pathol. u. Pharmakol. Bd. 94, S. 52. 1922.

[10] v. KONSCHEGG: Arch. f. exp. Pathol. u. Pharmakol. Bd. 71, 251. 1913; zit. nach H. SCHADE: Physik. Chemie in der inneren Medizin. Dresden u. Leipzig 1923.

[11] PICK: Wien. klin. Wochenschr. Jg. 33, Nr. 50, S. 1081. 1920.

[12] ZONDEK, S. G.: Dtsch. med. Wochenschr. Jg. 47, S. 855. 1921; Arch. f. exp. Pathol. u. Pharmakol. Bd. 87, H. 5—6, S. 342. 1920; Bd. 88, H. 3—4, S. 158. 1920.

[13] LEICHER: Dtsch. Arch. f. klin. Med. Bd. 141, S. 85. 1922.

[14] BILLIGHEIMER: Klin. Wochenschr. Jg. 1, S. 256. 1922.

[15] UNDERHILL: Journ. of biol. chem. Bd. 25.

[16] BEUMER u. SCHÄFER: Zeitschr. f. Kinderheilk. Bd. 33.

mobilisierenden Fähigkeit des Adrenalins, Underhill und Blatherwick[1] einen durch Ca-Zufuhr bedingten Anstieg der hypoglykämischen Werte thyreoparathyreopriver Tiere. Ebenso fanden Kylin und Nyström[2], Zondek und Benatt[3] hyperglykämische Wirkungen, letztere Autoren durch Infusion der Ca-haltigen Lösung in die Vena portarum. Im Gegensatz dazu beobachteten Fröhlich und Pollak[4] Hemmung der zuckermobilisierenden Adrenalinwirkung durch erhöhten Ca-Gehalt der Durchspülungsflüssigkeit. Nach Geiger und Müller[5] besitzen niedrige Ca-Konzentrationen fördernde, höhere dagegen hemmende Einwirkungen auf die Zuckerabgabe der isolierten Froschleber. Diabetiker ohne gleichzeitig bestehende Hypertonie zeigen oft hohe Ca-Werte (bis 14,5 mg%), während der Hochdruckdiabetes Normalwerte aufweist (Kylin[6]). Die Beeinflussung des Ca sowie der anderen Kationen durch Insulin beim nichtdiabetischen Menschen ergibt folgende Tabelle (zit. nach: Staub)[7]

	Vor Insulin mg in 100 ccm Blut	Nach 50—60 Einheiten Insulin
Na	240	233
K	213	197
	127	131
Mg	2,5	2,3
Ca	10,1	9,7

Quarzlampenbestrahlung, auch unter gleichzeitiger Sensibilisierung durch Methylenblau und Anthracenfarbstoffe, beeinflußt den Ca-Spiegel im Blute nur unmerklich, verursacht dagegen eine Verminderung des K-Gehaltes des Serums, mithin ein Absinken des Quotienten K : Ca, der unter normalen Verhältnissen im Blutserum zwischen 1,70 und 2,15 liegt (Pincussen und Macrineos[8]). Bei der essentiellen Hypertonie findet dagegen oft durch Calciumverminderung ein Anstieg bis auf 2,97 statt; da bei diesen Fällen Adrenalin gleichen Effekt verursachen kann, sprechen Kylin und Myhrman[9] von „vagotonischer Adrenalinreaktion der essentiellen Hypertonie". Konzentrationsveränderungen des Blutcalciumgehaltes bei funktionellen Neurosen, im Fieber, sowie Beeinflussung desselben durch Hypnose werden auf Tonusschwankungen im vegetativen Nervensystem zurückgeführt (Glaser[10]). Für das Ekzem ließ sich wegen des konstanten Normalwertes kein Anhaltspunkt für vagotonische Disposition gewinnen (Urbach und Simhandl[11]). Es scheint auch bei den als „vegetative Neurosen" bezeichneten Krankheitsbildern weniger auf die Konzentration der Ca-Ionen als auf den Quotienten K : Ca anzukommen. Sehr kompliziert erscheint die Abhängigkeit des Ca-Spiegels von der Funktion der einzelnen endokrinen Drüsen; Thymus- und Parathyreoidea-Exstirpation rufen am Hunde Erniedrigung, Thyreoidea-Exstirpationen Erhöhung hervor (Leites[12]), ebenso Ovarektomie (Blanchetière[13]). Die Serumcalciumverminderung bei der parathyreopriven Tetanie bezieht sich, da der Serumeiweißgehalt konstant

---

[1] Underhill u. Blatherwick: Journ. of biol. chem. Bd. 19.

[2] Kylin u. Nyström: Zeitschr. f. d. ges. exp. Med. Bd. 45, S. 208. 1925.

[3] Zondek u. Benatt: Zeitschr. f. d. ges. exp. Med. Bd. 43, S. 283. 1924.

[4] Fröhlich u. Pollak: Arch. f. exp. Pathol. u. Pharmakol. Bd. 77, S. 265. 1914.

[5] Geiger u. Müller: Arch. f. exp. Pathol. u. Pharmakol. Bd. 108, S. 328. 1926.

[6] Kylin: Zentralbl. f. inn. Med. Bd. 47, S. 79. 1926.

[7] Staub: Insulin. S. 76. Berlin: Julius Springer 1925.

[8] Pincussen u. Macrineos: Biochem. Zeitschr. Bd. 161, S. 61. 1925.

[9] Kylin u. Myhrman: Klin. Wochenschr. Jg. 4, S. 1870. 1925; Zeitschr. f. d. ges. exp. Med. Bd. 44, H. 3/4, S. 378. 1925.

[10] Glaser: Med. Klinik Bd. 20, S. 1237. 1924; Münch. med. Wochenschr. Bd. 72, S. 373. 1925.

[11] Urbach u. Simhandl: Klin. Wochenschr. Jg. 2, S. 1600. 1923.

[12] Leites: Biochem. Zeitschr. Bd. 150, S. 183. 1924.

[13] Blanchetière: Cpt. rend. des séances de la soc. de biol. Bd. 92, S. 491. 1925.

bleibt, auf die Abnahme des nicht an Eiweiß gebundenen Calciums, während die Erniedrigung, die in zahlreichen Fällen von Morbus Brightii, entsprechend der Schwere des Prozesses, stattfindet, mehr der Abnahme des gebundenen Kalkes zuzuschreiben ist (SALVESEN und LINDNER[1], ZONDEK, PETOW und SIEBERT[2]). Während bei stillenden Müttern gesunder und rachitischer Kinder im Serumcalciumgehalt keine Differenz besteht (IMAI[3]), findet sich im Blute der rachitischen Säuglinge stets eine beträchtliche Verminderung des Ca (8,5) bei gleichzeitiger Phosphaterniedrigung; durch Bestrahlung läßt sich diese Hypokalkämie wesentlich verbessern (LESNÉ und Mitarbeiter[4]), die Menge des diffusiblen Serumkalks soll dagegen durch ultraviolette Strahlen in vivo und in vitro unbeeinflußt bleiben (MORITZ[5]). Bei dem tetanischen Symptomenkomplex der Säuglinge findet sich ebenfalls eine, hauptsächlich auf den ionisierten Kalkanteil beschränkte Verminderung des Gesamtserumkalks, die von GYÖRGY[6] infolge der erhöhten Phosphorwerte als Phosphatwirkung aufgefaßt wird.

In der Mehrzahl der Fälle von Lungentuberkulose ist der Serumcalciumspiegel, entsprechend der Progredienz des Prozesses, herabgesetzt (ROSENSTEIN und SCHMIDTKE[7]); cirrhotische Prozesse mit Kalkablagerung zeigen häufig erhöhte Blutwerte. Bei Gichtkranken, auch in anfallsfreien Stadien, wurde extreme Erhöhung bis auf 24 mg% Ca (nach KRAMER-TISDALL) gefunden (CONTES und RAIMENT[8]). Die Erniedrigung des Ca im Blute sowie der anderen anorganischen Serumsalze bei Ikterus dürfte infolge eines Gallenfarbstoffcalciumniederschlags bei der Eiweißausfällung bedingt sein, mithin nur methodische Ursachen haben (KOECHIG[9], TSCHIEMBER[10]).

Kalium. Kalium, das in seiner Gesamtheit ultrafiltrabel ist, findet sich im Serum zu ca. 20 mg%. Zwischen dem Kaliumgehalt von Serum und Plasma besteht kein Unterschied (RICHTER-QUITTNER[11]). Jedoch steigt der Kaliumgehalt des Serums rasch an, wenn dieses, auch nur kurze Zeit, mit dem Blutkuchen in Berührung bleibt; WILKINS und KRAMER[12] fanden beim Tier 15 Minuten post mortem im Herzblutserum das Doppelte des Normalwertes sowie das gleiche Ergebnis beim Einsetzen geringster Hämolyse. Alle diese Erscheinungen sind als der Ausdruck eines K-Austrittes aus den relativ kaliumfreien Erythrocyten anzusehen (NOGUCHI[13]). Die Bestimmung des Kaliums geschieht durch Kobaltnitritfällung und nachfolgender oxydimetrischer Titration mit Kaliumpermanganat (KRAMER und TISDALL[14]). Eine nephelometrische Mikromethode ist neuerdings von LEBERMANN[15] ausgearbeitet worden. Der normale Wert für den Menschen (20 bis 23 mg% scheint individuell äußerst konstant zu sein, nach DRESEL und KATZ[16] haben Vagotoniker niedrigere, Sympathicotoniker höhere Werte; der Blutkalium-

[1] SALVESEN u. LINDNER: Journ. of biol. chem. Bd. 58, S. 653. 1923.

[2] ZONDEK, PETOW u. SIEBERT: Zeitschr. f. klin. Med. Bd. 99, S. 129. 1923.

[3] IMAI, Journ. of oriental med. Bd. 2, S. 174. 1924.

[4] LESNÉ u. Mitarbeiter: Cpt. rend. hebdom. des séances de l'acad. des sciences Bd. 177, S. 291. 1923.

[5] MORITZ: Journ. of biol. chem. Bd. 64, S. 81. 1925.

[6] GYÖRGY: Klin. Wochenschr. Jg. 3, S. 1111. 1924.

[7] ROSENSTEIN u. SCHMIDTKE: Beitr. z. Klin. d. Tuberkul. Bd. 59, S. 199. 1924.

[8] CONTES u. RAIMENT, Journ. of physiol. Bd. 59, S. 24. 1924.

[9] KOECHIG: Journ. of laborat. a. clin. med. Bd. 9, S. 679. 1924.

[10] TSCHIEMBER: Cpt. rend. des séances de la soc. de biol. Bd. 91, S. 195. 1924.

[11] RICHTER-QUITTNER: Cpt. rend. des séances de la soc. de biol. Bd. 91, S. 594. 1924.

[12] WILKINS u. KRAMER: Arch. of internal med. Bd. 31, S. 916. 1923.

[13] NOGUCHI: Arch. f. exp. Pathol. u. Pharmakol. Bd. 108, S. 64. 1925.

[14] KRAMER u. TISDALL: Journ. of biol. chem. Bd. 46, S. 339. 1921.

[15] LEBERMANN: Biochem. Zeitschr. Bd. 150, S. 548. 1924.

[16] DRESEL u. KATZ: Klin. Wochenschr. Jg. 1, S. 32. 1922.

gehalt scheint mithin durch den vegetativen Tonus mitbestimmt. Die Beeinflussung des Kaliumblutspiegels durch verschiedene vegetative Gifte ergibt jedoch, daß sowohl sympathische und parasympathische Erregung (Adrenalin, Cholin), als auch parasympathische Lähmung ein Absinken des Blut-K-Wertes durch Abwanderung von K-Ionen aus dem Blut bewirken kann (Dresel und Katz[1]). Während beim Diabetes meist normale Werte gefunden werden, führt intravenöse Zufuhr von KCl in 5- bis 10proz. Lösung bei diesen Fällen zu einer 50 bis 60 Minuten post injectionem maximalen Senkung des Blutzuckerspiegels, während NaCl und orale Zufuhr von KCl keine Beeinflussung der Hyperglykämie ergibt (Semmler[2]).

Die häufige K-Vermehrung bei Niereninsuffizienz geht der Stickstoffretention nicht parallel und spielt als Urämie auslösender Faktor kaum eine Rolle (Ollmer, Payan, Berthier[3], Rabinowitsch[4], Atchley, Loeb, Benedict und Palmer[5]). Beim Hund fand sich nach Nierenexstirpation ein starker Kaliumeinstrom aus den Geweben ins Blut (Noguchi[6]).

Natrium. Wie aus den quantitativen Analysen von Schmidt[7], Abderhalden[8] und Heubner[9] hervorgeht, beträgt der Anteil des Natriums an der Kationenkonzentration der Blutflüssigkeit ca. 90%. Während ein kleiner Teil des Natriums an das Bicarbonat (HCO_3) des Blutes gekoppelt ist, wird die überwiegende Menge des Na in chemischer Bindung an Chlor als Kochsalz nachgewiesen.

Menschliches Blut enthält 590—669 mg% NaCl (Jakobson und Palsberg[10]); die ältere Ansicht über die Chlorfreiheit der roten Blutkörperchen besteht nicht zu Recht, da nach Untersuchungen von Högler und Ueberrack[11], Csaki[12]) und Siebeck[13]) die Blutkörperchen ungefähr 50 bis 60% des Plasmachlors enthalten [(rote Blutkörperchen 0,3097, Plasma 0,6512%) Hsien Wu[14]]. Serum- und .Plasmachlor zeigen fast übereinstimmende Werte, arterielles Plasma weist dagegen höheren NaCl-Gehalt auf als venöses. Das Natrium ist im Serum weitaus überwiegend in diffusiblem Zustand vorhanden; nach Rona und György[15] beträgt die durch CO_2 aus undiffusibler Bindung freigemachte Alkalimenge 10 bis 15% des gesamten Serumnatriums. Die Bestimmung der Chloride wird nach Bang[16] im alkoholischen Extrakt durch Ausfällung des Chlors als Chlorsilber durchgeführt. Gebräuchlicher und exakter scheint die Methode von Austin und v. Slyke[17] zu sein. (Außerdem nephelometrische Bestimmung nach Lebermann[18].)

[1] Dresel u. Katz: Zitiert auf S. 245.
[2] Semmler: Klin. Wochenschr. Jg. 4, S. 697. 1925.
[3] Ollmer, Payan u. Berthier: Cpt. rend. des séances de la soc. de biol. Bd. 87, S. 28. 1922.
[4] Rabinowitsch: Journ. of biol. chem. Bd. 62, S. 667. 1925.
[5] Atchley, Loeb, Benedict u. Palmer: Arch. of internal med. Bd. 31, S. 611. 1923.
[6] Noguchi: Arch. f. exp. Pathol. u. Pharmakol. Bd. 108, S. 73. 1925.
[7] Schmidt: Charakter der epidemischen Cholera. Leipzig 1850.
[8] Abderhalden: Hoppe-Seylers Zeitschr. f. physiol. Chem. Bd. 23, S. 521. 1897; Bd. 25, S. 67. 1898.
[9] Heubner: Handb. d. Balneologie. Bd. II. 1922.
[10] Jakobson u. Palsberg: Cpt. rend. des séances de la soc. de biol. Bd. 84, S. 640. 1921.
[11] Högler u. Ueberrack: Biochem. Zeitschr. Bd. 150, S. 18. 1924.
[12] Csaki: Biochem. Zeitschr. Bd. 142, S. 360. 1923.
[13] Siebeck: Arch. f. exp. Pathol. u. Pharmakol. Bd. 85, S. 214. 1920.
[14] Hsien Wu: Journ. of biol. chem. Bd. 51, 1922.
[15] Rona u. György: Biochem. Zeitschr. Bd. 48 u. 56; zit. nach Hammersten: Lehrb. d. phys. Chem. München 1926.
[16] Bang: Mikromethoden. München 1922.
[17] Austin u. v. Slyke: Journ. of biol. chem. Bd. 41, S. 345. 1920.
[18] Lebermann: Biochem. Zeitschr. Bd. 152, S. 345. 1924.

Erst nach großer peroraler Kochsalzzufuhr kommt es zu einer Erhöhung des prozentualen und absoluten Kochsalzgehaltes des Blutserums, da der größte Teil des zugeführten Salzes in das Gewebe abgeschieden wird, aus dem sodann ein vermehrter Wassereinstrom in das Blut erfolgt (SAMSON[1]). So können bis zu 40 g NaCl peroral zugeführt werden, ohne daß ein Abweichen vom ursprünglichen NaCl-Gehalt im Blute zu konstatieren ist. Über das Verhalten der Blutchloride nach Hunger, speziell Kochsalzhunger, liegen keine eindeutigen Ergebnisse vor. W. H. VEIL[2] sah am Menschen bei Chlorhunger ein Absinken des prozentualen Blutkochsalzgehaltes auf einen konstant bleibenden, individuell verschiedenen Wert, der bei dieser Versuchsanordnung bis zur vollendeten Bilanzierung des NaCl-Stoffwechsels — Beseitigung der physiologischen NaCl-Plethora in Blut und Gewebsflüssigkeit — führte und nicht in direktem Verhältnis zur Kochsalzausscheidung im Harn stand. GROSS und KESTNER[3] beobachteten bei starken Schweißen konstanten Blutkochsalzspiegel. (S. a. L. BOGENDÖRFER: Arch. f. exp. Pathol. u. Pharmakol., Bd. 89, H. 5—6, S. 252. 1928.) Auch bei chronischer An- bzw. Hyperacidität bewegt sich der NaCl-Gehalt des Serums innerhalb normaler Grenzen (MOLNÁR JR. und HETÉNYI[4]). Ebenso ist die Abhängigkeit der Blutkochsalzkonzentration von der Magensaftsekretion noch ungeklärt. Nach neueren Untersuchungen von SINDLER[5], DODDS[6] kommt es 1 bis 2 Stunden nach einer Mahlzeit, besonders ausgeprägt nach extraktivstoffreicher Nahrung, zu einer deutlichen Senkung der Blutkochsalzkurve um etwa 7% der ursprünglichen Konzentration. Doch scheint das Cl des Blutes nicht die einzige Quelle für die Salzsäurebildung im Magen zu sein, vielmehr kommt es zu einem Einstrom von Chlor aus den Chlordepots der Gewebe ins Blut. Das einströmende Gewebswasser ist chlorhaltiger als das Gesamtblut (SCHOBER[7]). Auffällig ist die starke Chlorverarmung des Blutes bei fieberhaften Infektionserkrankungen (Pneumonie), die bei gleichzeitig niedrigen Urinkochsalzwerten eine allgemeine Gewebsretention wahrscheinlich macht. Während der Gesunde Mengen von 20 bis 35 g NaCl innerhalb zweier Tage völlig zur Ausscheidung bringt, hält beim Pneumoniker die Chlornatriumretention der Gewebe für die Dauer der Erkrankung an (PRIGGE[8]). Die hyperchlorämische Form des Diabetes insipidus bedingt durch ihre wahrscheinliche Partialfunktionsstörung der Nierensekretion ebenfalls hohe Blutkochsalzwerte. Über die Konzentrationsdifferenzen des Kochsalzes in Blut und Geweben sowie die Rolle des Chlorions bei der Pathogenese des Ödems sei auf den Abschnitt „Pathologie des Wasserstoffwechsels" verwiesen.

Magnesium. Der Magnesiumgehalt des normalen menschlichen Serums beträgt ungefähr 2 mg%. Seine Analyse geschieht nach KRAMER und TISDALL[9] durch colorimetrische Phosphorsäurebestimmung eines phosphorsauren Ammoniakmagnesiumniederschlages und Umrechnung auf den Gehalt an Magnesium.

An Wirkung gleicht es dem Calcium, seine Wirkungsintensität ist jedoch eine wesentlich geringere; doch scheinen ihm auf Grund seiner Lähmungsfähigkeit der motorischen Nervenendplatten der Skelettmuskulatur Sondereigenschaften unter den Erdalkali-Ionen eigen zu sein, die bei der therapeutischen

[1] SAMSON: Biochem. Zeitschr. Bd. 118, S. 55. 1921.
[2] VEIL, W. H.: Biochem. Zeitschr. Bd. 91, S. 267. 1918.
[3] GROSS u. KESTNER: Zeitschr. f. Biol. Bd. 70, S. 187, 1920.
[4] MOLNÁR JR. u. HETÉNYI: Arch. f. Verdauungskrankh. Bd. 30, H. 1, S. 8. 1922.
[5] SINDLER: Zeitschr. f. d. ges. exp. Med. Bd. 47, S. 156. 1925.
[6] DODDS: Journ. of physiol. Bd. 58, S. 157. 1923.
[7] SCHOBER, Monatsschr. f. Kinderheilk. Bd. 26, S. 297. 1923.
[8] PRIGGE: Dtsch. Arch. f. klin. Med. Bd. 139, S. 1. 1922.
[9] KRAMER u. TISDALL: Journ. of biol. chem. Bd. 47, S. 476. 1921.

Einwirkung auf die übererregte Atemmuskulatur zum direkten Antagonismus Magnesium/Calcium führen (Straub[1], Markwalder[2], Höber[3], Meltzer[4]). Die herzschädigende Wirkung des Magnesiums wird dagegen durch Ca nicht kompensiert (Straub). Sein physio-pathologisches Verhalten ist noch wenig geklärt. Hypertoniker zeigen oft, jedoch inkonstant, erhöhte Blut-Magnesium-werte (Weil[5]).

Anionen.

Jod. Findet sich in kleinsten Mengen in organischer Eiweißverbindung, im Plasma und Serum nicht als Salz (Gley und Bourcet[6]). Hudson[7] fand im Hundeblut nach Schilddrüsenexstirpation eine Steigerung von 0,0079 mg auf 0,033 mg pro 100 ccm Blut.

In systematischen Untersuchungen ermittelte W. H. Veil[8] im menschlichen Blut einen durchschnittlichen Ruhenüchternwert von $12,8\,\mu\%$ im Sommer und $8,3\,\mu\%$ im Winter (Methode nach Th. v. Fellenberg in Bern). Die individuellen Schwankungen sind unerheblich, so daß Veil von einem physiologischen Jod-spiegel des Blutes spricht, der zu 65% aus organisch gebundenem und zu 35% aus anorganisch gebundenem Jod besteht. Injektionen von Adrenalin oder Atropin bewirken Hyperjodämie, Pilocarpin und Cholin Hypojodämie; hyper-thyreotische Strumen und rein kardial bedingte Tachykardien gehen mit Er-höhung der Jodämie einher. Im Fieber, insbesondere bei Tuberkulosen, liegt der Blutjodspiegel auffallend tief (Veil).

Brom. Blut von Menschen, denen niemals Brom zugeführt worden war, ent-hält kleine Mengen dieses Halogens, etwa 1 bis 1,5 mg% (Bernhardt und Ucko[9]).

Sulfate. Die Angaben über die normalen und pathologischen Konzentrations-werte der im Blut vorhandenen Schwefelsäure sind nicht übereinstimmend, da es sich bei den wenigen diesbezüglichen Angaben meist um Aschenanalysen handelte. Normalwerte für menschliches Serum (ca. 20 mg auf 100 ccm) sind von Gürber[10], de Boer[11], Zanetti[12] angegeben worden. Heubner und Meyer-Bisch[13] fanden im Serumdialysat stets freie Sulfat- und oft auch Esterschwefel-säure, deren Grenzwerte zwischen 19 und 42 mg% lagen. Bei Carcinom wurde eine Steigerung der Sulfatschwefelsäure beobachtet (Kahn und Postmontier[14]). Chronische Nephritiden zeigen meist Normalwerte, Beziehungen zwischen Rest-N und Blutschwefelsäure sind ebenso wie die Rolle des Blut-SO_4-Ions bei dem Eiweißabbau noch ungeklärt (Meyer-Bisch[15]).

Kieselsäure (Schulz[16]), Rhodanwasserstoff (Schreiber[17]), Arsen, Mangan, Lithium, Zink, Kupfer, Blei, Silber[18] sind ebenfalls in Spuren im Serum nach-gewiesen worden.

[1] Straub: Münch. med. Wochenschr. Jg. 62, Nr. 1. 1915.
[2] Markwalder: Zeitschr. f. d. ges. exp. Med. Bd. 5, S. 150. 1917.
[3] Höber: Physik. Chem. d. Zellen u. d. Gewebe. 1922, S. 546.
[4] Meltzer: Internat. med. Kongr. (Budapest) 1909, Sect. V, Bd. 2.
[5] Weil: Cpt. rend. des séances de la soc. de biol. Bd. 88, S. 732. 1923.
[6] Gley u. Bourcet: Cpt. rend. des séances de la soc. de biol. Bd. 130 u. 131.
[7] Hudson: Journ. of exp. med. Bd. 36, S. 4. 1922.
[8] Veil, W. H.: Münch. med. Wochenschr. Jg. 72, Nr. 16, S. 636. 1925.
[9] Bernhardt u. Ucko: Biochem. Zeitschr. Bd. 155, S. 174. 1925.
[10] Gürber: Verhandl. d. phys. med. Ges. Würzburg Bd. 28, S. 6. 1894.
[11] de Boer: Journ. of physiol. Bd. 51, S. 211. 1917.
[12] Zanetti: Zit. nach Meyer-Bisch, Bioch. Zeitschr. Bd. 150, S. 23. 1924.
[13] Heubner u. Meyer-Bisch: Biochem. Zeitschr. Bd. 122, S. 120. 1921.
[14] Kahn u. Postmontier: Journ. of laborat. a. clin. med. Bd. 10, S. 317. 1925.
[15] Meyer-Bisch: Biochem. Zeitschr. Bd. 150, S. 23. 1924.
[16] Schulz: Pflügers Arch. f. d. ges. Physiol. Bd. 144, S. 346 u. 350. 1913.
[17] Schreiber: Biochem. Zeitschr. Bd. 163, S. 241. 1925.
[18] Zitiert nach Hammarsten: Lehrb. d. phys. Chem. S. 268. München 1926.

Bicarbonat (HCO_3). Als Mittelwerte finden sich im venösen Plasma 0,15% HCO_3. Der Gehalt des Blutes an Bicarbonat ist natürlich infolge der ständig wechselnden Aufnahme von Kohlensäure starken Schwankungen unterworfen; bei Retention nichtflüchtiger Säuren kommt es nach Verbrauch des Eiweißpuffers unter Elimination von Kohlensäure zu rapider Verminderung des Alkalicarbonats; gleichzeitig bewirkt regulatorisch einsetzende Hyperventilation die Elimination der überschüssigen Kohlensäure. Den Hauptanteil des titrierbaren Alkalis bedingen die undialysablen Eiweißalkaliverbindungen und nicht die dialysablen Carbonate und Phosphate[1].

Chlor. Das im Serum und Plasma vorhandene Chlor ist nach RONA[2] und RUSZNYÁK[3] als echt gelöst und ionisiert zu betrachten; quantitativ übertrifft es die anderen Anionen des Serums bedeutend, in 1 l Serum lassen sich 3600 bis 3800 mg Chlor nachweisen (SNAPPER[4]). Die Werte liegen im arteriellen Plasma etwas höher als im venösen. ALBU und NEUBERG[5] fanden, daß bei Anämien, Kachexien und Nephritiden eine Chloranreicherung, bei perniziöser Anämie, Leukämie eine Verarmung des Blutes an Chloriden stattfand. Von diesen Autoren wurde auch eine wechselseitige Beziehung zum Phosphat gefunden. Anstieg des einen Anions bedingt einen deutlichen Abfall des anderen.

Während beim Kochsalzhunger der Chlorspiegel des Blutes mehr oder minder unbeeinflußt bleibt, läßt sich das Chlor durch Zuführung eines ihm physiko-chemisch nahestehenden Ions, des Broms, in äquivalenter Menge bis auf ein Drittel seines Werte in Blut und Geweben ersetzen (v. VYSS[6] und BÖNNINGER[7]). Dieser Vorgang ist reversibel, da durch erneute Kochsalzzuführung eine völlige Ausscheidung des Broms zu erreichen ist.

Der Mechanismus der unter der periodischen Konzentrationsschwankung der Kohlensäure stattfindenden Chlorwanderung zwischen Blutkörperchen und Plasma und die damit in Zusammenhang stehenden osmotischen Spannungsdifferenzen zwischen beiden Teilen (LOEWY und ZUNTZ[8], HAMBURGER[9], v. LIMBECK[10]) werden an anderer Stelle ausführlich behandelt. ZUNTZ und LA BARRE[11] fanden im Meerschweinchenblut während des anaphylaktischen Shocks eine auffällige Chlorplasmaverminderung und vermehrten Chlorgehalt der roten Blutkörperchen; als Erklärung führen sie ebenfalls den Anstieg der freien Kohlensäure im Plasma und den dadurch bedingten Übertritt des Chlors in die roten Blutkörperchen an. Auch nach Traubenzuckerzufuhr soll es zum Ausgleich des osmotischen Druckes mit zunehmender Konzentration anderer Krystalloide im Serum zu einem Abfall der Chlorkonzentrationskurve des Gesamtblutes kommen (HERRICK[12]). Jedoch läßt sich bei Urämie und chronischer Niereninsuffizienz häufig normales Verhalten der Blutchloride nachweisen.

Phosphat (H_2PO_4). Das Phosphat findet sich im Serum teils als Salz, teils in organischer Bindung; es wird insgesamt im Kapitel „Phosphatide" besprochen. Nur die Beziehungen zwischen Kohlehydratstoffwechsel und Phosphor, soweit

---

[1] Zitiert nach HAMMARSTEN, l. c.

[2] RONA: Biochem. Zeitschr. Bd. 29, S. 501. 1910.

[3] RUSZNYÁK: Biochem. Zeitschr. Bd. 110, S. 60. 1920.

[4] SNAPPER: Biochem. Zeitschr. Bd. 51, S. 53. 1913.

[5] ALBU u. NEUBERG: Physiologie u. Pathologie d. Mineralstoffwechsels. 1906.

[6] v. VYSS: Arch. f. exp. Pathol. u. Pharmakol. Bd. 55, S. 263. 1906; Bd. 59, S. 186. 1908.

[7] BÖNNINGER: Zeitschr. f. exp. Pathol. u. Therap. Bd. 4, S. 417. 1907.

[8] LOEWY u. ZUNTZ: Pflügers Arch. f. d. ges. Physiol. Bd. 58, 1894.

[9] HAMBURGER: Zeitschr. f. Biol. Bd. 28 u. 35, S. 309, 1895.

[10] v. LIMBECK: Arch. f. exp. Pathol. u. Pharmakol. Bd. 35, S. 309. 1895.

[11] ZUNTZ u. LA BARRE: Cpt. rend. des séances de la soc. de biol. Bd. 91, S. 802. 1924.

[12] HERRICK: Journ. of laborat. a. clin. med. Bd. 9, S. 458. 1924.

sie sich im Blute widerspiegeln, seien hier kurz erwähnt. Bei der Glykolyse geht ein Teil des Blutzuckers in Milchsäure über, gleichzeitig erfolgt beim Zuckerumsatz im Muskel eine Paarung mit Phosphorsäure, deren Menge im Blut durch Insulin herabgesetzt werden kann (WIGGLESWORTH, WOODROW, SMITH und WINTER[1]). BIERRY und MOQUET[2] fanden, daß bei der Glykolyse, entsprechend dem kontinuierlichen Verschwinden des Traubenzuckers, auch der Gehalt an Phosphorsäure abnahm. BLATHERWICK, BELL und HILL[3] beschreiben einen Abfall des organischen P nach Insulininjektion, während BOLLINGER und HARTMANN[4] beim pankreasexstirpierten Hund als erste Ausfallserscheinung eine Verzögerung und Verlängerung der Phosphatkurve während des Kohlehydratumsatzes sahen. Etwa 1% der Glucose sind nach LAWACZEK[5] an Phosphorsäure gebunden (Hexosephosphorsäure). Beim Diabetes mellitus ist dieser Wert meist nicht verändert, dagegen findet ein starkes Absinken nach Adrenalininjektion statt. Organische Phosphorsäure kann aus dem Serum in die roten Blutkörperchen übergehen. Dieser Prozeß wird begünstigt durch Zufuhr von Phosphat, Bicarbonat oder Entfernung von CO_2, gehemmt durch CO_2 und Chlorionen; es scheint auch im Blute *Synthese* und *Spaltung* der Hexose-Phosphorsäure im dynamischen Gleichgewicht zu stehen (LAWACZEK[6]).

3. Eiweißkörper des Blutplasmas und Blutserums.

Zusammenfassende Darstellungen.

ABDERHALDEN: Handb. d. biol. Arbeitsmethoden. Bd. IV. 1922. — COHNHEIM: Chemie der Eiweißkörper. Braunschweig 1911. — HAMMARSTEN, Ergebn. d. Physiol. Bd. 1, S. 330. 1902. — MORAWITZ: Handb. d. Biochemie (OPPENHEIMER). Bd. IV. 1925.

Die koagulablen N-haltigen Bestandteile von Plasma und Serum, die Eiweißkörper des Blutes, deren Analyse durch das HOFMEISTERsche Verfahren der fraktionierten Salzfällung begründet und ausgearbeitet wurde, umfassen die Gruppen des Serumalbumins, Serumglobulins, Nucleoproteids und Fibringlobulins; letzteres findet sich nur im Plasma.

Die Bluteiweißkörper sind als äußerst reaktionsfähige amphotere hydrophile Kolloide anzusehen, welche im Gegensatz zu Suspensionskolloiden erst bei Zusatz von Säure oder Alkali stärkere elektrische Ladung aufweisen; die jeweilige H-Ionenkonzentration ist mithin für die Fällbarkeit des Eiweißes von wesentlicher Bedeutung; für das Globulin konnte von MICHAELIS und RONA[7] der direkte Nachweis der leichtesten Ausfällbarkeit im isoelektrischen Punkt erbracht werden. Infolge ihrer amphoteren Beschaffenheit dienen die Bluteiweißkolloide als Puffersubstanzen zur Erhaltung der aktuellen Reaktion, weiterhin als Lösungsvermittler für wasserunlösliche Stoffe, während ihr Quellungsdruck, nach ELLINGER, ein Regulationsmittel des Wasserhaushaltes darstellt.

Die Gesamteiweißkonzentration des Blutplasmas schwankt je nach der einzelnen Tiergattung; Warmblüter z. B. zeigen höhere Werte gegenüber Kaltblütern. Der Eiweißgehalt des menschlichen Plasmas beträgt 6 bis 8%.

---

[1] WIGGLESWORTH, WOODROW, SMITH u. WINTER: Journ. of physiol. Bd. 57, S. 447. 1923.
[2] BIERRY u. MOQUET: Cpt. rend. des séances de la soc. de biol. Bd. 92, S. 593. 1925.
[3] BLATHERWICK, BELL u. HILL: Journ. of biol. chem. Bd. 59. 1924.
[4] BOLLINGER u. HARTMANN: Journ. of biol. chem. Bd. 63, S. 66. 1925.
[5] LAWACZEK: Klin. Wochenschr. Jg. 4, S. 1858. 1925.
[6] LAWACZEK: Biochem. Zeitschr. Bd. 145, S. 351. 1924.
[7] MICHAELIS u. RONA: Biochem. Zeitschr. Bd. 28, S. 193. 1910.

Eine Zusammenstellung der wesentlichsten diesbezüglichen Untersuchungen ergibt folgende Tabelle:

Mensch	7—8,1%	HAMMARSTEN[1]
„	7,6%	HALLIBURTON[2]
„	6,7—7,6%	LEWINSKI[3]
„	6,4—8,3%	EPSTEIN[4]
„	6,5—8,2%	ROWE[5]
Pferd, Schaf, Hund	6—8%	HALLIBURTON[2]
Taube	5%	„
Huhn	4,1%	„
Schildkröte	4,8%	HAMMARSTEN[1]
Aal	3,7%	„
Frosch	2,5%	„
Hai	1,6%	„

Die Bestimmung des Serumeiweißgehaltes geschieht heute fast ausschließlich mit Hilfe der Refraktometrie, da die Eiweißstoffe als hochmolekulare Körper überwiegend die refraktometrische Abweichung bedingen, ihr Lichtbrechungsvermögen direkt proportional dem Eiweißgehalt ihres Lösungsmittels ist, während der·Anteil der Nichteiweißstoffe an der Lichtbrechung als konstant und minimal vernachlässigt werden kann. Nach BÖHME[6] liegen die refraktometrisch gefundenen Werte ca. 10% über den auf analytischem Wege ermittelten.

Als Normalwerte menschlichen Serums werden von REISS[7] angegeben: Brechungsindex bei gemischter Kost:

$$D = 1,34873 - 1,35168 = 7,42 - 9,13\% \text{ Eiweiß.}$$

Neugeborene zeigen meist einen geringeren Wert von ca. 6% (REISS[8]). Der Eiweißgehalt der Venen liegt um 1,59% höher als der der Arterien (BRUNETTI und ELEK[9]). Stauung bedingt starken Anstieg des Gesamteiweißes. LEENDERTZ[10] fand den Eiweißgehalt des Nativserums geringer als den des Vollblutserums, was mit Konzentrations- und Strukturveränderung der Eiweißkörper während der Gerinnung im Zusammenhang stehen kann.

Die physiologischen Schwankungen der Bluteiweißkonzentration werden größtenteils durch den jeweiligen Tonus der antagonistischen Gefäßinnervation hervorgerufen. Die morgendlichen Werte fallen am niedrigsten aus (VEIL[11]). Während Nahrungs- oder Flüssigkeitsaufnahme kaum merkliche Schwankungen hervorrufen, kommt es bei Muskelarbeit, wahrscheinlich durch vasoconstrictorische Einstellung des Gefäßnervenapparates und Einströmen eiweißarmer Flüssigkeit ins Gewebe, zu ausgesprochener Erhöhung des Eiweißwertes im Blute (BÖHME[12]). Schwitzen und Fieber bedingen ebenfalls einen Anstieg, Aderlaß ein Absinken des ursprünglichen Wertes.

Pathologische Hypalbuminosen finden sich bei allen hydrämischen Zuständen, deren refraktometrische Untersuchung allerdings nicht zu entscheiden vermag, ob es sich hierbei um eine absolute Verminderung der Proteine oder

[1] HAMMARSTEN: Ergebn. d. Physiol. Bd. 1, S. 330. 1902.
[2] HALLIBURTON: Journ. of physiol. Bd. 7, S. 319. 1886.
[3] LEWINSKI: Pflügers Arch. f. d. ges. Physiol. Bd. 100, S. 611. 1903.
[4] EPSTEIN: Journ. of exp. med. Bd. 16, S. 719. 1912; Bd. 17, S. 444. 1913.
[5] ROWE: Arch. of internal med. Bd. 18, S. 455. 1916; Bd. 19, S. 354, 499. 1917.
[6] BÖHME: Habilitationsschr. Kiel 1911.
[7] REISS: Arch. f. exp. Pathol. u. Pharmakol. Bd. 51, H. 1, S. 18. 1904.
[8] REISS: Zeitschr. f. Kinderheilk. 3. Folge, S. 60, H. 3.
[9] BRUNETTI u. ELEK: Zeitschr. f. d. ges. exp. Med. Bd. 47, S. 277. 1925.
[10] LEENDERTZ: Dtsch. Arch. f. klin. Med. Bd. 140, S. 279. 1922.
[11] VEIL: Dtsch. Arch. f. klin. Med. Bd. 112, S. 504. 1913.
[12] BÖHME: Dtsch. Arch. f. klin. Med. Bd. 103, S. 522. 1911.

um einen vermehrten Eintritt von Flüssigkeit resp. Retention derselben im Blute handelt. Gleichsinnig sind wohl auch die niedrigen Werte, die bei Infektionskrankheiten gefunden werden, als konsekutive Hydrämie infolge NaCl-Retention anzusehen. Ausgesprochene Erniedrigungen finden sich ferner bei hydrämischen Nierenerkrankungen, Kreislaufdekompensationen, langanhaltenden Kachexien.

Bei all diesen Zuständen wird man ursächlich eine Kombination von Wasserretentionen und gleichzeitiger absoluter Verminderung des Gesamteiweißes (evtl. durch Ausscheidung) annehmen müssen, wie überhaupt die jeweilige Eiweißkonzentration des normalen Serums nicht nur durch ständige Schwankungen im Flüssigkeitsaustausch zwischen Blut und Geweben, sondern auch durch Schwankungen der im Blut enthaltenen Gesamtproteinmenge hervorgerufen wird (Berger[1]).

Die Differenzierung des Plasmaeiweißes, das zur Hauptsache den kolloidalen Zustand der Blutflüssigkeit bedingt, in die beiden Gruppen der Albumine und Globuline, geschieht mehr auf Grund ihrer physikalisch-chemischen Struktureigentümlichkeiten, als ihrer noch wenig analysierten chemischen Konstitution.

Die elementare chemische Zusammensetzung der Bluteiweißstoffe ergibt sich aus den Analysen von Hammarsten und Michel.

	C	H	N	S	O
Fibrinogen	52,93	6,90	16,66	1,25	22,26
Serumglobulin	52,71	7,01	15,85	1,11	22,32
Serumalbumin	53,08	7,1	15,93	1,9	21,86

Albumin enthält mehr Diaminosäuren und Schwefel, während Globulin schwefelfrei, dagegen glykokollhaltiger ist.

Die physikalisch-chemischen Charakteristica beider Gruppen liegen in der Verschiedenheit ihrer Fällungsgrenzen und Optima, ihrer isoelektrischen Punkte und ihres Dispersionsgrades begründet. Als Globulin wird der Teil der Eiweißkörper bezeichnet, der durch Halbsättigung mit Ammonsulfat ausfällbar ist, während die Albumine erst bei Ganzsättigung mit Ammonsulfat die Lösung verlassen. Als Fällungsgrenzen gelten nach Knipping und Kowitz[2] für die Plasmafraktionen in Ammonsulfatzahlen (Gehalt des Sols einschl. Am_2SO_4-Zusatz in Prozenten an kaltgesättigter Am_2SO_4-Lösung):

> Fibrinogen　　28,
> Euglobulin　　32,
> Pseudoglobulin 50,
> Albumin über　50.

Der isoelektrische Punkt, der für die sehr reaktionsfähige Eiweißsole das Maximum an Ausflockungstendenz darstellt und wahrscheinlich der Verschiebung des Flockungsoptimums parallel geht, liegt für Albumin bei 4,7, für Globulin bei 5,4, während sein Wert für das Fibrinogen in unmittelbarer Nähe der Eiweißreaktion zu suchen ist. Normales menschliches Plasma zeigt sich gegenüber seinen Kolloiden als stabil, pathologisches Plasma weist bei gleichzeitiger Vermehrung seiner grobdispersen Kolloide eine Erhöhung seiner Serumlabilität auf (Starlinger). Vom hydrophilsten, feindispersen Albumin bis zum hydrophobsten grobdispersen Fibringlobulin scheint, was Erhöhung der Labilität und Fällungstendenz betrifft, ein kontinuierlicher Übergang vorhanden zu sein.

---

[1] Berger: Zeitschr. f. d. ges. exp. Med. Bd. 28, S. 1. 1922.
[2] Knipping u. Kowitz: Fortschr. a. d. Geb. d. Röntgenstr. Bd. 31, S. 660. 1923.

Methodisches. Nach STARLINGER und HARTL[1] stehen zur quantitativen Ermittlung der einzelnen Eiweißgruppen verschiedene Möglichkeiten zur Verfügung:

1. Die unmittelbar gravimetrische Bestimmung.
2. Die Berechnung auf Grund des kjeldahlometrisch bestimmten N-Gehalts.
3. Die Berechnung auf Grund gesetzmäßiger quantitativ-chemischer Bindung zwischen Eiweißkörpern und gewissen Fällungsmitteln.
4. Die Berechnung auf Grund der Bestimmung gewisser optischer Eigenschaften:
   a) Brechung (Refraktometrie, Interferometrie).
   b) Drehung (Polarimetrie).
   c) Beugung (Nephelometrie).
   d) Trübung (Diaphanometrie).
   e) Färbung (Colorimetrie).
5. Die empirische Berechnung auf Grund der Bestimmung gesetzmäßig interferierender physikalischer Eigenschaften, und zwar der inneren Reibung und Brechung (kombinierte Visco-Refraktometrie).

Zahlreiche *diesbezügliche* Methoden der Eiweißfraktionsdarstellung sind ausgearbeitet worden: am verbreitetsten ist die von KÜHNE[2] und später von HOFMEISTER[3] inaugurierte Methode mittels Aussalzen der Globulinfraktion durch neutrale, gesättigte Ammonsulfatlösung. Neben der kjeldahlometrischen Bestimmung (HAMMARSTEN[4], CULLEN und v. SLYKE[5]) ist in letzter Zeit die kombinierte Refrakto-Viscosimetrie (REISS[6], ROHRER[7]) zur Differenzierung des Eiweißkomplexes herangezogen worden; ROHRER zeigte, daß die Schwankungen der Serumviscosität außer von der absoluten Eiweißkonzentration von dem jeweiligen Verhältnis Albumin:Globulin (A:G) abhängen, insofern als dem Globulin eine höhere spezifische Viscosität zuzuschreiben ist als dem Albumin; auch nahm in künstlichen Gemischen beider Körper die Viscosität der Lösung bei gleichbleibender Eiweißkonzentration dem Verhältnis A:G entsprechend zu und ab. Von NEUSCHLOSZ und TRELLES[8] konnten diese Angaben für das native Serum nicht bestätigt werden, da die Schwankungen der Viscosität auch von Hydratationsunterschieden der Serumeiweißkörper abhängig erschienen; ferner setzt das refraktometrische Verfahren die Abwesenheit etwa den Brechungsindex der Eiweißlösung störender Serumstoffe voraus, wie sie bei urämischen, glykämischen, lipämischen Zuständen auftreten können. Die Serumkrystalloide bedingen ebenfalls einen konstanten, wegen seiner Kleinheit jedoch zu vernachlässigenden Fehler.

Modifikationen der refraktometrischen Methode sind von WELLS[9], ROBERTSON[10], HATAI[11], WOLLSLEY[12], JEWETT[13], ROWE[14] u. a. veröffentlicht worden.

Die gravimetrische Bestimmung, die durch Fällung der Eiweißfraktionen mittels Am_2SO_4 oder gleichwertiger Neutralsalze mit nachfolgender Hitzekoagulation, Trocknung, Wägung, das Gewicht der einzelnen Eiweißanteile ermittelt, ist von KNIPPING und KOWITZ[15] für kleine Analysenmengen ausgearbeitet worden.

Über die Genauigkeit der colorimetrischen (WU[16]), interferometrischen, nephelometrischen (RUSZNYÁK, BARÁT und KÜRTHY[17]) Bestimmung läßt sich zur Zeit noch nichts Endgültiges aussagen.

Zur annäherungsweisen Bestimmung der Plasmastabilität, gemessen am Flockungsvermögen gegenüber Neutralsalzlösung, hat sich eine von W. STARLINGER[18] ausgearbeitete Methode bewährt: Citratplasma wird mit gesättigter Am_2SO_4-Lösung versetzt bis zum Auftreten der ersten Opalescenz, entsprechend der unteren Fällungsgrenze der 28 Vol.-%-

[1] STARLINGER u. HARTL: Biochem. Zeitschr. Bd. 160, S. 113. 1925.
[2] KÜHNE: Verhandl. d. Heidelberger naturhist. med. Ver. neue Folge Bd. 3, S. 286. 1885.
[3] HOFMEISTER: Arch. f. exp. Pathol. u. Pharmakol. Bd. 24, S. 247. 1887; Bd. 25, S. 1. 1888.
[4] HAMMARSTEN: Zitiert auf S. 251.
[5] CULLEN u. v. SLYKE: Journ. of biol. chem. Bd. 41, S. 587. 1920.
[6] REISS: Jahrb. f. Kinderheilk. Bd. 70, S. 311. 1909.
[7] ROHRER: Dtsch. Arch. f. klin. Med. Bd. 121, S. 221. 1916.
[8] NEUSCHLOSZ u. TRELLES: Klin. Wochenschr. Jg. 2, S. 45. 1923.
[9] WELLS: Journ. of biol. chem. Bd. 15, S. 37. 1913.
[10] ROBERTSON: Journ. of biol. chem. Bd. 7, S. 351. 1909; Bd. 22, S. 233. 1915.
[11] HATAI: Journ. of biol. chem. Bd. 35, S. 527. 1918.
[12] WOLLSLEY: Journ. of biol. chem. Bd. 14, S. 433. 1913.
[13] JEWETT: Journ. of biol. chem. Bd. 23, S. 21. 1916.
[14] ROWE: Arch. of internal med. Bd. 18, S. 455. 1916.
[15] KNIPPING u. KOWITZ: Hoppe-Seylers Zeitschr. f. physiol. Chem. Bd. 135, S. 84. 1924.
[16] WU: Journ. of biol. chem. Bd. 51, S. 33. 1922.
[17] RUSZNYÁK, BARÁT u. KÜRTHY: Zeitschr. f. klin. Med. Bd. 98, S. 337. 1924.
[18] STARLINGER, W.: Klin. Wochenschr. Jg. 2, S. 1354. 1923.

Sättigungsfraktion des Fibrinogens. Nach Erreichen der oberen Fällungsgrenze Abzentrifugieren dieser Fraktion, erneute Bestimmung der 50-Vol.-%-Sättigungsfraktion. Hochstabile Plasmen zeigen erst nach Zugabe großer Mengen Am_2SO_4 Opalescenz oder lassen sie überhaupt vermissen, während bei labilen Plasmen schon nach kleinen Mengen zugeführter Salzlösung Trübung und Fällung auftreten.

Albumin. Serumalbumin ist, außer in Serum und Plasma, in Lymphe, Ex- und Transsudaten nachgewiesen worden; das Eiweiß des pathologischen Harns setzt sich ebenfalls zum größten Teil aus Albumin zusammen. Im Gegensatz zu den Globulinen ist Albumin löslich in salzfreiem Wasser, verdünnten Salzlösungen, Säuren und Alkalien. Koagulation in destilliertem Wasser schon bei 50°, in salzhaltigen Lösungen jedoch erst bei höheren Temperaturen. Weitere Unterscheidungsmöglichkeiten sind durch seine spezifische Drehung (61°) und seinen Brechungskoeffizienten (Brechungsindex in Wasser und $^3/_8$-gesättigter Ammoniumsulfatlösung: 0,00177) gegeben; durch Ganzsättigung mit Am_2SO_4 wird es gefällt, hingegen nicht durch $MgSO_4$. Die Analyse von krystallisiertem Serumalbumin ergibt eine mittlere prozentuelle Zusammensetzung von

$$C: 53,06; \quad H: 6,98; \quad N: 15,99; \quad S: 1,87 \text{ (HAMMARSTEN[1])}.$$

Der Schwefel scheint völlig als Cystin im Albuminmolekül vorhanden zu sein. Biologische Differenzierungen zwischen Serumalbumin und Eialbumin werden durch gegensätzliches Verhalten gegenüber Radiumstrahlung aufgedeckt. Während Salz (KCl) die Ausflockung von Serumalbuminen durch die Strahlung verzögern oder verhindern kann, läßt sich bei Eialbumin keine Schutzwirkung durch das Salz feststellen (FERNAU[2]). Albumin gehört zu den wenigen krystallisierbaren Eiweißstoffen. Aus Pferdeserum, viel schwerer aus anderen Seren, gehen ca. 40% des Ausgangsmaterials in eine Krystallisation über (GÜRBER[3]), aus der LANGSTEIN[4] ein N-haltiges Kohlehydrat (Glucosamin) abspalten konnte. ABDERHALDEN, BERGELL und DÖRPINGHAUS[5] gelang jedoch die Darstellung eines ganz kohlehydratfreien Serumalbumins. Die Krystallisation erfolgt in hexagonalen Prismen mit einseitiger Pyramide.

Eine weitere Aufteilung des Serumalbumins in verschiedene Einzelfraktionen auf Grund unterschiedlicher Gerinnungstemperatur oder des großen amorphen Restes bei der Krystallisation ist wiederholt ohne Erfolg versucht worden; lediglich der hydrophilsten Fraktion des Albumins, die noch in 37,2% Am_2SO_4-Wasser löslich ist, scheint eine besondere Bedeutung für Wachstum und Ernährung zuzukommen (Albumin A-Fraktion, KAHN[6]).

Globuline. (Fibrinoplastische Substanz, Paraglobulin, Serumcasein.) Die Globuline umfassen die Gesamtheit der durch Halbsättigung mit Am_2SO_4 fällbaren Serumbestandteile. Serumglobuline kommen ferner in Lymphe, Trans- und Exsudaten, weißen und roten Blutzellen vor. Sie sind in Wasser und verdünnten Säuren unlöslich, dagegen löslich in verdünnten Alkalien und Neutralsalzlösungen. Wird Plasma oder Serum gegen destilliertes Wasser dialysiert, so fallen die Globuline aus, da infolge Diffundierens der Salze in die Außenflüssigkeit den Globulinen ihre Lösungsbedingungen entzogen werden (ABDERHALDEN[7]). In gleicher Weise bewirken starke Verdünnung mit Wasser, schwaches Ansäuern mit Essigsäure, Einleiten von Kohlensäure Fällung. Koagulation tritt ein

---

[1] HAMMARSTEN: Lehrbuch der physiologischen Chemie, 9. Aufl., S. 208. München u. Wiesbaden 1922.

[2] FERNAU: Biochem. Zeitschr. Bd. 167, S. 380. 1926.

[3] GÜRBER: Sitzungsber. d. phys. med. Ges. Würzburg 1894.

[4] LANGSTEIN: Beitr. z. chem. Physiol. u. Pathol. Bd. 1, S. 83. 1902.

[5] ABDERHALDEN, BERGELL u. DÖRPINGHAUS: Hoppe-Seylers Zeitschr. f. physiol. Chem. Bd. 41, S. 530. 1904.

[6] KAHN: Klin. Wochenschr. 1924, S. 21 u. 39; Verhandl. d. dtsch. Ges. f. inn. Med. S. 28. 1924.

[7] ABDERHALDEN: Lehrb. d. physiol. Chemie. Bd. I, S. 395. 1923.

bei 69 bis 75°, spezifische Drehung $= -47,8°$ (Fredericu[1]). Das durch Magnesiumsulfat ausgefällte Globulin scheidet sich bei der Dialyse nur zum Teil aus, ein Rest verbleibt in Lösung und wird auch durch Säurezusatz nicht gefällt (Hammarsten). Marcus[2] unterschied deshalb zwischen wasserlöslichem und unlöslichem Globulin; Untersuchungen von Fuld und C. Spiro[3], Hofmeister und Pick[4], Freund und Joachim[5] führten zu weiterer Differenzierung der Globuline in Pseudoglobuline, Euglobuline und Fibrinoglobuline.

Die Pseudoglobuline fallen bei einer Am_2SO_4-Sättigung von 33—46% aus, sind phosphorfrei und wasserlöslich, erfordern jedoch zu ihrer Lösung geringe Mengen von Elektrolyten, während das Euglobulin einer Ammonsulfatsättigung von 28—36% entspricht, wasserunlöslich ist, ca. 0,1% Phosphor enthält (Haslam[6], Chick[7]) sowie durch Kohlensäure aus seinen Lösungen ausgefällt werden kann. Bei der Ausfällung des Euglobulins ist der Elektrolytgehalt des Serums entsprechend zu berücksichtigen, da dieser antagonistisch zur Säurefällung peptisierend auf das Euglobulin einwirkt. Eine vollständige Ausfällung ermöglicht sich deshalb nur in weitgehend elektrolytfreien Proteinlösungen (Ettisch und Beck[8]). Die Schwierigkeit, die chemische Individualität der einzelnen Fraktionen zu beweisen, liegt darin, daß den betreffenden Globulinkörpern stets kleine Mengen anderer Serumbestandteile angefügt sind, die deren Löslichkeit und Fällbarkeit stark beeinträchtigen können. So konnte Hammarsten wasserlösliches Globulin durch entsprechende Reinigung in wasserunlösliches überführen. Das in Neutralsalzlösungen unlösliche Casein nahm nach Verunreinigung mit Serumbestandteilen die Löslichkeit des Globulins an; es ist mithin noch unentschieden, ob die Globulinfraktion nur ein durch mehr oder minder große Verunreinigung entstelltes Globulin darstellt oder aus einer Anzahl voneinander unabhängiger Globuline besteht. Die Am_2SO_4-Halbsättigungsfraktion umfaßt die gesamten Serumglobuline. Eine Verschiebung der Proteine zur grobdispersen Seite wird sich weniger in einer Zunahme der Gesamtglobuline als in einer relativen Vermehrung der gröbstdispersen Teile, des lyophoben Globulins, ausdrücken (Leendertz[9]). Die verschiedenen Globulinfraktionen zeigen hinsichtlich ihrer physikalischen Konstanten (spezifische Drehung, Brechungskoeffizient) nur geringe Abweichungen. Gewisse Differenzen ergeben sich jedoch aus den Untersuchungen von Obermayer und Wilhelm[10], wonach die einzelnen Globulinfraktionen Verschiedenheiten hinsichtlich des Aminoindex (Gesamt-N:Zahl der endständigen NH_2-Gruppen bestimmt nach der Formoltitration) aufweisen. Auch immunisatorische und enzymatische Vorgänge scheinen antagonistisch mit den einzelnen Gruppen verbunden zu sein; so ist nach Fuld und C. Spiro, E. Pick die Labwirkung des Serums an das Euglobulin, die labhemmende Eigenschaft an das Pseudoglobulin geheftet.

Die Abgrenzung der einzelnen Globulinfraktionen ist infolge der wenig ausgebildeten Methodik immer noch eine sehr schwierige. Die Inkonstanz der Ausfällbarkeit, hervorgerufen durch die Anwesenheit anderer Serumbestandteile, der physikalisch-chemische Zustand der Globuline, der chemische Verschiedenheiten vortäuschen kann, läßt nach Morawitz[11] stets die Möglichkeit offen, daß es sich bei den verschiedenen Gruppen um fließende Übergänge handeln könne.

Fibringlobulin. Das Fibringlobulin ist der schwerst lösliche Eiweißkörper des Serums; seine Ausfällbarkeit gelingt schon durch geringe Salzkonzentrationen (28 Vol.-% Am_2SO_4). Durch seine niedrige Koagulationstemperatur (64°) weicht es ebenfalls von den bisher besprochenen Eiweißkörpern ab. Hammarsten[12] fand das Fibringlobulin sowohl im Blutserum wie im Serum erstarrter Fibrinogenlösungen, so daß dieses Protein zunächst als Spaltungsprodukt bei der Fibrinogen-

[1] Fredericu: Arch. de biol. Bd. 1, S. 17. 1880.

[2] Marcus: Hoppe-Seylers Zeitschr. f. physiol. Chem. Bd. 28, S. 559. 1899.

[3] Fuld u. C. Spiro: Hoppe-Seylers Zeitschr. f. physiol. Chem. Bd. 31, S. 132. 1900.

[4] Hofmeister u. Pick: Beitr. z. chem. Physiol. u. Pathol. Bd. 1, S. 351. 1902.

[5] Freund u. Joachim: Hoppe-Seylers Zeitschr. f. physiol. Chem. S. 407. 1902.

[6] Haslam: Journ. of physiol. Bd. 44, S. XIII. 1912.

[7] Chick: Biochem. Journ. Bd. 8; zit. nach Küster, Ergebn. d. inn. Med. Bd. 12, S. 666. 1913.

[8] Ettisch u. Beck: Biochem. Zeitschr. Bd. 171, S. 443. 1926; Bd. 172, S. 1. 1926.

[9] Leendertz: Biochem. Zeitschr. Bd. 167, S. 411. 1926.

[10] Obermayer u. Wilhelm: Biochem. Zeitschr. Bd. 30, S. 331. 1912; Bd. 50, S. 369. 1913.

[11] Morawitz: Oppenheimers Handb. 2. Aufl., Bd. IV. 1925.

[12] Hammarsten: Pflügers Arch. f. d. ges. Physiol. Bd. 30, S. 437. 1883.

gerinnung angesehen wurde; Untersuchungen von HUISKAMP[1] ergaben jedoch seine Existenz im Plasma und in ungereinigten Fibrinogenlösungen in lockerer Bindung mit dem eigentlichen Faserstoff.

Fibrinogen. Das Fibrinogen des Plasmas, das bei der Gerinnung des Blutes infolge fermentativer Umsetzung in Fibrin übergeführt wird, gehört zu den gröbstdispersen Fraktionen des Globulingemisches, von denen es sich jedoch durch seine außerordentlich leichte Aussalzbarkeit unterscheidet. Schon durch Halbsättigung mit Kochsalz wird es zum großen Teil ausgefällt, ebenso durch Ammonsulfat vor dem Auftreten des eigentlichen Globulinniederschlages; seine Gerinnung in schwacher NaCl-Lösung liegt bei 52 bis 55°, während die Koagulationstemperatur der kochsalzfreien Lösung 56° oder die Gerinnungstemperatur des Blutplasmas selbst beträgt. Gereinigte Fibrinogenlösungen werden durch wiederholtes Ausfällen mit Neutralsalz des wieder in Lösung gebrachten Proteins gewonnen.

Spezifische Drehung $= -52,5°$ (MITTELBACH[2]). Zur quantitativen Darstellung des Fibrinogens existieren mehrere Methoden. Die von REYE[3] am verdünnten Plasma ausgearbeitete Bestimmung benutzt die leichte Ausfällbarkeit des Fibrinogens zwischen 13 und 28% Ammonsulfatsättigung, doch ist die Exaktheit der Methode wegen der fließenden Übergänge zu den weniger labilen Globulinen und einer eventuellen Mitbestimmung des Fibringlobulins fraglich. Die Bestimmung im Vollblut ist ebenfalls ungenau, da hierbei die Anwesenheit der im Gerinnsel eingeschlossenen zelligen Bestandteile störend wirken kann. Die kjeldahlometrischen und refraktometrischen Bestimmungen im Differenzverfahren zwischen Plasma und Serumeiweiß geben nach STARLINGER verschiedene Resultate, je nachdem vom Hirudin- oder Citratplasma ausgegangen wird. Die gravimetrische Bestimmung im plättchenfreien Nativplasma soll nach STARLINGER und HARTL[4] die exaktesten Werte ergeben.

Im menschlichen Blute findet sich das Fibrinogen in einer Konzentration von 0,1 bis 0,4%; in pathologischen Plasmen können Werte von 1,5% und 0,1% auftreten, ja es kann sogar zum völligen Verschwinden des Fibrinogens aus dem Blute kommen, so daß die Fibrinogenkonzentration weitaus stärkere Schwankungen aufweist, als die der übrigen Eiweißkörper. Die „Crusta phlogistica", das fädige Gerinnsel eines schnell sedimentierenden Aderlaßblutes, ist als konstanter Begleitbefund gewisser Erkrankungen seit langer Zeit von den Ärzten diagnostisch verwertet worden. Es zeigt sich nämlich, daß allen Erkrankungen, die mit einer Vermehrung der weißen Blutzellen einhergehen, ein vermehrter Fibrinogengehalt eigen ist (LANGSTEIN und MAYER[5], MORAWITZ und REHN[6]), woraus auf genetische Zusammenhänge zwischen Fibrinogen und hämatopoetischen Organen gefolgert wurde; doch spricht der normale Fibrinogengehalt bei myeloischen Leukämien gegen eine direkte Abspaltung von Fibrinogen aus den Leukocyten. Die Annahme einer Fibrinogenentstehung in der Darmwand ist nach Untersuchungen von DOYON[7], GAUTIER und MOREL[8] ebenso unwahrscheinlich, als der Milz eine wesentliche Bedeutung für die Regulation der Fibrinogenkonzentration zuzuschreiben ist, da nach GAUTIER und MAWAS[9]

---

[1] HUISKAMP: Hoppe-Seylers Zeitschr. f. physiol. Chem. Bd. 44, S. 182. 1905.

[2] MITTELBACH: Hoppe-Seylers Zeitschr. f. physiol. Chem. Bd. 19, S. 289. 1894.

[3] REYE: Inaug.-Dissert. Straßburg 1898.

[4] STARLINGER u. HARTL: Biochem. Zeitschr. Bd. 140, S. 203. 1923.

[5] LANGSTEIN u. MAYER: Beitr. z. chem. Physiol. u. Pathol. Bd. 5, S. 68. 1904.

[6] MORAWITZ u. REHN: Arch. f. exp. Pathol. u. Pharmakol. Bd. 58, S. 141. 1907.

[7] DOYON: Americ. journ. of physiol. Bd. 3. 1899.

[8] GAUTIER u. MOREL: Cpt. rend. des séances de la soc. de biol. Bd. 62.

[9] GAUTIER u. MAWAS: Cpt. rend. des séances de la soc. de biol. Bd. 64.

auch bei entmilzten Tieren eine schnelle Neubildung von Fibrinogen statthat. Wird Tieren durch Aderlaß entferntes, defibriniertes Blut reinjiziert, so tritt in kurzer Zeit Neubildung des Fibrinogens ein; es ist mithin ein beschleunigter Wiederersatz von zerstörtem Fibrinogen im Blute wahrscheinlich. Nach neueren Untersuchungen scheinen Knochenmark und besonders Leber die wahrscheinlichsten Ursprungsstätten des Fibrinogens zu sein. MÜLLER[1] fand bei mit Kokken immunisierten Tieren starke Fibrinogenvermehrung in Knochenmark und Blut, MORAWITZ und REHN[2] bei defibrinierten Kaninchen neben starker Leukocytose myeloische Metaplasien in Milz und Leber. DOYON[3] und NOLF[4] verlegen den Hauptanteil der Fibrinogenbildung in die Leber, ein Befund, der in gutem Einklang mit klinischen Tatsachen steht. So konnten diese Autoren im Tierexperiment nach Leberexstirpation ein starkes Absinken des Fibrinogengehaltes und ein Ausbleiben der Regeneration feststellen; ein gleichartiges Verhalten wurde nach Injektionen hepatotoxischer Sera, nach Phosphor- und Chloroformvergiftung beobachtet (CORIN und ANSIAUX[5], JACOBY[6], DOYON, MORELL und KAREFF[7]), auch fand sich im Lebervenenblut ein höherer Fibrinogengehalt als im Blute anderer Gefäße. Ob die Abnahme des Fibrinogens nach experimenteller Leberschädigung auf die Einwirkung eines im Blute nachweisbaren fibrinolytischen Fermentes zurückzuführen ist, ist noch strittig (JACOBY[8]). Es ist auch nicht gelungen, aus künstlich durchbluteter Leber Proteine von der physikalischen oder chemischen Struktur des Fibrinogens zu gewinnen. Eine starke Fibrinogenvermehrung bei gleichzeitiger Gerinnungsverzögerung findet sich nach Unterbindung des Pankreasausganges beim Kaninchen (WOHLGEMUTH[9], KIMURA[10]). Ebenso vermögen alle Eingriffe, die mit einem gesteigerten Zellzerfall einhergehen (Bestrahlung, thermische Reize, Proteinkörperinjektionen), zu einer mehr oder minder starken Fibrinogenvermehrung zu führen. Das Flockungsvermögen des menschlichen Plasmas geht seinem Fibrinogengehalt parallel und kann als Maß desselben gelten. Hemmung der Flockung geschieht durch Fibrinogenadsorbentien (Kaolin, Bolus alba, Tierkohle), Verstärkung durch Agar, Gummi, Gelatine, Glykokoll (STARLINGER[11]).

Die Suspensionsstabilität der roten Blutkörperchen, deren Untersuchung seit den Arbeiten von FAHRÄUS[12], LINZENMEYER[13], STARLINGER[14], WESTERGREN[15] u. a. erneut theoretische und klinische Bedeutung erlangt hat, ist ebenfalls zum größten Teil von dem Gehalt des Plasmas an grobdispersen Globulinen, besonders Fibrinogen abhängig. Eine wichtige Rolle spielt hierbei auch der Dispersitätsgrad des vorhandenen Fibrinogens, das nach der HÖBERschen Theorie an der Erythrocytenoberfläche adsorbiert, im Sinne einer Denaturierung umgewandelt wird; hieraus ergibt sich bei

---

[1] MÜLLER: Beitr. z. chem. Physiol. u. Pathol. Bd. 6, S. 454. 1905.
[2] MORAWITZ u. REHN: Arch. f. exp. Pathol. u. Pharmakol. Bd. 58, S. 141. 1907.
[3] DOYON: Cpt. rend. des séances de la soc. de biol. Bd. 56 u. 62.
[4] NOLF: Arch. of internal phys. Bd. 3. 1905—1906.
[5] CORIN u. ANSIAUX: Malys Jahresber. Bd. 24.
[6] JACOBY: Hoppe-Seylers Zeitschr. f. physiol. Chem. Bd. 30. 1900.
[7] DOYON, MORELL u. KAREFF: Journ. de physiol. Bd. 8. 1906.
[8] JACOBY: Hoppe-Seylers Zeitschr. f. physiol. Chem. Bd. 30, S. 174. 1900.
[9] WOHLGEMUTH: Berl. klin. Wochenschr. Jg. 54.
[10] KIMURA: Biochem. Zeitschr. Bd. 139.
[11] STARLINGER: Biochem. Zeitschr. Bd. 123, S. 215. 1921.
[12] FAHRÄUS: The suspensionsstability of the Blood. Stockholm 1921.
[13] LINZENMEYER: Pflügers Arch. f. d. ges. Physiol. Bd. 186, S. 272. 1921.
[14] STARLINGER: Biochem. Zeitschr. Bd. 114, S. 129. 1921; Bd. 122, S. 105. 1921.
[15] WESTERGREN: Arch. f. Gynäkol. Bd. 113, S. 608. 1920.

gleichzeitiger Verlagerung des isoelektrischen Punktes nach dem Neutralen die entladende und senkungsbeschleunigende Wirkung des Fibrinogens (WÖHLICH[1]), die ebenfalls durch Defibrinierung aufgehoben, durch Fibrinadsorbentien wesentlich abgeschwächt werden kann. Über den antagonistischen Einfluß der Lipoide auf die Senkungsgeschwindigkeit der Erythrocyten vgl. das Kapitel „Cholesterin".

Im allgemeinen kommt es bei Erkrankungen, die mit Leukocytosen einhergehen, zu erhöhtem Blutfibrinogengehalt, während Leberschädigungen eine Erniedrigung des Wertes aufweisen; eine entsprechende Funktionsprüfung des Leberparenchyms ist von FULL[2], WHIPPLE[3], McLESTER[4] angegeben worden. Mithin finden sich hohe Zahlen bei Eiterungen, Sepsis, Pneumonie, malignen Tumoren (McLESTER), dagegen niedrige Werte bei allen Leberparenchymschädigungen (Ikterus, Cirrhose, Stauungsleber) (ISAAK-KRIEGER und HIEGE[5], MURAKAMI und YAMAGUCHI[6]). Beim Typhus abdominalis wird konstant eine Hypinose beobachtet, ob im Zusammenhang mit der gleichzeitig bestehenden Leukopenie, ist fraglich. Bei perniziöser Anämie ergab sich entsprechend den einzelnen Stadien der Erkrankung ein jeweils schwankender Fibrinogengehalt. Von KISCH[7] wird auf Grund von Beobachtungen bei Toluylendiaminvergiftung und hämolytischem Ikterus die Blutfibrinogenverminderung in Zusammenhang mit Funktionsstörungen des reticulo-endothelialen Apparates gebracht.

Eiweißquotient. Der normale Eiweißquotient, d. i. das Verhältnis von Globulin : Albumin, ist bei den einzelnen Tierarten ein verschiedener, für den Menschen gelten folgende Zahlen:

nach: HAMMARSTEN[8] G:A . . . . 1:1,1019 — 1:1,966 Mittel 1:1,5
 „ LEWINSKI[9] . . . . 1:1,4 — 2,1
 „ EPSTEIN[10] . . . . 1:1,2 — 2,3
 „ ROWE[11] . . . . 1:2,1 — 5,2.
 „ E. ADLER und L. STRAUSS[12] . . . 1:1,5 im Durchschnitt

Während TRANTER und ROWE[13] bei Frauen größere Globulinmengen fanden, ergaben Untersuchungen von ALDER[14] gleiche Werte für Männer und Frauen. Bei Neugeborenen findet sich stets eine auffallend niedrige Globulinmenge. In der Schwangerschaft kommt es regelmäßig zu mäßiger relativer Globulinvermehrung, die nach der Geburt rasch abklingt (HAFNER[15]). Der Eiweißquotient ist der gleiche im Capillar- wie im Venenblut, während von BRUNETTI und ELEK[16] höhere venöse Albuminwerte angegeben werden als arterielle (ca. 3,57% in Prozenten des Gesamteiweißes). Es überwiegt beim Menschen die Gruppe der Serumalbumine über das Globulin; beim Pferd (1:0,6) und Rind (1:0,8) ist gegensätzliches Verhalten gefunden worden. Weitere Werte für einzelne Tiere nach

---

[1] WÖHLICH: Zeitschr. f. d. ges. exp. Med. Bd. 40, S. 137. 1924.
[2] FULL: Verhandl. d. Kongr. f. inn. Med. XXXIII, S. 478. 1921.
[3] WHIPPLE: Americ. journ. of physiol. Bd. 32, S. 56. 1914.
[4] McLESTER: Kongreß-Zentralbl. f. inn. Med. Bd. 29, S. 89. 1923.
[5] ISAAK-KRIEGER u. HIEGE: Klin. Wochenschr. Jg. 2, S. 1067. 1923.
[6] MURAKAMI u. YAMAGUCHI: Ann. de méd. Bd. 15, S. 297. 1924.
[7] KISCH: Klin. Wochenschr. Jg. 2, S. 1452. 1923.
[8] HAMMARSTEN: Pflügers Arch. f. d. ges. Physiol. Bd. 17, S. 449. 1878 u. Zitat auf S. 251.
[9] LEWINSKI: Zitiert auf S. 251.
[10] EPSTEIN: Zitiert auf S. 251.   [11] ROWE: Zitiert auf S. 251.
[12] ADLER, E. u. L. STRAUSS: Zeitschr. f. d. ges. exp. Med. Bd. 44, S. 12. 1924.
[13] TRANTER u. ROWE: Journ. of the Americ. med. assoc. Bd. 65, S. 1433. 1915.
[14] ALDER: Dtsch. Arch. f. klin. Med. Bd. 126, S. 61. 1918.
[15] HAFNER: Arch. f. exp. Pathol. u. Pharmakol. Bd. 101, S. 335. 1924.
[16] BRUNETTI u. ELEK: Zeitschr. f. d. ges. exp. Med. Bd. 47, S. 277. 1925.

Analysen von HAMMARSTEN, HALLIBURTON, LEWINSKI und ROBERTSON ergibt folgende Tabelle:

Ratte.	1:2,9	Schildkröte	1:0,7
Taube	1:2,8	Haifisch	1:0,4
Kaninchen	1:2,4	Aal.	1:0,3
Schwein	1:1,5	Frosch	1:0,2
Hund.	1:1,5	Salamander	1:0,1

Kaltblüter zeigen mithin einen stark erhöhten Quotienten G : A, der durch die niedrigen absoluten Albuminmengen bedingt ist.

Der Eiweißquotient scheint *bei demselben Individuum* unter normalen Bedingungen innerhalb der Fehlergrenzen der jeweils angewandten Methode einen konstanten Faktor darzustellen (E. ADLER und L. STRAUSS[1]). Die Schwankungen im A : G-Mischungsverhältnis menschlichen Serums sind zu verschiedenen Tagesstunden sehr gering, in der Wochenkurve ergeben sich Abweichungen von ca. 10% (ALDER[2]). Nahrungs- und Flüssigkeitsaufnahme sowie Muskeltätigkeit bedingen keine Veränderungen des Eiweißquotienten, während bei Hungertieren, neben dem Anstieg der Gesamtproteine (Ratte 6,5 bis 7,5%) als Folge einer Eindickung der Blutflüssigkeit, ein Unterschied dieses Verhaltens des Eiweißquotienten bei Pflanzen- und Fleischfressern zu beobachten ist; erstere zeigen eine starke Albuminvermehrung bei Absinken des Globulinwertes, letztere einen Anstieg der Globuline bei konstantem Gehalt an Albuminen (HALLIBURTON, LEWINSKI, ROBERTSON). Kein eindeutiges Ergebnis zeigen die Untersuchungen über Verteilungsänderungen der Bluteiweißkörper nach Blutentziehung. MORAWITZ entnahm Hunden größere Blutmengen und ersetzte diese durch eine Aufschwemmung roter Blutkörperchen in physiologischer Kochsalzlösung mit 3 proz. Gummiarabicum-Zusatz; er fand zunächst Albumin-, später starke Globulinvermehrung. SMITH, BELT und WHIPPLE[3] sahen unter ähnlichen Versuchsbedingungen keine Verschiebung des G : A-Quotienten.

Zahlreiche Untersuchungen liegen über die experimentell-physiologische Beeinflussung des Albumin-Globulinmischungsverhältnisses vor; ganz allgemein läßt sich zunächst sagen, daß eine Verschiebung des Eiweißquotienten, insbesondere des Globulinspiegels, eine allgemeine, in ihrer biologischen Bedeutung noch durchaus unerkannte Reaktion des Organismus auf die verschiedenartigsten Einflüsse darstellt (ARND und HAFNER[4]). Ebenso haben die verschiedenen Theorien über den eigentlichen Ursprungsort der Bluteiweißkörper noch nicht zu einem endgültigen Ergebnis geführt. Nach der Ansicht von HERZFELD und KLINGER[5] kommt es durch Zerfall von Zellen (Leukocyten, Thrombocyten, Bindegewebszellen) zur Bildung von Fibrinogen, das durch weitere Aufspaltung über Globuline, Albumine, nicht koagulable Eiweißspaltprodukte in Harnstoff zerfällt; unter pathologischen Bedingungen entstünde dann eine Hemmung dieses Umwandlungsprozesses, in dem sich die Globuline anhäufen, während sich die schon gebildeten Albumine weiter aufspalten (vgl. GEILL). In diesem Sinne sprächen auch Versuche STARLINGERS[6] über das Flockungsvermögen des menschlichen Blutplasmas resp. dessen Beschleunigung und Hemmung, wonach die niederen Eiweißabbauprodukte die Lösungsvermittler der Eiweißkolloide darstellen.

---

[1] ADLER E. u. L. STRAUSS: Zeitschr. f. d. ges. exp. Med. Bd. 44, H. 3/4. 1924.
[2] ALDER: Dtsch. Arch. f. klin. Med. Bd. 126, S. 61. 1918.
[3] SMITH, BELT u. WHIPPLE: Americ. journ. of physiol. Bd. 52, Nr. 1, S. 72. 1920.
[4] ARND u. HAFNER: Biochem. Zeitschr. Bd. 167, S. 440. 1926.
[5] HERZFELD u. KLINGER: Biochem. Zeitschr. Bd. 83, S. 228. 1917.
[6] STARLINGER: Biochem. Zeitschr. Bd. 123, S. 215. 1921.

Im Gegensatz zu der Theorie von Herzfeld und Klinger nimmt Moll[1] an, daß im Darm zerfallene Nahrungsproteine zu Albuminen aufgebaut und weiter zu Serumglobulin umgewandelt werden. Es gelang letzterem in vitro krystallinisches Serumalbumin durch Erwärmen auf 60° bei alkalischer Reaktion in einen Körper überzuführen, der die physikalischen und chemischen Eigenschaften (gleiche Fällungsgrenze, Schwefelmenge und Koagulationstemperatur) des natürlichen Serumglobulins aufwies. Auch Gutzeit[2] konnte einen Übergang von schwer fällbaren Serumeiweißkörpern in leichter aussalzbare Proteine durch zwei- bis viertägige Dialyse gegen kaltes Wasser von 15° C nachweisen, ebenso Rusznyák[3] durch Erhitzen auf 42° und Einwirkung verdünnter Laugen.

Gegen eine Übertragung dieser Ergebnisse auf die Verhältnisse im lebenden Organismus sprechen indessen zahlreiche Untersuchungen, aus denen das immunologisch und biologisch völlig differente Verhalten beider Gruppen hervorgeht. So konnte Fanconi[4] zeigen, daß das Mollsche Globulin nicht die Antigenfunktionen der natürlichen Globuline aufwies, dagegen weit besser gegen Albumin als gegen natürliches Globulin sensibilisierte, mithin seiner Muttersubstanz in bezug auf antigene Einstellung näherstand als dem Globulin. Ferner konnte gezeigt werden, daß die einzelnen Serumfraktionen sich völlig unabhängig voneinander und ohne Zusammenhang im Organismus vermehren oder vermindern (Howe und Sanderson[5], Arnd und Hafner[6]); ihnen kommt, wie im anaphylaktischen Experiment nachgewiesen werden konnte, eine Fraktions- und Artspezifität zu (Dörr und Berger[7]). Nach Carrel und Ebeling[8] fördert natives Globulin junger Hühner die proliferative Tätigkeit homologer Fibroblasten, deren Serumalbumin hemmt sie. Auch hinsichtlich ihres physiko-chemischen Verhaltens zeigen beide Gruppen durchgreifende Unterschiede: so übt Serumglobulin auf kolloidale Farbstoffe eine sensibilisierende, Serumalbumin eine schützende Wirkung aus (Brossa[9]); Globuline werden vor der Alkoholfällung durch Gelatine geschützt, Albumine dagegen sensibilisiert (Fischer[10]).

Verhalten des G:A-Quotienten unter experimentellen und pathologischen Bedingungen.

Inwieweit eine exogene Beeinflussung des Mischungsverhältnisses, z. B. durch zugeführte Nahrung, stattfindet, ist fraglich, jedoch spricht die starke Zunahme des Globulins bei neugeborenen Kälbern nach Verfütterung globulinhaltigen Colostrums für eine solche Möglichkeit (Howe). Hunger zeigt beim Menschen keine Beeinflussung des Quotienten, auch ist eine Veränderung des Serumeiweißes durch die innerhalb physiologischer Grenzen variierte CO_2-Spannung nicht nachweisbar (Mainzer und Conicer[11]). Indessen läßt sich durch die verschiedensten Eingriffe experimenteller Natur eine Steigerung der Globuline, meist auf Kosten der Albumine, erzwingen (Cervallo[12], Breinl[13], Reymann[14]).

---

[1] Moll: Beitr. z. chem. Physiol. u. Pathol. Bd. 4, S. 563. 1903.
[2] Gutzeit: Dtsch. Arch. f. klin. Med. Bd. 143, S. 238. 1923.
[3] Rusznyák: Biochem. Zeitschr. Bd. 140, S. 179. 1923.
[4] Fanconi: Biochem. Zeitschr. Bd. 139, S. 321. 1923.
[5] Howe u. Sanderson: Journ. of biol. chem. Bd. 67, S. 767. 1924.
[6] Arnd u. Hafner: Biochem. Zeitschr. Bd. 167, S. 440. 1926.
[7] Dörr u. Berger: Zeitschr. f. Hyg. u. Infektionskrankh. Bd. 96, S. 2. 1922.
[8] Carrel u. Ebeling: Journ. of exp. med. Bd. 38, S. 499. 1923.
[9] Brossa: Zeitschr. f. Immunitätsforsch. u. exp. Therapie, Orig. Bd. 37, S. 211. 1923.
[10] Fischer: Cpt. rend. des séances de la soc. de biol. Bd. 87, S. 22. 1922.
[11] Mainzer u. Conicer: Zeitschr. f. d. ges. exp. Med. Bd. 51, S. 762. 1926.
[12] Cervallo: Arch. f. exp. Pathol. u. Pharmakol. Bd. 62, S. 357. 1909.
[13] Breinl: Arch. f. exp. Pathol. u. Pharmakol. Bd. 65, S. 308. 1911.
[14] Reymann: Zeitschr. f. Immunitätsforschung u. exp. Therapie, Orig. Bd. 39, S. 15. 1924.

Nach Bestrahlung in vivo und in vitro findet ebenfalls eine Zunahme des Fibrinogens, Euglobulins und Pseudoglobulins, neben Verminderung des Albumins, mithin ein Anstieg der grobdispersen Kolloide statt (KNIPPING und KOWITZ[1]). Dasselbe Verhalten zeigt sich bei Anwesenheit von Abbauprodukten oder artfremdem Eiweiß im Blute.

Ebenso kommt es fast immer zu einer Globulinvermehrung im Verlaufe von gewissen Immunisierungsprozessen (SENG[2], ATKINSON[3], HISS und ATKINSON[4], HURWITZ und MEYER[5], REYMANN[6], BECKER und KOSIAN[7], DÖRR und BERGER[8], BERGER[9]). Für zahlreiche Immunsera ergab sich ein konstanter Anstieg besonders der Euglobulinfraktion; gleiches Verhalten zeigte Blut von mit abgetöteten Bakterienkulturen behandelten Kaninchen (LANGSTEIN und MAYER[10]). Von ATKINSON wurden deshalb die Globuline als die Träger der antitoxischen Fähigkeit des Serums angesehen. GLÄSSNER[11] konnte jedoch durch vorsichtige Immunisierung einen Anstieg der Globuline verhindern und bestreitet eine konstante Relation zwischen Globulin und Immunstoffen. Durch die Untersuchung von HIRSCHFELD und KLINGER[12], SACHS[13] u. a. wurde wahrscheinlich gemacht, daß das „Komplement" lediglich einen bestimmten Dispersitätsgrad der Globuline darstellt; die Präcipitation der Globuline sowie die Beziehungen der Eiweißkörper zu der hämolysierenden Fähigkeit des Serums untersuchten RUPPEL, ORNSTEIN, CARL und LASCH[14]. Nach parenteraler Eiweißzufuhr kommt es ebenfalls zu einer unabhängig von der Albuminverminderung verlaufenden, primären Globulinanreicherung. Auch hierbei tritt nach BERGER[15] im Sinne zunehmender Stabilisierung und abnehmender antigener Aktivität des Serumeiweißes nach anfänglicher Vermehrung des Fibringlobulins, Serumglobulin- und Albuminvermehrung ein; da diese Einstellung nicht allmählich, sondern sprunghaft vor sich geht, ermöglicht sich auch hieraus ein Rückschluß auf gewisse genetische Unterschiede der einzelnen Fraktionen.

Bei zahlreichen, besonders mit Fieber und Gewebseinschmelzung einhergehenden Erkrankungen kommt es zu Schwankungen des Albumin-Globulinmischungsverhältnisses (meist relative Globulinvermehrung), ohne daß sich für ein umschriebenes Krankheitsbild eine gewisse Gesetzmäßigkeit ableiten läßt (FREUND[16], ERBEN[17], v. LIMBECK und PICK[18]). Am konstantesten ist noch der Befund bei der Tuberkulose, wo, entsprechend der Aktivität des Prozesses, eine Steigerung des prozentuellen Globulingehalts auftritt, mit gleichzeitiger Erhöhung des Gesamteiweißgehaltes bei progredienten Prozessen, Erniedrigung bei Erkrankungsformen mit guter Prognose oder in terminalen Stadien (PET-

[1] KNIPPING u. KOWITZ: Fortschr. a. d. Geb. d. Röntgenstr. Bd. 31, S. 660. 1913.
[2] SENG: Zeitschr. f. Hyg. u. Infektionskrankh. Bd. 31, S. 513. 1899.
[3] ATKINSON: Journ. of exp. med. Bd. 5, S. 67. 1900.
[4] HISS u. ATKINSON: Journ. of exp. med. Bd. 5, S. 47. 1900.
[5] HURWITZ u. MEYER: Journ. of exp. med. Bd. 24, S. 515. 1916.
[6] REYMANN: Zeitschr. f. Immunitätsforsch. u. exp. Therapie, Orig. Bd. 41, S. 209. 1924.
[7] BECKER und KOSIAN: Biochem. Zeitschr. Bd. 145, S. 324. 1924.
[8] DÖRR u. BERGER: Klin. Wochenschr. Nr. 19. 1922.
[9] BERGER: Schweiz. med. Wochenschr. Nr. 9. 1922.
[10] LANGSTEIN u. MAYER: Beitr. z. chem. Physiol. u. Pathol. Bd. V, S. 69. 1904.
[11] GLÄSSNER: Zeitschr. f. exp. Pathol. u. Therapie Bd. 2, H. 1. 1906.
[12] HIRSCHFELD u. KLINGER: Bioch. Zeitsch. Bd. 70, S. 398. 1919.
[13] SACHS: Kolloid-Zeitschr. Bd. 24, S. 113. 1919.
[14] RUPPEL, ORNSTEIN, CARL u. LASCH: Zeitschr. f. Hyg. u. Infektionskrankh. Bd. 97, S. 188, 1923.
[15] BERGER: Zeitschr. f. d. ges. exp. Med. Bd. 28, S. 1. 1922.
[16] FREUND: Wien. klin. Wochenschr. 1895.
[17] ERBEN: Zeitschr. f. klin. Med. Bd. 57, S. 39. 1905.
[18] v. LIMBECK u. PICK: Prager med. Wochenschr. Nr. 12—15. 1893.

SCHACHER[1]). Bei destruierenden, mit Ikterus einhergehenden Leberprozessen fanden E. ADLER und STRAUSS[2] eine deutliche Abnahme der Globulinfraktion, während sie beim extrahepatischen Ikterus vermißt wurde (ferner A. ADLER[3]). Untersuchungen bei Nierenerkrankungen ergaben keine übereinstimmenden Resultate (RUSZNYÁK[4], CSATARY[5], PETSCHACHER und HÖNLINGER[6], LINDER, LUNDSGAARD und VAN SLYKE[7]). Nach KOLLERT und STARLINGER[8] kommt es bei chronischem Nierenleiden lediglich zu starker Vermehrung der durch Spontangerinnung sich abscheidenden Eiweißmenge. Sekundäre hypochrome Anämien gehen meist mit starker Fibrinogen- und Globulinvermehrung einher, während bei perniziöser Anämie Normalwerte häufiger sind (ERBEN[9], RUSZNYÁK, BARÁT und.KÜRTHY[10]). Maligne Tumoren ergeben ebenfalls keinen spezifischen Befund, meist handelt es sich auch hier um eine mehr oder minder starke Globulinvermehrung bei normaler oder infolge kachektischer Hydrämie erniedrigter Gesamtproteinmenge (LOEBNER[11], GALEHR[12], GUSSIO[13]).

Da bei all diesen Untersuchungen mittels Neutralsalzfällung meist der gesamte Globulinniederschlag bestimmt wird, eine pathologische Labilität weniger auf einer Vermehrung der Gesamtglobuline, sondern ausschließlich der gröbstdispersen Teilchen dieser Fraktion beruht, wurde von LEENDERTZ[14] das durch Essigsäure (0,25proz. Essigsäurelösung) fällbare Globulin in Beziehung zum Gesamteiweiß zu bringen versucht: $\dfrac{\text{Labilglobulin}}{\text{Serumprotein}} = \text{Quotient}$.

Neben diesen quantitativen Analysen der Plasmafraktionen müssen die Methoden erwähnt werden, die eine schätzungsweise Beurteilung der jeweiligen Kolloidstabilität des Serums durch Messung der Ausflockung erlauben. Es handelt sich hierbei nach SCHADE[15] um Belastungsproben, aus denen erkannt wird, wieviel an Störungseingriffen die Blutkolloide bis zu ihrem Ausfallen aus der Lösung vertragen können. Auf Grund der Untersuchungen der HOFMEISTERschen Schule, wonach der Zustand einer kolloidalen Lösung weitgehend von dem Elektrolytgehalt des betreffenden Milieus abhängig ist, ermöglicht sich eine Prüfung der Stabilität durch Hinzufügen von Elektrolyten aller Art oder anderen kolloidbeeinflussenden Stoffen: Alkohol, Formol, weiterhin durch Einführung fremder Kollidsysteme (Metallsole) (SCHADE, KLAUSNER, WELTMANN, SCHIERGE, DARANY, ASCOLI und IZAR, KAHN, PETSCHACHER[16] u. a.). Unterschiede der Alkoholfällbarkeit sind von v. HOEFFT[17], der Hitzekoagulation von R. L. MAYER angegeben worden. Die Hitzefällbarkeit wird jedoch auch vom Wassergehalt des Blutes beeinflußt, indem hydrämisches Blut eine Erhöhung gegenüber der Norm (73 bis 75°) aufweist (MAYR und

---

[1] PETSCHACHER: Zeitschr. f. d. ges. exp. Med. Bd. 36, S. 22. 1923.
[2] E. ADLER u. STRAUSS: Zeitschr. f. d. ges. exp. Med. Bd. 44, S. 1. 1924.
[3] A. ADLER: Klin. Wochenschr. Jg. 3, S. 978. 1924.
[4] RUSZNYÁK: Zeitschr. f. d. ges. exp. Med. Bd. 41. 1924.
[5] CSATARY: Dtsch. Arch. f. klin. Med. Bd. 47 u. 48. 1891.
[6] PETSCHACHER u. HÖNLINGER: Wien. Arch. f. inn. Med. Bd. 9.
[7] LINDER, LUNDSGAARD u. VAN SLYKE: Journ. of exp. med. Bd. 39, S. 921. 1924.
[8] KOLLERT u. STARLINGER: Zeitschr. f. klin. Med. Bd. 104, S. 44. 1926.
[9] ERBEN: Zeitschr. f. klin. Med. Bd. 40, S. 266. 1900.
[10] RUSZNYÁK, BARÁT u. KÜRTHY: Zeitschr. f. klin. Med. Bd. 98, S. 337. 1924.
[11] LOEBNER: Dtsch. Arch. f. klin. Med. Bd. 127, S. 397. 1918.
[12] GALEHR: Wien. Arch. f. inn. Med. Bd. 9, S. 379. 1924.
[13] GUSSIO: Tumori Jg. 10, S. 1. 1923.
[14] LEENDERTZ: Biochem. Zeitschr. Bd. 167, S. 411. 1926.
[15] SCHADE: Med. Klinik Nr. 29 u. 30. 1909.
[16] PETSCHACHER: Wien. klin. Wochenschr. Jg. 37, S. 1234. 1924.
[17] v. HOEFFT: Verhandl. d. Vers. d. Naturforsch. u. Ärzte Wien 1913.

Hofstadt[1]). Zusatz von Kochsalz, Galle und Zucker erhöht gleichfalls den Koagulationspunkt.

Sachs und v. Öttingen[2] fanden eine deutliche Abnahme der Plasmakolloidstabilität in der Reihe Neugeborener — normale Frauen — Gravide.

Eine lichtkatalytische Beeinflussung der Kolloidstabilität menschlichen Blutplasmas unter Anwesenheit von Katalysatoren (Eosin, Ferrosulfat) zeigt sich in einer Abschwächung der Fibrinogenflockung und zunehmender Dispergierung und Stabilisierung der Plasmakolloide (W. Starlinger[3]).

Eiweißähnliche Substanzen des Blutserums. Nucleoproteid. Diese von Pekelharing[4] und Huiskamp[5] aus Plasma und Serum isolierte Substanz wurde mit dem Prothrombin identifiziert. Sie geht regelmäßig in den Globulinniederschlag mit über und wird gleichfalls durch Sättigung mit Magnesiumsulfat ausgesalzen. Für verdünnte Essigsäure ist sie viel schwerer angreifbar als das Globulin, über ihre biologische Funktion ist nichts Sicheres auszusagen. Liebermeister[6] konnte aus dem Blute septischer Tiere weit größere Mengen Nucleoproteid isolieren als aus dem Blute normaler Kontrolltiere.

Serummucoid wurde von Zanetti[7] und Bywaters[8] im Serum nachgewiesen und als Glykoproteid angesehen; es ist im Blute in Mengen von $0{,}2-0{,}9^0/_{00}$ vorhanden, seine chemische Analyse ergab $11{,}6\%$ N, $1{,}8\%$ S und ca. 25% Glucosamin. Da es inkoagulabel ist, vermag es die Anwesenheit von Albumosen im Serum vorzutäuschen (Morawitz und Dietschy[9]). Inwieweit es sich hierbei um eine Verunreinigung von Globulinen mit Glykoproteiden handelt, ist noch ungeklärt (Eichholz[10], Langstein[11]).

A. Ellinger[12] gelang in Fällen von multiplem Myelom der Nachweis des Bence Jones'schen[13] Eiweißkörpers im Blutserum.

4. Reststickstoff.

Derjenige Teil des Serumstickstoffes, der nach Ausfällung der Eiweißkörper aus dem Gesamtblut oder Plasma im Filtrat verbleibt, wird als inkoagulabler oder Rest-N bezeichnet. An seiner Zusammensetzung beteiligen sich außer den Krystalloiden, Albumosen, Peptone, Serummucoid und Proteinsäuren.

In 1000 ccm Menschenblut fanden:

Bang[14]	190—390 mg Rest-N,
Folin[15]	280—417 ,, ,,
Gettler und Baker[16] .	300—450 ,, ,,
F. S. Hammet[17]	356 ,, ,,

---

[1] Mayr u. Hofstadt: Klin. Wochenschr. Jg. 1, Nr. 34. 1922; Münch. med. Wochenschr. Bd. 71, S. 470. 1924.

[2] Sachs u. v. Öttingen: Münch. med. Wochenschr. Jg. 68, S. 351. 1921; Biochem. Zeitschr. Bd. 118, S. 67. 1921.

[3] Starlinger W.: Wien. klin. Wochenschr. Jg. 35, Nr. 44, S. 860. 1922.

[4] Pekelharing: Zentralbl. f. Physiol. Nr. 3. 1895.

[5] Huiskamp: Hoppe-Seylers Zeitschr. f. physiol. Chem. Bd. 39. 1903.

[6] Liebermeister: Beitr. z. chem. Physiol. u. Pathol. Bd. 8, S. 439. 1906.

[7] Zanetti: Ann. di Chim. die Farmacol. Bd. 26, S. 12.

[8] Bywaters: Journ. of physiol. Bd. 35, Nr. 1, S. 2. 1906; Biochem. Zeitschr. Bd. 15, S. 322. 1909.

[9] Morawitz u. Dietschy: Arch. f. exp. Pathol. u. Pharmakol. Bd. 54, S. 88. 1906.

[10] Eichholz: Journ. of physiol. Bd. 83.

[11] Langstein: Münch. med. Wochenschr. S. 1876. 1902.

[12] Ellinger A.: Dtsch. Arch. f. klin. Med. Bd. 62, S. 255. 1898.

[13] Bei dieser Gelegenheit sei darauf hingewiesen, daß der im Urin schon 1848 von dem Londoner Arzt Henry Bence Jones entdeckte „Eiweißkörper" in der Literatur noch immer unrichtigerweise Bence-Jonessche Substanz geschrieben wird. Die einzig richtige Bezeichnung ist: Jones oder H. Bence Jones'cher Eiweißkörper (s. E. Ebstein, Zur Entwicklung der klinischen Harndiagnostik. Leipzig: G. Thieme 1915).

[14] Bang: Biochem. Zeitschr. Bd. 72, S. 104. 1916; Bd. 74, S. 294. 1916.

[15] Folin: Journ. of biol. chem. Bd. 38, S. 81. 1919.

[16] Gettler u. Baker: Journ. of. biol. chem. Bd. 25, S. 211, 1916.

[17] Hammet, F. S.: Journ. of biol. chem. Bd. 41. 1920.

Die Konzentrationsschwankungen der verschiedenen Angaben sind zum großen Teil durch die differente Art der Eiweißausfällung hervorgerufen. Infolge der in letzter Zeit immer weiter verfeinerten Verfahren von Bang[1] und Folin[2] ist es gelungen, aus relativ kleinen Blutmengen die einzelnen Bestandteile des Rest-N zu fraktionieren; speziell die colorimetrischen Methoden Folins mit ihrer Möglichkeit, in der Enteiweißung mit Phosphorwolframsäure in neutraler Lösung eine adsorptionslose Ausfällung der Gesamt-Rest-N-Fraktion zu erzielen, haben allgemeine klinische Anwendung gefunden (vgl. Minich[3]). Die Bedeutung dieser Untersuchungen besteht darin, daß der größte Teil der Rest-N-Fraktion harnfähige Substanzen darstellt, die bei Auscheidungsstörungen irgendwelcher Art im Blute retiniert werden, so daß den Konzentrationsschwankungen der einzelnen Komponenten hohe diagnostische und prognostische Bedeutung zukommt.

Nach zahlreichen Untersuchungen Bangs[4] gilt als Mittelwert für den Menschen 25 mg pro 100 ccm Blut, mit physiologischen Schwankungen zwischen 20 und 35 mg%; Hunger und Nahrungsaufnahme, insbesondere Eiweißverfütterung, bewirken einen Anstieg des Rest-N, ebenso finden sich nach Folin und Denis[5] und Feigl[6] im Alter, wohl meist infolge Ausscheidungsinsuffizienz, erhöhte Werte.

Die Konzentration der einzelnen Krystalloide des Rest-N im normalen menschlichen Blute ergibt folgende Tabelle:

	%
Harnstoff-N	13—30 mg
Ammoniak	0,02—0,03 mg
Aminosäuren	6—7 mg
Kreatin	6,5 mg
Kreatinin	1,5 ,,
Harnsäure	3 ,,
Indican	0,045 ,,

Nach Greenwald[7] sind auch die Phosphatide mit einem Wert von 2 mg% der Rest-N-Fraktion hinzuzurechnen. Ferner in sehr geringer Menge: Oxyproteinsäuren (I. Browinski[8]), Hippursäure und Carbaminsäure.

Der Rest-N besteht mithin aus heterogenen Substanzen, von denen der Harnstoff sowie die übrigen Harnbestandteile des Blutes als Endprodukte des Stoffwechsels aufzufassen sind, während die Aminosäuren größtenteils Nahrungsstoffe der Zellen darzustellen scheinen. Die ursprüngliche Bangsche Einteilung des Rest-N in die Harnstoff- und Aminosäurenfraktion, zu welch letzterer alle Nichtharnstoffbestandteile zu rechnen sind, dürfte insofern irreführend sein, als die Aminosäuren nur einen Teil der letzteren Fraktion darstellen.

Was die physikochemische Zustandsform des Rest-N anbetrifft, so konnte mittels der Ultrafiltration nachgewiesen werden, daß der Rest-N in normalen und pathologischen Seren vollständig im krystalloiden Zustand vorhanden ist (Rusznyák und Hetényi[9]). Gesamt-Rest-N sowie der Harnstoff-N sind gleich-

---

[1] Bang: Mikromethoden zur Blutuntersuchung. München-Wiesbaden: J. F. Bergmann 1922.

[2] Folin: Journ. of biol. chem. Bd. 51, S. 377. 1922.

[3] Minich: Biochem. Zeitschr. Bd. 142, S. 266. 1923.

[4] Bang: Zitiert auf S. 263.

[5] Folin u. Denis: Journ. of biol. chem. Bd. 11, S. 527. 1912.

[6] Feigl: Biochem. Zeitschr. Bd. 77, S. 189. 1916.

[7] Greenwald: Zitiert nach Morawitz: Handb. d. Biochem. Bd. 4, S. 107. 1925.

[8] Browinski: Hoppe-Seylers Zeitschr. f. physiol. Chem. Bd. 54, S. 548. 1908; Bd. 58, S. 134. 1908.

[9] Rusznyák u. Hetényi: Biochem. Zeitschr. Bd. 113, S. 56. 1921.

mäßig auf Plasma und Blutkörperchen verteilt, während Aminosäuren- und Ammoniak-Stickstoff zum überwiegenden Teil in den roten Blutkörperchen lokalisiert sind.

Experimentell gesetzte Niereninsuffizienz, wie sie im Tierversuch durch Sublimat, Chromsalze, Uraniumnitrat und Natriumtartrat erzeugt werden kann, hat eine maximale Steigerung des Rest-N bis auf 350 mg zur Folge, während ein Anstieg der übrigen anorganischen Serumbestandteile vermißt wird (BANG[1], DENIS[2]). Analog dazu tritt beim Menschen eine pathologische Rest-N-Retention auf, sobald es zu einer Ausscheidungsunfähigkeit einzelner Rest-N-Fraktionen kommt; in erster Linie handelt es sich hierbei um akut entzündliche Nierenerkrankungen und die Krankheitsbilder der sekundären Schrumpfniere und Sklerose der Nierenarteriolen. Eine Erhöhung des Rest-N kann jedoch auch bei intakter Nierentätigkeit durch gesteigerten Gewebszerfall und Eiweißabbau eintreten; so bei akuten Infektionskrankheiten (Pneumonie, Scharlach, Masern, Diphtherie). Doch wurde die Erhöhung wiederholt bei klinisch schwersten Fällen vermißt, so daß auch hier neben dem toxischen Eiweißzerfall noch eine N-Retention infolge Nierenschädigung anzunehmen ist (COHN[3]). Kardiale Stauung (mittlere Grade kardialer Dekompensation) zeigen meist normalen Rest-N im Blute, während bei hochgradiger Stauung und Oligurie infolge Nierenschädigung eine Erhöhung eintritt (KLEIN[4]). Bei stickstoffarm ernährten Diabetikern fand PETRÉN[5], auch bei komatösen Kranken, meist niedrige Werte, dagegen Steigerung des Rest-N im hypoglykämischen Koma.

Es ist nicht angängig, aus der Höhe des Blut-Rest-N auf die Gesamt-Rest-N-Retention im Körper zu schließen, da kein vollständiger Parallelismus zwischen beiden Werten besteht. Es zeigt sich nämlich, daß bei Retention von abiuretem Rest-N die im Blut retinierte Menge viel geringer ist, als der in den Geweben angestaute N; auch die klinische Erfahrung, daß Nephritiker im Stadium der Ausschwemmung oft das 10—20fache an retiniertem Stickstoff, umgerechnet auf den Rest-N des Gesamtblutes, ausscheiden, spricht für ein weit stärkeres Haften des Stickstoffs im Gewebe als im Blute (LICHTWITZ[6], v. MONAKOW[7]). Durch künstliche Störungen der Rest-N-Verteilung (durch Aderlaß und Schwitzprozeduren) kann es beim Normalen durch Einströmen von Gewebsflüssigkeit ebenfalls zu einem Absinken, bei Niereninsuffizienten wegen Überlastung der Gewebe zu einem Anstieg des Rest-N im Blute kommen (LOEWY und MENDEL[8]). BECHER[9] bestreitet daraufhin die entgiftende Wirkung des Aderlasses bei Azotämien; er konnte am nephrektomierten Hund durch große Aderlässe eine merkliche Erhöhung des Blut-Rest-N erzielen, welche zu dem mit dem Aderlaß entfernten Blut in keiner Beziehung stand.

Was die Größe der Rest-N-Retention in den einzelnen Geweben anbetrifft, so scheint deren Eiweiß-, Wasser- und Fettgehalt hierfür von Bedeutung zu sein; es zeigt sich nämlich, daß ödematöse Gewebe viel weniger Rest-N speichern als eiweißreiche, während das Fettgewebe sich kaum an der Rest-N-Retention beteiligt (BECHER[10]). Muskulatur und Milz scheint die größte Rest-N-Speicherung

---

[1] BANG: Zitiert auf S. 263.
[2] DENIS: Journ. of biol. chem. Bd. 56, S. 473. 1923.
[3] COHN: Dtsch. med. Wochenschr. S. 7. 1922.
[4] KLEIN: Zeitschr. f. klin. Med. Bd. 95, S. 1—3. 1922.
[5] PETRÉN: Skandinav. Arch. f. Physiol. Bd. 46, S. 335. 1925.
[6] LICHTWITZ: Klin. Chem. Berlin 1918; Praxis d. Nierenkrankh. Berlin 1925.
[7] v. MONAKOW: Dtsch. Arch. f. klin. Med. Bd. 115, S. 47. 1914.
[8] LOEWY u. MENDEL: Dtsch. Arch. f. klin. Med. Bd. 136, S. 122. 1921.
[9] BECHER: Zeitschr. f. klin. Med. Bd. 90, S. 7. 1920.
[10] BECHER: Dtsch. Arch. f. klin. Med. Bd. 135, S. 1. 1921.

zuzukommen (ROSENBERG[1]). Bei gestörter Nierentätigkeit findet sich mithin eine Schädigung der Abgabe des Gewebs-Rest-N an das Blut, bei Urämie, wahrscheinlich durch Änderungen der Permeabilität der Zellwandungen, ein Konzentrationsausgleich zwischen Gewebs- und Blut-Rest-N. Nach BARÁT und HETÉNYI[2] besteht bei den einzelnen Nierenerkrankungen folgende Verteilung des Rest-N auf Blut und Gewebe.

	Blut-Rest-N	Gewebs-Rest-N
Akute Nierenentzündung	erhöht	—
Nephrose, Amyloidose, Tox. Nephritis	—	erhöht
Chron. benigne Sklerose	parallele Erhöhung beider Werte	

Auch zwischen klinischem Zustandsbild der Urämie und Höhe des retinierten Rest-N besteht kein genauer Parallelismus. Inwieweit die Rückstauung der Rest-N-Fraktion im Blut und besonders in den Geweben, sowie die durch sie bedingte pathologische Variation der N-Umsetzung als auslösende Faktoren der Urämie in Frage kommen, ist noch unentschieden.

Albumosen. Die Schwierigkeit, aus dem Auftreten biuretgebender, inkoagulabler Substanzen im Blut auf das Vorhandensein von Albumosen zu schließen, besteht darin, daß bei der Enteiweißung kleine Mengen Albumosen aus anderen Eiweißkörpern, z. B. dem Eiweißanteil des Blutfarbstoffs (HAMMARSTEN[3]) entstehen können. ABDERHALDEN[4] vermochte jedoch mit Hilfe des Dialysierverfahrens keine Albumosen im normalen Blut nachzuweisen, deren Existenz vorwiegend in den Erythrocyten, von HAHN[5], WOLFF[6] und KLEWITZ[7] behauptet wird.

Bei Icterus catarrhalis fand CHEVALIER[8] nach der Methode von ACHARD und FEUILLIE[9] auf der Höhe der Erkrankung eine konstante Verminderung der Albumosen im Blute. HAHN beschreibt erhöhte Werte in einzelnen Fällen von Nephritis.

Harnstoff. Der Harnstoff, der für Mensch und Säugetier das stickstoffhaltige Endprodukt des Eiweiß und Aminosäurestoffwechsels darstellt, ist in seiner Blutkonzentration schon unter physiologischen Bedingungen großen Schwankungen unterworfen. Er stellt über die Hälfte der gesamten Rest-N-Fraktion dar; als Mittelwert nennen BANG[10] 10 bis 15 mg, FOLIN[11] 12 bis 15 mg. Das Blut der Selachier ist nach den Untersuchungen v. SCHROEDERS[12] und BAGLIONIS[13] besonders reich an Harnstoff (bis 26 $^0/_{00}$). Das Gesamtblut enthält 5 bis 8% weniger Harnstoff als das Serum (POLONOVSKI und AUGUSTE[14], ETIENNE und VÉRAIN[15]).

[1] ROSENBERG: Dtsch. med. Wochenschr. Bd. 47, S. 1488. 1921.
[2] BARÁT u. HETÉNYI: Dtsch. Arch. f. klin. Med. Bd. 138, S. 154. 1922.
[3] HAMMARSTEN: Lehrb. d. physiol. Chemie. 1926.
[4] ABDERHALDEN: Hoppe-Seylers Zeitschr. f. physiol. Chem. Bd. 114, S. 250. 1921.
[5] HAHN: Berl. klin. Wochenschr. Bd. 58, S. 702. 1921.
[6] WOLFF: Ann. de méd. Bd. 10, S. 185. 1921.
[7] KLEWITZ: Deutsche Gesellsch. f. inn. Med. S. 416. 1921.
[8] CHEVALIER: Cpt. rend. des séances de la soc. de biol. Bd. 93, S. 303. 1925.
[9] ACHARD u. FEUILLIE: Cpt. rend. des séances de la soc. de biol. S. 1535. 1920.
[10] BANG: Biochem. Zeitschr. Bd. 72, S. 104. 1916.
[11] FOLIN: Journ. of biol. chem. Bd. 11, S. 527. 1912.
[12] v. SCHROEDER: Hoppe-Seylers Zeitschr. f. physiol. Chem. Bd. 14, S. 576. 1890.
[13] BAGLIONI: Zentralbl. f. Physiol. Bd. 19, S. 385. 1905.
[14] POLONOVSKI u. AUGUSTE: Cpt. rend. des séances de la soc. de biol. Bd. 87, S. 27. 1922.
[15] ETIENNE u. VÉRAIN: Cpt. rend. des séances de la soc. de biol. Bd. 86, S. 394. 1922.

Bestimmung: Zu dem eiweißfreien Blutfiltrat wird Urease hinzugefügt und das gebildete NH_3 ermittelt (PINCUSSEN[1]). Ferner die Methoden von VAN SLYKE und CULLEN[2], MARSHALL[3] sowie die von NICLOUX und WELTER[4] für kleine Analysenmengen umgearbeitete Bestimmung nach FOSSE, ROBYN und FRANCOIS[5].

Im Hunger und nach intensiver Muskelarbeit steigt der Harnstoff auf 70 bis 80% der Rest-N-Fraktion an. BANG fand nach Nahrungsaufnahme keine wesentliche Beeinflussung des Harnstoffspiegels, dagegen ein starkes Absinken nach Verfütterung von Aminosäuren. Nach Reizung des N. splanchnicus major kommt es zu einer Erhöhung des Blutharnstoffwertes um ca. 50%, die von QUINQUAUD[6] ursächlich auf vermehrte Adrenalinsekretion bezogen wird. Auch MARIE[7] fand nach Adrenalininjektion beim Kaninchen eine starke Erhöhung des Harnstoffspiegels, ebenso nach subcutaner Einverleibung von Nebennierenrinde; hierbei sollen nicht die kleinen Adrenalinmengen, sondern die Lipoide der Rinde harnstofferhöhend wirken, denn auch Lecithin und Cholesterin zeigten in Mengen von 20 bzw. 30 mg den gleichen Effekt; auch Coffein bewirkt in kleinen Dosen eine Konzentrationssteigerung des Harnstoffs im Blute (TASHIRO[8]). Nach intravenösen Harnstoffinjektionen verschwindet beim Nierengesunden der Harnstoff sehr schnell durch Gewebsspeicherung aus dem Blute (SCHILL und KUNZE[9]). Das Verhalten der Harnstofffraktion unter experimentell-pathologischen Bedingungen wurde von BANG[10] untersucht. Es zeigte sich, daß alle Eingriffe, die eine Nierenschädigung zur Folge hatten (Vergiftung mit Sublimat, Weinsäure und Chromsalzen, Ureterenunterbindung, Nierenexstirpation usw.) eine starke Anhäufung von Harnstoff im Blute aufwiesen; analog finden sich im menschlichen Blute bei toxischem Eiweißzerfall (Fieber) und Niereninsuffizienz hohe Blutharnstoffwerte. Bei maximalem Rest-N und urämischem Symptomenkomplex kann jedoch eine Abnahme des sonst parallel ansteigenden Harnstoffs zugunsten des nunmehr ansteigenden Nichtharnstoff-Stickstoffs eintreten (PRIBRAM und KLEIN[11]).

Aminosäuren. Die Versuche, Aminosäuren durch Dialyse aus dem Blute zu gewinnen, scheiterten bis vor kurzem immer an der Schwierigkeit, die sekundäre Entstehung dieser Körper aus Eiweiß und Eiweißabkömmlingen (Peptonen und Polypeptiden) ausschließen zu können. ABDERHALDEN[12] gelang es jedoch, aus Pferde- und Rinderserum alle bis jetzt bekannten Aminosäuren im Blute nachzuweisen (Alanin, Valin, Leucin, Asparagin- und Glutaminsäure, Arginin, Histidin, Tyrosin, Glykokoll u. a.). Die Aminosäuren sind zum überwiegenden Teil in den roten Blutkörperchen, nur in Spuren im Plasma zu finden. So beträgt nach HSIEN WU[13] der Aminosäurenstickstoff in Prozenten des Gesamtstickstoffs in den roten Blutkörperchen 9,47% und im Plasma 1,47%. Diese Anreicherung der Formelemente mit Aminosäuren wird von BANG[14] als Produkt intracellulärer Enzymwirkung und nicht als Folge der Nahrungsresorption vom Darm

[1] PINCUSSEN: Mikromethodik 3. Aufl. Leipzig 1925.
[2] VAN SLYKE u. CULLEN: Journ. of biol. chem. Bd. 14, S. 211. 1914.
[3] MARSHALL: Journ. of biol. chem. Bd. 15, S. 487. 1915.
[4] NICLOUX u. WELTER: Cpt. rend. des séances de la soc. de biol. Bd. 73, S. 1490. 1921.
[5] FOSSE, ROBYN u. FRANCOIS: Cpt. rend. des séances de la soc. de biol. Bd. 59, S. 367. 1914.
[6] QUINQUAUD: Cpt. rend. des séances de la soc. de biol. Bd. 88, S. 1242. 1923.
[7] MARIE: Ann. de l'inst. Pasteur Jg. 36, Nr. 12. 1922.
[8] TASHIRO: Tohoku journ. of exp. med. Bd. 6, Nr. 5/6, S. 630. 1925.
[9] SCHILL u. KUNZE: Wien. Arch. f. inn. Med. Bd. 10, S. 329. 1925.
[10] BANG: Zitiert auf S. 266.
[11] PRIBRAM u. KLEIN: Med. Klinik Bd. 19, S. 799. 1923.
[12] ABDERHALDEN: Hoppe-Seylers Zeitschr. f. physiol. Chem. Bd. 114, S. 250. 1921.
[13] HSIEN WU: Journ. of biol. chem. Bd. 51. 1922.
[14] BANG: Biochem. Zeitschr. Bd. 72, S. 104. 1916; Bd. 74, S. 294. 1916.

her aufgefaßt, zumal sich eine Beeinflussung des Wertes durch Nahrungsaufnahme nicht nachweisen ließ. Versuche über die Adsorption verschiedener Aminosäuren an rote Kaninchenblutkörperchen ergaben, daß Glykokoll zu 28,7%, Alanin zu 25,7%, Leucin und Tyrosin überhaupt nicht adsorbiert wurden (Sbarsky und Muchamedoff[1]). Verfütterung von Aminosäuren bewirkt beim Kaninchen einen vorübergehenden starken Anstieg dieser Fraktion (Bang). Daß die Organe dem Blut leicht und reichlich Aminosäuren entziehen können, wurde vielfach im Tierversuch gezeigt (van Slyke[2] u. a.). Beim Zerfall roter Blutkörperchen innerhalb des Körpers, bei Resorption großer Hämatome, nach intraperitonealen Blutinjektionen (bei Hund und Kaninchen) steigt der Blutaminosäurenspiegel um 15 bis 20%; auch enthalten in diesen Fällen die roten Blutkörperchen der Milzvene mehr Aminosäuren als die der betreffenden Arterie (Noeper und Decourt[3]). Die Normalwerte für den Aminosäurengehalt des menschlichen Blutes schwanken zwischen 4 und 8 mg% (Bang[4], van Slyke[5], Rosenberg[6], Slosse[7]).

Es fanden:

        Plaut-Liebenschütz und Schadow[8] . . . . 4,7—8 mg%
        v. Falkenhausen[9] . . . . 5—7,7 ,,
        Green, Sandford und Ross[10] . . . . 6,7 ,,

Der Nachweis der Aminosäuren im Blute geschieht annäherungsweise im Differenzverfahren zwischen Gesamt-Rest-N und Harnstoff-N (Bang), meist jedoch colorimetrisch mit Naphthochinonsulfosäure nach Folin und Wu[11].

Beim Menschen tritt weder nach intravenöser Injektion von Aminosäuren eine Veränderung im Blutwert ein (Rosenbaum[12]), noch ergaben Versuche mit künstlicher Aminosäurenverabreichung eine retinierende Funktion der Leber, so daß, nach v. Falkenhausen[9], weder der normale noch der künstlich beeinflußte Amino-N-Gehalt des Blutes etwas über die normale oder gestörte Parenchymtätigkeit der Leber auszusagen vermag. Dagegen ist der Quotient Eiweißgehalt : Aminostickstoff des Gesamtserums, der beim normalen Menschen einen konstanten Wert zeigt, bei Infektionen, Lebererkrankungen und bei Nephritiden mit Rest-N-Retention erniedrigt (Landsberg[13]). Bei urämischen Zuständen findet sich dagegen trotz hohem Rest-N oft ein normaler Aminosäurenspiegel (Wolpe[14]). Während Feinblatt und Shapiro[15] keine Beziehung zwischen erhöhtem Aminosäurengehalt des Blutes und bestimmten Nephropathien feststellen konnten, finden Becher und Herrmann[16] bei Niereninsuffizienz in der Regel eine, wenn auch geringe Vermehrung der freien Aminosäuren im Blute. Die Menge der gebundenen Aminosäuren, die durch Säurehydrolyse frei-

[1] Sbarsky u. Muchamedoff: Biochem. Zeitschr. Bd. 155, S. 495. 1925.
[2] van Slyke: Journ. of biol. chem. Bd. 16, S. 87. 1913/14.
[3] Noeper u. Decourt: Cpt. rend. des séances de la soc. de biol. Bd. 94, S. 271. 1926.
[4] Bang: Zitiert auf S. 266.
[5] van Slyke: Zitiert auf S. 267.
[6] Rosenberg: Chem. Zentralbl. S. 2 u. 87. 1914.
[7] Slosse: Arch. internat. de physiol. Bd. 18, S. 242. 1921.
[8] Plaut-Liebenschütz u. Schadow: Dtsch. Arch. f. klin. Med. Bd. 148, H. 3/4. 1925.
[9] v. Falkenhausen: Arch. f. exp. Pathol. u. Pharmakol. Bd. 103, S. 322. 1924.
[10] Green, Sandford u. Ross: Journ. of biol. chem. Bd. 58, S. 845. 1924.
[11] Folin u. Wu: Journ. of biol. chem. Bd. 51, S. 377. 1922.
[12] Rosenbaum: Zeitschr. f. d. ges. exp. Med. Bd. 41, S. 420. 1924.
[13] Landsberg: Wien. Arch. f. inn. Med. Bd. 4, S. 2—3. 1922.
[14] Wolpe: Münch. med. Wochenschr. Bd. 71, S. 363. 1924.
[15] Feinblatt u. Shapiro: Arch. of internal med. Bd. 34, S. 690. 1924.
[16] Becher u. Herrmann: Münch. med. Wochenschr. Bd. 72, S. 1069 u. 2178. 1925.

gemacht werden, ist viel kleiner als die der freien. Jedoch können die gebundenen Aminosäuren (gepaartes Glykokoll) bei Niereninsuffizienz isoliert vermehrt sein. Extreme, durch Zellzerfall bedingte Werte der gebundenen sowie der freien Aminosäuren finden sich bei Leukämien; bei Hepatitis catarrhalis, Lebercirrhose werden meist Normalwerte angegeben, dagegen gelang es NEUBERG und RICHTER[1], FEIGL und LUCE[2] bei akuter gelber Leberatrophie große Mengen von Aminosäuren aus dem Serum zu isolieren (bis zu 2 g). Im Tierexperiment konnte BANG durch Phosphorvergiftung und dadurch bedingten autolytischen Eiweißzerfall in der Leber ebenfalls ein starkes Ansteigen der Blutaminosäurenfraktion erzielen.

Ammoniak. Die Angaben älterer Autoren über die Normalwerte des Blutammoniaks differieren um das 100fache — als extreme Zahlen mögen die Werte von McCALLUM und VOEGTLIN 4 mg pro 100 ccm und FOLIN 0,04 mg pro 100 ccm gelten —, welcher Umstand fast ausschließlich auf den großen Schwierigkeiten einer exakten Methodik[3] der Blut-NH_3-Bestimmung beruht (NENCKI und ZALESKI[4], MEDWEDEW[5], FOLIN und DENIS[6], HENRIQUES und CHRISTIANSEN[7], NASH und BENEDICT[8]). Die Hauptaufgabe einer jeden Blutammoniakanalyse besteht in rascher Fixation des aktuellen Wertes der Base. Denn das Blutammoniak steigt, wie PARNAS und Mitarbeiter[9] jüngst in grundlegenden Versuchen gezeigt haben, in vitro sogleich nach seiner Entnahme außerordentlich rasch an. Dieser Anstieg ist abhängig sowohl von der Außentemperatur — in der Kälte Verzögerung der Abspaltung —, als auch von der Reaktion, und zwar liegt das Optimum der NH_3-Entwicklung nicht bei der p_H des genuinen, sondern des entgasten Blutes (p_H 8,4). Ebenso wie weder Hemmung der Abspaltung durch Ammoniakzusatz noch Beschleunigung durch Harnstoff hervorgerufen werden, zeigt sich die NH_3-Bildung vom Sauerstoffdruck als völlig unabhängig. Dagegen führt Sauerstoffarmut des Leberblutes zu stark beschleunigter Abspaltung; Pfortaderblut erweist sich als besonders ammoniakhaltig. Nach 24 Stunden ist die Ammoniakentwicklung abgeschlossen und bei Vermeidung bakterieller Einwirkung nicht weiter beeinflußbar. Der Ammoniakendwert ist für die einzelne Gattung äußerst konstant, doch für verschiedene Tierarten ebenso wie die Zeit, mit der er erreicht wird, durchaus verschieden. Nach PARNAS gehört das austreibbare NH_3 zur Rest-N-Fraktion, doch konnte sich eine Abspaltung weder vom Harnstoff noch von den Aminosäuren ermöglichen lassen. Die NH_3-Bildung geschieht fast ausschließlich in den roten Blutkörperchen, kaum nachweisbar ist sie im Plasma.

Da nach NASH und BENEDICT[8] die Blutammoniakwerte nicht hinreichen, um die hohen Urin-Ammoniakwerte zu erklären, verlegten diese Autoren auf Grund ihrer Versuche an nephrektomierten Hunden, wobei es zu keinem Anstieg des Blutwertes kam, die Ammoniakbildung in die Niere und faßten das Blutammoniak als Überschuß des in der Niere gebildeten NH_3 auf, zumal das Nieren-

---

[1] NEUBERG u. RICHTER: Dtsch. med. Wochenschr. S. 499. 1904.

[2] FEIGL u. LUCE: Biochem. Zeitschr. Bd. 79, S. 162. 1917.

[3] Kritik der Methodik bei FOLIN: Physiol. review Bd. 8, S. 467. 1922; PARNAS u. HELLER, Biochem. Zeitschr. Bd. 151, S. 1. 1924.

[4] NENCKI u. ZALESKI: Arch. f. exp. Pathol. u. Pharmakol. Bd. 36. 1895; Bd. 37. 1896.

[5] MEDWEDEW: Hoppe-Seylers Zeitschr. f. physiol. Chem. Bd. 72, S. 410. 1911.

[6] FOLIN u. DENIS: Journ. of biol. chem. Bd. 11, S. 161. 1912.

[7] HENRIQUES u. CHRISTIANSEN: Biochem. Zeitschr. Bd. 78, S. 165. 1916; Bd. 80, S. 103. 1916.

[8] NASH u. BENEDICT: Journ. of biol. chem. Bd. 48, S. 463. 1921; Bd. 51, S. 183. 1922.

[9] PARNAS u. Mitarbeiter: Biochem. Zeitschr. Bd. 151, S. 1. 1924 (Literatur!); Bd. 155, S. 247. 1925; Bd. 159, S. 298. 1925; Bd. 169, S. 255. 1926; Bd. 172, S. 442. 1926.

venenblut beim Hunde mehr NH_3 enthielt als das Blut der betreffenden Arterie (NASH und STANLEY[1]). HENRIQUES und CHRISTIANSEN[2] (ebenso FONTÈS und YOVANOVITCH[3], RUSSEL[4]) kamen in neueren Arbeiten zu der Anschauung, daß im Blute überhaupt kein präformiertes Ammoniak enthalten sei, sondern das bestimmbare NH_3 von einer erst nach der Entnahme im Blute stattfindenden Ammoniakabspaltung herrühre. PARNAS fand für das Kaninchenblut einen Mittelwert von 0,03 mg pro 100 ccm, KLISIECKI[5], E. ADLER und SCHWERIN[6] am gesunden Menschen für das aktuelle NH_3, 5 bis 6 Minuten nach der Entnahme, einen konstanten Wert von 0,02 mg pro 100 ccm Blut, während der virtuelle Wert des 24 Stunden auf 37° erwärmten sterilen Blutes 2 mg zeigte. ADLERS-BERG und TAUBENHAUS[7] sahen nach Muskelarbeit und dadurch bedingter physiologischer Säuerung keine kompensatorische Hyperammonämie.

Über das Verhalten des Blutammoniakwertes bei Erkrankung liegen infolge methodologischer Schwierigkeiten erst wenige Angaben vor. Bei Diabetikern wurden trotz stark erhöhter kompensatorischer Urinammoniakausscheidung normale Blut-NH_3-Werte, auch im Coma diabeticum, gefunden, so daß dem Blutammoniak keine Bedeutung für die Neutralisation im Blute zirkulierender Säuren zuzukommen scheint. Carcinome, Lebererkrankungen ergaben 2—3fach erhöhte aktuelle Werte; bei perniziöser Anämie fand sich, auch in Stadien vollkommenen Fehlens jeder Hämolyse, eine — wahrscheinlich durch Diffusion bedingte — starke Plasma-NH_3-Anreicherung (E. ADLER und SCHWERIN[6]). Von ADLERSBERG und TAUBENHAUS[7] wurde das „abspaltbare" Ammoniak bei Erkrankungen verschiedenster Genese bestimmt und in Beziehung zur Ammoniakausscheidung zu bringen versucht.

Harnsäure. Ausgehend von der Beobachtung, daß es beim akuten Gichtanfall zu einer mehr oder minder starken Sperre der Harnsäureausscheidung kommt, war man frühzeitig auf das entsprechende Verhalten der Blutharnsäure aufmerksam geworden (vgl. JOEL[8]).

GARROD[9] wies schon 1861 die Harnsäure als normalen Bestandteil des menschlichen Blutes nach; doch ermöglichte sich eine genauere Bestimmung erst durch die colorimetrischen Methoden von FOLIN[10], STEILITZ[11], AUTENRIETH[12], die als Mittelwert im normalen Menschenblut 2 bis 4 mg% Harnsäure ergaben. Zu gleichen Werten kommen BORNSTEIN und GRIESBACH[13], MORRIS und MAC-LEOD[14]; HARPUDER und MOND[15] betonen jedoch die Ungenauigkeit der colorimetrischen Bestimmung.

Der individuell konstante Wert des Blutharnsäuregehaltes stellt die Summation exogener und endogener Harnsäureanreicherung im Blute dar. Es ge-

[1] NASH u. STANLEY: Journ. of biol. chem. Bd. 51, S. 183. 1922.

[2] HENRIQUES u. CHRISTIANSEN: Zitiert auf S. 269.

[3] FONTÈS u. YOVANOVITCH: Cpt. rend. des séances de la soc. de biol. Bd. 92, Nr. 17, S. 1406. 1925; Bd. 93, Nr. 23, S. 271. 1925.

[4] RUSSEL: Biochem. journ. Bd. 17, S. 72. 1923.

[5] KLISIECKI: Biochem. Zeitschr. Bd. 172, S. 442. 1926.

[6] ADLER, E. u. SCHWERIN: Klin. Wochenschr. Nr. 25, S. 1188. 1927.

[7] ADLERSBERG u. TAUBENHAUS: Arch. f. exp. Pathol. u. Pharmakol. Bd. 113, S. 1. 1926.

[8] JOEL: Klin. Wochenschr. Jg. 2, S. 2212 u. 2250. 1923.

[9] GARROD: Natur und Behandlung der Gicht. Würzburg 1861.

[10] FOLIN: Journ. of biol. chem. Bd. 14, S. 29. 1913.

[11] STEILITZ: Hoppe-Seylers Zeitschr. f. physiol. Chem. Bd. 90. 1914.

[12] AUTENRIETH: Münch. med. Wochenschr. S. 457. 1914.

[13] BORNSTEIN u. GRIESBACH: Biochem. Zeitschr. Bd. 101, S. 184. 1920; Bd. 106, S. 190. 1920.

[14] MORRIS u. MACLEOD: Journ. of biol. chem. Bd. 50, S. 65. 1922.

[15] HARPUDER u. MOND: Zeitschr. f. d. ges. exp. Med. Bd. 27, S. 54. 1922.

lingt leicht, durch Verfütterung nucleinreicher Nahrung (Leber, Thymus usw.) eine Hyperurikämie neben entsprechend vermehrter Harnsäureausscheidung herbeizuführen. Besonders ausgesprochene Veränderungen des Harnsäurespiegels im Blute ergeben sich nach parenteraler Zufuhr von Harnsäure. Es zeigt sich hierbei, daß kurze Zeit nach einer solchen Injektion nur noch ein Bruchteil der eingeführten Harnsäure im Blute nachweisbar ist, der Rest muß entweder in die hypothetischen Harnsäuredepots des Körpers übergegangen oder im Blute zerstört worden sein. Von SOETBEER und IBRAHIM[1] wurde eine größere Harnsäureausscheidung als der eingeführten Menge entsprach, beobachtet, doch hat nach GRIESBACH *die* ausgeschiedene Harnsäuremenge als Maximalwert zu gelten, die sich aus eingeführter und im Körper durch den Reiz der Injektion neu entstandener Harnsäuremenge zusammensetzt. Ob im menschlichen Blut eine Urikolyse statthat, ist noch unbewiesen. Nach den Untersuchungen von BORNSTEIN und GRIESBACH verlaufen jedoch im überlebenden Menschenblut zwei verschiedene Prozesse, von denen der eine zu einer Vermehrung, der andere zu einer Verminderung der direkt nachweisbaren Harnsäure führt Beide Vorgänge sistieren im inaktivierten oder eisgekühlten Blut und werden mithin als fermentative Prozesse angesehen, die ausschließlich in den roten Blutkörperchen, nicht im Serum nachweisbar sind. Nach der Ansicht von GUILLAUMIN[2] befindet sich ein Teil der Harnsäure in Adsorptionsbindung an Kolloide. CHABANIER, LEBERT und LOBO-ONELL[3] zeigten jedoch erst jüngst erneut mit Hilfe der Kompensationsdialyse, daß die gesamte Harnsäure des Serums *frei* zirkuliert.

Die Harnsäure bildet zwei Reihen verschieden löslicher Salze. In der Annahme, daß im Blute des Gichtkranken mit seinem oft viel höheren Harnsäuregehalt, als dem Sättigungswert des schwer löslichen Mononatriumurats (Lactimform) entspricht, eine übersättigte Uratlösung vorhanden sein müsse, haben SCHADE[4], BECHHOLD und ZIEGLER[5] eine kolloide Phase des Mononatriumurats, stabilisiert durch andere Kolloide, angenommen, die, für die Niere nicht ausscheidungsfähig, im normalen Blut durch urikolytische Prozesse zerstört wird. Bei der gichtigen Diathese soll es sich um einen Verlust dieser Zerstörungsfähigkeit handeln. Diesen Behauptungen werden jedoch von LICHTWITZ[6] und KOHLER[7] widersprochen.

Im Blute sind neben der Harnsäure auch ihre Vorstufen, durch Säureabspaltung zu gewinnende Nucleotide (z. B. Adenosinphosphorsäure) nachweisbar, und zwar in wesentlich höherer Konzentration als die freien Purine (etwa 2 mal soviel), so daß sich nach THANNHAUSER und CZOWICZER[8] in 100 ccm Serum beim Normalen 2 bis 3 mg Nucleotid-N, 1 bis 1,5 mg freier Purinbasen-N finden. Die Nucleotide werden durch Uranylacetat gefällt; Erwärmen unter Hinzufügen von Sulfosalicylsäure ergibt keine Koagulation. Da sie in den Eiweißniederschlag mit übergehen, werden sie als nicht zur Rest-N-Fraktion gehörig angesehen.

---

[1] SOETBEER u. IBRAHIM: Hoppe-Seylers Zeitschr. f. physiol. Chem. Bd. 35, S. 1. 1902.

[2] GUILLAUMIN: Cpt. rend. des séances de la soc. de biol. Bd. 86, S. 659. 1922.

[3] CHABANIER, LEBERT u. LOBO-ONELL: Cpt. rend. des séances de la soc. de biol. Bd. 87, S. 38. 1922.

[4] SCHADE: Kongr. f. inn. Med. S. 579. 1914.

[5] BECHHOLD u. ZIEGLER: Biochem. Zeitschr. Bd. 20, S. 189. 1909; Bd. 24, S. 146. 1910; Bd. 64, S. 471. 1914.

[6] LICHTWITZ: Hoppe-Seylers Zeitschr. f. physiol. Chem. Bd. 84, S. 416. 1913.

[7] KOHLER: Ergebn. d. inn. Med. u. Kinderheilk. Bd. 17, S. 473. 1919.

[8] THANNHAUSER u. CZOWICZER: Hoppe-Seylers Zeitschr. f. physiol. Chem. Bd. 110, H. 5/6, S. 307. 1920.

Von den Pharmacis, die eine Veränderung des Blutharnsäurespiegels bewirken können, sei neben den harnsäuretreibenden Salicylaten die Phenylchinolincarbonsäure (Atophan) genannt. Die meisten Untersucher finden nach Atophandarreichungen ein Absinken des Harnsäurewertes um die Hälfte (ZUELZER[1], FOLIN und LYMAN[2]) oder ein völliges Verschwinden der Harnsäure aus dem Blut (FRANK und PIETRULLA[3]). Dem langdauernden Abfallen pflegt ein kurzer, flüchtiger Anstieg der Harnsäure vorauszugehen (GUDZENT, MAASE und ZONDEK[4]). Radiumemanation verursachte ebenfalls einen Abfall, Milz-, Pankreas- und Schilddrüsenextrakt sowie Adrenalin einen Anstieg des ursprünglichen Wertes.

Bei allen Erkrankungen, die mit einem erhöhten Zell- und Kernzerfall einhergehen, kommt es zu einer endogenen Hyperurikämie, die sich am ausgesprochensten bei myeloischen Leukämien findet (bis 23 mg%), jedoch auch bei Pneumonien, Erysipel und Sepsis vorhanden ist. Gleichzeitig besteht hierbei eine gesteigerte Harnsäureausscheidung. Von diesen Hyperurikämien mit erhaltener Ausschwemmungsfähigkeit sind solche zu trennen, bei denen eine Erhöhung der Bluturatkonzentration durch eine Störung der Ausscheidungsfähigkeit bedingt ist (JOEL[5]).

Eine solche Retentionshyperuricämie findet sich bei Nierenerkrankungen. Während Harnsäure ebenso wie Kreatin bzw. Kreatinin und Total-Rest-N bei Nephrosen meist normal sind, ist der Harnsäurewert bei der akuten Nephritis stets erheblich gesteigert und am längsten nach Abklingen des Prozesses nachweisbar. Bei sekundären Nephrocirrhosen kann er häufig der alleinige Indicator einer renalen Funktionsstörung sein (E. KRAUSS[6]); niemals findet sich jedoch erhöhter Rest-N ohne entsprechend erhöhten Blutharnsäurewert. Retentionen von 9 bis 10 mg% ergeben hierbei schlechte Prognose. Bei urämischen Erscheinungen (auch bei der Pseudourämie VOLHARDS) findet sich ebenfalls ein hoher Harnsäurewert, während akut eklamptisch-urämischen Anfällen oft ein jäher Anstieg vorausgeht (CONICZER[7]). Extreme Werte, bedingt durch Rückstauung, finden sich bei den Blei- und Gichtnieren (bis 19,5 mg%). Essentielle Hypertonien zeigen häufig eine geringe Harnsäureerhöhung. Die Annahme der F. v. MÜLLERschen Schule, die Harnsäure auf Grund ihrer chemischen Beziehung zu den Methylxanthinen in ätiologischen Zusammenhang mit Intima-Entartung und Hypertonie zu bringen, ist noch umstritten.

Trotz zahlreicher Untersuchungen ist auch die Funktion der Blutharnsäure für die pathogenetischen Faktoren der gichtigen Diathese noch ungeklärt. Was die Höhe des Harnsäurespiegels anbetrifft, so finden sich, neben wenigen Fällen von normalem Harnsäuregehalt, meist Werte von 4 bis 8 mg%, im Anfang jedoch auch bis 17 mg%, so daß die Blutharnsäurekonzentration die Harnharnsäurekonzentration um ein Mehrfaches übertreffen kann (THANNHAUSER und HEMKE[8]). Es ist strittig, ob der die Stoffwechselanomalie auslösende Faktor in einer vermehrten Bildung, verminderten Zerstörung oder in einer primären Gewebshaftung (Uratohistechie GUDZENT[9]) zu suchen ist, offenkundig ist nur die Harnsäureretention. Auch die Bemühungen, den arthrotropen Charakter

---

[1] ZUELZER: Berl. klin. Wochenschr. S. 2101. 1911.
[2] FOLIN u. LYMAN: Journ. of pharmacol. a. exp. therapeut. Bd. 4, S. 539. 1913.
[3] FRANK u. PIETRULLA: Arch. f. exp. Pathol. u. Pharmakol. Bd. 77, S. 361. 1914.
[4] GUDZENT, MAASE u. ZONDEK: Zeitschr. f. klin. Med. Bd. 86, S. 35. 1918.
[5] JOEL: Zitiert auf S. 270.
[6] KRAUSS, E.: Dtsch. Arch. f. klin. Med. Bd. 138, H. 5/6. 1922.
[7] CONICZER: Dtsch. Arch. f. klin. Med. Bd. 140, H. 5/6. 1922.
[8] THANNHAUSER u. HEMKE: Klin. Wochenschr. Nr. 2, S. 65. 1923.
[9] GUDZENT: Biochem. Zeitschr. Bd. 25, S. 429. 1910; Kongr. f. inn. Med. S. 350. 1921.

der Harnsäure aufzuzeigen, werden durch die Tatsache eingeengt, daß lediglich der hohe Na-Gehalt des Knorpels eine Anreicherung durch Rückdrängung des Dissotiationsgrades des im Serum teilweise ionisierten Natriumurats bewirken kann (BECHHOLD[1]).

Kreatin, Kreatinin. Während in der Chemie des Muskels das Kreatin und sein Anhydrid, das Kreatinin, in bezug auf die Frage ihrer Zugehörigkeit zur Tonussubstanz eine wesentliche Rolle spielen, sind diese Stoffe, soweit sie im Blute nachweisbar sind, von minderer Bedeutung. Je nach der angewandten Methode differieren die Normalwerte. Bei kreatininloser Kost wird von MYERS und FINE[2], MORRIS[3], FEIGL[4] ein Wert von 1 bis 2 mg Kreatinin in 100 ccm Blut angegeben, der sich bei gemischter Kost, im Hunger und bei angestrengter Muskelarbeit auf das Doppelte erhöhen kann. Als Nüchternwert für das Kreatinin gelten nach FEIGL 5 bis 10 mg, im Mittel 8 mg pro 100 ccm. Von JEANBRAU und CRISTOL[5] wird als Durchschnittswert für das Plasmakreatinin des Gesunden 10 bis 15 mg, als obere Grenze sogar 20 mg angegeben. Die Verteilung des Kreatins und Kreatinins auf rote Blutkörperchen und Plasma soll nach FEIGL eine gleichmäßige sein, während nach HUNTER und CAMPBELL[6] die roten Blutkörperchen unter physiologischen Bedingungen mehr Kreatin enthalten als das Plasma. Kreatin zeigt Neigung zur Konstanz, während das Anhydrid als variablere Größe stärkeren Schwankungen unterworfen ist. Aus der Pathologie des Kreatininstoffwechsels kann bis jetzt lediglich die Tatsache als gesichert gelten, daß bei allgemeiner Rest-N-Erhöhung auch die Kreatininfraktion, meist frühzeitig, ansteigt. Dauernde Hyperkreatininämie ist bei chronischer Nephritis prognostisch ungünstig, in Anfangsstadien chronischer Nierensklerosen wird oft isolierte Kreatininerhöhung beobachtet.

Vereinzelt wurde eine Erniedrigung des Kreatinins im Blute bei zentralen nervösen Erkrankungen, besonders striärer Art, gefunden. RAPHAEL[7] hat fünf derartige Fälle veröffentlicht.

Indican. Indican wurde in pathologischen Seren von HERVIEUX[8], OBERMAYER und POPPERT[9] isoliert. HAAS[10] wies mit Hilfe der JOLLESschen Methode[11] das Indican als konstanten Bestandteil des normalen Blutes nach. Er fand 0,025 bis 0,082 mg pro 100 ccm Blut (vgl. TSCHERTKOFF[12], ROSENBERG[13]). Die Art der zugeführten Nahrung hat im allgemeinen keinen Einfluß auf den Blutwert. In der Schwangerschaft kommt es zu vermehrtem Indicangehalt des mütterlichen Blutes (2,3 bis 4,3 mg%). Eklampsien haben stets einen steilen Anstieg des Blutindicans zur Folge (RÜBSAMEN[14]). Bei gesteigerter Darmfäulnis (Stenose, Ileus) finden sich, entsprechend der Schwere des Prozesses, hohe Indicanwerte. Während das Indican bei den Sekretionsschädigungen der akuten Nephritis im Gegensatz zum Gesamt-Rest-N nur langsam und in geringem Maße ansteigt, finden sich bei chronischer Niereninsuffizienz frühzeitig erhöhte Blutwerte

[1] BECHHOLD: Die Kolloide in Biologie und Medizin. Dresden-Leipzig 1922.
[2] MYERS u. FINE: Journ. of biol. chem. Bd. 15, S. 283. 1912; Bd. 21, S. 377. 1915.
[3] MORRIS: Journ. of biol. chem. Bd. 21, S. 201. 1915.
[4] FEIGL: Biochem. Zeitschr. Bd. 81, S. 14. 1917; Bd. 87, S. 1. 1918; Bd. 105, S. 255. 1920.
[5] JEANBRAU u. CRISTOL: Cpt. rend. des séances de la soc. de biol. Bd. 88, S. 65. 1923.
[6] HUNTER u. CAMPBELL: Journ. of biol. chem. Bd. 33, S. 169. 1918.
[7] RAPHAEL: Americ. journ. of the med. sciences Bd. 104, S. 671. 1919.
[8] HERVIEUX: Cpt. rend. des séances de la soc. de biol. Bd. 56, S. 622. 1912.
[9] OBERMAYER u. POPPERT: Zeitschr. f. klin. Med. Bd. 72, S. 33. 1911.
[10] HAAS: Dtsch. Arch. f. klin. Med. Bd. 119, S. 176. 1916; Bd. 121, S. 304. 1917.
[11] JOLLES: Hoppe-Seylers Zeitschr. f. physiol. Chem. Bd. 79, S. 94. 1915.
[12] TSCHERTKOFF: Dtsch. med. Wochenschr. Nr. 36, S. 1713. 1914.
[13] ROSENBERG: Münch. med. Wochenschr. S. 117. 1916.
[14] RÜBSAMEN: Arch. f. Gynäkol. Bd. 117, S. 397. 1922.

(EIGENBERGER[1]). Mengen von 0,2 bis 0,3 mg% Indican im Serum sprechen nach KLEIN[2] für Retention, doch geht die Stärke der Indicanämie der Nierenschädigung nicht parallel. Indican wird im Gewebe nicht retiniert, daher kann es oft im Blut um das Vielfache gegenüber dem Gesamt-Rest-N vermehrt sein. Das Indican gehört nicht zu den toxischen, urämieauslösenden Substanzen; wegen seiner geringen Historetention ist seine Bestimmung jedoch wertvoll für die Prognose des Morbus Brightii (BECHER[3]). Neuerdings ist von SNAPPER und VAN BOMMEL VAN VLOTEN[4] eine vereinfachte colorimetrische Bestimmung ausgearbeitet worden.

Aromatische Oxysäuren, Phenole. Die Fraktion der aromatischen Oxysäuren (p-Oxyphenylessigsäure, p-Oxyphenylpropionsäure, Oxymandelsäure, Homogentisinsäure, Oxyhydro-p-Cumarsäure, Gallussäure) wurde von BECHER, LITZNER[5] und DOENECKE bei verschiedenen Krankheiten (Herzinsuffizienz, Lebercirrhose, einigen Infektionskrankheiten, Diabetes) im Blute isoliert und gegenüber der Norm als vermehrt gefunden. Die stärkste Zunahme zeigte sich bei Niereninsuffizienz.

Im Blut ist stets Phenol in gebundenem Zustand vorhanden, während freies Phenol normalerweise im Blute nicht gefunden wird. Bei perniziöser Anämie, Lungengangrän, Lebercirrhose, Magencarcinom, Niereninsuffizienz ist neben vermehrtem gebundenen Phenol freies Phenol nachweisbar und von BECHER, LITZNER und TÄGLICH[6] durch Destillation mit Natriumbicarbonat bestimmt worden. Die urämischen Erscheinungen gehen mehr dem Anstieg der Phenolwerte als dem des Harnstoffs parallel.

5. Cholesterin, Phosphatide (Gesamtphosphor).
Cholesterin.
Zusammenfassende Darstellungen.

DAIMLER: Oppenheimers Handb. d. Biochemie. Bd. I, S. 129—136. 1924. — STEPP: Dtsch. Arch. f. klin. Med. Bd. 127. 1918. — WINDAUS in ABDERHALDEN: Arbeitsmethoden. I. Teil, Bd. VI, S. 169—208. 1922.

Der Lipoidkomplex des Blutes, d. h. seine ätherlöslichen Bestandteile, umfaßt außer den Fetten die Phosphatide und Cholesterine. Das Cholesterin wird trotz völlig verschiedener chemischer Konstitution, meist wegen seiner Lipoidlöslichkeit und seiner Fähigkeit, mit Fettsäuren Fettsäurecholesterinester zu bilden, dennoch in die Fettfraktion mit einbezogen. Die außerordentliche Bedeutung, die den Lipoiden für Zustandsänderungen an den Zellgrenzflächen und damit für den gesamten Zellstoffwechsel zukommt, ergibt sich aus neueren physikalisch-chemischen Untersuchungen, welche die ausgesprochene ionale Beeinflussung des kolloiden Lösungszustandes der Lipoide erkennen lassen (BANG[7], PORGES und NEUBAUER[8], HANDOVSKY und WAGNER[9], THANNHAUSER[10]).

---

[1] EIGENBERGER: Zentralbl. f. inn. Med. Bd. 43, S. 27. 1922.
[2] KLEIN: Zentralbl. f. inn. Med. S. 1137. 1925; Klin. Wochenschr. Jg. 4, S. 1120. 1925.
[3] BECHER: Dtsch. Arch. f. klin. Med. Bd. 129, S. 8. 1919; Bd. 134, S. 325. 1920; Dtsch. med. Wochenschr. Nr. 2. 1921.
[4] SNAPPER u. VAN BOMMEL VAN VLOTEN: Klin. Wochenschr. Nr. 15, S. 718. 1922.
[5] BECHER (LITZNER u. DOENECKE): Münch. med. Wochenschr. S. 1611. 1924; S. 1077. 1924; Arch. f. klin. Med. Bd. 145, S. 333. 1924; Münch. med. Wochenschr. S. 2009. 1925; Zeitschr. f. klin. Med. Bd. 104, S. 29. 1926.
[6] BECHER (LITZNER u. TÄGLICH): Münch. med. Wochenschr. Jg. 72, S. 1676. 1925; Zeitschr. f. klin. Med. Bd. 104, S. 182 u. 195. 1926; Klin. Wochenschr. Jg. 5, Nr. 4. 1926.
[7] BANG: Chemie u. Biochemie d. Lipoide. Wiesbaden 1911.
[8] PORGES u. NEUBAUER: Biochem. Zeitschr. Bd. 7, S. 152. 1908; Kolloid-Zeitschr. Bd. 2, S. 343. 1908; Bd. 5, S. 193. 1909.
[9] HANDOVSKY u. WAGNER: Biochem. Zeitschr. Bd. 31, S. 32. 1911.
[10] THANNHAUSER: Hoppe-Seylers Zeitschr. f. physiol. Chem. Bd. 127, S. 278. 1923 (zusammen mit SCHABER); Centralbl. f. allg. Pathol. u. pathol. Anat. Bd. 36, Ergänz.-H. S. 5. 1925.

Während das Lecithin als hydrophiles Emulsionskolloid den Eiweißkörpern nahe steht, gelten für das Cholesterin die Gesetzmäßigkeiten der Suspensionskolloide (SCHADE[1]). Als hydrophobes Kolloid wird es in elektrolythaltigen Eiweißlösungen in unstabiler Lösung gehalten (PORGES und NEUBAUER[2]); es scheint ihm sowie seinen niedrigen Estern ein sensibilisierender Einfluß auf die Fällung hydrophiler Kolloide zuzukommen (KEESER[3]). Mit dieser engen Bindung des Cholesterins an die Eiweißkolloide hängt seine Beziehung zu serologischen Veränderungen des Eiweißmilieus zusammen; so scheint bei der Flockung des Serums mit Wasser insbesondere das Cholesterin eine wichtige Rolle zu spielen (KLAUSNER[4]); die Bedeutung des Cholesterins für den Ausfall der MEINICKEschen Lues-Trübungsreaktion ist bekannt.

Aus menschlichem Serum lassen sich 16 bis 50% des Gesamtcholesterins direkt mit Äther ausschütteln und zwar um so mehr, je stärker der Albumingehalt des betreffenden Serums ist (HANDOVSKY, LOHMANN und BOSSE[5]), so daß die Möglichkeit einer sehr labilen Bindung Cholesterin-Phosphatid-Albumin besteht, die selbst durch geringe Salz- und Traubenzuckerzusätze, bei gleichzeitig erhöhter Ausschüttelbarkeit, zerstört wird. Aus euglobulinreichen Seren lassen sich nur geringe Mengen ausschütteln; ein Teil dieses Euglobulins scheint durch Cholesterin geschützt zu sein (HANDOVSKY[6]). Die Zusammengehörigkeit der einzelnen Substanzen des Ätherextraktes ergibt sich auch weiterhin aus Verfütterungsversuchen ihrer einzelnen Komponenten (HUECK und WACKER[7]). Es zeigt sich, daß mit der Nahrung zugeführtes Cholesterin nicht nur eine Cholesterinämie — durch vermehrtes Auftreten von Cholesterinfettsäureestern — hervorruft, sondern auch eine Vermehrung der übrigen Lipoidfraktion, besonders der fettsäurehaltigen Phosphatide. Ebenso wies SAKAI[8] eine 3—5fache Erhöhung des Blutcholesterinspiegels bei der durch Milch- oder Palmitinverfütterung erzeugten Lipämie des anämisierten Kaninchens nach, eine Steigerung, die weit größer war, als dem Cholesterin- bzw. Phytosteringehalt des zugeführten Fettes entsprach.

Cholesterin kommt im Blut und Serum in freier und veresterter Form vor, und zwar überwiegt das veresterte über das freie Cholesterin, das sich, da die Erythrocyten nur freies Cholesterin enthalten, mithin überwiegend im Plasma und Serum befindet (FALTA und RICHTER-QUITTNER[9]). Blutserum von normalen Tieren enthält 0,02 bis 0,04 g% freies Cholesterin, während die 2—4fache Menge in Esterform an Fettsäure gebunden ist (HUECK und WACKER[7], KNUDSON[10]). Von den ungesättigten Fettsäuren des Blutplasmas sind überhaupt die meisten an Cholesterin, nur ein geringer Teil an Phosphatide gebunden (BLOOR[11]), wodurch die Bedeutung des Cholesterins für den intermediären Fettstoffwechsel besonders erkennbar wird.

Beim Menschen finden sich ca. 60% Estercholesterin (BLOOR und KNUDSON[12], FEIGL[13]). Der Esterkoeffizient scheint in der Norm konstant zu sein, das Gleichgewicht Cholesterin : Cholesterinester für die Vorgänge an den Zellgrenzflächen

---

[1] SCHADE: Physik. Chem. i. d. inn. Med. Dresden u. Leipzig 1923.
[2] PORGES u. NEUBAUER: Zitiert auf S. 274.
[3] KEESER: Biochem. Zeitschr. Bd. 154, S. 321. 1925.
[4] KLAUSNER: Biochem. Zeitschr. Bd. 47, S. 36. 1912.
[5] HANDOVSKY, LOHMANN u. BOSSE: Pflügers Arch. f. d. ges. Physiol. Bd. 210, S. 63. 1925.
[6] HANDOVSKY: Münch. med. Wochenschr. Jg. 71, S. 708. 1924.
[7] HUECK u. WACKER: Biochem. Zeitschr. Bd. 100, S. 84. 1919.
[8] SAKAI: Biochem. Zeitschr. Bd. 62, S. 387. 1914.
[9] FALTA u. RICHTER-QUITTNER: Biochem. Zeitschr. Bd. 114, S. 145. 1921.
[10] KNUDSON: Journ. of biolog. chem. Bd. 45, Nr. 2, S. 255. 1921.
[11] BLOOR: Journ. of biol. chem. Bd. 59, S. 543. 1924.
[12] BLOOR u. KNUDSON: Journ. of biol. chem. Bd. 27, S. 107. 1916; Bd. 29, S. 7. 1917.
[13] FEIGL: Biochem. Zeitschr. Bd. 88, S. 70. 1918.

(Regulierung des Zellwassergehaltes) von wesentlicher Bedeutung (s. Lecithin). Ein Absinken des Esterwertes, oft ein völliges Verschwinden desselben, wurde von Thannhauser und Schaber[1] bei zahlreichen Leberparenchymerkrankungen beobachtet („Estersturz") und mit einer Schädigung esterspaltender und esterifizierender Fermente der Leber in Beziehung gebracht. Stern und Suchantke[2] konnten diese Befunde jedoch nicht bestätigen. Zu einer Verminderung des Esteranteils kommt es überdies bei Übertritt von Gallencholesterin ins Blut (Beumer und Bürger[3]), ebenso bei Hungerödem als Folge der Fettsäureverarmung (Feigl[4]). Als Quelle des in Blut und Geweben vorhandenen Cholesterins kommen fast ausschließlich die fetthaltigen Nahrungsstoffe in Betracht; die Frage der Synthese des Cholesterins im Körper ist noch unentschieden. Nach Thannhauser[5] vermag der erwachsene Organismus lediglich exogenes Cholesterin zu assimilieren, während der jugendliche Organismus der Cholesterinsynthese aus langgliedrigen Fettsäuren (Cerebrosiden, Lignoserinsäure, Cerebronsäure) fähig sein soll. Im intermediären Stoffwechsel kommt es zu keiner Aufspaltung des Cholesterinmoleküls, das als freies Cholesterin in den Darm ausgeschieden wird.

Die Ansicht Chauffards und seiner Mitarbeiter[6] von der Entstehung des Cholesterins in der Nebenniere, in deren Rinde man unter normalen Verhältnissen reichlich Cholesterin und Cholesterinester findet, wird von Aschoff[7] mit dem Hinweis widersprochen, daß dieses Organ nicht als Erzeugungs-, sondern als Ablagerungsstätte des auf dem Blutwege zugeführten Cholesterins anzusehen sei.

Der Cholesteringehalt des normalen menschlichen Blutes beträgt 160 bis 180 mg%. Die älteren Bestimmungen von Hoppe-Seyler[8] und Ritter[9] werden nicht mehr angewandt, zum Nachweis des Cholesterins kommen heute fast ausschließlich die Methoden von Windaus[10] und die von Autenrieth-Funk[11] in Betracht. Die Windaussche Methode gründet sich auf der Eigenschaft des Cholesterins, mit Digitonin und mehreren anderen Saponinen eine in Alkohol sehr schwer lösliche Verbindung einzugehen, die in fettlösenden Substanzen unlöslich ist. Die Cholesterinester werden dagegen durch Digitonin nicht gefällt; das durch Verseifung freigewordene Cholesterin gibt jedoch die Reaktion, so daß im Differenzverfahren eine Bestimmung beider Gruppen möglich ist. Die colorimetrische Methode von Autenrieth-Funk benutzt die Liebermann-Burchardsche Reaktion[12] (Behandlung mit Essigsäureanhydrid und konzentrierter Schwefelsäure), die, wie aus zahlreichen eigenen Bestimmungen hervorgeht, wegen ihrer mannigfaltigen Fehlerquellen (falsche Farbtöne usw.) genauestes Vertrautsein mit der colorimetrischen Methodik erfordert. Weitere Methoden von Myers-Wardell[13], Bloor[14]. Kritik der Methoden siehe: Thaysen[15], Feigl[16], Gardner, Addyman und Williams[17], Fex[18].

[1] Thannhauser u. Schaber: Klin. Wochenschr. Jg. 5, S. 252. 1926.
[2] Stern u. Suchantke: Arch. f. exp. Pathol. u. Pharmakol. Bd. 115, S. 221. 1926.
[3] Beumer u. Bürger: Zeitschr. f. exp. Pathol. u. Therap. Bd. 13, H. 2. 1913.
[4] Feigl: Biochem. Zeitschr. Bd. 85, S. 386. 1918.
[5] Thannhauser: Zitiert auf S. 274.
[6] Chauffard u. Mitarbeiter: Cpt. rend. des séances de la soc. de biol. 1911—1913.
[7] Aschoff: Wien. klin. Wochenschr. Jg. 16, S. 559. 1911.
[8] Hoppe-Seyler: Lehrb. d. physik.-chem. Analyse. 1903.
[9] Ritter: Hoppe-Seylers Zeitschr. f. physiol. Chem. Bd. 34, S. 430. 1901.
[10] Windaus: Hoppe-Seylers Zeitschr. f. physiol. Chem. Bd. 65, S. 110. 1910.
[11] Autenrieth-Funk: Münch. med. Wochenschr. Jg. 60, S. 1243. 1913.
[12] Liebermann: Ber. d. dtsch. chem. Ges. Bd. 18, S. 1804. 1885.
[13] Myers-Wardell: Journ. of biol. chem. Bd. 36, S. 147. 1918.
[14] Bloor u. Mitarbeiter: Journ. of biol. chem. Bd. 52, S. 191. 1922.
[15] Thaysen: Biochem. Zeitschr. S. 62. 1914.
[16] Feigl: Zeitschr. f. d. ges. exp. Med. Bd. 11, H. 3/4, S. 178. 1920.
[17] Gardner, Addyman u. Williams: Biochemical Journ. Bd. 15. 1921.
[18] Fex: Biochem. Zeitschr. Bd. 104, S. 82. 1920.

Nach LIFSCHÜTZ[1] kommen im Blute auch amorphe, durch Digitonin nicht fällbare Begleitsubstanzen des Cholesterins vor.

Ebenso wie ein konstantes Gleichgewicht zwischen verestertem und freiem Cholesterin besteht, scheint auch der Koeffizient Cholesterin : Totalfettsäuren und seine engere Relation Cholesterin : Lecithin (Phosphatid) (ANDRÉ MAYER und GEORGE SCHAEFFER[2]) eine entscheidende Bedeutung für die Zelle zu besitzen, deren elektrische Isolation, Ionenpermeabilität der Zelloberfläche und Wassergehalt von seiner Größe abhängig erscheint. Nach R. BRINKMAN und E. VAN DAM[3] rührt die normale elektrische Isolation der roten Blutkörperchen von der Anwesenheit des Cholesterins an der Zelloberfläche her, so daß eine fast völlige elektrische Isolation des Zellinnern besteht; bei einer Abnahme dieser isolierenden Fähigkeit, wie sie z. B. durch geringe Lecithinkonzentration zu erzielen ist, würde sich die Zelloberfläche wie eine gut leitende Membran verhalten, dagegen bei Cholesterinübergewicht als Folge der verringerten Leitfähigkeit der Zelloberfläche eine Hemmung der Ionendiffusion und evtl. Wasserretention eintreten. Inwieweit hiermit die Befunde von NEUMANN und HERRMANN[4], die bei Urämien und eklamptischen Zuständen extreme Hypercholesterinämien fanden, und die Möglichkeit der Abhängigkeit der Salzretention von der Größe des Lipoidkoeffizienten in Einklang gebracht werden können, ist noch kaum geklärt.

Bei der serologischen sowie bei der Saponinhämolyse (MEYER[5]) besteht ein ausgesprochener Antagonismus zwischen Cholesterin und Lecithin. Lecithinverfütterung hat beim Kaninchen eine intensive intravitale Hämolyse zur Folge; Cholesterin wirkt hemmend auf diese ein. Dieselbe Wirkung entfaltet Cholesterin auf bakterielle und parasitäre Hämotoxine, welche durch Lecithin aktiviert werden (Kobragift) (LANDSTEINER[6]). Ebenso sucht der Organismus die Einwirkung hereditärer Hämolysine durch Hypercholesterinämie zu kompensieren (FROISIER und HUBERT[7]). Während das Lecithin die Eigenschaften des Komplementmittelstücks aufweist (BRINKMAN und VAN DAM[3]), kommen dem Cholesterin inaktivierende Eigenschaften im Blute zu, so daß bei der WASSERMANNschen und SACHS-GEORGIschen Reaktion zwischen beiden Körpern ein ausgesprochener funktioneller Antagonismus vorhanden ist (SACHS[8]).

Durch Zusatz von Cholesterinsuspensionen zu Citratblut soll ebenso wie durch längere perorale Zufuhr von Cholesterin die Suspensionsstabilität der roten Blutkörperchen ohne Beeinflussung des Eiweißquotienten wesentlich verringert, durch entsprechenden Lecithinzusatz dagegen gesteigert werden können (KÜRTEN[9], ROSSMANN[10], LASCH[11]). Intravenöse Injektion kleinerer Cholesterinmengen wirkt beim Kaninchen stimulierend, Einspritzung größerer Mengen hemmend auf die Phagocytose (TUNNICLIFF[12]). STUBER[13] wies Beziehungen zwischen

---

[1] LIFSCHÜTZ: Hoppe-Seylers Zeitschr. f. physiol. Chem. Bd. 117, H. 5/6, S. 201 u. 212. 1921.

[2] MAYER, ANDRÉ u. GEORGE SCHAEFFER: Journ. de physiol. et de pathol. gén. Bd. 15 u. 16.

[3] BRINKMAN, R. u. E. VAN DAM: Biochem. Zeitschr. Bd. 108, H. 1/3. 1920.

[4] NEUMANN u. HERRMANN: Wien. klin. Wochenschr. Nr. 12, S. 411. 1911.

[5] MEYER: Beitr. z. chem. Physiol. u. Pathol. Bd. 11, S. 357. 1908.

[6] LANDSTEINER: In Handb. d. Biochemie. Bd. II, Tl. I, S. 444. 1910.

[7] FROISIER u. HUBERT: Journ. de physiol. et de pathol. gén. Bd. 16, S. 483. 1914.

[8] SACHS: Kolloid-Zeitschr. Bd. 24, S. 113. 1919.

[9] KÜRTEN: Pflügers Arch. f. d. ges. Physiol. Bd. 185, S. 248. 1920.

[10] ROSSMANN: Zeitschr. f. d. ges. exp. Med. Bd. 42, S. 496. 1924.

[11] LASCH: Zeitschr. f. d. ges. exp. Med. Bd. 42, S. 548. 1924.

[12] TUNNICLIFF: Journ. of infect. dis. Bd. 33, Nr. 4, S. 285. 1923.

[13] STUBER: Verhandlungen des XXX. Kongresses f. inn. Med. 1913; Münch. med. Wochenschr. Jg. 60, Nr. 29. 1913.

Cholesterin und Opsoninen nach. Von Leupold und Bogendörfer[1] wird die starke Verminderung des Cholesterins bei den verschiedensten Infektionskrankheiten mit einer Bindung der Bakterientoxine an das Cholesterin in Beziehung gebracht, die Verringerung des Fettspaltungsvermögens des Serums bei Hypercholesterinämien von Dörle und von Weiss[2] ebenfalls durch eine Adsorption des Enzyms an das Cholesterin erklärt.

Physiologische Hypercholesterinämien finden sich konstant in der Gravidität, bei der es sich sicherlich um Stauung infolge verminderter Cholesterinausscheidung mit der Galle handelt; jedenfalls kommt es im Puerperium zu reichlicher Gallencholesterinausschwemmung. Die Beurteilung der pathologischen Cholesterinämien kann den erhöhten Wert nur immer als einen Teilfaktor der gleichzeitigen pathologischen Lipämie gelten lassen, da jede Lipämie mit einer Erhöhung aller Ätherextraktfraktionen einhergeht, über deren gesetzmäßiges Ineinandergreifen vorläufig jede gesicherte Kenntnis fehlt.

Ausgesprochene pathologische Hypercholesterinämien finden sich bei degenerativen Nierenerkrankungen (Nephrosen bis 500 mg%) (Strauss und Schubardt[3], Hahn und Wolff[4]), wobei gleichzeitig Cholesterin als doppelbrechendes Lipoid im Urin erscheinen kann. Doch sind vereinzelt Fälle beschrieben worden, die bei starker Cholesterinausschwemmung eine Erhöhung des Blutwertes vermissen ließen (Baumann und Hausmann[5]). Bei Nephrosen sind auch im Nierenparenchym stark vermehrte Cholesterinester gefunden worden. Schrumpfnieren zeigen verschiedene Werte, frische Arteriosklerose erhöhten Befund. Beziehungen zum Rest-N scheinen nicht zu bestehen, dessen Wert bei azotämischen Urämien umgekehrt proportional zum Cholesterin angegeben wird (Malerba[6]). Hypertonien verschiedenster Ätiologie ergeben dagegen häufig Hypercholesterinämie (Pribram und Klein[7]), ebenso alle Formen des Diabetes mellitus (Mittelwert 250 mg%).

Anaphylaktischer Shock (Clevers[8]), fettarme Nahrung (de Langen[9]), Kachexien und progrediente Phthisen zeigen erniedrigte Werte, ebenso soll, im Gegensatz zum Normalen, Insulin beim Diabetiker eine Abnahme des Blutcholesterins bis zu 25% ergeben (Nitzescu[10]). Bei allen sekundären Anämien findet sich eine Verminderung des Plasma-Cholesterins (MacAdam[11]), bei der perniziösen Anämie ebenfalls ein Absinken des Wertes entsprechend der Schwere der Hämolyse (Köhn[12]). Beim Icterus catarrhalis kommt es häufig, jedoch inkonstant, zu erhöhtem Cholesteringehalt im Blute (Strauss und Schubardt[3]). Stepp[13] fand, daß Gallenverschluß an sich keine Hypercholesterinämie bedingt.

Die Ursache der pathologischen Hypercholesterinämien ist noch ungeklärt; Chauffards Erklärungsversuch, daß wahrscheinlich Cholesterin aus den Depots der Nebenniere ins Blut einströme, ebenso die Deutung einer Cholesterinanreicherung als allgemeiner nekrobiotischer Vorgang werden nicht zu befriedigen

---

[1] Leupold u. Bogendörfer: Dtsch. Arch. f. klin. Med. Bd. 140, S. 1—2. 1922.

[2] Dörle u. Weiss: Biochem. Zeitschr. Bd. 167, S. 395. 1926.

[3] Strauss u. Schubardt: Zentralbl. f. inn. Med. Bd. 43, Nr. 26, S. 425. 1922.

[4] Hahn u. Wolff: Zeitschr. f. klin. Med. Bd. 92. 1921.

[5] Baumann u. Hausmann: Journ. of the Americ. med. assoc. Bd. 74, Nr. 20, S. 1375. 1920.

[6] Malerba: Rif. med. Bd. 37. 1921.

[7] Pribram u. Klein: Med. Klinik Nr. 17, S. 572. 1924.

[8] Clevers: Cpt. rend. des séances de la soc. de biol. Bd. 89, S. 965. 1923.

[9] de Langen: Zit. nach Morawitz: Oppenh. Handb. d. Biochemie Bd. IV, 2. Aufl., S. 110. 1925.

[10] Nitzescu, Popescu-Inotesti u. Cadariu: Cpt. rend. des séances de la soc. de biol. Bd. 90, S. 538 u. 1067. 1924.

[11] MacAdam: Brit. med. journ. S. 1170. 1922.

[12] Köhn: Dtsch. Arch. f. klin. Med. Bd. 148, S 357. 1925.

[13] Stepp: Beitr. z. pathol. Anat. u. z. allg. Pathol. Bd. 69. 1921.

vermögen, solange die Physiopathologie des Cholesterinstoffwechsels sowie die Beziehungen der Sterine zum Lipoid- und Phosphatidumsatz nicht geklärt sind. Jedoch scheinen die neuesten Forschungen (WINDAUS[1], WIELAND[2]) dem langgesuchten chemischen Zusammenhang zwischen Cholesterin (Koprosterin) und Cholsäure (gleicher Aufbau des Kohlenstoffgerüstes) wesentlich näherzukommen und damit neue synthetische Möglichkeiten des Cholesterins wahrscheinlich zu machen.

Phosphatide (Gesamtphosphor).

Neben den Sterinen bilden die Phosphatide den Hauptanteil der Blutlipoide. Da durch die Phosphatide jedoch nur ein Teil des im Blute vorhandenen Phosphors bedingt ist, sei hier generell die Rolle des P im Blute besprochen. Die Gesamtmenge des im Blut und Serum bestimmbaren Phosphors wurde von ABDERHALDEN[3] in die Fraktionen des Lipoid- und Proteinphosphors sowie in einen von ihm als anorganischen Phosphor aufgefaßten Rest eingeteilt, der sich aus der Differenz zwischen Gesamtphosphor einerseits, Lipoid- und Proteinphosphor andererseits ergab. In prinzipieller Anlehnung an diese Einteilung unterschied GREENWALD[4] weiterhin den „säurelöslichen Phosphor", worunter der Phosphor derjenigen phosphorhaltigen Verbindung verstanden wird, der bei Fällung und Extraktion von Plasma oder Blut mit salzsaurer oder essigsaurer Pikrinsäurelösung in die Lösung übergeht.

Dieser säurelösliche Phosphor ist unlöslich in Alkohol und Äther, mithin ungefähr dem ABDERHALDENschen „anorganischen Phosphor" gleichzusetzen, wenn auch der Phosphor nicht nur als Phosphat in der betreffenden Fraktion vorhanden ist (IVERSEN[5]).

Der quantitative Nachweis der einzelnen Fraktionen geschieht meist nach der von BLOOR[6] modifizierten Methode von GREENWALD[7], wonach der anorganische Phosphor als Strychninphosphormolybdat gefällt wird; der gesamte säurelösliche Phosphor wird in gleicher Weise nach Zerstörung der organischen Bestandteile durch H_2SO_4 und HNO_3 bestimmt. Die klinisch vielfach angewandte Methode von BELL, DOISY[8], BRIGGS[9] ist von STANFORD und WHEATLEY[10] modifiziert worden.

Weitere Methoden: EMBDEN[11], BENEDICT und THEIS[12], TISDALL[13], TERADA[14].

Als Restphoshor wird von FEIGL[15] der Teil des säurelöslichen Phosphors bezeichnet, der von undissoziierten Phosphaten abstammt. Seine Bestimmung geschieht im Differenzverfahren zwischen gesamtsäurelöslichem Phosphor und dem durch Einwirkung von Magnesia in der Kälte entstehenden Niederschlag. Seine Konzentration beträgt normalerweise ca. 15% des gesamtsäurelöslichen Phosphors (FEIGL) = 0,6 mg P für 100 ccm Blut.

---

[1] WINDAUS u. Mitarbeiter: Hoppe-Seylers Zeitschr. f. physiol. Chem. Bd. 101, S. 223 u. 276. 1918; Bd. 102, S. 160. 1918; Bd. 109, S. 183. 1920; Bd. 115, S. 257. 1921; Bd. 117, S. 146. 1921.

[2] WIELAND: Chem. Zentralbl. Bd. 1, S. 101. 1921.

[3] ABDERHALDEN: Hoppe-Seylers Zeitschr. f. physiol. Chem. Bd. 25, S. 65. 1898.

[4] GREENWALD: Journ. of biol. chem. Bd. 14, S. 369. 1913.

[5] IVERSEN: Biochem. Zeitschr. Bd. 104, S. 22. 1920; Bd. 109, S. 211. 1920.

[6] BLOOR: Journ. of biol. chem. Bd. 36, S. 49. 1918.

[7] GREENWALD: Journ. of biol. chem. Bd. 25, S. 431. 1916.

[8] BELL, DOISY: Journ. of biol. chem. Bd. 44. 1920.

[9] BRIGGS: Journ. of biol. chem. Bd. 53. 1922.

[10] STANFORD u. WHEATLEY: Biochem. journ. Bd. 19, Nr. 4, S. 697 u. 706. 1925.

[11] EMBDEN: Hoppe-Seylers Zeitschr. f. physiol. Chem. Bd. 113, S. 138. 1921.

[12] BENEDICT u. THEIS: Journ. of biol. chem. Bd. 61, S. 163. 1924.

[13] TISDALL: Journ. of biol. chem. Bd. 50, S. 329. 1922.

[14] TERADA: Biochem. Zeitschr. Bd. 149, S. 426. 1926.

[15] FEIGL: Biochem. Zeitschr. Bd. 81, S. 14; Bd. 83, S. 82; Bd. 84, S. 231. 1917.

Normalgehalt des Blutes an anorganischem Phosphor: 3 bis 4 mg%, an organischem Phosphor: 5 mg%.

Der Gehalt an säurelöslichem Phosphor für einzelne Tierarten ergibt folgende Tabelle:

	Tier	Säurelöslicher Phosphor mg P pro 100 ccm		
		Plasma	Serum	Blut
Abderhalden[1]	Kaninchen		2,1	31,9
,, ...	Katze		3,3	25,4
,, ...	Hund		3,8	27,0
Greenwald[2]	,,		2,7	29,0
,, ...	,,		4,4	23,9
,, ...	,,		4,6	19,2
Bloor[3]	Rind	7,7		10,3
Iversen[4]	Kaninchen		2,5	28,5
,, ...	,,	3,3		33,4
,, ...	,,	3,8		24,6
,, ...	,,	2,5		27,8
,, ...	Meerschweinchen	4,5		21,5
,, ...	Hund	2,4		21,0

In Plasma und Serum überwiegt bei weitem die anorganische Phosphorsäure, während organisch gebundener säurelöslicher P nur in Spuren vorhanden ist.

Beim Stehenlassen von Blut kommt es zu einem Anstieg der anorganischen Phosphate um mehr als 1 g des ursprünglichen Wertes infolge Zerfalls organischer Substanzen, die einen Teil des säurelöslichen Phosphors bedingen (Zucker und Gutman[5]). Überhaupt erweist sich die Fraktion des säurelöslichen Phosphors in pathologischen Fällen als ein weitgehend differenzierter Komplex (Feigl[6], Iversen[7]). Gewebszerfall, chronische Glomerulo-Nephritiden können den relativen Gehalt an Restphosphor um 30 bis 40% in die Höhe treiben.

Mittels Ultrafiltration konnte die Diffusibilität des gesamten anorganischen Phosphors festgestellt werden. Oft findet sich bei Nierenerkrankungen ein Antagonismus zwischen erhöhtem anorganischen Phosphor und erniedrigtem Calciumwert (de Wesselow[8]), in besonders ausgesprochenem Maße bei chronischen Nephritiden (Schmitz, Rothenberg und Myers[9]). Bei forcierter Arbeit kommt es zu einem Anstieg des präformierten Orthophosphats der säurelöslichen Fraktion, während der Restphosphor unbeeinflußt bleibt. Von Heinelt[10] wird diese Steigerung auf eine Abspaltung von Phosphorsäure aus dem Lactacidogen und Übertritt von Phosphor aus den roten Blutkörperchen zurückgeführt.

Die Jahresphosphatkurve zeigt temporäre Schwankungen dergestalt, daß im Winter ihr tiefster Punkt erreicht wird, während im Frühjahr höhere Erhebungen beim Normalen sowie bei pathologischen Abweichungen zu finden sind (Hess und Lundagen[11]), Erscheinungen, die vielleicht auf den wechselnden Einfluß der ultravioletten Strahlen zurückzuführen sind, da der Gehalt des

---

[1] Abderhalden: Zitiert auf S. 279. [2] Greenwald: Zitiert auf S. 279.
[3] Bloor: Zitiert auf S. 279. [4] Iversen: Zitiert auf S. 279.
[5] Zucker u. Gutman: Proc. of the soc. f. exp. biol. a. med. Bd. 20, Nr. 3. 1922.
[6] Feigl: Biochem. Zeitschr. Bd. 102, S. 131. 1920; Bd. 111, S. 108. 1920.
[7] Iversen: Zitiert auf S. 279.
[8] de Wesselow: Quart. journ. of med. Bd. 16, Nr. 64, S. 341. 1921.
[9] Schmitz, Rothenberg u. Myers: Arch. of internal med. Bd. 37, S. 233. 1926.
[10] Heinelt: Verhandl. d. dtsch. Ges. f. inn. Med. S. 396. 1925.
[11] Hess u. Lundagen: Proc. of the soc. f. exp. biol. a. med. Bd. 19, Nr. 8. 1922.

Serums an anorganischem Phosphor durch ultraviolette Strahlen (Höhensonne) künstlich gesteigert werden kann (Scheer und Salomon[1]). Außer der schon genannten Erhöhung des anorganischen Phosphors bei Nephritiden, toxischem Eiweißzerfall (akuter gelber Leberatrophie), kommt es gleichfalls zu deutlichem Anstieg des Serumphosphors während der Frakturheilung (György und Sulger[2], Satanowski[3], Eddy, Walter und Heft[4]), ferner bei der Tabes (Gurwitsch[5]); bei der rachitischen Dysfunktion dagegen werden erniedrigte Phosphorwerte gefunden (Cavius[6]). Perorale Glucosezufuhr bedingt beim Normalen nach kurzem Anstieg beträchtlichen Abfall des anorganischen P, während im Gegensatz dazu beim Diabetiker die Kurve des anorganischen P nur einen minimalen protrahierten Abfall aufweist (Barrenscheen und Eisler[7]).

Obgleich im Plasma nur Spuren Protein- bzw. Nucleinphosphor nachweisbar sind, beträgt der Gehalt an Lipoidphosphor (Lecithin) bei Männern 16—23,3 mg, bei Frauen 19—29 mg in 100 ccm (Bloor[8]). *Im Menschenserum scheinen überhaupt außer Lipoidphosphor keine nennenswerten Mengen P in organischer Bindung vorzukommen* (Posternak[9]). Die von Jost[10] in den roten Blutkörperchen gefundene Diphosphoglycerinsäure ist im Plasma bis jetzt noch nicht identifiziert. Eine colorimetrische Bestimmung des Lecithins ist von Grigaut[11] angegeben worden. In der Schwangerschaft wird oft eine physiologische Erhöhung des Blutlecithingehaltes beobachtet (Vigues[12]). Das Lecithin scheint bei physiologischen und pathologischen Schwankungen der einzelnen Ätherextraktfraktionen größere Neigung zur Konstanz aufzuweisen. Höhere Werte finden sich oft, jedoch inkonstant, bei Aortitis luetica, tertiärer Lues, Paralyse und anderen Geisteskrankheiten (Joval und Boyet[13], Feigl[14]). Parenterale Reizkörper-, besonders Eiweißtherapie, bedingt nach Garbe[15] ebenfalls langanhaltende Erhöhung dieses Teiles der Lipoidfraktion, d. h. praktisch des organisch gebundenen Phosphors.

Über die Wechselbeziehungen zwischen Lecithin und Antikörpern liegen überzeugende Untersuchungen von Landsteiner[16], Stuber und Rütten[17], Kyes und Sachs[18] u. a. vor, aus denen, neben der antagonistischen Einstellung von Cholesterin und Lecithin, hervorgeht, daß Lecithin in vivo wie in vitro gegenüber hämolytischem Toxin komplementartig wirken kann; so ist es möglich, die hämolysierende Fähigkeit des Kobragiftes durch Lecithinzusatz um das 100fache zu vermehren (vgl. Kapitel „Cholesterin"). Zahlreichen Lipoiden kommen hämo- und bakteriolytische Fähigkeiten zu, wie überhaupt durch ihre

---

[1] Scheer u. Salomon: Zeitschr. f. Kinderheilk. Bd. 103, S. 129. 1923.
[2] György u. Sulger: Zeitschr. f. d. ges. exp. Med. Bd. 45, S. 224. 1925.
[3] Satanowski: Cpt. rend. des séances de la soc. de biol. Bd. 92, S. 826. 1925.
[4] Eddy, Walter u. Heft: Journ. of biol. chem. Bd. 55, S. 12. 1923.
[5] Gurwitsch: Zeitschr. f. d. ges. exp. Med. Bd. 36, S. 109. 1923.
[6] Cavius: Journ. of biol. chem. Bd. 59, S. 237. 1924.
[7] Barrenscheen u. Eisler: Biochem. Zeitschr. Bd. 177, S. 27. 1926.
[8] Bloor: Zitiert auf S. 279.
[9] Posternak: Cpt. rend. hebdom. des séances de l'acad. des sciences Bd. 182, Nr. 11. 1926.
[10] Jost, H.: Hoppe-Seylers Zeitschr. f. physiol. Chem. Bd. 165, H. 4/6, S. 171. 1927.
[11] Grigaut: Cpt. rend. des séances de la soc. de biol. Bd. 91, S. 1014. 1924.
[12] Vigues: Cpt. rend. des séances de la soc. de biol. Bd. 87, S. 25. 1922.
[13] Joval u. Boyet: Zit. nach Morawitz: Handb. d. Biochemie. 2. Aufl., S. 113. 1925.
[14] Feigl: Biochem. Zeitschr. Bd. 88, S. 53. 1918.
[15] Garbe: Münch. med. Wochenschr. Jg. 68, S. 1377. 1921.
[16] Landsteiner: Zentralbl. f. Bakteriol., Parasitenk. u. Infektionskrankh., Abt. 1, Orig. Bd. 45, S. 247. 1907; Kolloide und Lipoide in der Immunitätslehre; Handb. d. pathog. Mikroorganismen 1913.
[17] Stuber u. Rütten: Münch. med. Wochenschr. Nr. 29. 1913.
[18] Kyes u. Sachs: Berl. klin. Wochenschr. Nr. 21. 1903.

physikalischen Eigenschaften der Quellbarkeit in Wasser und der Fettlöslichkeit in bezug auf Permeabilität der Zellwandung für wasser- und lipoidlösliche Stoffe, die einheitliche Zusammensetzung der Zellsubstanz aus wässeriger Salzeiweiß-Cholesterin-Fettlösung ermöglicht wird (LICHTWITZ[1]). Die differente Wirkung der Lipoide auf die Kolloidstabilität der roten Blutkörperchen ist schon erwähnt; es handelt sich hierbei wohl auch um sensibilisierende Einflüsse auf die Eiweißkörper, wahrscheinlich dadurch, daß die durch Cholesterin hervorgerufene Ladungsverminderung der Zelle durch Lecithin, das schon in geringen Mengen aufladend wirkt, kompensiert wird (KÜRTEN[2]). Die vorwiegend aus Phosphatiden und Sterinen bestehende Hülle der roten Blutkörperchen kann durch Auswaschen mit äquilibrierter Salzlösung entfernt werden; das Blut zeigt dann, obgleich der Fortfall der Plasmahülle als solcher nicht entscheidend für die Stärke der Agglutination ist, gesteigerte Stabilität (BRINKMAN und VAN DAM[3]).

6. Gesamtfettsäuren. Neutralfett.

Die weitere Analyse des Petrolätherextraktes bezieht sich neben dem Cholesterin und den Phosphatiden auf die durch Saponifikation der Lipoide entstehenden Gesamtfettsäuren und auf das Neutralfett. Methodologische Schwierigkeiten (unvollständige Extraktion, unspezifische, den Trübungsgrad der Suspensionen beeinflussende Faktoren beim nephelometrischen Verfahren) bedingen die Differenz der Werte verschiedener Untersucher. Zur Analyse der Gesamtlipoide kommen hauptsächlich die Verfahren von BANG[4], BLOOR, PELKAN und ALLAN[5], BING und HECKSCHER[6] in Betracht. Das BANGsche Verfahren (modifiziert von FLEISCH[7], BLIX[8], setzt sich aus zwei getrennten Analysen zusammen, indem mit Petroläther Neutralfett und freies Cholesterin, mit Alkohol Phosphatide und Cholesterinester extrahiert werden, sodann Hydrolyse und Titration mit Bichromat. (Kritik dieser Methode: HAAS[9], FORSTER[10], BING und HECKSCHER[6]). Nach BLOOR, PELKAN und ALLAN[5] wird Plasma mit Alkoholäther extrahiert, der Rückstand nach Verdampfung des Alkoholäthers verseift. Das aus der getrockneten Masse mit Chloroform extrahierte Cholesterin wird colorimetrisch, die aus den Seifen erhaltenen Fettsäuren werden nephelometrisch bestimmt. Nach BLOOR bestehen die nach Verseifung sämtlicher Lipoide erhaltenen Fettsäuren zu ca. 70% aus Fettsäuren mit hoher Jodzahl, der unverseifbare Anteil der Gesamtlipoide beträgt ca. 33 bis 43% (fast ausschließlich Cholesterin).

Nach BLOOR[11] und FEIGL[12] gelten für die Menschen als Normalwerte in 100 ccm Plasma:

Gesamtfettsäuren . . . . . 0,25—0,47 g (0,38)
Neutralfett . . . . 0,04—0,2 g (0,11).

Nach BING und HECKSCHER[6] schwankt die Fettmenge beim Gesunden zwischen 0,06 und 0,12%. Der Gesamtätherextrakt menschlichen Blutplasmas beträgt im Mittel 0,72 g in 100 ccm Plasma.

[1] LICHTWITZ: Klin. Chemie S. 170. Berlin 1918.
[2] KÜRTEN: Pflügers Arch. f. d. ges. Physiol. Bd. 185, S. 248. 1920.
[3] BRINKMAN, R. u. VAN DAM: Biochem. Zeitschr. Bd. 108. 1920.
[4] BANG: Biochem. Zeitschr. Bd. 90, S. 383. 1918.
[5] BLOOR, PELKAN u. ALLAN: Journ. of biol. chem. Bd. 52, S. 191. 1922.
[6] BING u. HECKSCHER: Biochem. Zeitschr. Bd. 149, S. 79. 1924; Bd. 158 u. S. 396. 1925.
[7] FLEISCH: Biochem. Zeitschr. Bd. 177, S. 453. 1926.
[8] BLIX: Studies on diabetic lipemia. Lund 1925.
[9] HAAS: Biochem. Zeitschr. Bd. 144, S. 379. 1924.
[10] FORSTER: Biochem. Zeitschr. Bd. 146, S. 562. 1924.
[11] BLOOR: Journ. of biol. chem. Bd. 25, S. 577. 1916.
[12] FEIGL: Biochem. Zeitschr. Bd. 86, S. 1. 1918.

NICLOUX[1], DOYON und MOREL[2], TANGL und WEISER[3] gelang der Nachweis kleiner Mengen freien Glycerins im Serum.

Die Verteilung der Lipoidstoffe auf Plasma und rote Blutkörperchen ergibt sich nach BANG aus folgender Tabelle:

	Fett	Cholesterin	Alkoholische Fraktion	Ester	Phosphatide
1. Vollblut	0,025	0,095	0,15	—	—
Serum	0,02	0,0	0,20	0,14	0,09
2. Vollblut	0,01	0,110	0,30	0,07	0,34
Serum	0,0	0,03	0,35	0,18	0,26
3. Vollblut	0,02	0,09	—	—	—
Serum	0,03	0,025	—	—	—

Neutralfett findet sich mithin überwiegend im Plasma, ebenso die Ester, während Cholesterin reichlicher in den roten Blutkörperchen vorhanden ist. HORIUSCHI[4] fand bei Analyse des lipämischen Komplexes am Tier nur geringe Tages- und Wochenschwankungen. BLIX[5] beobachtete keinen Einfluß von Alter, Geschlecht und Ernährungszustand beim Menschen auf das Lipoidbild des Blutes. Dagegen steigt bei fetthaltiger Nahrung der Fettgehalt des Blutes sowie die gesamte Petrolätherfraktion stark an, das betreffende Serum sieht dann milchartig trübe aus; doch ergibt diese Opalescenz keinen Anhalt für die Gesamtmenge des vorhandenen Fettes, da noch bei 0,7% Fettgehalt klares Serum gefunden wurde (BING und HECKSCHER[6]). Während jedoch beim normalen Hund nach fetthaltiger Nahrung die Blutfettzahl nach anfänglicher Steigerung in wenigen Stunden wieder zur Norm zurückkehrt, findet beim pankreasexstirpierten Tier ein außerordentlich starker, längere Zeit dauernder Anstieg des Blutfettgehaltes statt (BLOOR und GILETTE[7]). Kleine Dosen Adrenalin und Acetylcholin bedingen einen Abfall, größere Dosen einen Anstieg des Blutfettgehaltes; Injektionen von Leberextrakt kommt ein langanhaltender depressorischer Effekt auf den Blutfettspiegel zu (FLEISCH[8], ALPERN und COLLAZO[9]). Man muß sich stets vergegenwärtigen, daß eine Änderung des Blutfettgehaltes durch die verschiedenartigsten Faktoren bedingt sein kann, indem sowohl erhöhte Resorptionsgeschwindigkeit aus dem Darm, verstärkte Mobilisierung aus den Fettdepots, wie auch ein verzögerter Abtransport in die fettdissimilierenden Orte gleichmäßig im Endeffekt eine Erhöhung des Blutfettgehaltes hervorrufen können (FLEISCH); der Bestimmung der Blutfettkonzentration resp. deren pharmakologischer Beeinflussung (KATASE[10], MEYER BODANSKY[11], JUNG und WOLFF[12]) wird mithin so lange nur ein bedingter Wert zukommen können, als die Regulation des Fettabbaues noch ungeklärt ist. Nach HUECK und WACKER[13] könnte dieser Abbau wegen der Oxydationsmöglichkeit der Fettsäuren in den Phosphatiden über das Lecithin gehen; ein direkter oxydativer Abbau der Triglyceride und Chole-

---

[1] NICLOUX: Cpt. rend. des séances de la soc. de biol. Bd. 55.
[2] DOYON u. MOREL: Cpt. rend. des séances de la soc. de biol. Bd. 55, S. 985.
[3] TANGL u. WEISER: Pflügers Arch. f. d. ges. Physiol. Bd. 115, S. 152. 1906.
[4] HORIUSCHI: Journ. of biol. chem. Bd. 44, S. 345. 1920.
[5] BLIX: Zitiert auf S. 282.
[6] BING und HECKSCHER: Zitiert auf S. 282.
[7] BLOOR u. GILETTE: Proc. of the soc. of exp. biol. a. med. Bd. 22, S. 251. 1925.
[8] FLEISCH: Zitiert auf S. 282.
[9] ALPERN u. COLLAZO: Zeitschr. f. d. ges. exp. Med. Bd. 35, S. 288. 1923.
[10] KATASE: Transact. of the Japan. pathol. soc., Tokyo Bd. 14, S. 238. 1924.
[11] MEYER BODANSKY: Journ. of biol. chem. Bd. 63, Nr. 2. 1925.
[12] JUNG u. WOLFF: Bull. de la soc. de chim. biol. Bd. 5, S. 200. 1923.
[13] HUECK u. WACKER: Biochem. Zeitschr. Bd. 100, S. 84. 1919.

sterinester ist weniger wahrscheinlich. BLOOR[1] fand im Blut außer der Ölsäure noch andere in höherem Grade ungesättigte Säuren, zum Teil in Kupplung mit Cholesterin; jedenfalls scheinen die ungesättigten Fettsäuren Durchgangsstadien bei der oxydativen Verarbeitung der Fette darzustellen. Die Rolle der Erythrocyten im Fettstoffwechsel ist ebenfalls noch nicht gesichert. Nach M. BODANSKY[2] könnte in ihnen neben der Bildung von Phosphatid und Cholesterinester aus Neutralfett eine Dehydrierung von Fettsäuren stattfinden, die in das Plasma abgestoßen werden.

Ein Teil der Lipoidstoffe ist an Eiweiß (Globulin) gebunden, wie aus BANG-schen Untersuchungen hervorgeht:

	Neutralfett	Cholesterin	Alkoholische Fraktion
1. Globulin	0,03	0,00	0,04
2. Globulin	0,01	0,035	0,04

Es wird also hauptsächlich das Neutralfett mit dem Globulin niedergeschlagen; auch FRANKENTHAL[3] konnte die Hauptmenge der Lipoide mit der Globulinfraktion ausfällen. Bei Seren mit positiver WASSERMANNscher Reaktion fand er dagegen den Hauptanteil der Lipoide in der Albuminfraktion.

Physiologische Lipämien finden sich neben der alimentären Lipämie als maskierte Lipämien oder Lipoidämien, während der Verdauung, nach Aderlässen (experimentell am anämisierten Tier) (MORAWITZ) oder im Hungerzustand; letzteres als Ausdruck eines Einströmens von Fett aus den Fettdepots ins Blut. Protrahierte Inanition bedingt jedoch wieder eine allmähliche Hypolipämie (CIACCO und JEMMA[4]), ebenso wie erniedrigte Blutfettwerte bei Morbus Basedow beobachtet wurden (BING und HECKSCHER[5]). Erhöhte Werte, die bei exzessiver Steigerung eine bräunliche Verfärbung des Blutes, dicke milchige Trübung des Serums hervorrufen können, finden sich beim Diabetes mellitus. Gerade die diabetische Lipämie zeigt deutlich, daß es sich hierbei nicht nur um eine Überfüllung des Blutserums mit Fett, sondern auch vor allem mit Lipoiden der verschiedensten Gruppen handelt (KLEMPERER und UMBER[6]). Bei der diabetischen Lipämie tritt fast stets eine starke Verschiebung der Cholesterin-Cholerinesterquote zugunsten der Cholesterinester ein. Insulin beeinflußt ebenso wie entsprechende Diät die Lipämie, weniger die Cholesterinämie. Starke Lipämien sind auch bei Diabetes selten. Ein strenger Parallelismus zur Hyperglykämie besteht nicht, das Coma diabeticum ist von Lipämien wechselnden Grades begleitet (BLIX[7]). Weiterhin kommt es zu Hyperlipämien bei Alkoholismus, fieberhafter Tuberkulose, Nephrosen, dekompensierten Herzfehlern, endogener Fettsucht sowie bei den verschiedensten Lebererkrankungen (FEIGL[8], BING und HECKSCHER[9]). Über vermehrten Blutfettgehalt während der Narkose berichten REICHER[10] und BERCZELLER[11].

Das Charakteristicum pathologischer Lipämien ist nach SAKAI[12] die Stabilität derselben; inwieweit als Erklärung dieser „Blockierung des Fettes im Blute"

[1] BLOOR: Journ. of biol. chem. Bd. 59, S. 543. 1924.
[2] BODANSKY: Journ. of biol. chem. Bd. 63, S. 239. 1925.
[3] FRANKENTHAL: Zeitschr. f. Immunitätsforsch. u. exp. Therapie, Orig. Bd. 42, S. 501. 1925.
[4] CIACCO u. JEMMA: Ann. di clin. med. Bd. 11, S. 260. 1921.
[5] BING u. HECKSCHER: Biochem. Zeitschr. Bd. 158, S. 403. 1925.
[6] KLEMPERER u. UMBER: Zeitschr. f. klin. Med. Bd. 61, S. 145. 1907.
[7] BLIX: Zitiert auf S. 282.   [8] FEIGL: Zitiert auf S. 282.
[9] BING und HECKSCHER: Zitiert auf S. 282.
[10] REICHER: Zeitschr. f. klin. Med. Bd. 65, S. 235. 1908.
[11] BERCZELLER: Biochem. Zeitschr. Bd. 91, S. 288. 1918.
[12] SAKAI: Biochem. Zeitschr. Bd. 62, S. 287. 1914.

eine oft vorhandene Abnahme des Fettspaltungsvermögens des Blutes oder eine Zustandsänderung des bindenden Eiweißes herangezogen werden kann, ist noch durchaus ungeklärt.

7. Serum- und Plasmafarbstoffe.

Zusammenfassende Darstellungen.

HIJMANS V. D. BERGH, A. A.: Der Gallenfarbstoff im Blut. Leipzig 1918.

Bilirubin.

Das eisenfreie Derivat des Hämoglobins, das Bilirubin, dessen Ursprungsort in Leber, Reticuloendothel und Blutextravasaten zu suchen ist, gehört, wie durch die grundlegenden Arbeiten von HIJMANS V. D. BERGH[1] sichergestellt ist, zu den normalen Bestandteilen tierischen und menschlichen Blutes. Seitdem durch HAMMARSTEN[2] der Nachweis des Gallenfarbstoffs im Pferdeserum erbracht war, hatten französische Autoren (GILBERT[3], RANC[4]) mittels der GMELINschen Reaktion auch quantitativ das Bilirubin im Serum zu bestimmen versucht. Gestützt auf die Untersuchungen von EHRLICH[5] und PRÖSCHER[6], ORNDORFF und TEEPLE[7], wonach bei Zusatz von Diazoniumsalz zu saueralkoholischen Bilirubinlösungen Azofarbstoffe auftreten, wurde von HIJMANS V. D. bergh unter Verwendung dieser Kupplungsreaktion eine colorimetrische Methode ausgearbeitet, mit deren Hilfe der Nachweis des Farbstoffs noch in einer Lösung von 1:1,5 Millionen gelang. Neutrale wäßrige Bilirubinatlösung ergab die Diazoniumsalzkupplung nur nach Alkoholzusatz, dagegen zeigte menschliche Galle, selbst in starker Verdünnung, auch ohne Hinzufügen von Alkohol eine prompte Reaktion. Es ergaben sich demnach zwei verschiedene Reaktionsformen, je nachdem das Bilirubin die Diazoreaktion ohne Hinzufügen von Alkohol „direkt" oder nur in Gegenwart von Alkohol „indirekt" ergab.

Direkte Probe: 0,5 ccm Serum oder 0,5 ccm Serum mit 0,5 bzw. 1,0 ccm Aqu. dest. werden mit $^1/_4$—$^1/_2$ ccm „Reagens" versetzt (25 ccm 0,1000 Sulfanilsäurelösung + 0,75 ccm $^1/_2$proz. wäßrige Natriumnitritlösung) und der Eintritt der maximalen Rotfärbung nach der Sekundenuhr vermerkt.

Indirekte Probe: 0,5 ccm Serum + 1,0 ccm Alkohol. absol. werden in einem Zentrifugenröhrchen vermischt, 15 Minuten in einer elektrischen Zentrifuge ausgeschleudert. 1 ccm der überstehenden Flüssigkeit wird mit 0,25 Reagens versetzt und im AUTENRIETHschen Colorimeter mit einer Standardflüssigkeit verglichen. Eine noch vorhandene Trübung der Reaktionsflüssigkeit wird durch erneutes Hinzufügen von 0,5 ccm absol. Alkohol beseitigt.

Der HIJMANS V. D. BERGHschen Methode haften verschiedene Fehlerquellen an. Abgesehen von der oftmaligen Schwierigkeit, eine mit der Vergleichslösung gleich nuancierte Versuchslösung zu erhalten, entzieht sich ein Teil des Farbstoffs der Bestimmung durch Adsorption an das ausgefällte Eiweiß; auch ergibt die mehrfache Verdünnung häufig zu schwache, nicht colorimetrierbare Färbungen. Indol und Pyrrol vermögen infolge ihrer starken Reaktionsfähigkeit mit Diazoniumsalzen die Bestimmung zu stören. Es sind deshalb verschiedene Modifikationen des Nachweises vorgeschlagen worden.

---

[1] HIJMANS V. D. BERGH, A. A.: Der Gallenfarbstoff im Blut. Leipzig 1918.
[2] HAMMARSTEN: Lehrb. d. physiol. Chemie. 1922.
[3] GILBERT: Cpt. rend. des séances de la soc. de biol. Bd. 58, S. 899. 1915.
[4] RANC: Cpt. rend. des séances de la soc. de biol. Bd. 62, S. 306.
[5] EHRLICH: Zeitschr. f. analyt. Chem. Bd. 23.
[6] PRÖSCHER: Hoppe-Seylers Zeitschr. f. physiol. Chem. Bd. 29, S. 411. 1900.
[7] ORNDORFF u. TEEPLE: Salkowski-Festschrift. Berlin 1904.

FORSTER[1] verwendet statt Alkohol farbloses Aceton, colorimetrischer Vergleich mit einer Kaliumbichromatlösung (1:6000). ENRIQUES & SIVÓ[2] schlagen an Stelle des Alkohols eine 20proz. wäßrige Lösung von Coffein. natr. benzoic. vor (s. u. E. ADLER und L. STRAUSS, S. 287[3]). Eichung des Keils aus einer Stammlösung mit 0,01 g Bilirubin in 100 ccm $^n/_{100}$-Natronlauge. Die Reaktion wird im Dunkelzimmer, die Colorimetrie bei Tageslicht angestellt, störend erscheint die rasche Zersetzlichkeit der alkalischen Bilirubinlösung. HERZFELD[3] bestimmt das Bilirubin colorimetrisch durch Überführen in Biliverdin mittels des Reagenses von HAMMARSTEN.

Je nach der angewandten Methodik[4] wird der Normalwert für den Gallenfarbstoffgehalt des Blutplasmas verschieden angegeben. Nach HIJMANS V. D. BERGH[5], LEPEHNE[6], MEULENGRACHT[7] gilt als Mittelwert $\frac{0,3}{200\,000}$. Schwankungen zwischen $\frac{0,2 \text{ und } 0,6}{200\,000}$ sind noch als Normalwerte anzusehen. Höhere Werte fanden BAUER & SPIEGEL[8], FORSTER[1] (bis 1 mg-%).

Der Bilirubingehalt des Blutes stellt unter normalen Bedingungen einen individuell verschiedenen, jedoch für ein und dasselbe Individuum außerordentlich konstanten Wert dar. BAUER und SPIEGEL[8] beobachteten experimentell-pharmakologisch bedingte Schwankungen des Bilirubinspiegels, die parallel den Schwankungen der Gallenproduktion durch die Leberzellen auftraten. Durch Adrenalin, Atropin, Cocain und Hypophysenextrakte konnte der Bilirubingehalt des Blutes vorübergehend mehr oder minder beträchtlich herabgesetzt werden, Natrium benzoicum und Natrium salicylicum verursachten eine Steigerung des Farbstoffgehalts; diese Autoren nehmen die Möglichkeit einer Regulation des Bilirubinspiegels durch das autonome Nervensystem an. Durch perorale Zufuhr von 20 g Traubenzucker kommt es ebenfalls zu einer Erhöhung des Farbstoffgehalts (ARNOLDI[9]).

Das Bilirubin im Serum ist immer dann erhöht, wenn es zu vermehrter Produktion, Ausschwemmung des Farbstoffs ins Blut oder Retention desselben kommt. HIJMANS V. D. BERGH glaubte, durch die verschiedenen Diazoreaktionen ein hepatisches und ein anhepatisches Bilirubin unterscheiden zu können, so daß, je nachdem die Diazoreaktion direkt oder indirekt ausfiel, ein Rückschluß auf die Entstehung des Farbstoffs möglich wäre (hepatogener und anhepatogener Ikterus). So soll bei mechanischer Gelbsucht (Stauungsgelbsucht durch Steinverschluß), Hepatitis die direkte und die indirekte Reaktion positiv ausfallen, bei perniziöser Anämie, hämolytischem Ikterus und Morbus Banti lediglich nach Ausfällung der Proteine eine positive Reaktion auftreten. Die klinischen Tatsachen stimmen, ungeklärt sind jedoch die Beziehungen zwischen den verschiedenen Reaktionen und einem etwaigen Bildungsort von Bilirubin. Die ursprüngliche Ansicht HIJMANS V. D. BERGHS, daß bei den indirekt reagierenden Seren der Farbstoff an Eiweißkörper oder Lipoide gebunden sei und erst durch den Alkohol abgespalten würde, konnte nicht bestätigt werden. Auch FEIGL und QUERNER[10] nehmen als Ursache der veränderten Reaktionsweise des Serum-

[1] FORSTER: Klin. Wochenschr. S. 1689. 1925.
[2] ENRIQUES u. SIVÓ: Biochem. Zeitschr. Bd. 169, S. 152. 1926.
[3] HERZFELD: Dtsch. Arch. f. klin. Med. Bd. 139, S. 306. 1922.
[4] Vgl. THANNHAUSER u. ANDERSEN: Dtsch. Arch. f. klin. Med. Bd. 137, S. 179. 1921.
[5] HIJMANS V. D. BERGH, A. A.: Zitiert auf S. 285.
[6] LEPEHNE: Dtsch. Arch. f. klin. Med. Bd. 132, H. 1/2, S. 96. 1920 u. Bd. 135, H. 1/2, S. 79. 1921.
[7] MEULENGRACHT: Dtsch. Arch. f. klin. Med. Bd. 137, S. 38. 1921.
[8] BAUER u. SPIEGEL: Dtsch. Arch. f. klin. Med. Bd. 129, S. 17. 1919.
[9] ARNOLDI: Münch. med. Wochenschr. S. 34. 1925.
[10] FEIGL u. QUERNER: Zeitschr. f. d. ges. exp. Med. Bd. 9, S. 153. 1919.

bilirubins beim dynamischen Ikterus im Gegensatz zum Stauungsikterus eine Lipoid- oder Eiweißbindung an. Nach TANNHAUSER[1] kann die Ursache für das unterschiedliche Eintreten der Kupplungsreaktion der Lösungszustand, d. h. die Teilchengröße des kolloidal gelösten Bilirubins sein, die differente Reaktion könne aber auch durch verschiedenartige, chemisch nahestehende Zwischenprodukte vom Blutfarbstoff und Bilirubin hervorgerufen werden. Nach den Arbeiten von E. ADLER und STRAUSS[2] beruht der Ausfall der Reaktion auf dem physiko-chemischen Zustand des Reaktionsmilieus, derart, daß die direkte Reaktion bei Herabminderung des relativen Globulinanteiles der Bluteiweißkörper positiv ausfällt, während die indirekte Reaktion entweder normalen oder erhöhten Globulinanteil aufweist; so vermag Serum, bei gleichem Gallenfarbstoffgehalt, je nach dem Grade seiner Stabilisierung, eine prompte oder verzögerte Reaktion zu zeigen. Ist das Serum reichlich mit Gallenfarbstoff beladen, so kann allerdings, trotz Überwiegen der labilen Serumkolloide, eine prompte direkte Reaktion auftreten. In diesbezüglichen Untersuchungen konnte von E. ADLER und STRAUSS[2] gezeigt werden, daß alle Eingriffe, die zu einer Zustandsänderung der Kolloide in vivo wie in vitro im Sinne einer Entquellung (z. B. durch Coffeinlösung) oder Quellung führten, den Ablauf der Reaktion wesentlich beschleunigen oder hemmen können; hierbei tritt in der Regel eine Verstärkung bzw. eine Abschwächung der Farbintensität auf.

Die Bestimmung des Bilirubins im Serum ist eine wichtige Laboratoriumsuntersuchung geworden. Oft kennzeichnet sich eine latente Cholecystopathie lediglich durch eine Hyperbilirubinämie; bei Blutarmut ist beispielsweise eine stark erhöhte indirekte Reaktion entscheidend für die Diagnose einer perniziösen Anämie, oder eines hämolytischen Ikterus zuungunsten einer sekundären, hypochromen Anämie. Leichte Kreislaufdekompensationen können nicht selten durch eine geringgradige Erhöhung des Gallenfarbstoffs im Blute aufgedeckt werden (v. LIPPMANN[3]). Die Grenze für den Durchtritt des Bilirubins durch die Niere und seine Ausscheidung durch den Urin liegt etwa bei $\frac{4}{200000}$.

Hämoglobin ist normalerweise im Plasma nicht nachweisbar. Bei der paroxysmalen Hämoglobinurie sowie bei Intoxikationen, die zu einer intravasalen Hämolyse führen (Arsenwasserstoff, Pyrogallussäure), kommt es zum Übertritt von Blutfarbstoff ins Serum. Erst beträchtlich erhöhter Serumhämoglobingehalt führt zu Hämaturie, da geringe Mengen Hämoglobin im Blute retiniert werden.

Hämatoporphyrin, dessen Auftreten im Urin nach Lorchelvergiftung, Toluylendiamin und Kalium-chloricum-Vergiftung bekannt ist, konnte nicht im Plasma nachgewiesen werden (PAPENDIECK[4]); ebenso fand BINGOLD[5] im Normalblut niemals Hämatin. Bei perniziöser Anämie, akuter gelber Leberatrophie, Tubarabort, puerperaler Eklampsie, Malaria sowie bei puerperaler Gasbacillensepsis soll jedoch eine Hämatinämie auftreten. Kalium chloricum, Dinitrobenzol, Maretin und Essigsäure bedingen ebenfalls in vivo einen Blutfarbstoffabbau bis zum Hämatin (BINGOLD[6]).

Methämoglobin fand sich in Spuren bei Vergiftung mit Kalium chloricum und Amylnitrit.

Urobilin. Von älteren Autoren wurde versucht, Urobilin mittels Zinkchlorid und Ammoniak nachzuweisen, und zwar teils im nativen Serum, teils in dessen

[1] THANNHAUSER: Klin. Wochenschr. Nr. 17, S. 858. 1922.
[2] ADLER, E., u. STRAUSS: Zeitschr. f. d. ges. exp. Med. Bd. 44, S. 1. 1924.
[3] v. LIPPMANN, R.: Verhandl. d. dtsch. Ges. f. inn. Med. S. 484. 1921.
[4] PAPENDIECK: Hoppe-Seylers Zeitschr. f. physiol. Chem. Bd. 136, S. 293. 1924.
[5] BINGOLD: Verhandl. d. dtsch. Kongr. f. inn. Med. 1922.
[6] BINGOLD: Klin. Wochenschr. Jg. 5, S. 1550. 1926 (hier Zitate).

Äther- oder Chloroformauszug. Neuere Untersucher benutzten das SCHLESINGER-sche Reagens. TROISIER[1], LEHNDORFF[2], STRAUSS und HAHN[3] fanden Urobilin in allen Seren von Gesunden. Ebenso soll im Leichenblut nach BIFFI[4], MOELLER[5] (unter BLEICHROEDER) fast immer Urobilin vorhanden sein. Dagegen erhielten SYLLABA[6], HILDEBRANDT[7], ROTH und HERZFELD[8], AUCHÉ[9] u. a. niemals eine positive Fluorescenzprobe mit SCHLESINGERS Reagens im *frischen* Plasma oder Serum.

Bei einigen Erkrankungen wurde verschiedentlich Urobilin im Blut gefunden, so vereinzelt bei Lungenentzündung (v. JAKSCH[10], HILDEBRANDT[7], HIJMANS v. D. BERGH und SNAPPER[11], WILBUR und ADDIS[12], FROMHOLDT und NERSES-SOFF[13], WESTER[14] u. a.), bei Lungeninfarkten (D. GERHARDT[15]), bei Leberkrank-heiten, Appendicitis und Herzfehlern (FROMHOLDT und NERSESSOFF[13]).

WELTMANN und LOEWENSTEIN[16] studierten die Beziehungen zwischen Uro-bilinurie und Urobilinämie und teilten mit, daß Urobilin regelmäßig nachzu-weisen sei bei croupöser Pneumonie, ferner bei dekompensierten Herzfehlern mit stärkerer Urobilinausscheidung im Harn. Auch in Fällen von Cholelithiasis mit Urobilinurie war die SCHLESINGERsche Reaktion im Serum stark positiv. Icterus simplex, im Beginn und am Ende der Gelbsucht, ging indessen nur selten mit Urobilinämie einher. WELTMANN und LOEWENSTEIN[16] heben besonders hervor, daß nicht immer ein Parallelismus bestehe zwischen Urobilinurie und Urobilin-ämie, und suchten diesen Befund mit dem jeweiligen kolloidalen Zustand des Serums zu erklären: Sind die Serumeiweißkörper mehr nach der feindispersen Phase verschoben, dann läßt sich kein Urobilinbefund im Blut feststellen, über-wiegt der grobdisperse Anteil, dann tritt bei der SCHLESINGERschen Probe Fluorescenz auf (s. auch E. ADLER und L. STRAUSS[17]).

Urobilinogen wurde mit Hilfe der EHRLICHschen Aldehydreaktion geprüft. E. ADLER und HILGENFELDT[18] zeigten eindeutig auf spektrophotometrischem Wege, daß die positive Aldehydreaktion im Serum durchaus nicht spezifisch für den Leukofarbstoff, sondern dem Tryptophananteil des Serumeiweißes zu-zuschreiben ist. Der positive Ausfall der Reaktion ist abhängig von dem Koagu-lationsgrad des Serums. Die Reaktion ist deutlich positiv bei allen Fällen von croupöser Pneumonie, bei schweren Herzinsuffizienzen mit Lungenanschoppung, Körperauflösungszuständen und wahrscheinlich bei akuten Entzündungsvor-

[1] TROISIER: Cpt. rend. des séances de la soc. de biol. Bd. 66, S. 739. 1909.

[2] LEHNDORFF: Prager med. Wochenschr. 1912, H. 34.

[3] STRAUSS u. HAHN: Münch. med. Wochenschr. 1914, Nr. 45; Zentralbl. f. inn. Med. Jg. 41, Nr. 11, S. 193. 1920.

[4] BIFFI, U.: Folia haematol. 1906, Nr. 3, S. 189; 1907, Nr. 4, S. 533.

[5] MOELLER bei BLEICHROEDER: Berlin. klin. Wochenschr. 1909, Nr. 51. S. 2303.

[6] SYLLABA: Folia haematol. Jg. 1, S. 636; Dtsch. med. Wochenschr. 1912, H. 19, S. 900.

[7] HILDEBRANDT: Zeitschr. f. klin. Med. Bd. 59, H. 2 u. 4, S. 351. 1906; Münch. med. Wochenschr. 1909, Nr. 14 u. 15; 1910, Nr. 49.

[8] ROTH u. HERZFELD: Münch. med. Wochenschr. 1911, Nr. 29, S. 21.

[9] AUCHÉ: Cpt. rend. des séances de la soc. de biol. Bd. 67.

[10] v. JAKSCH: Münch. med. Wochenschr. 1911, Nr. 14, S. 747.

[11] HIJMANS v. D. BERGH u. SNAPPER: Dtsch. Arch. f. klin. Med. Bd. 110, H. 5 u. 6, S. 540. 1913.

[12] WILBUR u. ADDIS: Arch. of internal med. Bd. 13, S. 235. 1914.

[13] FROMHOLDT: Zeitschr. f. exp. Pathol. u. Therap. Bd. 9. 1911. — FROMHOLDT u. NERSESSOFF: Ebenda Bd. 11, S. 400. 1912.

[14] WESTER: Zeitschr. f. Tiermed. Bd. 16, S. 467. 1912.

[15] GERHARDT, D.: Inaug.-Dissert. Berlin 1889; Zeitschr. f. klin. Med. Bd. 32, S. 303. 1897; Dtsch. med. Wochenschr. 1902, H. 48.

[16] WELTMANN u. LOEWENSTEIN: Wiener Arch. f. klin. Med. Bd. 6, S. 587. 1923.

[17] ADLER, E. u. L. STRAUSS: Zitiert auf S. 287.

[18] ADLER, E. u. HILGENFELDT: Zeitschr. f. klin. Med. Bd. 103, S. 614. 1926.

gängen im Lebergewebe (E. ADLER und HILGENFELDT[1]). Das stimmt im allgemeinen überein mit Beobachtungen von FROMHOLDT und NERSESSOFF[2], WESTER[3] u. a., die eine positive Serumaldehydprobe fanden bei Pneumonie, Leberkrankheiten und Kreislaufdekompensationen und diese Reaktion auf vorhandenes Urobilinogen bezogen.

Da jedoch die positive Aldehydprobe nicht nur Urobilinogen anzeigt, so werden die Forschungen über Urobilinogen im Blut erst dann wohlbegründet sein, wenn es gelingt, entweder dieses Chromogen auch in Spuren in eiweißfreies Filtrat zu extrahieren oder aber eine eindeutige Reaktion auf Urobilinogen im eiweißhaltigen Milieu (Plasma oder Serum) zu finden. Hierfür fehlen jedoch zur Zeit die genügenden experimentellen Grundlagen.

Lipochrome. Neben dem Bilirubin kommen als Serumfarbstoffe noch die Lipochrome in Betracht, deren chemische Natur wenig bekannt ist. Nach R. WILLSTÄTTER und W. MIEG[4] ist das Carotin ein Kohlenwasserstoff und dem Lutein des Eidotters nahe verwandt. Die Lipochrome sind löslich in Fetten, Äther, Petroleum-Äther, Aceton und Schwefelkohlenstoff. Aus Menschenserum ist das Pigment nach vorheriger Alkoholbehandlung mit Äther extrahierbar. Xanthophyll konnte im Hühnereigelb, Carotin im Fett nachgewiesen werden. SALOMON[6] zeigte die spektroskopische Übereinstimmung zwischen Serum- und Pflanzenlipochrom.

Der Lipochromgehalt des Blutes steht in engstem Zusammenhang mit dem der Nahrung (M. BÜRGER und A. REINHART[5], H. SALOMON[6]); füttert man Rinder mit pigmentloser Nahrung, so verringert sich der Carotingehalt des Serums beträchtlich, ebenso verliert das Blutserum von Hühnern sein Pigment bei Darreichung xanthophyllarmen Futters (PALMER[7]). Während Rinder und Hühner auf die Resorption der lipochromen Pigmente spezifisch eingestellt sind, vermag der Mensch beide Gruppen von Lipochromen zu assimilieren. Der Organismus der Tiere wie der Menschen ist jedoch schlechthin unfähig, Carotin und Lutein aufzubauen; die Lipochrome sind „streng exogene Stoffe" (HOFMEISTER[8]). Es gibt keine Krankheit, bei welcher *konstant* ein hoher oder erniedrigter Lipochromgehalt des Serums zu finden ist. Bei Diabetes ist der Gehalt an diesen Farbstoffen oft, aber nicht immer, erhöht (Xantosis diabetica; A. A. HIJMANS V. D. BERGH und J. SNAPPER[9]). Die physiologische Bedeutung der Lipochrome ist unerforscht.

8. Der Blutzucker.
Zusammenfassende Darstellungen.

BANG, I.: Der Blutzucker. Wiesbaden 1913. — v. NOORDEN, C., u. S. ISAAC: Die Zuckerkrankheit und ihre Behandlung. 8. Aufl. Berlin 1927. — OPPENHEIMER, CARL: Handb. der Biochemie des Menschen und der Tiere. Bd. VIII. B IV A. MAGNUS-LEVY: Die Kohlehydrate im Stoffwechsel.

Über keinen Bestandteil des Blutes ist in den letzten 50 Jahren so viel geforscht und geschrieben worden wie über den Blutzucker. Er bildet den

---

[1] ADLER, E. u. HILGENFELDT: Zitiert auf S. 288.

[2] FROMHOLDT u. NERSESSOFF: Zitiert auf S. 288.   [3] WESTER: Zitiert auf S. 288.

[4] WILLSTÄTTER, R. u. MIEG, W.: Ann. d. Chemie Bd. 355, S. 1. 1907.

[5] BÜRGER u. REINHART: Dtsch. med. Wochenschr. Nr. 16. 1919; Zeitschr. f. d. ges. exp. Med. Bd. 7, S. 119. 1919.

[6] SALOMON, H.: Wien. klin. Wochenschr. Jg. 32, S. 495. 1919; Münch. med. Wochenschr. Jg. 21. 1919.

[7] PALMER: Journ. of biol. chem. Bd. 23, S. 261. 1915; Bd. 27, S. 27. 1916. — PALMER u. KEMPSTER: Ebenda Bd. 39, S. 299. 1919.

[8] HOFMEISTER: Ergebn. d. Physiol. Bd. 16, S. 1. 1918.

[9] HIJMANS V. D. BERGH u. SNAPPER: Dtsch. Arch. f. klin. Med. Bd. 110, H. 5/6, S. 540. 1913.

Mittelpunkt der Lehre vom normalen Kohlehydratstoffwechsel und von der Pathogenese des Diabetes mellitus.

Dobson[1] fand am Ende des 18. Jahrhunderts, daß das Blutserum der Zuckerkranken süßlich schmeckt; jedoch gelang erst der sichere Nachweis des Zuckers im Blut den beiden Heidelberger Forschern Tiedemann und Gmelin[2] im Jahre 1831 dadurch, daß sie eine positive Gärungsprobe im alkoholischen Extrakte des Blutes fanden.

Cl. Bernard[3] (1848) wies im Blutserum des rechten Herzens Zucker nach. Die ersten quantitativen Analysen für Tierblut stammen von Chauveau[4]. Aber exakte Untersuchungen waren erst dann gegeben, als man erreichte, die relativ kleinen Blutzuckermengen von der großen Quantität der Bluteiweißkörper technisch zu trennen.

Ursprünglich wurde das Blut durch absoluten Alkohol oder nach der Methode von Schenck (Behandlung mit 5% $HgCl_2$ und 2 bis 4% HCl) oder nach dem Verfahren von Michaelis und Rona mit kolloidalem Eisenhydroxyd enteiweißt, im Vakuum auf ein kleines Volumen eingeengt und dann auf titrimetrischem bzw. polarimetrischem Wege quantitativ bestimmt. Einen wesentlichen Fortschritt bedeutet die Möglichkeit, in wenigen Blutstropfen Blutzuckeranalysen auszuführen. Am meisten geübt wurde bis vor ganz kurzer Zeit das Mikroverfahren von Bang[5], das 1912 zum ersten Male veröffentlicht wurde.

Prinzip: Einige Blutstropfen werden in ein vorher gewogenes Filtrierpapierchen eingesogen und das Gewicht des aufgenommenen Blutes sofort auf der Torsionswage festgestellt. Daraufhin Extraktion des Blutzuckers nach Fällung des Eiweißes mit Uranylacetat. Nach Zusatz von alkalischer Kupferlösung wird die abgegossene Flüssigkeit zwei Minuten in der Siedehitze reduziert und das durch Kaliumchlorid in Lösung gehaltene Kupferoxydul titrimetrisch bestimmt.

Cohn und Wagner[6] haben eine überaus brauchbare praktische Modifikation angegeben, die allen billigen Anforderungen jetzt genügt. Seit einigen Jahren habe ich für Reihenuntersuchungen lediglich die Methode von Hagedorn und Jensen[7] verwendet.

Prinzip: Aus der Fingerkuppe oder Ohrläppchen werden mit einer Capillarpipette von 0,1 ccm Inhalt $^1/_{10}$ ccm Blut entnommen, die Eiweißkörper durch eine kolloidale Lösung von Zinkhydroxyd 3 Minuten in der Siedehitze enteiweißt, das klare zuckerhaltige Filtrat mit Ferricyankalium versetzt, 15 Minuten in ein kochendes Wasserbad gebracht, abgekühlt und das nicht gebrauchte rote Blutlaugensalz zurücktitriert.

Der im normalen Blute von Tier und Mensch enthaltene Zucker ist der Traubenzucker, Dextrose. (S. Konstitutionsformeln S. 291 oben.)

In neuerer Zeit ist von Winter und Smith[8] behauptet worden, daß der Blutzucker nicht d-Glykose sei (stabiler Gleichgewichtszucker der α- und β-Form), sondern eine hypothetische Reaktionsform, sog. γ-Glykose. Die meisten Autoren verneinen jedoch die Existenz der γ-Glykose (Mozotowski[9], Visscher[10], Denis und Hume[11], Laquer[12] u. a.).

---

[1] Dobson: Zitiert nach I. Bang: Der Blutzucker. Wiesbaden 1913.

[2] Tiedemann u. Gmelin: Die Verdauung nach Versuchen. Heidelberg u. Leipzig 1831.

[3] Bernard, Cl.: Cpt. rend. hebdom. des séances de l'acad. des sciences 1876. (Hier geschichtliche Daten und auch ältere Literatur über Blutzucker).

[4] Chauveau: Cpt. rend. hebdom. des séances de l'acad. des sciences Bd. 42, S. 1008. 1856.

[5] Bang, I.: Mikromethode zur Blutuntersuchung. München 1920.

[6] Cohn u. Wagner: Biochem. Zeitschr. Bd. 160, H. 1—3, S. 43—51. 1925.

[7] Hagedorn u. Jensen: Biochem. Zeitschr. Bd. 135, S. 46. 1923.

[8] Winter u. Smith: Journ. of physiol. Bd. 57, S. 100. 1922; Brit. med. journ. S. 894 u. 711. 1923.

[9] Mozotowski: Cpt. rend. des séances de la soc. de biol. Bd. 90, S. 311. 1924.

[10] Visscher: Americ. journ. of physiol. Bd. 68, S. 135. 1924.

[11] Denis u. Hume: Journ. of biol. chem. Bd. 60, S. 603. 1924.

[12] Laquer, F.: Klin. Wochenschr. Jg. 4, Nr. 12, S. 560 u. Nr. 13, S. 604. 1925.

Konstitutionsformeln.

Aldehydformel.   Glucosidformel.

$$
\begin{array}{ccc}
\text{C}\!\!\diagup^{\!\!\text{O}}_{\!\!\diagdown\text{H}} & \text{H}-\text{C}-\text{OH} & \text{OH}-\text{C}-\text{H} \\
\text{H}-\text{C}-\text{OH} & \text{H}-\text{C}-\text{OH} & \text{H}-\text{C}-\text{OH} \\
\text{OH}-\text{C}-\text{H} & \text{OH}-\text{C}-\text{H}\Big>\!\text{O} & \text{OH}-\text{C}-\text{H}\Big>\!\text{O} \\
\text{H}-\text{C}-\text{OH} & \text{H}-\text{C} & \text{H}-\text{C} \\
\text{H}-\text{C}-\text{OH} & \text{H}-\text{C}-\text{OH} & \text{H}-\text{C}-\text{OH} \\
\text{CH}_2\text{OH} & \text{CH}_2\text{OH} & \text{CH}_2\text{OH} \\
d\text{-Glucose.} & \alpha\text{-Glucose.} & \beta\text{-Glucose.}
\end{array}
$$

THANNHAUSER und JENKE[1] lehnen zwar die γ-Glykose ebenfalls ab, immerhin weisen sie der α-Glykose eine bevorzugte biologische Bedeutung zu. Diese Befunde konnten indessen nicht bestätigt werden (PLANNELES und LIPMANN[2]). O. WARBURG[3] prüfte im biologischen Experiment verschiedene Kohlehydrate auf ihre glykolytische Spaltbarkeit und beobachtete keinen Unterschied zwischen α- und β-Glykose.

LAQUER[4] kommt in einer jüngst erschienenen kritischen Zusammenstellung zu dem Ergebnis, daß „nach dem bisher vorliegenden Material die vorherrschende Meinung nicht erschüttert sei, daß der Blutzucker aus Traubenzucker (d-Glykose) bestehe". Von anderen Kohlehydraten kommen gelegentlich Fruchtzucker vor, bei sog. Lävulosurikern sowie selten Milchzucker, Sacharose oder Maltose. Glykogen ist vereinzelt in geringen Quantitäten nachgewiesen worden (HUPPERT[5], KAUFMANN[6], SCHÖNDORFF[7]). Die Mengen schwanken zwischen 2,5 mg beim Normaltier (KAUFMANN[6]) und 6 mg bei reicher Kohlehydratzufuhr (SCHÖNDORFF[7]).

In diesem Zusammenhang muß auf die Tatsache eingegangen werden, daß neben Glucose auch noch andere reduzierende Substanzen im Blut vorkommen. Es hat sich nämlich gezeigt, daß nach Vergärung des Zuckers im Blut noch Stoffe vorhanden sind, die alkalische Metallsalzlösungen reduzieren. Man bezeichnet dieses nach Vergärung noch verbleibende Reduktionsvermögen des Blutes als „*Restruktion*" *(R.-R.)*.

Über die Frage der Restreduktion ist zwar in den letzten 15 Jahren eine große Literatur entstanden, immerhin ist dieses Problem noch nicht endgültig geklärt.

EGE[8] konnte nachweisen, daß sowohl im Blut von Gesunden als auch von Kranken, selbst nach Fällung der Eiweißkörper, Verbindungen vorkommen, welche die Reduktionsbestimmungen von Glucose im Blut erhöhen. Nach FEIGL[9], STEPP[10] u. a. beteiligen sich an der R-R gleicherweise stickstoffhaltige und N-freie Substanzen. Freilich gelingt es bei Anwendung gewisser Eiweiß-

---

[1] THANNHAUSER u. JENKE: Münch. med. Wochenschr. Jg. 71, S. 196. 1924.
[2] PLANNELES u. LIPMANN: Biochem. Zeitschr. Bd. 151, S. 98. 1924.
[3] WARBURG, O.: Über den Stoffwechsel der Tumoren. S. 122. Berlin 1926.
[4] LAQUER, F.: Zitiert auf S. 290.
[5] HUPPERT: Hoppe-Seylers Zeitschr. f. physiol. Chem. Bd. 18, S. 144. 1894.
[6] KAUFMANN: Cpt. rend. des séances de la soc. de biol. Bd. 48, S. 217. 1895.
[7] SCHÖNDORFF: Pflügers Arch. f. d. ges. Physiol. Bd. 99. 1903.
[8] EGE: Biochem. Zeitschr. Bd. 107, S. 229. 1920.
[9] FEIGL: Biochem. Zeitschr. Bd. 77, S. 189. 1916.
[10] STEPP: Ergebn. d. Physiol. Bd. 20, S. 108. 1922.

fällungsmethoden (z. B. mit Phosphorwolframsäure nach Reid Waymouth[1], Oppler[2] u. a.), die stickstoffhaltigen reduzierenden Substanzen fast ganz zu entfernen.

Folgende Krystalloide reduzieren Kupfer in alkalischer Lösung (Prinzip der Titrationsmethoden nach Fehling, Allihn, Pavy, Bertrand, Bang u. a.[3]):

N-haltig		N-frei
Kreatin	Hexosen	Homogentisinsäure
Kreatinin	Pentosen	Adrenalin
Harnsäure und andere Purine	Dihexosen (mit Ausnahme	Aldehyde
Aminosäuren	von Rohrzucker)	Glucuronsäuren

Feigl[4] hat berechnet, daß unter pathologischen Bedingungen einzelne reduzierende Glieder des Reststickstoffs für die R-R bedeutungsvoll sein können. Nach den Untersuchungen von Moritz[5] reduziert 100 g Harnsäure NH_3 haltige Fehlingsche Lösung wie 54,3 g Zucker; 4 Mol. Kreatinin haben die gleiche Reduktionskraft wie 2 Mol. Zucker (Johnson[6]). Fällt man jedoch den „nicht vergärbaren Zucker" *fraktioniert* aus, dann erhält man recht niedrige Werte für die R-R (Feigl[7]).

Griesbach und Strassner[8] haben im Embdenschen Laboratorium die Polarisationswerte und Titrationszahlen (nach drei verschiedenen Methoden gleichzeitig) von Mensch- und Hundeblut miteinander verglichen. In zwei Fällen von Normalen und vier Fällen von Nierenkranken fanden sie befriedigende Übereinstimmung der Polarisations- und Reduktionswerte. Auch Cooper und Walker[9] bewiesen, daß bei Anwendung der Methode von MacLean[10] die reduzierende Fähigkeit des Blutes *nur* auf Anwesenheit von Zucker beruht (auch als Glucosazon identifiziert).

In eingehenden Untersuchungen kommt Ege[11] zu dem Ergebnis, daß die Restreduktion ganz außerordentlich klein ist; ihre Größe ist abhängig von der benutzten Methode. Bei Anwendung von Bertrands Verfahren beträgt sie normalerweise 0,005%, kann jedoch bei Hyperglykämien bis auf 0,03% steigen. Die Bangsche Hydroxylaminmethode (Makroanalyse) ergibt bei Gesunden 0,02 bis 0,04%, d. h. 20 10% der Totalreduktion. Im Mikroprozeß nach Bang ist die R-R beim Kaninchen, Rind und Mensch sehr gering, im Durchschnitt 0,004—0,005%; zieht man hiervon die noch nicht vergorene Glucose ab, so liegt der wahre Wert etwa 0,001—0,002% niedriger. Auch ist zu berücksichtigen, daß ein Teil der R-R von hinzugesetzter Hefe herrührt (P. Mayer[12]), und daß ein anderer Teil von der nicht vollständig vergorenen Glucose stammt (Ege[11]). Andere Autoren finden normalerweise stets R-R von höherer Größenordnung; Hiller und van Slyke[13] 0,03%, Folin und Svedberg[14] mit Folins Kupfermethode sogar 5—6 mg in 100 ccm Blut.

---

[1] Waymouth, Reid: Journ. of physiol. Bd. 20, S. 316. 1896.
[2] Oppler: Hoppe-Seylers Zeitschr. f. physiol. Chem. Bd. 64, S. 393. 1910.
[3] Siehe Hoppe-Seyler-Thierfelder: Handb. der physiologisch-pathologisch-chemischen Analyse, 9. Aufl. Berlin 1924.
[4] Feigl: Zitiert auf S. 291.
[5] Moritz: Dtsch. Arch. f. klin. Med. Bd. 46, S. 243. 1890.
[6] Johnson: Zitiert nach Asher: Zentralbl. f. Physiol. Bd. 19, Nr. 14, S. 449. 1905.
[7] Feigl: Biochem. Zeitschr. Bd. 112, H. 1/3, S. 51. 1920.
[8] Griesbach u. Strassner: Hoppe-Seylers Zeitschr. f. physiol. Chem. Bd. 88, S. 199. 1913.
[9] Cooper und Walker: Biochem. journ. Bd. 5, Nr. 3, S. 415. 1921; Bd. 16, Nr. 4. 1922.
[10] Mac Lean: Biochem. journ. Bd. 13, S. 135. 1919.
[11] Ege: Zitiert auf S. 291.
[12] Mayer, P.: Biochem. Zeitschr. Bd. 50. 1913.
[13] Hiller u. van Slyke: Journ. of biol. chem. Bd. 68, Nr. 2. 1926.
[14] Folin, O. u. A. Svedberg: Journ. of biol. chem. Bd. 70, S. 405. 1926.

Die Restreduktion ist die gleiche im arteriellen und venösen Blut (EGE[1]) und von demselben Umfang im Plasma wie in den Blutkörperchen (EGE[1], FOLIN und SVEDBERG[2]).

Im aseptisch gewonnenen und eingeengten Ultrafiltrat aus Gesamtblut und Plasma vom Schwein, Schaf oder Ochsen wollen ANDERSON, BRUCE und CARRUTHERS[3] stets höhere Reduktion als Drehung gefunden haben. Die Polarisation bleibt 4 Tage konstant. Wenn das Ultrafiltrat 30 Minuten mit starker Salzsäure auf 100 Grad erhitzt wird, so ruft diese eine Erhöhung der Drehung hervor, ohne den Reduktionswert zu ändern.

STEPP[4] fand bei vergleichender Bestimmung der Reduktion, der Polarisation und der Gärungszahlen des Blutes, daß letztere in den meisten Fällen und zwar sowohl bei Normalen wie bei Diabetikern und Nephritikern sehr gut übereinstimmen. Er bezog die durch Polarisation und Gärung gewonnenen Werte auf den „wahren Blutzucker". Die höheren Reduktionszahlen beruhen auf der Anwesenheit von nicht zuckerartigen reduzierenden Verbindungen, und zwar von Glucuronsäuren (die auch schon früher von P. MAYER[5] im Tierblut nachgewiesen worden waren) und von Acetaldehyd (STEPP und FEULGEN[6]).

Die höchsten bei Diabetikern gefundenen Mengen von Acetaldehyd waren — als Glucose berechnet — 69 mg. Der wirkliche Blutzuckerwert liegt nach STEPP[4] um 20—30% tiefer als der durch die gewöhnlichen Reduktionsmethoden ermittelte.

Im Insulinshock beobachteten HILLER, LINDER und VAN SLYKE[7], daß der vergärbare Zucker vollkommen verschwand, während der „non glucosesugar" unverändert blieb. ERNST und FOERSTER[8] hingegen fanden im hypoglykämischen Zustand nach Insulininjektion, selbst bei ganz niedrigen Blutzuckerwerten, eine durch Polarisation gut nachweisbare Dextrosemenge (51 bis 76% sämtlicher reduzierender Substanzen). FOLIN und SVEDBERG[2] berichten sogar, daß nach Einspritzung von 9—10 Insulineinheiten bei nüchternen Gesunden der nicht vergärbare Zucker deutlicher absank als die Glucose.

Adrenalininjektionen von 0,8—1 mg sollen nach FOLIN und SVEDBERG[2] bei nüchternen Versuchspersonen den gärungsfähigen Zucker stärker und rascher erhöhen als die R-R.

Nach HILLER, LINDER und VAN SLYKE[7] kann indessen in manchen Fällen von Glomerulonephritis mit hohem Reststickstoff im Blut, ferner im Zustand der Urämie (EGE[9]) die R-R deutlich ansteigen. Bei Kaninchen häuft sich 3 Tage nach der Entfernung beider Nieren die R-R auf Werte von 0,028—0,035% an (EGE[9]). Andere Forscher fanden jedoch bei pathologischen Fällen keine Beziehung zwischen dem Gehalt des Blutes an reduzierenden Verbindungen und dem R.N. (PRIBRAM und KLEIN[10]).

Nach den Versuchen von FOLIN und SVEDBERG[2] ist bei zuckerkranken Menschen selbst mit beträchtlichem Glucoseniveau des Blutes die R-R im Durchschnitt nicht höher als der von ihnen gefundene Normalwert (5—6 mg-%).

---

[1] EGE: Zitiert auf S. 291.   [2] FOLIN u. SVEDBERG: Zitiert auf S. 292.
[3] ANDERSON, BRUCE u. CARRUTHERS: Biochem. journ. Bd. 20, Nr. 3. 1926.
[4] STEPP: Zitiert auf S. 291.
[5] MAYER, P.: Hoppe-Seylers Zeitschr. f. physiol. Chem. Bd. 32, S. 518. 1901.
[6] STEPP u. FEULGEN: Hoppe-Seylers Zeitschr. f. physiol. Chem. Bd. 144, S. 301. 1921.
[7] HILLER, LINDER u. VAN SLYKE: Journ. of biol. chem. Bd. 64, Nr. 3. 1925.
[8] ERNST u. FÖRSTER: Biochem. Zeitschr. Bd. 169, S. 498. 1926.
[9] EGE: Journ. of biol. chem. Bd. 68, Nr. 2, S. 317. 1922.
[10] PRIBRAM u. KLEIN: Zentralbl. f. inn. Med. Jg. 45, Nr. 42. 1924.

Noch immer ist die Frage unentschieden, in welcher chemischen Bindung der Traubenzucker im Blute kreist. Während der größte Teil der Forscher die Anschauung vertritt, daß der Zucker ausschließlich frei im Plasma vorkomme (L. ASHER[1], MICHAELIS und RONA[2], I. I. ABEL, L. ROWNTREE und B. TURNER[3], FR. SCHENCK[4]), halten französische Autoren an dem „sucre virtuel" von LÉPINE und BOULUD[5] fest (BIERRY und RATHÉRY[6]). Der normale Zuckerspiegel des Menschen ist nur wenig veränderlich. Aus der älteren Literatur sei nebenstehende Tabelle aufgeführt[7].

Verfasser	Zuckergehalt des Blutes in %
NAUNYN	0,07—0,10
KLEMPERER	0,08—0,11
LIEFMANN und STERN	0,07—0,11
HOLLINGER	0,07—0,10
BANG	0,10—0,11
LEIRE	0,06—0,11
FRANK	0,08—0,11

Auf Grund einer großen Anzahl neuester Untersuchungen liegt bei den meisten Individuen der Nüchternblutzuckerwert zwischen 0,07 bis 0,11 g-% (C. v. NOORDEN und S. ISAAC u. a.). Beim Säugling ist das normale Blutzuckerniveau bei 0,08 bis 0,09 g-% (A. BERGMARK[8], G. MOGWITZ[9], A. MÄRZ und E. ROMINGER[10] u. a.); zwischen dem 7. und 8. Lebensjahrzehnt durchschnittlich bei 0,106 g-% (v. NOORDEN und ISAAC, I. BANG).

Das Geschlecht an sich verändert den Blutzucker nicht; nur in der Gravidität und während der Lactationsperiode kommen zuweilen Blutzuckererhöhungen physiologischerweise vor (I. BANG). Ebenso sind klimatische Verhältnisse für den Menschen belanglos. Bei Tieren dagegen, sowohl bei Warmblütern als bei Kaltblütern, übt die Temperatur offenbar einen Einfluß auf den Blutzuckergehalt aus. Doch sind die Befunde der einzelnen Forscher durchaus widersprechend (I. BANG). Im Tierreich sind die Ergebnisse der Blutzuckerbestimmung wechselnd und schwanken je nach Untersuchern in verhältnismäßig weiten Grenzen. In der folgenden Tabelle ist die aus der BANGschen Monographie entnommene Übersicht wiedergegeben.

Tierart	B. Z.	Tierart	B. Z.
Rind	0,08%	Ente	0,15%
Pferd	0,08%	Gans	0,15%
Schaf	0,07%	Huhn	0,20%
Ziege	0,08%	Salamander	0,14%
Schwein	0,07%	Frosch	0,029% (Winterfrosch)
Kaninchen	0,10%	R. esc. u. R. temp.	0,04% (Frühjahr- u. Herbstfrosch)
Meerschweinchen	0,12%		
Hund	0,16% (?)	Karpfen	0,12%
Katze	0,15% (?)	Lamellibranchiata	Spuren

[1] ASHER, L.: Zentralbl. f. Physiol. 1905, S. 449.
[2] MICHAELIS u. RONA: Biochem. Zeitschr. Bd. 14, S. 476. 1908.
[3] ABEL, I. I., ROWNTREE, L., u. B. TURNER: Journ. of pharmacol. a. exp. therapeut. Bd. 5, S. 275. 1914.
[4] SCHENCK, FR.: Pflügers Arch. f. d. ges. Physiol. Bd. 46, S. 607 u. Bd. 47, S. 621. 1890.
[5] LÉPINE u. BOULUD: Cpt. rend. des séances de la soc. de biol. Bd. 137, 144 u. 147; Journ. de physiol. et de pathol. gén. Bd. 11, 13 u. 17.
[6] BIERRY u. RATHÉRY: Cpt. rend. hebdom. des séances de l'acad. des sciences Bd. 172, S. 1445. 1921.
[7] Siehe BANG: Der Blutzucker, S. 30. Wiesbaden 1913.
[8] A. BERGMARK, Jahrb. f. Kinderheilk. Bd. 80, S. 373. 1914.
[9] MOGWITZ, G.: Monatsschr. f. Kinderheilk. Bd. 12, S. 569. 1914.
[10] MÄRZ, A. u. E. ROMINGER: Blutzucker bei Kindern. Arch. f. Kinderheilk. Bd. 69, H. 2. 1921.

9. Verteilung des Blutzuckers im Blut.

Sowohl für die Physiologie als auch für die Pathologie des Blutzuckers ist die Frage seines Transports in der Blutflüssigkeit nicht ohne Bedeutung: v. MERING[1], OTTO[2], ABDERHALDEN[3] u. a. meinten, daß die Erythrocyten vollkommen zuckerfrei seien. Aus dem Institut von H. J. HAMBURGER in Groningen wurde berichtet, daß sowohl die Froschkörperchen (R. BRINKMAN und VAN DAM[4]) als auch die Blutkörperchen des Menschen und des Kaninchens für Glucose impermeabel seien (VAN CREVELD und R. BRINKMAN[5]). Andere Forscher hingegen kamen auf Grund vorsichtigster Methodik zu dem Resultat, daß sowohl im Plasma als auch in den roten Blutkörperchen Dextrose nachzuweisen sei (MICHAELIS und RONA[6], RONA und DÖBLIN[7], HOLLINGER[8], R. EGE[9], BRANN[10], E. FRANK und A. BRETSCHNEIDER[11], HÖGLER und UEBERRACK[12]. Namentlich M. HANSEN[13], E. WIECHMANN[14] u. a. konnten feststellen, daß die Verteilung des Blutzuckers zwischen Körperchen und Plasma beim nüchternen Menschen ungefähr gleich sei. Bei kalt- und warmblütigen Tieren dagegen ist die Verteilung im Gesamtblut wechselnd. Beim Schwein, Hammel, Kaninchen und der Gans sind die Erythrocyten völlig zuckerfrei (E. MAASING[15], A. LOEB[16]). Aber auch beim Menschen ist der Blutzuckergehalt der Erythrocyten unter verschiedenen normalen und krankhaften Bedingungen nicht konstant. So fanden E. FRANK[17] und C. TRAUGOTT[18], daß nach Verfütterung von Traubenzucker die Analysenzahlen im Plasma höher sind als in den Blutkörperchen. Doch ist der Ausgleich nach kurzer Zeit wieder hergestellt. Bei Blutzuckererhöhungen im Fieber, sowie bei seelischer Aufregung ist die Hyperglykämie im Plasma ausgesprochener als in den Erythrocyten; gleiche Verhältnisse finden wir bei Diabetikern (E. FRANK[17], E. WIECHMANN[14] u. a.).

Bei Austauschvorgängen des Kohlehydrats zwischen Blut und Gewebe kommt natürlich nur der Plasmazucker in Betracht; ebenso für die Ausscheidung des Zuckers aus der Niere (E. FRANK[17], C. TRAUGOTT[18]). Ein freier Durchtritt von Dextrose aus dem Gewebe in die roten Blutkörperchen und umgekehrt kommt nicht vor, insbesondere nicht beim Menschen, Hund, Kaninchen und Frosch (E. FRANK[17], R. HÖBER[19], VAN CREVELD und R. BRINKMAN[20]).

[1] v. MERING: Arch. f. (Anat. u.) Physiol. 1877.

[2] OTTO: Pflügers Arch. f. d. ges. Physiol. Bd. 35, S. 467. 1885.

[3] ABDERHALDEN: Hoppe-Seylers Zeitschr. f. physiol. Chem. Bd. 23, S. 521. 1897; Bd. 25, S. 67. 1898.

[4] BRINKMAN, R. u. VAN DAM: Arch. internat. de physiol. Bd. 15, S. 105. 1919.

[5] VAN CREVELD u. R. BRINKMAN: Biochem. Zeitschr. Bd. 119, S. 65. 1921.

[6] MICHAELIS u. RONA: Biochem. Zeitschr. Bd. 16, S. 60. 1909; Bd. 18, S. 375. 1909.

[7] RONA u. DÖBLIN: Biochem. Zeitschr. Bd. 31, S. 215. 1911.

[8] HOLLINGER: Biochem. Zeitschr. Bd. 17, S. 1. 1909.

[9] EGE, R.: Biochem. Zeitschr. Bd. 114, S. 188. 1921.

[10] BRANN, M.: Klin. Wochenschr. Jg. 1, S. 1103. 1922.

[11] FRANK, E. u. A. BRETSCHNEIDER: Hoppe-Seylers Zeitschr. f. physiol. Chem. Bd. 76, S. 226. 1912.

[12] HÖGLER u. UEBERRACK: Biochem. Zeitschr. Bd. 155, S. 123. 1925.

[13] HANSEN, M.: Acta med. scandinav. Suppl.-Bd. 4, S. 1. 1923.

[14] WIECHMANN, E.: Zeitschr. f. d. ges. exp. Med. Bd. 41, S. 462. 1924.

[15] MAASING, E.: Pflügers Arch. f. d. ges. Physiol. Bd. 149, S. 227. 1912.

[16] LOEB, A.: Biochem. Zeitschr. Bd. 49, S. 413. 1913.

[17] FRANK, E.: Hoppe-Seylers Zeitschr. f. physiol. Chem. Bd. 70, S. 129 u. 291. 1910/11.

[18] TRAUGOTT, C.: Klin. Wochenschr. Jg. 1, S. 892. 1922.

[19] HÖBER, R.: Biochem. Zeitschr. Bd. 45, S. 207. 1912.

[20] VAN CREVELD u. R. BRINKMAN: Biochem. Zeitschr. Bd. 119, S. 65. 1921. (Hier Literatur.)

Wird im Stoffwechsel Blutzucker zu energetischen Zwecken gebraucht oder zur Stapelung in die Gewebe abgegeben, so ist sein Durchtritt vom arteriellen ins Capillarblut erforderlich. Viele ältere und neuere Autoren haben sich deshalb mit vergleichenden Untersuchungen des Blutzuckers im arteriellen, venösen und Capillarblut befaßt. In der Vene ist nach Cl. Bernard[1] etwa 0,05 g-% weniger Zucker als im arteriellen Blut. Pavy[2] fand bei kohlehydratfreier Kost eine Differenz von 0,3 mg(!)-%. Nach neueren, auch eigenen Untersuchungen ist der Unterschied zuungunsten des Venenbluts endgültig auf 4 mg-% im Durchschnitt sichergestellt (I. E. Holst[3], G. L. Foster[4] u. a.). Nur nach Aufnahme von größeren Zuckermengen per os ist ein deutlicher Unterschied im Blutzuckergehalt zwischen Pfortaderblut und Lebervenenblut ermittelt worden (v. Mering[5], Pavy[2], R. Bleile[6], Seegen[7] u. a.). Diese Differenz wird durch die Vorstellung verständlich, daß der Zucker auf dem Wege vom Dünndarm zur Leber in der Vena portae gesammelt wird, um unter physiologischen Bedingungen als Glykogen abgelagert zu werden. Das Abflußblut der Leber ist deshalb zuckerärmer, doch ist bereits in der Vena cava inf. vor Eintritt in das rechte Herz das Normalniveau wieder erreicht. Deshalb ist der Blutzuckergehalt des Pfortaderbluts während des Hungerns nicht wesentlich anders wie in den übrigen Körpervenen (v. Mering)[8] Jüngst hat Gigon[9] mitgeteilt, daß in der ersten halben Stunde nach größeren Zuckergaben das Portalvenenblut nicht zuckerreicher sei als das Lebervenenblut, da die Glykogenpolymerisation erst frühestens etwa 30 Minuten nach der Zuckerresorption beginne.

Beim Gesunden ist selbst unter wechselnden äußeren Bedingungen der Zuckergehalt erstaunlich konstant. Er bewegt sich, wie oben dargelegt, bei demselben Menschen oder Tier nur innerhalb enger Grenzen. Der Zufluß an Zucker ins Blut und sein Verbrauch ist unter normalen Bedingungen fein ausbalanciert. Ernährung, mehrtägige Nahrungskarenz mit Glykogenschwund in der Leber, geringe Muskelarbeit usw. beeinflussen die Blutzuckerkonzentration kaum (Karen Marie Hansen[10]). Wie im einzelnen die Steuerung vor sich geht, ist noch Gegenstand der Diskussion. Man nimmt an, daß nervöse Einflüsse im Spiel sind (Cl. Bernard[11]) oder daß chemische Substanzen hierfür in Betracht kommen (d-Milchsäure nach v. Noorden[12]).

Elias[13] stellt sich vor, daß die Wasserstoffionenkonzentration im Blute dessen Zuckerhöhe bestimme. L. Pollak[14] meint, daß die Blutzuckerhöhe selbst den adäquaten Reiz für die Zuckerbalance bilde. Auch Hormone, vor allem das antagonistische Wechselspiel des Inkrets der Bauchspeicheldrüse und der Nebenniere werden als Blutzuckerregulatoren herangezogen.

---

[1] Bernard, Cl.: Le Diabète. Paris 1877.

[2] Pavy: On Diabetes. London 1869; Physiol. d. Kohlehydrate. Übersetzt von Grube. Leipzig 1895.

[3] Holst, I. E.: Zitiert nach Jahresberichten über die gesamte innere Med. u. ihre Grenzgebiete Bd. 22, S. 284. 1922.

[4] Foster: Journ. of biol. chem. Bd. 55, S. 291. 1923.

[5] v. Mering: Zitiert auf S. 295.

[6] Bleile, R.: Arch. f. Anat. (u. Physiol.) Bd. 59. 1879.

[7] Seegen: Diabetes mellitus. 3. Aufl. Berlin 1893. Gesammelte Abhandlungen über Zuckerbildung in der Leber. Berlin 1904.

[8] v. Mering: Zitiert auf S. 295.

[9] Gigon: Ergebn. d. Physiol. Bd. 24, S. 196. 1925; Zeitschr. f. klin. Med. Bd. 101, S. 17. 1924.

[10] Hansen, K. M.: Investigations on the blood sugar in man. Kopenhagen 1923.

[11] Bernard, Cl.: Zitiert auf S. 290.

[12] v. Noorden: Handb. d. Pathol. d. Stoffwechsels. Bd. II. 1907.

[13] Elias: Ergebn. d. inn. Med. u. Kinderheilk. Bd. 25, S. 192. 1924.

[14] Pollak, L.: Ergebn. d. inn. Med. u. Kinderheilk. Bd. 23, S. 337. 1923.

C. v. Noorden[1] und seine Schule[2] hatten mit unzureichender Methodik gefunden, daß nach Verabreichung von etwa 100 bis 400 g Traubenzucker bei Menschen und Säugern eine Erhöhung des Blutzuckers nicht auftritt. Mit der Mikromethode von Bang wurde später von zahlreichen Forschern übereinstimmend beobachtet, daß nach Genuß von 100 g Traubenzucker beim gesunden Menschen und Tier eine nicht unerhebliche Erhöhung des Blutzuckers statthat. Schon nach 10 Minuten steigt die Blutzuckerkurve steil an, erreicht dann stufenweise Werte von 0,18 bis 0,2 g-%, um nach 2 Stunden wieder zum Ausgangswert abzufallen, ja manchmal sogar tief unterhalb des Ausgangspunktes liegende Zahlen zu erreichen (posthyperglykämische Hypoglykämie) (E. Frank[3]).

Wird an Stelle von Traubenzucker Lävulose peroral verabreicht, so zeigt sich nach den grundlegenden Untersuchungen von S. Isaac[4], daß der Blutzucker kaum steigt (Maximalwert 0,12 g-%). Dieser Befund wurde von zahlreichen Nachuntersuchern ohne Einschränkung bestätigt (H. Maclin und de Wesselow[5], G. Hetényi[6], Bornstein und Holm[7], Folin und Berglund[8]).

Galaktose, das Spaltprodukt des Milchzuckers, verhält sich unter den gleichen Versuchsbedingungen verschieden. Während einige Forscher ganz geringe glykämische Reaktion nach Verabreichung dieses Monosaccharids beobachteten (H. Kahler und K. Machold[9], Folin und Berglund[8]), fanden Foster[10] und Leire[11] einen ganz erheblichen Anstieg der Blutzuckerkurve mit langsamem Abfall.

Nach Bleile[12] kommt es beim Hund nach Eingabe von größeren Saccharosemengen zu einer Blutzuckersteigerung von über 100%.

Mehlfrüchte steigern den Blutzucker in ähnlicher Weise wie Dextrose, nur ist infolge der langsamen Spaltung der Stärke und deren Resorption im Dünndarm das Blutzuckerdiagramm deutlich verbreitert (Welz[13], A. Jacobson[14], O. Strauss[15] unter S. Isaac). Bei Kohlehydratkarenz wird durch Eiweißkost allein der Blutzucker nicht verändert (Welz[13], Jacobson[14], Folin und Berglund[8] u. a.). Nach einer Fettmahlzeit sinkt sogar der Blutzuckerwert unterhalb der Ausgangsziffern (Labbé, M. und P. Theodorescu[16], A. Gigon u. a.[17]). In neueren Untersuchungen konnte unter bestimmten Bedingungen der Nachweis erbracht werden, daß bei Menschen nach Eingabe von fetten Ölen durch den Duodenalschlauch eine erhebliche Senkung des Blutzuckerspiegels erreicht wird (E. Adler[18]).

Die experimentell erzeugbaren Hyperglykämien kommen entweder dadurch zustande, daß parenteral Zucker in den Körper eingeführt wird, weiter durch direkte oder indirekte Reizung des zentralen Sympathicus, durch pharmakologische

---

[1] v. Noorden: Handb. d. Pathol. d. Stoffwechsels. Bd. II, S. 69. 1907.
[2] Liefmann u. Stern: Biochem. Zeitschr. Bd. 1, S. 229. 1906.
[3] Frank, E: Hoppe-Seylers Zeitschr. f. physiol. Chem. Bd. 70, S. 291. 1910/11.
[4] Isaac, S.: Med. Klinik Jg. 16, Nr. 47, S. 1207. 1920.
[5] Maclin, H. u. de Wesselow: Quart. journ. of med. Bd. 14, S. 103. 1921.
[6] Hetényi, G.: Dtsch. med. Wochenschr. Jg. 48, Nr. 36, S. 1200. 1922.
[7] Bornstein u. Holm: Biochem. Zeitschr. Bd. 130, S. 209. 1922.
[8] Folin u. Berglund: Journ. of biol. chem. Bd. 51, S. 209. 1922 u. Bd. 61, S. 241. 1922.
[9] Kahler, H. u. K. Machold: Wien. klin. Wochenschr. Jg. 35, Nr. 18, S. 414. 1922.
[10] Foster: Zitiert auf S. 296.
[11] Leire: Zitiert nach I. Bang: Blutzucker usw.
[12] Bleile: Zitiert auf S. 296.
[13] Welz: Arch. f. exp. Pathol. u. Pharmakol. Bd. 73, S. 159. 1913.
[14] Jacobson, A.: Biochem. Zeitschr. Bd. 51, S. 443. 1913.
[15] Strauss, O.: Inaug.-Dissert. Frankfurt a. M. 1920.
[16] Labbé, M. u. P. Theodorescu: Ann. de med. Bd. 14, S. 67. 1923.
[17] Gigon, A: Zitiert auf S. 296.
[18] Adler, E.: Verhandl. d. dtsch. Ges. f. inn. Med. Bd. 36, S. 108. 1924.

Agenzien oder auf operativem Wege und endlich durch nicht über den Sympathicus gehende Eingriffe.

Intravenöse Zuckerinjektionen ergaben nach v. Brazol[1] beim Hunde bereits nach 2 Minuten das Maximum von 0,9 bis 1,6 %, gegenüber 0,08 bis 0,11 % vor der Einspritzung. Die Hyperglykämie war nach 1 bis 2 Stunden wieder ausgeglichen.

Beim Kaninchen erreichte unter den gleichen Versuchsbedingungen der Blutzucker augenblicklich Werte von 1 % und darüber, sank jedoch rasch wieder ab, um nach 2 Stunden wieder den Anfangswert zu erreichen (Pavy[2]). Thannhauser und Pfitzer[3] injizierten dem gesunden Menschen Traubenzucker intravenös und beobachteten einen steilen Anstieg der Blutzuckerkurve mit schnellem Abfall auf das Normalniveau nach $^1/_4$ Stunde. Subcutane Einfuhr von Glykose ergab nach Lépine[4] ebenfalls einen Zuckerüberschuß im Blut, jedoch mit erheblich langsamerem Rückgang der Blutzuckerwerte zur Norm.

Nach subcutaner *Adrenalininjektion* fanden Zülzer[5] beim Hund und der Katze und besonders Metzger[6] beim Kaninchen ganz außerordentlich hohe Steigerung des Blutzuckerwertes. Bei intravenöser Injektion ist die Hyperglykämie, vermutlich infolge von Gefäßkrampf, erheblich geringer (Pollak[7, 8], Straub[9] u. a.). Beim Menschen steigt der Blutzucker nach 0,5 bis 1 mg Adrenalin (subcutan) schon nach etwa 10 Minuten deutlich an, erreicht nach einer Stunde den Gipfelpunkt, von der Hälfte bis zur Doppelzahl der Ausgangsziffer, um nach 3 bis 6 Stunden wieder zu seinem präformierten Wert zu sinken (O. Brösamlen[10], P. Schenk und A. Heimann-Troisen[11] u. a.). Auch hier meist Auftreten eines hypoglykämischen Stadiums (G. Petényi und H. Lax[12], Brösamlen[10]). Nach Schenk und Heimann-Troisen[11] erreicht die Hyperglykämie nach intravenöser Adrenalininjektion auch beim Menschen erheblich geringere Werte als bei subcutaner Injektion. Bei kohlehydratreicher Kost ist die hyperglykämische Reaktion deutlich höher als nach Eiweißfetternährung (E. Billigheimer[13]).

Im Wirkungsmechanismus ähnlich wie subcutane Adrenalininjektionen, erzeugen manche pharmakologische Substanzen Hyperglykämie dadurch, daß sie das Rhombencephalon erregen. Hierauf beruht die Blutzuckersteigerung nach Strychninvergiftung (Reach[14], Bang, Stenström[15]), nach Coffein und Diuretin (P. F. Richter[16], U. Rose[17] u. a.) sowie nach Infusion von hypertonischen Elektrolytlösungen ins Blut, z. B. von Natrium- und Calciumsalzen (Underhill und Closson[18], S. G. Zondek und Benatt[19], N. Heianzan[20]).

[1] v. Brazol: Du Bois Reymonds Arch. 1884, S. 211.
[2] Pavy: Journ. of physiol. Bd. 24, S. 479. 1899.
[3] Thannhauser u. Pfitzer: Münch. med. Wochenschr. Jg. 60, Nr. 39, S. 2155. 1913.
[4] Lépine: Le diabète sucré. Paris 1909.
[5] Zülzer: Berl. klin. Wochenschr. Jg. 38, S. 1209. 1901.
[6] Metzger: Münch. med. Wochenschr. Jg. 49, Nr. 12, S. 478. 1902.
[7] Pollak: Arch. f. exp. Pathol. u. Pharmakol. Bd. 61, S. 157. 1909.
[8] Pollak: Zitiert auf S. 296.
[9] Straub: Münch. med. Wochenschr. 1909, S. 493.
[10] Brösamlen, O.: Dtsch. Arch. f. klin. Med. Bd. 137, S. 299. 1921.
[11] Schenk, P. u. A. Heimann-Troisen: Zeitschr. f. exp. Med. Bd. 29, S. 401. 1922.
[12] Petényi, G. u. H. Lax: Biochem. Zeitschr. Bd. 125, S. 272. 1921.
[13] Billigheimer, E.: Verhandl. d. dtsch. Ges. f. inn. Med. Bd. 34, S. 194. 1922.
[14] Reach: Biochem. Zeitschr. Bd. 33, S. 436. 1911.
[15] Stenström: Siehe I. Bang: Blutzucker. Wiesbaden 1913.
[16] Richter, P. F.: Zeitschr. f. klin. Med. Bd. 35, S. 463. 1898.
[17] Rose, U.: Arch. f. exp. Pathol. u. Pharmakol. Bd. 50, S. 15. 1903.
[18] Underhill u. Closson: Americ. Journ. of physiol. Bd. 15, S. 321. 1906.
[19] Zondek, S. G. u. Benatt: Zeitschr. f. d. ges. exp. Med. Bd. 43, S. 281. 1924.
[20] Heianzan: Biochem. Zeitschr. Bd. 165, S. 57. 1925.

Auch verschiedene *Narkotica* wirken hyperglykämisch; unter anderen Äther, Chloroform, Chloralhydrat, Opium (HEINSBERG[1], SEELIG[2], UNDERHILL[3], LUZZATO[4]).

Allen diesen Arzneimitteln ist gemeinsam, daß sie nach doppelseitiger Durchschneidung des Splanchnicus unwirksam sind bzw. auf dem Umwege über die Nebennieren wirken (G. N. STEWART und I. M. ROGOFF[5], L. POLLAK[6, 7], M. NISHI[8], G. G. WILENKO[9], E. HIRSCH[10], KEETON-ROSS[11]).

Ob die durch *Sauerstoffmangel* experimentell erreichbare Hyperglykämie (Leuchtgas, Kohlenoxyd, Curare) über den Splanchnicus wirkt, ist unentschieden (POLLAK[12]). Ebenso ungeklärt im Mechanismus ist die durch verdünnte Mineralsäuren und Metallsalze erzeugbare Hyperglykämie (POLLAK[12], LÉPINE[13], FLECKSEDER[14], RICHTER[15]). Nach ELIAS[16] ist die Blutzuckersteigerung abhängig vom Glykogengehalt der Leber. Die zuerst beim Kaninchen nach Aderlässen auftretende Hyperglykämie (CL. BERNARD[17], I. BANG, FR. SCHENCK[18], ROSE[19], ERLANDSEN[20], RONA und TAKAHASHI[21], E. HIRSCH[22]) ist auch beim Menschen gefunden worden (C. v. NOORDEN, I. LÖWY[23]).

Verfütterung von Schilddrüse erhöht den Blutzuckernüchternwert nicht (KURYAMA[24]). Ebenso unbeeinflußt bleibt der Blutzucker nach subcutaner Injektion von Thyroxin, dem wirksamen Schilddrüsenhormon. (Eigene unveröffentlichte Untersuchungen.) Hypophysinpräparate dagegen erzeugen, unter die Haut gespritzt, Hyperglykämie (L. BORCHARDT[25], E. GOETSCH, H. KUSCHIN und C. JACOBSON[26], A. PARTOS und F. KATZ-KLEIN[27]).

Auch durch chirurgische Eingriffe kann eine Erhöhung des Blutzuckers erfolgen. Bekanntlich gelang es CL. BERNARD[28] um die Mitte des vorigen Jahrhunderts durch Verletzung am Boden des 4. Ventrikels bei Kaninchen und Hunden eine stundenlang dauernde Hyperglykämie zu erzeugen. Diese sog. Piqûre gelingt nicht bei Vögeln. Der Zuckerstich wirkt auf dem Wege über die Nebennieren. (Erhöhte Adrenalinämie, vermehrte Sekretion von Zucker

---

[1] HEINSBERG: Inaug.-Dissert. Würzburg 1895.
[2] SEELIG: Arch. f. exp. Pathol. u. Pharmakol. Bd. 52, S. 481. 1905.
[3] UNDERHILL: Journ. of biol. chem. Bd. 1, S. 113. 1905/06.
[4] LUZZATO: Arch. f. exp. Pathol. u. Pharmakol. Bd. 52, S. 95. 1905.
[5] STEWART, G. N. u. I. M. ROGOFF: Americ. journ. of physiol. Bd. 44, S. 543. 1917.
[6] POLLAK, L.: Arch. f. exp. Pathol. u. Pharmakol. Bd. 61, S. 376. 1909.
[7] POLLAK: Zitiert auf S. 296.
[8] NISHI, M.: Arch. f. exp. Pathol. u. Pharmakol. Bd. 61, S. 186 u. 401. 1909.
[9] WILENKO, G. G.: Arch. f. exp. Pathol. u. Pharmakol. Bd. 71, S. 261. 1913.
[10] HIRSCH, E.: Hoppe-Seylers Zeitschr. f. physiol. Chem. Bd. 93, S. 355. 1915; Biochem. Zeitschr. Bd. 75, S. 189. 1916.
[11] KEETON-ROSS: Americ. journ. of physiol. Bd. 48, S. 146. 1919.
[12] POLLAK, L.: Arch. f. exp. Pathol. u. Pharmakol. Bd. 64, S. 415. 1911.
[13] LÉPINE: Zitiert auf S. 298.
[14] FLECKSEDER: Arch. f. exp. Pathol. u. Pharmakol. Bd. 56, S. 53. 1906.
[15] RICHTER, P. F.: Dtsch. med. Wochenschr. 1899, S. 841.
[16] ELIAS: Zitiert auf S. 296. [17] BERNARD, CL: Zitiert auf S. 296.
[18] SCHENCK, FR.: Arch. f. d. ges. Physiol. Bd. 57, S. 553. 1894.
[19] ROSE: Zitiert auf S. 298.
[20] ERLANDSEN: Biochem. Zeitschr. Bd. 23, S. 329. 1910.
[21] RONA u. TAKAHASHI: Biochem. Zeitschr. Bd. 30, S. 99. 1910.
[22] HIRSCH, E.: Biochem. Zeitschr. Bd. 70, S. 191. 1915.
[23] LÖWY, I.: Dtsch. Arch. f. klin. Med. Bd. 120, S. 131. 1916.
[24] KURYAMA: Americ. journ. of physiol. Bd. 43, S. 481. 1917.
[25] BORCHARDT, L.: Ergebn. d. inn. Med. Bd. 3, S. 288. 1909.
[26] GOETSCH, E., KUSCHIN u. JACOBSON: Bull. of the Johns Hopkins hosp. Bd. 22, S. 243. 1911.
[27] PARTOS, A. u. F. KATZ-KLEIN: Zeitschr. f. d. ges. exp. Med. Bd. 25, S. 98. 1921.
[28] BERNARD, CL.: Zitiert auf S. 296.

aus der Leber.) (P. Trendelenburg und K. Fleischhauer[1], H. Freund und F. Marchand[2]).

Eine bis zum Tode anhaltende hochgradige Hyperglykämie konnten v. Mering und Minkowski[3, 4] im Jahre 1889 beim Hunde nach totaler *Exstirpation des Pankreas* erzeugen. Auch bei Vögeln und Kaltblütern gelingt es, einen „experimentellen Diabetes" hervorzurufen (Kausch[5], Caparelli[6] u. a.). Blutzuckersteigerungen geringeren Grades entstehen nach *teilweiser* Pankreasherausnahme.

Die wichtigste mit Hyperglykämie einhergehende Erkrankung beim Menschen ist der echte *Diabetes mellitus*. Die bei dieser Stoffwechselstörung wesentlichen Blutzuckerdaten werden an anderer Stelle eingehend erörtert (Bd. V ds. Handb.).

Unter den Leberkrankheiten wird insbesondere beim Icterus infectiosus und toxicus, bei Lebercirrhose und bei Gallensperre der nüchterne Blutzuckerwert manchmal etwas höher gefunden als bei Gesunden (H. Tachau[7], H. Schirokauer[8]).

Nach Verabreichung von Dextrose fanden S. Isaac[9] und C. Traugott bei *Leberkrankheiten* einen spitzen Hochgipfel und eine über längere Zeit sich erstreckende Blutzuckerkurve. Bei Eingabe von Lävulose zeigt sich hier im Gegensatz zum Normalen in der Regel deutlich eine hyperglykämische Reaktion (H. Schirokauer[8], S. Isaac[9], Fejer und G. Hetényi[10], E. Adler[11] u. a.). Der Leberkranke behält nach Injektion von Glykose stundenlang eine Hyperglykämie (Thannhauser und Pfitzer[12]).

Bei *Hyperthyreosen* wurden von Geyelin[13], Kilian[14], C. v. Noorden[15] zuweilen erhöhte präformierte Blutzuckerwerte beobachtet, die jedoch von anderen Untersuchern nicht bestätigt sind (M. Flesch[16], F. Port[17], Kahler[18] u. a.).

Von Erkrankungen der Hypophyse geht die Akromegalie vielfach mit erhöhten Blutzuckerzahlen einher (Borchardt[19], N. W. Janney und V. I. Isaacson[20]); bei der hypophysären Fettsucht sind sie selten (Kilian[14]).

Bei Erregungszuständen im Bereiche des vegetativen Nervensystems, bei manchen Erkrankungen und Verletzungen des Gehirns ist das Blutzuckerniveau erhöht. So findet man z. B. Hyperglykämie bei psychischen Erregungen, Gehirnerschütterungen, Gehirntraumen, Blutungen ins Gehirn (zwei eigene Beobachtungen). Nach Heidema[21] werden auch zuweilen bei Geisteskrankheiten wie Manie, Dementia praecox, Melancholie, Blutzuckererhöhungen gefunden.

[1] Trendelenburg, P., u. K. Fleischhauer: Zeitschr. f. d. ges. exp. Med. Bd. 1, S. 369. 1913.

[2] Freund, H. u. F. Marchand: Arch. f. exp. Pathol. u. Pharmakol. Bd. 76, S. 324. 1914.

[3] v. Mering u. Minkowski: Arch. f. exp. Pathol. u. Pharmakol Bd. 26, S. 371. 1890.

[4] Minkowski, O.: Arch. f. exp. Pathol. u. Pharmakol. Bd. 31, S. 85. 1893.

[5] Kausch: Arch. f. exp. Pathol. u. Pharmakol. Bd. 37, S. 274. 1896.

[6] Caparelli: Arch. ital. de biol. Bd. 21, S. 398. 1894.

[7] Tachau, H.: Dtsch. med. Wochenschr., Jg. 39. Nr. 15, S. 686. 1913.

[8] Schirokauer, H.: Zeitschr. f. klin. Med. Bd. 78, S. 462. 1913.

[9] Isaac, S.: Berl. klin. Wochenschr. 1919, S. 940; Ergebn. d. inn. Med. Bd. 27, S. 423. 1925.

[10] Fejer u. G. Hetényi: Zeitschr. f. d. ges. exp. Med. Bd. 42, S. 670. 1924.

[11] Adler, E.: Unveröffentlichte Versuche.

[12] Thannhauser u. Pfitzer: Zitiert auf S. 298.

[13] Geyelin: Arch. of intern. med. Bd. 16, S. 975. 1915.

[14] Kilian: Proc. of the soc. of exp. biol. a. med. Bd. 17, S. 91. New York 1920.

[15] v. Noorden, C.: Zeitschr. f. prakt. Ärzte Bd. 1. 1896.

[16] Flesch, M.: Bruns' Beitr. z. klin. Chir. Bd. 82, S. 236. 1912.

[17] Port, F.: Dtsch. med. Wochenschr. 1913, Nr. 39, S. 69.

[18] Kahler: Zeitschr. f. angew. Anat. u. Konstitutionsl. Bd. 1, S. 432. 1914.

[19] Borchardt, Zeitschr. f. klin. Med. Bd. 66, S. 332. 1908.

[20] Janney, N. W. u. V. I. Isaacson: Arch. of intern. med. Bd. 22, S. 160. 1918.

[21] Heidema: Zeitschr. f. d. ges. Neurol. u. Psychiatrie Bd. 48, S. 111. 1919.

Ebenso gehört die sog. Fesselungshyperglykämie (JACOBSON[1], E. HIRSCH und H. REINBACH[2], LÖWY und ROSENBERG[3]) in dieses Gebiet.

Viele mit Fieber einhergehende Erkrankungen zeigen spontane Hyperglykämie; so wurde z. B. bei Pneumonie eine erhebliche Blutzuckersteigerung gefunden (C. v. NOORDEN[4], LIEFMANN und STERN[5], A. HOLLINGER[6], FREUND und MARCHAND[7], ROLLY und OPPERMANN[8]). Auch experimentell beim Tier erzeugtes Fieber wird von hohen Blutzuckerzahlen begleitet (NOEL PATON[9], SENATOR[10]).

Zustände von tiefen Nüchternwerten des Blutzuckers, *Hypoglykämien*, sind im Vergleich mit Blutzuckersteigerungen verhältnismäßig selten. Hochgradige Muskelarbeit setzt den Blutzucker herab (W. WEILAND[11], L. LICHTWITZ[12], L. R. GROTE[13], M. BÜRGER[14], BRÖSAMLEN und STERKEL[15], BURGER und MARTENS[16]). Auf experimentellem Wege gelingt es ebenfalls, Blutzuckersenkungen hervorzurufen: So nach Vergiftung mit Phlorrhizin und bei Phosphorintoxikation (E. FRANK und S. ISAAC[17]), nach Einspritzung von Hydrazinhydrat (F. P. UNDERHILL[18]) und gewissen Guanidinderivaten (WATANABE[19], E. FRANK, NOTHMANN und WAGNER[20]).

Auch nach intravenöser Zufuhr von gewissen Elektrolyten tritt interessanterweise Hypoglykämie ein; z. B. durch Kalisalze (S. G. ZONDEK und BENATT[21], HOCHFELD[22]), durch hypertonische Lösung von Mono- und Dinatriumphosphat (H. ELIAS[23]) nach 5 bis 7% $NaH \cdot CO_3$ (BRICKER[24]).

In neuester Zeit spielen die tiefen Blutzuckersenkungen infolge Überdosierung von *Insulin*, dem wirksamen Hormon des Pankreas, eine große Rolle. BANTING und BEST[25] haben zum erstenmal diese „hypoglykämische Reaktion" bei normalen Kaninchen im Anschluß an Insulininjektionen beobachtet.

Exstirpation der Nebennieren bringt den Blutzucker zum Schwinden. Auch bei schweren Erkrankungen der Nebenniere, wie Tuberkulose oder Geschwulstentartung, ferner bei Morbus Addisonii kommt es zu starken Senkungen des Blutzuckerspiegels (O. PORGES[26]).

---

[1] JACOBSON: Zitiert auf S. 297.

[2] HIRSCH, E., u. H. REINBACH: Hoppe-Seylers Zeitschr. f. physiol. Chem. Bd. 87, H. 2. 1913.

[3] LÖWY u. ROSENBERG: Biochem. Zeitschr. Bd. 56, H. 1 u. 2. 1913.

[4] v. NOORDEN, C.: Zitiert auf S. 297.

[5] LIEFMANN u. STERN: Zitiert auf S. 297.

[6] HOLLINGER, A.: Arch. f. klin. Med. Bd. 92, S. 217. 1908.

[7] FREUND u. MARCHAND: Arch. f. klin. Med. Bd. 110, S. 120. 1913.

[8] ROLLY u. OPPERMANN: Biochem. Zeitschr. Bd. 48, S. 259. 1913.

[9] NOEL PATON: Journ. of physiol. Bd. 22, S. 121. 1897.

[10] SENATOR, H.: Zeitschr. f. klin. Med. Bd. 67, S. 253. 1909.

[11] WEILAND, W.: Dtsch. Arch. f. klin. Med. Bd. 92, S. 223. 1908.

[12] LICHTWITZ, L.: Berl. klin. Wochenschr. 1914, S. 22.

[13] GROTE, L. R.: Über d. Beziehungen d. Muskelarbeit z. Blutzucker. Halle 1918.

[14] BÜRGER, M.: Zeitschr. f. exp. Med. Bd. 5, S. 125. 1917.

[15] BRÖSAMLEN u. STERKEL: Dtsch. Arch. f. klin. Med. Bd. 130, S. 358. 1921.

[16] BURGER u. MARTENS: Klin. Wochenschr. Jg. 3, Nr. 41. 1924.

[17] FRANK, E. u. S. ISAAC: Arch. f. exp. Pathol. u. Pharmakol. Bd. 64, S. 274 u. 293. 1911.

[18] UNDERHILL, F. P.: Journ. of biol. chem. Bd. 17, S. 293. 1914.

[19] WATANABE: Journ. of biol. chem. Bd. 33. 1918.

[20] FRANK, E., NOTHMANN u. WAGNER: Klin. Wochenschr. Jg. 5, Nr. 45, S. 2100. 1926; Dtsch. med. Wochenschr. 1926, Nr. 49 u. 50; Arch. f. exp. Pathol. u. Pharmakol. Bd. 115, H. 1—4, S. 55. 1926.

[21] ZONDEK, S. G. u. BENATT: Zitiert auf S. 298.

[22] HOCHFELD: Zeitschr. f. d. ges. exp. Med. Bd. 37. 1923.

[23] ELIAS, H.: Biochem. Zeitschr. Bd. 138, S. 279. 1923.

[24] BRICKER, F. M.: Klin. Wochenschr. Jg. 3, Nr. 52, S. 2389. 1924.

[25] BANTING u. BEST: Americ. journ. of physiol. Bd. 62, S. 162. 1922.

[26] PORGES, O.: Zeitschr. f. klin. Med. Bd. 69, S. 341. 1910.

10. Milchsäure im Blut.

Zusammenfassende Darstellungen.

FUERTH, O.: Lehrb. d. physiologischen u. pathologischen Chemie. Bd. II. Leipzig 1927.

Früher nahm man an, daß im menschlichen und tierischen Blut Milchsäure nicht vorkomme (ENDERLIN[1], H. MEYER[2]). 1885 konnte v. FREY[3] die Fleischmilchsäure (d-Milchsäure) als Blutkonstante feststellen.

Methodisches Prinzip: Zuerst Enteiweißung des Blutes mit 5% Quecksilberchlorid in 4proz. salzsaurer Lösung (SCHENCKs Verfahren). Hierauf werden die vorhandenen Kohlehydrate des Serums nach CLAUSEN[4], EMBDEN[5] und HIRSCH-KAUFFMANN[6] durch ein Gemisch von Kupfersulfat und Kalkmilch vollständig entfernt. Die Milchsäureuntersuchung wird alsdann quantitativ mikrochemisch nach dem Prinzip von FUERTH und CHARNASS[7] ausgeführt. Der nach Zerstörung der Milchsäure durch Destillation entstehende Acetaldehyd wird entweder jodometrisch (BREHME u. BRAHDY[8]) oder auf colorimetrischem Wege bestimmt (E. SLUYTER[9], B. MENDEL u. I. GOLDSCHEIDER[10], F. KUTTER[11]).

Auf Grund neuerer Arbeiten bewegt sich der nüchterne Milchsäurewert in engen Grenzen. Z. DISCHE und D. LASZLÓ[12] ermittelten im Blut des gesunden Menschen d-Milchsäurezahlen von 16 bis 30 mg-%. Nach MENDEL, ENGEL und GOLDSCHEIDER[13] ist der Ruhewert der Milchsäure 16 mg-%. COLLAZO und LEWICKI[14] fanden, daß das Blut von Normalen und Diabetikern im nüchternen Zustande 14,2 bis 15 mg-% enthält, S. ISAAC und E. ADLER[15] bestimmten durchschnittlich 15 mg-%. Nach H. SCHUMACHER[16] (EMBDENsches Laboratorium), BREHME und BRAHDY[8] beträgt die Milchsäure im Normalblut von Erwachsenen im Durchschnitt 11 mg-%. Schwangerenblut enthält in den letzten Monaten der Gravidität 12—30 mg-% (mittlere Menge: 15 mg-%) Milchsäure; Wehentätigkeit hat keinen Einfluß auf die Lactacidämie (SCHULTZE[17]).

Der Milchsäuregehalt bei den einzelnen Tierarten ist ungemein wechselnd. Im folgenden ist eine Tabelle aus der Arbeit von COLLAZO und MORRELLI[18] wiedergegeben: (s. Tabelle S. 303 oben).

Nach den gleichen Autoren ist der Milchsäuregehalt des Blutes beim Hund und Kaninchen abhängig von der Art der Ernährung. Die höchste Milchsäurezahl tritt eine Stunde nach gemischter Kost auf. Beim hungernden Tier sinkt der Milchsäurewert des Blutes bis zum zweiten Tag und steigt dann langsam wieder an. Bei einseitiger Ernährung mit Zucker, Fleisch bzw. Fett wird der Milchsäuregehalt erhöht gefunden.

[1] ENDERLIN: Liebigs Ann. d. Chem. Bd. 46, S. 164. 1843.
[2] MEYER, H.: Arch. f. exp. Pathol. u. Pharmakol. Bd. 14, S. 313 u. Bd. 17, S. 304.
[3] v. FREY: Du Bois Reymonds Arch. 1885.
[4] CLAUSEN: Journ. of biol. chem. Bd. 52, S. 263. 1922.
[5] EMBDEN: Hoppe-Seylers Zeitschr. f. physiol. Chem. Bd. 143, S. 297. 1925.
[6] HIRSCH-KAUFFMANN: Hoppe-Seylers Zeitschr. f. physiol. Chem. Bd. 140, H. 1/2, S. 25. 1924.
[7] FUERTH u. CHARNASS: Biochem. Zeitschr. Bd. 26, S. 199. 1910; s. O. FUERTH in Abderhaldens Arbeitsmethoden. Abt. 1, Teil 6, S. 745ff. 1925.
[8] BREHME u. BRAHDY: Biochem. Zeitschr. Bd. 175, S. 348. 1926.
[9] SLUYTER, E.: Klin. Wochenschr. Jg. 4, Nr. 31, S. 1502. 1925.
[10] MENDEL, B., u. I. GOLDSCHEIDER: Klin. Wochenschr. Jg. 4, Nr. 31, S. 1502. 1925; Biochem. Zeitschr. Bd. 164, S. 163. 1925.
[11] KUTTER, F.: Die Prüfung der Milchsäure. Inaug.-Dissert. Basel 1926.
[12] DISCHE, Z. u. D. LASZLÓ: Biochem. Zeitschr. Bd. 187, S. 344. 1927.
[13] MENDEL, ENGEL u. GOLDSCHEIDER: Klin. Wochenschr. Jg. 4, Nr. 17, S. 804. 1925.
[14] COLLAZO u. LEWICKI: Dtsch. med. Wochenschr. Jg. 51, Nr. 15, S. 600. 1925.
[15] ISAAC, S. u. E. ADLER: Klin. Wochenschr. Jg. 3, Nr. 27, S. 1208. 1924; Verhandl. d. dtsch. Ges. f. inn. Med., 36. Kongr., S. 110. 1924.
[16] SCHUMACHER, HERTHA: Klin. Wochenschr. Jg. 5, Nr. 12, S. 497. 1926.
[17] SCHULTZE: Zentralbl. f. Gynäkol. Jg. 50, Nr. 27. 1926.
[18] COLLAZO u. MORRELLI: Journ. d. physiol. et de pathol. gén. Bd. 24, Nr. 1, S. 54. 1926.

	Mittlerer Milchsäuregehalt mg-%		Mittlerer Milchsäuregehalt mg-%
Mensch	14,6	Rabe	36,8
Pferd	8,1	Ratte	44,5
Ochse	11,2	Huhn	25
Hammel	11,2	Taube	29
Ziege	10,2	Schildkröte . .	23
Schwein	43,1	Fisch	22
Hund	23,7	Krebs	120
Katze	23	Frosch	23
Kaninchen . . .	51		

Im Hochgebirge findet eine gesetzmäßige Vermehrung der Blutmilchsäure mit zunehmender Höhe nicht statt. Immerhin scheint in 3000 m Höhe bei Mensch und Hund eine geringe Hyperlactacidämie gegenüber der Ebene einzutreten (F. Laquer[1]).

Kräftige *Muskelarbeit* steigert den Milchsäurespiegel (Fries[2]). Mendel, Engel und Goldscheider[3] fanden nach starker Muskelanstrengung Milchsäureanhäufung von 46 bis 62 mg-%. Hill und Mitarbeiter[4] erhielten sogar Werte von 46 bis 117 mg-%, und zwar im Plasma 30% mehr als in der gesamten untersuchten Blutmenge.

Lokale Anoxämie, infolge Stauung der Venen des Armes, verursacht Zunahme des Blutmilchsäuregehalts im abgesperrten Gebiet auf 24 bis 34 mg-% (Mendel, Engel und Goldscheider[5]). Ebenso wird die Milchsäure im Blut erhöht durch Leuchtgasvergiftung (Valentin[6]) und durch Äthernarkose (E. Ronzoni, I. Koechig und E. Eaton[7]).

Nach Traubenzuckerbelastung wurde beim Gesunden unter normalem Ablauf der glykämischen Reaktion kein Einfluß auf das Blutmilchsäureniveau festgestellt (Mendel, Engel und Goldscheider[8]). Rohrzucker hingegen führte bei peroraler Verabreichung sowohl bei Diabetikern wie bei Nichtdiabetikern zu einer Hyperlactacidämie. Bei Zuckerkranken ist die Steigerung größer als bei Gesunden (Collazo und Lewicki[9]).

Bei hyperglykämischen Zuständen wird der nüchterne Blutmilchsäuregehalt durch subcutane Adrenalininjektion vermehrt (Tolstoi, Loebel, Levine und Richardson[10]), bei Diabetikern jedoch bleibt er unverändert. Valentin[6] untersuchte die Dynamik des Insulins auf die Blutmilchsäure bei Kaninchen und fand es wirkungslos. Bei normalen Menschen war die Milchsäure ebenfalls unbeeinflußt, bei Diabetikern das Ergebnis wechselnd. Nach Collazo und Lewicki[11] erzeugt Insulin, nüchtern injiziert, bei den meisten Menschen, Gesunden und Diabetikern, Hypolactacidämie. Baur, Kuhn und L. Wacker[12] haben nebeneinander Zucker-

---

[1] Laquer, F.: Zeitschr. f. Biol. Bd. 70, S. 99. 1919.

[2] Fries: Biochem. Zeitschr. Bd. 35, S. 368. 1911.

[3] Mendel, Engel u. Goldscheider: Klin. Wochenschr. Jg. 4, Nr. 6, S. 262. 1925.

[4] Hill, Long u. Lupton: Proc. of the roy. soc. of London, Ser. B. Bd. 96, Nr. B 679, S. 438. 1924.

[5] Mendel, Engel u. Goldscheider: Klin. Wochenschr. Jg. 4, Nr. 7, S. 306. 1925.

[6] Valentin: Münch. med. Wochenschr. Jg. 72, Nr. 3, S. 86. 1925.

[7] Ronzoni, E., I. Koechig u. E. P. Eaton: Journ. of biol. chem. Bd. 61, Nr. 2, S. 465. 1924.

[8] Mendel, Engel u. Goldscheider: Klin. Wochenschr. Jg. 4, Nr. 12, S. 543. 1925.

[9] Collazo u. Lewicki: Zitiert auf S. 302.

[10] Tolstoi, Loebel, Levine u. Richardson: Proc. of the soc. of exp. biol. a. med. Bd. 21, S. 449. 1924.

[11] Collazo u. Lewicki: Zitiert auf S. 302.

[12] Baur, Kuhn u. L. Wacker: Münch. med. Wochenschr. Jg. 71, Nr. 6, S. 169. 1924; Hoppe-Seylers Zeitschr. f. physiol. Chem. Bd. 141, S. 68. 1924.

und Milchsäure im Blut bei Normaltieren nach Insulin verfolgt und festgestellt, daß mit dem starken Abfall des Blutzuckers eine ganz erhebliche Hyperlactacidämie eintritt. 5 bis 7 Stunden nach der Insulineinspritzung fällt die Milchsäure andauernd steil ab.

Fieberhafte Zustände bewirken keine Erhöhung des Nüchternmilchsäurewertes (FRIES[1]).

Seit den grundlegenden Arbeiten von WARBURG[2] hat die Frage des Milchsäuregehaltes im Blut von Carcinomkranken vermehrtes praktisches Interesse gefunden. C. F. und G. T. CORI[3] beobachteten in dem aus einem Unterarmtumor abführenden Venenblut erhöhten Milchsäuregehalt. VALENTIN[4] stellte bei einem Sarkom und bei mehreren Carcinomfällen mit Metastasenbildung Hyperlactacidämie fest. Nach BÜTTNER[5], MENDEL und BAUCH[6] findet sich bei Carcinomatösen keine Erhöhung der Milchsäure im Blut. HERTHA SCHUMACHER[7] (unter EMBDEN) fand bei Carcinomkranken mit Lebermetastasen oder stärkerer Leberschädigung einen Milchsäurespiegel im Blut von 22 bis 33 mg-%. Bei 13 Krebspatienten ohne Mitbeteiligung der Leber lag der Durchschnittswert ebenso wie im Normalblut bei 11 mg-%.

11. Restkohlenstoff.

Zusammenfassende Darstellungen.

STEPP, W.: Der Restkohlenstoff im Blut und seine Bedeutung für Physiologie und Pathologie. Ergebn. d. Physiol. Bd. 19, S. 290. 1921.

Um ein Urteil über die Menge der organischen Substanzen im enteiweißten Blut zu gewinnen, ließ FRANZ HOFMEISTER durch MANCINI[8] (1910) den „Restkohlenstoff" bestimmen. Der „Restkohlenstoff" (R.C.) des Blutes sollte in Analogie zum Reststickstoff den gesamten Kohlenstoff der Blutflüssigkeit enthalten mit Ausnahme des den Proteinkörpern angehörenden Kohlenstoffes.

Methodisches Prinzip: Nach MANCINI[8] (Modifikation nach STEPP)[9] wird das Blut mit Phosphorwolframsäure enteiweißt, das Blutfiltrat zuerst mit Chromsäure, dann mit Kalipermanganat oxydiert und die gebildete Kohlensäure in einem System von frisch gefüllten Natronkalkröhren aufgefangen und hieraus der C berechnet.

MANCINI[8] fand auf Grund einer großen Zahl von Untersuchungen beim Hund, Pferd, Rind und Kaninchen 0,07 bis 0,085 g R.C. in 100 ccm Blut, für den normalen Menschen im Durchschnitt 0,0765 g-%[10].

In sehr exakten Versuchen kam dann später W. STEPP[11] zu dem Ergebnis, daß der R.C. bei normalen Individuen zwischen 160 bis 197 mg-% schwankt, Mittelzahl etwa 180 mg in 100 ccm Blut. An der Zusammensetzung des R.C. beteiligen sich nach STEPP schätzungsweise 100 mg Zucker (= 40 mg C.), 28 mg Harnstoff (= 5,6 mg C.), 10 g Milchsäure (= 4 mg C.), 6,5 g Kreatin (= 2 mg C.), Aminosäuren mit 25 mg C. Die Gesamtmenge der bekannten organischen Stoffe im Blut enthält somit 76,6 mg C. Da jedoch der Restkohlenstoffwert im Blut im Mittel 180 mg-% beträgt, so sollen an dieser Zahl neben

---

[1] FRIES: Zitiert auf S. 303.
[2] WARBURG, O.: Siehe Monographie: Über den Stoffwechsel der Tumoren. Berlin 1926.
[3] C. F. u. G. T. CORI: Journ. of biol. chem. Bd. 65, Nr. 2, S. 397. 1925.
[4] VALENTIN: Zitiert auf S. 303.
[5] BÜTTNER: Bruns' Beitr. z. klin. Chir. Bd. 135, S. 569. 1926.
[6] MENDEL, B. u. M. BAUCH: Klin. Wochenschr. Jg. 5, Nr. 28. 1926.
[7] SCHUMACHER, HERTHA: Zitiert auf S. 302.
[8] MANCINI, ST.: Biochem. Zeitschr. Bd. 26, S. 149. 1910.
[9] STEPP, W.: Biochem. Zeitschr. Bd. 87, S. 135. 1918.
[10] MANCINI, ST.: Biochem. Zeitschr. Bd. 32, S. 164. 1911.
[11] STEPP, W.: Münch. med. Wochenschr. 1919, Nr. 28, S. 771.

Glucuronsäuren mit den an sie gekuppelten Substanzen[1] auch Oxyproteinsäuren und Ameisensäure (STEPP und ZUMBUSCH[2]) beteiligt sein.

MANCINI[3] zeigte, daß bei Kaninchen nach doppelseitiger Nierenunterbindung und bei schwerer Phosphorvergiftung der R.C. im Blute deutlich ansteigt, ebenso fand er ihn erhöht beim Hungerhund nach Aderlaß.

Unter pathologischen Verhältnissen geht der Restkohlenstoff beträchtlich in die Höhe, bei Maltafieber, Pneumonie, Lebercirrhose, bei allen Carcinomfällen, bei Eklampsie und Urämie (MANCINI[4]).

STEPP[5] beobachtete Hypercarbonämie bei allen akuten fieberhaften Krankheiten; jedoch bezieht er dieselbe auf die gleichzeitig bestehende Blutzuckererhöhung. Beim Diabetes mellitus des Menschen entsprechen die Restkohlenstoffzahlen teils dem Grade der Hyperglykämie, teils sind sie höher oder niedriger; eine Erklärung hierfür ist noch nicht gefunden (STEPP[6]).

Bei Nierenerkrankungen besteht nach STEPP[7] kein Parallelismus zwischen Restkohlenstoff und Reststickstoff. Bei Fällen mit schwerer Nierenfunktionsstörung zeigte sich bei einer sekundären Schrumpfniere ein sprunghaftes Ansteigen des Restkohlenstoffes, unabhängig vom Rest-N:

Zum Beispiel bei 100 mg-% R. N. . . . . 208 mg-% R. C. ⎱ Fall 1[8]
„   „   „ 107 mg-% R. N. . . . . 238 mg-% C. R. ⎰

STEPP schließt hieraus, daß bei der Stickstoffretention stickstofffreie bzw. -arme und kohlenstoff*reiche* Substanzen beteiligt sein müssen (Oxyproteinsäuren).

Die Blutfermente und Antifermente, insoweit sie in der Blutbahn selbst gebildet werden oder aus den Geweben stammen, werden in ihrer Bedeutung für die normale und pathologische Physiologie an anderer Stelle ds. Handb. eingehend dargestellt werden (Bd. XIII).

Ameisensäure soll nach STEPP[9] regelmäßig im Blut, das vorher mit Phosphorwolframsäure enteiweißt ist, nachzuweisen sein. Bei systematischer Untersuchung sahen STEPP und ZUMBUSCH[10] bei Gesunden Werte, die in beträchtlicher Breite schwankten, und zwar zwischen 1,12 und 8,449 mg in 100 ccm Blut (Mittelwert: 2 bis 5 mg). Ein Zusammenhang zwischen Gehalt an Blutzucker und Ameisensäure konnte nicht beobachtet werden. Bei 14 Diabetikern wurde 3 mal jegliche Spur von Ameisensäure vermißt und auch sonst lagen die Werte tiefer als beim Gesunden. Bei chronischen Nierenkranken (Glomerulonephritis chron. diffusa, benigner und maligner Nephrosklerose) lag der Gehalt an Ameisensäure ebenfalls tiefer als in der Norm.

Freier *Äthylalkohol* wurde zum erstenmal in exakter Weise von PRINGSHEIM[11] im Kaninchenblut gefunden (0,018 °/₀₀). In einer größeren Arbeit aus der F. v. MÜLLERschen Klinik wurde von SCHWEISSHEIMER[12] gezeigt, daß auch im Blut von gesunden Menschen 0,02955 bis 0,03686 °/₀₀ Äthylalkohol präformiert vorkommt. Getrunkene Mengen von Alkohol gehen als solche in das menschliche Blut über, und zwar bei Betrunkenen bis zu einem Gehalt von 2,266 in 1000 ccm. Die Eliminationsdauer des Weingeistes aus dem Blut beträgt beim alkohol-

[1] STEPP, W.: Hoppe-Seylers Zeitschr. f. physiol. Chem. Bd. 107, S. 264. 1919.

[2] STEPP, W. u. ZUMBUSCH: Dtsch. Arch. f. klin. Med. Bd. 134, S. 112. 1920; STEPP, W.: Hoppe-Seylers Zeitschr. f. physiol. Chem. Bd. 109, S. 99. 1920.

[3] MANCINI: Zitiert auf S. 304.   [4] MANCINI: Zitiert auf S. 304.

[5] STEPP: Zitiert auf S. 304.

[6] STEPP, W.: Dtsch. Arch. f. klin. Med. Bd. 124, S. 177. 1917.

[7] STEPP, W.: Dtsch. Arch. f. klin. Med. Bd. 120, S. 384. 1916.

[8] Siehe STEPP, W.: Ergebn. d. Physiol. 1921, S. 324.

[9] STEPP: Hoppe-Seylers Zeitschr. f. physiol. Chem. Bd. 109, S. 99. 1920.

[10] STEPP u. ZUMBUSCH: Dtsch. Arch. f. klin. Med. Bd. 134, S. 112. 1920.

[11] PRINGSHEIM: Biochem. Zeitschr. Bd. 12, S. 143. 1908.

[12] SCHWEISSHEIMER: Dtsch. Arch. f. klin. Med. Bd. 109, S. 271. 1913.

gewöhnten Organismus $7^1/_2$ Stunden, beim nicht gewöhnten etwa die doppelte Zeit. In Versuchen von B. Lambert und M. Lambert[1] wurden im Normalblut weniger als $0,1\,^0/_{00}$ Alkohol gefunden; bei Betrunkenen $5,5\,^0/_{00}$. Miles[2] berichtet, daß nach Eingabe von 27,5 g absolutem Alkohol in Wasser der Blutwert nach 60 bis 120 Minuten 1,5mal kleiner ist als die entsprechende Harnzahl.

12. Hämoglykolyse.

Zusammenfassende Darstellungen.

Oppenheimer, C.: Die Fermente. 5. Aufl. Leipzig 1925.

Es ist eine bekannte Tatsache, daß sich der Zucker des Blutes beim Stehenlassen rasch vermindert (Cl. Bernard[3], Lépine[4]), wobei nach neueren übereinstimmenden Beobachtungen Milchsäure entsteht (Slosse[5], Embden[6] und Mitarbeiter). Dieser Zuckerschwund findet auch unter vollkommen sterilen Bedingungen statt, so daß hierbei offenbar ein lösliches „glykolytisches" Ferment eine wesentliche Rolle spielt.

Lange war die Herkunft des glykolytischen Ferments umstritten; heute ist wohl sichergestellt, daß die Hämoglykolyse an die Blutkörperchen gebunden ist (Krasske, Kondo, K. v. Noorden jun.[7]), und daß weder im Serum noch im Plasma Glykolyse stattfindet (Michaelis[8], Abderhalden und Bassani[9], Macleod und Wedd[10], Kawashima[11] u. a.). Deshalb sollte hier nur das allgemeinste über die Blutglykolyse gesagt werden (Vorhandensein im Blut, Verteilung auf Körperchen und Serum, Zertrümmerungsprodukt der Glykose)[12].

---

[1] Lambert, B. u. M. Lambert: Cpt. rend. des séances de la soc. de biol. Bd. 83, S. 173. 1920.

[2] Miles: Americ. journ. of physiol. Bd. 59, S. 477. 1922.

[3] Bernard, Cl.: Le Diabète. Paris 1877.

[4] Lépine: Zusammenfassung, Le Diabète sucré. Paris 1909.

[5] Slosse: Arch. internat. de physiol. Bd. 11, S. 154. 1911.

[6] Embden u. Mitarbeiter: Biochem. Zeitschr. Bd. 45, S. 81. 1912.

[7] Krasske, Kondo u. K. v. Noorden jun., Biochem. Zeitschr. Bd. 45, S. 81. 1912.

[8] Michaelis, Rona, Doeblin u. Arnheim: Biochem. Zeitschr. Bd. 23, S. 264 u. Bd. 32, S. 498. 1911; Bd. 48, S. 35. 1912.

[9] Abderhalden u. Bassani: Hoppe-Seylers Zeitschr. f. physiol. Chem. Bd. 90, S. 369. 1914.

[10] Macleod u. Wedd: Journ. of biol. chem. Bd. 15, S. 497. 1913.

[11] Kawashima: Journ. of biol. chem. Bd. 2, S. 131. 1922.

[12] Siehe auch Bd. V ds. Handb (Beitrag Isaac).

Die Gerinnung des Blutes.

Von

Anton Fonio[1]

Langnau b. Bern.

Mit 13 Abbildungen.

Die Blutgerinnung ist einer der wichtigsten physiologischen Vorgänge des tierischen Organismus. Mit der Eigenschaft der Gerinnung ist dem Blute gewissermaßen das Instrumentarium gegeben zur automatischen Reparatur von Defekten des Blutkreislaufes. Welchen Gefahren ein Organismus mit fehlender oder mangelhafter Blutgerinnung ausgesetzt ist, illustrieren uns am besten die Zustände mit pathologisch sich verhaltenden Gerinnungsfaktoren, z. B. die Hämophilie und die Purpura, der Morbus maculosus Werlhofi: Die kleinste Wunde kann zur unaufhaltsamen, ein stumpfes Trauma kann zu einer ausgedehnten lebensgefährlichen Blutung führen. Parenchymatöse, aus bekannten oder unbekannten Ursachen entstehende Hämorrhagien aus lebenswichtigen Organen (z. B. aus den Nieren, im Magen usw.) gefährden das Leben. Ganz anders beim normalen Organismus: Im Momente, wo die blutige Flüssigkeit den Kreislauf verläßt, sind die Bedingungen für die Gerinnung vorhanden, das Blut geht aus dem flüssigen in den festen Zustand über, womit die Möglichkeit gegeben ist, das lädierte Gefäß zu verstopfen, die Blutung steht.

Was verstehen wir unter Blutgerinnung? Entnehmen wir auf irgendeine Art und Weise etwas Blut dem menschlichen oder tierischen Organismus und lassen wir es in einem Schälchen stehen, dann beobachten wir, daß nach einiger Zeit das Blut vom flüssigen in den festen Zustand übergegangen ist, die Blutflüssigkeit hat sich in den Blutkuchen umgewandelt, sie ist erstarrt. Füllen wir einen Glaszylinder mit Blut, dann machen wir die Wahrnehmung, daß nach einiger Zeit die Flüssigkeitssäule erstarrt ist und nicht mehr aus dem Gefäß ausgegossen werden kann. Warten wir noch längere Zeit ab, dann bemerken wir, daß die rote Blutsäule den Glaszylinder nicht mehr voll und ganz ausfüllt, sondern sich von den Wänden zurückgezogen, sich gewissermaßen verkürzt und verengt hat und nun als schmale, ziemlich feste Blutsäule in einer Schicht gelblichen, klaren Serums schwappt. Lassen wir einige Blutstropfen in einem Uhrschälchen

---

[1] Fonio: Dtsch. Zeitschr. f. Chir. Bd. 117, H. 1 u. 2, S. 178. 1912; Korrespbl. f. schweiz. Ärzte Nr. 13, S. 385. 1913; Mitt. a. d. Grenzgeb. d. Med. u. Chir. Bd. 27, H. 4, S. 642. 1914; Bd. 28, H. 2, S. 312. 1914; Korrespbl. f. schweiz. Ärzte Nr. 48, S. 1505. 1915; Dtsch. med. Wochenschr. Nr. 16, S. 493. 1917; Nr. 6, S. 163. 1916; Korrespbl. f. schweiz. Ärzte Nr. 20, S. 639. 1917; Nr. 18, S. 574. 1918; Nr. 39, S. 1300. 1918; Zeitschr. f. klin. Med. Bd. 89, H. 1 u. 2. 1920; Schweiz. med. Wochenschr. Nr. 7, S. 146. 1921; Nr. 2, S. 36. 1923.

stehen und fahren wir von Zeit zu Zeit vermittelst eines kleinen Glasstäbchens durch den kleinen Blutsee hindurch, dann bemerken wir, daß während einer bestimmten Spanne Zeit das Stäbchen durch eine Flüssigkeit hindurchfährt, nichts bleibt an ihm beim Heraustauchen haften. Etwas später hängt dann an seiner Spitze ein winziges Fädchen an, kurz nachher ein kleinstes Gerinnsel, noch später ein gehöriges Koagulum, welches schließlich flächenförmig fast das ganze Flüssigkeitsniveau einnimmt, zuletzt erstarrt die ganze Flüssigkeit bis auf den Grund. Man kann das Uhrschälchen aufrechtstellen, umkehren, ohne daß ein Tropfen Blut ausfließt. Nach einiger Zeit wiederum zieht sich das Gerinnsel zusammen, und wir sehen, daß beim Neigen des Gläschens einige Tropfen Serum herunterfließen. Das ist der makroskopische Vorgang der Blutgerinnung: das Blut bleibt eine gewisse Zeit hindurch flüssig, sodann fällt der erste Fibrinfaden aus, die Erstarrung macht Fortschritte, bis die Gerinnung das ganze Blutquantum ergriffen hat, zuletzt wird das Serum ausgepreßt. Wollen wir diesen Vorgang der Gerinnung durch die bekanntesten Fermenttheorien erklären, dann werden wir sagen müssen: Zunächst bildet sich aus dem im Blute gelösten Thrombozym (Thrombokinase) und Thrombogen bei Anwesenheit von Calciumsalzen das Thrombin, das eigentliche Gerinnungsagens, welches auf das gelöste Fibrinogen einwirkt: das Blut bleibt zunächst noch flüssig, sodann folgt durch diese Einwirkung die Umwandlung des flüssigen Fibrinogens in das feste Fibrin, in den roten Thrombus. Dieser stellt ein ausgedehntes Netz von Fibrinmaschen dar, worin alle Formelemente des Blutes eingeschlossen sind: Erythrocyten, Leukocyten, Blutplättchen und ferner auch die flüssigen Bestandteile, das Serum mit dem darin gelösten überschüssigen Thrombin, das nicht zur Fibrinausfällung aufgebraucht worden ist. Zuletzt ziehen sich die Fibrinfäden zusammen, der Thrombus wird konsistenter und preßt das Serum aus. Der Vorgang der Gerinnung ist daher in drei Phasen einzuteilen:

Tabelle 1. Die 3 Phasen der Gerinnung.

	Blutentnahme
I. Phase: (Thrombinbildung = Reaktionszeit)	
	Anfang der Gerinnung (erster Fibrinfaden)
II. Phase: (Umwandlung des Fibrinogens in Fibrin = Gerinnungsdauer)	
	Ende der Gerinnung (Aufrechtstellen des Schälchens)
III. Phase: (Retraktion und Serumauspressung)	
	Retraktion und Serumauspressung vollendet

1. I. Phase: Die Reaktionszeit, welche den Zeitabschnitt vom Momente der Entnahme des Blutes aus dem intimaumdichteten, glatten Gefäßlumen bis zum Auftreten des ersten Fibrinfadens zusammenfaßt. Während der *Reaktionszeit* wird der Vorgang der Gerinnung bloß vorbereitet und eingeleitet. Der erste mikroskopisch nachweisbare Fibrinfaden zeigt uns den Anfang der eigentlichen Gerinnung an, der Umwandlung des flüssigen Fibrinogens in das feste Fibrin. Die Reaktionszeit ist notwendig, um die Bildung des Thrombins aus seinen Vorstufen bei Anwesenheit von Kalksalzenund seine Einwirkung auf das flüssige Fibrinogen zu ermöglichen. Dann erst beginnt das Fibrin auszufallen, und wir sprechen dann vom zweiten Abschnitt des Gerinnungsvorganges:

2. II. Phase: Die sog. *Gerinnungsdauer*, welche den Zeitabschnitt einfaßt vom Ausfall des ersten Fibrinfadens bis zu vollendeter Gerinnung, d. h. bis zum Erstarren der ganzen Blutflüssigkeit zum Koagulum. Wir können bei unserem Versuch am Ende der Gerinnungsdauer das Uhrschälchen aufrechtstellen, ohne daß Blut herunterfließt. Damit ist jedoch die Gerinnung noch nicht abgeschlossen, das Fibrinmaschennetz kontrahiert sich nach einiger Zeit und preßt das Serum aus. Wir unterscheiden daher:

3. die III. Phase: Die Periode der *Retraktion* des Blutkuchens und der *Serumauspressung*.

Das ist der makroskopische Vorgang der Gerinnung, wie er sich dem Auge des Beobachters darbietet: Flüssiges Blut = I. Phase; Einsetzen und Ende des Fibrinausfallens = II. Phase; Retraktion des Koagulums und Serumauspressung = III. Phase. Das Endresultat ist ein rotes Koagulum, der rote Blutkuchen, worin sämtliche Formelemente und Bestandteile des Blutes eingeschlossen sind.

Der Naturforscher, der Physiologe will aber noch mehr wissen. Er will in Erfahrung bringen, warum überhaupt eine Gerinnung eintritt, welche Vorgänge sich dabei abspielen und namentlich, welche Bestandteile des Blutes dabei beteiligt sind und welche nicht. Das sind alles Fragen, die auch den Praktiker interessieren müssen. Sie sind für die Verwertung der Gerinnungsvorgänge zur Behandlung von Blutenden und von Gerinnungskrankheiten, zur Beurteilung von pathologischen Gerinnungsanomalien von der allergrößten Bedeutung.

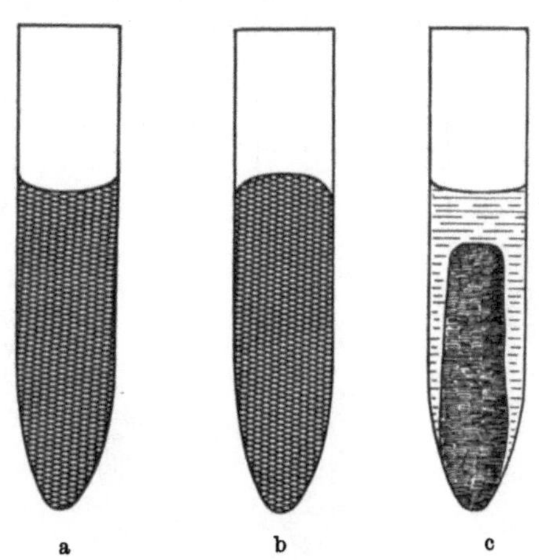

Abb. 33a—c. Die 3 Phasen der Gerinnung.
a) I. Phase = Flüssiges Blut.
b) II. Phase = Koagulum (Fibrin geronnen).
c) III. Phase = Retraktion des Koagulums und Serumauspressung.

Wir schreiten deshalb zur Analyse der Gerinnung und wollen uns zunächst fragen, welche Blutbestandteile, welche Blutzellen an der Gerinnung beteiligt sind und welche nicht. Haben die Erythrocyten, die Leukocyten und die Blutplättchen mit der Gerinnung etwas zu tun oder sind sie als sog. Gerinnungsballaste aufzufassen? Durch die fraktionierte Zentrifugierung während der I. Phase, also vor dem Eintritt der Gerinnung, gelingt es uns, einen Teil der gestellten Fragen zu lösen, wie wir im folgenden sehen werden.

Durch Punktion der gestauten Vena mediana cubiti werden 6 ccm Blut entnommen und mit 2 ccm 1proz. Na-Oxalatlösung ungerinnbar gemacht. Vermittelst einer gutgehenden Zentrifuge von ca. 2000 Umdrehungen in der Minute wird diese Blutmenge 5—7 Minuten lang zentrifugiert. Wir erhalten zwei Schichten: eine obere, leicht getrübte, graugelblich schimmernde und eine untere undurchsichtige, dunkelrote. Wir dekantieren die obere und untersuchen sie unter dem Mikroskop; sie besteht aus Plasma und den darin suspendierten Blutplättchen, die wir sowohl im frischen ungefärbten Präparat als auch im gefärbten Ausstrich mit Leichtigkeit nachweisen können. Die untere Schicht besteht aus Leukocyten und Erythrocyten und etwas Plasma. In welcher Schicht geht nun die Gerinnung vor sich? Die Antwort auf diese Frage erhält man ad oculos demonstriert, wenn man statt 1proz. Na-Oxalatlösung 0,75proz. Magnesiumsulfatlösung anwendet und das Blut damit im Verhältnis 7 : 2 mischt. Im Gegensatz zur Dauerwirkung der Oxalatlösung bewirkt das Magnesiumsulfat in dieser Konzentration bloß eine leichte kurzdauernde Gerinnungshemmung, die bald nach erfolgter Zentrifugierung und Ausscheidung der Schichten wieder verschwindet, wodurch das spontane Einsetzen der Gerinnung wieder ermöglicht ist. Nur die obere die Plasmaplättchenschicht gerinnt (Abb. 34, 2 u. 3), die untere Erythrocyten-Leukocytenschicht bleibt dagegen vollkommen flüssig, so daß sie nach dem Abheben der erstarrten oberen Schicht ohne weiteres ausgegossen werden kann. Ein Blick in das ungefärbte Deckgläschenpräparat überzeugt uns, daß sowohl Erythrocyten als Leukocyten vollkommen intakt und daß keinerlei Fibrinfäden im Gesichtsfelde sichtbar sind.

Nachdem wir uns nun überzeugt haben, daß der Gerinnungsvorgang nur in der Plasmaplättchenschicht vor sich geht, interessiert es uns zu erfahren, ob die Gerinnung auch nach der Eliminierung der Plättchen aus dieser Schicht eintritt. Wir kehren daher zu unserer ersten Versuchsanordnung zurück, entnehmen Blut, mischen es mit 1proz. Na-Oxalatlösung und zentrifugieren bis zur Ausscheidung der beschriebenen Schichten. Wir dekantieren die Plasmaplättchenschicht, die wir der Einfachheit halber als *Plasma I* bezeichnen wollen und zentrifugieren sie $1—1^{1}/_{2}$ Stunden lang, d. h. so lange, bis die Plättchen sich am Boden des Zentrifugiergläschens ausgeschieden haben (Plättchenbelag), darüber das klare formelementfreie Plasma (Abb. 35, 3). Unter dem Mikroskop im frischen Deckglaspräparat überzeugen wir uns der Plättchenfreiheit. Dieses formelementfreie

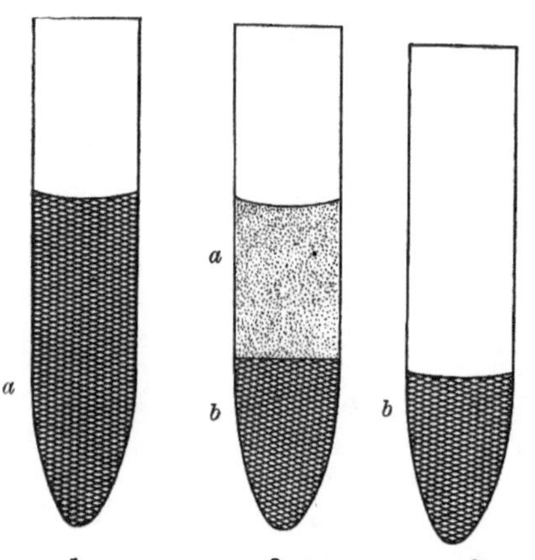
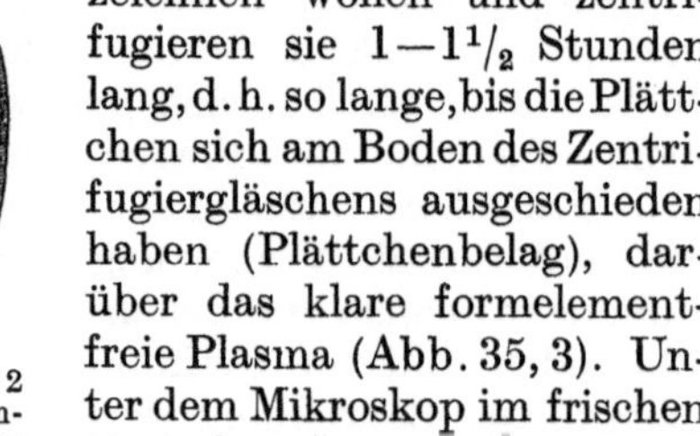

1   2   3

Abb. 34. Die Analyse der Gerinnung, I. Teil.
1. *a* = Flüssiges Blut + 0,75% MgSO₄-Lösung im Verhältnis 7 : 2 gemischt. 2. Nach der Zentrifugierung: *a* = Plasma-Plättchenschicht, *b* = Erythrocyten - Leukocytenschicht. 3. *a* = Plasma-Plättchenschicht geronnen, danebenstehend, *b* = Erythrocyten-Leukocytenschicht ungeronnen im Zentrifugierröhrchen.

Plasma nennen wir das *Plasma II*. Sind nun alle zur Gerinnung notwendigen Faktoren in diesem formelementfreien Plasma enthalten?

Zur Beantwortung dieser Frage muß die gerinnungshemmende Wirkung des Na-Oxalats aufgehoben werden. Vom Gedanken ausgehend, daß diese Gerinnungshemmung entweder in der Verhinderung der Bildung des Thrombins aus seinen Vorstufen oder aber in der Lähmung der Wirkung des fertig gebildeten Thrombins beruhen dürfte, neutralisiert man die Oxalathemmung, indem man das mangelnde oder unwirksam gemachte Thrombin durch Zusatz von frisch entstandenem ersetzt, welches man durch Gerinnenlassen von Blut gewinnt: Nach der Retraktion des Gerinnsels findet sich das Thrombin im Serum. Nun haben wir die sog. Gerinnungsreagenzien hergestellt:

1. Formelementfreies Plasma II.
2. Thrombinhaltendes Eigenserum.
3. Plättchensuspension (Plättchenbelag + $^{1}/_{2}$ ccm physiologischer Kochsalzlösung). (Abb. 35, 3 u. 36c.)

Nun geht man zur Fortsetzung des Gerinnungsversuches über: Zu Plasma II (0,4 ccm) setzt man Eigenserum (Thrombin) 0,2 ccm hinzu und trennt die Mischung in zwei Proben:

Zur ersten Probe wird nichts hinzugesetzt: sie gerinnt nach einer gewissen Zeit in toto, zeigt jedoch *keine Retraktion*.

Zur zweiten Probe setzt man Plättchensuspension hinzu (0,2 ccm): Sie gerinnt in toto wie die erste, nach einer gewissen Zeit jedoch tritt die *Retraktion mit der Serumauspressung* ein. Damit ist der Beweis geleistet, daß das formelementfreie Plasma II alle zur Gerinnung notwendigen Faktoren enthält. Der Gerinnungsvorgang geht aber nicht über die II. Phase hinaus, die III. Phase, die Retraktion des Fibrins und die Serumauspressung, geht nur bei *Anwesenheit der Blutplättchen* vor sich. Dadurch ist eine wichtige Funktion dieser Gebilde erwiesen: *Ohne Blutplättchen keine Retraktion*. Setzen wir zur zweiten Probe statt Blutplättchen Erythrocyten oder Leukocyten hinzu, dann stellt sich keine Retraktion ein.

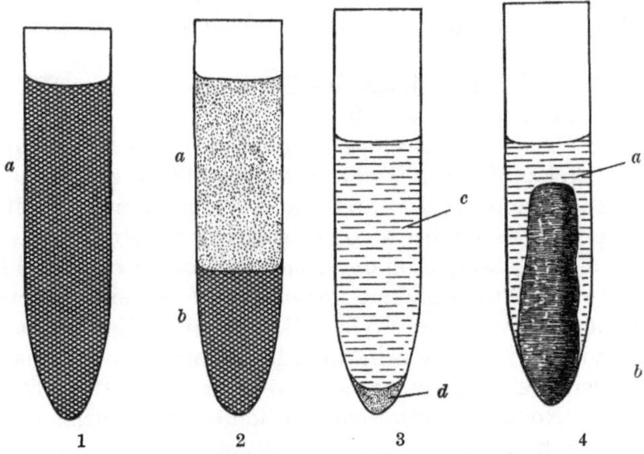

Abb. 35. Die Analyse der Gerinnung, II. Teil.
(1. Die Darstellung der Gerinnungsreagenzien.)
1. 6 ccm Blut + 2 ccm 1proz. Na-Oxalatlösung. 2. Nach der Zentrifugierung: a = Plasma-Plättchenschicht = Plasma I. b = Erythrocyten-Leukocytenschicht. 3. Plasma I weiter zentrifugiert: c = Plasmaplättchenfrei = Plasma II. d = Plättchen als Bodenbelag. 4. Gewinnung des thrombinhaltenden Serums: Blut im Zentrifugierröhrchen gerinnen lassen und Retraktion und Serumauspressung abwarten. a = Serum. b = Retrahiertes Koagulum.

Opitz und Schober[1] haben meine Untersuchungen[2] über das Verhältnis der Plättchen zur Retraktion des Gerinnsels weitergeführt und auch bestätigt.

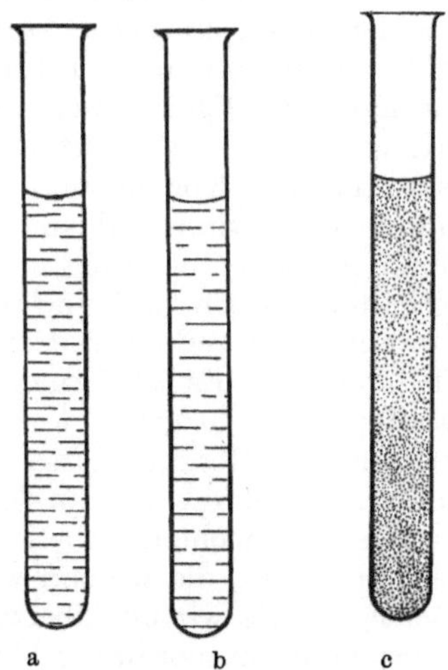

Abb. 36. Die Analyse der Gerinnung,
II. Teil. (2. Die Gerinnungsreagenzien.)
a) Plasma II (plättchenfreies Plasma). b) Serum (thrombinhaltig). c) Plättchensuspension (in physiologischer Kochsalzlösung.

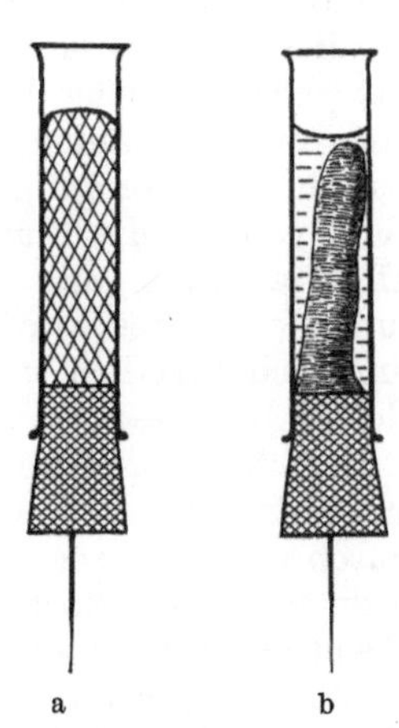

Abb. 37. Die Analyse der Gerinnung,
II. Teil. (3. Der Gerinnungsversuch.)
a) Plasma II + Serum (Thrombin) = Koagulum ohne Retraktion.
b) Plasma II + Serum (Thrombin) + Plättchensuspension = Koagulum mit Retraktion.

---

[1] Opitz u. Schober: Jahrb. f. Kinderheilk. Bd. 103, S. 198.
[2] Fonio: Schweiz. med. Wochenschr. 1923. Nr. 2, S. 36; Nr. 3, S. 60.

Experimentell fanden sie, daß die Erythrocyten keinen Einfluß auf die Retraktion haben, ebenso nicht plättchenfreies Serum aus defibriniertem Blut hergestellt. Dagegen bewirkte der Zusatz von Plättchensuspension stets gute Retraktion. Sie untersuchten ferner den Grad der Retraktion bei Zusatz von Plättchensuspensionen verschiedener Konzentration, ferner die Einwirkung von Plättchenextrakten auf die Retraktion und kommen zusammenfassend zu folgenden Schlüssen:

1. Die Retraktilität des Blutkuchens ist an die Anwesenheit von Thrombocyten im Blute geknüpft.

2. Die Bildung eines guten Gerinnsels erfolgt im allgemeinen bis zu einer Plättchenzahl von 100 000. Bis zu 70 000 ist es noch leidlich fest, wenn auch schon merklich weniger, darunter wird es zunehmend schlaffer bis zur völligen Irretraktilität, die schon bei 45 000 beobachtet werden kann.

3. Abgesehen von der dominierenden Rolle der Plättchen für die Retraktion, hängt die Ausgiebigkeit derselben bis zu einem gewissen Grade von im Blutkuchen vorhandenen Widerständen ab. Man beobachtet z. B. bei anämischen Individuen in ihrem zellarmen Blute mitunter Serumabscheidungen bei Plättchenwerten, die sonst mehr oder weniger komplette Irretraktilität zeigen.

4. Normalerweise scheinen keine Differenzen in der Funktion der Plättchen zu bestehen.

5. Im Plättchenextrakt und im defibriniertem Serum finden sich nur minimale Mengen retraktionsfördernder Stoffe.

6. Der die Retraktion bedingende Stoff ist an die Plättchensubstanz gebunden.

Auf die Theorie der Hyper- und Hypofunktion der Plättchen will ich hier nicht eintreten, da sie mir zu wenig gut gestützt erscheint.

Einzelheiten sind bei Opitz und Schober nachzulesen.

Noch interessanter und beweisender für die Erklärung der Gerinnungs·vorgänge wäre es, wenn es uns gelingen würde, das Blut ohne Zusatz einer gerinnungshemmenden Substanz bis zum formelementfreien Plasma II zu verarbeiten und dann ohne Thrombinzusatz zur Spontangerinnung zu bringen. Nur durch diese Versuchsanordnung könnten wir den eindeutigen Beweis leisten, daß im formelementfreien Plasma alle zur Gerinnung notwendigen Stoffe enthalten sind, mit Ausnahme des Agens der Retraktion des Koagulums. Dieser Versuch ist indessen vorläufig nicht ausführbar, da es ohne gerinnungshemmenden Zusatz nicht gelingt, die Blutplättchen bis zu ihrer Auszentrifugierung aus dem Plasma II unwirksam und unverändert zu erhalten. Noch während dieser Bearbeitung des Blutes würden die Plättchen miteinander verkleben, sich verfilzen, zum Teil zerfallen und Gerinnungsstoffe abgeben. Es ist ferner nicht ausgeschlossen, der Gegenbeweis ist bis heute wenigstens nicht geliefert worden, daß die Plättchen auch ohne sichtbare Veränderungen Gerinnungsstoffe abgeben, und zwar auf dem Wege der inneren Sekretion. Es gelingt zwar Na-Oxalatplasma durch die sog. Recalcifizierung (Zusetzen von Calciumchlorid) wieder zum Gerinnen zu bringen, jedoch treten dabei Niederschläge auf, die störend wirken und die Deutung der Versuchsresultate beeinträchtigen, wie wir uns überzeugen konnten. Wir müssen daher vorläufig bei unserer Versuchsanordnung bleiben, wobei wir annehmen, daß die gerinnungshemmende Wirkung des Na-Oxalats am Thrombin selbst angreift, sei es durch Verhinderung seiner Bildung aus den Vorstufen oder seiner Einwirkung auf das Fibrinogen. Durch den Zusatz des Eigenserums ersetzen wir das nichtentstandene oder unwirksam gemachte Thrombin. Zerlegen wir daher den Gerinnungsvorgang in seine 3 Phasen, dann stellen wir fest:

1. Im formelementfreien Plasma II sind alle zur Gerinnung bis zur II. Phase notwendigen Faktoren enthalten.

2. Zur Vollendung der III. Phase ist die Anwesenheit der Blutplättchen notwendig.

3. Erythrocyten und Leukocyten sind als Gerinnungsballaste aufzufassen. Trotz ihrer Abwesenheit gehen die Gerinnungsvorgänge in allen Phasen ungestört vor sich.

Nun wenden wir uns zur Besprechung der Faktoren der Vorgänge der Gerinnung und befassen uns zunächst nur mit Feststehendem und einwandfrei Erwiesenem. Das Endprodukt der Gerinnung ist das Fibrin. Lassen wir Blut ohne jegliche Manipulation gerinnen, dann erhalten wir den *roten Thrombus*, ein Fibrinfasernetz, worin alle Formelemente, Erythrocyten, Leukocyten und

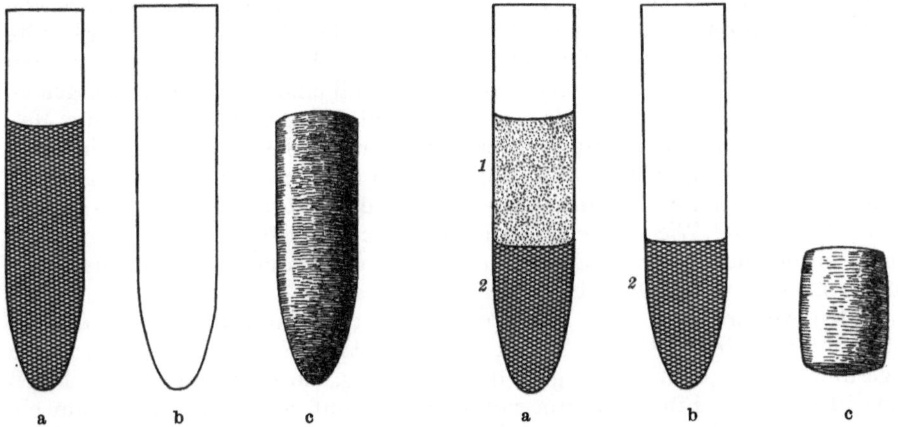

<table>
<tr><td>

Abb. 38. Der rote Thrombus. Blut im Zentrifugierröhrchen gerinnen lassen. Koagulum herausnehmen. a) Flüssiges Blut in Zentrifugierröhrchen. b) Zentrifugierröhrchen leer. c) Roter Thrombus.

</td><td>

Abb. 39. Der weiße Thrombus. Blut mit 0,75 proz. MgSO$_4$-Lösung temporär ungerinnbar machen. Zentrifugieren. a) Nach der Zentrifugierung: *1* = Plasmaplättchenschicht. *2* = Erythrocyten-Leukocytenschicht gerinnen lassen. b) Erythrocyten-Leukocytenschicht ungeronnen, flüssig. c) Der weiße Thrombus (geronnene und aus dem Zentrifugierröhrchen herausgenommene Plasma-Plättchenschicht.

</td></tr>
</table>

Plättchen enthalten sind (Abb. 38c). Trennen wir aber das Blut vor Eintritt der Gerinnung in die bekannten zwei Schichten, dann entsteht der *weiße Thrombus* erythrocyten- und leukocytenfrei, das Fibrinfasernetz schließt nur Plättchen ein (Abb. 39c). Mikroskopisch betrachtet, besteht dieses weiße Gerinnsel aus stark lichtbrechenden, gewissermaßen wie von Gerinnungszentren aus strahlenförmig verlaufende, nadelartig langgestreckte Fäden, die zu zahlreichen Maschen miteinander sich verfilzen. Makroskopisch stellt das Fibrin vor der Serumauspressung eine gelatinöse, hellgelbe Masse dar, die bei der geringsten Manipulation sich zusammenzieht und das Serum auspreßt, wobei die Retraktion gewissermaßen von Retraktionszentren ausgeht, nämlich da, wo das Gerinnsel mit Instrumenten angefaßt, lädiert wurde. Nach der Serumauspressung stellt das Gerinnsel eine zähe, weißlich gefärbte Masse dar, die elastisch und dehnbar ist und erst nach Anwendung einer gewissen Zugkraft zerreißt. Die Dehnung und die Zugfestigkeit sind meßbar (siehe S. 368 u. ff.). Dieses Fibrin entsteht durch die Gerinnung seiner Vorstufe, des Fibrinogens, in der II. Phase. Das Fibrinogen ist im Blutplasma gelöst und kann daraus nach verschiedenen Methoden dargestellt werden (siehe S. 336 u. ff.). Außer der Umwandlung des löslichen Fibrinogens in das feste Fibrin in der II. Phase ist der Vorgang der Retraktion und der Serumauspressung in der

III. Phase, welcher durch die Wirkung der Blutplättchen bedingt ist, zu den feststehenden und erwiesenen Ergebnissen der Gerinnungsforschung zu rechnen. Durch Versuche, die ich kürzlich zusammen mit meinem Assistenten Klingen-fuss anstellte, wird diese retraktile Wirkung durch Erhitzen der Plättchen auf 56° C zerstört. Extrakte von Blutplättchen sind unwirksam. Auf diese Rolle der Blutplättchen hat zuerst Hayem aufmerksam gemacht, welcher bei gewissen Purpurafällen zeigen konnte, daß der Blutkuchen infolge Mangels oder Fehlens der Plättchen kein Serum auspreßt (Irrétractilité du Caillot). Auch Lesourd et Pagniez[1], Arthus et Chapiro[2] u. a. halten die Blutplättchen als maß-gebend für die Retraktion des Fibrins, welcher Ansicht sich auch Morawitz an-schließt. Diese Auffassung erhält durch unseren Versuch die experimentelle Bestätigung.

Soweit die feststehenden bisherigen Ergebnisse der Gerinnungsforschung.

Ein weiteres feststehendes Ergebnis der Gerinnungsforschung, welches von den meisten Autoren anerkannt wird, ist die Tatsache, daß eine rein dargestellte Fibrinogenlösung spontan nicht gerinnt. Um die Umwandlung des gelösten Fibrinogens in das feste Fibrin herbeizuführen, muß eine Reaktion vorausgehen, ein Agens hinzukommen, über dessen Natur und Art der Einwirkung die Mei-nungen der Autoren heutzutage noch auseinandergehen. Trotz zahlreicher, äußerst eingehender und wertvoller Forschungen ist es noch nicht gelungen, die Vorgänge der I. Phase und die Umwandlung des Fibrinogens in das Fibrin restlos aufzuklären. Wie wir der historischen Zusammenstellung der Gerinnungs-theorien entnehmen können, sind es namentlich die Vorgänge der I. Phase, die noch am meisten umstritten sind.

Stellen wir uns eine reine Fibrinogenlösung dar, dann wissen wir, daß sie nicht spontan gerinnen kann. Setzen wir aber etwas Serum hinzu (aus einem Blutgerinnsel ausgepreßt), dann geht die Gerinnung, die Umwandlung des Fibri-nogens in das feste Fibrin prompt vor sich. Es muß also mit dem Serum ein „Etwas“ hinzugesetzt worden sein, das die Gerinnung veranlaßt. Die meisten Autoren nennen dieses im Serum enthaltene „Gerinnungsagens“ das Thrombin, welches die Eigenschaft besitzt, Fibrinogenlösungen in Fibrin umzuwandeln. Über die Wirkung dieses Thrombins gehen freilich die Meinungen der Autoren bis auf den heutigen Tag noch sehr auseinander, ja man hat beim Durchgehen der Literatur den Eindruck, daß diese Frage in der letzten Zeit noch verworrener geworden ist. Wir unterscheiden hier drei Richtungen der Ansichten: die ältere Gruppe nimmt an, daß es sich um eine Fermentwirkung handle (A. Schmid, Morawitz, Fuld, Bordet et Delange, Bordet u. a. m.), während eine neuere Richtung kolloid-chemische Vorgänge zur Erklärung heranzieht (Hekma, Herz-feld und Klinger, Stuber, Funck und Sano u. a. m.) und eine verwandte Gruppe die Rolle des Thrombins als diejenige eines Katalysators der langsamen Spontanflockung des Fibrinogens aufgefaßt haben will (Wöhlisch). Die dritte Gruppe endlich nimmt zwar das Vorhandensein des Thrombins an [Wooldridge, Nolf[3]], anerkennt es jedoch nicht als das Gerinnungsagens, sondern ist der Ansicht, daß es sich lediglich um Gerinnungsprodukte handle.

Ist man nun, wie wir gesehen haben, in der Erklärung der Wirkung des Thrombins durchaus nicht einig, so lassen sich die verschiedenen Anschauungen über die Bildung desselben eher etwas mehr in Einklang bringen. Die Anhänger der Fermenttheorie, die älteren Forscher, sind es namentlich, welche die best-gegründeten Theorien über die Entstehung des Thrombins bekanntgegeben

---

[1] Lesourd u. Pagniez: Journ. de physiol. et de pathol. gén. 1909, Nr. 11.
[2] Arthus u. Chapiro: Arch. internat. de physiol. 1908, H. 3, S. 2989.
[3] Nolf: Arch. internat. de physiol. Bd. 6, H. 1, S. 3. 1908.

haben (A. Schmid, Morawitz, Bordet et Delange u. a. m.). Nach diesen Autoren entsteht das Fibrinferment (Thrombin) aus zwei Vorstufen, die selbst gegenüber Fibrinogenlösungen an und für sich unwirksam sind. Die verschiedenartige Nomenklatur dieser Vorstufen hat leider eine heillose Verwirrung angerichtet. In der Beschreibung der Natur der Eigenschaften dieser Körper dagegen stimmen die Ansichten ziemlich gut überein.

Eine erste Vorstufe ist im Blutplasma gelöst, wir wollen sie nach Morawitz das Thrombogen nennen (nach anderen Autoren: Prothrombin, Plasmozym, Serozym). Sie ist nicht koktostabil. Ihre Wirkung wird bei Erwärmung auf $56°$ C zerstört. Die zweite Vorstufe ist nach den meisten Autoren in den Blutzellen enthalten. Wir wollen sie nach Morawitz die Thrombokinase nennen (nach anderen Autoren: zymoplastische Substanzen, Cytozym, Thrombozym). Sie wird namentlich von den Blutplättchen abgegeben. Nach gewissen Autoren auch von den Leukocyten. Sie ist koktostabil, kann ohne wesentlich an Wirkung einzubüßen auf $100°$ C eine Viertelstunde lang erhitzt werden. Eine ähnlich sich verhaltende Substanz wird auch im Gewebssaft resp. in Gewebsextrakten nachgewiesen.

Es muß nun angenommen werden, daß diese zwei Vorstufen im zirkulierenden Blute nebeneinander vorkommen, das Thrombogen vielleicht im Plasma gelöst, die Thrombokinase dagegen noch in den Blutzellen enthalten, so daß sie nicht miteinander in Reaktion treten können. Kaum hat das Blut den Kreislauf verlassen, z. B. durch unsere Venenpunktion, dann beginnt die Reaktion der zwei Vorstufen zueinander: die Thrombokinase wird von den Plättchen abgegeben und tritt bei Anwesenheit von fällbaren Kalksalzen mit dem Thrombogen in Verbindung, Endprodukt = das Thrombin. Diese Reaktion beginnt im Momente der Entnahme des Blutes aus dem Kreislauf und ist mit der Thrombinbildung beendet. Man nennt diesen Zeitraum die Reaktionszeit, welche die I. Phase der Gerinnung umfaßt. Über die Rolle des Thrombins in der II. Phase, über seinen Angriffspunkt und seine Wirkung bei der Umwandlung des Fibrinogens in das Fibrin sind die Meinungen der Autoren sehr geteilt, namentlich trifft dies bei den Anhängern der kolloidchemischen Gerinnungstheorien zu, deren Ansichten in neuester Zeit sehr voneinander abweichen, während die Anhänger der Fermenttheorie sich im allgemeinen weniger mit eingehenden Erklärungen über die Einwirkung des Thrombins auf das Fibrinogen abgeben. Nach der kolloidchemischen Gerinnungstheorie (Hekma) beruht die Wirkung des Thrombins in einer Entquellung des Sols (Fibrinogen). Durch Alkalienentzug wird das Sol entquellt und in das Gel (Fibrin) übergeführt. Diese Ansicht teilen im allgemeinen auch andere Autoren (Stuber, Funck, Sano), während Wöhlisch sich ablehnend verhält, indem er annimmt, daß die Rolle des Thrombins diejenige eines Katalysators des Fibrinogens sei. Wie wir sehen, ist eine Einigung der Ansichten über die Thrombinwirkung bis heute nicht erzielt worden, während über die Art seiner Entstehung mehr Übereinstimmung herrscht, namentlich unter den Anhängern der Fermenttheorie. Solange es aber nicht gelingt mit chemisch reinen Körpern zu arbeiten, ist eine definitive Stellungnahme zur Streitfrage — ferment- oder kolloidchemische Wirkung — nicht gut möglich.

Über die Rolle der Kalksalze war man bis jetzt nach den grundlegenden Untersuchungen von Hammarsten[1] einig, daß sie nur in der I. Phase der Gerinnung, bei der Thrombinbildung notwendig sind, in neuester Zeit wird aber auch diese Theorie bestritten (Stuber und Sano). Man wird aber gut tun vorläufig bei der ersten bis jetzt allgemein angenommenen Ansicht zu bleiben, da für diese

---

[1] Hammarsten: Hoppe-Seylers Zeitschr. f. physiol. Chem. Bd. 22, S. 333. 1896.

Theorie von sehr namhaften Autoren sehr wichtige Belege geliefert worden sind, während die Opposition eigentlich nur hypothetische Einwände ins Feld zu führen vermag.

Übertragen wir nun das für die Gerinnung reiner Fibrinogenlösungen Gesagte, das Feststehende sowie das noch Umstrittene auf die Gerinnung des Gesamtblutes, dann können wir sagen: im kreisenden Blute sind alle zur Gerinnung notwendigen Substanzen präformiert enthalten. Im Plasma gelöst sind das Fibrinogen, die Kalksalze, die erste Vorstufe des Thrombins, das Thrombogen (hypothetisch), in den Formelementen, namentlich in den Plättchen ist die zweite Vorstufe, die Thrombokinase, enthalten, resp. wird von diesen später abgegeben oder sezerniert. Wird nun das Blut dem Gefäßsystem durch Venenpunktion entnommen, dann beginnt sofort der Gerinnungsvorgang: die Thrombokinase wird von den Plättchen abgegeben, resp. sezerniert, sie tritt bei Anwesenheit der löslichen Kalksalze mit dem Thrombogen in Reaktion, Endprodukt = das Thrombin. Nun beginnt die Einwirkung des Thrombins auf das Fibrinogen. Die I. Phase ist nun zu Ende, die II. setzt ein: Umwandlung des Fibrinogens in das Fibrin, Bildung des roten Thrombus. Nach Beendigung der Fibrinausfällung setzt sodann die III. Phase ein: die Retraktion und Serumauspressung durch die Wirkung der Plättchenleiber. Im ausgepreßten Serum findet sich ein Überschuß an Thrombin, sowie seiner Vorstufen.

Tabellarisch läßt sich der Gerinnungsvorgang etwa folgendermaßen zusammenfassen:

Tabelle 2.

I. Phase.   *Thrombogen* (im Plasma präformiert)

   Thrombinbildung   Bei Anwesenheit von Kalksalzen

             Thrombokinase (von den Plättchen abgegeben)

II. Phase.   Umwandlung des *Fibrinogens* in das *Fibrin*

            durch die Einwirkung des *Thrombins:*

     Fermenttheorie   *kolloidchemische Theorie*
Fermentwirkung auf das Fibrinogen   Entquellen des *Sols* (Fibrinogen)
                              = Umwandlung in das *Gel* (Fibrin)

III. Phase.   Retraktion des Fibrins und Serumauspressung durch die Wirkung der Blutplättchen.

Kehren wir nun zu unserem Gerinnungsversuch zurück, dann muß uns ein Umstand auffallen, der mit unseren Erklärungen in Widerspruch zu stehen scheint. Mit vollem Recht wird hier die Kritik einsetzen und uns die Frage stellen wollen: Wie ist es zu erklären, daß das formelementfreie Plasma II auch ohne die Anwesenheit der Blutplättchen bis zur vollendeten II. Phase gerinnt, während wir die These aufgestellt haben, daß die Plättchen die Träger der zweiten Vorstufe des Thrombins, der Thrombokinase sind? Sollte man nicht vielmehr erwarten, daß die Gerinnung dieses Plasma II nicht einmal über die I. Phase gelangt, da man durch den Entzug der Plättchen gleichzeitig auch die Thrombokinase entzogen haben muß? Bei unserem Versuch trifft dieser Einwand nicht zu, indem wir das durch das Natriumoxalat gebundene oder am Entstehen verhinderte Thrombin durch Thrombinzusatz (Serum) selbst ersetzen, dem fertigen Produkt aus beiden Vorstufen. Heben wir dagegen die gerinnungshemmende Wirkung des Natriumoxalats durch Hinzufügen von Kalksalzen auf (Recalcifizierung), so daß dieses formelementfreie Plasma II gerinnt, dann wird die Zurückweisung des Einwandes der Kritik schon schwieriger. Warum gerinnt nun dieses Plasma II, aus welchem alle Plättchen, die Lieferanten der Thrombokinase, auszentrifugiert worden sind? Trotz dem Fehlen dieser Elemente muß demnach das Plasma offenbar alle zur Thrombinwirkung notwendigen Vorstufen besitzen. Bei allen Gerinnungsversuchen und ihrer Deutung macht sich nun eben eine Unbekannte geltend: Wie verhalten sich die Blutplättchen vom Momente des Verlassens des Kreislaufes bis zum Beginn der I. Phase im Reagensgefäß oder, noch genauer ausgedrückt, bis zum ersten Auftreten der Wirkung der Gerinnungshemmung? Wird hier die Thrombokinase durch Zerfall eines Teiles der Plättchen oder durch Absonderung aus denselben etwa nach Art einer inneren Sekretion abgegeben, noch bevor sich die Gerinnungshemmung des Oxalates geltend macht? Geht nun diese Abgabe oder Absonderung schon so frühzeitig vor sich, daß trotz dem vollständigen Wegzentrifugieren der Plättchen bis zur Formelementfreiheit dem Plasma II schon genügende Thrombokinasemengen abgegeben worden sind zur Thrombinbildung? Das ist die große Unbekannte, die sich bei allen Gerinnungsversuchen geltend macht und ihre Deutung stört. So leiden auch viele Methoden der Darstellung der Gerinnungsreagenzien darunter. Bei der Gewinnung des formelementfreien Plasmas nach A. SCHMIDT, z. B. durch Abkühlung und Filtration, wird man annehmen müssen, daß während diesen langdauernden und das Zellprotoplasma schädigenden Prozeduren ein Teil der Plättchen zerfällt und die Thrombokinase abgibt. Vermischen wir z. B. das durch Venenpunktion entnommene Blut sofort mit einer der bekannten gerinnungshemmenden Substanzen, so daß, wie wir mit Leichtigkeit am mikroskopischen frischen Präparat jederzeit uns überzeugen können, die Plättchen am Zusammenballen und am Zerfall verhindert werden, und eliminieren wir diese Gebilde durch langandauernde Zentrifugierung aus dem Plasma I, so daß wir nun glauben, auch sämtliche Thrombokinase daraus entfernt zu haben, dann sind wir erstaunt zu sehen, daß das Plasma trotzdem gerinnt. Hier macht sich wieder die Unbekannte geltend: Wir sind eben nicht imstande zu entscheiden, was vom Momente der Blutentnahme bis zur Vermischung mit der gerinnungshemmenden Substanz, z. B. Magnesiumsulfat, vor sich gegangen ist. Hat ein Teil der Plättchen dabei Zeit gehabt, zu zerfallen und die Thrombokinase abzugeben? Oder geht die Absonderung dieser Vorstufe des Thrombins auch im Magnesiumsulfatplasma selbst vor sich? Vermag die Anwesenheit der Gerinnungshemmung die Plättchen an ihrer inneren Sekretion nicht zu hindern? Diese Kontrollen sind meines Wissens bis jetzt nicht ausgeführt worden, sie werden auf große technische Schwierigkeiten stoßen müssen. Solange uns dies nicht gelingt, wird die Deutung der Ergebnisse vieler Untersuchungen und Versuche der Gerinnungsvorgänge, wie schon ausgeführt, widerspruchsvoll bleiben.

Nun scheint der Befund, der bei einem pathologischen Gerinnungszustand erhoben wird, im Widerspruch mit der Annahme zu stehen, daß die Plättchen die Träger oder Bildner oder Lieferanten der Thrombokinase sind. Bei der thrombopenischen Purpura, beim Morbus maculosus Werlhofi, läßt sich nachweisen, daß das Gerinnsel zwar keine Retraktion zeigt, daß das Blut jedoch normale Gerinnungszeiten und eine normal verlaufende II. Phase besitzt. Die fehlende Retraktion läßt sich ohne weiteres durch den Mangel an Plättchen erklären, dagegen scheint der Befund der normalen Gerinnungszeit und der normal verlaufenden II. Phase in Widerspruch dazu zu stehen. Denn Hand in Hand mit dem Plättchenmangel sollte man erwarten, daß auch ein Mangel an Thrombokinase vorhanden sei. Neuere Forschungen über die Beziehung der Plättchen zur Gerinnung sind geeignet, diese Widersprüche aufzuklären: Blutplättchen zu Blut hinzugesetzt, beschleunigen dessen Gerinnung, ebenso verhalten sich ihre Extrakte, wenn auch in vermindertem Maße, wie ich aus sehr zahlreichen Untersuchungen nachweisen konnte (anläßlich meiner Vorstudien zur Koagulenfrage). Diese

Extrakte sind koktostabil. Ganz anders verhalten sie sich jedoch in bezug auf die Auslösung der Retraktion des Gerinnsels: sie sind unwirksam. Während nun also für die Retraktion des Fibringerinnsels die Plättchenleiber selbst im Plasma enthalten sein müssen, trifft dies für die Reaktion zur Thrombinbildung nicht zu, es genügt, wenn deren thrombokinasehaltigen Extrakte in Lösung oder Suspension im Plasma enthalten sind. Nun haben uns die Forschungsergebnisse bei der Purpura und verwandten Zuständen noch nicht mit Sicherheit darüber orientiert, ob wir es hier mit einer mangelhaften Abgabe von Pseudopodien der Megakaryocyten an das strömende Blut zu tun haben (Wright-Theorie der Entstehung der Plättchen) oder ob nicht vielmehr eine Zerstörung der Blutplättchen vorliegt (z. B. durch die Milz nach Kaznelson) oder, mit anderen Worten, beruht die Franksche thrombopenische Purpura auf einem effektiven Mangel an Plättchen im strömenden Blute oder auf einer raschen Zerstörung bereits abgestoßener Pseudopodien der Megakaryocyten. In diesem letzten Falle könnte man annehmen, daß bei der Zerstörung der Plättchenleiber die Thrombokinase an das Blut abgegeben wird: dadurch würde die normale Gerinnungszeit erklärlich sein. Bei der Annahme des Mangels an abgestoßenen Pseudopodien wäre diese Erklärung schwieriger. Man müßte denn Zerfallsvorgänge dieser Gebilde oder ihrer Mutterzellen im Knochenmark selbst annehmen, mit gleichzeitiger Abgabe von Thrombokinase an das Plasma.

Es ist mir nun in der letzten Zeit aufgefallen, daß im nach Giemsa gefärbten Blutausstrich des Purpurablutes zwischen den Blutzellen überall gleichmäßig zerstreut ein Niederschlag sichtbar ist, der aus feinsten Körnchen besteht, welche zum Teil die Färbeeigenschaften der Granula des Plättchenprotoplasmas zeigen. Man hat den Eindruck, als ob man es hier mit Zerfallsprodukten dieser Gebilde zu tun hätte. In diesen Ausstrichen sind meistens gar keine Blutplättchen zu finden oder nach Durchsicht vieler Gesichtsfelder nur einige Riesenexemplare. Dieser Niederschlag fehlt bei den Ausstrichen von normalem Blut, so daß die Annahme nahe liegt, daß diese Niederschläge für das Purpurablut charakteristisch sind. Bestimmte Anhaltspunkte, daß es sich hier wirklich um Zerstörungsprodukte von Plättchenprotoplasma handelt, besitzen wir nicht, doch ist diese Ansicht nicht ganz von der Hand zu weisen. Die weitere Bestätigung dieses Befundes würde die paradoxe Erscheinung erklären, daß dem Purpurablut die Retraktion des Gerinnsels fehlt, bei völlig normalem Verhalten der Gerinnungszeit und der Vorgänge in der I. und II. Phase[1] Eine ähnliche Erklärung gibt Glanzmann, welcher annimmt, daß die Plättchen schon intravaskulär in vermehrtem Maß zerfallen können, und die Thrombokinase an das Plasma abgeben, so daß dieses trotz verminderter Plättchenzahl stets einen Überschuß an Thrombokinase enthält. Nun wenden wir uns zu einer weiteren wichtigen Frage: Warum gerinnt das Blut innerhalb des Gefäßsystems nicht, und warum beginnt die Gerinnung erst mit dem Verlassen des Kreislaufes?

Es wäre für die Erhaltung des Lebens eine sehr fatale Sache, wenn die Natur nicht dafür gesorgt hätte, daß eine intravasculäre Gerinnung unmöglich wäre. Embolien, Thrombosen und ihre Folgezustände würden jeden lebendigen Organismus in Bälde zugrunde richten, ohne die ungestörte Aufrechterhaltung des Blutkreislaufes wäre jegliches Leben undenkbar. Warum gerinnt nun das in den Blutgefäßen fortwährend zirkulierende Blut nicht, während die Gerinnung sehr bald nach dem Verlassen des Gefäßlumens einsetzt?

Es sind schon die verschiedenartigsten Theorien und Hypothesen zur Erklärung dieser Tatsache aufgestellt worden. Man hat schon vom Gleichgewicht

---

[1] Glanzmann: Jahrb. f. Kinderheilk. Bd. 38, S. 133. 1918.

der Vorstufen des Thrombins gesprochen, welches sofort nach Verlassen des Blutkreislaufes gestört werde. Man hat schon die Hypothese von Antithrombinen
aufgestellt, die die Vorstufen des Thrombins intravasculär neutralisieren sollen
resp. gewissermaßen in einem Gleichgewichtsverhältnis dazu stehen [HOWELL
and EMMETHOLD[1]], so daß eine Zerstörung dieser Verhältnisse zuungunsten des
Antithrombins zur Gerinnung führt. MORAWITZ u. a. haben solche Antithrombine
nachgewiesen, deren Rolle heute allerdings noch als wenig geklärt bezeichnet
wird.

Eine der zutreffendsten Erklärungen hat in dieser Beziehung wohl FREUND[2]
1888 gegeben, der auf Grund sehr eingehender Versuche die Theorie aufstellte,
daß das Blut infolge Mangels an Adhäsionswirkung der Gefäßwandung intravasculär nicht gerinne, was HAYKRAFT[3] kurz nachher bestätigte, indem er
bewies, daß die Gerinnung nicht oder erst verspätet auftritt, wenn man Blut
unter Vermeidung jeglicher Adhäsion auffange. Unserer Ansicht nach nähert
sich diese Erklärung am meisten der Wirklichkeit. Das Blutgefäßsystem ist
in seiner ganzen Ausdehnung von der Intima umdichtet, deren außerordentliche
Glattheit ein Ankleben der im Blute kreisenden Blutplättchen verhindert. In
diesem Moment ist die Erklärung der intravasalen Ungerinnbarkeit des Blutes
zu suchen. Sowohl in der pathologischen Anatomie als in der Physiologie finden
sich Anhaltspunkte zur Stütze dieser Theorie. Wir wissen, daß bei normalen
Verhältnissen des Blutkreislaufes und seiner Hüllen niemals Gerinnungsprozesse
vorkommen. Treten dagegen krankhafte Prozesse auf, welche die Glattheit
der Intima auf irgendeine Weise schädigen oder zerstören, dann können an
diesen Stellen sich partielle Gerinnungen einstellen, die zu Thromben führen.
Ich erinnere an die Endocarditis verrucosa, bei welcher sich thrombotische
Niederschläge auf die oberflächlich schadhaft gewordenen Klappen sich absetzen. Das glatte, der Intima entsprechende Endokard wird hier zerstört,
es bedecken sich diese Defekte mit Plättchenthromben, woran sich allmählich
auch Fibrin und Leukocyten und auch spärliche Erythrocyten beteiligen. Ich
nenne ferner die sog. fettige Usur der Intima, die zu leichten Substanzverlusten
führt, worauf sich Thromben absetzen können, die atheromatösen Geschwüre,
die auch zu Thrombenbildungen Anlaß geben können. Bekannt sind ferner
die zwiebelschalartigen Thromben bei Aneurysmen, deren Beginn auf die Bildung weißer resp. Plättchenthromben zurückzuführen ist. Gerinnungsvorgänge
kommen ferner vor bei Venenveränderungen, bei Phlebitiden und namentlich
bei den Varicen mit den aus verschiedener Ursache auftretender Veränderungen der
Venenwand, auf die hier nicht eingegangen werden kann. Wir sehen, *daß überall,
wo an irgendeiner Stelle und aus irgendeinem Grunde ein Defekt, eine Schädigung
der Glattheit der Intima sich einstellt, sich sofort Gerinnungsvorgänge geltend
machen, sich Plättchenthromben an diesen intimarauhen Stellen ansetzen, daß
dagegen überall da, wo die Glattheit der Intima bewahrt bleibt, niemals intravasale Gerinnungen auftreten.* Wie ist dies zu erklären? Die Plättchen sind
Formelemente von außerordentlich großer Klebrigkeit, die das Bestreben haben,
sich sofort zu Klumpen zusammenzuballen, wenn das Blut das Gefäßlumen
verläßt, der Glattheit der Intima entzogen wird und mit der Luft, mit rauhen
Wandungen (Kanüle, Spritze, Glasgefäß, Wundbett usw.) in Berührung kommt
oder sich sofort an einem frisch entstandenen Intimadefekt absetzen, zusammenballen und den Anfang des Thrombus abgeben. Es wird von vielen Autoren an-

---

[1] HOWELL u. EMMETHOLD: Americ. journ. of physiol. Bd. 40, S. 7. 1918—1919.
[2] FREUND: Wien. Jahrb. 1888, S. 259.
[3] HAYKRAFT: Journ. of anat. a. physiol. S. 1 u. 2. — HAYKRAFT u. CARLIER: Journ.
of anat. a. physiol., Juli 1888.

genommen, daß diese Gebilde dabei zum Teil zerfallen und einen Gerinnungsfaktor freigeben, die Thrombokinase, eine Vorstufe des Thrombins. Für die
Thrombenbildung bei Intimadefekten kann noch eine zweite Erklärung gegeben
werden: Am frisch entstandenen Intimadefekt ist der Abschluß mit dem dahinter-
liegenden Gewebe aufgehoben, es kann somit gerinnungserregender Gewebssaft
an das Blut abgegeben werden, die Thrombenbildung an der Defektstelle wird
dadurch beschleunigt und verstärkt. Verletzungen des Gefäßsystems stellen uns
ähnliche Verhältnisse im großen dar: die Glattheit der Intima wird plötzlich
auf große Strecken hin zerstört, und sofort sind die günstigsten Verhältnisse
für die Gerinnung gegeben, indem die Plättchen an den rauhen Stellen kleben,
zerfallen und vom freigelegten Gewebe massenhaft Gewebssaft an das Blut
abgegeben wird. *Bei allen diesen Vorkommnissen, welche die Intaktheit der
gerinnungsverhindernden Glattheit der Intima im kleineren oder größeren Maß-
stabe zerstören, sind die Bedingungen für ein sofortiges Einsetzen der Gerinnung
gegeben.*

Ein anderer wichtiger Faktor zur Verhinderung der intravasculären Gerinnung ist der ungestörte Kreislauf des Blutes: alle Blutbestandteile werden gut
durchgemischt in kontinuierlichem Strom fortwährend an den glatten Gefäßwandungen vorbeigetrieben, keine Stasen und somit Veränderungen der Blutzusammensetzung, keine größeren Ansammlungen von einzelnen Zellen, z. B.
von Blutplättchen, sind möglich, eine Klumpenbildung, eine Agglutination
ist unter diesen normalen Verhältnissen ausgeschlossen. Ganz andere Verhältnisse jedoch können sich einstellen, wenn die Zirkulation aus irgendeinem Grunde
Schaden leidet. Hier können dann Bedingungen geschaffen werden, welche
den Anfang einer Gerinnung ermöglichen dürften. Es können durch Stasen,
durch Veränderung der Blutzusammensetzung, z. B. durch Einschwemmung
von Gewebsflüssigkeiten in das Blut bei Anämien, namentlich bei akuten Blutverlusten, solche Gerinnungsbedingungen gegeben werden. Denken wir an die
Thrombosen bei Marasmus, bei schlechten Zirkulationsverhältnissen, z. B. bei
Individuen mit ausgedehnten Varicen, die aus irgendeinem Grunde liegen müssen
und die Zirkulation im Gebiete ihrer erweiterten Beinvenen durch die Muskel-
wirkung, wie dies normalerweise bei genügender Bewegung der Fall ist, nicht
genügend aufrecht erhalten können, ferner bei Zuständen von Herzinsuffizienz.
Man hat bis jetzt diesen Verhältnissen nicht genügend Rechnung getragen in
der Erklärung und in der Erforschung der Blutgerinnung, unserer Ansicht nach
mit Unrecht. Es empfiehlt sich daher, künftighin auch diese Verhältnisse in
gerinnungstechnischer Beziehung zu analysieren und bei der Beurteilung und
Erklärung des Wesens der Gerinnung zu Hilfe zu ziehen.

Fragen wir uns nun nach diesen scheinbaren Abschweifungen von unserem
Thema, warum das Blut im Gefäßsystem nicht gerinnt, so fällt uns die Beantwortung dieser Frage leichter. Solange die Glattheit der Intima vollkommen
erhalten ist, und solange die Blutflüssigkeit gut durchgemischt in gleichmäßigem
Strome durch den Kreislauf getrieben wird, ist ein Zusammenballen, ein Ankleben
und ein Zerfall der Plättchen zur Abgabe der Thrombokinase nicht möglich,
die Abgabe von Gewebssaft aus Intimadefekten zur Beschleunigung und zur
Unterstützung der Gerinnung ist unterbunden. Wird dagegen die Glattheit
der Intima an irgendeiner Stelle auch nur im geringsten Maße verletzt, dann sind
plötzlich die Bedingungen zum Beginn der Gerinnung gegeben. Das ist nun auch
der Fall, wenn Blutflüssigkeit aus dem Gefäßsystem herausgenommen wird.
Die Einwirkung der Glattheit der Intima ist damit aufgehoben, alle Bedingungen
zum Beginn der Gerinnung sind gegeben. Daß diese Erklärung berechtigt ist,
ersehen wir aus dem Umstande, daß es gelingt, das Blut wenigstens eine Zeit-

lang flüssig zu erhalten, wenn die Glattheit der Intima durch Paraffinieren der Glasgefäßwandungen nachgeahmt wird.

Die idealsten Verhältnisse für die Gerinnung trifft man naturgemäß bei Verwundungen von Geweben. Hier ergießt sich das Blut aus dem verletzten Gefäßlumen in das aufgerissene Gewebe, die Blutplättchen treffen hier ideale Verhältnisse zum Ankleben und Verfall, zur Thrombokinase der Blutzelle kommt noch die ähnlich wirkende, gerinnungsbeschleunigende Substanz der lädierten Gewebe, der Gewebssaft, die Blutgerinnung wird dadurch beschleunigt und verstärkt. Hat sich dann das Fibringerinnsel gebildet und das lädierte Lumen des Gefäßes verstopft, dann macht sich noch die III. Phase geltend, die Retraktion und Serumauspressung, wodurch die Ränder von allen Seiten konzentrisch einander genähert werden und der Gefäßdefekt dadurch zum festeren Verschluß gebracht. Wir nennen diesen Vorgang die „physiologische Ligatur", die im Gegensatz zur mechanischen den Gefäßdefekt von innenher verschließt. Das ist der Vorgang der Blutstillung, deren Beginn die Blutgerinnung in ihren drei Phasen darstellt.

Historische Zusammenstellung der wichtigsten Gerinnungstheorien.

Wie ich im vorhergehenden Kapitel erwähnt habe, gibt es bis heute keine allgemein anerkannte Theorie der Blutgerinnung. Trotz vieler gründlicher und hervorragender wissenschaftlicher Arbeit und daraus resultierender unverkennbarer Fortschritte, welche zur Aufstellung wichtiger, allgemein anerkannter Tatsachen geführt haben, die als Grundpfeiler für den weiteren Aufbau feststehen, sind wir heute nicht einmal über die ungemein wichtige Frage endgültig aufgeklärt, ob die Gerinnung als ein Fermentvorgang oder als kolloidchemische Reaktion aufzufassen ist. Gerade die allerneueste Literatur bringt diese Frage wieder ins Rollen und läßt z. B. eine Kontroverse über die Bedeutung der Kalksalze wieder aufkommen, über ein Problem, welches man als endgültig abgeschlossen betrachtet hatte. Der Versuch einer unparteiischen sachlichen Kritik wird aber noch mehr erschwert durch die Unbeständigkeit der Nomenklatur, die sinnverwirrend wirkt. Es bleibt daher nichts anderes übrig, als eine knappe historische Darstellung der bisher bekannten Gerinnungstheorien zu geben und in bezug auf die Einzelheiten auf die Originalien zu verweisen.

VIRCHOW[1] (1856) war der erste, welcher annahm, daß das Fibrin nicht als solches im Plasma vorkomme, sondern als eine Vorstufe, die ganz andere Eigenschaften besitze und die er Fibrinogen nannte.

DENIS[2] (1856) wies diese Vorstufe im Plasma nach und bediente sich der Salzfällungsmethode zu ihrer Isolierung.

BUCHANAN[3] (1845) hat eigentlich den Grundstein zu den modernen Gerinnungstheorien gelegt, indem er zum erstenmal nachwies, daß Transsudate, und zwar ganz besonders Hydrocelenflüssigkeit, keine Neigung besitzen, spontan zu gerinnen, sondern erst nach Hinzufügen eines Agens, welches er sowohl im Blutserum als auch im Blutkuchen fand. Er bezeichnete die weißen Blutkörperchen als die wahrscheinlichste Quelle dieses Agens. Das „flüssige Fibrin" der Hydrocelenflüssigkeit geht demnach erst nach dem Hinzutreten oder Hinzufügen dieses Agens in das feste Fibrin über.

---

[1] VIRCHOW: Ges. Abh. 1856, S. 59.
[2] DENIS: Nouv. ét. chim. phys. et méd. sur les subst. album. Paris 1856.
[3] BUCHANAN: Philos. soc. Glasgow Bd. 2, 1844—1848 (1845); The London Medic. Gazette Bd. 1. 1845.

Brücke[1] (1875) hob ganz besonders die Bedeutung der intakten Gefäßwand für den flüssigen Zustand des Blutes hervor.

Alexander Schmidt[2] ist der eigentliche Begründer der heutigen Auffassung des Gerinnungsvorganges geworden durch seine vorzüglichen Arbeiten und scharfen Beobachtungen über die Natur der Blutgerinnung, die er, wie Buchanan, zuerst an Transsudaten machen konnte, denen Blutserum zugesetzt war. Schmidt lehrte, daß das im Plasma gelöste Fibrinogen durch einen Körper in das feste Fibrin übergeführt werde, welchen er Fibrinferment (Thrombin) nannte. Zuerst nahm Schmidt an, daß die Gerinnung in den sog. proplastischen serösen Flüssigkeiten, die spontan nicht gerinnen (proplastische Transsudate, die erst durch Serumzusatz gerinnen), durch die Einwirkung einer sog. fibrinoplastischen auf die fibrinogene Substanz zustande komme. Diese Gerinnungsmedien sollen aus dem Grunde nicht gerinnen, weil sie zwar fibrinogene, aber keine fibrinoplastische Substanzen enthalten, die aus den Blutzellen entstammen sollen. In seinen späteren Arbeiten nahm dann Schmidt neben diesen zwei Gerinnungssubstanzen noch eine dritte an, durch welche erst die Reaktion der zwei obengenannten Körper entweder überhaupt ausgelöst wird oder wenigstens schneller vor sich geht. Diesen dritten Gerinnungskörper nannte Schmidt, wie schon erwähnt, das Fibrinferment. Er faßte daher die Gerinnung als einen fermentativen Vorgang auf. Diesen Körper stellte er aus Blutserum dar, welches er durch Alkohol koagulierte. Abgekühltes Plasma oder Salzplasma wurde dadurch zur Gerinnung gebracht, ohne daß dabei die gerinnungsauslösende Wirkung scheinbar verlorenging, was Schmidt auf die Fermentnatur des Thrombins zurückführte. Unterstützt wurde seine Annahme durch den Umstand, daß zur Auslösung einer Gerinnung außerordentlich kleine Mengen dieses Fibrinfermentes genügten, und ferner durch den Befund, daß die Erwärmung auf 100° C die Wirkung des Gerinnungskörpers aufhob. Nach Schmidt entsteht das Thrombin erst außerhalb des Blutgefäßsystems, und zwar durch Zerfall der weißen Blutkörperchen.

In späteren Arbeiten beschäftigen sich Schmidt und seine Schüler mit der Entstehung und der Wirkung des Fibrinferments, sowie mit der Frage, warum das Blut im Blutgefäßsystem nicht gerinnt, sondern flüssig bleibt. Durch den Zerfall der Leukocyten im extravasculären Blut entsteht noch kein fertiges Fibrinferment, denn es gelingt nicht, Fibrinogenlösungen durch Zusatz von weißen Blutkörperchen zum Gerinnen zu bringen, was Rauschenbach[3] (1883) nachweisen konnte. Dagegen beschleunigen sie die Gerinnung von Blutplasma. Dieses eigentümliche Verhalten erklärte Schmidt dadurch, daß er annahm, daß im Blutplasma eine Vorstufe des Thrombins, ein Prothrombin, enthalten sei, welches mit den gerinnungsbeschleunigenden Zellsubstanzen (der Leukocyten oder auch anderer Körperzellen) in Reaktion trete, während die Hydrocelenflüssigkeit z. B. kein Prothrombin enthalte und daher auch nicht durch diese Substanzen zur Gerinnung gebracht werden. Diese Zellsubstanzen nannte Schmidt „zymoplastische Substanzen".

Diese zymoplastischen Substanzen werden erst extravasculär durch Zerfall der weißen Blutkörperchen frei und aktivieren das im zirkulierenden Blut präexistente Prothrombin. Aus dieser Reaktion entsteht das Fibrinferment, das

---

[1] Brücke: Virchows Arch. f. pathol. Anat. u. Physiol. Bd. 12, S. 81. 1857: Wien. Akad. Bd. 15, H. 2—5 (1867) zit. Morawitz: Handb. d. Biochemie, 3. Aufl., Bd. 4, S. 45. 1923.

[2] Schmidt, A.: Arch. f. (Anat. u.) Physiol. 1861, S. 545; 1862, S. 438. — Schmidt, A.: Weitere Beiträge zur Blutlehre. Wiesbaden 1895. — Schmidt, A.: Die Blutlehre. 1892.

[3] Rauschenbach: Inaug.-Dissert. Dorpat 1883.

Thrombin, wodurch die Gerinnung des Blutes erst ermöglicht wird. Das Flüssigbleiben des Blutes im Blutgefäßsystem erklärt Schmidt dadurch, daß nur die unwirksame Vorstufe des Thrombins im Blutgefäßsystem zirkuliere, während das Thrombin erst extravasculär entsteht.

Die zymoplastischen Substanzen werden aus Körperzellen gewonnen, z. B. durch Alkoholextraktion. Sie sind hitzebeständig. Zu Blutserum hinzugesetzt, steigern sie dessen gerinnungsauslösende und gerinnungserzeugende Wirkung in hohem Maße. Schmidt nahm deshalb an, daß bei der normalen Blutgerinnung ohne irgendwelche Zusätze nicht der ganze Prothrombingehalt des Blutes aktiviert werde, sondern daß ein Teil davon der Aktivierung entgehe, entweder aus Mangel an zymoplastischen Substanzen oder aus irgendeinem anderen Grunde (z. B. durch gerinnungshemmende Faktoren). So erhält man durch den Zusatz dieser Zellextrakte zu Serum ganz bedeutende Beschleunigung der Gerinnung: durch Aktivierung des noch nicht aktivierten Prothrombins neben dem spontan entstandenen Thrombin zu wirksamem Thrombin, was einer potenzierten Wirkung des Fibrinfermentes entspricht. Nach Schmidt sollen ferner die Körperzellen neben den zymoplastischen gerinnungserregenden Körpern noch einen gerinnungshemmenden enthalten, das sog. Cytoglobin, welches zur Erhaltung des flüssigen Zustandes des Blutes im Gefäßsystem beitragen dürfte. Es ist allerdings nicht recht erklärlich, wie und warum das Cytoglobin schon intravasculär wirken sollte, wenn man annimmt, daß die zymoplastischen Substanzen erst extravasculär durch den Zerfall der Zelleiber frei werden.

Hammarsten[1] war es, der zunächst die ursprüngliche Lehre Schmidts von den fibrinoplastischen Substanzen angriff, indem er zeigte, daß sie zur Gerinnung nicht notwendig sind. Ihm und Frédéricq[2] gelang es, den Nachweis zu führen, daß das Schmidtsche Fibrinferment eine Fibrinogenlösung, die frei von fibrinoplastischen Substanzen oder von Paraglobulin von Brücke[3] war, in Fibrin umwandelte. Hammarsten bezeichnete demnach die Blutgerinnung als die Umwandlung des Fibrinogens in das Fibrin unter der Einwirkung des Schmidtschen Fibrinfermentes.

Arthus et Pagès[4] (1890 und 1891) machten die Entdeckung, daß die Kalksalze zur Gerinnung des Blutes notwendig sind. Sie waren ursprünglich der Ansicht, daß sie bei der Umwandlung des Fibrinogens in das Fibrin in Wirkung trete. Sie faßten ihre Theorie über die Blutgerinnung folgendermaßen zusammen: Unter dem Einfluß des Fibrinfermentes und in Gegenwart von Kalksalzen zersetzt sich das Fibrinogen des Blutplasmas in zwei Substanzen. Die eine gibt eine unlösliche Kalkverbindung, das Fibrin, die andere bleibt im Blutserum gelöst, sie ist ein bei 64° gerinnendes Globulin.

Lilienfeld[5] gibt eine zusammenfassende Darstellung seiner Auffassung der Blutgerinnung mit besonderer Berücksichtigung der Theorie von A. Schmidt und Hammarsten: Im Aderlaßblut erfolgt ein Zerfall der Leukocyten resp. eine Abgabe von Nucleinsubstanz an das umgebende Plasma, in welchem als einer alkalischen Flüssigkeit sich das Nuclein löst und nunmehr das Fibrinogen des Plasmas in das Thrombosin und eine die Biuretreaktion gebende Substanz spaltet. Die im Plasma gelösten Kalksalze bilden mit dem Thrombosin eine unlösliche Verbindung, das Fibrin. Das sog. Fibrinferment soll kein Vorläufer,

---

[1] Hammarsten: Pflügers Arch. f. d. ges. Physiol. Bd. 17, S. 413; Bd. 18, S. 36; Bd. 19, S. 563; Bd. 22, S. 443. 1880; Bd. 30, S. 437. 1882; Nova acta soc. scient. Upsala Bd. 3, 1, S. 10.
[2] Frédéricq: Gand, Paris u. Leipzig 1878.
[3] Brücke: Zitiert auf S. 322.
[4] Arthus u. Pagès: Journ. of physiol. Bd. 22, S. 739. 1890; Cpt. rend. hebdom. des séances de l'acad. des sciences Bd. 115, S. 24. 1891.
[5] Lilienfeld: Hoppe-Seylers Zeitschr. f. physiol. Chem. Bd. 20, S. 89. 1896.

sondern ein Produkt der Gerinnung sein und wird bei der Bildung von Fibrin aus Thrombosin und Kalk frei. Im Einklang mit Halliburton[1] bezeichnet der Verfasser es als ein Globulin. Das Nuclein entsteht aus den Kernen der Lymphocyten, aus dem sog. Nucleohyston, welches gerinnungshemmend ist. Zusatz von Kalkwasser zu einer Nucleohystonlösung spaltet das Hyston ab. Das abgespaltene Leukonuclein erzeugt in Fibrinogenlösungen einen Niederschlag, der die Eigenschaft besitzt, mit Kalk oder Barytsalzen zu gerinnen. Diesen Körper nennt Lilienfeld das Thrombosin. Das Fibrin ist nichts anderes als die Kalkverbindung des Thrombosins, das Leukonuclein ist der eigentliche echte Gerinnungserreger, der koktostabil ist. Intravasculär eingespritzt, verleiht das Leukonuclein dem Blute eine erhöhte Gerinnungstendenz und ruft akute Thrombosen hervor. Lilienfeld wies früher nach, daß auch die Blutplättchen Nuclein enthalten.

Pekelharing[2] wies nach, daß im Oxalatplasma kein fertiges Thrombin, sondern eine Vorstufe desselben enthalten sei, die in kalkfreier Fibrinogenlösung unwirksam sei, bei Zusatz von löslichen Kalksalzen aber in Thrombin übergehe und die Gerinnung auslöse. Pekelharing nimmt aber mit Arthus an, daß die Kalksalze bei der Umwandlung des Fibrinogens in das Fibrin eine Rolle spielen. Das Fibrinferment hätte gewissermaßen die Aufgabe eines Kalküberträgers.

Hammarsten[3] war es endlich beschieden nachzuweisen, daß die Kalksalze für die Umwandlung des Fibrinogens in das Fibrin nicht notwendig sind, nachdem es A. Schmidt gelungen war zu zeigen, daß eine kalkfreie Fibrinogenlösung durch kalkfreies Thrombin zum Fibrin gerinne. Die löslichen Kalksalze sind nach Hammarsten notwendig zur Bildung des Thrombins, sie aktivieren dessen Vorstufe, die im Plasma enthalten und unwirksam ist, zum fertigen Gerinnungsagens. Es läßt sich nachweisen, daß dieser Körper, der als Prothrombin bezeichnet werden kann, im Oxalatplasma enthalten ist und durch Zusatz von löslichen Kalksalzen in das wirksame Thrombin übergeführt wird. Die Ansicht Hammarstens ist in der Folge von den meisten Gerinnungsforschern bestätigt und auch angenommen worden. Die löslichen Kalksalze sind zum Gerinnungsvorgang notwendig, jedoch nur in der ersten Phase, d. h. bei der Entstehung des Thrombins, die Umwandlung des Fibrinogens geht dagegen ohne ihr Vorhandensein vor sich. Wir werden aber später sehen, daß diese Annahme in der allerletzten Zeit bestritten wird.

Morawitz[4] festigte sodann mit seinen grundlegenden Untersuchungen die Fermentlehre der Blutgerinnung. Er nimmt an, und seinen Anschauungen schließen sich Fuld und Spiro[5] an, daß sich im Plasma des strömenden Blutes neben Fibrinogen und löslichen Kalksalzen auch eine Vorstufe des Fibrinfermentes des Thrombins, das nach ihm genannte Thrombogen, welches dem Schmidtschen Prothrombin entspricht, vorgebildet enthalten ist [von Fuld[6] Plasmozym genannt]. Die Gerinnung tritt aber erst ein, wenn das Thrombogen durch die sog. Thrombokinase aktiviert ist. Diese ist im Plasma des strömenden Blutes

---

[1] Halliburton u. Brodie: Journ. of physiol. Bd. 17, S. 135. 1894. — Halliburton u. Friend: Ebenda Bd. 10, S. 532. 1889.

[2] Pekelharing: Virchow-Festschr. 1891, S. 1. — Pekelharing: Amsterdam: J. Müller 1892; Hoppe-Seylers Zeitschr. f. physiol. Chem. Bd. 89, S. 22. 1914.

[3] Hammarsten: Zeitschr. d. Physiol. Chemie Bd. 22, S. 333. 1896; Bd. 28, S. 18. 1899.

[4] Morawitz: Handbuch der Biochemie. 2. Aufl. Bd. IV. 1923; Beitr. z. chem. Physiol. u. Pathol. Bd. 4, S. 381. 1903. — Morawitz: Die Chemie der Blutgerinnung. Ergebn. d. Physiol. 1905, S. 307.

[5] Fuld u. Spiro: Beitr. z. chem. Physiol. u. Pathol. Bd. 5, S. 171. 1904.

[6] Fuld: Zentralbl. f. Physiol. Bd. 17, S. 529. 1903.

nicht vorhanden. Sie wird erst bei und nach dem Verlassen des Gefäßsystems an das Blut abgegeben, und zwar durch die Leukocyten und Blutplättchen, sobald diese Blutzellen das intimaumdichtete Gefäßsystem verlassen haben und mit Fremdkörpern in Berührung gekommen sind. Im strömenden Blut wird die Thrombokinase von den genannten Formelementen nicht oder nur in äußerst geringem Maße abgegeben, weil das gesunde Gefäßendothel nicht als Reiz wirkt wie die sog. benetzbaren Fremdkörper.

Das wirksame Thrombin wird daher aus der Einwirkung von Thrombogen, Thrombokinase und Kalksalzen gebildet, jetzt erst geht die Umwandlung des Fibrinogens in das Fibrin vor sich durch die Wirkung des Thrombins. Kalksalze sind dabei nicht mehr notwendig. Das Thrombogen ist im Blutplasma präformiert. Die Thrombokinase entsteht nach MORAWITZ und FULD aus den farblosen Blutzellen, hauptsächlich den Plättchen. Ähnlich wirkende Körper finden sich aber auch in den wässerigen Extrakten der Körpergewebe, während Thrombogen in denselben nicht nachgewiesen werden kann. Die Wirkung dieser Gewebssäfte ist von MORAWITZ an Fibrinogenlösungen, von FULD und SPIRO an Hirudinplasma eingehend studiert worden. Diese Gewebssäfte beschleunigen die Gerinnung des Gesamtblutes in ganz erheblichem Maße. Sie bringen jedoch Fibrinogenlösungen und manche Transsudate, wie z. B. Hydrocelenflüssigkeit, nicht zum Gerinnen. Sie sind auch gegenüber kalkfreiem Oxalat- und Fluoritplasma unwirksam. Es läßt sich im Gegensatz dazu nachweisen, daß solche Flüssigkeiten (Fibrinogenlösungen, Hydrocelenflüssigkeit und obengenannte Plasmen) mit Thrombinzusatz leicht zur Gerinnung gebracht werden. Es resultiert daraus, daß Gewebssäfte keine thrombinähnliche Körper enthalten. Setzt man dagegen Gewebssäfte zu Serum hinzu, so läßt sich zeigen, daß die fermentative Wirkung desselben in ganz außerordentlichem Maße verstärkt wird, z. B. gegenüber einer Fibrinogenlösung, diese Wirkung tritt aber nur bei Gegenwart von löslichen Kalksalzen auf. Aus diesen Versuchen entnahmen MORAWITZ, FULD und SPIRO, daß die Gewebsextrakte eine Substanz enthalten, welche bei Gegenwart von Kalksalzen mit einem im Serum vorhandenen Körper reagiert, und daß aus dieser Reaktion das Thrombin entsteht. Dieser Körper ist das Thrombogen (Plasmozym nach FULD), die Vorstufe des Thrombins, welches durch die Gewebssäfte aktiviert wird. Dieser darin enthaltene Körper ist die Thrombokinase (Cytozym nach FULD und SPIRO), die auch von den farblosen Blutzellen abgegeben wird. Die Thrombokinase ist nach FULD und MORAWITZ thermolabil, sie wird durch Autolyse, Alkohol und Aceton zerstört und entspricht etwa den SCHMIDTschen zymoplastischen Substanzen, die allerdings im Gegensatz dazu koktostabil und alkohollöslich sind. Das Thrombogen entspricht etwa dem SCHMIDTschen Prothrombin (neuerdings vertritt MORAWITZ die Ansicht, daß die Blutgerinnung wahrscheinlich kein fermentativer Vorgang sei). Die Mehrzahl der späteren Autoren hat sich den früheren Ansichten MORAWITZ' angeschlossen, wobei freilich einzelne auf Grund ihrer Untersuchungen und Erfahrungen Modifikationen an der bis jetzt herrschenden Gerinnungslehre anbringen zu müssen glauben.

LESOURD et PAGNIEZ[1] wiesen nach, daß die Rolle der Blutplättchen bei der Gerinnung bedeutend ist: Oxalatplasma, durch kräftige und langandauernde Zentrifugierung von seinem Plättchen befreit, gerinnt bei Zusatz von Kalksalzen viel langsamer als Oxalatplasma, welches nach mäßiger Zentrifugierung seinen Plättchengehalt noch besitzt. Dadurch würde die Ansicht MORAWITZ' in gewisser Beziehung unterstützt, daß die Thrombokinase von den Blutplättchen an das Plasma abgegeben wird.

---

[1] LESOURD u. PAGNIEZ: Journ. de physiol. et de pathol. gén. 1909, zitiert NOLF.

Bordet et Delange[1], aus dem Pasteurinstitut in Brüssel, nehmen an, daß das Thrombin, d. h. das nach ihrer Ansicht wirksame Agens der Koagulation aus der Reaktion von zwei Muttersubstanzen entstehe, aus dem Cytozym (Thrombokinase nach Morawitz), welches in zahlreichen Zellen enthalten ist, und aus dem Serozym (Thrombogen nach Morawitz), welches im Blutplasma präformiert ist. Die Blutplättchen der Säugetiere enthalten sehr viel Cytozym, welches identisch ist mit der gerinnungsbeschleunigenden Substanz aus dem Extrakt der Körperzellen, dem Gewebsextrakt nach Morawitz, Fuld und Spiro, namentlich aus dem Muskelsaft. Tritt nun das Blut aus dem Gefäßsystem, dann wird das Cytozym aus dem Plättchen frei, und aus seiner Reaktion mit dem Serozym bei Gegenwart von löslichen Kalksalzen entsteht das Thrombin. Dieses bewirkt sodann die Umwandlung des Fibrinogens in das Fibrin. Die Autoren bewiesen ferner, daß das Cytozym das Serozym bei der Gerinnung aufbraucht, und umgekehrt. Sie fanden ferner, daß das Gewebsextrakt koktostabil ist und daß die Blutplättchen sich dementsprechend verhalten: auf 100° C erhitzt, bewahren beide ihre Eigenschaft, mit Serozym Thrombin zu bilden.·

Das sind in kurzen, knappen Zügen zusammengefaßt, die wichtigsten Theorien, welche die Gerinnung als einen fermentativen Vorgang auffassen. Übersichtshalber habe ich sie tabellarisch zusammengestellt (S. 336).

Bordet et Delange nehmen an, daß das Cytozym eine lipoide Substanz sei. Fast gleichzeitig erschien eine Arbeit von Zak[2], welcher zeigte, daß Oxalatplasma, von seinen Lipoiden befreit, nur sehr schwer gerinnt bei Zusatz von Kalksalzen. Zusatz der Lipoide, namentlich in Form von Hirnphosphatiden, stellt die Gerinnungsfähigkeit wieder her. Oxalatplasma, durch Extraktion mit Petroläther lipoidarm und ungerinnbar gemacht, gerinnt wieder nach Zusatz von Rinderhirnphosphatiden. Zak nimmt deshalb an, daß die Thrombokinase durch Petroläther extrahierbar und durch ein Phosphatid ersetzbar sei.

Bordet[3] hat seine Arbeiten über Blutgerinnung 1920 zusammengestellt und hat seine Gerinnungstheorie etwas abgeändert. Die Kalksalze greifen nicht bei der Bindung des Serozyms mit dem Cytozym zum Thrombin ein, sondern er nimmt an, daß das Blutplasma eine Vorstufe des Serozyms, das Proserozym, enthalte, welches durch Kalksalze bei Anwesenheit von benetzbaren Fremdkörpern in das Serozym übergeführt wird. Zu gleicher Zeit wird aus den Blutplättchen durch die Wirkung der benetzbaren Fremdkörper das Cytozym frei. Serozym und Cytozym verbinden sich dann zu Thrombin, welches sodann das Fibrinogen in das Fibrin überführt.

Einer der ersten Autoren, welche die Fermenttheorie verwarfen, war Wooldridge[4], der 1886 die Gerinnung hauptsächlich am Plasma des propeptonisierten Hundes studierte (Injektion von Propepton in die Vene des Hundes, wodurch ein ungerinnbares Plasma erhalten wird). Dieses Plasma gerinnt bei Zusatz von Organextrakten, während das Hinzufügen selbst großer Mengen Serums die Gerinnung nicht auslöst. Daraus schloß er, daß das im Serum enthaltene Thrombin keine physiologische Wichtigkeit hat, da es ihm nicht gelingt, das im Propeptonplasma enthaltene Fibrinogen zur Gerinnung zu bringen. Das Thrombin ist daher nicht das Agens der Gerinnung, sondern ein Produkt derselben.

---

[1] Bordet u. Delange: Ann. et bull. de la soc. roy. des sciences méd. et natur. de Bruxelles, 8. Oktober 1912; Berlin. klin. Wochenschr. 1914, Nr. 11; Ann. de l'inst. Pasteur Bd. 27, S. 341. 1913; Ann. et bull. de la soc. roy. des sciences méd. et natur. de Bruxelles 1912, Nr. 8.

[2] Zak: Arch. f. exp. Pathol. u. Pharmakol. Bd. 71, S. 27. 1912; Münch. med. Wochenschr. Nr. 51, S. 2844. 1912.

[3] Bordet: Ann. de l'inst. Pasteur Bd. 34, S. 561. 1920; Acad. roy. des méd. Belgique. Procés verbal de la séance du 24 juin 1911.

[4] Wooldridge: Chemistry of the Blood. 1893.

NOLF[1] akzeptiert diese Ansicht und baut darauf seine Gerinnungstheorie auf. Er ging zunächst von der Gerinnung von Fischplasma aus (Scillium catulus), indem hier der chemische Prozeß, der zur Gerinnung führe, in seiner einfachsten Form erscheine. NOLF nimmt an, daß im Fischplasma drei Gerinnungsfaktoren präformiert enthalten sind: das Fibrinogen, das Thrombogen und das Thrombozym (Thrombokinase nach MORAWITZ), welches außerdem noch isoliert in den Organextrakten vorkommt. Dieses Plasma bleibt unter gewissen Voraussetzungen lange Zeit flüssig. Den Ausdruck der relativen Ungerinnbarkeit verwirft NOLF und schlägt dafür den Ausdruck Labilität vor. Bei der Gerinnung dieses Fischplasmas gehen diese Gerinnungsfaktoren im Prozeß auf: das ganze Thrombozym, das ganze Fibrinogen und ein großer Teil des Thrombogens sind nach vollendeter Gerinnung verschwunden. Das Produkt des Gerinnungsprozesses ist das Fibrin. Die Formel für diesen Gerinnungsprozeß lautet:

Thrombozym — Thrombogen — Fibrinogen = Fibrin.

Die Bildung des Fibrins ist eine Reaktion im gewöhnlichen Sinne des Wortes: die Glieder der einen Seite verschwinden, um den Gliedern der anderen Seite Platz zu machen. Mit anderen Worten, das Fibrin bildet sich durch die Vereinigung der Hauptfaktoren der Gerinnung. Deshalb verwirft NOLF die Fermenttheorie und faßt die Gerinnung als einen chemischen Prozeß auf.

Bei der Gerinnung des Säugetierblutes sind diese Bedingungen weniger einfach. Der Gerinnungsprozeß vollzieht sich zwar nach der gleichen Formel, jedoch ist die Zusammensetzung des vom Koagulum ausgeschiedenen Serums komplizierter. Man findet hier nach vollzogener Gerinnung freies Thrombozym, freies Thrombogen und Thrombin neben dem niedergeschlagenen Fibrin; die Gerinnungsreaktion ist demnach unvollständig infolge der Anwesenheit von nichtäquivalenten Mengen der verschiedenen Konstituenten des Fibrins. Gibt man dagegen dem Plasma vor der Gerinnung ein gewisses Komplement von Thrombozym hinzu (in Form von weißen Blutzellen oder Gewebsextrakten), so werden Thrombogen, Thrombozym und Fibrinogen vollständig verbraucht, und man findet im Serum nach der Gerinnung nur Thrombin und Fibrin. NOLF nimmt daher an, daß das Thrombin nicht das Agens der Gerinnung ist, welches nach den Fermenttheorien den Anstoß zur Umwandlung des Fibrinogens in das Fibrin gibt, sondern er faßt das Thrombin als ein Gerinnungsprodukt auf: das Fibrin ist ein mit Fibrinogen gesättigtes Thrombin, das Thrombin des Serums dagegen ein mit Fibrinogen nichtgesättigtes Fibrin. Infolge dieser unvollkommenen Sättigung ist es in Lösung geblieben. Somit ist das Thrombin nichts anderes als ein lösliches Fibrin.

Die Gerinnung des Säugetierblutes vollzieht sich nach NOLF nach der Formel:

Thrombogen — Thrombozym — Fibrinogen = Fibrin — Thrombin.

Diese Reaktion wird durch die Wirkung eines thromboplastischen Agens hervorgerufen. Thromboplastisch nennt NOLF jeden Einfluß oder jede Substanz, die auf eine Thrombozym, Thrombogen und Fibrinogen enthaltende Flüssigkeit in der Weise einwirkt, daß sie diese Körper gegenseitig unlöslich macht. (Glasoder Metallwand, Glas- oder Kohlenpulver, das kolloidale Calciumoxalat, die Verdünnung des Plasmas mit destilliertem Wasser oder einer schwachen Salzlösung.) NOLF machte die Beobachtung, daß eine Flüssigkeit, welche die drei

---

[1] NOLF: Ergebn. d. inn. Med. u. Kinderheilk. Bd. 10, S. 276. 1913 (Lit.).

das Fibrin konstituierende Kolloiden enthält, von sich aus wenig Neigung hat zu koagulieren. Die Einwirkung eines thromboplastischen Agens löst erst den Gerinnungsvorgang aus. Flüssigkeiten, die Fibrinogen nur mit Thrombogen allein enthalten oder nur mit Thrombozym und nicht alle drei Gerinnungskolloide, werden durch thromboplastische Agenzien nicht zur Gerinnung gebracht.

Die Wirkung der Organextrakte faßt Nolf etwas weiter auf als bloß thromboplastisch: sie vermitteln den Vorgang zur Gerinnung sowohl durch den Gehalt an ihren thromboplastischen Substanzen, als auch durch ihr Thrombozym. Indes ist Nolf der Ansicht, daß es Zellen gebe, die frei von Thrombozym sind, so daß nicht alle Organextrakte diese Substanz liefern. Der Nachweis des Thrombozymgehaltes sei indessen öfters schwer, da es nicht gelinge, die einzelnen Zellgruppen zu isolieren. Es wird hauptsächlich geliefert von den weißen Blutzellen, von den Gefäßendothelien und von der Lymphe. Nolf nimmt ferner an, daß die Leber einen gerinnungshemmenden Körper sezerniert und an das Blut und an die Lymphe abgibt: das Antithrombosin. Seine Konzentration im normalen Plasma ist dagegen zu schwach, als daß irgendwelche Veränderungen der Gerinnung dadurch nachweisbar wären. Man findet diesen Körper in großen Mengen im Propeptonplasma.

Hekma[1] lehnt die Fermenttheorie des Thrombins ab, indem er auf Grund seiner eingehenden und zahlreichen Untersuchungen zum Schlusse gelangt, daß es sich bei der Umwandlung des Fibrinogens in das Fibrin um einen kolloidchemischen Vorgang handle. Das Fibrin sei das reversible Gel des Fibrinogens, das letztere das Alkalisol des Fibrins. Entzieht man dem Sol Fibrinogen-Alkali, so führt man es in das Gel Fibrin über. Das Fibrin ist demnach ein Kolloid, dessen Sol, das Fibrinogen, ein disperses System ist. Die Elementarteilchen des Fibrinogens setzen sich aus Fibrinmolekülen zusammen, die durch Alkali (Elektrolyt) Wasser imbibiert haben und gequollen sind. Sie stellen ein „Micell“ dar, welches aus Fibrin — Elektrolyt (Alkali) — Wasser besteht. Bei der Gerinnung wird Wasser abgegeben, und das Sol geht in das Gel-Fibrin über.

Diese Überführung aus dem Sol- in den Gelzustand wird durch alle Agenzien bewirkt, welches das Sol entquellen resp. ihm Wasser entziehen: durch Verdunsten, durch konzentrierte Neutralsalze, durch Alkohol oder durch Entfernen des Alkali (Elektrolyt), durch schwache Säurelösungen, Verdünnen mit Aq. dest. usw. Zusatz von Thrombin ruft die gleiche Wirkung hervor. Nach Hekma besteht demnach die gerinnungsauslösende Wirkung des Thrombins sowie der Gewebsextrakte darin, dem Fibrinogen, dem Alkali-Sol des Fibrins, das Alkali zu entziehen und somit zum Entquellen zu bringen und in das Gel überzuführen, in das Fibrin.

Der Gerinnungsvorgang würde etwa der Formel entsprechen:

Fibrin — Elektrolyt (Alkali) — Wasser = Fibrinogen, *Solzustand* des Fibrins

Entzug von Alkali und dadurch Entquellen durch Thrombinwirkung

= Fibrin *Gelzustand.*

Barkan[2] lehnt die Theorie Hekmas ab, daß die Fibringerinnung ein reversibler Vorgang sei und daß es gelingen soll, durch Auflösen von Fibrin in Alkali jenes wieder in einen gerinnungsfähigen, einer Fibrinogenlösung entsprechenden

---

[1] Hekma: Biochem. Zeitschr. Bd. 62, S. 161; Bd. 63, S. 184, 204; Bd. 64, S. 86; Bd. 65, S. 311. 1914; Bd. 73, S. 370, 428; Bd. 74, S. 63, 219; Bd. 77, S. 219, 249, 256, 273. 1916.
[2] Barkan: Biochem. Zeitschr. Bd. 136, H. 4—6, S. 411. 1923.

Zustand zu bringen. Seine Ablehnung der Fibrinreversibilität glaubte er durch seine sehr eingehenden Untersuchungen stützen zu können. BARKAN bezweifelt, daß die von HEKMA „Fibrinalkalihydrosol" genannten Lösungen mit echten Fibrinogenlösungen auf eine Stufe zu stellen sind. Einzelheiten müssen im Original nachgelesen werden.

BARKAN[1] und GASPAR bestätigen durch weitere Untersuchungen die Ablehnung der HEKMAschen Reversibilität des Fibrins. Sie heben ganz besonders hervor, daß die Alkalifibrinlösungen sich in sehr wesentlichen Punkten von fibrinogenhaltigen Lösungen unterscheiden und daß das morphologische und färberische Verhalten der vermeintlichen Fibringerinnsel nicht zum Beweis für die Identität mit echtem Fibrin herangezogen werden können.

HERZFELD und KLINGER[2] stellten eine neue Gerinnungstheorie auf. Sie gehen von der Auffassung aus, daß die Eiweißkörper Gemische von kolloidalem Eiweiß und Abbauprodukten desselben sind. Die Abbauprodukte halten diese Eiweißprodukte in Lösung. Entfernt man die ersteren, dann fallen die Eiweißkörper aus, sie sind nicht mehr wasserlöslich. Ähnlich verhält sich das Fibrinogen: Es ist ein Fibrin, welches durch seine Abbauprodukte in Lösung gehalten wird. Werden diese zur Lösung notwendigen Abbauprodukte entfernt, dann fällt das Fibrin aus. Diese Abbauprodukte wirken als NaCl-Salzverbindungen lösend, werden sie in CaCl-Verbindungen umgewandelt, dann wird die lösende Wirkung aufgehoben, und die Gerinnung setzt ein. Alle Substanzen, welche demnach dem Fibrinogen seine zur Lösung notwendigen NaCl-Salzabbauprodukte entziehen resp. in $CaCl_2$-Verbindungen umwandeln, lösen die Gerinnung aus. Zu diesen Substanzen rechnen die Autoren das Thrombin, welches unter der Einwirkung von Cytozymen, Zellabkömmlingen, die etwa der Thrombokinase MORAWITZ' entsprechen, aus Abbauprodukten von Bluteiweißkörpern entsteht, die auf hydrolytischem Wege sich abscheiden, eine starke Affinität zu Kalksalzen besitzen und als Polypeptide aufzufassen sind. Das Thrombin wird durch Adsorption an das Fibrinogen gebunden, wodurch die NaCl-Verbindungen der Abbauprodukte abfallen: das Fibrin fällt aus. Das Fibrin ist somit als eine Kalkverbindung dieser Polypeptide aufzufassen.

Nach diesen Autoren würde der Gerinnungsvorgang etwa nach folgender Formel vor sich gehen:

I.   Bluteiweißkörper — Hydrolyse
          Polypeptide — $CaCl_2$ — Cytozym   Polypeptide $CaCl_2$ (*Thrombin*)

II.   Fibrin-NaCl Salzabbauprodukte — Polypeptide $CaCl_2$
                          (*Fibrinogen* gelöst)   (*Thrombin*)
                 = Fibrinogen — Thrombin — $CaCl_2$ Salzabbauprodukte
                 Fibrin (ungelöst)

STUBER, FUNK und SANO[3] verwerfen auch die Fermenttheorie und teilen die Ansicht HEKMAS von der chemischen Gleichheit der kolloidchemischen Verschiedenheit des Fibrins und Fibrinogens, welche den Übergang des Fibrinogens in das Fibrin auf bekannte Gesetze der physikalischen Chemie zurückführt. Die Verfasser konnten zeigen, daß, wenn man Thrombin und Fibrinogen derart voneinander trennt, daß ersteres in einer semipermeablen Membran eingeschlossen in die Fibrinogenlösung eintaucht, die letztere trotzdem zur Gerinnung gebracht

---

[1] BARKAN u. GASPAR: Biochem. Zeitschr. Bd. 739, H. 4—6, S. 291. 1923.

[2] HERZFELD u. KLINGER: Biochem. Zeitschr. Bd. 71, S. 195, 391; Bd. 75, S. 145. 1916; Bd. 82, S. 289. 1917.

[3] STUBER, FUNK u. SANO: Klin. Wochenschr. 1923, Nr. 49 (Lit.). — STUBER: Ebenda 1922, Nr. 49, 50, 51. 1922.

wird. Unter diesen Umständen könne von einer Fermentwirkung nicht die Rede sein. Ähnlich verhielten sich auch Gelatine und Stärke. Sie zeigten, daß, je rascher die in der semipermeablen Membran eingeschlossene Substanz quillt, desto rascher auch die Gerinnung. Wenn man nun bedenkt, daß das Thrombin auf Grund seiner Darstellung durch Alkoholfällung aus dem Serum ein dehydratisierter Eiweißkörper ist, so dürfte nach Stuber die Vorstellung, daß das Thrombin durch Quellung dem Fibrinogen sein Lösungsmittel entzieht, verständlich sein in Anlehnung an die Hekmaschen Darstellungen der Überführung des Sol- in den Gelzustand.

Stuber und Sano erklären die gerinnungsbeschleunigende Wirkung der Thrombokinase durch ihren Gehalt an Stoffen, die sich daraus durch Alkoholäther extrahieren lassen und die eine ausgesprochene Oberflächenaktivität besitzen. Da nun solche oberflächenaktive Stoffe die Ausflockung kolloidaler, labiler Systeme begünstigen, so sei deren gerinnungsbeschleunigende Wirkung erklärlich. Ferner sei in zweiter Linie die optimale Reaktion der Thrombokinaselösung bei der Ausflockung des Fibrinogens maßgebend, die bei neutraler bis schwachsaurer Reaktion liegt.

Stuber und Sano bestreiten ferner die Rolle, die dem Kalk bei der Gerinnung zugeschrieben wird. Sie stellen sich die gerinnungshemmende Wirkung des Oxalat- oder Citratzusatzes zu Blut durch die Bildung einer ionisierten *Komplexsalzfibrinogenverbindung* vor, die auf Grund ihrer Ionisation nicht mehr gerinnbar ist. Fügt man Neutralsalze hinzu, wozu sich ganz besonders die Kalksalze eignen, dann wird die Ionisation zurückgedrängt, und die Gerinnung kann wieder auftreten. Die Verfasser sehen daher die Ursache der Ungerinnbarkeit des Oxalatblutes nicht in der Ausfällung des Kalkes, sondern in der Bildung dieser ionisierten, nicht mehr gerinnbaren, komplexen Oxalsäure-Fibrinogenverbindung. Sie leiten ihre Theorie von den Untersuchungen von Wo. Pauli ab, der gezeigt hat, daß die Eiweißkörper mit Säuren und Basen ionisierte Salze bilden. Diese Eiweiß-Säureverbindungen sind im Bereiche der Ionisation weder durch Hitze noch durch Alkohol koagulierbar. Geeigneter Zusatz von Neutralsalzen, ganz besonders von Kalksalzen, drängt die Ionisation zurück, und die Koagulationsmöglichkeit stellt sich wieder ein.

Vines[1] stellte 1921 die Behauptung auf Grund sehr eingehender kalkanalytischer Untersuchungen auf, daß entgegen der bisher geltenden Ansichten nicht der durch Oxalat, Citrat oder Fluorit fällbare Kalk für die Gerinnung notwendig sei, sondern der dadurch *nicht fällbare*, also der organisch gebundene Kalkanteil. Die gerinnungshemmende Wirkung des Oxalates beruhe entgegen der bisherigen Annahme darauf, daß es mit diesem organischen, Ca-haltigen Komplex eine Verbindung eingehe, mit einer Vorstufe des Thrombins, die etwa den Schmidtschen zymoplastischen Substanzen oder der Morawitzschen Thrombokinase entsprechen dürfte. Setzt man ionisierte Kalksalze hinzu, dann soll das Oxalat aus dieser Bindung verdrängt werden.

Wöhlisch[2] lehnt die Stuberschen Ansichten ab, sowohl in bezug auf die Quellungstheorie des Thrombins als auch auf die Entbehrlichkeit der Kalksalze bei der Gerinnung. Er betrachtet die Frage der Fermentnatur des Thrombins vorläufig als noch nicht entschieden. Wöhlisch berichtet über eine eigene Ansicht der Thrombinwirkung, wenn auch mit aller Reserve. Er hält es für wahrscheinlich, daß der Vorgang der Flockung des Fibrinogens durch das Thrombin

---

[1] Vines: Journ. of physiol. Bd. 55, S. 86. 1921.

[2] Wöhlisch: Zeitschr. f. d. ges. exp. Med. Nr. 27, S. 611. 1922; Münch. med. Wochenschr. Nr. 8, S. 30, 43. 1921; Klin. Wochenschr. Nr. 39, S. 1801; Nr. 51, S. 2317. 1923. — Wöhlisch u. Paschkis: Ebenda Nr. 42, S. 1930; Nr. 51, S. 2319. 1923.

einerseits und der Vorgang der langsamen spontanen Flockung des Fibrinogens bei gewöhnlicher Temperatur und der damit wohl identische, schnell verlaufende Prozeß der Hitzekoagulation des Fibrinogens anderseits artgleiche Vorgänge sind. Seine Ansicht begründet er damit, daß das durch Hitzekoagulation entstehende Gerinnsel des Fibrinogens zum Verwechseln ähnlich sei dem Fibringerinnsel, welches durch die Thrombinkoagulation gebildet wird. Bei beiden handelt es sich um ein echtes, glasiges, elastisches, zähes, stark gequollenes und beim Liegen sein Wasser teilweise abgebendes Gel. Ferner weisen die bei langsamer spontaner Flockung und die durch Zusatz kleiner Thrombinmengen hervorgerufenen Gerinnsel eine derartige Ähnlichkeit auf, daß sie sich nicht unterscheiden lassen. Wöhlisch faßt daher die Rolle des Thrombins bei der Gerinnung als die eines Katalysators auf: der langsamen Spontanflockung des Fibrinogens. Verfasser hat gezeigt, daß eine mit Fibrinogenlösung gefüllte Dialysierhülse, in die gleiche Fibrinogenlösung eingetaucht, eine Ausflockung hervorruft, die sowohl in der Hülse als auch in der Außenflüssigkeit auftritt Er schließt daraus, daß die Fibrinausflockung katalytischen Einflüssen zugänglich ist. Die Vorgänge der Hitzekoagulation und der Thrombingerinnung unterstützen sich gegenseitig: bringt man eine klare Fibrinogenlösung bis dicht an ihren Koagulationspunkt heran und versetzt man dieselbe nach ihrem Wiederabkühlen mit Thrombin, dann gerinnt sie viel schneller als die nicht vorher erwärmte Kontrolle.

Ausgehend von den bei der Kolloidchemie der Eiweißkörper bekannten Tatsachen, daß der Prozeß der Hitzekoagulation durch Alkoholzusatz stark beschleunigt wird, zeigt Wöhlisch, daß auch die Thrombingerinnung dadurch stark beschleunigt wird. Verfasser zeigt ferner, daß das Thrombin als ein streng spezifischer Katalysator aufzufassen ist: das Thrombin greift die übrigen Globuline nicht an, was er auf ihre große Stabilität, die sich u. a. in dem höheren Koagulationspunkt äußert, zurückführt. Erschüttert man durch Alkoholzusatz diese Stabilität derart, daß der Koagulationspunkt auf den des Fibrinogens herabgedrückt wird, dann läßt sich nachweisen, daß auch dann das Thrombin das Globulin nicht angreift.

Ferner ergeht sich der Verfasser weiter in der Frage der Abhängigkeit der Hitze- und der Thrombinkoagulation von der Wasserstoffionenkonzentration, auf die ich hier nicht eintreten will, da die Resultate mir noch nicht eindeutig zu sein scheinen. Diese sehr interessanten Untersuchungen werden weitergeführt werden müssen. Wöhlisch lehnt ferner sowohl die Kalktheorien von Vines als auch von Stuber und Sano ab, bestätigt die alte klassische Hammarstensche Lehre der spezifischen Rolle der löslichen resp. ionisierten Kalksalze für die erste Phase der Gerinnung, d. h. für die Thrombinbildung. Während die meisten Forscher sich bisher bei der Untersuchung über die Kalkfrage des Oxalatzusatzes zur Ungerinnbarmachung bedienten (Ausfällen der löslichen Kalksalze), erzielte Wöhlisch eine Kalkentziehung durch Dialyse ohne gleichzeitigen Oxalatzusatz. Ähnliche Versuche, die jedoch unveröffentlicht geblieben sind, hat laut Mitteilung von Wöhlisch und Paschkis[1], Fuld 1903 mit Vogelplasma angestellt: Vogelplasma wird im Eisschrank gegen 1proz. Lösung von reinem NaCl dialysiert und nach einigen Tagen die Gerinnbarkeit mit Muskelextrakt ebenso wie die Kontrollen geprüft. Fuld fand die Gerinnbarkeit aufgehoben, durch Ca-Zusatz in der Ausgangslösung wiederherstellbar. Fuld[2] schloß daraus, daß das Ca für die Zymogenese aus Cyto- und Plasmazym nötig sei, d. h. für die Thrombinbildung. Wöhlisch dialysierte nun Serum, welches außer dem fertigen Thrombin

---

[1] Wöhlisch u. Paschkis: Zitiert auf S. 330.
[2] Fuld: Zitiert auf S. 224.

auch dessen Vorstufe, das Prothrombin oder das Thrombogen, enthält, zwecks Kalkentziehung gegen NaCl-Lösung und beobachtete, daß der Zusatz von Thrombokinase (als wässerige Organextrakte) nicht imstande war, mit dem Prothrombin oder Thrombogen Thrombin zu bilden. Die Kalkentziehung vermittels Dialyse hatte die Umwandlung des Prothrombins in das Thrombin verhindert. Recalcifizierte man dieses vordialysierte Serum, so ging die Thrombinbildung ungehindert vor sich. Durch Analysen zeigte ferner Wöhlisch, daß diesem vordialysiertem Serum nicht aller Kalk durch die Dialyse entzogen wird, so daß ähnliche Verhältnisse wie bei der Gerinnungsverhinderung mit Oxalatzusatz vorliegen. Diese Ergebnisse führen zu einer Bestätigung der Lehre von Hammarsten von der spezifischen Rolle der löslichen resp. ionisierten Kalksalze des Plasmas für die Thrombinentstehung. Denn es ist nicht wahrscheinlich, daß es durch die einfache Dialyse gelingen sollte, den Kalk aus dem nach Vines in gerinnungsphysiologischer Beziehung wichtigen kalkhaltigen organischen Komplex absprengen, während Oxalatzusatz selbst dazu nicht in der Lage ist. Aus diesen Gründen lehnt Wöhlisch die Vinessche Theorie ab.

Stuber endlich lehnt in seiner Entgegnung die Einwände Wöhlischs ab und bleibt bei seiner Ansicht, daß die Fermentlehre zu verlassen sei zugunsten der Erklärung der Gerinnungsvorgänge durch die Kolloidchemie, und ferner bestätigt er seine Auffassung, daß der Kalk für den Gerinnungsprozeß nicht erforderlich sei, daß er also nur die Ionisation komplexer Eiweißverbindungen zurückdrängt und so die Flockung begünstigt. Die Wirkung der gerinnungshemmenden Salze beruhe darauf, daß sie ihren Angriffspunkt an den Plasmaeiweißkörpern haben. Zu gleicher Zeit erfolgt die Replik Wöhlischs, der auch nicht von seinem Standpunkt abweicht und die Frage der Fermentnatur des Thrombins vorläufig als nicht entschieden betrachtet.

Damit habe ich die wichtigsten Theorien über den Vorgang der Blutgerinnung bis in die heutige Zeit erschöpft. Es liegt aber noch eine große Anzahl von Veröffentlichungen vor, die sich mit dieser Frage beschäftigen und welche, wenn sie auch keine neuen Hypothesen des gesamten Gerinnungsvorganges aufstellen, einzelne Teilreaktionen davon sich zum Spezialstudium auserlesen haben und über recht erwähnenswerte Resultate berichten, die man im Interesse der Vollständigkeit nicht gut übergehen kann. Einige Autoren beschäftigen sich speziell mit der Frage des Thrombins: 1. Gibt es eine Spezifität des Thrombins und seiner Vorstufen? und 2. Ist das Thrombin ein Ferment?

Leo Löb[1] ging von der Gerinnung bei den Crustaceen aus. Auch hier unterscheide man zwei Phasen der Gerinnung. In der ersten Phase agglutinieren die Amöbocyten des Blutes, welche Pseudopodien ausstrecken und miteinander verfilzen. In der zweiten Phase scheidet sich im Plasma ein Gerinnsel aus, welches dem Fibrin ähnlich ist und aus einer fibrinogenähnlichen Substanz entsteht, genau wie bei den Wirbeltieren. Auch geht die Gerinnung unter der Reaktion von zwei Substanzen vor sich: einer thrombinähnlichen, die von den Amöbocyten abgegeben wird, und einer fibrinogenähnlichen, die im Plasma gelöst ist. Kalksalze sind bei dieser Reaktion, im Gegensatz zu den Wirbeltieren, nicht notwendig. Ferner lassen sich aus den Geweben der Wirbellosen sog. Koaguline gewinnen, die Plasma- und Fibrinogenlösungen bei Anwesenheit von Kalksalzen zum Gerinnen bringen auch dann, wenn das Plasma über die Inaktivierungstemperatur des Thrombins erhitzt wird. Daraus glaubt Loeb den Schluß zu ziehen, daß diese Koaguline nicht der Thrombokinase, dem Thrombozym oder Cytozym ent-

---

[1] Loeb, Leo: Med. News, August 1903.

sprechen, welche eine Vorstufe des Thrombins aktivieren, sondern daß sie im Gegensatz hierzu direkt auf eine Fibrinogenlösung einwirken können.

LOEB vertritt ferner nebst MURASCHEW[1] die Anschauung, daß die Koaguline der Wirbeltierreihe artspezifisch sind und nimmt infolgedessen an, daß sie nicht als Kinasen aufzufassen sind. LOEB vertritt die Ansicht, daß das Thrombin keine ausgesprochene Spezifität habe, indem Thrombin eines Tieres Fibrinogen eines anderen zur Gerinnung bringt.

Andere Autoren haben sich speziell mit der Frage befaßt, ob das Thrombin ein Ferment sei oder nicht: DUCLAUX[2] und ARTHUS[3] wiesen eine direkte Proportionalität zwischen Fermentmenge und Gerinnungszeit nach, wogegen FULD und SPIRO[4] fanden, daß bei der Wirkung von Gewebsextrakt auf Gansplasma die Gerinnungsbeschleunigung mit der Quadratwurzel aus der Extraktmenge wächst (zit. MORAWITZ). Da diese Eigenschaft der SCHÜTZ-BORISSOWSchen Regel entspricht, die für manche hydrolytische Fermente gilt, könnte man daraus Anhaltspunkte finden für die Fermentnatur des Gerinnungsvorganges.

Schon WOOLDRIDGE[5] und NOLF[6] haben die Fermentnatur des Thrombins abgelehnt. Ihnen schließen sich HOWELL[7], ISCOVESCO[8], RETTGER[9], STROMBERG[10] und zuletzt auch STUBER an. Namentlich fand RETTGER, daß dem Thrombin keine Fermenteigenschaft zukomme. Es besitze nicht, wie andere Fermente, ein Temperaturoptimum, es lasse sich auf 100° erhitzen, ohne inaktiv zu werden (?), und man könne im Gegensatz zu A. SCHMIDT keine erschöpfende Gerinnungen erzeugen mit kleinen Thrombinmengen. MORAWITZ ließ durch STROMBERG und LANDSBERG[11] diese Verhältnisse prüfen. Es konnte zwar keine endgültige Erklärung in der Frage erzielt werden, jedoch einige wichtige Resultate, die in den Originalien nachgelesen werden müssen. Sie seien hier nur andeutungsweise angeführt: Bei absteigenden Thrombinmengen erlahmt dessen Kraft rascher als dem Grade der Verdünnung entsprechend. Nach RETTGER und STROMBERG bestehen direkte quantitative Beziehungen zwischen Thrombin und Fibrinogen. Kleine Thrombinmengen rufen partielle und nicht fortschreitende Gerinnungen hervor. Ferner wurde die Einwirkung der Temperatur auf die Gerinnungszeit studiert. Bis etwa 17° wächst die Beschleunigung stark, bleibt dann bis etwa 40° unverändert, um darüber hinaus wieder abzusinken. Nach MORAWITZ fand LANDSBERG, daß bei der Einwirkung des Thrombins auf Fibrinogen sich zwei Reaktionen geltend machen: erstens die Hauptreaktion zwischen Fibrinogen und Thrombin, die vielleicht chemischer Natur sei, zweitens die Nebenreaktion der Hemmung der Thrombinwirkung durch Adsorption desselben an gewisse Kolloide des Serums. Angesichts dieser verwickelten Verhältnisse sei es daher nicht möglich, Schlüsse gegen die fermentative Natur des Thrombins zu ziehen.

Andere Autoren befassen sich mit dem Vorkommen und der Wirkung antikoagulierender Substanzen, die im Blute präformiert enthalten sind. Vor allem

---

[1] MURASCHEW: Dtsch. Arch. f. klin. Med. Bd. 80, S. 187. 1904.

[2] DUCLAUX: Traité de microbiol. Bd. II, Kap. 17 u. 39.

[3] ARTHUS: Thèse Paris 1890; Journ. de physiol. et de pathol. gén. Bd. IV, S. 11. 1902; Bd. VII, S. 887. 1901.

[4] FULD u. SPIRO: Zitiert MORAWITZ: Handb. d. Biochemie, 1. Aufl., Bd. IV, S. 62. 1923.

[5] WOOLDRIDGE: Zitiert auf S. 326.

[6] NOLF: Zitiert auf S. 327.

[7] HOWELL: New York med. journ. Bd. 105, S. 841. 1917; Americ. journ. of physiol. Bd. 31, S. 1. 1912.

[8] ISCOVESCO: Cpt. rend. des séances de la soc. de biol. Bd. 60 u. 61. 1906.

[9] RETTGER: Americ. journ. of physiol. Bd. 24, S. 406. 1909.

[10] STROMBERG: Biochem. Zeitschr. Bd. 37, S. 177. 1911.

[11] LANDSBERG: Biochem. Zeitschr. Bd. 50, S. 245. 1913.

Nolf mit seinem Antithrombosin. Nach ihm hat Jano den Nachweis geführt, daß das Plasma des propeptonisierten Hundes eine Substanz enthalten müsse, welche der Gerinnung entgegenwirke. Sie sei nicht dialysierbar, werde in der Leber gebildet und bei Erhitzung auf 100° zerstört. Sie wurde Antithrombin genannt. Nolf taufte sie in Antithrombosin um, weil er die spezifische Wirkung des Thrombins bei der Gerinnung ablehnt.

Contejan[1], Gley und Pachon[2], und Delezenne[3] wiesen nach, daß das Antithrombosin von der Leber ausgeschieden werde, gewissermaßen als ein Produkt der inneren Sekretion. Seine Konzentration im Normalplasma ist zu schwach, als daß ein direkter Nachweis möglich wäre und um irgendwelche nennenswerte Änderungen der Gerinnung hervorzurufen. Dagegen sei das Antithrombosin in größeren Mengen in der Lymphe der Leber enthalten, ganz besonders nach intravenöser Propeptoninjektionen. Die aus dem Ductus thoracicus fließende Lymphe bleibe infolgedessen stundenlang stabil und sei imstande, einen gerinnungshemmenden Einfluß auf kleine Blutmengen auszuüben. Das Antithrombosin hat nach Nolf die Aufgabe, die gerinnungserregenden Wirkungen der Abfallstoffe, die durch die Organtätigkeit an das Blut abgegeben werden und die gerinnungserregend wirken, entgegenzutreten und das Blut gerinnungsphysiologisch zu stabilisieren. Durch diesen Regulationsmechanismus würde die Gefahr einer intravasculären Gerinnung behoben, das Antithrombosin verschwindet während der Gerinnung aus dem Plasma.

Schon A. Schmidt nahm an, daß die Körperzellen einen gerinnungshemmenden Körper enthalten, das Cytoglobin, welchem eine gewisse Bedeutung für den flüssigen Zustand des Blutes im Kreislauf zukomme. Sein Nachweis im Blute mißlang jedoch. Bordet et Gengou[4] erzeugten auf immunisatorischem Wege bei Meerschweinchen einen schwach wirkenden gerinnungshemmenden Körper.

Morawitz wies im Serum sowie im Oxalat- und Natriumfluoritplasma solche Körper nach, und nach ihm haben Fuld, Loeb und Muraschew solche gerinnungshemmende Substanzen im Gansplasma nachgewiesen. Morawitz sieht es als wahrscheinlich an, daß die gerinnungshemmenden Substanzen im zirkulierenden Plasma eine Rolle spielen. Howell und seine Schüler nehmen an, daß die Thrombokinase einen gerinnungshemmenden Körper neutralisiere, der die Wirkung der Kalksalze auf das Prothrombin hindere. Vermehrung und Verminderung dieses Antikörpers bedinge Änderungen der Blutgerinnung. Nach Howell und Emmethold[5] kann aus der Leber ein Phosphatid dargestellt werden, das Heparin, welches im Wasser löslich ist und die Blutgerinnung verhindert. Bei Anwesenheit von Heparin wird das Proantithrombin, eine Vorstufe des Antithrombins, in das letztere umgewandelt. Auf 100° erhitzt, wird das Heparin nicht zerstört, dagegen das Proantithrombin schon bei 70°. Nach Howell sind Heparin und Proantithrombin im zirkulierenden Blute präformiert, und beide verhindern die intravasculäre Gerinnung. Das Heparin ist der Aktivator des Proantithrombins.

Eine Reihe von Autoren beschäftigte sich ferner mit der Frage der chemischen Natur der Thrombokinase (Thrombozym). Nach Morawitz findet man schon in der älteren Gerinnungsliteratur Angaben, daß Lipoide irgendwie auf die Gerinnung einwirken, z. B. Lecithin. Die Alkohollöslichkeit der Schmidtschen

---

[1] Contejan: Cpt. rend. des séances de la soc. de biol. Bd. 28, S. 93. 1895; S. 752. 1896; Arch. de physiol. Bd. 28, S. 159. 1896.

[2] Gley u. Pachon: Arch. de physiol. Bd. 28, S. 715. 1896.

[3] Delezenne: Arch. de physiol. Bd. 28, S. 655. 1896; Bd. 30, S. 508. 1898.

[4] Bordet u. Gengou: Ann. de l'inst. Pasteur Bd. 15, S. 129. 1901.

[5] Howell u. Emmethold: Americ. journ. of physiol. Bd. 47. 1918—1919.

zymoplastischen Substanzen sprechen für die Natur dieser Stoffe in dieser Richtung. HOWELL, ZAK, BORDET et DELANGE nehmen einen Lipoidcharakter der Thrombokinase an. HOWELL und ZAK bedienten sich besonders der Hirnphosphatide zu ihren Untersuchungen. Auch LEE-VINCENT[1], GRATIA[2], MILLS[3], McRAE und SCHNACK[4] sind der gleichen Ansicht. Nach STUBER und HEIM[5] spielen fettähnliche Körper die Rolle der Thrombokinase. Sind diese Lipoide in irgendeinem Stadium der Thrombinbildung notwendig, wie diese Autoren anzunehmen scheinen? Dies wurde von RUMPF[6], PEKELHARING[7], HERZFELD und KLINGER[8] bestritten, NOLF und HERMANNSDORFER[9] anerkennen den Lipoiden nur die Bedeutung thromboplastische Faktoren zu. ZUNS[10] und LA BARRE finden, daß das Cephalin HOWELLs cytozymähnlich wirke. Nach MORAWITZ ist trotz der vielgestaltigen Literatur der Beweis noch nicht erbracht, daß die Thrombokinase als ein Lipoid aufzufassen sei. Phosphorhaltige Lipoide wirken zweifellos gerinnungserregend, vielen anderen Substanzen kommen aber diese Eigenschaften auch zu. Nach BORDET wirken Gewebssäfte stärker gerinnungserregend als die Lipoide. Die gerinnungsfördernden Substanzen der Gewebsextrakte sind thermolabil, haben albuminoiden Charakter und lassen sich sowohl in den Leukocyten als in den Blutplättchen nachweisen. BORDET leugnet aber die Beteiligung dieser Substanzen aus den Gewebsextrakten bei der autonomen Gerinnung ab. Nach MORAWITZ mit Unrecht, denn ihre Wirkung müsse nicht nur als eine unspezifisch thromboplastische aufgefaßt werden, etwa wie Substanzen von großer Oberflächenenergie, wie Kohle und ähnliche anorganische Stoffe. Kohle befördere die Gerinnung von Peptonblut nicht, während die Gewebssäfte es rasch zur Gerinnung bringen.

Während nun mehrere Autoren die Thrombokinase als thermolabil bezeichnen (MORAWITZ, FULD u. a.), treten andere für ihre Koktostabilität ein. Schon A. SCHMIDT beschreibt seine zymoplastischen Substanzen als koktostabil, und BORDET stellte fest, daß die Blutplättchenextrakte (Cytozym) eine Stunde lang erhitzt werden können, ohne an Wirkung einzubüßen, die sie erst bei Erhitzung auf 120° verlieren, während Serozym (Thrombogen) oder das Thrombin selbst, auf 56° erhitzt, unwirksam werden.

Über das Thrombogen MORAWITZ', das Serozym BORDETs und das Plasmozym FULDs wissen wir viel weniger. Diese hypothetische Substanz soll im Plasma präformiert enthalten sein, sie wird nach BORDET bei 56° inaktiviert und kann durch Calciumfluorit, Bariumsulfat und Tricalciumphosphat quantitativ adsorptiv niedergerissen werden (zit. MORAWITZ). Ebenso ist das Thrombin nach den meisten Autoren nicht koktostabil, einzig RETTGER will eine Thrombinlösung hergestellt haben, die bei 100° nicht inaktiv wurde.

WOHLGEMUT und später HIRUMA wiesen nach, daß die Unterbindung des Pankreasganges des Kaninchens eine enorme Vermehrung des Fibrinogens im Blute bewirkt, während die Thrombinmenge sich nicht verändert. Parallel damit gehe eine starke Verzögerung der Blutgerinnung.

---

[1] LEE u. VINZENT: Arch of internal med. Bd. 13, S. 398. 1914.
[2] GRATIA: Cpt. rend. des séances de la soc. de biol. Bd. 83, S. 1007. 1920.
[3] MILLS: Journ. of biol. chem. Bd. 46, S. 135. 1921.
[4] McRAE u. SCHNACK: Americ. journ. of physiol. Bd. 32, Nr. 3. 1913.
[5] STUBER u. HEIM: Biochem. Zeitschr. Bd. 77, S. 333, 358. 1916.
[6] RUMPF: Biochem. Zeitschr. Bd. 55, S. 101. 1913.
[7] PEKELHARING: Zitiert auf S. 324.
[8] HERZFELD u. KLINGER: Zitiert auf S. 329.
[9] HERMANNSDORFER: Biochem. Zeitschr. Bd. 75, S. 1. 1916.
[10] ZUNS u. LA BARRE: Cpt. rend. des séances de la soc. de biol. Bd. 85, S. 1107. 1921; Arch. internat. de physiol. Bd. 18, S. 116. 1921.

Hiruma zeigte ferner, daß Thrombinlösung, in gefrorenem Zustande aufbewahrt, wochenlang an Wirkung nicht einbüße.

Tabelle 3. Zusammenstellung der Gerinnungstheorien.

I. Phase der Gerinnung: Bildung des Gerinnungsagens.

A. Schmidt:

| *Prothrombin*
(im zirkulierenden Blut-
plasma präformiert) | *zymoplastische Substanzen*
(durch Zerfall der farblosen
Blutzellen frei werdend oder
aus Körperzellen abgegeben)
extravasculär | *Fibrinferment* |

Morawitz:

| *Thrombogen*
(im zirkulierenden Blut-
plasma präformiert) | *Thrombokinase*
(aus Leukocyten und Blut-
plättchen sowie aus Ge-
webssaft) extravasculär | *Kalksalze* = *Thrombin* |

Fuld:

| *Plasmozym*
(im zirkulierenden Plasma
präformiert) | *Cytozym*
(aus Leukocyten und Blut-
plättchen sowie aus Ge-
webssaft) extravasculär | *Kalksalze* = *Holozym* |

Bordet und Delange:

| *Serozym*
(im zirkulierenden Blut-
plasma präformiert) | *Cytozym*
(aus Blutplättchen sowie aus
Gewebssaft) extravasculär | *Kalksalze* = *Thrombin* |

Bordet:

| *Proserozym*
(im Blutplasma präformiert) | *Kalksalze* | benetzbare Fremdkörper = *Serozym*. |

Serozym   *Cytozym* = *Thrombin*
(aus den Blutplättchen bei Anwesenheit benetzbarer Fremdkörper gleichzeitig abgegeben)

II. Phase der Gerinnung: Bildung des Fibrins, die eigentliche Gerinnung.

A. Schmidt: *Fibrinferment*   *Fibrinogene Flüssigkeit* = *Fibrin*

Morawitz
Fuld
Bordet u.   *Thrombin*   *Fibrinogen* = *Fibrin*
Delange

Das Fibrinogen, seine Darstellung, seine qualitative und quantitative Bestimmung.

Als Fibrinogen bezeichnet man allgemein die im Blutplasma gelöste Vorstufe des Fibrins. Durch die Einwirkung des Thrombins verwandelt sich das flüssige Fibrinogen in das feste Fibrin. Das Fibrinogen ist ein Plasmaeiweiß, man ist jedoch bis heute noch nicht ganz im klaren, welcher Teil des Gesamteiweißes des Plasmas als Fibrinogen zu bezeichnen ist. Nach Starlinger[1] stehen sich hier zwei Auffassungen grundsätzlich gegenüber:

„Die erste faßt unter dem Begriff Fibrinogen alles Eiweiß zusammen, das bei 28 Volumprozentsättigung mit gesättigter Ammonsulfatlösung die Lösung verläßt, sie sieht daher jenen Eiweißkörper, der nach stattgehabter Gerinnung bei der genannten Salzkonzentration noch ausfällt, das sog. Fibrinoglobulin,

---

[1] Starlinger: Biochem. Zeitschr. Bd. 140, H. 1—3, S. 203. 1923 (Lit.).

entweder als ein nicht in Fibrin umgewandeltes Fibrinogen oder als bei der Fibrinogengerinnung entstandenes Spaltprodukt des Fibrinogens an.

Die zweite Anschauung versteht unter Fibrinogen die Gesamtheit des Plasmaeiweißes, die sich im Gerinnungsprozeß in Fibrin umwandelt, sie betrachtet das Fibrinoglobulin als selbständige Fraktion, die mit dem Fibrinogen nur gleiche obere Fällungsgrenzen gemeinsam hat."

In gerinnungstechnischer Beziehung ist das Fibrinogen als die Muttersubstanz des Fibrins zu bezeichnen, unbekümmert um die Frage nach der Entstehung und nach der Art des Fibrinoglobulins. *Eine reine Fibrinogenlösung darf keine Spontangerinnung zeigen und soll nur auf Zusatz von fertiggebildetem Thrombin gerinnen*, welches der beste Indicator des Fibrinogens ist. Zusätze der Vorstufen des Thrombins, der Thrombokinase und des Thrombogens dürfen keine Gerinnung hervorrufen, ebensowenig Kalksalze. Treten Gerinnungsvorgänge auf, dann sind der Fibrinogenlösung Vorstufen beigemischt, welche, mit obengenannten Zusätzen in Berührung gebracht, Thrombin entstehen lassen. Eine solche Fibrinogenlösung darf nicht als „rein" bezeichnet werden. NOLF[1] weist darauf hin, daß es sehr schwer gelingt, wirklich reine Fibrinogenlösungen zu erhalten. Sie enthalten häufig etwas Thrombogen, so daß bei Gerinnungsversuchen es sich nach MORAWITZ[2] empfiehlt, diesen störenden Einfluß durch stärkere Verdünnung zu beseitigen. NOLF schreibt daher bei seiner Methode der Darstellung des Fibrinogens vor, das abgehobene, vollständig zellfreie Plasma auf 0° abzukühlen und bei niedriger Temperatur zu filtrieren. Schon HAMMARSTEN[3] hatte empfohlen, das Plasma längere Zeit, etwa eine Nacht, bei niedriger Temperatur stehenzulassen, indem ein nucleoproteinhaltiger Niederschlag ausfalle, der Proferment enthalte. Erst die Entfernung desselben bietet einigermaßen Gewähr dafür, „reine" Fibrinogenlösungen zu erhalten, die *nur* auf Zusatz von Thrombin gerinnen.

Reine Fibrinogenlösungen, die frei von Thrombin und deren Vorstufen der Thrombokinase und dem Thrombogen sind, stellen recht oft menschliche und tierische Transsudate dar. Ich erinnere an gewisse Hydrocelenflüssigkeiten, die flüssig bleiben und nicht gerinnen. Es fällt gewiß manchem Operateur auf, daß der Inhalt von Hydrocelen nicht gerinnt, daß aber eine prompte Gerinnung sich einstellt, sobald etwas Blut hinzutritt: der Zusatz von Thrombin läßt die Flüssigkeit gerinnen. Es läßt sich ferner nachweisen, daß solche Transsudate weder auf Zusatz von Thrombokinase in Form von Gewebssaft allein oder von Kalksalzen gerinnen, sondern erst bei Hinzufügen von Serum. Freilich verhalten sich nicht alle Transsudate in ähnlicher Weise, da ihnen vielfach Vorstufen des Thrombins beigemischt sind. In diesen Fällen genügt ein Zusatz der anderen, d. h. der fehlenden Vorstufe, um Thrombin zu bilden und damit die Gerinnung auszulösen. Ein Teil dieser Transsudate gerinnt ferner spontan infolge ihres Gehaltes an Thrombin oder an allen seinen Vorstufen. Es gibt aber Transsudate, welche die Eigenschaften einer reinen Fibrinogenlösung besitzen: sie gerinnen nur auf Zusatz von Thrombin. Eine solche Lösung gilt als der beste Indicator des Thrombins. Nach A. SCHMIDT und ARTHUS eignet sich dazu ganz besonders das perikardiale Exsudat des Pferdes.

Nach MORAWITZ eignet sich das Pferdeblut am besten zur Darstellung reiner Fibrinogenlösungen, Rinderplasma weniger, doch gelingt es bei gehöriger Übung, auch aus Rinderblut gute Fibrinogenlösungen zu erhalten.

---

[1] NOLF: Arch. internat. de physiol. Bd. 6, H. 1, S. 3. 1908.
[2] MORAWITZ: Abderhaldens Handbuch der biochemischen Arbeitsmethoden, Abt. IV, Teil 3.
[3] HAMMARSTEN: Hoppe-Seylers Zeitschr. f. physiol. Chem. Bd. 22, S. 333. 1896.

Die geeignetste Methode zur Darstellung einwandfreier Fibrinogenlösungen hat HAMMARSTEN angegeben, die später von NOLF modifiziert worden ist. Nach MORAWITZ gestaltet sich diese „modifizierte" Methode wie folgt:

„Oxalatblut wird gleich nach seiner Ankunft aus dem Schlachthause scharf abzentrifugiert, das abgehobene, vollständig zellfreie Plasma (800—900 ccm) auf 0° abgekühlt und bei niedriger Temperatur filtriert. Schon HAMMARSTEN hat empfohlen, das Plasma längere Zeit, etwa eine Nacht, bei niederer Temperatur stehenzulassen. Es fällt dabei ein nucleoproteidhaltiger Niederschlag aus, der Proferment enthält, also wohl Thrombogen oder Thrombokinase. Erst nach Entfernung dieses Niederschlages kann man mit einiger Sicherheit darauf rechnen, wirklich brauchbare Fibrinogenlösungen zu erhalten, d. h. Lösungen, die nur auf Zusatz von Thrombin gerinnen.

Das eiskalte filtrierte Plasma wird mit wenig verdünnter Essigsäure gegen Lackmuspapier neutralisiert und reines, kalkfreies Kochsalz zugesetzt, bis die Flüssigkeit ein spezifisches Gewicht von 1,110 angenommen hat. Das Fibrinogen fällt nun in großen, sich zusammenballenden Flocken aus. Diese können leicht mit einem Hornlöffel oder mit einem siebartigen Instrument aus dem Plasma in 800—900 ccm destilliertem Wassers übertragen werden. Das destillierte Wasser soll eine Spur Natriumoxalat, etwas Kochsalz und 5 ccm einer gesättigten Sodalösung enthalten. Man nimmt also die Fällung des Fibrinogens stets bei neutraler, die Lösung bei leicht alkalischer Reaktion vor. Arbeitet man mit Pferdeplasma, so ist allerdings dieser Kunstgriff nicht so wichtig, auch ohne ihn gewinnt man brauchbare Fibrinogenlösungen. Anders bei Rinderplasma. Ohne Neutralisation gelingt es meistens überhaupt nicht, durch Halbsättigung mit Kochsalz das Fibrinogen zur Ausflockung zu bringen. Ebenso löst sich das aus Rinderplasma niedergeschlagene Fibrinogen nur bei leicht alkalischer Reaktion.

Die erste Fällung des Pferdefibrinogens löst sich meist schnell und vollständig. Die Lösung kann durch Umrühren der Flüssigkeit befördert werden. Vom Ungelösten filtriert man ab. Nun wird die klare, leicht alkalische Flüssigkeit durch vorsichtigen Zusatz verdünnter Essigsäure wieder gegen Lackmus neutralisiert. Bildet sich dabei ein leichter, grobflockiger Niederschlag, so ist er durch Gaze abzufiltrieren. Das Filtrat wird abgekühlt und in derselben Weise mit Kochsalz gefällt wie das Plasma. Der zweite Niederschlag kann, wenn er an Masse gegen den ersten zurücksteht, in etwas weniger Wasser (400—500 ccm) übertragen werden. Man fährt nun in dieser Weise mit Fällen und Lösen des Fibrinogens fort. Doch soll das Wasser, indem man den dritten Niederschlag auflöst, keinen Oxalatzusatz mehr erhalten. Der vierte Niederschlag wird in etwa 150—300 ccm Wasser übertragen. Dem Wasser hat man vorher ein wenig Soda (5—6 Tropfen auf 300 ccm) zugesetzt. Man fügt nun so viel Kochsalz hinzu, daß die Salzkonzentration ungefähr 1% beträgt. Die Fibrinogenlösung bleibt bis zum nächsten Tag bei 0° stehen und wird durch Leinen koliert. 1 l Plasma gibt ungefähr 150—500 ccm Fibrinogenlösung. Trotz großer Verluste bei der Reinigung ist diese Lösung zu konzentriert. Sie wird zum Versuch mit der 5—10fachen Menge 1proz. Kochsalzlösung verdünnt."

Es war nun interessant, einen Vergleich zwischen dem Kalkgehalt einer reinen Fibrinogenlösung und des Fibrins zu ziehen. Wie aus der nachfolgenden Analyse, die im Laboratorium der Gesellschaft für chemische Industrie in Basel ausgeführt wurde, hervorgeht, ist der Kalkgehalt einer Fibrinogenlösung viel niedriger als derjenige des Fibrins, der recht erheblich ist. Es muß hier allerdings noch die Frage geprüft werden, ob es gelingt, Fibringerinnsel von allen Verunreinigungen und im Maschenwerk eingeschlossenen Beimischungen vollständig zu befreien.

Analyse des Fibrinogens: 100 ccm Fibrinogenlösung wurden in der Petrischale zur Trockene verdampft, verascht, mit HCl gelöst und Filtrat mit NH_3 + Ammoncarbonat versetzt. Eine äußerst geringe Fällung ergab, verglichen mit einer $CaCl_2$-Lösung vom bekannten Gehalt, daß die Fibrinogenlösung unter 0,004% Ca enthielt.

Analyse des Fibrins: 3 g Fibrin verascht, ergaben, wie oben auf Ca geprüft, erhebliche Mengen Ca (daneben Fe). Das zur Untersuchung benötigte Fibrin wurde nach der bekannten Methode durch Schlagen von frischem Blut gewonnen. Das Fibringerinnsel wurde bis zur Farblosigkeit mit destilliertem Wasser ausgewaschen und im Vakuum getrocknet. 3 g Fibrin verascht ergaben, mit einer $CaCl_2$-Lösung von bekanntem Gehalt verglichen, 0,1 g Calcium.

Für Gerinnungsversuche, z. B. zum qualitativen Nachweis gerinnungserregender Substanzen, genügt es indes oft, vollkommen ungerinnbar gemachte Plasmata, worin das Fibrinogen in Lösung enthalten ist, als Indicator zu benutzen. Die Darstellung reiner Fibrinogenlösungen kann hier zu diesen Zwecken ganz umgangen werden. Bekanntlich bedient man sich der Oxalate, Fluoride, Citrate, des Magnesiumsulfats, des Kochsalzes, der Gallensalze und des Hirudins, um das Plasma ungerinnbar zu machen. Die Wirkung dieser Salze und ihre Erklärung wird auf Seite 346 ff. besprochen. Nur die Mischungsverhältnisse seien hier kurz erwähnt:

Natriumoxalatplasma: Auffangen des Blutes in $^1/_{10}$ Volumen 1—2 proz. Natriumoxalatlösung.

Fluoridplasma: Nach ARTHUS genügt eine Konzentration des Salzes von $2^0/_{00}$.

Citratplasma: Die Konzentration des Salzes muß $4^0/_{00}$ betragen.

Magnesiumsulfatplasma: Auffangen des Blutes in 14 proz. Magnesiumsulfatlösung im Verhältnis von 7 : 2.

Gallensalzplasma: Nach MORAWITZ bleibt jede Gerinnung aus, wenn man Hundeblutplasma in Rindergalle strömen läßt im Verhältnis 1 Teil Galle zu 8 Teilen Blut.

Kochsalzplasma: Auffangen von 15 ccm Blut in 5 ccm 20 proz. Kochsalzlösung (nach BORDET-GENGOU).

Hirudinplasma: Nach MORAWITZ genügt 1 mg Hirudin, um die Gerinnung von 5 ccm Blut aufzuheben.

Die quantitative Bestimmung des Fibrinogens.

Nach MORAWITZ besteht die Schwierigkeit einer exakten quantitativen Bestimmung des Fibrinogens in der Trennung dieses Eiweißkörpers von den anderen Globulinen, die ähnliche Eigenschaften haben. Er lehnt die gravimetrische Bestimmung des Fibrins ab, erstens: weil der Übergang des Fibrinogens in das Fibrin wohl kein quantitativer ist, und zweitens: weil es kaum gelingen dürfte, das Fibrin von allen mitgerissenen Substanzen nachträglich zu befreien.

STARLINGER gibt eine sehr eingehende Kritik der Methoden der quantitativen Fibrinogenbestimmung. Er teilt zunächst die verschiedenen Methoden, deren Beschreibung ich zum größten Teil seinen Veröffentlichungen entnommen habe, in drei Gruppen ein:

Die erste Gruppe bedient sich zur Fibrinogenbestimmung der Gravimetrie.

Die zweite der N-Bestimmung nach KJELDAHL, und zwar sind hier zwei Untergruppen zu unterscheiden: Methoden, welche die direkte Bestimmung des ausgefällten Fibrinogens, und solche, welche das Differenzverfahren zwischen Plasma- und Serumeiweiß in Anwendung bringen.

Die dritte Gruppe endlich ermittelt das Brechungsvermögen im Differenzverfahren.

Hinsichtlich der technischen Leistungsfähigkeit der drei Methoden äußert sich Starlinger dahin, daß bei Verarbeitung kleiner Blutmengen die direkte Kjeldahl-Bestimmung des Fibrinogens die genauesten Resultate ergibt, daß die refraktometrische Bestimmung im Differenzverfahren auch genügend gute Ergebnisse zu verzeichnen hat, um volle Verwertung im klinischen Gebrauche zu finden, wozu sich ganz besonders ihre rasche und leichte Durchführung eignet. Die Kjeldahl-Bestimmung im Differenzverfahren dagegen ergibt nach Starlinger nur bei Verarbeitung großen Ausgangsmaterials brauchbare Resultate. Aber auch die gravimetrischen Methoden erfordern relativ große Mengen Blutes, wenn sie gute Ergebnisse geben sollen. Es empfiehlt sich sehr, die Einzelheiten der eingehenden Nachprüfungen der Methoden und der Untersuchungen Starlingers im Original nachzulesen.

Quantitative Bestimmungen des Fibrinogens. Morawitz beschreibt die Reyesche[1] Methode wie folgt: 12 ccm klares Fluornatriumplasma werden mit 30 ccm destilliertem Wasser verdünnt, mit 16 ccm Ammonsulfatlösung gefällt und bis zum Absetzen des Niederschlags stehengelassen. Die flockigen Ausscheidungen werden auf ein gewogenes Filter verbracht, mit entsprechend verdünnter Ammonsulfatlösung so lange gewaschen, als das Filtrat noch die Eiweißreaktion gibt. Dann wird der Niederschlag an der Luft getrocknet und bei 80° im Trockenofen koaguliert. Der unlöslich gewordene Niederschlag wird mit heißem Wasser schwefelsäurefrei gewaschen, mit Alkohol und Äther behandelt, zuletzt bei 100° getrocknet und gewogen. In 12 ccm Rinderplasma fand Reye 0,042—0,0424 g Fibrinogen, einem Prozentgehalt des Plasmas von 0,3479 im Mittel entsprechend.

Porges und Spiro[2] vereinfachten die Methode nach Reye, indem sie das Fibrinogen nicht wägen, sondern die Wägung durch die N-Bestimmung vor und nach der Ausfällung des Fibrinogens aus dem Plasma ersetzen. Anstatt Ammonsulfat empfehlen diese Autoren Natriumsulfat. Sie führen die Methode wie folgt aus: 4fach verdünntes Plasma wird mit $^1/_4$ Volumen warmer, gesättigter Na-Sulfatlösung versetzt. Absetzenlassen des Niederschlags. Die ganze Prozedur muß bei ca. 32° vorgenommen werden infolge der Eigenschaften des Natriumsulfats, und zwar sowohl die Sättigung der Natriumsulfatlösung als auch die Fällung des Plasmas. Stehenlassen der Plasmasalzmischung bei 32° im Brutschrank, mehrere Stunden lang in zugekorkten Meßzylindern zur Vermeidung jeglicher Verdunstung. Sodann Filtrierung bei 32°. N-Bestimmung nach Kjeldahl. Sich von der N-Freiheit des Natriumsulfats überzeugen.

Lester[3] wendet z. B. folgende Methode an: 2 ccm Oxalatplasma werden in einer großen Menge $CaCl_2$-haltiger NaCl-Lösung koaguliert, das Gerinnsel getrocknet, gewogen, verascht und dann zurückgewogen.

Gram[4] bedient sich auch der gravimetrischen Methode: 4,5 ccm Blut in 0,5 ccm 3proz. Citratlösung auffangen, 90 Minuten lang bei 3000 Touren zentrifugieren, das Volumen der Blutkörperchen ablesen (Zentrifugierröhrchen in $^1/_{10}$-ccm eingeteilt). Versetzen von 2 ccm des Plasmas mit 9 ccm 0,9proz. Natriumchloridlösung und 2 ccm 1proz. $CaCl_2$-Lösung. $1^1/_2$ Stunden lang im Thermostat stehenlassen. Das entstandene Gerinnsel zwischen Filtrierpapier abpressen. 15 Minuten in Aq. dest., 5 Minuten in absolutem Alkohol. 5 Minuten in Äther waschen,

---

[1] Reye, zitiert nach Morawitz u. Starlinger: Inaug.-Dissert. Straßburg 1898.
[2] Porges u. Spiro: Beitr. z. chem. Physiol. u. Pathol. Bd. 3, S. 277. 1903.
[3] Lester: Journ. of the Americ. med. assoc. Bd. 79, Nr. 1, S. 17. 1922; Ref. Ber. üb. d. ges. Physiol. u. exp. Pharmakol. Bd. 15, S. 410. 1923.
[4] Gram: Journ. of biol. chem. Bd. 49, S. 279. 1921; Ref. Ber. üb. d. ges. Physiol. u. exp. Pharmakol. Bd. 12, S. 79. 1922.

2 Stunden im Thermostat stehenlassen, Wägen des Gerinnsels auf der Torsionswage. Berechnung des Fibrinogenwertes nach der Formel

$$\frac{Cb - P \cdot W \cdot 100}{Cb - C - P \cdot 2}.$$

W = Fibrinogengewicht; Cb = Blutmenge; C = Citratmenge; P = Blutkörperchenmenge.

Nach Foster-Wipple[1] werden 9 ccm Blut mit 1 ccm 1proz. Natriumoxalatlösung vermischt, im Hämatokrit 30 Minuten bei 3000 Touren zentrifugiert, die Blutkörperchenmenge in $^1/_{10}$ ccm abgelesen, 2 ccm Plasma mit 40 ccm 0,8proz. NaCl-Lösung und 2 ccm 2,5proz. $CaCl_2$-Lösung versetzt und 2 Stunden stehen gelassen bei Zimmertemperatur. Abpressen des entstandenen Gerinnsels, Waschen in Aq. dest., 3—10 Stunden im Porzellantiegel bei 110° zur Gewichtskonstanz trocknen, wägen, 15 Minuten über der Bunsenflamme veraschen, zurückwägen. Die Gewichtsdifferenz entspricht dem Fibrinogen unter Berücksichtigung der Blut- und Plasmaverdünnung.

Pfeiffer-Kossler[2] füllen 5 ccm 4proz. Natriumoxalatlösung mit Blut auf 100 ccm auf, 20 ccm des Plasmas werden mit 5 ccm 2proz. $CaCl_2$-Lösung versetzt, der N-Gehalt bestimmt und die Differenz zwischen diesem und dem N einer äquivalenten Menge nach erfolgter Ca-Gerinnung erhaltenem Serum unter Berücksichtigung der Verdünnung als Fibrinogenstickstoff in Rechnung gesetzt nach der Formel:

$$Nf = \frac{-v}{v - v_1}\left(N_p - N_s\frac{P + K}{p}\right),$$

wobei Nf = Fibrinogen N, Np = den N des Oxalatplasmas, N_s = den N des Oxalatserums, p = die zur Gerinnung gebrachte Plasmamenge, K = die Menge der zugesetzten $CaCl_2$-Lösung, v = das nach Bleibtreu ermittelte Volumen des Oxalatplasmas im Verhältnis zum Gesamtblut und v_1 = die in 1000 ccm Oxalatplasma enthaltene Menge Oxalatlösung bedeuten.

Cullen-van Slyke[3] versetzt 5 ccm Plasma (aus Blutoxalatgemisch mit etwa 0,3proz. Salzkonzentration gewonnen) mit 100—150 ccm 0,8proz. NaCl-Lösung und 5 ccm 2,5proz. $CaCl_2$-Lösung, wäscht das entstandene Gerinnsel 5mal mit 0,8proz. NaCl-Lösung und bestimmt sein N.

Fåhraeus[4] saugt 50 ccm Blut in dünnem Papier auf, wägt, extrahiert sodann nach einigen Minuten mit 8—10 ccm äußerst verdünnter Lauge in der Kälte, wobei alle Blutbestandteile in Lösung gehen außer dem geronnenen Fibrinogen. Ist das Papier farblos geworden, dann wird die Lösung abgegossen und mit Wasser nachgefüllt. Das Fibrin kann durch Verbrennen des Papiers oder eines mit 8—10 ccm $^n/_{100}$-NaOH bei 30—40° erhaltenen Extrakten nach Bang bestimmt werden.

Howe[5] versetzt 0,5 ccm Salzplasma bei Zimmertemperatur mit 14 ccm 0,8proz. NaCl-Lösung und 1 ccm 2,5proz. $CaCl_2$-Lösung unter Zufügung eines Thymolkrystalles und bestimmt den N-Gehalt vor und nach erfolgter Gerinnung.

---

[1] Foster-Wipple: Americ. journ. of physiol. Bd. 58, Nr. 3, S. 365. 1921/22; Ref. Ber. üb. d. ges. Physiol. u. exp. Pharmakol. Bd. 13, S. 99. 1922.

[2] Pfeiffer-Kossler: Zentralbl. f. inn. Med. Bd. 1, S. 8. 1896.

[3] Cullen-van Slyke: Journ. of biol. chem. Bd. 41, Nr. 4, S. 587. 1920; Ref. Ber. üb. d. ges. Physiol. u. exp. Pharmakol. Bd. 2, S. 316. 1920.

[4] Fåhraeus u. Bang: Mikromethoden. Wiesbaden: J. F. Bergmann 1920.

[5] Howe: Journ. of biol. chem. Bd. 49, Nr. 1, S. 109. 1921; Ref. Ber. üb. d. ges. Physiol. u. exp. Pharmakol. Bd. 11, S. 403. 1922.

Winternitz[1] bestimmt vermittels des Pulfrichschen Eintauchrefraktometers das Brechungsvermögen von Hirudinplasma und von dazugehörigem Serum. Nach Umrechnung in Eiweißwerte auf Grund der Reissschen Tabellen wird die Differenz als Fibrinogen angenommen.

Nach Leendertz-Gromelski[2] wird Blut mit paraffiniertem Instrumentarium entnommen, sofort zentrifugiert, das dadurch erhaltene Nativplasma mit 3,55proz. Na-Citric.-Lösung im Verhältnis 1 : 5 vermischt und sein Brechungswert $= R_1$ bestimmt. Nach der Spontangerinnung des Nativplasmas wird das Serum mit 3,55proz. Citratlösung wie oben versetzt und der Brechungswert bestimmt $= R_2$.

Fibrinogen $= (R_1 - R_2) \cdot 0{,}215$ (als Mittelwert des Eiweißumrechnungsfaktors, entsprechend einem Teilstrich der Pulfrichschen Skala). Ferner wird noch eine ähnliche Methode der Bestimmung des Brechungswertes von Citratblutmischung sowie die Berechnung des Verdünnungsfaktors bei fibrinogenreichem Plasma angegeben. Einzelheiten müssen im Original oder bei Starlinger nachgelesen werden.

Leendertz versetzt 5,4 ccm Nativplasma mit 0,6 ccm einer 3,6proz. Na-Citratlösung und beschickt eine Reihe von Röhrchen mit je 0,5 ccm. Die Röhrchen enthalten in steigenden Mengen 0,03—0,3 ccm einer 0,15proz. $CaCl_2$-Lösung. Er will dadurch die genaue Festsetzung der nötigen $CaCl_2$-Menge bestimmen, die das Optimum der Gerinnungszeit für die Durchführung der refraktometrischen Bestimmung, gleich 15—20 Minuten, ergibt.

Nach Versetzung des oben angeführten Citratnativplasmas mit der bestgeeigneten $CaCl_2$-Lösung werden R_1 und R_2 bestimmt. Berechnung des Fibrinogens durch Multiplikation der Differenz dieser Werte mit 0,215 als Eiweißfaktor und $x/0{,}45$ als Verdünnungsfaktor, wobei unter x die jeweilige Gesamtmenge des Na-Citrat-$CaCl_2$-Plasmagemisches zu verstehen ist.

Rusznyàk und Baràt[3] geben eine nephelometrische Methode an: 0,10 ccm Citratplasma werden mit 50 ccm einer sauren Ammonsulfatlösung versetzt (1 Teil $^n/_5$-Salzsäure $+$ 1 Teil konz. Ammonsulfatlösung). Das Gesamteiweiß fällt dabei in Form einer feinen, langsam ausflockenden Trübung aus. Ein anderer Teil desselben Plasmas 0,4 ccm wird mit 5 ccm einer 27proz. Ammonsulfatlösung vermischt (27 ccm konz. Ammonsulfatlösung $+$ 73 ccm Aq. dest.). Die dabei entstehende, oft kaum sichtbare Trübung besteht nach den Autoren ausschließlich aus Fibrinogen. Der Trübungsgrad der beiden Lösungen wird nun gegenseitig nephelometrisch verglichen. Weitere Einzelheiten müssen im Original nachgelesen werden.

Die gefundenen Werte bedeuten nur die relative Menge des Fibrinogens im Verhältnis zum Gesamteiweißgehalt, doch brauche man auch in Serienuntersuchungen nur eine einzige quantitative Gesamteiweißbestimmung vorzunehmen, um dann sämtliche relative Werte auf absolute umzurechnen.

Die Darstellung des Thrombins.

Bekanntlich ist das Thrombin im Blutserum gelöst, jedoch büßt das Serum nach einiger Zeit seine Thrombineigenschaften zu einem großen Teil ein. Es ist bekannt, daß frisches Serum wirksamer ist als Serum, welches erst einige Tage

---

[1] Winternitz: Arch. f. Dermatol. u. Syphilis Bd. 101, S. 227. 1910.

[2] Leendertz-Gromelski: Arch. f. exp. Pathol. u. Pharmakol. Bd. 94, S. 114. 1922; Bd. 96, S. 305. 1923.

[3] Rusznyàk u. Baràt: Biochem. Zeitschr. Bd. 141, S. 476. 1923.

nach seiner Gewinnung zur Wirkung gelangt. MORAWITZ[1] erklärt diese Ferment-armut des alten Serums durch zwei Momente:

Ein Teil des gebildeten Thrombins wird auf dem Fibrinnetz adsorbiert und mit diesem entfernt, und zweitens geht ein Teil des Thrombins bald nach vollendeter Gerinnung in das Metathrombin über, eine unwirksame Modifikation.

Man kann jedoch nach A. SCHMIDT[2] und MORAWITZ diese Nachstufe des Thrombins wieder aktivieren, indem man das Serum mit $n/_{10}$-NaOH versetzt und nach $^1/_4$—$^1/_2$ Stunde mit $n/_{10}$-H_2SO_4 neutralisiert. Dadurch nimmt die fermentative Kraft des Serums wieder zu, wie MORAWITZ nachwies: Während 5 Tropfen des nichtaktivierten Serums 5 ccm Fibrinogenlösung bei 35° in mehr als 3 Stunden zur Gerinnung brachten, gerinnt die gleiche Fibrinogenlösung mit aktiviertem Serum versetzt, schon in 8 Minuten.

Läßt man auf 10 ccm Serum eine halbe Stunde lang 2—4 ccm Normal-Natronlauge einwirken, dann erzielt man eine noch stärkere Aktivierung. Solches Serum verliert jedoch durch längeres Stehen ziemlich rasch seinen Ferment-reichtum. Nach A. SCHMIDT gelingt die Aktivierung noch besser, wenn sie an dialysiertem Pferdeserum angewendet wird. Es genügt dann ein Zusatz von bloß 0,1—0,2 ccm $n/_{10}$-Natronlauge pro Kubikzentimeter Serum.

Nach MORAWITZ gestaltet sich die A. SCHMIDTsche Methode der Gewinnung möglichst eiweißarmen Thrombins wie folgt: Man läßt eine nicht zu kleine Blut-menge spontan gerinnen. Das ausgepreßte Serum wird mit dem 20fachen Volumen Alkohol (95%) gefällt. Der Alkohol bleibt einige Tage bis einige Monate über dem Niederschlag stehen. Zur Darstellung des Thrombins wird sodann der Alkohol ab-filtriert, das Präcipitat getrocknet und mit Wasser extrahiert. Um möglichst eiweißarme Thrombinlösungen zu erhalten, muß die Wasserextraktion kurz-dauernd sein.

Diese Thrombinlösung ist reich an Salzen, deren Gehalt sich durch Dialyse gegen 0,9proz. Salzlösung vermindern läßt. Nach MORAWITZ fehlt in diesen Lösungen das Metathrombin. Fängt man Blut vor seiner Gerinnung in Alkohol auf, so läßt sich aus dem Niederschlage kein Thrombin gewinnen, was selbst-verständlich erscheint, da das Thrombin im kreisenden Blute nicht präformiert enthalten ist, indem zu seiner Bindung bekanntlich die Reaktion seiner Vorstufen notwendig ist.

Nach HOWELL[3] (zit. MORAWITZ) läßt sich ein sehr wirksames Thrombin-präparat aus dem Fibrin von Schweinsblut darstellen: Die geronnene Fibrin-menge wird bis zur völligen Hämoglobinfreiheit in fließendem Wasser gewaschen. Die möglichst feinverteilte Fibrinmasse wird 2—3 Tage im Eiskasten mit 8proz. Kochsalzlösung extrahiert, zuerst durch Gaze, dann durch Filtrierpapier filtriert. Zur Entfernung der Eiweißkörper wird das Filtrat mit dem halben Volumen Chloroform tüchtig durchgeschüttelt und filtriert. Der Chloroformniederschlag bleibt dabei auf dem Filter. Diese Prozedur setzt man fort, bis das Filtrat keine Eiweißreaktion mehr gibt (deutlich Fällung beim Kochen). Man erhält dadurch eine wasserklare, fast eiweißfreie Lösung, die ziemlich viel Thrombin enthält (geprüft an einer Fibrinogenlösung). Dieses Thrombin kann in einen haltbaren Zustand übergeführt werden, indem man die Thrombinlösung (5—10 ccm) in einem Uhrschälchen bei 35—40° möglichst schnell eintrocknen läßt. Die Halt-barkeit soll unbeschränkt sein. Durch Zerreiben des gelben Niederschlages mit

---

[1] MORAWITZ: Abderhaldens Handbuch der biologischen Arbeitsmethoden, Abt. IV, T. 3.
[2] SCHMIDT, A.: Zur Blutlehre. S. 209. Leipzig 1892.
[3] HOWELL: Americ. journ. of physiol. Bd. 26, Nr. 7, S. A. 1910.

Wasser, dem einige Kochsalzkrystalle zugesetzt sind, kann man sodann daraus die Thrombinlösung wieder herstellen.

Nach Hiruma[1] kann eine Thrombinlösung in gefrorenem Zustande wochenlang, ohne an Wirkung einzubüßen, aufbewahrt bleiben.

Gerinnungshemmende Mittel und Methoden.

Die Erforschung der Gerinnung des Blutes ist nur dann möglich, wenn es gelingt, das Blut ungerinnbar zu machen und in vitro aufzubewahren. Verschiedene Methoden führen uns hier zum Ziele, die wir am besten in direkte und in indirekte einteilen. Mit den direkten Methoden lassen wir die Hemmung erst nach der Entnahme aus dem Kreislaufe auf das Blut einwirken (in vitro), mit den indirekten dagegen verleihen wir die Gerinnungshemmung dem Gesamtblute schon intravasculär (in vivo).

Wir nehmen die *indirekten* Methoden vorweg: Die bekannteste ist die Injektion von Wittepepton. Sie wurde von Schmidt-Mühlheim[2] inauguriert, welcher fand, daß die intravenöse Injektion dieser Substanz in Mengen von 0,3—0,6 g pro Kilogramm Körpergewicht beim Hunde eine vollständige Aufhebung der Gerinnung des Gesamtblutes verursacht. Diese Angabe wurde in der Folge von sehr zahlreichen Autoren bestätigt und dieses ungerinnbar gemachte Blut zur Erforschung der Gerinnung benützt. Schmidt-Mühlheim und Fano[3] konnten bei Tieren eine sog. Peptonimmunität erzielen. Injiziert man Pepton und wiederholt man die Injektion am folgenden Tage, so ist keine Gerinnungshemmung mehr zu erzielen, die zweite Injektion ist unwirksam. Eine Erklärung dieser Peptonimmunität ist nach Morawitz[4] trotz zahlreicher Arbeiten noch nicht gegeben worden. Nach den meisten Autoren wird die Gerinnungshemmung des Peptonblutes durch den Gehalt an Antithrombin erklärt, welches ein Produkt des Organismus selbst ist, wahrscheinlich in der Leber gebildet und von hier an das zirkulierende Blut abgegeben wird [Contejean[5], Gley[6], Pachon[7], Delezenne[8], Nolf[9], Morawitz]. Schaltet man die Leber bei diesen Tierversuchen aus, dann tritt die Peptonwirkung überhaupt nicht ein. Nach Delezenne erhält man bei der künstlich durchbluteten Leber auf Peptonzusatz eine gerinnungshemmende Substanz von hirudinähnlicher Wirkung. Das Pepton selbst enthält keine gerinnungshemmende Substanz. Nur sehr große Dosen wirken gerinnungshemmend in vitro [Dastre[10]]. Seine Gerinnungshemmung in vivo beruht offenbar darauf, daß es den Organismus zur Bildung und Abgabe eines Antithrombins reizt (durch die Leber). Eine restlose Erklärung dieser hemmenden Wirkung ist indessen bis heute noch nicht gegeben worden. Das Peptonblut ist in der Regel ungerinnbar oder gerinnt spontan nur langsam. Zusatz von Wasser, Säuren und Gewebsextrakten bewirken prompte Gerinnung. Thrombin ist dagegen wenig wirksam, nach Morawitz infolge Neutralisierung durch das Antithrombin. Andererseits wurde das Pepton vielfach auch als ge-

---

[1] Hiruma: Biochem. Zeitschr. Bd. 139, H. 1—3, S. 152. 1923.
[2] Schmid-Mühlheim: Arch. f. Anat. u. Physiol. 1880, S. 33—56.
[3] Fano: Arch. f. (Anat. u.) Physiol. 1881, S. 277; zitiert Grau: Dtsch. med. Wochenschr. 1910, Nr. 27, S. 1270; u. Dtsch. Arch. f. klin. Med. Bd. 101, H. 1—2, S. 150. 1911.
[4] Morawitz: Handbuch der Biochemie 2. Aufl., Bd. IV, S. 69—71. 1923.
[5] Contejean: Arch. de physiol. Bd. 28, S. 159. 1896.
[6] Gley: Cpt. rend. des séances de la soc. de biol. Bd. 48, S. 526. 1896.
[7] Gley u. Pachon: Arch. de physiol. Bd. 28, S. 715. 1896.
[8] Delezenne: Arch. de physiol. Bd. 28, S. 655. 1896.
[9] Nolf: Arch. internat. de physiol. Bd. 2. 1904/05.
[10] Dastre: Cpt. rend. des séances de la soc. de biol. Bd. 48, S. 360. 1896.

rinnungsbeschleunigende Substanz anempfohlen, so z. B. NOLF [zit. BLÜHDORN[1]], da es leicht zu sterilisieren und weil bei wiederholter Wirkung keine Anaphylaxieerscheinungen auftreten. NOBÉCOURT und TIXIER[2] sahen gute Erfolge bei Hämophilie und Purpura. Auch LOEB[3], CAMUS und GLEY[4] berichten von einer gerinnungsbeschleunigenden Wirkung. Diese Widersprüche in der Erklärung der Peptonwirkung sind auf die Verschiedenheit der Dosierung dieses Körpers zurückzuführen. CH. FLANDIN und A. TZANCK[5] beschreiben die gerinnungshemmende Wirkung der Arsenobenzole in vitro und in vivo: Fängt man Blut in einem vollkommen reinen und sterilen Gefäße auf, dessen Wände mit einer schwachen Lösung eines Arsenobenzols (Arsenobenzol, Novarsenobenzol, Sulfarsenol usw.) befeuchtet worden sind, so bleibt es auf unbestimmte Zeit ungerinnbar. Wenn man einem Individuum, welches eine intravenöse Injektion von Arsenobenzol erhalten hat, Blut entnimmt, so kann man beobachten, daß die Gerinnung verzögert wird und daß diese Verzögerung 30 Minuten bis 24 Stunden andauern kann. Der Mechanismus der gerinnungshemmenden Wirkung ist nach diesen Autoren nicht aufgeklärt, sicher sei, daß die Formelemente des Blutes durch das Arsenobenzol nicht geschädigt werden. TROST[6] bestätigt die Angaben dieser Autoren, daß organische Arsenverbindungen schon in kleinen Mengen die Gerinnungszeit in vitro auf das Doppelte bis Dreifache verlängern, er findet dagegen nicht, daß intravenöse therapeutische Dosen von Substanzen der Salvarsangruppe die Gerinnbarkeit des Blutes in hemmendem Sinne beeinflussen.

STEPPHUHN und BRYOCHONENKO[7] zeigten, daß „Bayer 205" Kaninchen in Dosen von 0,2—0,3 g pro Kilogramm Körpergewicht intravenös injiziert, die Gerinnung des Blutes vollkommen aufhebt. Auch in vitro wird dadurch Blut bei einer Konzentration des Mittels von 0,24 ungerinnbar gemacht. Nach den Autoren beruht die gerinnungshemmende Wirkung auf der Bindung von Thrombin und Fibrinogen. Die Thrombokinase werde durch das Mittel nicht beeinflußt (?).

MAYER und ZEISS[8] wiesen auch nach, daß das Trypanosomenheilmittel „Bayer 205" die Blutgerinnung herabsetze, was WEICHBROD[9] am Menschen bestätigen konnte.

Die *direkt wirkenden* gerinnungshemmenden Methoden teilen wir am besten in physikalische und chemische ein. Zu den physikalischen rechnen wir die Abkühlung des Plasmas und die Paraffinierung der Wände der Aufbewahrungsgefäße, sowie der Entnahmeinstrumente (Kanülen usw.), zu den chemischen die Anwendung der Salzlösungen in stärkerer Konzentration, die spezifischen gerinnungshemmenden Substanzen und die Sekrete gewisser Tiere.

1. Kältewirkung (A. SCHMIDT). Bewahrt man Blut in hohen, sorgfältig gekühlten Glaszylindern, die in Eis oder in einer Kältemischung stehen, auf, so bleibt das Blut flüssig und sedimentiert in seinen typischen Schichten.

2. Paraffinierung (BORDET, GENGOU). Entnimmt man Blut durch paraffinierte Kanülen der Arterie oder Vene in paraffinierte Röhrchen und zentrifugiert

---

[1] BLÜHDORN: Med. Klinik 1913, Nr. 11, S. 423.

[2] NOBÉCOURT u. TIXIER: Soc. méd. des hôp. de Paris Bd. 30, S. 254. 1910; La Pathologie infant. Bd. VIII. 1911.

[3] LOEB, L.: Virchows Arch. f. pathol. Anat. u. Physiol. Bd. 176, S. 10. 1904.

[4] CAMUS u. GLEY: Cpt. rend. des séances de la soc. de biol. Bd. 48, S. 621. 1896.

[5] FLANDIN u. TZANK: The Lancet French, Suppl., 2. Dez. 1922, S. 1177.

[6] TROST: Arch. f. Dermatol. u. Syphilis Bd. 139, H. 1. 1923.

[7] STEPPHUHN u. BRYOCHONENKO: Arch. f. Schiffs- u. Tropenhyg. Bd. 27. 1923; Bd. 24. 1920; Berl. klin. Wochenschr. 1921, Nr. 2.

[8] MAYER u. ZEISS: Arch. f. Schiffs- u. Tropenhyg. Bd. 24. 1920.

[9] WEICHBROD: Berl. klin. Wochenschr. 1921, Nr. 2.

man es, so erhält man ein vollkommen klares Plasma, welches beliebig lange flüssig bleibt, jedoch sofort gerinnt, wenn man es aus dem paraffinierten Gefäße entnimmt und mit einer benetzbaren Glas- oder Metallwand in Berührung bringt.

3. Salzwirkung. Neutralsalze in stärkeren Konzentrationen hemmen die Gerinnung; wollen wir bloß eine zeitweilige Verhinderung haben, so ist die Konzentration herabzusetzen. Als solche sind hauptsächlich gebräuchlich das Magnesiumsulfat, das Natriumsulfat und das Kochsalz. Nach Morawitz hemmen sie in schwächerer Konzentration die Entstehung des Thrombins aus seinen Vorstufen, in stärkeren Konzentrationen dagegen verhindern sie die Wirkung des Thrombins auf die Umwandlung des Fibrinogens in das Fibrin. Auch Gallensalze wirken in ähnlicher Weise, jedoch in viel schwächerer Konzentration. Die Wirkung der Oxalate, Citrate, Fluoride usw. erklärte man bis jetzt durch die Kalkausfällung, wodurch die Thrombinentstehung verhindert wurde. Zusatz von Kalk hebt deren Wirkung wieder auf. Einige Autoren haben in der letzten Zeit neue Hypothesen zur Erklärung der Wirkung dieser Salze aufgestellt, ausgehend von neuen Anschauungen über das Wesen der Gerinnung: Hekma[1] hat die Beobachtung gemacht, daß im zellfreien Natriumfluoridplasma auch ohne Zusatz von Ca-Ionen Gerinnsel entstehen. Stuber und Sano[2] untersuchten die Wirkung dieser Salze (Oxalate, Citrate, Natriumfluoride, ferner Magnesiumsulfat, Natriumchlorid sowie Gallensalze als Natrium cholalicum, Natrium glykocholicum, Natrium taurocholicum, Natriumsalz der Wielandschen Desoxycholsäure) und teilten deren Wirkung in 2 Gruppen ein: 1. Die Gerinnungshemmung wird bewirkt durch die Bildung komplexer ionisierter Fibrinogensalzverbindungen, dazu gehören die Oxalate, Citrate, die gallensauren Salze, das Magnesiumsulfat, das Natriumchlorid. 2. Die Gerinnungshemmung wird bewirkt durch Verhinderung des Austrittes der gerinnungsbeschleunigenden Substanzen aus den corpusculären Elementen des Blutes durch Aufhebung der Permeabilität der Zellmembranen. Dazu gehört das Natriumfluorid. Stuber und Sano stellen sich die Wirkung der Salze der ersten Gruppe derart vor, daß diese Salze eine komplexe, weitgehend ionisierte Verbindung mit dem Fibrinogen eingehen, wodurch die Gerinnungsfähigkeit des Fibrinogens aufgehoben wird. Beim Natriumfluorid dagegen beruhe die gerinnungshemmende Wirkung darauf, daß sein Zusatz gewissermaßen die Permeabilität der Zellmembranen der Blutkörperchen herabsetze oder aufhebe, wodurch der Austritt, die Abgabe der gerinnungsbeschleunigenden Substanzen an das Blut verhindert wird. Wöhlisch und Paschkis[3] lehnen die Hypothese, daß das Oxalat solche Oxalatfibrinogenverbindungen eingehe, ab, indem sie hinweisen, daß hinlänglich erwiesen sei, daß die gerinnungsverhindernde Wirkung der Oxalate in der ersten Phase der Gerinnung liege, bei der Entstehung des Thrombins und nicht erst in der zweiten bei der Umwandlung des Fibrinogens in das Fibrin.

4. Spezifische Wirkung tierischer Sekrete. In erster Linie ist hier das Hirudin zu nennen, eine spezifisch gerinnungshemmende Substanz, von ihrem Entdecker Haykraft[4] zuerst Herudin genannt. Er stellte diesen Körper aus dem Vorderteil von Blutegeln dar und wies nach, daß diese Substanz Blut in vitro völlig ungerinnbar macht. Bock[5] modifizierte das Herstellungsverfahren und wies nach, daß Blutegelextrakt in die Vene des Kaninchens injiziert, das Gesamtblut

---

[1] Hekma: Biochem. Zeitschr. Bd. 62, S. 161; Bd. 63, S. 184, 204; Bd. 64, S. 86; Bd. 65, S. 311. 1914; Bd. 73, S. 370, 428; Bd. 74, S. 63, 219; Bd. 77, S. 219, 249, 256, 273. 1916.

[2] Stuber u. Sano: Biochem. Zeitschr. Bd. 134, S. 239. 1922.

[3] Wöhlisch u. Paschkis: Klin. Wochenschr. 1923, Nr. 42 u. 51.

[4] Haykraft: Arch. f. exp. Pathol. u. Pharmakol. Bd. 18, S. 209. 1884.

[5] Bock: Arch. f. exp. Pathol. u. Pharmakol. Bd. 41, S. 160. 1898.

für längere Zeit ungerinnbar macht. Franz[1] isolierte zum erstenmal diesen Körper. Das Hirudinpräparat ist eine braune lamellöse Substanz, die in Aqua dest. und in physiologischer Kochsalzlösung leicht löslich ist und eine klare, grüngelb opaleszierende Lösung darstellt. Das Hirudin ist relativ hitzebeständig, wird bei längerem Erhitzen auf 100° weniger wirksam und dialysiert schwer. Es ist eine sekundäre Albumose (Franz). Da wir noch über keine endgültige restlos bewiesene Gerinnungstheorie verfügen, sind die Erklärungen der Hirudinwirkungen noch mit Vorsicht aufzunehmen. Eine Erklärung in kolloidchemischer Hinsicht steht meines Wissens noch aus: Morawitz, Fuld und Spiro nehmen an, daß das Hirudin das Thrombin neutralisiere, nicht aber die Thrombokinase. Auch Gratia[2] schließt sich dieser Ansicht an, und zwar soll das Neutralisationsverhältnis ein quantitatives sein. Läßt man Thrombin durch Hirudin neutralisieren und erhitzt man das Gemisch auf 56°, so wird das Thrombin dadurch unwirksam gemacht, das Hirudin wird aber frei. Jedoch soll das Hirudin nicht nur die Thrombinwirkung hemmen, sondern auch die Thrombinbildung selbst, indem nach Pekelharing[3] die Abgabe (zit. Morawitz) vom Proferment durch die geformten Elemente verhindert wird. Es wäre interessant zu wissen, wie man sich die Hirudinwirkung nach der Theorie von Stuber und Sano über die Salzwirkung vorzustellen hätte.

Eine analog wirkende, gerinnungshemmende Substanz stellte Sabbatani[4] aus Ixodes ricinus dar. Im Gegensatz zum Hirudin wird aber diese Substanz durch 10 Minuten langes Kochen zerstört.

Loeb und Smith[5] stellten aus der vorderen Körperhälfte von Anchylostomum caninum eine gerinnungshemmende Substanz her, die ähnlich wie Hirudin wirkt, jedoch im Gegensatz dazu durch Kochen merklich abgeschwächt wird.

Ähnlich wirkende Sekrete werden sich wohl bei den meisten oder bei allen blutsaugenden Insekten nachweisen lassen. Die Erfahrung lehrt, daß der Darminhalt dieser Insekten nach ihrer blutsaugenden Tätigkeit, ähnlich, wie es beim Blutegel der Fall ist, aus flüssigem Blut besteht, so z. B. beim Cimex lectularius (Bettwanze), bei Anopheles (Malariamücke), beim Culex pipiens (gemeine Stechmücke), beim Pulex irritans (Menschenfloh), bei den Tabaniden (Bremsen), bei den Stomoxyidae (Stechfliegen) usw. Es wäre ferner sehr interessant zu untersuchen, ob sich bei den blutsaugenden Fledermausarten, Desmodus (Schneidflatterer), Diphylla (Kammzahnflatterer) und anderen Phyllostomiden (Blattnasen) auch solche gerinnungshemmende Sekrete nachweisen ließen. Man hat nach Hensel[6] die Beobachtung gemacht, daß bei in der Nacht angebissenen Tieren noch am nächsten Morgen das Blut in einem schmalen Streifen vom Halse zur Erde oder über die Schulter den Vorderbeinen entlang hinunterfließt. Man muß daher fast notgedrungen annehmen, daß diese mangelhafte Blutstillung der kleinen flachen Bißwunden auf niedergelegte gerinnungshemmende Substanzen zurückzuführen ist, wie dies bei Blutegelbissen der Fall ist.

---

[1] Franz: Arch. f. exp. Pathol. u. Pharmakol. Bd. 49, S. 342. 1902.

[2] Gratia: Cpt. rend. des séances de la soc. de biol. Bd. 83, S. 311. 1920; Ann. de l'inst. Pasteur Bd. 35, S. 513. 1921.

[3] Pekelharing, zitiert nach Morawitz: Handbuch der Biochemie. 2. Aufl. Bd. IV, S. 68. 1923.

[4] Sabbatani: Arch. ital. de biol. Bd. 31, S. 375. 1899.

[5] Loeb u. Smith: Zentralbl. f. Bakteriol., Parasitenk. u. Infektionskrankh. Bd. 37, S. 93. 1904.

[6] Hensel: Brehms Tierleben, 4. Aufl., Bd. X, S. 427.

Gerinnungsbeschleunigende Mittel und Methoden.

Es herrscht bisher in der Beurteilung von gerinnungserregenden Mitteln eine große Unsicherheit, die meiner Ansicht nach hauptsächlich darauf zurückzuführen ist, daß man sich bis jetzt noch nicht endgültig über die Wertbestimmungsmethoden der Faktoren der Gerinnung einer Blutart einigen konnte. Es wird daher sehr vorteilhaft sein, wenn wir bei der Zusammenstellung der gerinnungsbeschleunigenden Mittel und Methoden zwei große Gruppen unterscheiden: 1. Direkt gerinnungsbeschleunigende Mittel und Methoden, deren Wirkung in vitro direkt nachweisbar ist. 2. Indirekt wirkende Mittel und Methoden, die dem Körper einverleibt, die Gerinnung des Gesamtblutes beeinflussen, deren Wirkung hauptsächlich in vivo nachweisbar ist.

I. Gruppe: Direkte Wirkung auf die Blutgerinnung in vitro.

Der erste Anstoß, die Blutgerinnung zu beeinflussen, ging wohl aus dem Bestreben hervor, die Blutstillung zu verbessern bei heftigen oder langandauernden Hämorrhagien, wie sie namentlich bei Bluterkrankungen vorzukommen pflegen oder hie und da unter gewissen Umständen auch bei normalen Menschen. Es ist nicht ganz verwunderlich, wenn die allerersten Versuche einer gerinnungsverstärkenden Wirkung mit fremdem Blut selbst vorgenommen wurden. Der Gedanke, frisches Blut als Blutstillungsmittel anzuwenden, ist ungemein alt, schon DIOSKORIDES aus dem ersten Jahrhundert nach Christi Geburt berichtet über die Einbringung von frischem Taubenblut in blutende Wunden, eine Maßnahme, die der moderne Gerinnungsforscher ablehnen müßte, weil wir wissen, daß gerade das Vogelblut sich durch eine schlechte Gerinnungsfähigkeit auszeichnet. BIENWALD[1] empfiehlt die Stillung hämophiler Blutungen mit Normalblut, SAHLI[2] ging einen Schritt vorwärts und wies nach, daß die normalen geformten Blutelemente die Gerinnungszeit beschleunigen, während die hämophilen weniger wirksam sind. Anschließend an die Arbeiten von BIZZOZZERO[3], BORDET und DELANGE[4], BÜRKER und KOPSCH[5], SCHITTENHELM und BODONY[6], LE SOURD und PAGNIEZ[7], MORAWITZ[8] u. a. m. wies ich sodann nach, daß der Zusatz von isolierten Blutplättchen die Gerinnung des Blutes beschleunigt und fand später in einer großen Reihe von Untersuchungen, daß Tierplättchen, und zwar namentlich diejenigen des Schweines, den menschlichen in der Beschleunigung der Gerinnungszeit weit überlegen sind. Auch Extrakte dieser Gebilde wirken im gleichen Sinne, wenn auch in herabgesetztem Maße.

Sehr zahlreiche Autoren, ich erwähne hier nur die wichtigsten und die ersten, welche sich damit befaßten, berichten ferner über die gerinnungsbeschleunigende Wirkung der Gewebssäfte, die namentlich von A. SCHMIDT auf deren Gehalt an thromboplastischen Substanzen und von MORAWITZ an Thrombokinase zu-

---

[1] BIENWALD: Dtsch. med. Wochenschr. 1897, Nr. 2.

[2] SAHLI: Dtsch. Arch. f. klin. Med. Bd. 100, S. 518. 1910.

[3] BIZZOZZERO: Virchows Arch. f. pathol. Anat. u. Physiol. Bd. 90, S. 261—332. 1882.

[4] BORDET u. DELANGE: Ann. et bull. de la soc. roy. des sciences méd. et natur. de Bruxelles 1912, Nr. 8; Arch. f. exp. Pathol. u. Pharmakol. Bd. 71, S. 293. 1913; Ann. de l'inst. Pasteur Bd. 27, S. 341. 1913.

[5] BÜRKER u. KOPSCH: Anat. Anz. Bd. 19, Nr. 21. 1909.

[6] SCHITTENHELM u. BODONY: Arch. f. exp. Pathol. u. Pharmakol. Bd. 54, S. 217. 1906.

[7] LE SOURD u. PAGNIEZ: Journ. de physiol. et de pathol. gén. 1907, Nr. 4; Cpt. rend. des séances de la soc. de biol. 21. VII., 8. XII. 1906; 25. V., 30. XI. 1907; 30. V. 1908; 7. XI. 1910; u. 1913, S. 580 u. 788.

[8] MORAWITZ: Dtsch. Arch. f. klin. Med. Bd. 79, S. 15. 1904.

rückgeführt wird. Wooldridge[1] (1883) entdeckte, daß die alkoholischen Extrakte jeder Art von Protoplasma koagulierende Wirkung haben. Boggs[2] gibt an, daß die Organpreßsäfte gerinnungsbeschleunigend wirken. Gessard[3] und Neu[4] fanden, daß Placentarsaft die Gerinnung sehr stark beeinflußt. Mathes und Lessmann[5] berichten über die gerinnungsbeschleunigende Wirkung vom Strumapreßsaft. Blaizot[6] bewies, daß Darmsaft, zum Plasma desselben Tieres hinzugesetzt, die Gerinnung beschleunige. Bernheim[7] fand, daß Extrakt aus Blutgefäßen gerinnungsbeschleunigend wirkt. Nolf und Herry[8] wiesen beim hämophilen Blut eine gerinnungsbeschleunigende Wirkung durch Extrakte von Nieren, Leber, Milz, Lunge, Thymus, Muskeln, Hypophysis nach. Kottman und Lidzky[9] bestätigten diese Befunde bei Leberextrakt. Gressot[10] schließt sich ihnen an und fand, daß Organextrakte vom Kaninchen sehr wirksam sind, ihre Wirksamkeit jedoch nach Filtration durch Tonfilter zum Teil einbüßen. Carrière[11] wies nach, daß Extrakte von Schilddrüse, Thymus, Nebennieren und Leber gerinnungsbeschleunigend wirken. Horsley und Kocher[12] stillten mit promptem Erfolg Blutungen bei Hirnoperationen durch Auflegen von Muskelstücken. Es läßt sich nachweisen, daß auch Muskelextrakte gerinnungsbeschleunigend wirken. Alle diese Angaben stimmen mit den Forschungen Wooldridges überein, daß die Extrakte jeder Art von Protoplasma koagulierende Wirkung haben.

Soviel über die gerinnungserregende Wirkung organischer Substanzen, aus dem tierischen Körper selbst entnommen, die man sich bis jetzt durch deren Gehalt an Thrombokinase erklärte und in neuester Zeit wohl auch auf kolloidchemische Vorgänge zurückführen dürfte, auf die ich mich hier nicht einlassen kann, da man es bis jetzt nur mit hypothetischen Annahmen zu tun hat, die noch vielfach recht umstritten sind.

Eine gerinnungsbeschleunigende Wirkung läßt sich indessen auch durch Zusatz von Aqua dest. erzielen, durch Alkohol und nach Nolf auch durch Chloroform. Durch diese Zusätze werden sehr wahrscheinlich Formelemente des Blutes zerstört und dadurch Thrombokinase mobilisiert.

Eine direkte gerinnungsbeschleunigende Wirkung, die man im allgemeinen bis jetzt als thromboplastisch bezeichnete, ist diejenige der „rauhen Fläche" oder der benetzbaren Fremdkörper. Solange das Blut im intimaumdichteten Gefäßsystem zirkuliert oder, mit anderen Worten, überall von glatter Fläche umschlossen wird, kann eine Gerinnung unter normalen Verhältnissen nicht eintreten. Sobald nun das Blut die glatten Gefäßwandungen verläßt und nicht in paraffinierte Gefäße aufgenommen wird, die eine Nachahmung des intimaumdichteten Gefäßsystems sein sollen, sondern mit der rauhen Fläche (Glas, Metall) in Berührung kommt, beginnt der Gerinnungsvorgang: Je rauher die berührende Fläche, desto schneller geht die Gerinnung vor sich. Eine Blutprobe

---

[1] Wooldridge: Chemistry of the Blood. 1893.
[2] Boggs: Dtsch. Arch. f. klin. Chir. Bd. 79, S. 539. 1904; Dtsch. Arch. f. klin. Med. Bd. 79, S. 546. 1903.
[3] Gessard: Cpt. rend. des séances de la soc. de biol. Bd. 71, S. 591. 1911.
[4] Neu: Münch. med. Wochenschr. 1909, S. 2571.
[5] Mathes: Münch. med. Wochenschr. 1910, Nr. 19.
[6] Blaizot: Cpt. rend. des séances de la soc. de biol. Bd. 71, S. 534. 1911.
[7] Bernheim: Journ. of the Americ. med. assoc. Chicago, Nr. 4, 1910.
[8] Nolf u. Herry: Rev. de méd. Haemophilie 10. XII. 1909; 10. I. u. 10. II. 1910.
[9] Kottmann u. Lidsky: Münch. med. Wochenschr. 1910.
[10] Gressot: Zeitschr. f. klin. Med. Bd. 76, H. 3 u. 4. 1912.
[11] Carrière: Rapp. au Congrès franç. de méd. Paris 1907.
[12] Horsley u. Kocher, zitiert nach Fonio: Korrespondenzbl. f. Schweiz. Ärzte 1913, Nr. 13.

in einem Glasgefäß mit möglichst glatten Wandungen wird langsamer gerinnen
als diejenige in einem Gefäß mit rauhen Wänden. Eine Blutprobe, mit Glas-
staub, mit Metallteilchen, mit Kohlenstaub usw. versetzt, gerinnt schneller
als die Kontrollprobe im Glasgefäß ohne Zusatz. Die gleiche Wirkung macht sich
geltend, wenn durch ungeschickte Blutentnahme sich kleinste Luftbläschen
mit dem Blute vermischen. Noch mehr Beispiele des Einflusses von rauhen
Flächen könnten angeführt werden, bei allen macht sich eine ausgesprochene
Gerinnungsbeschleunigung geltend. Diese sog. „thromboplastische" Wirkung
kann man sich am besten dadurch erklären, daß die Blutplättchen infolge ihrer
typischen Eigenschaft, an rauhen Stellen anzukleben und zu zerfallen, dabei die
Thrombokinase schneller und in verstärktem Maße abgeben und dadurch die Gerinnung schneller auslösen. Eine glatte Fläche gibt weniger Anlaß zu diesem Ankleben und Zerfallen, sie wirkt weniger thromboplastisch.

II. Gruppe: Indirekte Wirkung auf die Gerinnung in vivo.

Während die gerinnungsbeschleunigenden Mittel der ersten Gruppe mehr
dem Experimente dienen und zum Teile höchstens als lokal wirkende Blutstillungsmittel in Frage kommen, bezweckt die zweite Gruppe fast ausschließlich
therapeutische Zwecke und dient wohl nur zum kleinsten Teile experimentellen
Zielen. Wir teilen diese Gruppe am besten in zwei Untergruppen ein: 1. in spezifische Substanzen, welche, intravenös injiziert, durch ihre eigenen gerinnungserregenden Eigenschaften wirken; 2. in Substanzen, die indirekt auf die Gerinnung des Blutes einwirken, sei es durch Zufuhr artfremder Stoffe, sei es durch
Mobilisation von Thrombokinase oder anderer Gerinnungsfaktoren aus dem
Blute selbst oder aus den übrigen Körpergeweben oder Organen.

Zur ersten Untergruppe gehören auch die oben angeführten Extrakte aus
tierischen Geweben, sofern sie überhaupt intravenös injiziert werden dürfen.

Wooldridge zeigte an Tierexperimenten, daß Lymphzellenbrei, ins Blut
injiziert, eine Beschleunigung der Gerinnung des aus der Vene entnommenen
Blutes bewirkt. Substanzen aus der Thymus und den Testes von Kälbern, isoliert
und intravenös injiziert, töteten das Tier unter ausgedehnten intravasculären
Thrombosen. H. Conradi[1] injizierte Organpreßsäfte intravenös dem Kaninchen.
Bei großen Injektionsmengen gingen die Versuchstiere meistens zugrunde an
intravasculären Thrombosen. Filtrate dieser Preßsäfte durch Chamberland-
kerze bewirken eine vorübergehende Beschleunigung der Gerinnung. Boggs
bestätigte diese Befunde. Wooldridge, Conradi, Boggs und später auch
Schlössmann[2] unterscheiden neben der gerinnungsbeschleunigenden, der
positiven Phase nach der Injektion von Organpreßsäften auch eine gerinnungshemmende, eine *negative* Phase, die als eine vitale Reaktion des Organismus
aufzufassen sei durch Übertritt von antagonistisch wirkenden, gerinnungshemmenden Stoffen ins Blut. Die gerinnungsbeschleunigende Wirkung sei als
eine direkte Kinasewirkung aufzufassen. Schlössmann stellte, um eine Schädigung durch artfremdes Eiweiß zu umgehen, Preßsaft von frischen parenchyma-
tösen Strumen her, die er steril entnahm, in sterilen Gefäßen verarbeitete und in
Verdünnungen im Wasserbade zur Sicherheit sterilisierte. Diesen sterilen Saft
injizierte er Menschen und Tieren subcutan und intravenös. Er konnte so gut
wie keinen Erfolg nachweisen. Mehrere Tiere gingen infolge Thrombosen in den
Hohlvenen und im rechten Herzen rasch ein, wobei die Gerinnungszeit des Blutes
außerordentlich verzögert war: War die Injektion in die Vene rasch erfolgt, so

---

[1] Conradi: Beitr. z. chem. Physiol. u. Pathol. Bd. 1, S. 136. 1902.
[2] Schlössmann: Beitr. z. klin. Chir. Bd. 79, H. 3, S. 477. 1912.

hatten die ersten Quanta die intravasculäre Thrombose und den Tod des Tieres bewirkt. War die Injektion langsam erfolgt, so war alles Injizierte unwirksam gemacht worden.

Andere Autoren empfahlen als gerinnungserregendes Mittel, namentlich bei der Hämophilie und bei anderen Gerinnungsanomalien, Calciumsalze in Form von Chlorkalk [BLÜHDORN [1]], Calciumgelatine [MÜLLER und SAXL [2]], Calcium lacticum [STÜMER [3]], Strontiumlactat [MAS [4]], die zum Teil per os, zum Teil subcutan zu verabreichen sind. Nach WRIGHT [5] und nach BOGGS soll die innerliche Darreichung von Chlorkalk oder Calcium lact. die Gerinnungszeit abkürzen. NOLF und WRIGHT erwähnen, daß die Calciumtherapie bei der Hämophilie unkonstante Resultate ergebe. Auch andere Autoren bestreiten die gerinnungsbeschleunigende Wirkung in vivo dieser Salze. DENK und HELLEMAN [6] fanden, daß Calciumsalze die Gerinnung beschleunigen.

Eine wichtige Rolle bei der Blutstillung, bei Bluterkrankheiten spielt heute noch das frische Blutserum. Sein Wirkungsmechanismus ist nach MORAWITZ noch unbekannt; während WEIL [7], der diese Methode inaugurierte, annahm, daß durch die Serumeinspritzung direkt gerinnungsfähige Substanzen einverleibt werden, glaubt NOLF annehmen zu dürfen, daß das Serum als körperfremdes Eiweiß eine Wirkung ausübe, die sich bei brüsker intravenöser Einverleibung in einer Herabsetzung der Gerinnungsfähigkeit des Blutes, bei langsamer Injektion dagegen in einer Erhöhung äußern soll.

ESCH [8] stellt sich die Wirkung als eine Reizung des Knochenmarkes vor. Nach SCHLÖSSMANN soll nur frisches Serum die Gerinnbarkeit erhöhen, während 4—5 Tage altes nicht nur nicht gerinnungsbeschleunigend, sondern hemmend wirken soll. Demgegenüber wird von BLÜHDORN behauptet, daß auch älteres Serum, z. B. Diphtherieserum, Blutungen beeinflusse, denen eine verminderte Gerinnungsfähigkeit zugrunde liegt. CARNOT [9] berichtet über eine Methode der Herstellung von besonders wirksamem Serum, welche darin besteht, Tiere mit besonders wirksamem Serum gegen antikoagulierende Substanzen (Pepton) zu immunisieren und außerdem deren Blut durch eine Reihe von Blutentziehungen speziell hämopoetisch zu gestalten. Darüber berichten E. POZERSKI [10] und POZERSKA. PARISOT [11] berichtet über günstige Resultate mit dem nach der CARNOTschen Methode gewonnenen Serum.

Als ein wirksames Mittel, die Gerinnungsfähigkeit des Blutes in vivo zu erhöhen, wurde seit frühester Zeit die Bluttransfusion erachtet, von der Vorstellung ausgehend, daß dadurch alle im Blute selbst enthaltenen gerinnungserregenden Substanzen mit einem Male einverleibt würden. Die Idee der Bluttransfusion ist schon alt, 1667 wurde die erste von DENYS und EMMEREZ an einem jungen Menschen mit Schafblut ausgeführt und von anderen Ärzten später wiederholt und später gänzlich fallen gelassen wegen der bekannten unheilvollen Folgen der Einverleibung artfremden Blutes. Erst durch die Einführung der

---

[1] BLÜHDORN: Med. Klinik 1913, Nr. 11, S. 423.
[2] MÜLLER u. SAXL: Therapeut. Monatshefte 1912.
[3] STÜMER: Fortschr. d. Med. 1912, Nr. 12, S. 353.
[4] MAS: Lancet 1906, S. 439.
[5] WRIGHT: Brit. med. journ. Bd. 2, S. 57. 1893.
[6] DENK u. HELLEMAN: Mitt. a. d. Grenzgeb. d. Med. u. Chir. Bd. 20, H. 2. 1919.
[7] WEIL: Presse méd. 18. X. 1905, Nr. 84; Soc. de chir. de Paris III. 1907 par BROCCA; Semaine méd. 1905, Nr. 44.
[8] ESCH: Münch. med. Wochenschr. 1911, Nr. 12.
[9] CARNOT: Ref. Münch. med. Wochenschr. 1913, Nr. 5, S. 276.
[10] POZERSKI, E. u. Me. POZERSKA: Ann. de l'inst. Pasteur. 1913, Nr. 1 u. 2.
[11] PARISOT, zitiert nach FONIO: Mitt. a. d. Grenzgeb. d. Med. u. Chir. Bd. 27, S. 674. 1914.

Gefäßnaht durch Carrel wurde die Frage der Bluttransfusion wieder akut. Zahlreiche Autoren wandten sie in der Folge an. Später wurde die direkte Methode der Einverleibung durch die indirekte verdrängt, die von Agote[1] (Buenos Aires 1914) inauguriert und von Lewison[2] (New York) und Jeanbrau[3] 1915 weiter ausgebaut und in der Folge sich definitiv eingebürgert hat. Die Methode beruht in der Entnahme von Blut, in dessen Ungerinnbarmachung durch Natrium citricum und in der Injektion der Mischung in die Empfängervene. Auf die verschiedenen späteren Modifikationen der indirekten Methode und auf die bei der Bluttransfusion zu beobachtenden Vorsichtsmaßregeln (Hämolyse, Agglutination, Dosierung usw.) trete ich hier nicht ein.

Zur zweiten Untergruppe der indirekt wirkenden Substanzen gehört vor allem die Gelatine; eine restlose Erklärung ihrer Wirkung steht bis auf den heutigen Tag noch aus. Die Meinungen der Autoren gehen aber auch in bezug auf die Wirksamkeit auseinander. Während ein Teil über glänzende Resultate berichtet, sprechen andere der Gelatine jegliche Wirkung ab, sowohl in Beziehung auf die Gerinnungsbeschleunigung als auch auf die Blutstillung. Diese Methode wurde 1896 von Carnot inauguriert, welcher die Gelatine zunächst lokal applizierte. Curschmann, Krause, Kehr[4] berichten über die subcutane Anwendung. Lancereaux[5] u. a. wandten sie bei Aneurysmen an. Nach Dastre und Floresco[6] soll die intravenöse Injektion die Gerinnung sehr stark beschleunigen. Lancereaux und Paulesco[7] fanden eine Beschleunigung bei subcutaner Anwendung. Morawitz konnte diese Angaben nicht bestätigen. Grau[8] hat sehr eingehende Studien über die Gelatinewirkung angestellt und ist zu dem Ergebnis gekommen, daß die subcutane Gelatineinjektion eine gerinnungsbeschleunigende Wirkung verursacht, während die stomachale weniger wirksam ist. Die Gerinnungsbeschleunigung führt der Verfasser darauf zurück, daß der Körper gegen die Einfuhr artfremder eiweißartiger Substanzen empfindlich sei und unter anderen Reaktionen auch mit einer Erhöhung der Gerinnungsfähigkeit reagiere. In der Tat lösen die Gelatineinjektionen oft stürmische Reaktionen aus, Schmerzen, Fieber, allgemeine Mattigkeit, Kopf- und Gliederschmerzen, Pulsbeschleunigung, notorische Unruhe, Schmerzen und Ödem an der Einstichstelle, und nach Gebele[9] soll auch Albuminurie auftreten können. Nach Blühdorn tritt ein nennenswerter Effekt erst 6—8 Stunden, nach Grau 2—4 Stunden nach der subcutanen Injektion ein, die Höhe der Wirkung erst nach 10—12 Stunden. Gebele fand, daß die Gelatine ohne vorausgehenden stärkeren Blutverlust ungenügend wirkt. Mariani[10] fand nicht allzu Ermutigendes von der gerinnungsbeschleunigenden Wirkung. Die meisten späteren Autoren konnten keine eindeutige gerinnungsbeschleunigende Wirkung der Gelatine zusprechen. Auch Morawitz konnte sich nicht überzeugen, daß die Gelatine gerinnungsbeschleunigend wirkt. Trotz dieser widersprechenden Befunde in der Literatur wollen

---

[1] Agote, zitiert nach Fonio: Korrespondenzbl. f. Schweiz. Ärzte 1918, Nr. 51.

[2] Lewison: Presse méd., 15. Okt. 1919, Nr. 59.

[3] Jeanbrau: Soc. de chir., Paris, 11. Juli 1917.

[4] Curschmann, Krause u. Kehr, zitiert nach Fonio: Mitt. a. d. Grenzgeb. d. Med. u. Chir. Bd. 27, H. 4, S. 674. 1914.

[5] Lancereaux, zitiert nach Fonio: Mitt. a. d. Grenzgeb. d. Med. u. Chir. Bd. 27, H. 4, S. 674. 1914.

[6] Dastre u. Floresco: Cpt. rend. des séances de la soc. de biol. Bd. 48, S. 243 u. 358. 1896; Arch. des physiolog. 1896, S. 402.

[7] Lancereaux u. Paulesco, Il. med. int. 231, 1898.

[8] Grau: Dtsch. med. Wochenschr. 1910, Nr. 27; Arch. f. klin. Med. Bd. 101, H. 1 u. 2. 1911.

[9] Gebele: Münch. med. Wochenschr. 1901, S. 958.

[10] Mariani: Münch. med. Wochenschr. Ref. 1901.

viele Ärzte günstige therapeutische Wirkungen von der Gelatine gesehen haben. MORAWITZ nimmt daher an, daß es nicht notwendig sei, diese günstigen Erfahrungen auf eine beschleunigende Wirkung der Gerinnung zurückzuführen. Die von SACKUR[1] nachgewiesene Agglutination der roten Blutkörperchen wie die von MOLL[2] angenommene Vermehrung der Fibrinogenmenge im zirkulierenden Blut nach Gelatineinjektionen dürften zur Erklärung der Widersprüche der Autoren herangezogen werden, daß nämlich nicht die Gerinnungsbeschleunigung der wirksame therapeutische Faktor der Blutstillung bei der Gelatinetherapie sei, sondern daß andere Momente hier eine noch recht unbekannte Rolle spielen.

Das Wittepepton, in kleinen Mengen angewendet, soll auch eine Gerinnungsbeschleunigung hervorrufen. Diese Wirkung soll nach NOLF auf eine Erhöhung des Thrombokinasegehaltes des kreisenden Blutes zurückgeführt werden. In größeren Mengen injiziert, erreicht man dagegen den umgekehrten Effekt, eine Gerinnungshemmung, welche auf einer Erhöhung des Antithrombingehaltes beruhen soll. NOBÉCOURT und TIXIER[3] sahen gute blutstillende Erfolge bei Purpura und Hämophilie.

CZERNY[4] empfahl Gummi arabicum, welches eine ähnliche Wirkung wie die Gelatine auf die Viscosität des Blutes habe. CAMUS[5] erzielte durch intravenöse Injektionen von Kuhmilch eine Gerinnungsbeschleunigung, die indessen BOGGS nicht bestätigen konnte.

Eine sehr bekannte Methode der inneren Blutstillung, die sich bei zahlreichen Ärzten eingebürgert hat, ist die intravenöse Injektion von konzentrierten Salzlösungen, namentlich von Kochsalz. VAN DEN VELDEN[6] wies nach, daß Kochsalz per os oder als hypertonische Lösung intravenös injiziert, eine Gerinnungsbeschleunigung zur Folge hat, die sofort im Anschluß an die Injektion auftritt, indessen bald abklingt, so daß eine halbe Stunde nach derselben die Gerinnungszeit wieder auf normale Werte gesunken ist. Der gleiche Effekt lasse sich mit Bromiden erreichen (Bromkali, Bromnatrium). VAN DEN VELDEN erklärt die Kochsalzwirkung dadurch, daß dieses Salz die Rolle des Energievermittlers spiele, indem es im Körper aus den Geweben eine Komponente des Gerinnungsvorganges mobilisiere, und zwar die Thrombokinase: Durch die Aufnahme von Gewebsflüssigkeit ins Blut entsteht eine hydrämische Plethora, die sich schon wenige Minuten nach der intravenösen Injektion nachweisen läßt. Hand in Hand damit geht eine Ausschwemmung von Thrombokinase aus den Geweben in das kreisende Blut. Diese Wirkung läßt sich indessen nur mit hypertonischen Lösungen erreichen (10—20proz. Lösungen von Kochsalz). Die intravenöse Injektion von physiologischer Kochsalzlösung hat keine gerinnungserregende Wirkung, wie ich nachweisen konnte. Die Angaben VAN DER VELDENS wurden von vielen Nachuntersuchern bestätigt, von anderen wiederum nicht, so z. B. von STROMBERG[7], von SCHMERZ und WISCHO[8]. Nach CARNOT soll Natriumsulfat eine ähnliche Wirkung haben.

STÜMER[9] empfahl Traubenzucker als 5—10proz. Lösungen, in Mengen von 20 ccm intravenös injiziert. Er führt die Wirkung, ähnlich wie es VAN DEN

---

[1] SACKUR: Mitt. a. d. Grenzgeb. d. Med. u. Chir. Bd. 8, S. 188. 1901.

[2] MOLL: Wien. klin. Wochenschr. Bd. 16, S. 44. 1915.

[3] NOBÉCOURT u. TIXIER: La Pathol. infant. Bd. VIII. 1911.

[4] CZERNY: Arch. f. exp. Pathol. u. Pharmakol. Bd. 34, S. 268. 1894.

[5] CAMUS zitiert MALYS Jahresber. f. Tierheilk. 1900, S. 142.

[6] VAN DEN VELDEN: Verhandl. d. Kongr. f. inn. Med., Wiesbaden 1909; Münch. med. Wochenschr. 1909, S. 197; Zeitschr. f. exp. Pathol. u. Therapie Bd. 8, S. 484. 1911.

[7] STROMBERG: Biochem. Zeitschr. Bd. 37, S. 177. 1911.

[8] SCHMERZ u. WISCHO: Wien. klin. Wochenschr. 1919, S. 607; Mitt. a. d. Grenzgeb. d. Med. u. Chir. Bd. 30, H. 1—2. 1918.

[9] STÜMER: FONTS Mitt. d. Med. 1912, Nr. 16, S. 353.

Velden für die hypertonischen Kochsalzlösungen angibt, auf eine Hypertonie der Blutflüssigkeit mit nachfolgender hydrämischer Plethora und gleichzeitiger Auslaugung von Thrombokinase aus den Körpergeweben zurück. E. Schreiber[1] berichtet über günstige Erfolge dieser Methode. Wie ich mich überzeugen konnte, haben indessen intravenöse Injektionen von Rohr- und Traubenzuckerlösungen (20 ccm einer 5proz. Lösung) keine meßbare gerinnungsbeschleunigende Wirkung, es lassen sich im Gegenteil leichte Verlängerungen der Gerinnungszeit nachweisen. Cosentino[2] bestätigte auch diese Befunde.

Sammartino[3] fand dagegen eine Verlängerung der Gerinnungszeit. In kleinen Dosen bewirken die Saccharide eine vasodilatatorische, in starken Dosen dagegen eine vasoconstrictorische Wirkung auf die Blutgefäße direkt appliziert.

Arnstein und Wischnowitzer[4] wiesen nach, daß 10 proz. Campheröl eine Beschleunigung der Gerinnungszeit zur Folge habe.

Kayser brachte Äthyldiaminacetat mit Kalksalzen in eine chemische Verbindung und hebt deren überlegene Wirkung bei intravenöser Injektion hervor. Injektion von 10 ccm einer 2proz. sterilen Lösung, 3 Minuten lang dauernd. Gute Erfolge bei einem Falle von Hämophilie.

van den Velden zeigt, daß Gliederabschnürungen nicht nur im Blute des abgeschnürten Gliedes, sondern auch des übrigen Kreislaufes eine Erhöhung der Blutgerinnbarkeit zur Folge haben. Pic[5] empfahl bei Lungenblutungen das Amylnitrit, über seine Wirkung ist mir leider nichts bekannt. Nach Nonnenbruch, Szyska[6] soll das Äthylendiamin als Theophyllin-Äthylendiamin (Euphyllin) und als Diäthylendiamin (Piperacin) eine stark gerinnungsbeschleunigende Wirkung haben, die bis über 50% betragen und mehrere Stunden andauern soll. In vitro dagegen wirken diese Substanzen hemmend auf die Gerinnung. Eine Erklärung dieser Wirkungen steht bis zur Stunde aus.

Stephan[7] wies nach, daß Röntgenbestrahlung der Milzgegend eine Verkürzung der Gerinnungszeit bewirke, und er erklärt sich diese Wirkung dadurch, daß die Röntgenstrahlen auf den reticulo-endothelialen Stoffwechselapparat einwirken und dadurch gerinnungsfördernde Substanzen in den Kreislauf gelangen. Diese Verkürzung der Gerinnungszeit wurde auch von anderen Autoren bestätigt, so namentlich von Nigst[8], der nachwies, daß dadurch auch die Gerinnungsvalenz steigt. Indessen konnte Nigst den Nachweis erbringen, daß auch die Bestrahlung anderer Organe wie der Leber, der Lungen, des Abdomen und anderer Körperteile auch eine Beschleunigung der Gerinnung zur Folge haben, ferner fand er, daß die Bestrahlung der Milzgegend von drei splenektomierten Menschen die gleiche Wirkung hatte. Damit dürfte die Rolle, die Stephan auf Grund seiner Befunde der Milz bei der Blutstillung zuzuschreiben glaubt, hinfällig geworden sein.

In Übereinstimmung mit Nigst[8] fanden Levy-Dorn[9] und Schulhof, daß die gerinnungsfördernde Wirkung der Röntgenstrahlen nicht durch die Milz vermittelt wird. Unsere bisherigen Kenntnisse sind nicht ausreichend, um die gerinnungsfördernde Wirkung der Röntgenbestrahlung restlos zu erklären.

[1] Schreiber, E.: Therapie d. Gegenw. Bd. 54, Nr. 5, S. 195. 1913.
[2] Cosentino: Arch. di farmacol. sperim. e scienze aff. Bd. 21, S. 332. 1916.
[3] Sammartino: Arch. di farmacol. sperim. e scienze aff. Jahrg. 14, Bd. 19; Jahrg. 15 Bd. 22, S. 39.
[4] Arnstein u. Wischnowitzer: Med. Clin. Bd. 22, S. 49.
[5] Pic: Franz. Kongr. f. inn. Med., Paris 1912; Ref. Münch. med. Wochenschr. 1913, Nr. 5.
[6] Nonnenbruch u. Szyszka: Dtsch. Arch. f. klin. Med. Bd. 134, S. 174. 1920.
[7] Stephan: Dtsch. med. Wochenschr. Jg. 48, Nr. 9, S. 282. 1922.
[8] Nigst: Schweiz. med. Wochenschr. 1922, Nr. 47, 48, 49, 50.
[9] Levy-Dorn u. Schulhof: Strahlentherapie Bd. 14, H. 3, S. 672. 1922.

NONNENBRUCH und SZYSKA fanden erhöhte Gerinnungsfähigkeit bei Diathermie der Milz.

Eigentliche Blutstillungsmittel. Angeregt durch die Forschung der Blutgerinnung und namentlich durch die Versuche, die Gerinnbarkeit des Gesamtblutes künstlich zu erhöhen, haben zahlreiche Forscher sich der Aufgabe unterzogen, ein Blutstillungsmittel herzustellen, geeignet zum klinischen Gebrauch. Ein praktisch verwendbares, gerinnungserregendes Mittel muß folgenden Postulaten genügen können: Verstärkung der Gerinnung bei lokaler, intravenöser, subcutaner und stomachaler Anwendung. Absolute Unschädlichkeit bei allen Anwendungsarten bei zweckentsprechender Dosierung, Möglichkeit der unbeschränkten Aufbewahrung. Möglichkeit der Sterilisierung und der Aufbewahrung in steriler Form zu sofortiger Anwendung. Es lag nun sehr nahe anzunehmen, daß eine Gerinnungskomponente, aus dem Blute selbst isoliert und gewissermaßen in konzentrierter Form dargestellt, das physiologische Blutstillungsmittel par excellence sein mußte. Von diesen Gedanken ausgehend und in Berücksichtigung der bis anno 1912 bekannten Gerinnungstheorien nahm ich mir vor, das Thrombozym resp. die Thrombokinase zu diesem Zwecke heranzuziehen, und zwar ganz besonders im Hinblick auf ihre Hitzestabilität, die ein Sterilisieren ermöglichen sollte. Nach einer Reihe von Gerinnungsversuchen in vitro, um die Gerinnungsbeschleunigung der verschiedenen Formelemente des Blutes zu prüfen, entschloß ich mich, die Blutplättchen als Ausgangsmaterial zur Darstellung des Blutstillungsmittels zu wählen, die bei allen Prüfungen ausnahmslos die Gerinnungszeit verkürzten, im Gegensatz zu den Erythrocyten und auch der Intimaextrakte, die sich als wirkungslos erwiesen hätten. Nachdem ich nun an zahlreichen Gerinnungsversuchen festgestellt hatte, daß eine Plättchensuspension auch $^1/_4$ Stunde lang gekocht nur wenig an Wirkung einbüßte, konnte ich an vergleichenden Gerinnungsversuchen den Nachweis führen, daß die Blutplättchen gewisser Säugetiere, namentlich des Schweines, den menschlichen überlegen waren. Und als es mir gelungen war, Extrakte dieser Gebilde monatelang steril und wirksam aufzubewahren, ging ich endlich an die Frage der definitiven Herstellung eines Blutstillungsmittels, des Koagulens, heran. Später konnte ich nachweisen, daß neben der lokalen, blutstillenden Wirkung sich auch eine Fernwirkung nach intravenöser Injektion erzielen ließ, was am Tierexperimente bestätigt wurde. Das Präparat hat sich in der Folge auch praktisch eingeführt. Auf die Indikationen und auf die Art seiner Anwendung trete ich hier nicht ein.

Unter den Autoren, die sich mit ähnlichen Versuchen abgegeben haben, ist ganz besonders HORNEFFER[1] zu nennen, der unter der Leitung BATTELLIs[2] schon 1908 ein Blutstillungsmittel aus Lungenextrakt herstellte, welches nach BATTELLI in einigen Fällen von Epistaxis und bei Blutungen nach Zahnextraktionen mit Erfolg angewendet worden sei. FISCHL[3] stellte 1916 ein ähnliches Blutstillungsmittel, ebenfalls aus Lungenextrakt, her (CLAUDEN). HIRSCHFELD und KLINGER[4] gaben das Thrombosin an, aus einer geeigneten Vereinigung von Lipoiden mit gerinnungsaktiven Eiweißabbauprodukten hergestellt. HOWELL stellte das Cephalin, ein Hirnphosphatidpräparat, her. Ferner wurde noch die Koagulose angegeben und das Hämoplastin, welches Prothrombin, Thrombokinase und Antithrombin enthalten soll. Es wird nicht direkt angewendet, sondern intravenös.

---

[1] HORNEFFER: Inaug.-Dissert. Genf 1908.
[2] BATELLI: Cpt. rend. des séances de la soc. de biol. Bd. 67, S. 789. 1910.
[3] FISCHL: Med. Klinik Nr. 11, S. 287. 1916.
[4] HIRSCHFELD u. KLINGER: Dtsch. med. Wochenschr. 1915, Nr. 52.

Fibrinolyse.

Es ist gewiß jedem Forscher der Blutgerinnung aufgefallen, daß, wenn man ganz besonders zur warmen Jahreszeit ein Fibrinkoagulum im ausgeschiedenen Serum stehen läßt, sich das Gerinnsel nach kürzerer oder längerer Zeit völlig verflüssigt.

Salkowski[1] beobachtete zum erstenmal, daß Fibrin, in Chloroformwasser stehen gelassen, nach einiger Zeit sich auflöste. Hammarsten[2] brachte Fibrin durch verdünnte Säuren und Alkalien zur Quellung und nach einiger Zeit zur Lösung. Nach Nolf[3] rührt die Autolyse des Fibrins von einem Ferment her, das dem Trypsin näher als dem Pepsin steht. H. Rulot[4] stellte aus Pferde-oxalatplasma leukocytenfreies und leukocytenhaltiges Fibrin her und ließ beide in 2proz. NaFl- oder NaCl-Lösung stehen mit Chloroform. Bei beiden trat nach einigen Tagen Fibrinolyse ein. Rulot führt diesen Vorgang auf eine Proteolyse zurück, die um so energischer vor sich geht, je mehr das Gerinnsel Leukocyten enthält. Er führt die Autolyse auf die Einwirkung eines proteolytischen, von den Leukocyten stammenden Enzyms zurück. Nolf, der sich eingehend mit der Frage dieser Autolyse beschäftigt hat, nennt diesen Vorgang die Thrombolyse. Nach seiner Ansicht ist die hämostatische Rolle des Fibrins in einer Wunde nur vorübergehenden Charakters, da es sich nach einigen Tagen auflöse, um in den flüssigen Zustand überzugehen. Diesen Vorgang nennt er die Thrombolyse, die sich auch in einem in vitro gebildeten Koagulum von aseptisch aufgefangenem Blut vollzieht, wie Dastre[5] gezeigt hat. Nolf hat die Frage zu lösen versucht, warum Differenzen des thrombolytischen Prozesses zwischen verschiedenen Gerinnseln bestehen. Bringt man eine Fibrinogenlösung durch kleine Serummengen (Thrombin) zur Gerinnung und hebt man das gebildete Koagulum bei 37° auf, dann konstatiert man nach einigen Stunden dessen vollständige Auflösung. Je stärker man nun im gleichen Versuch die Thrombinlösung verdünnt, desto schneller tritt die Autolyse ein. Setzt man dagegen zu der gleichen Fibrinogenlösung unverdünntes Serum in größeren Mengen hinzu, dann bleibt die Autolyse aus. Nolf erklärt diesen Befund durch die Annahme, daß im Serum Körper enthalten sind, welche die Autolyse hemmen und, wenn in genügender Menge vorhanden, dieselbe überhaupt verhindern. Nolf nennt diese Substanzen Antithrombolysin und nimmt an, daß sie in der Leber gebildet werden. Die Verdünnung des Serums unterdrückt ihre Wirkung. Stellt man sich eine Thrombinlösung durch Macerierenlassen von Fibrin, welches ausgewaschen und in Alkohol erhärtet war, in einer isotonischen Salzlösung her und setzt sie einer Fibrinogenlösung hinzu, dann verfällt das erhaltene Koagulum rasch der Autolyse. Schwächt man die Wirkung des Thrombins durch Erhitzen auf 56°, dann geht damit parallel auch eine Herabsetzung der thrombolytischen Wirkung. Gerinnung und nachfolgende Autolyse erhält man nach Nolf auch, wenn man zum Fibrin Thrombozym, Thrombogen und Kalk hinzufügt, wodurch bewiesen sein soll, daß die Faktoren der Gerinnung auch die Faktoren der Thrombolyse sind, und daß demnach Gerinnung und Thrombolyse zwei verschiedene Wirkungen derselben Ursache sein müssen.

---

[1] Salkowski: Zeitschr. f. Biol. Bd. 25, S. 921. 1919.

[2] Hammarsten: Lehrbuch von physiologischer Chemie. 7. Aufl. S. 243.

[3] Nolf: Ref. Malys Jahresber. f. Tierchem. 1905, S. 193.

[4] Rulot: Malys Jahresber. d. Tierchem. 1904, S. 254.

[5] Dastre: Fibrinolyse du sang. Cpt. rend. des séances de la soc. de biol. Bd. 45, S. 995. Arch. de physiol. Bd. 26, S. 441. Cpt. rend. hebdom. des séances de l'acad. des sciences Bd. 121, S. 589.

Nach Hasse[1] wandelt sich der geronnene Faserstoff durch Berührung mit Eiter zu einer blaßgelben klebrigen Flüssigkeit um. Fr. Erben[2] setzte das Blut einer lieno-myelogenen Leukämie der Autolyse aus, fällte es mit Alkohol und konnte mit dessen Glycerinextrakt Fibrin zur Lösung bringen, ebensogut wie mit Pepsin. Nach Fr. Müller[3] und Simon geschieht die Lyse des pneumonischen Infiltrates im Stadium der grauen Hepatisation durch ein leukocytär tryptisches Ferment. Nach Hekma[4] kann man Fibrin durch schwache Alkalien und Säuren in Lösung und dann wieder mit Thrombin zur Gerinnung bringen. Er faßt diese Reaktion als den Übergang des Gelzustandes des Fibrins in dessen Solzustand. Dem widerspricht Dastre[5], der nach der Fibrinolyse Peptiden und Albumosen nachweisen konnte.

Nach Corin und Ansiaux[6] und Jacoby[7] kommt Fibrinolyse bei der experimentellen Phosphorvergiftung vor, nach Morawitz im Leichenblute. Nach Zahn und Walker[8] kann das Blut in der Pleurahöhle zuweilen flüssig bleiben infolge Verlustes seines Fibrinogens. Nach Morawitz[9] kann es aber möglich sein, daß hier ursprünglich dennoch eine echte Gerinnung eintritt, daß das Fibrin aber durch die Atembewegungen im Pleuraraum verteilt und ein Flüssigbleiben des Blutes dadurch vorgetäuscht wird. M. Rosenmann[10] gelang es, aus dem Fibrinautolysat durch Alkoholfällung eine fibrinolytisch wirkende Substanz nachzuweisen, desgleichen auch aus einem Pressat aus lobulär pneumonischen Lungenherden. Diese fibrinolytische Substanz unterscheidet sich in verschiedener Hinsicht von dem von Erben, Müller und Jochmann[11] aus Leukocyten dargestellten tryptischen Ferment. Im Exsudat von tuberkulösen Serositiden ist eine die Fibrinolyse stark hemmende Substanz nachweisbar. Es ist wahrscheinlich, daß wir es hier mit verschiedenen Ursachen der Fibrinolyse zu tun haben. Einerseits wird dieser Vorgang durch Alkalien und Säuren, andererseits durch auflösende oder digerierende Stoffe (pepsin-trypsinähnliche Fermentwirkungen), die von den Blutzellen selbst, namentlich den Leukocyten, geliefert werden, hervorgerufen (auflösende Wirkung des Eiters, von Leukocytenextrakten usw.), und endlich wird das formelementfreie Plasma selbst imstande sein, solche auflösende Substanzen unter gegebenen Umständen hervorzubringen, wie wir es namentlich bei der spontanen Fibrinolyse beobachten können (Fibrinolysin nach Rosenmann). Ferner werden Absonderungsprodukte von Bakterien auch imstande sein, eine solche Wirkung hervorzubringen.

Der Vorgang der Fibrinolyse ist in klinischer und pathologisch-anatomischer Hinsicht von großer Wichtigkeit. Wir wissen, daß das Fibrin das Endprodukt der Gerinnung ist und zugleich der Vorläufer der bindegewebigen Organisation, z. B. bei der Wundheilung, bei der Thrombose, bei der Peritonitis (Verwachsungen), bei der Perikarditis und Pleuritis (Schwartenbildungen). Wie kommt es nun, daß z. B. gewisse fibrinöse Peritonitiden beinahe ohne Verwachsungen heilen, wie man sich anläßlich von Relaparotomien überzeugen kann, und daß es auch Pleuritiden gibt, die restlos ohne die geringste Schwartenbildung heilen? Der

---

[1] Hasse: Zitiert Nothnagels spez. Pathologie Bd. XIV, S. 38, T. 1.
[2] Erben: Wien. klin. Wochenschr. 1903, S. 1215.
[3] Müller, zitiert nach Umker: Berlin. klin. Wochenschr. 1903, Nr. 9.
[4] Hekma: Biochem. Zeitschr. Bd. 62, S. 101. 1914.
[5] Dastre: Zitiert auf S. 611.
[6] Corin u. Ansiaux: Vierteljahrsschr. f. gerichtl. Med. u. öffentl. Sanitätswesen Bd. 7, S. 801. 1894.
[7] Jacoby: Zeitschr. f. physikal. Chem. Bd. 30, S. 174. 1900.
[8] Zahn u. Walker: Biochem. Zeitschr. Bd. 58, S. 130. 1914.
[9] Morawitz: Handbuch der Biochemie. 2. Aufl. Bd. IV, S. 65. 1923.
[10] Rosenmann: Zeitschr. f. Biochem. Bd. 112, S. 98. 1920.
[11] Jochmann, zitiert nach Rosenmann: Zeitschr. f. Biochem. Bd. 112, S. 111. 1920.

Nachweis ROSENMANNS der fibrinolysehemmenden Substanz bei tuberkulösen Serositiden dürfte uns erklären, warum wir bei gewissen tuberkulösen Pleuritiden so ausgedehnte Schwartenbildungen treffen. Die fibrinolytischen Vorgänge, die sich dabei abspielen, sind uns noch unbekannt. Diese sehr interessanten und in klinischer Beziehung wichtigen Probleme harren noch der Lösung.

Zur Methodik der Untersuchung der Blutgerinnung.

1. Die Bestimmung der Gerinnungszeit.

Wer sich mit Gerinnungsuntersuchungen befaßt, macht die Wahrnehmung, daß die Zeit, die von der Entnahme des Blutes aus dem Blutkreislaufe bis zur vollendeten Gerinnung verstreicht, bei verschiedenen Blutproben variieren kann. Ich erinnere hier an zwei extreme Befunde: an die Hämophilie, die eine ausgesprochen stark akzentuierte Verlängerung, und an das Myxödem, welches umgekehrt eine außerordentlich starke Verkürzung der Gerinnungszeit aufweist,

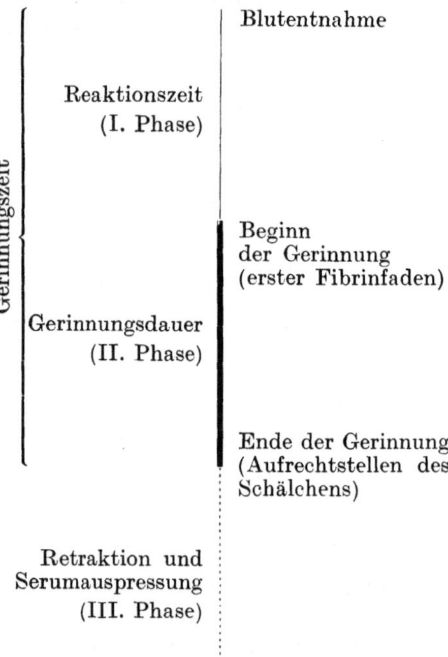

Tabelle 4. Die Gerinnungszeit.

dazwischen liegen die Werte der Gerinnungszeit des normalen Blutes und gewisser pathologischer Gerinnungszustände, z. B. der Purpura, die sich bekanntlich in anderer Beziehung vom Normalblut unterscheidet. Als die eigentliche Gerinnungszeit fassen wir den Zeitpunkt auf, der verstreicht vom Momente der Entnahme des Blutes aus dem Gefäßsystem bis zur vollendeten Gerinnung, oder mit anderen Worten, den Zeitabschnitt der I. und der II. Phase.

Die älteste Methode der Messung der Gerinnungszeit ist von VIERORDT[1] angegeben worden (1878): Gewinnung von etwas Blut durch Einstich in die Fingerkuppe, Füllung einer gereinigten und getrockneten, beiderseits offenen Glascapillare, 5 cm lang, vom Durchmesser 5 mm und vom Inhalt von 1 cmm. Ein sorgfältig mit Alkohol und Äther getrocknetes weißes Pferdehaar von einer Länge von 10 cm wird sodann durch das Lumen durchgeführt und etwa alle halben Minuten etwas herausgezogen. Solange das Blut noch flüssig ist, bleiben die herausgezogenen Partien ungefärbt. Mit dem Beginn der Gerinnung erscheint das Haar rötlich gefärbt, zum Teil mit kleinem Gerinnsel behaftet. Im Momente der vollendeten Gerinnung (Ende der Gerinnung) erscheint das Haar wieder ungefärbt. Die Gerinnungszeit beträgt nach dieser Methode 9,25 Minuten mit Schwankungen von 7—11 Minuten. KOTTMANN und LIDZKY[2] wandten die VIERORDTsche Methode an, schafften jedoch konstante Temperaturverhältnisse durch Versenkung des VIERORDTschen Apparates in eine Thermosflasche.

---

[1] VIERORDT, zitiert nach KOTTMANN u. LITZKY: Arch. f. Heilk. Bd. 19, S. 193. 1878.
[2] KOTTMANN u. LITZKY: Zeitschr. f. klin. Med. Bd. 69, S. 431. 1910.

Wright[1] verwendet auch eine Glascapillarmethode. Ein halbes Dutzend bis ein Dutzend Capillarröhrchen von 0,25 mm Durchmesser, etwas mehr als 5 cm lang, werden der Reihe nach in Abständen von $^1/_2$—1 Minute mit Blut gefüllt, aus einem Bluttropfen nach Einstich in die Fingerbeere, jedes Rohr aus einem neuen Tropfen nach Abwischen des vorhergehenden und die Zeit der Blutentnahme notiert. In den gleichen Zwischenräumen werden die Capillaren ausgeblasen. Kann die Capillare nicht mehr ausgeblasen werden, dann ist das Blut geronnen. Wright schaffte Temperaturkonstanz durch Einbringen der vorgewärmten Röhrchen zwischen einem mit auf 18,5° erwärmtem Wasser gefüllten Metallzylinder und einer Flanelltasche. Später wurde die Temperaturkonstanz durch das Wasserbad erreicht. Nach dieser Methode gemessen, sind die Gerinnungszeiten sehr kurz, bei 37° weniger als 2 Minuten.

Sabrazés[2] füllt Glascapillare von 1 mm Durchmesser, 10 cm lang, an mehreren Stellen mit der Feile eingeschnitten, um das spätere Zerbrechen zu erleichtern, mit Blut aus dem Ohrläppchen, verbringt sie unter eine Glasglocke, deren doppelter Boden mit erwärmtem Wasser gefüllt ist und läßt sie dort stehen. Der Reihe nach werden die Capillaren zerbrochen, und auf diese Art und Weise überzeugt man sich, wann die Gerinnung eingetreten ist (Fibrinfädchen zwischen den Bruchenden).

Schultz[3] fängt das Blut in Hohlperlencapillaren auf, in gemessenen Zeitabständen wird dann eine Hohlperle nach der anderen abgebrochen und der Inhalt in physiologischer Kochsalzlösung betrachtet. Am Ende der Gerinnung bleibt die Hohlperle mit Gerinnseln gefüllt, nur wenig rote Blutflüssigkeit wird in die Kochsalzlösung herausgeschwemmt. Blut aus dem Ohrläppchen gerinnt nach 2—3 Minuten, durch Venepunktion gewonnen nach 11—15 Minuten.

Fingerhut und Winz[4] fangen das Blut in Glascapillaren auf, sorgen für konstante Temperatur in eigens dazu konstruiertem Apparat, brechen dann in regelmäßigen Intervallen an vorher bezeichneten Stellen die Glasröhre ab und konstatieren in dieser Weise den Beginn der Gerinnung (Fibrinfaden zwischen den abgebrochenen Enden).

Löwenthal[5] beschickt eine Anzahl von Uhrschälchen, die in einer Glasschale mit Wasser bei 57° gefüllt schwimmen, mit je einem Tropfen Blut. In bestimmten Zeitintervallen wird die Blutoberfläche mit einer Glascapillare berührt. Im Moment, in welchem keine Blutsäule in die Capillare steigt, ist die Gerinnung eingetreten.

Milian[6] hat die Objektträgermethode angegeben, die von Hinman und Sladen[7] modifiziert worden ist. Man läßt Bluttropfen auf eine Reihe von sorgfältig gereinigten Objektträgern fallen und notiert die Zeit des Auffangens. Durch Neigen der Gläser beobachtet man die Kontur des Tropfens. Solange die Blutflüssigkeit beim Aufrechtstellen noch die tieferen Partien einnimmt (Tränenform), ist das Blut flüssig, ändern sich die Konturen nicht mehr (Flächenform), dann ist die Gerinnung eingetreten. Duke[8] hat diese Methode modifiziert, indem er zwei runde Glasplättchen von 5 mm Durchmesser auf dem Objekt-

---

[1] Wright: Brit. med. journ. Bd. 2, S. 223. 1893; Lancet Bd. 2, S.-M., London 1920.

[2] Sabrazés: Fol. haematol. Bd. 3, S. 432. 1906.

[3] Schultz: Berlin. klin. Wochenschr. 1910, Nr. 12.

[4] Fingerhut u. Winz: zitiert Morawitz Handb. d. biolog. Arbeitsmethode Abt. IV, Teil 3, S. 209.

[5] Löwenthal: zitiert Morawitz Handb. d. biolog. Arbeitsmethode Abt. IV, Teil 3, S. 209.

[6] Milian: Bull. et mém. de la soc. méd. des hôp. de Paris 1901.

[7] Hinmann u. Sladen: Johns Hopkins hosp. Bull. 18 Juni/Juli 1907.

[8] Duke: Journ. of the Americ. med. assoc. Oktober 1910, Bd. 55, S. 1185; Arch. of intern. med. Febr. 1912, Bd. 9.

träger aufkitten ließ. Auf diese Glasplättchen wird bei horizontaler Lage des Objektträgers je ein großer Bluttropfen aufgetragen (des zu untersuchenden und des Vergleichsblutes). Daraufhin wird der Objektträger verkehrt (Tropfen nach unten) über ein Wasserbad gelegt (40°), mit einer feuchten Leinwandkompresse von gleicher Temperatur bedeckt und sodann die Veränderungen der Tropfen nach dem Milianschen Prinzipe beobachtet.

Eine sehr bekannte und viel angewandte Methode gab Bürker[1] ab. Sie sei an dieser Stelle nur im Prinzip angeführt, die Einzelheiten müssen in den Originalen oder bei Morawitz nachgelesen werden. Durch die Franksche Nadel wird in die Fingerkuppe eingestochen, der Blutstropfen direkt in einem Hohlschliff eines eigens dazu konstruierten Objektträgers aufgefangen, welcher vor dem Versuch angewärmt und mit einem Tropfen ausgekochtem destillierten Wasser vermittels einer Spezialpipette beschickt worden ist. Nun mischt man Blut und Wasser vermittels eines feinen Glasfadens in Spiraltouren, ohne die Tropffläche zu verändern. In der Folge fährt man nach jeder halben Minute mit dem Glasfaden hindurch, nachdem man jedesmal den Objektträger vermittels einer Spezialeinrichtung um 45° dreht. Beim ersten Fibrinfädchen, welches am Faden hängt, notiert man den Beginn und fährt so fort bis zur vollendeten Gerinnung. Während der ganzen Untersuchung wird die Blutmischung im Hohlschliff unter konstanter Temperatur gehalten. Der Hohlschliff sitzt auf einem Kupferkonus, ist von schlechten Wärmeleitern umgeben und mit einem ebensolchen Deckel bedeckt. Der Kupferkonus taucht in das Wasser ein, in einem Messinggefäß enthalten, welches oben durch eine Hartgummischeibe und seitlich durch eine Filzplatte vor Wärmeabfuhr geschützt ist. Das etwa 1 Liter haltende Gefäß wird durch einen kleinen Brenner erwärmt und das Wasser somit auf der gewollten konstanten Temperatur erhalten. Bei 25° beginnt der Anfang der Gerinnung normalerweise nach 5 Minuten.

Brodie und Russel[2] lassen einen Bluttropfen in einer feuchten Kammer durch einen tangential gerichteten Luftstrom in Bewegung setzen und beobachten diese Bewegung durch das Mikroskop. In dem Moment, wo diese Bewegung aufhört, ist die Gerinnung vollendet. Vermittels ihres Koagulometers, welches auch für konstante Temperatur sorgt, werden diese Versuchsbedingungen geschaffen, so daß die Messung der Gerinnungszeit bei einiger Übung ohne große Schwierigkeiten vor sich gehen kann. Sie beträgt bei den Autoren bei 20° 7—8 Minuten, während andere Autoren, welche die Methode nachprüften, andere Werte angeben, von 3—6 Minuten, wobei starke Schwankungen bei der einzelnen Person nachgewiesen werden. Morawitz[3] ist der Ansicht, daß diese Methode mehr Fehlerquellen enthalte als andere.

Bukmaster[4] fängt einen Bluttropfen in eine Drahtschlinge auf, bewahrt ihn in der feuchten Kammer auf, dreht die Drahtschlinge um ihre eigene Achse und beobachtet das Sinken der Erythrocyten durch eine Linse. Die Gerinnung ist eingetreten, wenn die Blutkörperchen nicht mehr so schnell nach unten sinken.

Kottmann[5] hat sein Koaguloviscosimeter angegeben. Die Einzelheiten müssen in der Orginalarbeit oder bei Morawitz nachgelesen werden. Das Prinzip beruht darauf, daß das Blut, durch Venenpunktion entnommen, in ein um seine eigene Achse rotierendes Gefäß gebracht wird. Die der Gefäßwand anliegenden Flüssigkeitsschichten geraten in dieselbe Rotation. Infolge der Viscosität des

[1] Bürker: Pflügers Arch. f. d. ges. Physiol. Bd. 118, S. 452. 1907; Bd. 149, S. 318. 1912.
[2] Brodie u. Russel: Journ. of physiol. Bd. 21, S. 403. 1897.
[3] Morawitz: Abderhaldens Handbuch der biologischen Arbeitsmethoden Abt. 6.
[4] Bukmaster: 7. Internat. Physiologenkongreß, Heidelberg 1907.
[5] Kottmann: Zeitschr. f. klin. Med. Bd. 69, S. 415. 1910.

Blutes überträgt sich die Rotationsbewegung auf die anderen Schichten nach dem Zentrum zu in abnehmender Weise. In der Mitte der Blutflüssigkeit ist ein Schäufelchen angebracht, welches nicht direkt mit in Rotation versetzt wird. Es ist beweglich und erfährt durch die Rotation eine Ablenkung, die um so größer, je schneller die Rotationsbewegung des Gefäßes resp. der Schichten und je viscöser das Blut ist. Fängt nun das Blut zu gerinnen an, dann ändert sich dadurch seine Viscosität, sie wird größer und damit auch die Ablenkung des Schäufelchens. Bei 20° stellt sich nach KOTTMANN das Ende der Gerinnung nach 20 Minuten ein. MORAWITZ macht bei dieser Methode den Einwand, daß das Schäufelchen durch die Anlagerung von Fibrinflocken sowohl seine Größe als seine Oberfläche während der Messung fortwährend und in nicht kontrollierbarer Weise ändert. Die absolute Größe der Oberfläche spielt aber bei der Gerinnung und bei der Bestimmung der Viscosität eine bedeutsame Rolle. SAHLI[1] macht verschiedene Einwände. Erstens wirke die fortwährende Drehung des Blutes gegen das Schäufelchen als Defibrinierung, und zweitens könne im Moment des Auftretens der ersten Fibrinfäden nicht mehr von reiner Viscosität die Rede sein, denn es liege dann nicht mehr eine homogene Flüssigkeit vor, sondern ein heterogenes System, bestehend aus einer Mischung von festem Fibrin und mit in den Maschen desselben eingeschlossener Flüssigkeit. Außerdem muß durch die fortwährende Drehung der Flüssigkeit eine Durchmischung von geronnenen Teilen des Blutes mit nichtgeronnenen stattfinden, die bei der Gerinnung entstehenden gerinnungsbeschleunigenden Substanzen infizieren die noch nicht geronnenen Blutmengen, und daraus muß nach SAHLI eine Gerinnungsbeschleunigung resultieren. Trotz allen diesen Einwänden muß man zugeben, daß das Koaguloviscosimeter in den Händen KOTTMANNS und auch von NIGST[2] brauchbare Resultate ergeben hat. HEUBNER[3] (1920) saugt nach MORAWITZ[4] einige Kubikzentimeter Blut in eine Pipette ein und läßt sie dann in ein temperiertes Gefäß wieder austropfen, wobei die Tropfenzahl und Tropfgeschwindigkeit durch eine am oberen Ende der Pipette angesetzten Capillare reguliert werden kann. Beim Eintreten der Gerinnung hört das Abtropfen auf. Eine andere sehr einfache Methode, die früher viel angewendet wurde und derer ich mich auch früher oft bedient habe, war die Beschickung von hohlgeschliffenen Uhrschälchen, die vor dem Versuch sorgfältig mit Alkohol und Äther gereinigt und getrocknet worden waren, mit Bluttropfen, gewonnen durch Einstich in die Fingerkuppe. Die Schälchen wurden bei Zimmertemperatur in feuchter Kammer aufbewahrt, um jeglichen Einfluß des Verdunstens zu vermeiden. Vermittels eines feinsten Glasfädchens wurde in bestimmten Zeitintervallen durch den kleinen Blutsee hindurchgefahren und Anfang und Ende der Gerinnung festgestellt.

Gegen einen Teil der bisher erwähnten Methoden lassen sich verschiedene Einwände anführen: Die Blutentnahme durch Einstich in den Finger oder in das Ohrläppchen ist fehlerhaft, denn man erhält dadurch kleinste Mengen von Gewebssaft beigemischt, die gerinnungsbeschleunigend wirken müssen. Ferner ist bei den Methoden, bei welchen die Kontrolle durch Berührung des Blutes mit einem Glasfaden, mit einer Capillare, mit Pferdehaar, durch Luftstrom, mit einer Drahtschlinge usw., sei es zeitweilig oder dauernd, ausgeführt wird, zu verwerfen, indem dadurch eine thromboplastische Wirkung (Berührung der rauhen Fläche) ausgeübt wird, die im Sinne einer Beschleunigung wirken muß.

---

[1] SAHLI: Untersuchungsmethoden. 6. Aufl., S. 283.
[2] NIGST: Schweiz. med. Wochenschr. 1922, Nr. 47, 48, 49, 50 (Lit.).
[3] HEUBNER, zitiert nach MORAWITZ: Abderhaldens Handbuch der biologischen Arbeitsmethoden, Abt. 4, T. 3.
[4] MORAWITZ: Zitiert auf S. 51.

Aus dem gleichen Grunde ist vom Zusatz von Wasser abzuraten, weil dadurch Formelemente aufgelöst werden, welche Thrombokinase freigeben. Man hat daher diese Fehlerquellen zu umgehen versucht, indem man mit größeren Blutmengen arbeitete, die man durch exakte Venenpunktion entnahm. Morawitz[1] und Bierich[1] entnahmen größere Blutmengen durch Punktion der leicht gestauten Armvene des Menschen oder der Arterie beim Tiere. Je 5 ccm Blut kommen in Wiegegläschen gleicher Größe und Gestalt, die in einer feuchten Kammer bei konstanter Temperatur aufbewahrt werden. Von Zeit zu Zeit lüftet man den Deckel der feuchten Kammer und überzeugt sich durch leichtes Neigen von dem Zustande des Blutes. Ist die Gerinnung vollendet, dann folgt die Oberfläche des Blutes nicht mehr der kontrollierenden Neigung. Die Gerinnungszeit beträgt unter diesen Umständen 15—20 Minuten. Differenzen von 20% können in den Bereich der Fehler fallen.

Sahli bringt $1/_2$—1 ccm Blut ohne Benetzung der Seitenwände in die Höhlung eines gewöhnlichen Schröpfkopfes von höchstens 3 cm Durchmesser und überschichtet das Blut vermittels einer feinen Pipette seitlich und an der Oberfläche mit Olivenöl oder Paraffinum liquidum. Das Ganze wird bei Zimmertemperatur oder im Thermostat aufbewahrt. Der Eintritt der Gerinnung wird durch leichtes Neigen des Gefäßes zeitlich verfolgt. Sobald der Tropfen sich nicht mehr verschiebt, ist die Gerinnung eingetreten[2].

Ich selbst übe seit einigen Jahren eine einfache Methode, bei welcher meiner Ansicht nach die obgenannten Einwände nicht zutreffen, weil sie nach folgenden Überlegungen aufgebaut wurde: Da es bekannt ist, daß die Gerinnungszeit außerordentlich leicht beeinflußbar ist durch thromboplastische Reize (einige Luftbläschen, irgendeine kleine rauhe Wandstelle des Gefäßes, einige Staubkörnchen, das Hindurchfahren mit einem Glasstab genügen, um die Gerinnungszeit zu beschleunigen), muß von einer Methode der Bestimmung derselben verlangt werden, daß das zu untersuchende Blutquantum in einem vollkommen glatten Gefäße aufbewahrt und unberührt gelassen werde. Ferner muß die Temperatur konstant sein, am besten eignet sich dazu, um weitere kompliziertere Apparatur zu vermeiden, eine Zimmertemperatur von 15°. Ferner muß jegliche Beimengung von Gewebssaft während der Blutentnahme vermieden werden. Das läßt sich erreichen, indem man das Blut nicht durch Einstich in die Fingerkuppe gewinnt, sondern durch exakte Punktion der Vena mediana cubiti. Davon werden 10 Tropfen durch eine feine Kanüle von ganz bestimmtem, sich stets gleichbleibendem Kaliber, in neuester Zeit aus Glas angefertigt (Standardansatz), um stets die gleiche Tropfgröße zu erhalten, in ein hohlgeschliffenes Glasplättchen aus Jenenserglas (Standardgläschen von gleichem Hohlschliff) gezählt und das Ganze in der feuchten Kammer (Petrischale mit etwas nasser Gaze) stehengelassen. Durch Hin- und Herneigen des Gläschens wird der Verlauf der Gerinnung kontrolliert. Im Augenblick, da man die Glasschale aufrecht stellen kann, ohne daß Blut herunterfließt, ist die Gerinnung vollendet. Nach dieser Methode gemessen, beträgt die Gerinnungszeit 25′—32′. Die Erfahrung hat gezeigt, daß diese Latitüde für das Normalblut angenommen werden muß, pathologische Werte sind viel größeren Schwankungen ausgesetzt. So weist die Hämophilie außerordentlich niedrige Werte auf, von anderthalb bis 9 Stunden, während z. B. der endemische Kretinismus eine Gerinnungszeit von bloß 7 bis 21 Minuten besitzt (S. 403).

Feissly[3] schließt sich der Ansicht derjenigen Untersucher an, welche die

---

[1] Morawitz u. Bierich: Arch. f. exp. Pathol. u. Pharmakol. Bd. 56, S. 115. 1906.
[2] Fonio: Schweiz. med. Wochenschrift, 1923, Nr. 2, S. 37.
[3] Feissly: Laut mündlicher Mitteilung.

Gerinnungszeit in paraffinierten Systemen bestimmen. Nach ihm und anderen Autoren läßt sich dieses Verfahren mit denjenigen, welche die Gerinnungszeit in Systemen mit benetzbaren Oberflächen (unparaffiniert) vornehmen, nicht vergleichen, weil die Gerinnungszeit dadurch in unkontrollierbarer Weise durch physikalisch-chemische Einflüsse beeinflußt wird (nach Ansicht FEISSLYS durch Adsorption durch CO_2-Molekülen und von H-Ionen). Bei der Bestimmung im paraffinierten System sollen diese Fehlerquellen wegfallen. Die Erfahrung hat in der Tat gezeigt, daß zwischen den Werten beider Bestimmungsarten deutliche Unterschiede bestehen, und zwar nicht etwa immer im Sinne einer Verlängerung der Gerinnungszeit im paraffinierten System. Man hat die Beobachtung gemacht, daß es Blutarten gibt, welche in paraffinierten Gefäßen eine kürzere Gerinnungszeit haben als in unparaffinierten und umgekehrt. Läßt man z. B. Blut in paraffinierten Reagensgläschen gerinnen, so hält es schwer,

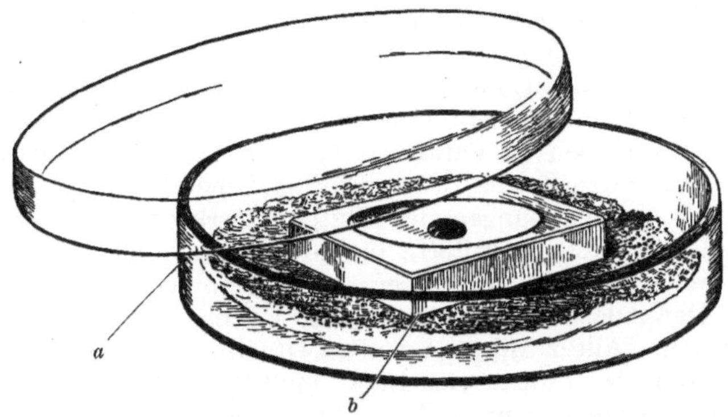

Abb. 40. Die Bestimmung der Gerinnungszeit.
Apparatur. a = Petrischale, darin feuchte Gaze. b = Hohlgeschliffenes Glasplättchen aus Jenenserglas, darin Blutsee aus 10 Bluttropfen.

Anfang und Ende der Gerinnung zu bestimmen, denn man macht die Beobachtung, daß die Blutsäule im Reagensgläschen beim Neigen hier und da fest erscheint, obwohl beim Ausgießen sich das Blut als flüssig erweist. Es mußten daher zur Kontrolle der Fortschritte der Gerinnung andere Prinzipien als die bis jetzt üblichen in Anwendung kommen.

Bei der Ausarbeitung seiner Methode ging FEISSLY von den obgenannten Erwägungen aus und konstruierte seinen Apparat nach den Prinzipien von TALLIANZEFF und BELLAK. Das Prinzip ist folgendes: Ein enges Glasrohr taucht in die Blutflüssigkeit. Vermittels eines mit einem Motor angetriebenen Blasebalges (TALLIANZEFF) oder eines Gummigebläses (BELLAK) wird der Druck über der Blutflüssigkeit erhöht, die Blutsäule im engen Glasraum steigt infolgedessen in die Höhe, mit Zunehmen der Gerinnung wird die Steighöhe immer kleiner. Als störend bei diesen Bestimmungen macht sich die mit der Gerinnung zunehmende Viscosität des Blutes und bei BELLAK das Auftreten von Blutgerinnseln im engen Glasrohr, die ein genaues Ablesen hindern. Ein Paraffinieren desselben würde nach FEISSLY diesen Übelstand zwar eliminieren, jedoch das Ablesen verunmöglichen. Den Einwänden Rechnung tragend, brachte deshalb FEISSLY bei der Aufstellung seiner Methode und der Ausarbeitung seines Apparates folgende Verbesserungen und Variationen an:

1. Die Gerinnungszeitbestimmung wird in einem mit Paraffin hermetisch abgeschlossenen System vorgenommen.

2. Die Gerinnungszeitbestimmung wird an einer größeren Blutmenge vorgenommen, wodurch wesentliche Fehlerquellen ausgeschaltet werden.

3. Die Temperatur wird konstant gehalten (durch Anwendung eines Dewargefäßes).

4. Zum Zwecke einer exakten Ablesung des Gerinnungsverlaufes wurde der Index des Sahlischen Bolometers gewählt.

Einzelheiten der Technik: Die verschiedenen Gefäße werden mit einer Mischung von 1 Teil festem und 2 Teilen neutralem flüssigen Paraffin überzogen. Die Gläser müssen vor dem Paraffinieren trocken sein.

Das System zur Regulierung der Druckhöhe wird so eingestellt, daß im Innern ein Wasserdruck von 1,5 cm besteht. Alle Verbindungsschläuche müssen frei von Wassertropfen sein.

Verlauf einer Gerinnungszeitmessung. Blutentnahme durch eine paraffinierte Kanüle, beim Herausziehen der Kanüle aus der Vene, wird die Stoppuhr in Gang gesetzt. Das paraffinierte Aufnahmegefäß wird bis zur angezeichneten Höhe (2,5 ccm) mit Blut beschickt, das Blut mit einer 0,5 cm hohen Schicht von flüssigem neutralen Paraffin bedeckt (paraffin. liquid. Nujol), wodurch die ganze Blutmenge gewissermaßen in Paraffin eingehüllt ist. Diese flüssige Paraffinschicht hat lediglich den Zweck, jeden Einfluß benetzbarer Oberflächen auszuschalten und die Verschiebungen des Blutes zu erleichtern. Verschließen des Gefäßes, wobei das unten erweiterte innere Röhrchen bis über die Mitte der Blutsäule eintauchen muß. Verbringen des Einnahmegefäßes in die Thermosflasche (resp. Dewarflasche). Temperatur 37°. Jetzt erst wird das Schlauchsystem geschlossen. Alle 2 Minuten sanfter Druck auf das Gebläse unter Beobachten des Gleitens des Index. Der Index muß 2 Teilstriche lang sein und soll sich anfänglich von einem zum anderen Ende des Capillarrohres frei bewegen. Beginnt die Gerinnung, dann wird diese Bewegung infolge der Zunahme der Viscosität des Blutes gehinderter. Am Ende der Gerinnung werden die Ausschläge im Bolometerröhrchen immer kleiner bis = 0. Die Gerinnung ist nun vollendet. In diesem Augenblick wird an der Stoppuhr die Zeit bestimmt. Beim Drücken auf das Gebläse hat man jetzt den Eindruck eines deutlichen Widerstandes im System. Die Kontrolle des Aufnahmegefäßes ergibt nun, daß die Blutsäule naturgemäß nicht mehr im inneren Röhrchen steigt, daher bleibt auch der Ausschlag im Index aus. Ausgegossen bildet der Blutgehalt des Aufnahmegefäßes einen festen Klumpen.

Die Gerinnungszeit beträgt nach Feissly normalerweise 15—24 Minuten. Erfahrungen darüber fehlen mir bis jetzt. Die Bestimmung soll mit dem Venenblut nüchtern vorgenommen werden. Zur Ausschaltung der rauhen Fläche wendet neuerdings Bécart anstatt Paraffin Vaselin an.

Die Gerinnungsvalenz des Blutes.

Es liegt auf der Hand, daß der Begriff der Gerinnungszeit, so wertvoll diese Untersuchungsmethode auch ist, uns nicht restlose Auskunft über die Art der Gerinnungsfähigkeit einer Blutart gibt, wir bringen dadurch nur in Erfahrung, ob das zu untersuchende Blut schneller oder langsamer als in der Norm gerinnt. Über das Verhalten anderer Gerinnungseigenschaften des Blutes erfahren wir dabei nichts. Man war daher genötigt, sich noch nach anderen Untersuchungsmethoden umzusehen, um Gerinnungsanomalien noch eingehender analysieren zu können. Das Verhalten des ikterischen Blutes war es namentlich, welches einen neuen Begriff der Gerinnungsfähigkeit aufstellen ließ, nämlich denjenigen der Gerinnungsvalenz. Wir sehen, daß eine Blutart, die sich völlig normal verhält, bei Hinzutreten von Gallensalzen bei Ikterus plötzlich ihre Gerinnungsfähigkeit ändert, um nach dem Abklingen des Ikterus sich wieder der Norm zuzuwenden. Wir wissen, daß die Gallensalze die Eigenschaft besitzen, die Gerinnung zu hemmen, und es ist ferner bekannt, daß man ein ungerinnbares Gallensalzplasma herstellen kann. Ein solches Blut, welches infolge seines Gehaltes an einer gerinnungshemmenden Substanz eine verminderte Gerinnungsfähigkeit aufweist, muß sich gegenüber dem weiteren Zusatz einer neuen Gerinnungshemmung anders verhalten als ein normales: seine Gerinnung wird durch einen geringeren Zusatz der Hemmung verhindert werden als in der Norm. Ein Blut dagegen, welches einen gerinnungserregenden Stoff enthält, wird einen höheren Grad dieser Gerinnungshemmung überwinden können. Den Begriff der Fähigkeit einer Blutart, eine Gerinnungshemmung zu überwinden, habe ich die *Gerinnungsvalenz* des Blutes genannt.

Die Gerinnungsvalenz kann gemessen werden. Das Prinzip der Messung beruht auf einer Art Titrationsmethode: In einer Anzahl von kleinen Schälchen befindet sich eine ganz bestimmte Menge einer gerinnungshemmenden Substanz von steigender Konzentration. Jedes Schälchen wird darauf mit dem gleichen Quantum des zu untersuchenden Blutes beschickt. Dann läßt man das Ganze 2 Stunden lang stehen und sieht nach, bei welcher Konzentration das Blut noch geronnen ist. Bis hierher hat die Gerinnungskraft des betreffenden Blutes die Gerinnungshemmung zu überwinden vermocht. Gewissermaßen als Titer der Gerinnungsvalenz habe ich das gerinnungshemmende Magnesiumsulfat gewählt, trotzdem seine Wirkung eigentlich noch nicht endgültig festgestellt ist.

Methode der Bestimmung der Gerinnungsvalenz[1].

Das Koagulovimeter besteht aus folgenden Bestandteilen:

1. Die LUERsche Spritze zu 10 ccm mit Metallansatz zur Venenpunktion.

2. Mischtrog zur Mischung des aus der Vene entnommenen Blutes mit 0,75% $MgSO_4$-Lösung: Marke Mg. entspricht 2 ccm, Marke Bl. 6 ccm.

3. Graduierte Pipette zu 0,2 ccm zur Beschickung der Schälchen mit dem Blutmagnesiumsulfatgemisch.

4. Stativ zur Aufnahme der 18 Glasschälchen.

5. Graduierte Pipette zu 0,05 ccm zur Beschickung der Schälchen mit den $MgSO_4$-Lösungen steigender Konzentration in Prozenten ausgedrückt: 0, 0,5, 1, 1,5, 2, 2,5, 3, 3,5, 4, 4,5, 5, 6, 7, 8, 9, 10, 11, 12.

6. Glasdeckel zur Deckung des Stativs nach vollzogener Beschickung.

7. 18 Fläschchen mit den $MgSO_4$-Lösungen.

8. Flasche mit der 0,75proz. $MgSO_4$-Lösung zur Herstellung des Blutgemisches.

9. Flasche mit Aq. dest. und mit Alkohol (Abb. 41).

Bestimmung: Zunächst werden die Glasschälchen vermittels der Pipette zu 0,05 ccm mit den entsprechenden $MgSO_4$-Lösungen beschickt. Nach jeder Lösung soll die Pipette in Aq. dest. eingetaucht werden und dann, deren Spitze am Gazetupfer angedrückt, gut ausgeblasen werden. Ist die Beschickung der Glasschälchen geschehen, dann schreitet man zur Blutentnahme.

---

[1] FONIO: Correspondenzbl. f. schweiz. Ärzte. Nr. 18, S. 574. 1918.

Diese geschieht durch Punktion der zugänglichsten Vene der Fossa cubiti bei gestautem Oberarm. Die Punktion muß tadellos gelingen, d. h. die Spitze des Metallansatzes muß sich mitten im Venenlumen befinden, das Ansaugen von Blut aus perivenösem Hämatom gestaltet die Bestimmung durch Beimischung von Gewebssaft fehlerhaft, aus den gleichen Gründen muß das Durchbohren der Venenwand an der der Punktion gegenüberliegenden Seite vermieden werden. Vor der Punktion sollen Spritze und Metallansatz mit physiologischer Kochsalzlösung durchgespült werden.

Man entnimmt 5 ccm Blut und gießt 4 ccm davon bis zur Marke Bl. in den Mischtrog, worin vor der Punktion 2 ccm 0,75 proz. $MgSO_4$-Lösung bis zur Marke Mg. gebracht worden waren.

Nun verschließt man den Mischtrog mit der mit Äther gereinigten Daumenbeere und mischt die Flüssigkeit durch leichtes Hin- und Herneigen, wobei jegliche Luftblasenbildung streng vermieden werden muß, was auch bei der Beschickung mit dem Blut beachtet werden soll. (Nach Abnahme des Metallansatzes wird die Öffnung der Spritze an die Wand des Mischtroges angedrückt.)

Nun wird in jedes Schälchen mit der Pipette zu 0,2 ccm diese Menge des Blutgemisches hineinpraktiziert, wobei durch Andrücken der Spitze an die Wandung und durch leises Ausblasen jegliche Luftblasenbildung, die das Resultat beeinträchtigen würde, peinlich vermieden werden muß.

Abb. 41. Apparatur zur Bestimmung der Gerinnungsvalenz. a = Fläschchen mit physiologischer Kochsalzlösung, Aq. dest. und 0,75% $MgSO_4$-Lösung. b = Fläschchen mit den $MgSO_4$-Lösungen steigender Konzentration. c = Glasdeckel, darunter Stativ mit den den zu beschickenden Glasschälchen. d = Pipette zur Beschickung der Glasschälchen mit den $MgSO_4$-Lösungen steigender Konzentration. e = LUERsche Spritze zur Blutentnahme. f = Mischtrog zur Mischung des Blutes mit der 0,75 proz. $MgSO_4$-Lösung. g = Pipette zur Beschickung der Glasschälchen mit der Blutmischung aus dem Mischtrog.

Bei einiger Übung ist dies leicht zu erreichen. Daraufhin werden durch Schütteln jedes einzelnen Gläschens Blut und $MgSO_4$-Lösung gut durchgemischt.

Decken des Stativs mit dem Glasdeckel und 2 Stunden stehenlassen bei Zimmertemperatur.

Nach diesem Zeitpunkt werden die Resultate abgelesen. Man faßt bei 0 beginnend der Reihe nach jedes einzelne Gläschen und kippt es um. Die letzte Probe mit vollständiger Gerinnung, d. h. mit großem, am Glasschälchen klebenden Koagulum gibt uns den letzten Grad der durch die Gerinnungshemmung eben noch unbehinderten Gerinnung an, welchen ich als V bezeichne (Valenz).

Dann wird das Koagulum bei steigender $MgSO_4$-Konzentration immer kleiner, ist jedoch immer noch als rundes, festes, gut kontrahiertes Gerinnsel, mit in der Mitte gut markiertem dunkelroten Erythrocytenscheibchen erkennbar, den letzten Grad desselben in der Reihe bezeichne ich als v (kleine Valenz).

Dann findet man vielleicht nur noch einige unförmige Fetzen, die ich mit f bezeichne (Fetzen).

Endlich ist das Gemisch in allen Proben flüssig, die gerinnungshemmende Wirkung des Magnesiumsulfates kann nicht mehr überwundern werden.

Haben wir dieses Verhalten studiert und aufgeschrieben, dann gießen wir den Inhalt der Gläschen der Reihe nach nach Loslösung der klebenden Koagula durch Glasstäbchen oder Präpariernadel in den mit etwas Wasser gefüllten Glasdeckel und kontrollieren nochmals den erhobenen Befund. V zeichnet sich dabei durch große scheibenförmige, feste Koagula aus, v durch ein ähnlich beschaffenes, doch kleineres Koagulum, f durch im Wasser flottierende, schlaffe, formlose Fetzen. Zur Festlegung der Gerinnungsvalenz genügt indessen die Angabe von V und v. Nur in seltenen Fällen findet man auffallende Werte von f.

Wir drücken demnach die Gerinnungsvalenz einer Blutart aus, indem wir z. B. sagen: V 1,5, v 2,5 (V bei der Konzentration 1,5%, v bei 2,5%). An der beigegebenen Tabelle lesen wir ab, wieviel $MgSO_4$ dieses Schälchen entspricht und können somit angeben, wieviel Milligramm der Gerinnungshemmung ein bestimmtes Blutquantum überwinden und durch wieviel Milligramm die Gerinnungsvalenz neutralisiert werden kann. Wir haben es also, wie schon bemerkt, in der Hand, diesen Begriff mit absoluten Zahlen, ähnlich wie bei einer Titration, zu definieren, von folgender Ausrechnung ausgehend:

Wir mischen 4 ccm Blut mit 2 ccm 0,75proz. $MgSO_4$-Lösung, 0,2 ccm dieser Mischung (Inhalt der Pipette) enthalten demnach 0,0005 g $MgSO_4$.

(6 ccm des Blutgemisches enthalten 0,015 g $MgSO_4$, $6 : 0{,}015 = 0{,}2 : X$

$$X = \frac{0{,}015 \cdot 0{,}2}{6} = 0{,}0005).$$

0,2 ccm dieser Mischung enthalten ferner 0,1333 ccm Blut:

$$(6 : 4 = 0{,}2 : X).$$

Wir beschicken ferner jedes Glasschälchen mit 0,05 ccm der entsprechenden $MgSO_4$-Lösung:

0,05 ccm der einprozentigen Lösung entsprechen 0,0005 g $MgSO_4$.

0,05 ccm der zweiprozentigen Lösung entsprechen 0,001 g $MgSO_4$ usw.

In jedem dieser Glasschälchen sind demnach enthalten:

1. 0,0005 g $MgSO_4$ der Blutmischung aus dem Mischtrog.

2. $MgSO_4$-Gehalt der eigenen Konzentration.

3. 0,1333 ccm Blut, so daß wir für die mit der Zahl der entsprechenden $MgSO_4$-Konzentrationen bezeichneten Gläschen folgende $MgSO_4$-Werte in Gramm ausgedrückt tabellarisch zusammengestellt erhalten:

0 %	= 0,0005 g $MgSO_4$	4,5%	= 0,00275 g $MgSO_4$
0,5%	= 0,00075 ,, ,,	5 %	= 0,003 ,, ,,
1 %	= 0,001 ,, ,,	6 %	= 0,0035 ,, ,,
1,5%	= 0,00125 ,, ,,	7 %	= 0,004 ,, ,,
2 %	= 0,0015 ,, ,,	8 %	= 0,0045 ,, ,,
2,5%	= 0,00175 ,, ,,	9 %	= 0,005 ,, ,,
3 %	= 0,002 ,, ,,	10 %	= 0,0055 ,, ,,
3,5%	= 0,00225 ,, ,,	11 %	= 0,006 ,, ,,
4 %	= 0,0025 ,, ,,	12 %	= 0,0065 ,, ,,

Finden wir demnach zusammenfassend, daß eine Blutart die Valenzwerte aufweist: V 2, v 3, so wissen wir, daß 0,1333 ccm dieses Blutes eine Gerinnungshemmung von 0,0015 g überwinden kann, daß dessen Gerinnungsvalenz jedoch durch 0,00225 g $MgSO_4$ neutralisiert wird.

Normale Werte sind $V\ 1-2$, v bis 4,5. Die niedrigsten Werte fanden wir bei der Hämophilie: $V\ 0$, $v\ 0,5$ und ferner bei einem Falle von Ikterus bei Pankreaskopftumor $V\ 1$, $v\ 1,5$. Bei der idiopathischen Purpura scheint die Valenz nicht herabgesetzt zu sein, wir fanden bei einem Falle $V\ 1$, $v\ 3$. Bei Fällen von Hämophilie mit stark verlängerter Gerinnungszeit wird in den Koagulovimetertrögchen nur dann sich eine Gerinnung einstellen, wenn man das $MgSO_4$ bei der Mischung im Mischtrog wegläßt, um die Gerinnungshemmung herabzusetzen. Man wird, mit anderen Worten, das Blut direkt zu den $MgSO_4$-Lösungen steigender Konzentraton zugeben. Statt 0,1333 Blut setzen wir dann 0,2 ccm Blut hinzu.

Erhöhte Werte fand ich bei Fällen von hoher Anämie nach wiederholten profusen Blutungen, beim endemischen Kretinismus und bei der Eklampsie.

Eine Methode zur approximativen Schätzung des Thrombins hat Morawitz[1] angegeben, von der Überlegung ausgehend, daß das Hirudin das Thrombin neutralisiere. Fängt man 5 ccm Blut in 5 Tropfen einer einpromilligen Lösung Hirudin (1 mg Hirudin genügt, um 5 ccm Blut ungerinnbar zu machen) auf, so wird die Gerinnung des normalen Blutes verzögert. Bei der Hämophilie und anderen hämorrhagischen Diathesen bewirkt diese Menge eine starke Verzögerung bis Aufhebung der Gerinnung, je nach der Schwere des Falles. Es dürften daraus Rückschlüsse auf die Fermentbildung gewisser pathologischer Gerinnungszustände gezogen werden. Indessen wird es nicht möglich sein zu unterscheiden, ob man es mit einer verlangsamten oder aber mit einer quantitativ ungenügenden Thrombinbildung zu tun hat.

Die Thrombometrie[2].

Wer sich mit Gerinnungsuntersuchungen abgibt, dem fällt es auf, daß nicht alle Thromben sich ähnlich verhalten: so entsteht bei der Hämophilie ein schwaches, schlaffes, gelatinöses Gerinnsel, während wir beim Myxödem und beim endemischen Kretinismus außerordentlich feste, dicke, straffe Koagula antreffen. Geben wir zu gerinnendem Blut in vitro Gewebssaft hinzu, beobachten wir beim Unbehandelten ein weicheres und schlafferes, beim Behandelten dagegen ein festeres, strafferes und auf der Unterlage gut adhärentes Gerinnsel.

Diese summarische Beschreibung einer Gerinnselbildung ist jedoch nicht geeignet, die Beschaffenheit und die Eigenschaften eines Koagulums oder eines Thrombus derart zu charakterisieren, daß man imstande wäre, damit eine Koagulabildung mit exakten Begriffen zu beschreiben. Wir müssen hierzu den Versuch machen, die Beschaffenheit eines Thrombus in die physiologischen und physikalischen Eigenschaften zu zerlegen und diese wiederum in meßbaren und daher vergleichbaren Werten auszudrücken.

Man hat bisher versucht, die Menge resp. das Gewicht zur Charakterisierung der Fibrinbildung eines bestimmten Blutquantums heranzuziehen, und zwar hat man das getrocknete, wasserfreie Fibrin dazu benützt. Nun ist aber das nach der Hoppe-Seylerschen Methode im heißen Luftbade getrocknete und gewogene Fibrin eben kein Fibrin mehr, sondern stellt nur dessen Trockenrückstände dar. Dieses „Fibrin" weist gar keine Fibrineigenschaften mehr auf, es ist nicht elastisch und dehnbar, sondern spröde und brüchig, da es seines Wassergehaltes verlustig gegangen ist. Es gibt demnach die Methode der Ge-

---

[1] Morawitz: Abderhaldens Handbuch der biochemischen Arbeitsmethoden, Abt. IV, T. 3, S. 256.

[2] Fonio: Schweiz. med. Wochenschr. 1921, Nr. 7, S. 147.

wichtsbestimmung der Trockenrückstände nicht direkte, sondern höchstens
nur indirekte Fibrinwerte. Allerdings können daraus in einem gewissen Sinne
auch Rückschlüsse auf den Fibringehalt eines bestimmten Blutquantums gezogen werden. Für die Beurteilung und die Bestimmung der physiologischen
und physikalischen Eigenschaften der Fibrinbildung eines Thrombus genügt
indessen die bloße Berücksichtigung der Gewichtsverhältnisse nicht. Eine in
die Augen fallende physiologische Eigenschaft des Fibrins ist die Retraktion
mit der gleichzeitig verlaufenden Serumauspressung, die, wie bekannt, in der
III. Phase beginnt. Es gelingt, wie später ausgeführt werden wird, diese Retractilität durch eine einfache Methode zu messen.

Zur Beurteilung der physikalischen Verhältnisse kann am zweckmäßigsten
das Verhalten des Aggregatzustandes des Fibrins bei statischer und dynamischer
Beanspruchung herangezogen werden, nämlich die Festigkeit, die Dehnbarkeit
und ihre Veränderungen bei den verschiedenen Beanspruchungsarten (Zug,
Druck, Schub, Biegung, Knickung und Torsion), auch die Elastizität könnte
dazu benützt werden.

Lassen wir auf eine Fibrinmembran eine Zugkraft einwirken, so kommen
ganz besonders vier mechanische Eigenschaften zur Geltung:

1. Die Zugfestigkeit; 2. die Dehnung oder Verlängerung; 3. die Zugs- oder
Dehnungselastizität; 4. die Querkontraktion.

Mit dem Zunehmen der Zugkraft erleiden diese Koordinaten ganz bestimmte
gesetzmäßige Veränderungen, die gemessen werden können. Darauf baut sich
unsere Methode der Fibrinmessung, der Thrombometrie, auf. Die Bestimmung
der Veränderungen aller vier Koordinaten wäre zwar technisch möglich, doch
würde die Methode allzusehr kompliziert werden. Um die Fibrinbildung eines
bestimmten Quantums Blutes in meßbaren und vergleichbaren Werten auszudrücken, genügt es indessen vollkommen, wenn wir die zwei wichtigsten
Eigenschaften zur Messung heranziehen, nämlich die Dehnung und die Zugfestigkeit.

Unter Dehnung oder Dehnbarkeit versteht man die Veränderung, die ein
Körper erfährt, wenn er durch einen in die Richtung seiner Längsachse fallenden
Zug beansprucht wird und als Festigkeit eines Körpers den Widerstand, den er
einer Trennung seiner Moleküle entgegensetzt. Das Maß der Festigkeit, der
Festigkeitsmodul, ist gleich derjenigen Kraft, die geradezu hinreicht, in dem
beanspruchten Körper eine Kontinuitätstrennung hervorzurufen. Die Dehnung
drücken wir in Millimeter, die Zugfestigkeit in Gramm aus.

Die Methodik zur Gewinnung des weißen, reinen, von allen Gerinnungs-
ballasten befreiten Fibrinthrombus gestaltet sich wie folgt:

Durch Punktion der gestauten Ellbogenvene entnimmt man durch eine
LUERsche Glasspritze 6 ccm Blut und vermischt dieses sofort mit 2 ccm einer
0,75proz. Magnesiumsulfatlösung, um die Gerinnung solange hintanzuhalten,
bis sich die Schichten abgeschieden haben. Nun wird das Gemisch sofort vermittels einer guten elektrischen Zentrifuge von ca. 2000 Touren in der Minute
zentrifugiert. Nach etwa 7 Minuten erhält man eine Abscheidung der Schichten.
Zu oberst, wie bereits ausgeführt, die Plättchenplasmaschicht, zu unterst die rote
Erythrocyten-Leukocytenschicht. Jetzt erst setzt die Gerinnung ein. Die obere
Schicht erstarrt in toto zum kompakten weißen Thrombus, in der untersten
entsteht ein schlaffes, flottierendes rotes Gerinnsel, bei ganz exakter Technik
und gutgehenden Zentrifugen bleibt sie dagegen flüssig. Das Ganze wird nun
durch kräftiges Schütteln des Zentrifugierröhrchens in eine mit physiologischer
Kochsalzlösung beschickte Porzellanschale entleert und der weiße, kompakte
Thrombus von evtl. entstandenen roten, schlaffen Anhängseln befreit und ge-

waschen. Ein Fassen des Gerinnsels bei diesen Manipulationen mit Metall-
instrumenten, z. B. mit einer Pinzette, ist zu vermeiden, da sich an den Faß-
stellen Retractilitätszentren bilden, welche die weitere Verarbeitung hindern
und stören. Vermittels eines Hornlöffels wird nun der konische weiße Thrombus
flach auf den Boden der sog. Thrombuspresse praktiziert und langsam von
oben nach unten zusammengedrückt bis zum festen serumfreien Scheibchen
(Abb. 42). Dieses wird 5 Minuten lang in Aether purissimum fixiert, um etwa
noch retiniertes Serum zu entziehen und sodann in die sog. Thrombometerklammer
eingespannt, welche sodann zur Bestimmung der Dehnbarkeit und Zugfestigkeit des
Koagulums an einem Stativ aufgehängt wird. Jetzt erst ist die Vorbereitung
des Thrombus zur Thrombometrie vollendet. Das
Thrombometer besteht aus zwei Klammern mit
Gummieinlagen zur Einspannung des Thrombus.
Die obere ist fest und ist an einem Stativ aufgehängt; die untere kann in einem Schlitten frei und
reibungslos nach unten gleiten. An einer seitlich
angebrachten Skala ist eine Millimetereinteilung
angebracht zur Ablesung der Dehnung. An der
unteren Klammer wird nach vollendeter Einspannung des Thrombus ein Gefäß zur Aufnahme
des Zerreißungs- und Dehnungsgewichtes (sehr
feiner Schrot, sog. Vogelstaub) angebracht. Aus
einem gießkannenähnlichen Gefäß füllt man nun
allmählich das Aufnahmegefäß mit dem feinen
Schrot. Dabei dehnt sich das eingespannte
Fibrinplättchen immer mehr aus und nimmt an
Querschnitt ab (Querkontraktion), bis es plötzlich
zerreißt. Während dieser Manipulation ist der
Blick fortwährend auf den kleinen Zeiger der
Dehnungsskala gerichtet, damit die Dehnung im
Zerreißungsmoment abgelesen werden kann. Nun

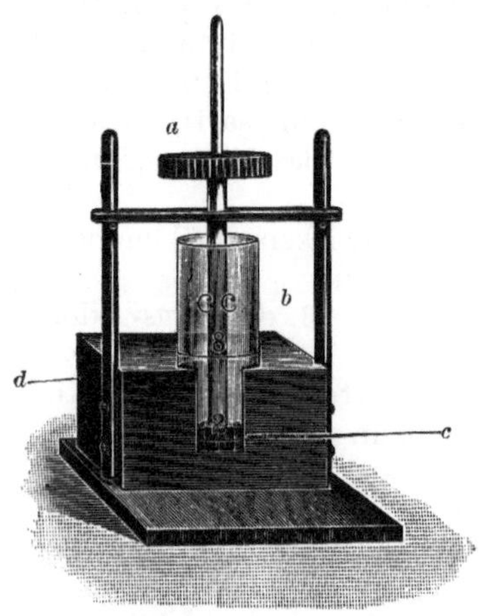

Abb. 42. Thrombuspresse.
a = Preßgewicht. b = Gefäß zur Auf-
nahme des Thrombus. c = Preßkolben.
d = Stativ.

wird das Zerreißungsgewicht am Aufnahmegefäß abgelesen (oberes Schrotniveau),
und man erhält dadurch das Maß der Zugfestigkeit des Thrombus (Festigkeitsmodul).

Die Klammern sind derart konstruiert, daß nach der Einspannung die Länge
des zu messenden Thrombusscheibchens 0,5 cm und dessen Breite 1 cm beträgt.
Ein kleiner Fehler entsteht jedesmal dadurch, daß das Koagulum durch das
beidseitige Zusammenpressen in der Mitte etwas länger wird, so daß der zu
messende Anteil de facto etwas länger als $^1/_2$ cm ist. Je dicker das Scheibchen,
desto größer wird dieser Fehler sein. Da wir jedoch nicht mit absoluten, sondern, wie wir weiter ausführen werden, mit relativen Werten arbeiten, kann
diese kleine Ungenauigkeit im Grunde genommen unberücksichtigt bleiben.

Die Messung muß rasch vor sich gehen, da während der Streckung das
Scheibchen unter Flüssigkeitsverlust dünner wird und die Austrocknung somit
rascher vor sich geht. Dadurch wird das Resultat der Festigkeit im Sinne einer
Zunahme beeinflußt. Wir messen nach dieser Methode die Dehnbarkeit und die
Zugfestigkeit der aus 6 ccm Blut entstandenen Fibrinmenge, des weißen
Thrombus.

Wir wollen dabei, es sei dies ausdrücklich bemerkt, nicht die Eigenschaften
des Fibrins verschiedener Blutarten mit absoluten Werten messen, von Fibrin-
membranen von gleicher Länge, gleicher Breite und Dicke, dazu müßte eine
neue spezielle Technik und Methodik ausgearbeitet werden, sondern es ist uns

nur darum zu tun, den aus einer bestimmten Blutmenge gebildeten Thrombus mit demjenigen anderer Blutarten zu vergleichen, wobei die Dehnung und die Zugfestigkeit meß- und vergleichbare Werte liefern (Abb. 43).

Ich habe im Verlaufe meiner Untersuchungen gefunden, daß zwischen Belastung (Zerreißungsgewicht) und Verlängerung (Dehnung im Moment der Zerreißung) eine Disproportionalität besteht: die Dehnung geht nicht mit der Belastung parallel, sondern beträgt für alle Thromben ungefähr dieselben Werte, sowohl der kleinste schmächtigste, als der dickeste, festeste Thrombus zerreißen erst bei einer gewissen Dehnung, die bei beiden annähernd die gleichen Werte aufweist.

Zur Ergänzung der Thrombusbestimmung schien uns anfänglich das Gewicht des zerreißungsbereiten Scheibchens wichtig zu sein. Nach einer Reihe von Wägungen gaben wir jedoch diese Bestimmung auf, weil die Angabe des Zerreißungsgewichtes viel bessere und klarere Anhaltspunkte zur Beurteilung der Thromben gibt und weil das Gewicht zu sehr vom Flüssigkeitsgehalt des Scheibchens abhängig war und damit variierte.

Der normale Festigkeitsmodul beträgt 250—350 g.

Bestimmung der Retractilität[1].

Als Retractilität definieren wir die vollendete Zusammenziehung des Thrombus resp. des Fibrins nach erfolgter Serumauspressung. Die Bestimmungsmethode derselben ist sehr einfach:

1. Apparatur: An einem Glasröhrchen, auf beiden Seiten offen, vom Durchmesser $1/_2$ cm, ist die Strecke der Kapazität eines Kubikzentimeters markiert und oben mit einer Millimeterskala versehen. Unten wird das Röhrchen durch einen Gummipfropfen verschlossen und vermittels einer denselben perforierenden Nadel auf einer Korkplatte aufrecht gestellt.

2. Methodik: Vor der Untersuchung wird die Wand des Röhrchens vermittels eines Wattebäuschchens mit flüssigem Paraffin unklebrig gemacht, damit das sich retrahierende Koagulum keine rauhe Fläche vorfinde und ungestört zurückgleiten könne. Durch Punktion der gestauten Ellbogenvene vermittels der LUERschen Spritze wird etwas Blut entnommen und das Gläschen bis zur oberen Marke beschickt = 1 ccm Blut. Dann wird das Röhrchen vermittels der Nadel im Gummipfropfen aufrecht gestellt. Nach etwa 10 Minuten löst man mit einer Präpariernadel das am Gläschen klebende, zu oberst liegende Plättchenkoagulum ringsherum ab (durch das Stehenbleiben scheidet sich an der Oberfläche eine schmale

Abb. 43. Thrombometerklammer.
a = Obere Klammer. b = Untere Klammer in einem Schlitten, frei nach unten gleitbar. c = Zelluloidgefäß zur Aufnahme des Zerreißungsgewichtes (feines Schrot). d = Skala zur Ablesung der Dehnung (mm). e = Skala zur Ablesung des Zerreißungsgewichtes (g). f = Einspannungszwischenraum (1 cm breit, $1/_2$ cm lang) zwischen den Klammern. g = Stellhaken (stellt die untere Klammer fest bei der Einspannung des Fibrinscheibchens).

---

[1] FONIO: Schweiz. med. Wochenschr. 1921, Nr. 7, S. 147.

Plättchenschicht ab, die Erythrocyten senken sich, so daß sich an dieser Stelle ein klebriger, sich stärker retrahierender Thrombus bildet, welcher meistens an der Gefäßwand kleben bleibt und die Retraktion des Gesamtkoagulums hindert). Dann läßt man das Ganze 24 Stunden stehen und liest die Retraktion ab, welche der Strecke zwischen der Marke 0 und dem oberen Rand des Koagulums entspricht. Die normalen Werte bewegen sich zwischen 6 und 8 mm (Abb. 44).

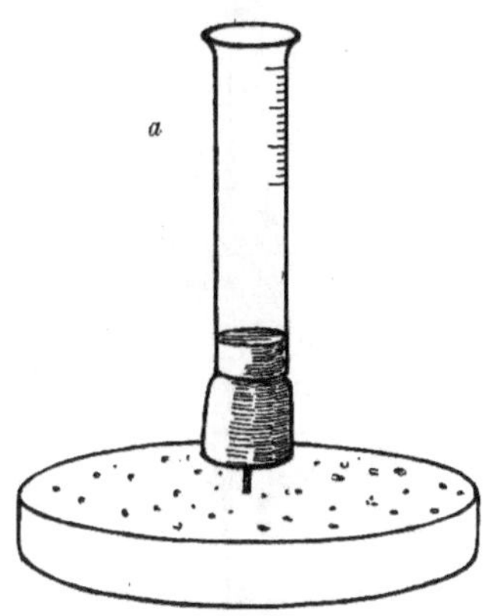

Abb. 44. Retractilometer.
a = Röhrchen mit Einteilung (mm).
b = Korkstativ.

In physiologischer Hinsicht ist die Rolle der Retractilität außerordentlich wichtig. Denken wir nur an den Vorgang der Blutstillung: Beim querdurchschnittenen Gefäß bildet sich ein Thrombus, der das Lumen verstopft und zunächst die Blutung stillt. Die Erhöhung des Blutdruckes, wie sie z. B. bei einer Brechbewegung nach einer Strumektomie vorkommen kann, das mechanische Abstreifen genügen, um das lose Koagulum fortzuschwemmen, wodurch eine Nachblutung eintreten kann. Es kann somit diese Art der Blutstillung keine definitive sein. Glücklicherweise hat die weise Natur für einen festeren Verschluß des Gefäßes gesorgt. Der verschließende Thrombus retrahiert sich nach einiger Zeit, preßt das Serum aus und wird dadurch von festerer Konsistenz, die Gefäßwände werden einander genähert und das Lumen dadurch verringert = die physiologische Ligatur ist vollendet. Je größer daher die Retractilität eines Thrombus sein wird, desto rascher und sicherer wird die endgültige Blutstillung sein.

Durch die Bestimmung der Retractilität haben wir es ferner in vielen Fällen in der Hand, vor blutigen Eingriffen die Neigung zu Nachblutungen prognostisch festzustellen. Bei einem Falle von Strumitis chronica, welcher eine Retractilität von 0 aufwies, erlebte ich 4 Stunden nach der halbseitigen Strumektomie eine schwere Nachblutung, trotzdem beide Arteriae thyreoideae, sämtliche Venen fest ligiert waren und bei der späteren Freilegung des Operationsfeldes auch nicht bluteten. Eine heftige Brechbewegung hatte genügt, bei der völlig mangelhaften Retractilität der Thromben einige davon wegzusprengen und die Nachblutung auszulösen.

Die kombinierte Untersuchung der Gerinnung[1].

Wollen wir uns ein Bild über die Gerinnung einer Blutart machen, so haben wir es nun in der Hand, 5 Gerinnungsfaktoren zu bestimmen und in meßbaren Werten auszudrücken:
1. Die Gerinnnungszeit.
2. Die Gerinnungvalenz.
3. Die Dehnung des Thrombus.
4. Die Festigkeit des Thrombus.
5. Die Retractilität des Thrombus.

Dazu würden wir noch die Blutplättchenzählung und die Blutungszeit rechnen, neigen jedoch eher der Ansicht zu, daß das Verhalten der Blutungszeit hauptsächlich von der Retractilität abhängig ist. Je größer die Retractilität, desto besser und rascher geht die physiologische Ligatur vor sich und desto kürzer wird infolgedessen die Blutungszeit sein.

---

[1] Die Apparate können bei Optiker E. F. Büchi in Bern bezogen werden.

Diese fünf erwähnten Bestimmungen können sehr leicht nebeneinander ausgeführt werden, es genügt dazu die einmalige Entnahme von 20 ccm Blut.

Die Technik der Gesamtuntersuchung ist recht einfach und beansprucht wenig Zeit.

Technik der gesamten kombinierten Gerinnungsuntersuchung[1].

1. Zunächst werden sämtliche Apparate aufgestellt, zweckmäßig geordnet und mit den vorgeschriebenen Lösungen beschickt. Die ausgekochte LUERsche Glasspritze wird samt den Ansätzen mit physiologischer Kochsalzlösung zur Eliminierung allfälligen Wasserkalkgehaltes ausgespritzt, sodann werden aus der gestauten Ellbogenvene durch Punktion 20 ccm Blut entnommen. Damit werden sofort alle Apparate in der Reihenfolge: Gerinnungszeit - Hohlgefäß, Gerinnungsvalenz - Trog, Thrombometer-Zentrifugierrohr, Retractili-

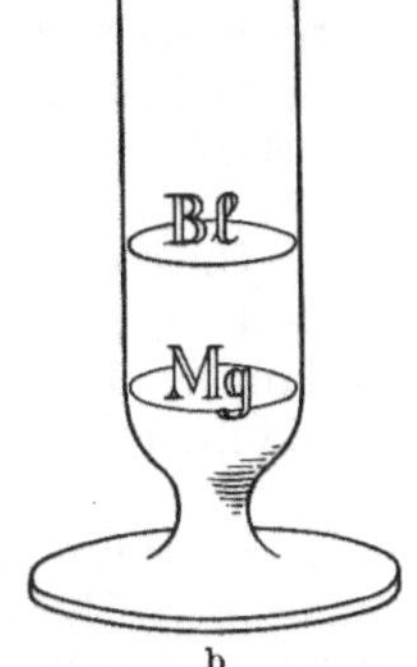

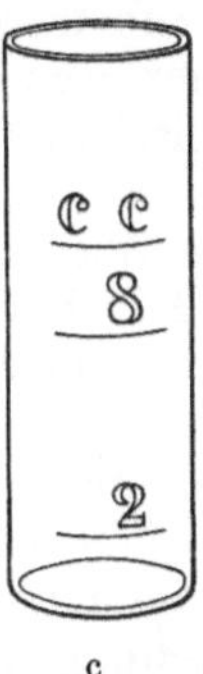

Abb. 45. Apparatur der kombinierten Gerinnungsuntersuchung, beschickungsbereit. a) Hohlgeschliffenes Glasplättchen zur Bestimmung der Gerinnungszeit. b) Mischtrog zur Aufnahme des Blutes für die Gerinnungsvalenzbestimmung. c) Zentrifugiergefäß zur Aufnahme des Blutes zur Bestimmung der Thrombometrie, und Abb. 44 Retractilometerröhrchen.

tätsröhrchen, sodann die Koagulovimetergläschen der Reihe nach beschickt, während ein Gehilfe inzwischen das Thrombometerröhrchen zentrifugiert nach vorherigem Anbringen des tarierten Gegengewichts in der Zentrifuge. Die Gerinnungsvalenz wird nach zwei, die Retractilität nach 24 Stunden abgelesen. Die Thrombometrie wird sofort nach erfolgter Zentrifugierung bestimmt, desgleichen natürlich auch die Gerinnungszeit. Das Einarbeiten in die Technik ist sehr leicht, die ganze Untersuchung nimmt etwa $^1/_2$ Stunde in Anspruch.

Tabelle 5. Normale Werte.

Gerinnungszeit (in Minuten ausgedrückt)	Gerinnungsvalenz (in Konzentrationsgraden der MgSO4-Lösungen ausgedrückt)		Zugfestigkeit (Zerreißungsgewicht des weißen Thrombus in g ausgedrückt)	Retractilität (Entfernung des oberen Randes des retrahierten roten Thrombus zum Flüssigkeitsspiegel in Millimetern ausgedrückt)
	V	v		
25—32′	V 1—2	v bis 4,5	250—350 g	6—8 mm

Wir haben im Laufe der zahlreichen Untersuchungen gefunden, daß dieser kombinierten Methode nicht nur eine rein theoretische und wissenschaftliche, sondern vor allen Dingen auch eine praktische Bedeutung zukommt. Sie setzt namentlich den Chirurgen instand, den Grad der automatischen Blutstillung eines Individuums vor eingreifenden Operationen prognostisch zu bestimmen. Fälle, die eine mangelhafte Gerinnungsfähigkeit aufweisen und infolgedessen zu gefahrdrohenden Blutverlusten und zu Nachblutungen neigen, was namentlich

---

[1] FONIO: Schweiz. med. Wochenschr. 1923, Nr. 2, S. 36; 1923, Nr. 3, S. 60.

aus dem Verhalten der Thrombusfestigkeit und der Retractilität hervorgeht, operieren wir nicht sofort, sondern behandeln den Patienten, bis sich seine Gerinnungsfähigkeit gehoben hat, die wir vor dem Eingriff kontrollieren. Es gilt dies namentlich bei Fällen mit chronischem Ikterus, bei dem selteneren Vorkommnis einer Operation an einem Hämophilen usw. Bei *Basedow* hat sich uns die Prognose der spontanen Blutstillung als außerordentlich wichtig bewährt, da sie uns den Wink gibt, bei der Operation mit der Blutstillung äußerst genau zu verfahren und solche Fälle auf das vorsichtigste zu operieren. Die Strumektomien sind es namentlich, die uns gestatten, die Resultate der kombinierten Untersuchung makroskopisch zu kontrollieren. Ja wir gingen so weit, dabei die Zahl der Ligaturen von den Gerinnungswerten ohne den geringsten Nachteil abhängig zu machen. So erfuhren wir häufig, daß endemische Kretine, welche, wie wir sehen werden, hohe Gerinnungswerte besitzen, bei einer Operation außerordentlich wenig bluten, indem jede Blutung rasch zum Stehen kommt, während bei typischem *Basedow* man es oft mit kaum stillbaren Hämorrhagien zu tun hat.

Die Zusammenstellung der Untersuchungsresultate hat nun recht interessante Ergebnisse zutage gefördert. Vor allem die Hämophilie. Ihre Gerinnungszeit ist bekanntlich kolossal verlängert, $1^1/_2$—9 Stunden, die Valenz war bei einem Fall 0, bei einem zweiten 0,5. Die Zugfestigkeit beträgt 50 und 150 g, die Retractilität 0 und 3 mm.

Anschließend an diese Fälle von Hämophilie konnten einige typische Krankheitsbilder mit Neigung zu spontanen Blutungen der kombinierten Gerinnungsuntersuchung unterzogen werden, die recht interessante Ergebnisse boten:

Ein Fall von schwerer myelogener Leukämie mit 30% Hämoglobin und 1 880 000 Erythrocyten blutete aus den Gingiven und hatte von Zeit zu Zeit akute, schwere Darmblutungen. Die Gerinnungszeit betrug 15 Minuten, war also bedeutend verkürzt, die Valenz war normal, dagegen bestanden niedrige Zugfestigkeitswerte, und es war überhaupt keine Retraktion nachweisbar. Nur zuoberst am Thrombus war eine leichte, ringförmige Einziehung sichtbar. Die Plättchenzahl betrug 22 500, war also außerordentlich erniedrigt. Trotz verkürzter Gerinnungszeit blutet also der Patient leicht. Erklärung: erniedrigte Zugfestigkeit, fehlende Retractilität.

Ein Fall von akuter lymphoider Pseudoleukämie mit dem typischen Symptomenbilde des Morbus maculosus Werlhofi wies verkürzte Gerinnungszeit auf, niedrige Valenz, etwas erhöhte Zugfestigkeit, und trotzdem bestand das typische Bild des Morbus Werlhofi. Trotz seinem kräftigen Thrombus, der dem ausströmenden Blutstrom einen festen Damm entgegensetzen mußte, versagte die automatische Blutstillung. Die Erklärung glauben wir dem Befunde zuschreiben zu müssen, daß ihm die Retractilität fehlte, und damit die Fähigkeit zum festen Verschluß des Gefäßdefektes. Trotz längerem Suchen waren keine Blutplättchen im Ausstrich auffindbar.

Bei einem Falle von idiopathischer Purpura war die Gerinnungszeit verkürzt, die Valenz normal, die Zugfestigkeit stark erhöht (450), und doch blutete der Patient spontan. Auch hier nehmen wir zur Erklärung die niedrige Retractilität zu Hilfe. Sie betrug nur 4 mm. Plättchenzahl 142 000, also vermindert.

Wir haben sodann eine Anzahl pathologischer Thyreoideazustände untersucht und ziemlich eindeutige Befunde erhoben:

Beim *Basedow* (untersucht 20 Fälle) ist die Thrombusfestigkeit bei den typischen, noch unbeeinflußten Fällen erniedrigt, sie wird normal bei der Heilung und ist normal beim atypischen Basedowkropf.

Bei der Struma (untersucht 31 Fälle) variieren die Befunde. Teilt man die Fälle ein in Strumen bei Individuen mit Symptomen, die nach der Seite des Hyperthyreoidismus, und in solche, die nach derjenigen des Hypothyreoidismus neigen, kann man im allgemeinen bei den ersteren die Neigung zu herabgesetzter Gerinnungsfähigkeit (erniedrigte Zugfestigkeit, Neigung der Gerinnungszeit zur Verlängerung, der Valenz zur Erniedrigung), bei den Hypofällen dagegen ausgesprochene Neigung zu gesteigerter Gerinnungsfähigkeit nachweisen.

Beim Myxödem (untersucht 5 Fälle) findet man meistens eine erhöhte Thrombusfestigkeit.

Beim endemischen Kretinismus (untersucht 32 Fälle) findet man beinahe ausnahmslos verkürzte Gerinnungszeiten, erhöhte Valenz, dagegen normale Thrombusfestigkeit.

Laut privater Mitteilung untersuchte Jost (Aarau) 53 Fälle von Lungentuberkulose und kam zu folgenden Resultaten: Die Gerinnungszeit ist bei 58,6% verlängert, bei 37,7% normal und bei 3,7% verkürzt. Die Valenz ist in den meisten Fällen normal. Ebenso die Zugfestigkeit, die etwa in einem Viertel der Fälle niedrig ist, die Retractilität ist normal bis erhöht, in einem einzigen Falle war sie etwas erniedrigt.

Daigoro Sekiba untersuchte die Gerinnung bei der Schwangerschaft (22 Fälle) und im Wochenbett (15 Fälle) bei Neugeborenen (20 Fälle) und kommt zum Schlusse, daß obligate Veränderungen bei den Schwangeren nicht vorhanden sind. Das Zerreißungsgewicht ist etwas vermehrt, die Retractilität hier und da vermehrt, die Gerinnungszeit häufig beschleunigt. Im Wochenbette nähern sich diese Verhältnisse wieder der Norm.

Das Nabelschnurblut scheidet bei der Untersuchung wenig Fibrin aus, doch hat es sehr beschleunigte Gerinnung und erhöhte Retractilität.

Daigoro ist der Ansicht, daß diese beschleunigte Gerinnung und diese erhöhte Retractilität wahrscheinlich als ein physiologisches Mittel zur Verhütung von Nabelschnurblutungen aufzufassen sind.

Einige Untersuchungsresultate.

Hämophilie.

G.Z.[1] außerordentlich verlängert, stundenlang dauernd . . $1^1/_2$—9 Stunden
G.V.[1] nicht nachweisbar bis sehr niedrig . . . . V 0 v 0,5
T.F.[1] sehr niedrig . . . . 50—100 g
R.[1] niedrig . . . . angedeutet bis 3 mm

Plättchenzahl normal.

Myelogene Leukämie
(Gingivablutungen, Darmblutungen).

G.Z. verkürzt . . . . 15 Minuten
G.V. normal . . . . V 0,5 v 3
T.F. niedrig . . . . 175 g
R. fehlend . . . . 0 mm

Plättchen 22 500, Hb. 30%, Erythrocyten 1 880 000.

Akute lymphoide Pseudoleukämie
(mit dem Endbild des Morbus maculosus Werlhofi).

G.Z. verkürzt . . . . 15 Minuten
G.V. niedrig . . . . V 1 v 2
T.F. normal . . . . 325 g
R. fehlt . . . . 0 mm

Keine Plättchen.

---

[1] G.Z. = Gerinnungszeit, G.V. = Gerinnungsvalenz, T.F. = Thrombusfestigkeit, R. = Retractilität.

Idiopathische Purpura.

G.Z. verkürzt . . . . 15 Minuten
G.V. normal . . . . V 1 v 3
T.F. erhöht . . . . 450 g
R. niedrig . . . . 4 mm

Plättchen 142 000.

Atrophische Lebercirrhose

(mit hochgradigem Ascites, alle 14 Tage Punktion und Entleerung von 16—18 l).

G.Z. verlängert . . . . 37 Minuten
G.V. erniedrigt . . . . V 0,5 v 1
T.F. erniedrigt . . . . 75 g
R. erniedrigt . . . . 4 mm

Chronische Anämie bei chronischem Nasenbluten
(keine Purpuraerscheinungen).

G.Z. verkürzt . . . . 15 Minuten
G.V. niedrig . . . . V 0,5 v 2
T.F. niedrig . . . . 175 g
R. erhöht . . . . 10 mm

Plättchen 13 500, Hb. 20%, Erythrocyten 2 228 000.

Perniziöse Anämie.

G.Z. verkürzt . . . . 6 Minuten
G.V erhöht . . . . V 0,5 v 7
T.F. niedrig . . . . 150 g
R. erhöht . . . . 11 mm

Viele Riesenplättchen. Hb. 35%, Plättchen 45 000, Erythrocyten 980 000.

Basedow.

G.Z. . . . . meistens verlängert
G.V. . . . . Tendenz zur Erniedrigung
T.F. . . . . meistens erniedrigt
    (wird normal bei der Heilung, ist normal bei
atypischem Basedowkropf)
R. . . . . Tendenz zur Erniedrigung

Struma.

a) Mit Symptomen nach der Hyperthyreoidismusseite:

G.Z. . . . . Neigung zur Verlängerung
G.V. . . . . Neigung zur Erniedrigung
T.F. . . . . Tendenz zur Erniedrigung
R. . . . . normal

b) Mit Symptomen nach der Hypothyreoidismusseite:

G.Z. . . . . atypisch
G.V. . . . . Neigung zur Erhöhung
T.F. . . . . Neigung zur Erhöhnng.
R. . . . . atypisch

Myxödem.

G.Z. . . . . atypisch
G.V. . . . . normal
T.F. . . . . Tendenz zur Erhöhung

Endemischer Kretinismus.

G.Z. . . . . verkürzt
G.V. . . . . erhöht
T.F. . . . . atypisch

Die Bestimmung der Blutungszeit.

DUKE[1] hat die Bestimmung der Blutungszeit in die hämatologische Untersuchungstechnik eingeführt. Unter Blutungszeit versteht man die Dauer des Hervorquellens von Blut aus einem gesetzten kleinen Einstich in die Haut. Die Bestimmung derselben geschieht durch Stich in die sorgfältig mit Äther gereinigte Fingerbeere oder in das Ohrläppchen. Das herausfließende Blut wird von halber zu halber Minute mit Fließpapier aufgesogen. Normalerweise nehmen die Tropfen rasch an Größe ab und ist die Blutung nach 3 Minuten beendigt. Nehmen die Tropfen dagegen langsamer an Größe ab und tritt die Blutstillung erst nach 5—10 Minuten ein, dann spricht man von mäßig verlängerter Blutungszeit. Ist der 20. Tropfen ebenso groß wie der erste, dann ist die Blutungszeit stark verlängert.

SPITZ[2] sticht mit der FRANKEschen Nadel 1—2 mm tief in die mit Äther gereinigte Fingerbeere ein, preßt durch einmaliges Entlangstreifen zu beiden Seiten des Fingers nach Distal den ersten Bluttropfen hervor und wischt ihn kräftig mit einem kleinen Tupfer ab. Jetzt wird der Zeitpunkt fixiert, und nach jeder halben Minute wird durch vorsichtiges Auflegen eines Filtrierpapiers auf die Wunde der Bluttropfen weggesaugt. Der Zeitabstand vom fixierten Zeitpunkt bis zum Augenblick, wo kein Tropfen mehr herausfließt, nennt man die Blutungszeit. Nach SPITZ geht die Blutungszeit parallel mit der Plättchenzahl: je höher die Plättchenzahl, desto kürzer ist die Blutungszeit. Dieses Abhängigkeitsverhältnis ist gestört, wenn eine pathologische Gefäßfunktion nach MORAWITZ und DENNEKE[3] vorliegt oder wenn der Stauungsversuch ein positives Ergebnis ergibt. Betreffend Einzelheiten verweise ich auf die Originalien. Nach SAHLI[4] bedingt hoher Blutdruck eine verlängerte Blutungszeit. Wie mein Assistent Dr. KLINGENFUSS und ich nach eingehender Prüfung der Technik uns überzeugen konnten, kann die Methode der Bestimmung der Blutungszeit keinen Anspruch auf Genauigkeit erheben. Einmal kann die Blutungszeit bei gleicher Einstichtiefe (z. B. von 3 mm) bei Prüfung am gleichen Finger (z. B. Kleinfinger) bei verschiedenen sich in bezug auf die Gerinnung normal verhaltenden Individuen deutlich variieren. Wir fanden dabei Unterschiede von $^1/_2$—2 Minuten. Die Dicke der Haut spielt hier eine gewisse Rolle; Finger mit schwieliger Haut bei Schwerarbeitern oder bei landwirtschaftlicher Bevölkerung weisen kürzere Blutungszeiten auf als solche der Praxis elegans. Es gelingt überhaupt oft erst nach Vergrößerung der Einstichtiefe eine Blutung hervorzurufen oder erst nach Klemmen oder Stauen des Fingers. Ein Unterschied läßt sich ferner auch nachweisen zwischen Einstichen parallel zu den Hautfurchen, wo die Wundränder kaum zum Klaffen zu bringen sind und sich oft mechanisch rasch schließen, oder senkrecht dazu, wo das kleine Wundbett sofort klafft und nur durch das Blutkoagulum verschlossen wird. Bei diesen ist die Blutungszeit naturgemäß längerdauernd. Ein kleiner Unterschied läßt sich ferner auch hier und da zwischen den verschiedenen Fingern nachweisen. Die Einstichtiefe kann auch Veränderungen der Blutungszeit zur Folge haben. So fanden wir bei Erhöhung von 3 auf 4 mm Zeitunterschiede von $^1/_2$—$1^1/_2$ Minuten. Ausgesprochene Verlängerungen lassen sich ferner auch durch die Stauung erzielen, die bis mehrere Minuten betragen können. Auch die erhöhte Durchblutung des betreffenden Gliedes hat Tendenz,

---

[1] DUKE: Journ. of the Americ. med. assoc. Bd. 15, S. 1125. 1912; John Hopkins hosp. bulletins Mai 1912, Bd. 23, Nr. 255.

[2] SPITZ: Klin. Wochenschr. 1923, Nr. 13, S. 584.

[3] MORAWITZ-DENNEKE: Dtsch. Arch. f. klin. Med. Bd. 140, H. 3 u. 4. 1922.

[4] SAHLI: Klinische Untersuchungsmethoden. 6. Aufl. Bd. II, 1. Hälfte, S. 284.

die Blutungszeit zu verlängern, wie z. B. das Eintauchen in heißes Wasser. Die Fehlerquellen sind kleiner, wenn man nicht in die Fingerkuppe, sondern in das Ohrläppchen einsticht. Die Blutungszeit ist dann gegenüber derjenigen der Fingerkuppe im allgemeinen erhöht. Beim normalen Menschen fanden wir bei einer Einstichtiefe von 2 mm Werte von $1^1/_2 - 4^1/_2$ Minuten. Der Einfluß der Hautdicke variiert beim Ohrläppchen naturgemäß viel weniger, und es empfiehlt sich daher, dieser Einstichstelle gegenüber der Fingerkuppe den Vorzug zu geben.

Wir verhehlen uns nicht, daß die Heranziehung der Blutungszeit zur Beurteilung der Gerinnung nur bedingten Wert hat, indem, wie wir gesehen haben, auch gewissermaßen „blutfremde" Faktoren eine Rolle dabei spielen können, deren Einfluß oft unkontrollierbar ist. Ich erinnere z. B. an die Verschiedenheit des Capillarnetzes bei verschiedenen Individuen, der Durchblutung, die von thermischen und wohl auch nervösen Einflüssen abhängig sein dürften.

Indessen wird die Bestimmung der Blutungszeit in Fällen von ausgesprochenen Gerinnungsanomalien auch mit zur Beurteilung des Zustandes herangezogen werden müssen, wie z. B. bei der idiopathischen Purpura und bei der Hämophilie, die beide ausgesprochene Verlängerungen zeigen. Die Fortschritte in der Beurteilung der Gerinnungsanomalien setzen uns instand, das abnorme Verhalten der Blutungszeit bei diesen Zuständen zu erklären.

Bei der Purpura ist die Blutungsdauer verlängert, die Gerinnungszeit in vitro dagegen normal. Wie wir bis jetzt erfahren haben, ist die Festigkeit des Thrombus nicht erniedrigt, während die Retractilität infolge des Plättchenmangels fehlt oder insuffizient ist. Infolgedessen retrahiert sich der in der Einstichwunde gebildete Thrombus nicht oder nur mangelhaft, die Wundränder werden daher nicht schnell genug oder überhaupt nicht einander genähert, die „physiologische Naht" ist insuffizient, die Blutung steht daher nur äußerst langsam. Die Ursache der verlängerten Blutungszeit ist hier deshalb in der dritten Phase des Gerinnungsvorganges zu suchen.

Bei der Hämophilie dagegen besteht neben der verlängerten Blutungszeit auch eine enorm verlängerte Gerinnungszeit. Wie wir sehen werden (s. S. 395), hat man es hier mit einer mangelhaften Thrombinbildung zu tun, die eine normale Fibringerinnung nicht zuläßt, trotzdem genügend Fibrinogen im Plasma enthalten ist. Nur äußerst schlaffe, unbedeutende Koagula entstehen hier, die nicht einmal imstande sind, auch die winzigste Einstichstelle definitiv zu verschließen. Die Ursache der verlängerten Blutungszeit ist hier daher in der I. und II. Phase des Gerinnungsvorganges zu suchen.

Verlängerte Blutungszeiten bei der Phosphorvergiftung wird man durch den Fibrinogenmangel zu erklären haben.

Eine Methode zur Wertbestimmung des menschlichen Plasmas (Fibrinogen) und des Serums (Thrombin).

Nachdem es gelungen war, durch Zusetzen von Natriumoxalat ein formelementfreies Plasma herzustellen und es durch Zusatz von Serum des gleichen Blutes zur Gerinnung zu bringen oder, mit anderen Worten, eine Fibrinogenlösung durch Thrombinzusatz in Fibrin umzuwandeln, bei gleichzeitiger Eliminierung der Retractilitätsfähigkeit, interessierte es uns den Versuch anzustellen, ob es möglich wäre, Wertbestimmungen dieser Gerinnungsfaktoren anzustellen. Ist es möglich, das formelementfreie Plasma (die Fibrinogenlösung) durch Serum (Thrombin) zu bestimmen, gewissermaßen zu titrieren, und umgekehrt Serum durch Plasma? Da es nicht möglich war, wertbeständige Reagenzien dazu herzustellen und dauernd wirksam aufzubewahren wie irgendein anorganisches

Reagens, mußte man sich begnügen, einen sog. Standardblutspender ausfindig zu machen, von dem jederzeit möglichst wertbeständige Reagenzien erhalten werden konnten. Als Standardspender wählte ich mir den Hammel aus, hauptsächlich aus dem Grunde, weil die Blutentnahme sehr einfach und ohne große Vorbereitungen und komplizierte Apparatur möglich ist. Durch Daumendruck kann die Vena jugularis gut gestaut werden, und die Punktion dieses großkalibrigen Gefäßes geht äußerst leicht vonstatten. Nachdem wir uns vergewissert hatten, daß das Hammelplasma und das Hammelserum sich nahezu wie die menschlichen Gerinnungsfaktoren verhielten, gingen wir daran, die Methode auszubauen.

Vorversuche: Es läßt sich zeigen, daß die Gerinnungsreagenzien des Hammels die gleichen Gerinnungsreaktionen des menschlichen Blutes ergeben.

Hammelplasma II + Hammelserum = Koagulum ohne Retraktion.
Hammelplasma II + Hammelserum + Hammelplättchen = Koagulum
+ Retraktion.

Lassen wir nun Menschen- und Hammelreagenzien in den verschiedensten Kombinationen aufeinander einwirken, so erhalten wir die gleichen Reaktionen wie bei menschlichen Reagenzien.

Hammelplasma II + Menschenserum = Koagulum ohne Retraktion.
Menschenplasma II + Hammelserum = Koagulum ohne Retraktion.
Menschenplasma + Hammelserum + Menschenplättchen
Menschenplasma + Hammelserum + Hammelplättchen   = Koagulum mit
Hammelplasma + Menschenserum + Menschenplättchen   Retraktion
Hammelplasma + Menschenserum + Hammelplättchen

Wertbestimmungstechnik.

Diese Bestimmungen können in vierfacher Weise ausgeführt werden. Wir können:

1. Menschenplasma mit Hammelserum wertbestimmen.
2. Menschenserum mit Hammelplasma wertbestimmen.
3. Hammelplasma mit Menschenserum wertbestimmen.
4. Hammelserum mit Menschenplasma wertbestimmen.

Ich befasse mich hier nur mit der Technik und begnüge mich, einige wenige Resultate bekanntzugeben, um zu zeigen, daß ein gewisser klinischer Wert dieser Untersuchungen sicherlich nicht abzustreiten ist, und daß es vielleicht möglich sein wird, vermittels dieser Methode zu eingehenderen Beurteilungen von Gerinnungszuständen zu gelangen als Ergänzung der bisher bekannten Verfahren.

Technik.

Darstellung des Menschenplasmas II (formelementfrei). Blutentnahme durch Venenpunktion:

1 Teil (10 ccm) 1proz. Natriumoxalatlösung   Mischung.
4 Teile (40 ccm) Blut

$^1/_4$ Stunde scharf zentrifugieren. Oberste Schicht abpipettieren und 1 Stunde lang zentrifugieren = Menschenplasma II.
Darstellung des Menschenserums:
20 ccm Blut 4 Stunden stehenlassen, Serum abpipettieren.

Darstellung des Hammelplasmas II:

1 Teil (10 ccm) $1^1/_2$ proz. Natriumoxalatlösung (bei 1 proz. Lösung Hämolyse!)
4 Teile (40 ccm) Blut } Mischung.

$^1/_4$ Stunde zentrifugieren, oberste Schicht abpipettieren und 1 Stunde lang zentrifugieren = Hammelplasma II.

Darstellung des Hammelserums:

20 ccm Blut 4 Stunden stehenlassen, Serum abpipettieren.

Wir erhalten somit:

1. Die zu untersuchenden Gerinnungsfaktoren:
Menschenplasma II (Fibrinogenlösung),
Menschenserum (Thrombin).

2. Standardreagenzien:
Hammelplasma II (Fibrinogenlösung),
Hammelserum (Thrombin).

Die Technik der Wertbestimmung gestaltet sich wie folgt:
Der Einfachheit halber unterscheiden wir:
Reagens I = Menge gleichbleibend: 2,0 ccm.
Reagens II = Menge progressiv abnehmend: 0,06, 0,05, 0,04, 0,03, 0,02, 0,01, 0,005, 0,0025 ccm (evtl.).

Vorbereitung des Reagens II:

1 Teil (1 ccm) Reagens II, dazu 9 Teile Aq. dest. (9 ccm) = *0,1 Verdünnung,* davon setzt man zu Reagens I hinzu:

$$
\begin{aligned}
0,6 \ \text{ccm} &= 0,06 \ \text{Reagens II} \\
0,5 \ \text{,,} &= 0,05 \\
0,4 \ \text{,,} &= 0,04 \\
0,3 \ \text{,,} &= 0,03 \\
0,2 \ \text{,,} &= 0,02 \\
0,1 \ \text{,,} &= 0,01 \\
0,05 \ \text{,,} &= 0,005 \\
0,025 \text{,,} &= 0,0025 \ \text{(evtl.)}
\end{aligned}
$$

Man beschickt 12 Koagulovimeterröhren mit je 2 ccm Reagens I und setzt das Reagens II hinzu in abnehmenden Mengen, wie oben festgesetzt. Man deckt das Ganze mit einem Glasdeckel zu, bewahrt es bei Zimmertemperatur, 14° C, 24 Stunden auf und liest dann die Resultate ab. Überschreitet die Zimmertemperatur 20° C, dann sind die Resultate nicht einwandfrei, indem sich fibrinolytische Prozesse geltend machen. Das Ablesen geschieht durch Untersuchung des Inhaltes mit feinstem Metallfaden und nachherigem Ausgießen in Petrischale auf schwarzem Grunde zur Kontrolle des Resultates.

Wie sind die Resultate zu deuten?

Wollen wir den Fibrinogengehalt einer Plasmalösung wertbestimmen, dann werden wir das Plasma II als Reagens II in Reaktion gegenüber dem Standardserum (bei gleichbleibenden Thrombinmengen) bringen, um die letzte noch erhaltene Reaktion (Fibrinfäden) zur Fibrinogenwertbestimmung benutzen. Je mehr Fibrinogen das Plasma enthält, desto größere Verdünnungen werden noch Ausschläge geben.

Wollen wir den Thrombingehalt eines Menschenserums wertbestimmen, dann wird das Serum als Reagens II gegenüber Standardplasma (sich gleichbleibende Fibrinogenmengen) in Reaktion zu bringen sein und der letzte noch erhaltene Ausfall (Gerinnselbildung) zur Thrombinwertbestimmung benutzt.

Je mehr Thrombin im Serum enthalten ist, desto größere Verdünnungen werden noch Ausschläge geben.

Bei diesen Wertbestimmungsmethoden muß demnach der zu untersuchende Gerinnungsfaktor als Reagens II gegenüber dem Standardreagens I in Reaktion gebracht werden.

Die umgekehrte Wertbestimmung: das zu untersuchende Menschenreagens als Reagens I gegenüber dem Standardreagens II, hat auch wieder Berechtigung, z. B.:

Menschenplasma (Reagens I), Hammelserum (Reagens II).

Die Reaktion Hammelserum (Reagens I) Menschenplasma (Reagens II) muß aber vorausgegangen sein, damit wir über den quantitativen Fibrinogengehalt des Menschenplasmas orientiert sind. Diese gleichbleibenden Fibrinogenmengen in unverdünnter Lösung werden mit dem Standardserum von bekanntem Thrombingehalt und stets unveränderter Thrombinwirkung normalerweise stets gleiche Reaktionen ergeben. Fällt diese dagegen abnorm aus, dann muß man annehmen, daß in diesem Plasma nicht normale Verhältnisse das Ausfällen des Fibrins behindern, wie z. B. der Gehalt an einer gerinnungshemmenden Substanz usw.

Im allgemeinen wird man aber mit den Wertbestimmungen auskommen, bei welchen der zu untersuchende menschliche Gerinnungsfaktor als Reagens II in Reaktion tritt.

Einige Resultate:

Kontrollversuche ausschließlich mit Hammelreagenzien.

Hammelplasma 2,0 +	Hammelserum	0,1	kleines Koagulum
„ 2,0 +	„	0,06	kleines Koagulum
„ 2,0 +	„	0,04	ganz kleines Koagulum
„ 2,0 +	„	0,02	einige Fäden
„ 2,0 +	„	0,01	nihil

Hammelserum 2,0 +	Hammelplasma	0,1	massiges Koagulum
„ 2,0 +	„	0,06	kleines Koagulum
„ 2,0 +	„	0,04	ganz kleines Koagulum
„ 2,0 +	„	0,02	Fetzen
„ 2,0 +	„	0,01	einige Fäden
„ 2,0 +	„	0,005	nihil

Beispiel einer Wertbestimmung am Menschen:

Hammelplasma 2,0 +	Menschenserum	0,06	Koagulum
„ 2,0 +	„	0,04	kleinstes Gerinnsel
„ 2,0 +	„	0,02	nihil
„ 2,0 +	„	0,01	nihil
„ 2,0 +	„	0,005	nihil

Hammelserum 2,0 +	Menschenplasma	0,06	Koagulum
„ 2,0 +	„	0,04	Koagulum
„ 2,0 +	„	0,02	Fetzen
„ 2,0 +	„	0,01	kleinstes Gerinnsel
„ 2,0 +	„	0,005	nihil

Menschenplasma 2,0 +	Hammelserum	0,1	kleines Koagulum
„ 2,0 +	„	0,06	kleines Koagulum
„ 2,0 +	„	0,04	Fetzen
„ 2,0 +	„	0,02	Fetzen
„ 2,0 +	„	0,01	nihil
„ 2,0 +	„	0,005	nihil

Menschenserum 2,0 +	Hammelplasma	0,06	kleines Koagulum
„ 2,0 +	„	0,04	Fetzen
„ 2,0 +	„	0,02	Gerinnsel
„ 2,0 +	„	0,01	nihil
„ 2,0 +	„	0,005	nihil

Die Grenzwerte bewegen sich bei diesen Wertbestimmungen des Normalblutes um die Zahlen 0,02, 0,01, bei 0,005 erhält man fast stets negative Resultate.

Nur einige Beispiele, um zu zeigen, daß diese Werte bei gewissen pathologischen Zuständen von der Norm abweichen können: Bei einer tuberkulösen Spondylitis erhielten wir bei der Wertbestimmung Hammelplasma + Menschenserum schon bei 0,02 keinen Ausschlag mehr, ebenfalls bei einer myeloischen Leukämie. Bei einem hämolytischen Ikterus dagegen bis 0,005 Fibrinfäden als Ausdruck des hohen Thrombingehaltes, desgleichen beim Myxödem.

Es wurden ferner Versuche angestellt, ob es gelingt, die zu untersuchenden Gerinnungsfaktoren längere Zeit aufzubewahren. Solche Blutoxalatmischungen wurden bei Zimmertemperatur 24 Stunden lang aufbewahrt und hernach die Wertbestimmungsmethode vorgenommen. Die Resultate stimmten mit der sofort vorgenommenen Kontrolle der Wertbestimmung überein. Diese Methode steckt noch in den Anfangsgründen, man hat sich bis jetzt hauptsächlich nur mit der Ausarbeitung und der Vervollkommnung der Technik beschäftigt, eine größere Reihe von Kontrolluntersuchungen wird noch nötig sein, um sich über den Wert der Methode zu vergewissern; ich glaube jedoch, daß es sich lohnt, die Technik noch weiter auszubauen, vielleicht zweckentsprechende Modifikationen anzubringen, um ein geeignetes Verfahren zur feineren Untersuchung und Analyse pathologischer Gerinnungszustände in Händen zu haben.

Eine ähnliche Methode hat Wohlgemuth[1] 1910 angegeben zur quantitativen Bestimmung des Fibrinogens und des Thrombins: 3 ccm arterielles Blut werden mit 1 ccm 20proz. Magnesiumsulfatlösung gemischt, zentrifugiert und die Plasmaschicht abgehoben (nach unserer Darstellung demnach Plasma I), eine Reihe von Reagensgläschen werden nun mit absteigenden Mengen des Plasmas beschickt, die Volumdifferenz mit kalkfreier Kochsalzlösung ausgeglichen, sodann kommt in jedes Gläschen 1 ccm einer 10fach verdünnten Thrombinlösung, d. h. Serum, umschütteln und 24 Stunden im Glasschrank stehenlassen. In der Regel bleibt der Inhalt des ersten Gläschens flüssig, die folgenden zeigen vollständige Gerinnung, bei größerer Verdünnung ist die Gerinnung sodann nur partiell, bei noch größerer bleibt die Gerinnung aus. Wohlgemuth hat den Begriff der Fibrinogeneinheit aufgestellt: diejenige Menge Plasma, die noch gerade ausreicht, um in Gegenwart eines Überschusses an Thrombin ein deutlich erkennbares Gerinnsel zu bilden.

Mutatis mutandis kann diese Methode auch für die quantitative Thrombinbestimmung angewendet werden: Eine entsprechende Reihe von Reagensgläschen wird mit absteigenden Serummengen beschickt, die Volumdifferenz mit kalkfreier Kochsalzlösung aufgehoben, zu jedem Gläschen 2 ccm Magnesiumsulfatplasma nach A. Schmidt, schütteln, 24 Stunden im Eisschrank. Ablesen der Werte. Auch für das Thrombin hat Wohlgemuth eine Einheit angegeben, die Fibrinfermenteinheit.

Wohlgemuth gibt für das menschliche Plasma Fibrinogeneinheiten von 62,5—250, für das menschliche Serum Fibrineinheiten von 62,5—250 als normal an.

Morawitz[2] schätzt den Thrombingehalt nach der zur Aufhebung der Gerinnung notwendigen Menge Hirudin, von der Überlegung ausgehend, daß größere Mengen von Thrombin auch größere Hirudinmengen zur Neutralisierung bedingen. Morawitz fängt 5 ccm Blut in 5 Tropfen einer 1proz. Hirudinlösung

---

[1] Wohlgemuth: Biochem. Zeitschr. Bd. 27, S. 79. 1910.
[2] Morawitz: Abderhaldens Handbuch der biologischen Arbeitsmethoden, Abt. IV, T. 3.

auf = 0,25 ccm, dadurch wird die Gerinnung des normalen Blutes verzögert. Bei Hämophilie und anderen hämorrhagischen Diathesen wird dadurch die Gerinnung sehr stark verzögert bis aufgehoben, wahrscheinlich, wie Autor glaubt, infolge einer quantitativ ungenügenden Fermentbildung.

Blutplättchenzählmethode.

Es sind seit den klassischen Arbeiten von BIZZOZZERO[1] über die Blutplättchen verschiedene Methoden zur Zählung dieser Gebilde angegeben worden. Bis 1912 konnte sich jedoch keine derselben endgültig einbürgern, verschiedene Mängel hafteten ihnen an. Die Kammermethoden, wie sie für die Zählung der Erythrocyten und der Leukocyten üblich sind, eignen sich hier nicht, denn erstens ist es recht schwer, auch bei größtmöglichster Vergrößerung die Plättchen mit vollkommener Sicherheit von Niederschlägen, ARNOLDschen Körperchen, zu unterscheiden, und zweitens gehen dabei eine Anzahl der Plättchen der Zählung, sei es durch ungenügendes Durchsuchen der ganzen Kammer, sei es daß Plättchen durch die anderen Formelemente verdeckt werden. Ferner gelangen bei allen Methoden, welche das Blut nicht direkt bei Einstich aus der Fingerkuppe in eine gerinnungshemmende Lösung auffangen, nicht alle Plättchen in die Zählkammer oder auf das Objektglas infolge ihrer Eigenschaft, sofort an rauhen Gegenständen zu kleben nach dem Verlassen des intimaumdichteten Gefäßlumens, die Zählung muß infolgedessen zu geringe Werte angeben. Es seien kurz einige der hauptsächlichsten Methoden angegeben:

BIZZOZZERO selbst zählte wie folgt:

1. Zählung der Erythrocyten.

2. Bestimmung des Verhältnisses der Plättchen zu den Erythrocyten: Reinigung der Hautstelle. Darauf ein Tropfen von 1 Teil 1proz. Osmiumsäurelösung und von 3 Teilen 1proz. Kochsalzlösung. Durchstechen durch den Tropfen und Mischen des Blutes mit einem Glasstäbchen. Ein Tropfen auf dem Objektglas mit einem Gläschen bedecken und dessen Ränder mit Olivenöl luftdicht machen. Zählung durch eine okulare Quadrille durch homogene Immersion, oder man läßt den ersten heraustretenden Bluttropfen in eine 14proz. Bittersalzlösung fallen, mischt rasch und zählt, wie oben beschrieben.

BRODIE und RUSSEL[2] bringen den Bluttropfen in eine auf dem Objektglas befindliche Mischung von Glycerin mit Dahlia gesättigt und von 2proz. Kochsalzlösung zu gleichen Teilen, bedecken die Mischung mit einem Deckgläschen und zählen Erythrocyten und Plättchen in einer Serie von Feldern. Aus dem beiderseitigen Verhältnis wir die Blutplättchenzahl ermittelt.

DETERMANN[3] benützt als Konservierungsflüssigkeit 2proz. Kochsalzlösung, auf je 10 ccm derselben 1 Tropfen gut filtrierter konzentrierter Methylviolettfärbung.

WRIGHT und KINNICUTT[4] mischen das Blut mit der Konservierungsflüssigkeit im Verhältnis 1 : 100 in einer Pipette, die zur Erythrocytenzählung gebraucht wird, Absetzenlassen der Plättchen in der gewöhnlichen Zählkammer. Um die Plättchen besser sichtbar zu machen, wird ein Spezialdeckglas mit zentraler Exkavation angegeben. Konservierungsflüssigkeit: 2 Teile wässerige Lösung

---

[1] BIZZOZZERO: Zeitschr. f. wiss. Mikroskopie Bd. 1, S. 459. 1891; Virchows Arch. f. pathol. Anat. u. Physiol. Bd. 90, S. 261. 1885.

[2] BRODIE u. RUSSEL: Journ. of physiol. Bd. 21, S. 403. 1897.

[3] DETERMANN: Arch. f. klin. Med. Bd. 61, S. 365. 1898.

[4] WRIGHT u. R. KINNICUTT: Publ. of the Massachusetts General Hospital Boston Bd. 3, Nr. 3, Oktober 1911.

von Brillantchresylblau 1 : 300, 3 Teile wässerige Lösung von Potassiumcyanit 1 : 400. Die Erythrocyten erscheinen bei diesem Verfahren als Schatten entfärbt, so daß keine Plättchen verdeckt werden.

Rabl[1] behandelt das Trockenpräparat zunächst mit 0,7 proz. Kochsalzlösung mit Sublimat gesättigt, dann 1 Stunde lang mit 1,5proz. Eisenalaunlösung abspülen, dann $1/_2$—1 Stunde lang mit frischbereiteter wässeriger Hämatoxylinlösung. Durch dieses Verfahren werden die Erythrocyten entfernt, die Leukocyten und Plättchen färben sich dunkelschwarzblau, sodann bestimmt Rabl das Verhältnis der Leukocyten zu den Plättchen, dasjenige der Leukocyten zu den Erythrocyten und berechnet daraus die Zahl der Plättchen pro Kubikmillimeter.

Hayem[2] entnimmt durch raschen tiefen Stich 0,2—0,5 Blut im Mélangeur Potain und zieht, ohne Zeit zu verlieren, Peptonlösung bis 101 nach, schüttelt einige Minuten lang. Verliert man anfangs einige Sekunden, so taugt die Mischung wegen der Häutchenbildung nicht mehr zur Zählung. Stehenlassen der Mischung in der Zeissschen Kammer 5—10 Minuten lang, dann zählen.

Van Emden[3] zählt die Plättchen mit der Flemmingschen Lösung: Sol. acid. osmic. 1% 10,0, Sol. acid. chromic. 0,1%, Acid. acetic. glac. 1,0.

Affanassiew[4] benutzt zur Zählung die Zählkammer, saugt 0,2—0,5 Blut in den Mélangeur Potain, zieht bis 101 konservierende Flüssigkeit nach (0,6proz. Kochsalzlösung, 0,5proz. Peptonlösung, 1promill. Methylviolettlösung). Die gut durchgeschüttelte Mischung wird in die Thoma-Zeisssche Kammer verbracht, 5—10 Minuten stehengelassen, Zählung der Plättchen.

Helber[5] gibt folgende Methode an: Zählkammer Zeiß von 0,02 mm Höhe, Deckgläschen von 0,1 mm Dicke, Wasserimmersion D, Trockensystem E, Kompensationsokular 12 oder Linse E plus Kompensationsokular 6 (Zeisssche Apparate). Nach Reinigung des eigens dazu konstruierten Mischers (Einteilung 1 : 31) mit Salpetersäure, Wasser, Alkohol und Äther und des Ohrläppchens mit Äther und Alkohol wird Blut bis zur Marke 1 gesogen, 10proz. Natriummetaphosphatlösung nachgesogen bis zur Marke 31, schütteln, die Mischung in der Ampulle muß deckfarben sein. Zählung in der dazu konstruierten Kammer.

Rebaudi[6] zählt die Erythrocyten und bestimmt das Verhältnis der Plättchen zu denselben am mit Toluidin gefärbten Trockenpräparat.

Cadwaleder[7] befreit Objektträger und Deckglas vom Fett und anderen organischen Stoffen, reinigt die Haut mit Wasser, Seife und Alkohol, Einstich in die Fingerkuppe, die ersten Tropfen werden weggeworfen, sodann wird das Blut vermittels einer Platinöse auf dem Objektträger gemischt, mit 50 Volumen der Konservierungsflüssigkeit (Kochsalzlösung 0,8, Natriummetaphosphat 1,5, Aq. dest. 100), Bedecken des Präparates mit Deckglas, Zählung einer Reihe von Feldern von Plättchen und roten Blutkörperchen. Absolute Zahl der Erythrocyten, Ausrechnen der Plättchenzahl.

Pizzini[8] verwendet 1proz. Osmiumsäure mit Methylviolett, Setzen eines Tropfens auf die Haut, Durchstechen, Mischen und Zählung in der Kammer.

---

[1] Rabl, zitiert Fonio: Zeitschr. f. klin. Med. Bd. 117, S. 186. 1912.
[2] Hayem: Arch. de Physiol. Bd. 5, S. 692. 1878; Bd. 6, S. 201. 1879; Bd. 12, S. 247. 1883; — Hayem: L'Hématoblaste. Les presses universitaires de France 1923.
[3] v. Emden: Fortschr. u. Leistungen d. ges. Med. S. 241, 281. 1897.
[4] Afanassiew: Dtsch. Arch. f. klin. Med. Bd. 35, S. 217. 1884.
[5] Helber: Dtsch. Arch. f. klin. Med. Bd. 81, S. 316; Bd. 82, S. 41. 1904.
[6] Rebaudi: Arch. ital. di ginecol. Bd. 2, S. 10, Nr. 1.
[7] Cadwalader: Bull. of the Americ. Ayer clin. labor. of the Pennsylvania hosp., June 1909, Nr. 3, S. 50.
[8] Pizzini, zitiert nach Pratt: Ref. med. 1894, Nr. 32, 33.

Kemp und Calhoun[1] verwenden als Konservierungsflüssigkeit Formaldehyd 40proz., 1 Teil Natriumchlorat, 1proz. Methylengrün 15 Teile, Zählung der Erythrocyten durch den Hämatokrit, Zählung der beiden Bestandteile in der Kammer.

Degkwitz[2] verwendet als Fixationsmittel zwei Lösungen: Lösung I = H_2O 100 g, $NaPO_3$ 2 g, NaCl 1 g, Formalin (40%) 2 ccm; Lösung II = H_2O 100 g, NaCl 1 g, Formalin (40%) 3 ccm, 3 N_2 Natrium-Triphosphat 2,5 ccm, dazu 1 Tropfen Phenolphthalein, beim Schwinden der Intensität der Rotfärbung (Alkalescenzveränderung), von Zeit zu Zeit einige Tropfen Natrium-Triphosphat zugeben. Zählung: 5—6 Tropfen Lösung II in einen Mischtrog, dazu soviel Brillantkresylblau, bis die Lösung ganz dunkel erscheint, 3 Tropfen der Lösung I auf einen paraffinierten Objektträger, Einstich in die gereinigte und leicht gefettete Fingerbeere, Ausdrücken des zweiten Tropfens direkt in die Lösung I, mischen, sodann Ausfließenlassen der Mischung in den Mischtrog mit der Lösung II. Die zweite Mischung wird in die Zählkammer verbracht, Bedecken mit dünnen Deckgläschen, 0,14—0,17 mm dick, 20 Minuten warten, bis sich die Plättchen zu Boden gesenkt haben. Zählung von mindestens 2000 Erythrocyten mit den dazugehörigen Plättchen. Berechnung der Plättchenzahl aus dem Verhältnis zwischen Plättchen und Erythrocytenzahl.

Spitz[3] ermittelt die Plättchenzahl im Plasma durch direkte Kammerzählung und berechnet daraus die Plättchenzahl in Kubikzentimeter Blut durch Multiplikation mit dem Faktor $I \frac{Hgl}{200}$. Als gerinnungshemmende Lösung bedient er sich einer 1,5proz. Natriumcitratlösung. Er geht dabei von der Voraussetzung aus, daß, wenn man Blut mit gerinnungshemmenden Lösungen versetzt und sich der Selbstsedimentierung überläßt, die Plättchen als die leichtesten Formelemente des Blutes noch lange nach dem Sinken der roten und weißen Blutkörperchen im Plasma gleichmäßig suspendiert bleiben. In der roten Blutsäule findet man dagegen fast keine oder überhaupt keine Plättchen. Es hat den Anschein, daß die Blutplättchen ein zum Plasma gehöriges Element seien und, wenn ihrer jeweiligen Menge im Blute überhaupt eine Bedeutung zukomme, diese von der im Plasmavolumen und nicht im Blutvolumen vorhandenen Menge abhänge. Die Plättchenmenge ändere sich bei Änderung der Blutsäule, d. h. je mehr Hämoglobin und Erythrocyten ein Patient hat, je höher also die Blutsäule in einem bestimmten Blutvolumen ist, um so weniger Plasma sei in den betreffenden Blutvolumen vorhanden und um so weniger Blutplättchen. In einem bestimmten Plasmavolumen stelle aber die Blutplättchenzahl einen Wert dar, der unabhängig von Änderungen des Hämoglobingehaltes und der Erythrocyten sei.

Spitz hat gezeigt, daß das Plasmavolumen gleich Blutvolumen minus Erythrocytenvolumen ist. Das Erythrocytenvolumen sei = (Färbeindex multipliziert mit der Anzahl der Erythrocyten), d. h. $\frac{Hgl\, x}{200\, x}$ ccm, wobei x die Anzahl der Erythrocyten bedeutet. Das Plasmavolumen in 1 ccm Blut ist daher gleich $\frac{(I\,Hgl)}{200}$ ccm.

Die Anzahl der Plättchen im Blutvolumen ist daher gleich Anzahl der Plättchen im Kubikzentimeter Plasma multipliziert mit dem Faktor $\frac{(I\,Hgl)}{200}$.

---

[1] Kemp u. Calhoun, zitiert nach Pratt: Brit. med. journ. Bd. 2, S. 1539. 1901.

[2] Degkwitz: Fol. haematol. Bd. 25, S. 153. 1920; Dtsch. med. Wochenschr. 1921, S. 12; Zeitschr. f. exp. Med. Bd. 11, S. 14. 1920.

[3] Spitz: Berlin. klin. Wochenschr. 1921, Nr. 36; Klin. Wochenschr. 1923, Nr. 13, S. 584.

Nach Weicksel[1] sind gegen diese Methode folgende Bedenken zu erheben: Beim Absetzen der Blutkörperchen können Plättchen mit niedergerissen werden, ferner können beim Aufziehen des Blutes in die Pipette, noch ehe das Blut mit der gerinnungshemmenden Lösung vermischt wird, Plättchen agglutinieren oder an der Wandung der Pipette klebenbleiben und so für die Zählung verlustig gehen. Demgemäß sind die Plättchenzahlen nach der Spitzschen Methode gezählt niedriger, als z. B. nach der Fonioschen.

Pratt[2] verwendet als Konservierungsflüssigkeit Natriummetaphosphat merc. 2,0, Natr.-Chlorat 0,9, Aq. dest. 100. Die absolute Zahl der Erythrocyten wird mit dem Thoma-Zeissschen Apparat bestimmt, das Verhältnis der Plättchen zu den roten Blutkörperchen in frischem Präparat. Die Glasapparate werden zuerst in Schwefelsäure mit Kal. bichromat. gesättigt, mit Wasser und Alkohol gewaschen, in 95proz. Alkohol aufbewahrt, sodann mit sauberem Tuch abgerieben, die Haut wird mit Wasser, Alkohol und Äther gereinigt. Der Einstich muß derart sein, daß reichlich Blut herausströmt. Mit einer Platinöse, 5 mm Dm. haltend, wird Konservierungsflüssigkeit aufgenommen und sodann das Zentrum der Öse mit einem frischen Blutstropfen in Kontakt gebracht, 1 Teil der Mischung wird sofort mit einem Deckglas gedeckt. Die Zählung wird mit dem Zeissschen Okular ausgeführt, durch eine Blende erleichtert. Plättchen und Erythrocyten werden in Feldern verschiedener Partien des Präparates gezählt. Es werden 250—500 Erythrocyten gezählt.

Schenk[3] läßt einen Bluttropfen in eine genau abgemessene Menge konservierender Flüssigkeit fallen, mischt und zählt auf direkte Weise die Plättchen in der Thoma-Zeissschen oder Neugebaurschen Kammer. Als Konservierungsflüssigkeit bedient er sich der Degwitzschen Vorschrift H_2O 100 ccm $NaPO_3$, 0,4 ccm, NaCl 0,1 ccm, Formalin (40proz.) 3 ccm. Er läßt den aus der Fingerbeere nach einem warmen Handbad gewonnenen Blutstropfen in ein dazu konstruiertes Kölbchen fallen, das vor der Bestimmung mit der konservierenden Flüssigkeit gefüllt worden ist, mischt, liest auf einer Skala, die zuoberst auf dem Kölbchen angebracht ist, die Größe des Tropfens ab. (Einzelheiten müssen im Original nachgelesen werden.) Aus dem am Kölbchen angebrachten Hahn läßt er einen kleinen Tropfen direkt in die Zählkammer fließen und zählt die Plättchen. Vermittels einer Tabelle rechnet er sodann die gefundenen Plättchenzahlen in absolute Werte um.

Port und Akiyama[4] zählen die Plättchen in der Zählkammer unter Benutzung der Verdünnungsflüssigkeit: 0,9 Kochsalz, Zusatz von $^1/_2$proz. Gelatine, 1proz. Sublimat und etwas Eosinlösung zur Kontrastfärbung der Erythrocyten.

Achard und Aynaud[5] halten die meisten dieser Methoden für unrichtig, weil durch Kontakt mit Gewebssaft stets Plättchen in unkontrollierbarer Weise zerstört werden und daher falsche Resultate entstehen. Sie benützen die Venenpunktion mit paraffinierter Spritze, verdünnen in der Spritze mit 10proz. Natriumcitrat durch Zusatz von 1 Teil Natriumcitratlösung auf 9 Teile Blut. Sie verwenden je zwei weitere blut- und plättchenkonservierende Flüssigkeiten.

A. 8promill. NaCl-Lösung 80 ccm   B. 8promill. NaCl-Lösung 80 ccm
   10proz. Na-Citratlösung 20 ccm   Formol 20 ccm.

2 ccm der Flüssigkeit A kommen in ein paraffiniertes Gefäß, man läßt jetzt von dem mit Natriumcitrat verdünntem Blut einen Tropfen hineinfallen. Zusatz

[1] Weicksel: Münch. med. Wochenschr. 1924, Nr. 10, S. 291.
[2] Pratt: Arch. f. exp. Pathol. u. Pharmakol. Bd. 49, S. 299. 1902/03.
[3] Schenk: Münch. med. Wochenschr. 1921, Nr. 14, S. 427.
[4] Port u. Akiyama: Arch. f. klin. Med. Bd. 106, S. 362. 1913.
[5] Achard u. Aynaud, zitiert nach Naegeli: Blutkrankheiten. 4. Aufl. S. 186.

von 2 ccm der Lösung B, mischen und Feststellung des Verhältnisses Blutplättchen zu Erythrocyten in der Zählkammer.

ZELLER[1] ist der Überzeugung, daß eine Zählung nur mit direkt entnommenem Blut möglich sei. Eine 1 ccm haltende Rekordpritze wird bis zum 9. Teilstrich mit der Lösung nach CALHOUN (1% NaCl, 150 + 10 ccm 40proz. neutralisiertes Formalin) einschließlich Nadel gefüllt, dann wird 0,1 ccm Blut aus der ungestauten Vene entnommen und umgeschüttelt, die Lösung in ein 2 ccm haltendes Reagensglas gebracht und bis zum anderen Tag stehengelassen. An der Grenzschicht finden sich die Plättchen, die nach Abheben der Flüssigkeitssäule bis auf $^1/_2$ ccm durch leichtes Bewegen aufgerührt werden und vermittels einer Glasröhre auf den Objektträger gebracht werden (1 Tropfen). Es erfolgt dann der Ausstrich und die Färbung nach GIEMSA. Die Blutplättchen sind meist alle gesondert zu sehen, im Gesichtsfeld 30—60. Eine Kontrolle besteht darin, daß in einem kleinen Tropfen der Blutmischung sofort nach Entnahme das Verhältnis der Plättchen zu den Erythrocyten ausgezählt wird, was durchschnittlich 1 : 5 bis 1 : 9 beträgt, woraus sich die Gesamtzahl der Plättchen bestimmen läßt.

Meine Methode[2].

Reinigung der Fingerkuppe mit Äther. Mäßig tiefer Einstich mit der FRANKE-schen Nadel, so daß das Blut erst bei ganz leisem Zusammenklemmen des Fingers etwas zentralwärts von der Fingerkuppe herausfließt. Der erste Tropfen wird zur Erythrocytenzählung entnommen, sodann wird die Fingerkuppe nochmals mit Äther gereinigt und gut getrocknet, mit einer feinen Glaspipette oder auch mit einem Glasstäbchen ein mäßig großer Tropfen 14proz. Magnesiumsulfatlösung auf die Einstichstelle gebracht. Der Tropfen muß gut geformt, kugelförmig sein und darf sich nicht flächenförmig ausbreiten. Nun wird durch ganz leisen Druck der Fingerkuppe zwischen zwei Fingern das Blut zum Herausfließen gebracht. Ein ganz feiner Strahl ergießt sich direkt in den Tropfen fontänenartig hinein und vermischt sich mit der gerinnungshemmenden Lösung. Mit einem feinen Glasfaden, der am Ende ein feines Knöpfchen trägt und vorher in Magnesiumsulfatlösung eingetaucht wurde, um ein Kleben von Plättchen an demselben zu vermeiden, wird nun das Blut mit der Lösung auf der Fingerkuppe selbst gut durchgemischt. Mit einem geschliffenen Objektträger (in Äther-Alkoholmischung aufbewahrt und gut getrocknet), wird etwas Blutmischung entnommen und auf einem zweiten Objektträger ein feiner Ausstrich gebildet. Das Trockenpräparat läßt man am besten über Nacht stehen. Sodann wird dasselbe mit Giemsa gefärbt: Fixierung in Methylalkohol Merck 3 Minuten lang trocknen lassen. Herstellung der Farblösung: 15 Tropfen Giemsalösung in 10 ccm lauwarmem destillierten Wasser. Der Objektträger wird in eine Petrischale auf zwei kleine Querhölzchen oder Glasstäbchen gebracht, Ausstrich nach unten, und in die Farblösung eingetaucht. Stehenlassen unter Luftabschluß 3—4 Stunden lang. Herausnehmen und abspülen $^1/_2$ Minute in Aq. dest. Zählung vermittels des EHRLICHschen Okulars II (erhältlich bei Leitz, Wetzlar) und der Ölimmersion $^1/_{12}$ (ZEISS). Die Größe der quadratischen Blende wird derart gewählt, daß man jeweils im Gesichtsfelde bequem 20—30 Erythrocyten zählen kann. Sie variiert daher je nach der Dicke des Ausstrichpräparates.

Wie bei den Zählungen der Erythrocyten und Leukocyten in der ZEISS-schen Kammer zähle ich außer den frei im Gesichtsfelde liegenden roten Blut-

---

[1] ZELLER: Dtsch. med. Wochenschr. 1921, Nr. 18.
[2] FONIO: Dtsch. Zeitschr. f. Chir. Bd. 114, H. 1 u. 2, S. 178. 1916.

körperchen auch diejenigen, welche den oberen und den linken Rand berühren oder daran teilweise sichtbar sind. Das nämliche gilt auch bei den Blutplättchen, so daß Zellen, die den rechten und den unteren Rand berühren, nicht mitgezählt werden.

Mit der Zählung wird am Rande des Ausstrichpräparates begonnen, wo man zum Ausstrich ansetzte und gegen das Ende desselben in gerader Linie fortgefahren. Es werden alle Gesichtsfelder gezählt, auch solche, die keine Blutplättchen enthalten. Es ist nicht statthaft, in einer Linie von oben nach unten zu zählen, d. h. in einer solchen senkrecht zur Längsachse des Ausstriches, da man eventuell durch Unregelmäßigkeiten desselben, wie es auch bei Differenzierungen von Leukocyten vorkommt, größere Anhäufungen von Plättchen haben kann, die ein falsches Resultat geben könnten. Findet man in einem Gesichtsfelde etwa einmal eine größere Anhäufung oder mehrere zu Klumpen geballte Plättchen, so muß dieses Gesichtsfeld bei der Zählung übergangen werden, und erst nach Überspringen mehrerer solcher soll die Zählung wieder aufgenommen werden. Bei richtiger Technik dürfen solche Unregelmäßigkeiten allerdings nicht vorkommen. Man erhält, wenn man sich einigermaßen eingearbeitet hat, stets tadellose Präparate, in welchen die Blutplättchen gut erhalten, gut verteilt und vereinzelt zu sehen sind. Ist der Ausstrich dünn und gut gefärbt, so bietet die Zählung keine Schwierigkeiten und geht rasch vor sich. Um sich dieselbe zu erleichtern, trägt man seine Resultate jeweilen in eine Tabelle ein, wobei in die Kolonne links die Erythrocyten-, in die Kolonne rechts die Plättchenwerte eingetragen werden. Man zählt bis 1000 Erythrocyten. Aus der Verhältniszahl der Plättchen zu den Erythrocyten und der absoluten Zahl der letzteren rechnet man die absolute Zahl der Blutplättchen wie folgt aus, z. B.:

$$\text{Plättchen 64} \qquad\qquad \text{Erythrocyten 1000}$$

$$x = \frac{64 \cdot 3\,936\,000}{x\,1000} = 251\,904 \text{ Blutplättchen pro Kubikmillimeter.}$$

Dieses Verfahren hat meiner Ansicht nach gegenüber den bisher bekannten Methoden gewisse Vorteile und kann auch den Anspruch größerer Genauigkeit erheben:

1. Wird das Blut direkt aus der Einstichstelle in der konservierenden Magnesiumsulfatlösung aufgefangen und mit derselben sofort vermischt, dann wird unverzüglich ein Ausstrichpräparat hergestellt, so daß ein Verlust an Plättchen durch Kleben an graduierten Pipetten, Mélangeurs, nicht eintreten kann.

2. Liegen alle Plättchen auf derselben Schichtfläche, so daß sie ohne weiteres sichtbar sind und nicht erst, wie bei einer Kammerzählung, in den verschiedenen Schichten gesucht werden müssen, wodurch leicht etwelche Plättchen der Zählung entgehen dürften.

3. Sind bei einer guten Giemsafärbung, wie sie stets tadellos gelingt, wenn man 3—4 Stunden lang färbt, die Blutplättchen so deutlich und unzweideutig erkennbar, daß ein Verwechseln mit anderen Blutbestandteilen (Hämokonien, Niederschlägen usw.) vollständig ausgeschlossen ist.

Naegeli[1] zählt nach dieser Methode, färbt die Präparate ca. 1 Stunde lang. Nach ihm glaubt Alder[2], daß bei Thrombopenien sofortiger Blutausstrich mit raschem Trocknen des Präparates (warme Platte) die Plättchen intakt und gut zählbar wiedergebe und das Magnesiumsulfat unnötig macht.

---

[1] Naegeli: Blutkrankheiten und Blutdiagnostik. 4. Aufl. S. 33.
[2] Alder, zitiert nach Naegeli: Zitiert auf S. 33.

Normalzahl der Blutplättchen.

1. Mit meiner Methode gezählt, beträgt die Normalzahl der Blutplättchen im Mittel 234 000. Sie schwankt zwischen 130 000 und 350 000. Zahlen unter 200 000 sind als vermindert zu betrachten, Zahlen unter 130 000 sind pathologisch und als essentielle Thrombopenie nach FRANK[1] aufzufassen. Zahlen über 350 000 sind als vermehrt zu taxieren. Eine besondere Bedeutung hat man bis jetzt vermehrten Zahlen nicht zugeschrieben.

BIZZOZZERO ermittelte 250 000 pro Kubikmillimeter. WRIGHT und KINNIKUT Zahlen von 226 000 bis 367 000, im Mittel 297 000. HAYEM gibt als Normalzahl 255 000 an, VAN ENDEM 245 000, AFFANASSIEW 180 000 bis 300 000, HELBER 200 000 bis 250 000, REBAUDY[2] fand bei der erwachsenen Frau 300 000, beim Neugeborenen 100 000, bei der Frau während der Geburt 1 600 000, nach der Geburt 300 000. CADWALADER im Mittel 327 000, nach der HELBERschen Methode 227 000. FUSARI[3] 180 000 bis 250 000, PRUS[4] 500 000, PUCHBERGER[5] gibt als Normalzahl 600 000, SAHLI gibt Werte von 150 000 bis 200 000, FRESE[6] 225 000 bis 269 000, MUIR[7] 200 000 bis 250 000, ACHARD und AYNAUD 216 000, THOMSEN[8] 250 000, DEGWITZ 300 000, SCHENK und SPITZ[9] 174 000 bis 280 000, im Mittel 230 000. K. KEILMANN[10] fand bei Säuglingen vermittels der SPITZschen Zählmethode Plättchenwerte von 48 000 bis 192 000. Außerhalb dieser Zahlen liegende Werte sind pathologisch.

Pathologische Gerinnungszustände.

Trotzdem die Gerinnungsbefunde solcher Zustände, der Hämophilie, der Purpura usw., von anderer namhafter und sehr kompetenter Seite[11] behandelt wird, kann ich nicht umhin, einige neuere Ergebnisse der Erforschung bekanntzugeben, die ich in der letzten Zeit erhob und zum Teil noch unveröffentlicht geblieben sind. Zum Verständnis meiner Ausführungen ist es aber notwendig, einige der wichtigsten Befunde namhafter Autoren und die Deutung dieser Resultate kurz vorauszuschicken. Ich bitte daher den geneigten Leser um Nachsicht, wenn er Wiederholungen von bereits Gesagtem finden wird.

Einige neuere Untersuchungsergebnisse der Gerinnung des hämophilen Blutes.

Klinisch gesprochen, ist die Hämophilie eine konstitutionelle Krankheit von noch unbekannter Ätiologie, als deren Hauptmerkmal die Disposition aufzufassen ist, traumatisch hervorgerufene Blutungen unstillbar zu gestalten. Sie besitzt ein typisches Vererbungsgesetz: Typische Bluter sind nur die männlichen Individuen, dagegen wird die hämophile Anlage nur durch die weibliche Linie vererbt. Das hämophile Blut zeigt in vitro eine außerordentlich große Verzögerung der Gerinnung, die bis zur Ungerinnbarkeit sich steigern kann.

---

[1] FRANK: Berlin. klin. Wochenschr. 1915, Nr. 18—19.
[2] REBAUDY: Zitiert auf S. 75.
[3] FUSARI, zitiert FONIO: Dtsch. Zeitschr. f. Chir. Bd. 117, S. 178. 1922.
[4] PRUS: Medicine 1886, Nr. 39, 40; abstacted in the Zentralbl. f. inn. Med. S. 469. 1887.
[5] PUCHBERGER: Wien. med. Wochenschr. 1905.
[6] FRESE: Inaug.-Dissert. Bern 1910.
[7] MUIR, zitiert nach PRATT: Journ. of anat. a. physiol. S. 259. 1891.
[8] THOMSEN: Cpt. rend. des séances de la soc. de biol. Bd. 83, S. 305. 1920.
[9] SCHENK u. SPITZ: Med. Klinik Nr. 13, S. 385. 1921.
[10] KEILMANN: Monatsschr. f. Kinderheilk. Bd. 23, H. 4, S. 383. 1922.
[11] MORAWITZ: Siehe diesen Bd. S. 412 ff.

Dieser Befund wird durchweg bei jedem Hämophilen gefunden und ist als das wichtigste differential-diagnostische Merkmal aufzufassen.

Die ersten und wichtigsten Untersuchungen über das Blut der Hämophilie stammen von Sahli[1], welcher feststellte, daß die Hämophilen keinen erhöhten Blutdruck besitzen, daß die Leukocytenzahl normal oder leicht herabgesetzt sei bei einem relativen Überwiegen der Lymphocyten gegenüber den polynucleären Leukocyten. Die Blutplättchenzahlen sind normal oder leicht vermindert, was ich auch bestätigen konnte. Der Wassergehalt des Blutserums ist normal, ebenso sein osmotischer Druck und der Alkalitätsgrad des Blutes. Ferner weist der Fibringehalt normale Zahlen auf, wie auch Heyland[2], Gavoy[3] und Ritter[4] angeben. In bezug auf die Gerinnungszeit fand Sahli, daß das hämophile Blut in den Intervallen zwischen den Blutungen stark verzögerte Gerinnung zeigt, während die Gerinnungszeit bei einer Blutung, die eine Zeitlang gedauert hat, umgekehrt normal oder verkürzt ist. (Ein Befund, der bei Blutungen häufig erhoben wird, wenn sich einmal die sekundäre Anämie eingestellt hat, wahrscheinlich infolge hydrämischer Plethora und Einströmen von gerinnungserregender Gewebsflüssigkeit in das Blutgefäßsystem. Man könnte diesen Vorgang als eine Autoinfusion auffassen.)

Sahli ist 1905 der Ansicht, daß die Ursache des Ausbleibens der natürlichen Blutstillung bei der Hämophilie darin zu suchen sei, daß die lädierte Gefäßwand an der Läsionsstelle, wo sich der Thrombus bilden sollte, nicht die erforderliche Menge Thrombokinase liefert, um die Thrombinbildung an Ort und Stelle entstehen zu lassen aus dem disponiblen Thrombogen. Er nimmt ferner an, daß außer der mangelhaften Lieferung von Thrombokinase durch die Gefäßwand auch die Blutzellen entweder diese Substanz weniger leicht als in der Norm abgeben oder sie vielleicht in geringerer Menge enthalten infolge einer vererbbaren Fehlerhaftigkeit des Keimplasmas. Diese mangelhafte Gerinnungsfähigkeit wird durch Hinzusetzen minimalster Spuren defibrinierten Normalblutes in normale Gerinnungsfähigkeit verwandelt.

Morawitz und Lossen[5] bestätigen 1908 diese mangelhafte Gerinnungsfähigkeit. Sie erzielten durch Hinzusetzen von Gewebsextrakt einer Niere (Thrombokinase) eine ausgesprochene Gerinnungsbeschleunigung und sind der Ansicht, daß es sich bei der Hämophilie um eine vererbte chemische (fermentative) Abart des Protoplasmas der geformten Elemente des Blutes, vielleicht aber auch aller Körperzellen handle. 1910 fand Sahli, daß durch Zusatz von fermentfreien normalen Blutkörperchen die Gerinnung des hämophilen Blutes stark beschleunigt wird. Sowohl wenn man die Blutkörperchen in physiologischer Kochsalzlösung aufschwemmt, als namentlich auch, wenn man sie teilweise durch Wasserzusatz in Lösung bringt. Führt man den gleichen Versuch mit hämophilen Blutkörperchen aus, so erhält man zwar auch eine Beschleunigung der Gerinnungszeit, jedoch nur geringen Grades, woraus Sahli schloß, daß das hämophile Blut in der chemischen Beschaffenheit seiner geformten Bestandteile einen Defekt zeigt. Sahli läßt die Frage offen, welche geformten Elemente diesen Defekt zeigen (Erythrocyten, Leukocyten oder Blutplättchen). Auch die übrigen Körperzellen sollen diese celluläre Anomalie zeigen.

---

[1] Sahli: Zeitschr. f. klin. Med. Bd. 56, S. 264. 1905 (Lit.); Dtsch. Arch. f. klin. Med. Bd. 99, S. 518. 1910.
[2] Heyland, zitiert nach Sahli: Salzburger med.-chir. Zeit. 1844.
[3] Gavoy, zitiert nach Sahli: Inaug.-Dissert. Straßburg 1861.
[4] Ritter, zitiert nach Sahli: Prager med. Wochenschr. 1877, Nr. 21 u. 22.
[5] Morawitz u. Lossen: Dtsch. Arch. f. klin. Med. Bd. 94, H. 1 u. 2. 1908.

GRESSOT[1] stellte Organextrakte einer hämophilen Leiche dar, setzte sie zu hämophilem Blut zu und fand, daß alle Organextrakte die Gerinnungszeit verkürzten. Damit ist der Beweis geliefert, daß die Hypothese des Thrombokinasemangels der hämophilen Zellen unhaltbar ist. GRESSOT nimmt mit SAHLI an, daß die Ursache der hämophilen unstillbaren Blutungen auf das Blut und auf das Gefäßendothel zu beschränken ist, infolge Mangels an Thrombokinase.

Ich führte die SAHLISCHEN Untersuchungen mit den Formelementen weiter und untersuchte speziell die Wirkung der Blutplättchen auf das hämophile Blut: Zu hämophilem Blut hinzugesetzt sind hämophile Plättchen oder deren Extrakte weniger wirksam als die normalen. Zu normalem Blut hinzugesetzt dagegen sind die hämophilen Plättchen den normalen ebenbürtig. Da sich das

Tabelle 6.

Minuten	Hämophiles Blut ohne Zusatz	Hämophiler Plättchenzusatz 2 Tropfen	No.-Plättchenzusatz 2 Tropfen
0			
5			
10			13′
15			
20			
25			
30		30′	32′
35			
40			
45			
50			
55	54′		
60			
65		67′	
70			
75			
80			
85			
90			
95			
100			

hämophile Blut infolge seiner trägen Gerinnbarkeit als ein sehr gutes Reagens zur Untersuchung gerinnungserregender Substanzen erwiesen hatte, wurde hier gleichsam als Nebenversuch die Einwirkung auf die Gerinnung von Plättchen verschiedener Provenienz untersucht, von Purpura- und Basedowplättchen, und mit derjenigen von Normalplättchen verglichen. Es wurde nachgewiesen, daß der Zusatz gleicher Mengen dieser Gebilde analoge Wirkung in bezug auf die Dauer der Gerinnungszeit hat. Sowohl Purpura- als Basedowplättchen verhalten sich wie Normalplättchen (Tabelle 7).

Es wurde ferner der Nachweis geleistet, daß steigende Mengen von Purpuraplättchen die Gerinnungszeit entsprechend verkürzen.

MINOT[2] und MINOT und DENNY[3] bestätigten meine Befunde. MINOT stellte Plasma durch Zentrifugieren bei 0° her oder auch recalcifiziertes Oxalplasma und setzte hinzu die Blutplättchen: setzte er normale Plättchen dem hämophilen Plasma zu, so trat die Gerinnung in normaler oder nahezu normaler Zeit ein, setzte er dagegen hämophile Plättchen selbst in 75mal stärkerer Konzentration

---

[1] GRESSOT: Zeitschr. f. klin. Med. Bd. 76, S. 194. 1912.
[2] MINOT: Arch. of internal med. Bd. 2, S. 474. 1916; 1917, S. 1062.
[3] MINOT u. DENNY: Arch. of internal med. 1916, S. 101.

wie beim Normalblut zu, so verkürzten sie wohl etwas die Gerinnung des hämophilen Plasmas, brachten sie jedoch nie auch nur annähernd in normaler Zeit zustande.

Eine partielle Lösung der Blutplättchen im Wasser war wirksamer als die hämophile Blutplättchensuspension. Minot nimmt an, daß bei der Hämophilie die Plättchen in normaler Zahl vorhanden sind, daß sie aber abnorm resistent seien. Deshalb geben sie das Thrombin schwerer ab und dieser Gerinnungsstoff fehlt daher dem Plasma bei Hämophilie.

Tabelle 7.

Minuten	Hämophiles Blut ohne Zusatz	Mit Purpuraplättchenzusatz			Mit Normalplättchenzusatz	Mit Basedowplättchenzusatz
		1 Tropfen	2 Tropfen	4 Tropfen		
0						
5						
10					8′	6′
15			15′	13′		
20		18′				
25						
30						
35						
40						
45	44′					
50				47′	47′	47′
55						
60						
65			64′			
70						
75						
80						
85						
90						
95						
100		1 St. 37′				

Die Plättchen bei der Purpura hämorrhagica verhalten sich umgekehrt: obschon in ihrer Zahl vermindert, bilden sie genügend Thrombin und bringen das Fibrinogen in wesentlich normaler Zeit zur Gerinnung.

Glanzmann[1] bestätigt diese Befunde. Bei normalen Plättchenzahlen beschleunigen die thrombasthenischen Plättchen in ausgesprochenem Gegensatz zu den hämophilen Plättchen die Gerinnung des Normalplasmas sogar stärker wie die normalen Plättchen, offenbar weil sie weniger resistenz sind und leichter in Lösung gehen. Da diese Plättchen schon intravasculär in vermehrtem Maße zerfallen, enthält das Plasma stets einen Überschuß an Thrombozym, selbst wenn infolge des vermehrten Zerfalls die Plättchen vermindert sind.

---

[1] Glanzmann: Jahrb. f. Kinderheilk. Bd. 38, H. 1, S. 1ff., 113ff. 1918.

Neben MINOT und LEE[1] bestätigte auch FEISSLY[2] meine Befunde in bezug auf die Wirkung der hämophilen Plättchen. Letzterer fand aber zugleich mit ADDIS[3], daß durch wiederholte Waschungen der Plättchen der Unterschied zwischen hämophilen und normalen Plättchen verschwinde. FEISSLY erklärt den von mir gefundenen und von ihm bestätigten Befund der Unterlegenheit der hämophilen Plättchen gegenüber normalen dadurch, daß er annimmt, daß mit den normalen Plättchen normales vollwertiges Proserozym dem hämophilen Plasma zugeführt werde, wodurch die Gerinnung auf normale Zeiten gebracht werde. Mit den hämophilen Plättchen dagegen werde defizientes hämophiles Proserozym zugeführt, wodurch die Gerinnung kaum beeinflußt werde. Durch die wiederholte Waschung der Plättchen werde das anhaftende Proserozym entfernt und somit der Unterschied der Plättchenwirkung aufgehoben. Nach FEISSLY beruht die verzögerte Blutgerinnung des hämophilen Blutes auf einer Anomalie des thrombinbildenden Plasmaanteiles.

WÖHLISCH[4] bestätigte meine Befunde über die Blutplättchenwirkung in 2 Fällen, bei einem dritten dagegen nicht.

Ich selbst untersuchte später die Wirkung der hämophilen Blutplättchen noch in anderer Beziehung: Ihr Verhältnis zur Retraktion des Blutkuchens (Technik s. S. 310, 311).

Hämophiles Plasma II + normales Serum + hämophile Plättchen.

Hämophiles Plasma II + normales Serum + normale Plättchen.

Bei beiden Versuchen = Koagulum mit Retraktion, kein Unterschied bei beiden Proben, woraus man folgern kann, *daß die hämophilen Blutplättchen in. bezug auf die Retraktion des Blutkuchens den normalen gleichwertig sind.*

Bis hierher sind die Untersuchungen über die Blutplättchen angelangt und über die Beantwortung der Frage des Verhaltens der Thrombokinase. Es wurde eine Inferiorität der hämophilen Plättchen gegenüber den normalen festgestellt insofern, als das hämophile Blut als Reagens benutzt wurde. In bezug auf den Einfluß derselben auf die Retractilität des Blutkuchens konnte kein Unterschied nachgewiesen werden. Über den Grund der genannten Inferiorität wissen wir bis zur Stunde nichts Genaueres, einzig FEISSLY glaubt die Erklärung nicht im Protoplasma der Plättchen selbst zu finden, sondern in dem diesen Elementen anhaftenden minderwertigeren hämophilen Proserozym, während MINOT annimmt, daß sie resistenter als normale sind und infolgedessen die Thrombokinase schwerer abgeben.

Es wurde ferner die Einwirkung von normalem und von hämophilem Serum studiert:

SAHLI wies nach, daß defibriniertes Normalblut, zu hämophilem Blut hinzugesetzt, die Gerinnung bis zur Norm beschleunigt, und zwar auch in Spuren davon, daraus schließt er, daß dem hämophilen Blut im Intervall zwischen den Blutungen eine oder mehrere bei der Fibrinfermentation zusammenwirkende Substanzen fehlen (der Fibringehalt des hämophilen Blutes ist nach SAHLI normal). Später wies SAHLI nach, daß normales defibriniertes, auf 60° C erhitztes Blut oder Serum schwächer wirkt und äußert die Ansicht, daß dieser Versuch beweise, daß die Thrombokinase, welche diesen Hitzegrad ertrage, und nicht

---

[1] MINOT u. LEE: Arch. of internal med. 1915.

[2] FEISSLY: Bull. et mém. de la soc. méd. des hop. de Paris Nr. 37, S. 1778. 1923. — Societé méd. et hopit. 14. Dez. 1923. S. 1778. — Cpt. rend. des séances de la soc. de biol. Bd. 92, S. 1121. 1922. — Actes de la soc. Hélvétique de sciences natur., Zermatt 1923, S. 174.

[3] ADDIS: Journ. of pathol. a. bacteriol. Bd. 15, S. 427. 1911.

[4] WÖHLISCH: Ber. a. d. med. Ges. zu Kiel, 11. Jan. 1923; Zeitschr. f. d. ges. exp. Med. Bd. 36, H. 1—3. 1923.

das Thrombogen oder das fertige Fibrinferment, welche durch diese Erwärmung zerstört werden, die Gerinnungsbeschleunigung des hämophilen Blutes hervorrufe. Gressot wies ebenfalls nach, daß das *hämophile Serum* die Gerinnung des normalen Blutes beschleunige, was vorher auch von Morawitz, Vogel[1], Nolf[2] und Schlössmann[3] nachgewiesen worden war.

Morawitz und Lossen[4] zeigten ferner, daß das hämophile Serum keine gerinnungshemmende Substanzen enthalte oder doch nur in geringerer Menge, im Gegensatz zu Weil, der das Gegenteil behauptet. Nach Nolf und Herry[5] soll das hämophile Serum kein Thrombin, nur Spuren von Thrombozym (Thrombokinase) enthalten, dagegen soll es reicher an thromboplastischen Substanzen sein als das normale. Nach Klinger[6] ist der Thrombingehalt des Serums wegen ungenügender Proteolyse (?) vermindert. Feissly wies nach, daß das Serum, welches nach der Retraktion des Kuchens gewonnen wird, sehr reich ist an Thrombin, welches das hämophile Plasma rasch zum Gerinnen bringt. Er führt die Verzögerung der Gerinnung dabei auf die außerordentlich große Langsamkeit der Bildung des Thrombins zurück, und zwar beruhe diese Mangelhaftigkeit in der Umwandlung des Proserozyms in das Serozym (Serozym = Thrombogen), indem er angibt, daß das hämophile Serozym imstande sei, in beinahe normalen Zeiten Thrombin zu bilden. Im Gegensatz dazu könne man nachweisen, daß das hämophile Proserozym mit den thrombinbildenden Elementen zusammengebracht, eine sehr verlangsamte Reaktion darbiete. Diese Verlangsamung könne erklärt werden:

1. indem man mit Klinger und Addiso das Vorhandensein einer Anomalie der molekularen Konstitution des Proserozyms annehme oder

2. die Annahme Feisslys akzeptiere, daß im hämophilen Plasma antagonistische Substanzen enthalten seien, welche der normalen Umwandlung des Proserozyms in das Serozym entgegenwirken.

Ich selbst habe in neuerer Zeit einige Untersuchungen an hämophilem Blut ausgeführt und folgende Resultate feststellen können (Protokolle noch unveröffentlicht):

Ich habe mir nach der auf S. 310 dargestellten Methode die 3 Gerinnungsreagenzien von normalem und von hämophilem Blut hergestellt (bei letzterem ohne Oxalatzusatz):

Plasma II formelementfrei (Fibrinogenlösung).

Eigenserum (Thrombin).

Plättchen.

Folgende Reaktionen wurden geprüft:

1. Hämophiles Plasma II + hämophiles Serum.

2. Hämophiles Plasma II + Normalserum.

3. Hämophiles Plasma II + Normalserum + hämophile Plättchen.

4. Hämophiles Plasma II + Normalserum + Normalplättchen.

Resultate:

ad 1. Fibrinausscheidung ganz mangelhaft bis Null, wenn eingetreten, ist das Fibringeflecht nur ganz locker, flächenförmig, rasch zerfließend.

ad 2. Koagulum homogen und zähe.

ad 3. Koagulum mit Retraktion.

ad 4. Koagulum mit Retraktion, kein Unterschied zwischen 3 und 4.

[1] Vogel: Zeitschr. f. klin. Med. Bd. 71, S. 224. 1910.
[2] Nolf: Arch. internat. de physiol. Bd. 6, 1908.
[3] Schlössmann: Beitr. z. klin. Chir. Bd. 79, H. 43, S. 477. 1912.
[4] Morawitz u. Lossen: Dtsch. Arch. f. klin. Med. Bd. 94, H. 1 u. 3, S. 110. 1908.
[5] Nolf u. Herry: Rev. de méd. Bd. 29. 1909; Bd. 30. 1910.
[6] Klinger: Zeitschr. f. klin. Med. Bd. 85, H. 5 u. 6, S. 335. 1917.

Aus diesen Versuchen geht hervor, daß die Wirkung des hämophilen Thrombins gegenüber hämophilem Plasma mangelhaft ist: Die Umwandlung von Fibrinogen in Fibrin gelingt nicht (in schweren Fällen) oder geht nur in ganz beschränktem Maße vor sich (in leichteren Fällen), während das normale Thrombin mit hämophilem Plasma vollwertige Fibrinkoagula hervorbringt.

Interessehalber sei hier erwähnt, daß ich die gleichen Befunde auch beim Versuch mit Basedow-Blut erhielt, d. h. mit Basedow-Plasma und Basedow-Serum gegenüber Normalserum.

Um die Frage zu entscheiden, ob diese mangelhafte Wirkung auf zu niedrigem Gehalt des hämophilen Serums an Thrombin beruhe, stellte ich noch folgenden ergänzenden Versuch an:

Zu hämophilem Plasma II (0,4 ccm) setzte ich hämophiles Serum in steigenden Mengen zu (0,2, 0,3, 0,4, 0,5 ccm), und zwar beim schwersten Falle, bei welchem durch Zusatz von hämophilem Serum überhaupt kein Fibrin erhalten werden konnte. Man erhielt bei keinem Zusatz irgendeine Fibrinausfällung. Wir müssen daraus schließen, daß die mangelhafte Wirkung nicht durch zu niedrige Mengen, sondern durch andere Faktoren zu erklären ist, nämlich durch die Insuffizienz des Thrombins. Worauf diese beruht, muß noch offen gelassen werden: Ist das gebildete Thrombin wirklich insuffizient, oder entsteht überhaupt kein Thrombin? Handelt es sich um einen Mangel an einer seiner Vorstufen (Thrombokinase, Thrombogen resp. Proserozym)?

Zusammenfassung des gegenwärtigen Standes der Erforschung der Gerinnung des hämophilen Blutes:

1. Die Fibrinogenmenge ist normal (SAHLI wies normale Fibrinwerte nach, ich selbst zeigte, daß hämophiles Plasma mit Normalserum ein normales Gerinnsel ergibt).

2. Ca-Mangel liegt nicht vor (NOLF, KLINGER, NAEGELI, MORAWITZ).

3. Die Blutplättchen: Ihre Zahl ist normal, jedenfalls nicht vermindert (SAHLI, FONIO[1]. Ihre Einwirkung auf die Retraktion des Koagulums in der III. Phase ist normal. Ihre Einwirkung auf die Gerinnung von hämophilem Blut gegenüber Normalplättchen in der II. Phase ungenügend.

4. Das Thrombin ist insuffizient (die defiziente Wirkung auf die Umwandlung des Fibrinogens in Fibrin ist nicht durch ungenügenden Thrombingehalt zu erklären, sondern durch Insuffizienz des Thrombins). Handelt es sich um Mangel an einer seiner Vorstufen (Thrombokinase, Thrombogen resp. Proserozym) oder haben wir es mit fehlerhaften Reaktionen dieser Vorstufen zueinander zu tun? Diese Frage steht noch offen.

Der Gerinnungsbefund bei der idiopathischen Purpura.

Für den Forscher der Blutgerinnung äußerst interessant ist die Gruppe der sog. Purpurazustände, die sich in bezug auf die klinischen Symptome der Hämophile nähern, ja mit ihr sogar verwechselt werden können. Sie besitzen jedoch ein typisches Verhalten des Blutbildes und der Gerinnung, die eine scharfe differentialdiagnostische Abscheidung gegenüber der Hämophilie bedingen. Wir unterscheiden:

1. Sekundäre Purpurazustände (nach bekannter Ätiologie, Sepsis usw.).

2. Anaphylaktoide Purpura nach GLANZMANN[2]. Ätiologie unbekannt, die

---

[1] FONIO: Mitt. a. d. Grenzgeb. d. Med. u. Chir. Bd. 28, S. 313. 1915; Schweiz. med. Wochenschr. 1922, Nr. 2; Zeitschr. f. klin. Med. Bd. 89, H. 1 u. 2. 1920.

[2] GLANZMANN: Jahrb. f. Kinderheilk. Bd. 83 d, 3. Folge, S. 271, 379. 1916; Bd. 33, H. 4/5. 1916.

hämorrhagische Diathese ist nur ein Glied eines bestimmten Symptomenkomplexes [Näheres siehe Glanzmann oder Fonio[1]].

3. Die idiopathische Purpura. Ätiologie unbekannt, das Primäre des Krankheitsbildes ist die hämorrhagische Diathese.

Uns interessiert hier hauptsächlich die idiopathische Purpura mit ihren Symptomen der essentiellen Thrombopenie nach Frank[2]. Die Blutplättchenzahl ist während den Anfällen von Blutungen (spontan auftretende Schübe von hämorrhagischer Diathese: Ekchymosen punktförmig bis handtellergroß, Hämatome, Blutungen in inneren Organen, sog. unstillbare Blutungen bei Wunden, namentlich nach Zahnextraktion usw. bis zum schwersten Krankheitsbild, dem Morbus maculosus Werlhofi) außerordentlich herabgesetzt, in besonders schweren Fällen sogar bis Null, wobei man nach langem Suchen einige Riesenblutplättchen findet. Die Gerinnungszeit in vitro ist normal, die Blutungszeit ist verlängert. Die Retraktion des Blutkuchens ist herabgesetzt oder fehlt vollkommen. Die Blutplättchenzahl, die während den Schüben stark herabgesetzt ist, kann durch Remissionen in die Höhe steigen, so daß man von sog. Blutplättchenkrisen spricht.

Glanzmann[3] beschreibt ferner die Gerinnung bei der hereditären hämorrhagischen Thrombasthenie mit ihrer besonderen Manifestationsform, der Thrombopenie bei Kindern.

Die Blutplättchenzahlen sind hier wechselnd, oft trifft man erhöhte, oft normale, in vielen Fällen leicht verminderte Zahlen 70000—200000, unter 30000 sinken sie nur in den schwersten, gewissermaßen spontanen Manifestationsformen der hämorrhagischen Diathese (Morbus maculosus Werlhofi-Thrombopenie).

Die Blutungszeit ist nur in den Fällen von Thrombopenie verlangsamt.

Die Gerinnungszeit bewegt sich meistens in normalen Grenzen. Immerhin kommen Fälle mit verzögerter oder ausbleibender Gerinnung vor. Die Gerinnung beginnt oft zur normalen Zeit, wird aber nicht vollständig beendigt, das würde einer normalen Reaktionszeit bei abnormem Gerinnungsende entsprechen.

Die Retraktilität, die III. Phase der Gerinnung, ist bei der hereditären hämorrhagischen Thrombasthenie am konstantesten gestört; vom mildesten Grad der leichtverzögerten aber schließlich eintretenden Retraktilität bis zur Irretraktilität des Gerinnsels.

Glanzmann schließt daraus, daß die Funktion der Plättchen dabei gestört oder vermindert sei.

Kroenecke[4], van der Zande[5], v. Willebrand[6] bestätigten die Befunde Glanzmanns.

Denis[7] entdeckte zuerst 1887 bei einem Falle rezidivierender Purpura die außerordentlich herabgesetzte Blutplättchenzahl. Hayem[8] bestätigte diese Entdeckung und wies außerdem nach, daß der Blutkuchen in diesen Fällen kein Serum auspreßte (Irrétractilité du Caillot). Seine Schüler, ferner Coe[9],

---

[1] Fonio: Mitt. a. d. Grenzgeb. d. Med. u. Chir. Bd. 27, H. 4, S. 663. 1914.

[2] Frank: Berlin. klin. Wochenschr. 1915, Nr. 18, 19; Zeitschr. f. klin. Med. Bd. 88, S. 24. 1919.

[3] Glanzmann: Jahrb. f. Kinderheilk. Bd. 38, S. 1ff. 1918.

[4] Kroenecke: Dtsch. med. Wochenschr. 1922, Nr. 33.

[5] Van der Zande: Nederlandsch tijdschr. v. geneesk., 1. u. 2. Hälfte 1923.

[6] Willebrand, E. A. v.: Finska Lackansäll kapets Handlingar Febr. 1926.

[7] Denis: Cellule Bd. 3, H. 3. 1887.

[8] Hayem: Leçons sur les maladies du sang. Paris: Masson & Cie. 1900.

[9] Coe, zitiert bei Frank: Berl. klin. Wochenschr. 1915, Nr. 18, S. 12.

Duke[1], Steiger[2], Fonio[3], Gaissböck, Frank[4] u. a. m., sowie Naegeli bestätigten diese Befunde. Die Zahl der Blutplättchen kann von der normalen Mittelzahl 250 000 auf 160 000, 100 000, 80 000, 40 0000, 10 000, 6000, 3000, 1500 und bis auf 0 heruntergehen (ein beim Morbus maculosus Werlhofi häufig erhobener Befund). Es besteht nun kein Zweifel, daß die Neigung zu Blutungen mit der verminderten Plättchenzahl in engster Beziehung steht, denn man hat die Erfahrung gemacht, daß mit dem Steigen der Plättchenzahlen, sei es spontan oder nach der Milzexstirpation nach Kaznelson[5], die Blutungen nicht mehr auftreten. Ich habe, wie schon erwähnt, auf experimentellem Wege gezeigt, daß die Blutplättchen die Retraktion des Blutkuchens bewirken: ohne Plättchen keine Retraktion, so daß das Blut eines Purpurakranken etwa der Versuchsanordnung entsprechen würde: Plasma II + Serum = Koagulum keine Retraktion. Die Erschwerung der Blutstillung läßt sich meiner Ansicht nach wenigstens zu einem guten Teil durch den Mangel an der Fibrinretraktion erklären, denn dadurch fällt die Wirkung der sog. physiologischen Ligatur, der konzentrischen Zusammenziehung der Wundränder, weg.

Indessen nimmt Glanzmann an, daß der Grad der Retraktilitätsstörung dennoch bis zu einem gewissen Punkte unabhängig von der Zahl der Blutplättchen sei. Fälle mit übernormalen Plättchenzahlen können vollständige Irretraktilität aufweisen. Solche Fälle werden hauptsächlich bei schweren Infektionskrankheiten, besonders bei Pneumonie, beobachtet.

Glanzmann konnte diesen Befund bei einer Streptococcensepsis beobachten. Auch bei der hereditären hämorrhagischen Thrombasthenie kommt dies vor.

Glanzmann versuchte dieses Problem auf experimentellem Weg zu lösen durch die Isolierung und Analyse der einzelnen Gerinnungsfaktoren und er gelangte zu folgenden Schlüssen:

1. Die thrombasthenischen Plättchen beschleunigen die Gerinnung stärker wie die normalen Plättchen, offenbar, weil sie weniger resistent sind, leichter in Lösung gehen und dabei gerinnungsfördernde Substanzen abgeben.

2. Die Retraktilität des Blutkuchens beruht auf einer Funktion der Blutplättchen.

3. Diese Funktion der Plättchen ist bei der hereditären Thrombasthenie gestört oder vernichtet.

Glanzmann nimmt auf Grund seiner Versuche an, daß bei der hereditären hämorrhagischen Thrombasthenie eine funktionelle Insuffizienz der Blutplättchen besteht.

Glanzmann neigt zur Ansicht, daß die Retraktilität nicht an die Gegenwart lebender Thrombocyten gebunden ist, sondern auf ein Ferment zurückzuführen ist, welches von den Plättchen abgegeben wird und welches der Autor „Retraktozym" nennt. Bei der hereditären hämorrhagischen Thrombasthenie würde dieses Ferment in den Blutplättchen fehlen oder es wäre in einer wirksamen Form enthalten. Es bestände demnach eine Dys- oder Aretraktozymie.

Gegen diese Theorie spricht mein Befund, der von Opitz und Schober bestätigt wurde, daß die Extrakte von Plättchen in bezug auf die Retraktion des Blutkuchens unwirksam sind.

---

[1] Duke: Americ. journ. of the med. assoc. Bd. 55, S. 1185. 1910.
[2] Steiger: Wien. klin. Wochenschr. 1913, Nr. 43.
[3] Fonio: Zitiert auf S. 396.
[4] Frank: Zitiert auf S. 396.
[5] Kaznelson: Zeitschr. f. klin. Med. Bd. 83, S. 79. 1916; Bd. 87, S. 140. 1918; Bd. 88, S. 155. 1919; Dtsch. Arch. f. klin. Med. Bd. 128, H. 2. 1919; Wien. klin. Wochenschr. 1916, S. 1451; Dtsch. med. Wochenschr. 1918, S. 114.

Auf größere Schwierigkeiten scheint der Befund, daß die Gerinnungszeit in vitro normal sei, zu stoßen. Ich habe diese Frage bei den Vorgängen der Blutgerinnung eingehend besprochen, und ich verweise deshalb auf das dort Gesagte (s. S. 317, 318), wo wir annehmen, daß trotz dem Fehlen oder der Zerstörung der Plättchenleiber im zirkulierenden Plasma genug Thrombokinase enthalten ist, sei es durch intravasculären Plättchenzerfall oder durch frühzeitige Abgabe im Knochenmark selbst durch ein abnormes Verhalten der pseudopodienabgebenden Megakaryocyten, der Mutterzellen der Blutplättchen. Der Nachweis abnormer Niederschläge im Plasma bei Ausstrichen von Purpurablut auf dem Objektträger scheint für diese Annahme zu sprechen, die freilich noch hypothetisch ist. Weitere Forschungen in dieser Richtung stehen noch aus.

Die Gerinnung bei cholämischen Zuständen.

Nach Schultz[1], Petrén[2], Morawitz[3] und Bierich bietet das cholämische Blut ähnliche Symptome wie die Hämophilie, indem hier die Thrombinbildung verzögert sei. Nach Morawitz sind die im Blute kreisenden Gallenbestandteile nicht die gerinnungshemmenden Faktoren, sondern es treten die cholämischen Blutungen erst auf, wenn die Leber insuffizient geworden sei. Ich kann diesen Befund insofern bestätigen, als die Untersuchung einer atrophischen Lebercirrhose mit leichtem Ikterus und hochgradigem Ascites, der alle 14 Tage in Mengen von 16—18 Litern punktiert werden mußte, ergab, daß alle Gerinnungswerte nach meiner kombinierten Methode untersucht und gemessen, durchweg sehr niedrig waren: Gerinnungszeit verlängert, Gerinnungsvalenz, Festigkeit und Retractilität erniedrigt. Für die Annahme Morawitz' spricht ferner der bei der Phosphorvergiftung erhobene Befund des Schwindens des Fibrinogens aus dem Blute, sobald die Leberschädigung einen größeren Umfang erreicht hat. Bei Ikterus ohne nennenswerte Schädigung der Funktion der Leberzellen dagegen muß die Herabsetzung der Gerinnungsfähigkeit auf die bekannte gerinnungshemmende Wirkung der ins Blut übergetretenen Gallenbestandteile zurückgeführt werden. Eine Stütze dieser Annahme findet man bei Isaak-Krieger und Hiege[4], welche bei Ikterus infolge Choledochusverschluß, Lebermetastasen bei Carc. recti, hyperplastischer Lebercirrhose, Sepsis post abortum keine herabgesetzten Fibrinogenwerte fanden. Indessen zeigt die Erfahrung, daß die Gerinnungsfähigkeit nicht bei jedem Ikterus herabgesetzt ist, namentlich bei Zuständen, die mit entzündlichen Vorgängen verbunden sind. So fand ich kürzlich bei einem Falle von Choledochusverschluß mit Cholecystitis und peritonitischen Erscheinungen verkürzte Gerinnungszeiten, normale Valenz, erhöhte Thrombusfestigkeit, erhöhte Retractilität. Das Serum dieses Blutes vermochte eine reine Fibrinogenlösung (Hydrocelenflüssigkeit) rascher und intensiver zur Gerinnung zu bringen als das Serum eines normalen Menschen.

Aus den bisherigen Untersuchungen und Erfahrungen scheint also hervorzugehen, daß die Herabsetzung der Gerinnung bei den cholämischen Zuständen einerseits durch den Mangel an Fibrinogen des Blutes infolge Schädigung der Leberzellen oder deren Funktion [Doyon[5], Nolf[6], Wohlgemuth[7], Denneke[8],

---

[1] Schultz: Ergebn. d. inn. Med. Bd. 16, S. 32. 1919.

[2] Petrén: Beitr. z. klin. Chir. Bd. 120, H. 3, S. 501. 1906.

[3] Morawitz u. Bierich: Arch. f. exp. Pathol. u. Pharmakol. Bd. 56, S. 115. 1906.

[4] Isaak-Krieger u. A. Hiege: Klin. Wochenschr. 1923, Nr. 23, S. 1067.

[5] Doyon: Cpt. rend. des séances de la soc. de biol. Bd. 58, I, S. 606, 681, 750, 781, II, 313. 1906.

[6] Nolf: Ergebn. d. inn. Med. u. Kinderheilk. Bd. 10, S. 275. 1913.

[7] Wohlgemuth: Berlin. klin. Wochenschr. 1917, Nr. 4.

[8] Denneke: Jahresk. f. ärztl. Fortbild. 1920, Märzheft S. 35.

Lichtwitz[1], Foster, Wippel[2], Morawitz] bedingt ist, und andererseits bei Fällen mit normaler Leberfunktion durch den Gehalt des Blutes an Gallenbestandteilen. Noel Fiessinger[3], Weil, E.,[4] Weil, Bogage und Ischwall[5], Petrén[6].

Mario Romeo[7] stellte am Tierversuch fest, daß nach der Unterbindung des Ductus choledochus bei Hunden die Gerinnungszeit nach 24 Stunden verlängert wird, nach einer Woche ihr Maximum erreicht und nach 40 Tagen wieder zur Norm zurückkehrt. Die Veränderungen der Gerinnungszeit geht parallel mit dem Erscheinen der Gallenfarbstoffe im Urin.

Isaak-Krieger und Hiege haben diese Verhältnisse eingehend untersucht und scheinen beide Annahmen zu unterstützen: Bei 6 Fällen von akuter Leberatrophie und bei einer atrophischen Lebercirrhose fanden sie durchweg niedrige bis stark verminderte Fibrinogenwerte. Bei einem Falle überhaupt kein Fibrinogen. Bei 6 Fällen von Ikterus simplex fanden sie bei 3 normale bis niedrige, bei 3 herabgesetzte Fibrinogenwerte. Bei den Fällen mit vermindertem Fibrinogengehalt dauerte der Ikterus länger an als bei den Fällen mit normalen Werten. Höchstwahrscheinlich nimmt der Fibrinogengehalt bei Ikterus simplex erst dann ab, wenn sich infolge der Schwere oder der langen Dauer desselben Störungen in der Funktion der Leberzellen geltend machen. Die Herabsetzung der Gerinnungsfähigkeit des Blutes beim Ikterus simplex dürfte aber primär durch den Gehalt an Gallenbestandteilen des Blutes erklärt werden und erst sekundär durch den herabgesetzten Fibrinogengehalt infolge sekundär auftretender Schädigung der Leberzellen durch die lange Dauer oder durch die hohe Intensität des Ikterus.

Die Gerinnung bei Phosphorvergiftung.

Nach Morawitz[8], Jacoby, Doyon[9], Wipple[10] schwindet das Fibrinogen bei der Phosphorvergiftung aus dem Blute, sobald die Zerstörung der Leber größeren Umfang erreicht hat, gleichzeitig schwindet das Thrombogen, so daß wir es hier mit einer Herabsetzung der Gerinnungsfähigkeit in zweifacher Beziehung zu tun haben.

L. Loeb[11]) hat nach Morawitz die Ungerinnbarkeit des Blutes bei der Phosphorvergiftung auf experimentellem Wege nachgewiesen. Verabreicht man Hunden in 8—10 Tagen 7—8mal 0,7 g Phosphor per os oder subcutan, dann beobachtet man, wie bei gewissen Tieren die Gerinnbarkeit des Blutes allmählich abnimmt bis zur Ungerinnbarkeit.

Die Gerinnung bei Benzolvergiftung.

Die Benzolvergiftung beim Menschen kann unter dem Bilde einer schwersten Anämie erfolgen mit den typischen Erscheinungen der idiopathischen Purpura in bezug auf die Gerinnung des Blutes. Nach Shelling bewirkt die Benzolintoxikation eine Zellverarmung im Knochenmarke, das fast ganz zur Verödung

---

[1] Lichtwitz, zitiert nach Isaak-Krieger: Klin. Chemie.

[2] Foster u. Wippel: Americ. journ. of physiol. Bd. 58, S. 365. 1921/22.

[3] Noel Fiessinger: Bull. et mém. de la soc. méd. des hôp. de Paris, Jahrg. 38, 1. Juni 1922.

[4] Weil, E.: Bull. et mém. de la soc. des hôp. de Paris, Jahrg. 38, Nr. 18, Juni 1922.

[5] Weil, Bogage u. Isch-Wall: Presse méd., Juli 1922, Nr. 521.

[6] Petrén: Acta chir. scandinav. Bd. 58, S. 488. 1925.

[7] Mario Romeo: Ann. ital. di chir. Bd. 6, 11, S. 1015. 1927.

[8] Morawitz: Handbuch der Biochemie. 2. Aufl. Bd. IV, S. 74. 1923.

[9] Doyon: Cpt. rend. des séances de la soc. de biol. Bd. 56—62. 1904—1907.

[10] Wipple: Americ. journ. of physiol. Bd. 33, S. 50. 1914.

[11] Loeb, L.: Beitr. z. chem. Physiol. u. Pathol. Bd. 5, S. 534. 1904.

gebracht wird. Die Megakaryocyten dürften ganz besonders empfindlich sein gegen das Gift, denn die Plättchenzahl stürzt schon sehr stark ab, wenn die charakteristische Benzolleukopenie noch gar nicht eingesetzt hat. Duke konnte diesen Plättchenschwund auch experimentell bei Hunden und Kaninchen nachweisen. Naegeli beschreibt einen Fall, der die typischen Erscheinungen der thrombopenischen Purpura nach Frank aufwies und durch die Milzexstirpation nach Kaznelson geheilt wurde, wobei die Plättchenzahlen von etwa 10 000 auf die enorme Zahl von 1 600 000 nach der Operation stieg. Als die Ätiologie der Erkrankung erwies sich erst nachträglich eine chronische Intoxikation mit Benzin-Benzoldämpfen.

Die Gerinnung bei Zuständen pathologischer Schilddrüsentätigkeit.

Die Gerinnung bei diesen Zuständen wurde namentlich im letzten Dezennium von Kocher[1], Kottmann[2], Lidzky[3], Blumenthal[4], Bauer[5], Schlössmann[6], Hildebrand[7] u. a. untersucht. Kocher und Kottmann waren es namentlich, welche die Basedowsche Krankheit untersuchten. Kottmann fand dabei bei 38 von 41 untersuchten Fällen eine Verzögerung der Gerinnung und eine Abschwächung der Gerinnselbildung, in 9 Fällen von Myxödem, Zuständen von Hypothyreoidismus, ausnahmslos stark beschleunigte Gerinnungszeiten und auffallend stark ausgeprägte Koagulabildung. Bei Strumen mit Symptomen von Hypothyreoidismus ebenfalls Beschleunigung der Gerinnungszeiten und verstärkte Gerinnselbildung. Bei Strumen mit Hyperthyreoidismussymptomen dagegen war dieses Verhältnis umgekehrt. Lidzky fand bei 78,3% der untersuchten Basedowfälle verlangsamte Gerinnungszeit, bei 4,5% normale, bei 16,24% dagegen beschleunigte Gerinnungszeit. Bei Cachexia strumi-priva, Zwergwuchs, Kropffällen mit Hypothyreosis beschleunigte Gerinnungszeiten. Blumenthal und Lidsky fanden am Tierexperimente nach Behandlung mit Schilddrüsensubstanz eine Verlangsamung der Gerinnungszeit. Bauer fand bei der Mehrzahl von Basedow eine Gerinnungsverzögerung, ferner im Gegensatz zu Kottmann bei Strumen mit Hypothyreose, ebenso beim endemischen Kretinismus und bei Kretinoiden. Hildebrand fand bei 28 Basedowfällen eine Verlängerung der Gerinnungszeit, Schlössmann bei 13 Basedowfällen eine Neigung der Gerinnungszeit zur Verzögerung, bei Kretinismus eine Beschleunigung.

Mit Ausnahme von Kottmann und Lidzky[8], welche die Größe des Koagulums, wenn auch nur mit allgemeinen Ausdrücken berücksichtigten und einige Fibrinbestimmungen ausführten, beschäftigten sich alle übrigen Autoren nur mit der Bestimmung der Gerinnungszeit.

Ich habe deshalb diese Zustände einer eingehenden Untersuchung mit meiner kombinierten Methode (S. 372 ff.) unterzogen und die Resultate an der internationalen Kropfkonferenz in Bern (August 1927) bekannt gegeben.

---

[1] Kocher, Th.: Arch. f. klin. Chir. Bd. 87, 1908.

[2] Kottmann: Zeitschr. f. klin. Med. Bd. 71, H. 5 u. 6. 1910; Rundschau f. Med. 1910, Nr. 1; Korrespondenzbl. f. Schweiz. Ärzte 1910, Nr. 34.

[3] Lidsky: Inaug.-Dissert. Bern 1910; Zeitschr. f. klin. Med. Bd. 71, H. 5 u. 6, S. 344. 1910.

[4] Blumenthal: Fol. haematol. S. 165. 1910.

[5] Bauer: Kongr. f. inn. Med. 1913.

[6] Schlössmann: Chirurgischer Kongreß 1913.

[7] Hildebrand: Arch. f. klin. Chir. Bd. 111, H. 1, S. 1. 1918.

[8] Kottmann u. Lidsky: Zeitschr. f. klin. Med. Bd. 69, H. 5 u. 6, S. 431. 1910.

Es wurden untersucht: die Gerinnungszeit, die Gerinnungsvalenz, die Zugfestigkeit des weißen Thrombus durch die Thrombometrie und in einem Teil der Fälle auch die Retraktion des Koagulums durch das Retraktilometer.

Mit dieser Methode habe ich über 100 Fälle von Struma und Zuständen veränderter Schilddrüsentätigkeit untersucht und die Resultate folgendermaßen geordnet:

1. Struma bei anscheinend normalem somatischen Verhalten.

2. Struma mit Symptomen von Hypothyreoidismus.

3. Struma mit Symptomen von Hyperthyreoidismus.

4. Basedow.

5. Myxödem.

6. Endemischer Kretinismus.

1. Struma mit anscheinend normalem somatischen Verhalten (31 Fälle)[1].

44 Minuten	1	2	200	7	31 Minuten	2	3	215	
43 „	1,75	4	280	9	30 „	0,5	2,5	530	9
42 „	1,5	2,5	250	6	27 „	1,3	4	350	3
41 „	2	3,5	150	6	27 „	3	4	300	6
40 „	1,5	3	350	12	27 „	1,75	2,5		10
39 „	1,5	3,5	175	8	26 „	2	3	260	8
38 „	1,75	3,5	350	4	26 „	1	2	270	
37 „	1	2	100	6	26 „	1,75	2,5	135	8
37 „	1,5	2,5	390	8	26 „	1,3	3,5	200	6
36 „	1	2	250	1	25 „	1	2,5	270	5
35 „	2,5	4	235	9	25 „	1,5	3	225	7
35 „	1	1,5	180	7	25 „	1,5	2,5	350	5
35 „	1	2,5	100	4	18 „	1	4,5	135	6
34 „	1	1,5	100	1	18 „	2	2,5	190	6
34 „	0,5	2	100	7	15 „	1,5	2,5	260	7
33 „	0,5	1,5	230	3					

Die Gerinnungszeit beträgt:

bei 5 Fällen über 40 Minuten . . . . } verlängert (16),
„ 11   „   „ 32   „   . . . .
„ 12   „   zwischen 25—32 Minuten . . . . . . normal (12),
„ 3   „   unter 25 Minuten . . . . verkürzt (3).

Die Gerinnungsvalenz zeigt normale Werte:

$$V\ 0{,}5{-}2{,}5 \qquad\qquad v\ 1{,}5{-}4{,}5,$$

jedoch mit der Tendenz im allgemeinen niedriger als normal zu sein.

Die Zugfestigkeit beträgt:

bei 16 Fällen 250—350 g . . . . normale Werte,
„ 13   „   unter 250 g . . . . erniedrigt, jedoch unbedeutend,
„ 1 Fall über 350 g . . . . vermehrt.

Ihre Werte entsprechen ungefähr denjenigen der Gerinnungszeit.

Bei ungefähr der Hälfte der Fälle treffen wir erniedrigte Werte an. Die andere Hälfte schließt normale Werte in sich, die erhöhten Werte bilden eine kleine Minderheit.

---

[1] Bei sämtlichen Tabellen und Untersuchungsresultaten ist die Reihenfolge der Normaltabelle eingehalten: von links nach rechts gelesen bedeuten die Zahlen: Gerinnungszeit (Minuten), Gerinnungsvalenz (V, v), Zugfestigkeit (g) und Retraktilität (mm) (S. 373).

2. Struma mit Symptomen von Hypothyreoidismus (5 Fälle).

41 Minuten	1	1,5	370
32 ,,	1	5	520
31 ,,	1,5	4	237
21 ,,	1,5	6	257
15 ,,	1	1,5	270 (Kretinenhaft)

Gerinnungszeit = atypisch.
Gerinnungsvalenz: Neigung zur Erhöhung.
Zugfestigkeit: Neigung zur Erhöhung

3. Struma mit Symptomen von Hyperthyreoidismus (11 Fälle).

40 Minuten	2	3	400	1
40 ,,	0,5	2,5	131	
36 ,,	1	4,5	173	
31 ,,	2	3	55	(?)
30 ,,	1,2	2	140	
29 ,,	1	2,5	430	10
28 ,,	2	3	250	10
28 ,,	1,0	2	250	7
26 ,,	0,5	2,5	115	
25 ,,	1,5	2,5	280	8
24 ,,	1,5	2	250	6

Gerinnungszeiten mit 1 Ausnahme (24 Minuten), über 25 Minuten = normal, bei einem Drittel verlängert (über 32 Minuten).
Gerinnungsvalenz: Tendenz zur Erniedrigung.
Zugfestigkeit: Tendenz zur Erniedrigung.

4. Basedow (20 Fälle).

48 Minuten	1	1,5	120	6	30 Minuten	0,5	4	250	6
46 ,,	1,5	2	350		29 ,,	1,0	3,0	100	4
45 ,,	1,0	1,5		6	27 ,,	1,5		380	3
44 ,,	1	2	150	4	23 ,,	1,5	1,5	180	
41 ,,	0,5	2	125	10	23 ,,	1,0	2,5	75	6
40 ,,	1,5	3	150	4	23 ,,	1,5	3,5	250	3
38 ,,	1,5	4	325	7	16 ,,	0,5	1	246	5
38 ,,	1	2	200	4	16 ,,	1,0	6	150	6
35 ,,	1,5	2	225	7	15 ,,	1,5	3,5	175	8
32 ,,	1	2	175	4	11 ,,	0,5	1,5	275	5

Die Gerinnungszeit ist:

bei 6 Fällen über 40 Minuten . . . . }verlängert (10 Fälle)
 ,, 4 ,, ,, 32 ,, ... }
 ,, 3 ,, zwischen 25 und 32 Sekunden . . . . (normal) (3 Fälle)
 ,, 7 ,, unter 25 Sekunden . . . . (verkürzt) (7 Fälle)

In der Mehrzahl der Fälle findet man verlängerte Gerinnungszeiten, es gibt auch viele Fälle mit verkürzten Werten. Die Gerinnungsvalenzen haben Tendenz zur Erniedrigung. Die Werte der Zugfestigkeit sind bei

     6 Fällen 250—350 = normal,
  12 ,,   unter 250 = erniedrigt,
   1 Fall über 350 = erhöht.

Ca. zwei Drittel der Fälle weisen erniedrigte Zugfestigkeiten auf. Ein Drittel normale Werte. Nur bei einem Fall sind die Werte erhöht. Beim Basedow treffen wir daher in der Mehrzahl der Fälle erniedrigte Gerinnungswerte an, je schwerer der Fall, desto niedriger im allgemeinen die Werte. Wir treffen aber auch recht viele Fälle mit verkürzten Gerinnungszeiten an.

5. Myxödem (5 Fälle).

36 Minuten	1	2	100	4
33 „	1	1,5	300	6
14 „	1,5	3	410	6
16 „	3,5	4,5	300	5

Gerinnungszeiten zum Teil verlängert, zum Teil verkürzt.
Gerinnungsvalenzen: Normal.
Zugfestigkeiten: Tendenz zur Erhöhung.

6. Endemischer Kretinismus (32 Fälle).

					Struma calcarea						Struma calcarea
7 Minuten	1,5	8	360	6	+	21 Minuten	1,5	4	250	9	+
14 „	5	6	165	6	+	15 „	2	8	190	6	+
16 „	5	6	213	7	+	9 „	4,5	8	180	9	+
16 „	3	6	160	4	+	17 „	3	7	317	7	+
14 „	1,5	7	300	7	+	11 „	2,5	7	230	7	+
9 „	1	12	155	4	+	9 „	1	6	170	4	+
11 „	5	5	242	6	+	11 „	1,5	3,5	150	5	+
12 „	1,5	7	130	6	+	15 „	2,5	7	90	4	+
12 „	1,5	8	280	6	+	12 „	3	8	355	4	+
10 „	3	7	387	8	+	7 „	8	10	257	6	+
11 „	1,5	12	160	5	+	24 „	2,5	4,5	315	7	ungewiß
20 „	3,5	8	267	3	+	22 „	5	6	265	6	„
14 „	2	9	500	7	+	19 „	2	3,5	410	6	„
18 „	1,5	3,5	85	8	+	17 „	1,5	10	140	5	„
16 „	1	5	239	7	+	13 „	8	8	225	6	„
16 „	3,5	7	115	4	+	9 „	2,5	7	163	6	„

Die Gerinnungszeiten sind bei allen Fällen ausnahmslos verkürzt: 7—24 Minuten.

Die Gerinnungsvalenzen sind stark erhöht:

$$V\ 1{,}5-8 \qquad v\ 3{,}5-12$$

Zugfestigkeitswerte bei:

8 Fällen	250—350	= normal,
18 „	unter 250	= erniedrigt,
6 „	über 350	= erhöht.

Die Mehrzahl weist erniedrigte Werte auf.

Die Gerinnungswerte des endemischen Kretinismus (Gerinnungszeit und Gerinnungsvalenz) sind stark erhöht mit Ausnahme der Zufgestigkeit, die in der Mehrzahl der Fälle erniedrigte Werte aufweist. Sehr auffällig ist, daß bei 26 Fällen Verkalkung in der Struma nachgewiesen wurde. Nur bei 6 Fällen konnte keine deutliche Verkalkung gefunden werden. Bei den Fällen mit Verkalkungen ist die Verkürzung der Gerinnungszeit ausgesprochener als bei den Fällen ohne deutlich nachweisbaren Kalkgehalt.

Stellen wir die gefundenen Resultate zusammen, dann konstatieren wir, daß bei den Strumen mit normalem somatischen Verhalten die Gerinnungswerte normal sind mit Tendenz zur Erniedrigung. Bei den Strumen mit Symptomen von Hypothyreoidismus wechseln die Gerinnungswerte, im allgemeinen besteht Tendenz zur Erhöhung. Bei den Strumen mit Symptomen von Hyperthyreoidismus sind die Werte normal mit Tendenz zur Erniedrigung.

Beim Basedow treffen wir in der Mehrzahl erniedrigte Gerinnungswerte an, je schwerer der Fall, desto niedriger die Werte. Wir treffen aber auch viele Fälle mit verkürzten Gerinnungszeiten an, während die Werte der Zugfestigkeiten im Gegensatz hierzu nur bei einem von 20 untersuchten Fällen erhöht war.

Beim Myxödem fanden sich wechselnde Werte vor. Die Zugfestigkeiten sind jedoch im allgemeinen erhöht, allerdings ist die Zahl der untersuchten Fälle noch zu gering, um eindeutige Schlüsse zu ziehen.

Beim endemischen Kretinismus findet man ganz typische Werte:

Stark verkürzte Gerinnungszeiten, stark erhöhte Gerinnungsvalenzen, die Zugfestigkeiten sind in der Mehrzahl der Fälle erniedrigt. Auffallend ist, daß in weitaus den meisten Fällen Verkalkungen von Strumapartien nachgewiesen werden konnten. Bei den Fällen mit Verkalkungen ist die Verkürzung der Gerinnungszeit ausgesprochener.

Und nun stellten wir uns die Frage: Wodurch werden diese Veränderungen der Gerinnungswerte beim Basedow und beim Hyperthreoidismus, beim endemischen Kretinismus und beim Hypothyreoidismus bedingt?

Hat der Grad des Gehaltes des Blutes an Schilddrüsensekret oder Thyreoideaabbauprodukten einen Einfluß auf die Gerinnung? Ist dieser Einfluß vom Jodgehalt des Schilddrüsensekretes abhängig?

Oder kommen hier andersartige Faktoren und Einflüsse in Frage, die mit den Sekretionsverhältnissen der Schilddrüse nichts zu tun haben?

Um diese Fragen zu beantworten, untersuchten wir den Einfluß der Zufuhr von Schilddrüsenpräparaten, von jodfreien und von jodhaltigen, auf die Gerinnung, nachdem wir den direkten Einfluß dieser Präparate auf die Gerinnung des Blutes in vitro festgestellt hatte. Die gleichen Versuche stellten wir mit Jod und seinen organischen und anorganischen Jodverbindungen an.

Es gelangten zur Untersuchung: ein eiweiß- und jodfreies Thyreoideapräparat (F. 200 Ciba), das englische Thyreoidin Bourrougs Wellcome, das Thyrakrin Oswalds und ferner Jod, Lipojodin und Jodkali. Zunächst wurden diese Präparate direkt am Blut in vitro geprüft (zu je 10 Tropfen Blut im Uhrschälchen 3 Tropfen einer Lösung des Präparates in physiologischer Kochsalzlösung nach Extraktion mit Äther, Aqua destillata und Alkohol, wobei alle drei Extrakte zur Prüfung gelangten). Sodann wurden normale Menschen, Strumöse, endemische Kretine, je nachdem uns solche Versuchspersonen zur Verfügung standen, mit dem zu untersuchenden Präparat gefüttert und die Gerinnung vor und nach Ablauf der Behandlung, nach 8, 14 bis 30 Tagen untersucht. Die Präparate F 200, jod- und eiweißfrei, und das englische Thyreoidin, jod- und eiweißhaltig, wurden auch am Tierversuch geprüft.

F. 200, jod- und eiweißfreies Thyreoideaextrakt (flüssig).
0,5 ccm = 1,5 g frische Drüse.

Untersuchung in vitro.

NaCl[1]	F 200	F 200 NaCl z. gl. T.
27 Minuten	27 Minuten	27 Minuten

Untersuchung in vivo.

Tierexperiment (Hund):

I.

*vor 20 Minuten	1,5	4	156	1	} Dosierung: 0,5 ccm pro kg Körpergewicht
**nach 20 ,,	2	5	32	2	

II.

vor 20 ,,	2,5	6	49	} Dosierung idem.
nach 18,5 ,,	2,5	5	42	

Klinischer Versuch.

Struma coll. Hypothyr.:

vor 21 Minuten	1,5	6	57	} Dosierung 1,5 ccm täglich 14 Tage
nach 17 ,,	1	6	100	

Struma calcarea hypothyr.:

vor 31 Minuten	1,5	4	273	} Dosierung 2,0 ccm täglich 7 Tage
nach 17 ,,	1	4	223	

[1] Kontrolluntersuchung mit physiologischer Kochsalzlösung (NaCl).
* *Vor* der Behandlung.   ** *Nach* der Behandlung.

Endem. Kretin.:

vor 23 Minuten	1,5	2,5	322	} Dosierung 13,0 ccm täglich 8 Tage
nach 19 „	1,5	4	130	

Normal:

vor 28 Minuten	1	1,5	430	8	} Dosierung 8,5 ccm täglich 8 Tage
nach 20 „	0,5	3	215	8	

Normal:

vor 23 Minuten	1	3	330	} Dosierung 7,4 ccm täglich 8 Tage
nach 14 „	1	12	360	

Die Untersuchung in vitro ergab keine Beeinflussung der Gerinnung. Die Tierversuche zeigen keine Ausschläge. Die Gerinnungsfaktoren werden im großen und ganzen nicht wesentlich beeinflußt. Beim klinischen Versuch wird durch die Fütterung per os die Gerinnungszeit leicht verkürzt, die Gerinnungsvalenz bleibt unbeeinflußt. Die Zugfestigkeit hat Neigung zur Erniedrigung. Bei den subcutanen Applikationen sind die Ausschläge widersprechend und atypisch

Thyreoidin Bourrougs Wellcome.
1 Tabl. (5 grains) = 0,324 g frische Drüse
0,00279 g Jod.

Untersuchung in vitro.

NaCl					Thyreoidin			
25 Minuten					25 Minuten			
19 „					16 „			
19 „					24 „			
11 „					11 „			
1,5	9	80	12		1,0	7	80	11

Untersuchung in vivo.

Tierexperiment: I.

vor 20 Minuten	1,5	4	156	} Dosierung 80 Tabletten täglich = 1,62 Drüse
nach 18 „	2	5	122	} pro kg Körpergewicht 10 Tage

II

Thyreoidektomierter Hund:

vor 12 Minuten	3	6	58	} Dosierung 14 Tabletten täglich = 0,336 g
nach 21 „	2,5	6	65	} Drüse pro kg Körpergewicht 28 Tage

Klinischer Versuch.

Myxödem:

vor 38 Minuten	1	4	310	
nach 31 „	1	5	182	3 Tabl. täglich 8 Tage
„ 27 „	1	6	294	6 „ „ 8 „

Kretinismus:

vor 23 Minuten	1,5	2,5	322	
nach 19 „	1,5	3	530	3 Tabl. täglich 12 Tage
„ 26 „	1	2,5	320	6 „ „ 12 „

Normal:

vor 28 Minuten	1	1,5	430	
nach 8 „	1	3	97	6 Tabl. täglich 8 Tage

Normal:

vor 23 Minuten	1	3	330	3	
nach 12 „	1	9	485	7	5 Tabl. täglich 8 Tage

Vierwöchige Behandlung: 3 Tabl. täglich

Endem. Kretin.:

vor	14	Minuten	2	9	500	7
nach	16	„	2	3,5	510	6

Endem. Kretin.:

vor	9	Minuten	1	12	155	4
nach	14	„	3,5	6	280	7

Myxödem:

vor	14	Minuten	1,5	3	410	6
nach	27	„	1,5	2,5		10

Die Untersuchung in vitro ergibt keine Beeinflussung der Gerinnung.

Beim Tierexperiment bleibt beim normalen Fall die Gerinnung unbeeinflußt, beim thyreoidektomierten Tier wird die Gerinnungszeit verlängert, die anderen Faktoren bleiben unbeeinflußt. Beim klinischen Versuch werden ein Fall von Myxödem und von Kretinismus nicht typisch beeinflußt. Bei zwei normalen Menschen werden die Gerinnungszeit verkürzt, die Valenz erhöht, die Zugfestigkeit atypisch beeinflußt, bald erniedrigt, bald erhöht.

Länger dauernde Behandlung (4 Wochen) beim endemischen Kretin und beim Myxödem verlängerte die Gerinnungszeit um weniges, erniedrigte damit übereinstimmend die Gerinnungsvalenzen, die Zugfestigkeit dagegen wurde atypisch beeinflußt. Bei allen drei Patienten hatten sich dabei Jodismussymptome eingestellt (beschleunigter Puls, Abmagerung, Appetitlosigkeit, Unwohlsein, Schweißausbrüche, Erbrechen, Diarrhöe usw.), so daß die Fütterung mit Thyreoidin unterbrochen werden mußte.

Thyreoglobulin Oswald (Thyrakrin).

1 Tabl. = 0,0015 g Jod.

Untersuchung in vitro.

NaCl				Thyrakrin		
24 Minuten				24 Minuten		
9 „				9 „		
19 „				16 „		
11 „				11 „		
0,5	7	250		0,5	6	360

Klinischer Versuch.

Struma coll. (schwachsinnig):

vor	7	Minuten	1,5	7	180	5		
nach	22	„	1,5	2,5	280	8	3 Tabl. täglich 8 Tage

Struma coll. (Kretine):

vor	15	Minuten	0,5	2	270	9	
nach	23	„	1	2	130	5	3 Tabl. täglich 8 Tage

Die Prüfung in vitro ergab keine Beeinflussung der Gerinnungsfaktoren.

Beim klinischen Versuch (Fall von Schwachsinn, Kretine mit Struma coll.) wurden die Gerinnungszeiten verlängert, die übrigen Gerinnungsfaktoren atypisch beeinflußt, Valenz und Zugfestigkeit bald erhöht, bald erniedrigt.

Jod, resp. Tinctura jodi.

Untersuchung in vitro.

NaCl				Jodlösung (NaCl)			
21 Minuten				21 Minuten			
18 „				18 „			
28 „				28 „			
37 „				28 „			
0,5	3	240	6	0	3,5	230	7
3	6	500	11	2,5	7	150	12

Klinischer Versuch.
Jodtinktur per os.

Myxödem:

vor	16	Minuten	3,5	4,5	300	5
nach	19	„	1,5	4,5	470	6	3 mal tägl. 5 Tropfen 8 Tage
„	19	„	2	5			3 mal tägl. 5 Tropfen 10 Tage

In vitro ergab sich keine Beeinflussung der Gerinnungskomponenten.

Im klinischen Versuch war keine Beeinflussung nachweisbar. Eine leichte unbedeutende Verlängerung der Gerinnungszeiten kann nicht berücksichtigt werden, da die Ausschläge zu niedrig sind.

Jodkalilösung, 2,5 proz.
Untersuchung in vitro.

NaCl	Jodkalilösung
40 Minuten	40 Minuten
	0,5 2 410 12

Klinischer Versuch.

Struma coll. zum Teil calcarea (schwachsinnig):

vor	14	Minuten	1,5	9	150	8	
nach	5	„	2,5	4	420	4	0,5 g JK täglich 8 Tage

Struma coll. (Kretine):

vor	15	Minuten	2,5	6	140	8	
nach	22	„	0,5	5	200	8	0,5 g JK täglich 8 Tage

Struma adolesc. (Rekonvaleszent nach Appendektomie):

vor	41	Minuten	1	3	200	7	
nach	42	„	1,5	3	120	7	0,5 ccm 2,5 proz. Lösung subcutan 8 Tage

Struma coll. (Kretine):

vor	12	Minuten	0	6	430	8	
nach	12	„	1,5	6	470	6	Dosierung idem.

In vitro keine Beeinflussung der Gerinnung.

Bei einem Fall von Schwachsinn mit Struma calcarea und bei einer Kretine wurde bei Fütterung per os die Gerinnung nicht typisch beeinflußt. Auch die subcutane Injektion beeinflußt die Gerinnung nicht.

Lipojodin, 1 Tabl. = 0,123 g Jod.
Untersuchung in vitro.

NaCl	Lipojodin
27 Minuten	27 Minuten
19 „	19 „
24 „	20 „
6 „	6 „
1,5 8 120 10	1,5 7 180 9

Klinischer Versuch.
Dosierung: 3 Tabl. täglich à 0,3 g.

Struma coll., zum Teil calcarea (schwachsinnig):

vor	12	Minuten	1,5	8	230	7	
nach	26	„	1	3	320	6	8 Tage lang

Kretin.:

vor	15	Minuten	2,5	5	95	4	
nach	19	„	1,5	4	290	7	14 Tage lang

Kretin.:

vor	9	Minuten	2,5	7	165	6	
nach	18	„	2,5	3,5	240	6	14 Tage lang

Kretin.:

vor	11	Minuten	1,5	3,5	150	5	
nach	19	„	2	3,5	150	7	4 Wochen lang

Kretine:

vor	13	Minuten	8		225	8	
nach	11	„	10		80	7	4 Wochen lang

In vitro keine Beeinflussung der Gerinnung.

Beim klinischen Versuch fanden wir bei kurz dauernder Behandlung eine Verlängerung der Gerinnungszeiten und eine Erniedrigung der Valenzen, eine Erhöhung der Zugfestigkeiten, an Kretinen geprüft. Bei länger dauernder Behandlung (4 Wochen) wurde in einem Falle die Gerinnungszeit verlängert, in einem andern verkürzt, bei gleichbleibender bzw. erhöhter Valenz, Beeinflussung der Zugfestigkeiten wechselnd.

Es geht aus unseren Untersuchungen hervor, *daß sowohl die Thyeeoideapräparate als auch Jod und seine organischen und anorganischen Verbindungen die Gerinnung des Blutes nicht direkt beeinflussen:* zu Blut in vitro gegeben läßt sich keine Wirkung nachweisen.

Beim klinischen Versuch läßt sich bei diesen Präparaten keine eindeutige typische Wirkung nachweisen. Einzig das Thyrakrin verlängerte kurz gegeben die Gerinnungszeit, während die übrigen Gerinnungsreaktionen atypisch blieben. Das englische Thyreoidin verlängerte lang gegeben die Gerinnungszeit, während es kurz gegeben atypisch wirkte. Das Lipojodin verlängerte kurz gegeben die Gerinnungszeit, erniedrigte die Valenzen, lang gegeben wirkte es atypisch.

Beim Tierversuch keine eindeutigen Ausschläge von jodfreiem und jodhaltigem Thyreoidextrakt. Einzig beim thyreoidektomierten Hund wurde durch das englische Thyreoidin die Gerinnungszeit verlängert.

Eine Erklärung der Gegensätze der Gerinnungsbefunde zwischen *Basedow* (in der Mehrzahl der Fälle verlängerte Gerinnungszeiten, Tendenz der Valenzen und der Zugfestigkeiten zur Erniedrigung) und *endemischem Kretinismus* (stark erhöhte Gerinnungszeiten, erhöhte Valenzen) und der verwandten Zustände des Hyper- und Hypothyreoidismus ist durch unsere Befunde nicht gegeben, da wir durch den klinischen Versuch und namentlich durch das Experiment in vitro nachgewiesen haben, daß der Gehalt des Blutes an Thyreoideasubstanzen oder an Jod keinen typischen und eindeutigen Einfluß auf die Gerinnung hat.

Auch der Einwand, daß diese Präparate per os oder subcutan zugeführt nicht direkt auf die Gerinnung selbst einwirken, sondern indirekt, sekretionsreizend, indem sie die Schilddrüse zu vermehrter Abgabe von Schilddrüsensekret veranlassen, und daß erst der vermehrte Gehalt des Blutes an Schilddrüsensekret gerinnungsbeeinflussend wirkt, ist abzulehnen angesichts der negativen Befunde bei den Untersuchungen in vitro, weil wir annehmen müssen, daß in den zugeführten Schilddrüsenextrakten (Thyreoidin, Thyrakrin, F. 200) Schilddrüsensekret enthalten sein müsse. Der Einwand, daß das Sekret dabei nur in frischem Zustande zur Wirkung gelange und mit der Zeit an Wirksamkeit verliere, ist wohl nicht stichhaltig, da es unwahrscheibnlich ist, daß das Sekret in bezug auf seine thyreogene Wirkung wirksam bleiben und nur seine gerinnungsbeeinflussende verlieren sollte, insofern eine solche angenommen würde.

Unsere Versuche sprechen daher dafür, daß die Veränderungen der Gerinnung bei den Zuständen veränderter Schilddrüsentätigkeit nicht durch thyreogene Einflüsse bedingt sind, weder durch direkte noch durch indirekte.

Zur Erklärung dieser Verhältnisse muß die Gerinnungslehre herangezogen werden:

Wir wissen, daß die Gerinnung einer Blutart abhängig sein kann:

1. vom Gehalt des Blutes an einer gerinnungserregenden oder gerinnungshemmenden Substanz und

2. von der Konzentration des Blutes an gewissen organischen oder anorganischen Substanzen.

Ein Blut, welches eine gerinnungserregende Substanz enthält, z. B. Gewebssaft (Thrombokinase), Calciumsalze usw., hat erhöhte Gerinnungswerte, während bei Gehalt an einer gerinnungserniedrigenden Substanz, wie z. B. Natriumoxalat, Magnesiumsulfat, Hirudin, Gallensäuren usw., niedrige Gerinnungswerte gefunden werden.

Injiziert man eine hypertonische Kochsalzlösung nach VAN DER VELDE oder läßt man größere Mengen Kochsalz einnehmen, dann stellt sich eine Gerinnungsbeschleunigung ein infolge Auslaugung von Thrombokinase aus den Geweben ins Blut.

Nun ist es bekannt, und unzählige Untersuchungen bestätigen dies, daß das Myxödem und der endemische Kretinismus eine ausgesprochene Trägheit des Stoffwechsels besitzen, die zu ausgesprochenen Retentionen von Stoffwechselprodukten führt. [MAGNUS LEVY[1], LEICHTENSTERN[2], VERMEREN[3], TREUPEL[4], BENJAMIN REUSS[5], HOUGARDY, LANGSTEIN[6], IRSAY, VAS, GARA[7], FONIO[8], SCHOLZ[9]), HIRSCHEL[10], KNÖPFELMACHER[11], FALTA[12], BUSCHAN[13], MOSLER[14] PONNDORF, RIESS[15], JUTSCHENSCHKO[16] u. a.]

Der Stickstoffwechsel ist herabgesetzt, ebenso der Kohlenhydratstoffwechsel, der Salzumsatz ist vermindert. Von vielen Autoren wird eine Phosphorretention angenommen. Der Befund von Verkalkungen der Struma in weitaus der Mehrzahl der untersuchten endemischen Kretinen zeigt uns an, daß es hier auch zu Kalkretentionen gekommen sein muß, Meiner Ansicht nach lassen sich die erhöhten Gerinnungswerte durch diese Retentionen und Anreicherungen, namentlich von Gewebsflüssigkeit, die gerinnungserregende Substanzen (Thrombokinase) enthält, zur Genüge erklären.

Im Gegensatz dazu steht der Basedow, der eine ausgesprochene Erhöhung des Stoffwechsels besitzt mit vermehrter Ausscheidung von Stoffwechselprodukten und damit auch von gerinnungserregenden Substanzen, wodurch seine Gerinnungswerte erniedrigt sind.

Diese Erklärung des Verhaltens der Gerinnungswerte läßt sich auch auf die übrigen Zustände von Strumösen übertragen:

Die Struma mit hypothyreotischen Symptomen nähert sich dem endemischen Kretinismus: träger Stoffwechsel und daher Neigung zu erhöhtem Gerinnungswerte, während die Struma mit hyperthyreotischen Symptomen nach dem Basedow hinneigt: erhöhter Stoffwechsel mit Neigung zu erniedrigten Gerinnungswerten. Bei den übrigen Strumösen mit anscheinend normalen somatischen Verhältnissen sind die Gerinnungswerte wechselnd: bei ungefähr der Hälfte unserer untersuchten Fälle treffen wir erniedrigte Werte an, bei den übrigen zum größten Teil normale, während die erhöhten Werte eine kleine Minderheit ausmachen. Nach dem Gesagten dürften diese Werte dem Verhalten des Stoffwechsel bei den betreffenden Fällen entsprechen.

---

[1] MAGNUS-LEVY: Noordens Handbuch des pathologischen Stoffwechsels. Berlin: Hirschwald 1906/07; Zeitschr. f. klin. Med. Bd. 33, S. 369. 1897. — MEIER, H. H. u. R. GOTTLIEB: Die experimentelle Pharmakologie als Grundlage der Arzneibehandlung, 3. Aufl. 1914.

[2] LEICHTENSTERN: Dtsch. med. Wochenschr. 1893, Nr. 50.

[3] VERMEREN: Dtsch. med. Wochenschr. 1893, Nr, 43. S. 1037.

[4] TREUPEL: Münch. med. Wochenschr. 1896, Nr. 6, S. 117.

[5] REUSS, BENJAMIN: Jahrb. f. Kinderheilk. 1908.

[6] HOUGARDY-LANGSTEIN: Jahrb. f. Kinderheilk. 1905.

[7] IRSAY, VAS u. GARA: Dtsch. med. Wochenschr. 1896, Nr. 28, S. 439.

[8] FONIO: Mitt. a. d. Grenzgeb. d. Med. u. Chir. Bd. 24, H. 1, S. 23. 1912.

[9] SCHOLZ: Zeitschr. f. exp. Pathol. u. Therapie Bd. 3, H. 2. 1906.

[10] HIRSCHL: Jahrb. d. Psychiatrie u. Neurol. 1902.

[11] KNÖPFELMACHER: Wien. klin. Wochenschr. Jg. 9, S. 245, 277. 1904.

[12] FALTA: Wien. klin. Wochenschr. 1909, Nr. 30, S. 1059.

[13] BUSCHAN: Leipzig 1896.

[14] MOSLER: Virchows Arch. f. pathol. Anat. u. Physiol. Bd. 114, S. 442. 1888.

[15] RIESS: Berlin. klin. Wochenschr. 1886, Nr. 51.

[16] JUSCHTSCHENKO: Hoppe-Seylers Zeitschr. f. physiol. Chem. Bd. 75, S. 141. 1911.

Unsere Annahme, daß die hohen Gerinnungswerte des endemischen Kretinismus in engster Beziehung stehen mit dem trägen Stoffwechsel und eine Folge sind der verminderten Ausscheidung von Stoffwechselsubstanzen bzw. von gerinnungserregenden Stoffen (z. B. Thrombokinase), während Gerinnungswerte und Stoffwechsel beim Basedow sich umgekehrt verhalten, erhält eine weitere Stütze durch die Untersuchungen zahlreicher Autoren über die Wirkung der Zufuhr von Thyreoideapräparaten auf den Stoffwechsel bei Myxödemen und bei endemischen Kretinen. Es ist eine feststehende Tatsache, daß der träge Stoffwechsel dadurch gesteigert und der Norm genähert wird. Der Eiweißumsatz, der Fettzerfall, der Kalkstoffwechsel (Pern) und die Phosphorausscheidung (Scholz) werden erhöht, die Diurese gesteigert. Hand in Hand mit diesen vermehrten Ausscheidungen werden auch gerinnungserregende Substanzen ausgeschieden, *die Gerinnung nähert sich der Norm.* So wiesen auch wir bei Versuchen nach, daß die länger dauernde Fütterung mit englischem Thyreoidin bei zwei Kretinen und bei einem Myxödem die Gerinnungszeiten verlängerte, die Valenzen erniedrigte, während der Zusatz dieses Präparates zu Blut in vitro keine Ausschläge gab.

Behandeln wir ferner einen Strumösen mit Thyreoideaextrakten oder mit Jod und seinen organischen (Lipojodin) oder anorganischen Verbindungen (Jodkali), dann kann es bei jodempfindlichen Individuen vorkommen, daß sich die bekannten Symptome des Hyperthyreoidismus einstellen und sich schließlich ein typischer Jodbasedow daraus entwickeln kann. Der Stoffwechsel hat sich nun erhöht, es findet eine vermehrte Ausscheidung von Stoffwechselprodukten und zugleich von gerinnungserregenden Substanzen statt, *die Gerinnungswerte sinken* (Verlängerung der Gerinnungszeit, Erniedrigung der Valenzen wie beim genuinen Basedow).

Zusammenfassend können die Resultate unserer Untersuchungen folgendermaßen formuliert werden:

1. Die Gerinnungswerte beim Myxödem, beim endemischen Kretinismus, beim Basedow und bei den verwandten Zuständen des Hypothyreoidismus und des Hyperthyreoidismus sind nicht durch thyreogene Einflüsse bedingt, sondern sind vom Verhalten des Stoffwechsels bedingt: bei *trägem* Stoffwechsel *erhöhte*, bei *erhöhtem* Stoffwechsel *erniedrigte* Gerinnungswerte.

2. Der Einfluß von Schilddrüsenextrakten, von Jod und seinen organischen Verbindungen auf die Gerinnung ist weder auf eine direkte Wirkung auf das Blut noch auf eine indirekte, sekretionsreizende auf die Schilddrüse zurückzuführen, sondern auf eine allgemeine, stoffwechselbefördernde, die zu vermehrter Ausscheidung von Stoffwechselprodukten und von gerinnungserregenden Substanzen aus dem Blute führt. Dadurch werden die Gerinnungswerte im Sinne einer Erniedrigung beeinflußt.

Ich habe ferner sowohl Blut des endemischen Kretinen als auch Basedowblut der auf S. 310 und 311 beschriebenen Analyse der Gerinnung unterzogen. Darstellung der drei Gerinnungsreagenzen:

> Plasma II formelementfrei (Fibrinogenlösung)
> Eigenserum (thrombinhaltend)
> Plättchen

Sodann Darstellung folgender Reaktionen:

Kretinplasma II + Kretinserumzusatz = sehr fester homogener Thrombus.
Kretinplasma II + Normalserumzusatz = fester homogener Thrombus.
Basedowplasma II + Basedowserumzusatz = keine oder sehr spärliche Gerinnsel.
Basedowplasma II + Kretinserumzusatz = fester, homogener Thrombus.
Basedowplättchenzusatz wirkte in bezug auf die Retraktion wie Normalplättchenzusatz.

Es geht aus diesem Versuche hervor, daß der Fibrinogengehalt des Blutes des endemischen Kretinen und des Basedows nicht vermindert ist. Der Thrombingehalt des Kretinserums ist normal oder erhöht, des Basedowserums dagegen vermindert oder mangelhaft, sein Zusatz zu Basedowplasma II vermochte keine normale Gerinnselbildung auszufällen.

Diese Untersuchungsresultate stimmen mit den Befunden, die wir bei der Feststellung der Gerinnungswerte des endemischen Kretinismus und des Basedows erhoben haben, völlig überein.

Ich möchte indessen betonen, daß es sich hier nicht um lange Untersuchungsreihen handelt, sondern nur um einzelne Versuche. Ich erwähne sie an dieser Stelle, um anzuregen, das Blut bei Zuständen pathologischer Schilddrüsentätigkeit auch mit der Methode der Gerinnungsanalyse, wie sie auf S. 310 und 311 beschrieben ist, zu prüfen.

Pathologische Physiologie der hämorrhagischen Diathesen.

Von

P. MORAWITZ

Leipzig.

Mit 4 Abbildungen.

Zusammenfassende Darstellungen.

FRANK, E.: Über hämorrhagische und pseudohämophile Diathese. Ergebn. d. ges. Med. Bd. 2, S. 171. 1922. — FRANK, E.: Die hämorrhagischen Diathesen. Handb. d. Krankh. d. Blutes, herausgeg. von SCHITTENHELM, Bd. II. Berlin: Julius Springer 1926. — IMMERMANN: Hämophilie, Skorbut, Morbus maculosus. Ziemssens Handb. 1879, XIII. 2, S. 510. — LESCHKE u. WITTKOWER: Die Werlhofsche Blutfleckenkrankheit usw. Zeitschr. f. klin. Med. Bd. 102, S. 649. 1926. — LITTEN: Krankheiten der Milz und die hämorrhagische Diathese. Nothnagels Spez. Pathol. u. Therap. Bd. VIII. 1898. — MARCHAND, F.: Die Störungen der Blutverteilung. Krehl-Marchands Handb. d. allg. Pathol. Bd. II/1, S. 306. 1912. — OPITZ: Über Hämophilie. Ergebn. d. inn. Med. u. Kinderheilk. Bd. 29, S. 628. 1926. — SCHULTZ, W.: Die Purpuraerkrankungen. Ebenda Bd. 16, S. 32. 1919.

I. Einleitung. Begriffe.

Unter der Bezeichnung *„hämorrhagische Diathesen"* versteht man schon seit alter Zeit Krankheitszustände, die durch *Neigung zu Blutungen* und durch Auftreten vereinzelter, häufiger aber *multipler Blutungen* gekennzeichnet sind. Diese erfolgen zum Teil nach außen, z. B. aus Schleimhäuten, zum Teil intraparenchymatös in die Gewebe der Haut, der Muskulatur, des Periostes. Auch seröse Körperhöhlen und Gelenke bleiben nicht frei, so in schweren Fällen von Skorbut und bei Hämophilie. Unzweifelhaft entstehen die Blutungen bei hämorrhagischen Diathesen zuweilen spontan, d. h. es kann eine über die Norm gewöhnlicher Anforderungen hinausgehende Inanspruchnahme der Gefäße nicht nachgewiesen werden. In anderen Fällen spielen Traumen eine Rolle, allerdings vielfach Traumen so geringfügiger Art (Mikrotraumen), daß sie beim Normalen ohne Folgen geblieben wären. Es muß also eine verstärkte Blutungsneigung bestehen.

Die Blutungen selbst sind bald sehr hartnäckig, schwer zum Stehen zu bringen (hämophile Blutungen), bald steht die Blutung leicht, auch spontan, so daß hierin ein Unterschied gegenüber der Norm kaum erkennbar ist. So neigt der Skorbut zwar sehr zu spontanen Blutungen. Diese stehen aber meist schnell; große Blutverluste, wie sie etwa bei Hämophilie vorkommen, treten nicht in Erscheinung, wenigstens nicht durch eine einmalige Attaque.

Fraglich ist es, ob der Ausdruck „Diathesen" für diese Gruppe von Krankheiten angebracht ist. Unter Diathesen versteht man allgemeine Krankheitsbereitschaften, die gewisse Organsysteme in ihrer ganzen Ausdehnung betreffen. Hier müßten also Blut oder Blutgefäße allgemein verbreiterte Änderungen zeigen. Es ist zwar sicher, daß etwas Derartiges bei hämorrhagischen Diathesen vorkommt. Aber zuweilen hat man, wie PFAUNDLER[1] bemerkt, mehr den Eindruck, es handle sich zwar um multiple, *plurifokale*, aber keineswegs um generalisierte Gefäßschädigungen. Beim Skorbut sind die Blutungen z. B. vorwiegend in der Umgebung der Haarpapillen lokalisiert. Ob auch alle anderen Hautcapillaren krank sind, ist zunächst nicht sicher zu sagen.

Schon seit alter Zeit heben sich aus dem Sammelbegriff der hämorrhagischen Diathesen einige Bilder heraus, die eine so große Zahl besonderer und charakteristischer Symptome zeigen, daß sie von jeher als besondere Krankheiten erschienen. Das sind:

1. *der Skorbut* und die *Möller-Barlowsche Krankheit* (kindlicher Skorbut);
2. *die Hämophilie*;
3. die vor kurzem noch zusammengefaßten *Purpuraerkrankungen*, deren Pathogenese sich erst neuerdings zu entwirren beginnt;
4. *symptomatische hämorrhagische Diathesen* bei verschiedenen Erkrankungen, z. B. bei Infektions-, Lebererkrankungen, Blut- und Stoffwechselkrankheiten, Vergiftungen.

Um auf diesem Gebiete vorwärts zu kommen, ist es, abgesehen von sorgfältiger klinischer Beobachtung, vor allem nötig, die pathologische Physiologie der Blutungen zu erforschen. Vorbedingung dafür ist Kenntnis der *normalen Blutstillungsmechanismen*. Leider sind aber gerade diese keineswegs so genau bekannt, wie man vermuten sollte. Folgende Faktoren kommen anscheinend hierfür in Betracht:

1. Blutgerinnung.
2. Thrombose.
3. Blutstillungsmechanismen der Gefäße.

In früherer Zeit hat man die Blutstillung zu sehr unter dem Gesichtspunkte der Blutgerinnung betrachtet, obwohl HAYEM[2] schon vor vielen Jahren die Blutgerinnung in vitro nur als *einen* der Faktoren bezeichnet hat, die für das Stehen einer Blutung bedeutungsvoll sind. Tatsächlich ergeben neuere Untersuchungen von FRANK[3], W. SCHULTZ[4], FONIO[5] u. a. , daß die Blutgerinnung in vitro für das Stehen der Blutung nicht von alleiniger Bedeutung ist. Schon vor mehr als 15 Jahren haben MORAWITZ und BIERICH[6] bei Leberkranken folgendes Verhalten beschrieben: In einem gewissen Stadium der Krankheit ist die Blutgerinnung schon stark verlangsamt. Es treten aber zunächst noch keine spontanen Blutungen auf, auch bluten kleine Stichwunden nicht besonders lange oder hartnäckig Es müssen also zur Erklärung der später auftretenden hämorrhagischen Diathese Leberkranker neben einer gestörten Blutgerinnung noch andere Momente maßgebend sein.

1912 gab DUKE[7] ein Verfahren zur Bestimmung der sog. *Blutungszeit* an: Sticht man mit der FRANKEschen Nadel, die etwa 4 mm vorragen soll, in das Ohrläppchen und fängt die sich bildenden Blutstropfen jede halbe Minute mit Fließpapier auf, so kann man sehen, daß beim Normalen die Blutung nach etwa 3 Minuten beendet ist. DUKE gibt an, der Blutfleck solle nach der ersten halben Minute 1 bis 2 cm Durchmesser haben. Aber auch wenn er größer ist, was be-

---

[1] PFAUNDLER u. v. SEHT: Zur Systematisierung der Blutungsübel usw. Zeitschr. f. Kinderheilk. Bd. 29, S. 225. 1919.

[2] HAYEM: Leçons sur les maladies du sang, Chap. 36—39. Paris 1900.

[3] FRANK: Essentielle Thrombopenie. Berlin. klin. Wochenschr. 1915, Nr. 18 u. 19.

[4] SCHULTZ, W.: Pathogenese und Therapie der hämorrhagischen Diathesen. Abhandl. a. d. Geb. d. Verdauungskrankh. Bd. VIII, H. 6. 1923.

[5] FONIO: Neue Blutstillungsmethode. Korrespondenzbl. f. Schweiz. Ärzte 1913, S. 43.

[6] MORAWITZ u. BIERICH: Pathogenese der cholämischen Blutungen. Arch. f. exp. Pathol. u. Pharmakol. Bd. 56. 1906.

[7] DUKE: Pathogenesis of Purpura etc. Arch. of internal med. Bd. 10, S. 445. 1912.

sonders bei hyperämischer Beschaffenheit der Haut vorkommt, ist zwar die entleerte Blutmenge beträchtlich größer, die Zeit bis zum Stehen der Blutung aber meist normal oder annähernd normal. Die Bestimmung der Blutungszeit ist eine sehr einfache Untersuchungsmethode, die für die Analyse hämorrhagischer Diathesen unentbehrlich geworden ist.

Die Arbeiten von Glanzmann[1], Frank[2], Schultz[3] in Deutschland, von Duke[4] und Hess[5] in Amerika zeigten, daß zwischen Blutungszeit und extravasculärer Blutgerinnung feste Beziehungen nicht existieren oder doch wenigstens nicht zu bestehen brauchen. Beim Morbus maculosus Werlhofii ist die Gerinnungszeit normal, trotzdem ist die Blutungszeit oft sehr stark verlängert, auf 20, 30 Minuten. Umgekehrt ist bei Hämophilie, wie Sahli[6] zuerst sicher feststellte, die Gerinnungszeit stark, oft enorm verlängert; in einem von Morawitz und Lossen[7] beobachteten Falle z. B. 2 Stunden statt 20 Minuten. Trotzdem ist die nach Duke bestimmte Blutungszeit Hämophiler oftmals normal oder fast normal. Allerdings sieht man gelegentlich auch mäßig verlängerte Blutungszeiten. Ich fand bei meinen letzten Hämophilen z. B. eine Blutungszeit von 8 Minuten. Jedenfalls kann man aber sicher sagen, daß irgendeine feste, einfache Beziehung zwischen Gerinnungszeit und Blutungszeit nicht besteht. Anscheinend ist dasselbe nach W. Schultz und Scheffer[8] auch bei den Leberkranken zu beobachten, bei denen das Blut langsam gerinnt, ohne daß die Blutungszeit in dem gleichen Sinne verändert ist. Immerhin kann man aber vermuten, daß bei sehr starker Schädigung oder völliger Aufhebung der Gerinnung, z. B. bei experimenteller Phosphorvergiftung (Jacoby[9]), nach Injektion von Hirudin oder auch bei völligem Schwunde des Fibrinogens (Opitz und Frei[10]) auch die Blutungszeit stark verlängert ist. Wenigstens sah ich bei einem phosphorvergifteten Hunde auf dem Höhestadium der Intoxikation eine kleine Stichwunde am Ohre viele Stunden bluten. Opitz und Frei beschrieben einen Fall von völligem Fibrinogenmangel bei einem Kinde, das sich aus einer kleinen Stichwunde verblutete. Daraus darf man wohl schließen, daß bei völliger Ungerinnbarkeit des Blutes stark verlängerte Blutungszeiten bestehen, während bei mäßigen Schädigungen der Gerinnungsfähigkeit (Hämophilie, Lebererkrankungen) diese Erscheinung bei der Dukeschen Probe nicht immer hervorzutreten braucht.

Was bestimmt nun die Dauer der Blutungszeit, wenn es nicht die Gerinnung des Blutes ist? Schon Duke hat darauf hingewiesen, daß sich eher Beziehungen zwischen *Thrombose* und Blutungszeit nachweisen lassen. Er fand nämlich in

---

[1] Glanzmann: Beiträge zur Kenntnis der Purpura im Kindesalter. Jahrb. f. Kinderheilk. Bd. 83, S. 271 u. 379. 1916.

[2] Frank: Über hämorrhagische und pseudohämorrhagische Diathese. Ergebn. d. ges. Med. Bd. 3, S. 171 S.-A. (Zusammenfassung).

[3] Schultz: Purpuraerkrankungen. Ergebn. d. inn. Med. u. Kinderheilk. Bd. 16, S. 32. 1919.

[4] Duke: Causes of variat. in the platelet count. Arch. of internal med. Bd. 11, S. 100. 1913.

[5] Hess, A. F.: The blood and the blood vessels in Hemophilia etc. Arch. of internal med. Bd. 17, S. 203. 1916.

[6] Sahli: Beiträge zur Lehre von der Hämophilie. Zeitschr. f. klin. Med. Bd. 56, S. 264. 1905 u. Dtsch. Arch. f. klin. Med. Bd. 99, S. 518. 1910.

[7] Morawitz u. Lossen: Über Hämophilie. Dtsch. Arch. f. klin. Med. Bd. 94. 1908.

[8] Schultz, W., u. Scheffer: Ikterus, Hämorrhagien und Blutkoagulation. Berlin. klin. Wochenschr. 1921, Nr. 29, S. 789.

[9] Jakoby: Beziehungen der Leber- und Blutveränderungen zur Autolyse. Hoppe-Seylers Zeitschr. f. physiol. Chem. Bd. 30, S. 174. 1900.

[10] Opitz u. Frei: Neue Form der Pseudohämophilie. Jahrb. f. Kinderheilk. Bd. 94, S. 374. 1921.

Bestätigung älterer Beobachtungen von HAYEM[1] und DENYS[2] in Fällen von Purpura, die mit stark verlängerter Blutungszeit einhergehen, auffallend niedrige Plättchenwerte. Diese Beobachtung ist von allen Seiten bestätigt worden. Es läßt sich in der Tat nicht leugnen, daß niedrige Plättchenwerte sehr häufig mit stark verlängerter Blutungszeit einhergehen.

Die Beziehungen der Thrombose zur Gerinnung werden heute recht verschieden beurteilt. Nach Ansicht führender Pathologen (ASCHOFF[3] und BENECKE[4]) hat die Thrombose mit der Gerinnung wenig zu tun. Thrombose entsteht durch Agglutination der Blutplättchen. Der Kopf des Thrombus, der nur aus verklebten Plättchen besteht, ist auch mikroskopisch frei von Fibrin. Trotzdem weisen doch manche Beobachtungen darauf hin, daß die Thrombose in irgendwelcher Weise mit der Gerinnung verknüpft ist, vielleicht ihr erstes Stadium darstellt[5]. Hebt man nämlich, gleichgültig wodurch, die Gerinnung völlig auf (Hirudin, Natriumzitrat, Pepton), so tritt keine Verklebung der Plättchen ein. Es ist daher naheliegend, wie das auch KLINGER[6] vermutet hat, daß die Agglutination der Plättchen und die Bildung der ersten Anfänge eines Thrombus mit Ausbildung der ersten Fibrinfäden zusammenhängen. Bei Hämophilie ist die Gerinnung nicht aufgehoben, nur verlangsamt. Es besteht also die Möglichkeit der Bildung von Plättchenthromben. Diese sind, wie FRANK[7] annimmt, lose, genügen aber oft zur Verlegung der Capillaren oder kleinsten Venen, die bei der DUKEschen Stichprobe eröffnet werden. Sind dagegen größere Gefäße verletzt, so sind die losen Plättchenaggregate nicht imstande, der vis a tergo Widerstand zu leisten. Dadurch könnte man die Hartnäckigkeit hämophiler Blutungen erklären. Fehlen die Plättchen, oder sind sie sehr stark vermindert, so kann es selbst bei normaler Gerinnungstendenz nicht zur Blutstillung kommen. Die Blutungszeit ist verlängert. Als Beispiel dienen Fälle essentieller oder symptomatischer Thrombopenie (s. S. 427).

Wenn diese Anschauung richtig ist, müßten Blutungszeit und Plättchenzahl stets in einem bestimmten Verhältnis zueinander stehen. Das ist allerdings, wie schon DUKE fand, auch oft, aber nicht immer, der Fall. Bei einer Zahl von 30 bis 35000 oder darunter findet man meist verlängerte Blutungszeiten. Ob es, wie GLANZMANN[8] vermutet, auch eine „Thrombasthenie" gibt, d. h. eine Unfähigkeit der Plättchen, Thromben zu bilden, bei normaler Plättchenzahl, ist zweifelhaft.

In neuerer Zeit häufen sich aber Beobachtungen mangelnder Übereinstimmung der Plättchenwerte und der Blutungszeiten (ROSKAM[9], W. SCHULTZ[10]). Ich selbst sah mehrfach folgendes Verhalten: Ein Kranker mit starker Verminderung der Blutplättchen zeigt z. B. an *einer* Stichstelle stark verlängerte Blutungszeiten, wie es ja auch die Theorie verlangt, an einer anderen ganz normale, auch bei mehrfacher Prüfung. Oder aber die Blutungszeiten eines solchen Kranken ändern sich, nähern sich der Norm unter dem Einflusse bestimmter Medikamente — in letzter Zeit sah ich das zweimal nach Hypophysininjektionen —, ohne daß im

---

[1] HAYEM: Zitiert auf S. 413.

[2] DENYS: Etude sur la coagulation du sang etc. Cellule Bd. 3. 1887 u. Bd. 5. 1889.

[3] ASCHOFF: Thrombose und Embolie. Verhandl. d. Ges. dtsch. Naturforsch. u. Ärzte, Karlsruhe 1911.

[4] BENECKE: Thrombose und Embolie. Handb. d. allg. Pathol. von KREHL-MARCHAND Bd. II/2, S. 130. 1913.

[5] MORAWITZ: Blutungs- und Gerinnungszeit usw. Med. Klinik 1920, Nr. 50.

[6] KLINGER: Studien über Hämophilie. Zeitschr. f. klin. Med. Bd. 85, S. 335. 1918.

[7] FRANK: Zitiert auf S. 414.

[8] GLANZMANN: Hereditäre hämorrhagische Thrombasthenie. Jahrb. f. Kinderheilk. Bd. 88. 1919.

[9] ROSKAM: Contribution à l'étude ... du globulin. Thèse de Liège 1923.

[10] SCHULTZ, W.: Abh. a. d. Geb. d. Verdauungskrankh. Bd. 8, H. 6. 1923.

Verhalten der Plättchen irgendeine Änderung eingetreten wäre. Damit ist gezeigt, daß mindestens noch ein dritter Faktor sehr wesentlich mitwirkt. Wir haben ihn in den *Blutstillungsmechanismen der Gefäße* zu suchen. Es wäre aber trotzdem nicht richtig, die Bedeutung der Plättchen für die Blutungszeit zu stark in den Hintergrund zu rücken, wie das Roskam tut. Die Bedeutung der Plättchenfunktion für die Blutstillung ist sicher sehr erheblich, es scheint nur, daß daneben auch andere Faktoren herangezogen werden können.

Die Beobachtungen über isolierte Veränderungen des Blutes bei hämorrhagischen Diathesen können aber auch sonst ein völliges Verständnis dieser Zustände nicht erschließen. Es gibt nämlich manche hämorrhagische Diathesen (*Skorbut, Schönlein-Henochsche Purpura*), bei denen weder die mikroskopische, noch die chemische Untersuchung des Blutes wesentliche Abnormitäten ergibt. Es ist naheliegend, in solchen Fällen *Schädigungen der Blutgefäße* in den Vordergrund zu stellen. Eine hämorrhagische Diathese kann auch bei völlig normaler Beschaffenheit des Blutes auftreten, nämlich dann, wenn die Blutgefäße abnorm widerstandsunfähig sind. Leider ist die Methodik der Untersuchung feinerer Gefäßveränderungen noch wenig ausgebildet. Ältere histologische Untersuchungen (Literatur s. Marchand[1]) haben nicht zu ganz einwandfreien Resultaten geführt, ja, es bleibt danach sogar zweifelhaft, ob die Blutungen per rhexin oder diapedesin erfolgen.

Für den Skorbut liegen neuere Untersuchungen besonders von Aschoff und Koch[2] vor. Diese machen es recht wahrscheinlich, daß es sich beim Skorbut um eine Lockerung der Kittsubstanzen zwischen den Endothelien handelt. Aber es liegt in der Natur der Sache, daß völlige Sicherheit darüber noch nicht gewonnen ist. Bei sekundärer Purpura (Typhus) dürften nach Herzog und Roscher[3] auch multiple Gefäßembolien bakterieller Art eine gewisse Rolle spielen, ähnlich wie bei Sepsis. Nach Herrnheiser[4] scheinen in anderen Fällen, z. B. bei hämorrhagischem Typhus, auch Schwellungen der Endothelien in den Hautcapillaren vorzukommen. Im ganzen sind aber die anatomischen Befunde vorerst zu spärlich und wenig einheitlich, um uns ein Verständnis zu vermitteln. Es kommt noch hinzu, daß man bei gewissen Fällen von Purpura, z. B. der *Schönlein-Henoch schen Form*, zuweilen urtikarielle und erythematöse Eruptionen sieht, die sich erst allmählich in Blutungen umwandeln. Hier wird man also mit der Annahme einer einfachen Rhexis oder Diapedesis nicht auskommen, sondern muß wohl einen spezifischen Exsudationsvorgang, eine Art von Sekretionsstörung, annehmen, an die sich die Hämorrhagie erst anschließt. Es scheint also hiernach, daß Gefäßschädigungen mannigfacher Art bei hämorrhagischen Diathesen vorkommen. Es kann sich nicht immer um dieselbe Art von Störung handeln. Verhältnismäßig wenig bekannt ist auch der Einfluß der Gefäßinnervation auf die Capillaren. Die schon früher von mancher Seite (Ricker[5]) vertretene Auffassung, daß nervöse Impulse die Durchlässigkeit der Gefäße für gelöste Stoffe und Zellen regulieren, gewinnt, besonders seit genauerer Erforschung der Capillarphysiologie, an Boden (W. Schultz[6], E. Frank[7]). Aber es scheint mir verfrüht, hierüber eingehendere Vorstellungen zu entwickeln.

---

[1] Marchand: Störungen der Blutverteilung. Handb. d. allg. Pathol. von Krehl-Marchand Bd. II/1, S. 306. 1912.

[2] Aschoff u. Koch: Der Skorbut. Veröff. a. d. Geb. d. Kriegspathol., Jena 1919.

[3] Herzog u. Roscher: Beiträge zur Pathologie der Thrombopenie. Virchows Arch. f. pathol. Anat. u. Physiol. Bd. 233, S. 347. 1921.

[4] Herrnheiser: Wien. klin. Wochenschr. 1916, Nr. 37; zit. nach Herzog u. Roscher.

[5] Ricker u. Natus: Beiträge zur Lehre von der Stase usw. Virchows Arch. f. pathol. Anat. u. Physiol. Bd. 199, S. 1. 1910.

[6] Schultz, W.: Zitiert auf S. 415.   [7] Frank, E.: Zitiert auf S. 414.

Klinische Methoden zur Untersuchung der Gefäße sind erst in neuerer Zeit bekannt geworden: *Die Rumpel-Leedesche Stauungsprobe* gibt Auskunft über den Widerstand der Gefäße gegen erhöhten Innendruck. Sie wird als positiv bezeichnet, wenn nach einer Armstauung von 5 bis 10 Minuten Petechien zu sehen sind. Die Stauungsprobe oder das Endothelsymptom (STEPHAN[1]) ist bei manchen hämorrhagischen Diathesen positiv, so beim echten Werhof, beim Skorbut, zuweilen auch bei der SCHÖNLEIN-HENOCHschen Purpura, nicht aber bei Hämophilie. Sie ist aber auch oftmals positiv, wenn manifeste Erscheinungen hämorrhagischer Diathese fehlen, z. B. bei Scharlach, Endocartitis septica, anderen schweren Infektionen (Fleckfieber), gelegentlich bei Frauen im prämenstruellen Stadium.

Daneben bedient man sich noch der *Hechtschen Saugglockenprobe*, die den Widerstand der Gefäße gegenüber vermindertem Außendruck angibt, ferner der *Kochschen Stichprobe*. Diese wird so ausgeführt, daß man mehrere Nadelstiche in das subcutane Gewebe macht. Nach 24 Stunden ist beim Normalen kaum mehr etwas zu sehen, während bei gewissen Formen der Purpura kleine Blutungen zu bemerken sind. Endlich kann man auch durch einfaches Kneifen und Drücken von Hautfalten bei manchen Fällen von Purpura (thrombopenische Form) Blutungen hervorrufen. Es finden sich also genügend Anhaltspunkte, um wenigstens sagen zu können, daß bei gewissen Formen hämorrhagischer Diathese Störungen der Gefäßfunktion vorhanden sind. Es wird sich aber zeigen, daß unsere Untersuchungsmethoden offenbar für das Verständnis vieler Vorgänge noch nicht ausreichen.

Wenig ist bisher auch bekannt über die Rolle der Gefäße, speziell der Capillaren bei der Stillung traumatischer Blutungen. W. SCHULTZ[2] ist geneigt, den Gefäßreaktionen eine sehr große Bedeutung beizumessen; zuerst muß die Blutung stehen, dann erst kann sich durch Agglutination der Plättchen der Thrombus bilden. SCHULTZ[3] spricht von einer „Selbststeuerung des Kreislaufes", und andere sind ihm hier gefolgt. Dieses Stehen der Blutung soll durch Gefäßreaktionen erfolgen. SCHULTZ Schüler, KÖNIG[4], hat gezeigt, daß ein auf 5 bis 10 abgekühlter Finger besonders lange Blutungszeiten nach Einstisch mit der FRANKEschen Nadel aufweist. Diese Beobachtung ist aber vieldeutig und braucht nicht unbedingt auf fehlende Gefäßreaktionen bezogen zu werden, da sicher auch die Thrombusbildung in der Kälte langsamer erfolgt. F. HERZOG[5] hat unter dem Mikroskop die Reaktionen der kleinen Gefäße in der Froschzunge auf traumatische Schädigungen studiert. An den Stellen der Läsion entsteht oft eine Stenose oder auch ein völliger Verschluß der Capillare. Außerdem tritt eine ziemlich langdauernde, offenbar reflektorisch bedingte Gefäßkontraktion ein, die zuweilen bis in die größeren zuführenden Gefäße verfolgt werden kann und die schon aus makroskopischen Beobachtungen von KÖNIG und den Erfahrungen von MAGNUS[6] mit dem Hautmikroskop bekannt ist. Lokalanästhesie (Cocain) hemmt diesen Kontraktionsreflex. Gewisse Gefäßgifte (Histamin) scheinen die phagocytierende Tätigkeit der Endothelien zu schädigen. Man sieht also in der Tat mancherlei Ausblicke, die auf aktive und wahrscheinlich sehr mannigfaltige und komplizierte Funktionen der Endothelien bei dem Vorgang der Blutstillung hinweisen. Aber die Frage kann heute noch nicht als spruchreif bezeichnet werden, speziell fehlt es noch durchaus an analogen Beobachtungen bei hämorrhagischen Diathesen.

---

[1] STEPHAN: Über das Endothelsymptom. Berlin. klin. Wochenschr. 1921, Nr. 14, S. 317.
[2] SCHULTZ, W.: Zitiert auf S. 415.
[3] SCHULTZ, W.: Therapie und Prognose des Morbus Werlhof. Dtsch. med. Wochenschr. 1925, S. 1355.
[4] KÖNIG: Versuche über Blutstillung. Klin. Wochenschr. 1922, Nr. 48, S. 1.
[5] HERZOG, F.: Gefäßwandzellen usw. Zeitschr. f. d. ges. exp. Med. 43, H. 1/2. 1924.
[6] MAGNUS, G.: Der Beginn der Entzündung usw. Arch. f. klin. Chir. Bd. 120, S. 96. 1922.

Bedeutsam greifen hier Untersuchungen von Roskam[1] ein. Dieser Autor findet nach Injektion isotonischer Gelatinelösung in die Venen von Hunden zuweilen starke Thrombopenien ohne entsprechende Änderungen der Blutungszeit nach Duke. Auch weist er darauf hin, daß die Bestimmung der Blutungszeit nach Duke bei experimenteller und klinischer Thrombopenie ganz verschiedenartige Werte ergibt, wenn man verschiedene Hautstellen miteinander vergleicht. Das weist darauf hin, daß neben der Thrombopenie auch periphere Momente für die Blutungszeit bedeutsam sein müssen. Diese peripheren Faktoren sucht Roskam in den Gefäßendothelien.

Roskam legt auch besonderen Wert auf eine eigenartige Oberflächenveränderung gereizter oder geschädigter Gefäßendothelien, die er als „Opsonisierung" bezeichnet. Die Endothelien werden klebrig und dadurch in den Stand gesetzt, Plättchen festzuhalten. Die Opsonisierung der Gefäßendothelien ist eine Vorbedingung zur Blutstillung.

Man sieht also, daß trotz unserer noch geringen Erfahrung die Blutstillungsmechanismen der Gefäße große Mannigfaltigkeit zeigen. Gefäßreflexe und direkte Änderungen gereizter Endothelzellen können schon heute mit der Blutstillung in Verbindung gebracht werden, und es besteht wohl kein Zweifel, daß gerade auf diesem Gebiete noch vieles unerforscht ist. Aber man sollte auch nicht in den Fehler verfallen, das Blut und seine Veränderungen als bedeutungslos für die Genese hämorrhagischer Diathesen anzusehen. Die normale Blutstillung ist sicher ein äußerst komplexer Vorgang, an dem Blut und Gefäße beteiligt sind. Man könnte vielleicht die Bedeutung der einzelnen Faktoren für die uns in der Pathologie entgegentretenden Bildern folgendermaßen umschreiben:

1. Sehr hartnäckige, schwer stillbare Blutungen aus *einem* Gefäßgebiet, nach schwereren oder leichteren Verletzungen auftretend, kommen vornehmlich durch Schädigung der Gerinnungsfähigkeit des Blutes zustande. Als Beispiel dient die Hämophilie und Pseudohämophilie, auch Endstadien der Phosphorvergiftung.

2. Multiple, oft schubartig und annähernd symmetrisch auftretende Haut- und Schleimhautblutungen, die meist keine Neigung haben, sich hartnäckig fortzusetzen, und selten zu bedrohlichen Blutverlusten führen, sind für die rein vasculär bedingten Hämorrhagien charakteristisch. Als Beispiel mag die Schoenlein-Henochsche Purpura dienen. Oft handelt es sich hier nicht um einfache Hämorrhagien, sondern um eigenartige Exsudationsvorgänge, die darauf hinweisen, daß es wahrscheinlich qualitativ verschiedene Schädigungen der sog. Durchlässigkeit der Capillaren gibt.

3. Ziemlich hartnäckige, dabei oft multiple, mit oder ohne nachweisbares Trauma auftretende Blutungen sind für die Thrombopenien typisch. Gefäßschädigungen sind mit großer Wahrscheinlichkeit anzunehmen, wenn eine Thrombopenie mit Blutungen einhergeht.

II. Hämorrhagische Diathesen bei Störungen der Blutgerinnung.

Anscheinend kommt die *Hämophilie* nur bei männlichen Individuen vor[2]. Es finden sich zwar in der älteren Literatur (s. Marchand[3]) oft Angaben über Hämophilie bei Frauen (Verhältnis: 1 Frau : 13 Männern). Doch muß man nach den Erfahrungen von Bulloch und Fildes[4] sowie Lenz[5] viele dieser aus früherer

[1] Roskam: Les Syndromes Hémorrhagipares. Liège méd. 1923, Nr. 52; — Pathogénie de la prolongation des Hémorragies. Presse méd. Nr. 93 v. 21. Nov. 1923.

[2] Bukura: Hämophilie beim Weibe. Wien u. Leipzig 1920.

[3] Marchand: Zitiert auf S. 412.

[4] Bulloch u. Fildes: Hämophilia. Eugenics laborat. memoirs XII. London 1911.

[5] Lenz: Über die krankhaften Erbanlagen des Mannes. Jena, Fischer 1912.

Zeit stammenden Diagnosen bezweifeln, ja von den hunderten von Hämophilie-familien, die in der Literatur beschrieben sind, lassen BULLOCH und FILDES nur etwa 40 als wirklich gesichert gelten. Nicht einmal der Nachweis familiären Vorkommens einer Blutungsneigung gestattet ohne weiteres die Diagnose Hämo-philie. Durch HESS[1] und GLANZMANN[2] wissen wir nämlich, daß in seltenen Fällen auch die essentielle Thrombopenie (s. S. 423) in gewissen Fämilien gehäuft vor-kommen kann.

Es wird sich empfehlen, den Ausdruck Hämophilie auf jene hämorrhagische Diathese zu beschränken, die sich nach der sog. *Lossenschen Regel*[3] vererbt, d. h. die Frauen vererben die Krankheit auf gewisse männliche Deszendenten, ohne selbst krank zu sein (Konduktoren). Es ist nach LENZ wahrscheinlich, daß die Vererbung der *Mendelschen Regel* folgt.

Zur Veranschaulichung dieser LOSSENschen Regel sei auf den Stammbaum einer Bluterfamilie (aus BULLOCH und FILDES) verwiesen (Abb. 46, S. 423).

A. F. HESS[4] ist allerdings der Meinung, daß die starren Grenzen, die z. B. von BULLOCH und FILDES dem Hämophiliebegriff gezogen werden (Vorkommen nur beim Manne, unbedingte Gültigkeit der LOSSENschen Regel), nicht hinreichend begründet sind. Gewisse atyische Fälle, die HESS doch zur Hämophilie rechnen möchte, sind S. 423 besprochen.

Nach den sehr eingehenden Forschungen SCHLOESSMANNS[5] an württember-gischen Bluterfamilien scheint Hämophilie bei Frauen zwar vorzukommen, aber nur in rudimentärer Form. Ausgesprochene Hämophilie beim Weibe hat SCHLOESS-MANN nicht gesehen. Dagegen konnte er als erster zeigen, daß die Hämophilie auch vom hämophilen Großvater über die scheinbar gesunde weibliche Nach-kommenschaft auf die männlichen Enkel übertragen werden kann. Die Hämophilie ist nach SCHLOESSMANN eine geschlechtsgebundene recessive Erbkrankheit.

Die Hämophilie macht sich zuweilen schon unmittelbar nach der Geburt bemerkbar (Blutung aus der Nabelschnur, bei der rituellen Circumcision). Meist tritt sie aber erst später hervor, z. B. im Spiel- oder Schulalter, wenn das Kind Traumen ausgesetzt ist. Im höheren Alter läßt die Neigung zur Blutung wieder nach.

Die hämophilen Blutungen sind dadurch so gefährlich, daß sie weder spontan stehen, noch auch durch die gewöhnlichen Hilfsmittel zum Stehen gebracht werden können. Der Kranke stirbt, falls es nicht gelingt, der Blutung Herr zu werden, an Verblutung, meist schon in jungen Jahren. Doch scheint es verschiedene Grade der Diathese zu geben, so daß nicht für jeden Hämophilen die Verblutungs-gefahr gleich groß ist.

Die sog. Spontanblutungen der Hämophilen sind wohl durchweg durch Traumen bedingt. Allerdings handelt es sich zum Teil wohl um Traumen, die nicht über das Maß physiologischer Inanspruchnahme hinausgehen, z. B. bei den hämo-philen Gelenkblutungen.

Die älteren Ansichten über das *Wesen der Hämophilie* (VIRCHOW, IMMERMANN, OERTEL[6]), die ein Mißverhältnis zwischen Blutmenge und Kapazität des Gefäß systems in den Vordergrund stellten, sind heute überholt.

Die neuere Hämophilieforschung beginnt mit der Arbeit von SAHLI[7] (1905). SAHLI hat zuerst mit allem Nachdruck *die verlangsamte Gerinnung* des Blutes

---

[1] HESS: Zitiert auf S. 423.
[2] GLANZMANN: Zitiert auf S. 415.
[3] LOSSEN: Bluterfamilie Mampel bei Heidelberg. Dtsch. Zeitschr. f. Chir. 1877.
[4] HESS: Zitiert auf S. 423.
[5] SCHLOESSMANN: Arch. f. klin. Chir. Bd. 133, S. 686. 1924; Arch. f. Rassen- u. Gesell-schaftsbiol. Bd. 16, H. 1 u. 3.
[6] S. bei MARCHAND, S. 412.   [7] SAHLI: Zitiert auf S. 414.

als das für Hämophilie am meisten charakteristische Symptom in den Vordergrund gestellt. Das ist von allen Nachuntersuchern bestätigt worden. In dem von Morawitz und Lossen beobachteten Falle (Familie Mampel) gerann das durch Venenpunktion entnommene Blut in etwa 2 Stunden gegenüber 15 bis 20 Minuten der Norm. Durch Zusatz von einigen Tropfen Hirudinlösung konnte die Gerinnungszeit des hämophilen Blutes auf 11 Stunden, die des normalen durch die gleiche Menge Hirudin nur auf 1 Stunde verlängert werden. Da die Annahme berechtigt ist, daß Hirudin ein Antithrombin enthält, kann man schließen, daß im Blute Hämophiler sich Thrombin zu langsam oder in zu geringer Menge bildet. Durch weitere Untersuchungen (Sahli, Morawitz und Lossen, E. Weil[1], Addis[2], Gressot[3], Klinger[4], Wöhlisch[5], Hess[6], Nolf und Herry[7]) wurde folgendes gefunden:

Sowohl die Reaktionszeit (Beginn der Gerinnung) als die Koagulationszeit (völlige Gerinnung) ist beim Hämophilen verlangsamt, wobei die Spannung zwischen Reaktions- und Koagulationszeit gegen die Norm meist stark vermehrt ist. Von allen zur normalen Blutgerinnung nötigen Faktoren sind sicher in normaler Menge und Beschaffenheit beim Hämophilen vorhanden: das Substrat der Gerinnung, das Fibrinogen; denn es bildet sich, wenn auch langsam, schließlich doch ein Gerinnsel oder ein Blutkuchen von leidlicher Festigkeit. Auch ergeben quantitative Fibrinogenbestimmungen keine Verminderung dieses Eiweißkörpers. Die Kalksalze sind nicht vermindert. Zusatz löslicher Kalksalze fördert die Gerinnung hämophilen Blutes nicht nennenswert. Endlich konnten Morawitz und Lossen gegenüber E. Weil zeigen, daß Antithrombine für die langsame Gerinnung hämophilen Blutes nicht verantwortlich zu machen sind. Auch die histologische Untersuchung hämophilen Blutes ergibt keine Abweichungen von der Norm. Sahli beschreibt Lymphocytose; diese ist aber kein konstantes Symptom und fehlt oft. Die Blutplättchen, deren Beziehungen zur Gerinnung früher als besonders enge angesehen wurden, sind beim Hämophilen in normaler Zahl und morphologischer Ausbildung anzutreffen. Es scheint sich also — soweit stimmen alle Forscher miteinander überein — um eine isolierte Störung der Thrombinentstehung zu handeln. Diese ist nun (s. Abschnitt Blutgerinnung) ein sehr verwickelter und heute wahrscheinlich noch nicht völlig klar durchschauter Vorgang. Nach der herrschenden, zuletzt von Bordet[8] formulierten Vorstellung sind außer Kalksalzen zur Entstehung des Thrombins 2 Substanzen nötig: Das Thrombogen (Serozym, Prothrombin) und die Thrombokinase (Cytozym). Ersteres soll in einer Vorstufe (Proserozym) schon im zirkulierenden Plasma enthalten sein, letztere extravasculär aus Zellen, besonders Blutplättchen, entstehen. Allerdings ist die extravasculäre Entstehung der Thrombokinase neuerdings zweifelhaft geworden: Plättchenarmes, ja fast freies Blut kann nämlich normal gerinnen (S. 428). Die Ansicht von Wooldridge-Nolf[9], alle zur Gerinnung nötigen Faktoren seien schon im kreisenden Plasma, gewinnt am Boden.

---

[1] Weil, E.: L'hémophilie. Presse méd. 1905.

[2] Addis: Journ. of pathol. a. bacteriol. Bd. 15, S. 427. 1911; zit. nach W. Schultz, s. S. 412.

[3] Gressot: Zur Lehre von der Hämophilie. Zeitschr. f. klin. Med. Bd. 76, H. 3/4.

[4] Klinger: Zitiert auf S. 415.

[5] Wöhlisch: Untersuchungen über Blutgerinnung. III. Münch. med. Wochenschr. 1921, S. 1382.

[6] Hess: Zitiert auf S. 414.

[7] Nolf u. Herry: De l'hémophilie. Rev. de méd. Bd. 29, Nr. 12. 1909.

[8] Bordet, J.: The theories of blood coagulation. Bull. of the John Hopkins hosp. 1921, S. 32.

[9] Nolf: Eine neue Theorie der Blutgerinnung. Ergebn. d. inn. Med. u. Kinderheilk. Bd. 10. 1913.

SAHLI, MORAWITZ und LOSSEN, NOLF und HERRY nahmen an, daß bei Hämophilie die langsame Thrombinentstehung auf Mangel an Thrombokinase beruht. Denn durch Zusatz von Gewebssäften läßt sich hämophiles Blut ebenso wie normales augenblicklich zur Gerinnung bringen. SAHLI und MORAWITZ vermuteten daher das Wesen der Hämophilie in einer Anomalie der Zellen des Blutes und vielleicht auch der Gewebe, die jene gerinnungsfördernde Stoffe nicht in hinreichender Menge enthalten oder doch wenigstens nicht sezernieren. Nahe damit verwandt ist die Vorstellung von NOLF und HERRY: das Thrombozym-Thrombokinase soll bei Hämophilen nur in geringem Maße Neigung haben, mit dem Thrombogen und Fibrogen zu Fibrin zusammenzutreten. Auch die Einflüsse, die normalerweise diesen Vorgang beschleunigen (thromboplastische Faktoren), wie Berührung mit Fremdkörpern, oberflächenaktiven Substanzen, sind wenig wirksam. NOLF und HERRY nehmen eine funktionelle Schädigung der Gefäßwand- und Blutzellen an, die sich auf der einen Seite in mangelnder Sekretion von Thrombozym, auf der anderen in abnormer Zerreißlichkeit der Gefäßwände und schlechter Blutstillung äußert.

Es ist viel Mühe darauf verwendet worden, die Frage zu lösen, ob wirklich eine chemische Abartung das Protoplasma der Blut- oder Gewebezellen bei Hämophilie vorliegt. GRESSOT, KLINGER, in neuester Zeit WÖHLISCH, haben gezeigt, daß man auch aus Geweben und Erythrocyten Hämophiler Extrakte gewinnen kann, die etwa in derselben Weise durch ihren Gehalt an Thrombokinase gerinnungsfördernd wirken wie Extrakte normaler Organe. Das würde also gegen die SAHLIsche Vorstellung sprechen. ADDIS und KLINGER sind überhaupt der Meinung, daß eher ein Mangel an Thrombogen (Prothrombin) als ein Mangel an Thrombokinase für die langsame Thrombinbildung Hämophiler verantwortlich zu machen sei. Diesen Angaben stehen freilich Beobachtungen anderer Autoren ziemlich unvermittelt gegenüber. FONIO[1] findet, daß Extrakte aus Blutplättchen, die aus dem Blute Hämophiler gewonnen werden, fermentativ wenig wirksam sind. Denselben Befund ergeben Untersuchungen von MINOT und LEE[2]; LOWENBURG und RUBENSTONE[3] endlich finden, daß Organextrakte Hämophiler die Blutgerinnung ebenso wie normale Organextrakte fördern. Eine Ausnahme machen Leber- und Schilddrüse des Hämophilen. Die Autoren denken an gerinnungshemmende Einwirkungen, die von diesen Organen ausgehen. Im ganzen möchte ich aber den Beweis der fermentativen Minderwertigkeit hämophiler Organe oder Blutzellen vorerst nicht als geführt ansehen.

In neuerer Zeit hat auch WÖHLISCH[4] den FONIOschen Plättchenversuch bestätigen können. Er macht aber mit Recht darauf aufmerksam, daß auch dieser Befund schwer verwertbar ist, denn er weist auf eine hohe Bedeutung der Plättchen als Quelle einer der Thrombinvorstufen hin, während die Erfahrung bei thrombopenischer Purpura lehrt, daß auch plättchenarmes — ja fast freies — Blut normal gerinnen kann. Im übrigen steht WOEHLISCH auf dem von NOLF verfochtenen Standpunkte: Thrombozym und Thrombokinase sind nicht identisch, letztere, ein allgemeines Protoplasmaprodukt, gehört zu den thromboplastischen Faktoren im Sinne NOLFS.

---

[1] FONIO: Behandlung hämorrhagischer Diathesen und der Hämophilie durch Koagulen. Dtsch. med. Wochenschr. 1916, Nr. 10; 1917, Nr. 16; Mitt. a. d. Grenzgeb. d. Med. u. Chir. Bd. 28, H. 2.

[2] MINOT u. LEE: Arch. of internal med., Okt. 1916.

[3] LOWENBURG u. RUBENSTONE: Journ. of the Americ. med. assoc., 12. Okt. 1918.

[4] WÖHLISCH: Untersuchungen zum Hämophilieproblem. Zeitschr. f. d. ges. exp. Med. Bd. 36, S. 3. 1923.

Nach Feissly[1] handelt es sich entweder um eine Anomalie der Beschaffenheit des Serozyms (Thrombogens) oder um die Gegenwart eines Faktors, der die Thrombinentstehung hindert, wie er ähnlich etwa im Kobragift oder Peptonplasma vorliegt. Feissly nimmt für das Hämophilieplasma die Gegenwart eines derartigen stabilisierenden Faktors an. Durch Zusatz enzymhaltigen Serums, das nicht einmal Thrombinwirkung zu besitzen braucht, läßt sich die Gerinnung hämophilen Blutes beschleunigen. Den Fonioschen Plättchenversuch erklärt Feissly durch die Annahme, daß die Plättchen zwar selbst normal sind, aber aus dem hämophilen Plasma weniger Thrombinvorstufen adsorbiert haben. Auch E. Frank und Hartmann[2], auf dem Boden der Bordetschen Gerinnungstheorie stehend, sehen das Wesen der hämophilen Gerinnungsstörung in einer Störung des Überganges von Proserozym in Serozym. Normalserumzusatz wirkt fördernd auf diesen Vorgang.

Im ganzen wird man trotz mancher Widersprüche zugeben müssen, daß die Arbeiten der letzten 20 Jahre die Fragestellung erheblich schärfer gestaltet haben. Ihre Beantwortung wird wohl von dem Stande der Erforschung der normalen Blutgerinnung abhängig bleiben. Soviel läßt sich aber schon heute sagen:

Die Thrombinbildung geschieht im hämophilen Blute träge. Darauf beruht die langsame Gerinnung. Der Thrombingehalt des aus dem Cruor abgepreßten Serums ist aber bei Hämophilie nicht, oder wenigstens nicht immer geringer als der von Normalserum.

Sahli hatte darauf hingewiesen, daß sich die Gerinnungsverzögerung des hämophilen Blutes nach starken Blutverlusten ausgleichen kann. Das scheint eine Art Selbstschutz zu sein. Diese Beobachtung, mehrfach bestätigt, dürfte schwerlich allgemeine Gültigkeit haben. Bei einem meiner Hämophilen war nach einer fast letalen Blutung die Gerinnungszeit immer noch auf das 3fache der Norm verlängert. Andererseits kommt nach A. F. Hess[3] bei Hämophilie auch ohne vorhergehende Blutung Verkürzung der Gerinnungszeit vor.

Zur Zeit stehen also jene Theorien im Vordergrunde, die das Wesen der Hämophilie in Störungen der Blutgerinnung sehen. Es fragt sich aber, ob wir mit dieser Vorstellung auskommen, ob wir besonders ohne die Annahme von Gefäßschädigungen das Krankheitsbild erklären können.

Die Anschauung, daß Schädigungen der Blutgefäße im Krankheitsbilde der Hämophilie eine bedeutsame Rolle spielen, ist nicht neu (Virchow, v. Recklinghausen[4]), sie wird auch heute noch von Ricker[5] und bis zu einem gewissen Grade von W. Schultz[6] vertreten. Ricker denkt besonders an Einwirkungen, die vom vasomotorischen Nervensystem ausgehen. Er weist auf die in der älteren Literatur häufig beschriebenen Prodrome einer hämophilen Blutung hin: Fluxion, Pulsation, Hitze usw. Auch wird von ihm darauf aufmerksam gemacht, daß Hämophile zu verschiedenen Zeiten Traumen gegenüber sehr verschieden empfindlich sind. Im selben Sinne sprechen auch die von E. Abderhalden[7] beschriebenen Beobachtungen an einer echten Bluterfamilie: Hier erwiesen sich durchweg nur Blutungen aus Schleimhäuten verhängnisvoll, während Wunden der äußeren Haut nicht sonderlich stark bluteten und normale Heilungstendenzen zeigten.

---

[1] Feissly: Cpt. rend. des séances de la soc. de biol. Bd. 87, S. 1121. 1922 u. Klin. Wochenschr. 1924.

[2] Frank u. Hartmann: Über das Wesen usw. der hämophilen Gerinnungsstörung. Klin. Wochenschr. H. 10, S. 435. 1927.

[3] Hess, A. F.: Zitiert auf S. 414.   [4] Marchand, S.: Zitiert auf S. 412.

[5] Ricker: Beitr. z. pathoi. Anat. u. allg. Pathol. Bd. 50, S. 579. 1911.

[6] Schultz, W.: Zitiert auf S. 415.

[7] Abderhalden: Beiträge zur Kenntnis der Ursachen der Hämophilie. Beitr. z. pathol. Anat. u. z. allg. Pathol. Bd. 35, H. 1.

Abderhalden nimmt anatomische Anomalien der kleineren Gefäße (Venen und Capillaren) an, die lediglich die Schleimhautgefäße betreffen sollen. Leider stammt diese Beobachtung aus der Zeit vor Ausbildung der neueren Untersuchungsmethoden. Ich kann sie nicht als durchaus beweiskräftig ansehen, um so weniger, als ich selbst bei Hämophilen 2mal sehr starke Blutungen aus Gefäßen, die nicht den Schleimhäuten angehörten, gesehen habe, nämlich ein ansehnliches Hämatom nach Punktion der Armvene und fast letale Blutungen nach einer Operation am Ohr.

Klinger glaubt im Gegensatz zu den eben erwähnten Autoren, alle Erscheinungen der Hämophilie ohne die Annahme irgendwelcher Gefäßschädigungen allein durch die verminderte Blutgerinnung erklären zu können.

Soweit möchte ich nicht gehen. Es muß aber darauf hingewiesen werden, daß gerade bei Hämophilie die bisher bekannten Verfahren zur Prüfung der Gefäßfunktion (Rumpel-Leede, Koch, Hecht) von einer minderwertigen Beschaffenheit dieser Organe, einer abnormen Zerreißlichkeit gegenüber verstärktem Innen- oder vermindertem Außendrucke nichts erkennen lassen. Trotzdem halte ich es keineswegs für ausgeschlossen, daß auch bei Hämophilie die abnorme Beschaffenheit der Gefäße im Krankheitsbilde eine gewisse Rolle spielt. Wir können sie allerdings bisher nicht sicher nachweisen. Doch spricht manches dafür, daß die Störung der Blutgerinnung nicht die gesamte Pathogenese der Hämophilie erschöpft. Hier und da finden sich in der Literatur Angaben darüber, daß die Neigung zur Blutung beim Hämophilen nicht immer dem Grade der Gerinnungshemmung parallel geht. Aber diese Beobachtungen müßten, um beweiskräftig zu sein, noch genauer belegt werden. Ricker sucht einen Parallelismus der hämophilen Blutungen zu den menstruellen herauszuarbeiten. Durch Herabsetzung oder Aufhebung der Erregbarkeit des lokalen Gefäßnervensystems soll es zur Strombahnerweiterung, Verlangsamung der Strömung und schließlich zu Blutaustritten per diapedesin kommen. Es sind aber die bisherigen Versuche, die darauf ausgehen, neben der Beschaffenheit des Blutes noch ein weiteres pathogenetisches Moment bei Hämophilie zu finden, noch nicht als überzeugend anzusehen, wenngleich man die Bedeutung von *Gefäß*veränderungen für durchaus möglich halten muß. *Sicher erwiesen ist bisher nur die abnorme chemische Beschaffenheit des Blutes.*

v. Bernuth[1] hat in einem Falle hämophilieähnlicher Erkrankung eine fehlende Kontraktion der Hautcapillaren auf Reize mit dem Hautmikroskop gefunden und glaubte, hiermit den Nachweis eines „Gefäßfaktors" bei Hämophilie erbringen zu können. Indessen ergab die spätere Untersuchung zweier Fälle echter Hämophilie keine Änderung der normalen Capillarreaktionen[2].

Therapeutische Versuche und Erfolge haben eine weitere Klärung der pathologischen Physiologie der Hämophilie noch nicht gebracht. Lokal wirken, genau wie in vitro beim Gerinnungsversuch, Auszüge aus Gewebssäften vorzüglich blutungshemmend. Schon bei Alexander Schmidt finden sich einige Angaben darüber, genauere Versuche, besonders mit dem Preßsaft menschlicher Strumen, bei Schloessmann[3]. Das ist theoretisch leicht zu verstehen, da bei einem Überschuß an Thrombokinase die Thrombinbildung auch im Blute des Hämophilen etwa normal abläuft. Auch dem von Fischl eingeführten Präparate *Clauden*, einem Trockenextrakt aus Tierlungen, werden ähnliche Wirkungen nachgerühmt. Wahrscheinlich wirkt auch das Clauden durch seinen Gehalt an Gewebsaktivatoren = Thrombokinase. Dagegen ist das aus Blutplättchen gewonnene *Koagulen* von Kocher-Fonio ein Präparat, das nicht thrombokinasehaltig ist. Die lokalhämostyptische Wirkung, die nach Fonio[4] auch

---

[1] v. Bernuth: Verhalten der Capillaren usw. Jahrb. f. Kinderheilk. Bd. 76, S. 54. 1925.
[2] v. Bernuth: Verhalten der Capillaren usw. Dtsch. Arch. f. klin. Med. Bd. 152, S. 321. 1926.
[3] Schloessmann: Studien zum Wesen und zur Behandlung der Hämophilie. Habilitationsschr. Tübingen 1912. (Literatur.)
[4] Fonio: Zitiert auf S. 421.

bei hämophilen Blutungen sehr deutlich in Erscheinung tritt, ist vielleicht auf Körper von Lipoidcharakter zu beziehen. Auch bei den relativ hitzebeständigen Strumapreßsäften müssen ähnliche Faktoren wirken. Zu intravenösen Injektionen sind alle diese Präparate mit Ausnahme des Koagulen nicht zu gebrauchen. Intravenöse Injektion von Gewebssäften ruft bei Tieren nach Boggs[1], Gressot[2] u. a. entweder intravasculäre tödliche Gerinnungen hervor, oder es entsteht ein Zustand, der als *Skeptophylaxie* bezeichnet worden ist (Gressot). Das Blut ist schwer gerinnbar, die Tiere sind gegen weitere Injektion von Gewebsextrakten immun, im Blute ist nach Boggs mit Wahrscheinlichkeit eine Antikinase vorhanden.

1905 hat Emile Weil[3] die Therapie hämophiler Blutungen durch subcutane und intravenöse Seruminjektionen angeregt. Der Gedanke war wohl der, dem Organismus des Bluters Thrombin zuzuführen. Tatsächlich ist nun aber der Thrombingehalt des Serums sehr geringfügig. Außerdem scheint altes Serum, das durch Stehen seines Thrombingehaltes verlustig gegangen ist, ebenso geeignet, wie frisches. Endlich soll in Ermangelung frischen menschlichen Serums auch Diphtherieheilserum wirksam sein, das nach Schloessmann kein Thrombin enthält, wohl aber in vitro ausgesprochen gerinnungshemmend wirkt. Es scheint also die Wirkung der Seruminjektionen auf hämophile Blutungen, falls man eine solche überhaupt annehmen darf, vom Thrombingehalt ganz unabhängig zu sein. Nun sind aber nach Schloessmann diese Erfolge sehr problematisch. Dieser Autor konnte durch Seruminjektion bei einem nichtblutenden Hämophilen die Gerinnungszeit nicht verkürzen. Die klinischen Erfolge bei Blutungen, die einfach darin bestehen, daß eine hämophile Blutung schließlich sistiert, sind natürlich kein hinreichender Beweis für den Nutzen der Serumtherapie. Wenn ein solcher aber vorhanden ist — bewiesen ist er freilich noch nicht —, wird man nicht in dem geringen, vielfach völlig fehlenden Thrombingehalt des Serums den wirksamen Faktor erblicken, sondern wahrscheinlich in irgendwelchen Wirkungen der parenteralen Eiweißzufuhr auf die Beschaffenheit der Blut- oder Gefäßkolloide.

Günstige Wirkungen von Bluttransfusionen werden verschiedentlich berichtet (O. Hanssen[4], dort Literatur, Schloessmann[5], Klinger-Stierlen[6], Herzog[7]). In einem von mir beobachteten Fall (Herzog) stand die Blutung ziemlich bald nach der Transfusion von 200 ccm Citratblut, die Gerinnungszeit veränderte sich aber nicht nennenswert, eher trat sogar eine Verlängerung ein. Das ist auch wieder eine Tatsache, die dafür zu sprechen scheint, daß neben der Ungerinnbarkeit des Blutes auch andere Faktoren die Pathogenese der hämophilen Blutungen beherrschen. Subcutane Injektionen von Wittepepton empfiehlt P. Nolf[8] zur Behandlung der Hämophilie. Während große, intravenös einverleibte Mengen Pepton das Blut ungerinnbar machen, sollen kleinere die Stabilität des Plasma vermindern, vielleicht durch Einfluß auf die Leber. In der deutschen Literatur ist nicht viel über den Erfolg oder den Wirkungsmechanismus dieser Therapie bekannt geworden. Interessant ist es aber, daß Feissly eine Veränderung der Kolloide im hämophilen Plasma annimmt, die an die Verhältnisse im ungerinnbaren „Peptonplasma" erinnern soll.

Die Röntgenbestrahlung der Milz ist von Stephan[9] als wirksames Mittel für die Bekämpfung hämophiler und anderer Blutungen empfohlen worden. Die Wirkung soll durch eine Verkürzung der Gerinnungszeit zustande kommen, die in vitro nachweisbar ist. Die Angaben der zahlreichen Nachuntersucher (Nonnenbruch[10], Szenes[11], Kurtzahn[12]) gehen aber einstweilen so weit auseinander, daß eine Sicherheit darüber, ob nach Bestrahlung beim Hämophilen oder Normalen die Blutungsneigung vermindert ist, noch nicht besteht. Darin muß man aber Wöhlisch[13] durchaus zustimmen: Stephans Annahme, der reticulo-

---

[1] Boggs: Beeinflussung der Gerinnungszeit des Blutes. Dtsch. Arch. f. klin. Med. Bd. 79, S. 539. 1903.

[2] Gressot: Zitiert auf S. 420.

[3] Weil: Sur le traitement de l'hémophilie. Sem. méd. 1905, Nr. 44.

[4] Hansen, O.: Transfusion und Anämie. Christiania 1914.

[5] Schloessmann: Zitiert auf S. 423.

[6] Klinger u. Stierlen: Korrespondenzbl. f. Schweiz. Ärzte 1917; zit. nach Herzog: Münch. med. Wochenschr. 1921, Nr. 34.

[7] Herzog: Bluttransfusion bei Hämophilie. Münch. med. Wochenschr. 1921, Nr. 41, S. 1323.

[8] Nolf: Zitiert auf S. 420.

[9] Stephan, R.: Blutung und Blutstillung. Münch. med. Wochenschr. 1921, Nr. 24, S. 746; vgl. ferner ebenda 1920, Nr. 34.

[10] Nonnenbruch u. Szyszka: Beschleunigung der Blutgerinnung durch Milzdiathermie. Münch. med. Wochenschr. 1920, Nr. 37.

[11] Szenes: Drüsenbestrahlung und Blutgerinnung. Münch. med. Wochenschr. 1920, Nr. 27.

[12] Kurtzahn: Zur Frage der Verminderung der Blutungen usw. Dtsch. Zeitschr. f. Chir. 1921, S. 162.

[13] Wöhlisch: Untersuchungen über Blutgerinnung. Münch. med. Wochenschr. 1921, Nr. 8, S. 228 u. Nr. 30, S. 941.

endotheliale Stoffwechselapparat der Milz sei das Zentralorgan der Gerinnung, kann kaum zu Recht bestehen.

Erblichkeitsgesetze bei Hämophilie. In neuerer Zeit haben besonders LENZ[1] und BAUER[2] diese Frage bearbeitet. BAUER kommt zu folgenden Ergebnissen: Der Hämophilie-faktor ist ein geschlechtsgebundener Letalfaktor. Nur Männer sind Bluter, vererben die Krankheit aber nicht (vgl. dagegen S. 419). Nur Frauen vererben die Krankheit, sind aber nie Bluter. Die Hämophilieanlage wird durch den gesunden Paarling kompensiert. Sie ist recessiv. Wenn aus einer Ehe zwischen einem hämophilen Manne und einem weiblichen Konduktor niemals weibliche Bluter hervorgehen, so kann das daran liegen, daß der hämo-phile Faktor, falls er von beiden Eltern auf den Keim übertragen wird, die sich entwickelnde

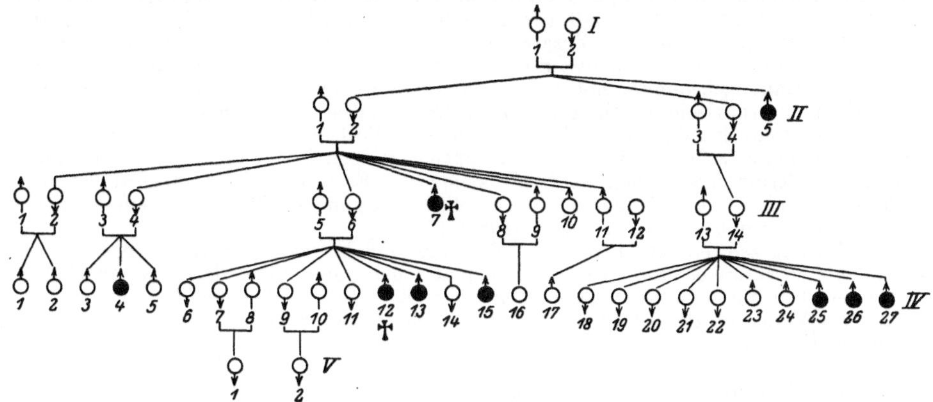

Abb. 46. Stammbaum einer Bluterfamilie. (BULLOCH u. FILDER.)

Frucht lebensunfähig macht, also einen absoluten Letalfaktor darstellt. Die Hämophilie-anlage ist an das X-Chromosom gebunden zu denken. Die Vorstellungen von BAUER werden aber nicht allgemein anerkannt[3].

Atypische Fälle. Neben den klassischen Fällen, deren Erkennung durch den familiären Charakter und die Gerinnungsanalyse leicht möglich ist, kommen auch solche vor, die ziem-lich weit von dem klassischen Bilde abweichen und anscheinend Beziehungen zwischen der Hämophilie und der thrombopenischen Purpura herstellen.

A. F. HESS[4], GLANZMANN[5], KLINGER[6], STEIGER[7] beschrieben Fälle, bei denen neben einer mehr oder weniger stark verzögerten Gerinnung auch die Blutplättchen vermindert waren. Man wird solche Fälle einstweilen eher zur Thrombopenie zu stellen geneigt sein. Eigenartig und auf gewisse Beziehungen beider Krankheitstypen deutend ist aber die Beob-achtung von HESS über Vorkommen von Hämophilie und Thrombopenie in ein und der-selben Familie. HESS, der den Begriff der echten Hämophilie als Krankheit durchaus bei-behalten will, glaubt doch, daß verschiedene Typen der Krankheit vorkommen und warnt vor zu starker Schematisierung. Er beschreibt z. B., anscheinend ein Unikum in der Lite-ratur, eine Art Hämophilie durch Calciummangel im Blut. ROSENFELD[8] beschreibt zwei Krankheitsfälle bei zwei Brüdern, die an wiederholtem Hämarthros litten. Hereditäre Be-lastung war nicht nachweisbar. Die Gerinnungszeit war normal, die Blutungszeit war ver-längert. Bei einem Bruder bestand stärkere, beim anderen geringere Thrombopenie. Man wird diese Fälle eher zu Thrombopenie stellen, trotz annähernd normaler Plättchenzahl im zweiten Falle.

---

[1] LENZ: Zitiert auf S. 418.

[2] BAUER: Über Mendelismus usw. Med. Ges. Göttingen, 9. 11. 1922; ref. Dtsch. med. Wochenschr. 1923.

[3] SIEMENS: Gibt es Hämophilie beim Weibe? Arch. f. Gynäkol. Bd. 124, S. 375. 1925.

[4] HESS: Zitiert auf S. 414.

[5] GLANZMANN: Beitrag zur Kenntnis der Purpura im Kindesalter. Jahrb. f. Kinder-heilk. Bd. 83, S. 271 u. 379.

[6] KLINGER: Zitiert auf S. 415.

[7] STEIGER: Dtsch. Arch. f. klin. Med. Bd. 121, S. 321. 1917.

[8] ROSENFELD: Idiopathic Purpura with unusual features. Arch. of internal med. Bd. 27, S. 465. 1921.

Eine 28jährige Patientin von Montanus[1], die er als Fall sporadischer Hämophilie ansieht, möchte ich auch nicht zur Hämophilie rechnen: G.Z. 160 Minuten, also stark verlängert. Plättchen 50000, Leukocyten 1500, Nasenbluten. Die geringe Leukocytenzahl spricht für schwere Schädigung des myeloischen Gewebes.

„Hämophilie" bei stark verminderter Plättchenzahl beschrieben auch Luzzato und Carra[2].

Es gibt, wie man zugeben wird, auch heute noch Krankheitsfälle, deren Stellung im System kaum sicher zu definieren ist. Doch sollte man die Begriffe nicht zu sehr verschwimmen lassen.

Hämophilieähnliche hämorrhagische Diathesen. Die *hämorrhagische Diathese Leberkranker* bietet manche, an Hämophilie erinnernde Züge (Morawitz und Bierich[3], Petrén[4], Schultz und Scheffer[5]). Das Blut gerinnt schwer, Thrombin bildet sich nur langsam, Antithrombin ist nicht vermehrt. Zusatz von Gewebssäften bewirkt fast momentane Gerinnung. Diese Störung beruht nicht auf der Anwesenheit von Gallensäuren im Blute; denn die für eine Gerinnungshemmung nötige Konzentration an Gallensäuren wird nicht erreicht. Auch ist die hämorrhagische Diathese von der Intensität des Ikterus unabhängig. Vielmehr scheint eine schwere Schädigung des Leberparenchyms Vorbedingung für das Auftreten der Gerinnungshemmung zu sein. Manifeste Blutungen erfolgen keineswegs unmittelbar nach Eintreten der Gerinnungsstörung, sondern erst später. Es bedarf also wahrscheinlich hier einer hinzutretenden Gefäßschädigung. Auch soll die Neigung zu Blutungen keine einfache Beziehung zur Gerinnungsstörung zeigen (Petrén).

Die Blutungszeit (Duke) kann nach Schultz und Scheffer trotz verzögerter Gerinnung bei Leberkranken normal sein, ähnlich wie bei Hämophilie. In schweren Fällen, besonders solchen mit manifester hämorrhagischer Diathese, ist aber die Blutungszeit verlängert. Das Verhalten der Blutplättchen, das nach eigener Erfahrung in leichten Fällen unverändert ist, müßte noch weiter geprüft werden.

Fibrinogenmangel. Hartnäckige, in einem Fall sogar tödliche Blutungen aus einer kleinen Wunde beschreiben Rabe und Salomon[6] sowie Opitz und Frei[7] unter dem Namen „Pseudohämophilie". Das Blut war völlig ungerinnbar und enthielt kein Fibrinogen. Die Fälle stehen bisher vereinzelt da. Sie haben wenig Ähnlichkeit mit der Hämophilie, mehr mit den Befunden bei Phosphorvergiftung (Corin und Ansiaux[8], Jacoby[9]) und im Leichenblut (Morawitz[10]). Bei der experimentellen Phosphorvergiftung können Fibrinogen und anscheinend auch Thrombogen aus dem Blute verschwinden, wahrscheinlich infolge Schädigung der Leber (Doyon[11], Nolf[12]). Ähnlich, wenn auch weniger ausgesprochen, sind die Veränderungen bei experimenteller Chloroformvergiftung (Whipple[13]). Wahrscheinlich erfolgt außerdem eine Gefäßschädigung.

Der Fall von Rabe und Salomon konnte einige Jahre später von Breckoff[14] nachuntersucht werden. Fibrinogen fehlte immer noch völlig, ohne daß Krankheitserscheinungen bestanden. Merkwürdigerweise war die Blutungszeit jetzt normal. Das ist von grundsätzlicher Bedeutung und scheint zu zeigen, daß *kleine* Gefäße selbst bei völliger Ungerinnbar-

---

[1] Montanus: Fall von sporadischer Hämophilie. Schweiz. med. Wochenschr. Jg. 51, S. 289. 1921.

[2] Luzzato u. Carra: Ricerche ... in emofilia. Biochem. e terap. sperim. Bd. 7, S. 100. 1920.

[3] Morawitz u. Bierich: Zitiert auf S. 413.

[4] Petrén: Untersuchungen über Blutgerinnung bei Ikterus. Bruns' Beitr. z. klin. Chir. Bd. 120, H. 3, S. 501.

[5] Schultz u. Scheffer: Zitiert auf S. 414.

[6] Rabe u. Salomon: Über Faserstoffmangel usw. Dtsch. Arch. f. klin. Med. Bd. 132, S. 240. 1920.

[7] Opitz u. Frei: Zitiert auf S. 414.

[8] Corin u. Ansiaux: Vierteljahrsschr. f. gerichtl. Med. Bd. 3, S. 434; zit. nach Malys Jahresber.

[9] Jacoby: Zitiert auf S. 414.

[10] Morawitz: Über einige postmortale Blutveränderungen. Beitr. z. chem. Physiol. u. Pathol. Bd. 8, S. 1. 1906.

[11] Doyon: Beziehungen zwischen intracellulären Eiweißkörpern. Cpt. rend. des séances de la soc. de biol. Bd. 58, S. 658. 1905.

[12] Nolf: Neue Theorie der Blutgerinnung. Ergebn. d. inn. Med. u. Kinderheilk. Bd. 10. 1913.

[13] Mosiman u. Whipple: Chlorof. poisoning. Bull. of the John Hopkins hosp. Bd. 23, Nr. 261. 1912. — Whipple, Mason u. Peightal: Tests for hepatic function. Ebenda Bd. 24, Nr. 269 u. Nr. 273. 1913.

[14] Breckoff: Pseudohämophilie. Monatsschr. f. Kinderheilk. Bd. 28, S. 232. 1924.

keit des Blutes sich in normaler Zeit schließen können, wohl im wesentlichen durch die Blutstillungsmechanismen der Gefäße selbst. Denn eine Plättchenthrombose kann wahrscheinlich nicht mehr erfolgen. Indessen müßte diese Frage doch noch näher verfolgt werden, da der Fall von OPITZ aus einer kleinen Stichwunde ununterbrochen blutete, also sicher sehr stark verlängerte Blutungszeiten aufgewiesen hat, ebenso auch der Fall RABE-SALOMON bei Gelegenheit der ersten Untersuchung.

III. Hämorrhagische Diathesen, beherrscht durch mangelhafte Thrombusbildung.

(Morbus maculosus GLANZMANN; Thrombopenische Purpura W. SCHULTZ; Hémogénie E. WEIL.)

Aus dem Sammelbegriff der mit Blutflecken einhergehenden Krankheitsbilder, die seit den Zeiten WERLHOFS (1735)[1] als Morbus maculosus, später auch als Purpura bezeichnet wurden, hatte die klinische Forschung im Laufe der Zeit (ältere Literatur s. LITTEN und MARCHAND) eine Reihe von Krankheitsbildern abgegrenzt. Diese unterschieden sich im wesentlichen durch Krankheitsverlauf und Lokalisation der Blutungen, auch durch Hinzutreten besonderer Symptome, z. B. von Gelenksschwellungen. So entstanden die Bilder der Purpura simplex, Purpura haemorrhagica, Peliosis rheumatica (SCHOENLEIN), Purpura abdominalis und Purpura fulminans (HENOCH). Den alten Ärzten war nicht entgangen, daß die Purpura bald als scheinbar selbständige Krankheit auftritt, bald bei anderen Erkrankungen (Infektionskrankheiten, Blutkrankheiten) als Komplikation, endlich auch im Stadium der Rekonvaleszenz nach Infektionskrankheiten, z. B. nach Scharlach und Masern. Auch nach manchen Vergiftungen sah man hämorrhagische Diathesen.

Diese rein klinisch-symptomatologische Betrachtungsform hat sich überlebt. MARCHAND schreibt noch, daß die Krankheitsgruppe der hämorrhagischen Diathesen nichts von ihrem rätselhaften Charakter verloren habe.

Jedoch schon in den achtziger und neunziger Jahren fanden KRAUSS[2], DENYS[3], HAYEM[4] und BENSAUDE[5], daß bei manchen Purpuraformen Blutveränderungen typischer Art völlig fehlen; bei anderen aber sind sie nachweisbar. Als charakteristisch beschrieben HAYEM[4] und BENSAUDE *Verminderung der Thrombocyten* oder Blutplättchen; dieses Symptom sahen sie als bedeutsam für die Entstehung gewisser Purpuraformen an. HAYEM fand in solchen Fällen normale Gerinnbarkeit des Blutes und Fehlen der Retraktion des Blutkuchens. Er bringt die schwierige Blutstillung bereits mit dem Plättchenmangel in Verbindung; es kann sich nur langsam ein ausreichend fester Plättchenthrombus bilden. Ob aber der Plättchenmangel auch die scheinbar spontan entstehenden Suffusionen und Hämorrhagien hinreichend erklärt, hält HAYEM für zweifelhaft.

In Deutschland ist die *Verminderung der Blutplättchen als wichtiges Symptom gewisser Purpuraformen* erst vor etwa 15 Jahren durch GLANZMANN[6] und E. FRANK[7] gebührend berücksichtigt worden.

---

[1] WERLHOF: Opera medica, S. 139 u. 593. Hannover 1775. De morbo maculoso haemorrhagico. Zit. nach MARCHAND, s. S. 412.

[2] KRAUSS, E.: Über Purpura. Inaug.-Dissert. Heidelberg 1883.

[3] DENYS: Cellule Bd. 5. 1889; — Etude sur la coagul. du sang etc. Ebenda Bd. 3. 1887.

[4] HAYEM: Zitiert auf S. 413.

[5] BENSAUDE: La non-retractil. du caillot dans la purpura. Gaz. hebd. de méd. et chir, 1897, S. 65. — BENSAUDE u. RIVET: Les formes chron. du purpura. Arch. gén. de méd. Bd. 24. S. 1. 1905.

[6] GLANZMANN: Zitiert auf S. 414.

[7] FRANK: Über essentielle Thrombopenie. Berlin. klin. Wochenschr. 1915, Nr. 18 u. 19.

Diese Autoren, zu denen noch W. Schultz[1], Kaznelson[2], in Amerika Duke[3] und Hess[4] treten, sehen die Thrombopenie als das wichtigste unterscheidende Merkmal verschiedener Purpuraformen an und unterscheiden demgemäß zwischen einer *thrombopenischen* und *athrombopenischen Purpura*.

Welches sind nun die Symptome der thrombopenischen Purpura? Zunächst muß man sagen, daß Ätiologie und Verlaufsformen dieser Zustände sehr verschiedenartig sind. Es gibt Fälle dieses Syndroms, die scheinbar ohne erkennbare Ursache auftreten und intermittierend oder auch kontinuierlich den Kranken durch Jahre und Jahrzehnte begleiten. Daneben kennt man Fälle, die sich im Anschluß an Infektionskrankheiten verschiedener Art ausbilden und durch akuten, zum Teil stürmischen Verlauf auszeichnen. Fieber gehört nicht zum Bilde der Krankheit, kann aber durch Komplikationen oder nach sehr großen Blutergüssen auftreten.

Glanzmann, der die thrombopenische Purpura als Morbus maculosus Werlhofii bezeichnet, unterscheidet *idiopathische*, chronisch oder akut verlaufende Formen, und einen *symptomatischen* Morbus Werlhof, der sich bei Infektionen, Anämien, Vergiftungen findet und zuweilen einen malignen Charakter zeigt.

So verschieden Beginn und Krankheitsverlauf der mit Thrombopenie einhergehenden Purpuraformen auch sind, so ähnlich sind in allen Fällen die Erscheinungsformen. Die Blutungen treten bald mehr vereinzelt, bald aber multipel auf, betreffen Haut und Schleimhäute, während Gelenkerscheinungen fehlen oder doch sehr selten sind. Die Blutflecken sind bald nur linsen- bis erbsengroß, bald größer bis zu blutigen, ausgedehnten Suffusionen. Sie finden sich nicht so ausschließlich an den Extremitäten wie bei Skorbut oder der Schoenlein-Henochschen Purpura, sondern kommen auch sehr oft am Stamm sowie im Gesicht vor. Auch Blutungen aus dem Zahnfleisch sowie Darmblutungen sind nicht selten. Letztere gehen meist ohne Schmerzen einher. Im Urin sind oft rote Blutkörperchen zu finden, aber keine Zeichen hämorrhagischer Nephritis, wie sie bei Schoenlein-Henochscher Purpura vorkommt.

Die Untersuchung des Blutes ergibt, wenigstens in den Perioden der Blutung, zuweilen aber auch, wenn keine Blutungen vorhanden sind, als wichtiges Symptom *starke Verminderung der Plättchenzahl*, oft unter den „kritischen" Wert von 30000. Die Blutungszeit nach Duke ist in den meisten Fällen sehr stark verlängert. Bei einem Falle chronischer intermittierender Thrombopenie, den ich vor kurzem untersuchte, stand die Blutung aus dem Finger auch nach 30 Minuten noch nicht. Die Gerinnungszeit in vitro war dagegen in diesem Falle normal, wie auch in den meisten anderen Purpurafällen in scharf ausgeprägtem Gegensatze zur Hämophilie. Immerhin gibt es einzelne Fälle von Thrombopenie (Beobachtungen von Gram[5], Full[6], Montanus[7], Tancré[8]), bei denen die Gerinnungszeit deutlich verlängert ist, ohne daß man deshalb allein von einem Übergang zur Hämophilie sprechen kann. Über weitere Beziehungen beider Zustände zueinander s. S. 425.

Die Beobachtung normaler Gerinnungszeit bei starker Verminderung der Plättchen ist theoretisch wichtig. Sie widerspricht, wie besonders W. Schultz[9] hervorhebt, der klassischen

---

[1] Schultz, W.: Zitiert auf S. 415.

[2] Kaznelson: Verschwinden der hämorrhagischen Diathese usw. Wien. klin. Wochenschrift 1916, Nr. 46, S. 1451.

[3] Duke: Zitiert auf S. 413.   [4] Hess: Zitiert auf S. 423.

[5] Gram: Systemat. examination of the blood etc. Acta med. scandinav. Bd. 55, S. 603. 1921.

[6] Full: Zur Purpurafrage. Med. Klinik Bd. 18, S. 43. 1922.

[7] Montanus: Zitiert auf S. 426.

[8] Tancré: Purpura simplex mit besonderem Blutbefund. Dtsch. med. Wochenschr. Jg. 13, S. 367. 1919.

[9] Schultz, W.: Zitiert auf S. 415.

Anschauung von der hohen Bedeutung der Blutplättchen für den Gerinnungsvorgang und würde eher im Sinne der Vorstellung von WOOLDRIDGE-NOLF[1] gewertet werden können, die der Ansicht waren, daß alle zur Gerinnung unbedingt notwendigen Faktoren schon im kreisenden Plasma vorhanden sind, daß also aus den Zellen nur „thromboplastische“, unspezifisch fördernde Stoffe stammen.

Die an sich sehr spärlichen Plättchen im Blute von Kranken mit Thrombopenie zeigen oft gewisse Eigenarten, die sie als pathologische Produkte kennzeichnen. Dazu gehört vor allem das Auftreten von *Riesenplättchen*, größeren Protoplasmafetzen von unregelmäßiger Gestalt, die feine Granula enthalten und zuweilen an Größe einen Erythrocyten übertreffen. Auch Mikroplättchen kommen vor. An manchen Riesenplättchen kann man erkennen, daß die Azurgranula sich schon in Gruppen geordnet haben, ohne daß es zu einem Zerfall des Protoplasmas in mehrere Plättchen kommt.

Die Retraktion des Blutkuchens fehlt, wie schon seit HAYEM bekannt ist, im Blute dieser Kranken. KAZNELSON nimmt in den Plättchen ein „Retraktin“ an.

Die Erythrocyten und Leukocyten zeigen in unkomplizierten Fällen von idiopathischer Thrombopenie keine charakteristischen Veränderungen. Die Zahl der vitalgranulierten Erythrocyten ist meist vermehrt (MINOT[2]). Sehr ausgesprochen sind *abnorme Gefäßreaktionen:* alle Proben (RUMPEL-LEEDE, HECHT, KOCH), weisen auf verminderte Widerstandskraft der Gefäße hin. Nach leichter Stauung treten massenhaft Blutflecke unter der Haut auf, um kleine Einstiche herum bildet sich ein hämorrhagischer Hof, kleine Traumen, ja schon der Druck der Kleidungsstücke kann genügen, um Sugillationen und Suffusionen zu veranlassen.

Wie erklärt sich die Thrombopenie? Und ist sie das Kardinalsymptom der Krankheit, von dem alle anderen abhängig sind? Endlich: können sämtliche Verlaufsformen der thrombopenischen Purpura als zusammengehörig angesehen werden? Für die Erklärung der Thrombopenie stehen nur folgende Möglichkeiten offen: Entweder ist die Plättchenbildung verlangsamt oder der Untergang der Plättchen beschleunigt. Es könnten natürlich auch beide Faktoren vereinigt Ursache des Plättchenmangels sein. Beide Hauptmöglichkeiten werden vertreten, die erste besonders von E. FRANK[3], die zweite von KAZNELSON[4].

Steht man, wie FRANK und auch ich selbst, auf dem Boden der von J. H. WRIGHT aufgestellten Theorie der Plättchenbildung, die in den Megakaryocyten des Knochenmarkes die Mutterzellen der Thrombocyten sieht, so wird man nach Symptomen suchen, die auf eine Dysfunktion dieser Zellen deuten. Histologische Untersuchungen des Knochenmarkes in Fällen von Thrombopenie (HERZOG[5]) ergeben in der Tat zuweilen Anhaltspunkte für eine Schädigung der Knochenmarksriesenzellen: Spärliche Zahl, Kernveränderungen, Fehlen von Abschnürungsvorgängen und Pseudopodienbildungen. Das spricht doch für mangelhafte Bildung. Dasselbe lassen auch andere Erscheinungen, allerdings mehr auf indirektem Wege, erschließen: Auftreten von Riesenblutplättchen, Fehlen einer der posthämorrhagischen Leukocytose entsprechenden Vermehrung der Thrombocyten nach starken Blutverlusten, endlich die Tatsache, daß bei vielen malignen, symptomatischen Thrombopenien auch andere Anteile des myeloischen Systems, nämlich der erythro- und leukopoetische Apparat des Knochenmarks schwer geschädigt sein können.

---

[1] NOLF: Zitiert auf S. 420.
[2] MINOT: Studies on the case of idipath. purpura. Americ. journ. of the med. sciences Bd. 152, S. 48. 1916.
[3] FRANK: Zitiert auf S. 427. [4] KAZNELSON: Zitiert auf S. 428.
[5] HERZOG: Zitiert auf S. 416.

Seeliger[1], der kürzlich mehrere Fälle von Thrombopenie histologisch untersuchen konnte, kommt zu folgendem Resultat: Bei der chronischen essentiellen Thrombopenie ist die Zahl der Megakaryocyten vermehrt. Aber die Zellen sind funktionsuntüchtig. Sie sind granulafrei und zeigen keine Plättchenbildung. Bei den malignen sekundären Thrombopenien (Aleukien) ist die Funktion der Megakaryocyten nicht gestört, indessen ihre Zahl erheblich vermindert.

Wenn wir also in einer mangelhaften Bildung von Thrombocyten einen Hauptgrund der Thrombopenie sehen, so möchte ich doch einen beschleunigten Untergang dieser Elemente nicht für ganz ausgeschlossen halten. Kaznelson und Bernhardt[2] beschreiben hochgradige Thrombocytolyse in Makrophagen von Milz und Leber, auch Frank[3] beobachtet Anhäufung von Thrombocyten in den Milzsinus, so daß diese damit ganz vollgestopft erscheinen bei äußerstem Mangel von Plättchen im allgemeinen Kreislaufe. Das trifft aber nicht in jedem Falle von Thrombopenie zu. Herzog und Roscher[4] vermißten die Thrombocytenanhäufung in der Milz bei 3 Fällen symptomatischer Thrombopenie.

Kaznelson sieht auch in dem Erfolg der von ihm in die Therapie der Thrombopenie eingeführten Milzexstirpationen einen Beweis dafür, daß die Thrombocytolyse in der Milz die Pathogenese der Thrombopenie beherrscht. Aber man kann dagegen einwenden, daß zwischen Milz und Knochenmark anscheinend gewisse Korrelationen bestehen, die sich z. B. in dem Auftreten von Erythrocyten mit Howell-Jollyschen Körperchen nach Milzexstirpation äußern. Es wäre denkbar, daß diese noch verhältnismäßig wenig bekannten Wechselbeziehungen für den Plättchenanstieg nach Milzexstirpation von größerer Bedeutung sind als die Entfernung eines thrombocytolytischen Organs, scil. der Milz. Die französische Klinik (Le Sourd und Pagniez[5]) nimmt eine doppelte Entstehungsmöglichkeit der Thrombopenie an und unterscheidet demgemäß eine Thrombopénie essentielle mit mangelnder Plättchenbildung und eine Purpura thrombolytique splénogène, die den Beobachtungen Kaznelsons entspricht.

Nachdem die große Bedeutung der Thrombopenie für das Krankheitsbild dieser Form von Purpura erkannt worden war, lag es natürlich sehr nahe, *alle* Erscheinungen der Krankheit von diesem einen Punkt aus zu deuten.

Verlängerte Blutungszeit und verminderte Plättchenzahl kommen so häufig gemeinsam vor, daß man einen Zusammenhang nicht ablehnen kann (Duke). Immerhin gibt es auch Ansnahmen: so habe ich einmal verlängerte Blutungszeit bei normaler Plättchenzahl gesehen (Urämie) und gleichzeitiger hämorrhagische Diathese. In zwei anderen Fällen normale Blutungszeit bei Thrombopenien symptomatischer Art. Das spricht dafür, daß noch ein ungelöster Rest in diesem Problem steckt[6]. Man wird annehmen dürfen, daß die Blutungszeit überwiegend, aber wohl kaum ausschließlich von der Plättchenzahl abhängig ist. Die Beschaffenheit der Plättchen selbst, aber auch das Verhalten der Gefäße ist in Betracht zu ziehen. Auch Roskam[7], der zuweilen ein Mißverhältnis zwischen Plättchenzahl und Blutungszeit findet, ist dieser Meinung. E. Weil und Mit-

[1] Seeliger: Thrombopenie und Aleukie. Klin. Wochenschr. 1924, S. 731.
[2] Bernhardt: Blutplättchenbefunde in inneren Organen. Beitr. z. allg. Pathol. u. pathol. Anat. Bd. 55, S. 35. 1913.
[3] Frank: Zitiert auf S. 412.
[4] Herzog u. Roscher: Zitiert auf S. 416.
[5] Le Sourd u. Pagniez: Purpura in Nouv. traité de méd. IX. 1927.
[6] Roskam: Zitiert auf S. 418.
[7] Roskam: Globulins et temps de saignement. Cpt. rend. des séances de la soc. de biol. Bd. 84, S. 1844. 1921.

arbeiter[1] geben an, daß eine gewisse Proportionalität zwischen Schwere des Falles, Blutungszeit und Plättchenmangel zwar vorhanden ist, daß aber eine strikte Abhängigkeit nicht existiert, ebenso GRAM[2].

Sind nun die Blutungen selbst lediglich als Folgen des Plättchenmangels anzusehen? Kann man ohne die Annahme von Gefäßschädigungen auskommen? FRANK hat in der Tat versucht, auch die Blutungen direkt als Symptome des Plättchenmangels zu deuten. Er stellte sich vor, daß die im Randstrome stehenden Plättchen normalerweise die Gefäße von innen her dichten. Diese recht mechanische Anschauung hat aber wenig Anklang gefunden. FRANK selbst hält nicht mehr ganz an ihr fest. MINKOWSKI[3], KLINGER, W. SCHULTZ u. a. nehmen Gefäßschädigungen an, die vielleicht mit dem Plättchenmangel in irgendeiner Weise zusammenhängen. Nur kann der Zusammenhang nicht ein so einfacher, direkter sein, wie FRANK vermutete. Tatsächlich läßt sich auch nachweisen, daß beide Erscheinungen, sooft sie auch gemeinsam vorkommen, doch auch eine gewisse Unabhängigkeit voneinander erkennen lassen. KATSCH[4] findet bei Leukämie, STAHL[5] bei Typhus sehr tiefe Plättchenwerte ohne Blutungen, ähnlich F. STERNBERG[6]. GRAM[7] sah Blutungen im Stauungsversuche nach Influenza zuweilen schon bei mäßiger Plättchenverminderung auftreten, in anderen Fällen bei stärkerer Verminderung ausbleiben. Bedeutsam sind hier auch Beobachtungen über Verschwinden von Blutungen nach Transfusion von Blut oder Milzexstirpation, trotzdem in manchen Fällen die Plättchenzahlen nur sehr vorübergehende Anstiege zeigen (KAZNELSON[8], EHRENBERG[9], CORI[10]). KLEEBLATT[11] nimmt einen tonisierenden Einfluß der Plättchen auf die Blutgefäße an.

Auch die experimentelle Forschung liefert weitere Beweise für eine gewisse Unabhängigkeit der Blutungsneigung von der Plättchenzahl. LEDINGHAM[12], BEDSON[13] u. a. haben gezeigt, daß man beim Versuchstier durch Injektion eines immunisatorisch gewonnenen Antiplättchenserums Purpura und Thrombopenie hervorrufen kann. Durch Änderung der Versuchsanordnung (Verwendung von Agarserum) konnte aber BEDSON Thrombopenie hochgradiger Art ohne Purpura erzeugen, ja sogar ohne Verlängerung der Blutungszeit (ROSKAM[14]).

Später hat BEDSON[15] ein Antimilzserum gewonnen. Dieses soll bei Normaltieren hämorrhagische Diathese hervorrufen, bei milzlosen Tieren aber nicht.

---

[1] WEIL, E., BOCAYE u. COSTE: Etats hémorrhag. temps de saignement et hématoblastes. Cpt. rend. des séances de la soc. de biol. Bd. 86, S. 23. 1922.

[2] GRAM: On the platelet count and bleeding time etc. Arch. of internal med. Bd. 25, S. 325. 1920.

[3] MINKOWSKI: Hämorrhagische Diathese; Thrombopenie und Milzfunktion. Med. Klinik 1919, Nr. 49, S. 1243.

[4] KATSCH: Purpura mit und ohne Thrombopenie. Münch. med. Wochenschr. 1918, Nr. 33.

[5] STAHL: Untersuchungen des Blutes, speziell der Thrombocyten usw. Dtsch. Arch. f. klin. Med. Bd. 132, S. 53. 1920.

[6] STERNBERG: Über Purpuraerkrankungen. Wien. Arch. f. inn. Med. Bd. 3, S. 433. 1922.

[7] GRAM: The bloodplatelets in influenza etc. Acta med. scandinav. Bd. 54, S. 1. 1920.

[8] KAZNELSON: Verschwinden hämorrhagischer Diathese usw. nach Milzexstirpation. Wien. klin. Wochenschr. 1916, Nr. 46.

[9] EHRENBERG: Über einen Fall von essentieller Thrombopenie. Monatsschr. f. Geburtsh. u. Gynäkol. Bd. 51, H. 2. 1920.

[10] CORI, G.: Zur Klinik und Therapie der essentiellen Thrombopenie. Zeitschr. f. klin. Med. Bd. 94, S. 356. 1922.

[11] KLEEBLATT: Beiträge zum Purpuraproblem. Bruns' Beitr. z. klin. Chir. Bd. 120, S. 412. 1920.

[12] LEDINGHAM: The exper. Production of purpura etc. Lancet 1914, I, 2, S. 1673.

[13] BEDSON: Blood platelet antiserum etc. Journ. of pathol. a. bacteriol. Bd. 24. 1921; Bd. 25. 1922.

[14] ROSKAM: Zitiert auf S. 418.

[15] BEDSON: The effect of splenectomy etc. Lancet Bd. 207, S. 1117. 1924.

Bedson glaubt, daß die starke Vermehrung der Plättchenzahl nach Milzexstirpation eine gewisse Bedeutung für das Ausbleiben der hämorrhagischen Diathese hat, daß aber außerdem auch die Blutgefäße milzloser Tiere eine größere Widerstandskraft haben.

Plättchenmangel allein genügt also anscheinend nicht für das Entstehen einer Purpura[1], ebensowenig wie isolierte Aufhebung der Gerinnbarkeit des Blutes. Man wird die Annahme von Gefäßschädigungen nicht umgehen können. Es ist nicht wahrscheinlich, daß zwischen Thrombopenie und Gefäßschädigungen gar keine Beziehungen bestehen. Dazu sind die beiden Störungen zu häufig miteinander verknüpft. Aber man wird den Zusammenhang nach einer anderen Seite suchen müssen: es sind wahrscheinlich Parallelsymptome, bedingt vielleicht durch ähnliche oder gleiche Ursachen. Vergessen wir nicht, daß Gefäßwandzellen und blutbildendes Gewebe entwicklungsgeschichtlich miteinander nahe

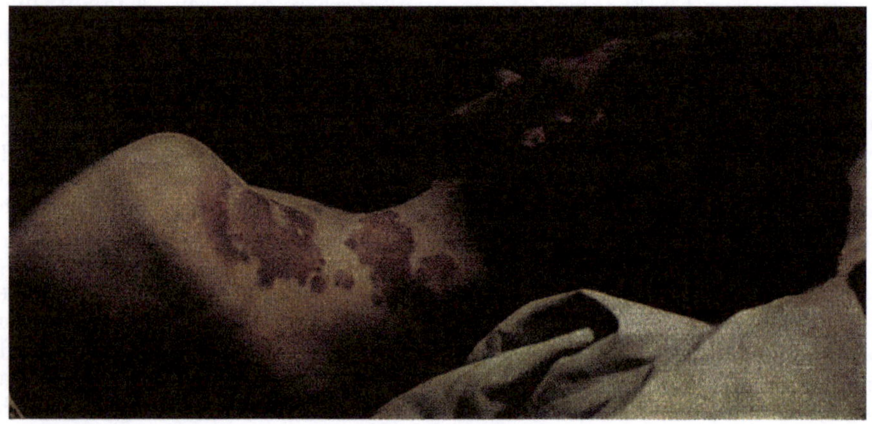

Abb. 47. Hautblutungen bei Purpura (wahrscheinlich thrombopenische Form; 1911 aufgenommen).
(Nach P. Morawitz u. G. Denecke aus v. Bergmann-Staehelin: Handb. d. inn. Med. IV. 2. Aufl.)

verwandt sind! Es ist nicht unwahrscheinlich, daß gewisse Gifte, Toxine, auf beide in stärkerem oder geringerem Grade wirken.

Ähnlich ist wohl auch der Zusammenhang zwischen Purpura und Thrombopenie bei gewissen, durch Gifte erzeugten Thrombopenien zu deuten (Santesson[2], Selling[3]).

Allerdings ist ein einheitlicher und sicherer histologischer Ausdruck dieser postulierten Gefäßveränderung noch nicht gefunden worden. In der älteren Literatur (Kogerer, Unna, Sack[4]) finden sich manche Widersprüche, ja nicht einmal die Frage, ob die Blutungen per rhexin oder per diapedesin entstehen, ist eindeutig beantwortet. Herzog und Roscher[5] fanden bei symptomatischer Thrombopenie sichere Rhexisblutungen im Gehirn, in einem anderen Falle unvollkommenen Endothelbelag, Wandverdickungen usw. Herrnheiser[6] beschreibt Schwellung der Endothelien bei hämorrhagischem Typhus. Andere

---

[1] Becks: Nosologie hämorrhagischer Diathesen. Acta med. scandinav. Bd. 62, S. 474. 1925.

[2] Santesson: Benzolvergiftung. Arch. f. Hyg. Bd. 30, S. 336. 1897.

[3] Selling: Benzol als Leukotoxin. Bull. of the Johns Hopkins hosp. Bd. 21, Nr. 217. 1910 u. Beitr. z. pathol. Anat. u. z. allg. Pathol. Bd. 51. 1911.

[4] Kogerer, Unna, Sack: Zitiert nach Marchand, s. S. 412.

[5] Herzog u. Roscher: Zitiert auf S. 416.   [6] Herrnheiser: Zitiert auf S. 416.

Beobachtungen, die, wenn sie auch nicht einheitlicher Natur sind, doch für das Bestehen auch anatomisch greifbarer Capillarveränderungen bei Thrombopenie sprechen, geben WISEL und WIESNER[1], WALKO[2] u. a.

Ist nun die Gesamtheit dessen, was als idiopathische Thrombopenie beschrieben wird, eine Krankheitseinheit auch im ätiologischen Sinne? Man kennt akute Thrombopenien, wie z. B. den von WERLHOF 1735 beschriebenen Fall, in denen die hämorrhagische Diathese stürmisch auftritt, aber schnell wieder vorübergeht; dem stehen chronische Fälle gegenüber, die bald intermittierend auftreten, bald dauernd bestehen und den Kranken viele Jahre hindurch begleiten. Dieses Krankheitsbild ist offenbar früher oft als Hämophilie angesprochen worden. Die Ähnlichkeit mit der Hämophilie ist dann besonders groß, wenn die chronische Thrombopenie, wie das GLANZMANN[3] und A. F. HESS[4] sahen, in gewissen Familien gehäuft auftritt. HESS beschreibt sogar zwei Familien, in denen ein männliches Mitglied an echter Hämophilie ein,

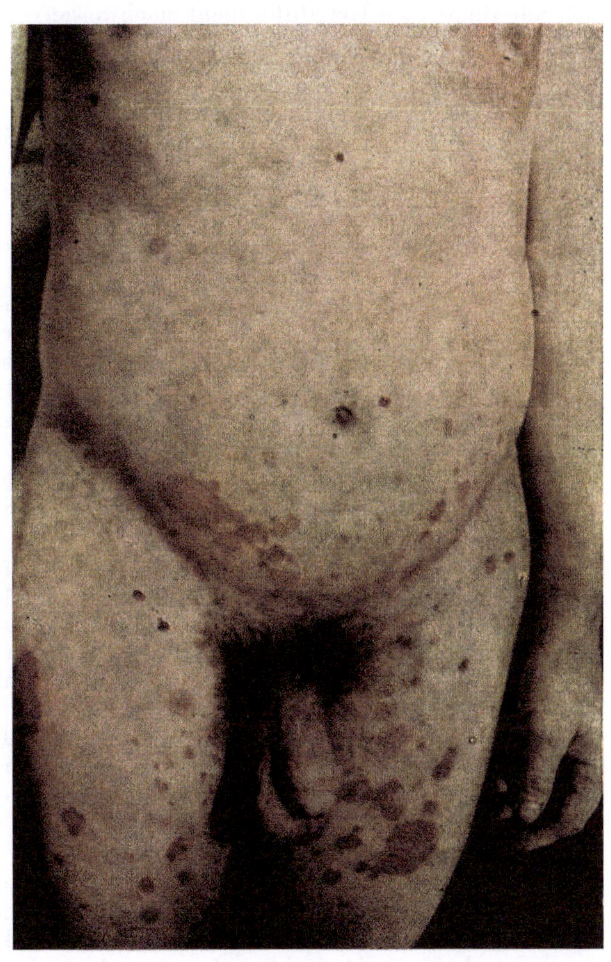

Abb. 48. Hautblutungen bei Purpura. (Nach P. MORAWITZ u. G. DENECKE).

weibliches an chronischer Thrombopenie litt. v. WILLEBRAND[5] hat 19 Fälle dieser „hereditären Pseudohämophilie" zusammengestellt. Er denkt am ehesten an eine eigenartige Gefäßkrankheit, wenngleich die Möglichkeit einer gleichzeitig vorhandenen „Thrombasthenie" im Sinne GLANZMANNS nicht von der Hand

---

[1] WISEL u. WIESNER: Zitiert nach HERZOG, s. S. 416.

[2] WALKO: Über Fleckfieber und hämorrhagischen Typhus. Wien. klin. Wochenschr. 1916, Nr. 11.

[3] GLANZMANN: Hereditäre hämorrhagische Thrombasthenie. Jahrb. f. Kinderheilk. Bd. 88, S. 1 u. 113. 1918.

[4] HESS, A. F.: Zitiert auf S. 414.

[5] v. WILLEBRAND: Hereditäre Pseudohämophilie. Finska läkaresellskapets handl. Bd. 68, S. 87. 1926.

zu weisen ist. So verschieden also die beiden Zustände auch pathogenetisch sind, so scheinen sie doch vielleicht auf Grund ähnlicher vererbter Anlage entstehen zu können. In den meisten Fällen chronischer Thrombopenie läßt sich allerdings eine Heredität nicht nachweisen.

Diese essentielle chronische Thrombopenie (E. Frank) ist offenbar ein gut abgrenzbares Syndrom. Sie macht, wie die Hämophilie, auch in nichthereditären Fällen den Eindruck einer endogenen Erkrankung. Äußere Momente haben höchstens Einfluß auf das Auftreten von Blutungen, nicht auf die Krankheit selbst. Diese wird von den meisten Beobachtern als benigne Erkrankung bezeichnet zum Unterschied von den oft malign verlaufenden symptomatischen Thrombopenien. Übergang einer essentiellen chronischen Thrombopenie in aplastische Anämie oder andere schwere Blutkrankheiten ist bisher nicht sicher beobachtet worden. Pathogenetisch kommt wohl in erster Linie mangelhafte Anlage des plättchenbildenden Apparates in Betracht, daneben vielleicht auch beschleunigter Untergang dieser Elemente. Endlich erscheint mir eine Gefäßschädigung, deren Natur noch unbekannt ist, für das Auftreten der Hämorrhagien unentbehrlich. Die chronische essentielle Thrombopenie ist eine recht seltene Erkrankung. Die Bezeichnung „benigne" ist allerdings nur cum grano salis zu verstehen. Todesfälle durch Verblutung sind beschrieben worden, wenn sie auch nicht sehr zahlreich zu sein scheinen. Es soll mit dem Worte „benign" nur zum Ausdruck gebracht werden, daß eine Neigung zur Progredienz der Erkrankung nicht zukommt.

Idiopathische Thrombopenien von akutem Typ sind nicht selten. Der Fall von Werlhof gehört wahrscheinlich in diese Gruppe. Ich selbst habe 2 Fälle akuter idiopathischer Thrombopenie gesehen, die bei Frauen im Prämenstruum auftraten, schnell vorübergingen und sich nicht wiederholten. Es ist fraglich, ob diese Fälle mit der chronischen essentiellen Thrombopenie wesensverwandt sind. Das einzige einigende Band dieser so ganz verschiedenartigen Zustände ist die Thrombopenie, und es hat natürlich etwas Mißliches, ein einziges Symptom für die Abgrenzung und Bewertung so ganz verschiedener Krankheitstypen in den Vordergrund zu stellen. Allerdings beschreibt Ehrenberg[1] einen Fall chronischer essentieller Thrombopenie, bei dem die Erscheinungen im Prämenstruum sich regelmäßig verstärkten.

Übrigens sei bemerkt, daß im Prämenstruum das Stauungsphänomen auch bei Frauen, die keine hämorrhagische Diathese zeigen, zuweilen positiv ausfällt (Demmer[2], Schrader[3]). Man wird an hormonale Einflüsse auf die Gefäßwände zu denken haben, wie sie ja auch von anderen Organen (Milz, Hypophyse) behauptet werden (Kaznelson, Cori[4], Krogh[5]).

Glanzmann ist allerdings geneigt, auch alle Fälle akuter thrombopenischer Purpura mit der chronischen zu einer Gruppe zu vereinigen. Er nimmt in solchen Fällen eine latente angeborene Thrombasthenie an, die bei erhöhten Anforderungen oder bei gewissen Schädigungen, z. B. im Prämenstruum, manifest wird. Man wird sich schwer zu dieser Annahme entschließen angesichts der Tatsache, daß die Erkrankung bei manchen Personen sich im ganzen Leben nicht wieder-

---

[1] Ehrenberg: Zitiert auf S. 431.

[2] Demmer: Morbus maculosus in regelmäßigen vierwöchentlichen Schüben usw. Folia haematol. Arch. Bd. 26, S. 74. 1921.

[3] Schrader: Veränderungen im Verhalten der Dichte der Capillaren usw. Mitt. a. d. Grenzgeb. d. Med. u. Chir. Bd. 34, S. 260. 1921.

[4] Cori: Zitiert auf S. 431.

[5] Krogh, A.: Studies on the capillarmotor. mechanism. Journ. of physiol. Bd. 53, S. 399. 1920.

holt. Auch weiß man über die konstitutionellen Unterschiede des plättchenbildenden Apparates noch zu wenig (Stahl[1]).

Gewisse Fälle der Purpura fulminans (Henoch), der fondroyant und tödlich verlaufenden Form werden von Glanzmann auch zur idiopathischen Thrombopenie gerechnet. Die Frage ist noch nicht geklärt. Es gibt aber sicher Fälle von Purpura fulminans mit reichlich Blutplättchen (Risel[2], Morawitz[3]). Außerdem gehören sie meist den symptomatischen Purpuraformen an. Der Purpura fulminans können also anscheinend sehr verschiedenartige Vorgänge zugrunde liegen.

Symptomatische Thrombopenien sind viel häufiger als idiopathische.

Bei sehr vielen Infektionskrankheiten kommt hämorrhagische Diathese mit Plättchenmangel vor, so bei Sepsis, Typhus, Meningitis, Diphtherie, Scharlach, Masern, Pocken, Lues, Malaria. Meist bedeutet das Hinzutreten einer hämorrhagischen Diathese einen besonders schweren Infekt. Wahrscheinlich sind es diese symptomatischen hämorrhagischen Diathesen, die uns die älteren bakteriologischen Befunde über Erreger der Purpura erklären (Literatur bei W. Schultz[4]). Pathogenetisch wird man diese wie auch andere symptomatische Thrombopenien durch die Annahme einer toxischen Schädigung des Knochenmarks (und der Gefäße) erklären müssen. Von dieser Schädigung wird der plättchenbildende Apparat in erster Linie betroffen. Im Gegensatz zur essentiellen idiopathischen Thrombopenie beschränkt sich aber die Schädigung hier nicht ausschließlich auf den plättchenbildenden Apparat, ergreift vielmehr meist auch das myeloische Gewebe. Die Folge davon ist Leukopenie mit Verminderung der granulierten Elemente. Die Leukopenie ist ein wichtiges differentielldiagnostisches Kriterium zur Unterscheidung der malignen, meist symptomatischen Thrombopenie von der idiopathischen. Die Diagnose einer symptomatischen Thrombopenie darf auch bei diesen Erkrankungen nur nach genauer Untersuchung des Blutes gestellt werden; denn es kommen bei den verschiedensten Infekten auch Purpuraformen vom vaskulären Typ ohne jede charakteristische Blutveränderung vor.

Die hämorrhagische Diathese Typhuskranker ist in letzter Zeit genauer studiert worden. (Curschmann[5], Walko[6], Herrnheiser[7], Herz[8], Herzog und Roscher[9], Kaznelson[10], E. Frank[11]). In manchen Fällen erfolgt eine derart massenhafte Überschwemmung des Organismus mit Typhusbacillen, daß auch diese durch Embolisierung und Thrombosierung zahlreicher Gefäße die hämorrhagische Diathese vielleicht begünstigen. Während bei essentieller Thrombopenie Anämien starken Grades selten sind, entwickeln sie sich oft überraschend schnell bei diesen symptomatischen Formen. Zum Teil mögen die Blutverluste für die Entwicklung der Anämien maßgebend sein (E. Frank). Da aber Leber und andere Organe oft mit Blutpigment erfüllt sind, wird man auch an beschleunigte Hämolyse denken müssen.

---

[1] Stahl: Zur konstitutionellen Pathologie des Blutplättchenapparates. Zeitschr. f. angew. Anat. u. Konstitutionspathol. Bd. 6, S. 301. 1920.

[2] Risel: Beiträge zur Purpuraerkrankung. Zeitschr. f. klin. Med. Bd. 58, S. 163. 1906.

[3] Morawitz: Zum Problem der Purpura fulminans. Münch. med. Wochenschr. H. 38, S. 1558. 1926.

[4] Schultz, W.: Zitiert auf S. 412.

[5] Curschmann, H.: Hämorrhagische Diathese bei Typhus. Münch. med. Wochenschr. 1910, Nr. 8.

[6] Walko: Zitiert auf S. 433.   [7] Herrnheiser: Zitiert auf S. 416.

[8] Herz: Über hämorrhagische Diathese bei Typhus abdominalis. Wien. klin. Wochenschrift 1917, S. 675.

[9] Herzog u. Roscher: Zitiert auf S. 416.

[10] Kaznelson: Zur Pathologie des hämorrhagischen Typhus. Dtsch. med. Wochenschr. 1918, S. 114.

[11] Frank, E.: Über die Pathogenese des Typhus abdominalis. Dtsch. med. Wochenschr. 1916, S. 1062.

Unter den schweren Blutkrankheiten geht regelmäßig mit hämorrhagischer Diathese einher die *aplastische Anämie* Ehrlichs. Bei der aplastischen Anämie handelt es sich um Atrophie sämtlicher Elemente des Knochenmarkes. Im Blute nehmen also, kurz gesagt, alle dem myeloischen System entstammenden Zellformen mehr und mehr ab, ohne daß Zeichen lebhafter Regeneration nachweisbar wären. E. Frank[1], der für die aplastische Anämie die Bezeichnung *hämorrhagische Aleukie* vorschlägt, sieht in ihr ein Endstadium gewisser Fälle essentieller chronischer Thrombopenie. Naegeli[2] glaubt in völligem Gegensatz hierzu in der aplastischen Anämie den Endeffekt der Wirkung bakterieller Toxine auf das Knochenmark sehen zu müssen, also eine durchaus exogene Erkrankung, die nichts anderes ist wie ein besonders hoher Grad der symptomatischen Thrombopenie nach Infektionskrankheiten. Sicher bewiesen ist bisher keine dieser Anschauungen. Vor allen Dingen gibt es noch keine wirklich einwandfreie Beobachtung des Überganges einer jahrelang bestehenden essentiellen Thrombopenie in aplastische Anämie. Übrigens ist E. Frank der Meinung, daß in manchen Fällen (z. B. im Falle Herzog) der Infekt nicht Ursache der Aleukie war, sondern sich sekundär zur Aleukie gesellte, etwa wie bei akuten Leukämien, wo ja auch sekundäre Infekte häufig sind.

Weniger häufig sieht man stärkere Grade von Thrombopenie bei der Anaemia perniziosa und den verschiedenen Arten leukämischer Erkrankungen, auch bei der Anaemia pseudoleukaemia infantum (Arkenau[3], Aschenheim[4], Schwenke[5]).

Von *Giften*, die eine hämorrhagische Diathese mit Thrombopenie hervorrufen, seien *Benzol* und *Salvarsan* erwähnt. Mit Benzol kann man zunächst das Bild einer ziemlich reinen Thrombopenie, bei stärkerer Dosierung das einer aplastischen Anämie hervorrufen[6].

Von anderen Giften, die anscheinend zuweilen hämorrhagische Diathese im Gefolge haben, zum Teil auch mit sicher gestellter Thrombopenie, seien folgende erwähnt: Chinin bei Malariakranken (Henke[7]), Jodoform (Jodoformgaze), von Aperlo[8] beschrieben, Kohlenoxyd[9].

Endlich mag erwähnt werden, daß Purpuraformen vom thrombopenischen Typus auch in Verlauf mancher anderer Krankheiten auftreten, meist nicht lange vor dem Exitus: ich sah sie z. B. bei Urämie, im Endstadium mehrerer sehr lange bestehender Herzinsuffizienzen, bei diffuser embolischer Carcinose des Knochenmarkes.

Zusammenfassend läßt sich folgendes sagen: Die thrombopenische Purpura (Morbus Werlhof) ist anscheinend keine Krankheitseinheit, sondern ein zusammenfassender, auf ein einziges Symptom aufgebauter Begriff. Nur die Pathogenese der Blutungen ist in allen Fällen gleich oder ähnlich, Ätiologie und Verlauf ganz verschieden. Eine Krankheitseinheit scheint lediglich die chronische essentielle Thrombopenie zu bilden. Hier wird man endogene, konstitutionelle Momente verantwortlich machen dürfen. In anderen Fällen scheinen hormonale Schädigungen des plättchenbildenden Apparates von Belang zu sein (akute prämenstruelle Thrombopenie). Eigenartigerweise gibt es auch eine Beobachtung über alle 4 Wochen rezidivierende Thrombopenie beim Manne (Demmer[10]). Endlich können bakterielle Toxine und gewerbliche Gifte zu einer Schädigung führen, die zunächst und in erster Linie den plättchenbildenden

---

[1] Frank, E.: Aleukia haemorrhagica. Berlin. klin. Wochenschr. 1915, Nr. 37 u. 41; 1916. S. 555.

[2] Naegeli: Blutkrankheit und Blutdiagnostik. 4. Aufl. 1923.

[3] Arkenau: Heilung einer schweren Jackschschen Anämie usw. Dtsch. med. Wochenschrift Jg. 47, S. 745. 1921.

[4] Aschenheim u. Benjamin: Beziehungen der Rachitis zu den hämatopoetischen Organen. Dtsch. Arch. f. klin. Med. Bd. 97. 1909.

[5] Schwenke: Jahrb. f. Kinderheilk. Bd. 88, H. 3/5. 1919; zit. nach Pfaundler u. v. Seht, s. S. 413.

[6] Santesson: Zitiert auf S. 432. — Selling: Zitiert auf S. 432. — Flaudin u. Roberti: Purpura hémorrh. par les vapeurs de benzol. Soc. méd. des hop. Paris Bd. 38, S. 58. 1922. — Gorke: Auftreten von aplastischer Anämie nach Salvarsan. Münch. med. Wochenschrift 1920.

[7] Henke: Spontanblutungen bei Malaria usw. Zeitschr. f. klin. Med. Bd. 91, S. 198. 1921.

[8] Aperlo: Sindromo emorragico e gaza iodoformica. Policlinico Bd. 27, H. 41, S. 1148. 1920.

[9] Müller-Hess: Hämorrhagische Diathese nach Kohlenoxydvergiftung. Ärztl. Sachverst.-Zeit. Bd. 26, S. 257. 1920.

[10] Demmer: Zitiert auf S. 434.

Apparat ergreift, dann sich aber meist auch mehr oder weniger auf die übrigen myeloischen Mutterzellen erstreckt.

Wie wenig man tatsächlich in der Lage ist, die Thrombopenie als entscheidendes Unterscheidungsmerkmal verschiedener Formen hämorrhagischer Diathesen oder gar verschiedener Krankheiten anzusehen, ergibt sich schon daraus, daß z. B. im Prämenstruum zuweilen akute hämorrhagische Diathesen mit Thrombopenie, aber auch ohne Thrombopenie beobachtet werden. Das ätiologische Moment scheint das gleiche zu sein, und doch entstehen verschiedene Zustandsbilder, da der schädigende Faktor in dem einen Falle mehr den plättchenbildenden Apparat, in dem anderen mehr die Gefäße betroffen hat.

IV. Purpura durch Gefäßveränderungen.
(Vasculäre Purpuraformen.)

Bei der Hämophilie und der thrombopenischen Purpura haben wir es mit Formen der hämorrhagischen Diathese zu tun, bei denen Veränderungen des Blutes pathogenetisch bedeutsam sind. Gefäßschädigungen sind bei der Hämophilie zu vermuten, aber nicht sicher nachweisbar. Bei der thrombopenischen Purpura spielen sie sicher eine sehr wichtige Rolle. Ganz beherrschen sie aber das Krankheitsbild bei einer dritten Gruppe hämorrhagischer Diathesen, die man vielleicht als vasculäre Gruppe zusammenfassen kann und zu der der *Skorbut* mit der MÖLLER-BARLOWschen Krankheit, die SCHÖNLEIN-HENOCHsche Purpura und gewisse symptomatische und weniger bekannte hämorrhagische Diathesen gehören. Gemeinsam ist allen diesen Erkrankungen, so verschieden auch ihre Ätiologie sein mag, das Fehlen irgendwelcher Blutveränderung, die für die Pathogenese der Blutungen bedeutungsvoll sein könnte.

Die Gerinnungszeit ist normal. Bei Skorbut wurde allerdings von BIERICH[1] in gewissen Stadien der Krankheit eine etwas verzögerte Gerinnung gefunden, die meisten Autoren verzeichnen aber normale Werte (SALLE und ROSENBERG[2]), ebenso bei SCHÖNLEIN-HENOCHscher Purpura.

Die Blutplättchenzahlen können schwanken. So finden sich z. B. bei Skorbut bisweilen ziemlich niedrige Werte (UMBER[3]), ohne aber jemals die ganz geringen Zahlen der thrombopenischen Purpura zu erreichen. Meist sind aber die Plättchenwerte normal oder sogar auffallend hoch, wie das sowohl beim menschlichen Skorbut wie auch beim experimentellen Meerschweinchenskorbut vorkommt (HERZOG[4]). Die Blutungszeit ist bei diesen Kranken ebenfalls normal oder annähernd normal.

Damit hängt es wohl auch zusammen, daß Neigung zu spontanen profusen Blutungen bei diesen Diathesen viel geringer ist, als bei der Thrombopenie oder gar der Hämophilie. Die Blutungen sind multipel, aber selten besonders anhaltend und schwer zu stillen.

In seltenen Fällen, die aber für das Verständnis der Blutstillung wichtig sind, kommen aber bei hämorrhagischen Diathesen trotz Fehlens nennenswerter Blutveränderungen doch deutlich verlängerte Blutungszeiten vor. Es ist noch nicht klar, ob vielleicht eine Thrombasthenie (GLANZMANN), also eine mangelhafte Funktion der Thrombusbildner, oder aber, was mir wahrscheinlicher

---

[1] BIERICH: Über Skorbut. Dtsch. Arch. f. klin. Med. Bd. 130, S. 151. 1919.

[2] SALLE u. ROSENBERG: Über Skorbut. Ergebn. d. inn. Med. u. Kinderheilk. Bd. 19, S. 31. 1921 (Literatur).

[3] UMBER: Skorbutgefahr usw. Med. Klinik Bd. 18, S. 851. 1922.

[4] HERZOG, F.: Über experimentellen Skorbut bei Meerschweinchen. Frankfurt. Zeitschr. f. Pathol. Bd. 26, S. 50. 1921.

vorkommt, eine mangelhafte Funktion der Blutstillungsmechanismen der Gefäße (s. S. 417) vorliegt[1]. In einem Falle der Leipziger Kinderklinik war im Blute
nur eine unwesentliche Verminderung der Plättchen (100 000) bei normaler Gerinnungszeit, dabei stark verlängerte Blutungszeit. Warum kommt es hier
nicht zur Bildung des Plättchenthrombus? Es
erinnert diese Beobachtung an Roskams Hiru-
dinversuche, der eine verlängerte Blutungszeit
bei seinen Hirudintieren auch noch nach Rückkehr der Gerinnungsfähigkeit des Blutes nachweisen konnte. Eine genaue Untersuchung solcher Beobachtungen wäre für die Frage der
normalen und pathologischen Blutstillung von
großem Wert.

Es bleibt nichts übrig, als das Wesen dieser
Störungen in Veränderungen der Blutgefäße
selbst zu sehen. Tatsächlich ergeben auch
einige von den zur Prüfung der Gefäßfunktion
dienenden Proben oftmals abnorme Befunde:
die Rumpel-Leedesche Probe fällt bei Skorbut
fast immer, bei Purpura sehr häufig positiv aus.
Dagegen ist die *Kochsche Probe* (Puncture test)
negativ, um Nadelstiche bildet sich kein hämorrhagischer Hof. Auch durch Druck auf die
Haut und Quetschen von Hautfalten lassen
sich meist keine Hämorrhagien erzeugen, wie
etwa bei Thrombopenie. Die Tatsache, daß die
Gefäße gegenüber gesteigertem Innendruck besonders wenig widerstandsfähig sind, erklärt
das schon Schönlein bekannte Rezidivieren
der Purpurablutungen nach dem Aufstehen.
W. Schultz[2] hat diese „*orthostatische Purpura*"
genauer studiert. Auch beim Skorbut finden
sich die ersten Blutungen fast immer an den
Unterschenkeln.

Nicht zu den hämorrhagischen Diathesen
sind wahrscheinlich jene Zustandsbilder zu
rechnen, bei denen heftige, häufig wiederholte
Blutungen aus einem Gefäßgebiete stattfinden,
ohne daß die Blutuntersuchung oder Gefäß-
prüfung etwas Abweichendes ergibt. Dazu ge-

Abb. 49. Unterschenkel bei Skorbut.
(Nach P. Morawitz u. G. Denecke.)

hören Fälle hartnäckigen Nasenblutens oder auch Genitalblutungen. Hier hat
man es wohl meist nur mit lokalen Störungen der Gefäße zu tun.

Gefäßschädigungen sind also bei den oben erwähnten Krankheiten sicher
anzunehmen. Es fragt sich, ob man sich über deren Natur bestimmte Vorstellungen machen kann und ob sie immer gleichartig sind. Leider kennen wir
bisher die Funktionen der Capillarwände noch zu wenig, um etwas Bestimmtes
sagen zu können. Aber *eine* Tatsache wird man wohl schon jetzt hinnehmen
dürfen: die Störungen der Capillarfunktion können wahrscheinlich sehr verschiedener Art sein. Das ergeben die klinischen Beobachtungen. Wir haben

---

[1] Vgl. auch v. Willebrand: Zitiert auf S. 433.
[2] Schultz, W.: Über orthostatische Purpura. Berlin. klin. Wochenschr. 1918, Nr. 9,
S. 208.

von der hier anscheinend möglichen Mannigfaltigkeit noch nicht entfernt zutreffende Vorstellungen. Mit dem Schlagwort „vermehrte Durchlässigkeit" ist nichts getan. Denn eine vermehrte Durchlässigkeit wird ja auch bei Ödemen angenommen; warum treten nun bei Ödemen nicht wie hier geformte Elemente aus den Gefäßen? Warum kommt es bei hämorrhagischen Diathesen in der Regel nicht zum Ödem?

Es kommen bei hämorrhagischen Diathesen mindestens 2 Typen der Gefäßschädigung vor: der eine findet sich beim Skorbut, vielleicht auch bei gewissen hämorrhagischen Diathesen im Gefolge der Sepsis und ist charakterisiert durch den einfachen Austritt von Blut aus dem geschädigten Gefäß, ohne daß sonstige Exsudationen zu bemerken sind. Derselbe Typ kommt wahrscheinlich auch bei der Thrombopenie vor. ASCHOFF und KOCH[1] nehmen speziell für Skorbut eine Minderwertigkeit der Kittsubstanzen an, so daß das feste Gefüge der Endothelzellen gelockert ist. Dafür, daß wenigstens bei manchen Purpuraformen etwas Derartiges denkbar ist, spricht das von SCHILLING[2] und BITTORF[3] festgestellte Auftreten von Endothelzellen im strömenden Blute bei Endocarditis lenta, bei der ja eine Neigung zur Purpura gelegentlich nachweisbar ist. Bei Skorbut scheinen allerdings Endothelien im Blute bisher nicht beobachtet zu sein. Ödeme kommen beim Skorbut allerdings vor. SALLE und ROSENBERG[4] halten es aber für wahrscheinlich, daß sie nicht zum eigentlichen Krankheitsbilde gehören, sondern auf Komplikationen zurückzuführen sind. Jedenfalls gibt es recht schwere Skorbutfälle ohne Ödeme. Eine experimentelle Analogie zu dieser Art von Gefäßschädigungen enthält vielleicht die Beobachtung von F. LANGE[5]: Während einer Kur mit Fibrolysininjektionen trat eine schwere Purpura auf, später Ödeme. Beim Skorbut liegen die Dinge insofern anders als bei anderen hämorrhagischen Diathesen, als die Störung nicht nur die Stützsubstanzen der Gefäße, sondern anscheinend die aller oder vieler Gewebe betrifft (ASCHOFF und KOCH).

Ähnliche Gefäßschädigungen wird man vielleicht auch für jene wenig studierte Form der Purpura annehmen müssen, die gelegentlich bei Frauen vorkommt: Jeder Stoß, jeder stärkere Druck ruft einen blauen Fleck hervor. Ich hatte den Eindruck, daß hier vielleicht ein hormonaler ovarieller Einfluß im Spiele sein könnte, da die Erscheinung in einigen Fällen meiner Beobachtung im Laufe der Zeit sehr wechselte. Es besteht also vielleicht eine Analogie zu den Stauungsversuchen SCHRADERS[6] im Prämentruum.

Eine andere Art der Gefäßschädigung tritt uns bei der SCHÖNLEIN-HENOCHschen Purpura entgegen. Bei dieser Krankheit handelt es sich nicht immer nur um Blutungen; vielmehr sieht man sehr oft andere exsudative Vorgänge. Es gesellen sich zu den Blutungen erythematöse, urticarielle und ödematöse Prozesse. Es können z. B. zunächst an Urticaria erinnerte Efflorescenzen auftreten, die sich allmählich in Blutungen umwandeln. Diese selbst sind oft erhaben, überragen das Hautniveau und erscheinen zuweilen von einem rötlichen oder ödematösen Hofe umgeben. Auch vorübergehende Gelenkschwellungen

---

[1] ASCHOFF u. KOCH: Skorbut. Veröff. a. d. Geb. d. Kriegs- u. Konstitutionspathol., Jena 1919.

[2] SCHILLING, V.: Hochgradige Monocytose und Makrophagie bei Endoc. ulcerosa. Zeitschr. f. klin. Med. Bd. 88.

[3] BITTORF: Über Endothelien im strömenden Blut usw. Dtsch. Arch. f. klin. Med. Bd. 133, S. 64. 1920.

[4] SALLE u. ROSENBERG: Zitiert auf S. 437.

[5] LANGE, F.: Über Purpura haemorrhagica im Verlauf von Fibrolysininjektionen. Med. Klinik Bd. 16, S. 1055. 1920.

[6] SCHRADER: Zitiert auf S. 434.

sind sehr häufig. Schönlein hatte für diese Form der Purpura den Ausdruck Peliosis rheumatica geprägt. Mit der Annahme vermehrter Gefäßdurchlässigkeit oder Brüchigkeit kommt man hier nicht aus. Die Erscheinungen erinnern an die Gefäßveränderungen bei entzündlichen Vorgängen, wobei allerdings die Hämorrhagie viel mehr in den Vordergrund tritt. Interessant ist es nun, daß bei Schönlein-Henochscher Purpura nicht allzu selten auch echte hämorrhagische Nephritis beobachtet wird. Auch bei den bei dieser Krankheit besonders im Kindesalter häufigen Darmblutungen (Henoch[1], Scheby-Buch[2]) handelt es sich nicht wie bei den thrombopenischen Darmblutungen um einen ganz schmerzlosen Vorgang: vielmehr treten heftige Koliken, auch Erbrechen hinzu, vielleicht als Ausdruck von exsudativen Vorgängen in der Darmwand.

Eine nähere Vorstellung über die Art der Gefäßstörung bei dieser Krankheit kann man heute schwer geben. E. Frank[3] glaubt, daß eine Lähmung der Capillarfunktion mit Aufhebung des Capillarstroms diese Art der Exsudation am ehesten erklärt. Er sucht eine Parallele herzustellen zu der Wirkung wohlcharakterisierter Capillargifte, wie solche z. B. in dem Histamin (Dale[4]) bekannt sind. Allerdings erhält man mit Histamin nur vermehrte Exsudation, keine eigentliche hämorrhagische Diathese. Frank bezeichnet die Art der Gefäßstörung bei Morbus Schönlein-Henoch als hämorrhagische Capillartoxikose.

Der Morbus Schönlein-Henoch macht zuweilen den Eindruck einer Infektion oder Intoxikation. Zuweilen beobachtet man unregelmäßige Temperaturen, die offenbar nicht durch Resorption von Blutergüssen bedingt sind, sondern zur Krankheit selbst zu gehören scheinen. Ziemlich charakteristisch ist außerdem noch ein Verlauf in Schüben, so zwar, daß nach Verschwinden der ersten Aussaat von Blutungen neue Schübe auftreten, oft unter Fiebererscheinungen und heftigen Schmerzen in Gelenken und Knochen. Prädilektionsstellen sind die unteren Extremitäten. Auslösend wirken bei Nachschüben, wie schon seit langem bekannt, Aufstehversuche (orthostatische Purpura, W. Schultz[5]). Man wird hier an eine additive Wirkung von Gefäßschädigung und mechanischen Vorgängen denken müssen. Doch kommen auch schubweise Rezidive bei Kranken vor, die streng im Bette liegen. Einer Purpura simplex, bei der nur Hautblutungen vorhanden sind, hat man in früherer Zeit eine Purpura haemorrhagica mit Schleimhautblutungen, eine Peliosis rheumatica mit Gelenkschwellungen, eine Purpura abdominalis mit Darmblutungen und abdominellen Kolikanfällen (Henoch) gegenübergestellt. Doch bestehen keine prinzipiellen Unterschiede. Es gibt Fälle, die jene einzelnen Krankheitsgruppen fließend verbinden. Glanzmann[6] trennt in chronisch-intermittierende, akute infektiöse und foudroyante infektiöse Formen (Purpura fulminans). Die chronisch intermittierenden Formen, die dem idiopathischen Morbus Schönlein-Henoch entsprechen, werden wieder, je nach Beteiligung verschiedener Organe (Nieren und Darm) oder auch nach Art des Exanthems (Purpura urticans, erythematosa, mit Ödemen), in verschiedene Untergruppen geteilt.

Die Schönlein-Henochsche Purpura wurde früher vorwiegend als Infektionskrankheit aufgefaßt. Heute überwiegt eine andere Anschauung. Die Ähnlichkeit der Symptome der Purpura mit den Erscheinungen der Serum-

---

[1] Henoch: Vorlesungen über Kinderkrankheiten. S. 827. Berlin 1897.

[2] Scheby-Buch: Gelenkaffektionen bei den hämorrhagischen Erkrankungen. Dtsch. Arch. f. klin. Med. Bd. 14. 1874.

[3] Frank, E.: Zitiert auf S. 412.

[4] Dale: Capillar. Poisons and Shock. Bull. of the John Hopkins hosp. Bd. 31, S. 257. 1920.

[5] Schultz, W.: Zitiert auf S. 438.   [6] Glanzmann: Zitiert auf S. 414.

krankheit ist wohl zuerst von E. FRANK[1] hervorgehoben worden. GLANZMANN hat dann die Purpura direkt als anaphylaktischen Erscheinungskomplex aufgefaßt. Zahlreiche Autoren sprechen heute von einer „*anaphylaktoiden*" *Purpura*. Zur Stütze seiner Hypothese zieht GLANZMANN eine Reihe klinischer Symptome heran, die beiden Krankheiten gemeinsam sind, wie Ödeme, flüchtige Gelenkschwellungen, urticarielle Eruptionen. Hautblutungen sind bei Serumkrankheit auch zu beobachten, allerdings nur selten[2]. Dieser anaphylaktische Zustand wird ausgelöst durch Resorption artfremder Eiweißkörper. Sie können bakteriellen Ursprungs sein oder aus dem Darme stammen.

Es läßt sich gegen die Auffassung, daß der Purpura eine echte Anaphylaxie zugrunde liegt, manches vom prinzipiellen Standpunkte aus einwenden (BESSAU[3], v. PFAUNDLER und v. SEHT[4]). Schwierig ist auch die Deutung mancher klinischer Erscheinungen auf dem Boden dieser Theorie, z. B. der segmentären Anordnung von Hautblutungen, wie man sie bei Purpura oft sieht (GRENET[5]).

Übrigens muß ich, ebenso wie bei Besprechung der Thrombopenie, meinem Zweifel Ausdruck geben, ob die SCHÖNLEIN-HENOCHsche Purpura überhaupt etwas Einheitliches ist. Kürzlich sah ich eine Kranke von etwa 20 Jahren, die seit ihrer Kindheit von Zeit zu Zeit Schübe von Petechien an den Beinen und Armen bekommt ohne jedes Fieber. Die Haut der Beine war mit Ausnahme der Stellen, an denen ein äußerer Druck einwirkte (Schuhe, Strumpfbänder) dunkelbraun gefärbt und atrophisch. Hier hat man vielmehr den Eindruck eines (konstitutionellen?) Zustandes, als den einer vorübergehenden Krankheit. Allerdings wären ja trotz des langen Bestehens allergische Ursachen auch hier nicht sicher abzulehnen.

Eine Tatsache ist ferner bemerkenswert, auf die FINKELSTEIN[6] hinweist: manche Purpurafälle, besonders im kindlichen Alter, treten als sog. zweites Kranksein in der Rekonvaleszenz nach akuten Infektionskrankheiten auf, z. B. nach Scharlach. Beim Erwachsenen scheinen mir allerdings diese postinfektiösen Formen gegenüber denen zurückzustehen, die ohne jede auslösende Infektionskrankheit entstehen. Einige Male habe ich bei chronischer Tuberkulose Purpurasymptome gesehen, besonders Blutungen an den Unterschenkeln. Auch sonst finden sich in der Literatur Angaben über Koinzidenz von Purpura und Tuberkulose (WOLF[7], GOSSNER[8]). Die *Purpura fulminans* (HENOCH), jene fondroyante tödlich verlaufende Form, kann sicher zur athrombopenischen Gruppe gehören, wie ein von RISEL[9] beschriebener postscarlatinöser Fall zeigt. Es ist aber wahrscheinlich, daß wir in dem fondroyanten Charakter nur ein Symptom vor uns haben, das bei verschiedenen hämorrhagischen Diathesen vorkommen kann. Ich selbst habe kürzlich einen Fall von Purpura fulminans gesehen, der ohne Thrombopenie verlief[10].

---

[1] FRANK, E.: Zitiert auf S. 412.

[2] MELENEY: Case of purpura during serum desease. Americ. journ. of the med. science Bd. 159, S. 555. 1920.

[3] BESSAU: Zur Frage der anaphylaktischen Purpura. Jahrb. d. Kinderheilk. Bd. 84. 1916.

[4] v. PFAUNDLER u. v. SEHT: Zitiert auf S. 413.

[5] GRENET: Reactions nerveuses dans les purpura exanthém. Gaz. des hôp. 1904, S. 868.

[6] FINKELSTEIN: Purpuraerkrankung im Kindesalter. Jahresk. f. ärztl. Fortbild. Bd. 12, Juniheft S. 1. 1921.

[7] WOLF: Orthostatische Symptome bei Purpura und Tuberkulose. Arch. f. Kinderheilk. Bd. 47. 1908.

[8] GOSSNER: Purpura haemorrhagica bei Genitaltuberkulose. Münch. med. Wochenschr. 1902, Nr. 11, S. 451.

[9] RISEL: Zitiert auf S. 435.

[10] MORAWITZ: Purpura fulminans. Münch. med. Wochenschr. 1926, S. 1558.

Purpura ohne Blutplättchenverminderung kommt endlich auch *symptomatisch bei zahlreichen Infektionskrankheiten vor*, und zwar auch auf der Höhe der Krankheit, nicht nur postinfektiös. Diese Gruppe ist von Pfaundler und v. Seht genauer studiert worden. Sie stellen diese, durch offenkundige Beziehungen zu bestimmten Infektionskrankheiten charakterisierte Gruppe dem Morbus Werlhof und der Schönlein-Henochschen Purpura, die als relativ homogene Begriffe anerkannt werden, gegenüber. Pfaundler und v. Seht zweifeln übrigens an der infektiösen oder toxischen Ätiologie der Schönlein-Henochschen Purpura, da sie oft bei dieser Krankheit kaum eine Andeutung von Fieber gesehen haben. Sie bezeichnen jene dritte Gruppe als *plurifokalinfektiöse Gruppe*. Sie tritt bei vielen Infektionskrankheiten auf, z. B. bei Meningokokkenmeningitis, Sepsis, Blattern, Scharlach, Grippe, Dysenterie, außerdem sehr oft bei Fleckfieber, Milzbrand, Pest, Gelbfieber. In manchen dieser Fälle handelt es sich um thrombopenische Formen, bedingt durch toxische Schädigung des Knochenmarks (s. S. 436; in anderen dagegen ergibt die Blutuntersuchung nichts Besonderes, wir müssen also wie beim idiopathischen Morbus Schönlein-Henoch Gefäßschädigungen annehmen. Sind sie nun dieselben wie bei dieser Krankheit, sind sie überhaupt einheitlicher Natur? Das ist wenig wahrscheinlich. Bei Sepsis beruht die hämorrhagische Diathese sicher zum Teil auf multiplen embolischen Vorgängen. Aber auch bei einer großen Reihe anderer symptomatischer Purpuraformen hält Pfaundler die Deutung von Glanzmann für wenig wahrscheinlich. Er nimmt hier überhaupt keine Diathese an, sondern ist der Meinung, daß multiple, aber lokalisierte Schädigungen der Gefäßwände vorliegen, z. B. auch solche entzündlicher Natur. Tatsächlich gelingt es ja auch bei der genauer studierten Purpura bei Meningokokkenmeningitis (Bessau[1], Glanzmann) die Krankheitserreger in den Hämorrhagien zu finden.

Demnach wären diese infektiösen Purpuraformen wohl vasculären Ursprungs, aber doch von der Schönlein-Henochschen Purpura nicht nur ätiologisch, sondern auch pathogenetisch recht verschieden. Pfaundler empfiehlt eine völlige Trennung von der echten Purpura.

Wenn von verschiedenen Seiten behauptet wird, die Erkennung der Thrombopenie als des wichtigsten unterscheidenden Merkmals zweier großer Klassen von Purpuraformen habe die Scheidewand zwischen diesen beiden Gruppen zu einer scharf ausgeprägten, unübersteigbaren gemacht, so kann man das wohl für die essentielle chronische Thrombopenie und den sog. Morbus Schönlein-Henoch zugeben. Die symptomatischen hämorrhagischen Diathesen lehren aber m. E., daß doch nahe verwandtschaftliche Beziehungen zwischen thrombopenischer und vasculärer Purpura existieren. Kommen doch beide Formen bei denselben Infekten vor, bald die eine, bald die andere. Es weist dieses Verhalten darauf hin, daß wir, wie bei Abgrenzung der Hämophilie, so auch hier vorläufig nicht zu sehr schematisieren dürfen. Blutbildendes Gewebe und Gefäßwandzellen sind ontogenetisch nahe miteinander verwandt. Es erscheint daher verständlich, daß sie durch gleiche oder ähnliche Gifte geschädigt werden können. Es herrscht heute allerdings in der Purpuralehre der Dualismus: hier thrombopenische, dort vasculäre Formen. Ich halte den Dualismus nur für eine Etappe auf dem Wege. Denn weder sind alle in eine dieser zwei Purpuraformen fallenden Krankheitsbilder miteinander verwandt, noch kann man sagen, daß sich diese scharfe Trennung bei den sekundären Purpuraerkrankungen durchführen läßt. Bei diesen hat man durchaus den Eindruck, daß vasculäre und thrombopenische Purpura sehr nahe zusammenhängen und vielleicht nur die durch die individuelle

---

[1] Bessau: Zitiert auf S. 441.

Konstitution verschieden gestaltete Reaktion auf ein und dieselbe Schädigung darstellen.

Auch vom pathologisch-physiologischen Standpunkte aus stößt man auf eine Fülle ungeklärter Probleme, die bearbeitet werden müssen. Nur einiges, was sich aus dem vorhergehenden ergibt, mag hier erwähnt werden: Wie verhält sich die Blutstillung bei völliger Ungerinnbarkeit des Blutes, wie die Thrombenbildung? Welche Einwirkung haben Milz, Hypophyse, vielleicht auch Ovar und andere Organe auf Gefäße und Blutstillung? Läßt sich die hohe, bisher nur in groben Umrissen erkannte Bedeutung der Gefäße für Blutstillung und Pathogenese der hämorrhagischen Diathesen in der ungeheuren Fülle ihrer Möglichkeiten schärfer herausarbeiten?

Hiermit mögen nur einige Fragestellungen angedeutet sein. Ihre Bearbeitung wird gewiß auch der Klinik zugute kommen.

Physiologie der Blutgase.

Von

G. LILJESTRAND
Stockholm.

Mit 16 Abbildungen.

Zusammenfassende Darstellungen.

BARCROFT, J.: The respiratory function of the blood. 320 S. Cambridge 1914. — BOHR, CHR.: Blutgase und respiratorischer Gaswechsel, in Nagels Handb. d. Physiol. d. Menschen Bd. I, S. 54—222. Braunschweig 1909. — HALDANE, J. S.: Respiration. 427 S. New Haven 1922. — LOEWY, A.: Die Gase des Körpers und der Gaswechsel, in Oppenheimers Handb. d. Biochem. d. Menschen u. d. Tiere Bd. IV, H. 1, S. 10—284. Jena 1911 und 2. Aufl., Bd. VI, H. 1, S. 1—69. Jena 1923. — MÜLLER, F., u. W. BIEHLER: Respiratorische Farbstoffe. Ebenda 2. Aufl., Bd. I, S. 405—476. Jena 1924. — PEMBREY, M. S.: Chemistry of respiration, in Schäfers Textbook of physiol. Bd. I, S. 692—784. Edinburgh u. London 1898. — WINTERSTEIN, H.: Die physikalisch-chemischen Erscheinungen der Atmung, in Wintersteins Handb. d. vergl. Physiol. Bd. I, H. 2, S. 1—264. Jena 1921. — ZUNTZ, N.: Physiologie der Blutgase und des respiratorischen Gaswechsels, in Herrmanns Handb. d. Physiol. Bd. IV, T. 2, S. 1—162. Leipzig 1882.

Einleitung.

LAVOISIER, der Begründer unserer heutigen Auffassung vom Gaswechsel, hob im Jahre 1777 hervor[1], daß bei der Atmung entweder der Sauerstoff in den Lungen selbst in Kohlensäure übergeführt wird, oder daß ein Gasaustausch stattfindet, so daß Sauerstoff dort aufgenommen und Kohlensäure abgegeben wird. Als Stütze der letzteren Annahme führte er an, daß die hellrote Farbe des Blutes vom Sauerstoff abhängig ist[2]. Später neigte er aber mit SEGUIN[3] der Auffassung zu, daß Verbrennungsprozesse in den Lungen selbst stattfinden sollten, indem eine wesentlich aus Wasserstoff und Kohlenstoff bestehende Flüssigkeit in feinverteiltem Zustande herausfiltriert und oxydiert werden sollte. Von LAGRANGE[4] wurde aber eingewendet, daß diese Lehre allzu hohe Temperaturen im Lungeninnern voraussetzte. Durch SPALLANZANI[5] sowie EDWARDS[6] wurde dann gezeigt, daß die Kohlensäureabgabe an und für sich nicht unbedingt an Sauerstoffzufuhr gebunden ist; der erstere fand außerdem, daß die verschiedenen Gewebe ebenso wie der ganze Körper Sauerstoff verbrauchen und Kohlensäure produzieren. Die Richtigkeit der hierdurch

---

[1] LAVOISIER, A. L.: Mém. de l'acad. des sciences 1777, S. 185, sowie in Mém. sur la respiration et la transpiration des animaux, S. 9. (Im Neudruck in Les maîtres de la pensée scientifique. Paris 1920.)

[2] Vgl. bezü. MAYOW u. LOWER dies Handb. Bd. II, S. 190. Berlin 1925.

[3] SEGUIN u. LAVOISIER: Mém. de l'acad. des sciences 1790, S. 77. (Auch in dem oben erwähnten Neudruck S. 59.)

[4] Vgl. HASSENFRATZ: Ann. de chim. Bd. 9, S. 266. 1791.

[5] SPALLANZANI, L.: Mémoires sur la respiration, traduits par Senebier, Genève 1803.

[6] EDWARDS, W.: De l'influence des agents physiques sur la vie. Paris 1824.

fundierten Auffassung, wonach also der Stoff- und Energieumsatz überall im Körper vor sich geht, ist durch zahlreiche Untersuchungen festgestellt worden[1]. Auch die in neuerer Zeit vertretene Auffassung, daß unter Umständen ein wesentlicher Teil des Sauerstoffverbrauchs doch in den Lungen stattfinden kann[2], hat sich als nicht hinreichend begründet erwiesen[3].

Damit der Stoffwechsel normal fortschreiten soll, ist es deshalb nötig, daß die in den Geweben entstandene Kohlensäure entfernt wird und daß der Sauerstoff dort zur Verfügung steht. Zu den wichtigsten Aufgaben des Kreislaufs gehört der Transport dieser Gase zwischen den speziellen Atmungsorganen und den verschiedenen Geweben des Körpers. Hierdurch wird sozusagen eine Brücke zwischen der äußeren und der inneren Atmung[4] geschlagen. Besondere Einrichtungen, über die im folgenden berichtet werden soll, ermöglichen, daß ziemlich erhebliche Gasmengen bei relativ beschränktem Blutvolumen und mäßiger Kreislaufsgeschwindigkeit befördert werden können[5] — das Blut wird „ein bequemer Lastwagen von großer Kapazität"[6]. Gleichzeitig wird dafür gesorgt, daß die physikalisch-chemischen Eigenschaften des Blutes trotz der ununterbrochen stattfindenden Änderungen in dem Gasgehalt keine allzu eingreifenden Schwankungen erleiden, sondern daß dieses auch aus anderen Gesichtspunkten für den normalen Verlauf der Lebensprozesse so wichtige „milieu intérieur"[7] oder „milieu organique"[8] relativ konstant bleibt.

Aus den Beobachtungen von LOWER[9] und MAYOW[9] ging hervor, daß Blut während der Atmung ein Gas aus der Luft aufnimmt. Schon im Jahre 1670 fand BOYLE[10], daß Blut (ebenso wie Milch, Galle und auch Wasser[11]) im Vakuum Gase abgibt; die aus arteriellem Blute so entstandenen zahllosen Blasen wurden von MAYOW[12] „teils den lebhaft reagierenden Teilchen, teils der im Blut vorhandenen Luft" zugeschrieben. PRIESTLEY[13] konnte zeigen, daß arterielles Blut in Berührung mit Wasserstoff oder Stickstoff Sauerstoff abgibt.

Daß auch Kohlensäure im Blute enthalten ist, fanden zuerst DAVY[14] durch Erwärmung und VOGEL[15] sowie VAUQUELIN[16] durch Auspumpen des Blutes. Spätere Beobachter waren nur zum Teil imstande, Kohlensäure bzw. Sauerstoff im Blute nachzuweisen[17] — zweifelsohne weil ihre Pumpen nicht genügend

---

[1] Vgl. vor allem E. PFLÜGER: Pflügers Arch. f. d. ges. Physiol. Bd. 10, S. 251. 1875, sowie Bd. 18, S. 247. 1878. Ferner E. OERTMANN: Ebenda Bd. 15, S. 381. 1877 und P. BERT: Leçons sur la physiologie comparée de la respiration, S. 46. Paris 1870.

[2] BOHR, CHR. u. V. HENRIQUES: Arch. de physiol. Bd. 29 (Sér. 5, Bd. 9), S. 459, 590, 710, 819. 1897, sowie CHR. BOHR: Skandinav. Arch. f. Physiol. Bd. 22, S. 221. 1909.

[3] EVANS, C. L. u. E. H. STARLING: Journ. of physiol. Bd. 46, S. 413. 1913. — HENRIQUES, V.: Biochem. Zeitschr. Bd. 56, S. 230. 1913. Vgl. auch S. 526.

[4] Vgl. hierüber A. BETHE: Dies Handb. Bd. II, S. 8. Berlin 1925.

[5] Vgl. J. BARCROFT: Physiol. reviews Bd. 4, S. 330. 1924.

[6] PFLÜGER, E.: Pflügers Arch. f. d. ges. Physiol. Bd. 10, S. 275. 1875.

[7] BERNARD, C.: Leçons sur les phenomènes de la vie, S. 112. Paris 1878.

[8] BERNARD, C.: Leçons sur les liquides de l'organisme Bd. I, S. 42. Paris 1859.

[9] Vgl. dies Handb. Bd. II, S. 190. Berlin 1925.

[10] BOYLE, R.: Phil. transact. of the roy. soc. of London Bd. 5, S. 2043. 1670, und Nova experimenta pneumatica respirationem spectantia, S. 31. Genevae 1686 (in Opera Varia Bd. 1).

[11] BOYLE, R.: Nova experimenta pneumat., S. 11.

[12] MAYOW, J.: Tractatus de sal-nitro, et spiritu nitro-aereo, de respiratione, de respiratione foetus in utero et ovo, etc., S. 131, 227, 228. Oxon. 1674. Auch in Ostwalds Klassiker Nr. 125, S. 39.

[13] PRIESTLEY, J.: Phil. transact. of the roy. soc. of London Bd. 66, S. 242. 1776.

[14] DAVY, H., referiert in Gilberts Ann. d. Physik Bd. 12, S. 593. 1803.

[15] VOGEL, A.: Schweiggers Journ. f. Chem. u. Physik Bd. 11, S. 399. 1814.

[16] VAUQUELIN, unpublizierte Versuche, zit. nach H. MILNE EDWARDS: Leçons sur la physiologie et l'anatomie comparée de l'homme et des animaux Bd. 1, S. 433. Paris 1857.

[17] Vgl. N. ZUNTZ: Hermanns Handb. S. 24.

effektiv waren —, bis Magnus[1] mit Sicherheit feststellen konnte, daß Blut sowohl Sauerstoff als auch Kohlensäure und Stickstoff enthält, sowie daß im arteriellen Blut mehr Sauerstoff und weniger Kohlensäure als im venösen vorkommt. Den Nachweis brachte er sowohl durch Auspumpen wie durch Schütteln des Blutes mit indifferenten Gasen (Wasserstoff, Luft oder Sauerstoff für die Kohlensäure, Kohlensäure für den Sauerstoff oder den Stickstoff). Während die zuerst von Magnus nachgewiesenen Gasmengen des Blutes ziemlich klein waren, hat er später erhebliche Mengen nachgewiesen (bis 10% Sauerstoff im arteriellen Blut).

Allgemeines über Gewinnung und Bestimmung der Blutgase.

Um die Blutgase unter physiologischen Verhältnissen untersuchen zu können, ist es in erster Linie notwendig, von dem betreffenden Blute Proben zu bekommen. Im Tierversuch läßt sich Blut unter Umständen aus den verschiedensten Gefäßgebieten, wenn auch nicht ohne Schwierigkeit, gewinnen. Direkte Punktionen des Herzens sind nicht selten gut ausführbar, und die Anlegung permanenter Kanülen[2] macht zahlreiche Gefäße leicht zugänglich. Weniger günstig liegen die Verhältnisse beim Menschen. Im großen ganzen ist nur Blut aus ziemlich oberflächlichen Gefäßen zu erhalten, was natürlich eine erhebliche Einschränkung bedeutet. Die Zusammensetzung des gemischten Venenblutes aus der rechten Herzhälfte, deren Kenntnis besonders wünschenswert ist, läßt sich zur Zeit nur indirekt ermitteln. Für das arterielle Blut ist man erst neulich in die Lage versetzt worden, direkte Proben entnehmen zu können, seitdem die von Hürter[3] eingeführte Arterienpunktion durch Stadie[4] und anderen[5] weiter entwickelt worden ist.

In vielen Fällen muß verhindert werden, daß das aufgesammelte Blut — evtl. unter Paraffin aufbewahrt, um den Luftzutritt zu verhindern — koaguliert, ehe die Blutgasbestimmung geschieht. Die Defibrinierung hat eine ganz geringe Einwirkung auf die Kohlensäurebindung[6]. Hirudin in koagulationshemmenden Dosen scheint keinen Einfluß auf die Blutgase auszuüben[7], während das jetzt wohl nur selten benutzte Pepton erhebliche Veränderungen bewirken kann[8]. Neutrales Oxalat kann auch in genügenden Mengen hinzugefügt werden, ohne die Blutgase zu beeinflussen, was aus zahlreichen Beobachtungen hervorgeht[9].

---

[1] Magnus, G.: Poggendorffs Ann. d. Physik u. Chem. (2. R. Bd. 10) Bd. 40, S. 583. 1837 u. Bd. 66, S. 177. 1845.

[2] London, E. S.: Pflügers Arch. f. d. ges. Physiol. Bd. 201, S. 360. 1923 sowie Abderhaldens Handb. d. biol. Arbeitsmethoden, Abt. 5, T. 4, S. 1303. 1924 und ebenda S. 1921. 1927. — Vgl. auch H. F. O. Haberland: Zeitschr. f. d. ges. exp. Med. Bd. 50, S. 180. 1926.

[3] Hürter: Dtsch. Arch. f. klin. Med. Bd. 108, S. 1. 1912.

[4] Stadie, W. C.: Journ. of exp. med. Bd. 30, S. 215. 1919.

[5] Harrop, G. A.: Journ. of exp. med. Bd. 30, S. 241. 1919. Vgl. auch F. R. Fraser, G. Graham u. R. Hilton: Journ. of physiol. Bd. 58, Proc. S. XXXIV. 1924, sowie H. Eppinger u. W. Schiller: Wien. Arch. f. inn. Med. Bd. 2, S. 590. 1921, und F. Högler: Ebenda S. 631.

[6] Zuntz, N. u. A. Loewy: Pflügers Arch. f. d. ges. Physiol. Bd. 58, S. 507. 1894.

[7] Barcroft, J. u. G. R. Mines: Journ. of physiol. Bd. 36, S. 275. 1907.

[8] Lahousse: Arch. f. (Anat. u.) Physiol. Bd. 13, S. 77. 1889. Ferner Blachstein: Ebenda Bd. 15, S. 394. 1891, und V. Grandis: Ebenda Bd. 15, S. 499. 1891.

[9] Vgl. de Corral, J. M.: Biochem. Zeitschr. Bd. 72, S. 1. 1915. — van Slyke, D. D. u. G. E. Cullen: Journ. of biol. chem. Bd. 30, S. 318. 1917. — Warburg, E. J.: Biochem. journ. Bd. 16, S. 216. 1922. — Joffe, J. u. E. P. Poulton: Journ. of physiol. Bd. 54, S. 144.

Wichtig ist ferner, daß das Stehen des Blutes, vor allem bei Körpertemperatur, zu Änderungen in bezug auf die Blutgase führen kann (vgl. S. 520).

Das genaue Studium der Blutgase ist — und entsprechendes gilt ja auch für andere Gebiete — eng an die Entwicklung der quantitativen Bestimmungsmethoden geknüpft[1]. Von den oben angedeuteten Möglichkeiten zur Gewinnung der Blutgase, Erwärmung, Durchleitung von indifferenten Gasen und Verminderung des Gesamtgasdruckes, ist die Erwärmung bis zum Kochen bei herabgesetztem Druck von MEYER[2] mit gewissem Vorteil gebraucht worden. Weit wichtiger hat sich aber die Verwendung des mit Hilfe der Quecksilberpumpe erreichbaren Vakuums erwiesen, das aber gewöhnlich mit mäßiger Erwärmung kombiniert wird. Für diesen Zweck sind zahlreiche Blutgaspumpen angegeben worden. Von den älteren seien diejenigen von LUDWIG und SETSCHENOW[3] sowie von PFLÜGER[4] erwähnt. Der letztere verbesserte die Konstruktion dadurch, daß er zwischen Blutbehälter und Vakuum ein Gefäß mit konzentrierter Schwefelsäure einschaltete, wodurch ein ununterbrochener Strom aus Wasserdampf an der Oberfläche des Blutes entstand und die Blutgase mit sich riß. Weitere Verbesserungen sind vor allem von GRÉHANT[5], LOEWY und ZUNTZ[6], BOHR[7], BARCROFT[8], BARCROFT und ROBERTS[9] sowie von BUCKMASTER und GARDNER[10] eingeführt worden. Die Analyse der gewonnenen Blutgase geschah anfangs nach dem von BUNSEN[11] benutzten Verfahren (Eudiometrie), das aber später durch die bequemere Absorptiometrie ersetzt wurde. Sie ist für die hier in Betracht kommenden Verhältnisse vor allem von GEPPERT[12], LOEWY[13] und HALDANE[14] ausgearbeitet worden. Von besonderer Bedeutung ist dabei das von PETTERSSON[15] angegebene Prinzip gewesen, um von Temperatur- und Barometerschwankungen unabhängig zu werden.

Die mit der Blutgaspumpe verbundenen Nachteile bestehen teils in Verunreinigung bei der Druckerniedrigung durch hineindiffundiertes oder dem Apparat bzw. dem Quecksilber adsorbiertes Gas, teils bei längerer Dauer des

<hr>

1920. — EVANS, C. L.: Ebenda Bd. 55, S. 160. 1921. — PETERS, J. P., D. P. BARR u. F. D. RULE: Journ. of biol. chem. Bd. 45, S. 494. 1921. — YAMAKITA: Tohoku journ. of exp. med. Bd. 3, S. 305. 1922. Vergl. jedoch die neuen Bestimmungen von A. EISENMANN: Journ. of biol. chem. Bd. 71, S. 587. 1927.

[1] Näheres über die Methodik zur Gewinnung und Analyse der Blutgase vgl. F. MÜLLER: in Abderhaldens Handb. d. biol. Arbeitsmethoden, Abt. 4, T. 10, S. 142. 1920, sowie H. STRAUB: Ebenda S. 213. Ferner CHR. BOHR: in Tigerstedts Handb. d. physiol. Methodik Bd. II, Abt. 1, S. 1. Leipzig 1910, und J. BARCROFT: The respiratory function of the blood. S. 290.

[2] MEYER, L.: Die Gase des Blutes. Göttingen 1857; auch in Zeitschr. f. ration. Med., N. F. Bd. 8, S. 256. 1857.

[3] SETSCHENOW, J.: Sitzungsber. d. Wien. Akad. d. Wiss. Mathem.-naturw. Kl. Bd. 36, S. 293. 1859; auch A. SCHÖFFER: Ebenda Bd. 41, S. 589. 1860.

[4] Vgl. N. ZUNTZ: Herrmanns Handb. S. 28.

[5] GRÉHANT, N.: Les gaz du sang. Paris 1894.

[6] LOEWY, A. u. N. ZUNTZ: Arch. f. (Anat. u.) Physiol. Bd. 28, S. 173. 1904.

[7] BOHR, CHR.: Nagels Handb. S. 220, sowie CHR. BOHR u. S. TORUP: Skandinav. Arch. f. Physiol. Bd. 3, S. 71. 1892.

[8] BARCROFT, J.: Journ. of physiol. Bd. 25, S. 265. 1900. Vgl. auch J. BARCROFT: Ergebn. d. Physiol. Bd. 7, S. 764. 1908.

[9] BARCROFT, J. u. F. ROBERTS: Journ. of physiol. Bd. 39, S. 429. 1910.

[10] BUCKMASTER, G. A. u. J. A. GARDNER: Journ. of physiol. Bd. 40, S. 373. 1910.

[11] BUNSEN, R.: Gasometrische Methoden. Braunschweig 1857.

[12] GEPPERT, J.: Die Gasanalyse und ihre physiologische Anwendung. Berlin 1885, sowie Pflügers Arch. f. d. ges. Physiol. Bd. 69, S. 472. 1898.

[13] LOEWY, A.: Arch. f. (Anat. u.) Physiol. Bd. 22, S. 484. 1898.

[14] HALDANE, J. S.: Journ. of hyg. Bd. 6, S. 74. 1906, sowie Methods of air analysis, 2. Aufl. London 1920.

[15] PETTERSSON, O.: Zeitschr. f. analyt. Chem. Bd. 25, S. 467. 1886.

Auspumpens in Sauerstoffzehrung des Blutes unter Bildung von Kohlensäure[1]. Außerdem sind ziemlich große Blutmengen nötig, und die Handhabung des Apparates ist nicht leicht. Mit Rücksicht auf diese Umstände ist die Einführung einfacher chemischer Methoden von großer Bedeutung gewesen. So machte Bernard[2] davon Gebrauch, daß Kohlenoxyd den Sauerstoff aus Oxyhämoglobin verdrängt, welche Methode in verschiedener Weise geprüft und modifiziert worden ist[3]. Jäderholm[4] hat zuerst die Beobachtung gemacht, daß Zusatz von Ferricyankalium das Oxyhämoglobin bzw. Kohlenoxydhämoglobin in Methämoglobin umwandelt. Hierbei wird, wie Haldane[5] sowie Zeynek[6] und Hüfner[7] festgestellt haben, der am Hämoglobin gebundene Sauerstoff bzw. das Kohlenoxyd frei gemacht. Obgleich über den Wirkungsmechanismus noch keine Einigkeit herrscht[8], läßt sich auf dieser Grundlage unter gewissen Bedingungen eine quantitative Bestimmung des chemisch gebundenen Blutsauerstoffs bzw. des Kohlenoxyds ausführen. Durch Zusatz einer geeigneten Säure läßt sich nachher in entsprechender Weise die gebundene Kohlensäure des Blutes austreiben. Die Methode ist in verschiedener Weise, besonders für kleine Blutmengen, modifiziert worden, so von Barcroft und Haldane[9], Barcroft[10] („Differentialmethode"), Brodie[11], Barcroft und Roberts[12], Henderson und Smith[13] sowie von Condorelli[14]. Eine Mikromethode zur Bestimmung der Blutkohlensäure allein ist von Krogh und Liljestrand[15] angegeben worden. Bei den chemischen Methoden wird nach Freimachen des Gases entweder die Druckzunahme bei konstantem Volumen[10, 12] oder die Volumenzunahme bei konstantem Druck[5, 16] bestimmt. Henderson und Smith stellen das Volumen vor und nach Absorption der betreffenden Gase mit geeigneten Mitteln fest. Verzár und Vásárhelyi[17] bestimmen durch eine besondere Kompensationsanordnung die eingetretene

---

[1] Vgl. S. 525.

[2] Bernard, C.: Leçons sur les liquides de l'organisme, Bd. 1, S. 366; Bd. 2, S. 429. Paris 1859.

[3] Nawrocki, F.: Studien des physiol. Instituts zu Breslau, herausgeg. von Heidenhain, H. 2, S. 144. Leipzig 1863. — Dybkowski, W.: Hoppe-Seylers med.-chem. Unters. H. 1, S. 117. Berlin 1866. — de Saint-Martin, L. G.: Journ. de physiol. et de pathol. gén. Bd. 1, S. 103. 1899.

[4] Jäderholm, A.: Die gerichtlich-medizinische Diagnose der Kohlenoxydvergiftung, S. 93. Berlin 1876, sowie Zeitschr. f. Biol. Bd. 13, S. 212. 1877.

[5] Haldane, J. S.: Journ. of physiol. Bd. 22, S. 298. 1898 u. Bd. 25, S. 295. 1900.

[6] v. Zeynek, R.: Arch. f. (Anat. u.) Physiol. Bd. 23, S. 460. 1899.

[7] Hüfner, G.: Arch. f. (Anat. u.) Physiol. Bd. 23, S. 491. 1899.

[8] Haldane, J. S.: Journ. of physiol. Bd. 22, S. 298. 1898 u. Bd. 25, S. 295. 1900. — Roaf, E. H. u. W. A. M. Smart: Biochem. journ. Bd. 17, S. 579. 1923. — Conant, J. B.: Journ. of biol. chem. Bd. 57, S. 401. 1923. — Conant, J. B. u. L. F. Fieser: Ebenda Bd. 62, S. 595. 1925. — Conant, J. B. u. N. D. Scott: Ebenda Bd. 69, S. 575. 1926. — Quagliariello, G.: Arch. di scienze biol. Bd. 5, S. 193. 1923. — Nicloux, M. u. J. Roche: Skandinav. Arch. f. Physiol. Bd. 49, S. 191. 1926.

[9] Barcroft, J. u. J. S. Haldane: Journ. of physiol. Bd. 28, S. 232. 1902.

[10] Barcroft, J.: Journ. of physiol. Bd. 37, S. 12. 1908.

[11] Brodie, T. G.: Journ. of physiol. Bd. 39, S. 391. 1910.

[12] Barcroft, J. u. F. Roberts: Journ. of physiol. Bd. 39, S. 429. 1910. Vgl. auch J. Barcroft: The respiratory function of the blood, sowie Ergebn. d. Physiol. Bd. 7, S. 763. 1908.

[13] Henderson, Y. u. A. H. Smith: Journ. of biol. chem. Bd. 33, S. 39. 1917.

[14] Condorelli, L.: Arch. di scienze biol. Bd. 9, S. 146. 1926.

[15] Krogh, A. u. G. Liljestrand: Biochem. Zeitschr. Bd. 104, S. 300. 1920. Vgl. auch E. Jarlöv: Om syre-baseligevaegten i det menneskelige blod usw. Dissert. Kopenhagen 1920, sowie W. Klein: Biochem. Zeitschr. Bd. 156, S. 323. 1925.

[16] Müller, F.: Pflügers Arch. f. d. ges. Physiol. Bd. 103, S. 552. 1904, sowie J. S. Haldane: Journ. of bacteriol. a. pathol. Bd. 23, S. 443. 1920, und Respiration S. 410.

[17] Verzár, F. u. B. Vásárhelyi: Biochem. Zeitschr. Bd. 151, S. 246. 1924.

/olumenänderung. Die bei den erwähnten Methoden gebrauchten Apparate
assen sich empirisch kalibrieren[1]. Vergleichende Bestimmungen mit der Pumpe
ind der Ferricyanidmethode sind unter anderen von HALDANE[2], MÜLLER[3]
iowie von BARCROFT und MORAWITZ[4] ausgeführt worden und haben im großen
ganzen gute Übereinstimmung gegeben, obgleich MÜLLER in gewissen Fällen
mit der Pumpe höhere Werte bekam. Ähnliche Erfahrungen erwähnt WAR-
BURG[5]. Nach STODDARD und ADAIR[6] gibt die HALDANEsche Methode etwa
10% niedrigere Werte für die Sauerstoffkapazität als die Methode von VAN SLYKE.
Nach MASUDA[7] soll wenigstens der BARCROFTsche Differentialapparat zu niedrige
Sauerstoffwerte (Sauerstoffzehrung) liefern. In pathologischen Fällen haben
auch MEAKINS und DAVIES[8] mit der Ferricyanidmethode zu niedrige Werte
gefunden.

Zum Freimachen der Blutgase hat man sich früh der Kombination der
Druckerniedrigung und der chemisch wirksamen Mittel bedient[9], in der letzten
Zeit haben VAN SLYKE und Mitarbeiter ebenfalls hiervon Gebrauch gemacht.
Die betreffenden Gase werden gewöhnlich später durch geeignete Mittel absorbiert. Wie man in dieser Weise die Kohlensäure des Blutes bestimmt, wurde
im Jahre 1917 von VAN SLYKE angegeben[10], dann wurden entsprechende Methoden
zur Bestimmung von Sauerstoff[11] und Kohlenoxyd[12] mitgeteilt. VAN SLYKE und
STADIE[13] haben die Technik so verbessert, daß sämtliche Blutgase in 1 ccm Blut
ermittelt werden können. Während bei diesen Methoden die Volumenänderungen
bei konstantem Druck bestimmt wurden, sind kürzlich Methoden ausgearbeitet
worden[14], um die Druckänderungen bei konstantem Volumen festzustellen.
Hierdurch wird die Genauigkeit der Bestimmungen vergrößert, besonders weil

---

[1] Vgl. S. 448, Fußnote 10 u. 12. — BARCROFT, J. u. H. L. HIGGINS: Journ. of physiol.
Bd. 42, S. 512. 1911. — BARCROFT, J.: The respiratory function of the blood, S. 292. —
HOFFMANN, P.: Journ. of physiol. Bd. 47, S. 272. 1913. — HILL, A. V.: Ebenda Bd. 50,
Proc. S. VII. 1915. — MÜNZER, E. u. W. NEUMANN: Biochem. Zeitschr. Bd. 81, S. 319.
1917. — WERTHEIMER, R.: Ebenda Bd. 106, S. 1. 1920. — PARSONS, T. R.: Biochem. journ.
Bd. 15, S. 202. 1921.
[2] HALDANE, J. S: Zitiert auf S. 448, Fußnote 5.
[3] MÜLLER, F.: Zitiert auf S. 448.
[4] BARCROFT, J. u. P. MORAWITZ: Journ. of physiol. Bd. 36, Proc. S. LVI. 1908.
[5] WARBURG, E. J.: Biochem. journ. Bd. 16, S. 285. 1922.
[6] STODDARD, J. L. u. G. S. ADAIR: Journ. of biol. chem. Bd. 57, S. 450. 1923. — Vgl.
auch A. H. SMITH, J. A. DAWSON u. B. COHEN: Proc. of the soc. f. exp. biol. a. med. Bd. 17,
S. 211. 1920.
[7] MASUDA, S.: Biochem. Zeitschr. Bd. 156, S. 21. 1925.
[8] MEAKINS, J. u. H. W. DAVIES: Respiratory function in disease, S. 29. Edinburgh
u. London 1925.
[9] Vgl. S. 448, Fußnote 3.
[10] VAN SLYKE, D. D.: Journ. of biol. chem. Bd. 30, S. 347. 1917. Vgl. auch D. D. VAN
SLYKE: Abderhaldens Handb. d. biol. Arbeitsmethoden. Abtl. 4, Teil, 4, S. 1245. 1926. —
Neulich hat M. NICLOUX (Bull. de la soc. de chim. biol. Bd. 9, S. 758. 1927) eine andere
Methode zur Kohlensäurebestimmung nach ähnlichem Prinzip angegeben.
[11] VAN SLYKE, D. D.: Journ. of biol chem. Bd. 33, S. 127. 1918. — Vgl. E. P. POULTON:
Journ. of physiol. Bd. 53, Proc. S. LXI. 1919. — LUNDSGAARD, C. u. E. MÖLLER: Journ.
of biol. chem. Bd. 52, S. 377. 1922.
[12] VAN SLYKE, D. D. u. H. A. SALVESEN: Journ. of biol. chem. Bd. 40, S. 103. 1919.
— Vgl. T. K. KRUSE: Journ. of pharmacol. a. exp. therapeut. Bd. 17, Proc. May 1921. —
Über die Kohlenoxydbestimmung im Blute vgl. auch J. PLESCH: Zeitschr. f. exp. Pathol.
u. Therapie Bd. 6, S. 417. 1909. — ANDRESEN, K.: Biochem. Zeitschr. Bd. 74, S. 357. 1916.
— TERVAERT, D. G. COHEN: Biochem. journ. Bd. 19, S. 300. 1925.
[13] VAN SLYKE, D. D. u. W. C. STADIE: Journ. of biol. chem. Bd. 49, S. 1. 1921.
[14] VAN SLYKE, D. D., u. J. M. NEILL: Journ. of biol. chem. Bd. 61, S. 523. 1924. —
HARINGTON, C. R. u. D. D. VAN SLYKE: Ebenda Bd. 61, S. 575. 1924. — VAN SLYKE, D. D.:
Ebenda Bd. 73, S. 121. 1927. — VAN SLYKE, D. D., u. J. SENDROY: Ebenda Bd. 73, S. 127.
1927.

das Volumen immer unter erniedrigtem Druck gemessen wird[1]. Bei sämtlichen Methoden mit Druckerniedrigung müssen zum Teil ähnliche Schwierigkeiten mit hineinspielen wie die oben mit Rücksicht auf die Luftpumpe erwähnten.

Den Gasgehalt einer Oxyhämoglobinlösung hat man in der Weise indirekt ermittelt, daß diejenige Sauerstoffmenge bestimmt wird, die aus einem geschlossenen System verschwindet, wenn die zuvor sauerstofffreie Hämoglobinlösung damit zusammengebracht und gesättigt wird. Das Prinzip ist von BOHR[2] benutzt worden und neulich von FERRY[3] zu großer Genauigkeit ausgearbeitet worden. In entsprechender Weise wird auch bei der Ferricyanidmethode vor dem Freimachen des Sauerstoffs der Grad des Sättigungsdefizits („Unsaturation") bestimmt.

Der Umstand, daß die chemische Bindung des Sauerstoffs bzw. des Kohlenoxyds im Blute ausschließlich an das Hämoglobin geschieht, und daß Hämoglobin, Oxyhämoglobin und Kohlenoxydhämoglobin zum Teil verschiedene physikalische Eigenschaften besitzen, hat ermöglicht, unter Umständen den Gehalt an den betreffenden Gasen in chemischer Bindung durch physikalische Methoden zu bestimmen. Hierdurch kann man die diesbezüglichen Untersuchungen sowohl bei sehr geringen Blutmengen als auch bei fortlaufenden Veränderungen durchführen. Hierher gehören die spektrophotometrische Methode von HÜFNER[4], der Spektrokomparator von KROGH[5] sowie die von HARTRIDGE[6] und von HOLLÓ und WEISS[7] angegebenen colorimetrischen Methoden. In den letzterwähnten Fällen handelt es sich um einen spektroskopischen bzw. colorimetrischen Vergleich zwischen der zu untersuchenden Lösung und bekannten Gemischen von Hämoglobin und Oxyhämoglobin. Sehr bequem und brauchbar ist das Reversionsspektroskop von HARTRIDGE[8].

Um die Blutgase bei wechselnden Partialdrucken der betreffenden Gase studieren zu können, bedient man sich Saturatoren verschiedener Art[9]. Das Prinzip ist dasselbe wie bei den Spannungsbestimmungen im Blute mit Hilfe der Tonometer[10]. Während aber in jenen Fällen das Gasvolumen im Verhältnis zur Blutmenge möglichst klein genommen wird, ist es hier von Vorteil, ein relativ großes und dadurch in seiner Zusammensetzung annähernd konstantes Gasvolumen zu nehmen. Nähere Angaben über verschiedene Typen von Saturatoren sowie über ihre Füllung und nähere Handhabung finden sich bei BERT[11],

---

[1] Vgl. hierüber wie auch rücksichtlich der Technik im allgemeinen J. H. AUSTIN, G. E. CULLEN, A. B. HASTINGS, F. C. McLEAN, J. P. PETERS u. D. D. VAN SLYKE: Journ. of biol. chem. Bd. 54, S. 121. 1922.

[2] BOHR, CHR.: Undersögelser over den av Blodfarvestoffet optagne iltmaengde. Videnskab. Selsk. Skr. 6 R., Nat.-vidensk. og math. Afd. Bd. 2, Nr. 10. Kopenhagen 1886.

[3] FERRY, R. M.: Journ. of biol. chem. Bd. 59, S. 295. 1924.

[4] HÜFNER, G.: Arch. f. (Anat. u.) Physiol. Bd. 18, S. 130. 1894 u. Bd. 24, S. 39. 1900.

[5] KROGH, A.: Journ. of physiol. Bd. 52, S. 281. 1919. — Vgl. H. HARTRIDGE: Ebenda Bd. 53, Proc. S. LXXVII. 1919/20.

[6] HARTRIDGE, H.: Proc. of the Cambridge phil. soc. Bd. 19, S. 271. 1920.

[7] HOLLÓ, J., u. S. WEISS: Biochem. Zeitschr. Bd. 185, S. 373. 1927.

[8] HARTRIDGE, H.: Journ. of physiol. Bd. 44, S. 1. 1912 u. Bd. 57, S. 47. 1922; auch Proc. of the roy. soc. of London, Ser. B, Bd. 86, S. 128. 1913 u. Ser. A, Bd. 102, S. 575. 1923. — Vgl. ferner H. HARTRIDGE u. F. J. W. ROUGHTON: Ebenda, Ser. A, Bd. 104, S. 398. 1923. — BARCROFT, J. u. H. BARCROFT: Ebenda, Ser. B, Bd. 98, S. 28. 1924. — ANSON, M. L., J. BARCROFT, A. E. MIRSKY u. S. OINUMA: Ebenda, Ser. B, Bd. 97, S. 61. 1924.

[9] Häufig werden die Apparate zur Sättigung des Blutes bei bestimmter Gasspannung Tonometer genannt. Wie KROGH und LEITCH (Journ. of physiol. Bd. 52, S. 290. 1919) hervorgehoben haben, ist der Name Saturator mehr zweckmäßig.

[10] Vgl. dieses Handb. Bd. II, S. 215. 1925.

[11] BERT, P.: La pression barométrique, S. 697. Paris 1878.

Loewy und Münzer[1], Loewy und Zuntz[2], Krogh[3], Barcroft und Camis[4], Barcroft[5], Hasselbalch[6], Krogh und Leitch[7], Fridericia[8], Haggard[9], Stadie[10], Austin und Mitarbeiter[11]. Für kleine Blutmengen sind Saturatoren von Kato[12] sowie von Krogh und Liljestrand[13] angegeben worden.

Der Gasgehalt des Blutes unter normalen Verhältnissen.

Das Blut enthält normalerweise Sauerstoff, Kohlensäure, Stickstoff (einschließlich Argon) und außerdem Spuren von brennbaren Gasen. Da über die Schwankungen der letzteren in den verschiedenen Blutarten wenig bekannt ist, sollen sie hier näher erwähnt werden. Nach de Saint Martin[14] und Nicloux[15] kommt Kohlenoxyd in kleinen Mengen (0,04 bis 0,14 Vol.-%) vor. Bei einem schweren Raucher hat Hartridge[16] sogar etwa 1 Vol.-% (6% Sättigung) im Blute gefunden. Zufolge Nicloux[17] läßt sich das Kohlenoxyd in der Ausatmungsluft leicht nachweisen, wenn zuerst während 1 bis $1^1/_2$ Minuten reiner Sauerstoff geatmet wird.

Arterielles Blut.

In der Tabelle 1 werden eine Reihe Bestimmungen älteren und neueren Datums an verschiedenen Säugetieren[18] mitgeteilt. Neben dem Mittelwert wird, wenn die Zahl der Beobachtungen wenigstens drei beträgt, für jede Reihe die Streuung oder Dispersion (σ) mitgeteilt, die ich nach der bekannten Formel $\sigma = \sqrt{\dfrac{\Sigma d^2}{n}}$ berechnet habe, wo d die Abweichung von dem Mittel und n die Zahl der Beobachtungen bedeutet.

Aus der Tabelle ergeben sich nicht nur erhebliche Unterschiede im Gasgehalt des arteriellen Blutes bei verschiedenen Tierarten, sondern auch individuell bei derselben Art, auch mit derselben Methode und unter denselben äußeren Verhältnissen. Für die Kohlensäure spielt es allerdings höchstwahrscheinlich eine große Rolle, daß eine Auswaschung durch psychische Erregung usw. sehr leicht hervorgerufen werden kann (vgl. S. 455), wodurch der Kohlensäuregehalt im arteriellen Blut abnimmt.

Die Sauerstoffwerte beim Hunde sind nicht unwesentlich höher als bei den anderen angeführten Säugetieren.

---

[1] Loewy, A. u. E. Münzer: Arch. f. (Anat. u.) Physiol. Bd. 25, S. 81. 1901.

[2] Loewy, A. u. N. Zuntz: Arch. f. (Anat. u.) Physiol. Bd. 28, S. 166. 1904.

[3] Krogh, A.: Skandinav. Arch. f. Physiol. Bd. 16, S. 390. 1904.

[4] Barcroft, J. u. M. Camis: Journ. of physiol. Bd. 39, S. 136. 1909.

[5] Barcroft, J.: The respiratory function of the blood, S. 304.

[6] Hasselbalch, K. A.: Biochem. Zeitschr. Bd. 78, S. 118. 1916.

[7] Krogh, A. u. I. Leitch: Journ. of physiol. Bd. 52, S. 288. 1919.

[8] Fridericia, L. S.: Journ. of biol. chem. Bd. 42, S. 246. 1920.

[9] Haggard, H. W.: Journ. of biol. chem. Bd. 42, S. 243. 1920.

[10] Stadie, W. C.: Journ. of biol. chem. Bd. 49, S. 43. 1921.

[11] Siehe S. 450, Fußnote 1.

[12] Kato, T.: Journ. of physiol. Bd. 50, S. 37. 1915.

[13] Krogh, A. u. G. Liljestrand: Biochem. Zeitschr. Bd. 104, S. 300. 1920.

[14] de Saint Martin: Cpt. rend. hebdom. des séances de l'acad. des sciences Bd. 126, S. 533, 1036. 1898.

[15] Nicloux, M.: Arch. de physiol. Bd. 30 (Sér. 5, Bd. 10), S. 434. 1898.

[16] Hartridge, H.: Journ. of physiol. Bd. 53, Proc. S. LXXXII. 1919/20.

[17] Nicloux, M.: Skandinav. Arch. f. Physiol. Bd. 49, S. 190. 1926. Vgl. auch M. Nicloux: L'oxyde de carbone et l'intoxication oxycarbonique. S. 12. Paris 1925.

[18] Bezügl. Werte bei anderen Tieren vgl. Winterstein in seinem Handbuch.

Tabelle 1. Gasgehalt des

Tierart	Arterielles Blut											
	Sauerstoff						Kohlensäure			Stickstoff		
				Relative Sättigung								
	Vol.% Mittel	σ	Zahl der Beob.	Mittel %	σ	Zahl der Beob.	Vol.% Mittel	σ	Zahl der Beob.	Vol.% Mittel	σ	Zahl der Beob.
Hund . . .	22,3	2,1	12	—	—	—	34,4	7,8	3	1,8	0,6	12
,, . . .	18,5	3,6	45	—	—	—	38,0	6,2	39	1,9	0,7	45
,, . . .	16,1	0,7	4	—	—	—	31,8	3,3	4	—	—	—
,, . . .	19,4	2,2	80	—	—	—	40,4	4,7	71	—	—	—
,, . . .	18,2	2,8	50	—	—	—	37,5	5,0	50	—	—	—
,, . . .	18,6	3,4	4	—	—	—	41,6	2,5	4	1,6	0,1	4
,, . . .	22,4	2,3	3	—	—	—	44,2	1,4	3	—	—	—
,, . . .	19,1	2,4	22	92,5	2,0	22	43,1	3,3	21	— ·	—	—
Katze . . .	12,8[1]	0,7	3	—	—	—	30,6	5,1	3	1,2	0,0	3
,, . . .	13,6	1,1	6	—	—	—	25,1	7,1	6	1,0	0,4	6
Pferd . . .	14,8 (14,6)[2]	1,4 (1,5)	8[3]	—	—	—	50,1	4,8	11	2,2	0,7	8
Hammel . .	10,7	—	2	—	—	—	45,2	—	2	1,8	—	2
Ziege	11,5[4]	1,6	21	94,0	4,2	21	—	—	—	—	—	—
Kaninchen .	13,3	1,8	3	—	—	—	37,1	5,1	4	2,1	0,3	3
,, .	13,8	2,8	5	—	—	—	45,8	6,7	3	—	—	—
,, .	13,3	0,6	6	—	—	—	38,2	2,4	6	—	—	—
,, .	14,7[5]	1,9	8	—	—	—	—	—	—	—	—	—

In zwei Versuchsreihen der Tabelle 1 wurde auch die relative Sättigung bestimmt und für das arterielle Blut gefunden, daß das Hämoglobin zu 92,5 bzw. 94% mit Sauerstoff gesättigt ist. Am Hunde hatte schon Pflüger festgestellt, daß im arteriellen Blut das Hämoglobin „nicht absolut, aber nahezu" mit Sauerstoff gesättigt ist[6], und entsprechende Beobachtungen wurden von Bert, Geppert und Zuntz sowie Zuntz und Hagemann mitgeteilt. Beim Menschen fanden Cooke und Barcroft in einem Falle[7] Sättigung zu 94%, und zu ähnlichen Ergebnissen sind später zahlreiche Untersucher gekommen. In der Tabelle 2 werden entsprechende Beobachtungen an gesunden Menschen mitgeteilt.

Die meisten Beobachtungen der Tabelle 2 dürften, wenn auch nicht überall Angaben darüber geliefert werden, von Männern stammen. Auffallend ist, daß diejenigen Werte, die mit der Ferricyanidmethode allein (ohne Vakuum) gewonnen wurden, niedriger sind als diejenigen, die sich bei der kombinierten Wirkung von Ferricyanid und Vakuum (van Slyke) herausgestellt haben. Durchschnittlich kann man den Sauerstoffgehalt des arteriellen Blutes beim gesunden Manne zu etwa 17 bis 20% ansetzen — was gut mit dem alten Mittelwert von Loewy[8] — 18% — übereinstimmt. Etwas niedrigere Werte sind

---

[1] Sauerstoffwerte nach Zuntz zu niedrig, weil Phosphorsäure von Anfang an zugesetzt wurde.

[2] Die eingeklammerten Sauerstoffwerte wurden unter der Annahme berechnet, daß derjenige Stickstoff, der 1,035 Vol.-% überstieg, von eingedrungener Luft stammte.

[3] Zwei Bestimmungen mit sehr großen Stickstoffwerten nicht mitgerechnet.

[4] Berechnet aus den Hämoglobinwerten und der Sättigung (nur gebundener Sauerstoff).

[5] Nur gebundener Sauerstoff.

[6] Pflüger, E.: Pflügers Arch. f. d. ges. Physiol. Bd. 1, S. 70. 1868.

[7] Cooke, A. u. J. Barcroft: Journ. of physiol. Bd. 47, Proc. S. XXXV. 1913.

[8] Loewy, A.: Oppenheimers Handb., 1. Aufl., S. 28.

Blutes einiger Säugetiere.

Sauerstoff			Relative Sättigung			Kohlensäure			Stickstoff			Verfasser
Vol.% Mittel	σ	Zahl der Beob.	Mittel %	σ	Zahl der Beob.	Vol.% Mittel	σ	Zahl der Beob.	Vol.% Mittel	σ	Zahl der Beob.	
—	—	—	—	—	—	—	—	—	—	—	—	Pflüger[3]
—	—	—	—	—	—	—	—	—	—	—	—	Pflüger[4]
—	—	—	—	—	—	—	—	—	—	—	—	Ewald[5]
—	—	—	—	—	—	—	—	—	—	—	—	Bert[6]
—	—	—	—	—	—	—	—	—	—	—	—	Hill u. Nabarro[7]
—	—	—	—	—	—	.	—	—	—	—	—	Gréhant[8]
4,5	2,2	3	—	—	—	50,1	1,2	3	—	—	—	Bohr u. Henriques[9]
5,5	2,2	18	75,5	4,3	18	47,3	3,7	18	—	—	—	Stewart[10]
—	—	—	—	—	—	—	—	—	—	—	—	Hering[11]
9,9	—	2	—	—	—	40,8	—	2	0,8	—	2	Buckmaster u. Gardner[12]
7,6 7,2)	2,3 (2,2)	11	—	—	—	55,3	4,7	12	2,9	1,1	11	Zuntz u. Hagemann[13]
—	—	—	—	—	—	—	—	—	—	—	—	Sczelkow[14]
5,6[1]	0,5	21	46,1	9,3	21	—	—	—	—	—	—	Barcroft, Boycott, Dunn u. Peters[15]
—	—	—	—	—	—	—	—	—	—	—	—	Walther[16]
—	—	—	—	—	—	—	—	—	—	—	—	Geppert u. Zuntz[17]
—	—	—	—	—	—	—	—	—	—	—	—	Mosso u. Marro[18]
3,5[2]	2,0	8	—	—	—	—	—	—	—	—	—	Leegaard[19]

beim weiblichen Geschlecht bei dem geringeren Hämoglobingehalt zu erwarten. (Als normale Sauerstoffkapazität gibt Haldane[20] für Männer 18,5, für Weiber 16,5 und für Kinder 16,1 an.) Der Sättigungsgrad des Hämoglobins mit Sauerstoff beträgt gewöhnlich 94 bis 97%. Die Kohlensäure hält sich in den meisten Beobachtungen um etwa 50%.

---

[1] Berechnet aus den Hämoglobinwerten und der Sättigung (nur gebundener Sauerstoff).

[2] Nur gebundener Sauerstoff.

[3] Pflüger, E.: Centralbl. f. med. Wissensch. Bd. 5, S. 722. 1867.

[4] Pflüger, E.: Pflügers Arch. f. d. ges. Physiol. Bd. 1, S. 288. 1868.

[5] Ewald, A.: Pflügers Arch. f. d. ges. Physiol. Bd. 7, S. 575. 1873.

[6] Bert, P.: La pression barométrique, S. 1030. Paris 1878.

[7] Hill, L. u. D. N. Nabarro: Journ. of physiol. Bd. 18, S. 218. 1895.

[8] Gréhant: Cpt. rend. des séances de la soc. de biol. Bd. 44 (Sér. 9, Bd. 4), S. 163. 1892.

[9] Bohr, Chr. u. V. Henriques: Arch. de physiol. Bd. 29, S. 819. 1897.

[10] Stewart, H. J.: Journ. of biol. chem. Bd. 62, S. 641. 1925.

[11] Hering, P.: Einige Untersuchungen über die Zusammensetzung der Blutgase während der Apnöe. Dissert. Dorpat 1867.

[12] Buckmaster, G. A. u. J. A. Gardner: Journ. of physiol. Bd. 41, S. 60. 1910.

[13] Zuntz, N. u. O. Hagemann: Landwirtschaftl. Jahrb. Bd. 27, Erg.-Bd. 3. 1898.

[14] Sczelkow: Arch. f. Anat., Physiol. u. wissensch. Med. 1864, S. 516.

[15] Barcroft, J., A. E. Boycott, J. S. Dunn u. R. A. Peters: Quart. journ. of med. Bd. 13, S. 35. 1919.

[16] Walther, F.: Arch. f. exp. Pathol. u. Pharmakol. Bd. 7, S. 148. 1877.

[17] Geppert, J. u. N. Zuntz: Pflügers Arch. f. d. ges. Physiol. Bd. 42, S. 189. 1888.

[18] Mosso, A. u. G. Marro: Arch. ital. de biol. Bd. 39, S. 402. 1903.

[19] Leegaard, F.: Researches regarding the haemodynamics in rabbits in normal condition and during experimental pneumonia, S. 136. Oslo 1926.

[20] Haldane, J. S.: Journ. of physiol. Bd. 26, S. 502. 1901.

Tabelle 2. Gasgehalt des arteriellen Blutes beim Menschen.

Gehalt des Blutes an gebundenem Sauerstoff[1]						Gehalt des Blutes an Kohlensäure			Verfasser	Methode
Vol.% Mittel	σ	Zahl der Beob.[2]	Relative Sättigung mit Sauerstoff			Vol.% Mittel	σ	Zahl der Beob.		
			Mittel	σ	Zahl der Beob.					
16,2	1,0	4	96,3	3,2	4	43,2	4,6	4	Hürter[3]	Barcroft
20,2	1,4	5	95,0	1,4	5	—	—	—	Stadie[4]	van Slyke
19,4	2,4	17 (15)	96,5	1,7	17 (15)	49,7	3,4	10	Harrop[5]	van Slyke
17,2	2,8	11 (7)	94,4	2,9	11 (7)	52,8	0,7	7	Meakins u. Davies[6]	Haldane
19,5	—	1	97,5	—	1	—	—	—	Lundsgaard u. Möller[7]	van Slyke
20,6	1,1	4	90,5	3,3	4 (3)	50,5	3,4	5 (3)	Peters, Barr u. Rule[8]	van Slyke
20,0	1,2	20 (12)	94,4	1,0	5 (2)	—	—	—	Himwich u. Barr[9]	van Slyke u. Stadie
17,4	0,7	5	94,7	3,2	5	—	—	—	Eppinger, Papp u. Schwarz[10]	Haldane
19,5	1,5	4	97,5	0,8	4	48,3	0,9	4	Goldschmidt u. Light[11]	van Slyke u. Stadie

In den verschiedenen Arterien ist die Sauerstoffsättigung des Blutes innerhalb der Fehlergrenzen der Methoden identisch, was schon Pflüger[12] zeigte und neuerdings auch für Menschen bestätigt worden ist[13].

Von praktischer Bedeutung ist, daß Blut aus den Hautcapillaren (Fingerspitze, Ohrläppchen) mit Rücksicht auf den Gasgehalt als arterielles Blut zu betrachten ist[14]. Nach Lundsgaard und Möller beträgt seine Sauerstoffsättigung bei Ruhe im Durchschnitt (7 Beobachtungen) 95,5%, nach Verzár und Keller (32 Beobachtungen) 91,5%. Der Kohlensäuregehalt war nach Verzár und Vásárhelyi im Mittel (39 Beobachtungen) 49,1 Vol.-%. Noch bequemer als die Beschaffung von Capillarblut ist aber für viele Zwecke, die Hand während etwa 10 Minuten in Wasser von 45° bis 47° zu tauchen und dann Blut aus einer oberflächlichen Vene des Handrückens zu entnehmen. Wie

---

[1] Um den Gesamtgehalt an Sauerstoff zu bekommen, muß man die einfach gelöste Menge, etwa 0,26% (S. 465) hinzuaddieren.

[2] Die Zahl in Klammer gibt die Anzahl der Versuchspersonen wieder.

[3] Hürter: Dtsch. Arch. f. klin. Med. Bd. 108, S. 1. 1912.

[4] Stadie, W. C.: Journ. of exp. med. Bd. 30, S. 215. 1919.

[5] Harrop, G. A.: Journ. of exp. med. Bd. 30, S. 241. 1919.

[6] Meakins, J. u. H. W. Davies: Journ. of pathol. a. bacteriol. Bd. 23, S. 451. 1920.

[7] Lundsgaard, C. u. E. Möller: Journ. of exp. med. Bd. 36, S. 559. 1922.

[8] Peters, J. P., D. P. Barr u. F. D. Rule: Journ. of biol. chem. Bd. 45, S. 489. 1921.

[9] Himwich, H. E. u. P. D. Barr: Journ. of biol. chem. Bd. 57, S. 363. 1923.

[10] Eppinger, H., L. v. Papp u. H. Schwarz: Über das Asthma cardiale, S. 40. Berlin 1924.

[11] Goldschmidt, S. u. A. B. Light: Journ. of biol. chem. Bd. 64, S. 173. 1925.

[12] Pflüger, E.: Pflügers Arch. f. d. ges. Physiol. Bd. 1, S. 274. 1868.

[13] Harrop, G. A.: Journ. of exp. med. Bd. 30, S. 241. 1919.

[14] Lundsgaard, C., u. E. Möller: Journ. of exp. med. Bd. 36, S. 559. 1922. Da in den Versuchen von Lundsgaard und Möller die Schnitte etwa 3 mm tief waren, dürfte leicht eine kleine Arterie oder Vene verletzt werden (Verzár u. Vásárhelyi). — Kauders, F. u. O. Porges: Klin. Wochenschr. Bd. 2, S. 247. 1923. — Verzár, F. u. F. Keller: Biochem. Zeitschr. Bd. 141, S. 21. 1923. — Verzár, F. u. B. Vásárhelyi: Ebenda Bd. 151, S. 246. 1924.

GOLDSCHMIDT und LIGHT[1] gezeigt haben, ist solches Blut bezüglich des Gehaltes an Sauerstoff und Kohlensäure von arteriellem Blut nicht zu unterscheiden.

Da der Gasaustausch in den Lungen als Diffusionsvorgang angesehen werden muß[2], ist zu erwarten, daß Änderungen der Partiardrucke der Gase in den Lungenalveolen auf den Gasgehalt des arteriellen Blutes von maßgebendem Einfluß sein müssen, indem sowohl die gelösten als auch die chemisch gebundenen Gasmengen in bestimmter Weise von dem betreffenden Partiardrucke abhängig sind (vgl. S. 469 u. 491). Durch Beobachtungen an Tieren wurde schon längst gezeigt, daß bei genügend herabgesetzter Lungenventilation, wie z. B. während der Narkose[3], der Sauerstoffgehalt abnimmt, während gleichzeitig eine Kohlensäureanhäufung stattfindet. In entsprechender Weise fand BJURE[4] in 9 Fällen beim Menschen während der Äthernarkose eine Sauerstoffsättigung des arteriellen Blutes von 91,3% im Durchschnitt. Ein anderes Beispiel von unvollständiger Sättigung infolge ineffektiver Atmung liefert die Beobachtung von UYENO[5], der bei uretanisierten Katzen durch Eintauchen in warmes Wasser eine außerordentlich beschleunigte, aber oberflächliche Atmung mit Senkung der arteriellen Sauerstoffsättigung erhielt. Bei verstärkter alveolarer Ventilation dagegen kann der Kohlensäuregehalt abnehmen, unter Umständen auch der Sauerstoffgehalt etwas zunehmen. EWALD[6] bekam durch kräftige künstliche Atmung mit gewöhnlicher Luft im arteriellen Blut eine vollständigere Sättigung des Hämoglobins, während gleichzeitig der Kohlensäuregehalt bedeutend abnahm. BERT sowie GEPPERT und ZUNTZ haben auf die Bedeutung der gesteigerten Atmung, z. B. bei psychischer Erregung der Versuchstiere, für den Kohlensäuregehalt des arteriellen Blutes hingewiesen. Bei einem Patienten, der bei normaler Atmung eine relative Sättigung des Hämoglobins von 94,3% aufwies, fanden MEAKINS und DAVIES[7] nach leichter Hyperpnoe eine Sättigung von 98,5% und einen Kohlensäuregehalt von 48,9%. Am Ende der Apnoe war die Sättigung dagegen 92,4%, der Kohlensäuregehalt 57,7%. Sehr deutliche Einwirkung der Atemmechanik auf die Blutgase tritt auch bei der CHEYNE-STOKESschen Atmung, wie FILEHNE und KIONKA[8] bei Tieren und HARROP bei einem Patienten beobachtet haben, auf.

Bei Herabsetzung des Sauerstoffdruckes in der eingeatmeten Luft kommt zwar eine gewisse Kompensation durch gesteigerte Ventilation zustande[9], was sich in der Erniedrigung der alveolaren Kohlensäurespannung zu erkennen gibt, jedoch bleibt die alveolare Sauerstoffspannung gegenüber der Norm herabgesetzt. Deshalb wird die relative Sättigung des Hämoglobins mit Sauerstoff kleiner als normal, und gleichzeitig nimmt der Kohlensäuregehalt des arteriellen Blutes ab. In umfassenden Versuchen an Hunden, die akut einem Luftdruck von 560 mm und darunter ausgesetzt wurden, stellte BERT eine mit der Druckerniedrigung zunehmende Senkung des Sauerstoff- und des Kohlensäuregehaltes im Arterienblute fest. Bei zwei Hunden, die eine Ballonfahrt mitmachten, konnte DE SAINT-MARTIN[10] ebenfalls Abnahme des Sauerstoffes und des Stickstoffes im arteriellen Blute feststellen, dagegen nicht für Kohlensäure (auffallend

[1] GOLDSCHMIDT, S., u. A. B. LIGHT: Journ. of biol. chem. Bd. 64, S. 53. 1925.
[2] Vgl. dieses Handb. Bd. II, S. 219. Berlin 1925.
[3] Vgl. G. A. BUCKMASTER u. J. A. GARDNER: Journ. of physiol. Bd. 41, S. 246. 1910.
[4] BJURE, A.: Upsala läkareförenings förhandl. Bd. 31, S. 623. 1926.
[5] UYENO, K.: Journ. of physiol. Bd. 57, S. 203. 1923.
[6] EWALD, A.: Pflügers Arch. f. d. ges. Physiol. Bd. 7, S. 575. 1873.
[7] MEAKINS, J. u. H. W. DAVIES: Journ. of pathol. a. bacteriol. Bd. 23, S. 451. 1920.
[8] FILEHNE, W. u. H. KIONKA: Pflügers Arch. f. d. ges. Physiol. Bd. 62, S. 201. 1896.
[9] Vgl. dieses Handb. Bd. II, S. 206. Berlin 1925.
[10] DE SAINT-MARTIN, L. G.: Cpt. rend. des séances de la soc. de biol. Bd. 57, S. 196. 1904.

niedrige Werte vor der Fahrt). Barcroft und Mitarbeiter[1] fanden eine arterielle Sauerstoffsättigung von 88% bei Barcroft, nachdem er sich allmählich im Laufe von 6 Tagen einem erniedrigten Sauerstoffdruck bis zu 84 mm ausgesetzt hatte.

Im Höhenklima werden die Verhältnisse insofern verwickelter, als durch die Anpassung der absolute Sauerstoffgehalt des arteriellen Blutes bei herabgesetzter Sättigung unverändert oder sogar erhöht sein kann, weil die Hämoglobinmenge steigt[2]. In Versuchen an Hunden und Kaninchen, die aber nur ganz kurze Zeit im Höhenklima blieben, bekamen Mosso und Marro[3] inkonstante Ergebnisse. Mit Rücksicht auf den Menschen haben direkte Bestimmungen[4] in einer Höhe von 4650 m an Akklimatisierten eine relative Sättigung von nur 85,6% im Mittel (12 Beob.) ergeben. Gleichzeitig war der Gehalt an gebundenem Sauerstoff durchschnittlich 19,9%[5]. Der Kohlensäuregehalt des arteriellen Blutes war erheblich herabgesetzt (im Mittel 34,3%). In Versuchen von Adlersberg und Porges[6], wobei die relative Sättigung von Capillarblut aus dem Ohrläppchen durch colorimetrischen Vergleich mit Normalblut geschätzt wurde, zeigte sich eine mit der Höhe zunehmende „Hypoxämie".

Andererseits bewirkt Zunahme des Sauerstoffdruckes eine vollständigere Sättigung des Blutes mit Sauerstoff. So fand Meakins[7], daß der Sättigungsgrad von 96 auf 99% stieg, wenn bei Körperruhe 2 Liter Sauerstoff pro Min. extra zugeführt wurden. Bei weiterer Steigerung des Sauerstoffdruckes kann also der Sauerstoffgehalt des Blutes fast nur durch Vermehrung des gelösten Sauerstoffes größer werden. Bei sehr großen Sauerstoffdrucken nimmt bisweilen gleichzeitig der Kohlensäuregehalt des Blutes ab[8]. Bei genügender Höhe des Sauerstoffdruckes ist das Leben nicht mehr möglich. In komprimierter Luft nimmt natürlich auch der Stickstoffpartialdruck zu, und dadurch können erhebliche Stickstoffmengen im Blute gelöst werden. Wie Bert nachgewiesen hat, kann bei zu schneller Abnahme des Stickstoffdruckes der Stickstoff zum Teil als Blasen ausgeschieden werden, wodurch verschiedene Erscheinungen der Caissonkrankheit entstehen[9].

Mit Rücksicht auf die Wirkung der Muskelarbeit auf die Gase des arteriellen Blutes ist von Geppert und Zuntz bei Hunden und Kaninchen eine Zunahme des Sauerstoffgehaltes sowie eine unter Umständen beträchtliche Abnahme der Kohlensäure beobachtet worden. Wie sich ebenfalls in Versuchen von Hastings[10] an Hunden herausgestellt hat, kann sowohl die Sauerstoffkapazität als auch die Sättigung steigen. Aus den Beobachtungen von Zuntz und Hagemann[11]

[1] Barcroft, J., A. Cooke, H. Hartridge, T. R. Parsons u. W. Parsons: Journ. of physiol. Bd. 53, S. 450. 1920.
[2] Vgl. A. Loewy: Handb. d. Balneol., med. Klimat. u. Balneographie von Dietrich Bd. III, S. 210. 1924.
[3] Mosso, A. u. G. Marro: Arch. ital. de biol. Bd. 39, S. 402. 1903 u. Giorn. accad. di med. di Torino Bd. 52 (Ser. 4, Bd. 10), S. 65. 1904.
[4] Barcroft, J. C. A. Binger, A. V. Bock, J. H. Doggart, H. S. Forbes, G. Harrop, J. C. Meakins u. A. C. Redfield: Philos. transact. of the roy. soc. of London, Ser. B Bd. 211, S. 362. 1923.
[5] Meakins, J., u. W. H. Davies: Respiratory function in disease, S. 177. Edinburgh u. London 1925.
[6] Adlersberg, D. u. O. Porges: Zeitschr. f. d. ges. exp. Med. Bd. 45, S. 167. 1925.
[7] Meakins, J.: Journ. of pathol. a. bacteriol. Bd. 24, S. 79. 1921.
[8] Bert, P.: La pression barométrique, S. 661. Paris 1878. — Hill, L. u. J. J. R. Macleod: Journ. of physiol. Bd. 29, S. 382. 1903.
[9] Bert, P.: La pression barométrique, S. 932. Paris 1878. — Heller, R., W. Mager u. H. v. Schrötter: Luftdruckerkrankungen. Wien 1900. — Haldane, J. S.: Respiration, S. 334. — Vgl. auch F. Hoppe: Arch. f. Anat., Physiol. u. wissensch. Med. 1857, S. 63.
[10] Hastings, A. B.: Public health bulletin Nr. 117. Washington 1921.
[11] Zuntz, N. u. O. Hagemann: Landwirtschaftl. Jahrb. Bd. 27, Erg.-Bd. 3, S. 371 ff. 1898.

an Pferden, die eine sehr mäßige Arbeit verrichteten, ergibt sich für das arterielle Blut als Durchschnittswerte für den Sauerstoff 15,0 (korr. 14,4) und für die Kohlensäure 49, 1Vol.%, welche Werte innerhalb der Fehlerbreite mit denjenigen während Ruhe gefundenen (vgl. Tab. 1) identisch sind.

Beim Menschen beobachtete HARROP unmittelbar nach anstrengender Arbeit eine Abnahme der Sauerstoffsättigung von 95,6 auf 85,5%. Am Capillarblut fanden VERZÁR und seine Mitarbeiter nach kurzdauernder Arbeit unveränderte oder sogar etwas erhöhte Sauerstoffsättigung, während der Kohlensäuregehalt bedeutend abnahm. HIMWICH und BARR[1] fanden in 20 Versuchen während und unmittelbar nach strenger Arbeit während einiger Minuten Erhöhung des Sauerstoffgehalts. In den darauf untersuchten Fällen stieg sowohl die Sauerstoffkapazität wie der Sättigungsgrad. Nach ermüdender Arbeit (7 bzw. 14 Min.) stieg in einem Falle der Sauerstoffgehalt von 21,3 auf 21,9%, in einem anderen von 20,4 auf 20,5%, wobei aber zu bemerken ist, daß gleichzeitig die Sauerstoffkapazität von 20,8 auf 22,1% stieg, so daß die relative Sättigung von 98,1 auf 92,8% abnahm. In dem obenerwähnten Versuch, wo BARCROFT bei erniedrigtem Sauerstoffdruck lebte, wurde auch eine mäßige Arbeit verrichtet, wobei die Sauerstoffsättigung im Arterienblut von 88 auf 83% abnahm. In ähnlicher Weise sahen ADLERSBERG und PORGES in der Höhe von 1800 m während Arbeit eine Zunahme der „Hypoxämie".

Eine Änderung der Kohlensäuremenge des arteriellen Blutes kommt übrigens unter vielen Umständen vor, teils durch Änderung der alveolaren Kohlensäurespannung allein, teils weil die Kohlensäurebindung des Blutes zahlreichen physiologischen Schwankungen unterworfen ist, teils durch verschiedene Kombinationen dieser beiden Veränderlichen. Es sei auf S. 513 sowie auf S. 208 im Bd. 2 ds. Handb. verwiesen.

Venöses Blut.

Durch den Gasaustausch in den Geweben verliert das Blut in den Capillaren allmählich an Sauerstoff und wird reicher an Kohlensäure. Für die verschiedensten Organe des Körpers ist festgestellt worden, daß mit vermehrter funktioneller Beanspruchung ihr Stoffwechsel und somit das Bedürfnis nach Sauerstoff und die Abgabe von Kohlensäure steigt[2]. Diese geänderten Ansprüche können sowohl durch vollständigere „Ausnützung" des angebotenen Sauerstoffes bzw. Beladung des Blutes mit Kohlensäure als auch durch Vermehrung der durchströmenden Blutquantität gefüllt werden. Oft werden gleichzeitig beide Wege, obgleich in wechselnder Ausdehnung, betreten. Für verschiedene Organe gibt es aber quantitative Unterschiede, und somit läßt sich erwarten, daß der Gasgehalt des venösen Blutes sehr verschiedene Werte zeigen muß, je nach dem Organ, von dem das Blut kommt und dessen Tätigkeitszustand[3]. Gewisse Organe, wie z. B. Gehirn und Herz, bekommen schon während Ruhe eine sehr ausgiebige Blutversorgung. Die Folge ist, daß hier das venöse Blut relativ viel Sauerstoff und wenig Kohlensäure enthält. So fanden HILL und NABARRO[4], daß der prozentische Verlust des Blutes an Sauerstoff in dem Gehirn nur etwa ein Drittel

---

[1] HIMWICH, H. E. u. D. P. BARR: Journ. of biol. chem. Bd. 57, S. 363. 1923.

[2] Vgl. J. BARCROFT: Ergebn. d. Physiol. Bd. 7, S. 699. 1908, sowie The respiratory function of the blood, S. 73.

[3] Beispiele hiervon geben die neulich bei angiostomierten Hunden gesammelten Beobachtungen: E. ABDERHALDEN, N. KOTSCHNEFF, E. S. LONDON, A. LOEWY, L. RABINKOWA, G. ROSKE, E. ROSSNER u. E. WERTHEIMER: Pflügers Arch. f. d. ges. Physiol. Bd. 216, S. 362. 1927 sowie E. S. LONDON u. L. M. RABINKOWA: Biochem. Zeitschr. Bd. 186, S. 155. 1927.

[4] HILL, L. u. D. N. NABARRO: Journ. of physiol. Bd. 18, S. 218. 1895.

von dem Verlust in den Muskeln war. Ähnliches dürfte für verschiedene Drüsen gelten. Für die Speicheldrüse haben Chauveau und Kaufmann[1] gefunden, daß der Sauerstoffgehalt des abfließenden venösen Blutes bei Tätigkeit sogar größer als bei Ruhe sein kann.

Von besonderem Interesse sind die Verhältnisse bei den quergestreiften Muskeln, die ja für den Gesamtgaswechsel des Organismus eine außerordentliche Bedeutung besitzen. Im Interesse des Ganzen scheint deshalb strenge Ökonomie mit Rücksicht auf die Blutversorgung des arbeitenden Muskels angezeigt. Bei Ruhe dürfte den Muskeln nur soviel Blut zufließen als eben unumgänglich nötig, damit überhaupt der Sauerstofftransport überall gesichert sein soll[2]. Trotzdem wird aber der Sauerstoff des Blutes nur zu etwa 30% ausgenützt, wie die Versuche von Verzár[2] gezeigt haben. Dasselbe ging übrigens schon aus denjenigen Versuchen von Chauveau und Kaufmann[3] hervor, die unter den besten Ruhebedingungen ausgeführt wurden (Versuche an M. lev. labii sup. unten in der Tab. 3). Während Arbeit steigt zwar die durchfließende Blutmenge, gleichzeitig nimmt aber die Ausnützung zu, wie Sczelkow[4] zuerst bewies. Sehr deutlich ist das auch aus den Beobachtungen von Chauveau und Kaufmann ersichtlich, bei denen neben dem arteriellen auch das aus dem Masseter bzw. dem Levator labii superioris des Pferdes strömende venöse Blut untersucht wurde, und zwar sowohl bei Ruhe wie bei Arbeit (Kauen).

Die Tabelle 3 gibt eine Zusammenfassung ihrer Ergebnisse.

Tabelle 3. Gasgehalt des arteriellen Blutes sowie des venösen Blutes aus dem Musc. Masseter bzw. Musc. lev. labii sup. des Pferdes.

Muskel	Zustand	Arterielles Blut			Venöses Blut		
		Vol.% Sauerstoff	Vol.% Kohlensäure	Zahl der Versuche	Vol.% Sauerstoff	Vol.% Kohlensäure	Zahl der Versuche
Masseter	Ruhe	15,8	47,4	2	6,2	58,3	2
„	Arbeit	16,2	52,9	3	1,9	62,6	3
M. lev. lab.	Ruhe	12,1	55,3	3	9,3	57,2	3
sup.	Arbeit	12,7	54,6	3	2,1	64,7	3

Auch Verzár ist zu ähnlichen Ergebnissen gekommen. Die erhöhte Ausnützung des Sauerstoffes wird vor allem durch die Vergrößerung der aktiven Oberfläche der Capillaren ermöglicht[5], wozu noch andere Faktoren hinzukommen (vgl. S. 480).

Das Blut aus den leicht zugänglichen, oberflächlichen Hautvenen zeigt große Schwankungen mit Rücksicht auf den Gasgehalt, was damit zusammenhängt, daß der Blutstrom in der Haut nicht nur den lokalen Stoffwechselbedürfnissen angepaßt wird, sondern auch im Dienste der Wärmeregulation des Gesamtorganismus steht. Oben ist erwähnt worden, daß genügende Erwärmung der Hand bewirkt, daß das Blut der oberflächlichen Hautvenen ebenso vollständig mit Sauerstoff gesättigt wird wie das arterielle[6]. Bei Abkühlung kann umgekehrt

---

[1] Chauveau, A. u. Kaufmann: Cpt. rend. hebdom. des séances de l'acad. des sciences Bd. 103, S. 1061. 1886.

[2] Verzár, F.: Journ. of physiol. Bd. 44, S. 243. 1912, sowie Bd. 45, S. 39. 1912.

[3] Chauveau, A., u. Kauffmann: Cpt. rend. hebdom. des séances de l'acad. des sciences Bd. 104, S. 1126. 1887.

[4] Sczelkow: Sitzungsber. d. Akad. d. Wiss., Wien. Mathem.-naturw. Kl. Bd. 45, S. 199. 1862.

[5] Krogh, A.: Journ. of physiol. Bd. 52, S. 457. 1919.

[6] Vgl. hierzu auch J. Meakins u. W. H. Davies: Journ. of pathol. a. bacteriol. Bd. 23, S. 459. 1920, sowie J. Barcroft u. M. Nagahashi: Journ. of physiol. Bd. 55, S. 339. 1921.

das betreffende Blut beinahe vollständig reduziert werden. Wird aber die Abkühlung weit getrieben (Hineintauchen in Wasser von 6 bis 18° während 15 Min.), dann wird die Sauerstoffsättigung wieder besser und der Kohlensäuregehalt nimmt ab. (Herabsetzung des lokalen Stoffwechsels durch die Abkühlung?) Die folgende Tabelle illustriert diese Verhältnisse.

Tabelle 4. Relative Sauerstoffsättigung des Blutes der Vena cubiti beim Menschen (nach Goldschmidt und Light[1]).

Unterarm zuvor in Wasser gehalten			Unterarm zuvor in die Luft gehalten		
Temperatur des Wassers	Sättigung in %	Zahl der Versuche	Temperatur der Luft	Sättigung in %	Zahl der Versuche
5—10°	85	8	—	—	—
10—18°	74	8	—	—	—
18—29°	63	11	4— 8°	55	2
29—39°	69	12	20—26°	66	28
39—46°	92	5	26—32°	75	22

Das Blut aus den Venen der Dorsalseite der Hand hat höheren Sauerstoff- und niedrigeren Kohlensäuregehalt als das Blut aus der Cubitalvene (vgl. Tab. 5).

Man hat beim Menschen zahlreiche Bestimmungen über den Gasgehalt des Blutes der Hautvenen gemacht in der Hoffnung, in dieser Weise ein brauchbares Maß für die durchschnittlichen Schwankungen im venösen Blut des Körpers zu erhalten. Die eben erwähnten Umstände zeigen, daß hier große Schwierigkeiten vorhanden sind, und daß man nicht nur dem wechselnden Stoffwechsel, sondern auch der Temperatur und der Temperaturempfindlichkeit der Versuchsperson Rechnung tragen muß. Erwähnt sei in diesem Zusammenhange, daß Uyeno und Doi[2] bei Katzen, bei denen gleichzeitig der Sättigungsgrad des Blutes aus verschiedenen Venen untersucht wurde, fanden, daß der Sättigungs-

Tabelle 5. Der Gasgehalt des Blutes aus oberflächlichen Arm- und Handvenen beim Menschen.

Vene, aus der die Blutprobe entnommen wird	Zustand	Gebundener Sauerstoff			Relative Sättigung			Kohlensäure			Verfasser
		Vol.% Mittel	σ	Zahl der Beob.[3]	Mittel	σ	Zahl der Beob.[3]	Vol.% Mittel	σ	Zahl der Beob.	
Cubitalvene	Ruhe	13,5	2,2	18 (11)	68,4	8,7	18 (11)	—	—	—	Lundsgaard[4]
,,	,,	15,6	1,5	5	73,2	3,6	5	—	—	—	Stadie
,,	,,	14,0	1,8	15	70,0	6,9	15	54,6	3,6	10	Harrop
,,	,,	15,8	2,8	29 (17)	76,2	12,1	29	49,4	4,1	26 (17)	Lundsgaard u. Möller[5]
,,	,,	14,4	3,0	50 (35)	70,0	13,8	50 (35)	52,9	3,5	43 (30)	Goldschmidt u. Light[6]
Vene am Handrücken	,,	17,2	1,5	50 (25)	87,7	6,7	50 (25)	49,8	2,7	35 (18)	Goldschmidt u. Light[6]
Cubitalvene	Unmittelbar nach strenger Arbeit	9,7	4,8	32 (17)	46,5	22,3	32 (17)	47,2	6,1	30 (17)	Lundsgaard u. Möller[5]

---

[1] Goldschmidt, S. u. A. B. Light: Americ. journ. of physiol. Bd. 73, S. 127. 1925.
[2] Uyeno, K. u. Y. Doi: Journ. of physiol. Bd. 57, S. 14. 1922.
[3] Die Zahl in Klammer gibt die Anzahl der Versuchspersonen wieder.
[4] Lundsgaard, C.: Journ. of biol. chem. Bd. 33, S. 133. 1918.
[5] Lundsgaard, C. u. E. Möller: Journ. of biol. chem. Bd. 55, S. 315. 1923.
[6] Goldschmidt, S. u. A. B. Light: Americ. journ. of physiol. Bd. 73, S. 127. 1925.

grad für das Blut der verschiedenen Venen voneinander unabhängige Differenzen aufwies, und daß das Blut keiner der untersuchten Venen in bestimmtem Verhältnis zum Blute der rechten Kammer stand.

Trotzdem ist es möglich, daß unter Umständen der Gasgehalt einer Probe aus einer bestimmten Hautvene gewisse Hinweise von Bedeutung ergeben kann. In der Tabelle 5 sind einige Versuchsreihen über Bestimmungen mitgeteilt, die am Blut der gewöhnlich benutzten Vena cubitalis gewonnen wurden, sowie zum Vergleich eine Reihe von Blut aus einer oberflächlichen Vene am Handrücken.

Die Abnahme an Sauerstoff und Kohlensäure nach einer kurzdauernden, aber kräftigen Körperarbeit ist deutlich zu ersehen. In späteren Versuchsreihen[1] wurden die Verhältnisse bei einigen verschiedenen Arbeitsformen und zu verschiedenen Zeiten nach dem Aufhören der Arbeit untersucht.

Einen Durchschnittswert für den ganzen Körper gibt natürlich das Blut des rechten Herzens, das auch deshalb von besonderem Interesse ist, weil es einen Aufschluß über die vom Herzen ausgetriebene Blutmenge ermöglicht. In der Tabelle 1 sind einige diesbezügliche Angaben von Säugetieren mitgeteilt worden.

Man findet hier ähnliche Unterschiede wie betreffs des arteriellen Blutes, indem bei Hund und bei Katze relativ hohe Sauerstoffwerte und niedrige Kohlensäurewerte vorhanden sind (der Kohlensäurewert bei Katze in der Tabelle 1 ist, wie eine Berechnung des respiratorischen Quotienten sofort ergibt, unbrauchbar, wahrscheinlich liegt bei der arteriellen Probe Auswaschung vor). Bei Pferd und Ziege sind die Sauerstoffwerte viel niedriger, bei Kaninchen nehmen sie eine mittlere Lage ein. Dies hängt zum Teil von dem hohen Sauerstoffgehalt im arteriellen Blut bei den erstgenannten Tieren ab, zum Teil findet es seine Erklärung darin, daß die Ausnützung bei Pferd, Ziege und Kaninchen viel vollständiger ist. Die prozentische Ausnützung des Sauerstoffes beträgt in den Versuchen bei Hund und bei Katze etwa 20 bis 30%, bei Pferd und bei Ziege dagegen etwa 45 bis 50%. Es ist wahrscheinlich, daß dieser Unterschied dadurch verursacht wird, daß die Ruhebedingungen in den Versuchen am Pferde und Ziegen nicht so rigoros waren wie bei den anderen.

Beim Menschen ist man natürlich auf indirekte Methoden angewiesen, um über den Gasgehalt des Blutes im rechten Herzen Aufschluß zu erlangen. Aus den Bestimmungen der Gasspannungen des betreffenden Blutes (vgl. ds. Handb. Bd. II, S. 217) lassen sich mit Hilfe der Gasabsorptionskurven des Blutes für Sauerstoff und Kohlensäure (vgl. S. 477 u. 513) die im gemischten Venenblut von diesen vorhandenen Mengen berechnen. Nimmt man als Durchschnittswerte für die Sauerstoffspannung 35 bis 40 und für die Kohlensäurespannung etwa 45 bis 50 mm Hg an, dann ergibt sich eine Sauerstoffsättigung von etwa 65 bis 75% (entsprechend bei normalem Hämoglobingehalt etwa 12 bis 14 Vol.%) und ein Kohlensäuregehalt von 53 bis 55 Vol.%. Dann wäre auch hier nur höchstens ein Drittel des Blutsauerstoffes während Ruhe ausgenützt. Zu einem hiermit übereinstimmenden Ergebnis leiten die Bestimmungen des Minutenvolumens des Herzens mit der Stickoxydulmethode, die durchschnittlich eine Sauerstoffaufnahme in den Lungen von 51 bis 55 ccm pro Liter Blut beim Manne geben[2], entsprechend bei einer Sauerstoffkapazität von 185 ccm 28 bis 30%. Liljestrand und Stenström[3], welche die Sauerstoffkapazität bestimmten, bekamen bei möglichst vollständiger Ruhe für weibliche Versuchspersonen eine Ausnützung von 32, für männliche von 30%.

---

[1] Lundsgaard, C. u. E. Möller: Journ. of biol. chem. Bd. 55, S. 477 u. 599. 1923.
[2] Lindhard, J.: Journ. of physiol. Bd. 57, S. 18. 1922.
[3] Liljestrand, G. u. N. Stenström: Acta med. ʽscandinav. Bd. 63, S. 136. 1925.

Die Schwankungen im Gasgehalt des Mischblutes unter wechselnden Bedingungen sind nur in wenigen Fällen direkt bestimmt worden. Es ist aber klar, daß überall da, wo Gesamtgaswechsel und Blutstrom nicht in demselben Grade und gleichsinnig beeinflußt werden, Änderungen mit Rücksicht auf die Blutgase entstehen müssen.

Da der Gesamtgaswechsel ganz besonders von der Muskelarbeit beeinflußt wird, ist zu erwarten, daß hierbei Änderungen des Mischblutes in derselben Richtung wie für das aus dem tätigen Muskel selbst kommende Blut eintreten werden. Eine größere Ausnützung des Sauerstoffes während Arbeit beobachteten auch ZUNTZ und HAGEMANN beim Pferde. Während Ruhe sank der (korrigierte) Sauerstoffwert in den Geweben von 14,6 auf 7,2% (vgl. Tab. 1), bei kleiner Arbeit dagegen von 14,4 auf 4,7%. Für Menschen ist Entsprechendes indirekt erwiesen[1]. Mit Zunahme der Arbeit wird im großen ganzen die Ausnützung größer, doch ist auch die Art der Arbeit von Einfluß[2]. Im übrigen sei bezüglich Änderungen in der Ausnützung des Blutsauerstoffes beim Menschen auf die Abschnitte über den Kreislauf verwiesen.

Beinahe vollständiges Verschwinden des Sauerstoffes findet man im Erstickungsblute; nach ZUNTZ[3] enthält es beim Hunde im Mittel 1,0% Sauerstoff (2,1% Stickstoff) und 49,5% Kohlensäure.

Daß Blut, arterielles wie venöses, während pathologischer Verhältnisse erhebliche Änderungen im Gasgehalt aufweisen kann, sei hier nur kurz erwähnt. Im einzelnen muß auf spezielle Darstellungen hierüber verwiesen werden[4].

Die Gasabsorption des Blutes.

Befindet sich ein Gas in Berührung mit einer Flüssigkeit, die das betreffende Gas zu lösen vermag, dann gelangen Gaspartikelchen in die oberflächlichsten Schichten der Flüssigkeit hinein, um von dort durch Diffusion und Flüssigkeitsbewegungen weiter verbreitet zu werden. Gleichzeitig gehen auch Gaspartikelchen aus der Flüssigkeit in den Gasraum hinaus. Die beiden Prozesse, die von BOHR[5] Invasion und Evasion genannt und von ihm näher studiert wurden, halten sich im Gleichgewicht, wenn die Flüssigkeit genau soviel von dem Gase enthält, wie sie unter den vorhandenen Bedingungen aufzunehmen vermag. Die Invasion bzw. die Evasion findet sehr schnell statt[6], und die Geschwindigkeit, mit welcher das Gleichgewicht erreicht wird, hängt praktisch genommen ausschließlich von der weiteren Verbreitung des Gases innerhalb der Flüssigkeit ab.

Diejenige Gasmenge, die nach Eintritt eines stationären Zustandes in der Flüssigkeit physikalisch gelöst vorhanden ist, ist der Dichte des betreffenden Gases (bzw. bei konstanter Temperatur dem Partiardruck) einfach proportional, wie sich aus der mechanischen Wärmetheorie in einfacher Weise herleiten läßt[7]. Experimentell ist dies von HENRY[8] bewiesen und von DALTON bestätigt worden.

---

[1] LINDHARD, J.: Pflügers Arch. f. d. ges. Physiol. Bd. 161, S. 233. 1915. — BOOTHBY, W. M.: Americ. journ. of physiol. Bd. 37, S. 383. 1915.

[2] COLLETT, M. E. u. G. LILJESTRAND: Skandinav. Arch. f. Physiol. Bd. 45, S. 29. 1924.

[3] ZUNTZ, N.: Herrmanns Handb. S. 42.

[4] Vgl. A. LOEWY: Oppenheimers Handb. S. 27. — STRAUB, H.: Ergebn. d. inn. Med. u. Kinderheilk. Bd. 25, S. 1. 1924. — MEAKINS, J. u. W. H. DAVIES: Respiratory function in disease. Edinburgh u. London 1925.

[5] BOHR, CHR.: Wiedemanns Ann. d. Physik u. Chem., N. F. Bd. 68, S. 500. 1899; sowie Nagels Handb. S. 57.

[6] Vgl. A. KROGH: Journ. of physiol. Bd. 52, S. 403. 1919.

[7] Vgl. N. ZUNTZ: Herrmanns Handb. S. 9.

[8] HENRY, W.: Philos. transact. of the roy. soc. of London Bd. 21, S. 29. 274. 1803; sowie Gilberts Ann. d. Physik Bd. 20, S. 165. 1805.

Von jedem einzelnen Gase eines Gasgemisches nimmt die Flüssigkeit genau soviel auf, wie wenn das andere nicht da wäre[1]. Die einfache Proportionalität zwischen Gasdruck und gelöster Menge gilt aber nicht exakt bei hohen Drucken, wie Wroblewski[2] für Kohlensäure fand. Für Sauerstoff, Stickstoff, Wasserstoff und Kohlenoxyd war in Versuchen von Cassuto[3] die Gasabsorption schon bei Drucken über 1 bis 2 Atmosphären etwas kleiner als nach dem Henryschen Gesetz. Die absorbierte Gasmenge ist auch von der Natur des Gases sowie von der Temperatur abhängig. Nach Bunsen[4] nennt man Absorptionskoeffizient das auf Normalzustand (0° und 760 mm Hg) reduzierte Gasvolumen, das von der Volumseinheit der Flüssigkeit bei einem Druck des betreffenden Gases von 760 mm Hg absorbiert wird. Wenn eine Flüssigkeit a Vol.% eines Gases enthält, bekommt man, da 1 Grammmolekül eines idealen Gases das Volumen 22412 ccm (bei 0°,760 mm) einnimmt, die molare Konzentration gleich

$$\frac{10\,a}{22412} = 0{,}00044619\,a\,.$$

Die im Blute einfach gelösten Gasmengen sind deshalb von besonderer Bedeutung, weil der direkte Gasaustausch mit den Lungen und den verschiedenen Geweben durch sie vermittelt wird. Da sie dem betreffenden Partiardruck direkt proportional sind, geben die Spannungswerte der Gase Aufschluß über die relativen Mengen, die sich in Lösung befinden. Im Gegensatz zu diesen gelösten Mengen können die chemisch gebundenen (vgl. unten) gewissermaßen als Vorräte betrachtet werden, durch welche die Konzentration des gelösten Anteils vor allzu großen Schwankungen geschützt wird. Aber die Kenntnis der Absorptionskoeffizienten des Blutes für Gase ist auch aus anderen Gründen wichtig, z. B. bei der Berechnung der Wasserstoffionenkonzentration des Blutes nach Hassel-balch[5].

Es seien zunächst einige Absorptionskoeffizienten der atmosphärischen Gase in Wasser nach den neuesten Bestimmungen angeführt[6].

Tabelle 6. Absorptionskoeffizienten der atmosphärischen Gase in Wasser.

Temperatur	Sauerstoff	Atmosphärischer Stickstoff[7]	Kohlensäure
0°	0,0492	0,0236	1,713
10°	0,0384	0,0190	1,194
20°	0,0315	0,0160	0,878
30°	0,0207	0,0140	0,665
40°	0,0234	0,0125	0,530

Der Absorptionskoeffizient von Wasser, das feste Stoffe in Lösung hält, wird im allgemeinen — wenn auch nicht immer — kleiner als für reines Wasser[8, 9, 10, 11]. Fernet[8] fand, daß die Herabsetzung in einer Kochsalzlösung mit steigender Konzentration des Salzes zunahm. Die relative Depression fand er für Kohlen-

[1] Dalton, J.: Mem. of the literary a. philos. soc. of Manchester, (2) Bd. 1, S. 271. 1805: sowie Gilberts Ann. d. Physik Bd. 28, S. 397, 413. u. 479. 1808.

[2] Wroblewski, S. v.: Wiedemanns Ann. d. Physik u. Chem., N. F. Bd. 18, S. 290. 1883.

[3] Cassuto, L.: Physikal. Zeitschr. Bd. 5, S. 233. 1904.

[4] Bunsen, R.: Liebigs Ann. d. Chem. u. Pharm. Bd. 93, S. 1. 1855: sowie Gasometrische Methoden, S. 136. Braunschweig 1857.

[5] Hasselbalch, K. A.: Biochem. Zeitschr. Bd. 78, S. 112. 1916.

[6] Fox, C. J. J.: Conseil internat. pour l'explor. de la mer. Publ. de circonstance Nr. 41. 1907 u. Nr. 44. 1909; auch in Faraday Trans. Bd. 5, S. 68. 1909. Vgl. die Korr. in Landolt-Börnstein: Physik.-chem. Tabellen, 5. Aufl., S. 764ff. 1923.

[7] D. h. Stickstoff einschl. Edelgase.

[8] Fernet, E.: Ann. des sciences natur. zool. (4) Bd. 8, S. 125. 1857.

[9] Setschenow, J.: Mém. de l'acad. imper. des sciences de St. Petersbourg (7) Bd. 22, Nr. 6. 1876.

[10] Zuntz, N.: Beiträge zur Physiologie des Blutes. Dissert. Bonn 1868.

[11] Bohr, Chr.: Skandinav. Arch. f. Physiol. Bd. 17, S. 104. 1905.

säure größer als für Sauerstoff und Stickstoff. Sie scheint auch von der molekularen Konzentration an gelösten Stoffen abhängig zu sein. So wurde von Bohr[1] eine weit geringere Herabsetzung in einer 19,6proz. Rohrzuckerlösung als in einer 10- bis 5proz. Kochsalzlösung beobachtet.

Auch für Blut wäre aus dem eben erwähnten Grunde eine Herabsetzung der Absorptionskoeffizienten gegenüber den Werten für Wasser zu erwarten. Die direkte Bestimmung dieser Koeffizienten für die physiologisch in Betracht kommenden Gase ist aber mit besonderen Schwierigkeiten verbunden, weil jene Gase dort auch in leicht dissoziablen Verbindungen chemisch gebunden vorkommen. Fernet[2] hat Versuche hierüber in der Weise angestellt, daß er die Kohlensäure- bzw. Sauerstoffmenge des Blutes nach Sättigung bei Partiardrucken zwischen 580 und 717 bzw. 647 und 742 mm Hg bestimmte. Die innerhalb dieser Grenzen gefundenen Unterschiede variierten nach dem Henryschen Gesetz, weshalb angenommen wurde, daß sie nur von wechselnder physikalischer Absorption bedingt wurden. Fernet fand so für das Blut Absorptionskoeffizienten des Sauerstoffes und der Kohlensäure, die 2 bis 3% niedriger waren als für Wasser. Nach Bohr kann die Methode von Fernet nur ganz beiläufige Werte geben, weil die Sättigung der dissoziablen Substanzen im Blut sich bei steigendem Druck asymptotisch einem maximalen Werte nähert, der aber theoretisch nie erreicht wird. Die Werte müssen dann etwas zu hoch ausfallen, indessen ergibt eine Berechnung aus den Kurven für die chemisch gebundenen Gasmengen des Blutes bei den betreffenden Drucken wenigstens für den Sauerstoff eine so kleine Einwirkung, daß sie die Ergebnisse kaum merklich beeinflußt. Aus verschiedenen Gründen können aber die Werte von Fernet heute nicht mehr als genau angesehen werden.

Setschenow und Zuntz haben die Absorptionskoeffizienten für Kohlensäure ermittelt, nachdem Serum bzw. Blut zuerst mit einer stärkeren Säure neutralisiert worden war. Zuntz fand in dieser Weise für Blut bei 0° im Mittel 1,59, d. h. 93% des Koeffizienten für Wasser.

Unter der Annahme, daß die Absorptionskoeffizienten für Sauerstoff und Stickstoff dasselbe gegenseitige Verhältnis für Blut wie für Wasser haben, hat Zuntz[3] aus den Beobachtungen von Bert über die im Blute bei hohen Drucken gelösten Stickstoffmengen den Absorptionskoeffizienten für Sauerstoff berechnet und findet so bei 40° den Wert 0,0262, d. h. 112% des Wertes für Wasser. Indessen ist die Voraussetzung von Zuntz, die der Berechnung zugrunde liegt, unsicher. Dazu kommt noch, daß, wie oben erwähnt, das Henrysche Gesetz bei den betreffenden hohen Drucken nicht exakt gültig ist. Die relativen Abweichungen sind auch für Sauerstoff und Stickstoff verschieden.

Nach ähnlichem Prinzip hat Bohr[1] versucht, die Absorptionskoeffizienten der physiologisch wichtigen Gase zu berechnen, indem er teils den Koeffizienten des Sauerstoffes für Wasser und Serum, teils auch denjenigen des Wasserstoffes für Wasser und Blut bestimmte. Der Absorptionskoeffizient des Sauerstoffes betrug bei 19° bzw. 39° in Serum etwa 97,5% von demjenigen in Wasser. Für den Wasserstoff war die Löslichkeit in Blut (bei 14°) 92% von derjenigen in Wasser. Unter der obenerwähnten Annahme bezüglich der gleich großen prozentualen Herabsetzung der Löslichkeit lassen sich dann nach Bohr folgende Werte berechnen, wobei das Volumen der Blutkörperchen zu einem Drittel des Blutes gesetzt wird. Ist das Verhältnis ein anderes, wird natürlich auch die Berechnung anders ausfallen.

---

[1] Bohr, Chr.: Skandinav. Arch. f. Physiol. Bd. 17, S. 104. 1905.

[2] Fernet, E.: Ann. des sciences natur. zool. (4) Bd. 8, S. 125. 1857.

[3] Zuntz, N.: Herrmanns Handb. S. 16.

Fahr[1] hat in Serum eine unbedeutend größere Erniedrigung der Löslichkeit von Sauerstoff und Stickstoff als von Wasserstoff gefunden. Außerdem war die totale Erniedrigung für Wasserstoff in Serum etwas (5%) größer als in Bohrs Bestimmungen. Zu etwas niedrigeren Werten als Bohr für die Löslichkeit der

Tabelle 7.   Absorptionskoeffizienten für Wasser, Plasma, Blut und Blutkörperchen bei 37°.

	Sauerstoff	Atmosph. Stickstoff	Kohlensäure
Wasser	0,0243	0,0129	0,565
Plasma	0,0237	0,0126	0,550
Blut	0,0223	0,0119	0,520
Blutkörperchen	0,0197	0,0104	0,457

Kohlensäure in Serum kommen van Slyke, Wu und McLean[2] sowohl durch Berechnung aus dem Salzgehalt im Vergleich mit der bekannten Löslichkeit in Salzlösungen als auch in direkten Versuchen nach demselben Prinzip wie die alten Versuche von Setschenow und Zuntz.

Gewisse Beobachtungen scheinen dafür zu sprechen, daß die oben angeführten Koeffizienten, wenn auch die besten zur Zeit vorhandenen, mit einer nicht unbedeutenden Unsicherheit behaftet sind. Erstens geht aus den umfassenden Beobachtungen von Geffcken[3] hervor, daß die Löslichkeitsbeeinflussung von Wasserstoff, Sauerstoff, Stickstoff und Kohlensäure unter Umständen bedeutende Unterschiede aufweisen kann, auch wenn die gesamte Herabsetzung von derselben Größe wie im Blute ist. Neulich haben auch O'Brien und Parker[4] die Löslichkeit des Kohlenoxyds in Wasser und Serum bestimmt und dabei gefunden, daß bei 37° die Löslichkeit in Serum nur 72% des Wertes in Wasser betrug, also sehr wesentlich kleiner war, als nach den Voraussetzungen Bohrs zu erwarten wäre. Außerdem nahm das Verhältnis mit steigender Temperatur ab und betrug z. B. bei 15° 80%.

Mit Rücksicht darauf, daß die chemische Zusammensetzung der Blutkörperchen von derjenigen des Serums erheblich abweicht, erscheint es außerdem kaum berechtigt, aus den gleich großen Herabsetzungen zweier Koeffizienten in Serum zu schließen, daß Ähnliches auch für Blut gelten soll. Nach Siebeck[5] beträgt der Absorptionskoeffizient des Stickoxyduls in Plasma 97,5% von demjenigen in Wasser, während Blut sogar etwas mehr dieses Gases löst als Wasser. Dies wird auf den Lipoidgehalt der Blutkörperchen zurückgeführt. In ähnlicher Weise hat Holböll[6] für Cyanwasserstoff eine Herabsetzung des Absorptionskoeffizienten in Serum gegenüber Wasser von 5% (bei 20° bzw. 37°) gefunden, während der Wert für Blut sogar 18% höher als für Wasser war. Schoen[7] fand (bei 37°) für Azetylen das Verhältnis der Absorptionskoeffizienten für menschliches Serum und Wasser 0,982, für Blut und Wasser dagegen 0,988. In ähnlicher Weise liegen

[1] Fahr, G.: Journ. of physiol. Bd. 43, S. 417. 1912.
[2] van Slyke, D. D., H. Wu u. F. C. Mc Lean: Journ. of biol. chem. Bd. 56, S. 824. 1923. Vgl. auch D. D. van Slyke, A. B. Hastings, M. Heidelberger u. J. M. Neill: Journ. of biol. chem. Bd. 54, S. 487. 1922.
[3] Geffcken, G.: Zeitschr. f. physikal. Chem. Bd. 49, S. 257. 1904.
[4] O'Brien, H. R. u. W. L. Parker: Journ. of biol. chem. Bd. 50, S. 289. 1922.
[5] Siebeck, R.: Skandinav. Arch. f. Physiol. Bd. 21, S. 368. 1909.
[6] Holböll, S. A.: Experimentelle studier over cyanbrinteforgiftningen. Dissert. Kopenhagen 1924.
[7] Schoen, R.: Hoppe-Seylers Zeitschr. f. physiol. Chem. Bd. 127, S. 243. 1923.

die Verhältnisse für Chloroform[1]. Umgekehrt löst sich nach WIDMARK[2] und ENGFELDT[3] das Aceton leichter in Serum als in Blut.

Was die physiologisch wichtigen Gase betrifft, scheint die Lipoidlöslichkeit für Sauerstoff und Stickstoff ziemlich bedeutend zu sein. So fand EXNER[4] den Absorptionskoeffizienten für Sauerstoff bei 11° in Olivenöl etwa 0,08, für Stickstoff 0,058; noch höhere Werte wurden von VERNON[5] in Olivenöl bzw. Lebertran beobachtet (etwa 0,1 für Sauerstoff, 0,06 für Stickstoff sowohl bei 15° wie bei 37°)[6]. Es wäre somit die Löslichkeit des Sauerstoffes 3,3 bis 4,3 und diejenige des Stickstoffes etwa 4,5 mal so groß in Öl wie in Wasser. Für Wasserstoff bzw. Kohlensäure scheinen entsprechende Bestimmungen nicht ausgeführt worden zu sein, weshalb ein genauer Vergleich ausgeschlossen ist. Wie außerordentlich verschieden die Löslichkeit der hier in Frage kommenden Gase unter Umständen von verschiedenen Lösungsmitteln beeinflußt werden kann, geht aber u. a. aus den Beobachtungen von GNIEWOSZ und WALFISZ[7] hervor, welche die Löslichkeit in Petroleum bestimmten. Für Stickstoff war der Wert 9,4 mal so groß wie in Wasser, für Sauerstoff 7,1, für Wasserstoff 3,0 und für Kohlensäure nur 1,3.

Mit Rücksicht auf die oben angeführten Verhältnisse muß die indirekte Bestimmung der Absorptionskoeffizienten des Blutes als ziemlich unsicher angesehen werden. Es scheint gar nicht ausgeschlossen, daß die oben angeführten Werte für Sauerstoff und vor allem für Stickstoff zu niedrig sind.

Mit Hilfe der in Tabelle 7 angegebenen Absorptionskoeffizienten und der anderswo[8] mitgeteilten Werte für die Gasspannungen des Blutes läßt sich berechnen, wie groß die im Blute gelösten Gasmengen sind. Als beiläufiges Mittel der Gasspannungen lassen sich bei gewöhnlichem Barometerstande für arterielles Blut 40 mm für die Kohlensäure und 90 mm für den Sauerstoff angeben: für gemischtes Venenblut sind die entsprechenden Werte (vgl. S. 460) etwa 45 bis 50 bzw. 35 bis 40 mm. Die Stickstoffspannung beträgt in beiden Fällen etwa 550 mm. Man erhält aus diesen Daten für die gelöste Kohlensäure 2,7 Vol.% im arteriellen, 3,1 bis 3,4 im venösen Blut. Für Sauerstoff werden die Werte 0,26 bzw. 0,10 bis 0,12 Vol.%. An Stickstoff findet man in dieser Weise 0,9 Vol.%

Die einzelnen Gase des Blutes.

1. Der Sauerstoff.

Aus den in den vorigen Abschnitten mitgeteilten Angaben geht hervor, daß nur ein sehr kleiner Teil der Sauerstoffmenge des Blutes einfach physikalisch gelöst vorkommt, z. B. für arterielles Blut des Menschen etwa 1,3 bis 1,5% der Gesamtmenge. Der größte Teil muß in irgendeiner Weise im Blute gebunden sein. Im folgenden soll diese Bindung näher betrachtet werden.

---

[1] Vgl. G. A. BUCKMASTER u. J. A. GARDNER: Proc. of the roy. soc. of London, Ser. B, Bd. 79, S. 566. 1907.

[2] WIDMARK, E.: Biochem. journ. Bd. 14, S. 379. 1920.

[3] ENGFELDT, N.: Beiträge zur Kenntnis der Biochemie der Acetonkörper, S. 155. Dissert. Lund 1920.

[4] EXNER, A.: Sitzungsber. d. Akad. d. Wiss., Wien. Mathem.-naturw. Kl. III, Bd. 106, S. 58. 1897.

[5] VERNON, K. M.: Proc. of the roy. soc. of London, Ser. B, Bd. 79, S. 366. 1907.

[6] Zu ähnlichen Werten kam, allerdings mit wenig befriedigender Technik, H. QUINCKE: Arch. f. exp. Pathol. u. Pharmakol. Bd. 62, S. 464. 1910.

[7] GNIEWOSZ, S. u. A. WALFISZ: Zeitschr. f. physikal. Chem. Bd. 1, S. 70. 1887. — Vgl. hierzu L. S. KUBIE: Journ. of biol. chem. Bd. 72, S. 545. 1927.

[8] Vgl. dieses Handb. Bd. II, S. 215.

Aus der Beobachtung von Magnus, daß Blut aus atmosphärischer Luft mehr Sauerstoff als Stickstoff aufnimmt, wurde in der Tat schon von Liebig[1] geschlossen, daß der Sauerstoff teilweise chemisch gebunden sein muß. Zu erwarten wäre dann, daß die Menge des aufgenommenen Sauerstoffes bei steigendem Sauerstoffdruck nicht dem Henryschen Gesetz gehorchen sollte. Beweise hierfür lieferten Meyer[2] und Fernet[3], die auch feststellten, daß weitaus der größte Teil des Blutsauerstoffes in chemischer Bindung vorkommt.

Daß der rote Farbstoff des Blutes eine besondere Rolle für die Sauerstoffaufnahme spielt — wofür schon die alte Beobachtung von Lower sprach —, wurde durch Versuche gestützt, bei denen Blutserum, das den Farbstoff enthielt, weit mehr Sauerstoff aufzunehmen vermag als das Serum allein[4]. Spätere Erfahrungen haben auch gezeigt, daß die vom Serum aufgenommene Sauerstoffmenge eben von der Größe ist, wie es der einfachen Absorption entspricht, und proportional der Druckzunahme steigt[3,5]. Ein wichtiger Beweis für die Bindung des Sauerstoffes am roten Blutfarbstoff lieferten Bernard[6] und Hoppe-Seyler[7], die den Farbstoff durch Kohlenoxyd so verändert fanden, daß er nicht mehr imstande war, als Sauerstoffträger zu dienen. Beobachtungen mit reinem Hämoglobin bewiesen ebenfalls seine Eigenschaft, Sauerstoff locker zu binden[8]. Ein Vergleich zwischen den quantitativen Verhältnissen bei der Sauerstoffaufnahme des Blutes und des Hämoglobins zeigt, wie Bohr[9] hervorgehoben hat, daß das Hämoglobin der alleinige Träger des gebundenen Sauerstoffes in den betreffenden Fällen sein dürfte.

a) Die maximale Sauerstoffbindung des Blutes.

Beim näheren Studium der Sauerstoffbindung des roten Blutfarbstoffes hat man der Frage viel Aufmerksamkeit gewidmet, wie groß diejenige Sauerstoffmenge ist, die maximal vom Hämoglobin aufgenommen werden kann. Wenn nämlich das bei der Sauerstoffaufnahme aus dem Hämoglobin entstandene Oxyhämoglobin das Ergebnis einer lockeren chemischen Verbindung zwischen dem Hämoglobin und dem Sauerstoff ist, so wäre zu erwarten, daß der Grenzwert, dem man sich bei steigender Sauerstoffkonzentration nähert, irgendein einfaches molekulares Verhältnis der beiden Komponenten aufweisen sollte. Schon in den Beobachtungen von Hoppe-Seyler[8] zeigten sich aber große Unterschiede mit Rücksicht auf diejenigen Sauerstoffmengen, die pro Gramm Hämoglobin maximal aufgenommen werden können, indem das Trocknen der Krystalle eine wesentliche Abnahme ihrer Sauerstoffaufnahme bewirkte. Die Angabe ist von Bohr und Torup[10] bestätigt worden: wird das Hämoglobin wieder aufgelöst, so nimmt es

---

[1] Liebig, J.: Liebigs Ann. d. Chem. Bd. 79, S. 112. 1851.

[2] Meyer, L.: Die Gase des Blutes. Inaug.-Dissert. Göttingen 1857. Auch in Zeitschr. f. ration. Med., N. F. Bd. 8, S. 256. 1857.

[3] Fernet, E.: Ann. des sciences natur. zool. (4) Bd. 8, S. 125. 1857.

[4] Berzelius, J. J.: Lehrb. d. Chemie, übersetzt von F. Woehler, Bd. IX, S. 75 u. 123. Dresden u. Leipzig 1840.

[5] Bohr, Chr.: Skandinav. Arch. f. Physiol. Bd. 17, S. 104. 1905; auch Nagels Handb. S. 83.

[6] Bernard, C.: Leçons sur les effets des substances toxiques et médicamenteuses, S. 184. Paris 1857, und Leçons sur les liquides de l'organisme Bd. I, S. 366; Bd. II, S. 429. Paris 1859. Auch in Cpt. rend. hebdom. des séances de l'acad. des sciences Bd. 47, S. 393. 1858. Vgl. auch M. Foster: Claude Bernard, in Masters of Medicine, S. 150. London 1899.

[7] Hoppe, F.: Virchows Arch. f. pathol. Anat. u. Physiol. Bd. 11, S. 288. 1857.

[8] Hoppe-Seyler, F.: Virchows Arch. f. pathol. Anat. u. Physiol. Bd. 29, S. 597. 1864; sowie Med.-chem. Untersuchungen, Heft 2, S. 191. Berlin 1867.

[9] Bohr, Chr.: Nagels Handb. S. 87.

[10] Bohr, Chr. u. S. Torup: Skandinav. Arch. f. Physiol. Bd. 3, S. 69. 1891.

mehr Sauerstoff als trocken auf, jedoch nicht soviel wie eine ebenso konzentrierte Lösung aus feucht gehaltenen Hämoglobinkrystallen[1], so daß also die Änderung im physikalischen Zustande des Hämoglobins zum Teil die Herabsetzung der Sauerstoffaufnahme verursachte. Mit Blut und Hämoglobinlösungen bekamen auch eine Reihe Forscher (DYBKOWSKI[2], PREYER[3], WORM-MÜLLER[4], STRASSBURG[5], SETSCHENOW[6], OTTO[7], HÜFNER[8]) sehr wechselnde Ergebnisse. Nur unter Weglassen zahlreicher Versuche war es möglich, an der Auffassung festzuhalten, daß eine bestimmte maximale Sauerstoffmenge vom Hämoglobin aufgenommen wird. Eine Berechtigung hierzu sah man in der Erfahrung, daß Oxyhämoglobin teilweise leicht in andere Farbstoffe (Methämoglobin, Hämatin) umgewandelt wird[9], aus denen Sauerstoff nicht oder nur mit Schwierigkeit erhalten werden konnte. Gegen diese Betrachtungsweise hat sich aber BOHR[10] gewendet, indem er sich sowohl auf die Angaben der Literatur als auf eigene Beobachtungen stützte. Nach BOHR gibt es verschiedene Hämoglobine, die unter denselben äußeren Verhältnissen eine verschiedene Menge Sauerstoff aufnehmen können. Solche verschiedene Hämoglobine sollen nach BOHR auch im Blute eines Individuums vorkommen, so daß das gewöhnliche Hämoglobin eine Mischung aus ihnen ausmacht. BOHR meinte, daß die verschiedenen Hämoglobine unter gewissen Bedingungen ineinander übergehen können.

Bei der Beurteilung der erwähnten Versuche ist zu berücksichtigen, daß das Hämoglobin verschiedener Tierarten verschiedene Zusammensetzung und Molekulargröße hat[11]. Möglicherweise erklären sich die gefundenen Abweichungen zum Teil durch Unterschiede mit Rücksicht auf den größeren Globinteil des Moleküls, während der kleinere Farbstoffteil (prosthetische Gruppe) unverändert bleibt. In dieser Richtung dürften auch die Beobachtungen von ANSON und MIRSKY[12] sprechen. Nun geschieht aber die Sauerstoffbindung eben an dem eisenhaltigen Teil (HÜFNER und KÜSTER[13]). Es wäre demnach zu untersuchen, ob bestimmte Beziehungen zwischen dem Eisengehalt und der maximalen Sauerstoffaufnahme bestehen. Nach BOHR[10] bezeichnet man als spezifische Sauerstoffkapazität diejenige Sauerstoffmenge, die pro Gramm Eisen bei einem Sauerstoffdruck von 150 mm Hg bei 15° aufgenommen wird. Besteht ein einfaches molekulares Verhältnis, so daß ein Mol Sauerstoff auf jedes Mol Hämoglobin bzw. jedes Grammatom Eisen kommt, so entspricht das, da ein Mol eines idealen Gases unter Normalbedingungen ein Volumen von 22412 ccm hat und das Atomgewicht des Eisens 55,84 beträgt, einer spezifischen Sauerstoffkapazität von $\frac{22412}{55,84} = 401$ ccm. Nach BOHR war nun nicht nur das Verhältnis zwischen maximaler Sauerstoffabsorption und Eisengehalt schwankend, sondern Ähnliches

---

[1] BOHR, CHR.: Skandinav. Arch. f. Physiol. Bd. 3, S. 76. 1892.

[2] DYBKOWSKI, W.: Hoppe-Seylers med.-chem. Untersuchungen, Heft 1, S. 117. 1866.

[3] PREYER, W.: De haemogl. observ. et experim. Dissert. Bonn 1866, auch in Centralbl. f. d. med. Wissensch. Bd. 4, S. 324. 1866, sowie Die Blutkrystalle, S. 133. Jena 1871.

[4] WORM-MÜLLER, J.: Arb. a. d. physiol. Anstalt zu Leipzig Bd. 5, S. 119. 1871, sowie Ber. d. kgl. sächs. Ges. d. Wissensch., math.-phys. Kl. Bd. 22, S. 351. 1870.

[5] STRASSBURG, G.: Pflügers Arch. f. d. ges. Physiol. Bd. 4, S. 454. 1871.

[6] SETSCHENOW, J.: Pflügers Arch. f. d. ges. Physiol. Bd. 22, S. 252. 1880.

[7] OTTO, J.: Hoppe-Seylers Zeitschr. f. physiol. Chem. Bd. 7, S. 57. 1882.

[8] HÜFNER, G.: Hoppe-Seylers Zeitschr. f. physiol. Chem. Bd. 1, S. 317, 386. 1877/78 u. Bd. 8, S. 358. 1884.

[9] HÜFNER, G.: Arch. f. (Anat. u.) Physiol. Bd. 18, S. 130. 1894.

[10] BOHR, CHR.: Skandinav. Arch. f. Physiol. Bd. 3, S. 109. 1891.

[11] Vgl. hierüber F. MÜLLER u. W. BIEHLER: Oppenh. Handb. S. 428.

[12] ANSON, M. L. u. A. E. MIRSKY: Journ. of physiol. Bd. 60, S. 50. 1925.

[13] HÜFNER, G. u. W. KÜSTER: Arch. f. (Anat. u.) Physiol. Bd. 28, Suppl., S. 387. 1904.

galt auch für die Beziehungen zwischen maximaler Sauerstoffaufnahme und Lichtabsorption. Die Versuche von BOHR wurden von HÜFNER[1] eingehend kritisiert. In neuen Bestimmungen stellte er die maximale Kohlenoxydbindung des Hämoglobins fest — MEYER[2] hatte schon gezeigt, daß Blut genau soviel Kohlenoxyd wie Sauerstoff aufnehmen kann. Er fand pro Gramm Hämoglobin 1,34 ccm Kohlenoxyd, entsprechend bei einem Eisengehalt des untersuchten Präparates von 0,336% die spezifische Kohlenoxyd- (bzw. Sauerstoff-) Kapazität von 399[3]. Zu ähnlichen Ergebnissen wie BOHR kamen aber mit Blut bzw. mit Hämoglobinlösungen ABRAHAMSEN[4], TOBIESEN[5], KRAUS, KOSSLER und SCHOLZ[6] — die allerdings trotz ihrer sehr schwankenden Ergebnisse eine konstante Relation zwischen Sauerstoffaufnahme und Eisengehalt annahmen — sowie SAINT-MARTIN[7], während andererseits die Beobachtungen von PREGL[8] und von HÜFNER und KÜSTER[9] eine spezifische Sauerstoff- bzw. Kohlenoxydkapazität von etwa 400 ergaben.

Die einander widersprechenden Ergebnisse erklären sich sicher zum Teil wenigstens durch mangelhafte Technik. In dem Maße, als diese verbessert wurde, sind die Resultate regelmäßiger und eindeutiger geworden. So konnten HALDANE und SMITH[10] sowie BARCROFT und MORAWITZ[11] mit der Ferricyanidmethode zeigen, daß vollständiger Parallelismus zwischen der Farbstärke des Hämoglobins und seiner Sauerstoffkapazität besteht. Ähnliche Beobachtungen bei verschiedenen Krankheiten machten MORAWITZ und RÖHMER[12], und DOUGLAS[13] kam zu entsprechenden Ergebnissen mit Rücksicht auf die Regeneration nach Blutverlusten. In Übereinstimmung hiermit standardisiert HALDANE sein Hämoglobinometer für eine bestimmte Sauerstoffkapazität[14]. BUTTERFIELD[15] gelangte zu dem Ergebnis, daß Lichtextinktion, Eisengehalt und Kohlenoxydkapazität des menschlichen Hämoglobins sowohl bei Gesunden als auch bei verschiedenen Krankheiten einander vollkommen parallel gehen. Ähnliche Resultate erhielten MASING und SIEBECK[16]. PETERS[17] hat die spezifische Sauerstoffkapazität des Blutes verschiedener Tiere bestimmt. Aus seinen Versuchen ergibt sich nach einer von BARCROFT und BURN[18] angebrachten Korrektur der Wert 401,8. Eine Bestätigung ist von WERTHEIMER[19] für Hämoglobin in sodaalkalischen Lösungen angegeben, während in rein wässeriger Lösung ein um 7% niedrigerer Wert er-

---

[1] HÜFNER, G.: Arch. f. (Anat. u.) Physiol. Bd. 18, S. 130. 1894.

[2] MEYER, L.: De sanguine oxydo carbonico infecto. Dissert. Vratislaviae 1858.

[3] Vgl. die Kritik von J. S. HALDANE: Journ. of physiol. Bd. 25, S. 295. 1900.

[4] ABRAHAMSEN, H.: Om blodets ilt. Kopenhagen 1893.

[5] TOBIESEN, F.: Skandinav. Arch. f. Physiol. Bd. 6, S. 273. 1895.

[6] KRAUS, F., KOSSLER u. W. SCHOLZ: Arch. f. exp. Pathol. u. Pharmakol. Bd. 42, S. 323. 1899.

[7] de Saint-Martin, L. G.: Journ. de physiol. et de pathol. gén. Bd. 1, S. 103. 1899.

[8] PREGL, F.: Hoppe-Seylers Zeitschr. f. physiol. Chem. Bd. 44, S. 173. 1905.

[9] HÜFNER, G. u. W. KÜSTER: Zitiert auf S. 467.

[10] HALDANE, J. S. u. J. L. SMITH: Journ. of physiol. Bd. 25, S. 331. 1900.

[11] BARCROFT, J. u. P. MORAWITZ: Dtsch. Arch. f. klin. Med. Bd. 93, S. 223. 1908.

[12] MORAWITZ, P. u. W. RÖHMER: Dtsch. Arch. f. klin. Med. Bd. 94, S. 529. 1908.

[13] DOUGLAS, C. G.: Journ. of physiol. Bd. 39, S. 453. 1910.

[14] HALDANE, J. S.: Journ. of physiol. Bd. 26, S. 502. 1901.

[15] BUTTERFIELD, E. E.: Hoppe-Seylers Zeitschr. f. physiol. Chem. Bd. 62, S. 173. 1909.

[16] MASING, E. u. R. SIEBECK: Dtsch. Arch. f. klin. Med. Bd. 99, S. 130. 1910, sowie E. MASING: Ebenda Bd. 98, S. 122. 1909. Vgl. auch M. OHNO: Zeitschr. f. d. ges. exp. Med. Bd. 53, S. 82. 1926.

[17] PETERS, R. A.: Journ. of physiol. Bd. 44, S. 131. 1912.

[18] BARCROFT, J. u. J. H. BURN: Journ. of physiol. Bd. 45, S. 493. 1913.

[19] WERTHEIMER, R.: Biochem. Zeitschr. Bd. 106, S. 12. 1920.

halten wurde. Im Blute von 5 Normalpersonen hat ENGELKES[1] den Mittelwert 402 gefunden. Zu dem Werte 386 sind neulich STODDARD und ADAIR[2] gelangt. Auch bei vielen Krankheiten finden sich ähnliche Verhältnisse[1,3], in gewissen pathologischen Fällen fand aber ENGELKES erniedrigte spezifische Sauerstoffkapazität. Dies war z. B. der Fall bei Menschen und Tieren mit intraglobärer Sulfhämoglobinämie, ebenso bei einigen anderen Krankheitsfällen mit mutmaßlicher teilweiser Veränderung des roten Blutfarbstoffes. Bei schweren Anämien ist ebenfalls beobachtet worden[4], daß zwischen den Hämoglobinwerten und den Sauerstoffwerten nicht immer Parallelismus vorhanden ist, wahrscheinlich weil Sauerstoff verbraucht wird. Zusammenfassend dürften aber die neueren Untersuchungen bestimmt dafür sprechen, daß für die spezifische Sauerstoffkapazität nie höhere Werte als 401 ccm vorkommen, daß aber aus besonderen Gründen bisweilen etwas niedrigere Werte angetroffen werden. Aus einer Beobachtung von BROWN[5] geht hervor, daß der Wert 401 wirklich die obere Grenze ist[6], so daß bei weiterer Erhöhung des Gasdruckes nicht mehr Gas mit dem Hämoglobin in Verbindung tritt. Er fand, daß Hämoglobin beim Schütteln mit Luft ebensoviel Sauerstoff aufnahm wie Kohlenoxyd beim Schütteln mit einer Atmosphäre, die etwa 50% Kohlenoxyd enthielt, obgleich in letzterem Fall die „effektive Konzentration" der Gasmischung wegen der großen Affinität des Kohlenoxyds wenigstens 500mal so groß war wie im ersten.

Es geht also mit großer Wahrscheinlichkeit hervor, daß der obere Grenzwert für die Sauerstoffaufnahme des Hämoglobins genau 1 Mol Sauerstoff auf jedes Eisenatom entspricht. Diese maximale Sauerstoffaufnahme, bei der das Hämoglobin als mit Sauerstoff gesättigt bezeichnet wird, tritt praktisch genommen schon bei einem Sauerstoffdrucke von 150 mm bei 15° ein. Als Sättigungsgrad bezeichnet man ferner die Relation zwischen der in dem betreffenden Falle vom Hämoglobin aufgenommenen Sauerstoffmenge und derjenigen bei vollständiger Sättigung. Umgekehrt wird der relative Gehalt an reduziertem Hämoglobin als Dissoziationsgrad bezeichnet (man hat auch von Sättigungsdefizit oder „Unsaturation" gesprochen[7]).

b) Allgemeines über die Sauerstoffsättigungskurve.

Es wurde schon S. 466 hervorgehoben, daß die Sauerstoffaufnahme des Blutes nicht proportional des Sauerstoffdruckes stattfindet, und es ist ferner erwähnt worden, daß die gebundene Sauerstoffmenge schon bei einem Sauerstoffdrucke von 150 mm bei 15° maximal ist. Es ist aber von der größten Bedeutung, den quantitativen Zusammenhang näher zu finden und den Grad der Dissoziation des Oxyhämoglobins bei verschiedenen Sauerstoffspannungen festzustellen. WORM-MÜLLER[8], BERT[9] und BOHR[10] zeigten am Blut und an Hämoglobin-

---

[1] ENGELKES, H.: De specifieke zuurstofcapaciteit van de bloedkleurstof bij ziekteprocessen. Dissert. Utrecht 1922.

[2] STODDARD, J. L. u. A. S. ADAIR: Journ. of biol. chem. Bd. 57, S. 437. 1923.

[3] LESCHKE, E. u. K. NEUFELD: Klin. Wochenschr. Bd. 1, S. 849. 1922, sowie Zeitschr. f. klin. Med. Bd. 94, S. 225. 1922.

[4] MEAKINS, J. u. W. H. DAVIES: Respiratory function in diseases, S. 29 u. S. 85. Edinburgh u. London 1925.

[5] BROWN, W. E. L.: Nature Bd. 11, S. 881. 1923.

[6] Vgl. hierzu W. M. BAYLISS: Principles of general physiology, S. 614. London 1915, sowie Nature Bd. 11, S. 666. 1923.

[7] LUNDSGAARD, C.: Journ. of biol. chem. Bd. 33, S. 133. 1918.

[8] WORM-MÜLLER, J.: Arb. a. d. physiol. Anstalt zu Leipzig Bd. 5, S. 119. 1871, sowie Ber. d. kgl. sächs. Ges. d. Wissensch., math.-phys. Kl. Bd. 22, S. 351. 1870.

[9] BERT, P.: La pression barométrique, S. 683. Paris 1878.

[10] BOHR, CHR.: Vidensk. selsk. skr., 6. R., Naturv. og mat. afd., Bd. 2, Nr. 10. Kopenhagen 1886.

lösungen, die bei gewöhnlichem atmosphärischen Drucke gesättigt waren, daß eine wesentliche Abnahme des Sauerstoffgehaltes erst bei erheblicher Herabsetzung des Sauerstoffdruckes zustande kommt. Hüfner[1] berechnete unter gewissen Annahmen (vgl. S. 484) die Form der Dissoziationskurve des Oxyhämoglobins bei verschiedenen Sauerstoffspannungen und kam dabei zu einer gleichseitigen Hyperbel. Er nahm ohne eingehende Prüfung die Gültigkeit der betreffenden Kurve sowohl für Hämoglobinlösungen als auch für Blut an und berechnete aus einzelnen Beobachtungen die Kurve. Danach ergab sich eine wesentliche Dissoziation des Hämoglobins erst bei außerordentlich kleinen Sauerstoffdrucken. So kam er noch bei 5 bzw. 10 mm Sauerstoffspannung zu einer relativen Sättigung von 59 bis 68 bzw. 75 bis 81%, später[2] gibt er dafür die niedrigeren, aber immerhin hohen Werte 36,1 und 52,4% an.

Gegen die Hüfnerschen Werte wurden von Loewy und Zuntz[3] ernste Bedenken vorgebracht. Direkte Bestimmungen über den Zusammenhang zwischen Sauerstoffdruck und -menge des Blutes von Menschen und Hunden gaben zwar auffallend große Differenzen bei verschiedenen Individuen, zeigten aber deutlich — ebenso wie Beobachtungen von Müller[4] — die Unzulänglichkeit der Hüfnerschen Werte. Um der Lösung dieser Frage näherzutreten, waren zahlreiche Bestimmungen der tatsächlichen Dissoziationskurve bei demselben Individuum nötig. Durch den wichtigen Nachweis (vgl. S. 472) von Bohr, Hasselbalch und Krogh, daß die erwähnte Kurve auch von der gleichzeitig vorhandenen Kohlensäurespannung beeinflußt wird, wurde es möglich, durch relatives Konstanthalten dieser Spannung genaue Bestimmungen zu erhalten. In dieser Weise bekam Krogh[5] mit Pferdeblut bei einer Temperatur von 38° die folgenden Werte:

Tabelle 8. Sauerstoffsättigung des Pferdeblutes.

Sauerstoffspannung in mm Hg	Sauerstoffsättigung in Proz.	Kohlensäurespannung in mm Hg
14,4	47,7	8,0
14,5	56,4[6]	6,0
15,1	50,6	8,0
16,5	55,7	7,8
28,3	78,8	13,7
37,0	89,8	11,2
39,8	89,1	12,5
46,7	93,6	7,8
55,0	94,7	18,2
62,1	97,7	15,5
150	100	—

Tabelle 9. Sauerstoffsättigung von Hundeblut und Hundehämoglobinlösung nach Bohr.

Sauerstoffspannung mm Hg	Sättigungsgrad in Proz.	
	Hämoglobinlösung	Blut
10	24	33
20	48	67
30	62	81
50	80	93
80	92	97
150	100	100

In Abb. 50 werden die Werte graphisch wiedergegeben, wobei die relative Sättigung als Ordinate, die Spannung als Abszisse genommen werden. Mit Hundeblut erhielten Bohr, Hasselbalch und Krogh[7] ähnliche Form der Kurve (vgl. Abb. 51). Von Bohr[8] wurde weiter gezeigt, daß eine 6proz. wässerige Lösung von Hundehämoglobin eine flachere Kurve als

[1] Hüfner, G.: Arch. f. (Anat. u.) Physiol. Bd. 14, S. 1. 1890.
[2] Hüfner, G.: Arch. f. (Anat. u.) Physiol. Bd. 25, Suppl. S. 212. 1901.
[3] Loewy, A. u. N. Zuntz: Arch. f. (Anat. u.) Physiol. Bd. 28, S. 166. 1904. — Loewy, A.: Ebenda S. 231.
[4] Müller, F.: Pflügers Arch. f. d. ges. Physiol. Bd. 103, S. 541. 1904.
[5] Krogh, A.: Skandinav. Arch. f. Physiol. Bd. 16, S. 400. 1904.
[6] Hoher Wert wegen niedriger Kohlensäurespannung.
[7] Bohr, Chr., K. A. Hasselbalch u. A. Krogh: Zentralbl. f. Physiol. Bd. 17, S. 661. 1904, sowie Skandinav. Arch. f. Physiol. Bd. 16, S. 402. 1904.
[8] Bohr, Chr.: Zentralbl. f. Physiol. Bd. 17, S. 688. 1904.

das Hundeblut (bei 3 mm Kohlensäurespannung) gab, wie die Tabelle 9 zeigt. Der Unterschied wird noch größer, wenn man berücksichtigt, daß nach BOHR die größere Konzentration des Farbstoffes an und für sich einen flacheren Verlauf der Kurve bewirkt.

Aus den erwähnten Beobachtungen von BOHR und seinen Mitarbeitern geht hervor, daß die Sauerstoffdissoziationskurve des Blutes und bisweilen auch diejenige einer Hämoglobinlösung leicht S-förmig gekrümmt ist, so daß also die Kurve in ihrer Mitte am steilsten ist.

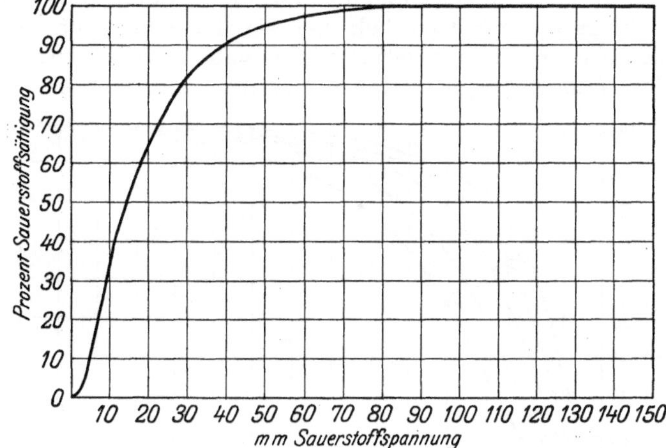

Abb. 50. Sauerstoffsättigungskurve des Pferdeblutes. (Nach KROGH.)

Von BARCROFT und CAMIS[1] wurde dann der Nachweis erbracht, daß die Dissoziationskurve des Oxyhämoglobins in hohem Grade von der Anwesenheit von Salzen beeinflußt wird. Sie fanden für Hundehämoglobin, das in verschiedenen Salzlösungen gelöst wurde, die folgenden Sättigungswerte (Tab. 10).

Tabelle 10. Sättigungsgrad von Hundehämoglobin in verschiedenen Salzlösungen nach BARCROFT und CAMIS. (12—15% Hämoglobin, Temperatur 37°—38°.)

Sauerstoffspannung mm Hg	10	20	30	40	50	60	100	160
Hämoglobin in 0,7 proz. NaCl-Lösung . .	27,5	60	75	83	83,5	91	98,5	—
„ „ 0,9 „ KCl-Lösung . .	42,5	75,5	91	—	96	—	99	—
„ „ 1,01 „ NaHCO$_3$-Lösung	52	79	89	93,5	96	—	99,5	—
„ „ 1,6 „ Na$_2$HPO$_4$-Lösung	67,5	87	93	95	—	—	99,5	—
Hundeblut[2]	5	18,5	32,5	50,5	69	80	90	—
Menschenblut[2]	0	45,5	69	80	86	88,5	93,5	97

Die Hämoglobinkonzentration hatte in den Versuchen von BARCROFT und CAMIS keine Einwirkung auf die Form der Sättigungskurve. Sie konnten ferner zeigen, daß Hämoglobin in einer Lösung von derselben Salzkonzentration wie in den menschlichen Blutkörperchen eine Dissoziationskurve aufweist, die mit derjenigen des Menschenblutes zusammenfällt.

BARCROFT und ROBERTS[3] erhielten für eine Lösung von Hundehämoglobin dieselbe Dissoziationskurve wie BOHR (Tab. 9), wenn die Lösung in genau derselben Weise dargestellt wurde. Bei der Ausführung der Versuche von BARCROFT und CAMIS sowie von BARCROFT und ROBERTS war die Rolle der c_H des Mediums für den Verlauf der Dissoziationskurve noch nicht bekannt (vgl. unten); es ist deshalb unsicher, ob neben solchen Unterschieden, die zweifelsohne eine Rolle gespielt haben, noch spezifische Wirkungen der anderen Ionen vorlagen. In neuen Versuchen[4] mit verdünntem Blut verschiedener Tierarten und vom

---

[1] BARCROFT, J. u. M. CAMIS: Journ. of physiol. Bd. 39, S. 118. 1909.

[2] Bei etwa 40 mm Kohlensäurespannung.

[3] BARCROFT, J. u. F. ROBERTS: Journ. of physiol. Bd. 39, S. 143. 1909.

[4] HARTRIDGE, H., u. F. J. W. ROUGHTON: Proc. of the roy. soc. of London, Ser. A Bd. 104, S. 395. 1923. — MACELA, I. u. A. SELIŠKAR: Journ. of physiol. Bd. 60, S. 428. 1925.

Menschen konnte bei konstantem p_H keine Einwirkung, selbst von großen Salz-
mengen, in der Lösung nachgewiesen werden.

Wenn Barcroft und Roberts das Hämoglobin zuerst durch Dialyse sorgfältig gereinigt hatten, bekamen sie eine Kurve für die Sauerstoffsättigung, die
sich einer rechtwinkligen Hyperbel nahe anschloß. Später hat sich gezeigt[1], daß
das Hämoglobin in salzfreien Lösungen nur dann eine annähernd rechtwinklige

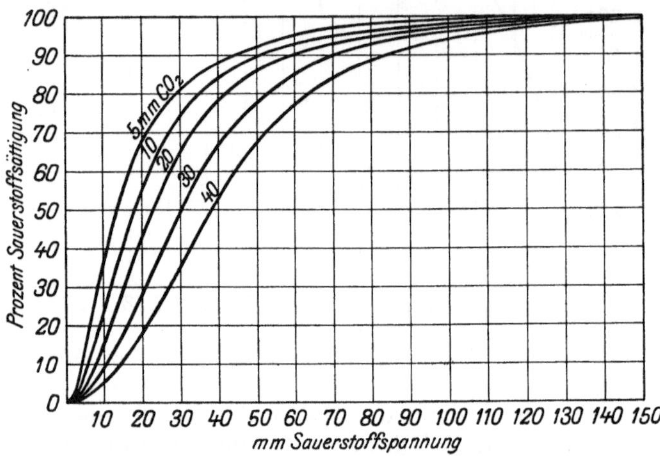

Abb. 51. Einfluß der Kohlensäurespannung auf die Sauerstoffaufnahme des
Hundeblutes bei 38°. (Nach Bohr.)

Hyperbel gibt, wenn
der p_H der Lösung
etwas oberhalb oder
unterhalb des iso-
elektrischen Punktes
des Hämoglobins
liegt. Bei dem iso-
elektrischen Punkte
selbst wird dagegen
eine S-förmige Kurve
erhalten. Anderer-
seits scheinen sehr
konzentrierte Lösun-
gen regelmäßig[1,2] S-
Form zu geben, wäh-
rend sehr verdünntes
Blut (1:500) hyper-
bolische Kurven gibt,
auch bei Gegenwart

von Salzen, wie Hartridge und Roughton[3] gefunden haben und Barcroft[4]
(für Menschenblut) sowie Macela und Seliškar[5] bestätigt haben.

Ein sehr wesentlicher Fortschritt für die Lehre von den Blutgasen bedeutete
die Entdeckung von Bohr, Hasselbalch und Krogh[6], daß die Form der Sauerstoffsättigungskurve des Hunde- oder Pferdeblutes von der gleichzeitigen Kohlensäurespannung in hohem Grade abhängig ist, indem die Kohlensäure bei niedrigen
Sauerstoffspannungen einen stark herabsetzenden Einfluß auf die Sauerstoffbindung ausübt, während dieser Einfluß bei einem Sauerstoffpartiardruck von
150 mm bei 38° fast verschwindet. Die Tatsache, die in der Abb. 51 veranschaulicht wird, läßt sich in einfacher Weise mit einem von Krogh[7] angegebenen
Apparat demonstrieren. Die biologische Bedeutung dieses Phänomens wurde
gleich betont. Während auch hohe Kohlensäurespannung des Lungenblutes bei
der gewöhnlich vorhandenen hohen Sauerstoffspannung in den Alveolen keinen
merkbaren Einfluß auf die Sauerstoffaufnahme des Blutes ausübt, kann umgekehrt
die Kohlensäurespannung in den Geweben bewirken, daß die Sauerstoffspannung
bei einer bestimmten Sauerstoffmenge des Blutes ansteigt und somit eine bessere
Ausnützung des Blutsauerstoffes durch die Gewebe ermöglicht. Andererseits

---

[1] Vgl. J. Barcroft: The Harvey lectures, Bd. 17, S. 146. Philadelphia u. London
1923. Auch J. Barcroft: Physiol. reviews Bd. 4, S. 329. 1924.

[2] Adolph, E. F. u. R. M. Ferry: Journ. of biol. chem. Bd. 47, S. 547. 1921.

[3] Siehe S. 471, Fußnote 4.

[4] Barcroft, J. u. H. Barcroft: Proc. of the roy. soc. of London, Ser. B, Bd. 96,
S. 34. 1924.

[5] Siehe S. 471, Fußnote 4.

[6] Bohr, Chr., K. A. Hasselbalch u. A. Krogh: Zentralbl. f. Physiol. Bd. 17, S. 661.
1904, und Skandinav. Arch. f. Physiol. Bd. 16, S. 402. 1904. Vgl. auch Chr. Bohr: Ebenda
Bd. 3, S. 65. 1892.

[7] Krogh, A.: Zentralbl. f. Physiol. Bd. 18, S. 65. 1904.

kann der Bohreffekt, wie HALDANE[1] kurz die Vermehrung des Sauerstoffgehaltes des Blutes infolge Erniedrigung der Kohlensäurespannung genannt hat, unter Umständen (z. B. nach forcierter Atmung, bei Senkung des atmosphärischen Druckes) veranlassen, daß Erscheinungen von Sauerstoffmangel auftreten, obgleich das venöse Blut wenigstens die normale Sauerstoffmenge enthält, weil der Sauerstoffdruck zu klein wird[2]. Der Bohreffekt, der auch für Kohlenoxydblut gilt[3], ist vielfach bestätigt worden, so an Blut und Hämoglobinlösungen von Tieren von BARCROFT und CAMIS sowie von BARCROFT und MEANS[4]. Für Menschenblut finden sich entsprechende Bestimmungen bei BARCROFT und POULTON[5]. Die folgenden Werte sind den Kurven von BOCK, FIELD und ADAIR[6] entnommen[7].

Tabelle 11. Sauerstoffsättigung von Menschenblut bei verschiedenen Kohlensäurespannungen.

Kohlensäure-spannung in mm Hg	Sauerstoffspannung in mm Hg										
	5	10	20	30	40	50	60	70	80	90	100
3	13,5	38,0	77,6	92,0	96,7	98,5	100	100	100	100	100
20	6,8	19,5	50,0	72,2	87,0	93,3	96,3	98,0	99	100	100
40	5,5	15,0	39,0	60,6	76,0	85,5	90,5	94,0	96,0	97,5	98,6
80	3,0	8,0	26,0	44,8	63,5	76,9	85,0	90,3	93,7	95,7	97,1

BARCROFT und KING[8] fanden, daß die Kohlensäure wahrscheinlich relativ kräftigere Wirkung bei niedriger Temperatur ausübt, weshalb zu erwarten wäre, daß bei Kaltblütern auch kleine Kohlensäurespannungen für die Dissoziationskurve große Bedeutung haben können. Daß der Einfluß der Kohlensäure auf die Sauerstoffbindung in der Tat bei Fischen sehr bedeutend ist und außerdem bei verschiedenen Arten den wechselnden Ansprüchen angepaßt zu sein scheint, geht aus KROGHS und LEITCH[9] Beobachtungen hervor.

Durch BARCROFT und ORBELI[10] wurde ferner gezeigt, daß Milchsäure eine entsprechende Wirkung wie Kohlensäure ausübt. Zu ähnlichen Ergebnissen kamen mit Rücksicht auf die Wirkung der Essigsäure auf Hämoglobinlösungen RONA und YLPPÖ[11]. Außerdem machten sie die Beobachtung, daß die Sauerstoffsättigung des Hämoglobins bei konstanter Sauerstoffspannung ein Minimum in der Nähe von p_H 6,0 zeigte, während die Sauerstoffsättigung an beiden Seiten von p_H 6,0 größer wurde[12]. Diese Erfahrungen deuten offenbar darauf, daß

---

[1] HALDANE, J. S.: Respiration, S. 114.

[2] HALDANE, J. S.: Respiration, S. 112, sowie Brit. med. journ. Jg. 1919, Bd. 2, S. 65.

[3] DOUGLAS, C. G., J. S. HALDANE u. J. B. S. HALDANE: Journ. of physiol. Bd. 44, S. 275. 1912.

[4] BARCROFT, J. u. J. H. MEANS: Journ. of physiol. Bd. 47, Proc. S. XXVII. 1913.

[5] BARCROFT, J. u. E. P. POULTON: Journ. of physiol. Bd. 46, Proc. S. IV. 1913.

[6] BOCK, A. V., H. FIELD u. G. S. ADAIR: Journ. of biol. chem. Bd. 59, S. 353. 1924.

[7] Vgl. L. J. HENDERSON, A. V. BOCK, H. FIELD u. J. L. STODDARD: Journ. of biol. chem. Bd. 59, S. 383. 1924.

[8] BARCROFT, J. u. W. O. R. KING: Journ. of physiol. Bd. 39, S. 374. 1909.

[9] KROGH, A. u. I. LEITCH: Journ. of physiol. Bd. 52, S. 288. 1919.

[10] BARCROFT, J. u. L. ORBELI: Journ. of physiol. Bd. 41, S. 355. 1910.

[11] RONA, P. u. A. YLPPÖ: Biochem. Zeitschr. Bd. 76, S. 187. 1916.

[12] Es ist in diesem Zusammenhange von Interesse, daß für Hämocyanin bei gewissen Tierarten verminderte, bei anderen gesteigerte Sauerstoffaufnahme bei Vermehrung der Kohlensäurespannung eintritt. Vgl. A. C. REDFIELD u. A. L. HURD: Proc. of the nat. acad. of sciences (U. S. A.) Bd. 11, S. 152. 1925, sowie A. C. REDFIELD, T. COOLIDGE u. A. L. HURD: Journ. of biol. chem. Bd. 69, S. 475. 1926.

der Bohreffekt eine Einwirkung der freien Wasserstoffionen ist. Messungen von
Peters[1] an Blut, das verschiedenen Kohlensäurespannungen ausgesetzt worden
war, zeigten die Sauerstoffbindung als Funktion der c_H (vgl. S. 486). Die Er-
gebnisse wurden von Hasselbalch[2] an Normalpersonen bestätigt, bei einigen
Patienten fand er ebenfalls gute Übereinstimmung[3], bei anderen dagegen nicht.
Barcroft[4] bezeichnet die Abweichung der Sauerstoffbindungskurve von der
Norm nach oben als Pleonexie, während umgekehrt die flacher verlaufenden
Kurven meionektisch und die Normalkurven mesektisch genannt werden. Aus
der Größe der Abweichung berechnet er die c_H des Blutes. Die erwähnten Beobachtungen von Hasselbalch zeigen, daß eine solche Berechnung kaum unter
allen Umständen erlaubt sein dürfte. Während Buckmaster[5] noch im Jahre
1917 die Ansicht vertritt, daß die Kohlensäure doch eine gewisse spezifische Wirkung auf die Sauerstoffsättigungskurve des Blutes ausübt, wird es durch eine
Untersuchung von Barcroft und Murray[6] klar, daß dies nicht der Fall ist.
Es wurde nämlich festgestellt, daß die relative Sättigung einer Hämoglobinlösung mit Kohlenoxyd bei bestimmtem Kohlenoxydpartiardruck in identischer
Weise von Kohlensäure und von Salzsäure beeinflußt wurde, wenn diese dieselbe
Verschiebung von p_H bewirkten.

Da das Oxyhämoglobin wahrscheinlich eine stärkere Säure als das Hämoglobin ist (vgl. S. 488), muß man auch damit rechnen, daß die Form der Sättigungskurve durch den Übergang von Hämoglobin in Oxyhämoglobin an und für sich
beeinflußt werden muß[7], eine Einwirkung, die besonders bei geringer Pufferung
deutlich werden dürfte[8].

Oben wurde schon erwähnt, daß auch die Dissoziationskurve reiner Hämoglobinlösungen von Änderungen des p_H beeinflußt wird. Zusatz von Kochsalz
bewirkt neben S-förmigem Verlauf der Kurve auch größere Stabilität gegenüber
Reaktionsänderungen. Andererseits scheint das Hämoglobin in pufferhaltigen
Lösungen, die den physiologischen p_H-Werten nahe kommen, sehr empfindlich
gegenüber Schwankungen des p_Hs innerhalb des physiologischen Bereichs zu sein[9].

Einen sehr kräftigen Einfluß auf die Sauerstoffsättigungskurve von Blut
oder einer Hämoglobinlösung übt, wie schon Bert[10] und Hüfner[11] fanden, die
Temperatur aus. Bei Erhöhung der Temperatur wird das Oxyhämoglobin
stärker dissoziiert (K in der Hillschen Gleichung, vgl. S. 485, nimmt ab). Barcroft und King[12], sowie Caspari und Loewy[13] haben die Frage mit Blut näher
verfolgt und die Bedeutung der Temperaturwirkung auf die Dissoziation mit
Rücksicht auf Muskelarbeit bzw. Höhenklima erörtert. Daß die Dissoziation
bei steigender Temperatur zunimmt, ist in Übereinstimmung mit der Tatsache,

---

[1] Vgl. J. Barcroft, M. Camis, G. C. Mathison, F. Roberts u. J. H. Ryffel: Transact.
of the roy. soc. of London, Ser. B, Bd. 206, S. 67. 1914/15.
[2] Hasselbalch, K. A.: Biochem. Zeitschr. Bd. 78, S. 112. 1916.
[3] Hasselbalch, K. A.: Biochem. Zeitschr. Bd. 82, S. 282. 1917.
[4] Barcroft, J., R. A. Peters, F. Roberts u. J. H. Ryffel: Journ. of physiol. Bd. 45,
Proc. S. XIV. 1913.
[5] Buckmaster, G. A.: Journ. of physiol. Bd. 51, S. 164 u. Bd. 51, Proc. S. I. 1917.
[6] Barcroft, J., u. C. D. Murray: Transact. of the roy. soc. of London, Ser. B, Bd. 211,
S. 465. 1923.
[7] Hill, A. V.: Journ. of physiol. Bd. 56, S. 176. 1922.
[8] Vgl. G. S. Adair: Journ. of biol. chem. Bd. 63, S. 534. 1924.
[9] Vgl. J. Barcroft: The Harvey lectures, Bd. 17, S. 146. 1923.
[10] Bert, P.: La pression barométrique, S. 689ff. Paris 1878.
[11] Hüfner, G.: Arch. f. (Anat. u.) Physiol. Bd. 14, S. 1. 1890, sowie Hoppe-Seylers
Zeitschr. f. physiol. Chem. Bd. 12, S. 568. 1888 u. Bd. 13, S. 285. 1889.
[12] Barcroft, J., u. W. O. R. King: Journ. of physiol. Bd. 39, S. 374. 1909.
[13] Caspari, W., u. A. Loewy: Biochem. Zeitschr. Bd. 27, S. 405. 1910.

daß die Verbindung zwischen Sauerstoff und Hämoglobin unter Wärmeentwicklung stattfindet. BERTHELOT[1] fand mit Hämoglobinlösungen eine Wärmeentwicklung von 14,8 bis 15,1 Cal. pro Mol Sauerstoff; spätere Beobachtungen[2, 3, 4, 5] geben, zum Teil von den experimentellen Schwierigkeiten abhängig[5], erhebliche Schwankungen. Nach STADIE und MARTIN[6] beträgt der Wert bei konstantem p_H (7,4) 17,1 Cal. (berechnet). HENRI[7] hat hervorgehoben, daß man mit Kenntnis der betreffenden Wärmeentwicklung mit Hilfe der Reaktionsisochore imstande sein wird, die Änderungen im Gleichgewicht zu berechnen. In dieser Weise haben BROWN und HILL[8] die Dissoziationskurven des Blutes bei verschiedenen Temperaturen berechnet unter der Voraussetzung, daß die Kohlensäurespannung konstant war, und zwar entsprechend einem Kohlensäuredrucke von 40 mm bei 38°. In diesem Falle können also die Änderungen der c_H, die ja mit dem Verhältnis der freien zur gebundenen Kohlensäure wächst, zum Teil die Temperaturwirkung bedingen[6]. Unter Heranziehung dieser Umstände haben dann STADIE und MARTIN[6] die Änderungen der Konstante K der HILLschen Gleichung (vgl. S. 485) (bzw. der richtigen Gleichgewichtskonstante, die bei Berücksichtigung der Masse und nicht den Partiardruck des Sauerstoffs erhalten wird) mit der Temperatur bestimmt. MACELA und SELIŠKAR[9] haben die Einwirkung der Temperatur auf das Gleichgewicht zwischen Hämoglobin und Oxyhämoglobin für verdünntes Blut bestimmt, das durch Zusatz von Phosphat bei konstantem p_H gehalten wurde. Als Maß der Wirkung wurde die Änderung von $100/K$ bestimmt, wo K die HILLsche Konstante bezeichnet. Für Froschblut fanden sie einen Temperaturkoeffizienten (d. h. die Steigerung von $100/K$ bei einer Temperaturerhöhung von 10°) von etwa 2,5, für Menschenblut dagegen 5,6. Die Temperatur beeinflußt auch die Lage des α-Bandes im Spektrum des Oxyhämoglobins[10], was dadurch besonderes Interesse beansprucht, weil enge Beziehungen zwischen der Lage dieses Bandes und der obenerwähnten Konstante K zu bestehen scheinen[11].

Nach HALDANE und SMITH[12] sowie HARTRIDGE[13] bewirkt Belichtung, daß Kohlenoxydhämoglobin stärker als ohne Belichtung dissoziiert wird. HALDANE und SMITH konnten aber keine entsprechende Wirkung auf das Oxyhämoglobin feststellen. Dagegen beobachtete HASSELBALCH[14], daß Blut nach Belichtung bei Sauerstoffspannungen zwischen 10 und 40 mm mehr Sauerstoff, oberhalb

---

[1] BERTHELOT, M.: Cpt. rend. hebdom. des séances de l'acad. des sciences Bd. 109, S. 776. 1889, sowie La chaleur animale, Bd. I, S. 72. Paris 1899.

[2] TORUP, S.: Festschr. für O. HAMMARSTEN (Upsala läkareförenings förhandl., N. F. Bd. 11, Suppl.) Nr. 21. Upsala 1906.

[3] DU BOIS-REYMOND, R.: Arch. f. (Anat. u.) Physiol. Bd. 38, S. 237. 1914.

[4] BARCROFT, J., u. V. HILL: Journ. of physiol. Bd. 39, S. 411. 1910. — ADOLPH, E. F., u. L. J. HENDERSON: Journ. of biol. chem. Bd. 50, S. 463. 1922.

[5] BROWN, W. E. L., u. A. V. HILL: Proc. of the roy. soc. of London, Ser. B, Bd. 94, S. 297. 1923.

[6] STADIE, W. C., u. K. A. MARTIN: Journ. of biol. chem. Bd. 60, S. 191. 1924.

[7] HENRI, V.: Cpt. rend. des séances de la soc. de biol. Bd. 56, S. 342. 1904.

[8] BROWN, W. E. L. u. A. V. HILL: Proc. of the roy. soc. of London, Ser. B, Bd. 94, S. 297. 1923.

[9] MACELA, I., u. A. SELIŠKAR: Journ. of physiol. Bd. 60, S. 428. 1925.

[10] HARTRIDGE, H., zitiert nach Fußnote 11.

[11] ANSON, M. L., J. BARCROFT, A. E. MIRSKY u. S. OINUMA: Proc. of the roy. soc. of London, Ser. B, Bd. 97, S. 61. 1924.

[12] HALDANE, J. S., u. J. L. SMITH: Journ. of physiol. Bd. 20, S. 504. 1896.

[13] HARTRIDGE, H.: Journ. of physiol. Bd. 44, S. 22. 1912. — HARTRIDGE, H., u. A. V. HILL: Journ. of physiol. Bd. 48, Proc. S. LI. 1914.

[14] HASSELBALCH, K. A.: Festschr. für O. HAMMARSTEN (Upsala läkareförenings förhandl. N. F. Bd. 11, Suppl.) Nr. 6. Upsala 1906.

40 mm dagegen weniger Sauerstoff aufnimmt als unbehandeltes Blut. Viale[1], der bei seinen Versuchen das Blut in Glasflaschen hielt, weshalb eine Absorption der chemisch wirksamen Strahlen wahrscheinlich ist, fand keine entsprechende Wirkung. Auch Hartridge und Roughton[2] sahen am verdünnten Blut keine Einwirkung des Lichtes auf den Gleichgewichtszustand zwischen Hämoglobin und Oxyhämoglobin.

Aus den geschilderten Untersuchungen erhellt die große Bedeutung des Milieus für den Verlauf der Sauerstoffdissoziationskurve des Blutes. Durch das Vorkommen des Hämoglobins in besonderen Zellen, den roten Blutkörperchen, wird ermöglicht, daß das Hämoglobin in stark konzentrierter Form vorhanden sein kann, ohne daß dadurch die Viscosität des Blutes oder der osmotische Druck des Plasmas wesentlich ansteigt. Gleichzeitig bewirkt diese Anordnung, daß ein für die zweckmäßige Funktion des Hämoglobins angepaßtes Milieu entstehen kann, ohne daß allzu große Anforderungen an das Plasma gestellt werden[3].

Die Dissoziationskurven verschiedener Tiere können ferner dadurch sehr verschieden beeinflußt werden, daß das Hämoglobin verschieden ist[4]. Haldane[5] meint sogar, daß das Hämoglobin verschiedener Individuen derselben Spezies verschieden sein kann und führt als Stütze die schwankende Relation zwischen den Affinitäten des Hämoglobins für Kohlenoxyd und Sauerstoff bei Mäusen an. Ähnliche Beobachtungen sind auch beim Menschen gemacht worden, wobei sich auch entsprechende spektroskopische Unterschiede des Blutes verschiedener Individuen nachweisen ließen[6]. Beim verdünnten Schafblute sahen Hartridge und Roughton[7] ebenfalls große Schwankungen der Geschwindigkeitskonstante (vgl. S. 489) bei Verbindung von Hämoglobin mit Sauerstoff und setzten dies in Beziehung zu individueller Spezifizität des Hämoglobins. Bemerkenswert ist aber, daß es sich in keinem von diesen Fällen um wirklich reines Hämoglobin handelt. In Versuchen von Adair, Barcroft und Bock[8] gab das Hämoglobin zweier verschiedener Versuchspersonen identische Sauerstoffbindungskurven, nachdem es möglichst genau von Blutkörperchenresten befreit worden war, während große Unterschiede vorhanden waren, wenn das Hämoglobin weniger vollständig gereinigt war und die Flüssigkeit noch Spuren von Blutkörperchen enthielt.

c) Die Sauerstoffsättigungskurve des Blutes unter physiologischen Verhältnissen.

Über die Sauerstoffsättigungskurve des normalen menschlichen Blutes liegen zahlreiche Beobachtungen vor. In der Tabelle 12 werden die Durchschnittswerte aus drei größeren Beobachtungsreihen an verschiedenen Versuchspersonen bei Körpertemperatur und 40 mm Kohlensäurespannung mitgeteilt. Von diesen Versuchsreihen sind die beiden ersten mit der Ferricyanidmethode, die dritte dagegen mit kombinierter Wirkung von Ferricyanid und Vakuum nach van Slyke gewonnen.

---

[1] Viale, G.: Arch. ital. de biol. Bd. 72, S. 40. 1923.

[2] Hartridge, H., u. F. J. W. Roughton: Proc. of the roy. soc. of London, Ser. A, Bd. 104, S. 395. 1923 u. Bd. 107, S. 677. 1925.

[3] Vgl. J. Barcroft: The Harvey lectures, Bd. 17, S. 146. 1923.

[4] Vgl. J. Barcroft: Physiol. reviews Bd. 4, S. 346. 1924.

[5] Haldane, J. S.: Respiration, S. 77.

[6] Anson, M. L., J. Barcroft, H. Barcroft, A. E. Mirsky, S. Oinuma u. C. F. Stockman: Journ. of physiol. Bd. 58, Proc. S. XXIX. 1924. — Anson, M. L., J. Barcroft, A. E. Mirsky u. S. Oinuma: Proc. of the roy. soc. of London, Ser. B, Bd. 97, S. 72. 1924.

[7] Hartridge, H., u. F. J. W. Roughton: Proc. of the roy. soc. of London, Ser. A, Bd. 107, S. 677. 1925.

[8] Adair, G. S., J. Barcroft u. A. V. Bock: Journ. of physiol. Bd. 55, S. 332. 1921.

Tabelle 12. Relative Sauerstoffsättigung von Menschenblut.

Sauerstoffspannung mm Hg	5	10	20	30	40	50	60	70	80	90	95
Versuchsperson C. G. D.[1]	1,0	6,4	28,1	51,1	69,8	80,0	85,6	89,5	92,0	94,6	96,0
„ J. B.[1] . .	1,4	6,0	34,2	58,0	75,0	84,3	90,0	93,0	94,0	95,0	95,4
„ A. V. B.[2]	5,5	15,0	39,0	60,6	76,0	85,5	90,5	94,0	96,0	97,5	98,1

Abb. 52 gibt die Ergebnisse bei J. B. und A.V.B. wieder.

Daß die gefundenen Unterschiede zum Teil durch die verschiedene Methodik verursacht sind, geht aus Beobachtungen an A.V.B. hervor[3], wo beide Methoden zur Verwendung kamen. Aber auch unabhängig von der Methodik sind bei verschiedenen Versuchspersonen Unterschiede vorhanden, wie ein Vergleich der beiden ersten Versuchspersonen der Tabelle zeigt und aus zahlreichen anderen

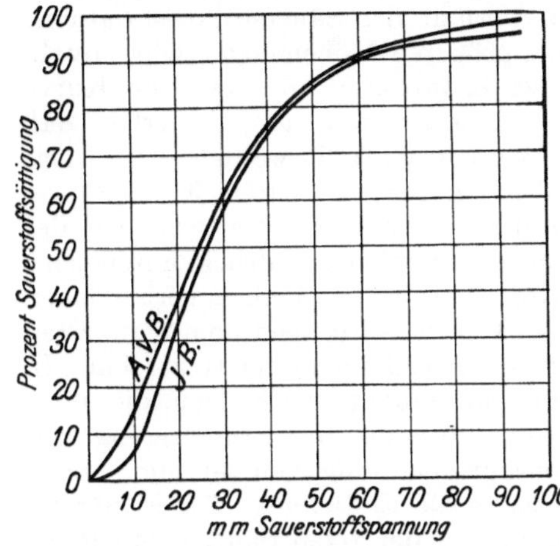

Abb. 52. Sauerstoffsättigungskurven von J. BARCROFT und A. V. BOCK.

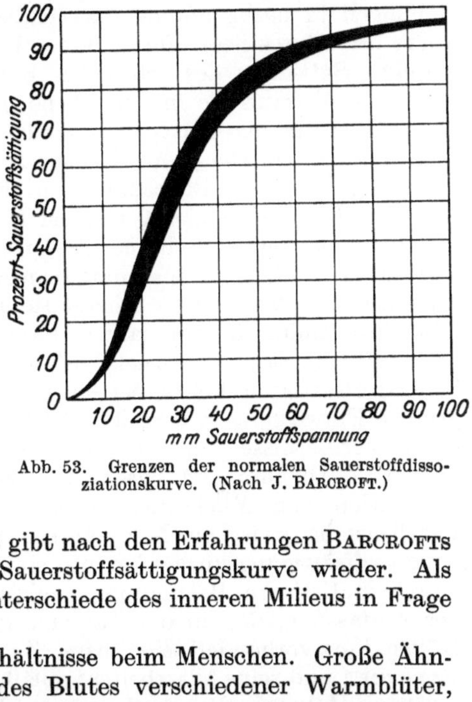

Abb. 53. Grenzen der normalen Sauerstoffdissoziationskurve. (Nach J. BARCROFT.)

Beobachtungen hervorgeht[4]. Die Abb. 53 gibt nach den Erfahrungen BARCROFTS die Schwankungsbreite für die normale Sauerstoffsättigungskurve wieder. Als Ursache dieser Schwankungen dürften Unterschiede des inneren Milieus in Frage kommen.

Hier interessieren vor allem die Verhältnisse beim Menschen. Große Ähnlichkeit bieten die Dissoziationskurven des Blutes verschiedener Warmblüter, von denen im vorigen mehrere Beispiele gegeben wurden. Andererseits zeigen die bei Kaltblütern gewonnenen Kurven (vgl. die von KROGH und LEITCH für Fische, von MACELA und SELIŠKAR für Frösche mitgeteilten Ergebnisse) große Abweichungen von den Verhältnissen beim Menschen, und dasselbe gilt auch für gewisse wirbellose Tiere mit hämoglobinhaltigem Blut (vgl. BARCROFT und BARCROFT[5], sowie MACELA und SELIŠKAR).

---

[1] Nach J. BARCROFT: Biochem. journ. Bd. 7, S. 481. 1913.

[2] Nach A. V. BOCK, H. FIELD u. G. S. ADAIR: Journ. of biol. chem. Bd. 59, S. 353. 1924. Vgl. L. J. HENDERSON, A. V. BOCK, H. FIELD u. J. L. STODDARD: Ebenda S. 383.

[3] BARCROFT, J., C. A. BINGER, A. V. BOCK, J. H. DOGGART, H. S. FORBES, G. HARROP, J. C. MEAKINS u. A. C. REDFIELD: Philos. transact. of the roy. soc. of London, Ser. B, Bd. 211, S. 375. 1923.

[4] BARCROFT, J.: Journ. of physiol. Bd. 42, S. 47. 1911, sowie J. S. HALDANE: Respiration, S. 71.

[5] BARCROFT, J., u. H. BARCROFT: Proc. of the roy. soc. of London, Ser. B, Bd. 96, S. 28. 1924.

Da die Sauerstoffsättigung des Blutes mit Abnahme des Sauerstoffdruckes immer unvollständiger wird, bekommt die Sättigungskurve besonderes Interesse im Zusammenhang mit dem Höhenklima. Gestützt auf seine früher geschilderten Ergebnisse kam Hüfner[1] zu der Schlußfolgerung, daß die allmähliche Verarmung des Blutes an Sauerstoff, die in Beobachtungen von Bert und anderen unter stark vermindertem Drucke konstatiert worden war, nicht von der Unzulänglichkeit des vorhandenen Sauerstoffdruckes an und für sich, eine genügende Sättigung im Blute zu bewirken, verursacht werden könne, die Sache wäre vielmehr dadurch zu erklären, daß ein erheblicher Teil des Sauerstoffdruckes für die Passage durch die Alveolar- und Capillarwände verbraucht werden sollte[2]. Von Loewy und Zuntz[3] wurde aber im Anschluß an ihre Beobachtungen hervorgehoben, daß die Grenze der erträglichen Luftverdünnung durch die Dissoziationsspannung des Oxyhämoglobins bestimmt sei. Nach den späteren Feststellungen in bezug auf den tatsächlichen Verlauf der Sauerstoffdissoziationskurve des Blutes liegt offen zutage, daß bei größeren Höhen sogar sehr unvollständige Sättigung des arteriellen Blutes zu erwarten wäre, wenn die Kurve denselben Verlauf wie in der Ebene hätte. Indessen wäre es ja denkbar, daß auch die Form der Kurve in irgendeiner Weise beeinflußt werden kann. Das Höhenklima bewirkt ja u. a. eine Erniedrigung der alveolaren Kohlensäurespannung[4]. Direkte Beobachtungen[5] über die Sauerstoffdissoziationskurve des Blutes haben ergeben, daß sie, bei konstantem Kohlensäuredruck untersucht, mit zunehmender Höhe immer niedriger wird. Bei der tatsächlich vorhandenen alveolaren Kohlensäurespannung dagegen — d. h. entsprechend dem regulierten p_H nach Hasselbalch — scheint sie aber annähernd unverändert zu sein. In Übereinstimmung hiermit fanden Barcroft und Orbeli[6] bei Katzen, die unter erniedrigtem Sauerstoffdrucke atmeten, eine bedeutende Erniedrigung der Sauerstoffsättigungskurve bei einer Kohlensäurespannung von 40 mm. Noch größere Einwirkung in derselben Richtung hatte die Erstickung. Als Erklärung dieser Verhältnisse kann vor allem eine Zunahme der fixen Säuren und (bzw. oder) eine Abnahme der Basen in Frage kommen. Man dachte zuerst an Mehrproduktion von Milchsäure, direkte Bestimmungen zeigten aber, daß kein Parallelismus zwischen Milchsäuregehalt des Blutes und Herabdrücken der Sauerstoffsättigungskurve bei 40 mm Kohlensäurespannung vorhanden war. Durch statistische Behandlung zahlreicher Beobachtungen gelangte man[7] zu der Auffassung, daß in der Tat eine gewisse Meionexie bei reguliertem p_H im Höhenklima vorhanden sein dürfte. Zu einem anderen Ergebnis sind aber neulich Barcroft und seine Mitarbeiter[8] anläßlich einer Expedition nach Cerro de Pasco (4650 m Höhe) in Peru gekommen. Die Sauerstoffdissoziationskurve bei der vorhandenen Kohlensäurespannung war sowohl bei den Eingeborenen wie bei den Mitgliedern der Expedition deutlich nach links verschoben (vgl. Abb. 54),

---

[1] Hüfner, G.: Arch. f. (Anat. u.) Physiol. Bd. 14, S. 20. 1890 u. Bd. 25, Suppl. S. 213. 1901.

[2] Vgl. dieses Handb. Bd. II, S. 225.

[3] Loewy, A., u. N. Zuntz: Arch. f. (Anat. u.) Physiol. Bd. 28, S. 183. 1904.

[4] Vgl. dieses Handb. Bd. II, S. 206.

[5] Barcroft, J.: Journ. of physiol. Bd. 42, S. 44. 1911. — Barcroft, J., M. Camis, G. C. Mathison, F. Roberts u. J. H. Ryffel: Journ. of physiol. Bd. 45, Proc. S. XLVI. 1913, sowie Philos. transact. of the roy. soc. of London, Ser. B, Bd. 206, S. 49. 1914/15.

[6] Barcroft, J., u. L. Orbeli: Journ. of physiol. Bd. 41, S. 362. 1910.

[7] Barcroft, J.: Journ. of physiol. Bd. 46, Proc. S. XXX. 1913. Siehe auch Fußnote 5, Barcroft und Mitarbeiter.

[8] Barcroft, J., C. A. Binger, A. V. Bock, J. H. Doggart, H. S. Forbes, G. Harrop, J. C. Meakins u. A. C. Redfield: Philos. transact. of the roy. soc. of London, Ser. B, Bd. 211, S. 376. 1923.

so daß also größere Sättigung bei gegebenem Sauerstoffdruck vorhanden ist. Diese Erscheinung hat wahrscheinlich große Bedeutung für die Akklimatisierung an herabgesetztem Druck, indem hierdurch das Blut in den Lungen mehr Sauerstoff aufnehmen kann. In gewissem Grade wird zwar die Sauerstoffabgabe an die Gewebe durch die Änderung der Sättigungskurve erschwert; der erwähnte Gewinn dürfte aber von größerer Bedeutung sein[1]. Die Erklärung der Änderung in der Dissoziationskurve sehen Barcroft und Murray[2] in der relativen Zunahme der roten Blutkörperchen. Sie nehmen an, daß infolge des erhöhten Pufferungsgrades — bei der relativen Vermehrung der Blutkörperchen im Verhältnis zum Plasma — ihre Reaktion mehr alkalisch als sonst wird. Durch künstliche Änderungen der Blutkörperchenkonzentration unter wechselnden Kohlensäurespannungen konnte ebenfalls die Form der Sauerstoffsättigungskurve in bestimmter Richtung beeinflußt werden[3].

Verschiebungen des Basen-Säuregleichgewichtes des Blutes entstehen auch[4] durch kohlenhydratfreie Diät, in Übereinstimmung damit zeigt sich, daß die Kurve in meionektischer Richtung deplaziert wird[5], wenn sie bei 40 mm Kohlensäurespannung bestimmt wird. Fand dagegen die Bestimmung bei der alveolaren Kohlensäurespannung statt, so war die Kurve gegenüber den Normaltagen unverändert oder sogar etwas pleionektisch. Beim Fasten haben Odaira[6] und Hirayama[7] Meionexie beobachtet (die Kohlensäurespannung wird aber nicht angegeben).

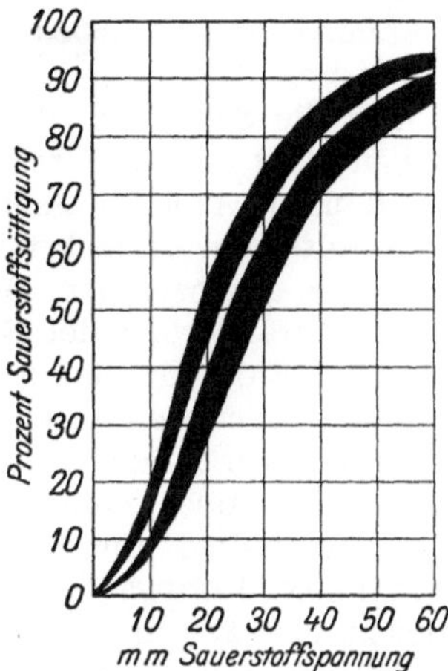

Abb. 54. Grenzen der Sauerstoffdissoziationskurven (obere Figur) von drei Einwohnern in Cerro de Pasco (4650 m Höhe) im Vergleich mit den Normalgrenzen nach Barcroft (untere Figur).

Inwieweit die Nahrungsaufnahme an und für sich und die dadurch bedingten unmittelbaren Änderungen des Säure-Basengleichgewichtes (vgl. S. 521) auch die Sauerstoffdissoziationskurve beeinflußt, scheint nicht ermittelt zu sein.

Eine ähnliche Verschiebung wie bei der kohlenhydratfreien Diät zeigt die Sauerstoffbindungskurve des Blutes während der Schwangerschaft, wie aus Hasselbalchs[8] Beobachtungen hervorgeht. Zahlreiche Eingriffe können ebenfalls durch Änderungen des Basen-Säuregleichgewichts die Sauerstoffbindungskurve deplazieren. Wahrscheinlich liegt hierin die Erklärung zu den Änderungen in dem Kurvenverlauf, die man z. B. nach Parathyreoidektomie[9], nach experimentellem Ileus[10] und bei künstlichem Fieber[11] gefunden hat. Bei dem letzteren

<hr>

[1] Vgl. J. Barcroft: Lessons from high altitudes, S. 176. Cambridge 1925.

[2] Barcroft, J., u. C. D. Murray: Philos. transact. of the roy. soc. of London, Ser. B, Bd. 211, S. 469. 1923.

[3] Barcroft, J., u. K. Uyeno: Journ. of physiol. Bd. 57, S. 200. 1923.

[4] Vgl. dieses Handb. Bd. II, S. 212.

[5] Barcroft, J., G. Graham u. H. L. Higgins: Journ. of physiol. Bd. 45, Proc. S. XLVII. 1913. Auch The respiratory function of the blood, S. 227.

[6] Odaira, T.: Tohoku journ. of exp. med. Bd. 2, S. 596. 1921.

[7] Hirayama, S.: Tohoku journ. of exp. med. Bd. 4, S. 497. 1924.

[8] Hasselbalch, K. A.: Biochem. Zeitschr. Bd. 78, S. 135. 1916.

[9] Wilson, D. W. T., T. Stearns u. M. Thurlow: Journ. of biol. chem. Bd. 23, S. 89. 1915.

[10] Odaira, T.: Tohoku journ. of exp. med. Bd. 2, S. 570. 1921.

[11] Yamakita, M.: Tohoku journ. of exp. med. Bd. 2, S. 290. 1921.

kommt vielleicht auch direkter Temperatureinfluß hinzu. Ähnliche Beeinflussungen der Sauerstoffsättigungskurve finden sich bei verschiedenen Krankheiten[1].

Die Wirkung körperlicher Arbeit[2] auf die Sauerstoffbindungskurve des Blutes ist, daß die Kurve nach unten gepreßt wird. Dies gilt bei genügend starker Arbeit sowohl bei der normalen als auch bei der tatsächlich vorhandenen alveolaren Kohlensäurespannung. So wurden bei mäßiger Arbeit (1000 Fuß Steigung in 30 Min.) die folgenden Werte erhalten: alveolare Kohlensäurespannung vor der Arbeit 40 mm, nach derselben 35 mm. Bei einem Sauerstoffdruck von 27,5 mm und den betreffenden alveolaren Kohlensäurespannungen betrug die Sättigung 53 bzw. 44%. Die erwähnte Wirkung der körperlichen Arbeit stieg mit der Größe der Arbeit. Im Höhenklima war die Wirkung einer bestimmten Arbeit wesentlich größer als in der Ebene. Daß die Wirkung mit dem Auftreten vermehrter Mengen Milchsäure im Blute verknüpft war, ergab sich aus gleichzeitigen Bestimmungen derselben. Die biologische Bedeutung dieser Veränderung der Sauerstoffbindungskurve während Arbeit dürfte darin liegen, daß das Oxyhämoglobin in den Capillaren vollständiger seinen Sauerstoff abgibt, indem die Säure mitwirkt den Sauerstoff frei zu machen. In derselben Richtung wirkt übrigens während Muskelarbeit auch die allgemeine und vor allem die lokale Temperaturerhöhung.

Unter dem Einfluß hoher Außentemperatur fanden Barcroft, Camis, Mathison, Roberts und Ryffel[3] erniedrigte alveolare Kohlensäurespannung, gleichzeitig war die Sauerstoffsättigungskurve — bei der erniedrigten Kohlensäurespannung — nach links verschoben. Eine vollständige Kompensation des Kohlensäureverlustes war also nicht eingetreten.

d) Die Geschwindigkeit bei Aufnahme und Abgabe des gebundenen Sauerstoffs.

Die Sauerstoffsättigungskurven geben die Verhältnisse nach eingetretenem Gleichgewichtszustand unter wechselnden Bedingungen wieder. Man hat sich aber auch bemüht, Aufschlüsse über die Geschwindigkeiten zu erhalten, mit denen neue Gleichgewichtszustände erreicht werden. In Anbetracht der Tatsache, daß das Blut in den Lungen bzw. in den Geweben unter Umständen nur kurze Zeit verweilt, muß man mit einer bedeutenden Geschwindigkeit der Reaktionen rechnen. Um den Einfluß verschiedener Faktoren auf diese Geschwindigkeit festzustellen, wurden zuerst Versuche von Barcroft und Hill[4] ausgeführt, die Gasblasen von bestimmter Größe mit konstanter Geschwindigkeit durch eine Hämoglobinlösung trieben und den zeitlichen Verlauf der Reduktion bestimmten. Später sind mit ähnlichen Methoden Bestimmungen von Mathison[5], Oinuma[6], Kato[7], Koehler[8] sowie McEllroy und Guthrie[9] ge-

---

[1] Vgl. hierüber L. Dautrebande: L'acidose, rapport au XVIIIe Congrès français de médecine, Nancy 1925, sowie H. Straub: Ergebn. d. inn. Med. u. Kinderheilk. Bd. 25, S. 1. 1924. Ferner in J. C. Meakins u. W. H. Davies: Respiratory function in disease. Edinburgh u. London 1925.

[2] Barcroft, J., R. A. Peters, F. Roberts u. J. H. Ryffel: Journ. of physiol. Bd. 45, Proc. S. XLV. 1913. Auch in Philos. transact. of the roy. soc. of London, Ser. B, Bd. 206, S. 71. 1914/15.

[3] Barcroft, J., M. Camis, G. C. Mathison, F. Roberts u. J. H. Ryffel: Journ. of physiol. Bd. 45, Proc. S. XLVII. 1913.

[4] Barcroft, J., u. A. V. Hill: Journ. of physiol. Bd. 39, S. 411. 1910. Vgl. auch The Respiratory function of the blood, S. 36.

[5] Mathison, G. C.: Journ. of physiol. Bd. 43, S. 347. 1911.

[6] Oinuma, S.: Journ. of physiol. Bd. 43, S. 364. 1911.

[7] Kato, T.: Biochem. journ. Bd. 9, S. 393. 1915.

[8] Koehler, A. E.: Journ. of biol. chem. Bd. 58, S. 813. 1924.

[9] McEllroy, W. S., u. C. C. Guthrie: Journ. of biol. chem. Bd. 74, Proc. S. XXXV. 1927.

macht worden. In allen diesen Fällen wurde aber nicht die Geschwindigkeit der betreffenden chemischen Reaktionen allein gemessen, sondern in der Hauptsache handelte es sich tatsächlich um Messung der Gasdiffusion durch die geprüften Flüssigkeiten und ihre Beeinflussung.

Erst HARTRIDGE und ROUGHTON gelang es, die betreffenden Reaktionsgeschwindigkeiten zu messen. In besonderen kleinen Mischungskammern[1] wurde mit großer Geschwindigkeit eine Mischung aus verdünnten Hämoglobinlösungen mit geeigneten Flüssigkeiten hergestellt. Wenn eine sauerstoffgesättigte Hämoglobinlösung mit sauerstofffreiem Wasser oder noch besser mit einer Lösung von Natriumhydrosulphit gemischt wurde, begann unmittelbar eine Reduktion, wenn dagegen eine reduzierte Hämoglobinlösung mit sauerstoffhaltigem Wasser vermischt wurde, so fing das Hämoglobin sofort an Sauerstoff aufzunehmen. Das Flüssigkeitsgemisch wurde schnell durch eine lange Glasröhre getrieben,

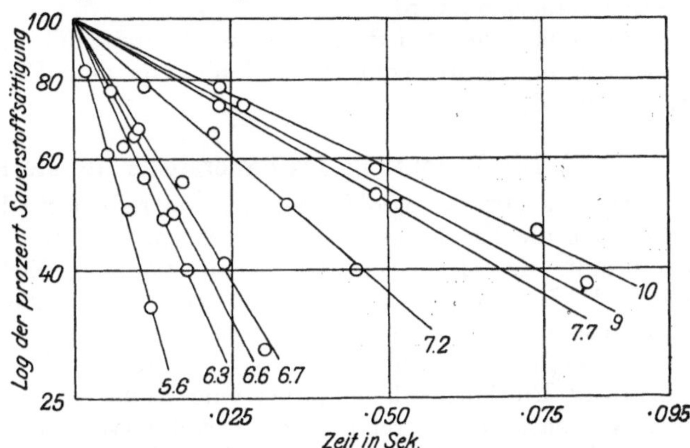

Abb. 55. Die Reduktionsgeschwindigkeit von Oxyhämoglobinlösungen bei verschiedenen p_H-Werten. (Nach HARTRIDGE und ROUGHTON.)

wo man durch spektroskopische Beobachtung den Verlauf der Reduktion bzw. der Sättigung verfolgen konnte. Aus der Strömungsgeschwindigkeit ließ sich leicht die nach der Mischung verflossene Zeit berechnen.

Die Reduktion einer Oxyhämoglobinlösung fand, wie HARTRIDGE und ROUGHTON feststellten[2], nach einer monomolekularen Reaktion statt, d. h. es zeigte sich lineare Abhängigkeit zwischen der Zeit und dem Logarithmus der Oxyhämoglobinkonzentration. Die Reduktionsgeschwindigkeit war in hohem Grade von dem p_H abhängig (vgl. Abb. 55), indem zwischen p_H 7,7 und 6,3 mit steigender Acidität eine schnelle Zunahme der Geschwindigkeit eintrat. Andere Ionen waren bei den untersuchten verdünnten Lösungen ohne Einfluß. Der Temperaturkoeffizient der Reaktion betrug für 10° 3,8. Bei p_H 7,4 und 37° fand eine Reduktion von 100% Oxyhämoglobin bis 50% in 0,0025 Sekunden statt, eine Zeit, die so klein ist, daß sie für den Gasaustausch in den Capillaren

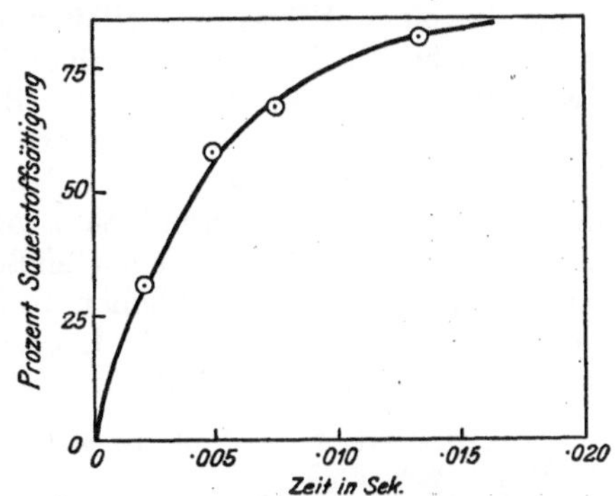

Abb. 56. Die Geschwindigkeit der Sauerstoffaufnahme des Hämoglobins in verdünnter Lösung. (Nach HARTRIDGE und ROUGHTON.)

keine Rolle spielen dürfte. Langsamer als die einfache Reduktion geschah die Verdrängung des Sauerstoffs aus Oxyhämoglobin durch Kohlenoxyd[3].

---

[1] HARTRIDGE, H. u. F. J. W. ROUGHTON: Proc. of the roy. soc. of London, Ser. A, Bd. 104, S. 376. 1923, u. Proc. of the Cambridge philos. soc. Bd. 22, S. 426. 1924.

[2] HARTRIDGE, H. u. F. J. W. ROUGHTON: Proc. of the roy. soc. of London, Ser. A, Bd. 104, S. 395. 1923.

[3] HARTRIDGE, H. u. F. J. W. ROUGHTON: Proc. of the roy. soc. of London, Ser. B, Bd. 94, S. 336. 1923.

Die Aufnahme des Sauerstoffs von einer reduzierten Hämoglobinlösung geschieht nach einer bimolekularen Gleichung[1] (vgl. Abb. 56). Weder Änderung des p_H noch anderer Ionen beeinflußte die Geschwindigkeit. Der Temperaturkoeffizient war nur ganz wenig von 1 verschieden.

Bei der Kleinheit der Blutkörperchen wird natürlich ihre Oberfläche sehr groß, wozu auch die Scheibenform beiträgt[2], so daß die Diffusionsbedingungen günstig liegen. Versuche mit Blutkörperchensuspension zeigten jedoch, daß die Geschwindigkeit bei der Sauerstoffaufnahme erheblich von den Blutkörperchen verlangsamt wird[3].

Bezüglich der Ableitung der Geschwindigkeit bei der Aufnahme und Abgabe des Sauerstoffs vom Hämoglobin von dem Massenwirkungsgesetz sei auf S. 489 verwiesen.

e) Die Bedeutung des Sauerstoffs für die Farbe des Blutes.

Da das Oxyhämoglobin hellrot, das reduzierte Hämoglobin dunkelrot ist, wird auch die Farbe des Gesamtblutes von dem wechselnden Gehalt der beiden beeinflußt, sie wird aber nicht allein von der Sättigung mit Sauerstoff bestimmt[4]. In der Tat wurde schon von Berzelius[5] hervorgehoben, daß die Blutfarbe nicht nur von geänderten chemischen, sondern auch von physikalischen Verhältnissen abhängig ist. Von Harless[6] ist gezeigt worden, daß die Form der Blutkörperchen hierbei eine Rolle spielt. Bei Sättigung des Blutes mit Kohlensäure bei relativ hoher Kohlensäurespannung schwellen die Blutkörperchen an, und die Farbe wird dunkler.

Auf die Farbe der Haut und der Schleimhaut hat das Hämoglobin großen Einfluß. Wie Lundsgaard[7] gezeigt hat, ist der Gehalt des Blutes an nicht sauerstoffgesättigtem Hämoglobin (reduziertem Hämoglobin, Methämoglobin, Sulfhämoglobin) von der größten Bedeutung für das Auftreten von Cyanose, während dagegen das Verhältnis zwischen reduziertem Hämoglobin und Oxyhämoglobin keinen großen Einfluß ausübt. Für das Zustandekommen der Cyanose ist ein gewisses Minimum von nicht sauerstoffgesättigtem Hämoglobin nötig, das einem Sättigungsdefizit von etwa 5—8 Vol.-% Sauerstoff entsprechen soll[7]. Bei hohem Hämoglobingehalt kann schon mäßiger Gehalt an reduziertem Hämoglobin Cyanose bewirken (z. B. bei den Einwohnern in Cerro de Pasco), während bei gewissen Anämien keine Cyanose eintritt trotz weitgehender Reduktion des Oxyhämoglobins in den Capillaren. Gewisse Momente wirken auf die Hautfarbe modifizierend ein, wie die Durchsichtigkeit der Haut und der Kontraktionsgrad der kleinen Gefäße. So verursacht nach Goldschmidt und Light[8] Erweiterung der kleinen Gefäße (Capillaren) bei Übergang des Armes von horizontaler in hängende Lage, daß eine gewisse Cyanose eintreten kann, obgleich der Gehalt des Blutes an Sauerstoff unverändert ist oder sogar ansteigt.

---

[1] Hartridge, H. u. F. J. W. Roughton: Proc. of the roy. soc. of London, Ser. A, Bd. 107, S. 654. 1925.

[2] Pflüger, E.: Pflügers Arch. f. d. ges. Physiol. Bd. 10, S. 264. 1877. Vgl. auch H. Hartridge: Journ. of physiol. Bd. 53, Proc. S. LXXXI. 1919/20.

[3] Hartridge, H. u. F. J. W. Roughton: Journ. of physiol. Bd. 62, S. 232. 1927.

[4] Vgl. hierzu E. Pflüger: Pflügers Arch. f. d. ges. Physiol. Bd. 1, S. 76. 1868, sowie A. Krogh: Journ. of physiol. Bd. 49, Proc. S. XXXII. 1915.

[5] Berzelius, J. J.: Lehrb. d. Chemie, von F. Woehler übersetzt, Bd. IX, S. 74. Dresden u. Leipzig 1840.

[6] Harless (1846), zitiert nach G. A. Buckmaster u. J. A. Gardner: Journ. of physiol. Bd. 41, S. 246. 1910.

[7] Lundsgaard, C.: Journ. of exp. med. Bd. 30, S. 259 u. 271. 1919. Vgl. auch C. Lundsgaard u. D. D. van Slyke: Cyanosis, Bd. II in Medicine Monographs. Baltimore. 1923.

[8] Goldschmidt, S. u. A. B. Light: Americ. journ. of physiol. Bd. 73, S. 173. 1925.

Die wohlbekannte Tatsache, daß lokale Abkühlung bisweilen lebhaft rote Farbe gibt, wird dadurch erklärt[1], daß das Sauerstoffbedürfnis der betreffenden Gewebe herabgesetzt wird, während gleichzeitig bei der niedrigeren Temperatur das Hämoglobin mehr energisch den Sauerstoff festhält.

f) Theorien über die Sauerstoffbindung des Blutes.

Die Tatsache, daß ein Mol Hämoglobin in maximo ein Mol Sauerstoff aufzunehmen vermag, spricht entschieden dafür, daß das Oxyhämoglobin wirklich eine chemische Verbindung ist. Diese Auffassung wird weiter gestützt durch der Nachweis, daß auch Kohlenoxyd (vgl. S. 468) im einfachen stöchiometrischen Verhältnis vom Hämoglobin aufgenommen wird. Dasselbe ist nach HÜFNER und REINBOLD[2] für die Verbindung des Hämoglobins mit Stickoxyd der Fall, nach neueren Untersuchungen[3] soll es sich aber hier um eine Verbindung zwischen Stickoxyd und Methämoglobin handeln[4]. Für die chemische Natur der Verbindung zwischen Hämoglobin und Sauerstoff hat man ferner angeführt, daß reduziertes Hämoglobin und Oxyhämoglobin verschiedene Absorptionsbänder geben und, wenigstens in gewissen Fällen, verschiedenes krystallographisches Verhalten aufweisen[5]. Nach BROWN und HILL[6] läßt sich aus der Annahme der chemischen Natur der Verbindung (in Übereinstimmung mit HILLS weiter unten angeführten Formel) thermodynamisch ein Grad von Polymerisierung ableiten, der genau mit dem aus der Dissoziationskurve berechneten übereinstimmt. Von verschiedenen Seiten[7] sind aber schwerwiegende Einwände gegen diese Beweisführung erhoben worden. Die Zunahme des sauren Charakters des Hämoglobins beim Übergang in Oxyhämoglobin bzw. Kohlenoxydhämoglobin (vgl. S. 488), ebenso wie die von BROWN[8] unter diesen Umständen beobachtete wesentliche Zunahme der elektrischen Leitfähigkeit, stimmen gut mit der chemischen Theorie, dürften aber schwierig mit der Adsorptionstheorie vereinbar sein. BARCROFT und KING[9] haben betont, daß der Temperaturkoeffizient ebenfalls für die chemische Natur der Verbindung zwischen Hämoglobin und Sauerstoff spricht, die eingehende Analyse von HARTRIDGE und ROUGHTON[10] zeigt aber, daß hieraus bestimmte Schlußfolgerungen über die Natur der Verbindung kaum erlaubt sind.

OSTWALD[11] hat zwar den Versuch gemacht, die Sauerstoffaufnahme des Hämoglobins als Adsorptionserscheinung zu erklären, die Theorie stammt aber aus einer Zeit, da die Ergebnisse der Experimente gegen ein einfaches molekulares Verhältnis des Hämoglobins zum maximal aufgenommenen Sauerstoff

---

[1] GOLDSCHMIDT, S. u. A. B. LIGHT: Americ. journ. of physiol. Bd. 73, S. 146. 1925.

[2] HÜFNER, G. u. B. REINBOLD: Arch. f. (Anat. u.) Physiol. Bd. 28, Suppl. S. 391. 1904.

[3] ANSON, M. L. u. A. E. MIRSKY: Journ. of physiol. Bd. 60, S. 100. 1925.

[4] Von Interesse ist, daß die Bestimmung der spezifischen Sauerstoffkapazität des Hämocyanins — auf Kupfer bezogen — ebenfalls ein einfaches stöchiometrisches Verhältnis gibt. Vgl. H. BEGEMANN: Over de ademhalingsfunctie van haemocyanine. Dissert. Utrecht, 1924. — REDFIELD, A. C., T. COOLIDGE u. H. MONTGOMERY: Journ. of biol. chem. Bd. 76, S. 197. 1928.

[5] REICHERT, E. T. u. A. P. BROWN: The crystallography of hemoglobins in Carn. Inst. of Washington, Publ. Nr. 116, S. 324. Washington 1909.

[6] BROWN, W. E. L. u. A. V. HILL: Proc. of the roy. soc. of London, Ser. B, Bd. 94, S. 297. 1923.

[7] STADIE, W. C. u. K. A. MARTIN: Journ. of biol. chem. Bd. 60, S. 191. 1924. — ADAIR, G. S.: Journ. of physiol. Bd. 60, Proc. S. VI. 1925.

[8] BROWN, W. E. L.: Journ. of physiol. Bd. 57, Proc. S. LXVIII. 1923.

[9] BARCROFT, J., u. W. O. R. KING: Journ. of physiol. Bd. 39, S. 374. 1909.

[10] HARTRIDGE, H. u. F. J. W. ROUGHTON: Proc. of the roy. soc. of London, Ser. A, Bd. 107, S. 680. 1925.

[11] OSTWALD, WO.: Zeitschr. f. Chem. u. Ind. d. Koll. Bd. 2, S. 264. 1908.

sprachen. In der Tat führt Ostwald selbst diesen Umstand als wesentliche Stütze seiner Theorie an. Später hat Manchot[1] Versuche mitgeteilt, nach denen die maximale Aufnahme von Sauerstoff bzw. Kohlenoxyd und Stickoxyd pro Gramm Hämoglobin in verdünnten Lösungen größer als in mehr konzentrierten sein soll. Diese Ergebnisse dürften auf eine Adsorption hindeuten[2]. Heubner und Rosenberg[3] sowie Butterfield[4] konnten aber bei spektrophotometrischen Bestimmungen die Resultate von Manchot nicht bestätigen; auch die Beobachtungen von Burn[2] zeigten die Sauerstoffkapazität des Hämoglobins unabhängig von der Verdünnung des verwendeten Blutes. Über den Standpunkt von Bayliss und den Gegenbeweis von Brown ist S. 469 berichtet worden. Erwähnt sei noch, daß nach neueren Anschauungen[5] vielleicht der strenge Unterschied zwischen chemischer Verbindung und Adsorptionserscheinungen nicht mehr aufrecht erhalten werden kann. Unten wird auf die Auffassung von Conant und Scott eingegangen, die sich die Reaktion zwischen Hämoglobin und Sauerstoff als ein chemisches Gleichgewicht vorstellen, das von der Adsorption kontrolliert wird.

Über die nähere Art der chemischen Bindung des Sauerstoffs im Blute hat sich schon Liebig[6] ausgesprochen, indem er sie mit der Kohlensäurebindung einer Lösung von phosphorsaurem Natron oder der Stickoxydbindung einer Ferrosulphatlösung verglich[7]. Donders[8] hat dann hervorgehoben, daß es sich um einen Dissoziationsprozeß handelt und führte als entsprechendes Beispiel das Verhalten des Calciumcarbonats bei erhöhter Temperatur an, eine weniger zweckmäßige Analogie, da hier bei einer bestimmten Temperatur nur ein Gleichgewichtszustand existiert und nicht wie bei dem System Hämoglobin-Sauerstoff eine stetige Reihe[9].

Hüfner[10] hat zuerst das Massenwirkungsgesetz auf die Sauerstoffbindung des Hämoglobins appliziert. Wenn die Reaktion nach der Gleichung $Hb + O_2 \rightleftarrows HbO_2$ geschieht und die betreffenden Konzentrationen in gewöhnlicher Weise bezeichnet werden, so ist die Gleichgewichtsbedingung $C_1[Hb] \cdot [O_2] = C_2[HbO_2]$, oder, da $[O_2]$ — bei konstanter Temperatur — proportional dem Sauerstoffpartiardruck p ist und von ihm ersetzt werden kann und gleichzeitig die verschiedenen Konstante mit K ersetzt werden können,

$$K[Hb] \cdot p = [HbO_2].$$

Bezeichnet man ferner die Konzentration des gesamten Hämoglobins (d. h. reduziertes Hämoglobin + Oxyhämoglobin) mit 1, den Sättigungsgrad (d. h. dann $[HbO_2]$) mit y, und den Sauerstoffdruck mit x, dann bekommt man $K(1 - y) \cdot x = y$, woraus

$$\frac{y}{1-y} = Kx \text{ oder } y = \frac{Kx}{1 + Kx}.$$

[1] Manchot, W.: Ann. d. Chem. u. Pharm. Bd. 370, S. 241. 1909, sowie Bd. 372, S. 179. 1910. Ferner Hoppe-Seylers Zeitschr. f. physiol. Chem. Bd. 70, S. 230. 1910, sowie Biochem. Zeitschr. Bd. 43, S. 438. 1912 u. Hoppe-Seylers Zeitschr. f. physiol. Chem. Bd. 84, S. 306. 1913.

[2] Burn, J. H.: Journ. of physiol. Bd. 45, S. 482. 1913.

[3] Heubner, W. u. H. Rosenberg: Biochem. Zeitschr. Bd. 38, S. 345. 1912.

[4] Butterfield, E. E.: Hoppe-Seylers Zeitschr. f. physiol. Chem. Bd. 79, S. 439. 1912.

[5] Vgl. H. Hartridge u. F. J. W. Roughton: Proc. of the roy. soc. of London, Ser. A, Bd. 107, S. 680. 1925, sowie Langmuir: Transact. of the Faraday soc. Bd. 17, S. 261. 1922.

[6] Liebig, J.: Ann. d. Chem. u. Pharm. Bd. 79, S. 112. 1851.

[7] Vgl. auch W. Manchot: Hoppe-Seylers Zeitschr. f. physiol. Chem. Bd. 70, S. 230. 1910.

[8] Donders, F. C.: Pflügers Arch. f. d. ges. Physiol. Bd. 5, S. 20. 1872.

[9] Vgl. Chr. Bohr: Nagels Handb. S. 66, sowie W. M. Bayliss: Principles of general physiology, S. 615. London 1915.

[10] Hüfner, G.: Arch. f. (Anat. u.) Physiol. Bd. 14, S. 1. 1890 u. Bd. 25, Suppl. S. 187. 1901.

Setzt man hier $y = 1 - z$ (wo $z = [Hb]$) und $x = u - \dfrac{1}{K}$, bekommt

die Gleichung die Form $uz = \dfrac{1}{K}$, woraus ersichtlich ist, daß es sich um eine

rechtwinklige Hyperbel handelt, wo z die relative Menge an reduziertem Hämoglobin, u der Sauerstoffdruck $+$ der konstanten Größe $1/K$ ist.

Durch die Beobachtungen von BOHR und seinen Mitarbeitern (S. 471 u. ff.) wurde aber gefunden, daß die Sauerstoffdissoziationskurven des Blutes in der Tat eine S-form besitzen und somit nicht der HÜFNERschen Gleichung gehorchen. BOHR[1] prüfte auch die Möglichkeit, daß das Hämoglobinmolekül zwei Atome Eisen besitzen und zwei Atome Sauerstoff aufzunehmen vermögen sollte, er kam aber auch in dieser Weise nicht zu einer befriedigenden Übereinstimmung mit den Tatsachen. Erst unter der Annahme, daß außerdem das Hämoglobinmolekül in Globin und einen eisenhaltigen Teil dissoziiert und daß die Sauerstoffverbindung des letzteren ebenfalls durch Dissoziation zerfällt, konnte er unter Einführung der nötigen Konstanten eine befriedigende Übereinstimmung zwischen Beobachtung und Berechnung erhalten.

Die Ergebnisse von BARCROFT und seinen Mitarbeitern veranlaßten HILL[2] zu der Hypothese, daß die wechselnde Form der Sauerstoffsättigungskurve unter verschiedenen Umständen durch welchselnden Grad von Aggregation der Hämoglobinmoleküle bedingt sei. Demnach wäre die Reaktionsformel $\mathrm{Hb_n} + n\mathrm{O_2} \rightleftarrows \mathrm{Hb_nO_{2n}}$, wo n den mittleren Grad der Aggregation bezeichnet. Im Blut oder in einer Hämoglobinlösung wurde die gleichzeitige Anwesenheit verschieden großer Aggregate angenommen. Unter der weiteren Voraussetzung, daß keine intermediären unvollständigen Oxydationsstufen (z. B. $\mathrm{Hb_2O_2}$) in der Flüssig-

keit vorkommen, wird die Gleichgewichtsbedingung $\dfrac{y}{1-y} = K x^n$, wo y den

Sättigungsgrad des Hämoglobins, x die Sauerstoffkonzentration und K und n Konstante bedeuten. HILL zeigte[3], daß diese Formel mit großer Genauigkeit die Sauerstoffdissoziationskurven der (S. 471) erwähnten verschiedenen Hämoglobinlösungen wiedergab. Nach BARCROFT[4] gilt dasselbe für Blut, während dagegen BOCK, FIELD und ADAIR[5] Unterschiede außerhalb der Fehlergrenzen der Methode gegenüber den berechneten Werten fanden. DOUGLAS, HALDANE und HALDANE[6] wiesen auf gewisse Schwierigkeiten für die HILLsche Formel hin. Während die Dissoziationskurve des Kohlenoxydhämoglobins des Blutes ebenso wie diejenige des Oxyhämoglobins eine S-form hat, bekommt man nämlich für Kohlenoxyd-Blut bei gleichzeitiger Anwesenheit von Luft eine rechtwinklige Hyperbel, die im Gegensatz zu den beiden ersteren von der Kohlensäurespannung nicht beeinflußt wird. Unter gewissen Annahmen lassen sich aber diese Verhältnisse ebenfalls mit der HILLschen Formel in Übereinstimmung bringen[7]. Nach HENDERSON[8] stimmt die HILLsche Formel schlecht mit den quantitativen Verhältnissen in bezug auf die Wirkung von Änderung der cH auf die Dissoziationskurve des Blutes und umgekehrt (vgl. unten). HILL[9] hat indessen ge-

---

[1] BOHR, CHR.: Zentralbl. f. Physiol. Bd. 17, S. 682. 1903.
[2] HILL, A. V.: Journ. of physiol. Bd. 40, Proc. S. IV. 1910.
[3] HILL, A. V.: Biochem. journ. Bd. 7, S. 471. 1913.
[4] BARCROFT, J.: Biochem. journ. Bd. 7, S. 481. 1913.
[5] BOCK, A. V., H. FIELD u. G. S. ADAIR: Journ. of biol. chem. Bd. 59, S. 353. 1924.
[6] DOUGLAS, C. G., J. S. HALDANE u. J. B. S. HALDANE: Journ. of physiol. Bd. 44, S. 275. 1912.
[7] HILL, A. V.: Biochem. journ. Bd. 15, S. 577. 1921.
[8] HENDERSON, L. J.: Journ. of biol. chem. Bd. 41, S. 404. 1920.
[9] HILL, A. V.: Biochem. journ. Bd. 15, S. 577. 1921, sowie Journ. of biol. chem. Bd. 51, S. 359. 1922.

zeigt, daß die Übereinstimmung gut wird, wenn man annimmt, daß das Hämoglobin eine schwache, sehr unbedeutend dissoziierte Säure ist, nach der Formel $H(Hb)_n \rightleftarrows H^\cdot + (Hb)_n'$ dissoziierend, und das Oxyhämoglobin eine stärkere Säure, die etwas stärker nach der Formel

$$H(HbO_2)_n \rightleftarrows H^\cdot + (HbO_2)_n'$$

dissoziiert wird.

Von den Konstanten n und K in der HILLschen Gleichung bezeichnet n die Zahl der aggregierten Moleküle, K ist die Gleichgewichtskonstante. Am einfachsten bestimmt man zuerst n durch graphische Konstruktion[1]. Während früher der Wert 2,5 angenommen wurde, haben aber spätere Beobachtungen zumeist 2,2 bis 2,3 ergeben[2]. Mit Kenntnis von n läßt sich K leicht berechnen. Wie KROGH und LEITCH[3] hervorgehoben haben, berechnet sich K besonders leicht durch Bestimmung des Sauerstoffdruckes (x) bei Halbsättigung des Hämoglobins mit Sauerstoff (die „Entladungsspannung"). Dann wird nämlich $1/K = x^n$. Für Menschenblut von $38°$ und 40 mm Kohlensäuredruck hat K einen Durchschnittswert von etwa 0,0007[2]. Da das Gleichgewicht von vielen Umständen beeinflußt wird, muß sich K entsprechend ändern. Die Einwirkung der Temperatur auf K wurde schon (S. 474) erwähnt. Die früher (S. 474) zitierten Bestimmungen von PETERS, die von HASSELBALCH[4], DONEGAN und PARSONS[5] sowie BARCROFT und Mitarbeitern[2] bestätigt wurden, zeigten, daß K umgekehrt proportional cH, also log K proportional der p_H des Plasmas ist („PETER-BARCROFT-Linie")[4]. In ähnlicher Weise ergibt sich nach HENDERSON[6] und ADAIR[7] Proportionalität zwischen $1/K$ und Kohlensäuredruck. Spätere Beobachtungen[2] haben für die betreffende Beziehung eine schwach S-förmig gekrümmte Kurve ergeben. Da die Sättigung des Blutes mit Sauerstoff ebenfalls die cH steigert, wird hierbei K beeinflußt[8]. K ist auch von dem Verhältnis zwischen cH und den basischen Ionen innerhalb der Blutzelle (dem Donnaneffekt) abhängig, das zum Teil die individuellen Schwankungen von K bedingen könnte[2].

Um den erwähnten Schwierigkeiten der HILLschen Theorie bei der Deutung der Kohlenoxyddissoziationskurve bei Gegenwart von Luft zu entgehen, haben DOUGLAS, HALDANE und HALDANE[9] die HILLsche Formel in folgender Weise modifiziert. Es wird angenommen, daß Aggregatbildung in der Anwesenheit von Salzen nach den Formeln $HbO_2 + HbO_2 \rightleftarrows Hb_2O_4$, $HbO_2 + Hb_2O_4 \rightleftarrows Hb_3O_6$, $HbO_2 + Hb_3O_6 \rightleftarrows Hb_4O_8$ usw. vor sich geht, sowie daß ähnliche Aggregatbildung für Hb und HbCO vorkommt. Es werden ferner die Annahmen gemacht, daß die Aggregatbildung nach dem Gesetz der Massenwirkung geschieht, sowie daß die Neigung zu Aggregatbildung für Hb größer als für HbO_2 oder HbCO ist. Für die beiden letzteren Moleküle soll dieselbe Neigung zu Aggregatbildung vorhanden sein, und sie aggregieren ebensogut untereinander, wie jedes für sich. Wenn die so aggregierten Moleküle kein Gas aufnehmen oder abgeben, ohne zuerst in einfache Moleküle zu zerfallen, lassen sich die bekannten Erscheinungen erklären. Diese ziemlich komplizierte Theorie setzt voraus, daß die Aggregatbildung mit dem Verdünnen des Blutes abnehmen muß, da sie der Masse proportional ist. Besondere Beobachtungen, die in jüngster Zeit von verschiedenen Forschern (S. 472) bestätigt wurden, schienen dafür zu sprechen, daß die Dissoziationskurve bei Verdünnung sich mehr einer rechtwinkligen Hyperbel nähert als in konzentrierter Lösung.

---

[1] Vgl. W. E. L. BROWN u. A. V. HILL: Proc. of the roy. soc. of London, Ser. B, Bd. 94, S. 322. 1923.

[2] BARCROFT, J., A. V. BOCK, A. V. HILL, T. R. PARSONS, W. PARSONS u. R. SHOJI: Journ. of physiol. Bd. 56, S. 169. 1922.

[3] KROGH, A., u. I. LEITCH: Journ. of physiol. Bd. 52, S. 288. 1919.

[4] HASSELBALCH, K. A.: Biochem. Zeitschr. Bd. 78, S. 132. 1916.

[5] DONEGAN, J. F. u. T. R. PARSONS: Journ. of physiol. Bd. 52, S. 315. 1919.

[6] HENDERSON, L. J.: Journ. of biol. chem. Bd. 41, S. 403. 1920.

[7] ADAIR, G. S.: Journ. of physiol. Bd. 55, Proc. S. XVI. 1921.

[8] HILL, A. V.: Journ. of physiol. Bd. 56, S. 176. 1922. Vgl. auch K. A. HASSELBALCH: Biochem. Zeitschr. Bd. 82, S. 282. 1917 u. A. V. HILL: Biochem. journ. Bd. 15, S. 584. 1921.

[9] Siehe S. 473, Fußnote 3.

Die HILLsche Formel hat unzweifelhaft ein Mittel geliefert, um die gefundenen Oxyhämoglobindissoziationskurven in einfacher Weise zu charakterisieren. Es muß aber als höchst wahrscheinlich bezeichnet werden, daß sie die Tatsachen nur empirisch ziemlich richtig wiedergibt, während die zugrunde liegenden Annahmen nicht bestätigt worden sind. Nach der Theorie gibt ja n den Aggregationsgrad der Hämoglobinmoleküle an, wobei angenommen wird, daß ein Molekül Hämoglobin ein Eisenatom enthält. Es muß dann der osmotische Druck des Hämoglobins $1/n$ von demjenigen Werte sein, der vorhanden sein muß, wenn ein Molekül pro Eisenatom kommt. Nun hat aber ADAIR[1] gefunden, daß der osmotisch bestimmte n und n aus der HILLschen Formel nicht parallel gehen. Ferner haben seine osmotischen Messungen[2] ergeben, daß das Molekulargewicht des Hämoglobins etwa 66 700 ist, entsprechend einem n von 4. Zu einem ähnlichen Werte für die Molekulargröße des Hämoglobins sind SVEDBERG und FÅHRAEUS[3] gekommen; sie benutzten eine Methode, die auf das Sedimentierungsgleichgewicht unter dem Einfluß der Zentrifugalkraft fußt.

Neben den jetzt erwähnten Theorien über die Sauerstoffbindung des Hämoglobins sind in den letzten Jahren noch einige dargestellt worden, die hier nur kurz angedeutet werden sollen, da sie vorläufig wenig geprüft sind.

CONANT und SCOTT[4] haben mit Rücksicht auf den Stickstoff des Blutes Verhältnisse gefunden, die mit einer gewissen Adsorption am Hämoglobin übereinstimmen. Sie nehmen per analogiam eine Adsorption von Sauerstoff bzw. Kohlenoxyd am Hämoglobin an. Mit diesem adsorbierten Sauerstoff soll dann die chemische Verbindung stattfinden. Da die Abhängigkeit der adsorbierten Menge vom Drucke[5] durch die Adsorptionsformel $a \cdot p^b$ ausgedrückt wird, wo p der Partiardruck und a und b Konstante sind, bekommt man unter der oben motivierten Angabe, daß jedes Hämoglobinmolekül (Hb_4) 4 Eisenatome enthält, so daß $Hb_4 + 4O_2 \rightleftarrows Hb_4O_8$,

$$\frac{[Hb_4][O_2\text{ads}]^4}{[Hb_4O_8]} = K \quad \text{und, da} \quad O_2\text{ads} = a \cdot p^b$$

$$\frac{[Hb_4]\,p^{4\,b}}{[Hb_4O_8]} = \frac{K}{a^4} = K'.$$

Die Formel ist mit der HILLschen Gleichung identisch, wenn $4b = n$ und K' die gewöhnliche Konstante sind. Wenn b etwa 0,5 ist, wird n etwa 2, braucht aber gar nicht eine ganze Zahl zu sein und auch nicht 4, wie aus der ursprünglichen Aggregationshypothese zu erwarten wäre.

Von ROAF und SMART[6] ist eine Formel unter der Annahme berechnet worden, daß zwischen Hämoglobin und Oxyhämoglobin eine intermediäre Substanz vorkommt. ANSON und MIRSKY[7] sind auf einen ähnlichen Gedankengang wie BOHR gekommen. Nach ihnen handelt es sich im Blute um ein System von Gleichgewichten nach dem folgenden Schema:

Reduziertes „Häm" + Globin $\rightleftarrows$ Globin-Hämochromogen $\rightleftarrows$ red. Hämoglobin
Endlich nimmt ADAIR[8] an, daß das Molekül $Hb_4(O_2)_4$ in Etappen auf- bzw.

---

[1] ADAIR, G. S.: Journ. of physiol. Bd. 60, Proc. S. VI. 1925.

[2] ADAIR, G. S.: Proc. of the roy. soc. of London, Ser. A, Bd. 108, S. 627. 1925.

[3] SVEDBERG, T., u. R. FÅHRAEUS: Journ. of the Americ. chem. soc. Bd. 48, S. 430. 1926.

[4] CONANT, J. B. u. N. D. SCOTT: Journ. of biol. chem. Bd. 68, S. 107. 1926.

[5] FREUNDLICH, H.: Capillarchemie, 3. Aufl., S. 163. Leipzig 1923.

[6] ROAF, E. H. u. W. A. M. SMART: Journ. of physiol. Bd. 59, Proc. S. LI. 1924. Vgl. J. B. CONANT: Journ. of biol. chem. Bd. 57, S. 401. 1923.

[7] ANSON, M. L. u. A. E. MIRSKY: Journ. of physiol. Bd. 60, S. 56. 1925.

[8] ADAIR, G. S.: Journ. of biol. chem. Bd. 63, S. 533. 1925.

abgebaut wird, und leitet daraus die allgemeine Formel $y = f(Kx)$ ab, wo y die Sättigung und x den Sauerstoffdruck bedeuten.

Was die Einwirkung der cH auf das Gleichgewicht zwischen Sauerstoff bzw. Kohlenoxyd und Hämoglobin betrifft, muß sie[1] von einer chemischen Reaktion abhängig sein, bei der sowohl Hämoglobin wie die betreffenden Säuren beteiligt sind. Die ursprüngliche Annahme Bohrs[2], daß die Kohlensäure durch direkte Bindung zum Globinteil die Verbindung zwischen diesen und dem Farbstoffteil ändern und dadurch die erniedrigte Sauerstoffaufnahme bewirken sollte, läßt sich nicht mehr aufrecht halten[1]. Die andere Möglichkeit, mit der man zu rechnen hat[1], ist, daß Hämoglobin eine schwache Säure ist und mit der Kohlensäure um das Alkali konkurriert. Hinzufügung einer Säure drängt dann die Dissoziation des Hämoglobins zurück. Eine Konsequenz dieser Auffassung ist (vgl. S. 493), daß Oxyhämoglobin bzw. Kohlenoxydhämoglobin eine stärkere Säure als Hämoglobin sein muß[3]. Es muß ferner die Annahme gemacht werden[1], daß die Salze des Hämoglobins — oder vielleicht eher, wie Parsons und Parsons[4] hervorgehoben haben — die geladenen Hämoglobinionen größere Affinität für Sauerstoff als das saure Hämoglobin bzw. die undissoziierten Hämoglobinmoleküle besitzen. Nach Henderson wird bei der Sauerstoffsättigung für jedes Molekül Sauerstoff, das aufgenommen wird, ein saures Wasserstoffatom seine Dissoziationskonstante gesteigert bekommen und umgekehrt bei der Reduktion. [Die Berechnung basiert auf die Annahme eines Molekulargewichts des Hämoglobins von 16700. Mit den wahrscheinlicheren, viermal so großen Werten (vgl. S. 487) müssen deshalb vier saure Gruppen beteiligt sein[5].] Nach Brown und Hill[6] dagegen wird nur eine saure Gruppe für n Moleküle Sauerstoff in ihrer Acidität beeinflußt, wenn n dieselbe Bedeutung hat wie in Hills Formel. Sie nehmen also an, daß das Hämoglobin und das Oxyhämoglobin (bzw. das Kohlenoxydhämoglobin) als undissoziierte Säuren $H(Hb)_n$, $H(HbO_2)_n$ oder $H(HbCO)_n$ oder stark dissoziierte Salze $B^+ + (Hb)_n^-$, bzw. $(HbO_2)_n^-$ oder $(HbCO)_n^-$ im Blute existieren. Es gelten dann die folgenden Gleichungen:

$$H(Hb)_n \rightleftarrows H^+ + (Hb)_n^- \qquad \text{Gleichgewichtskonstante } K_1$$
$$H(Hb)_n + nO_2 \rightleftarrows H(HbO_2)_n \qquad\qquad\quad \text{,,} \qquad K_2$$
$$(Hb)_n^- + nO_2 \rightleftarrows (HbO_2)_n \qquad\qquad\qquad \text{,,} \qquad K_3$$
$$H(HbO_2)_n \rightleftarrows H^+ + (HbO_2)_n^- \qquad\qquad \text{,,} \qquad K_4$$

Die Gleichgewichtsbedingung ist offenbar $K_1 K_3 = K_2 K_4$. Unter diesen Voraussetzungen berechnen sie dann aus den früher erwähnten Beobachtungen von Barcroft und Murray die Dissoziationskonstante des Oxyhämoglobins (K_4) zu $5 \cdot 10^{-7}$ — d. h. etwa von derselben Größe wie für Kohlensäure —, und diejenige des Hämoglobins (K_1) zu $7,5 \cdot 10^{-9}$, so daß also die Dissoziationskonstante des Oxyhämoglobins 67mal so groß wie die des Hämoglobins sein soll. Damit die obige Gleichung gilt, muß also K_3/K_2 auch etwa 67 sein, d. h. das Ion $[Hb]_n$ muß 67mal so große Affinität für Sauerstoff und Kohlenoxyd haben wie die undissoziierte Säure, $H[Hb]_n$.

---

[1] Henderson, L. J.: Journ. of biol. chem. Bd. 41, S. 404. 1920.

[2] Bohr, Chr.: Nagels Handb. S. 71.

[3] Hasselbalch, K. A. u. C. Lundsgaard: Biochem. Zeitschr. Bd. 38, S. 88. 1912. Christiansen, J., C. G. Douglas u. J. S. Haldane: Journ. of physiol. Bd. 48, S. 244. 1914. — Hasselbalch, K. A.: Biochem. Zeitschr. Bd. 78, S. 112. 1916. — Parsons, T. R.: Journ. of physiol. Bd. 53, S. 42. 1919.

[4] Parsons, T. R. u. W. Parsons: Journ. of physiol. Bd. 56, S. 17. 1922.

[5] Cohn, E. J. u. A. M. Prentiss: Journ. of gen. physiol. Bd. 8, S. 624. 1927.

[6] Brown, W. E. L. u. A. V. Hill: Proc. of the roy. soc. of London, Ser. B, Bd. 94, S. 326. 1923.

Quantitative Bestimmungen[1] über die sauren Eigenschaften des Pferde- bzw. des Hundehämoglobins stimmen gut mit der Theorie von HENDERSON. Die für das Pferdehämoglobin gefundenen Änderungen bei vollständiger Sättigung mit Sauerstoff entsprachen einer Steigerung der Dissoziationskonstante einer sauren Gruppe des Hämoglobinmoleküls um 29mal. Für Hundehämoglobin war die entsprechende Zahl 17. Dagegen war die Übereinstimmung mit der Hypothese von BROWN und HILL wenig befriedigend.

Wenn das Gesetz der Massenwirkung auf die Geschwindigkeit bei der Reduktion des Oxyhämoglobins bzw. der Sauerstoffaufnahme des reduzierten Hämoglobins in verdünnten Lösungen angepaßt wird[2], dann erhält man aus $[Hb] + [O_2] \rightleftarrows [HbO_2]$ durch Differentiation

$$\frac{d[HbO_2]}{dt} = k_1[O_2] \cdot [Hb] - k_2[HbO_2],$$

wobei k_1 und k_2 die betreffenden Geschwindigkeitskonstanten sind. Wird die HILLsche Gleichung gebraucht, erhält man

$$\frac{d[(HbO_2)_n]}{dt} = k_1 \cdot [O_2]_n[Hb_n] - k_2[(HbO_2)_n].$$

In den Versuchen von HARTRIDGE und ROUGHTON, wo der gelöste Sauerstoff durch Natriumhydrosulphit entfernt wurde, ist $[O_2]$ so klein, daß sie vernachlässigt werden kann. Aus der obigen Gleichung kann also k_2 bestimmt werden. Nach Integration zwischen t_1 und t_2 erhält man $\log_e$ $[HbO_2]$ bei $t_1 - \log_e [HbO_2]$ bei $t_2 = k_2 [t_2 - t_1]$, so daß also ein lineares Verhältnis zwischen $\log [HbO_2]$ und t vorhanden sein muß (monomolekulare Reaktion), was vollkommen mit den Beobachtungen übereinstimmte. Da, wie oben hervorgehoben, ionisiertes Hämoglobin wahrscheinlich größere Affinität zum Sauerstoff als nichtionisiertes Hämoglobin besitzt, wäre zu erwarten, daß auch die Reduktionsgeschwindigkeit der beiden verschieden sein sollte. In Übereinstimmung damit zeigte sich bei Steigerung der cH (Zurückdrängung der Dissoziation) größere Reaktionsgeschwindigkeit (vgl. Abb. 55). Durch entsprechende Versuche kann k_1 festgestellt werden, wobei indessen k_2 gleichzeitig durch besondere Bestimmungen wie oben ermittelt werden muß. Hierbei stellte sich übereinstimmend in Versuchen mit wechselnden Hämoglobinkonzentrationen heraus, daß die Sauerstoffaufnahme nach einer bimolekularen Reaktion stattfindet. Endlich wurde gezeigt, daß der Wert von K für die Dissoziationskurve — in diesen Versuchen war sie eine rechtwinklige Hyperbel — sehr gut mit dem Werte übereinstimmte, der aus k_1/k_2 erhalten wird. Die Abhängigkeit $K : s$ von Temperatur und p_H beruht offenbar fast nur auf Änderungen der Reduktionsgeschwindigkeit.

2. Kohlensäure[3].

Der Kohlensäuregehalt des Blutes (vgl. S. 451) ist offenbar viel größer, als der einfachen physikalischen Lösung entspricht. In der Tat wurde auch schon kurze Zeit nach den ersten unsicheren Beobachtungen über das Vorkommen

---

[1] HASTINGS, A. B., D. D. VAN SLYKE, J. M. NEILL, M. HEIDELBERGER u. C. R. HARINGTON: Journ. of biol. chem. Bd. 60, S. 89. 1924.

[2] HARTRIDGE, H. u. F. J. W. ROUGHTON: Proc. of the roy. soc. of London, Ser. A, Bd. 104, S. 415. 1923 u. Bd. 107, S. 663. 1925.

[3] Ausführliches über die historische Entwicklung bei N. ZUNTZ: Herrmans Handb., sowie bei E. WARBURG: Biochem. journ. Bd. 16, S. 266. 1922.

von Kohlensäure im Blute von verschiedenen Seiten[1] hervorgehoben, daß sie dort chemisch gebunden, und zwar an Alkali, evtl. als Bicarbonat vorhanden sein dürfte. Erst später wurde man darüber klar, daß die Kohlensäure auch in physikalisch gelöstem Zustande im Blute vorkommt. So nahm Stevens[2] an, daß die Kohlensäure des Blutes sowohl in der erwähnten Weise gebunden als auch in freier Form existiert, und er vergleicht damit das Vorkommen von Kohlensäure in einem alkalischen Mineralwasser. In gleicher Weise sah Meyer[3] große Ähnlichkeit zwischen dem Verhalten des Blutes gegenüber Kohlensäure und dem einer Sodalösung. Wie bei dieser konnte er einen Teil der Kohlensäure erst durch gleichzeitige Anwendung von Säure und Vakuum in Freiheit setzen, was sich schon in Versuchen von Mitscherlich, Gmelin und Tiedemann[4] herausgestellt hatte. Einen gewissen quantitativen Unterschied beobachtete Meyer aber insofern, als die Kohlensäure des Blutes relativ leichter als die der Sodalösung abgetrennt wurde.

Noch deutlicher trat der Unterschied in Versuchen von Setschenow[5] hervor, und Pflüger[6] erbrachte den wichtigen Nachweis, daß man die gesamte Kohlensäure des Blutes bei gutem Vakuum ohne Säurezusatz entfernen konnte, ja es gelang ihm sogar, noch dazu die Kohlensäure einer hinzugefügten kleinen Menge Sodalösung auszutreiben. Vom Serum konnte er die gesamte Kohlensäure dagegen nicht durch Vakuum allein freimachen, obgleich auch hier relativ mehr Kohlensäure erhalten wurde als bei einer entsprechenden Bicarbonatlösung. Pflüger schloß daraus, daß die Kohlensäure im Blute teilweise durch Säurewirkung ausgetrieben wurde, und er betrachtete das Hämoglobin und die Serumproteine als die betreffenden Säuren. Daß es sich hierbei nicht, wie Hoppe-Seyler[7] vermutete, um eine Zerstörung des Hämoglobins mit Bildung von Säure handelte, ging daraus hervor, daß Blut nach dem Herauspumpen ebenso viel Kohlensäure als vorher aufzunehmen vermochte[8,9].

Der quantitative Unterschied zwischen der Bindung von Kohlensäure im Blute und in einer Bicarbonatlösung wurde von Gaule[8] und Setschenow[10] demonstriert und geht besonders deutlich aus den Versuchen Bohrs[11] hervor (vgl. S. 492). Der Unterschied besteht teils darin, daß aus der Bicarbonatlösung durch Vakuum allein nur die Hälfte der gebundenen Kohlensäure, beim Blut dagegen diese, wie oben erwähnt, vollständig frei wird, teils aber auch darin, daß die Form der Kohlensäureabsorptionskurven stark voneinander abweichen.

Sertoli[12] fand, daß Lösungen von Globulin (aus der Augenlinse bzw. aus Serum) im Vakuum Soda zerlegen können; er faßte die Eiweißkörper des Serums als schwache Säuren auf. Nach Setschenow[10] soll dialysiertes Globulin mehr

[1] Vgl. J. J. Berzelius: Lärbok i kemien, Bd. VI, S. 76. Stockholm 1830.

[2] Stevens, W.: Observations on the healthy and diseased properties of the blood London 1832.

[3] Meyer, L.: Die Gase des Blutes. Inaug.-Dissert. Göttingen 1857. Auch in Zeitschr. f. rat. Med., N. F. Bd. 8, S. 256. 1857.

[4] Mitscherlich, E., L. Gmelin u. F. Tiedemann: Ann. d. Phys. u. Chem. Bd. 31. (2. R., Bd. 1), S. 289. 1834.

[5] Setschenow, J.: Sitzungsber. d. Akad. d. Wiss., Wien. Mathem.-naturw. K. Bd. 36, S. 293. 1859.

[6] Pflüger, E.: Über die Kohlensäure des Blutes. Bonn 1864. Auch in Pflügers Arch. f. d. ges. Physiol. Bd. 1, S. 84. 1868. Vgl. auch W. Preyer: Centralbl. d. f. med. Wissensch. Bd. 5, S. 273. 1867.

[7] Hoppe-Seyler, F.: Centralbl. f. d. med. Wissensch. Bd. 3, S. 65. 1865.

[8] Gaule, J.: Arch. f. (Anat. u.) Physiol. Bd. 2, S. 469. 1878.

[9] Vgl. auch N. Zuntz: Herrmanns Handb. S. 66.

[10] Setschenow, J.: Mém. de l'acad. imp. des sciences de St. Pétersbourg Bd. 26, Nr. 13. 1879.

[11] Bohr, Chr.: Nagels Handb. S. 69.

[12] Sertoli, E.: Hoppe-Seylers med.-chem. Untersuch. Heft 3, S. 350. Berlin 1868.

Kohlensäure aufnehmen können als dem Alkali entspricht[1], und in ähnlicher Weise soll dies für das Hämoglobin der Fall sein.

Aus älteren Beobachtungen (MEYER, SCHÖFFER, PREYER) ging hervor, daß das Serum mehr Kohlensäure als die Blutkörperchen enthielt, ja es wurde sogar die Vermutung ausgesprochen[2], daß die Blutkörperchen nahezu frei von Kohlensäure sein sollten. Durch SCHMIDT[3] wurde indessen festgestellt, daß sie erhebliche Mengen Kohlensäure enthalten, wenigstens $1/3$ der Gesamtkohlensäure.

Zur Erklärung der gefundenen Tatsachen wurde besonders durch ZUNTZ[4] die Auffassung entwickelt, daß im Blute Kohlensäure an Alkali gebunden wird — sowohl in den Blutkörperchen wie im Serum —, daß aber auch Alkaliverbindungen von anderen als schwachen Säuren wirksamen Substanzen im Blut vorkommen. Als solche Säuren des Serums kämen vor allem die Globuline in Betracht; daß die anorganische Phosphorsäure in zu geringer Quantität im Serum vorhanden ist, um hierbei eine nennenswerte Rolle zu spielen, zeigten die Versuche von SERTOLI[5] und MROCZKOWSKI[6]. Die betreffenden alkalibindenden Säuren sollen aber im Serum in so kleinen Mengen vorkommen, daß die Carbonate nicht im Vakuum durch sie allein zerlegt werden können. Dies wird aber ermöglicht, wenn die in den Blutkörperchen vorhandenen Säuren ebenfalls ihre Wirkung ausüben. Die ZUNTZsche Auffassung wurde durch den wichtigen Nachweis[7] wesentlich gestützt, daß Sättigung des Blutes mit Kohlensäure bei hoher Kohlensäurespannung eine Ionenverschiebung bewirkt, so daß die titrierbare Alkalescenz der Blutkörperchen abnahm und die des Serums entsprechend zunahm. Als Säure innerhalb der Blutkörperchen faßte ZUNTZ das Hämoglobin auf. Er meinte, daß unter Umständen (bei hohen Kohlensäurespannungen) Kohlensäure auch direkt an das Hämoglobin oder an Globulin gebunden werden kann, die unter diesen Bedingungen als Base fungieren sollen. Ein Versuch von SETSCHENOW[8] deutete darauf, daß Lecithin ebenfalls als schwache Säure wirkt.

Die klassische Darstellung von ZUNTZ hat einen sehr großen Einfluß auf die weitere Entwicklung unserer Kenntnisse auf diesem Gebiet ausgeübt, und ich werde im folgenden auf verschiedene Punkte darin zurückkommen.

a) Allgemeines über die Kohlensäureabsorptionskurve des Blutes.

Aus Versuchen von ZUNTZ[9], SETSCHENOW[10] und BERT[11] ging hervor, daß Blut bei wachsender Kohlensäurespannung immer mehr Kohlensäure aufnimmt, daß aber die Zunahme bei niedrigen Drucken schneller als bei hohen stattfindet. Genauere Bestimmungen über den quantitativen Zusammenhang zwischen Kohlensäurespannung und -gehalt des Blutes wurden von JAQUET[12] an defibri-

---

[1] Vgl. hierzu die Kritik von S. TORUP: Om blodets kulsyrebindning, S. 34. Kopenhagen 1887.

[2] LUDWIG, C.: Mediz. Jahrb., Zeitschr. d. k. k. Ges. d. Ärzte, Bd. 1 (21. Jg.), S. 145. Wien 1865.

[3] SCHMIDT, A.: Arb. a. d. physiol. Anstalt zu Leipzig Bd. 2, S. 30. 1868. Auch in Ber. ib. d. Verhandl. d. kgl. sächs. Ges. d. Wiss. zu Leipzig, Math.-phys. Kl., Bd. 19, S. 30. 1867.

[4] ZUNTZ, N.: Herrmanns Handb. S. 68ff. Vgl. auch J. SETSCHENOW: Centralbl. f. d. ned. Wissensch. Bd. 17, S. 369. 1879.

[5] Siehe S. 490, Fußnote 12.

[6] MROCZKOWSKI: Centralbl. f. d. med. Wissensch. Bd. 16, S. 353. 1878.

[7] ZUNTZ, N.: Herrmanns Handb. S. 78.

[8] Vgl. N. ZUNTZ: Herrmanns Handb. S. 70. Siehe auch Fußnote 10, S. 20.

[9] ZUNTZ, N.: Centralbl. f. d. med. Wissensch. Bd. 5, S. 529. 1867.

[10] SETSCHENOW, J.: Mém. de l'acad. imp. des sciences de St. Pétersbourg Bd. 26, Nr. 13, '. 44. 1879.

[11] BERT, P.: La pression barométrique, S. 985. Paris 1878.

[12] JAQUET, A.: Arch. f. exp. Pathol. u. Pharmakol. Bd. 30, S. 328. 1892.

niertem Ochsenblut und von Bohr[1] an Hundeblut gemacht. Für Menschenblut
wurden die betreffenden Beziehungen von Christiansen, Douglas und Haldane[2] zuerst untersucht. Abb. 57 gibt die Kohlensäureabsorptionskurve des
menschlichen Blutes bei 37° teils bei Gegenwart von Luft und Kohlensäure,
teils bei Gegenwart von Wasserstoff und Kohlensäure nach diesen Forschern
wieder. Die Verbindungslinie der beiden Kurven zeigt die Richtung an, nach
welcher der Kohlensäuredruck in den Geweben steigt. Zum Vergleich ist eine
vom Origo gehende Gerade gezeichnet, die allen Punkten mit dem p_H 7,34 entspricht (vgl. S. 501). Wie sich aus der Abbildung ergibt, unterscheidet sich die
Kohlensäurebindungs-
kurve dadurch von der
Sauerstoffsättigungs-
kurve des Blutes, daß
sie keine Inflexion be-
sitzt. Außerdem zeigt
sich für die gebundene
Kohlensäuremenge (von
der Kurve der Abb. 57
wird also, um diesen
Wert zu erhalten, die ge-
löste Kohlensäure sub-
trahiert) keine obere
Grenze, sondern sie
steigt ununterbrochen
mit Erhöhung der Koh-
lensäurespannung.

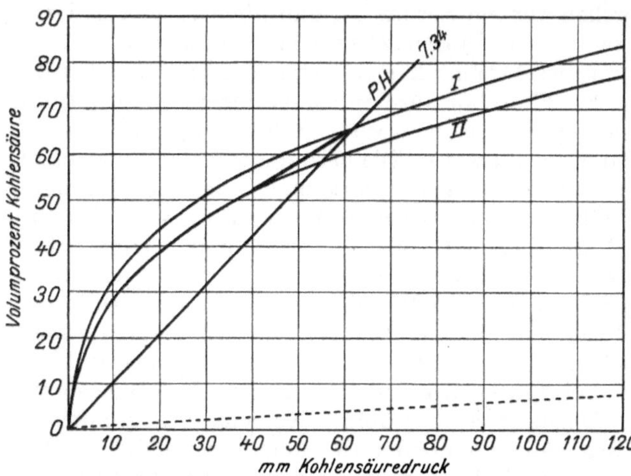

Abb. 57. Untere Kurve: Kohlensäureabsorptionskurve des Blutes bei Anwesenheit von Kohlensäure und Luft. Obere Kurve: Kohlensäureabsorptionskurve des Blutes bei Anwesenheit von Kohlensäure und Wasserstoff.
Gebrochene Linie: physikalisch gelöste Kohlensäure. (Nach Christiansen,
Douglas und Haldane.)

Daß ein Teil der
Kohlensäure des Blutes
als Bicarbonat vorhan-
den sein muß, ist un-
zweifelhaft und geht aus zahlreichen Versuchen hervor[3], bei denen sich
herausstellte, daß Erhöhung der Kohlensäurespannung und Aufnahme von
Kohlensäure die Menge des diffusiblen Alkalis im Blute und im Serum vermehrt. Es fragt sich aber, wie groß dieser Teil ist. Von besonderem Interesse
dabei ist, die Kohlensäureabsorptionskurve des Blutes mit derjenigen einer
Bicarbonatlösung zu vergleichen. Nach Bohr[4] beträgt die relative Sättigung
einer 0,03 normalen Bicarbonatlösung bei 37° und einer Kohlensäurespannung
von 1 mm schon 83,1%, bei 5 mm 95,5% und bei 12,5 mm 98,1%. Für eine
Bicarbonatlösung, die ebensoviel Natrium enthält wie das Blut, lassen sich die
folgenden Werte für die Gesamtkohlensäure berechnen[5] (siehe Tabelle 13).

　　Aus der Abb. 58 ist ersichtlich, daß die betreffende Kurve der Bicarbonatlösung anfangs viel steiler als die Kohlensäureabsorptionskurve des Blutes ver-

[1] Bohr, Chr.: Nagels Handb. S. 105.
[2] Christiansen, J., C. G. Douglas u. J. S. Haldane: Journ. of physiol. Bd. 48,
S. 244. 1914.
[3] Loewy, A. u. N. Zuntz: Pflügers Arch. f. d. ges. Physiol. Bd. 58, S. 511. 1894. —
Lehmann, C.: Ebenda S. 428. — Gürber, A.: Sitzungsber. d. physik.-med. Ges. zu Würzburg 1895, S. 28. — Hamburger, H. J.: Arch. f. (Anat. u.) Physiol. Bd. 22, S. 1. 1898, sowie
Biochem. Zeitschr. Bd. 86, S. 309. 1918. — Rona, P., u. P. György: Biochem. Zeitschr.
Bd. 56, S. 416. 1913. — Bayliss, W. M.: Journ. of physiol. Bd. 53, S. 162. 1919.
[4] Bohr, Chr.: Skandinav. Arch. f. Physiol. Bd. 3, S. 68. 1891. Auch in Nagels Handb.
S. 69.
[5] Parsons, T. R.: Journ. of physiol. Bd. 53, S. 55. 1919.

Tabelle 13. Gesamtkohlensäure einer 0,0484 normalen Bicarbonatlösung.

Kohlensäurespannung mm Hg	10	20	30	40	55	70	90
Gesamtkohlensäure . . . Vol.-%	100,0	104,3	106,4	108,0	110,0	111,3	113,5

läuft, bei Erhöhung der Kohlensäurespannung über etwa 10 mm steigt die Kurve der Bicarbonatlösung nur wenig (in der Hauptsache der gelösten Kohlensäure wegen), während die Kurve für das Blut auch dann wesentliche Zunahme des Kohlensäuregehaltes aufweist.

Für abgetrenntes Blutserum, das verschiedenen Kohlensäurespannungen ausgesetzt wurde, haben ZUNTZ[1], SETSCHENOW[2], GAULE[3], JAQUET[4] und NAGEL[5] Bestimmungen gemacht, aus denen hervorgeht, daß die Kohlensäureabsorptionskurve des Serums ebenfalls von der des Blutes wesentlich abweichend ist. Dasselbe tritt in HASSELBALCHS[6] Versuchen zutage, die für Blutkörperchen dagegen einen noch steileren Verlauf als für das Gesamtblut ergaben. Außerdem hat sich herausgestellt, daß, je höher die Kohlensäurespannung bei der Abtrennung des Serums vom Blute ist, desto mehr wird die Kohlensäurebindungskurve des Serums nach oben verschoben[7].

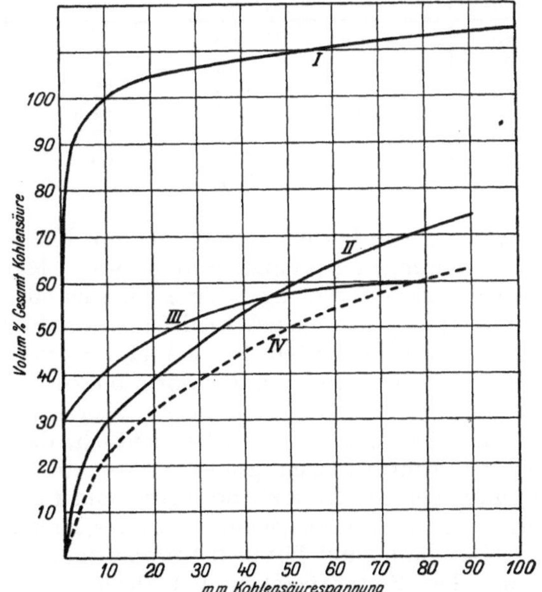

Abb. 58. Kohlensäureabsorptionskurven. *I* von einer 0,0484 normalen Bicarbonatlösung. *II* von wahrem Blutplasma. *III* von Serum, das bei 44,5 mm Kohlensäuredruck abgetrennt wurde. *IV* von Blut.

In der Abb. 58 wird zum Vergleich eine Kohlensäureabsorptionskurve des abgetrennten Serums nach JOFFE und POULTON[8] mitgeteilt. Die Neigung dieser Kurve weicht von derjenigen der Bicarbonatlösung unbedeutend in derselben Richtung wie die des Blutes ab. Unter physiologischen Kohlensäurespannungen nimmt also abgetrenntes Plasma oder Serum bei Erhöhung der Kohlensäurespannung etwas mehr Kohlensäure als eine Bicarbonatlösung, und das Blut wiederum weit mehr als das abgetrennte Serum auf. Diese Eigenschaft des Blutes ist, wie aus den eben erwähnten Verhältnissen geschlossen werden muß, zu einem wesentlichen Grade von den Blutkörperchen abhängig. Sie spielt sich aber zum Teil im Serum bzw. Plasma ab, wie sich aus Untersuchungen ergibt, bei denen der Kohlensäuregehalt des Serums bzw. des Plasmas bestimmt wurde, nachdem das betreffende Blut vor der

---

[1] ZUNTZ, N.: Beiträge zur Physiologie des Blutes. Dissert. Bonn 1868.

[2] SETSCHENOW, J.: Mém. de l'acad. imp. des sciences de St. Pétersbourg Bd. 26, Nr. 13, S. 9. 1879.

[3] GAULE, J.: Arch. f. (Anat. u.) Physiol. Bd. 2, S. 469. 1878.

[4] JAQUET, A.: Arch. f. exp. Pathol. u. Pharmakol. Bd. 30, S. 335. 1892.

[5] NAGEL, W.: Skandinav. Arch. f. Physiol. Bd. 17, S. 294. 1905.

[6] HASSELBALCH, K. A.: Biochem. Zeitschr. Bd. 78, S. 128. 1916.

[7] HASSELBALCH, K. A. u. E. J. WARBURG: Biochem. Zeitschr. Bd. 86, S. 410. 1918.

[8] JOFFE, J., u. E. P. POULTON: Journ. of physiol. Bd. 54, S. 129. 1920.

Tabelle 14. Verteilung der Kohlensäure zwischen Plasma, bzw. Blutkörperchen-

Kohlen-säure spannung mm Hg	Gesamt-kohlensäure von 100 ccm des mit Sauerstoff gesättigten Blutes ccm	Gesamt-kohlensäure von 100 ccm des reduzierten Blutes ccm	Gesamt-Kohlensäure in 100 ccm des bei 44,5 mm Kohlensäure-druck abgetrennten Serums ccm	Gesamt-Kohlensäure in 100 ccm des wahren Plasmas des mit Sauer-stoff gesättigten Blutes ccm	Gesamt-Kohlensäure in 100 ccm des wahren Plasmas des reduzierten Blutes ccm	Gebundene Kohlensäure in 100 ccm des wahren Plasmas des mit Sauer-stoff gesättigten Blutes ccm
10	22,4	27,0	41,5	29,9	32,0	29,4
20	31,8	37,3	48	39,3	43,4	38,3
30	39,0	44,5	52	46,8	50,7	45,3
40	45,0	50,4	54,5	52,8	57,1	50,8
55	52,3	58,1	57,5	61,0	65,1	58,2
70	58,5	65,0	60	67,8	72,0	64,2
90	64,3	73,0	—	74,1	79,5	69,5

Gewinnung von Serum oder Plasma mit Kohlensäure bei verschiedenen Kohlen-säurespannungen gesättigt worden war. Man erhält dann die Kohlensäure-absorptionskurve des sog. wahren Serums oder Plasmas, d. h. des Plasmas, wie es unter physiologischen Verhältnissen im Blute tatsächlich vorkommt. In der Tabelle 14 werden nach Joffe und Poulton zahlenmäßige Angaben hierüber mitgeteilt. Die Kohlensäureabsorptionskurve des wahren Plasmas ist, wie die Abb. 58 demonstriert, sogar noch steiler als die des Gesamtblutes.

Aus der Tabelle 14 wird ersichtlich, daß die Menge der Kohlensäure pro 100 ccm wahres Plasma größer ist als pro 100 ccm Blut, wie sich schon in Be-obachtungen von Zuntz[1], Schmidt[2] und Fredericq[3] herausgestellt hatte. Bei normalem Hämoglobingehalt steigt der Kohlensäuregehalt des wahren Plasmas nach Campbell und Poulton[4] proportional dem Kohlensäuregehalt des Blutes. Wenn aber Blutkörperchen und abgetrenntes Plasma je für sich einer hohen Kohlensäurespannung ausgesetzt werden, können unter Umständen die Blut-körperchen mehr Kohlensäure als das Plasma aufnehmen[5].

Während also die Blutkörperchen unter gewöhnlichen Umständen pro Volumeinheit weniger Kohlensäure als das wahre Plasma enthalten, ist die relative Zunahme des Kohlensäuregehaltes bei Erhöhung der Kohlensäure-spannung bei den Blutkörperchen größer als beim Plasma. Beispielsweise ergibt sich aus der Tabelle 14 für Blut, das mit Sauerstoff gesättigt ist, bei einem Kohlensäuredruck von 10 mm für das Verhältnis

$$\frac{\text{gebundene Kohlensäure in 100 ccm Blutkörperchen}}{\text{gebundene Kohlensäure in 100 ccm Serum}}$$

die Zahl 0,50, bei dem Kohlensäuredruck 90 mm dagegen 0,73. Bei sehr hohen Kohlensäurespannungen hat man sogar Werte oberhalb 1 gefunden[6] (vgl. auch S. 508).

Ein außerordentlich wichtiger Umstand mit Rücksicht auf die Kohlen-säurebindung des Blutes ist ferner, daß die relative Sättigung des Hämoglobins mit Sauerstoff die Kohlensäurebindung sowie die dadurch bedingten Beziehungen

[1] Zuntz, N.: Centralbl. f. d. med. Wissensch. Bd. 5, S. 529. 1867.
[2] Schmidt, A.: Ber. üb. d. Verhandl. d. kgl. sächs. Ges. d. Wissensch. zu Leipzig, math.-phys. Kl. Bd. 19, S. 30. 1867. Auch in Arb. a. d. physiol. Anstalt zu Leipzig Bd. 2, S. 30. 1868.
[3] Fredericq, L.: Recherches sur la constitution du plasma sanguin. Gand 1878.
[4] Campbell, J. M. H. u. E. P. Poulton: Journ. of physiol. Bd. 54, S. 152. 1920.
[5] Vgl. S. 493, Fußnote 7.
[6] Mukai, G.: Journ. of physiol. Bd. 55, S. 356. 1921.

Serum, und Blutkörperchen bei 38° (nach Joffe und Poulton).
volumen 50,93%.

Gebundene Kohlensäure in 100 ccm des wahren Plasmas des reduzierten Blutes ccm	Gesamtkohlensäure in 100 ccm Blutkörperchen des mit Sauerstoff gesättigten Blutes ccm	Gesamtkohlensäure in 100 ccm Blutkörperchen des reduzierten Blutes ccm	Gebundene Kohlensäure in 100 ccm Blutkörperchen des mit Sauerstoff gesättigten Blutes ccm	Gebundene Kohlensäure in 100 ccm Blutkörperchen des reduzierten Blutes ccm	Gebundene Kohlensäure in 100 cc Blutkörperchen / Gebundene Kohlensäure in 100 ccm Plasma	
					des mit Sauerstoff gesättigten Blutes	des reduzierten Blutes
31,5	15,1	22,2	14,6	21,7	0,50	0,69
42,4	24,5	31,4	23,6	30,5	0,62	0,72
49,2	31,4	38,5	30,0	37,1	0,66	0,75
55,1	37,5	44,0	35,7	42,2	0,70	0,77
62,3	44,0	51,4	41,5	48,9	0,71	0,78
68,4	49,5	58,3	46,3	55,1	0,72	0,81
74,9	54,8	66,7	50,7	62,6	0,73	0,84

zwischen Blutkörperchen und Plasma beeinflußt. Schon alte Beobachtungen von HOLMGREN[1] schienen dafür zu sprechen, daß der Sauerstoff in irgendeiner Weise die Kohlensäureabgabe des venösen Blutes in den Lungen erleichtern kann. Die Annahme, daß der Sauerstoff auf die gleichzeitige Kohlensäureabsorption einwirken kann, lag ja mit dem Nachweis des Bohreffektes sehr nahe. Direkte Versuche über diese Frage[2] brachten aber BOHR zu der Überzeugung, daß die Wirkung des Sauerstoffs auf die Kohlensäureabsorption, wenn es eine solche gibt, verhältnismäßig gering sein muß. Von einigen Seiten[3,4] wurde zwar hervorgehoben, daß eine Wirkung des Sauerstoffs auf die Kohlensäurebindung des Blutes existiert — und zwar sowohl nach BOHRS eigenen direkten Bestimmungen als auch nach Beobachtungen von LOEWY[3] über den Einfluß des Sauerstoffs auf den osmotischen Druck des Blutes —, aber erst durch die Versuche von CHRISTIANSEN, DOUGLAS und HALDANE[5] wurde der Zusammenhang bewiesen. Hiernach nimmt das vollkommen reduzierte Blut mehr Kohlensäure als das mit Sauerstoff gesättigte auf (vgl. Abb. 57 und Tab. 14). Zwar haben später HAGGARD und HENDERSON[6] angegeben, daß eine Beeinflussung der Sauerstoffsättigung auf die Kohlensäurebindung des Oxalatblutes nicht vorhanden ist. Beobachtungen von anderen Seiten[7] haben aber die Angaben von CHRISTIANSEN, DOUGLAS und HALDANE sowohl für defibriniertes Blut wie für Oxalatblut bestätigt. Daß die betreffende Einwirkung der Sauerstoffsättigung auf den Kohlensäuregehalt des Blutes bei gegebener Kohlensäurespannung auch in vivo nachgewiesen werden kann, haben DOUGLAS und HALDANE[8] gezeigt. CHRISTIANSEN, DOUGLAS und HALDANE führten als mögliche Erklärung der gefundenen Tatsachen an, daß Oxyhämoglobin eine stärkere Säure als reduziertes Hämoglobin sein könnte, weshalb es die Kohlensäure teilweise austreiben sollte.

[1] HOLMGREN, F.: Sitzungsber. d. Akad. d. Wiss., Wien. Mathem.-naturw. Kl. Bd. 48, S. 646. 1863. Vgl. jedoch C. LUDWIG: Med. Jahrb., Zeitschr. d. k. k. Ges. d. Ärzte Bd. 1 (21. Jg.), S. 145. Wien 1865.
[2] BOHR, CHR.: Skandinav. Arch. f. Physiol. Bd. 3, S. 61. 1891 u. Nagels Handb. S. 106.
[3] LOEWY, A.: Berlin. klin. Wochenschr. Bd. 40, S. 23. 1903, sowie Oppenheimers Handb. 1. Aufl., Bd. IV, S. 56. Jena 1911.
[4] HASSELBALCH, K. A., u. C. LUNDSGAARD: Biochem. Zeitschr. Bd. 38, S. 88. 1912.
[5] CHRISTIANSEN, J., C. G. DOUGLAS u. J. S. HALDANE: Journ. of physiol. Bd. 48, S. 244. 1914.
[6] HAGGARD, H. W. u. Y. HENDERSON: Journ. of biol. chem. Bd. 45, S. 215. 1920.
[7] JOFFE, J. u. E. P. POULTON: Journ. of physiol. Bd. 54, S. 129. 1920. — PETERS, J. P., D. P. BARR u. F. D. RULE: Journ. of biol. chem. Bd. 45, S. 498. 1921. — DOISY, E. A., A. P. BRIGGS, E. P. EATON u. W. H. CHAMBERS: Ebenda Bd. 54, S. 310. 1922.
[8] DOUGLAS, C. G. u. J. S. HALDANE: Journ. of physiol. Bd. 56, S. 76. 1922.

Die Wirkung der Kohlensäure auf die Sauerstoffdissoziationskurve und die jetzt erwähnte umgekehrte Einwirkung des Sauerstoffs auf die Kohlensäurebindung dürften aus thermodynamischen Gründen mit Notwendigkeit zu einer solchen Annahme leiten[1]. In der Tat fand auch Parsons[2], daß mit Sauerstoff gesättigtes Blut bei konstanter Kohlensäurespannung saurer ist als reduziertes, entsprechend eines Unterschiedes der p_H-Werte um 0,038. Es hat sich ferner herausgestellt, daß die Sättigung des Blutes mit Sauerstoff vor allem den Kohlensäuregehalt der Blutkörperchen herabsetzt, während das Plasma weniger beeinflußt wird (vgl. die Tab. 14).

Neulich hat man auch für hämocyaninhaltiges Blut feststellen können, daß die Sauerstoffsättigung eine erniedrigte Kohlensäureaufnahme bei solchen Tieren bewirkt, deren Sauerstoffsättigungskurve durch Kohlensäure herabgedrückt wird (Loligo[3], Maia[4]). Umgekehrt bewirkte Sättigung des Hämocyanins mit Sauerstoff erhöhte Kohlensäureaufnahme bei solchen Tierarten (Limulus, Busycon[3]), deren Sauerstoffaufnahme durch Kohlensäure gesteigert wurde. Diese interessanten Verhältnisse scheinen darauf hinzudeuten, daß erhöhte Sauerstoffbindung entsteht, wenn man sich den isoelektrischen Punkt nähert; je nach der Ausgangslage kann das aber durch Erhöhung bzw. Erniedrigung der cH geschehen (vgl. S. 473).

Die physiologische Bedeutung der Wirkung des Sauerstoffs auf die Kohlensäureaufnahme des Blutes dürfte darin liegen, daß sie den Gasaustausch in den Geweben ermöglicht, ohne daß die Kohlensäurespannung und damit die cH des Blutes allzu großen Schwankungen unterworfen werden (vgl. die Pufferung des Blutes). Gleichzeitig mit der in den Geweben stattfindenden Reduktion steigt ja die Fähigkeit des Blutes, die abgegebene Kohlensäure bei wenig verändertem Kohlensäuredrucke aufzunehmen. Hill berechnet[5] aus den Zahlen von Christiansen, Douglas und Haldane, daß der Verlust des Blutes von etwa 2 Vol. Sauerstoff bewirkt, daß 1 Vol. Kohlensäure isohydrisch, d. h. ohne Änderung der Wasserstoffionenkonzentration, aufgenommen werden kann. Doisy, Briggs und Chouke[6] finden das Verhältnis 2 : 1, Doisy, Briggs, Eaton und Chambers[7] zu 2,3 : 1, und ein Wert von 2,0 ergibt sich — bei physiologischen Kohlensäurespannungen — nach Tab. 18. Die Absorption der Kohlensäure aus den Geweben zum Blute geschieht also etwa nach der Linie, welche die beiden Kurven der Abb. 57 miteinander verbindet. Wie ersichtlich, wird hierdurch die Abweichung von dem Isopleth (vgl. S. 501) wesentlich verringert. Neuere Untersuchungen sprechen auch dafür, daß das gemischte venöse Blut nur ganz unbedeutend (entsprechend etwa 0,01 bis 0,04 p_H) saurer als das arterielle Blut ist[8]. In ganz entsprechender Weise erleichtert die Sättigung des Hämoglobins mit Sauerstoff in den Lungen die Kohlensäureabgabe an die Lungenluft[9].

---

[1] Hill, A. V.: Biochem. journ. Bd. 17, S. 544. 1923.

[2] Parsons, T. R.: Journ. of physiol. Bd. 51, S. 440. 1917.

[3] Redfield, A. C., T. Coolidge u. A. L. Hurd: Journ. of biol. chem. Bd. 69, S. 475. 1926.

[4] Kerridge, P. M. T.: Journ. of physiol. Bd. 62, S. 65. 1926.

[5] Hill, A. V.: Biochem. journ. Bd. 15, S. 517. 1921, sowie Journ. of biol. chem. Bd. 51. S. 359. 1922.

[6] Doisy, E. A., A. P. Briggs u. K. S. Chouke: Journ. of biol. chem. Bd. 50, Proc. S. XLVIII. 1922.

[7] Doisy, E. A., A. P. Briggs, E. P. Eaton u. W. H. Chambers: Journ. of biol. chem. Bd. 54, S. 305. 1922.

[8] Vgl. D. W. Wilson: Physiol. reviews Bd. 3, S. 295. 1923. — Liegeois, F. C.: C. R. de la soc. de biol. Bd. 96, S. 425. 1926.

[9] Vgl. dieses Handb. Bd. II, S. 228. 1925.

Erwähnt sei in diesem Zusammenhange, daß die Kohlensäureabsorptionskurve des Blutes bzw. des Serums von der Temperatur beeinflußt wird, wie CASPARI und LOEWY[1] nachwiesen. Bei niedrigerer Temperatur wird ja die Löslichkeit der Kohlensäure im Blute gesteigert, durch die Steigerung der Konzentration der freien Kohlensäure nimmt aber auch die chemisch gebundene Kohlensäure zu. Dazu kommt noch, daß die Gleichgewichtskonstante der Puffersysteme durch die Temperatur geändert wird (vgl. S. 500). In der Tat bleibt das Verhältnis zwischen gelöster und gebundener Kohlensäure bei konstanter Kohlensäurespannung von der Temperatur beinahe unverändert[2].

b) Mechanismus der Kohlensäurebindung des Blutes.

Bei dem Versuch, den Mechanismus der Kohlensäurebindung des Blutes zu erklären, ist man vor allem der von ZUNTZ entwickelten Auffassung gefolgt. Es ist also teils angenommen worden, daß Kohlensäure außer in Form von Bicarbonat auch als leicht dissoziable Verbindung mit den verschiedenen Eiweißkörpern des Blutes vorkommt, teils daß die Eiweißkörper als schwache Säuren im Blute wirksam sind und Alkali binden, das wieder nach der Formel

$$\text{H-Protein} + \text{NaHCO}_3 \rightleftarrows \text{Na-Protein} + \text{H}_2\text{CO}_3 \quad (\text{HENDERSON}[3])$$

abgegeben werden kann.

Betreffs einer direkten Bindung der Kohlensäure am Hämoglobin machte BOHR[4] Experimente mit Hämoglobinlösungen, aus denen er schloß, daß die Kohlensäuremenge, die bei den im Blute vorhandenen Kohlensäurespannungen und Hämoglobinkonzentrationen direkt an Hämoglobin gebunden wird, etwa 0,5 bis 0,6 ccm pro Gramm Hämoglobin ausmacht. Wie HENDERSON[5] betont hat, muß aber die cH in den Bestimmungen von BOHR sehr viel höher als im Blut gewesen sein. Da der isoelektrische Punkt des Hämoglobins bei p_H etwa 6,7 bis 6,8 liegt[6], wäre mit der Möglichkeit zu rechnen, daß bei p_H niedriger als dieser Wert das Hämoglobin als Base fungieren und somit Carbonate geben könnte. Dieser Einwand dürfte ebenfalls gegen die entsprechenden Versuche von BUCKMASTER[7] erhoben werden können[8]. Daß Hämoglobin unter physiologischen Verhältnissen als Anione fungiert, ergeben die Beobachtungen von TAYLOR[8]. Bei den Versuchen über die Kohlensäurebindung am Hämoglobin kommt noch hinzu, daß die verwendeten Hämoglobinpräparate wahrscheinlich sehr wechselnde Mengen Alkali enthalten haben[9], da dieses sehr zähe am Hämoglobin festhält. In Versuchen, wo das Hämoglobin so gut wie kein Alkali enthielt, fand ADAIR[10] für die direkte Bindung eine mit zunehmendem Kohlensäure-

[1] CASPARI, W. u. A. LOEWY: Biochem. Zeitschr. Bd. 27, S. 405. 1910. — HAGGARD, H. W.: Journ. of biol. chem. Bd. 44, S. 131. 1920.

[2] ENDRES, G.: Zeitschr. f. d. ges. exp. Med. Bd. 43, S. 324. 1924.

[3] HENDERSON, L. J.: Ergebn. d. Physiol. Bd. 8, S. 316. 1909.

[4] BOHR, CHR.: Beiträge zur Physiologie, CARL LUDWIG zu seinem 70. Geburtstage gewidmet, S. 164. Leipzig 1887. Ferner Skandinav. Arch. f. Physiol. Bd. 3, S. 76. 1891, sowie Nagels Handb. S. 115. Vgl. auch S. JOLIN: Arch. f. (Anat. u.) Physiol. Bd. 13, S. 265. 1889.

[5] HENDERSON, L. J.: Journ. of biol. chem. Bd. 41, S. 405. 1920.

[6] MICHAELIS, L. u. D. TAKAHASHI: Biochem. Zeitschr. Bd. 29, S. 439. 1910. — MICHAELIS, L., u. Z. BIEN: Ebenda Bd. 67, S. 198. 1914. — MICHAELIS, L. u. H. DAVIDSON: Ebenda Bd. 41, S. 102. 1912. — Vgl. auch A. B. HASTINGS, D. D. VAN SLYKE, J. M. NEILL, M. HEIDELBERGER u. C. R. HARINGTON: Journ. of biol. chem. Bd. 60, S. 89. 1924.

[7] BUCKMASTER, G. A.: Journ. of physiol. Bd. 51, S. 164. 1917, sowie Bd. 54, Proc. S. XCII. 1921.

[8] TAYLOR, H.: Proc. of the roy. soc. of London, Ser. B, Bd. 96, S. 383. 1924.

[9] PARSONS, T. R.: Journ. of physiol. Bd. 53, S. 42. 1919.

[10] ADAIR, G. S.: Journ. of biol. chem. Bd. 63, S. 503. 1925.

druck parabolische Kurve. Auch an der alkalischen Seite von p_H 6,7 band das Hämoglobin Kohlensäure (als Hämoglobinbicarbonat?). Er schätzt die Menge Kohlensäure, die im arteriellen Blut direkt an Hämoglobin gebunden wird, auf etwa 2,8 Vol.-%. Zu einem etwas niedrigeren Wert (1 bis 2%) war Henderson[1] gekommen, der auch hervorgehoben hat, daß physiologisch die Schwankungen mit Rücksicht auf diese Menge praktisch ohne Bedeutung sind.

Buckmaster[2] meint, eine direkte Verbindung zwischen Hämoglobin und Kohlensäure spektroskopisch nachgewiesen zu haben; nach den Beobachtungen von Priestley[3] dürfte es sich aber um eine Verunreinigung mit Oxyhämoglobin handeln.

Straub und Meier[4] haben gefunden, daß Blut bei Zunahme der cH, z. B. durch Erhöhung der Kohlensäurespannung, bei zwei verschiedenen Werten von p_H, die jederseits des isoelektrischen Punktes des Hämoglobins liegen, imstande ist, plötzlich ein Molekül Kohlensäure für jedes Atom Eisen — also eine der Sauerstoffkapazität entsprechende Menge Kohlensäure — aufzunehmen, ohne daß die Reaktion geändert wird. Sie waren der Meinung, daß diese Verhältnisse durch eine direkte Bindung der Kohlensäure am Hämoglobin bedingt wurden. T. R. und W. Parsons[5] haben aber gezeigt, daß die betreffenden plötzlichen Änderungen der Kohlensäurebindung — ebenso wie zwei weitere ähnliche Knickungen, die sie bei noch größerer Acidität fanden — auch im wahren Plasma vorhanden sind, so daß sie also mit einem Ionenaustausch zwischen Blutkörperchen und Plasma verbunden sind. Sie erklären die beiden ersten Inflexionen durch die Annahme, daß das Hämoglobin plötzlich je ein Atom Alkali abspaltet, das dann mit der Kohlensäure Bicarbonat gibt.

Auch Bayliss[6] vertritt die Auffassung, daß die Kohlensäure direkt an Hämoglobin gebunden wird, gegen seine Beobachtungen lassen sich aber wichtige Einwände erheben[7].

Bezüglich einer direkten Bindung der Kohlensäure an die Eiweißkörper des Plasmas, die ja schon von Setschenow (vgl. S. 490) angenommen wurde, sind zur Zeit keine Beobachtungen bekannt, die beweisen, daß sie überhaupt unter physiologischen Verhältnissen von praktischer Bedeutung ist. Siegfried[8] hat eine Bindung der Kohlensäure an die Eiweißkörper des Blutes nach dem Carbaminoschema

$$R-N{\overset{H}{\underset{H}{<}}} + CO_2 \rightleftarrows R-N{\overset{H}{\underset{COOH}{<}}}$$
$$|\qquad\qquad\qquad\quad |$$
$$COOH \qquad\qquad\quad COOH$$

angenommen, gestützt auf Beobachtungen an freien Aminosäuren und Polypeptiden. Versuche mit Blut[9] gaben für diese Auffassung keine Anhaltspunkte.

Wenn also eine irgendwie wesentliche direkte Bindung der Kohlensäure an die Eiweißkörper des Blutes unter physiologischen Verhältnissen ausgeschlossen

[1] Henderson, L. J.: Zitiert auf S. 497 Fußnote 5.
[2] Buckmaster, G. A.: Journ. of physiol. Bd. 51, Proc. S. I. 1917.
[3] Priestley, J. G.: Journ. of physiol. Bd. 53, Proc. S. LVIII. 1919.
[4] Straub, H. u. K. Meier: Biochem. Zeitschr. Bd. 89, S. 156. 1918, Bd. 90, S. 305. 1918, sowie Bd. 134, S. 606. 1923.
[5] Parsons, T. R. u. W. Parsons: Journ. of physiol. Bd. 53, Proc. S. C. 1920, sowie ebenda Bd. 56, S. 1. 1922.
[6] Bayliss, W. M.: Journ. of physiol. Bd. 53, S. 162. 1919.
[7] Vgl. T. R. u. W. Parsons: Biochem. Zeitschr. Bd. 126, S. 109. 1921, sowie E. J. Warburg: Biochem. Journ. Bd. 16, S. 297. 1922.
[8] Siegfried, M.: Hoppe-Seylers Zeitschr. f. physiol. Chem. Bd. 44, S. 85. 1905, sowie Bd. 46, S. 401. 1905. — Auch M. Siegfried u. C. Neumann: Ebenda Bd. 54, S. 423. 1908 und M. Siegfried u. H. Liebermann: Ebenda Bd. 54, S. 437. 1908.
[9] Ausenda, C.: Biochem. Zeitschr. Bd. 132, S. 188. 1922.

sein dürfte, kommt als weitere Möglichkeit die oben erwähnte Konkurrenz der Kohlensäure mit anderen schwachen Säuren um das Blutalkali in Betracht. Demnach wäre die chemisch gebundene Kohlensäure nur als Bicarbonat im Blute vorhanden, und die Abweichungen der Kohlensäurebindung des Blutes von derjenigen einer reinen Bicarbonatlösung wären dadurch zu erklären, daß das Blut keine konstante, sondern eine mit steigender Kohlensäurespannung zunehmende Konzentration des Bicarbonats besitzt[1]. Eine solche Annahme führt zu gewissen Konsequenzen mit Rücksicht auf die Wasserstoffionenkonzentration des Blutes. In einer Bicarbonatlösung findet sich gelöste Kohlensäure, von welcher ein bestimmter Teil, dessen exakte Größe unbekannt ist, mit Wasser H_2CO_3 bildet, die nach der Formel $H_2CO_3 \rightleftarrows H^{\cdot} + HCO_3'$ dissoziiert wird. Bei Gleichgewicht gilt also

$$[H^{\cdot}] = k\,\frac{[H_2CO_3]}{[HCO_3']}\,.$$

Bei Anwesenheit des Bicarbonats in der Lösung ist aber H_2CO_3 nur schwach dissoziiert, während das Bicarbonat selbst weitgehend dissoziiert wird. Die Ionen HCO_3' stammen deshalb beinahe ausschließlich aus dem Bicarbonat und können, wenn δ dessen Dissoziationsgrad bezeichnet, gleich $\delta\,[BHCO_3]$ gesetzt werden. Man erhält dann

$$[H^{\cdot}] = \frac{k\,[H_2CO_3]}{\delta\,[BHCO_3]} = \frac{K_1\,[H_2CO_3]}{[BHCO_3]}\,,$$

so daß also die cH der Lösung dem Verhältnis zwischen der freien und der als Bicarbonat gebundenen Kohlensäure proportional ist[1]. Nach Logarithmisierung der Formel bekommt man die oft benutzte Gleichung

$$p_H = pK_1 + \log\frac{[BHCO_3]}{[H_2CO_3]}\,.$$

Vor allem durch HASSELBALCH[2] ist gezeigt worden, daß die in dieser Weise berechneten Werte für p_H des Blutes mit den elektrometrisch bestimmten gut übereinstimmen. Noch besser wird die Übereinstimmung, wenn man berücksichtigt, daß das Blut heterogen ist, so daß die Konzentration der gelösten Substanzen in den verschiedenen Phasen nicht von der mittleren Konzentration im Blute gegeben wird, sowie daß die Aktivität der betreffenden Stoffe für die verschiedenen Phasen verschieden sein kann[3].

Nach HASSELBALCH variiert pK_1 mit dem Bicarbonatgehalt des Blutes, eine Auffassung, die von anderen Seiten[4] bestritten wird. WARBURG[3] hat gefunden, daß pK_1 zwar nicht variiert, daß aber das relative Volumen der Blutkörperchen von der cH abhängig ist (vgl. S. 509), wodurch entsprechende Änderungen in der Relation $[H_2CO_3]/BHCO_3$ entstehen, die eine scheinbare Änderung von pK_1 bewirken.

<hr>

[1] HENDERSON, L. J.: Ergebn. d. Physiol. Bd. 8, S. 254. 1909. Die Frage von der Bedeutung der Kohlensäure für die Reaktion des Blutes wird hier nur insofern gestreift, als dies für die übrige Darstellung nötig ist. Im übrigen sei auf den Abschnitt über cH des Blutes in diesem Handbuch verwiesen, sowie auf L. MICHAELIS: Die Wasserstoffionenkonzentration. Berlin 1914, und The acid base equilibrium of the blood in Med. research counc. spec. rep. Ser. Nr. 72. London 1923. Ferner J. H. AUSTIN u. G. E. CULLEN: Hydrogen ion concentration of the blood in health and disease. Medicine monographs 8. Baltimore 1926.

[2] HASSELBALCH, K. A.: Biochem. Zeitschr. Bd. 78, S. 112. 1916.

[3] WARBURG, E. J.: Biochem. journ. Bd. 16, S. 153. 1916.

[4] MILROY, T. H.: Journ. of physiol. Bd. 51, S. 259. 1917. — PARSONS, T. R.: Journ. of physiol. Bd. 53, S. 42, 340. 1919/20. — MICHAELIS, L.: Biochem. Zeitschr. Bd. 103, S. 53. 1920.

In der Tabelle 14 ist bei 40 mm Kohlensäuredruck die Konzentration des Plasmabicarbonats etwa 0,023 bis 0,025 molar (1 millimolar $BHCO_3$ =2,24 Vol.%) und die der gelösten Kohlensäure 0,0013 molar. Bei einer p_H des Blutes von 7,3 beträgt also pK_1 etwa 6,0. Haggard und Henderson[1] berechneten für Blut den Wert zu 6,10, van Slyke[2] gibt später für normales Blut 6,15 und für Plasma 6,10. Nach Stadie und Martin[3] beträgt pK_1 des Blutes bei 38° 6,15, bei 15° dagegen 6,27. Cullen, Keeler und Robinson[4] fanden für menschliches Serum pK_1 bei 38° den Wert 6,095, bei 20° 6,183.

Durch Transformierung der obigen Gleichung bekommt man

$$[BHCO_3] = K_1 \frac{[CO_2\,\mathrm{gel.}]}{[H^\cdot]}\,,$$

oder, wenn

$$[CO_2\,\mathrm{tot.}]$$

die Konzentration der Gesamtkohlensäure bezeichnet,

$$[BHCO_3] = K_1 \frac{[CO_2\,\mathrm{tot.}] - [BHCO_3]}{[H^\cdot]}\,,$$

woraus

$$[BHCO_3] = \frac{1}{1 + \dfrac{[H^\cdot]}{K_1}}\,[CO_2\,\mathrm{tot.}] = \frac{1}{1 + 10^{\,pK_1 - pH}}\,[CO_2\,\mathrm{tot.}]\,.$$

Eine gleichzeitige Bestimmung der Gesamtkohlensäure und der Reaktion[5] gibt also eine ebenso genaue Beschreibung des Säurebasengleichgewichtes einer Blut- oder Plasmaprobe, wie die Bestimmung von Kohlensäurespannung und -gehalt der Probe[2].

Durch die Tatsache, daß das Verhältnis zwischen der gelösten und der gebundenen Kohlensäure die Reaktion des Blutes bestimmt, erhält die Kohlensäure des Blutes eine wichtige Aufgabe für die annähernde Konstanthaltung der cH des Blutes. Mit Rücksicht darauf, daß die Blutkohlensäure also eine doppelte Aufgabe besitzt — teils um den Gaswechsel zu vermitteln, teils um die Reaktion zu regulieren —, hat man sie auch in Exkret- bzw. Regulationskohlensäure geteilt[6].

c) Die Pufferung des Blutes.

Die gute Übereinstimmung zwischen berechneten und beobachteten p_H-Werten des Blutes, ebenso wie die unten mitgeteilten Beobachtungen über Ionenverschiebungen zwischen Blutkörperchen und Plasma lassen die Auffassung, daß die gebundene Kohlensäure des Blutes praktisch ausschließlich als Bicarbonat vorkommt, als wohlbegründet erscheinen. Es muß aber dann weiter untersucht werden, woher das für die Bicarbonatbildung nötige Alkali stammt.

Da die gelöste Kohlensäure dem betreffenden Partiardrucke proportional steigt, würde für das Blut die Relation $[H_2CO_3]/[BHCO_3]$ und also die cH konstant bleiben, wenn die gebundene Kohlensäuremenge ebenfalls proportional

[1] Haggard, H. W. u. Y. Henderson: Journ. of biol. chem. Bd. 39, S. 163. 1919.

[2] van Slyke, D. D.: Journ. of biol. chem. Bd. 52, S. 495. 1922.

[3] Stadie, W. C. u. K. A. Martin: Journ. of biol. chem. Bd. 60, S. 191. 1924.

[4] Cullen, G. E., H. R. Keeler u. H. W. Robinson: Journ. of biol. chem. Bd. 66, S. 301. 1925. Vgl. auch W. C. Stadie, J. H. Austin u. H. W. Robinson: Ebenda S. 901.

[5] Cullen, G. E.: Journ. of biol. chem. Bd. 52, S. 501. 1922.

[6] Thunberg, T.: Hammarstens Lehrb. d. physiol. Chemie, 9. Aufl., S. 680. München u. Wiesbaden 1922.

dem Drucke zunehmen würde. Wenn man in einem Diagramm, wo Kohlensäurespannung und -menge gegeneinander abgesetzt werden (Kohlensäureabsorptionskurve), vom Nullpunkt eine Gerade zieht, müssen offenbar sämtliche
Punkte der Geraden dieselben Werte für cH aufweisen. Die betreffende Linie
(vgl. Abb. 57), die sog. Reaktionsisoplethe[1] oder Isohydre[2], gibt offenbar ein
einfaches Mittel, um die Reaktion verschiedener Punkte der Kohlensäureabsorptionskurven miteinander zu vergleichen. Je mehr sich die Kurve für die
gebundene Kohlensäure in irgendeinem Punkte einer solchen Linie nähert, d. h.
je steiler sie verläuft, desto vollständiger ist das Blut dort gepuffert, d. h. je
größer wird sein Vermögen, Änderungen in p_H bei Zusatz oder Verlust von
Alkali oder Säure zu widerstehen[3]. Eine ideale Pufferung kommt unter besonderen (nicht physiologischen) Umständen dem Blute zu, indem, wie oben
erwähnt, bei genügender Acidität gewisse Inflexionen vorhanden sind, bei denen
die Kohlensäurebindungskurve für eine kurze Strecke mit der Reaktionsisoplethe
zusammenfällt. Graphisch läßt sich die Pufferung auch so demonstrieren, daß
die p_H-Werte z. B. an der X-Achse und die Kohlensäuremenge (oder die Kohlensäurespannung) an der Y-Achse abgesetzt werden[4]. Bei vollständiger Pufferung
wird dann die betreffende Kurve parallel der Y-Achse, wenn gar keine Pufferung vorhanden ist (z. B. im Wasser) geht die Kurve parallel der X-Achse.
Je vollständiger die Pufferung, desto größer wird offenbar der Winkel mit der
X-Achse.

Als Maß der Pufferung kann demnach die Steilheit der Kohlensäureabsorptionskurve[5] oder die Neigung des erwähnten Kohlensäure-Reaktions-
Diagramms dienen. VAN SLYKE[6] definiert den Pufferungsgrad einer Flüssigkeit
durch den Ausdruck $\dfrac{dB \text{ (in Millimolen)}}{dp_H}$, wo dB die Menge Alkali oder Säure
in Millimolen bedeutet, die hinzugefügt werden muß, um eine Änderung der
p_H um 1 zu bewirken.

Eine Pufferwirkung übt bekanntlich jede schwache Säure oder Base aus[7],
indem zur Neutralisation einer hinzugefügten Menge Alkali oder Säure nicht
nur die freien H- bzw. OH-Ionen, die ja die Reaktion bestimmen, in Anspruch
genommen werden, sondern auch die anfangs undissoziierte Säure oder Base,
die bei fortschreitender Neutralisation immer weitere Ionen abspalten. Noch
größer wird die Pufferung, wenn neben der schwachen Säure ein Salz derselben
anwesend ist, das die Dissoziation der freien Säure zurückdrängt. Für das Blut
bedingt also die Gegenwart von Bicarbonat und Kohlensäure eine kräftige
Pufferung. Verstärkt wird diese dadurch, daß gleichzeitig mit der freien Kohlensäure auch die Bicarbonatkohlensäure zunimmt. Ein Studium der Pufferung
muß also auch über die Quellen des Bicarbonatalkalis näheren Aufschluß geben.

Aus der zitierten Beobachtung, daß die Kohlensäurebindungskurve des
abgetrennten Serums nur wenig von derjenigen einer Bicarbonatlösung verschieden ist, geht hervor, daß hier andere Puffer als Bicarbonat nur eine unbedeutende Rolle spielen. Über die Erklärung dieser tatsächlich vorhandenen

---

[1] Med. research counc. spec. rep. Ser. Nr. 72, S. 16. London 1923.

[2] MICHAELIS, L.: Biochem. Zeitschr. Bd. 103, S. 53. 1920.

[3] Vgl. D. D. VAN SLYKE: Physiol. reviews Bd. 1, S. 141. 1921, sowie Journ. of biol.
chem. Bd. 52, S. 525. 1922.

[4] EVANS, C. L.: Journ. of physiol. Bd. 55, S. 159. 1921.

[5] PETERS, J. P., H. A. BULGER u. A. EISENMAN: Journ. of biol. chem. Bd. 58, S. 747.
1924.

[6] VAN SLYKE, D. D.: Journ. of biol. chem. Bd. 52, S. 525. 1922.

[7] Vgl. hierüber R. HÖBER: Physikalische Chemie der Zelle und der Gewebe, 5. Aufl.,
S. 119. Leipzig 1924.

Extrapufferung gehen die Ansichten etwas auseinander. Die Phosphate sind in so geringen Mengen im Plasma vorhanden[1], daß sie keine Rolle für die Pufferung spielen können. Daß die Wirkung der Eiweißkörper des Serums in dieser Hinsicht ebenfalls unbedeutend sein muß, geht aus Beobachtungen über die Diffusibilität seines Natriums[2] sowie über das Ultrafiltrat hervor[3]. Man hat sogar eine physiologisch wirksame Pufferung der Serumeiweißkörper in Abrede gestellt[2,4]. Bei genügend empfindlicher Methodik läßt sie sich doch bei der physiologischen cH des Blutes nachweisen[5]. Nach Evans[6] bewirkt die Anwesenheit von Natriumchlorid im Serum, daß die Pufferung des Bicarbonats an und für sich steigt, indem ihre Dissoziation zurückgedrängt wird.

Der große Unterschied mit Rücksicht auf die Pufferung des Plasmas bzw. des Serums und des Blutes macht es offenbar, daß die roten Blutkörperchen hierbei von außerordentlicher Bedeutung sind. Schon früher wurde das alte Experiment von Pflüger erwähnt, wonach das Hämoglobin als eine Säure wirkt, indem teils die gesamte Blutkohlensäure durch Vakuum vollständig frei gemacht, teils auch noch eine gewisse Menge Soda von Blut zerlegt werden kann. Buckmaster[7] konnte zwar diese Angabe nicht bestätigen, aber gegen seine Versuche sind verschiedene Bedenken geltend gemacht worden[8], und Adolph sowie Warburg sind zu denselben Ergebnissen wie Pflüger gekommen. Weitere Beweise für die Säurenatur des Hämoglobins sind vor allem von Hasselbalch[9] geliefert worden. Die Pufferwirkung der Blutkörperchen fand er noch wesentlich größer als die des Blutes. Wenn die Kohlensäurespannung einer Bicarbonatlösung von 20 bis 40 mm erhöht wird, wird offenbar [H_2CO_3] verdoppelt, während [$BHCO_3$] beinahe unverändert bleibt. Folglich muß cH verdoppelt werden, d. h. p_H um log 2, also um 0,3 erniedrigt werden. Unter entsprechenden Bedingungen fand Hasselbalch für Serum allein eine Erniedrigung des p_H um 0,27, für Blut um 0,19 und für die Blutkörperchen um 0,11. Weiter stellte sich heraus, daß eine 0,025 normale Bicarbonatlösung, die mit 5% recht mangelhaft dialysiertes Oxyhämoglobin versetzt wurde, ein ganz anderes Aussehen der Kohlensäurebindungskurve als die der Bicarbonatlösung erhielt, und zwar in der Richtung der Blutkurve. Ähnliche Beobachtungen haben Campbell und Poulton[10] mitgeteilt. Adair[11] fand, daß ein Gemisch von reinem menschlichen Hämoglobin, entsprechend einer Sauerstoffkapazität von 18,9 Vol.-%, zusammen mit 0,0434 mol Natriumbicarbonat eine Kurve für die Kohlensäureabsorption gab, die außerordentlich nahe mit derjenigen menschlichen Blutes übereinstimmte, wie die folgende Tabelle zeigt.

[1] Jones, M. R. u. L. L. Nye: Journ. of biol. Bd. 47, S. 321. 1921. — Abderhalden, E., nach Nagels Handb. d. Physiol., Erg.-Bd. S. 80. Braunschweig 1910. Vgl. auch A. Cushny: Journ. of physiol. Bd. 53, S. 391. 1920.

[2] Rona, P., F. Haurowitz u. H. Petow: Biochem. Zeitschr. Bd. 149, S. 393. 1924. — Bayliss, W. M.: Journ. of physiol. Bd. 53, S. 162. 1919.

[3] Cushny, A. R.: Journ. of physiol. Bd. 53, S. 391. 1920.

[4] Mond, R.: Pflügers Arch. f. d. ges. Physiol. Bd. 199, S. 187. 1923. — Mond, R., u. H. Netter: Ebenda Bd. 207, S. 515. 1925.

[5] Campbell, J. M. H. u. E. P. Poulton: Journ. of physiol. Bd. 54, S. 159. 1920. — Evans, C. L.: Ebenda Bd. 55, S. 159. 1921. — van Slyke, D. D., H. Wu u. F. Mc Lean: Journ. of biol. chem. Bd. 56, S. 765. 1923. — Gollwitzer-Meier, K.: Biochem. Zeitschr. Bd. 163, S. 470. 1925.

[6] Evans, C. L.: Journ. of physiol. Bd. 55, S. 159. 1921.

[7] Buckmaster, G. A.: Journ. of physiol. Bd. 51, S. 105. 1917.

[8] Adolph, E. F.: Journ. of physiol. Bd. 54, Proc. S. XXXIV. 1920. — Warburg, E. J.: Biochem. journ. Bd. 16, S. 270. 1922.

[9] Hasselbalch, K. A.: Biochem. Zeitschr. Bd. 78, S. 112. 1916.

[10] Campbell, J. M. H. u. E. P. Poulton: Journ. of physiol. Bd. 54, S. 156. 1920.

[11] Adair, G. S.: Journ. of biol. chem. Bd. 63, S. 515. 1925.

Der unwesentliche Unterschied, der übrigens noch etwas kleiner ausfällt, wenn die Differenz bezüglich der Sauerstoffkapazität in den beiden Fällen berücksichtigt wird, dürfte auf die Pufferwirkung anderer Stoffe zurückgeführt werden müssen.

Die ausschlaggebende Rolle der roten Blutkörperchen für die Pufferung des Blutes ist daraus ersichtlich, daß die Neigung der Kohlensäureabsorptionskurve mit dem Hämoglobingehalt eng verknüpft ist, wie sich aus den Beobachtungen von HASSELBALCH[1] und von BARR und PETERS[2] ergibt. Benutzt man als Maß der Pufferung die Zunahme an gebundene Kohlensäure, wenn der Kohlensäuredruck von 30 auf 60 mm steigt, dann

Tabelle 15. **Kohlensäureabsorptionskurven von Blut und Hämoglobinlösungen.** Kohlensäure in Vol.%.

Kohlensäure-spannung mm Hg	Blut, mit Sauerstoff gesättigt	Blut, reduziert	Hämoglobin-lösung mit Sauerstoff gesättigt	Hämoglobin-lösung reduziert
20	36,6	42,5	36,5	43,0
30	42,9	49,3	42,4	48,7
40	47,9	54,3	47,0	53,2
50	52,1	58,7	51,0	57,0
60	56,2	62,8	54,2	60,5
70	59,9	66,5	57,5	63,5

erhält man nach PETERS, BULGER und EISENMAN[3] die folgende Beziehung: $[CO_2]_{60-30} = 0,334 \cdot K + 6,3$, wenn K die Sauerstoffkapazität in Volumprozent bezeichnet. Man kann also die normale Kohlensäureabsorptionskurve berechnen, wenn ein einzelner Punkt experimentell bestimmt worden ist und der Hämoglobingehalt bekannt ist. Während die Neigung der Kurve von dem Gehalt der roten Blutkörperchen an Puffersubstanzen (Hämoglobin, Phosphate) bestimmt wird, dürfte die Höhe der Kurve von dem schwankenden Bicarbonatgehalt des Blutes abhängen[4].

Während früher angenommen wurde, daß die anorganische Phosphorsäure in den Blutkörperchen in genügender Menge vorhanden ist, um eine merkliche Rolle für ihre Pufferung zu erzielen[5], scheinen neue Bestimmungen[6], bei denen organische Phosphate nicht dekomponiert wurden, dafür zu sprechen, daß eine diesbezügliche Wirkung sehr unbedeutend ist.

Quantitative Angaben über die Pufferwirkung durch das Hämoglobin bzw. das Oxyhämoglobin sind von VAN SLYKE und Mitarbeiter[7] geliefert worden. Wenn reines Hämoglobin bzw. Oxyhämoglobin in einer Lösung mit einer geringen Menge Alkali (0,03 bis 0,04 N auf etwa 7 Millimol Hämoglobin, entsprechend einer Sauerstoffkapazität von 15 bis 16) versetzt und dann verschiedenen Kohlensäurespannungen ausgesetzt wurde, zeigte sich bei zunehmender Acidität, daß eine immer kleinere Menge Alkali vom Hämoglobin gebunden wurde. Bei p_H 7,4 band das Oxyhämoglobin pro Eisenatom 2,15 Äquivalenten Alkali, das redu-

---

[1] HASSELBALCH, K. A.: Biochem. Zeitschr. Bd. 80, S. 251. 1917.

[2] BARR, D. P. u. J. P. PETERS: Journ. of biol. chem. Bd. 45, S. 571. 1921. Vgl. auch E. J. WARBURG: Biochem. journ. Bd. 16, S. 293. 1922.

[3] PETERS, J. P., H. A. BULGER u. A. EISENMAN: Journ. of biol. chem. Bd. 58, S. 747 u. 769. 1924.

[4] HILL, A. V.: Journ. of physiol. Bd. 56, S. 178. 1922.

[5] Vgl. D. D. VAN SLYKE: Physiol. reviews Bd. 1, S. 158. 1921.

[6] ZUCKER, T. F. u. M. B. GUTMAN: Proc. of the soc. f. exp. biol. a. med. Bd. 19, S. 169. 1921/22.

[7] VAN SLYKE, D. D., A. B. HASTINGS, M. HEIDELBERGER u. J. M. NEILL: Journ. of biol. chem. Bd. 54, S. 481. 1922. — VAN SLYKE, D. D., A. B. HASTINGS u. J. M. NEILL: Ebenda S. 507.

zierte Hämoglobin dagegen nur 1,47, so daß beim Übergang vom Hämoglobin zu Oxyhämoglobin 0,68 weitere Äquivalenten pro Eisenatom aufgenommen werden können. Für Pferdeblut war die entsprechende Zahl 0,50 bis 0,59, was ja gut mit den Angaben S. 496 übereinstimmt. Die Steigerung der Basenaufnahme ist in direkter Proportion zu dem Grade der Oxydation, wie es die Auffassung von Oxyhämoglobin als stärkere Säure als Hämoglobin voraussetzt. Für eine Zunahme des p_H um 0,1 nimmt das Oxyhämoglobin pro Eisenatom 0,264 Basenäquivalenten und das Hämoglobin 0,245 auf. Von dem totalen Pufferungswerte des mit Sauerstoff gesättigten Blutes kamen nach den Verfassern 76,0% auf das Hämoglobin, 6,9% auf das Bicarbonat. Für reduziertes Blut waren die entsprechenden Zahlen 73,3 und 9,0%.

Zu ähnlichen Ergebnissen mit Rücksicht auf die hervortretende Rolle des Hämoglobins für die Pufferung des Blutes sind auch andere Verfasser gekommen[1,2].

Von besonderem Interesse erscheint der Anteil der verschiedenen Puffersubstanzen für den physiologischen Kohlensäuretransport im Körper, wie er sich aus dem Vergleich des arteriellen und venösen Blutes ergibt. Berücksichtigt man, daß venöses Blut bei Ruhe gewöhnlich noch zu etwa 60% mit Sauerstoff gesättigt ist, dann findet man aus der Tab. 14, daß der Kohlensäuretransport in etwa derselben Ausdehnung von Blutkörperchen und Plasma besorgt wird (Joffe und Poulton). Doisy, Briggs, Eaton und Chambers[2] konnten am menschlichen Blut für 87 bis 97, im Mittel 93,3% der transportierten Kohlensäure den Anteil der Puffer schätzen. Etwa 12% waren physikalisch gelöst. Von dem Alkali, das die in dem venösen Blute einströmende Kohlensäure neutralisiert, kamen etwa 77,2% auf das Hämoglobin. Etwa 53,4% der Kohlensäure wurden dabei isohydrisch gebunden, indem durch Reduktion einer gewissen Menge Hämoglobin Base frei wurde. Die übrigen 23,8% wurden durch Alkali gebunden, das von unverändertem Blutfarbstoff abgegeben wurde. Auf die Phosphate der Blutkörperchen kamen nur 0,3% und auf die Puffer des Serums 3,8%. In späteren Versuchen, wobei Blut aus der Arteria bzw. Vena femoralis von Hunden verglichen wurde, fanden Doisy und Beckman[3], daß 52% der bei der Passage durch die Gewebe aufgenommenen Kohlensäuremenge in den Blutkörperchen wiedergefunden wurden. Da aber die Blutkörperchen auch durch „sekundäre Pufferung" („loaned buffers") via das wahre Serum vermehrte Kohlensäureaufnahme bewirken, werden sie doch hauptsächlich für den Kohlensäuretransport verantwortlich. Man kann also mit Recht sagen, daß das Hämoglobin beinahe ebenso vollständig für den Kohlensäuretransport des Blutes verantwortlich ist wie für den Sauerstofftransport. Je vollständiger die Reduktion des Oxyhämoglobins, desto relativ größer wird der Kohlensäuretransport der Blutkörperchen. Hierdurch läßt sich vielleicht zum Teil erklären, daß Smith, Means und Woodwell[4] durch einen Vergleich des arteriellen Blutes und des Blutes einer Armvene zu dem Ergebnis gekommen sind, daß die Blutkörperchen wesentlich mehr von dem Kohlensäuretransport besorgen als das Plasma.

Von der Annahme ausgehend, daß es sich bei der Kohlensäurebindung des Blutes um ein Gleichgewicht zwischen Kohlensäure, einer schwachen Säure von dem Typus PCOOH und ihren Alkalisalzen handelt,

$$PCOOB + H_2CO_3 \rightleftarrows PCOOH + BHCO_3,$$

[1] Doisy, E. A., E. P. Eaton u. K. S. Chouke: Journ. of biol. chem. Bd. 53, S. 61. 1922.

[2] Doisy, E. A., A. P. Briggs, E. P. Eaton u. W. H. Chambers: Journ. of biol. chem. Bd. 54, S. 305. 1922.

[3] Doisy, E. A. u. J. W. Beckman: Journ. of biol. chem. Bd. 54, S. 683. 1922.

[4] Smith, L. W., J. H. Means u. M. N. Woodwell: Journ. of biol. chem. Bd. 45, S. 245. 1921.

hat PARSONS[1] das Gesetz der Massenwirkung auf dieses Gleichgewicht appliziert. Es wird offenbar

$$\frac{[PCOOB]\,[H_2CO_3]}{[PCOOH]\,[BHCO_3]} = K \quad \text{und} \quad [BHCO_3] = \frac{1}{K}\,\frac{[PCOOB]\,[H_2CO_3]}{[PCOOH]}\,.$$

Wenn die gebundene Kohlensäure, x, nur als Bicarbonat vorhanden ist, wird $x = [BHCO_3]$. Die freie Kohlensäure, y, entspricht $[H_2CO_3]$. Mit p wird die Konzentration vom Salz PCOOB bezeichnet, wenn die Kohlensäurespannung Null ist. Da gemäß dem oben Angeführten alle Kohlensäure bei dem Kohlensäuredruck Null abgegeben wird, muß bei einem finitem Kohlensäuredruck $[PCOOB] = p-x$, und unter gewissen Bedingungen $[PCOOH] = x$, so daß $x = \dfrac{1\,(p-x)\,y}{K\,x}$, woraus $x = \dfrac{-y + \sqrt{y^2 + 4\,K\,y\,p}}{2\,K}$. Wurde für p der Wert des „verfügbaren Alkalis" gebraucht, wurde eine sehr befriedigende Übereinstimmung zwischen berech-

neten und beobachteten Werten erhalten (vgl. Abb. 59). DAVIES, HALDANE und KENNAWAY[2] fanden bei höheren Kohlensäuredrucken höhere Werte für die gebundene Kohlensäure als nach der Formel von PARSONS. Sie meinen, daß die Eiweißkörper des Blutes nicht als einer einzigen Säure äquivalent angenommen werden können, sondern daß die verschiedenen Seitenketten des Hämoglobins etwas verschiedene Dissozia-

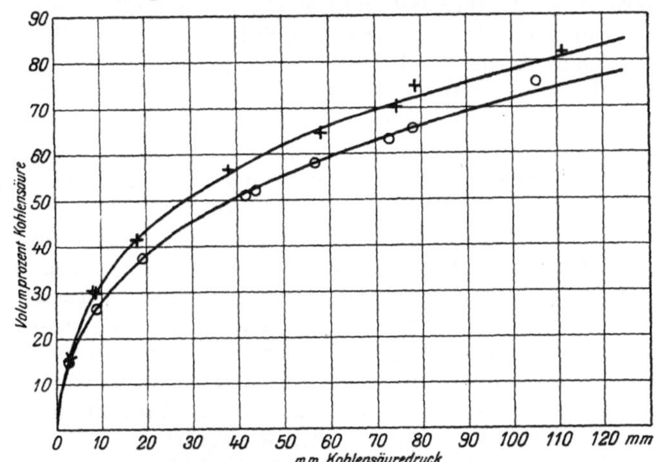

Abb. 59. Kohlensäureabsorptionskurven von HALDANES Blut (obere Kurve reduziertes, untere Kurve mit Sauerstoff gesättigtes Blut). Die vollausgezogenen Kurven berechnet nach PARSONS, die + und o bezeichnen die tatsächlich beobachteten Werte. (Nach PARSONS.)

tionskonstante haben, wodurch die gefundene Abweichung erklärt werden kann. Gegen die Berechnung von PARSONS sind von WARBURG[3] gewisse Einwände erhoben worden.

d) Die Bedeutung des Ionenaustauschs zwischen Blutkörperchen und Blutflüssigkeit für die Kohlensäurebindung.

Oben ist erwähnt worden, daß die Kohlensäurebindung des Serums oder Plasmas bei Erhöhung der Kohlensäurespannung bei Anwesenheit der Blutkörperchen steigt („sekundäre Pufferung"[4]). ZUNTZ[5] nahm an, daß Alkali von dem Hämoglobin abgegeben wird, das dann als Bicarbonat gleichmäßig in dem Blut verteilt werden sollte. In Übereinstimmung hiermit fand er durch Titrierung erhöhte Alkalinität des Serums nach Behandlung des Blutes mit relativ

[1] PARSONS, T. R.: Journ. of physiol. Bd. 53, S. 42 u. 340. 1919/20.

[2] DAVIES, H. W., J. B. S. HALDANE u. E. L. KENNAWAY: Journ. of physiol. Bd. 54, 32. 1920.

[3] WARBURG, E. J.: Biochem. journ. Bd. 16, S. 284. 1922.

[4] EVANS, C. L.: Journ. of physiol. Bd. 55, S. 159. 1921. Vgl. auch The acid base equilibrium of the blood, S. 35.

[5] ZUNTZ, N.: Herrmanns Handb. S. 78.

hoher Kohlensäurespannung. Indessen wurde von Nasse[1] sowie von Hamburger[2] gefunden, daß ein Übertritt von Chlor aus dem Plasma zu den Blutkörperchen stattfindet, wenn das Blut mit Kohlensäure unter hoher Spannung in Gleichgewicht gebracht wird. Beim Schütteln mit Luft steigt dann wieder der Chloridgehalt des Serums. Diese Angaben sind von verschiedenen Seiten bestätigt worden[3]. Auf Grund solcher Erfahrungen hat Koeppe die Auffassung begründet, daß die Blutkörperchen nur für Anionen (sowie für H-Ionen) permeabel sind. Behandlung mit Kohlensäure wird in den Blutkörperchen Bildung von Bicarbonat (Koeppe nahm eine Bildung von Monocarbonat an, vgl. Warburg[4]) bewirken, dessen Anionen mit äquivalenten Mengen Chlorionen des Serums ausgetauscht werden. Nach Hamburger und van Lier[5] sind die Blutkörperchen auch für andere Anionen als HCO_3' und Cl', z. B. SO_4'', NO_3'', PO_4''', durchgängig, und de Boer[6] beobachtete im Ultrafiltrat des Serums von mit Kohlensäure behandeltem Blut weniger SO_4 als im Ultrafiltrat des unbehandelten Serums. Nun hat sich zwar herausgestellt, daß Behandlung des Serums allein mit Kohlensäure bewirkt, daß ein Teil des Chlorides[7] bzw. des Sulfats[8] in nicht diffusiblem Zustande übergeht und nicht durch das Ultrafiltrum passiert, es konnte aber festgestellt werden[8], daß die von de Boer beobachtete Abnahme von SO_4 in dem Ultrafiltrat zum Teil auch von Wanderung von SO_4 nach den Blutkörperchen bedingt wird. Ähnliche Verschiebungen von Chlor- und Sulfationen wurden von Hamburger ebenfalls nach Zusatz kleiner Mengen von Schwefelsäure oder Salzsäure zum Blute beobachtet. Nach Dautrebande und Davies[9] ist dies aber nur der Fall, wenn genügend Säure hinzugefügt wird, um alles Bicarbonat zu neutralisieren. Auch soll nach ihnen keine Chlorionenverschiebung nach den Blutkörperchen stattfinden, wenn bei konstantem Kohlensäuredruck das Oxyhämoglobin vollkommen reduziert wird. Nach den in Tab. 16, S. 508, angeführten Beobachtungen von van Slyke und Mitarbeitern ist aber eine solche Ionenwanderung auch unter diesen Umständen nicht zu bezweifeln. Sie gibt die Erklärung für die Tatsache (vgl. Tab. 14), daß die Reduktion des Blutes auch die Kohlensäurebindung des wahren Serums steigert.

Bezüglich der quantitativen Verhältnisse rücksichtlich des Austausches von Chlor- und Bicarbonationen zwischen Serum und Blutkörperchen ist nach van Slyke und Cullen nur etwa die Hälfte, nach McLean, Murray und Henderson[10] etwa zwei Drittel der vermehrten Bicarbonatmenge des Serums

---

[1] Nasse, H.: Sitzungsber. d. Ges. z. Beförd. d. ges. Naturwissensch. in Marburg, Jg. 1874, S. 56, sowie Pflügers Arch. f. d. ges. Physiol. Bd. 16, S. 604. 1878.

[2] Hamburger, H. J.: Zeitschr. f. Biol. Bd. 28, S. 405. 1891, sowie Arch. de physiol. norm. et pathol. Bd. 25 (Ser. 5, Bd. 5), S. 332. 1893. Auch in Osmotischer Druck und Ionenlehre, Bd. I, S. 202ff. Wiesbaden 1902.

[3] Lehmann, C.: Pflügers Arch. f. d. ges. Physiol. Bd. 58, S. 432. 1894. — v. Limbeck, R.: Arch. f. exp. Pathol. u. Pharmakol. Bd. 35, S. 309. 1895. — Gürber, A.: Sitzungsbericht d. physik.-med. Ges. Würzburg, Jg. 1895, S. 28. Würzburg 1896. — Bottazzi, F.: Sperimentale, Sez. biol., Bd. 49, S. 417. 1895. — Koeppe, H.: Pflügers Arch. f. d. ges. Physiol. Bd. 67, S. 189. 1897. — Petry, A.: Hofmeisters Beitr. Bd. 3, S. 1. 1903. — van Slyke, D. D. u. G. E. Cullen: Journ. of biol. chem. Bd. 30, S. 289. 1917. — Fridericia, L. S.: Ebenda Bd. 42, S. 245. 1920. — Collip, J. B.: Ebenda Bd. 46, S. 61. 1921. — Doisy, E. A. u. E. P. Eaton: Ebenda Bd. 47, S. 377. 1921. — Mukai, G.: Journ. of physiol. Bd. 55, S. 356. 1921.

[4] Warburg, E. J.: Biochem. journ. Bd. 16, S. 308. 1922.

[5] Hamburger, H. J. u. G. A. van Lier: Arch. f. (Anat. u.) Physiol. Bd. 26, S. 492. 1902.

[6] de Boer, S.: Journ. of physiol. Bd. 51, S. 211. 1917.

[7] Rona, P. u. P. György: Biochem. Zeitschr. Bd. 56, S. 416. 1913.

[8] Hamburger, H. J.: Biochem. Zeitschr. Bd. 86, S. 309. 1918.

[9] Dautrebande, L. u. W. H. Davies: Journ. of physiol. Bd. 57, S. 36. 1922.

[10] McLean, F. C., H. A. Murray u. L. J. Henderson: Proc. of the soc. f. exp. bio a. med. Bd. 17, S. 180. 1920.

bei erhöhtem Kohlensäuredruck durch Chlorionendiffusion zu erklären. FRIDERICIA fand eine Chlorionendiffusion, die der Bicarbonatvermehrung vollkommen entsprach, ja sogar etwas größer wird, wenn die Volumenänderungen der Blutkörperchen berücksichtigt werden[1]. In einem Versuche von WARBURG, wo die betreffende Volumänderung in Rechnung gezogen wurde, ist gute quantitative Übereinstimmung zwischen Chlorionen- und Bicarbonationendiffusion zu finden. Ähnliches gilt in Versuchen von DOISY und EATON, die bei mäßigen Kohlensäuretensionen ausgeführt wurden. Nach DOISY, EATON und CHOUKE[2] entsteht die Vermehrung des Plasmabicarbonats bei Erhöhung des Kohlensäuredruckes im Blute, entsprechend einer Änderung des p_H von 7,45 auf 7,25 zu 16% von nicht diffusiblen Puffern des Plasmas (Eiweiß, Aminosäuren, organische Säuren), ferner kommen 80% auf Chlorionendiffusion, die übrigen 4% sind wahrscheinlich von der Wanderung anderer Anionen (SO_4, PO_4) herzuleiten. DOISY und BECKMANN[3] haben festgestellt, daß die Chlorionenwanderung vom Plasma nach den Blutkörperchen in vivo beim Übergang des Blutes von den Arterien in die Venen stattfindet.

Im Gegensatz zu den Verhältnissen bei den Anionen scheint die Verteilung der Kationen Kalium und Natrium auf Blutkörperchen und Serum nicht oder nur sehr wenig von der Kohlensäurespannung beeinflußt zu werden[4]. Gegenteilige Angaben[5] lassen sich zum Teil dadurch erklären, daß die Volumänderungen der Blutkörperchen nicht berücksichtigt wurden, zum Teil sind die gefundenen Änderungen sehr klein[6]. Die Erfahrungen von MELLANBY und WOOD[7], daß Schafblut eine Diffusion von Natriumionen zwischen Blutkörperchen und Serum bei Änderung der Kohlensäurespannung aufweist, bedarf noch der Bestätigung. Bei Analysen von menschlichem Blut fanden KRAMER und TISDALL[8] kein Natrium in den Blutkörperchen und nur eine sehr kleine und konstante Menge Kalium im Serum.

Unter den geschilderten Umständen scheint die Auffassung von KOEPPE gut mit den Beobachtungen übereinzustimmen. Schematisch können die Verhältnisse in folgender Weise nach VAN SLYKE[9] veranschaulicht werden:

Plasma	Blutkörperchen-wand	Blutkörperchen
(1) $H_2CO_3 + NaCl \rightleftarrows NaHCO_3$ $+ HCl$	$\rightarrow HCl \rightarrow$	(3) $HCl + K_2HPO_4 \rightleftarrows KH_2PO_4 + KCl$ (4) $HCl + KHbO \rightleftarrows HHbO + KCl$
(2) $H_2CO_3 + Na\text{-}Protein \rightleftarrows$ $NaHCO_3 + H\text{-}Protein$	$\rightarrow H_2CO_3 \rightarrow$	(5) $HCl + KHb \rightleftarrows HHb + KCl$ (6) $H_2CO_3 + K_2HPO_4 \rightleftarrows KH_2PO_4 + KHCO_3$ (7) $H_2CO_3 + KHbO \rightleftarrows HHbO + KHCO_3$ (8) $H_2CO_3 + KHb \rightleftarrows HHb + KHCO_3$

Hier bedeutet Na-Protein die Eiweißalkalisalze des Plasmas, H-Protein die entsprechende Eiweißmenge, die nicht an Basen gebunden ist. In ähnlicher Weise werden mit KHbO bzw. KHb die Alkalisalze, und mit HHbO bzw. HHb

---

[1] WARBURG, E. J.: Biochem. journ. Bd. 16, S. 322. 1922.

[2] DOISY, E. A., E. P. EATON u. K. S. CHOUKE: Journ. of biol. chem. Bd. 53, S. 61. 1922.

[3] DOISY, E. A. u. J. W. BECKMANN: Journ. of biol. chem. Bd. 54, S. 683. 1922.

[4] Vgl. GÜRBER, MUKAI, DOISY u. EATON. Auch R. HÖBER: Pflügers Arch. f. d. ges. Physiol. Bd. 102, S. 196. 1904.

[5] GOLLWITZER-MEIER, K.: Zeitschr. f. d. ges. exp. Med. Bd. 29, S. 322. 1922.

[6] GOLLWITZER-MEIER, K. u. E. C. MEYER: Zeitschr. f. d. ges. exp. Med. Bd. 40, S. 73. 1924.

[7] MELLANBY, J. u. C. C. WOOD: Journ. of physiol. Bd. 57, S. 113. 1923.

[8] KRAMER, B. u. F. F. TISDALL: Journ. of biol. chem. Bd. 53, S. 241. 1922.

[9] VAN SLYKE, D. D.: Physiol. reviews Bd. 1, S. 163. 1921.

die nicht an Alkali gebundenen Mengen von Oxyhämoglobin bzw. Hämoglobin bezeichnet.

Betrachtet man die Blutkörperchen als permeabel für gewisse Ionen allein, so muß das Gesetz von DONNAN[1] über die Einwirkung der nicht durchdringenden Ionen auf die Verteilung der permeierenden Ionen auf beiden Seiten des Membrans gültig sein. Diese Frage ist von verschiedenen Seiten[2] in Angriff genommen. Rechnet man der Einfachheit halber nur mit den anorganischen Ionen $K^\cdot$, $Na^\cdot$, $H^\cdot$, sowie OH', Cl' und HCO_3', und dann noch mit den Eiweißionen, nimmt man ferner an, daß die Blutkörperchen nur für Wasser, CO_2, $H^\cdot$ und (oder) OH', sowie Cl' und HCO_3', dagegen nicht für $Na^\cdot$ und $K^\cdot$ durchgängig sind, dann muß nach DONNAN für die diffusiblen monovalenten Ionen gelten:

$$[H]_s \cdot [Cl]_c = [H]_c \cdot [Cl]_s \quad \text{und} \quad [H]_s \cdot [HCO_3]_c = [H]_c \cdot [HCO_3]_s \,,$$

woraus

$$\frac{[H]_s}{[H]_c} = \frac{[Cl]_c}{[Cl]_s} = \frac{[HCO_3]_c}{[HCO_3]_s} = r \,,$$

wo s Serum und c Blutkörperchen bezeichnet. Nun dürfte sich die Donnangleichung in Wirklichkeit auf die effektive Konzentration oder Aktivität der diffusiblen Ionen beziehen, die nicht genau bekannt ist. Die angeführte Formel ist deshalb nur eine erste Annäherung. Von VAN SLYKE, HASTINGS, MURRAY und SENDROY[3] wurden an Pferdeblut die folgenden Werte gefunden. Dabei ist überall die Konzentration in Grammäquivalenten der gelösten Substanzen pro Gramm Wasser berechnet.

Tabelle 16. Verteilung von $H^\cdot$, Cl' und HCO_3' zwischen Serum und Blutkörperchen.

p_{H_s}	Reduziertes Blut			Mit Sauerstoff gesättigtes Blut		
	$\dfrac{[\alpha H]_s}{[\alpha H]_c}$	$\dfrac{[Cl]_c}{[Cl]_s}$	$\dfrac{[HCO_3]_c}{[HCO_3]_s}$	$\dfrac{[\alpha H]_s}{[\alpha H]_c}$	$\dfrac{[Cl]_c}{[Cl]_s}$	$\dfrac{[HCO_3]_c}{[HCO_3]_s}$
7,0	0,60	0,81	0,94	0,57	0,74	0,89
7,2	0,57	0,75	0,89	0,52	0,68	0,83
7,4	0,53	0,68	0,85	0,47	0,61	0,77
7,6	0,49	0,62	0,80	0,42	0,54	0,71

α bedeutet die Aktivität.

Nach den erwähnten Verfassern gestaltet sich die Beziehung folgendermaßen:

$$\frac{[\alpha H]_s}{[\alpha H]_c} = 0,77 \, \frac{[Cl]_c}{[Cl]_s} = 0,62 \, \frac{[HCO_3]_c}{[HCO_3]_s} \,.$$

Über die Abhängigkeit der Konstante r von verschiedenen Faktoren, vor allem vom Hämoglobingehalt, sei auf die Arbeit von VAN SLYKE, WU und McLEAN verwiesen.

Es ergibt sich aus dem Obigen, daß die cH der Blutkörperchen innerhalb des physiologischen Bereiches größer ist als die cH des Serums. Zu diesem Er-

---

[1] DONNAN, F. G.: Zeitschr. f. Elektrochem. Bd. 17, S. 572. 1911. — HÖBER, R.: Physikalische Chemie der Zelle und der Gewebe, 5. Aufl., S. 218. Leipzig 1924. Vgl. auch dies Handb. Bd. I, S. 525. 1927.

[2] RONA, P. u. P. GYÖRGY: Biochem. Zeitschr. Bd. 56, S. 416. 1913. — BARCROFT, J., A. V. BOCK, A. V. HILL, T. R. PARSONS, W. PARSONS u. R. SHOJI: Journ. of physiol. Bd. 56, S. 172. 1922. — WARBURG, E. J.: Biochem. journ. Bd. 16, S. 310. 1922. — VAN SLYKE, D. D., H. WU u. F. C. Mc LEAN: Journ. of biol. chem. Bd. 56, S. 765. 1923. — VAN SLYKE, D. D., A. B. HASTINGS, C. D. MURRAY u. J. SENDROY: Ebenda Bd. 65, S. 701. 1925.

[3] VAN SLYKE, D. D., A. B. HASTINGS, C. D. MURRAY u. J. SENDROY: Journ. of biol. chem. Bd. 65, S. 701. 1925.

gebnis waren schon verschiedene Untersucher gelangt[1]. Der Unterschied in p_H beträgt nach CONWAY und STEPHEN[2] 0,13, nach VAN SLYKE, WU und McLEAN etwa 0,10 bis 0,12. Zu einem ähnlichen Werte sind WARBURG[3], TAYLOR[4] sowie HAMPSON und MAIZELS[5] gekommen, während der Unterschied aus der Tabelle 16 wie auch nach späteren Beobachtungen von TAYLOR[6] etwas größer ausfällt. Bei vermehrter cH wird der Unterschied immer kleiner, indem die Blutkörperchen für die Bicarbonatbildung mehr Base abgeben als das Serum. HAMPSON und MAIZELS fanden bei erniedrigtem Hämoglobingehalt einen größeren Unterschied.

Erhöhung der Kohlensäurespannung muß offenbar bewirken, daß der osmotische Druck des Blutes steigt, indem sowohl die physikalisch gelöste als auch die Bicarbonatkohlensäure zunimmt. Die Bicarbonatbildung verursacht, daß drei osmotisch wirksame Substanzen (ionisiertes Bicarbonat und nicht ionisiertes Eiweiß) statt zwei (ionisiertes Eiweiß) entstehen. Nach Durchleitung des Blutes oder des abgetrennten Serums mit Kohlensäure fand NASSE[7] Erhöhung des spezifischen Gewichts des Serums, wesentlich mehr für das wahre Serum als für abgetrenntes. Auch nimmt die Gefrierpunktserniedrigung unter ähnlichen Umständen zu[8]. Nun liefern ja aber die Blutkörperchen das für die Bicarbonatbildung nötige Alkali, entweder direkt, indem der Bicarbonatgehalt der Blutkörperchen ansteigt, oder indirekt, indem Chlorionen aus dem Serum in die Blutkörperchen hineindringen und dort bleiben. Die Wirkung der Kohlensäure auf den osmotischen Druck muß deshalb für die Blutkörperchen größer als für das Serum werden, wenn ihre relativen Volumina unverändert bleiben[9]. In Wirklichkeit weicht aber die osmotische Konzentration der Blutkörperchen bei verschiedenen Kohlensäurespannungen nur höchst unbedeutend von der des Serums ab, wie sich aus der Scheibenform der Blutkörperchen schließen läßt[10] und auch aus direkten Messungen hervorgeht[9]. Dies wird dadurch ermöglicht, daß die relativen Volumverhältnisse zwischen

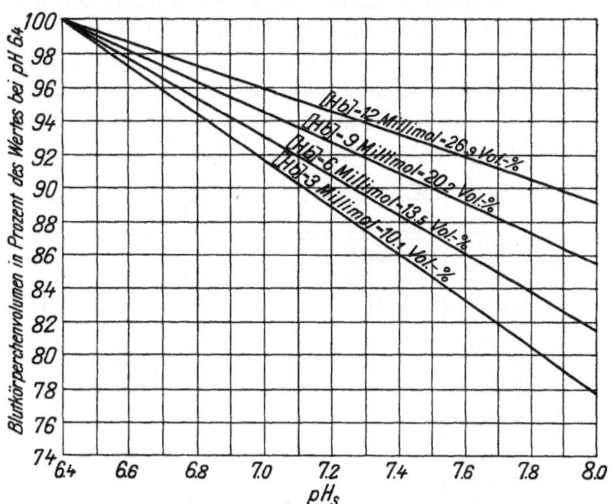

Abb. 60. Relatives Blutkörperchenvolumen bei verschiedenen p_H-Werten. (Nach VAN SLYKE, WU und McLEAN.)

---

[1] HASSELBALCH, K. A. u. C. LUNDSGAARD: Biochem. Zeitschr. Bd. 38, S. 77. 1912. — MICHAELIS, L. u. W. DAVIDOFF: Ebenda Bd. 46, S. 131. 1912. — KONIKOFF, A. P.: Ebenda Bd. 51, S. 200. 1913. — MILROY, T. H.: Journ. of physiol. Bd. 51, S. 269. 1917.

[2] CONWAY, R. F. u. F. V. STEPHEN: Journ. of physiol. Bd. 56, Proc. S. XXV. 1922.

[3] WARBURG, E. J.: Biochem. journ. Bd. 16, S. 222. 1922.

[4] TAYLOR, H.: Proc. of the roy. soc. of London, Ser. B, Bd. 96, S. 383. 1924.

[5] HAMPSON, A. C. u. M. MAIZELS: Journ. of physiol. Bd. 64, Proc. S. XX. 1927.

[6] TAYLOR, H.: Journ. of physiol. Bd. 63, S. 343. 1927.

[7] NASSE, H.: Sitzungsber. d. Ges. z. Beförd. d. ges. Naturwissensch. in Marburg, Jg. 1874, . 56, sowie Pflügers Arch. f. d. ges. Physiol. Bd. 16, S. 604. 1878.

[8] v. KORÁNYI, A.: Zeitschr. f. klin. Med. Bd. 33, S. 1. 1897.

[9] MUKAI, G.: Journ. of physiol. Bd. 55, S. 356. 1921.

[10] Vgl. D. D. VAN SLYKE, H. WU u. F. C. MC LEAN: Journ. of biol. chem. Bd. 56, S. 767. 1923.

Blutkörperchen und Serum mit der Kohlensäurespannung schwankt. Zuerst wurde diese Anhängigkeit von Nasse demonstriert, der eine Anschwellung der Blutkörperchen auf Kosten des Serums bei Behandlung mit hoher Kohlensäurespannung beobachtete. Die Sache ist später wiederholt bestätigt worden[1] und dürfte u. a. auch die Zunahme der Viscosität des Blutes bei Behandlung mit Kohlensäure[2] erklären.

Die quantitative Abhängigkeit des relativen Blutkörperchenvolumens von der Kohlensäurespannung ist von Warburg sowie von van Slyke, Wu und McLean studiert worden. Wie sich aus der Abb. 60 ergibt, bekommt man bei Zunahme von p_H proportionale Verkleinerung des Blutkörperchenvolumens. Außerdem spielt aber der Hämoglobingehalt eine Rolle: je kleiner das relative Blutkörperchenvolumen von Anfang (d. h. je niedriger der Hämoglobingehalt), desto größer muß die Änderung des relativen Volumens bei Änderung der Kohlensäurespannung sein, um eine genügend große Wasserverschiebung zu bewirken.

Der Ionenaustausch zwischen Blutkörperchen und Serum, wenn durch Erhöhung der Kohlensäurespannung p_{H_s} von 7,8 bis 6,6 (dem isoelektrischen Punkt des Oxyhämoglobins) sinkt, wird durch das folgende Bild schematisch veranschaulicht. Die diffusiblen Ionen sind dabei durch Cl und HCO_3 repräsentiert, die osmotische und die basenbindende Wirkung der Serumproteine werden vernachlässigt, ebenso die osmotische Wirkung des Hämoglobins.

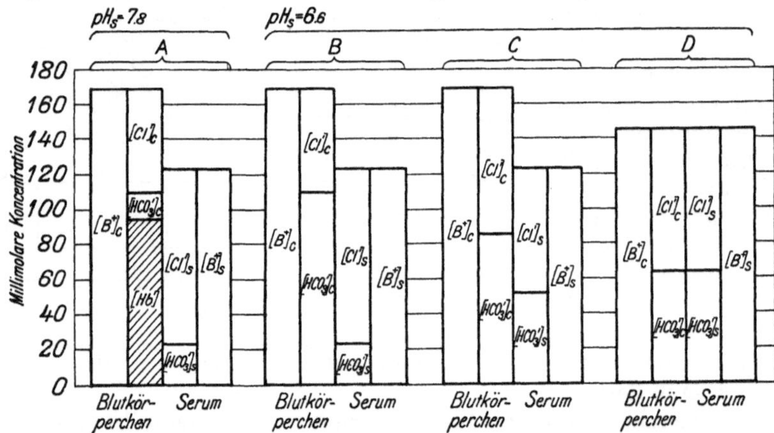

Abb. 61. Schema über den Ionenaustausch zwischen Blutkörperchen und Serum, wenn durch Erhöhung des Kohlensäuredruckes p_{H_s} von 7,8 auf 6,6 erniedrigt wird. BHb wird in den Blutkörperchen von $BHCO_3$ ersetzt. (B). Das Donnangleichgewicht wird wiederhergestellt, indem Cl in den Blutkörperchen vom Serum und HCO_3 in umgekehrter Richtung diffundieren (C). Endlich zeigt D, wie das osmotische Gleichgewicht wiederhergestellt wird, indem Wasser vom Serum in den Blutkörperchen hinübertritt. (Nach van Slyke, Wu und McLean.)

e) Das Blut als physico-chemisches System.

Die Schilderung über das Vorkommen des Sauerstoffs bzw. der Kohlensäure im Blute zeigt, daß intime Beziehungen bestehen nicht nur zwischen gebundenem und freiem Sauerstoff (bzw. Sauerstoffspannung) sowie zwischen gebundener und freier Kohlensäure (bzw. Kohlensäurespannung), sondern auch zwischen Kohlensäure und Sauerstoff. Außerdem finden sich für beide enge

---

[1] Hamburger, H. J.: Zeitschr. f. Biol. Bd. 28, S. 405. 1891, sowie H. J. Hamburger u. G. A. van Lier: Arch. f. (Anat. u.) Physiol. Bd. 26, S. 492. 1902. Auch R. v. Limbeck: Arch. f. exp. Pathol. u. Pharmakol. Bd. 35, S. 309. 1895. Vgl. auch I. Snapper: Biochem. Zeitschr. Bd. 51, S. 62. 1913, sowie R. Ege: Ebenda Bd. 130, S. 136. 1922.
— Bottazzi, F.: Sperimentale, Sez. biol., Bd. 49, S. 417. 1895.
[2] Haro: Cpt. rend. hebdom. des séances de l'acad. des sciences Bd. 83, S. 696. 1876.

Korrelationen mit p_H, mit dem relativen Volumen der Blutkörperchen sowie mit r, d. h. dem Verhältnis der Anionenkonzentration der Blutkörperchen zu derjenigen des Serums. In der Tat kann das Blut als einheitliches physico-chemisches System betrachtet werden, bei dem die erwähnten sieben Veränderlichen intim voneinander abhängen[1,2]. Für eine beliebige Blutprobe gilt, daß, wenn zwei von den erwähnten sieben Größen bestimmte Werte erhalten, auch die anderen fünf dadurch festgelegt werden. Man erhält also ein Bild von den physikalisch-chemischen Veränderungen im Blut, wenn man drei beliebige von den sieben Veränderlichen auswählt, die eine von ihnen konstant hält, die andere variiert und die resultierenden Änderungen an der dritten Variablen untersucht. Beispiele einer solchen Behandlung geben ja die Sauerstoffdissoziationskurve — bei der die freie Kohlensäure konstant gehalten, der freie Sauerstoff variiert und die gebundene Sauerstoffmenge ermittelt wird — sowie die Kohlensäure-absorptionskurve. Wenn man nun drei Veränderliche unter sieben kombiniert, entstehen 35 Möglichkeiten. Von den drei Veränderlichen kann jede als unverändert behandelt werden, so daß in allem 105 Diagramme entstehen, die auch sämtlich von HENDERSON und Mitarbeitern[2] mitgeteilt werden. Man kann aber auch mit Hilfe eines sog. Nomogramms (nach D'OCAGNE) die Gleichgewichtsbedingungen des Blutes mit Rücksicht auf die erwähnten sieben Veränderlichen — und anderen aus ihnen hergeleiteten Variablen — illustrieren (Abb. 62). Ein solches Nomogramm hat die Eigenschaft, daß diejenigen Punkte der verschiedenen Kurven, die von einer beliebigen Geraden abgeschnitten werden, die gleichzeitig vorhandenen Werte der verschiedenen Veränderlichen angeben. So gibt die mit „art. Blut" bzw. „ven. Blut" bezeichnete Linie diejenigen Werte an, die für arterielles bzw. venöses Blut gültig sind. Die Tab. 17 gibt im Anschluß an die Abb. 62 die Zusammensetzung des arteriellen bzw. des venösen Blutes einer gesunden Versuchsperson bei Ruhe mit Rücksicht auf die besprochenen Veränderlichen.

Tabelle 17. Arterielles und venöses Blut von A. V. B. Hämoglobingehalt 8,8 mM pro Liter Blut. Serumeiweiß 51 Gramm pro Liter. Respiratorischer Quotient 0,82.

		Arterielles Blut			Venöses Blut			Differenz		
		Serum	Blutkörperchen	Blut	Serum	Blutkörperchen	Blut	Serum	Blutkörperchen	Blut
H_2O ccm pro Liter Blut		549	260	809	544	265	809	−5	+5	0,0
Base		84,02	48,32	132,34	84,00	48,34	132,34	0,0	0,0	0,0
Cl		59,59	20,41	80,00	58,45	21,55	80,00	−1,13	+1,13	0,0
Base, geb. an										
Eiweiß	mM	9,20	22,70	31,90	9,09	20,73	29,82	−0,11	−1,97	− 2,08
$BHCO_3$	pro	15,23	5,21	20,44	16,46	6,06	22,52	+1,23	+0,85	+ 2,08
H_2CO_3	Liter	0,71	0,34	1,05	0,82	0,40	1,22	+0,11	+0,06	+ 0,17
Gesamt CO_2	Blut	15,94	5,55	21,50	17,28	6,46	23,75	+1,34	+0,91	+ 2,25
Freier O_2		—	—	0,07	—	—	0,03	—	—	− 0,04
Gebund. O_2		—	8,5	8,5	—	5,8	5,8	—	−2,7	− 2,7
Gesamt O_2		—	—	8,6	—	—	5,8	—	—	− 2,7
CO_2-Sp. mm Hg . . .		—	—	40	—	—	47	—	—	+ 7
O_2-Sp. mm Hg		—	—	78	—	—	34	—	—	−44
Volumen ccm pro Liter Blut		599,7	400,3	1000	595,0	405,0	1000	−4,7	+4,7	0,0
$r = \dfrac{[H^\cdot]_s}{[H^\cdot]_c} = \dfrac{[A']_c}{[A']_s}$ . . .		—	—	0,7215	—	—	0,7576	—	—	0,036
Totalkonz. mM pro Liter		—	—	—	—	—	—	—	—	2,2

[1] HENDERSON, L. J.: Journ. of biol. chem. Bd. 46, S. 411. 1921.
[2] HENDERSON, L. J., A. V. BOCK, H. FIELD u. L. J. STODDARD: Journ. of biol. chem. Bd. 59, S. 379. 1924.

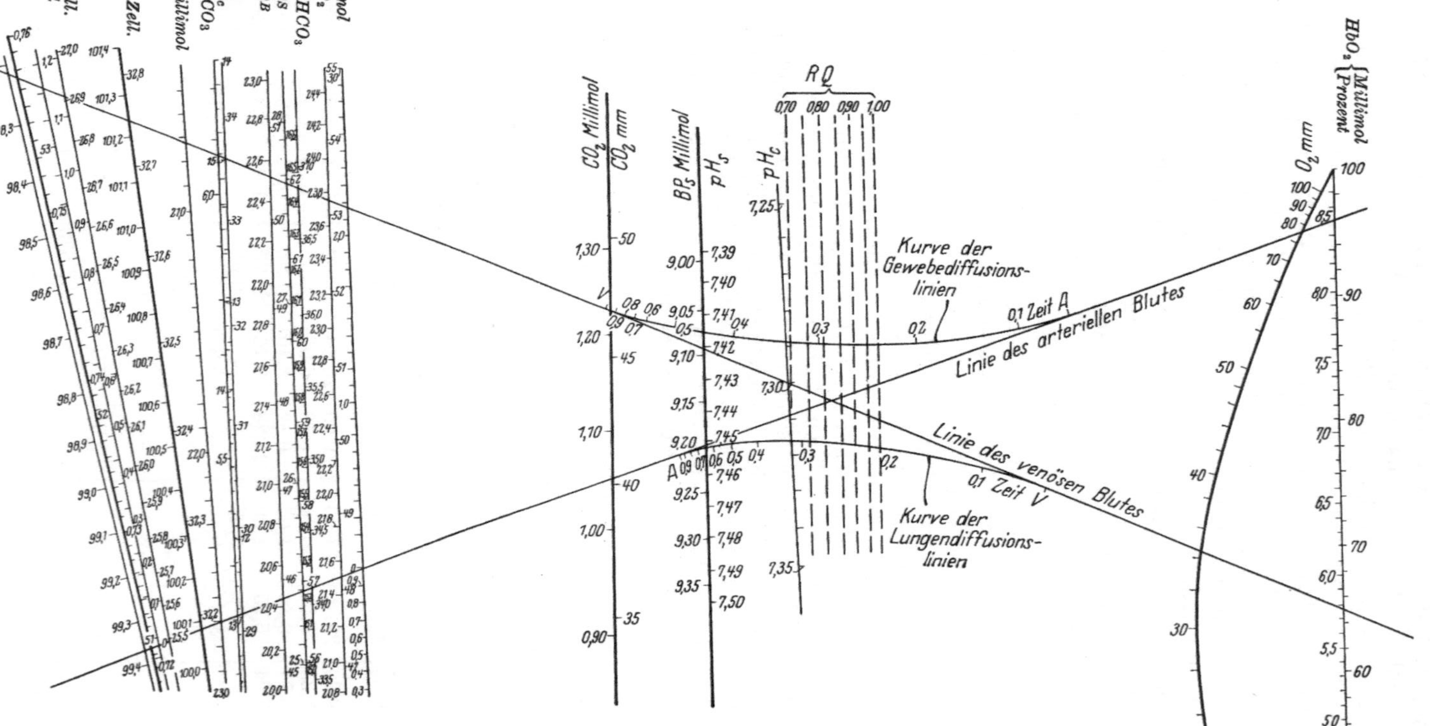

Abb. 62. Nomogramme nach Henderson. Die verschiedenen Skalas bedeuten, von links nach rechts gerechnet: I. $[Cl]_s$. Die Konzentration der Serumchloride in Millimol pro Liter Serum. II. r. Donnans $r = \dfrac{[BHCO_3]_c}{[BHCO_3]_s} = \dfrac{[H\bar{C}O_3]_c}{[H\bar{C}O_3]_s} = \dfrac{[\bar{C}l]_c}{[\bar{C}l]_s} = \dfrac{[O\bar{H}]_c}{[O\bar{H}]_s} = \dfrac{[\overset{+}{H}]_s}{[\overset{+}{H}]_c}$. Die Klammern repräsentieren Konzentrationen pro Liter Wasser in Serum oder Zellen, je nach den Bezeichnungen. III. $[Cl]_c$. Die Konzentration der Zellchloride im Millimol pro Liter Zellen. IVa. $\varDelta$ [Cl]. Der Unterschied in Millimol pro Liter Blut im Vergleich mit arteriellem Blut mit Rücksicht auf die totale Chloridmenge in den Zellen im Serum. IVb. Prozent A in den Zellen. Der Prozentgehalt der totalen Blutchloride oder -bicarbonate, die in den Zellen vorhanden sind. Va. V der Zellen. Volumen der Zellen in Prozent des Volumens bei dem Sauerstoffdruck 80 mm und dem Kohlensäuredruck 39 mm, bei welchem Punkt das Zellvolumen 40% des Blutvolumens beträgt. Vb. Prozent H_2O in den Zellen. Der Prozentgehalt des totalen Blutwassers, der in den Zellen vorhanden ist. VI. BP_c. Die mit Zelleiweiß kombinierte Basenmenge in Millimol Base pro Liter Blut ausgedrückt. VII. Zell $BHCO_3$. Die gebundene Kohlensäure der Zellen pro Liter Blut a) als Millimol, b) als Volumprozent ausgedrückt. VIII. $[BHCO_3]_c$. Die gebundene Kohlensäure der Zellen pro Liter Zellen: a) als Millimol pro Liter, b) als Volumprozent ausgedrückt. IX. $[BHCO_3]_B$. Die gebundene Kohlensäure des Gesamtblutes: a) als Millimol pro Liter, b) als Volumprozent ausgedrückt. X. $[BHCO_3]_s$. Die gebundene Kohlensäure des Serums pro Liter Serum: a) als Millimol pro Liter, b) als Volumprozent ausgedrückt. XI. Serum $[BHCO_3]$. Die gebundene Kohlensäure des Serums pro Liter Blut: a) als Millimol pro Liter, b) als Volumprozent ausgedrückt. XII. Total CO_2. Die Gesamtkohlensäure des Blutes: a) als Millimol pro Liter,b) als Volumprozent ausgedrückt. XIII. $\varDelta\,c$. Die Änderung in der Konzentration der Gesamtsoluten in Vergleich mit arteriellem Blut in Millimol pro Liter Blut. XIV. CO_2. Freie Kohlensäure: a) als Millimol pro Liter Blut, b) als mm Hg Partiardruck ausgedrückt. XVa. BP_s. Die von Serumeiweiß gebundene Base in Millimol Base pro Liter

Die Änderungen des Blutes im Verlaufe des Überganges zwischen arteriellem und venösem Blut in den Geweben bzw. in den Lungen werden in der Abb. 62 von den verschiedenen Geraden repräsentiert, die als Tangente der als Gewebe- bzw. Lungendiffusionslinien bezeichneten Kurven gezogen werden (vgl. hierzu Abb. 65).

In späteren Arbeiten haben HENDERSON und Mitarbeiter teils entsprechende Bestimmungen bei einer zweiten gesunden Versuchsperson bei Ruhe mitgeteilt[1], teils auch die verschiedenen Konzentrationsänderungen des Blutes während kräftiger Muskelarbeit[2] untersucht. Im Vergleich mit diesen Beobachtungen bieten die ebenfalls untersuchten Verhältnisse im Endstadium der chronischen Nephritis[3] außerordentliche Differenzen.

f) Die Kohlensäureabsorptionskurve des Blutes unter physiologischen Verhältnissen.

Zunächst seien in der Tab. 18 die Werte für die Kohlensäure des Blutes bei verschiedenen Kohlensäurespannungen bei der Versuchsperson A.V.B (vgl. Tab. 18) sowie die von BARCROFT und Mitarbeitern[4] an 10 gesunden Versuchspersonen gewonnenen Durchschnittszahlen angegeben.

Der Unterschied zwischen den beiden letzten Reihen ist ziemlich beträchtlich. Daß tatsächlich solche Differenzen sowohl in bezug auf Höhe als Form der Kurven normal vorkommen, ergibt sich ebenfalls aus der Zusammenstellung von PETERS, BARR und RULE[5]. Sie

Tabelle 18. Kohlensäureabsorptionskurve des menschlichen Blutes.

Kohlensäure-spannung mm Hg	Volumprozent Kohlensäure: Blut, mit Sauerstoff gesättigt (O_2-Kap. 20 Vol.-%) A.V.B.	Reduziertes Blut	
		A.V.B.	Mittelwerte von 10 Versuchspersonen
3	14,0	19,5	—
10	26,8	32,5	—
20	36,5	42,4	39,4
30	43,0	49,1	44,0
40	48,0	54,3	49,4
50	52,2	58,6	53,5
60	56,2	62,5	57,0.
70	59,7	65,9	—
80	63,0	69,1	—

fanden aus der Literatur im Durchschnitt von Beobachtungen an 21 Gesunden bei einer Kohlensäurespannung von 40 mm Werte zwischen 43 und 56 Vol.-% mit einem Durchschnitt von etwa 50 des mit Sauerstoff gesättigten Blutes. Noch etwas weitere Grenzen gibt STRAUB[6] in seiner Zusammenfassung. Dagegen scheint die Kurve derselben Versuchsperson sich relativ konstant zu verhalten, wenn auch Schwankungen von Tag zu Tag vorkommen[7]. Für 8 Kinder unter 1 Jahr gibt FRIDERICHSEN[8] den Kohlensäuregehalt des Blutes bei 40 mm

---

[1] DILL, D. B., C. VAN CAULAERT, L. M. HURXTHAL, J. L. STODDARD, A. V. BOCK u. L. J. HENDERSON: Journ. of biol. chem. Bd. 73, S. 251. 1927.

[2] BOCK, A. V., D. B. DILL, L. M. HURXTHAL, J. S. LAWRENCE, T. C. COOLIDGE, M. E. DAILEY u. L. J. HENDERSON: Journ. of biol. chem. Bd. 73, S. 749. 1927.

[3] HENDERSON, L. J., A. V. BOCK, D. B. DILL, L. M. HURXTHAL u. C. VAN CAULAERT: Journ. of biol. chem. Bd. 75, S. 305. 1927.

[4] BARCROFT, J., A. V. BOCK, A. V. HILL, T. R. PARSONS, W. PARSONS u. R. SHOJI: Journ. of physiol. Bd. 56, S. 157. 1922.

[5] PETERS, J. P., D. P. BARR u. F. D. RULE: Journ. of biol. chem. Bd. 45, S. 489. 1921.

[6] STRAUB, H.: Ergebn. d. inn. Med. u. Kinderheilk. Bd. 25, S. 1. 1924.

[7] ARBORELIUS, M. u. G. LILJESTRAND: Skandinav. Arch. f. Physiol. Bd. 44, S. 215. 1923.

[8] FRIDERICHSEN, C.: Om acidose hos spaede börn. Kopenhagen 1923.

zu 48,9 Vol.-% im Durchschnitt an (Grenzen 44,9 und 55,3). Ähnliche Werte wie beim Menschen sind bei verschiedenen Säugetieren (Rind, Pferd, Kaninchen, Schwein) und Vögeln[1,2] beobachtet worden. Auffallend hohe Werte sind (bei herabgesetzter Pufferung) beim Frosch[3] und bei der Schildkröte[2] gefunden worden.

Eine empirische Formel für die Kohlensäureabsorptionskurve (zwischen 35 und 60 mm) des mit Sauerstoff gesättigten menschlichen Blutes hat HENDERSON[4] angegeben. Wenn x den Kohlensäuredruck in Millimetern und y den Kohlensäuregehalt in Volumprozent bezeichnet, wird $y = 0,0035\,x^2 + 0,775\,x + 26,2$.

Setzt man den Kohlensäuregehalt des Blutes nicht gegen den Kohlensäuredruck, sondern gegen die cH des Blutes ab, bekommt man[5] eine Gerade. Diese einfache Beziehung scheint aber nur approximativ gültig zu sein. Noch mehr nähert sich für Blut bzw. Serum die Relation p_H: gebundene Kohlensäure einer Geraden, wie HASSELBALCH und WARBURG[6] sowie VAN SLYKE, AUSTIN und CULLEN[7] gefunden haben. Die Neigung der Linie gibt dann ein Maß für die Pufferung. Auch diese Beziehung dürfte nach PETERS, BULGER und EISENMAN[8] nur annähernd gelten. Sie fanden geradlinige Relation zwischen $\log\,[HCO_3]$ und $\log\,[BHCO_3]$. Daraus läßt sich leicht ableiten[9], daß auch die Relation $\log\,[BHCO_3] : p_\mathrm{H}$ mehr geradlinig als diejenige zwischen $[BHCO_3]$ und p_H ist.

Die Wirkung der Sättigung des Hämoglobins auf die Höhe der Kohlensäureabsorptionskurve läßt sich[10] so ausdrücken, daß entsprechend der Aufnahme von 1 Vol.-% gebundenem Sauerstoff die Kohlensäureabsorptionskurve um 0,34, nach anderen Angaben[11] um 0,27 Vol.-% sinkt. (Aus der Tab. 18 ergibt sich — bei einer Sauerstoffkapazität von 20 Vol.-% — der Wert 0,30.) Eine schwache Einwirkung auf die Form der Kohlensäureabsorptionskurve dürfte ebenfalls die Sättigung mit Sauerstoff ausüben, indem Beobachtungen bei Kohlensäuredrucken von 400 mm dafür sprechen, daß die Kurve des reduzierten Blutes etwas flacher als die des mit Sauerstoff gesättigten Blutes[12] verläuft. Auch für Froschblut ist eine Einwirkung der Sauerstoffaufnahme auf die Kohlensäureabsorption festgestellt worden[3].

Um feststellen zu können, ob die Kohlensäureabsorptionskurve einer Blutprobe von der Norm verschoben ist, genügt es offenbar, den Kohlensäuregehalt des betreffenden Blutes bei irgendeinem bekannten Kohlensäuredruck oder p_H zu bestimmen. Am besten wählt man zu diesem Zweck eine Kohlensäurespannung, die in der Nähe der normalen alveolaren Kohlensäurespannung, d. h.

---

[1] Vgl. H. STRAUB: Ergebn. d. inn. Med. u. Kinderheilk. Bd. 25, S. 74. 1924.

[2] COLLIP, J. B.: Journ. of biol. chem. Bd. 46, S. 57. 1921. Vgl. auch F. C. SOUTHWARD u. A. C. REDFIELD: Journ. of gen. physiol. Bd. 9, S. 387. 1926.

[3] WASTL, H. A. u. A. SELIŠKAR: Journ. of physiol. Bd. 60, S. 264. 1925.

[4] HENDERSON, Y.: Arch. néerland. de physiol. de l'homme et des anim. Bd. 7, S. 378. 1922.

[5] BARCROFT u. Mitarbeiter: Zitiert auf S. 513.

[6] HASSELBALCH, K. A. u. E. J. WARBURG: Biochem. Zeitschr. Bd. 86, S. 410. 1918.

[7] VAN SLYKE, D. D., J. H. AUSTIN u. G. E. CULLEN: Journ. of biol. chem. Bd. 53, S. 277. 1924.

[8] PETERS, J. P., H. A. BULGER u. A. EISENMAN: Journ. of biol. chem. Bd. 58, S. 747. 1924.

[9] PETERS, J. P.: Journ. of biol. chem. Bd. 56, S. 745. 1923.

[10] PETERS, J. P., D. P. BARR u. F. D. RULE: Journ. of biol. chem. Bd. 45, S. 489. 1921.

[11] DOISY, E. A., A. P. BRIGGS, E. P. EATON u. W. A. CHAMBERS: Journ. of biol. chem. Bd. 54, S. 305. 1922.

[12] DAVIES, H. W., J. B. S. HALDANE u. E. L. KENNAWAY: Journ. of physiol. Bd. 54, S. 32. 1920.

etwa 40 mm, liegt. Aus praktischen Gründen hat man es in vielen Fällen vor-
gezogen, nicht das Blut selbst, sondern dessen wahres Plasma zu der Bestimmung
zu benutzen. van Slyke und Cullen[1] bestimmen den Kohlensäuregehalt des
wahren Plasmas, nachdem das Blut mit Alveolarluft einer gesunden Versuchsperson gesättigt worden ist. Sie nennen den gefundenen Wert für die totale
gebundene Kohlensäure des Serums die Alkalireserve (der Name Alkalireserve
wurde zuerst von Jaquet eingeführt). Eine gewisse Fehlerquelle liegt zweifelsohne darin, daß die von gesunden Personen gewonnene Alveolarluft nicht konstant ist. Besser ist, die Sättigung mit Luft von bestimmtem Kohlensäuregehalt
(entsprechend etwa 40 mm) durchzuführen[2]. Als normaler Durchschnitt für die
Alkalireserve geben van Slyke und Cullen — ohne die Schwankungen anzuführen — 65 Vol.-%, während van Slyke[2] später die Grenzen zu 50 bzw.
67 Vol.-% gibt. Zu beinahe demselben Mittel (65,1) wie van Slyke und Cullen
kommt Wissing[3] bei 22 Versuchspersonen, die nicht besonders trainiert waren
($\sigma = 3,8$, 22 Beobachtungen). Bei 13 mit Körperübungen trainierten Versuchspersonen bekam er das Mittel 72,1 ($\sigma = 4,3$, 13 Beobachtungen). Ähnliche Werte
gibt Walinski[4] an. Für Kinder werden etwas niedrigere Werte als für Erwachsene angegeben[5].

Wie sich aus dem früher Gesagten ergibt, werden Höhe und Form der
Kohlensäureabsorptionskurve des Blutes von der verfügbaren Alkalimenge
sowie den verschiedenen Puffersubstanzen bestimmt. Nun steht aber das Blut
mit den Geweben in Austausch nicht nur betreffs Kohlensäure und Sauerstoff,
sondern auch mit Rücksicht auf andere Bestandteile[6]. Diese Störungen bekommen deshalb besonderes Interesse, weil ihre Kenntnis Schlüsse auf die Verteilung der sauren und basischen Valenzen sowie bei Berücksichtigung der
vorhandenen Kohlensäurespannung auf die Reaktion des Blutes erlauben.

Wenn die cH des Blutes konstant gehalten wird, muß bei denjenigen Zuständen, wo eine Erhöhung der alveolaren Kohlensäurespannung vorhanden ist,
eine entsprechende Zunahme der Kohlensäurebindung des Blutes vorkommen,
und umgekehrt. In sehr vielen Fällen findet man nun auch diese enge Beziehung
zwischen Änderungen der alveolaren Kohlensäurespannung und der Kohlensäureabsorptionskurve des Blutes. In anderen dagegen wird aber auch die cH des
Blutes in der einen oder anderen Richtung von dem normalen Ruhewert verschoben, wobei die Verschiebungen der alveolaren Kohlensäurespannung (d. h. also
der freien Kohlensäure) und des Bicarbonats sich also nicht genau kompensieren.

Trägt man die normalen Grenzen der Kohlensäureabsorption des Blutes bei
verschiedenen Kohlensäurespannungen in ein Koordinatsystem ein und außerdem diejenigen Reaktionsisoplethen, die den normalen p_H-Grenzen (7,3 bis 7,5)
sowie den extremen unter besonderen Umständen beobachteten p_H-Werten
des Blutes (7,0 und 7,8) entsprechen, dann bekommt man, wie die Abb. 63
demonstriert, eine schematische Einteilung mit neun verschiedenen Feldern,
welche die verschiedenen Zustände des Säure-Basengleichgewichts im Arterienblut repräsentieren[7]. Die betreffenden p_H-Werte werden leicht aus der Formel

---

[1] van Slyke, D. D. u. G. E. Cullen: Journ. of biol. chem. Bd. 30, S. 289. 1917.
[2] Stadie, W. C. u. D. D. van Slyke: Journ. of biol. chem. Bd. 41, S. 191. 1920. Vgl.
auch D. D. van Slyke: Abderhaldens Handb. d. biol. Arbeitsmethoden. Abt. 4, Teil 4,
S. 1245. 1926.
[3] Wissing, E.: Zeitschr. f. d. ges. exp. Med. Bd. 49, S. 63. 1926.
[4] Walinski, F.: Veröff. a. d. Geb. d. Militär-Sanitätswesens Bd. 78, S. 37. 1925. Vgl.
auch Rehberg u Wissemann: Zeitschr. f. d. ges. exp. Med. Bd. 55, S. 641. 1927.
[5] Schloss, O. M. u. R. E. Stetson: Americ. journ. of dis. of childr. Bd. 13, S. 218. 1917.
[6] Vgl. J. P. Peters u. Mitarbeiter: Journ. of biol. chem. Bd. 67, S. 141ff. 1926.
[7] van Slyke, D. D.: Journ. of biol. chem. Bd. 48, S. 153. 1921.

$$p_H = pK_1 + \log \frac{[BHC_3]}{[H_2CO_3]}$$ berechnet, wobei pK_1 zu 6,15 und α_{CO_2} zu 0,520 gesetzt werden. Bei p_H größer als 7,8 entsteht Tetanie, p_H unterhalb 7,0 ist kaum noch mit dem Leben vereinbar. Natürlich finden sich fließende Übergänge zwischen den verschiedenen Zuständen; die Abb. 63 liefert aber eine praktische Einteilung der Abweichungen und gibt auch die Richtungen an, in denen sich kleinere physiologische Änderungen bewegen. Gewisse von den Abweichungen besitzen erhebliches klinisches Interesse, vor allem diejenigen Zustände, die als Acidosis bzw. Alkalosis bezeichnet worden sind. Während

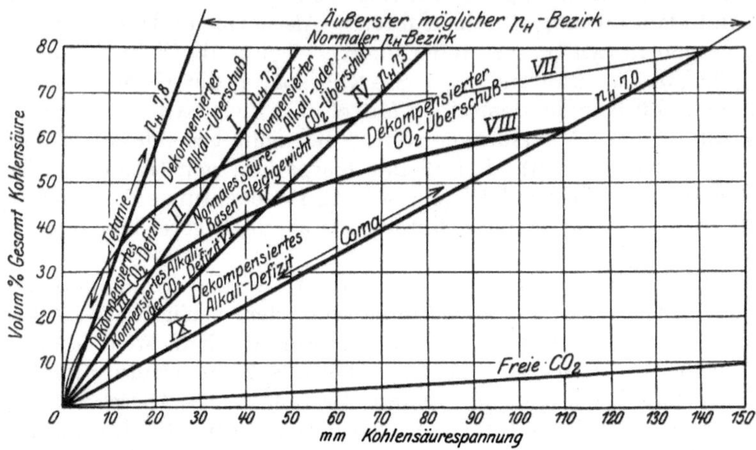

Abb. 63. Säure-Basengleichgewicht des Arterienblutes, beleuchtet durch die Kohlensäureabsorptionskurve. (Nach van Slyke und Straub.)

Acidose ursprünglich einen Zustand bedeutete, bei dem eine Retention von nicht flüchtigen Säuren im Blute vorkommt, meint man heutzutage im allgemeinen damit jede Erhöhung der cH des Blutes über die Norm. Umgekehrt bedeutet dann Alkalose eine Herabsetzung der Wasserstoffionenkonzentration[1]. Über die pathologischen Abweichungen der Kohlensäurebindung des Blutes wird hier nicht berichtet, sondern auf die diesbezüglichen Monographien hingewiesen[2].

Mit Rücksicht auf die normalen Schwankungen der Kohlensäurekapazität (d. i. der Kohlensäuregehalt bei bestimmter Kohlensäurespannung) sei zuerst daran erinnert, daß sie für arterielles und venöses Blut derselben Versuchsperson nicht immer dieselbe ist[3]. Gewöhnlich liegt die Absorptionskurve des Blutes einer Armvene niedriger als die des Arterienblutes. Besonders ausgeprägt ist der Unterschied bei kräftiger Stase[4], wobei Wasser und Elektrolyten vom Blute an die Gewebe abgegeben werden[5]. Die Kohlensäurekapazität des Plasmas scheint aber

[1] Die Ausdrücke werden aber bisweilen anders gebraucht. (Vgl. z. B. J. H. Austin u. G. E. Cullen: Hydrogen ion concentration of the blood in health and disease, S. 15. Baltimore 1926.)

[2] Vgl. D. D. van Slyke: Journ. of biol. chem. Bd. 48, S. 153. 1921. — Straub, H.: Ergebn. d. inn. Med. u. Kinderheilk. Bd. 25, S. 1. 1924. — Elias, H.: Ebenda S. 192. — Dautrebande, L.: L'acidose, Rapport au XVIIIe Congrès français de Méd., Nancy 1925. — Meakins, J. C. u. H. W. Davies: Respiratory function in disease. Edinburgh u. London 1925. — Austin u. Cullen, siehe Fußnote 1.

[3] Fraser, F. R., G. Graham u. R. Hilton: Journ. of physiol. Bd. 59, S. 221. 1924.

[4] Dautrebande, L., H. W. Davies u. J. Meakins: Heart Bd. 10, S. 133. 1923. — Peters, J. P., H. A. Bulger, A. J. Eisenman u. C. Lee: Journ. of biol. chem. Bd. 67, S. 175. 1926.

[5] Peters, J. P., H. A. Bulger u. A. J. Eisenman: Journ. of biol. chem. Bd. 67, S. 165. 1926.

nach den Bestimmungen von STADIE und VAN SLYKE[1] durchschnittlich etwas größer im venösen als im arteriellen Blute zu sein, obgleich auch in Einzelproben das Umgekehrte vorkommen kann. An nach LONDON angiostomierten Tieren beobachtete CHARIT[2], daß die Alkalireserve des Portablutes größer war als die des arteriellen Blutes. Die Durchströmung durch die Leber verminderte aber wieder die Alkalireserve, wie ein Vergleich des Portablutes mit dem Lebervenenblut zeigte.

Entsprechend den Schwankungen der alveolaren Kohlensäurespannung mit den Jahreszeiten hat man die Kohlensäurebindungsfähigkeit des Blutes am höchsten gefunden, wenn die Tage am kürzesten, am tiefsten, wenn sie am längsten sind[3]. Eine direkte Lichtwirkung allein kann dies nicht sein, denn Belichtung mit ultravioletten Strahlen (bzw. Röntgenstrahlen) bewirkt nach kurzdauernder Verminderung der Kohlensäurebindungsfähigkeit eine ziemlich lange bleibende Vergrößerung der Kohlensäurekapazität des Blutes[4].

Eine einfache Kohlensäureauswaschung, wie sie durch Überventilation leicht zustande kommt[5], bewirkt eine Verschiebung der Blutkohlensäure nach der Fläche II der Abb. 63. Dieser Zustand, dekompensiertes Kohlensäuredefizit, ist von HENDERSON und HAGGARD[6,7,8] bei Tieren unter wechselnden Umständen, von DAVIES, HALDANE und KENNAWAY[9] sowie von COLLIP und BACKUS[10] beim Menschen nach willkürlicher Hyperpnoe beobachtet worden. Bei Säuglingen bewirkt Schreien oder Weinen ebenfalls starkes Absinken der Gesamtkohlensäure[11]. Auch die Kohlensäureauswaschung bei Sauerstoffmangel, die z. B. im Höhenklima zu einer erniedrigten alveolaren Kohlensäurespannung führt, führt eine entsprechende Erniedrigung des Kohlensäuregehaltes des Blutes herbei. Eine gewisse Kompensation mit Rücksicht auf die Blutreaktion kann in vielen Fällen von Überventilation dadurch stattfinden, daß die Kohlensäureabsorptionskurve ebenfalls sinkt (Fläche III), wodurch Verschiebungen im Verhältnis $\frac{[\text{H}_2\text{CO}_3]}{[\text{BHCO}_3]}$ entgegengesteuert werden. Eine solche Verminderung der Kohlensäurekapazität des Blutes sahen HENDERSON und HAGGARD bei Tieren nach kräftiger künstlicher Atmung[6] (bestätigt von GOLLWITZER, MEIER und MEYER[12]), nach Einatmung von sauerstoffarmer Luft[13], sowie im Anschluß an die verstärkte Ventilation nach Äthernarkose[7] bzw. bei Kohlenoxydvergiftung[14] und nach Trauma[8]. Nach unwillkürlicher Verstärkung der Atmung beim Menschen fanden DAVIES, HALDANE und KENNAWAY[9] sowie GOLLWITZER, MEIER und MEYER keine Senkung der Kohlensäurekapazität des Blutes, was möglicherweise von der zu kurzen

[1] STADIE, W. C. u. D. D. VAN SLYKE: Journ. of biol. chem. Bd. 41, S. 191. 1920.
[2] CHARIT, A. I.: Pflügers Arch. f. d. ges. Physiol. Bd. 214, S. 331. 1926.
[3] STRAUB, H., K. MEIER u. E. SCHLAGINTWEIT: Zeitschr. f. d. ges. exp. Med. Bd. 32, S. 229. 1923.
[4] HUSSEY, R. G.: Journ. of gen. physiol. Bd. 4, S. 511. 1922. — KROETZ, C.: Biochem. Zeitschr. Bd. 151, S. 146. 1924.
[5] Vgl. dieses Handb. Bd. II, S. 210.
[6] HENDERSON, Y. u. H. W. HAGGARD: Journ. of biol. chem. Bd. 33, S. 355. 1918.
[7] HENDERSON, Y. u. H. W. HAGGARD: Journ. of biol. chem. Bd. 33, S. 345. 1918.
[8] HENDERSON, Y. u. H. W. HAGGARD: Journ. of biol. chem. Bd. 33, S. 365. 1918.
[9] DAVIES, H. W., J. B. S. HALDANE u. E. L. KENNAWAY: Journ. of physiol. Bd. 54, S. 32. 1920.
[10] COLLIP, J. B. u. P. L. BACKUS: Americ. journ. of physiol. Bd. 51, S. 568. 1920.
[11] GYÖRGY, P., F. KAPPES u. F. KRUSE: Zeitschr. f. Kinderheilk. Bd. 41, S. 700. 1926.
[12] GOLLWITZER-MEIER, K., u. E. C. MEYER: Zeitschr. f. d. ges. exp. Med. Bd. 40, S. 70. 1924. Vgl. auch G. FERROLORO: Arch. di scienze biol. Bd. 8, S. 99. 1926.
[13] HAGGARD, H. W. u. Y. HENDERSON: Journ. of biol. chem. Bd. 43, S. 15. 1920. Vgl. auch G. FRITZ: Biochem. Zeitschr. Bd. 170, S. 236. 1926.
[14] HAGGARD, H. W. u. Y. HENDERSON: Journ. of biol. chem. Bd. 47, S. 421. 1921.

Dauer des Versuchs abhängt. Dagegen beobachteten Collip und Backus unter ähnlichen Umständen eine Senkung der Alkalireserve des Plasmas, die vermutlich durch den Ionenaustausch zwischen Blutkörperchen und Plasma bedingt ist[1,2]. György und Mitarbeiter fanden in den obenerwähnten Beobachtungen an Säuglingen nur mäßige oder sehr geringe Erhöhung der Blutalkalescenz, so daß also eine Abnahme der Kohlensäurebindung des Blutes vorhanden sein muß. Nach Peters, Bulger, Eisenman und Lee[3] tritt zwar eine Verminderung der Plasmachloride ein, sie wird aber wahrscheinlich durch organische Säuren kompensiert. Daß auch eine Senkung der Kohlensäureabsorptionskurve beim Menschen bei genügend reduziertem Barometerstande auftreten soll, war schon nach den Erfahrungen über die Verminderung der Titrationsalkalescenz[4] wahrscheinlich und ist von verschiedenen Seiten hervorgehoben worden[5]. Sie ist dann auch wiederholt beobachtet worden[6]. Nach den Versuchen Nakaos[7] nahm bei Kaninchen die Kohlensäurebindung des Blutes im Durchschnitt um 22 Vol.-% (bei 37 bis 38 und ebenfalls bei 62 mm Kohlensäuredruck) ab bei einem Aufenthalt von 24 Stunden bei 400 bis 420 mm Atmosphärendruck. Bei der Herabsetzung der alveolaren Kohlensäurespannung durch warme Bäder fand Haggard[8] keine kompensatorische Änderung der Kohlensäurekapazität, während eine kleine Erhöhung der Alkalireserve bei anderer Art der Erwärmung beobachtet worden ist[9]. Dagegen ist, wie Hasselbalch[10] am Blute fand, die Abnahme der alveolaren Kohlensäurespannung während der Gravidität von einer Erniedrigung der Kohlensäurebildungskurve begleitet. Williamson[11] hat dann dasselbe für die Alkalireserve des Plasmas gefunden. Ferner beobachtete er einen bestimmten Unterschied zwischen der Alkalireserve der Mutter und des Kindes.

Die unter Umständen nach Überventilation beobachtete Senkung der Alkalireserve dürfte vor allem durch einen Anionenaustausch zwischen den Geweben und dem Blut entstehen, die Körperflüssigkeiten im ganzen wirken also gewissermaßen als Puffer, obgleich die Schwankungen kleiner und langsamer sein dürften als im Blute, wie die Beobachtungen von Collip und Backus[12] an Lymphe und Cerebrospinalflüssigkeit zu zeigen scheinen. Derselbe Endzustand wie oben kann aber auch dadurch zustande kommen, daß die Exkretion von nicht flüchtigen Säuren im Vergleich zu ihrer Entstehung nicht genügend schnell vor sich geht, so daß eine abnorme Anhäufung erfolgt.

[1] Gollwitzer-Meier, K. u. E. C. Meyer: Zitiert auf S. 517.

[2] Vgl. J. S. Haldane: Respiration, S. 195.

[3] Peters, J. P., H. A. Bulger, A. J. Eisenman u. C. Lee: Journ. of biol. chem. Bd. 67, S. 183. 1926.

[4] Galeotti, G.: Arch. ital. de biol. Bd. 41, S. 80. 1904. — Durig, A., u. N. Zuntz: Skandinav. Arch. f. Physiol. Bd. 29, S. 144. 1913.

[5] Haldane, J. B. S., A. M. Kellas u. E. L. Kennaway: Journ. of physiol. Bd. 53, S. 181. 1919. — Henderson, Y.: Science Bd. 49, S. 431. 1919.

[6] Henderson, Y.: Journ. of biol. chem. Bd. 43, S. 29. 1920. — Barcroft, J., C. A. Binger, A. V. Bock, J. H. Doggart, H. S. Forbes, G. Harrop, J. C. Meakins u. A. C. Redfield: Transact. Philos. of the roy. soc. of London, Ser. B, Bd. 211, S. 370. 1923. — Straub, H., K. Gollwitzer-Meier u. E. Schlagintweit: Zeitschr. f. d. ges. exp. Med. Bd. 32, S. 229. 1923. — Loewy, A.: Pflügers Arch. f. d. ges. Physiol. Bd. 207, S. 632. 1925.

[7] Nakao, H.: Biochem. Zeitschr. Bd. 178, S. 382. 1926.

[8] Haggard, H. W.: Journ. of biol. chem. Bd. 44, S. 131. 1920.

[9] Cajori, F. A., C. Y. Crouter u. R. Pemberton: Journ. of biol. chem. Bd. 57, S. 217. 1923.

[10] Hasselbalch, K. A.: Biochem. Zeitschr. Bd. 78, S. 135. 1916.

[11] Williamson, A. C.: Americ. journ. of obstetr. a. gynecol. Bd. 6, S. 263. 1923. Vgl. auch M. Labbé u. M. Chevki: Cpt. rend. des séances de la soc. de biol. Bd. 95, S. 24. 1926.

[12] Collip, J. B., u. P. L. Backus: Americ. journ. of physiol. Bd. 51, S. 551. 1920.

Im Gegensatz zur Überventilation steht eine Kohlensäureretention, wie sie bei herabgesetzter Empfindlichkeit des Atemzentrums oder bei Einatmung von Luft, die mit 5% oder mehr Kohlensäure versetzt ist, entsteht. Die unmittelbare Folge ist eine Steigerung des Kohlensäuregehaltes des Blutes (Fläche VIII). Kompensatorisch kann aber hier eine mehr oder weniger entsprechende Zunahme der Kohlensäurekapazität eintreten (Fläche VII), wie sie HENDERSON und HAGGARD[1] im Tierversuch während Morphinwirkung bzw. nach Kohlensäureeinatmung sahen. Bei Tieren, die Morphium bekommen hatten, haben auch HJORT und TAYLOR[2], GAUSS[3] sowie ATKINSON und ETS[4] Erhöhung der Alkalireserve des Plasmas beobachtet, während beim Menschen nach ENDRES[5] und SCHOEN.[6] Morphium in den ersten Stunden eine Erniedrigung der Kohlensäureabsorptionskurve bewirkt (Bildung von Säure?), auf die evtl. später eine Zunahme der Kohlensäurekapazität folgt. Bei Einatmung von kohlensäurereicher Luft konnten weder DAVIES, HALDANE und KENNAWAY[7], noch GRANT und GOLDMAN[8] beim Menschen eine Änderung der Kohlensäurekapazität beobachten. Auch bei der Erhöhung der alveolaren Kohlensäurespannung im Schlaf scheint keine bzw. nur höchst unbedeutende Änderung der Alkalireserve des Blutes[9] bzw. des Plasmas vorhanden zu sein[10]. Dagegen liegt im Winterschlaf die Kohlensäurebindungskurve (bei 38°) etwas niedriger als beim wachen Tiere[11]. Wird sie aber bei der Temperatur des winterschlafenden Tieres beobachtet, liegt sie wesentlich höher. Da aber die Löslichkeit der Kohlensäure in noch höherem Grade als die chemische Bindung zunimmt, resultiert kleineres p_H.

Daß Zufuhr von Säuren zum lebenden Tier den Kohlensäuregehalt des arteriellen Blutes außerordentlich stark herabsetzen kann, ging aus WALTERS[12] Untersuchungen hervor. Eine Senkung der Kohlensäureabsorptionskurve des Blutes nach Injektion verschiedener Säuren ist dann von LOEWY und MÜNZER[13], VAN SLYKE und CULLEN[14] sowie von HAGGARD und HENDERSON[15] beobachtet worden. Die beiden letzterwähnten Forscher fanden eine mit der Größe der injizierten Salzsäuremenge zunehmende Senkung der Kurve, die gleichzeitig einen flacheren Verlauf bekam. Selbstverständlich verteilt sich die eingeführte Säure im ganzen Körper — auf das Blut kommt nur etwa 10% —, so daß die Wirkung viel schwächer als bei Versuchen in vitro ausfällt[16]. TAISTRA[17] hat die Wirkung von Zufuhr verschiedener Säuren auf die Kohlensäurebindung untersucht und findet eine starke Herabsetzung nach Glykolsäure, Milchsäure oder

[1] HENDERSON, Y. u. H. W. HAGGARD: Journ. of biol. chem. Bd. 33, S. 333. 1918.
[2] HJORT, A. M. u. F. A. TAYLOR: Journ. of pharmacol. a. exp. therapeut. Bd. 13, S. 407. 1919.
[3] GAUSS, H.: Journ. of pharmacol. a. exp. therapeut. Bd. 16, S. 475. 1921.
[4] ATKINSON, H. V. u. H. N. ETS: Journ. of laborat. a. clin. med. Bd. 8, S. 170. 1922.
[5] ENDRES, G.: Zeitschr. f. d. ges. exp. Med. Bd. 41, S. 601. 1924.
[6] SCHOEN, R.: Arch. f. exp. Pathol. u. Pharmakol. Bd. 101, S. 365. 1924 u. Bd. 102, S. 205. 1924.
[7] DAVIES, H. W., J. B. S. HALDANE u. E. L. KENNAWAY: Journ. of physiol. Bd. 54, S. 32. 1920.
[8] GRANT, S. B. u. A. GOLDMAN: Americ. journ. of physiol. Bd. 52, S. 209. 1920.
[9] ENDRES, G.: Biochem. Zeitschr. Bd. 142, S. 53. 1923.
[10] COLLIP, J. B.: Journ. of biol. chem. Bd. 41, S. 473. 1920. — Vgl. K. GOLLWITZER-MEIER u. C. KROETZ: Biochem. Zeitschr. Bd. 154, S. 83. 1924.
[11] ENDRES, G.: Zeitschr. f. d. ges. exp. Med. Bd. 43, S. 311. 1924.
[12] WALTER, F.: Arch. f. exp. Pathol. u. Pharmakol. Bd. 7, S. 148. 1877.
[13] LOEWY, A. u. E. MÜNZER: Arch. f. (Anat. u.) Physiol. Bd. 25, S. 81. 1901.
[14] VAN SLYKE, D. D. u. G. E. CULLEN: Journ. of biol. chem. Bd. 30, S. 327. 1917.
[15] HAGGARD, H. W. u. Y. HENDERSON: Journ. of biol. chem. Bd. 39, S. 163. 1919.
[16] PRENTICE, W., H. O. LUND u. H. G. HARBO: Journ. of biol. chem. Bd. 44, S. 211. 1920.
[17] TAISTRA, S. A.: Journ. of biol. chem. Bd. 49, S. 479. 1921. Vgl. auch L. TSCHUN-NIEN: Zeitschr. f. klin. Med. Bd. 95, S. 228. 1922.

Salzsäure, dagegen nur unbedeutende Wirkung von Essigsäure. In ähnlicher Weise wie Zufuhr von Säuren wirkt die Einnahme von Ammoniumsalzen, wie Ammoniumchlorid[1] bzw. Ammoniumphosphat[2], indem das Ammoniak teilweise in Harnstoff umgewandelt wird, wobei die Säure frei wird, ebenso wie Chlorcalcium[3]. Dabei treten die Chlorionen weit vollständiger als die Calciumionen in die Körperflüssigkeiten ein, teils wegen geringerer Resorption des Calciums, teils wegen seiner Ausscheidung in den Darm. Durch Verfütterung mit Calciumcarbonat konnte[4] bei Schweinen die Alkalireserve wesentlich gesteigert, durch Calciumphosphat dagegen verkleinert werden. Umgekehrt bewirkt Zufuhr von Bicarbonat eine ziemlich schnell vorübergehende Erhöhung der Kurve, wie Beobachtungen an Tieren[5] und Menschen[6] beweisen. In ähnlicher Weise wirkt auch die Zufuhr von Citraten oder Acetaten, die im Körper zu Carbonaten umgewandelt werden[7].

Von praktischer Bedeutung ist, daß aus dem Körper entnommenes Blut bei Körpertemperatur schnell eine Herabsetzung des Kohlensäurebindungsvermögens erleidet[8]. Wahrscheinlich handelt es sich um eine Säurebildung aus Kohlehydraten. Abgetrenntes Serum zeigt dieses Phänomen nicht[9], das auch am Gesamtblut durch Zusatz von 0,1% Fluornatrium verhindert werden kann[10].

Anhäufung von Säure im Blut mit entsprechender Erniedrigung der Kohlensäureabsorptionskurve kommt unter zahlreichen physiologischen und pathologischen Umständen vor. So fand Hasselbalch[11] nach einseitiger Fleischdiät während mehrerer Tage eine deutliche Erniedrigung des reduzierten $p_{\mathrm{H}}:s$, was eine Abnahme der Kohlensäurekapazität des Blutes bedeutet. Durch alkalische Diät hat man[12] dagegen die Alkalireserve erhöhen können. Bei Kindern bekamen Schloss und Harington[13] durch Diätveränderungen Veränderung der Alkalireserve, während das McClendon und Mitarbeitern[14] nicht beim Menschen und bei Hunden, wohl aber bei Kaninchen gelang. In der Zeit von 1917 bis 1919 fanden Straub und Meier[15] für ihre gesunden Normalpersonen in Deutschland Werte für die Kohlensäurekapazität des Blutes, die deutlich unterhalb derjenigen lagen, die von nicht deutschen Untersuchern mitgeteilt worden sind. Daß es sich hier um die Folgen der einseitigen und schlechten damaligen Ernährungsverhältnisse in Deutschland handelt, ist durch spätere Untersuchungen wahrscheinlich gemacht, wo die in Deutschland gefundenen Werte in guter

---

[1] Haldane, J. B. S.: Journ. of physiol. Bd. 55, S. 265. 1921. Vgl. auch J. L. Gamble u. G. S. Ross: Americ. journ. of dis. of childr. Bd. 25, S. 470. 1923.

[2] Koehler, A. E.: Journ. of biol. chem. Bd. 72, S. 99. 1927.

[3] Gamble, J. L., G. S. Ross u. F. F. Tisdall: Americ. journ. of dis. of childr. Bd. 25, S. 455. 1923.

[4] Forbes, E. B., J. O. Halversen u. J. A. Schulz: Journ. of biol. chem. Bd. 42, S. 459. 1920.

[5] Haggard, H. W. u. Y. Henderson: Journ. of biol. chem. Bd. 39, S. 163. 1919. — Reimann, S. P., u. H. A. Reimann: Ebenda Bd. 46, S. 493. 1921.

[6] Palmer, W. W. u. D. D. van Slyke: Journ. of biol. chem. Bd. 32, S. 499. 1917. — Harrop, G. A.: Bull. of the John Hopkins hosp. Bd. 30, S. 62. 1919.

[7] Koehler, A. E.: Arch. of internal med. Bd. 31, S. 590. 1923.

[8] Christiansen, J., C. G. Douglas u. J. S. Haldane: Journ. of physiol. Bd. 48, S. 244. 1914.

[9] van Slyke, D. D. u. G. E. Cullen: Journ. of biol. chem. Bd. 30, S. 328. 1917.

[10] Evans, C. L.: Journ. of physiol. Bd. 56, S. 146. 1922.

[11] Hasselbalch, K. A.: Biochem. Zeitschr. Bd. 46, S. 403. 1912.

[12] Siehe Fußnote 9. Vgl. auch W. H. Jansen u. H. J. Karbaum: Dtsch. Arch. f. klin. Med. Bd. 153, S. 84. 1926.

[13] Schloss, O. M., u. H. Harington: Americ. journ. of dis. of childr. Bd. 17, S. 85. 1919.

[14] McClendon, J. F., L. Meisenbug, O. J. Engstrand u. F. King: Journ. of biol. chem. Bd. 38, S. 539. 1919. Vgl. auch J. H. Page: Americ. journ. of physiol. Bd. 66, S. 1. 1923.

[15] Straub, H. u. K. Meier: Dtsch. Arch. f. klin. Med. Bd. 129, S. 54. 1919.

Übereinstimmung mit den außerhalb Deutschlands beobachteten waren[1]. Auch bei Tieren ist der Einfluß der Art der Nahrung auf die Kohlensäureabsorptionskurve des Blutes nachgewiesen worden. Bei Kühen beobachtete BLATHERWICK[2] bei Verfütterung von säurebildendem Futter eine Alkalireserve von 58,6, nach stark basenbildendem Futter dagegen 69,2. Wesentliche Einflüsse der Nahrung auf die Kohlensäurekapazität des Blutes wurden auch bei Kaninchen nachgewiesen[3], bei denen auch nicht unbedeutende Änderungen der Blutreaktion stattfinden.

Die vermehrte Bildung von fixen Säuren während Fasten, das eine mäßige Senkung der alveolaren Kohlensäurespannung bewirkt[4], ist auch von einer Abnahme der Alkalireserve begleitet. Am Kaninchen fand ASADA[5] vor dem Fasten 55, am ersten und zweiten Tage des Fastens etwa 50 und dann eine unregelmäßige Senkung bis auf etwa 34 Vol.-%. Auf der Höhe der „Ketose" ist beim Menschen nach GAMBLE, ROSS und TISDALL[6] die Alkalireserve wenigstens auf zwei Drittel des Normalwertes reduziert. Bei kleinen Kindern beobachtete FRIDERICHSEN[7] während „Wasserdiät" beträchtliche Senkung der Kohlensäurekapazität des Blutes, nach einem Minimum etwa 30 bis 60 Stunden vom Beginn des Fastens fing der Wert wieder zu steigen an. Die im Endstadium der Avitaminosen beobachtete Senkung der Kohlensäurekapazität des Blutes dürfte ebenfalls mit den schlechten Ernährungsverhältnissen in Zusammenhang stehen[8].

Im Anschluß an Verfütterung von Fleisch und Glycin bzw. Alanin bekam CHANUTIN[9] eine gewisse Steigerung der Alkalireserve, was auf Salzsäureverlust durch die Magensaftsekretion zurückgeführt wurde. Obgleich Änderungen der Alkalireserve nach der Nahrungsaufnahme in Hinblick auf die primäre Steigerung und sekundäre Senkung der alveolaren Kohlensäurespannung[4] zu erwarten wären[10], konnten weder VAN SLYKE, STILLMAN und CULLEN[11], noch DODDS und MCINTOSH[12] eine solche Änderung nachweisen. Dagegen hat ENDRES[13] entsprechend der erhöhten alveolaren Kohlensäurespannung eine kleine Zunahme der Kohlensäurekapazität des Blutes $2^1/_2$ Stunden nach dem Essen beobachtet, und entsprechende Veränderungen sahen GYÖRGY, KAPPES und KRUSE[14] bei Säuglingen 1 bis $1^1/_2$ Stunden nach Aufnahme eines artfremden Nährgemisches. Über ähnliche Verhältnisse bei Kaninchen berichtet TANGL[15]. Der Verlust an

---

[1] STRAUB, H., K. MEIER u. E. SCHLAGINTWEIT: Zeitschr. f. d. ges. exp. Med. Bd. 32, S. 229. 1923.

[2] BLATHERWICK, N. R.: Journ. of biol. chem. Bd. 42, S. 517. 1920.

[3] HASSELBALCH, K. A.: Biochem. Zeitschr. Bd. 46, S. 425. 1912. — KURIYAMA, S.: Journ. of biol. chem. Bd. 33, S. 215. 1918. — BECKMANN, K., u. K. MEIER: Zeitschr. f. d. ges. exp. Med. Bd. 29, S. 596. 1922.

[4] Vgl. dieses Handb. Bd. II, S. 212.

[5] ASADA, H.: Americ. journ. of physiol. Bd. 50, S. 1. 1919.

[6] GAMBLE, J. L., G. S. ROSS u. F. F. TISDALL: Journ. of biol. chem. Bd. 57, S. 633. 1923; vgl. auch LENNOX, W. G., M. O'CONNOR u. M. BELLINGER: Arch. of int. med. Bd. 38, S. 553. 1926.

[7] FRIDERICHSEN, C.: Om acidose hos spaede börn. Kopenhagen 1923. Vgl. auch A. E. KOEHLER: Arch. of internal med. Bd. 31, S. 590. 1923.

[8] COLLAZO, J. A.: Biochem. Zeitschr. Bd. 140, S. 254. 1923.

[9] CHANUTIN, A.: Journ. of biol. chem. Bd. 49, S. 485. 1921.

[10] ERDT, H.: Dtsch. Arch. f. klin. Med. Bd. 117, S. 497. 1915.

[11] VAN SLYKE, D. D., E. STILLMAN u. G. E.: CULLEN Journ. of biol. chem. Bd. 30, S. 401. 1917.

[12] DODDS, E. C. u. J. MCINTOSH: Journ. of physiol. Bd. 57, S. 139. 1923; vgl. auch W. RADZIMOWSKA u. W. IWANOW: Zeitschr. f. d. ges. exp. Med. Bd. 55, S. 103. 1927.

[13] ENDRES, G., nach H. STRAUB: Ergebn. d. inn. Med. u. Kinderheilk. Bd. 25, S. 86. 1924.

[14] GYÖRGY, P., F. KAPPES u. F. KRUSE: Zeitschr. f. Kinderheilk. Bd. 41, S. 713. 1926.

[15] TANGL, H.: Biochem. Zeitschr. Bd. 172, S. 355. 1926.

Salzsäure macht sich ebenfalls bei verschlossenem Pylorus und regelmäßiger Ausspülung des Magens durch vermehrte Alkalireserve des Plasmas bemerkbar[1].

Daß eine Änderung des Säurebasengleichgewichts im Blute bei Muskelarbeit eintreten kann, ging schon aus den Versuchen von Geppert und Zuntz[2] hervor, bei denen Tetanisierung der Hinterbeine von Tieren mit durchgeschnittenem Rückenmark eine Herabsetzung der titrierbaren Blutalkalescenz herbeiführte. Eine Senkung der Kohlensäurebindungskurve des Blutes ist später beim Menschen nach kräftiger Arbeit von Morawitz und Walker[3] sowie von Christiansen, Douglas und Haldane[4] nachgewiesen worden. Nach Barr, Himwich und Green[5] gibt gelinde Arbeit keine oder unbedeutende, kräftige Arbeit dagegen erhebliche Senkung der Kohlensäureabsorptionskurve. So betrug nach einer Arbeit von etwa 3500 kgm in $3^1/_2$ Min. die Senkung der Kohlensäurekapazität des arteriellen Blutes bei 40 mm 7,5 bis 18,8 Vol.-%. Aber auch mäßige Arbeit gibt unter Umständen deutliche Herabsetzung der Kohlensäurebindung[6]. Besonders leicht tritt sie nach statischer Arbeit ein[7], wodurch die Wirkung von Strychnin[8] und anderen Krampfgiften[9] auf die Blutgase erklärt werden. Nach Barr, Himwich und Green, deren Angabe Bjure[10] bestätigt hat, wird gleichzeitig mit der Erniedrigung die Kurve auch flacher. Daß die Herabsetzung der Kohlensäurebindung des Blutes während und nach der Arbeit wenigstens zum größten Teil durch Übertritt von Milchsäure ins Blut bedingt wird, geht daraus hervor[11], daß der Gehalt des Blutes an Milchsäure im großen ganzen, wenn auch nicht vollkommen, parallel der Herabsetzung der Bindungsfähigkeit geht. Wahrscheinlich tritt Milchsäure auch aus dem Blute in die nicht tätigen Gewebe über[11]. Dadurch erklärt sich, daß nach Arbeit mit den Beinen die Kohlensäurekapazität im Armvenenblut größer als im arteriellen Blute war, während das Armvenenblut dieselbe oder kleinere Kohlensäurekapazität als das arterielle Blut hatte, wenn vorher mit dem Unterarm kräftig gearbeitet wurde. Es treten aber während Arbeit auch basische Valenzen aus den Geweben in das Blut hinüber[12]. Nach Hill, Long und Lupton[13] ist die Anhäufung von Milchsäure im Organismus mit dem Sauerstoffdefizit der Gewebe eng verbunden.

Während Henderson und Haggard — vgl. oben S. 517 — die tatsächlich beobachtete Abnahme der Kohlensäurekapazität des Blutes nach Äthernarkose als einen durch die Überventilation hervorgerufenen Zustand betrachteten, bei der

---

[1] Mac Callum, W. G., J. Lintz, H. N. Vermilye, T. H. Leggett u. E. Boas: Bull. of the John Hopkins hosp. Bd. 31, S. 1. 1920. — Hastings, A. B., C. D. Murray u. H. A. Murray: Journ. of biol. chem. Bd. 46, S. 223. 1927.

[2] Geppert, J., u. N. Zuntz: Pflügers Arch. f. d. ges. Physiol. Bd. 42, S. 189. 1888. Vgl. auch W. Cohnstein: Virchows Arch. f. pathol. Anat. u. Physiol. Bd. 130, S. 144. 1892.

[3] Morawitz, P. u. J. C. Walker: Biochem. Zeitschr. Bd. 60, S. 395. 1914.

[4] Christiansen, J., C. G. Douglas u. J. S. Haldane: Journ. of physiol. Bd. 48, S. 244. 1914.

[5] Barr, D. P., H. E. Himwich u. R. P. Green: Journ. of biol. chem. Bd. 45, S. 495. 1923.

[6] Arborelius, M. u. G. Liljestrand: Skandinav. Arch. f. Physiol. Bd. 44, S. 215. 1923.

[7] Lindhard, J.: Skandinav. Arch. f. Physiol. Bd. 40, S. 145. 1920.

[8] Ludwig, W. u. H. Ebster: Arch. f. exp. Pathol. u. Pharmakol. Bd. 126, S. 245. 1927.

[9] Dietrich, S. u. H. Ebster: Arch. f. exp. Pathol. u. Pharmakol. Bd. 129, S. 339. 1928.

[10] Bjure, A.: Über den Zusammenhang zwischen der Albuminurie und der Wasserstoffionenkonzentration im Blut und Urin. Inaug.-Dissert. Uppsala 1925.

[11] Barr, D. P. u. H. E. Himwich: Journ. of biol. chem. Bd. 55, S. 525 u. 539. 1923. Vgl. hierzu die Ergebnisse von H. Eppinger u. W. Schiller: Wien. Arch. f. inn. Med. Bd. 2, S. 581. 1921.

[12] Peters, J. P., H. A. Bulger, A. J. Eisenman u. C. Lee: Journ. of biol. chem. Bd. 67, S. 178. 1926.

[13] Hill, A. V., C. N. H. Long u. H. Lupton: Proc. of the roy. soc. of London, Ser. B, Bd. 96, S. 438. 1924 u. Bd. 97, S. 84. 1924.

die Senkung der cH entgegengewirkt wird, haben spätere Untersuchungen[1,2,3] gezeigt, daß die Genese eine andere ist. Schon einige Minuten nach Einleitung der Äther- oder Chloroformnarkose — in schwächerem Grade bei Stickoxydulnarkose oder kräftiger Sauerstoffmangel[4] — sinkt die Kohlensäurekapazität, auch ohne Überventilation, die p_H nimmt aber ab (entsprechend Fläche IX der Abb. 63 statt II oder III). Obgleich keine[5] Steigerung der Acetonkörper im Blute nachgewiesen werden konnte, ist noch unentschieden, ob primär eine verminderte Alkalimenge oder vermehrte Quantität von nicht flüchtigen Säuren vorhanden ist.

Erwähnt mag in diesem Zusammenhang noch werden, daß auch eine kräftige Blutentnahme die Alkalireserve herabdrücken kann[4]. Die Ursache liegt nach RIEGEL[5] in einer erhöhten Milchsäurebildung.

3. Der Stickstoff.

In älteren Beobachtungen über den Gasgehalt des Blutes wurden für den atmosphärischen Stickstoff oft Werte von 4 bis 5% gefunden[6]. Da aber der Absorptionskoeffizient des Stickstoffs in Wasser bei 37° (vgl. S. 464) 0,0129 beträgt, löst Wasser bei dem in den Lungen vorhandenen Stickstoffpartiardruck[7] etwa 1,0 Vol.-%. Das Blut sollte also vier bis fünfmal soviel Stickstoff unter Umständen enthalten, als reines Wasser zu lösen vermag. Es ist aber unzweifelhaft, daß die gefundenen hohen Stickstoffwerte von Undichtigkeiten der Blutgaspumpe stammten, und man hat in der Tat die gefundenen hohen Stickstoffwerte dazu benutzt, um die Werte für die übrigen Blutgase mit Rücksicht auf Leckage zu korrigieren. Mit der Vervollkommnung der Technik nahmen auch die Stickstoffwerte ab. Aber immer noch deuten verschiedene Beobachtungen darauf, daß die Stickstoffmenge des Blutes bisweilen größer ist als der einfachen Absorption entspricht.

BOHR und HENRIQUES[8] bekamen in 22 Bestimmungen an Hundeblut Schwankungen des Stickstoffgehaltes von 0,8 bis 1,7%, im Mittel fanden sie 1,2%. BOHR[9] beobachtete, daß Ochsen- und Hundeblut sowie 10—12proz. Hämoglobinlösungen nach Sättigung mit atmosphärischer Luft bei Zimmertemperatur 1,65 bis 1,98% Stickstoff enthielten, was etwa 0,4 bis 0,7% mehr ist, als reines Wasser unter entsprechenden Umständen löst. Wurde dagegen mit Stickstoff ohne Anwesenheit von Sauerstoff gesättigt, wurde nur ein sehr unbedeutender Unterschied gegenüber Wasser gefunden. Auch BUCKMASTER

---

[1] ATKINSON, H. V. u. H. N. ETS: Journ. of biol. chem. Bd. 52, S. 5. 1922. — VAN SLYKE, D. D., J. H. AUSTIN u. G. E. CULLEN: Ebenda Bd. 53, S. 277. 1922. Über entsprechende Beobachtungen beim Menschen s. H. TOMASSON: Biochem. Zeitschr. Bd. 170, S. 330. 1926.

[2] CULLEN, G. E., J. H. AUSTIN, K. KORNBLUM u. H. W. ROBINSON: Journ. of biol. chem. Bd. 56, S. 625. 1923.

[3] LEAKE, C. D., E. W. LEAKE u. A. E. KOEHLER: Journ. of biol. chem. Bd. 56, S. 319. 1923.

[4] MILROY, T. R.: Journ. of physiol. Bd. 51, S. 259. 1917. — EVANS, C. L.: Brit. journ. of exp. pathol. Bd. 2, S. 105. 1921. — BENNETT, M. A.: Journ. of biol. chem. Bd. 69, S. 675. 1926. — ENDRES, G.: Zeitschr. f. d. ges. exp. Med. Bd. 48, S. 694. 1926. — Vgl. jedoch F. LIEGEOIS: Cpt. rend. des séances de la soc. de biol. Bd. 96, S. 426. 1927.

[5] RIEGEL, C.: Journ. of biol. chem. Bd. 74, S. 123. 1927.

[6] Vgl. N. ZUNTZ: Herrmanns Handb. S. 35.

[7] Vgl. dieses Handb. Bd. II, S. 209.

[8] BOHR, CHR. u. V. HENRIQUES: Arch. de physiol. Bd. 29 (Ser. 5, Bd. 9), S. 822. 1897.

[9] BOHR, CHR.: Cpt. rend. hebdom. des séances de l'acad. des sciences Bd. 124, S. 414. 1897.

und Gardner[1] beobachteten bei Gegenwart von Sauerstoff mehr Stickstoff in dem Blute als bei demselben Stickstoffdrucke in Abwesenheit von Sauerstoff. Für arterielles Blut erhielten sie 1,055 Vol.-%. Nach Bohr[2] soll die Stickstoffaufnahme des mit Sauerstoff gesättigten Blutes nicht dem Gesetz von Henry gehorchen. Er denkt daran, daß leicht spaltbare Stickoxyde bei Anwesenheit von Sauerstoff entstehen sollen, die dann beim Auspumpen dissoziiert werden sollten. Haldane[3] hat indessen die Aufmerksamkeit auf eine wichtige Fehlerquelle gelenkt. Bei der Absorption der ausgepumpten Kohlensäure mit Lauge entsteht im allgemeinen ein sehr sauerstoffreiches Gasgemisch; wenn die Lauge mit Luft gesättigt ist, muß Stickstoff von der Lauge abgegeben, Sauerstoff dagegen absorbiert werden. Diese Fehlerquelle spielt offenbar keine Rolle bei Abwesenheit des Sauerstoffs in den Blutgasen.

Auch Smith, Dawson und Cohen[4] fanden etwas mehr Stickstoff im Blut als nach dem Absorptionskoeffizienten in Wasser zu erwarten war. Für Kaninchenblut, das mit Sauerstoff gesättigt war, bekamen van Slyke und Salvesen[5] 1,2% Stickstoff, während van Slyke und Stadie[6] nach Venenpunktion bzw. nach Sättigung des Blutes mit Luft bei Zimmertemperatur 1,36 $\pm$ 0,11 bzw. 1,52 $\pm$ 0,2% Stickstoff für Menschenblut fanden. Über ähnliche Erfahrungen berichtet Warburg[7]. Etwas kleinere Werte, nämlich 1,34% Stickstoff nach Sättigung mit Luft bei 21°, fanden van Slyke und Neill[8] für Pferdeblut, was gut mit dem Werte für Wasser übereinstimmt. Bei diesen letzten Bestimmungen wurden gasfreie Absorptionslösungen benutzt. Für direkt entnommenes Pferdeblut fanden Hackspill, Rollet und Nicloux[9] 0,978% (Argon nicht mitgerechnet, vgl. unten!).

Neulich haben Conant und Scott[10] Beobachtungen mitgeteilt, nach denen der Stickstoff im Blute nicht nur einfach gelöst, sondern außerdem an Hämoglobin adsorbiert wird. Versuche an Blut und Hämoglobinlösungen ergaben eine erheblich größere Stickstoffmenge als im Wasser allein. Die betreffende Differenz war dem Hämoglobingehalt (nicht dem Oxyhämoglobin) proportional und nahm bei Vermehrung des Stickstoffdruckes nach der gewöhnlichen Adsorptionsgleichung zu.

Im allgemeinen wird das Argon zusammen mit dem Stickstoff bestimmt. Es ist aber auch getrennt bestimmt worden[11]. Nach älteren Beobachtungen zu urteilen, wäre es in größerer Menge im Blute, als der einfachen Absorption entspricht. Hackspill, Rollet und Nicloux[9] haben aber neulich dafür Werte bekommen, die mit dem Henryschen Gesetz vollkommen übereinstimmen, nämlich 0,0234%.

Der Gasaustausch in den Geweben.

Der Nachweis (vgl. S. 444), daß die verschiedenen Gewebe selbst Sauerstoff verbrauchen und Kohlensäure abgeben, legte die Auffassung nahe, daß die be-

[1] Buckmaster, G. A. u. J. A. Gardner: Journ. of physiol. Bd. 41, S. 60. 1910 u. Bd. 43, S. 401. 1912.

[2] Bohr, Chr.: Nagels Handb. S. 119.   [3] Haldane, J. S.: Respiration, S. 105.

[4] Smith, A. H., J. A. Dawson u. B. Cohen: Proc. of the soc. f. exp. biol. a. med. Bd. 17, S. 211. 1920.

[5] van Slyke, D. D. u. H. A. Salvesen: Journ. of biol. chem. Bd. 40, S. 105. 1919.

[6] van Slyke, D. D. u. W. C. Stadie: Journ. of biol. chem. Bd. 49, S. 8. 1921.

[7] Warburg, E. J.: Biochem. journ. Bd. 16, S. 274. 1922.

[8] van Slyke, D. D., u. J. M. Neill: Journ. of biol. chem. Bd. 61, S. 556. 1924.

[9] Hackspill, L., A.-P. Rollet u. M. Nicloux: Cpt. rend. hebdom. des séances de l'acad. des sciences Bd. 182, S. 719. 1926.

[10] Conant, J. B. u. N. D. Scott: Journ. of biol. chem. Bd. 68, S. 107. 1926.

[11] Bohr, Chr.: Nagels Handb. S. 120.

treffenden Gase durch einfache Diffusion zwischen Gewebe und Blut transportiert werden. LUDWIG[1] meinte aber, von den damaligen Kenntnissen betreffs der Sauerstoffspannung im venösen Blut und in den Lungenalveolen ausgehend, daß der in den Geweben zur Verfügung stehende Sauerstoffdruckunterschied nur $^1/_5$ von demjenigen in den Lungen sei. Er schloß daraus, daß einfache Diffusion in den Geweben nicht ausreichen konnte, um die tatsächliche Größe der Sauerstoffabnahme des Blutes beim Kreislauf zu erklären; vielmehr müßte der größte Teil des Sauerstoffs im Blute selbst unter Bildung von Kohlensäure aufgebraucht werden. Gestützt wurde diese Annahme durch den Nachweis von PFLÜGER[2] und SCHMIDT[3], daß Blut selbst ebenfalls Sauerstoff verbrauchen und Kohlensäure bilden kann, eine Fähigkeit, die besonders beim Erstickungsblut deutlich hervortrat. Von PFLÜGER[4] wurde aber eingewendet, daß auch bei beträchtlicher Herabsetzung des Sauerstoffdruckes in der Inspirationsluft — wobei der Sauerstoffdruckunterschied zwischen Alveolarluft und venösem Blut kleiner wurde als der in den Geweben zur Verfügung stehende Druckunterschied — ebensoviel Sauerstoff in die Lungen aufgenommen wurde, wie in den Geweben verschwand. Außerdem war die Sauerstoffzehrung auch im Erstickungsblute zu klein, um für den Gaswechsel des Körpers eine wesentliche Rolle spielen zu können.

Bei dem weiteren Studium dieser Frage hat man teils der Eigenschaft des Blutes, Sauerstoff unter Kohlensäurebildung zu verbrauchen, seine Aufmerksamkeit gewidmet, teils hat man sich bemüht, durch Bestimmung der verschiedenen Partiardrucke in den Geweben und den Capillaren nähere Aufschlüsse über den für den Gaswechsel disponiblen Druckunterschied zu erhalten.

Von AFONASSIEW[5] wurde gezeigt, daß Serum von Erstickungsblut keinen oder nur einen sehr unbedeutenden Sauerstoffverbrauch besitzt. Dasselbe konnte HAMMARSTEN[6] für gewöhnliche Lymphe und TSCHIRIEW[7] für die Erstickungslymphe zeigen. Die Bedeutung der geformten Elemente für die Sauerstoffzehrung des Blutes ging vor allem aus den unter aseptischen Kautelen ausgeführten Untersuchungen von MORAWITZ[8] hervor. Er konnte an gewaschenen Blutkörperchen dieselbe Sauerstoffzehrung wie in dem betreffenden Blute selbst nachweisen, während umgekehrt Serum von Blut, das viel Sauerstoff verbrauchte, keine sichere Sauerstoffzehrung zeigte. Beobachtungen an anämisch gemachten Kaninchen führten zu der Auffassung, daß vor allem die jungen roten Blutkörperchen einen ziemlich lebhaften Gaswechsel haben. Dasselbe fand HARROP[9],

---

[1] WORM-MÜLLER, J.: Arb. a. d. physiol. Anstalt zu Leipzig Bd. 5, S. 168. 1871. Auch in Ber. üb. d. Verhandl. d. kgl. sächs. Ges. d. Wissensch. zu Leipzig, Math.-phys. Kl., Bd. 22, S. 400. 1870.

[2] PFLÜGER, E.: Über die Kohlensäure des Blutes. Bonn 1864. Ferner Centralbl. f. d. med. Wissensch. Bd. 5, S. 321 u. 722. 1867.

[3] SCHMIDT, A.: Arb. a. d. physiol. Anst. zu Leipzig Bd. 2, S. 99. 1868, sowie Ber. üb. d. Verhandl. d. kgl. sächs. Ges. d. Wissensch. zu Leipzig, Math.-phys. Kl., Bd. 19, S. 99. 1867.

[4] PFLÜGER, E.: Pflügers Arch. f. d. ges. Physiol. Bd. 6, S. 43. 1872.

[5] AFONASSIEW, N.: Arb. a. d. physiol. Anstalt zu Leipzig Bd. 7, S. 71. 1873. Auch in Ber. üb. d. Verhandl. d. kgl. sächs. Ges. d. Wissensch. zu Leipzig, Math.-phys. Kl., Bd. 24, S. 253. 1872.

[6] HAMMARSTEN, O.: Arb. a. d. physiol. Anstalt zu Leipzig Bd. 6, S. 121. 1872. Auch in Ber. üb. d. Verhandl. d. kgl. sächs. Ges. d. Wissensch. zu Leipzig, Math.-phys. Kl., Bd. 23, S. 617. 1871.

[7] TSCHIRIEW, S.: Arb. a. d. physiol. Anstalt zu Leipzig Bd. 9, S. 38. 1875. Auch in Ber. üb. d. Verhandl. d. kgl. sächs. Gesellsch. d. Wissensch. zu Leipzig, Math.-phys. Kl., Bd. 26, S. 120. 1874.

[8] MORAWITZ, P.: Arch. f. exp. Pathol. u. Pharmakol. Bd. 60, S. 298. 1909.

[9] HARROP, G.: Arch. of internal med. Bd. 23, S. 745. 1919. Vgl. auch dieses Handb. Bd. II. S. 215.

der Proportionalität zwischen Sauerstoffverbrauch des Blutes und dessen Gehalt an „retikulierten" Zellen sah. Nach Endres[1] beruht die Sauerstoffzehrung im wesentlichen auf die weißen Blutkörperchen und Blutplättchen sowie auf kernhaltigen bzw. frisch regenerierten roten Blutkörperchen. Das Verschwinden des Sauerstoffs aus dem Blute hängt also von den Lebensprozessen der Blutkörperchen selbst und nicht von unvollständig oxydierten Substanzen aus den Geweben ab. Auch in anderen Körperflüssigkeiten ist eine gewisse Sauerstoffzehrung beobachtet worden, so für Milch und Galle[2], für Harn[3] und für die Flüssigkeit der vorderen Augenkammer[4]. In den meisten dieser Fälle handelt es sich um ganz niedrige Werte, vielleicht wegen des geringen Zellengehalts.

Diese Beobachtungen haben der Ludwigschen Auffassung den Boden entzogen. Versuche von Bohr und Henriques[5] schienen aber zu zeigen, daß zwar die Umsetzungen durch Vermittlung der Zellen vor sich gehen, daß aber ein Zusammenwirken der Zellen verschiedener Organe existiert, indem Stoffe aus den Geweben zum Teil erst in der Lunge oxydiert werden sollten. Diese Auffassung wurde vor allem durch Beobachtungen gestützt, bei denen die Kohlensäureabgabe bzw. die Sauerstoffaufnahme in Respirationsversuchen — also aus der ein- und ausgeatmeten Luft — bestimmt weit größer waren als die entsprechenden Werte, wie sie aus dem Gasgehalt des arteriellen und venösen Blutes und der Kreislaufsgeschwindigkeit berechnet wurden. Auch für die respiratorischen Quotienten bekamen sie mit diesen beiden Methoden verschiedene Werte. Es hat sich indessen herausgestellt[6], daß die den Berechnungen zugrunde liegende Annahme rücksichtlich der Durchblutung des Herzens — für die korrigiert werden mußte — nicht richtig waren. Bei Berücksichtigung der tatsächlichen Irrigation des Herzens ergibt sich — auch bei Erstickung — kein sicheres Defizit zwischen den beiden Werten. Erwähnt mag in diesem Zusammenhange werden, daß unter Umständen zweifelsohne unvollständig oxydierte Stoffe in das Blut übertreten und später in anderen Geweben aufgenommen werden können, wie das früher (S. 522) für die Milchsäure bei Muskelarbeit erwähnt wurde.

Die Kenntnis der Spannungswerte der Gase in den Capillaren und den Geweben ist offenbar von der größten Bedeutung, um den Mechanismus des Gasaustausches studieren zu können. Am leichtesten lassen sich die betreffenden Spannungen des Capillarbluts annähernd ermitteln. Die Zusammensetzung des Capillarblutes ändert sich kontinuierlich von derjenigen des arteriellen zu derjenigen des venösen Blutes. Kennt man den Gasgehalt dieser beiden, so läßt sich aus den betreffenden Spannungskurven die Sauerstoffspannung, weniger sicher die Kohlensäurespannung, ermitteln. Das venöse Blut allein gibt natürlich einen Minimaldruck für den Sauerstoff und einen Maximaldruck für die Kohlensäure.

Um die Spannungen der Gase in den Geweben zu bestimmen, hat man sich verschiedener Methoden bedient. Eine Anzahl Bestimmungen wurden an Körperflüssigkeiten oder Sekreten ausgeführt, von denen angenommen werden konnte, daß sie sich mit Rücksicht auf die Gase in Diffusionsgleichgewicht mit den Zellen befinden. Man hat entweder den Gehalt dieser Flüssigkeiten an Gasen bestimmt

---

[1] Endres, G.: Zeitschr. f. Biol. Bd. 86, S. 260. 1927.

[2] Pflüger, E.: Pflügers Arch. f. d. ges. Physiol. Bd. 2, S. 177. 1869.

[3] Krogh, A.: The respiratory exchange of animals and man, S. 77. In Monographs on biochemistry. London 1916.

[4] de Haan, J.: Arch. néerland. de physiol. de l'homme et des anim. Bd. 7, S. 245. 1922.

[5] Bohr, Chr. u. V. Henriques: Arch. de physiol. Bd. 29 (Ser. 5, Bd. 9), S. 459, 590, 710, 819. 1897.

[6] Evans, C. L., u. E. H. Starling: Journ. of physiol. Bd. 46, S. 413. 1913. — Henriques, V.: Biochem. Zeitschr. Bd. 56, S. 230. 1913.

oder direkt mit Hilfe von Tonometern[1] die Spannung ermittelt. Im ersteren Falle läßt sich die Spannung berechnen, wenn das gesetzmäßige Verhältnis zwischen Partiardruck und Absorption des betreffenden Gases bekannt ist, wie man es für die erwähnten Flüssigkeiten in bezug auf den Sauerstoff annehmen kann, der nur in einfacher Lösung vorkommen dürfte. Sehr unbedeutende Sauerstoffmengen hat man in Harn[2], Milch[2], Galle[2], Lymphe[3] und verschiedenen Transsudaten[4,5] beobachtet, weshalb öfters angenommen wurde, daß die Sauerstoffspannung in den Geweben im allgemeinen Null sei. Zu ähnlichen Ergebnissen kam mit tonometrischer Methode FRÉDERICQ[6], der das Mikrotonometer von KROGH benutzte. Während FRÉDERICQ auch für Speichel sehr niedrige Sauerstoffspannung fand, erhielten PFLÜGER[2] und KÜLZ[7] auffallend hohe Werte für den Sauerstoffgehalt des Speichels. BARCROFT[8] meint sogar annehmen zu müssen, daß die Capillarwand die Fähigkeit besitzt, die Sauerstoffspannung bei der Passage durch die Wand zu erhöhen. Neue Bestimmungen hierüber scheinen wünschenswert zu sein. Auch bei Transsudaten sind Sauerstoffwerte beobachtet worden[4], die relativ hoch sind. Während bei den kleinen absoluten Sauerstoffmengen, um die es sich handelt, die Analyseschwierigkeiten groß gewesen sind, ist andererseits bezüglich der erwähnten niedrigen Werte mit Nachdruck darauf hinzuweisen, daß die Sauerstoffzehrung eine sehr wichtige Fehlerquelle ist. Illustrativ ist eine Beobachtung von KROGH[9]. Er fand in frisch entleertem Harn eine Sauerstoffspannung von etwa 20 mm, aber der Sauerstoff verschwand innerhalb einer halben Stunde vollständig. In sehr verdünntem Harn bekam er die Spannung 35 mm, die sich mehr als eine Stunde unverändert hielt. Zu ähnlichen Ergebnissen kam DE HAAN[10] mit Rücksicht auf das Kammerwasser des Auges. Bei Bestimmungen, die möglichst schnell nach der Entnahme ausgeführt wurden, stellte sich im Mittel eine Sauerstoffspannung von 24 mm ein. Da aber rasches Verschwinden des Sauerstoffs nachgewiesen wurde, dürfte auch dieser Wert ein Minimalwert sein, und DE HAAN betrachtet die tatsächliche Sauerstoffspannung des Kammerwassers als identisch mit derjenigen des venösen Blutes.

Für die Kohlensäurespannung verschiedener Körperflüssigkeiten bekam STRASSBURG[5] ziemlich schwankende Werte, für Harn und Galle etwas höher als für das gemischte Venenblut, für Lymphe dagegen niedriger. Für Speichel geben HENDERSON und STEHLE[11] 58 mm an. Für Cerebrospinalflüssigkeit berechnen SHOHL und KARELITZ[12] aus Bestimmung von p_H und Kohlensäuregehalt, daß ihre Kohlensäurespannung 5 bis 7 mm größer als diejenige des venösen Plasmas ist.

Die Anwendung der tonometrischen Methoden, wie sie verwendet worden sind, um die Gasspannungen des durch ein besonderes Röhrensystem strömenden Blutes zu ermitteln, ist für die Körpergewebe mit besonderen Schwierigkeiten verbunden. Der Gasraum, mit dem der Spannungsausgleich von seiten der Gewebe stattfinden soll, wird durch Injektion einer passenden Gasmischung

---

[1] Vgl. dieses Handb. Bd. II, S. 215. Berlin 1925.

[2] PFLÜGER, E.: Pflügers Arch. f. d. ges. Physiol. Bd. 2, S. 176. 1869.

[3] HAMMARSTEN: Vgl. S. 525, Fußnote 6.

[4] EWALD, G. A.: Arch. f. Anat., Physiol. u. wiss. Med. Jg. 1873, S. 663.

[5] STRASSBURG, G.: Pflügers Arch. f. d. ges. Physiol. Bd. 6, S. 65. 1872.

[6] FRÉDERICQ, L.: Arch. internat. de physiol. Bd. 10, S. 391. 1911.

[7] KÜLZ, R.: Zeitschr. f. Biol. Bd. 23, S. 321. 1887.

[8] BARCROFT, J.: Biochem. journ. Bd. 1, S. 1. 1906.

[9] KROGH, A.: Vgl. S. 526, Fußnote 3.

[10] DE HAAN: Vgl. S. 526, Fußnote 4.

[11] HENDERSON, Y. u. R. L. STEHLE: Journ. of biol. chem. Bd. 38, S. 67. 1919.

[12] SHOHL, A. T. u. S. KARELITZ: Journ. of biol. chem. Bd. 71, S. 119. 1926.

erhalten. Dabei können höchstwahrscheinlich die Kreislaufsverhältnisse beeinflußt werden, vor allem natürlich bei großen Gasmengen. Außerdem bekommt die injizierte Gasmasse einen Totaldruck, der etwas höher als die Summe der Partiardrucke in dem betreffenden Gewebe ist. (Diese Summe ist nämlich unter gewöhnlichem Luftdruck kleiner als eine Atmosphäre, teils weil ein Teil des Sauerstoffdruckes in den Lungen verbraucht wird, teils weil bei respiratorischen Quotienten kleiner als 1 eine weitere Verminderung des Totaldrucks bei dem Gasaustausch in den Geweben eintritt.) Hierdurch wird der Gasraum mit wechselnder Geschwindigkeit resorbiert. Diese Verhältnisse sind besonders beim geschlossenen Pneumothorax studiert worden, vor allem durch Rist und Strohl[1]. Nennt man die Partiardrucke von Stickstoff, Sauerstoff und Kohlensäure in der Pneumothoraxhöhle p, u und v und die entsprechenden Spannungen in den Flüssigkeiten der Höhlenwände α, β und γ, so werden die Gasmengen, die durch die Wände diffundieren, proportional den Größen $\lambda(\alpha - p)$, $\mu(\beta - u)$ und $\varrho(\gamma - v)$, wenn λ, μ und ϱ den Diffusionskonstanten der Gase entsprechen. Wenn

$$\frac{\lambda(\alpha - p)}{p} = \frac{\mu(\beta - u)}{u} = \frac{\varrho(\gamma - v)}{v},$$

so muß die Zusammensetzung unverändert bleiben. Ehe dieser Zustand erreicht wird, geben natürlich die Werte keinen Aufschluß über die Partiarspannungen der Gewebe. Ein Beispiel hierfür ist der Befund von Rodet und Nicolas[2], die nach Einspritzung von Kohlensäure Sauerstoffwerte von 24 bis 25% beobachteten. Dies wird dadurch bedingt[3], daß bei der großen Geschwindigkeit, mit der die Kohlensäure von den Geweben resorbiert wird, die anfangs abgegebene Sauerstoffmenge auf ein kleines Volumen konzentriert wird, ehe sie Zeit hat, durch Resorption wieder mit den Geweben in Gleichgewicht zu kommen. Die konstante Zusammensetzung, die angestrebt wird, entspricht für den geschlossenen Pneumothorax nach Tobiesen[4] etwa 88—90% Stickstoff, 6—7% Kohlensäure und 3—6% Sauerstoff. Zu ähnlichen Werten sind im allgemeinen Webb, Gilbert, James und Havens[5] gekommen, obgleich ihre Grenzen etwas weiter voneinander liegen, und Rist und Strohl geben als Mittel ihrer eigenen Beobachtungen 87,9% Stickstoff, 6% Kohlensäure und 6,1% Sauerstoff an. Obgleich sich diese Werte längere Zeit relativ konstant halten, bedeutet dies also nicht, daß sie die betreffenden Partiardrucke der umgebenden Gewebe angeben, wie sich ohne weiteres aus den hohen Stickstoffwerten ergibt. Da aber die relative Diffusionsgeschwindigkeit des Stickstoffs von den drei erwähnten Gasen am kleinsten ist, wird für den Stickstoff der Unterschied zwischen Partiardruck des Gasraums und Partiardruck der Gewebe am größten. Eine Berechnung (Rist und Strohl) ergibt, daß bei dem oben angegebenen Sauerstoffwert von 6,1% in dem Gasraum der entsprechende Partiardruck in den Geweben etwa 5,8% entspricht. Bei der außerordentlich großen Diffusionsgeschwindigkeit der Kohlensäure gibt der gefundene Wert auch den Druck der Höhlenwände genau an.

Entsprechende Beobachtungen sind nach Injektion von Gasmengen in die Bauchhöhle gemacht worden, so von Leconte und Demarquay[6], die einen

[1] Rist, E. u. A. Strohl: Ann. de méd. Bd. 8, S. 233. 1920.

[2] Rodet, A. u. J. Nicolas: Arch. de physiol. Bd. 30 (Ser. 5, Bd. 10), S. 28. 1898.

[3] Plumier, L.: Bull. de la classe des sciences de l'acad. de Belg. 1899, S. 384.

[4] Tobiesen, F.: Dtsch. Arch. f. klin. Med. Bd. 115, S. 399. 1914.

[5] Webb, G. B., G. B. Gilbert, T. L. James u. L. C. Havens: Arch. of internal med. Bd. 14, S. 883. 1914.

[6] Leconte, C. u. J. Demarquay: Arch. gén. de méd. (5) Bd. 14, S. 424, 545. 1859.

Grenzwert von 6,1 bis 9,9% Sauerstoff, 1,3 bis 4,1% Kohlensäure und 88 bis 90% Stickstoff erhielten. PIETRO[1] kam bei ähnlichen Versuchen zu Werten, 5 bis 7% Sauerstoff, 5 bis 7% Kohlensäure und 87 bis 88% Stickstoff, die sehr gut mit den oben bei geschlossenem Pneumothorax gefundenen übereinstimmen. HAGGARD und HENDERSON[2] bekamen nach Einspritzung von Gasen in die Peritonealhöhle für den Sauerstoff etwa 45 mm Spannung, für die Kohlensäure etwa dieselben Werte, die sie für „Alveolarluft" bekamen, da sie aber zu diesem Zwecke die Methode von HIGGINS und PLESCH mit Atmung hin und zurück in einem Sack benutzten, haben sie in Wirklichkeit die venöse Kohlensäurespannung bestimmt, die also gut mit der Spannung in der Bauchhöhle übereinstimmte[3]. Bei Kaninchen erhielt CAMPBELL[4] nach Einspritzung von Gas in die Bauchhöhle eine Kohlensäurespannung von 40 bis 50 mm und eine Sauerstoffspannung von etwa 40 mm. Während Muskelarbeit[5] zeigten sich in der eingeschlossenen Gasmasse (ebenso in der subcutan injizierten, vgl. unten) typische Änderungen, indem die Kohlensäurespannung erst stieg, dann unter den Ausgangswert sank. Die Sauerstoffspannung stieg etwas.

HENDERSON und STEHLE[6] haben Versuche ausgeführt, um die Gasspannungen der Gewebe im Munde zu bestimmen, indem eine Gasmenge in der Mundhöhle gehalten wurde, während die Atmung bei abgeschlossener Mundhöhle durch die Nase geschah. Für die Kohlensäure bekamen sie im Mittel 54 mm (7,5% Kohlensäure), für den Sauerstoff war die Methode wegen des langsamen Ausgleichs nicht brauchbar. Auch nach Einführung von Luft in den Magen nähert sich die Kohlensäurespannung dieser Luftmasse regelmäßig einem konstanten Werte von 4 bis 9%[7], nach anderen 4 bis 5,4%[8], während frühere Untersuchungen mit indirekter Methode bisweilen erheblich größere Kohlensäurespannung ergaben[9].

Auch Einspritzung einer Gasmasse unter die Haut wurde von LECONTE und DEMARQUAY sowie später von PLUMIER[10] ausgeführt. Der letztere schließt aus seinen Beobachtungen, daß die Grenzkonzentration 6 bis 8% Sauerstoff und 5 bis 8% Kohlensäure beträgt. Umfassende Beobachtungen an verschiedenen Tieren und auch an Menschen sind dann von CAMPBELL[11] ausgeführt worden. Nachdem sich die Verhältnisse stabilisiert hatten (in einigen Tagen), betrug die Kohlensäurespannung etwa 50 mm, die Sauerstoffspannung 20 bis 30 mm. Die Sauerstoffspannung war also deutlich niedriger als nach Einspritzung von Gas in die Bauchhöhle. Eine Ausnahme hiervon bildeten einige Beobachtungen an Affen und Menschen, bei denen auch nach subcutaner Injektion von Gas eine Sauerstoffspannung von etwa 40 mm gefunden wurde. Erhöhung oder Verminderung der Sauerstoffspannung der eingeatmeten Luft bewirkte Änderungen der Sauerstoffspannungen der eingeschlossenen Gasmengen in derselben Richtung[12].

Bei der Verwertung der jetzt referierten Untersuchungen begegnet man der Schwierigkeit, daß bei den großen injizierten Gasmengen die Verhältnisse ziem-

---

[1] DI PIETRO, S.: Arch. ital. de biol. Bd. 38, S. 102. 1902.

[2] HAGGARD, H. W., u. Y. HENDERSON: Journ. of biol. chem. Bd. 38, S. 71. 1919.

[3] Vgl. hierzu J. A. CAMPBELL: Journ. of physiol. Bd. 60, S. 357. 1925.

[4] CAMPBELL, J. A.: Journ. of physiol. Bd. 59, S. 1. 1924.

[5] CAMPBELL, J. A.: Journ. of physiol. Bd. 59, S. 395. 1925.

[6] HENDERSON, Y. u. R. L. STEHLE: Journ. of biol. chem. Bd. 38, S. 67. 1919.

[7] DUNN, A. D. u. W. THOMPSON: Arch. of internal med. Bd. 31, S. 1. 1923.

[8] MC IVER, M. A., A. C. REDFIELD u. E. B. BENEDICT: Americ. journ. of physiol. Bd. 76, S. 92. 1926.

[9] SCHIERBECK, N. P.: Skandinav. Arch. f. Physiol. Bd. 3, S. 437. 1892.

[10] PLUMIER, L.: Bull. de l'acad. roy. de Belg., Classe des sciences 1899, S. 384.

[11] CAMPBELL, J. A.: Journ. of physiol. Bd. 59, S. 1. 1924 u. Bd. 61, S. 248. 1926.

[12] CAMPBELL, J. A.: Journ. of physiol. Bd. 60, S. 20. 1925 u. Bd. 62, S. 211. 1927.

lich kompliziert sein dürften. Der Gasausgleich findet nicht nur mit den Geweben, sondern auch mit den kleinen Arterien und Venen sowie mit den Capillaren statt. Obgleich deshalb die erwähnten Ergebnisse nicht als wirklich beweisend angesehen werden können, dürften sie doch im großen ganzen dafür sprechen, daß in verschiedenen Geweben wirklich ein nicht unbeträchtlicher Sauerstoffdruck vorhanden sein dürfte, während der Kohlensäuredruck von etwa derselben Größenordnung wie in dem venösen Blute ist. Die niedrigen Werte für die Sauerstoffspannung, die bei den subcutanen Einspritzungen gefunden wurden, dürften wohl so zu erklären sein, daß ein Austausch sowohl mit der Haut wie mit den Muskeln vorkommen dürfte. Wie unten entwickelt wird, ist wahrscheinlich der Sauerstoffdruck des ruhenden Muskels sehr niedrig, deshalb dürfte trotz der guten Blutversorgung der Haut eine mäßige Sauerstoffspannung in den Bestimmungen herauskommen. Daß kein sicherer Unterschied zwischen den Werten bei der Einspritzung unter die Haut und intraperitoneal für Mensch und Affe gefunden wurde, wird von Campbell auf die relativ bessere Blutversorgung der Haut in diesen Fällen zurückgeführt.

Adler[1] hat die Sauerstoffspannung in den Geweben verschiedener Evertebraten nach Einspritzung kleiner Gasblasen, deren Zusammensetzung nachher mit der Mikromethode bzw. der mikroskopischen Methode von Krogh ermittelt wurde, untersucht. Während für Lumbricus, der nur Hautatmung besitzt, ein ganz geringer Sauerstoffdruck gefunden wurde, zeigte sich bei verschiedenen Tracheaten, die ja einen wohl entwickelten Atmungsapparat besitzen, ein hoher Sauerstoffdruck in den Geweben. Bei steigendem Sauerstoffdruck in der Atmosphäre konnte bei den untersuchten Insektenlarven und -puppen eine Zunahme des Sauerstoffdruckes in den Geweben nachgewiesen werden, so daß der Gradient zwischen dem Sauerstoffdruck der Atmosphäre und dem der Gewebe annähernd konstant war.

Die angeführten Versuche zur direkten Bestimmung der Gasspannung in den Geweben erhalten eine höchst wertvolle Ergänzung durch Versuche, die es erlauben, in indirekter Weise auf die Sauerstoffspannung in den Geweben zu schließen. Verzár[2] untersuchte den Sauerstoffverbrauch verschiedener Organe unter normalem und herabgesetztem Sauerstoffdruck. Für die Submaxillarisdrüse stellte sich heraus, daß der Sauerstoffverbrauch in weiten Grenzen von der Sauerstoffspannung des Blutes unabhängig war. Auch bei sehr beträchtlicher Herabsetzung des Sauerstoffdruckes des Blutes war der Sauerstoffverbrauch unverändert. Die einfachste Erklärung dieser Tatsachen ist, daß in der Drüse ein beträchtlicher Sauerstoffdruck vorhanden ist, der nur wenig unterhalb desjenigen des Venenblutes liegt. Vielleicht könnte auch mit der Möglichkeit gerechnet werden (vgl. unten), daß bei Sauerstoffmangel neue Capillarbahnen eröffnet werden, obgleich die unvollständige Ausnützung des Blutsauerstoffs während der Tätigkeit gegen eine solche Annahme spricht (vgl. S. 458). Andererseits wurde am ruhenden quergestreiften Muskel des Warmblüters gefunden, daß der Sauerstoffverbrauch kleiner wurde, wenn der Sauerstoffdruck des Blutes unter den Normalwert sank. Hier ist kaum eine andere Deutung möglich, als daß der Sauerstoffdruck des Blutes im ruhenden Muskel sehr klein ist. Sinkt dann der Sauerstoffdruck des Blutes, so kann der Druckunterschied nicht durch entsprechende Senkung des Druckes in dem Gewebe konstant gehalten werden, und folglich muß die zugeführte Sauerstoffmenge abnehmen.

---

[1] Adler, G.: Skandinav. Arch. f. Physiol. Bd. 35, S. 146. 1917.
[2] Verzár, F.: Journ. of physiol. Bd. 45, S. 39. 1912.

GAARDER hat unter Standardbedingungen den Sauerstoffverbrauch bei der Puppe des Tracheaten Tenebrio molitor[1] ebenso wie den des Karpfens[2] bei wechselndem Sauerstoffdruck des respiratorischen Mediums verfolgt. Bei Tenebrio zeigte sich bei einer Temperatur von 20° der Sauerstoffverbrauch (159 ccm pro Kilogramm und Stunde) unabhängig von dem Sauerstoffdrucke des umgebenden Mediums bis zu einem Sauerstoffdrucke von ca. 5%. Der Sauerstoffdruck in den Geweben der Puppe wurde direkt bestimmt zu 15,8%. (Gradient also 20,9—15,8, d. h. 5,1%.) Bei 31,7° war der Sauerstoffverbrauch (356 ccm pro Kilogramm und Stunde) unabhängig bis zu einem Sauerstoffdruck von ca. 10% herab. Direkte Bestimmungen des Sauerstoffdruckes in den Geweben ergaben 10,7% einer Atmosphäre. (Gradient also 20,9—10,7, d. h. 10,2%.) Bei Karpfen dagegen stieg der Sauerstoffverbrauch langsam mit wachsendem Druck des in Wasser gelösten Sauerstoffs, woraus zu schließen ist, daß der Sauerstoffdruck eines Teiles der Karpfengewebe unter normalen Verhältnissen gleich Null ist.

Wenn wir die Ergebnisse mit Rücksicht auf die Gasspannungen der Gewebe zusammenfassen, so läßt sich sagen, daß sie sich zweifelsohne in vielen Fällen nur wenig von derjenigen des venösen Blutes unterscheiden. Eine wichtige Ausnahme bildet wahrscheinlich aber der ruhende quergestreifte Vertebratenmuskel, der nur einen sehr kleinen Sauerstoffdruck besitzt.

Bei der Beurteilung der Frage, ob der Gasaustausch in den Geweben quantitativ durch Diffusion von Sauerstoff aus den Capillaren in den Geweben und von Kohlensäure in entgegengesetzter Richtung erklärt werden kann, beansprucht die Diffusion des Sauerstoffs das Hauptinteresse. Die Diffusionsgeschwindigkeit des Sauerstoffs ist von KROGH[3] für verschiedene Gewebe bestimmt worden. Kennt man ferner den Sauerstoffverbrauch und die Weglänge, die die Sauerstoffmoleküle von den Capillaren zu passieren haben, ehe sie chemisch gebunden werden, so läßt sich der nötige Druckunterschied berechnen. Die Abb. 64 gibt den Querschnitt einer Capillare (r) mit dem umgebenden, von der Capillare versorgten Gewebszylinder (Querschnitt R) wieder. Wenn einfache Diffusion allein die Sauerstoffversorgung beherrscht, so muß der Sauerstoffdruckunterschied zwischen der Capillarwand und einem Punkte in der Entfernung x von dem Zentrum der Capillare proportional dem Sauerstoffverbrauch, p, und umgekehrt proportional der Diffusionsgeschwindigkeit, d, sein. Werden die betreffenden Drucke mit T_0 und T_x bezeichnet, so ergibt sich die folgende Gleichung[4]:

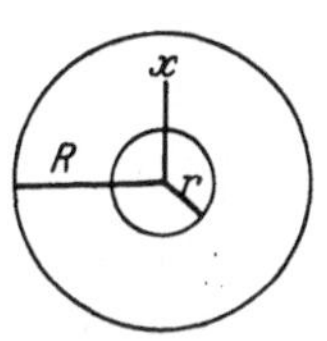

Abb. 64.
(Nach KROGH.)

$$T_0 - T_x = \frac{p}{d}\left(\frac{R^2}{2}\log \operatorname{nat} \frac{x}{r} - \frac{x^2 - r^2}{4}\right)$$

oder, wenn x gleich R gesetzt wird und die natürlichen Logarithmen durch BRIGGsche ersetzt werden

$$T_0 - T_R = \frac{p}{d}\left(1{,}15\,R^2 \cdot \log \frac{R}{r} - \frac{R^2 - r^2}{4}\right).$$

Die sehr regelmäßige Anordnung der Capillaren in den quergestreiften Muskeln, wo sie parallel den einzelnen Muskelfasern verlaufen, ermöglicht hier die praktische Anwendung dieser Formel. Nach Totalinjektion der Capillaren verschiedener Muskeln hat KROGH ihre Anzahl näher bestimmt, woraus sich R der Formel ergibt. Für $2r$ kann der Durchmesser der roten Blutkörperchen

[1] GAARDER, T.: Biochem. Zeitschr. Bd. 89, S. 48. 1918.
[2] GAARDER, T.: Biochem. Zeitschr. Bd. 89, S. 94. 1918.
[3] KROGH, A.: Journ. of physiol. Bd. 52, S. 391. 1919.
[4] KROGH, A.: Journ. of physiol. Bd. 52, S. 409. 1919.

annähernd gesetzt werden. Da nach den Bestimmungen von KROGH[1] $d_{37°}$ (d. h. die pro Minute durch 1 qcm Querschnitt und 1 cm Dicke diffundierende Sauerstoffmenge bei einem Druckunterschied von 1 Atmosphäre) $0,164 \cdot 10^{-4}$ und bei Kaltblütermuskeln $d_{20°} = 0,133^{-4}$ beträgt, so erhält man die folgenden Werte[2]:

Tabelle 19. Berechneter maximaler Druckunterschied für die Sauerstoffdiffusion in verschiedenen Muskeln.

Tierart	Gewicht kg	Stoffwechsel cal pro kg und Stunde	Zahl der Capillaren pro qmm quergestreifter Muskel	R μ	Durchmesser der roten Blutkörperchen μ	$T_0 - T_R$ mm Hg
Dorsch	1	0,4	400	28	8,5	0,4
Frosch	0,04	0,4	400	28	15	0,25
Pferd	500	0,5	1400	15	5,5	0,1
Hund	5	3	2500	11,3	7,2	0,2
Meerschweinchen . .	0,5	6	3000	10,3	7,2	0,3

Es zeigt sich also, daß der Sauerstoffdruck, der nötig ist, um die Muskeln mit Sauerstoff zu versehen, außerordentlich klein ist, und obgleich der Druckunterschied in geradem Verhältnis zum Stoffwechsel steigt, wird er auch bei maximaler Muskelarbeit so klein, daß der Sauerstoffdruck in den Geweben unter den hier angegebenen Voraussetzungen praktisch genommen gleich demjenigen des Venenblutes ist.

Für andere Gewebe als Muskeln sind die Capillaren nicht regelmäßig genug, um die entsprechende Berechnung zu ermöglichen; aus den Injektionspräparaten ist aber zu ersehen (KROGH), daß in den meisten Drüsen und im Zentralnervensystem die Capillaren noch dichter als in den Muskeln liegen. In glatter Muskulatur und im Bindegewebe ist das Capillarnetz weniger dicht, bei dem niedrigen Stoffwechsel dieser Gewebe würde aber mit Wahrscheinlichkeit eine entsprechende Berechnung ebenfalls einen hohen Sauerstoffdruck in den Geweben geben.

Was die Kohlensäure betrifft, ist ja die Diffusionsgeschwindigkeit nach KROGH[3] in tierischen Geweben 35,7, nach LILJESTRAND und SAHLSTEDT[4] in der Froschlunge sogar 40mal so groß als für Sauerstoff, so daß der für die Diffusion nötige Druckunterschied minimal wird.

Die aus den Berechnungen abgeleiteten hohen Sauerstoffdruckwerte in den Geweben stehen ja in bezug auf die meisten Gewebe in guter Übereinstimmung mit den oben angeführten Ergebnissen. Dagegen gehen ja die Erfahrungen rücksichtlich der quergestreiften Muskeln in der Richtung, daß während Ruhe der Sauerstoffdruck des Gewebes sehr gering ist. Dieser auffallende Unterschied zwischen Berechnung und Beobachtung erklärt sich durch die Entdeckung von KROGH[5], daß im ruhenden Muskel die größte Zahl der Capillaren verschlossen ist, die bei Muskelarbeit aber in kleinerer oder größerer Zahl geöffnet werden. Berechnungen, entsprechend den oben angeführten, wurden von KROGH auch nach Ermittlung der Zahl der offenstehenden Capillaren ausgeführt. Es stellte sich heraus, daß der Sauerstoffdruck der ruhenden Muskeln bisweilen sehr niedrig ist, während er bei Arbeit von etwa derselben Größe wie im venösen Blute ist. Das Eröffnen neuer Capillaren bei Muskelarbeit erklärt auch zum Teil die früher erwähnte (vgl. S. 458) auffällige Tatsache, daß bei Arbeit die Ausnützung des Blutsauerstoffes vollständiger als während Ruhe wird.

---

[1] KROGH, A.: Zitiert auf S. 531.
[2] KROGH, A.: Journ. of physiol. Bd. 52, S. 414. 1919.
[3] KROGH, A.: Journ. of physiol. Bd. 52, S. 391. 1919.
[4] LILJESTRAND, G. u. A. V. SAHLSTEDT: Physiol. papers, dedicated to Aug. Krogh, S. 171. Kopenhagen 1926.
[5] KROGH, A.: Journ. of physiol. Bd. 52, S. 457. 1919.

Nimmt man an, daß der Gasaustausch ein einfacher Diffusionsprozeß ist — und das kann durch die eben besprochenen Beobachtungen für die Gewebe als gesichert angenommen werden und ist, wie anderswo hervorgehoben[1], auch für den Lungengaswechsel außerordentlich wahrscheinlich[2] —, so lassen sich die kontinuierlichen Änderungen in der Zusammensetzung des Blutes während der Passage durch die Gewebe bzw. durch die Lungen berechnen. Dabei wird einfach vorausgesetzt, daß die Geschwindigkeit der Änderung dem in jedem Zeitmoment vorhandenen Druckunterschied proportional ist. Indem bezüglich der Einzelheiten auf die Originalarbeiten[3] hingewiesen wird, seien in der Abb. 65

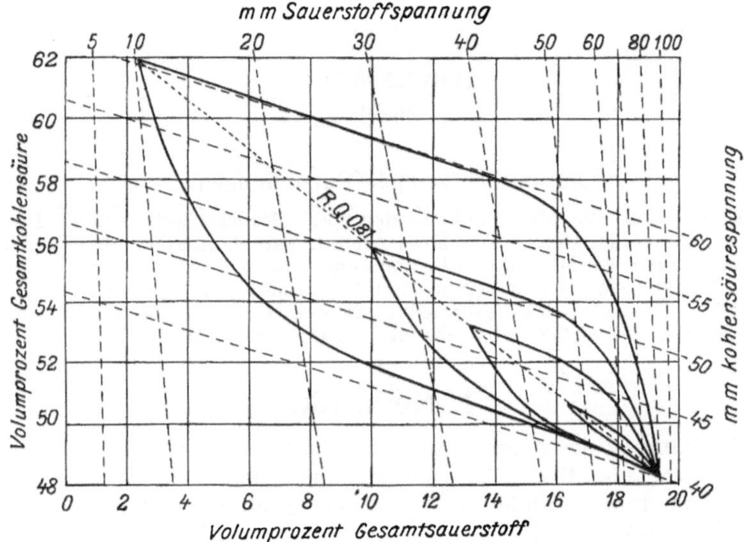

Abb. 65. Änderungen der Konzentration freier und gebundener Kohlensäure und Sauerstoff des Blutes bei der Passage durch die Capillaren. (Nach HENDERSON und MURRAY.)

die betreffenden Änderungen im Gasgehalte angegeben. Für das arterielle Blut wird eine Sauerstoffsättigung von 96% und eine Sauerstoffspannung von 78 mm angenommen, der respiratorische Quotient wird zu 0,81 gesetzt, und für das venöse Blut werden die relativen Sättigungswerte von 81, 66, 50 und 11% der Berechnung zugrunde gelegt. Es ergibt sich aus den Berechnungen in Übereinstimmung mit KROGH eine beträchtliche Zunahme der „Diffusionskapazität" pro 1 Sauerstoff während Arbeit in den Geweben, aber auch in den Lungen. Direkt ist ebenfalls die wechselnde Zahl von offenstehenden Lungencapillaren beobachtet worden[4].

In ähnlicher Weise haben HENDERSON und Mitarbeiter ebenfalls die relativen Änderungen der übrigen Variablen im Verlaufe des respiratorischen Zyklus berechnet.

---

[1] Vgl. dieses Handb. Bd. II, S. 223.

[2] Für den Gastransport durch die Placenta ist gezeigt worden, daß er immer in der Richtung vom höheren zum niedrigeren Partiardruck stattfindet, wie es die Diffusion fordert. Vgl. A. S. G. HUGGETT: Journ. of physiol. Bd. 62, S. 373. 1927.

[3] HENDERSON, L. J., A. V. BOCK, H. FIELD u. J. L. STODDARD: Journ. of biol. chem. Bd. 59, S. 379. 1924. — HENDERSON, L. J. u. C. D. MURRAY: Journ. of biol. chem. Bd. 65, S. 407. 1925. — MURRAY, C. D. u. W. O. P. MORGAN: Ebenda Bd. 65, S. 419. 1925.

[4] WAERN, J. T., J. S. BARR u. W. J. GERMAN: Proc. of the soc. f. exp. biol. a. med. Bd. 24, S. 114. 1926.

Spezifisches Gewicht.

Von

ALBERT ALDER

Zürich.

Zusammenfassende Darstellungen.

DETRE, L.: Über die Mikromethode der spez. Gewichtsbestimmung. Dtsch. med. Wochenschr. 1923. — EIJKMANN: Virchows Arch. f. pathol. Anat u. Physiol. Bd. 143. — HAMMERSCHLAG: Eine neue Methode zur Bestimmung des spez. Gewichtes des Blutes. Zeitschr. f. klin. Med. Bd. 20. 1892. — KORÁNYI u. RICHTER: Handb. der physikalischen Chemie und Medizin. 1907. — SCHMALTZ: Die Untersuchung des spez. Gewichtes des menschlichen Blutes. Arch. f. klin. Med. Bd. 47. 1890; Dtsch. med. Wochenschr. 1891.

1. Methodik.

Die Bestimmung des spezifischen Gewichtes gehört zu den ältesten Untersuchungsmethoden des Blutes. Sie hat bis Ende des letzten Jahrhunderts ausgedehnte Verwendung gefunden, ist dann aber größtenteils durch Volumbestimmung, Viscosimetrie und Refraktometrie ersetzt worden. Trotz dieser Überholung durch neuere Methoden verdient sie aber immer noch volle Beachtung, da sie wertvolle Aufschlüsse über die Beschaffenheit des Blutes zu geben imstande ist.

Die Bestimmung des spezifischen Gewichtes geschieht klinisch mit Methoden, die geringe Blutmengen erfordern.

a) Pyknometrische Methode nach SCHMALTZ. Man fängt Blut in dünnen Glasröhrchen auf, wiegt sie und bestimmt darauf nach genauer Reinigung das Gewicht der gleichen Menge destillierten Wassers.

b) Aräometrische Methode nach HAMMERSCHLAG. Man läßt Blut tropfenweise in eine Flüssigkeit fallen, deren spez. Gewicht ungefähr derjenigen des Blutes entspricht. Hierauf wird die Konzentration gesucht, bei welcher sich der Tropfen nicht mehr verändert und in der Flüssigkeit schwebt. Ist sie gefunden, so wird das spez. Gewicht der Lösung aräometrisch abgelesen. Als Mischung benützt man Benzol und Chloroform. Durch Zusatz der einen oder anderen Flüssigkeit kann das spez. Gewicht nach Bedürfnis variiert werden. An Stelle von Benzol und Chloroform wird auch eine konzentrierte Kochsalzlösung benutzt. Nach DETRE ist die Methode auch mikrometrisch ausführbar.

Mit den genannten Untersuchungsmethoden erhält man folgende Werte:

Für Blut bei Männern . . . . . . 1057—1062
  ,,   ,,   ,, Frauen . . . . . . 1054—1060
  ,, Blutserum . . . . 1028—1032
  ,, Blutplasma . . . . 1029—1034
  ,, Blutkörperchen . . . . . 1082—1102 im Mittel 1090.

Aus den spezifischen Gewichten des Plasmas und der roten Blutkörperchen läßt sich eine Beziehung zum Blutkörperchenvolumen aufstellen und bei Kenntnis von zwei Werten der dritte berechnen. Enthält ein Blut, dessen Plasma ein spezifisches Gewicht von 1030 aufweist, 50 Vol.-% Blutkörperchen, so beträgt das spezifische Gewicht $\frac{1030 + 1090}{2} = 1060$. Umgekehrt kann aus den spezifischen Gewichten von Blut und Blutserum das Volumen der festen Bestandteile annäherungsweise ermittelt werden (EIJKMANN).

2. Spezifisches Gewicht des Serums.

Der Einfluß der krystalloiden und der kolloiden Substanzen des Serums auf das spezifische Gewicht ist verschieden. Man findet für

1% NaCl-Lösung	1007,2
1% Harnstoff	1002,8
1% Traubenzucker	1003,8
1% Eiweiß	1002,5

Durch den Kochsalzgehalt von 0,5% wird das spezifische Gewicht um 3,6 bis 4,3, durch den Eiweißgehalt von 7 bis 9%, wie er normalerweise im Serum vorkommt, um 17,5 bis 22,5 erhöht. Die Werte für das spezifische Gewicht des Serums und Plasmas hängen somit vor allem von der Eiweißkonzentration ab. Zunahmen des Zuckers, Harnstoffs, der Gallenfarbstoffe und des Fettes vermögen selbst bei pathologischen Mengen keine merkliche Änderung des spezifischen Gewichtes herbeizuführen.

Das spezifische Gewicht des Serums unterliegt nur geringen physiologischen Schwankungen. Sie stehen, wie erwähnt, vorwiegend mit Zu- und Abnahmen der Eiweiß- und Wassermenge in Verbindung.

Größere Abweichungen beobachtet man nur bei Krankheiten, und hier sind es wieder diejenigen, die mit erheblichen Störungen des Eiweiß- und Wasserhaushaltes einhergehen. Die höchsten Werte wurden von C. SCHMID bei Cholera festgestellt. Sie betrugen bis 1047 und erklären sich durch Flüssigkeitsverlust.

Bei chronischen Infektionen, wie Tuberkulose, Lymphogranulom usw., bei denen eine Eiweißvermehrung zustande kommt, findet man Werte bis 1036.

Den Abnahmen des spezifischen Gewichtes liegen meist Hydrämien zugrunde. Die primäre Verminderung der Eiweißmenge kommt seltener vor. Auch größere Blutverluste sind von einem Konzentrationsabfall begleitet, der sich über einige Tage erstrecken kann. Im Gegensatz dazu bleibt bei chronischen Anämien sekundärer, perniziöser und hämolytischer Natur und bei Leukämien eine Herabsetzung des spezifischen Gewichtes aus. Nur in vorgerückten Stadien sinken die Werte.

3. Spezifisches Gewicht des Blutes.

Das spezifische Gewicht des Blutes hängt einerseits von der Serumbeschaffenheit, andererseits vom Gehalte an Blutkörperchen ab. Wie bereits ausgeführt wurde, betragen die normalen Unterschiede im spezifischen Gewichte des Serums 1028 bis 1032. Zu diesen Schwankungen, die sich teilweise auch im Blute bemerkbar machen, kommen noch die Schwankungen hinzu, die durch den wechselnden Gehalt an roten und weißen Blutkörperchen bedingt werden. Praktisch wird das spezifische Gewicht des Normalen fast ausschließlich durch die Erythrocytenzahl beeinflußt. Nach der Methode von HAMMERSCHLAG beträgt das spezifische Gewicht für

Neugeborene	1056—1066
Säuglinge 2. bis 4. Woche	1056—1059
bis 1 Jahr	1049—1052
Kinder 2. bis 10. Jahr	1050—1056
Erwachsene	1053—1064

Im Laufe eines Tages konstatierte SCHMALTZ folgende Schwankungen:

$$
\begin{array}{llr}
7-\ 8 & \text{Stunden} & 1060,9 \\
8-11 & \text{,,} & 1060,0 \\
11-14 & \text{,,} & 1058,8 \\
14-17 & \text{,,} & 1058,8 \\
17-20 & \text{,,} & 1058,8 \\
\end{array}
$$

Kälte soll die Werte erhöhen, Wärme vermindern.

Zunahme des spezifischen Gewichtes. Unter dem Einfluß der Bluteindickung, bei stärkerer körperlicher Anstrengung, nach Hitzewirkung und bei Flüssigkeitsentzug, stellen sich geringe Zunahmen im spezifischen Gewichte ein, die vorübergehender Natur sind. Mit der Rückkehr zur Ruhe und zu physiologischen Verhältnissen gleichen sich die Schwankungen rasch aus. Anders bei Krankheiten. Hier ergeben sich beträchtliche Abweichungen von der Norm. Unter den häufigeren Leiden zeigen besonders Oesophagus- und Pylorustumoren, die die Flüssigkeitsaufnahme des Organismus beeinträchtigen, Neigung zu Bluteindickung. Das spezifische Gewicht erreicht öfters 1070. Bei lange dauernden Durchfällen infolge Cholera und Dysenterie steigen die Zahlen sogar bis zu 1080. Bei schweren Verbrennungen wurde bis 1073 gefunden. Der Anstieg der Werte geht der Volumzunahme der Formelemente parallel, wobei es gleichgültig ist, ob sie durch Bluteindickung oder durch primäre Vermehrung der Blutkörperchen verursacht wird. Geringere Zunahmen des spezifischen Gewichtes kommen bei Höhenpolyglobulie, angeborenen Klappenfehlern, bei Herzinsuffizienz und Hypertonie vor. Auch Polycythämie und Leukämie verursachen eine Erhöhung des spezifischen Gewichtes.

Abnahmen des spezifischen Gewichtes. Abnahmen des spezifischen Gewichtes werden durch Verwässerung des normalen Blutes oder durch Verminderung der Blutkörperchen herbeigeführt. Bei sekundären und perniziösen Anämien beträgt das spezifische Gewicht des Blutes öfters 1040. In schweren Fällen, bei denen auch die Serumkonzentration abnimmt, konstatiert man selbst Werte, die denjenigen des normalen Serums entsprechen.

Wie aus den Ergebnissen der spezifischen Gewichtsbestimmung des Blutes hervorgeht, werden Schwankungen besonders durch den wechselnden Gehalt an Serumproteinen und Blutkörperchen verursacht. Die Methode gibt somit Veränderungen an, die von großer Bedeutung sind. Sie ist aber im Laufe der Zeit durch die Viscosimetrie und Refraktometrie ersetzt worden, die leichter und rascher auszuführen sind und viel feinere Unterschiede anzeigen.

Die refraktometrische Blutuntersuchung.

Von

ALBERT ALDER

Zürich.

Mit 4 Abbildungen.

Zusammenfassende Darstellungen.

BERGER: Über Hyperproteinämie usw. Zeitschr. f. exp. Pathol. u. Therap. Bd. 28. 1922. — BERGER u. PETSCHACHER: Ebenda Bd. 36. 1923. — v. FREY: Beitrag zur Untersuchung der Serumeiweißkörper. Biochem. Zeitschr. Bd. 148. 1924. — GUTZEIT: Über die Methodik der Albumin-Globulinbestimmung und ihre Zuverlässigkeit usw. Zeitschr. f. d. ges. exp. Med. Bd. 39. 1924. — KORÁNYI u. RICHTER: Physikalische Chemie und Medizin. Leipzig 1908. — NAEGELI: Blutkrankheiten und Blutdiagnostik. 1923. — REISS: Die refraktometrische Blutuntersuchung des Menschen. Ergebn. d. inn. Med. u. Kinderheilk. 1913; ferner Handb. der biol. Arbeitsmethoden. Abt. IV, 3. Teil, H. 2. — ROBERTSON: T. BRAILSFORD: On the refractive indices of solutions of certain proteins. A new optical method of determining the concentrations of the various proteins contained in blood sera. Journ. of biol. chem. Bd. 8. 1910; Bd. 11. 1912; Bd. 22. 1915. — ROHRER: Bestimmung des Mischungsverhältnisses von Albumin und Globulin im Blutserum. Dtsch. Arch. f. klin. Med. Bd. 121. 1916; Schweiz. med. Wochenschr. 1922, S. 555. — STARLINGER u. HARTL: Über die Methodik der quantitativen Bestimmung der Eiweißkörpergruppen des menschlichen Blutserums. Biochem. Zeitschr. Bd. 129, 140, 142, 147 u. 160. — STARLINGER u. KOLLERT: Zeitschr. f. klin. Med. Bd. 199. — STRUBELL: Über eine neue Methode der Urin- und Blutuntersuchung. 18. Kongr. f. inn. Med. 1900; Dtsch. Arch. f. klin. Med. 1901.

Methoden von REISS, ROBERTSON und ROHRER. Die refraktometrischen Untersuchungen des Blutserums wurden 1900 von STRUBELL eingeführt. Zwei Jahre später erkannte REISS die engen Beziehungen, die zwischen Lichtbrechung und Eiweißgehalt bestehen und arbeitete eine Methode der direkten refraktometrischen Eiweißbestimmung aus. Diese Methode erlangte sehr bald großes Interesse. Sie war die erste, die nur wenige Tropfen Blut benötigte und es möglich machte, die physiologischen und pathologischen Änderungen der Eiweißkonzentration ohne umständliche Arbeit und allzugroße Anforderungen an den Untersuchten zu verfolgen.

1910 veröffentlichte ROBERTSON eine Methode, die auch die quantitative Bestimmung der Albumie und Globuline, sowie der krystalloiden Bestandteile gestattete. Die Refraktion wurde dabei benutzt, um die durch Hitzekoagulation und Ammonsulfatfällung erhaltenen Eiweißfraktionen zu messen.

1916 kombinierte ROHRER Refraktometrie und Viscosimetrie zu einem klinisch brauchbaren Verfahren der Albumin- und Globulinbestimmung.

Die verschiedenen Methoden der quantitativen und qualitativen Eiweißbestimmung wurden in den letzten Jahren nachgeprüft und verglichen. Dabei ergaben sich viele Unstimmigkeiten, so daß man eine Zeitlang sogar daran zweifelte, auf refraktometrischem Wege überhaupt brauchbare Resultate erzielen zu können. Durch die große Zahl der kritischen Arbeiten, die klärend und in mancher Hinsicht auch zu neuen Forschungen anregend wirkten, haben die refraktometrischen Untersuchungen aber eher an Bedeutung zu-, als abgenommen.

Technik. Für refraktometrische Untersuchungen eignen sich am besten die Refraktometer von ABBÉ und PULFRICH. Beide erlauben Bestimmungen an kleinen Flüssigkeitsmengen. Der ABBÉsche Apparat gibt Brechungsindices an. Der häufiger benutzte PULFRICHsche Apparat trägt eine Einteilung bis 100 (PULFRICHsche Einheiten = P.E.). Die abgelesenen Zahlen können mit Hilfe einer Tabelle in Brechungsindices umgerechnet werden. Höhere Konzentrationen werden mit einem stärkeren Prisma bestimmt.

Die Werte für Prisma I liegen zwischen 1,325 und 1,367; diejenigen für Prisma II zwischen 1,366 und 1,396.

Alle Ablesungen müssen bei 17,5° vorgenommen werden, und zwar erst, wenn die untersuchte Flüssigkeit sich auf diese Temperatur eingestellt hat. Man erkennt dies daran, daß sich die Schattenlinie nicht mehr verschiebt. Bei Serienuntersuchungen ist es zweckmäßig, das Instrument mit Wasser der genannten Temperatur zu reinigen und das Serum auf 17,5° zu bringen, bevor es benutzt wird. Die Wartezeit läßt sich so bis zur Ablesung auf 3 bis 5 Minuten verkürzen.

Blutentnahme. Bei der außerordentlichen Empfindlichkeit der Refraktometrie sind bestimmte Anforderungen an die Serumgewinnung zu stellen, von deren Erfüllung die Genauigkeit der Ergebnisse abhängt.

Für einfache Refraktionsbestimmungen genügen einige Tropfen Blut. Man sticht zu desem Zwecke mit Nadel oder Stichinstrument in die Fingerbeere oder — weniger empfehlenswert — in das Ohrläppchen ein. Hat man zuvor ein warmes Handbad gegeben und das Capillarblut damit arterialisiert, so erhält man ohne Schwierigkeiten 2 bis 3 ccm Blut. Starkes Pressen ist zu vermeiden.

Größere Entnahmen erfordern eine Venenpunktion. Langes Stauen muß dabei vermieden werden.

Alle Blutentnahmen sind womöglich nüchtern oder nach längerer vorausgegangener Ruhe vorzunehmen, da schon Bewegungen, Aufregungen und thermische Einflüsse Veränderungen herbeiführen können. Nahrungsaufnahme erzeugt leicht chylöse Trübungen, die das Ablesen im Instrumente erschweren und ungenaue Resultate bewirken.

Das Blut wird in Röhrchen von 5 cm Länge und 1 cm Weite aufgefangen und verkorkt oder in 10 cm langen und 3 mm weiten U-förmigen Röhrchen, die eingeschmolzen werden können. Man überläßt es der Gerinnung und spontanen Serumausscheidung oder zentrifugiert.

Bei Serienuntersuchungen ist eine bestimmte Technik innezuhalten. Das Serum soll nach der gleichen Methode gewonnen werden, da das durch Zentrifugieren, Defibrinieren oder durch gewöhnliche Selbstausscheidung gewonnene Untersuchungsmaterial in seinem Refraktionswerte stets etwas auseinander geht. Zu scharfes Zentrifugieren führt leicht zu Hämolyse infolge mechanischer Zellschädigung. Defibrinieren bewirkt zu niedrige Werte. Aber auch bei gleicher Serumgewinnung gibt es kleine Refraktionsunterschiede. Sie entstehen durch Flüssigkeitsbewegungen zwischen Blutzellen und Blutserum. Je nach dem CO_2-Gehalt wandert Wasser vom Serum in die Erythrocyten und umgekehrt. Im gestauten Venenblute können die Unterschiede der Refraktion bis zu 5 PULFRICHsche Einheiten betragen. Die geringsten Schwankungen des Brechungsindex erhält man bei Verwendung von arterialisiertem Capillarblut. In der Regel stimmen die Werte genau überein oder differieren höchstens um 0,3 P.E.

Es empfiehlt sich ferner, das Serum erst einige Stunden nach der Blutentnahme zu verarbeiten. Nach HUECK[1] tritt nach längerem Warten eine leichte Refraktionszunahme auf. Er fand z. B. bei den untenstehenden Beispielen im spontan ausgepreßten Serum nebenstehende Werte.

Diese Veränderungen lassen sich durch Verdunsten erklären, können aber auch mit physikalisch-chemischen Zustandsänderungen im Serum zusammenhängen. Überschichten des Blutes mit Paraffin, Zuschmelzen und sorgfältiges Verkorken vermindert die Fehler. In eigenen Versuchen konnte das in gewöhnlich verkorkten Gläschen kühl aufbewahrte Serum noch nach 8 Tagen verwertet werden, ohne daß es eine Änderung des Refraktionswertes zeigte. Daher trat allmählich Hämolyse ein.

Serie:	I	II
Nach 30 Minuten . . .	R:52,2	50,9
„ 50 „ . . .	52,2	50,9
„ 70 „ . . .	52,2	50,8
„ 2 Stunden . . .	52,3	50,6
„ 4 „ . . .	52,4	50,7
„ 5 „ . . .	52,4	50,8
„ 9 „ . . .	52,6	51,1
„ 24 „ . . .	52,8	51,5

Wie wichtig die richtige Serumgewinnung ist, hat in letzter Zeit eine Beobachtung von LEENDERTZ[2] gezeigt. Er entnahm Blut in paraffinierten Gefäßen, zentrifugierte sofort,

---

[1] HUECK, HERM.: Biochem. Zeitschr. Bd. 160, S. 183. 1925.
[2] LEENDERTZ: Ist Serum zur quantitativen Blutuntersuchung brauchbar? Dtsch. Arch. f. klin. Med. 1923, S. 249.

hob das Plasma ab und ließ es allein gerinnen. Er erhielt so ein Serum, das er *Plasmaserum* nannte. Es wies bei den meisten Untersuchungen eine höhere Refraktion als das auf gewöhnlichem Wege gewonnene *Blutserum* auf.

Nachprüfungen haben ergeben, daß diese Differenzen nur durch verschiedene CO_2-Spannung bei der Blutentnahme zustande kommen. Vermeidet man jeglichen Luftzutritt zum Blute, z. B. durch Verwendung einer sog. Venüle, bei der das Blut in einen luftleeren Raum gelangt, so stimmen Blutserum und „Plasmaserum" überein.

Die gleichmäßigsten Werte kann man im Capillarblut erzielen. Wird Venenblut benutzt, so muß man immer mit den kleinen Schwankungen rechnen, die sich aus der ungleichmäßigen Stauung bei der Punktion ergeben.

Bei den Untersuchungen am *Blutplasma* sind ebenfalls gewisse technische Vorbedingungen zu erfüllen.

Plasma ohne Zusatz läßt sich nicht refraktometrieren. Es scheidet sich im Instrumente in Serum und Fibrin.

Von den Zusätzen ist *Hirudin* am geeignetsten. Man benötigt so geringe Mengen, daß eine Veränderung der Refraktion nicht eintritt. Die schwierige Beschaffung und der hohe Preis schränken aber die Verwendungsmöglichkeit beträchtlich ein. Man ist daher vielfach gezwungen, mit Plasma zu arbeiten, das man durch Zusatz von Salzen gewinnt. Am gebräuchlichsten sind Citrate. Oxalate und Fluoride kommen weniger in Betracht, weil sie Trübungen erzeugen. Die Zusätze können in Form fester Substanz oder einer Lösung gemacht werden. Salze in Substanz erhöhen die Refraktion. Man muß daher nur soviel nehmen, als zur Verhinderung der Gerinnung eben nötig ist. Für Natriumcitrat beträgt der Refraktionszuwachs ungefähr 0,5 P.E. Verwendet man Lösungen, so läßt sich die Plasmarefraktion aus der Menge des Zusatzes, der Verdünnung und dem Erythrocytenvolumen berechnen. Das Verfahren ist aber umständlich und ungenau. Die Salzlösungen müssen außerdem isoton sein.

Isoton sind:	auf 100 cm H_2O	Refraktion P.E.
Natriumcitrat	3,55 g	26,8
Kaliumcitrat	3,2 ,,	27,6
Natriumoxalat	1,6 ,,	22,4
Kaliumoxalat	2,1 ,,	22,1
Natriumfluorid	0,65 ,,	17,4
Magnesiumsulfat	7,1 ,,	33,0

Die Plasmarefraktion und Fibrinogenmenge kann auch nach folgendem Verfahren ermittelt werden: Man läßt Blut in paraffinierte Zentrifugierröhrchen fließen und bringt die Blutkörperchen bei großer Tourenzahl zum Absetzen. Das noch flüssige „Paraffinplasma" wird zu gleichen Teilen mit der Citratlösung vermischt. Aus den Refraktionen der Mischung und der reinen Citratlösung kann diejenige des Plasmas berechnet werden. Die Menge des Fibrinogens ergibt sich aus der Differenz des Plasma- und Serumwertes.

Refraktionsbestimmungen an *Exsudaten* und *Transsudaten* bieten keine technischen Schwierigkeiten.

Exsudate können auch künstlich erzeugt werden, indem man blasenziehende Pflaster auf die Haut auflegt. Die Refraktion der so gewonnenen Flüssigkeit zeigt normalerweise stets die gleichen Werte, so daß Streuungen über bestimmte Zahlen hinaus für pathologische Vorgänge sprechen.

1. Die Refraktion des Blutserums.

Der Brechungsindex des Blutserums setzt sich additiv aus den Brechungsindices der einzelnen Serumbestandteile zusammen. Der Einfluß, der dieselben auf die Lichtbrechung ausüben, ist verschieden. Zu dem Koeffizienten des destillierten Wassers $n_D = 1,33320$ oder 15 PULFRICHsche Einheiten addiert sich nach REISS für

1% Eiweiß.	0,00195	(ROBERTSON)
1% Chlornatrium	0,00160	(ROBERTSON)
1% Chlorkalium	0,00134	(WAGNER)
1% Dinatriumphosphat	0,00071	(STRUBELL)
1% Harnstoff	0,00145	(STRUBELL)
1% Traubenzucker	0,00142	(WAGNER)

Eine genaue Bestimmung, wieviel jedem einzelnen im Serum enthaltenen Stoffe zukommt, ist nicht möglich. Man muß sich auf den Anteil der *krystalloiden Bestandteile* oder *Nichteiweißkörper* und auf den der *kolloiden* oder *Eiweißkörper* beschränken.

a) Die krystalloiden Bestandteile oder Nichteiweißkörper.

Der Gehalt des Serums an Nichteiweißkörpern wird im allgemeinen als ziemlich konstant angesehen. Bei der Gefrierpunktsbestimmung findet man Werte, die nur wenig um —0,56° variieren. Wird Serum enteiweißt und der Brechungsexponent der so erhaltenen Flüssigkeit bestimmt, so erhält man folgende Zahlen:

$$
\begin{aligned}
\text{nach REISS} &\ldots\ldots\ldots\ldots & n_D &= 0{,}00277 \\
\text{,, STARLINGER} &\ldots\ldots\ldots & n_D &= 0{,}00240 \\
\text{,, BERGER u. PETSCHACHER} & & n_D &= 0{,}00236 \\
\text{,, NEUHAUSEN u. RIOCH}[1] &\ldots & n_D &= 0{,}00220 \\
\text{,, ALDER und ZARUSKI}[2] &\ldots & n_D &= 0{,}00208 \\
\text{,, ROHRER} &\ldots\ldots\ldots & n_D &= 0{,}00206 \\
\text{,, ROWE}[3] &\ldots\ldots\ldots & n_D &= 0{,}00198
\end{aligned}
$$

Diese Zahlen stellen Mittelwerte dar.

Die physiologischen Abweichungen nach unten und oben betragen beim *Normalen* nach

BERGER und PETSCHACHER . . . . 0,00214—268
ALDER . . . . 0,00193—217
STARLINGER und HARTL . . . . 0,00208—376

Beträchtlicher sind die Störungen bei *pathologischen Fällen.*
Es fanden bei *Lungentuberkulosen*:

BERGER und PETSCHACHER . . . . n_D 0,00138—408
ALDER und ZARUSKI . . . . n_D 0,00145—249
BRIEGER[4] . . . . n_D 0,00169—320

Ähnliche Werte wurden auch bei anderen Infektionskrankheiten festgestellt.

Die Ursache der beträchtlichen Schwankungen des Brechungsindex der krystalloiden Bestandteile, der sog. Restrefraktion, liegt in ihrer wechselnden Konzentration. REISS hatte ursprünglich geglaubt, daß man hauptsächlich bei Zunahmen des Gehaltes an Kochsalz, Harnstoff, Zucker, Gallenfarbstoffen usw. mit Refraktionszunahmen zu rechnen habe und daß sie dementsprechend nur bei Nieren- und Stoffwechselerkrankungen zu finden seien. Neuere Untersuchungen haben hingegen gezeigt, daß Änderungen auch bei anderen Krankheitszuständen auftreten und nicht allein an die genannten Stoffe gebunden sind.

Der Einfluß des Kochsalzes auf die Refraktion wurde von BRIEGER geprüft. Er verglich Brechungsindex mit Gefrierpunktserniedrigung und erhielt folgende Zahlen:

n_D der Nicht-eiweißkörper	% Gehalt NaCl	Gefrierpunkts-erniedrigung	n_D der Nicht-eiweißkörper	% Gehalt NaCl	Gefrierpunkts-erniedrigung
0,00139	0,546	0,520	0,00180	0,590	0,530
0,00125	0,500	0,530	0,00192	0,620	
0,00154	0,546		0,00216	0,600	0,570
0,00139	0,590		0,00184	0,580	0,500
0,00160	0,510		0,00208	0,590	
0,00165	0,580		0,00146	0,610	

[1] NEUHAUSEN u. RIOCH: Ref.: Ber. f. ges. Physiologie Bd. 20, S. 196. 1923.
[2] ALDER u. ZARUSKI: Schweiz. med. Wochenschr. 1925, Nr. 31.
[3] ROWE: Arch. of internal med. Bd. 18, S. 455.
[4] BRIEGER: Die biolog. Diagnose der Lungentuberkulose d. Reakt. d. Bluteiweißkörper. Schweiz. med. Wochenschr. 1925, Nr. 53.

Aus dem Vergleich der Zahlen geht hervor, daß die Unterschiede im Kochsalzgehalt die physiologischen und pathologischen Schwankungen der Restrefraktion nicht erklären. Zu- und Abnahmen des Kochsalzgehaltes um 0,1 g können nur Unterschiede von 0,00016 bewirken.

Die Schwankungen der Refraktion der Nichteiweißkörper im Verlaufe des Tages sind gering. Sie betragen nach eigenen Untersuchungen 0,00010 bis 0,00030 und liegen zu einem Teil im Bereich der Bestimmungsfehler. Die Refraktion der Nichteiweißkörper stellt eine komplexe Größe dar, ohne daß es vorerst möglich wäre, angeben zu können, was im einzelnen Falle zu den wechselnden Werten führt.

b) Die kolloiden Bestandteile oder Eiweißkörper.

Der Einfluß der Eiweißkörper auf die Lichtbrechung ist bedeutend größer als derjenige der Nichteiweißkörper.

Für 1 % Serumeiweiß erhält man einen Wert von $n_D = 0,00195$. Dies gilt für Serum mit der Zusammensetzung von ungefähr $^2/_3$ Albumin und $^1/_3$ Globulinen. Verschiebt sich dieses Mischungsverhältnis nach der einen oder anderen Richtung, so sinkt oder steigt der Wert. Die Ursache dieser Erscheinung liegt darin, daß Globuline eine hohe, Albumine eine niedrigere Brechung besitzen. Der Brechungswert beträgt für

	1 % Amorph. Albumin	Krystallisiertes Albumin	Pseudoglobulin II	Pseudoglobulin I	Euglobulin (unlösl. Gl.)
nach REISS . . n_D	0,00183	0,00201	0,00230	0,00224	0,00230
„ ROBERTSON „	0,00177	—	—	—	0,00229

Er nimmt also mit steigendem Dispersionsgrad der Eiweißkörper ab. Die Zahlen sind von zahlreichen Untersuchern nachgeprüft worden. Es fanden für

	1 % Globuline	1 % Albumine
REISS . . . . n_D	0,00230	0,00183
ROBERTSON . . . . „	0,00229	0,00177
ROHRER . . . . „	0,00176	0,00177
SCHORER[1] . . . . „	0,00245	0,00188
STARLINGER . . . . „	0,00265	0,00166

Der Brechungswert, den eine 1 proz. Eiweißlösung besitzt, wird als *spezifische Refraktion* bezeichnet.

Wie aus dieser Zusammenstellung hervorgeht, weichen die Resultate der verschiedenen Untersucher beträchtlich voneinander ab. Ausschlaggebend dürfte dabei die Methode der Gewinnung und Isolierung der beiden Eiweißfraktionen und deren Messung sein. Ohne allen Zweifel kommt es bei allen Fällungen und beim Dyalisieren zu physiko-chemischen und strukturellen Veränderungen, die die refraktometrischen Eigenschaften beeinflussen. Eine künstlich gewonnene Eiweißlösung kann der in der Gefäßbahn zirkulierenden nie vollkommen entsprechen.

2. Die refraktometrische Eiweißbestimmung.

a) Die REISSsche Eiweißbestimmung.

Der überragende Einfluß der Eiweißkörper auf die Refraktion veranlaßte REISS, eine Tabelle zur direkten Umrechnung der Skalenteile des Eintauchrefraktometers in Eiweißprozente aufzustellen. Er ging dabei von der Voraus-

---

[1] SCHORER: Korrespondenzbl. f. Schweiz. Ärzte 1913, S. 1523.

setzung aus, die Nichteiweißkörper im Serum seien nur so geringen Schwankungen unterworfen, daß diese vernachlässigt werden könnten. Die Zahlen, die er für seine Berechnungen verwendete, waren:

Für Nichteiweißkörper . . . . $n_D = 0,00277$
„ 1% Eiweiß . . . . $n_D = 0,00172$

So entstand folgende Tabelle:

Tabelle zur direkten Umrechnung der Skalenteile des Eintauchrefraktometers bei 17,5°C in Eiweißprozente (nach REISS).

Brechungsindizes zu nebenstehenden Skalenteilen	Blutserum		
	n_D für destilliertes Wasser 1,33320 n_D für die Nichteiweißkörper 0,00277 n_D für 1% Eiweiß 0,00172		
	Skalenteil	Eiweiß	Differenz von Eiweiß für 1 Skalenteil
1,33896	30	1,74	
		— —	— — 0,220
1,34086	35	2,84	
		— —	— — 0,220
1,34275	40	3,94	
		— —	— — 0,218
1,34463	45	5,03	
		— —	— — 0,218
1,34650	50	6,12	
		— —	— — 0,216
1,34836	55	7,20	
		— —	— — 0,216
1,35021	60	8,28	
		— —	— — 0,214
1,35205	65	9,35	
		— —	— — 0,212
1,35388	70	10,41	

Die Tabelle gibt die Eiweißprozente von 5 zu 5 Skalenteilen an. Die zwischenliegenden Skalenteile und deren Bruchteile werden ähnlich wie in den Logarithmentafeln berechnet.

Die REISSsche Eiweißbestimmung bürgerte sich ihrer Einfachheit wegen rasch ein und fand besonders für fortlaufende Untersuchungen weitgehende Verwendungen. Im Laufe der Jahre zeigte sich aber, daß man zu hohe Werte bekam. Diese Erscheinung war darauf zurückzuführen, daß der von REISS gewählte Refraktionswert von $n_D = 0,00172$ für 1% Eiweiß zu niedrig war. Damit mußte man bei Berechnung zu hohe Gesamteiweißwerte erhalten. REISS selbst erkannte den Fehler. Er glaubte aber von einer Korrektur absehen zu können, da ihm die Genauigkeit der Methode für praktische Zwecke zu genügen schien.

So finden wir denn heute immer noch die alten REISSschen Berechnungen bei jedem Refraktometer, das in den Handel kommt.

Entgegen den ursprünglichen Auffassungen von REISS halten wir aber dafür, daß die Korrektur durchgeführt werden sollte. Benutzt irgendein Untersucher, der die Fehlergrenzen der Methode nicht kennt, das refraktometrische Verfahren für die Eiweißbestimmung, so nimmt er ohne weiteres an, er erhalte Werte, die genau seien. Dies ist aber nicht der Fall.

Um die refraktometrische Eiweißbestimmung als klinische Methode nicht vollständig zu diskreditieren, müssen wir ihr diejenigen Zahlen zugrunde legen, die nach den bisherigen Untersuchungen der Wirklichkeit am nächsten kommen.

Für die folgende graphische Darstellung wurden benutzt:

Für Nichteiweißkörper . . . . $n_D = 0,00208$
„ 1% Eiweiß . . . . $n_D = 0,00195$

Diese Zahlen stimmen mit den Werten von Robertson und anderen Autoren ordentlich überein.

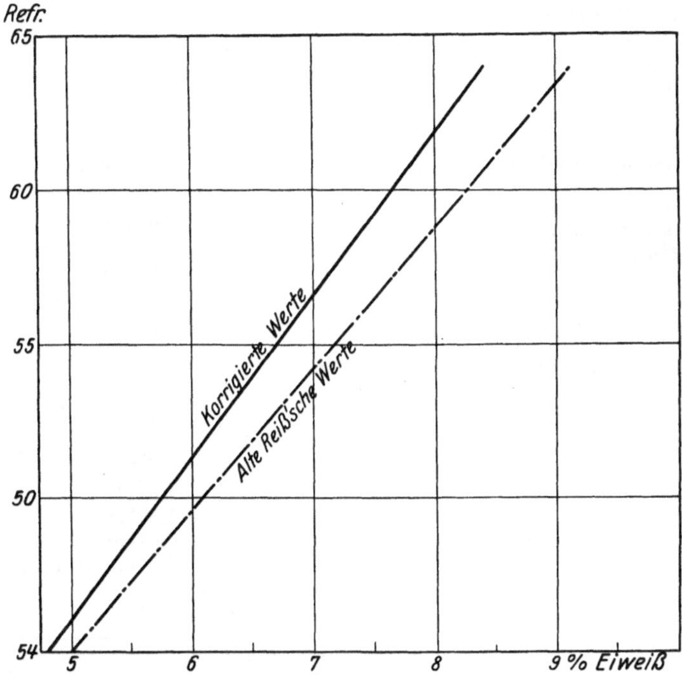

Abb. 66. Refraktometrische Eiweißbestimmung mit den ursprünglichen Reissschen und den korrigierten Werten.

b) Die Robertsonsche Methode.

Eine andere Methode der Eiweißbestimmung wurde von Robertson empfohlen. Sie ermöglicht die Bestimmung der einzelnen Eiweißkörper des Blutserums und besteht aus drei Teilen:

1. **Refraktometrische Bestimmung der Nichteiweißkörper.** Man mischt Serum mit $^n/_{25}$ Essigsäure im Verhältnis von 1 : 1 und kocht das Gemisch im Wasserbad während 2 bis 3 Minuten auf. Dann wird zentrifugiert und der Brechungsindex der überstehenden, eiweißfreien Flüssigkeit bestimmt. Um ein Maß für den absoluten Gehalt an Nichteiweißkörpern zu erhalten, vergleicht Robertson den erhaltenen Wert mit demjenigen einer 1proz. Kochsalzlösung von $n_D = 0,00160$.

2. **Refraktometrische Bestimmung der Albumine.** Eine zweite Serumportion wird mit einer gesättigten Ammonsulfatlösung im gleichen Verhältnis versetzt und die Brechung der globulinfreien Lösung ermittelt.

3. **Refraktometrische Bestimmung der Globuline.** Man bestimmt den Brechungsindex des unveränderten oder nativen Serums und zieht davon die Werte für Wasser, Albumine und Nichteiweißkörper ab.

Robertson bestimmt auf diesem Wege den Brechungsanteil der einzelnen Serumbestandteile. Um ein Maß für den absoluten Gehalt zu gewinnen, wird der Anteil der Globuline durch den Wert von 1% Globulin $n_D = 0,00229$ und der Albumine durch den Wert von 1% Albumin $n_D = 0,00177$ dividiert.

Die Methode ist von Berger und Petschacher verbessert und als Mikromethode ausgebaut worden.

Beispiel einer Bestimmung:

	Skalenteil (Pulfrich)	n_D
Messung mit Prisma I:		
1 enteiweißtes Serum	17,8	1,33427
2 Vollserum	62,5	1,35113
3 $n/_{50}$-Essigsäure	15,4	1,33335
Messung mit Prisma II:		
$1/_2$ Ammonsulfatserum	32,5	1,37646
$1/_2$ gesättigte Ammonsulfatlösung	14,2	1,37062

Berechnung in

n_D enteiweißtes Serum	1,33427
n_D n/50 Essigsäure	−1,33335
	$\overline{0,00092} \times 2$
Nichteiweißkörper in	0,00184 : 0,00160 = 1,15 g-%
n_D $1/_2$ Ammonsulfatserum	1,37646
n_D $1/_2$ gesättigte Ammonsulfatlösung	−1,37062
	$\overline{0,00584} \times 2$
	0,01168
n_D Nichteiweißkörper	−0,00184
Albumin in	$\overline{0,00984} : 0,00177 = 5,56$ g-%
n_D Vollserum	1,35113
n_D dest. Wasser	−1,33320
n_D Albumin + Nichteiweißkörper	−0,01168
Globulin in	$\overline{0,00625} : 0,00229 = 2,73$ g-%
Globuline	2,73
Albumine	5,56
Gesamteiweiß	$\overline{8,29 \text{ g-\%}}$

Berger hat die Robertsonsche Methode außerdem für die Bestimmung der *Eu-* und *Pseudoglobuline* erweitert. Zu diesem Zwecke wird auch eine $1/_3$ Ammonsulfatsättigung vorgenommen (1 ccm Serum + 0,5 ccm gesättigte Ammonsulfatlösung).

In dem vorerwähnten Beispiel, das aus einer Arbeit von Berger entnommen ist, ergibt sich folgende weitere Berechnung:

		Skalenteile	n_D
$1/_3$ gesättigte Ammonsulfatlösung	I	84,8	1,35923
$1/_3$ Ammonsulfatserum	II	10,1	1,36930
Differenz zwischen den Brechungsindices		$0,01007 \times 3$	
		$0,03021 : 2 =$	
		$= 0,01510$	
n_D Albumine + Nichteiweißkörper		0,01168	
Pseudoglobulin		$\overline{0,00342} : 0,00229 = 1,49$ g-%	
Globuline 2,73 — Pseudoglobuline 1,49 = Euglobuline . .		1,24 g-%	

Mit Hilfe der Robertsonschen Methode können die krystalloiden und die beiden kolloiden Serumbestandteile gesondert bestimmt werden. Dies bedeutet der Reissschen Methode gegenüber einen Vorteil.

b) Die refraktometrisch-viscosimetrische Bestimmung des Mischungsverhältnis der Albumine und Globuline nach Rohrer.

Der Rohrerschen Methode liegt die Beobachtung zugrunde, daß Albumin- und Globulinlösungen von der nämlichen Konzentration beträchtliche viscosimetrische Unterschiede aufweisen. Rohrer trug die Refraktions- und Viscosi-

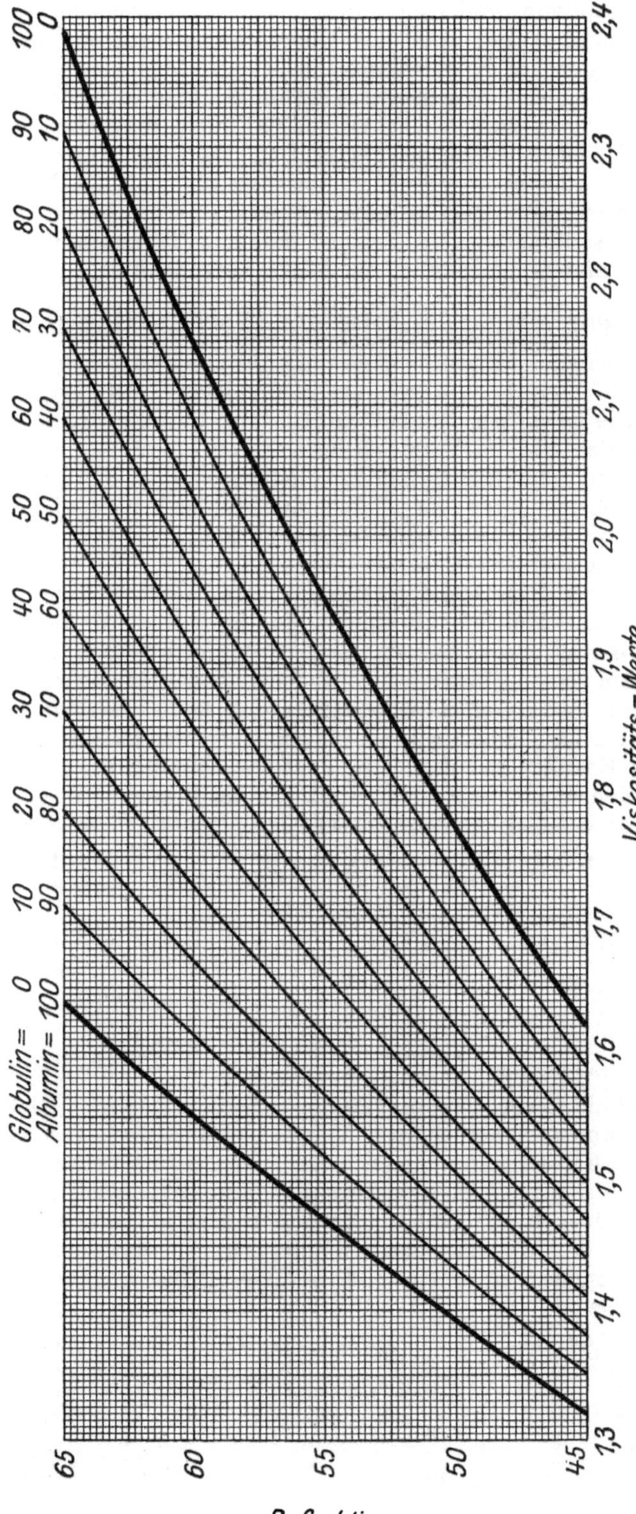

Abb. 67. Rohrersche Tabelle. Das für die Albumin-Globulinablesung wichtige Feld. (Aus NAEGELI: Blutkrankheiten und Blutdiagnostik. 1923.)

tätswerte reiner Albumin- und Globulinlösungen von verschiedener Konzentration und Mischungen derselben in ein Koordinatensystem ein und erhielt so das auf S. 545 dargestellte Kurvenbündel.

Zur Bestimmung des Mischungsverhältnisses wird die Refraktion eines Serums nach PULFRICH und die Viscosität mit dem HESSSchen Apparat gemessen. Die gefundenen Werte sind darauf in die Tabelle einzutragen. Man sieht nach, wo sich dieselben schneiden und liest ab, welchem Verteilungsverhältnis beider Eiweißfraktionen sie entsprechen.

Die Methode stellt den ersten Versuch dar, eine Trennung von Albuminen und Globulinen auf rein physikalischem Wege vorzunehmen.

3. Kritik der refraktometrischen Eiweißbestimmungen.

Die refraktometrische Eiweißbestimmung, die ursprünglich geradezu als die Methode der Wahl bezeichnet wurde, ist in der letzten Zeit Gegenstand einer eingehenden Kritik geworden. Es fiel nämlich auf, daß die Ergebnisse der drei Methoden unter sich und im Vergleich zu anderen Eiweißbestimmungen nicht übereinstimmten und daß häufig Zahlen erhalten wurden, die selbst klinischen Zwecken nicht mehr genügten. Die Fehler machten sich vorwiegend bei pathologischen Zuständen bemerkbar und stellten die Methoden gerade da in Frage, wo man sie am meisten benötigte.

Fehlerquellen der REISSSchen Methode. REISS setzt für die Nichteiweißkörper stets den nämlichen Brechungsindex ein. Er beträgt für die *ursprüngliche* Tabelle 0,00277, für die *neue* (ALDER) 0,00208. Wenn wir auch keine so großen Schwankungen um diesen Mittelwert gefunden haben, wie andere Untersucher, so steht doch fest, daß durch diese Gleichsetzung Fehler bedingt werden. Bei den eigenen Bestimmungen betrugen sie für den Normalen im Maximum $\pm 0,07\%$ Eiweiß, für den Kranken im Maximum $\pm 0,25\%$ Eiweiß.

Sie halten sich damit noch in Grenzen, die die Brauchbarkeit der Methode durch diese Nichteiweißfehler nicht zu sehr beeinträchtigen wird.

Wesentlich größer sind die Fehlermöglichkeiten die durch die Berechnung auf Grund von $n_D = 0{,}00172$ oder neuerdings $0{,}00195$ für 1% Eiweiß entstehen. Man kann dies am besten an einem Beispiel zeigen:

n_D eines Serums sei 1,35021 oder 60 P.E. Der Eiweißgehalt beträgt dann nach der

	alten REISSSchen Berechnung	neuen REISSSchen Berechnung (ALDER)
n_D des Serums	1,35021	1,35021
$-n_D$ des Wassers	1,33320	$-1{,}33320$
$-n_D$ der Krystalloide	0,00277	$-0{,}00208$

Brechungsanteil der Eiweißkörper $\overline{0{,}01424} : 0{,}00172 = 8{,}28\%$ E. $\quad \overline{0{,}01493} : 0{,}00195 = 7{,}65\%$ E.

Bei der gewöhnlichen Serumzusammensetzung von ungefähr $^1/_3$ Globulinen und $^2/_3$ Albuminen stimmen die korrigierten REISSSchen Eiweißzahlen sowohl mit den Bestimmungen nach ROBERTSON, wie auch denjenigen nach KJELDAHL gut überein.

Anders wird das Ergebnis, wenn sich das Eiweißverhältnis im Serum verschiebt. Schon früher wurde betont, daß die Refraktion sich additiv verhält. Dies gilt auch für die Albumin- und Globulinlösungen und deren Mischungen.

Der Brechungsindex einer 1proz. Eiweißlösung beträgt nach der Berechnung bei einem Gehalt von

100 % Albumin und	0 % Globulin	$n_D = 0{,}00177$
75 % ,, ,,	25 % ,, ...	$n_D = 0{,}00190$
$66^1/_3$% ,, ,,	$33^1/_3$% ,, ...	$n_D = 0{,}00194$
50 % ,, ,,	50 % ,, ...	$n_D = 0{,}00203$
$33^1/_3$% ,, ,,	$66^1/_3$% ,, ...	$n_D = 0{,}00212$
25 % ,, ,,	75 % ,, ...	$n_D = 0{,}00216$
0 % , ,,	100 % ,, ...	$n_D = 0{,}00229$

Wie aus diesen Zahlen ersichtlich ist, liefert die Reisssche Methode nur dann brauchbare Eiweißwerte, wenn das Mischungsverhältnis der Albumine und Globuline sich in normalen Grenzen hält. In dem Maße aber, wie sich dasselbe verschiebt, nehmen die Fehler zu.

In dem erwähnten Beispiel eines Serums von der Refraktion 60 P.E. wäre der Eiweißgehalt

bei einem Gehalt von ca. $33^1/_3$% Globulinen 0,01493:0,00195 = **7,65**% Eiweiß
„   „   „   „   „ 50   %   „   0,01493:0,00203 = 7,35%   „
„   „   „   „   „ $66^1/_3$%   „   0,01493:0,00212 = 7,04%   „

Die Tatsache, daß die direkte Umrechnung der Refraktionszahlen in Eiweißwerte gerade bei Serum von pathologischen Fällen ungenaue und nicht mehr zuverlässige Werte ergibt, ist durch diese Darstellung ohne weiteres erklärlich.

Fehlerquellen der Robertsonschen Methode. Die Fehlerquellen dieser Methode sind teils technischer, teils prinzipieller Natur.

1. Die Mischungen können bei den kleinen verwendeten Mengen nie so genau vorgenommen werden, wie sie für refraktometrische Bestimmungen nötig sind.

2. Der Refraktionswert der gesättigten Ammonsulfatlösung ist Schwankungen unterworfen und bedingt dadurch Fehler bei der Fällung der Globuline.

3. Durch Kochen mit Essigsäure werden häufig nicht alle Eiweißkörper gefällt.

4. Die Trennung der Albumine und Globuline durch gesättigte Ammonsulfatlösung ist nicht genügend scharf.

5. Der Brechungsindex einer 1proz. Albumin- und Globulinlösung kann nicht als konstant bezeichnet werden. Beide Fraktionen stellen nach allgemeiner Auffassung nicht Eiweißkörper von einer bestimmten Struktur dar, sondern Eiweißgruppen, die nur insofern zusammengehören, als sie ein entsprechendes Verhalten gegenüber Elektrolyten aufweisen. In jeder derselben sind Proteine von verschiedenem Dispersitätsgrad vorhanden. Sie werden durch Aussalzung mit Ammonsulfat, wie dies bei der Robertsonschen Methode gemacht wird, allerdings einheitlich gefällt, besitzen aber keineswegs stets das gleiche refraktometrische Verhalten. Überwiegen in den Gruppen die grobdispersen Anteile, so steigt der Brechungswert, überwiegen die feindispersen, so sinkt er. Eine spezifische Refraktion für Albumine und Globuline gibt es dementsprechend nicht. Der Wert schwankt vielmehr und ist abhängig von der Zusammensetzung dieser Kolloide. Die Verwendung eines einheitlichen Indexes für 1% Albumin oder Globulin für die Berechnung nach Robertson kann somit nicht zu genauen Resultaten führen.

Fehlerquellen der Rohrerschen Methode. Was für das refraktometrische Verhalten der Serumeiweißkörper angegeben wurde, gilt auch für die Viscosität. Stellt man reine Globulin- oder Albuminlösungen dar, so läßt sich oft selbst bei gleicher Konzentration ein Unterschied der Viscosität erkennen. Am deutlichsten zeigt sich dies bei den Globulinen. Steigen die gröber dispersen und labileren Anteile dieser Eiweißgruppe, so steigt auch der Viscositätswert. Bei der Methode von Rohrer ist dies nicht berücksichtigt. Sie nimmt keine Rücksicht auf die Zusammensetzung der Eiweißfraktionen und deutet jede Verschiebung eines Refraktions-Viscositätspunktes nach der rechten Seite der Tabelle als eine Globulinzunahme. Wenn dies für viele Fälle auch zutrifft, so gibt es, z. B. bei Infektionskrankheiten, doch sehr häufig Seren, bei denen der Globulingehalt normal ist und die Verschiebung lediglich durch eine Zunahme der grobdispersen Körper zustande kommt. Die Rohrersche Methode stellt damit eigentlich nur eine *Prüfung auf den Dispersionsgrad eines Serums* dar. Ihre Werte können infolgedessen mit denjenigen einer anderen, auf physikalisch-chemischen Prinzipien beruhenden nicht immer übereinstimmen. Für klinische Zwecke ist die ROHRERsche Methode wertvoll, weil sie Veränderungen anzeigt, bevor sie auf anderem Wege erkennbar sind, was für diagnostische Zwecke vielfach nützlicher als die Angabe bestimmter absolut richtiger Globulinwerte ist.

Fassen wir die Ergebnisse der refraktometrischen Eiweißbestimmungen zusammen, so kommen wir zu dem Schlusse, daß eine den gravimetrischen Methoden entsprechende Genauigkeit nicht erzielt werden kann.

Für klinische Zwecke genügen die refraktometrischen Eiweißbestimmungen aber vollauf. Von den beiden quantitativen Methoden ist der REISSschen in der korrigierten Form der Vorzug zu geben, weil sie ohne großen Arbeitsaufwand brauchbare Werte vermittelt. Die Methoden von REISS und ROHRER lassen sich übrigens noch kombinieren und ergeben dann Eiweißzahlen, die den gravimetrisch ermittelten noch näher kommen. Zu diesem Zwecke bestimmt man zuerst das Mischungsverhältnis nach ROHRER. Es gibt Aufschluß, ob ein normales oder pathologisches Serum vorliegt.

Dann wird der Eiweißgehalt aus der REISSschen Tabelle entnommen. Diese Tabelle kann so erweitert werden, daß man Eiweißkurven für verschiedene Mischungsverhältnisse aufstellt, z. B. auch für Globuline 50% und $66^2/_3\%$. Der Eiweißwert wird dann auf der Kurve mit der entsprechenden Eiweißzusammensetzung abgelesen.

Unter Berücksichtigung der obenerwähnten Kritik der ROHRERschen Methode wird man sich mit einer einzigen Kurve, z. B. für 50% Globuline begnügen.

4. Normale Refraktionswerte.

Die normale Refraktion des menschlichen *Serums* beträgt beim

	n_D	PULFRICH Einheiten	Eiweiß
Neugeborenen	1,34575—4798	48 51	5,4—0,5
Kinde	1,34687—4873	51—65	5,9—6,9
Erwachsenen	1,34836—5132	55—63	6,6—8,2

Ein sicherer Refraktionsunterschied zwischen den beiden Geschlechtern ist nicht nachweisbar.

Bei *Blutplasma* liegen die Zahlen um 1 bis 4 P.E. oder 0,00080 höher als in dem zugehörigen Serum.

Exsudate haben 43 bis 47 P.E. oder $n_D = 1,34388$ bis 1,34537.

Tiere besitzen in ähnlicher Weise konstante Werte:

Meerschweinchen 1,3430
Schweine . . . . 1,3460—75
Schafe, Rinder . . . . 1,3450—60

Der Brechungsindex des Serums wird mit großer Zähigkeit innegehalten und schwankt nur innerhalb enger Grenzen. Auf Besonderheiten soll später eingegangen werden. Die Refraktion muß als eine individuelle Eigentümlichkeit betrachtet werden, die sich aus einem bestimmten Eiweiß-Zucker-Harnstoff-Gallenfarbstoff-,,Spiegel" ergibt. Untersucht man ganze Familien, so weisen einzelne Glieder oft genau übereinstimmende Werte auf. Man ist geneigt, auf eine Vererbung der Einstellungsmechanismen zu schließen.

Die Schwankungen der Refraktion kommen auf verschiedenem Wege zustande. Von besonderer Bedeutung sind:

1. Flüssigkeitsaustausch: a) zwischen Blutserum und Blutkörperchen; b) zwischen Blutserum und Gewebsflüssigkeit.

2. Vermehrung oder Verminderung der krystalloiden Stoffe.

3. Neubildung und Verbrauch von Eiweißkörpern.

Welche Veränderungen im einzelnen Falle den Refraktionswert beeinflussen, muß durch Bestimmung verschiedener physikalischer Eigenschaften jeweils besonders ermittelt werden.

Die Refraktion im Capillar-Venen- und Arterienblut. Zwischen Capillar-, Venen- und Arterienblut sind normalerweise keine nennenswerten refraktometrischen Unterschiede vorhanden. Eine Veränderung tritt nur ein, wenn die Venen vor der Blutentnahme gestaut werden. In diesem Falle ändert sich das osmotische Verhalten der roten Blutkörperchen. Die Zellen nehmen infolge des höheren Kohlensäuregehaltes Anionen und Wasser aus dem Serum und Plasma auf und führen so zu einer Flüssigkeitsverschiebung. Kohlensäureaufnahme bedingt eine höhere Konzentration und damit einen Refraktionsanstieg im Serum, Sauerstoffaufnahme einen Refraktionsabfall. Die Veränderungen stellen sich schon bei leichter Stauung, z. B. beim Herunterhängenlassen der Arme ein. Bei künstlicher Stauung werden sie beträchtlicher. So steigt die Refraktion z. B. in eigenen Versuchen, bei denen der Zutritt von Sauerstoff nach der Entnahme verhindert wurde, von

$$
\begin{array}{lcc}
\text{ungestaut} \ldots \ldots \ldots & 58{,}5 & 59{,}2 \ \text{P.E.} \\
\text{in 1 Minute\ \ auf} \ldots & 60{,}6 & 61{,}1 \ \text{,,} \\
\text{,,\ \ 3 Minuten\ \ ,,} \ldots & 64{,}2 & 64{,}4 \ \text{,,}
\end{array}
$$

Die Erscheinung ist reversibel. Sauerstoffeinleitung in das entnommene Blut stellt die ursprünglichen Werte wieder her. Bei länger dauernder Stauung steigt der Brechungsindex noch mehr und erreicht Unterschiede bis zu 10 und 15 P.E. Sauerstoff vermag die Werte in diesen Fällen nicht mehr auf die Norm herunter zu bringen. Blutkörperchenvolumbestimmungen zeigen, daß die Erhöhung dadurch zustande kommt, daß Flüssigkeit aus der Blutbahn in das Gewebe gepreßt wird und eine Eindickung des Serums zustande kommt.

Die genannten Veränderungen des Serums müssen bei Blutentnahmen berücksichtigt werden. Wo eine Venenpunktion zur Gewinnung größerer Mengen erforderlich ist, soll nur solange gestaut werden, als für die Einführung der Nadel nötig ist.

Tagesschwankungen. Im Verlaufe des Tages treten geringe Schwankungen der Refraktion auf. Es zeigt dies folgendes Beispiel:

Im *Capillarblut:*

Zeit 8	10	12	2	4	6 Uhr
56,3	57,3	55,7	56,0	57,1	56,6

Die gleichen Messungen am *Venenblut* ergeben (SCHÄRER) als Mittelwert von 10 Bestimmungen:

Zeit ½8	10	2	½6 Uhr
60,4	60,1	60,6	60,4

Die Unterschiede zwischen den Einzelbestimmungen betragen im Capillarblut ±1,5 bis 2,0, im Venenblut nach SCHÄRER ±2,3. Sie zeigen keine Gesetzmäßigkeiten.

Eine bestimmte Tageskurve der Refraktion gibt es also nicht.

Das gleiche gilt für Untersuchungen an verschiedenen Tagen. SCHÄRER fand z. B. folgende Werte:

Gesunder Mann

Zeit	Refr.	Eiweiß n. REISS corr.	Nicht-Eiweiß-Körper n_D 0,00	Eiweiß nach ROBERTSON	Viscosität	Albumin:Globulin	
						ROBERTSON	ROHRER
$^1/_2$8 Uhr	58,8	7,42	176	7,86	1,75	74:26	55:45
10	59,4	7,53	184	7,89	1,77	74:26	55:45
2	59,9	7,64	168	8,12	1,75	75:25	55:45
$^1/_2$6	60,4	7,74	176	8,16	1,78	75:25	57:43

Gleicher Mann (spätere Untersuchung):

Zeit	Refr.	Eiweiß n. REISS corr.	Nicht-Eiweiß-Körper	Eiweiß nach ROBERTSON	Viscosität	ROBERTSON	ROHRER
$^1/_2$8	60,7	7,80	190	8,06	1,84	79:21	61:39
10	61,2	7,89	184	8,18	1,85	77:23	60:40
2	61,2	7,89	184	8,21	1,85	79:21	66:34
$^1/_2$6	61,5	7,95	184	8,27	1,85	78:22	63:37

Die Refraktionswerte schwanken somit auch innerhalb größerer Zeitintervalle um einen Mittelwert.

Flüssigkeitsaufnahme und -entzug. Flüssigkeitszufuhr übt im allgemeinen keinen Einfluß auf den Refraktionswert aus. Als Regulator für den Wasserhaushalt dient das Gewebe und nicht die Blutbahn. Die aufgenommene Flüssigkeit verläßt, selbst wenn sie in großen Mengen genossen wird, sofort die Blutbahn und bewirkt so keine Konzentrationszunahme.

Diese Regulation ist auch in pathologischen Fällen vorhanden. Herz- und Nierenkranke verhalten sich nach KORÁNYI wie Gesunde. Eine Ausnahme macht nach SALGE nur der Säugling, bei dem geringe, vorübergehende Schwankungen auftreten.

Auch Flüssigkeits*entzug* läßt keine gesetzmäßige Serumveränderungen entstehen.

Bei den ersten Untersuchungen von REISS, STRAUSS und CHAJES, die die Konzentrationsveränderungen im Anschluß an Schwitzprozeduren und Überhitzungen bestimmten, wurden leichte *Eindickungen* gefunden. Im Gegensatz dazu haben neuere Prüfungen durch STAHL und BAHN[1] nach 5 Minuten langem Vollbad von 38° *Abnahmen* festgestellt, die ungefähr 1,4 P.E. betragen. Nach kalten Bädern von 22° sahen sie eher die gegenteilige Wirkung. In Anlehnung an die Beobachtung, daß nach Adrenalininjektion Zunahmen der Konzentration, nach Atropininjektion Abnahmen zustande kommen, brachten sie die Schwankungen mit der Gefäßinnervation in Verbindung. Erweiterung der Gefäße soll zu einem Einstrom von Gewebeflüssigkeit, Verengerung zu einem Ausfließen von Blutflüssigkeit führen.

Das Problem, das für die physikalische Therapie von Bedeutung ist, wurde in der letzten Zeit von SCHÄRER[2] nochmals eingehend studiert. SCHÄRER prüfte nicht nur die Änderungen der Serumrefraktion, sondern auch diejenige der Nichteiweißkörper und berücksichtigte fernerhin die Eiweißzusammensetzung. Die Versuche wurden bei einer größeren Anzahl von Gesunden und Kranken nach Glühlichtbädern, Heißlufteinwirkung und Dampfbädern vorgenommen.

Die folgenden Beispiele zeigen Refraktionszahlen bei der nämlichen gesunden Versuchsperson.

---

[1] STAHL u. BAHN: Zeitschr. f. d. ges. physikal. Therapie Bd. 29. 1925.
[2] SCHÄRER: Inaug.-Dissert. Zürich 1926.

Zeit	Refr.	Eiweiß REISS corr.	Nicht-Eiweiß n_D 0,00	Eiweiß ROBERTSON	Viskosität	Albumin:Globulin	
						nach ROBERTSON	nach ROHRER
Glühlicht 30 Minuten 42°—55°.				Gewicht 82,5 kg vor, 82,0 kg nach.			
1/2 8 Uhr	59,0	7,47	176	7,83	1,82	75:25	50:50
10 Uhr	60,4	7,74	168	8,17	1,82	76:24	56:44
Nach Glühlicht	62,7	8,18	168	9,05	1,92	73:27	52:48
1 Uhr	58,5	7,38	160	7,83	1,76	76:24	57:43
olgend. Morgen	58,6	7,39	176	7,76	1,73	76:24	63:37
Glühlicht 40 Minuten 52°, 7 Tage später.				Gewicht 82,9 kg vor, 82,4 kg nach.			
1/2 8 Uhr	58,6	7,39	184	7,6	1,71	75:25	67:33
10 Uhr	60,7	7,80	184	8,08	1,75	74:26	70:30
Nach Glühlicht	61,5	7,95	184	8,25	1,80	74:26	65:35
1 Uhr	60,0	7,66	184	7,97	1,75	75:25	66:34
olgend. Morgen	59,0	7,47	184	7,82	1,70	77:23	70:30
Dampfbad 20 Minuten 43°.				Gewicht 82,6 kg vor, 82,00 kg nach.			
1/2 8 Uhr	59,8	7,62	206	7,83	1,75	75:25	65:35
10 Uhr	60,5	7,76	206	7,95	1,76	76:24	67:33
5 Minuten Nach Beginn	60,0	7,66	206	7,9	1,75	75:25	66:34
10 Minuten Nach Beginn	59,5	7,57	206	7,79	1,74	76:24	66:34
20 Minuten Nach Beginn	60,2	7,7	206	7,94	1,75	77:23	66:34
1 Uhr	62,3	8,11	206	8,33	1,80	76:24	68:32
olgend. Morgen	59,3	7,53	206	7,74	1,72	76:24	68:32

Das Ergebnis der Untersuchungen von SCHÄRER deckt sich im großen und ganzen mit demjenigen von REISS, STRAUSS und CHAJES[1]. Nach Dampfbädern wurden im Durchschnitt Zunahmen von 2,2 P.E., nach Glühlichtbädern von 2,2 und nach Heißluftbädern von 0,9 gefunden.

Die kritische Prüfung der Werte führt aber zu dem Schlusse, daß die Schwankungen der Konzentration nach hydrotherapeutischen Prozeduren nicht größer als die normalen Tagesschwankungen sind. Ob eine Vermehrung oder Verminderung der Refraktion eintritt, hängt von der Geschwindigkeit ab, mit welcher Flüssigkeit jeweils in die Blutbahn eintritt oder aus derselben ausgeschieden wird. Aufnahme und Abgabe halten sich die Wage. Überwiegt der Einstrom, so ergibt sich gleichsam ein Ausschlag des Zeigers in der Richtung der Refraktionsverminderung, überwiegt die Abgabe, in der Richtung der Refraktionsvermehrung. Diese Schwankungen um eine Gleichgewichtslage erklären die wechselnden Befunde. Sie sind von kurzer Zeitdauer.

Nahrungsaufnahme. REISS, BÖHME und CHAJES beschäftigten sich schon vor 20 Jahren mit der Frage, ob der Refraktionswert durch die Nahrungsaufnahme beeinflußt werde. Zu diesem Zwecke gaben sie verschiedene Nahrungsmittel, besonders Eiweißstoffe, und verfolgten die Konzentrationsschwankungen des Blutserums. Eine Veränderung blieb aber aus oder war so geringfügig und verschiedenartig, daß man den Einfluß der Nahrungsaufnahme auf das Blut als negativ bezeichnen mußte. Diese Tatsache darf mit als eine wichtige Stütze für die Annahme der cellulären Herkunft der Serumeiweißkörper verwendet werden. Die mit der Nahrung ins Blut eintretenden Eiweißbausteine verschwinden demnach ebensorasch, wie sie in dasselbe hineingelangen.

Während sich der Brechungsindex bei physiologischen Einwirkungen nicht oder nur vorübergehend verändert, kommt es hier zu einer deutlichen Beein-

---

[1] STRAUSS u. CHAJES: Refraktometrische Eiweißbestimmungen am menschlichen Serum und ihre klinische Bedeutung. Zeitschr. f. klin. Med. Bd. 52. 1904.

flussung, wenn wesentliche Änderungen in der Ernährung über eine längere Zeit vorgenommen werden. Bei eigenen Untersuchungen fiel auf, daß die Refraktionswerte des Serums während der Kriegszeit bedeutend niedriger waren als heute. Der allgemeine Eiweißverlust des Körpers, der sich aus der ungenügenden qualitativen und quantitativen Nahrungszufuhr ergab, führte auch zu einer Verminderung des Bluteiweißgehaltes. Neben der direkten Herabsetzung durch mangelnde Neubildung erklären sich diese Erscheinungen zum Teil durch Überschwemmung des Organismus mit Wasser und Salzen. Sie sind in ihrer maximalen Form bei der Ödemkrankheit studiert worden. Bei eintöniger Ernährung (Kohlrüben) kommt es zu einer Einsalzung der Gewebe (Jansen), die sekundär Wasser an sich ziehen. Dieses Wasser fließt später wieder in die Blutbahn zurück — Überlaufphänomen — und macht das Serum hydrämisch. Die Ursache der Refraktionsverminderung ist damit wieder eine Wasserverschiebung, die durch Änderung des Salzgehaltes und Schädigung der Gewebe zustande kommt. Der Einfluß der Salze kann übrigens experimentell verfolgt werden. Schon in den ersten Jahren, in denen die Refraktometrie klinisch benutzt wurde, haben sich Bence und Benzur[1] mit den Serumveränderungen nach Salzgenuß befaßt. Gibt man größere Kochsalzmengen auf einmal auf nüchternen Magen, so tritt eine mäßige Bluteindickung auf, die nach 5 Stunden ausgeglichen ist. Wird Kochsalz $1^1/_2$ Stunden nach einer Mahlzeit verabreicht, so bleibt diese Eindickung aus; an ihre Stelle tritt häufig eine Verdünnung. Die Erscheinung erklärte sich nach Benzur so, daß sofort nach der Salzaufnahme eine größere Menge Flüssigkeit in den Magen sezerniert und dem Blute entzogen wird. Später gelangt die noch hypertonische Lösung im Darme zur Resorption. Da nunmehr ein hoher Kochsalzgehalt im Blute vorhanden ist, fließt Gewebeflüssigkeit in die Blutbahn ein und erzeugt die Refraktionsabnahme. Der Kochsalzspiegel des Gewebes liegt über demjenigen des Blutserums und schwankt zwischen 0,50 bis 0,65 mg, der Blutkochsalzspiegel zwischen 0,40 bis 0,50 mg. Zu Ödemen kommt es bei gesunden Menschen nicht. Sie treten nur auf, wenn das Gewebe durch Schädigung verändert (Infektionskrankheiten, Inanition) oder wenn die Ausscheidungsfähigkeit der Nieren für Kochsalz ganz oder teilweise gestört ist. Änderungen im Kochsalzhaushalt sind fast die wichtigsten Ursachen der Refraktionsveränderungen im Blutserum. Sie wirken stets durch Wasserverschiebungen zwischen der Blutbahn und dem Gewebe.

Aderlaß. Nach einem Aderlaß wird der verursachte Blutverlust rasch ausgeglichen. Es strömt Flüssigkeit aus dem Gewebe in die Blutbahn ein und deckt das Defizit. Nach Reiss sieht man dabei öfters eine Überkompensation. Entnahm er z. B. 300 ccm Blut, so fiel der Eiweißgehalt von 7,2 auf 6,1%, während er bei Annahme einer mittleren Blutmenge von 4,5 l nur einen Rückgang auf 6,7% erwarten konnte. Nach Oliva sind die refraktometrischen Veränderungen nach 8 Stunden vollständig ausgeglichen. Die qualitativen Untersuchungen der neueren Zeit haben diesen Ausführungen beizufügen, daß unmittelbar nach dem Aderlaß eine kräftige Neubildung auftritt, durch die das Fibrinogen und die Globuline vermehrt werden. Diese Ausschwemmung von gröberen Eiweißkörpern mit entsprechend höherer Refraktion gleichen den Refraktionsabfall somit rasch aus. Bei menstruellen Blutungen soll ebenfalls ein geringer Rückgang der Refraktionswerte nachzuweisen sein.

Höhenwirkung. Während die ersten Untersuchungen von Korányi keine Veränderungen der Refraktion bei Aufenthalt in verschiedener Höhe gefunden haben oder nur eine geringe Herabsetzung, beobachtete Fränkel-Tissot[2] bei

---

[1] Bence u. Benzur: Zeitschr. f. klin. Med. Bd. 67. 1909.
[2] Fränkel-Tissot: Schweiz. med. Wochenschr. 1922, Nr. 52, S. 613.

einer größeren Zahl von Leuten, die aus dem Flachlande ins Engadin heraufgekommen waren (1800 m), öfters einen Rückgang der Refraktionswerte. Nach den Untersuchungen von WEBER vermindert sich auch der Globulingehalt des Serums. Der Grund dieser Erscheinung ist noch nicht abgeklärt. Die Autoren sind geneigt, in ihr eine zweckmäßige Erscheinung zur Herabsetzung der Viscosität zu sehen, die durch Zunahme der Erythrocytenzahl eintritt.

Bewegung und körperliche Arbeit. Der Brechungsindex des Blutserums wird durch körperliche Arbeit nur wenig beeinflußt. Nach Untersuchungen von REISS, BÖHME und SCHLENKER ändern sich die PULFRICHschen Werte höchstens um 2 bis 3 Teilstriche. Wird eine größere Arbeit geleistet, so steigen sie bis zu einem gewissen Maximum an, um bei der folgenden körperlichen Ruhe langsam wieder zum Ausgangswert zurückzukehren. Bei vollständiger Bettruhe sind die Refraktionszahlen am niedrigsten. Leute mit labilem Vasomotorensystem reagieren rascher und stärker als Normale. REISS erklärt die Refraktionszunahme bei Arbeit durch Wasserverbrauch in den Muskeln. Die Flüssigkeit werde zuerst der Blutbahn entzogen. Sicher spielen auch andere Vorgänge (Schwitzen, Wasserverlust durch Atmung usw.) eine Rolle. Die Veränderung tritt in der Regel nur bei einer größeren Leistung auf, die bestimmte Anforderungen an den Wasserausgleich stellt, denen das Gewebe als regulierendes Organ des Wasserhaushaltes vorübergehend nicht genügen kann.

5. Refraktionsschwankungen bei pathologischen Zuständen.

Die Refraktionsänderungen bei Krankheiten werden zum Teil durch Störungen des Wasser-, zum Teil des Eiweißhaushaltes verursacht. Im Gegensatz zu den physiologischen Schwankungen, die kurz und vorübergehend sind, erstrecken sie sich über eine längere Zeit. Tritt eine Verwässerung des Blutes durch Wasserausnahme ein, so bezeichnen wir diesen Zustand als Hydrämie. Der Ausdruck wird oft unrichtig angewandt. Nicht jede Herabsetzung des Brechungsexponenten erklärt sich durch Einströmen von Wasser in die Blutbahn. Eine Hydrämie kann man nur dann annehmen, wenn der normalerweise vorhandenen Blutmenge ein bestimmtes Quantum Flüssigkeit beigefügt wird, wodurch eine echte hydrämische Plethora entsteht. In einem so veränderten Blute gibt der Refraktionswert des Serums einen Maßstab für die eingetretene Verwässerung ab. Die hydrämische Plethora bedingt eine Herabsetzung des relativen Blutkörperchenvolumens und eine geringe Hämoglobin- und Erythrocytenzahl. Diesen Fällen stehen jene gegenüber, bei denen die absolute und relative Blutmenge unverändert bleibt, der Eiweißgehalt des Serums aber vermindert ist. Sie entstehen nicht auf dem Wege der Verwässerung. Bei ihnen wird Serumeiweiß verbraucht und aus irgendeinem Grunde nicht sofort ersetzt. Diese Formen von Eiweißverminderungen haben mit Hydrämie nichts zu tun, sie entstehen durch primäre Änderungen in der Eiweißbildung. BERGER hat für sie den Ausdruck *Hypoproteinämie* geprägt. — Es ist verständlich, daß alle Arbeiten, die diese Erscheinung nicht berücksichtigten, kein richtiges Bild der Vorgänge geben, die sich im Blute abspielen. Die Bestimmung des Refraktionswertes allein reicht zur Beurteilung der Wasser- und Eiweißbewegungen nicht aus. Man muß sie mit einer zweiten physikalischen Methode in Verbindung bringen, z. B. mit der Bestimmung des relativen Blutkörperchenvolumens. Normales Volumen mit Refraktionsverminderung weist auf Hypoproteinämie hin, vermindertes Volumen mit Refraktionsabfall auf Hydrämie.

a) Die primären Eiweißschwankungen.

Die primären Eiweißschwankungen sind von Berger studiert worden. Er injizierte Tieren artfremdes Eiweiß und verfolgte die Serumveränderungen mit der refraktometrischen Methode von Robertson. Dabei konnte er folgende Erhebungen machen:

Nach der Injektion treten Unterschiede im absoluten Albumin- und Globulingehalt des Serums auf. Sie zeigen einen bestimmten, gesetzmäßigen Verlauf. Er läßt verschiedene Perioden erkennen:

1. eine Periode der Latenz,
2. eine Periode der Verminderung (meist flüchtig bei den Globulinen),
3. eine Probe der Vermehrung, die bei den Versuchen 20 und mehr Tage anhielt.

Bei den Albuminen sah Berger, daß die Periode der Verminderung später eintritt und länger anhielt als bei den Globulinen. Die Globulinvermehrung fällt in der Regel mit der Albuminverminderung zusammen. Dadurch entsteht ein gewisser Antagonismus im gegenseitigen Verhalten der beiden Eiweißfraktionen. Dieser ist aber nur scheinbar. Die Globulinvermehrung verläuft als primärer, von der Albuminverminderung unabhängiger Vorgang. Die Schwankungen in der Eiweißzusammensetzung sind nur dann zu erkennen, wenn man mit absoluten Werten rechnet und sich nicht mit der relativen Zahl eines Mischungsverhältnisses begnügt. Die Veränderungen erstrecken sich auch auf das Fibrinogen, dessen Zunahme noch rascher als bei den Globulinen erfolgt. Die Eiweißkörper werden sehr wahrscheinlich in der Leber und im Knochenmark gebildet. Sie gelangen bei pathologischen und physiologischen Einwirkungen in der Reihenfolge Fibrinogen, Serumglobulin und Serumalbumin in die Blutbahn.

Der Grad der Serumeiweißveränderungen hängt von der Dauer und Intensität der pathologischen Einwirkungen ab. Je länger und intensiver ein krankmachendes Agens zur Entfaltung kommt, um so erheblichere Verschiebungen können in der Regel erwartet werden.

Im *Gesamteiweißgehalt* des Blutserums vermochte Berger die Interferenz der verschieden verlaufenden Albumin- und Globulinkurven deutlich zu erkennen. Entsprechend den zeitlich auseinanderliegenden Maxima für die beiden Eiweißfraktionen ergab sich folgende zweigipflige Kurve.

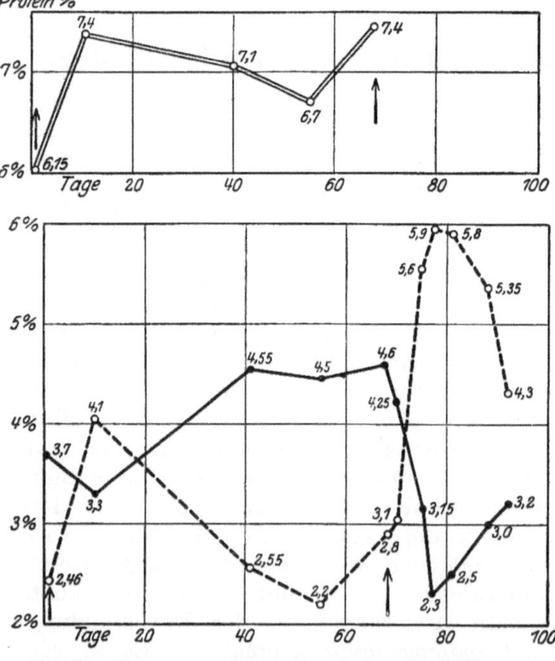

Abb. 68. Kurven von Gesamtprotein, Globulin und Albumin nach zwei in großem Abstande erfolgenden i. v. Reinjektionen von 2 ccm Serum. Doppelgipfel der Gesamtproteinkurve nach der ersten Injektion.
══○══○══ Gesamtprotein. – ○ – – ○ – Globulin.
•——•—— Albumin. (Nach Berger.)

Die von Berger studierten Eiweißveränderungen nach Seruminjektionen entsprechen im großen ganzen denjenigen, die man bei *Infektionskrankheiten* beobachten kann. Fortlaufende Untersuchungen zeigen, daß die Eiweißmenge auch bei ihnen quantitativen und qualitativen Schwankungen unterworfen ist.

Bei *akuten* Infektionskrankheiten fällt gewöhnlich mit dem Fieberausbruch der Gesamteiweißgehalt. Dann folgt die Neubildung in der Reihenfolge Fibrinogen, Globulin, Albumin. Bei *chronischen* Krankheitszuständen, z. B. bei der Tuberkulose, verwischen sich diese Gesetzmäßigkeiten. Fast regelmäßig beobachtet man dort Vermehrungen der Gesamteiweißkörper und der Globuline. Auch Intoxikationen und maligne Tumoren beeinflussen die Serumbeschaffenheit.

Bekannt sind:

Fibrinogenvermehrungen bei Pneumonien, Eiterungen (Crusta phlogistica), Gelenkrheumatismus, Lues, Eklampsie, Tuberkulose, Nephrose, Myxödem.

Serumeiweißvermehrungen bei chronischen Infektionen (Tuberkulose, Lymphogranulom) in der Rekonvaleszenz nach akuten Infektionskrankheiten.

Serumeiweißverminderungen. Im Anfangsstadium frischer Infektionen (Fieber), in Endstadien chronischer Infektionen (sub finem), bei Neoplasmen.

Akute Infektionskrankheiten.

Grippe (Influenza). Bei Grippe tritt ganz regelmäßig eine initiale Refraktionsverminderung auf. Die Werte betragen 52 bis 45 P.E., bleiben einige Tage auf dieser Höhe und nehmen dann allmählich wieder zu. Die damit verbundene Globulinzunahme läßt sich noch 3 bis 4 Wochen nach Überwindung der Krankheit erkennen.

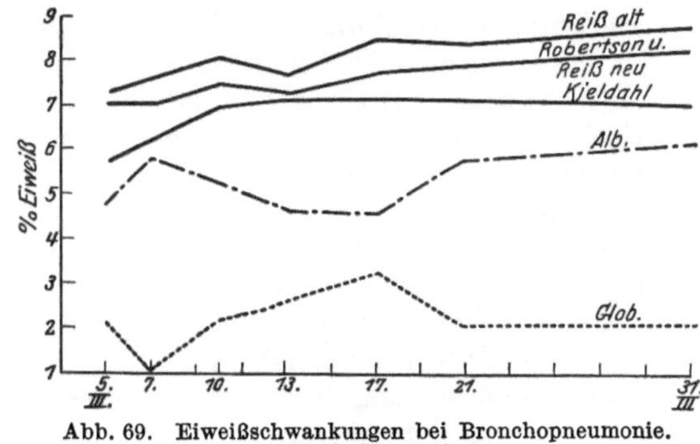

Abb. 69. Eiweißschwankungen bei Bronchopneumonie.
(Nach Schoch.)

B. E., 26 Jahre. *Bronchopneumonia lobi medii dextr.*

Datum	Refr. PULF-RICH	Visc.	Gesamt-Eiweiß		ROBERT-SON	KJEL-DAHL	Abs. ROBERTSON			Relat. Globulin	
			REISS alt	neu			N.E. g%	Albu-min g%	Glo-bulin g%	ROBERT-SON %	ROHRER %
5. III.	55,8	1,73	7,38	6,90	7,0	5,75	1,24	4,87	2,13	30	50
7. III.	56,7	1,75	7,57	7,07	7,03	6,12	1,72	5,84	1,19	17	48
10. III.	59,2	1,82	8,10	7,52	7,60	7,0	1,29	5,29	2,31	30	47
13. III.	57,7	1,765	7,78	7,25	7,31	7,245	1,19	4,69	2,62	36	46
17. III.	61,0	1,82	8,49	7,85	7,83	7,375	1,15	4,61	3,22	41	41
21. III.	60,7	1,84	8,43	7,79	7,97	7,245	1,29	5,86	2,11	36	46
31. III.	62,7	1,84	8,86	8,17	8,38	7,188	1,29	6,22	2,16	26	37

Scharlach. G. E., 6 Jahre. *Scarlatina.* Beginn der Erkrankung mit Halsweh, Erbrechen, Fieber bis 39°. Nach 2 Tagen Ausschlag über den ganzen Körper von typischem Scharlachcharakter. Angina mit gelblich-weißem Belag auf der rechten Tonsille. Auslöschphänomen. Entfieberung am 7. Krankheitstag, hier und da noch kleine Zacken bis 37,2. Normaler Verlauf. Gute Abschuppung. Keine Komplikationen.

Datum	Refr. PULF-RICH	Visc.	Gesamt-Eiweiß		ROBERT-SON	KJEL-DAHL	Abs. ROBERTSON			Relat. Globulin	
			RREISS alt	neu			N.E. g%	Albu-min g%	Globu-lin g%	ROBERT-SON %	ROHRER %
28. II.	57,8	1,83	7,81	7,26	6,41	6,6	1,44	4,18	2,23	35	57
3. III.	58,2	1,88	7,89	7,34	7,17	5,9	1,68	5,19	1,98	28	64
10. III.	61,0	1,875	8,49	7,85	7,99	6,8	1,24	5,55	2,44	31	48
16. III.	63,3	1,83	8,99	8,29	8,32	—	1,29	5,54	2,78	33	32
20. III.	62,0	1,89	8,71	8,04	8,53	7,25	1,54	6,21	2,32	27	47
26. III.	60,7	1,875	8,42	7,79	7,72	6,31	1,39	5,05	2,67	35	50

Unkomplizierte und durch Pneumonien' komplizierte Fälle zeigen ähnliche Bilder.

Pneumonie. Auch in den ersten Stadien der Pneumonie ist der Eiweißverbrauch des Körpers gesteigert, die Neubildung herabgesetzt. Dementsprechend findet man auch hier anfänglich eine erhebliche Hypoproteinämie. Ihr folgt im späteren Verlaufe der Krankheit eine Hyperproteinämie, spez. eine Globulinämie. SCHOCH[1] gewann vorstehende instruktive Kurven:

Chronische Infektionen.

Lungentuberkulose. Am besten sind die Veränderungen bei der Lungentuberkulose bekannt. ALDER beschrieb schon 1919 eine fast konstante Vermehrung der Serumeiweißkörper, die nur bei infausten, kachektischen Fällen einer Verminderung Platz macht. Mit zunehmender Ausdehnung der Lungenerkrankung und stärkerer Aktivität stellt sich auch eine bedeutende Globulinvermehrung ein. Die Veränderungen wurden von PETERS, FRISCH, GÄNSSLEN, BERGER und PETSCHACHER u. a. bestätigt.

BRIEGER, der wohl über das größte Untersuchungsmaterial verfügt, empfiehlt, bei der Annahme eines Parallelismus zwischen dem Grade der Globulinvermehrung und der Schwere der Krankheit zurückhaltend zu sein. Zu weitgehende prognostische Schlüsse dürfen nicht gezogen werden. Immerhin geben die Eiweißveränderungen einen Maßstab ab für die Intensität, mit welcher das Leiden auf den Organismus einwirkt.

Die Versuche, bei Lungentuberkulose Anhaltspunkte für die Aktivität und die Prognose zu gewinnen, haben noch zu anderen refraktometrischen Untersuchungen geführt. Verabreicht man kleine Dosen von Tuberkulin, so tritt nach FRISCH[2] eine Fibrinogenzunahme auf.

Diese Beobachtung bestätigt die BERGERschen experimentellen Arbeiten. Eine Förderung der Aktivitätsdiagnose bedeutet sie aber nicht, da die Vermehrung der grobdispersen Eiweißkörper im Serum unspezifisch ist und bei jeder Injektion artfremden Eiweißes auftritt. Erschwerend für alle Beurteilungen wirken auch Wasserverschiebungen, auf die MEYER und MEYER-BISCH aufmerksam gemacht haben.

Die Mittelwerte der Eiweißmenge im Blutserum sind nach den letzten Untersuchungen von ALDER und ZARUSKI folgende:

% Eiweiß	Nach REISS (alte W.)	Nach REISS corr. W.	Nach ROBERTSON		Globuline nach ROB. ROHRER
Gesunde	7,95%	7,38%	7,38%	33%	33%
Prognostisch günstige Tuberkulosen	8,66%	8,0%	7,47%	53%	49%
Prognostisch ungünstige Tuberkulosen	9,03%	8,35%	7,78%	53%	57%

Es folgt daraus, daß bei Tuberkulosen der Lunge Zunahmen der Gesamteiweißmenge und der Globuline vorhanden sind.

Bei Knochen- und Drüsentuberkulosen hingegen lassen sich nur unbedeutende Veränderungen nachweisen.

Neoplasmen. Die Angaben über die refraktometrischen Veränderungen bei Carcinom, Sarkom usw. gehen außerordentlich auseinander.

Die Wirkungen der Neubildungen auf den Eiweißhaushalt hängen von der Lokalisation und von den klinischen Erscheinungen derselben ab.

Nach den Untersuchungen von REISS, LÖBNER, GALEHR[3] ist der Gehalt an Gesamteiweiß im Serum im allgemeinen herabgesetzt. Dabei spielen sowohl

---

[1] SCHOCH: Schweiz. med. Wochenschr. Jg. 42, S. 1017. 1926.
[2] FRISCH: Beitr. z. Klin. d. Tuberkul. Bd. 123. 1923.
[3] GALEHR: Wien. Arch. f. inn. Med. Bd. 9. 1924 (Literatur).

Flüssigkeitsvermehrungen als auch absolute Verminderungen des zirkulierenden Eiweißes eine Rolle. Die relative Vermehrung der Globuline steht meist in einem direkten Verhältnis zum Wachstum des Tumors und zum Kräftezerfall.

Bei Oesophagus- und Pyloruscarcinomen beobachtet man auch Erhöhungen der Eiweißmenge des Blutserum, die mit der ungünstigen Flüssigkeitsaufnahme zu erklären sind.

Werden Tumoren bestrahlt, so tritt fast immer ein Anstieg der Eiweißkörper auf, da die Zerfallsprodukte analog dem von BERGER injizierten Eiweiß zu Hyperproteinämie führen.

b) Die Flüssigkeitsverschiebungen.

Wie aus den S. 549 niedergelegten Ausführungen zu entnehmen ist, unterliegen die Refraktionswerte des Blutserums normalerweise geringen, vorübergehenden Veränderungen. Anders verhält es sich, wenn die Austauschvorgänge des Wassers gestört sind, z. B. bei Nieren- und Herzerkrankungen.

Nierenerkrankungen. Die Refraktion des Blutserums ist in Stadien ohne Wassersucht unverändert. Bei arteriosklerotischen Nierenerkrankungen besteht sogar eine Neigung zu Refraktionsvermehrung. Der Refraktionswert fällt in der Regel mit Eintritt der Niereninsuffizienz. Dabei kann das Versagen der Niere im Serum erkannt werden, bevor Ödeme auftreten. Im Stadium der Wassersucht kommt es zu einer oft recht beträchtlichen Hydrämie. Werte von n_D: 1,3518 oder 43 PULFRICHsche Skalenteile sind keine Seltenheit.

Für die Refraktionsabnahme wurde von den ersten Untersuchern der direkte Eiweißverlust durch die Niere verantwortlich gemacht. Man glaubte eine Beziehung zwischen Albuminurie und Hydrämie aufstellen zu können. Diese Ansichten wurden später abgelehnt.

Nach den Untersuchungen von BENCE und SARVONAT folgt bei operativer Nierenentfernung ebenfalls eine Hydrämie. Sie tritt stets auf. Dabei ist es ganz gleichgültig, ob man den Tieren nach dem Eingriffe Wasser gibt oder nicht. Der Eiweißverlust durch die Niere kann somit nicht als Ursache der Hydrämie angesehen werden.

Bei den neueren Untersuchungen wird besonderes Gewicht auf die Tatsache gelegt, daß neben der Hydrämie auch eine Fibrinogen- und Globulinvermehrung besteht. Diese Vermehrung hat STARLINGER und KOLLERT veranlaßt, eine Beziehung zwischen Fibrinogengehalt und Neigung zu Ödemen aufzustellen. Sie nahmen an, daß die Vermehrung des Fibrins durch einen Gewebszerfall verursacht werde, und daß das Fibrinogen, ähnlich dem Fibrin, infolge seines großen Wasserbindungsvermögens Wasser aus dem Blute in die Gewebsspalten der Haut sauge. Demgegenüber wird die Ursache der Hydrämie nach RUSZNYAK[1] verschiedenen Ursachen zugeschrieben. Auf der einen Seite der Capillarwand befindet sich nach seiner Auffassung das eiweißreiche und kochsalzarme Blutplasma, auf der anderen die eiweißarme, aber etwas kochsalzreichere Gewebeflüssigkeit. Die Kräfte, die in jeder Richtung wirken — Filtration und Resorption —, halten einander das Gleichgewicht. Die Fibrinogenzunahme verursacht eine Verminderung des osmotischen Druckes und damit eine gewisse Ödembereitschaft, da der osmotische Druck des Blutplasmas nach RUSZNYAK bei gleichem Eiweißgehalt um so geringer sein muß, je mehr unter den Eiweißkörpern das Fibrin und das Globulin überwiegt. Sowohl Steigerung der Filtrationskraft, wie auch die Verminderung der Saugwirkung führen zu erhöhter Transsudation in die Gewebe, d. h. zu Ödem. Der erstere Fall tritt bei einer Verlangsamung des

---

[1] RUSZNYAK: Zeitschr. f. d. ges. exp. Med. Bd. 41; Biochem. Zeitschr. Bd. 141.

Blutstromes, entweder lokal (Thrombose, Pfortaderstauung bei Cirrhose) oder allgemein bei dekompensierten Herzerkrankungen ein. Der zweite Fall entsteht bei Nephrosen, durch die Verminderung des osmotischen Druckes der Plasmaeiweißkörper infolge der übergroßen Zunahme der Fibrinogen- und Globulinfraktion auf Kosten der Albumine. Die Ödembereitschaft ist in diesen Fällen auf die Veränderung der Plasmaeiweißkörper zurückzuführen. Sie wird oft teilweise oder vollkommen durch die Herabsetzung der Filtrationskraft kompensiert.

Die hier zitierte Theorie der Ödementstehung nach Rusznyak würdigt die verschiedenen physikalisch-chemischen Faktoren und gibt eine Erklärung für die tatsächlich vorkommenden Refraktionsschwankungen. Wenn auch ein sicheres Urteil über den Mechanismus der Wasserverschiebung nicht möglich ist, so scheint aus den Untersuchungen der verschiedenen Autoren doch hervorzugehen, daß man es keineswegs mit einfachen Vorgängen zu tun hat.

Für die Beurteilung der Refraktions- und damit der Eiweiß- und Wasserschwankungen ist es notwendig, nicht nur das Blutserum, sondern auch das Blutplasma zu untersuchen. In allen Fällen muß auch das Verhältnis der festen zu den flüssigen Blutbestandteilen ermittelt werden. Dies kann durch eine Blutkörperchenvolumbestimmung oder weniger zuverlässig durch eine Hämoglobinmessung oder Blutkörperchenzählung geschehen.

Für die Beurteilung der Störungen im Wasserhaushalt eignet sich auch eine Methode, die von Gänsslen angegeben wurde. Erzeugt man mittels blasenziehender Pflaster eine Hautblase, so bildet sich in derselben ein Exsudat, dessen Charakter durch den Flüssigkeits-, Salz- und Eiweißgehalt des Gewebes bestimmt wird. Bei Herz- und Nierenkrankheiten gibt nun der Vergleich von Serum und Blasenflüssigkeit wertvolle Anhaltspunkte über die Art des intermediären Wasseraustausches zwischen Blut und Gewebe. Normalerweise schwankt der Refraktionswert der „Gewebeflüssigkeit" zwischen 43 und 48 P.E. Der Kochsalzgehalt beträgt im Serum 0,40 bis 0,50%, im Gewebe 0,50 bis 0,65 (Gänsslen nach 182 Bestimmungen). Beim *renalen* Hydrops verwässern Blut und Gewebe gleichzeitig, wobei extreme Fälle, z. B. eine Serumrefraktion von 46,4 und eine Gewebsrefraktion von 36,7 P.E. aufweisen. Der kardiale Hydrops unterscheidet sich von ihm dadurch, daß seine Serumkonzentration gleichbleibt und nur die Gewebsrefraktion abfällt.

Die Anwendung der Blasenmethode Gänsslens[1] empfiehlt sich zur Unterscheidung des renalen und kardialen Hydrops und ist geeignet, die Wechselbeziehungen zwischen Gewebe und Blutbahn aufzudecken.

Auch sie zeigt, daß viele der früheren Untersuchungen revisionsbedürftig sind. Refraktionsbestimmungen am Blutserum allein besitzen für die Beurteilung des Wasserhaushaltes höchstens orientierenden Wert.

Zirkulationserkrankungen. Die Veränderungen des Blutserums bei Zirkulationserkrankungen sind zuerst von Korányi studiert worden. Korányi stellte fest, daß der Brechungsindex bei voller Kompensation des Herzens nicht verändert ist. Anders bei Kohlensäureüberladung des Blutes. Wird die Arterialisation ungenügend, so fällt der Refraktionswert. Korányi erklärte sich die Erscheinung durch Annahme einer besseren Ausnutzung der im Plasma gelösten Moleküle infolge Zirkulationsverlangsamung und kam zu dem Schlusse, der Refraktionskoeffizient sei somit ein Gradmesser für die Zirkulationsgeschwindigkeit.

---

[1] Gänsslen: Blasenmethode. Münch. med. Wochenschr. 1922, Nr. 32; 1923, Nr. 31 u. 41; 1924, Nr. 7.

Heute werden die Veränderungen auf den Flüssigkeitsaustausch zwischen Plasma und Blutkörperchen und zwischen Plasma und Gewebe zurückgeführt.

Die Refraktionsverminderung ist bei Herzkranken auch während der Dekompensation nur unbedeutend, so daß man die Refraktion des Blutserums bei Herzkranken als praktisch normal bezeichnen darf.

Stoffwechselerkrankungen. Bei Diabetes werden Refraktionsveränderungen ziemlich häufig gesehen. Sie stehen in enger Beziehung zur Acidosis und zu Störungen im Zucker- und Kochsalzhaushalt und werden besonders bei eingreifenden Änderungen der Ernährung beobachtet.

Gibt man Natriumbicarbonat, so sieht man nicht selten, wie Flüssigkeit im Körper zurückbleibt, die dann plötzlich wieder ausgeschieden wird. Das Blutserum ist in dieser Zeit hydrämisch. Auch während der Insulinbehandlung machen sich hier und da ähnliche Erscheinungen geltend.

Hydrämien, die auf Säurewirkungen zurückzuführen sind, kommen in ähnlicher Weise bei der *Eklampsie* vor.

Experimentell kann die Hydrämie durch Injektion von sauren Pufferlösungen erzeugt werden. BÄR[1] injizierte Tieren eine saure Lösung von p_H 6,239 in die Blutbahn und sah nach kurzer Zeit eine erhebliche Hydrämie, die durch Übertritt von Gewebeflüssigkeit ins Blut zustande gekommen war.

Magen-Darmaffektionen. Erkrankungen mit Erschwerung der Flüssigkeitsaufnahme verursachen häufig Zunahmen des Brechungsindex des Serums. Am beträchtlichsten sind sie bei stenosierenden Prozessen am Oesophagus und Pylorus, wo man gelegentlich schon Refraktionswerte bis zu 100 P.E. gefunden hat. Ähnliche Veränderungen entstehen auch durch Flüssigkeitsverluste infolge langdauernder Diarrhöen. Beruhen diese Diarrhöen aber auf infektiösen Erkrankungen, so kann der erhöhte Eiweißverlust des Körpers und die verminderte Neubildung unter Umständen wieder zum Refraktionsabfall führen.

So findet man bei der gleichen Affektion bald eine Verminderung, bald eine Vermehrung.

Erkrankungen des Blutes. Bei den Erkrankungen des Blutes hat man im allgemeinen mit keinen nennenswerten Schwankungen des Refraktionswertes zu rechnen. Verminderungen treten meist erst auf, wenn die Schädigung des Organismus weit vorgeschritten ist und Insuffizienzerscheinungen zustande kommen. Chronische sekundäre, perniziöse und hämolytische Anämien und myeloische und lymphatische Leukämien gehen lange ohne Refraktionsveränderungen einher. Der Refraktionsabfall wird bei ihnen durch Zirkulationsverschlechterung bei Herzschwäche, durch Schädigung aller Gewebe und ungenügende primäre Eiweißbildung bedingt.

Akute posthämorrhagische und chlorotische Anämien zeigen allein einen Refraktionsabfall.

---

[1] BÄR: Klin. Wochenschr. 1927, S. 2381.

Osmotischer Druck des Blutes.

Von

ALBERT ALDER
Zürich.

Zusammenfassende Darstellung.

EIJKMANN: Pflügers Arch. f. d. ges. Physiol. Bd. 60. — HAMBURGER: Osmotischer Druck und Ionenlehre. 1904. — HEDIN: Pflügers Arch. f. d. ges. Physiol. Bd. 60. — KOEPPE: Arch. f. Anat. (u. Physiol.) 1895. — KORANYI u. RICHTER: Physikalische Chemie und Medizin. 1907. — OKER-BLOM: Ebenda Bd. I, S. 265. — BOTAZZI: Ebenda Bd. I, S. 475. — DE VRIES: Eine Methode zur Analyse der Turgorkraft. Jahresber. f. wissenschaftl. Botanik Bd. 14.

Definition. Der osmotische Druck gibt uns Aufschluß über die aktive Kraft, mit der eine Flüssigkeit auf ihre Umgebung einwirkt. Als es gegen Ende des letzten Jahrhunderts zum erstenmal glückte, Wesen und Größe dieser Kraft zu bestimmen, da stürzte sich die medizinische Forschung auf das neue Gebiet und hoffte, die Wechselbeziehungen zwischen Zelle, Gewebe und Organen auf einfache physikalisch-chemische Vorgänge zurückführen zu können. Man erkannte die feine Regulation des osmotischen Druckes und deren Notwendigkeit für die Erhaltung des organischen Lebens. Im Laufe der Zeit wurden Meßmethoden ausgearbeitet, die eine größere Bedeutung erlangten und für die Beurteilung mancher Krankheiten, z. B. der Niere, unerläßlich zu sein schienen. Die anfängliche Überschätzung machte später einer nüchternen Beurteilung Platz. So rang sich auch die Erkenntnis durch, daß der diagnostische Wert osmotischer Bestimmungen wesentlich hinter dem wissenschaftlich-theoretischen zurücksteht. Von dem großen Gebäude, das HAMBURGER, DE VRIES, OKER-BLOM, BOTTAZZI, GRYNS u. a. aufbauten, wird nur ein kleiner Teil verwendet.

Die Gesetze des osmotischen Druckes sind von VAN 'T HOFF, RAOULT, PFEFFER u. a. aufgestellt worden. Sie stützen sich auf Untersuchungen an halbdurchlässigen Membranen. Als erster benutzte PFEFFER 1877 ein Verfahren, mit dem er die Menge der durch die Membran durchgetretenen Flüssigkeit bestimmte. Die Gesetze, die sich ergaben, sind zusammengefaßt folgende: Bei der Diffusion in Flüssigkeiten diffundiert der gelöste Stoff so lange von den Stellen höherer Konzentration zu der niedrigen, bis die Lösung überall gleich konzentriert ist. Die Geschwindigkeit der Diffusion nimmt mit steigender Temperatur zu. Sie hängt von der Natur des gelösten Stoffes ab. Krystalloide diffundieren rasch, Kolloide langsam. In verdünnten Lösungen verhalten sich gelöste Stoffe wie die Moleküle eines Gases. Der Druck, den sie auf die Wände des Gefäßes ausüben, entspricht dem osmotischen Druck. Er ist unabhängig von der Natur der gelösten Substanz, Bedeutung hat nur ihre molekulare Konzentration. Lösungen mit der gleichen Molekülzahl üben den nämlichen osmotischen Druck aus, sie sind unter sich isosmotisch. Ein Grammolekül eines jeden Stoffes besitzt, in einem Liter Wasser gelöst, bei 0° einen osmotischen Druck von 22,24 Atm. Nach diesem Gesetze läßt sich der osmotische Druck jeder Lösung berechnen.

Lösumgen, die gleichviel Moleküle in demselben Volumen des Lösungsmittels enthalten, besitzen auch die gleiche Gefrierpunktserniedrigung. Für 1 Gramm-

nolekül einer Substanz in 1 l Wasser gelöst, beträgt sie 1,85°, sofern keine
Dissoziation vorhanden ist. Bei Dissoziation nimmt die Gefrierpunktserniedrigung
zu. Aus der Differenz des berechneten und gemessenen Wertes kann der Dissoziationsgrad ermittelt werden. Er läßt sich auch mit Hilfe der elektrischen
Leitfähigkeit bestimmen.

Bei der *Messung des osmotischen Druckes* kann das bereits erwähnte direkte
Verfahren von PFEFFER nicht benutzt werden. Seine Steighöhenmethode läßt
ich nicht für die Beurteilung physiologischer Fragen verwenden.

Brauchbar sind nur *indirekte* Methoden, die die Wirkung des osmotischen
Druckes auf andere Weise beurteilen lassen, nämlich:

1. **Die Methode der Plasmolyse von DE VRIES.** Pflanzenzellen, z. B. von Tragescantia
DE VRIES), verändern sich, wenn das umspülende Medium nicht isoton ist. In konzentrierten
Lösungen geben sie Flüssigkeit ab. Das Protoplasma löst sich von der Cellulosehülle ab und
chrumpft. In hypotonischer Umgebung schwillt die Zelle an und platzt, sofern die Membran
lem Drucke nicht mehr standhält. Die Plasmolyse wird mikroskopisch verfolgt. Osmoti-
ches Gleichgewicht ist vorhanden, wenn keine Veränderungen der Zelle nachzuweisen sind,
esp. wenn sich in einzelnen Zellen die ersten Zeichen der Plasmolyse zeigen.

2. **Die Methode der Hämolyse von HAMBURGER.** HAMBURGER verfolgte die Änderungen des osmotischen Druckes an roten Blutkörperchen. Die Zellen nehmen in hypotonischen
Lösungen Wasser auf, schwellen an und geben bei einer gewissen Konzentration ihren Farb-
toff ab. Diese Blutkörperchenmethode zeigt nicht genau den Grad der Isotonie an, ist aber
rotzdem von der größten praktischen Bedeutung.

3. **Die Hämatokritmethode von EYKMAN-GRYNS und KOEPPE** bestimmt die
Konzentration, in welcher die Blutkörperchen ihr ursprüngliches Volumen beibehalten. Sie
rmöglicht eine genaue Bestimmung des osmotischen Druckes, da ihre Ausschläge sehr
ein sind.

4. **Gefrierpunktserniedrigung, Kryoskopie.** Die Bestimmung der Gefrierpunkts-
rniedrigung wurde von DRESER 1892 zu medizinischen Zwecken herangezogen und stellt
leute wohl die wesentlichste und leichteste Methode für die Ermittlung des osmotischen
Druckes dar. Ihre häufige Verwendung bringt es mit sich, daß man den osmotischen
Druck oft direkt in Graden angibt. Das beste Instrument stammt von BECKMANN.

Die Untersuchungen über die osmotischen Vorgänge geben uns Aufschluß
iber Eigenschaften des Blutserums, der Blutkörperchen und Wechselbeziehungen
zwischen Zellen und umgebender Flüssigkeit.

1. Die osmotischen Erscheinungen des Blutserums.

Der osmotische Druck des Serums setzt sich aus der Summe der Partial-
Irucke zusammen, den die in ihm vorhandenen krystalloiden und kolloiden
Substanzen ausüben. Von Wichtigkeit ist außerdem das Verhältnis der dissoziierten und nichtdissoziierten Stoffe. Den dissoziierten anorganischen Salzen
kommt der größte Einfluß auf den Gesamtwert des osmotischen Druckes zu.
An erster Stelle steht das Kochsalz, das nach OKER-BLOM beim Pferde 54,6
und beim Rinde 53,4% des osmotischen Druckes überhaupt ausmacht. In
nächster Rangordnung folgen die übrigen Elektrolyte. Die Wirkung der Kolloide
tritt ihnen gegenüber zurück. Bestimmt man die Gefrierpunktserniedrigung
eines Serums vor und nach Fällung der Eiweißkörper, so findet man nur einen
Unterschied von 0,01°. Differenzen in der Gefrierpunktserniedrigung hängen
lamit fast ausschließlich von dem Gehalte an krystalloiden Bestandteilen ab.

Das Δ des Serums beträgt nach HAMBURGER beim Tier

Rind 0,585
Pferd 0,564
Kaninchen 0,592
Schaf 0,619
Schwein 0,615
Hund 0,571
Katze 0,538

Beim gesunden Menschen findet man $\varDelta = -0,56$ bis $-0,57°$. Der Wert variiert bei einzelnen Individuen maximal zwischen $-0,54°$ und $-0,59°$.

Die persönlichen Schwankungen um den Mittelwert sind gering und von kurzer Zeitdauer.

Die molekulare Konzentration des Serums läßt sich aus der Gefrierpunktserniedrigung berechnen und beträgt:

$$\frac{\varDelta}{1,85} = \frac{0,56}{1,85} = 0,3 \text{ g Mol.}$$

Für die Schwankungen des osmotischen Druckes spielen fast nur die vorübergehenden Änderungen, die durch die Nahrungsaufnahme bedingt werden, eine Rolle. BOTAZZI fand vor der Mahlzeit minimal 0,23 Molen, nach derselben maximal 0,27 Molen. Sobald die aus dem Darm aufgenommenen Salze und Nahrungsbestandteile in die Blutbahn gelangen, steigt die Konzentration. Gibt man 10 g Kochsalz in 200 cm Wasser, so erhält man z. B. Unterschiede von 0,04 Molen.

In den verschiedenen Gefäßgebieten wurden von FANO und BOTAZZI ebenfalls nennenswerte Verschiedenheiten gefunden. Das Blut der *Vena portae* hatte $\varDelta = -0,692, 0,617, 0,602°$, das der *Venae suprahepaticae* $\varDelta = -0,722, 0,667, 0,633°$.

Die Unterschiede lassen sich auf die Abgabe von Produkten der Leber zurückführen.

Auch der Sauerstoffgehalt kommt in der Gefrierpunktserniedrigung zum Ausdrucke. Mit Sauerstoff gesättigtes Blut besitzt eine geringere molekulare Konzentration als unverändertes oder kohlensäurereiches Blut. Der Unterschied beträgt ungefähr $0,02°$. Die Differenzen des Gefrierpunktes entstehen durch den Ionenaustausch zwischen Blutkörperchen und Serum durch Änderungen des Kohlensäuregehaltes.

2. Die osmotischen Vorgänge bei den roten Blutkörperchen.

Die roten Blutkörperchen üben keinen Einfluß auf die Gefrierpunktserniedrigung aus. Dementsprechend ist es gleichgültig, ob man die Bestimmungen am isolierten Plasma oder am Blute vornimmt. Für Untersuchungen über die Wirkung von Flüssigkeiten auf rote Blutkörperchen verwendet man isolierte Blutkörperchen. Eine Trennung von den weißen Zellen wird in der Regel nicht vorgenommen, da diese ihrer geringen Zahl wegen keinen Einfluß auszuüben imstande sind.

Bevor auf die osmotischen Wechselbeziehungen eingegangen wird, die zwischen Blutkörperchen und Serum auftreten, müssen erst unsere Vorstellungen über den Bau dieser Zellen erörtert werden.

Bau der roten Blutkörperchen. Trotzdem sich im Laufe der letzten Dezennien zahllose Arbeiten mit dem Bau der Erythrocyten beschäftigt haben, sind wir bisher nicht über mehr oder weniger gut fundierte Hypothesen hinausgekommen. Unsere Vorstellungen hängen in hohem Maße von den Funktionen ab, die wir durch die verschiedensten Untersuchungsmethoden nachweisen können.

Die Erythrocyten sind als Zellen zu betrachten, die mit einer semipermeablen Membran umschlossen sind. Diese besteht nach ihrem chemischen Verhalten aus einer fettähnlichen, evtl. Lipoid-Eiweißverbindung. Ob sie überall gleich angeordnet ist oder eine Art Mosaik darstellt, steht offen. Nach dem osmotischen Verhalten der Zellen liegt folgender Bau am nächsten:

Die roten Blutkörperchen besitzen ein Zellgerüst oder Stroma, das ihre Form und Größe bestimmt und zugleich auch die Zelle nach außen begrenzt, indem es sich membranartig verdichtet. Nach dieser Auffassung sind Zellhülle und Zellgerüst einheitlicher Natur. Sie enthalten eingelagert oder locker gebunden den Blutfarbstoff. Im Inneren der so gebauten Oberfläche befindet sich die eigentliche Zellflüssigkeit. Nur sie tritt in Wechselbeziehungen zu der Flüssigkeit, in der die Blutkörperchen suspendiert sind. Die Hülle selbst ändert unter physiologischen Bedingungen ihre Beschaffenheit nicht. Es ist zwar anzunehmen, daß sie dem Anschwellen der Zellen einen gewissen Widerstand entgegensetzt. Groß kann er nicht sein, da sich die Erythrocyten ja durch eine große Elastizität und Anpassungsfähigkeit auszeichnen. Ob man die kleinen Differenzen zwischen berechnetem Wert eines Blutkörperchenvolumen und dem experimentell ermittelten auf diesen Widerstand zurückführen darf, erscheint fraglich. Bei allen Veränderungen muß aber die Größe der Blutkörperchenhülle in Rechnung gebracht werden.

Nach HAMBURGER schwankt das Gerüstvolumen um 43 bis 51%. EGE fand für das Gerüstvolumen oder die disperse Phase 36, für das Dispersionsmedium 64 *Gewichts*prozente oder 30 bzw. 70 *Volum*prozente als die Trockensubstanzbestimmungen ergaben. Die Volumwerte lagen 10% höher. EGE schlägt deswegen vor, als Gerüstvolumen den um 10% vermehrten Wert der Trockensubstanzbestimmung einzusetzen und das VAN 'T HOFF-BOYLE-MARIOTTEsche Gesetz dahin zu modifizieren, daß man statt $p_0 V_0 = p_1 V_1$ $p_0 (V_0 - x) = p_1 (V_1 - x)$ setzt.

Durchlässigkeit der Blutkörperchen[1]. Die Durchlässigkeit der roten Blutkörperchen ist von HAMBURGER, HEDIN, OKER-BLOM, BOTAZZI und einer Reihe anderer Autoren eingehend studiert worden.

Die Ergebnisse lassen sich nach HAMBURGER folgendermaßen zusammenfassen:

Die Blutkörperchen sind mit Bezug auf organische Substanzen:

a) *impermeabel* gegen verschiedene Zuckerarten, wie Rohrzucker, Traubenzucker, Milchzucker, weiter für Arabit und Mannit;

b) *permeabel* für Alkohole, und zwar in um so höherem Maße, je geringer die Zahl der Hydroxylgruppen im Molekül ist; weiter permeabel für Aldehyde (ausgenommen Paraldehyd), Ketone, Ester, Antipyrin, Amide, Harnstoff, Urethan, Gallensäuren und gallensaure Salze;

c) *wenig permeabel* für neutrale Amidosäuren (Glykokoll, Asparagin usw.).

Es scheint, daß die Amidogruppe dem Eindringen Widerstand leistet. Viel weniger kräftig ist dieser Einfluß der Amidogruppe in den Säureamiden (Acetamid usw.).

Mit Bezug auf anorganische Substanzen, ausgenommen die Salze der fixen Alkalien, sind die Blutkörperchen:

a) völlig *impermeabel* wahrscheinlich für die Kationen Ca'', Sr'', Ba'', Mg'';

b) *permeabel* für NH_4-Ionen, für freie Säuren und Alkalien.

Die Schnelligkeit, mit der die Substanzen in die Zellen eindringen, ist verschieden. Sie hängt u. a. von der Wasserstoffionenkonzentration ab. Je kleiner die Ionenzahl, desto größer die Diffusionsgeschwindigkeit. Das Gesetz besitzt nach EGE allerdings Ausnahmen.

Die größten Veränderungen der Wasserstoffionenkonzentration werden durch den wechselnden Gehalt an Kohlensäure verursacht, der bei der Atmung entsteht. Nach GÜRBERS Versuchen kommt es zu einem Austausch zwischen Blutkörperchen und Serum, der nach folgender Formel verläuft:

$$2\,NaCl + CO_2 + H_2O = Na_2CO_3 + HCl.$$

Chlorionen dringen in die roten Blutkörperchen ein. Natriumcarbonat bleibt in der Flüssigkeit zurück und bewirkt eine Verschiebung der Reaktion nach der alkalischen Seite. Der respiratorische Gaswechsel führt so zu einem steten Wechsel, der mit Verschiebungen des osmotischen Druckes verbunden ist. Jedes Ion verursacht denselben osmotischen Druck, unabhängig davon, ob es ein- oder mehrwertig ist. Dadurch, daß das zweiwertige CO_3-Ion durch zwei einwertige Cl-Ionen ersetzt wird, gewinnt das Blutkörperchen ein Plus an osmotisch wirksamen Ionen. Das Wasseranziehungsvermögen steigt und führt so zu der Volumzunahme der Erythrocyten. Mit diesen physiologischen Veränderungen wechselt die

---

[1] Siehe auch weiter unten den Beitrag von HÖBER.

Wasserstoffionenkonzentration ständig. Je größer diese Konzentration (bis p_H ca. 5), um so größer das Volumen, und umgekehrt (bis p_H 10).

EGE hebt hervor, daß das Blutkörperchenvolumen nicht ausschließlich durch die osmotischen Eigenschaften der äußeren Flüssigkeit bestimmt wird, sondern daß auch andere Faktoren in Betracht gezogen werden müssen.

Die Kohlensäurewirkung läßt sich an der Zunahme der Konzentration des Serums nachweisen. Der Eiweißgehalt steigt, der Chlorgehalt fällt. HAMBURGER hat auch eine Zucker- und Fettzunahme gefunden.

Die Größenveränderungen der Erythrocyten sind der mikroskopischen Untersuchung zugänglich.

Messung des Hämoglobinaustrittes. Der Hämoglobinaustritt wurde zum ersten Male von HAMBURGER zur Beurteilung des osmotischen Verhaltens benutzt. Die Prüfung ist nicht so fein wie die volumetrische Untersuchung, da sie erst einen gewissen Grad von Schädigung anzeigt.

Hämolyse kommt auf verschiedene Weise zustande. In einem Falle stellt sie einen physikalisch-chemischen, im anderen einen chemischen Vorgang dar.

Die chemischen Faktoren wirken in der Weise, daß sie die Blutkörperchenhülle lösen. Lipoidlösende Substanzen, z. B. Äther, Chloroform, Aceton usw. greifen an der Oberfläche an und lassen das Hämoglobin austreten. Stoffe, die in geringer Konzentration schädigend wirken, sog. hämolytische Gifte, sind Saponine, Glykoside, Schlangengifte, Arsenwasserstoff, Phenylhydrazin, Nitrobenzol und eine Reihe anderer Körper.

Rein physikalisch führen hypotonische Lösungen zu Hämoglobinaustritt. Destilliertes Wasser und hypotonische Lösungen dringen in die roten Blutkörperchen ein und vergrößern sie. Früher oder später kommt es dabei zum Einreißen der Zellhülle und Abgabe des Hämoglobins. Mikroskopisch kann man die Zellschädigung allerdings nicht verfolgen, eine Tatsache, die gegen die rein mechanische Schädigung der Blutkörperchen spricht. Hämolyse tritt auch auf, wenn auch nicht so stark, sobald man destilliertes Wasser auf Zellen wirken läßt, die leicht fixiert sind (Osmiumsäure, Formol). Die mechanische Schädigung wird auch dadurch in Frage gestellt, daß Salze und Hämoglobin gesondert ausgeschieden werden. Erythrocyten geben in Rohrzuckerlösung einen Teil ihrer Salze ab, nicht aber das Hämoglobin. Es ist daraus zu schließen, daß das letztere dem Stroma angehört. Viele Autoren nehmen eine chemische Bindung zwischen Stroma und Hämoglobin an. Damit läßt sich aber die Tatsache nicht in Einklang bringen, daß mechanische Wirkungen allein zu Farbstoffaustritt führt. Man wird deswegen an der Einlagerung des Hämoglobins im Stroma festhalten müssen.

Hämolyseversuche lassen sich mit den verschiedensten Lösungen ausführen. Klinisches Interesse haben aber nur diejenigen, die in der Therapie von Krankheiten benutzt werden müssen. Sie dürfen keine osmotischen Veränderungen an den Blutkörperchen verursachen und müssen isoosmotisch oder isoton sein, sofern sie die Fähigkeit besitzen, in die Erythrocyten einzudringen. Die Untersuchungen beziehen sich auf Substanzen oder Lösungen, die als Blutersatz in Betracht kommen, in erster Linie auf physiologische Kochsalzlösung.

Bei den Bestimmungen, wann Hämolyse auftritt, hat sich folgende Technik ausgebildet:

Man prüft, bei welcher Konzentration noch keine Hämolyse zustande kommt und wo die ersten Veränderungen erkennbar sind. Man erhält damit ein Urteil über die Widerstandskraft der Blutkörperchen, über die *Resistenz.*

Die Resistenz kann für gewöhnlich makroskopisch beurteilt werden. Wo eine größere Genauigkeit erwünscht ist, nimmt man die colorimetrische Untersuchung zu Hilfe. Bei teilweiser Hämolyse ist der Grad der Hämolyse auch durch Zählung der Zellen zu bestimmen.

Die Resistenz der roten Blutkörperchen unterliegt nur geringen physiologischen Schwankungen. Die Maxima liegen um 0,30 bis 0,32, die Minima um

0,46. LIEBERMANN und ACÉL stellten bei anstrengender körperlicher Arbeit eine anfängliche Verminderung fest, die von einer Erhöhung der Resistenz gefolgt ist. Die Erscheinung wird mit der Vermehrung der Kohlensäurebildung und dem Auftreten von Ermüdungsstoffen erklärt. Zuerst werden die Zellen geschädigt, die weniger widerstandsfähigen verschwinden und führen so die Resistenzerhöhung herbei.

Nach SAENGER zeigen Kinder bis zum 3. Lebensmonat gegenüber den Erwachsenen eine Zunahme der Resistenz.

Das Verhalten gegenüber hypotonischen Kochsalzlösungen ändert von Spezies zu Spezies.

Am wenigsten resistent sind Blutkörperchen, die eine geringe Größe besitzen, z. B. Schaf und Pferd, widerstandsfähiger diejenigen des Hundes, Meerschweinchens und des Huhnes.

Kernhaltige Erythrocyten erweisen sich als resistenter als kernlose.

Man findet folgende minimale Resistenzen:

Mensch	0,46—48
Kaninchen	0,52
Ratte	0,56
Rind	0,66
Schaf	0,74

Die Resistenzunterschiede müssen mit Eigenschaften der Zelloberfläche in Verbindung stehen.

Verwendet man statt Kochsalz andere Substanzen, so erhält man auch andere Minimal- und Maximalwerte.

Bei Gemischen ist das Bild verschieden.

Resistenzprüfungen werden vorwiegend mit Kochsalzlösungen ausgeführt. Man stellt Lösungen her, deren Konzentration um 0,01 bis 0,02 differiert, z. B. 0,30, 0,32, 0,34 bis 0,80, und bringt sie in kleine, ca. 10 cm lange Reagensgläschen. Jedes derselben wird mit 1 bis 2 Tropfen Blut beschickt und aufgeschüttelt. Läßt man das Gemisch einige Zeit stehen, so setzen sich bei den höher konzentrierten Lösungen alle Blutkörperchen ab, während die darüberstehende Flüssigkeit klar bleibt. Bei 0,46 bis 0,48 wird ein Teil der Zellen hämolysiert, während ein anderer Teil sedimentiert. Die Grenze entspricht der *Minimalresistenz*. In den folgenden Gläschen nimmt die Hämolyse zu, die Sedimentschicht ab. Bei 0,30 sind in der Regel alle Zellen aufgelöst. Man ist damit bei der *Maximalresistenz* angekommen. Die Konzentrationen, innerhalb welcher teils Hämolyse, teils Sedimentierung besteht, entspricht der *Resistenzbreite*.

Für die Untersuchung kann reines Blut benutzt werden. Die geringe Serumbeimischung vermag bei einer Versuchsanordnung mit ca. 5 cm Kochsalzlösung keine Konzentrationsänderung herbeizuführen. Vorheriges Waschen der Blutkörperchen beeinflußt die Ergebnisse nicht. Bei Untersuchungen an Blut von angeborenem hämolytischen Ikterus wird das Waschen besser unterlassen, da die Zellen bei dieser Konstitutionskrankheit auch mechanisch lädierbar sind. Fragilität und Verminderung der Resistenz gehen teilweise miteinander parallel.

Der *Grad der Hämolyse* innerhalb der Resistenzbreite wird durch Zählung bestimmt. Man saugt das Blut in Pipetten, wie sie für Blutkörperchenzählung gebräuchlich sind, auf, verwendet aber als Verdünnungsflüssigkeit Kochsalzlösungen mit Konzentrationen von 0,46 bis 0,30.

Harnstoff bewirkt bei allen Konzentrationen Hämolyse. Fügt man aber einer Lösung 0,9% Kochsalz bei, so bleibt Hämolyse aus. Auch andere isotone Zusätze heben die Harnstoffwirkung auf. Nimmt man aber hypotonische Lösungen, so tritt bei derjenigen Grenzlösung, die dem Resistenzminimum entspricht, auch in Anwesenheit von Harnstoff Hämolyse auf. Harnstoff verhält sich somit ähnlich wie destilliertes Wasser.

Gegenteilige Wirkung sieht man bei gallensauren Salzen. Isotonen Lösungen zugefügt, erzeugen sie sofort Hämolyse. Die Hämolysefrage und die Bestimmung der Resistenz besitzt ein größeres klinisches Interesse. Die Möglichkeit der intravenösen Behandlung hängt in hohem Maße davon ab, ob ein Austausch zwischen Medikament und Blutkörperchen auftritt. Auch der Ersatz von Blut durch physiologische Lösungen steht in enger Beziehung zu der Resistenz.

Diagnostischer Wert kommt der Resistenzbestimmung bei der konstitutionellen hämolytischen Anämie zu. Die kleinen runden Zellen, die für die Krankheit typisch sind, hämolysieren schon bei Konzentrationen von 0,72 bis 0,50. Ein hoher Gehalt jugendlicher Zellen steigert die Hämolyse. Wird die Milz entfernt und der zu große Blutuntergang vermieden, so erreicht man damit ein Heruntergehen der oberen Resistenzgrenze.

Ganz geringe Resistenzverminderungen sind auch bei anderen schweren Anämien beobachtet worden.

Hämolyse.

Von

R. BRINKMAN

Groningen.

Zusammenfassende Darstellungen.

NOLF, P.: Art. Hémolyse, in Dict. de Physiol. par CHARLES RICHET. Bd. 8. Paris: Felix Alcan 1909. — PALTAUF, R., FREUND, E., u. C. STERNBERG: Pathol. des Blutes im Handb. Allgem. Pathol. von L. KREHL u. F. MARCHAND. Bd. II, Abtl. 1. Leipzig: S. Hirzel 1912. — ROUS, P.: Destruction of red corpuscles in health and disease. Physiol. Reviews. Bd. III, S. 75. Baltimore 1923. — STEWART, G. N.: The mechanism of haemolysis. Journ. of pharmacol. a. exp. therapeut. Bd. 1, S. 49. 1909. Weiter noch MOND, R.: Protoplasma. Bd. II, S. 126. 1927. — PONDER, E.: British Med. Association Edinburgh 1927. Sect. of Physiol. a. Biochemistry.

Einleitung.

Unter dem Begriff Hämolyse versteht man im allgemeinen das Freiwerden des Blutfarbstoffes aus seiner cellulären Bindung, und verbindet damit meistens die Vorstellung ·der Destruktion des roten Blutkörperchens. Wenn diese Zellen einmal ihre 32 Gewichtsprozente Hämoglobin verloren haben, so wird heute den restierenden „Blutschatten" (Stromata) nicht allzuviel Aufmerksamkeit mehr gewidmet; sie sind auch bei gewöhnlicher mikroskopischer Betrachtung nur undeutlich sichtbar[1].

Es ist nicht richtig, den Vorgang der Hämolyse als ein Beispiel des allgemeineren Phänomens der Cytolyse einzureihen; in erster Instanz verliert das Körperchen nur die rote Farbe, und die entfärbte Zelle bleibt noch ein scharf begrenztes Klümpchen, welches z. B. seine relative Ionenpermeabilität völlig intakt hält[2]. Wirkt das hämolysierende Agens stärker oder länger ein, so kann es oft zur sekundären Lösung der entfärbten Zelle kommen. Daher trennen wir zweckmäßigerweise beim Hämolysevorgang den Farbstoffverlust (Hämoglobinolyse, Chromolyse), von der Zellauflösung (Stromatolyse), von welcher dieser gefolgt sein kann. Die Chromolyse ist das in erster Linie interessierende Problem.

Der feinere Mechanismus der Hämolyse ist noch immer nicht bekannt; das rührt hauptsächlich daher, daß wir über die Erythrocytenstruktur keine definitive Vorstellungen haben, und speziell über die Lokalisation des Farbstoffes und die Art seiner Bindung sehr wenig wissen. Es ist wohl sicher, daß ältere Theorien des Hämolysenvorganges, wie das „Platzen" des gequollenen Körperchens, mit Austritt des Farbstoffes, oder die Insuffizienz einer oberflächlichen Lipoid-Eiweißmembran, das Hämoglobin im Inneren der Körperchen zurückzuhalten, nicht mehr ausreichend sind, um von vielen Tatsachen eine be-

---

[1] Siehe bei FAHRAEUS: Pflügers Arch. f. d. ges. Physiol. Bd. 202, S. 175. 1924.

[2] STEWART, G. N.: Journ. med. Res. Bd. 8, S. 268. 1902; Journ. of pharmacol. a. exp. therapeut. Bd. 1, S. 99. 1909. — BRINKMAN u. v. SZENT GYORGYI: Journ. physiol. Bd. 58, S. 204. 1923.

friedigende Erklärung zu geben, ohne daß wir aber jetzt eine genauer zutreffende Analyse der Erscheinung vorbringen können. Die neuere Untersuchung der Körperchenstruktur mittels Mikrodissektion[1] scheint aber eindeutig auf einen flüssigen Inhalt hinzuweisen, welcher in ziemlich resistenter Hülle eingeschlossen ist. Auch die kinematographische Untersuchung Comandons[2] ist eine Stütze für diese Auffassung. Der primäre Angriffspunkt aller Hämolytica ist dann diese Hülle. Schwierigkeiten für diese Annahme bieten folgende Tatsachen:

1. Die Trennung von Chromolyse und Stromatolyse, wobei die entfärbten Körperchen noch ionenimpermeabel bleiben können.

2. Die Möglichkeit einer partiellen Reversion der Hämolyse, woran heute wohl nicht mehr gezweifelt wird[3].

3. Der quantitative Zusammenhang zwischen Körperchenoberfläche und Hb.gehalt, welcher auf Oberflächenkonzentrierung des Hb. hinweist[4].

Man neigt vielfach zu der Auffassung, daß es mehrere gänzlich verschiedene Prozesse gibt, welche zur Hämolyse führen, offenbar weil die hämolytisch wirkenden Einflüsse so verschiedener Natur sind; es wird aber Aufgabe der Forschung bleiben, die Wirkung aller Hämolytica auf wenige gemeinsame Grundbedingungen zurückzuführen.

Die Erscheinung der Hämolyse ist physiologisch, serologisch und klinisch von derselben Wichtigkeit. Nicht nur, weil der Reagenzglasversuch uns bequem die hämolytische Einwirkung sehr vieler physischer und chemischer Agenzien demonstriert und die Hämolyse das definitive Phänomen zahlreicher serologischer Reaktionen bildet, sondern noch mehr, daß sie jeden Augenblick im lebenden Körper stattfindet und pathologisch erheblich gesteigert werden kann.

Die Hämolyse im Reagenzrohr und die im strömenden Blute können nicht leicht miteinander verglichen werden. Es gibt z. B. manche biologischen Gifte, welche nur in vivo hämolytisch wirken. Erst recht unvergleichbar werden beide Prozesse, wenn man die Hämolyse in einer sog. physiologischen Kochsalzlösung neben den vitalen Prozeß stellt. Das Plasma oder Serum ist durch eine sehr erhebliche Schutzkraft gegen die meisten Hämolytica gekennzeichnet. So genügt für die Hämolyse einer 20proz. Körperchenaufschwemmung in Salzlösung eine Konzentration von 0,005% Na-Oleinat, während für dieselbe Suspension im Serum 0,8 bis 1% nötig ist.

Wir werden unsere Übersicht mit einer kurzen Aufzählung der wichtigsten Hämolytica anfangen und dann das wenige, was man von der intravitalen Hämolyse weiß, darzustellen versuchen.

1. Hämolytisch wirkende Vorgänge oder Substanzen.

a) Mechanische Hämolyse.

Eine intensivere Berührung mit der Glasoberfläche genügt nach kurzer oder längerer Zeit, bisweilen schon nach 5 bis 10 Minuten, Farbstoffverlust hervorzurufen, zumal wenn die Körperchen nicht im Plasma, sondern in Kochsalz-

---

[1] Seifriz: Protoplasma. S. 1. 1927. — Péterfi: S. bei Mond. Zitiert auf S. 567. — Gough: Biochem. Journ. Bd. 18, S. 202. 1924.

[2] Comandon: Cpt. rend. des séances de la soc. de biol. Bd. 95, S. 635. 1926.

[3] Brinkman u. v. Szent Gyorgyi: Journ. physiol. Bd. 58, S. 209. 1923. — Bayliss: Ebenda Bd. 59, S. 48. 1924. — Bogendörfer u. Halle: Biochem. Zeitschr. Bd. 100, S. 190. 1925. — Starlinger: Zeitschr. f. d. ges. exp. Med. Bd. 47, S. 406, 420, 434, 447. 1925; Bd. 51, S. 198 u. 213. 1926. — Rockwood: Journ. of laborat. a. clin. med. Bd. 10. 1924.

[4] Bürker: Arch. néerland. de physiol. de l'homme et des anim. Bd. 7, S. 309. 1922. Ponder u. Millar: Quart. journ. of exp. physiol. Bd. 15, S. 1. 1925. — Emmons: Journ. of physiol. Bd. 64, S. 215. 1927.

ösung suspensiert sind[1]. Die anfängliche Chromolyse wird später von der Stroma-
;olyse gefolgt, aber in erster Linie tritt nur die Entfärbung auf. Bereits vor Jahren
st diese mechanische oder Kontakthämolyse von MELTZER[2] ausführlich studiert
vorden. Er fand, daß ein kurzes Schütteln einer Blutsuspension in isotonischer
Kochsalzlösung mit Luft, Glaskügelchen und anderen schwereren Teilchen, oder
iuch schon bloßes Defibrinieren mit dem Glasstab, den Eintritt der Spontan-
iämolyse erheblich beschleunigte. Er beschreibt die Änderung der Zellen durch
las Schütteln so, daß die Körperchen allmählich ihre bikonkave Form verlieren,
inregelmäßige Ausläufer bekommen und dann die Kugelform annehmen; danach
>rfolgt Farbstoffverlust und schließlich das Zerfallen der Zellen.

Diese Beschreibung des Destruktionsvorganges ist kennzeichnend für hämo-
ytische Prozesse überhaupt, denn dem Farbstoffverlust geht immer eine Körper-
:hendeformierung bis zur Kugelform voran, wenigstens ist diese Formverände-
·ung bei der mikroskopischen Betrachtung auf dem Objektträger zu beobachten[3].

Der Vorgang der Kontakthämolyse ist nicht ohne Bedeutung für intravitale
?rozesse. Bringt man Körperchen in Serum zwischen 2 planparallele Glasplatten,
io erfolgt bei leichtem Druck plötzlich Chromolyse. Beobachtet man nun, wie
lie Zellen im strömenden Blute gezerrt und gedrückt werden und in innigen
Kontakt mit Gefäßwandteilen kommen können, so erscheint eine Kontakt-
iämolyse nicht unmöglich, besonders wenn der Kontakt länger dauert, z. B. beim
angsam fließenden Blute (Milzräumen, Lebercapillaren). Auch bei der Agglu-
,ination ist eine derartige Kontakthämolyse möglich[4]. In engerer Beziehung zu
liesen Formen der Chromolyse steht die Zerstückelung der Körperchen durch den
3lutstrom (Fragmentation)[5] oder bei der Körperchenphagocytose (Erythro-
·hexis)[6]; oft ist dieser Stromatolyse eine Hämolyse vorausgegangen. Es ist aber
iuch durchaus experimentell möglich, Körperchen in kleine Fragmente zu zer-
·eilen, ohne daß Chromolyse auftritt.

Komplette Hämolyse durch Pressen der Körperchen durch einen schmalen
;palt entsteht bei dem Hämolyseapparat nach DE WAARD[7].

Intra vitam kann eine weitgehende Zertrümmerung roter Blutkörperchen
ind auf diese Weise Hämoglobinurie herbeigeführt werden, wenn man in schneller
Folge mit einem von EWALD[8] konstruierten Apparat auf ein größeres Blutgefäß
z. B. Carotis vom Hund) klopft.

b) Hämolyse durch strahlende Energie.

Sowohl direkte Sonnenbestrahlung oder Einwirkung künstlicher Höhen-
onne usw. als auch Röntgen- und Radiumstrahlung (zumal die β-Strahlung)

---

[1] FENN, W. O.: Journ. of exp. med. Bd. 35, S. 271. 1922.

[2] MELTZER, S. J.: Johns Hopkins hosp. reports Bd. 9, S. 135. 1900.

[3] S. auch HAMBURGER: Osmot. Druck u. Ionenlehre. Bd. I, S. 199 u. 200. 1902. —
3RINKMAN u. VAN DAM: Biochem. Zeitschr. Bd. 108, S. 52. 1920. — KÜRTEN: Pflügers
irch. f. d. ges. Physiol. Bd. 185, S. 248. 1920. — BRINKMAN u. VAN DAM: Nederlandsch
ijdschr. v. geneesk. Bd. 68, S. 2208. 1924.

[4] Siehe Mikrophoto bei FAHREAUS: Pflügers Arch. f. d. ges. Physiol. Bd. 202, S. 175.
924.

[5] Literatur bei ROUS: Physiol. Rev. Bd. III, welcher die Fragmentation für normalen
3lutzerfall bedeutend erachtet. Bei schon geschädigten Körperchen ist das sehr wahrschein-
ch (vgl. auch SORMANI: Zeitschr. f. Immunitätsforsch. u. exp. Therapie, Orig. Bd. 24, S. 336.
916, über die spezifische Sprödigkeit sensibilisierter Körperchen), bei völlig normalen, welche
ich durch große Elastizität auszeichnen, aber nicht; vgl. auch die Mikrofilme KROGHS über
Iapillarströmung.

[6] LEPEHNE: Beitr. z. pathol. Anat. u. z. allg. Pathol. 1919, S. 65.

[7] DE WAARD: Journ. of physiol. Bd. 57, S. 195. 1923.

[8] EWALD, J. A. (Nachruf): Pflügers Arch. f. d. ges. Physiol. Bd. 193, S. 117. 1921 (An-
nerkung).

verursachen in vitro in relativ kurzer Zeit Chromolyse[1]. Die Sensibilisierungs-
erscheinung mit fluorescierenden Substanzen (Eosin) ist hier sehr ausgesprochen;
so genügt nach Hausmann bei einer mit Eosin sensibilisierten Blutagarplatte
40 Sekunden Bestrahlung mit einer Finsenlampe, um komplette Hämolyse
herbeizuführen[2]. Diese Eosinsensibilisierung scheint mit Oxydationsvorgängen
verknüpft zu sein; nach Schmidt und Norman[3] sind es vor allem die tyrosin-
und tryptophanhaltigen Verbindungen, welche das Eosin durch Reduktion
inaktivieren. Die Serumproteine hemmen die Eosin-Lichthämolyse völlig.

Daß die Strahlungshämolyse im Zusammenhang mit fluorescierenden pathologischen Pigmenten (porphyrine) auch in vivo hämolytische Erscheinungen
geben kann, ist nicht wahrscheinlich.

c) Hämolyse durch Temperaturänderung.

Bei 50° C werden die Körperchen entfärbt; bekannt ist auch die Hämolyse
durch wiederholtes Gefrieren und Auftauen. Vielleicht ist die Ursache hier eine
osmotische durch Ausfrieren der Salze. Bei sehr vorsichtigem Vorgehen erfolgt
nur Chromolyse, welche reversibel ist; bei schnellerer Erwärmung kommt es
auch zur Stromatolyse. Die Ursachen dieser Erscheinung werden wieder als
kolloidchemische Beeinflussung der Membran- und Stromasubstanzen gedeutet;
die Wärmehämolyse erfolgt bei saurer und alkalischer Reaktion schneller und hat
ihr Resistenzmaximum im isoelektrischen Punkt[4] des Hämoglobins (Dispersitäts-
änderung?).

d) Hämolyse im Zusammenhang mit osmotischen Druckdifferenzen.

Hamburger: Osmot. Druck u. Ionenlehre, i. d. Med. Wissenschaften. Wiesbaden:
J. Fr. Bergmann 1902. — Hoeber: Physikal. Chemie der Zelle u. Gewebe. 5. Aufl., Kap. 8,
10 u. 11.

Seit Hamburgers Untersuchungen weiß man, daß der Wassergehalt der
Blutzellen größtenteils von osmotischer Wasseranziehung bedingt wird. Damit
sind also die Innen- und Außenkonzentrationen gelöster Krystalloide und die
Permeabilität der Körperchenoberfläche für diese Substanzen als Grundursache
hämolytischer Prozesse dargestellt. Lösungen leicht permeierender Substanzen
wie Harnstoff, Ammoniumsalze usw. sind als Suspensionsmedium für Säugetier-
erythrocyten ebenso ungeeignet wie destilliertes Wasser, weil sie der wasseran-
ziehenden Kraft der Innensalze keine gleiche extracelluläre Wasserbindung
gegenüberstellen können.

Bekanntlich leitete die Untersuchung über den Zusammenhang von Konzentration und Körperchenvolum in Lösungen von Stoffen, für welche die Körperchenoberfläche eine relative Semipermeabilität besaß, zur Aufstellung der
Begriffe Isotonie, Hypertonie und Hypotonie.

Unter isotonischer Lösung muß man also diejenige Konzentration einer
schwierig eindringenden Substanz verstehen, in welcher das Körperchenvolum
dasselbe wie im Plasma ist. Isotonische Lösungen gleichartiger Substanzen, wie
etwa der Alkalihalogenide untereinander, der Alkalisulfate untereinander, der
Hexosen usw. sind auch ungefähr isoosmotisch (von gleicher Gefrierpunkts-
depression). Bei Substanzen von verschiedenem Typus ist die isotonische Lösung
nicht von derselben molaren Konzentration. Das rührt, außer von der verschiedenen Dissoziation (Teilchenzahl), auch noch von anderen Ioneneigenschaften

---

[1] Literatur bei Kroetz: Biochem. Zeitschr. Bd. 137, S. 372. 1923.
[2] Hausmann: Wien. klin. Wochenschr. Jg. 29, Nr. 40. 1916.
[3] Schmidt u. Norman: Journ. of gen. physiol. Bd. 4, S. 681. 1922.
[4] Jodlbauer u. Haffner: Pflügers Arch. f. d. ges. Physiol. Bd. 179, S. 120 u. 144. 1920

her, welche einen entscheidenden Einfluß auf die Wasserdiffusion durch Membranen (Oberflächenschichten) haben.

Die Permeabilität der Blutkörperchengrenzfläche für gelöste Stoffe ist keine konstante Größe, sondern abhängig von der Zusammensetzung des umgebenden Mediums; deshalb ist die Isotoniekonzentration einer gegebenen Substanz nur unter bestimmten Voraussetzungen anzugeben.

Für das Konservieren (Überlebendhalten) der Erythrocyten in Suspensions- oder Waschflüssigkeiten, wie in der 0,9proz. Kochsalzlösung, welche noch immer von Bakteriologen und Hämatologen eine „physiologische" genannt wird, scheint eine geringe Abweichung von der Isotonie nicht sehr schädlich zu sein. Viel wichtiger ist die Tatsache, daß eine einigermaßen normale Beschaffenheit der Körperchenkolloide nur von einer ganz bestimmten Ionenkombination, welche eine sog. balancierte Lösung bildet, aufrechterhalten werden kann[1]. Wir werden das später noch an einigen Beispielen klarmachen.

Für die Hämolyse durch Hypotonie ist wohl das „osmotische" Eindringen von Wasser das auslösende Moment. Wie dann aber die Hämolyse erfolgt, ist nicht bekannt. Sicher ist, daß erst nur die Chromolyse, das Freiwerden des Hämoglobins aus einer Bindung, stattfindet, auf welche bei stärkerer Einwirkung des Wassers Stromatolyse folgen kann. Die feineren Vorgänge, welche Chromolyse bedingen, sind uns nicht bekannt, zumal wir über Art und Lokalisation der Hämoglobinbindung nur Hypothesen besitzen. Wahrscheinlich muß diese Chromolyse in kolloidchemischer Weise erklärt werden und es spielen Quellung und Entquellung bestimmter Körperchenkolloide dabei eine Rolle[2].

Diese Lösung des Farbstoffes von den Stromakolloiden ist *reversibel:* bei vorsichtiger Wasserzufügung, welche eben genügt, eine komplette Chromolyse herbeizuführen, bedingt Wiederherstellung der Isotonie durch etwas konzentriertere Salzlösung eine partielle Rückkehr des Hämoglobins an die Körperchen, welche dann wieder wie normal aussehen[3]. Die Ionenpermeabilität der Körperchen nach erfolgter Chromolyse ist nicht vergrößert; das elektrische Leitungsvermögen ist noch ebenso gering wie vor der Lyse[3].

Direkte Bedeutung für die vitale Hämolyse hat die Hypotoniechromolyse nicht; klinisch ist sie aber etwas wichtig durch die Prüfung der sog. *osmotischen Resistenz* der Körperchen[4]. Der Versuch besteht darin, daß man eine bestimmte Menge gewaschener oder nichtgewaschener Körperchen in eine Reihe Röhrchen bringt, welche eine Salzlösung in immer niedriger werdender Konzentration enthalten. Bei einem bestimmten Grad der Hypotonie erfolgt Chromolyse einer kleinen Menge Körperchen (sog. Minimumresistenz), bei noch etwas niedriger Konzentration ist die Menge der entfärbten Körperchen (der Chromolysegrad) viel größer, und bei weiterer Zunahme der Hypotonie verlieren auch die resistentesten Körperchen ihren Farbstoff (Maximumresistenz). Das Phänomen beruht also auf der Tatsache, daß die Konzentrationserniedrigung der Suspensionsflüssigkeit, welche die Körperchen noch gerade ohne Chromolyse eintritt ertragen können, nicht für alle Körperchen dieselbe ist: ihre „osmotische Resistenz" ist etwas verschieden. Trägt man das Verhältnis von Konzentrationserniedrigung und Chromolysegrad in einem Koordinatensystem auf, so entsteht die sog. Resi-

---

[1] BRINKMAN: Arch. néerland. de physiol. de l'homme et des anim. Bd. 6, S. 451. 1922.

[2] ROAF: Quart. journ. of exp. physiol. Bd. 3, S. 75. 1910; Bd. 5, S. 131. 1912. — BECHHOLD: Münch. med. Wochenschr. Bd. 68, S. 127. 1920.

[3] BRINKMAN u. v. SZENT GYORGYI: Journ. of physiol. Bd. 58, S. 204. 1923.

[4] HAMBURGER: Osmot. Druck Bd. I, S. 359. 1902. — PALTAUF, FREUND u. STERNBERG: Allgem. Pathol. von KREHL u. MARCHAND Bd. II, S. 83. 1912. — MAY: La resistance globulaire. Paris 1914. — HAMBURGER-BRINKMAN: Handb. Biol. Arbeitsmethoden Abt. IV, Tl. 3, H. 2.

stenzkurve, welche die relative Menge der Körperchen angibt, die bei bestimmter Hypotonie Farbstoff verlieren. Im allgemeinen findet man, daß der größte Teil sich bei ein und derselben Konzentration entfärbt, daß aber eine kleine Menge weniger resistent ist (d. h. schon bei höherer Konzentration verblaßt), und auch einige Prozente, die eine etwas höhere Resistenz zeigen. Die wahrscheinlichste Deutung der Kurve ist, daß die Fraktion der weniger Resistenten durch die „älteren" Körperchen, welche der Chromolyse in vivo am nächsten sind, gebildet wird, während die Menge der „jüngeren" Zellen, die sich erst seit relativ kurzer Zeit im Kreislauf befinden, durch die Fraktion der resistenteren Körperchen vertreten ist. Bei intensiver Regeneration ist die resistentere Fraktion vergrößert, beim familiären hämolytischen Ikterus, wo sicher eine vermehrte vitale Hämolyse besteht, hat die Fraktion der weniger resistenten deutlich zugenommen. Schematisieren darf man bei der Interpretation einer Resistenzkurve aber nicht, und man sollte die Probe der osmotischen Resistenz nur in Verbindung mit anderen hämatologischen Methoden beurteilen (z. B. geht die Seifen- und Saponinhämolyse mit erhöhter Resistenz einher, und eine erhöhte Resistenz kann auch wohl Zunahme der Hämolyse in vivo bedeuten).

Ausgenommen bei der Diagnose des familiären hämolytischen Ikterus[1] hat die Resistenzprobe wenig klinische Bedeutung; das rührt größtenteils auch von der Verschiedenheit der Resultate mehrerer Untersucher her. Der Gebrauch einer Suspensionslösung, welche nur NaCl enthält, bedingt schon, daß außer der osmotischen Druckdifferenz noch andere unkontrollierbare hämolytische Einflüsse auf die Körperchen einwirken, wodurch das Hämolyseergebnis von Details bei der Methodik abhängig wird. So wird die Resistenz durch Waschen der Körperchen in 0,9proz. Kochsalzlösung erheblich erniedrigt, während das Waschen in äquilibrierter Salzlösung (Ultrafiltrat des Serums) durch das Abwaschen bestimmter Substanzen von der Körperchenoberfläche[2] eine deutliche Resistenzzunahme verursacht. Bei dieser Untersuchung von Zellen in einem fremden Milieu, wie es die Salzlösung ist, *sollte man* wenigstens den Gebrauch einer so schädigenden Flüssigkeit, wie der *reinen Kochsalzlösung, vermeiden* und eine balancierte Salzlösung wählen, wie sie bei allen anderen überlebenden Geweben verwendet wird.

Mit dem gleichen Resultat wie eine balancierte Salzlösung kann man auch ein isotonisches Gemisch von sekundärem und primären Phosphat, das die gleiche H-Ionenkonzentration wie das Blut hat, als Waschflüssigkeit und eine Reihe von Verdünnungen dieses Gemischs als hypotonische Lösungen gebrauchen, welche sich leichter herstellen und aufbewahren lassen[3].

Im Zusammenhang hiermit wollen wir noch darauf hinweisen, daß man nach Brooks[4] eine hämolytische Komplementtitration mit einer Genauigkeit von weniger als 1% ausführen kann, unter der ausdrücklichen Bedingung, daß sich die Reaktion nicht, wie das noch zu oft geschieht, in reiner NaCl-Lösung, sondern in balancierter Salzlösung abspielt.

Auch stark hypertonische Salzlösungen wirken hämolytisch; mit steigender Hypertonie erreicht die Körperchenschrumpfung ein Minimum bei $\pm$ vierfach normaler Lösung, darauf folgt bei weiterer Konzentrationszunahme wieder Quellung der Körperchen und bald Hämolyse[5].

---

[1] Chauffard: Semaine méd. 1907, S. 25. — Chauffard u. Troisier: Cpt. rend. soc. med. des Hop. 3. Serie Bd. 26, S. 94. 1908.

[2] Brinkman, Biochem. Zeitschr. Bd. 108, S. 35. 1920; Arch. néerland. de physiol. et l'homme et des anim. Bd. 6, S. 451. 1922.

[3] Brinkman: Zitiert auf S. 571.

[4] Brooks: Journ. of med. research Bd. 41, S. 399. 1920.

[5] Tahei: Biochem. Zeitschr. Bd. 123, S. 104. 1921.

Osmotische Hämolyse in vivo kann durch intravenöse Injektion destillierten Wassers leicht erzeugt werden, besonders beim Hunde; bei Kaninchen tritt Hämoglobinurie auf, wenn die Tiere nach 14 Tage langer Trockenernährung eine relativ geringe Menge Wasser per os bekommen[1].

e) Hämolyse durch Substanzen mit starker Oberflächenaktivität.

Alle Stoffe, welche, wie die Seifen der höheren Fettsäuren, die gallensauren Salze und die Saponine die Oberflächen- oder Grenzflächenspannung des Wassers bedeutend vermindern, sind hämolytisch; und zwar sind sie, wenn sie nicht durch Plasmabestandteile gehemmt werden, also etwa bei Suspension der Körperchen in Salzlösung, in hohem Grade wirksam. Das quantitative Verhältnis zwischen Menge der oberflächenaktiven Substanz und dem Hämolysegrad entspricht einer Kurve, wie sie für Adsorptionsprozesse charakteristisch ist[2], so daß Hämolyse und Grenzflächenaktivität hier wohl in ursächlichem Zusammenhang stehen.

Weil man in der Chromolyse die *Lösung einer Bindung* zwischen Hämoglobin und bestimmten Körperchenkolloiden oder der Insuffizienz einer Grenzflächenmembran sehen muß, ist der große Einfluß der Substanzen, welche eine ausgesprochene Neigung haben, sich an Kolloidoberflächen zu konzentrieren, wohl begreiflich. Für Saponin kommt noch der wichtige Umstand dabei, daß es mit dem Cholesterin der Körperchen eine chemische Verbindung eingehen kann[3] und auch dadurch den Hämoglobinkolloidkomplex oder Lipoidmembran zu zerstören imstande ist. Im allgemeinen gilt die Regel, daß die Saponinempfindlichkeit verschiedener Körperchenarten dem Gehalt des Plasmas an freiem Cholesterin umgekehrt proportional ist[4]. Nach PONDER[5] ist der Angriffspunkt des Saponins ein Membranprotein, mit welcher es sich in monomolekularem Reaktionsverlauf bindet.

Die Seifenhämolyse ist biologisch wichtig, weil auch im Plasma Seifen in gebundener Form zirkulieren[6]. Die hämolytische Wirkung bestimmter Blut- und Organextrakte beruht meistens auf der Anwesenheit von Seifen oder freien Fettsäuren, und die bekannten Komplementmodelle NOGUCHIS[7] und LIEBERMANNS[8] enthalten Seifen als wirksamen Faktor.

Der Schutz, welchen das Plasma gegen diese schädlichen Substanzen verleiht, ist sehr groß; der allgemeine *Mechanismus dieses Schutzes* ist die *Bindung der Fettsäuren* usw. an die Kolloide des Plasmas[9]. Sehr deutlich ist das z. B. meßbar bei der Verfolgung der Oberflächenspannung von Seren, welche mit bestimmten Mengen dieser stark capillaraktiven Substanzen beschickt werden[10]. So kann man 1% ölsaures Natrium zu Rinderserum fügen, ohne eine stärkere Erniedrigung der Oberflächenspannung zu beobachten, d. h. ohne daß eine Spur dieser Substanz frei bleibt.

Die bindenden Substanzen des Plasmas sind in erster Linie die Proteine, ferner haben für die Saponine das Cholesterin und für die Cholate die Phosphatide

---

[1] JANOWSKI: Zitiert nach LUKJANON, Allg. Path. des Gefäßsystems. Leipzig 1894.
[2] GREEN u. STROMBERG. Proc. of the soc. of exp. biol. a. med. Bd. 20, S. 140. 1923.
[3] WINDAUS: Ber. d. dtsch. chem. Ges. Bd. 42, S. 238. 1909.
[4] RANSOM: Dtsch. med. Wochenschr. 1901, S. 194.
[5] PONDER: Proc. of the roy. soc. of London, Ser. B 1924, S. 94.
[6] v. SZENT GYORGYI u. TOMINAGA: Biochem. Zeitschr. Bd. 146, S. 226. 1924.
[7] NOGUCHI: Biochem. Zeitschr. Bd. 6, S. 327. 1907.
[8] v. LIEBERMANN: Biochem. Zeitschr. Bd. 4, S. 25. 1907.
[9] JARISCH: Pflügers Arch. f. d. ges. Physiol. Bd. 194, S. 337. 1922. — PONDER: Proc. of the roy. soc. of London, Ser. B Bd. 95, S. 42. 1923.
[10] BRINKMAN u. v. SZENT GYORGYI: Proc. of the roy. acad. Amsterdam Bd. 26, S. 470. 1923.

hemmende Eigenschaften. Auch für Seifen ist neben den Proteinen das Cholesterin wahrscheinlich eine besonders wirksame Hemmungssubstanz. Alle Proteinfraktionen haben Bindungsvermögen für Fettsäure, doch scheint einer besonderen hydrophilen Albuminfraktion eine spezielle Bedeutung zuzukommen[1].

Für die Seifen ist im Plasma noch eine andere hämolytische Inaktivierung möglich, durch die Entstehung der *unlöslichen Kalkseifen*[2]. Eine kalkhaltige Salzlösung ist auch ohne Kolloide imstande, die capillaraktive und die hämolytische Wirkung verdünnter Seifenlösungen zu hemmen. Das gilt *nicht* für die höheren, mehrfach ungesättigten Fettsäuren wie die *Linolensäure* und *Arachidinsäure*, welche *gut* lösliche Kalksalze bilden. Vielleicht ist das eine Erklärung für die Tatsache, daß diese Säuren bei intravenöser oder intramuskulärer Injektion erheblich stärker hämolytisch wirken als die gesättigten Säuren oder die Ölsäure. Die Linolensäure und Arachidinsäure spielen im intermediären Fettstoffwechsel eine wichtige Rolle und bilden Fettsäuregruppen der Phosphatide[3]. Die reinen Phosphatide selbst sind nicht hämolytisch; die blutlösende Wirkung des gereinigten Handelslecithins beruht wahrscheinlich auf der Abspaltung von Linolensäure.

Gewisse *pathologische Sera* weisen eine verringerte Hemmung der Fettsäurewirkung auf[4]. Das rührt bisweilen von ihrer Kolloidarmut her (Hydrämie), oder vom Fehlen bestimmter Eiweißfraktionen und wahrscheinlich bedingt auch ein niedriger Cholesteringehalt eine verringerte plasmatische Schutzkraft, ebenso wie eine Hypercholesterinämie eine erhöhte Hemmung der meisten hämolytischen Einflüsse bedeutet[5]. In dieser Hinsicht ist es wichtig, daß die Relationen $\dfrac{\text{totale Fettsäure}}{\text{Cholesterin}}$ und $\dfrac{\text{Phosphatid}}{\text{Cholesterin}}$ im Plasma eine auffallende Konstanz aufweisen[6], welche durch Ernährungsbeeinflussung oder andere experimentelle Eingriffe fast nicht verändert werden kann (Coefficient lypocytique). Bei der perniziösen Anämie ist niedriger Cholesteringehalt des Plasmas und auch verringerte Schutzkraft gegen Seifen ein häufiger Befund. Ob diese Schutzkraft des Cholesterins durch adsorptive Bindung der lytischen Substanz an dieses hydrophobe grob disperse Kolloid wie etwa an einer Kohlesuspension, oder durch chemische Bindung zustande kommt, ist nicht sicher; vielleicht ist auch der Unterschied zwischen diesen Bindungsarten nicht so erheblich wie man früher sich vorstellte.

f) Hämolyse durch Säure, Schwermetallsalze und durch Narkotica.

Obwohl zwischen den obenstehenden Hämolytica kein weiterer Zusammenhang besteht, wollen wir sie hier kurz zusammennehmen, weil ihre Wirkungsweise eine gewisse Analogie zeigt und keine dieser Hämolyseformen für intravitale Prozesse wichtig sind.

Das Gemeinsame dieser Substanzen ist die direkte Einwirkung auf die Stromakolloide, welche das Hämoglobin gebunden halten. Für die Säurehämolyse ist am deutlichsten gezeigt worden, daß diese Wirkung bei einer Wasserstoffionenkonzentration auftritt, in welcher bestimmte Stromakolloide (Sphingomyelin, Eiweiß?) im isoelektrischen Punkte ausgeflockt werden[7, 8]. Das Hämoglobin ist

---

[1] Kahn: Klin. Wochenschr. 1924, S. 120.

[2] Brinkman u. v. Szent Gyorgyi: Proc. of the roy. acad. Amsterdam Bd. 26, S. 470. 1923.

[3] Levene: Physiol. Rev. Bd. 1, Nr. 3. 1921.

[4] Clark u. Evans: Johns Hopkins Bull. Bd. 31, S. 354. 1920. — Kahn u. Potthoff: Zeitschr. f. d. ges. exp. Med. Bd. 31, S. 423. 1923.

[5] Laport u. Rouzand: Cpt. rend. des séances de la soc. de biol. Bd. 83, S. 477. 1920.

[6] Mayer u. Schaeffer: Journ. de physiol. et de pathol. gén. Bd. 16, S. 1 u. 23. 1914. — Bloor: Journ. of biol. chem. Bd. 25, S. 577. 1916.

[7] Michaelis u. Takahashi: Biochem. Zeitschr. Bd. 14, S. 209. 1908.

[8] Coulter: Journ. of gen. physiol. Bd. 3, S. 513. 1921.

dann nicht im isoelektrischen Punkt und bleibt gelöst. Daß Stromata und Farbstoff einen ganz verschiedenen isoelektrischen Punkt haben, zeigt sich besonders,
wenn man eine Körperchensuspension in Phosphat- oder Acetatpufferlösung
von $p_H = 6$ durch eben genügende Hypotonie komplett hämolysiert und dann der
Kataphorese im Potentialgefälle aussetzt; dann sammeln sich in kurzer Zeit die
rein weißen Schatten an der Anode, während das stromafreie Hämoglobin sich
kathodisch bewegt. Es ist deshalb wohl wahrscheinlich, daß bei der Hämoglobinbindung im Körperchen die elektrische Attraktion eine Rolle spielt.

In derselben Weise wie bei der Entladung der Körperchenkolloide durch
Wasserstoffionen tritt auch bei Entladung durch mehrwertige Metallionen (La$\cdots$)
Hämolyse ein[1]; wenn man Blutkörperchen in einer Serie von La-Lösungen ver-
schiedener Konzentration einträgt, ist nach gewisser Zeit die Hämolyse in
Lösungen von mittlerer Konzentration am weitesten fortgeschritten, weil hier
die normale negative Ladung der bindenden Körperchenkolloide gerade auf-
gehoben ist. Sowohl in den schwächeren als in den stärkeren Lösungen ist die
Hämolyse relativ geringfügig.

Analoge, aber viel schwächere Einflüsse werden für die Wirkung der Alkalisalze auf die Chromolyse gefunden. Wenn man einen langsam hämolysierenden
Einfluß, wie schwache Hypotonie oder geringe Saponinkonzentrationen auf
Körperchen, die in verschiedenen Salzlösungen suspendiert sind, einwirken läßt,
so daß die Ionenwirkung mit einem anderen Hämolyticum kombiniert wird, so
ordnen sich diese Ionenwirkungen nach den bekannten HOFMEISTERschen Reihen,
welchen man beim Studium vom Ioneneinfluß auf hydrophile Kolloide so oft begegnet. Auch das spricht für das „kolloidchemische" Vermögen der Salze,
quellend oder entquellend auf die Stromakolloide einzuwirken[2].

Die Wirkung hämolytischer Einflüsse auf Körperchen verschiedener Tierarten ist vom spezifisch kolloidchemischen Normalzustande und Verhalten ihrer
Stromasubstanzen abhängig, was z. B. von den respektiven Binnensalzkonzen-
trationen bedingt zu sein erscheint. So ordnen sich die Blutarten nach der Hypo-
tonieempfindlichkeit in gerade entgegengesetzter Folge als nach der Saponinempfindlichkeit; je resistenter eine Körperchensorte gegen Saponin ist, um so
empfindlicher ist sie gegen Hypotonie und umgekehrt[2].

Bei der Hämolyse durch Schwermetallsalze, z. B. durch Sublimat, ist die
entquellende oder fällende Wirkung der Mercuri-Ionen sehr deutlich. Bei mittleren Sublimatkonzentrationen ($^1/_{4000} - ^1/_{250\,000}$) in Kochsalzlösung werden die
Stromakolloide ausgeflockt und es erfolgt deshalb Hämolyse. Bei höheren Konzentrationen $^1/_{200} - ^1/_{2400}$) präcipitieren die Eiweißkolloide und das Körperchen
wird fixiert[3].

Die Hämolyse durch Narkotica ist vor allem als Permeabilitätsproblem
studiert worden; in Bestätigung der Lipoidtheorie der Narkose fand sich, daß das
lytische Vermögen von im übrigen indifferenten Substanzen um so stärker ist,
je größer ihre Lipoidlöslichkeit und je kleiner ihre Wasserlöslichkeit wird. Parallel damit geht auch die Grenzflächenaktivität dieser Substanzen, so daß z. B. für
die hämolytische Grenzkonzentrationen der homologen einwertigen Alkohole
dieselbe TRAUBEsche Regel gilt wie für die Capillaraktivität dieser Verbindungen
(d. h. daß diese sich mit jeder CH_2-Gruppe in der Kohlenstoffkette steigert von
$1:3:3^2:3^3$ usw.)[4]. Das alles sagt also, daß die hämolytische Wirkung der Nar-

<hr>

[1] KOZAWA: Biochem. Zeitschr. Bd. 60, S. 146. 1914.
[2] S. bei HOEBER: Physik. Chemie der Zellen u. Gewebe. Kap. X.
[3] MENEGHETTI: Biochem. Zeitschr. Bd. 131, S. 38. 1922.
[4] FÜHNER u. NEUBAUER: Arch. f. exp. Pathol. u. Pharmakol. Bd. 56, S. 333. 1907;
s. auch HOEBER: Zitiert auf S. 575, Kap. VIII.

kotica um so stärker ist, je schneller sie in die Körperchen permeieren bzw. sich an der äußeren oder inneren Zellkolloidoberfläche ansammeln. Ihr weiterer Wirkungsmechanismus wird dann meistens wieder so gedeutet, daß sie eine kolloidchemische Änderung der Stromata oder Membran bedingen und dadurch den Farbstoff aus seiner Bindung lösen. Weil die am meisten gebräuchlichsten Narkotica nur sehr kurze Kohlenstoffketten besitzen und ihre Grenzflächenaktivität deshalb nicht sehr groß ist, ist auch ihre hämolytische Wirksamkeit viel geringer als die der Seifen oder Cholate.

In reinen Narkoticis werden die Körperchen fixiert, weil hier auch das Hämoglobin präcipitiert.

Auch bei Morphin (als Chlorid) und anderen Alkaloiden findet man ähnliche hämolytische Wirkungen[1].

So weit wir wissen, haben alle diese Narkotica nur einen hämolytischen Einfluß auf Körperchen in kolloidfreier Salzlösung; im Plasma ist der Kolloidschutz so erheblich, daß dort keine Hämolyse erfolgt.

g) Oligo-dynamische Hämolyse[2].

Sterile isotonische NaCl-Lösungen, mit Metallplatten in Berührung (Cu, Pb, Cd), wirken hämolytisch; im Serum erfolgt unter diesen Bedingungen keine Hämolyse. Auch wenn die Körperchen wenige Minuten nach der Metallbehandlung in gewöhnliche NaCl-Lösung zurückgebracht werden, erfolgt noch Lyse. Die wirksamen Substanzen sind wahrscheinlich nur spurenweis gelöste, nicht kolloidale Metallverbindungen.

h) Serologische Hämolyse.

LANDSTEINER: Im Handb. Biochemie von OPPENHEIMER Bd. 2, Tl. 1. GUSTAV FISCHER, Jena 1910.

Die bis jetzt behandelten lytischen Vorgänge durch physikalisch und chemisch bekannte Agentien hatten im allgemeinen das Übereinstimmende, daß sie durch Serum in der Wirkung gehemmt wurden, daß sie nicht spezifisch — d. h. nicht nur gegen ganz bestimmte Körperchensorten gerichtet waren — und meistens nicht von mäßiger Temperaturerhöhung inaktiviert wurden.

Demgegenüber stehen die Erscheinungen *der* Hämolyse, bei der gerade das Plasma notwendig ist und welche also biologisch viel wichtiger sind. Das Gebiet dieser serologischen Hämolyse und verwandter Erscheinungen ist bis jetzt eine immunologische Wissenschaft mit spezieller Terminologie, und die biochemischen Erklärungsversuche haben noch wenig Verwandtschaft mit anderen hämolytischen Prozessen aufdecken können. Wir können an dieser Stelle natürlich nur ganz kurz einige allgemeinere Erscheinungen der serologischen Hämolyse beschreiben, welche in ihrem immunologischen Zusammenhang an andere Stelle gehören.

Es darf nicht unerwähnt bleiben, daß einige Fälle von Hämolyse durch chemisch bekannte Substanzen beschrieben sind, wobei Zufügung von kleinen Serummengen das Auftreten von Lysen stark begünstigt. Diese Eigenschaft der Lysis „sensibilisierter" Körperchen ist an den Proteinen des Serums gebunden und thermostabil. Sensibilisiert wurde in diesen Fällen mit Cholat[3] und mit Triphenylmethanfarbstoffen[4] (Brillantgrün). Hier ist die Reihenfolge der Zufügung

---

[1] ROHDE, C.: Biochem. Zeitschr. Bd. 131, S. 560. 1922.
[2] HESS u. REITLER: Med. Klinik Bd. 16, S. 982. 1920. — HAUSMANN u. KERL: Biochem. Zeitschr. Bd. 112, S. 122. 1920.
[3] PONDER: Proc. of the roy. soc. of London, Ser. B 1922, S. 93.
[4] BROWNING u. MACKIE: Zeitschr. f. Immunitätsforsch. u. exp. Therapie, Orig. Bd. 21, S. 422. 1914.

sehr wichtig: Zum Beispiel gewaschene Körperchen + Serum + Cholat → Hemmung; gewaschene Körperchen + Cholat + Serum → Beförderung der Lyse.

Bekanntlich hat das Serum vieler Kaltblüter (Aale, Frösche) in vitro und in vivo stark lösende Eigenschaften für Körperchen vieler Warmblüter in eignem Plasma. So genügt vom Aalserum 0,1 g per Kg um Kaninchen unter energischer intravitaler Hämolyse zu töten. Auch beim Warmblüter treten bei sehr zahlreichen Kombinationen von Seren und Körperchen auch derselben Tierart hämolytische Effekte ein. Die Entwicklung unserer Kenntnisse über normale Serumhämolysine vollzog sich auf dem Wege der Entdeckung der gleichartig wirkenden Immunhämolysine, welche gebildet werden, wenn man Tieren fremdartige rote Körperchen einspritzt. Nach gut gelungener Immunisierung wirkt das Serum vom behandelten Tiere schnell und in sehr geringen Mengen auf die eingespritzte Körperchensorte, so kann z. B. 1 mg dieses Serums, mit 100 mg frischem Normalserum versetzt, 100 mg Blut auflösen.

Die nähere Analyse der hämolytischen Stoffe hat gezeigt, daß sie *komplexer Natur* sind und wenigstens aus einem thermostabilen spezifisch durch die Immunisierung entstandenen Teil (substance sensibilatrice = Amboceptor = hämolytischer Immunkörper) und aus einer thermolabilen Substanz bestehen, welche in frischem Serum immer vorhanden ist, und durch halbstündiges Erwärmen auf 55 bis 60° zerstört wird (Komplement = Alexin).

Der hämolytische *Immunkörper* ist spezifisch gegen die eingespritzten Körperchen gerichtet und bindet sich bei der Zufügung zu dieser Blutart sofort an die Körperchen; das unspezifische Komplement wirkt nur durch Vermittlung des Amboceptors. Körperchen, welche schon einen thermostabilen Amboceptor gebunden haben, und schon durch bloße Zufügung von geeignetem frischen Serum sich auflösen, werden oft „sensibilisiert" genannt.

Die Immunkörper allein wirken nicht deutlich hämolytisch; da sie aber an die homologen Körperchen sofort gebunden werden, müssen sie doch eine Änderung herbeiführen. Wahrscheinlich bedeutet die Formveränderung, welche bei der Sensibilisierung auftritt, wie auch bei allen andern Arten der Hämolyse, doch einen Anfang der Körperchenschädigung[1].

Nach neueren Untersuchungen müssen die Immunkörper zu den organischen, kolloidalen, nichtlipoiden, N-haltigen, aber abiureten und S-freien Substanzen des Blutserums gehören, die nicht mit Bluteiweißkörpern identisch sind, aber bei der fraktionierten Fällung große Affinität zu den Pseudoglobulinen aufweisen.

Die *Antigene*, welche bei der Immunisierung mit Körperchen die Antikörperproduktion verursachen, sind Stromabestandteile; auch mit Ätherextrakten aus Körperchen kommt es zur Hämolysinbildung; ob die immunisierende Substanz ein Lipoid ist, ist nicht sicher.

Die Bindung zwischen Körperchen und hämolytischen Antikörpern ist eine reversible Reaktion vom Adsorptionstypus, welche speziell vom Salzgehalt und der Wasserstoffionen-Konzentration abhängig ist. Die Antikörper sind amphotere Elektrolyte mit einem isoelektrischen Punkt in $p_H = 5{,}3$; bei neutraler Reaktion können also Salze gebildet werden[2]. Der isoelektrische Punkt der normalen sensibilisierten Körperchen ist niedriger ($p_H = 4{,}65$); in wie fern die Attraktion zwischen Stromata und Antikörper eine elektrische ist, ist nicht sicher zu

---

[1] Rössle: Münch. med. Wochenschr. 1904, S. 1865; vgl. auch die „spezifische Sprödigkeit" der sensibilisierten Körperchen (Sormani: Zeitschr. f. Immunitätsforsch. u. exp. Therapie, Orig. Bd. 24, S. 336. 1916) sowie ihr Schicksal in vivo (Bieling: ebenda Bd. 38, S. 193. 1924) und Resistenzabnahme (E. P. Pick u. Silberstein: s. bei Paltauf: zitiert auf S. 567). —Ottiker: Folia haematologica Bd. 18, S. 117. 1914.

[2] Coulter: Journ. of gen. physiol. Bd. 3, S. 513. 1921.

sagen. In salzfreier Lösung wird 100% Antikörper durch die Zellen gebunden bei $p_H = 5{,}3$. Nach beiden Seiten dieses Punktes, besonders nach der alkalischen, wird die Bindung geringer. In Kochsalzlösung ist auch bei neutraler Reaktion die Bindung viel stärker; im allgemeinen besteht bei konstanter Temperatur und Wasserstoffionen-Konzentration ein Gleichgewicht zwischen gebundenen und nichtgebundenen Antikörpern, das besonders von der Lage des isoelektrischen Punktes der Antikörper abhängig ist. Die Antikörperionen werden nicht gebunden.

Antikörper werden ebensogut von entfärbten Stromata als von intakten Körperchen gebunden; die Hämolyse, welche durch natürliche und künstliche hämolytische Sera verursacht wird, ist eine Chromolyse, die Schatten lösen sich nicht. Im Gegensatz zu den anderen Hämolysen scheint eine Reversion hier nicht möglich zu sein, sie ist uns wenigstens noch niemals gelungen.

Komplemente werden durch Hitze schnell unwirksam, bei Zimmer- und Eiskastentemperatur geht die Inaktivierung erst im Laufe von Tagen und Wochen vor sich, bei niedriger Temperatur getrocknet sind sie gut haltbar. Durch Alkali, Säure und viele Salze werden sie leicht zerstört. Bei partieller Ausfällung der Globuline durch Serumverdünnung, Dialyse oder geringe Änderung der Wasserstoffionen-Konzentration kann das Komplement gespalten werden in ein im Niederschlag anwesendes „Mittelstück" und ein in Lösung bleibendes „Endstück". Das Mittelstück bindet sich an sensibilisierte Körperchen (welche dann wohl persensibilisiert genannt werden), und das Endstück reagiert nur danach hämolytisch.

Es ist öfters versucht worden, die Komplementwirkung mit der Seifenwirkung in Zusammenhang zu bringen; Serum enthält ungefähr 0,006% Seifen. Die Seifen-Eiweißverbindungen oder Verbindungen von Seifen mit organischen Basen, wie sie als Komplementmodelle von Liebermann und Noguchi[1]. aufgestellt wurden, zeigen eine weitgehende Ähnlichkeit mit der Komplementwirkung insofern, als sie hämolytisch wirken und durch Erwärmen oder längeres Stehen ähnlich wie das Komplement inaktiviert werden. Ob sie aber speziell auf mit Immunkörpern beladenen Körperchen einwirken, was ja der wichtigste Punkt ist, erscheint noch fraglich.

Wenn man die Hypothese anerkennt, daß Komplementwirkung durch Seifen oder Lipoid-Spaltungsprodukte entsteht, so kann man an die Produktion dieser Substanzen bei der Immunhämolyse durch eine *Lipase* denken. Für diese lipolytische Theorie der Immunhämolyse sprachen besonders die Versuche von Neuberg und Rosenberg und Reicher[2], welche bei Immunseren eine relativ hohe lipolytische Aktivität gegenüber Lecithin und Ricinusöl fanden. Auch Jobling und Bull[2] fanden bei der Immunisierung eine erhöhte lipolytische Fähigkeit und in letzter Zeit beschrieben Olsen und Götte[2] eine weitgehende Analogie zwischen normalen tri- und monobutyrinspaltenden Blutlipasen und dem Komplementendstück. Mit genauerer direkter Methode der Fettsäurebestimmung ist es uns[2] jedoch nicht gelungen, bei der Immunhämolyse das Freiwerden höherer Fettsäuren nachzuweisen. Weiter war auch bei vollständiger Komplementablenkung die lypolytische Kraft des Serums Monobutyrin gegenüber ungeschwächt erhalten. Die Blutlipase kann also nicht mit dem Komplement identisch sein, und diese Fermenttheorie der Immunhämolyse kann, wie so viele frühere, nicht mehr als wahrscheinlich betrachtet werden.

Ein bekannter Modellversuch ist die Hämolyse durch kolloide Kieselsäure, nach Landsteiner und Jagic[3]. Als solche bewirkt die Kieselsäure nur Häm-

---

[1] Noguchi u. Liebermann: Zitiert auf S. 573.
[2] S. bei Brinkman u. v. Szent Gyorgyi: Biochem. Zeitschr. Bd. 146, S. 212. 1924.
[3] Landsteiner u. Jagic: Wien. klin. Wochenschr. 1909, Nr. 3.

agglutination durch Änderung der Körperchenoberfläche, typische Hämolyse bekommt man bei nachheriger Zufügung von Lecithin, was an sich nur wenig, oder beim wirklich reinen Lecithin nach LEVENE gar nicht hämolytisch ist. Und auch bei Komplettierung durch Blutserum erfolgt Hämolyse; diese Komplementwirkung ließ sich auch durch Hitze und andere Prozesse ähnlich wie beim biologischen Prozeß, inaktivieren. Mit Hilfe dieser kolloiden Lösungen kann man also künstliche Immunhämolyse erzeugen, welche den natürlichen Vorgängen sehr nahe kommt. Für die optimale Wirkung des hämolytischen Systems gibt es ein ganz konstantes Verhältnis von Kieselsäure und Komplement.

Die spezielle Wirkung des *Lecithins* weist hier und noch mehr bei der unten zu besprechenden Kobragifthämolyse auf die Bedeutung der Lipoide für immunohämolytische Vorgänge hin[1].

Lecithine haben wie die Seifen in ihrem Molekül sowohl lipophile als stark hydrophile Gruppen; deshalb können sie einen physikalischen oder chemischen Kontakt zwischen wasserlöslichen und fettlöslichen Substanzen zustande bringen. So lassen sich mit ihrer Hilfe sowohl Fette und Cholesterin in Wasser als Pepton und Eiweiß in Alkohol und Äther aufnehmen. Von der Rolle des Lecithins bei hämolytischen Vorgängen macht man sich meistens die Vorstellung, daß das Phosphatid durch die oben genannten Eigenschaften die eigentlich hämolytischen Substanzen und die Stromakolloide in innigem Kontakt bringt. Vielleicht lassen sich durch Anwendung der LANGMUIR-HARKINSschen Befunde über Molekülorientierung die genannten Hypothesen noch besser präzisieren und untersuchen.

Eine der Schwierigkeiten auf diesem Gebiete besteht auch darin, daß die käuflichen, gereinigten Handelslecithine und auch die extrahierten Blut- und Organprodukte, welche unter den Sammelnamen Lecithin und Lecithide beschrieben würden, wohl fast immer Gemische von mehreren Phosphatiden und deren Spaltungs- und Oxydationsprodukten darstellen, von denen man nicht weiß, ob sie überhaupt in vivo vorkommen, und welche untereinander ganz verschiedene Wirkungen haben können[2].

i) Hämolyse durch tierische und bakterielle Gifte [3].

Viele tierische, bakterielle und auch pflanzliche Sekrete und Extrakte zeigen eine starke hämolytische Wirksamkeit, welche vielfach eine deutliche Analogie mit den Serumhämolysinen aufweist. Als eine der bekanntesten Substanzen dieser Art nennen wir das *Kobragift*, das wie viele andere Schlangengifte Blutkörperchen in extremer Verdünnung hämolysiert (auf 1 ccm 5% Meerschweinchenblut-Aufschwemmung 0,00000005 ccm Kobragift). Es stellte sich nun heraus, daß wie bei der Immunhämolyse auch hier eine Komplettierung durch Serum nötig ist: gewaschene Körperchen lösen sich nicht oder weniger. Die komplettierende Serumsubstanz ist aber nicht so thermolabil wie das Immunitätskomplement und durch Untersuchungen von KYES und SACHS[4] wurde gefunden, daß das Lecithin des Blutserums die aktivierende Substanz ist. Über die Weise, wie Lecithin und Kobragift zusammenwirken, entstand eine sehr große Literatur, am bedeutendsten sind die Befunde von MANWARING[5], WILLSTÄTTER und

---

[1] S. bei LANDSTEINER: Handb. von KOLLE-WASSERMANN. 2. Aufl., Bd. II, S. 1241. — BANG: Ergebn. d. Physiol. Bd. 8, S. 463. 1909. — ISCOVESCO: Les Lipoides. Paris: Masson u. Cie. 1908.

[2] LEVENE: Physiol. Rev. Bd. 1, Nr. 3. 1921.

[3] LANDSTEINER: Zitiert auf S. 576.

[4] KYES u. SACHS: Biochem. Zeitschr. Bd. 4, S. 99. 1907; Bd. 8, S. 42. 1908.

[5] MANWARING: Zeitschr. f. Immunitätsforsch. u. exp. Therapie, Orig. Bd. 6, S. 513. 1910.

Lüdecke[1], und Delezenne et Fourneau[2], welche fanden, daß durch die Wirksamkeit des Kobragiftes das Lecithin partiell hydrolysiert wurde. Willstätter und Lüdecke zeigten, daß dabei die Gruppen der ungesättigten Fettsäure abgespalten wurden und Delezenne und Fourneau gelang es, als Produkt der Kobragifteinwirkung auf Eierlecithin eine krystallinische Substanz vom Palmityl-Lecithin-Typus darzustellen, welche sie wegen ihrer außerordentlich starken hämolytischen Eigenschaft Lysocithin nannten. Nach Levene[3] entsteht auch aus Cephalin ein ähnlich zusammengesetztes Lysocephalin mit derselben Wirkung.

Auch in *Spinnen* findet man durch Extraktion zerriebener Tiere mit Kochsalzlösung ein sehr intensives Hämolyticum. Nach Sachs[4] genügt das in einer Kreuzspinne enthaltene Gift (Arachnolysin) zur Lösung von $2^1/_2$ l Kaninchenblut; das Blut anderer Tiere kann weniger empfindlich sein, auch bestehen große Differenzen bei derselben Tierart in verschiedenen Lebensaltern. Auch in vivo wirkt es stark hämolytisch.

Wir nennen weiter noch das *Bienengift* und könnten daneben noch viele hämolytische Gifte niederer Tiere stellen. Das *Oestrin* aus Pferdefliegenlarven, welche im Magen des Pferdes schmarotzen und erhebliche Anämie verursachen, wirkt nicht in vitro, sondern nur in vivo stark hämolytisch[5]. Wir werden bei der vitalen Hämolyse noch mehrere ähnlich wirkende Substanzen kennenlernen.

Von den bakteriellen Hämolysinen ist das Bekannteste das *Tetanolysin* aus Bouillonkulturen von Tetanusbacillen. Es ist sehr thermolabil und verhält sich gegen verschiedene Blutarten different; Pferde- und Kaninchenblut ist sehr empfindlich. Es bindet sich an die Stromata. Antisera lassen sich gut darstellen. Das Cholesterin hat auch hier eine erheblich entgiftende Wirkung; ob der Schutz, welche viele Sera gegen Tetanolysin ausüben, vom Cholesterin herrührt, ist fraglich. Wahrscheinlich sind hier bestimmte Globulinfraktionen wichtig, ebenso wie bei dem Schutz gegen andere Hämolytica, wobei es mehr auf deren physikalisch-chemischen Lösungszustand als auf eine bestimmte chemische Zusammensetzung anzukommen scheint.

Auch von pathogenen *Staphylokokken* und *Streptokokken* werden in Kulturen hämolytische Substanzen gebildet, welche man besonders mit der Methode der Blutagarplatten studierte. Für einen in Milch wachsenden Staphylococcus aureus, welcher Pferdeblut in Gegenwart von Fett hämolysierte, ist tatsächlich die Produktion einer Seifen bildenden Lipase als Ursache der hämolytischen Wirkung aufgedeckt[6].

2. Intravitale Hämolyse.

Pearce, R. M., E. B. Krumbhaar u. C. H. Frazier: The spleen and anemia. Philadelphia—London: Lippincot 1917. — Rous, Peyton: Destruction of red corpuscles in Health and Disease. Physiol. Rev. Bd. 3, S. 75. 1923.

Obwohl über die normale und pathologische Intensität des intravitalen Körperchenzerfalls die Ansichten noch weit auseinandergehen, besteht heute kein Zweifel mehr, daß diese Destruktion fortwährend stattfindet. Darauf weist die kontinuierliche Aktivität eines weit verbreiteten erythropoetischen Systems

---

[1] Willstätter u. Lüdecke: Ber. d. dtsch. chem. Ges. Bd. 37, S. 3753. 1904.
[2] Delezenne u. Fourneau: Bull. de la soc. de chim. biol. Bd. 15, Ser. 4, S. 421. 1914.
[3] Levene: Journ. biol. chem. Bd. 55, S. 743. 1923.
[4] Sachs: Beitr. z. chem. Physiol. u. Pathol. Bd. 2, S. 125. 1902.
[5] Seyderhelm: Arch. f. exp. Pathol. u. Pharmakol. Bd. 82, S. 253. 1915.
[6] Orcutt u. Howe: Journ. of exp. med. Bd. 35, S. 409. 1922.

und die tägliche Exkretion der Gallenfarbstoffe hin, welche als Hämoglobinderivate anzusehen sind. Die Bildung dieser Pigmente in alten hämatomen und
hämorrhagischen Exsudaten und im Plasma nach Leberausschaltung[1] und
darauffolgender Hämoglobininjektion, sowie ihre Bildung bei Blutdurchströmung
der überlebenden Milz[2], machen es deutlich, daß die ausgeschiedenen Gallen-
pigmente wenigstens teilweise von normalen hämolytischen Vorgängen herrühren
müssen. Über quantitative Beziehungen zwischen Gallenfarbstoffproduktion und
Blutzerfall lese man bei der Behandlung des reticulo-endothelialen Apparates
in diesem Bande nach.

Ob im normalen Organismus eine bedeutende extracelluläre Hämolyse vorkommt, ist nicht bekannt; hauptsächlich findet man die vitale Hämolyse normalerweise intracellulär oder in den Milzräumen mit Aufnahme der Körperchen,
Stromata oder Pigmente durch Zellen des reticulo-endothelialen Systems, ein
Vorgang, der speziell in Milz und Leber lokalisiert ist. Diese Zellen aber nehmen
die Körperchen nicht ohne besondere Auswahl auf, sie scheinen vor allem die
älteren oder mehr beschädigten Körperchen abzufangen. Es besteht oft ein
Zusammenhang zwischen Körperchenbeschädigung und Körperchenphagocytose;
die Beschädigung würde schließlich auch extracellulär zur Hämolyse führen,
wenn die Zellen nicht schon eher phagocytiert würden und zwar an Stellen,
wo sie längere Zeit mit dem Endothel in Berührung bleiben. Diese Stellen findet
man vor allem in der *Milz*, wo zweifellos große Mengen Körperchen nicht an der
allgemeinen Zirkulation teilnehmen[3] (physiologische Extravasation). Der bestehende Zusammenhang zwischen Phagocytose und Grenzflächenspannung
zwischen den Zellen und dem Plasma[4] macht es wahrscheinlich, daß Körperchen,
welche irgendeine besondere, zumal eine grenzflächenaktive Substanz an der Oberfläche adsorbiert halten, auch leichter haften bleiben und phagocytiert werden.
Die enorme Körperchenaufnahme in der Milz nach Behandlung mit hämolytischem Serum und andern Hämolyticis können in dieser Weise gedeutet werden[5].
Übrigens bestehen bei verschiedenen Tierarten starke Unterschiede im Verhalten
des reticulo-endothelialen Systems.

Für die Annahme, daß die Milz auch eine Schädigung auf Körperchen, welche
die Milzvene wieder verlassen, ausübt, bestehen einige Anhaltspunkte. Die Annahme einer „aktiven Hämolyse" durch die Milz rührt hauptsächlich von Hunter[6]
her, welcher seiner Ansicht auf Untersuchung der experimentellen Toluylendi-
amin-Anämie fundierte; er sah nämlich nach der Splenectomie beim Hunde weniger
Körperchenzerfall bei der Intoxikation.

Für eine extracelluläre hämolytische Funktion der normalen Milz spricht
nach Eppinger eigentlich nur die erniedrigte osmotische Resistenz der Milz-
venenkörperchen[7]. Auch Bolt und Heeres[8] u. a. fanden mit verbesserter Methodik diese Resistenzerniedrigung und zeigten, daß diese durch Waschen der Körperchen völlig entfernt werden könnte, wodurch gezeigt wird, daß die eventuelle
Schädigung noch reversibel oder ausspülbar war. Weiter sah man nach Splen-

<hr>

[1] Whipple u. Hooper: Journ. of exp. med. Bd. 17, S. 612. 1913.
[2] Ernst u. Szappanyes: Klin. Wochenschr. Jg. 1, S. 614. 1922.
[3] Hymans van der Bergh: Der Gallenfarbstoff im Blut. Leipzig 1918. — Barcroft
u. Mitarbeiter: Journ. of physiol. 1925—1927.
[4] Tait, J.: Quart. journ. of exp. physiol. Bd. 12, S. 1. 1918.
[5] Bieling u. Isaac: Zeitschr. f. d. ges. exp. Med. Bd. 25, S. 1. 1921; Bd. 26, S. 251.
1922; Klin. Wochenschr. Jg. 1, S. 1453. 1922.
[6] Hunter: Lancet 1892.
[7] Eppinger: Die hepato-lienalen Erkrankungen. Berlin 1920.
[8] Bolt u. Heeres: Biochem. Journ. Bd. 16, S. 754. 1922. — Siehe auch Orahovats:
Journ. physiol. Bd. 61, S. 436. 1926.

ectomie beim normalen Tier die osmotische Resistenz der Körperchen im peripheren Blut oft größer werden[1].

In diesem Zusammenhang ist es wichtig, daß bei dem hämolytischen Ikterus, welcher als Krankheit des reticulo-endothelialen Systems betrachtet wird und wobei erhebliche extrahepatische Bilirubinbildung stattfindet, diese Erniedrigung der osmotischen Resistenz in fast allen Fällen gefunden wurde, vielleicht als Ausdruck einer „gesteigerten Milzfunktion".

Vor kurzem haben Heeres und Russchen[2] die Form der Körperchen in frischem Milzvenenblut beim Menschen und Tiere studiert; sie fanden ausnahmslos bei der Betrachtung auf dem Objektträger eine erhebliche Bildung von Polygonalformen, Maulbeer-, Stechäpfel und Kugelform. Das sind alles Zeichen, welche in Analogie der Wirkung anderer Hämolytica auf beginnende Körperchenschädigung hinweisen. Und bei dem hämolytischen Ikterus ist nun wieder öfters beobachtet, daß hier die Körperchen im peripheren Blut kugelförmig anstatt bikonkav sind[3].

Zählungen der Milzvenen-Körperchenzahl können in dieser Hinsicht keine Auskunft geben; die angebliche Hämoglobinämie in der Milzvene könnte von den meisten Untersuchern nicht aufgedeckt werden. Die hier gefundene Hyper-Bilirubinämie[4] ist kein direktes Zeichen für extracelluläre Hämolyse.

Im normal zirkulierenden Blute kann man in kleinen Mengen Schatten beobachten als Zeichen einer extracellulären Hämolyse[5]. Die Intensität dieser Hämolyse ist aber nicht bekannt. Man muß nach den Kenntnissen über Hämolysereversion[6] die Möglichkeit zugeben, daß das freigewordene Hämoglobin sofort wieder von anderen Körperchen aufgenommen wird. Jedenfalls ist eine physiologische Hämoglobinämie nicht mit Sicherheit konstatiert worden.

Von vielen normalen Organen und vom Blute lassen sich durch Extraktion mit Fettlösungsmitteln leicht Extrakte bereiten, welche eine ziemlich starke hämolytische Wirksamkeit zeigen[7]; so genügt der Extrakt aus 0,02 ccm Blut, um 1 ccm 10% Körperchensuspension in Salzlösung, in einer Viertelstunde bei 37° zu hämolysieren[8]. Beim Blute und bei den meisten Organextrakten sind die hier isolierten Substanzen Seifen der höheren gesättigten, der wenig und der stark ungesättigten Fettsäuren[8]. Durch Serum werden fast alle diese extrahierten Substanzen völlig inaktiviert, und über ihre normale hämolytische Wirksamkeit wissen wir wenig. Es ist aber möglich, daß die stärker ungesättigten Fettsäuren (Linolensäure und Arachidinsäure) normal und pathologisch eine gewisse hämolytische Bedeutung haben, weil sich durch intravenöse Injektion verhältnismäßig kleiner Mengen Linolensäure bei Kaninchen typisch hämolytische Anämien erzeugen lassen[8].

Vielleicht spricht auch die Tatsache, daß durch Waschen der Körperchen in neutraler äquilibrierter Salzlösung ihre osmotische Resistenz deutlich erhöht wird[9], für die normal hämolytische Beeinflussung der Körperchen durch aus dem Plasma adsorbierte Substanzen.

---

[1] Pel: Diss. Amsterdam 1911. — Pearce, Krumbhaar u. Frazier: The spleen and anemia. 1917.

[2] Heeres u. Russchen: Klin. Wochenschr. Bd. 3, S. 51. 1924; Bd. 4, S. 407. 1925.

[3] Gänsslen: Klin. Wochenschr. Jg. 1, S. 555. 1922.

[4] Hymans van der Bergh u. Snapper: Berl. Klin. Wochenschr. S. 1109. 1914; Nr. 42. 1915.

[5] Fahreaus: Zitiert auf S. 567.

[6] Brinkman u. v. Szent Gyorgyi: Zitiert auf S. 567.

[7] Eddy: Endocrinology Bd. 5, S. 461. 1921.

[8] Brinkman u. v. Szent György: Proc. of the roy. acad. Amsterdam Bd. 26, Nr. 5 u. 6. 1923.

[9] Brinkman u. van Dam: Biochem. Zeitschr. Bd. 108, S. 35. 1920.

Pathologische und experimentelle intravitale Hämolysen gibt es eine ganze Reihe; die experimentelle intravitale Hämolyse kann, wie die Hämolyse in vitro, durch bekannte chemische und durch biologische Ursachen hervorgerufen werden; es gibt hierbei auch Agenzien, welche nur in vivo stark lösend wirken.

Die allgemeinen Folgen der intravitalen Hämolyse sind bei bestimmten Tierarten vermehrte Gallenfarbstoffbildung, welche zur starken Pigmentausscheidung und zu Ikterus leiten kann. Diese Ikterusform ist oft eine sog. extrahepatische, hämolytische Form, im Gegensatz zu den ikterischen Erscheinungen nach Leberschädigung oder Gallenstauung; das Pigment unterscheidet sich in diesem Falle durch die indirekte Reaktion nach HYMANS VAN DEN BERGH, worüber an anderer Stelle mehr berichtet wird. Später findet man oft erhebliche Ablagerungen von eisenhaltigen Pigment in Leber, Milz, Lymphdrüsen usw. (Hämosiderosis). Schematisch kann man sagen, daß bei bestimmten Tierarten die stärkste Blutbeschädigung von Hämoglobinämie, die mittelstarke von Hyperbilirubinämie (und Ikterus), und die schwache, chronische von Hämosiderosis gefolgt[1] wird.

Kommt es bei stärkster Beschädigung zur Hämoglobinämie, dann kann der Farbstoff durch die Nieren ausgeschieden werden, wobei unter Umständen die Kanälchen von Hämoglobinkrystallen verstopft werden können. Intravitale Hämolyse fängt oft mit shockartigen Erscheinungen an, welche als anaphylaktische Reaktionen betrachtet werden; nach Hämolyse durch intravenöse Injektion destillierten Wassers tritt regelmäßig Fieber auf[2]. Das freie Hämoglobin an sich scheint nicht toxisch zu sein[3]; die schwereren Erscheinungen nach vitaler Hämolyse (Shock, Fieber, Gerinnung) rühren von den oft stark verklumpenden Stromata her. Hämoglobin und Stromata verschwinden bald aus dem Kreislauf; findet man sie längere Zeit im Plasma, so weist dies auf Fortdauern des hämolytischen Prozesses hin. Nach Intoxikationen mit Blutgiften als Toluylendiamin und Muschelgift oder nach Transfusionen kann man massenhaft zirkulierende Schatten wahrnehmen, besonders bei Dunkelfeldbeleuchtung. Die Schatten werden vorwiegend in Milz und Lungen zurückgehalten. Erfolgt auch Stromatolyse, dann muß auf Kaliumvergiftung untersucht werden.

Zu den bekanntesten intravitalen Hämolysen durch chemisch definierte Substanzen gehören die Vergiftungen mit Arsenwasserstoff, Hydroxylamin, Phenylhydrazin, Pyrodin, Toluylendiamin usw. Viele dieser Gifte zeichnen sich dadurch aus, daß sie in erster Linie Blutfarbstoffgifte sind und also andere Angriffspunkte haben als die bisher beschriebenen Substanzen. Die mikroskopisch sichtbaren Körperchenänderungen sind hier oft erheblich[4], die phagocytäre Tätigkeit des Milzapparates ist sehr groß.

AsH_3 ist ein direkt hämolytisches Gift[5]; läßt man Tiere AsH_3-haltige Luft einatmen, so zeigen sie als Hauptsymptom nach einigen Stunden Rotfärbung des Serums, Hämoglobinurie, Milzschwellung und Lebervergrößerung, Vermehrung des Gallenfarbstoffes mit Zunahme der Konsistenz der Galle, Ikterus. Die Körperchen der Katze sind sehr empfindlich, Kaninchenblut ist das weniger. Der Mechanismus der AsH_3-Wirkung ist nicht bekannt.

Kaliumchlorat bei innerer Darreichung, Hydroxylamin, Anilin, Nitrobenzol und viele andere Gifte sind vor allem Farbstoffgifte; die geschädigten Körperchen werden hauptsächlich durch die Tätigkeit des reticulo-endothelialen Apparates

---

[1] HYMANS VAN DER BERGH: Zitiert auf S. 581.
[2] YAMAKAMI: Journ. of pathol. a. bacteriol. Bd. 23, S. 388. 1920.
[3] BAYLISS: Brit. journ. of exp. pathol. Bd. 1, S. 1. 1920.
[4] HEINZ: Exp. Pathol. und Pharmakol. Bd. I 1. Jena 1909.
[5] STADELMANN: Der Ikterus. Stuttgart 1891. — MINKOWSKI u. NAUNYN: Arch. f. exp. Pathol. u. Pharmakol. Bd. 21, S. 1. 1886.

entfernt. Toluylendiamin und Phenylhydrazin bewirken daneben bei intensiver Vergiftung auch Hämolyse in der Blutbahn, wobei zuerst mikroskopische Änderungen der Körperchenform und Struktur auftreten, was übrigens bei allen Hämolytica mehr oder weniger vorkommt. Die Körperchen bei der chronischen Vergiftung durch salzsaures Phenylhydrazin weisen eine erhebliche Steigerung der osmotischen Resistenz auf[1], was neben der geringeren Steigerung durch Körperchenregeneration von einem Resistenterwerden der vergifteten Stromata herrühren soll (sog. Pachydermie der Erythrocyten[2]). Nach Rosenthal[3] läßt sich dasselbe Phänomen auch durch Behandlung von Blut in vitro mit Phenylhydrazin auslösen; dieser Autor glaubt, eine Quellung der Stromakolloide annehmen zu müssen.

Daß die Hämolyse durch derartige Gifte auch in anderer Weise erklärt werden könnte, zeigt z. B. die Untersuchung von Joannovics und Pick[4] über die Toluylendiaminämie; sie wiesen nach, daß in der dauernd vergifteten Leber die Menge der extrahierbaren ungesättigten Fettsäuren viel größer wird. Das Toluylendiamin löst in vitro die Blutzellen nicht, der Blutzerfall in vivo könnte von obengenannten Fettsäuren herrühren.

Ob die beim Stauungsikterus kreisenden Gallensäuren als Ursache der hierbei oft bestehenden Anämie angesehen werden müssen, ist noch nicht entschieden worden. Die Körperchenform in diesem Zustande weist wohl auf eine hämolytische Blutbeschädigung hin.

Für die Theorien der mit Blutzerfall einhergehenden klinischen Anämien sind die Lipoidextrakte aus Bandwürmern (Bothriocephalus-Anämie) oder aus Darmschleimhaut, aus Carcinom und aus Darmbakterien viel herangezogen worden; heute wissen wir, daß aus vielen Organen und aus dem Blut selbst stark hämolytisch wirkende Lipoidextrakte dargestellt werden können, deren Wirkung meist durch Seifen verursacht wird; aus dem Bothriocephalus wurde ölsaures Cholesterin extrahiert. Die Bedeutung dieser Substanzen für die Genese hämolytischer Anämien ist außer derjenigen der stark ungesättigten (wie Linolensäure) durch die hervorragende Hemmungskapazität des Plasma (s. S. 573) wahrscheinlich gering. Die bisweilen gefundene erhöhte Jodzahl der Blutlipoide bei perniziöser Anämie[5] ist als Indicator für hier vorkommende stärker ungesättigte Fettsäuren nicht genügend.

Von Seyderhelm[6] wurden aus Bothriocephalus, aus Pferdefliegenlarven und aus Darmbakterien Substanzen nichtlipoider Natur dargestellt, welche nicht hämolytisch sind, aber, in kleinen Dosen eingespritzt, erhebliche Knochenmarksreizung und hyperchrome Anämie hervorrufen. Bei an Perniciosa gestorbenen Menschen konnte er diese Substanzen auch aus den regionären Darmlymphdrüsen isolieren. Die genetische Bedeutung dieser Stoffe muß noch durch weiteres Studium festgestellt werden.

Zu den biologischen Hämolysen in vivo gehören die früher öfters vorgekommenen Transfusionsfälle, in denen das eingespritzte Blut durch Isolysine des Patienten gelöst wurde; durch die ausgebreitete Verwendung, welche die Bluttransfusion heute wieder findet, wird jetzt auch beim Menschen bisweilen eine erworbene Immunität gegen früher erträgliche Körperchen beobachtet, so daß

---

[1] v. Morawitz u. Pratt: Münch. med. Wochenschr. 1908, Nr. 35.

[2] Itami u. Pratt: Biochem. Zeitschr. Bd. 18, S. 303. 1909.

[3] Rosenthal: Folia haematologica Bd. 10, S. 253. 1910.

[4] Joannovics u. Pick: Zeitschr. f. exp. Pathol. u. Therap. Bd. 7, S. 185. 1907. — Maidorn: Biochem. Zeitschr. Bd. 45, S. 328. 1912.

[5] Medak: Biochem. Zeitschr. Bd. 59, S. 419. 1914. — v. Szent Gyorgyi: Ebenda Bd. 146, S. 239. 1924.

[6] S. bei Seyderhelm: Die Pathogenese der perniziösen Anämie. Berlin 1922.

man den Patienten kein Blut irgendeiner Blutgruppe mehr einspritzen kann. Bei der experimentellen Anämie durch immunhämolytische Sera spielt die Milz als Staseorgan, und der ganze reticulo-endotheliale Apparat als phagocytierendes Gewebe und vielleicht auch durch Hämolysinkomplettierung eine ausschlaggebende Rolle[1].

Ein Autolysin wird bei der paroxymalen Kältehämoglobinurie gefunden[2]; der hier kreisende Immunkörper bindet sich nur bei niedriger Temperatur mit den Körperchen, sowohl in vivo als im Reagensglasversuch. Bei nachfolgender Erwärmung auf 37° werden die Körperchen vom Komplement desselben Serums glatt gelöst. Das Vorkommen von Autolysinen ist auch in einzelnen Fällen von Perniciosa und hämolytischem Ikterus beobachtet worden, ohne daß man weiß, ob diese Substanzen eine ätiologische Rolle bei diesen Krankheiten spielen; auch in zerfallenen Carcinomen wurden Hämolysine aufgefunden[3].

Faßt man nun die Tatsachen, welche über normale und pathologische Hämolyse bekannt sind, zusammen, dann erscheint es jetzt noch nicht möglich, sich eine Vorstellung des intravitalen Geschehens zu konstruieren. Sicher ist, daß auch normalerweise ein fortwährender Blutzerfall stattfindet; ob aber der Prozeß, welchen wir Hämolyse nennen, dabei eine größere Rolle spielt, ob diese Hämolyse im Plasma, im Gewebe oder intracellular stattfindet, ob der reticulo-endotheliale Apparat nur schon geschädigte Körperchen phagocytiert oder durch einen Kontaktprozeß oder die Sekretion hämolytischer Substanzen die Hämolyse im Plasma fördert, das sind alles Fragen, welche weiterer Aufklärung bedürfen.

---

[1] BIELING u. ISAAC: Zitiert auf S. 581.

[2] DONATH u. LANDSTEINER: Münch. med. Wochenschr. 1904, S. 1590; Zeitschr. f. klin. Med. Bd. 58, S. 173. 1906.

[3] Literatur bei ROUS: Zitiert auf S. 580.

Die Hämoglobinurien.

Von

Erich Meyer †

Göttingen.

Zusammenfassende Darstellungen.

Camus: Les hémoglobinuries. Paris 1903. — Chvostek: Über das Wesen der paroxysmalen Hämoglobinurie. Leipzig u. Wien: F. Deuticke 1894. — Donath u. Landsteiner: Über Kältehämoglobinurie. Weichardts Ergebn. d. Hyg. usw. Bd. 7. Berlin: Julius Springer 1925. — Lazarus: Die Hämoglobinämie. Nothmagels Handb. Bd. VIII. Wien: Alfred Hölder 1901. — Meyer, Erich: Die paroxysmale Hämoglobinurie. Handb. d. spez. Pathol. u. Therapie, herausgeg. von Kraus u. Brugsch. Urban & Schwarzenberg. — Salén: Studien über die Kältehämoglobinurie. Stockholm: Isaac Marcus 1925. — Schellong: Die paroxysmalen Hämoglobinurien. Handb. d. Krankh. d. Blutes, herausgeg. von Schittenhelm, Bd. II. Berlin: Julius Springer 1925. — Senator: Die Hämoglobinurie bei Erkrankungen der Nieren. Nothnagels Handb. Bd. XIX/1. Wien: Alfred Hölder 1899.

Das Vorkommen gelösten Blutfarbstoffes im Urin wird im Gegensatz zur Ausscheidung roter Blutkörperchen (Hämaturie) als Hämoglobinurie bezeichnet. Die Unterscheidung dieser beiden Zustände ist in den ausgesprochenen Fällen leicht, da das Fehlen der Erythrocyten im mikroskopischen Sedimentpräparat des Urins im Gegensatz zu dem spektroskopischen Verhalten steht, durch das die Anwesenheit des Blutfarbstoffes angezeigt wird. Dabei ist jedoch zu berücksichtigen, daß Urine, die rote Blutkörperchen enthalten, gelegentlich diese auflösen können, sei es, daß bei starker Verdünnung und geringer Salzausscheidung der Urin infolge seiner Hypotonie diese Erscheinung bewirkt, sei es, daß er besondere hämolytische Stoffe enthält. Derartige Fälle *unechter Hämoglobinurie* sind von Achard und Saint-Girons[1] namentlich bei hämorrhagischer Diathese beschrieben worden. Sie stehen im Gegensatz zu den *echten* Hämoglobinurien, bei denen der Farbstoff gelöst durch die Nieren ausgeschieden wird, indem entweder in den Nieren oder im Blut die Hämolyse erfolgte. In den meisten Fällen ist die Hämoglobinurie die Folge vorausgegangener Hämoglobinämie. Es ist bezeichnend, daß die Entdeckung der Hämoglobinurie als Krankheitssymptom und seine Abgrenzung gegen andere Zustände auf Beobachtungen zurückgeht, die bei der Bluttransfusion gemacht worden sind. Es war zwar den Ärzten früherer Jahrhunderte, die bei kranken Menschen Tierblut injizierten, bekannt, daß danach Dunkelfärbung des Urins auftreten könne, doch ist die Bedeutung dieser Erscheinung erst durch die grundlegenden Untersuchungen von Ponfick[2] und Lichtheim[3] erkannt worden. Ihre Arbeiten sind die Vorläufer der modernen

---

[1] Achard u. Saint-Girons: Bull. et mém. de la soc. méd. des hôp. de Paris Bd. 28, S. 749. 1912.

[2] Ponfick: Virchows Arch. f. pathol. Anat. u. Physiol. Bd. 72; Berlin. klin. Wochenschr. 1883, Nr. 20; II. Kongr. f. inn. Med. 1883, S. 205.

[3] Lichtheim: Volkmanns Samml. klin. Vorträge 1878, Nr. 134, S. 1147; Korrespondenzbl. f. Schweiz. Ärzte 1883, Nr. 13.

Hämolysinforschung, die in der Kenntnis der Auto-, Iso- und Heterohämolysine und Agglutinine gipfeln und zur Aufstellung der verschiedenen Blutgruppen geführt haben. Durch die PONFICKSCHEN Untersuchungen, die ihren Ausgangspunkt von Sektionen an durch Blutauflösung zugrunde gegangener Kranker nahmen und die experimentell weiterverfolgt wurden, ist erwiesen, daß das Kreisen größerer Mengen gelösten Hämoglobins in den Gefäßen zur Ausscheidung durch die Nieren führt und diese schädigen kann. Der gelöste Blutfarbstoff wird den blutabbauenden Organen, Milz und Leber, zugeführt, hier weiterverarbeitet, so daß es zu vermehrter Gallenbildung und Ausscheidung in den Darm und zu gesteigerter Urobilinogen- und Urobilinausscheidung in den Harn kommt. Es ist nicht ganz sicher zu bestimmen, wie groß die Menge des gelösten Blutfarbstoffes ist, die verarbeitet werden kann, ehe es zur Hämoglobinurie kommt. Sie wird auf etwa $1/_{60}$ der gesamten Hämoglobinmenge geschätzt.

Die Folgen der Auflösung der Blutkörperchen können in extremen Fällen zum Tode führen, gleichgültig wodurch die Hämolyse bedingt ist. Die schweren Erscheinungen beruhen zum Teil auf Verstopfung kleiner Gefäße, die durch miteinander verklebte Stromata der Erythrocyten und durch frei werdende gerinnungsfördernde Substanzen bedingt sind. Es kommt nicht nur zur Anhäufung gelösten Hämoglobins, beispielsweise in den Nierenkanälchen, sondern auch an zahlreichen Körperstellen gelegentlich in lebenswichtigen Organen zu Capillarthrombosen und konsekutiven Blutungen. Gleichzeitig werden die Abbauprodukte der körpereigenen Zellen für den Organismus zum Gift und entfalten wie körperfremde Produkte sekundäre Störungen, Vasomotorenkollaps, Fieber u. a. m. Es läßt sich nachweisen, daß die dadurch bedingte Umstimmung des Körpers ihn für weitere gleich- oder andersartige Eingriffe empfindlicher macht. Durch den Zerfall arteigener Zellen entwickelt sich ein Zustand von „Allergie", der beispielsweise in einer Veränderung der Bluteiweißkörper-Zusammensetzung nachweisbar wird (WICHELS[1]). Das Studium der Hämoglobinurien hat dadurch zur Erkenntnis allgemeiner Reaktionen, die als Ausdruck krankhaften Geschehens aufzufassen sind, wesentlich beigetragen. So ist hier zuerst gezeigt worden, daß durch den Zerfall körpereigener Zellen Fieber entstehen und mit dem Zirkulieren frei gewordener Zellbestandteile steigen und fallen kann. Es ist ferner erwiesen, daß gewisse Reaktionen, wie sie in Leukocytose und Leukopenie zum Ausdruck kommen, hier durch das Kreisen von aus dem eigenen Körper gelösten Zellbestandteilen hervorgerufen werden. Auch die Verschiebung der einzelnen Leukocytenarten, die früher nur als Ausdruck der Invasion körperfremder Stoffe angesehen war, ist durch die Beobachtung analoger Reaktionen auf eine breitere Basis gestellt worden (ERICH MEYER und EMMERICH[2]). Weiterhin hat die histologische Untersuchung des Verbleibs der Hämoglobinreste zur Erkenntnis der Ablagerungs- und Speicherungsvorgänge im reticulo-endothelialen Apparats einerseits und zur Aufdeckung von Nierenschädigungen als Folge dieser Speicherung geführt, die befruchtend auf die allgemeine Pathologie der Nieren wirken mußte (FAHR[3]). Eine Übersicht über die außerordentlich verschiedenartigen Formen der Hämoglobinurie zeigt, daß ein einheitlicher Komplex von Krankheitserscheinungen nur da zu finden ist, wo die Störungen *allein* durch die Auflösung im Blut bedingt ist. Erfolgt sie dagegen im Gewebe der blutabbauenden Organe, wie das bei vielen Blutkrankheiten der Fall ist, oder ist bei fehlender Hämolyse in der Blutbahn ein gesteigerter Zerfall

---

[1] WICHELS: Zeitschr. f. klin. Med. Bd. 102, H. 4/5, S. 484. 1925.
[2] MEYER, ERICH u. EMMERICH: Dtsch. Arch. f. klin. Med. Bd. 96, S. 287. 1909, sowie Vortrag Naturforscher-Vers. Köln 1908, Verhandl. d. med. Sekt., S. 66.
[3] FAHR: Kapitel „Niere" in HENKE-LUBARSCH: Handb. d. spez. pathol. Anat. u. Histol. S. 249ff.

in den Nieren nachweisbar, so ist auch der Krankheitsverlauf ein vollkommen anderer.

Wieweit bei den genannten Hämoglobinämieformen die Stromata der Erythrocyten gelöst werden, ist zwar nicht immer leicht festzustellen, doch dürfte das für den Verlauf und die Folgezustände von nicht zu unterschätzender Bedeutung sein. Unter einer vollständigen „Erythrocytolyse" (von Baumgarten) versteht man die zu vollkommener Blutdissolution führende Auflösung, während man als Hämolyse im engeren Sinne die Auslaugung der Zellen unter Erhaltung der Stromata bezeichnet.

Ob es bei der Auflösung des Blutes gleichzeitig zur Bildung von *Methämoglobin* kommt, ist für den klinischen Verlauf von ausschlaggebender Bedeutung, doch kann die Entscheidung niemals aus dem spektroskopischen Verhalten des Urins gefällt werden, da hier gelöstes Hämoglobin oft in Methämoglobin übergeführt wird, auch wenn kein Methämoglobin im Blut vorhanden war. Die Entscheidung, ob eine Oxy- oder Methämoglobinämie vorliegt, ist an dem Aussehen der Patienten resp. der Leichen sowie aus der direkten Spektroskopie der Gewebe zu erschließen (eigene Beobachtungen). Bei Methämoglobinbildung und gleichzeitiger Hämolyse sehen die Kranken hochgradig bläulich verfärbt, bei Oxyhämoglobinolyse dagegen rotbraun, indianerfarben aus. Im ersteren Falle läßt sich bei direkter Durchleuchtung der Haut der Methämoglobinstreifen nachweisen, im letzteren fehlt er.

Dieses gegensätzliche Verhalten verdient bei der Beobachtung toxischer Hämoglobinurien größere Beachtung, wie eigene Beobachtungen bei Arsen-Wasserstoffvergiftungen[1] ergeben haben. Bei diesen ist die Methämoglobinbildung ein sekundärer Vorgang, der selbst bei tödlichem Verlauf fehlen kann, während die Hämolyse im Vordergrund steht. Bei den Krankheitszuständen jedoch, bei denen es intra vitam zur Methämoglobinbildung kommt, beherrscht dieses den klinischen Verlauf.

Bei den durch *Gifte* hervorgerufenen Methämoglobinurien, wie sie bei *chlorsaurem Kali*, *Antifebrin* beschrieben worden sind, ist die Hämoglobinurie ein einmaliges kürzer oder länger dauerndes und vorübergehendes Symptom. Ebenso bei der Vergiftung durch *Morcheln*, durch *gallensaure Salze* und *Arsen Wasserstoff*, ferner bei *Verbrennungen* und *Erfrierungen* sowie bei den infolge *akuter Infektionskrankheiten*, wie *Typhus, Sepsis, Scharlach*, oder bei *Eklampsie* vorkommenden Hämoglobinausscheidungen im Urin. Bei anderen Zuständen jedoch tritt die Hämoglobinurie *periodenweise in Anfällen* auf, indem sie sich ganz auf bestimmte äußere Einwirkungen hin wiederholt und zu Krankheitsparoxysmen führt. Man bezeichnet diese Zustände als *paroxysmale Hämoglobinurien*. Hierher gehört die *Kältehämoglobinurie*, die *Marschhämoglobinurie* sowie die *paralytische*, mit Muskeldegenerationen einhergehende. Von diesen hat die wichtigste, die Kältehämoglobinurie, Beziehungen zur Lues, eine andere Form, das Schwarzwasserfieber, zur Malaria sowie eine in der Tierpathologie beobachtete zur Piroplasmose. So verschiedenartig diese drei letztgenannten Arten von Hämoglobinurie in Verlauf und Erscheinungsform auch sind, gemeinsam ist ihnen eine durch bestimmte tierische Krankheitserreger gesetzte Krankheitsbereitschaft, zu der ein zweites äußeres schädigendes Moment als auslösender Faktor hinzukommt. Bei der Kältehämoglobinurie ist der Mechanismus der dadurch entstehenden Anfälle verständlich, bei den anderen Formen bisher nur schwer zu durchschauen.

Die Ausscheidung des gelösten Hämoglobins durch die Nieren erfolgt nach Susuki[2], Bähr[2], Fahr[2] in flüssiger Form sowohl glomerulär als tubulär, indem

---

[1] Noch nicht veröffentlicht.   [2] Literatur bei Fahr: Zitiert auf S. 587.

es in den weiter unten gelegenen Abschnitten der Harnkanälchen zur Eindickung, Zylinderbildung und bei längerer Dauer zur Speicherung in den Kanälchen kommt. In schweren Fällen entsteht dadurch eine Schädigung der Nieren mit „Abstoßung ganzer Epithelreihen" (FAHR). Klinisch kommt dieses Verhalten dadurch zum Ausdruck, daß die Eiweißausscheidung oft viel größer ist, als der Menge des ausgeschiedenen Hämoglobins entspricht (eigene Beobachtung), und darin, daß sie diese lange Zeit überdauern kann. Die Beziehung der Hämoglobinurie zur Niere ist nicht immer leicht zu erkennen. Es ist wiederholt die Behauptung aufgestellt worden, daß die Lösung des Blutfarbstoffes nicht im Blut, sondern in den Nieren erfolge (HAYEM[1]). Diese Annahme trifft sicherlich für die häufigste Form nicht zu, da bei ihr die vorausgegangene Hämoglobinämie sicher erwiesen ist. Für manche Fälle jedoch, besonders für die Marschhämoglobinurie, scheint die Funktionsstörung der Nieren mit beherrschend für das Krankheitsbild zu sein. Bemerkenswert ist, daß in leichten oder abklingenden Fällen sicherer Bluthämolyse Albuminurie auftreten kann, ohne daß es zu schweren oder bleibenden Nierenstörungen kommt. Es hängt das zweifellos mit der großen von THOREL, HEINEKE, FAHR u. a. für die Nephrosen nachgewiesenen Regenerationsfähigkeit der Nierenkanälchen-Epithelien zusammen. Ein umgekehrtes Verhalten: Hämoglobinurie bei abheilender akuter Glomerulinephritis ist von BITTORF[2] als „hämoglobinurischer Nachschub" beschrieben worden. Hierbei wurde eine Hämoglobinämie vermißt und deshalb die Umwandlung in die Nieren verlegt, wo es infolge der Phagocytose von roten Blutkörperchen zum Übergang des Blutfarbstoffes in den Urin gekommen sein sollte. Von FLECKSEDER[3] ist ein Fall beschrieben worden, bei dem die Hämoglobinurie einseitig gewesen sein soll, in einem von mir selbst beobachteten Fall bestand ohne Hämoglobinämie bei schwerster Anämie abwechselnd Hämoglobinurie und Hämaturie. In allen diesen Fällen muß den *Nieren* eine Bedeutung für die Entstehung der Erscheinung zugeschrieben werden.

Noch wenig geklärt sind die seltenen Fälle von *Graviditäts-Hämoglobinurie*, die zu den gelegentlich in der Schwangerschaft vorkommenden toxisch bedingten Anämien und Bilirubinämien in Beziehung stehen.

Die durch die Hämolyse bedingte Verarmung des Blutes an roten Blutkörperchen führt zwar zu einer Verminderung der Sauerstoffträger — der im Plasma gelöste Farbstoff fällt als Sauerstoffträger fort —, bringt aber schwere Störungen nicht mit sich, da die Anämie selten hohe Grade erreicht und wie bei den zu Anämie führenden Blutkrankheiten durch beschleunigte Zirkulation und Verkleinerung der Capillarstrombahn ausgeglichen wird.

I. Die Kältehämoglobinurie.

Die Kältehämoglobinurie hat ihre Bezeichnung durch LICHTHEIM[4] nach der den Kranken selbst auffallenden Beziehung zu Abkühlungen erhalten. Nach dem Stehen in kalten Räumen, nach Durchnässungen u. dgl. m. fühlen die Patienten Unbehagen, Frösteln, Kreuzschmerzen, und bemerken, daß der Urin für mehrere Stunden dunkelblutig verfärbt wird. Dieses Symptom führt sie häufig mit der Angabe zum Arzt, daß ein Nierenleiden vorliegen müsse. Die genauere Nachforschung ergibt dann meist, daß ähnliche schwerere oder leichtere Anfälle schon öfter vorgekommen sind. Manche Kranke waren auch schon

---

[1] HAYEM: Sem. méd. 1888, S. 281 u. 1889, S. 86.
[2] BITTORF: Münch. med. Wochenschr. 1921, Nr. 26.
[3] FLECKSEDER: Zentralbl. f. inn. Med. 1912, I, S. 448.
[4] LICHTHEIM: Zitiert auf S. 586.

vorher wegen vermeintlicher Steinbildung in den Harnwegen oder wegen Albuminurie unbekannten Ursprungs in Behandlung.

Die *subjektiven Störungen* sind sehr verschieden, oft heftig, durch Schüttelfrost, Erbrechen, profuse Schweiße, Hautjucken und Muskelschmerzen, oft auch nur geringfügig durch Mattigkeit und unbestimmbares schlechtes Befinden charakterisiert. Sieht man den Kranken im schweren Anfall, so ist ein plötzlicher Beginn aus vollem Wohlbefinden mit heftigem Schüttelfrost, steil ansteigender Temperatur, bisweilen bis zu 40°, festzustellen. *Auf der Höhe des Anfalls wird ein braunroter Harn entleert*, der krümelige Erythrocytentrümmer, Hämoglobinzylinder und massenhaft freies Hämoglobin enthält. Diese Erscheinungen klingen ohne wesentliche Behandlung innerhalb mehrerer Stunden ab, die Temperatur fällt, der Urin wird allmählich heller, und nach kurzer Zeit ist an den Kranken nichts Pathologisches mehr zu finden. In der anfallfreien Zeit machen sie den Eindruck vollkommen Gesunder.

Die Krankheit scheint nach Erich Ebstein schon im Jahre 1794 Charles Steward und im Jahre 1868 Popper bekannt gewesen zu sein, doch haben sie wohl zuerst Pavy[1] und Hassal[2] bewußt von der Hämaturie abgetrennt. Die Beziehung zur Abkühlung scheint im Jahre 1854 zuerst Dressler[3] aufgefallen zu sein, der die Krankheit als Albuminurie mit Chromaturie beschrieb. In der Folgezeit sind eine große Zahl von Fällen mitgeteilt worden, deren Abtrennung von anderen Formen der Hämoglobinurie, wie sie bei Infektionen und Intoxikationen vorkommen, jedoch nicht möglich ist, da das charakteristische Verhalten des Blutes den älteren Autoren nicht bekannt war.

Der *Ort der Blutauflösung* wurde von einigen Autoren in die Nieren verlegt, bis Lichtheim[4] auf die Ähnlichkeit der Anfälle mit den bei Bluttransfusionen vorkommenden Erscheinungen hinwies und die Vermutung aussprach, daß die Hämoglobinurie nur die Folge der Hämoglobinämie sei. Küssner[5] hat als erster den Nachweis erbracht, *daß das Blut im Anfall freies Hämoglobin* enthält. Die Hämolyse kann, wie Ehrlich[6] bei einem seiner Kranken zuerst gezeigt hat, lokal durch Abschnürung eines Fingers, Eintauchen in kaltes Wasser und nachheriges Erwärmen hervorgerufen werden. Dieser Versuch ist von Boas[7] und zahlreichen späteren Untersuchern wiederholt und bestätigt worden. Man hat vielfach angenommen, daß das Wesentliche bei diesem Versuch nicht die Abkühlung an sich, sondern die Zirkulationsunterbrechung sei. Burckhardt[8] konnte das dadurch widerlegen, daß bei gleichzeitiger Erwärmung und Abschnürung die Hämolyse ausbleibt. Untersuchungen mit modernen Methoden, bei denen unter allen notwendigen Kautelen im Anfall Blut aus den Venen entnommen wird, ergeben immer wieder *die Anwesenheit freien Hämoglobins im Plasma* und weisen stets auf die besondere Bedeutung, die der Abkühlung beim Auftreten dieser Erscheinung zukommt, hin. In der anfallfreien Zeit findet sich kein freies Hämoglobin im Blut.

Als Ursache der Hämolyse nahm Ehrlich[9] zuerst eine abnorme Kälteempfindlichkeit der Erythrocyten an, später dachte er unter dem Einfluß der

---

[1] Pavy: Lancet 1865, II, S. 33.   [2] Hassal: Lancet 1865, II, S. 368.

[3] Dressler: Virchows Arch. f. pathol. Anat. u. Physiol. Bd. 6, S. 264. 1854.

[4] Lichtheim: Zitiert auf S. 586.

[5] Küssner: Dtsch. med. Wochenschr. 1879, S. 475.

[6] Ehrlich: Zeitschr. f. klin. Med. Bd. 3, S. 383. 1881; Charité-Annalen 1885, S. 142; Berlin. klin. Wochenschr. 1899, Nr. 22.

[7] Boas: Dtsch. Arch. f. klin. Med. Bd. 32, S. 355. 1883.

[8] Burckhardt: Jahrb. f. Kinderheilk. 1903, S. 621.

[9] Ehrlich: Siehe Fußnote 6.

bekannt gewordenen und ihm geläufigen immunisatorisch entstehenden Hämolysine an ein besonderes Hämolysin, vermochte aber seinen Nachweis nicht zu
erbringen. Andere Autoren, POPPER[1], besonders MURRI[2] und CHVOSTEK[3], sahen
in der häufig nachweisbaren abnormen vasomotorischen Übererregbarkeit der
Kranken das Wesentliche und vermuteten unter ihrem Einfluß abnorm leichte
Lädierbarkeit der Erythrocyten.

Versuche zahlreicher Autoren, ein den Immunhämolysinen analoges Lysin
im Blut der Kranken zu finden, gaben vollkommen widersprechende Resultate,
indem manchmal beim Zusammenbringen von Blutkörperchen und Blutflüssigkeit Hämolyse beobachtet wurde, meist jedoch nicht. Es ist das Verdienst von
DONATH und LANDSTEINER[4], durch eine besondere Versuchsanordnung ein
Hämolysin nachgewiesen zu haben, zu der sie durch Nachahmung der Vorgänge
im Anfall angeregt worden sind. Erst durch diese Entdeckung ist es möglich
geworden, die Kältehämoglobinurie von anderen Formen abzugrenzen.

Der *Donath-Landsteinersche Grundversuch* besteht darin, daß man ein Gemisch von Serum oder Plasma und Blutkörperchen des Hämoglobinurikers kurze
Zeit in einem Reagensglas abkühlt und dann auf Bruttemperatur bringt. Nach
einiger Zeit tritt dann je nach den gewählten Mengenverhältnissen mehr oder
weniger vollständige Hämolyse ein. Der Versuch gelingt in der anfallfreien Zeit
bei echter Kältehämoglobinurie immer, wenn bestimmte Versuchsbedingungen
eingehalten werden (s. unten). Wird das Gemisch von Serum und Blutkörperchen
nur abgekühlt oder *nur* erwärmt, so bleibt die Hämolyse aus. Durch zahlreiche,
zuerst von den Entdeckern selbst ausgeführte, später von anderen Untersuchern
bestätigte und erweiterte Beobachtungen ist mit Sicherheit erwiesen, daß *im
Plasma der Kranken ein Autohämolysin enthalten ist*, das einen thermostabilen
und thermolabilen Anteil besitzt; nach der in der Immunitätslehre ge-
bräuchlichen Nomenklatur sind diese als Amboceptor und Komplement zu
unterscheiden. Das Lysin entspricht in seinen Bindungsverhältnissen anderen
Hämolysinen, unterscheidet sich jedoch von ihnen dadurch, daß *der Amboceptor
nur in der Kälte an die Erythrocyten gebunden wird*. Dieser Anteil des Plasmas
ist für die Krankheit charakteristisch; der thermostabile entspricht dem Komplement normalen Blutes und kann im Reagensglasversuch durch dieses ersetzt
werden. Der *Donath-Landsteinersche Versuch fällt nur positiv aus, wenn Serum
und Blutkörperchen zusammen abgekühlt und erwärmt werden;* Einwirkung auf
das Plasma oder die Zellen allein führt nicht zur Hämolyse. Wird das Serum
(im folgenden wird stets vom Serum gesprochen, es gilt jedoch stets das gleiche
vom Plasma) vor dem Versuch durch Erhitzen auf 56° inaktiviert, so bleibt
die Hämolyse aus, sie kann jedoch durch Hinzufügen frischen aktiven Komplements wieder hervorgerufen werden. Hämolyse tritt auch auf, wenn in-
aktiviertes, komplementfreies Serum und gewaschene (serumfreie) Erythrocyten
zusammen abgekühlt werden und vor der nachfolgenden Erwärmung aktives
Komplement hinzugefügt wird. Daß tatsächlich durch die Einwirkung der
Abkühlung eine Bindung des hämolytischen Amboceptors an die Blutkörperchen
stattfindet, läßt sich dadurch erweisen, daß nach Anstellung derartiger Bindungsversuche das Serum wirkungslos wird, andererseits aus den mit Amboceptor
beladenen Erythrocyten dieser wieder gewonnen und nach Versetzen mit frischem

---

[1] POPPER: Österr. Zeitschr. f. prakt. Heilk. 1868, S. 657.
[2] MURRI: Allg. Wien. med. Zeitg. 1885, Nr. 25—32.
[3] CHVOSTEK: Über das Wesen der Hämoglobinurie. Wien: F. Deuticke 1894.
[4] DONATH u. LANDSTEINER: Münch. med. Wochenschr. 1904, Nr. 36, S. 1590; Zeitschr.
f. klin. Med. Bd. 58, S. 173. 1906; Wien. klin. Wochenschr. 1908, S. 1565; Weichardts Ergebn.
d. Hyg., Bd. 7. Berlin: Julius Springer 1925 (Literatur!).

Komplement zur Lösung anderer amboceptorfreier Erythrocyten verwendet werden kann (Erich Meyer und Emmerich).

Daß es sich bei allen diesen und ähnlichen Erscheinungen um eine Besonderheit des Hb-Serums[1] und nicht um eine solche der Erythrocyten handelt, ist dadurch erwiesen, daß die Erythrocyten des Hämoglobinurikers durch die normaler Menschen im Vitroversuch ersetzt werden können und daß die Zugehörigkeit der Zellen zu einer bestimmten Blutgruppe dabei bedeutungslos ist, wie Wichels neuerdings gezeigt hat.

Bei Anstellung derartiger Hämolyseversuche ist die Berücksichtigung der auch bei normalen Menschen vorkommenden *Isohämolysine* selbstverständliche Voraussetzung. Ihre Vernachlässigung hat in den älteren Versuchen zu großen Unstimmigkeiten geführt. Von den Isohämolysinen unterscheidet sich das Hb-Lysin, wie Moss[2] gezeigt hat, durch seine Absorptionsbedingungen, wodurch es von dem auch im Hb-Serum vorhandenen Isohämolysin getrennt werden kann. Die auffallende Tatsache, daß das Hb-Lysin durch Abkühlung an die Erythrocyten gebunden wird, unterscheidet es zwar von anderen Hämolysinen, findet aber in der von Landsteiner und Reich[3] festgestellten stärkeren Bindung normaler Serumagglutinine bei abnehmender Temperatur und in dem Verhalten normaler Autoagglutinine des Serums ihre Analogie, indem auch hier die Agglutininwirkung nur bei niederer Körpertemperatur eintritt (Landsteiner).

Es ist dringend zu fordern, daß bei künftigen Nachuntersuchungen die besonderen Bindungs- und Lösungsverhältnisse des Hb-Lysins berücksichtigt werden, da die Versuchsresultate sonst nicht zu verwerten sind. Es ist besonders wichtig, darauf hinzuweisen, daß die Temperaturverminderung, bei der die Bindung des Hämolysins an die Blutzellen stattfindet, zeitlich und individuell verschieden sein kann, daß die Bindung bereits bei niederer Zimmertemperatur erfolgen und dadurch der Anschein erweckt werden kann, als ob das Serum frei von Hämolysin sei. Auch die Lösung nach vorausgegangener Bindung kann bereits bei einer Temperatur erfolgen, die etwas unter der Bruttemperatur liegt. Selbstverständlich ist auch, wie bei allen Hämolysinversuchen, auf die Mengenverhältnisse von Serum und Blutkörperchen sorgfältig zu achten.

Ob die Abkühlung neben ihrer Wirkung auf den Amboceptor auch eine solche auf das Komplement des hämolytischen Systems habe, ist untersucht und verschieden beantwortet worden. Wie oben bereits erwähnt, ist zur Bindung des Amboceptors an die Zellen die Anwesenheit des Komplements nicht notwendig. Andererseits konnten Erich Meyer und Emmerich[4], Cooke[5], Browning und Watsur[6] durch besondere Versuchsanordnung eine Komplementbindung an die Erythrocyten in der Kälte nachweisen. Donath und Landsteiner, die diese Resultate bestätigten, glauben, daß die Methode der Komplementbindung durch Sensibilisierung bei niederer Temperatur die Möglichkeit geben könnte, analoge Substanzen im Serum auch dann nachzuweisen, wenn ein Hämolysin direkt nicht gefunden werden kann.

Die Lysinwirkung in vitro soll nach Lindbom[7] und Pringsheim[8] durch

---

[1] Hb- ist im folgenden als Hämoglobinuriker- zu lesen.
[2] Moss: Folia serol. Bd. 7, S. 1117. 1911.
[3] Landsteiner u. Reich: Zentralbl. f. Bakteriol., Parasitenk. u. Infektionskrankh. Bd. 39, S. 83 u. 309. 1905.
[4] Meyer, Erich u. Emmerich: Zitiert auf S. 587.
[5] Cooke: Zeitschr. f. Immunitätsforsch. u. exp. Therapie, Orig. Bd. 21, S. 623. 1914.
[6] Browning u. Watsur, zit. nach Donath u. Landsteiner: Ergebnisse. Journ. of pathol. a. bacteriol. Bd. 17, S. 117. 1912.
[7] Lindbom: Zeitschr. f. klin. Med. Bd. 79, S. 147. 1913.
[8] Pringsheim: Münch. med. Wochenschr. 1912, S. 1757.

Cholesterinzusatz gehemmt werden. Burmeister[1] gibt an, daß er durch Abkühlung der sensibilisierten Erythrocyten mit hypertonischer Kochsalz- oder Chlorcalciumlösung diese vor der Auflösung schützen könne. Diese Angaben, die jedoch noch der Nachprüfung bedürfen, sind vielleicht von einem gewissen therapeutischen Interesse. Gegenüber den außerordentlich zahlreichen und in den letzten Jahren mit einwandfreier Methodik durchgeführten Untersuchungen über das Hb-Hämolysin treten die über die Beschaffenheit der Hb-Erythrocyten in den Hintergrund. Es ist zwar von zahlreichen Autoren in heute nicht mehr als einwandfrei anzusehenden Untersuchungen eine abweichende *Resistenz der Blutzellen* nachgewiesen worden, so von Chvostek, Erich Meyer und Emmerich, Moro und Noda, Rosin, Hymans van den Bergh, Pringsheim[2] gegen mechanische und thermische Einflüsse, gegen Saponinwirkung und anderes mehr, dabei ist jedoch die Art der Blutentnahme und Behandlung nicht berücksichtigt worden; das ist aber gerade bei den Verhältnissen des Hb-Blutes von größter Wichtigkeit, da die Beladung mit Amboceptor von ausschlaggebender Bedeutung sein kann. Wenn auch gewisse Unterschiede in der Resistenz der Erythrocyten vorhanden sein mögen, so sind sie wohl erst sekundär entstanden und für die Auslösung der Anfälle bedeutungslos.

Die Analogie der hämolytischen Vorgänge in vivo und in vitro legte bereits den Entdeckern des Hämolysins die Frage nahe, ob der Mechanismus beim Auftreten der Hämoglobinurieanfälle derselbe sei wie in den Reagensglasversuchen. Gegen diese Annahme sind eine Reihe von Bedenken geltend gemacht. Hierher gehören diejenigen Mitteilungen, in denen das Hämolysin bei typischen Fällen gefehlt haben soll; ferner ist eingewandt worden, daß die Abkühlung im lebenden Körper nicht intensiv genug sei, um die Bindung des Lysins an die Zellen zu bewirken.

Die scheinbare Inkonstanz des Hämolysins beruht auf einer Reihe von Faktoren, die seine Anwesenheit verdecken können. Es ist zuerst von Erich Meyer und Emmerich, Grafe und Müller[3] sowie von Morro und Noda[4] ein *zeitenweiser Komplementmangel im Blut des Hämoglobinurikers* nachgewiesen worden. *Das Komplement unterliegt bei diesen Kranken außerordentlich großen Schwankungen, kann in den Zeiten nach dem Anfall vollkommen fehlen,* jedoch auch zu anderen Zeiten stark vermindert sein. Es ist klar, daß dadurch der Hämolysinversuch in vitro negativ ausfallen kann, wenn nicht frisches Komplement zugesetzt worden ist. Ferner ist es nach Hymans van den Bergh[5] sowie nach Rosin[6] nicht gleichgültig, ob geronnenes oder ungeronnenes Blut verwendet und bei welcher Temperatur dieses gewonnen war. Der Versuch war in einigen Fällen negativ, wenn das Blut bei Zimmertemperatur, positiv, wenn es bei Körpertemperatur geronnen war. Schließlich haben Kumagai und Inoue[7] *hemmende Substanzen* nachgewiesen, die sie als antikomplementäre wahrscheinlich gemacht haben. Beseitigten sie diese, so fanden sie bei 20 untersuchten Fällen und in 68 Einzelversuchen den Donath-Landsteinerschen Versuch stets positiv. Nach allen diesen Beobachtungen muß man daran festhalten, daß das Hämolysin bei allen *echten* Fällen von Kältehämoglobinurie vorhanden ist.

Der Einwand, nach dem die Abkühlung im Körper nicht stark genug sei, um die Bindung des Hämolysins zustande kommen zu lassen, ist dadurch wider-

---

[1] Burmeister: Zeitschr. f. klin. Med. Bd. 92, S. 19 u. 135. 1921.

[2] Literatur bei Donath u. Landsteiner: Ergebnisse. Zitiert auf S. 589.

[3] Grafe u. Müller: Arch. f. exp. Pathol. u. Pharmakol. Bd. 59, S. 97. 1908.

[4] Moro u. Noda: Münch. med. Wochenschr. 1909, S. 545.

[5] van den Bergh, Hymans: Berlin. klin. Wochenschr. 1909, S. 1251 u. 1609.

[6] Rosin: Verhandl. d. dtsch. Kongr. f. inn. Med. 1910, S. 454.

[7] Kumagai u. Inoue: Dtsch. med. Wochenschr. 1912, S. 351.

legt, daß der Amboceptor bei künstlicher Erzeugung von Anfällen durch Eintauchen der Glieder in kaltes Wasser und Entnahme von Venenblut tatsächlich als gebunden an die Erythrocyten nachgewiesen werden kann (Erich Meyer und Emmerich, Hoover und Stone[1]). Daß die Abkühlung in der Tiefe der Weichteile beim Hämoglobinuriker intensiver sein wird als bei normalen Menschen, erscheint deshalb wahrscheinlich, weil, wie schon erwähnt, bei diesen die Zirkulation im abgekühlten Bezirk infolge allgemeiner Vasomotorenstörung vielfach darniederliegt. Vielleicht wirkt auch ein Moment mit, das Hymans van den Bergh[2] für wichtiger als das Donath-Landsteinersche Hämolysin hält. Dieser Untersucher fand in 2 Fällen, daß das defibrinierte Blut starke Hämolyse zeigte, wenn es längere Zeit bei Zimmertemperatur unter einer mit Kohlensäure gefüllten Glasglocke gehalten wurde. Dieses Lysin, das ebenso wie das Donath-Landsteinersche nur bei Abkühlung gebunden und unter Komplementzusatz wirksam wird, hält er für verschieden gegenüber dem oben erwähnten Hämolysin. Seine Angaben sind von Hannema und Rytma[3] bestätigt, von Donath und Landsteiner, Erich Meyer und Wichels[4] jedoch nicht. Trotzdem kann der Gehalt des Blutes an Kohlensäure, der bei ununterbrochener oder gestörter Zirkulation zunimmt, ein unterstützendes Moment beim Zustandekommen der Hämolyse sein.

Daß man bei schwächeren Anfällen nicht zu allen Zeiten freies Hämoglobin im Blut findet, erklärt sich nach Ch. und B. Jones[5] wohl dadurch, daß das Hämoglobin rasch aus dem Blut verschwindet, wobei der Bilirubingehalt im Plasma und Duodenalinhalt, d. h. in der Galle, zunimmt und gleichzeitig der Urobilingehalt des Harnes vermehrt sein kann.

Faßt man alle die genannten Beobachtungen zusammen, so wird man annehmen können, *daß beim Hämoglobinuriker nach Abkühlung eines Körperteils eine Bindung des hämolytischen Amboceptors an die roten Blutkörperchen zustande kommt, und daß durch die Einwirkung des Komplementes bei der Zirkulation im körperwarmen Blut Hämolyse eintritt.* Ist der Anteil des gelösten Blutes groß, so kommt es zur Ausscheidung gelösten Blutfarbstoffes im Urin.

Entgegen der von Donath und Landsteiner angenommenen Bedeutung des Hämolysins glauben Widal und Rostaine[6], in dem Vorhandensein einer Störung zwischen einem im normalen Blut stets vorhanden sein sollenden Autohämolysin und einer antisensibilisierenden Substanz das Wesen des Prozesses gefunden zu haben. Sie stützen sich dabei auf Besredka[7], der diese beiden Körper im normalen Blut gefunden haben will. Da von anderer Seite diese Angaben jedoch nicht bestätigt werden konnten, ist die Theorie Widal und Rostaines unbewiesen. Übrigens ist auch von Donath und Landsteiner, Erich Meyer und Wichels eine antisensibilisierende Substanz bei Hämoglobinurie nicht gefunden worden. Durch eine ausführliche Arbeit von Salén[8], der in der Hauptsache die von anderen Autoren mitgeteilten Untersuchungen bestätigt, konnten Anhaltspunkte für das Bestehen der von Widal und Rostaine behaupteten Blutveränderungen nicht gefunden werden. Seine im übrigen rein theoretischen Betrachtungsweisen, die er in eine kolloid-chemische Fassung kleidet, haben neue Gesichtspunkte für die Erfassung des Problems nicht ergeben.

Über die *Entstehung des Hämolysins* ist wenig bekannt. Auffallend ist, daß bei fast allen Fällen von echter Kältehämoglobinurie die Wassermannsche

---

[1] Hoover u. Stone: Arch. of internal med. Bd. 2, S. 392. 1908.

[2] van den Bergh, Hymans: Zitiert auf S. 593.

[3] Hannema u. Rytma: Lancet Bd. 203, Nr. 24, S. 1217. 1922.

[4] Wichels: Zeitschr. f. klin. Med. Bd. 102, H. 4/5, S. 485. 1925.

[5] Jones, Ch., u. B.: Arch. of internal med. Bd. 29, S. 669. 1922.

[6] Widal u. Rostaine: Cpt. rend. des séances de la soc. de biol. Bd. 57, S. 321 u. 372. 1905. Siehe auch Widal, Abrami u. Brissaud: Sem. méd. 1913, S. 613.

[7] Zitiert nach Widal.

[8] Salén: Studien über Kältehämoglobinurie. Stockholm 1925: Isaac Marcus. (Umfangreiche Literaturangaben.)

Reaktion im Blut *positiv* ausfällt und in vielen Fällen eine *luetische Infektion* nachweisbar, in manchen Besserung, ja Heilung durch antiluetische Behandlung erzielt worden ist. Der die WASSERMANNsche Reaktion gebende Serumkörper ist nicht mit dem hämolytischen Amboceptor identisch, da sich die beiden, wie mehrfach vorgenommene Bindungsversuche ergeben haben, trennen lassen (MORO und NODA[1], YAMADA, MATSUO[2], G. MACKENZIE[3], KAZNELSON[4]). Während man nun bei anderen Krankheiten bisher niemals das Kältehämolysin gefunden hat, weder bei der Marschhämoglobinurie oder der paralytischen, weder bei dem Schwarzwasserfieber noch bei toxischen, findet man gelegentlich bei Paralytikern (DONATH und LANDSTEINER, BÜRGER[5]) den gleichen Körper im Blut und kann bei einzelnen dieser Kranken durch Abkühlung der Extremitäten Anfälle von Hämoglobinurie erzeugen. DONATH und LANDSTEINER geben an, daß bei 99 seit dem Jahre 1906 beobachteten Fällen 95 mal Lues festgestellt worden sei. Danach ist an der ätiologischen Bedeutung dieser Krankheit für die Entstehung des Hämolysins wohl nicht zu zweifeln. Wodurch jedoch die Hämolyse dabei entsteht und in welcher Beziehung sie zur Spirochäteninfektion steht, ist nicht mit Sicherheit erwiesen. ERICH MEYER und EMMERICH haben die Annahme ausgesprochen, *daß der immer wieder auftretende Blutzerfall gewisse autoimmunisatorische Vorgänge* auslöse, die zur Bildung des Hämolysins führen; hierfür könnte die Tatsache sprechen, daß bei inneren Blutungen, wenn auch selten, Autohämolysine gefunden worden sind (L. MICHAELIS[6], KOBER[7], TAUBER[8], ASCOLI[9]). Im gleichen Sinne ist vielleicht die ebenfalls von ERICH MEYER und EMMERICH gefundene *opsonische Eigenschaft* des Hb-Serums gegenüber eigenen und fremden Erythrocyten zu verstehen. Nach neueren Untersuchungen von WICHELS[10] *erlangen die körpereigenen roten Blutkörperchen jedoch nur dann antigenen Charakter, wenn sie einem allergischen Organismus einverleibt werden.* Ein solcher Zustand wird aber durch die Infektion mit Spirochäten erzeugt und es ist durchaus annehmbar, daß es dann bei gleichzeitigem Zerfall von Erythrocyten zur Entstehung autoimmunisatorischer Stoffe kommt. Auch die von LÜDTKE[11] angestellten Versuche, in denen es durch syphilitische Infektion und gleichzeitige Injektion von lackfarben gemachtem Eigenblut bei Hunden zur Bildung von Autohämolysinen kam, sind mit dieser Auffassung vereinbar, um so mehr, als auch diese Hämolysine bei *niederer Temperatur* gebunden werden. Ferner hat WICHELS einen Wechsel im Gehalt von Hämolysinen und Hämagglutininen bei paroxysmaler Kältehämoglobinurie nachweisen können, der zeitlich in Beziehung zum Anfall stand. *Gleichsinnig mit dem Verhalten der Hämolysine und Hämagglutinine änderte sich die Senkungsgeschwindigkeit der Erythrocyten,* indem sie nach einem Anfall zunahm und in einer längeren anfallsfreien Zeit sich der Norm näherte. In dem betreffenden Fall war nach dreiwöchiger Schmierkur das Hämolysin im Blut nicht mehr nachweisbar, auch vorher vorhandene Hämagglutinine fehlten. Trotzdem gelang es, durch starke Abkühlung einen allerdings gegen die Zeit vor der Behandlung nur ganz leichten

---

[1] MORO u. NODA: Zitiert auf S. 593. — YAMADA: Mitt. d. med. Ges. zu Tokio Bd. 23. 1909.

[2] MATSUO: Dtsch. Arch. f. klin. Med. Bd. 107, S. 335. 1912.

[3] MACKENZIE: Lancet II; zit. nach DONATH u. LANDSTEINER: Ergebnisse.

[4] KAZNELSON: Dtsch. Arch. f. klin. Med. Bd. 138. 1922.

[5] BÜRGER: Zeitschr. f. exp. Pathol. u. Therap. Bd. 10. 1912.

[6] MICHAELIS, L.: Dtsch. med. Wochenschr. 1901, S. 51.

[7] KOBER: Zentralbl. f. Gynäkol. Bd. 25, S. 530. 1901.

[8] TAUBER: Prager med. Wochenschr. 1902, S. 437.

[9] ASCOLI: Münch. med. Wochenschr. 1900, S. 1239.

[10] WICHELS: Zitiert auf S. 587 u. 594.

[11] LÜDTKE: Dtsch. med. Wochenschr. 1924, S. 103.

Anfall auszulösen; die Folge dieses Anfalls jedoch war, daß das Hämolysin allmählich in den folgenden Tagen wieder auftrat und die alte Höhe wieder erreichte. Danach ist es wahrscheinlich, daß bei einmal vorhandener Krankheitsbereitschaft und geringem Gehalt an hämolytischem Serumkörper durch den Untergang der Erythrocyten im Anfall dieses zunehmen kann und dadurch sich ein Circulus vitiosus entwickelt, der zu immer neuen Anfällen führt.

Die im Anfall auftretenden *Allgemeinerscheinungen*, wie *Schüttelfrost* und *Fieber*, sowie die *Milz-* und *Leberschwellung* und die abklingende *Urobilinurie*, sind aus der Blutauflösung und Verarbeitung des Farbstoffes im Organismus zu erklären. Sie haben nichts für die Krankheit Spezifisches und decken sich mit den auch aus anderen Ursachen entstehenden, meist toxischen Hämolysen. Bemerkenswert ist, daß im Verlauf der Anfälle die Gesamtzahl der Leukocyten im Blut großen Schwankungen unterliegt, indem in der ersten Zeit eine Zunahme, dann eine Abnahme im peripheren Capillarblut einsetzt und schließlich eine Leukocytose folgt, bei der die polymorphkernigen neutrophilen Zellen überwiegen, die Lymphocyten abnehmen (Erich Meyer und Emmerich). Darin, sowie in dem Verschwinden der eosinophilen Zellen und in ihrem Wiederauftreten in der Erholungsphase ist, analog den Vorgängen bei exogenen Infekten, eine Reaktion auf die Wirkung von Zerfallsprodukten zu sehen, die im vorliegenden Fall aus körpereigenen Zellen entstehen.

Das allgemein pathologische Interesse, das der Untersuchung der paroxysmalen Hämoglobinurie zukommt, gewinnt dadurch an Bedeutung, daß eine Anzahl von Krankheitsfällen beobachtet worden ist, bei denen das Bild nicht voll ausgeprägt, bei denen Hämoglobinämie und Hämoglobinurie fehlen, bei denen jedoch Hämoglobintrümmer im Harn, sowie das Vorkommen von Urobilin und Urobilinogen den gesteigerten Blutzerfall anzeigen. Dabei findet sich regelmäßig Eiweiß im Harn; auch diese *abortiven Formen* der Krankheit, bei denen das Hämolysin im Blute nachweisbar ist, zeigen die besprochenen Leukocytenschwankungen; auch bei ihnen ist die Kälteeinwirkung das auslösende Moment, das sich auf die dauernd vorhandene Krankheitsbereitschaft aufpfropft. Die Kältehämoglobinurie ist der am besten untersuchte Fall von Erkältungskrankheit, bei dem es möglich ist, die verschiedenen krankmachenden Faktoren in ihrer Wesensverschiedenheit voneinander zu trennen.

II. Die Marschhämoglobinurie.

Nach starken körperlichen Anstrengungen, besonders bei längerem Marschieren, tritt, allerdings sehr selten, eine Form von Hämoglobinurie auf, die im Jahre 1881 zuerst von Fleischer[1] bei einem Soldaten beobachtet worden ist. Seitdem sind einige ähnliche Fälle von Kast[2], Rosenthal[3], Porges und Strisower[4], Lichtwitz[5], Förster[6], Jehle[7], Erich Meyer[8] und von Schellong[9] beobachtet worden, bei denen die Hauptsymptome einander gleich waren. Der Urin zeigt, wie bei der Kältehämoglobinurie, in den verschiedenen Stadien die dort beschriebenen Erscheinungen, jedoch sind die subjektiven Beschwerden

---

[1] Fleischer: Berlin. klin. Wochenschr. 1881, S. 691.
[2] Kast: Dtsch. med. Wochenschr. 1884, S. 840.
[3] Rosenthal: Dtsch. militärärztl. Zeitschr. Bd. 37, S. 585. 1908.
[4] Porges u. Strisower: Wien. klin. Wochenschr. 1913, Nr. 5, S. 193.
[5] Lichtwitz: Berlin. klin. Wochenschr. 1916, Nr. 46, S. 1233.
[6] Förster: Münch. med. Wochenschr. 1919, S. 554.
[7] Jehle: Wien. klin. Wochenschr. 1913, S. 325.
[8] Meyer, Erich: Zitiert auf S. 587.
[9] Schellong: Zeitschr. f. d. ges. exp. Med. Bd. 34, S. 82. 1923.

der Kranken viel geringer und meist von ganz kurzer Dauer. Im Gegensatz zur
Kältehämoglobinurie kommt es meist *nicht zu Schüttelfrost und Fieber.* Wie
neue Untersuchungen, namentlich von PORGES und STRISOWER und von JEHLE,
ergeben haben, ist es eine ganz bestimmte Körperstellung, die den Anfall auslöst,
und zwar die *lordotische* Haltung, wie bei der orthotischen Albuminurie. Wenn
der Patient von PORGES und STRISOWER mit willkürlich verstärkter Lordosen-
haltung herumging, so erschien im Harn meist schon nach wenigen Minuten
der Blutfarbstoff. Marschierte er dagegen in willkürlich kyphotischer Haltung,
dann kam es entweder überhaupt nicht zu Hämoglobinurie, oder nur nach sehr
langem Gehen. In kyphotischer Stellung eingegipst, konnte der Patient stundenlang herumgehen, ohne daß es zur Hämoglobinausscheidung kam. Eine kind-
liche Patientin JEHLES reagierte sogar auf Liegen in lordotischer Haltung mit
einem Anfall. Durch diese Beobachtungen werden ältere widerspruchsvolle
Resultate, bei denen auf die genauere Körperhaltung nicht geachtet worden ist,
in ihren Widersprüchen aufgeklärt. Andere körperliche Anstrengungen, besonders auch Radfahren, führt nicht zur Hämoglobinurie, dagegen ist nach
angestrengtem Trabreiten die Erscheinung beobachtet worden, was sich aus dem
Wechsel kyphotischer und lordotischer Haltung erklärt. Auch bei der Marschhämoglobinurie kommen larvierte abortiv verlaufende Fälle vor, bei denen nur
Eiweiß im Urin auftritt, bei denen jedoch aus dem gleichzeitigen Auftreten vermehrter Urobilinmengen und dem von SCHELLONG beschriebenen feinsten
Hämoglobinkrümeln der Zustand erkannt werden kann (LICHTWITZ, SCHELLONG,
JEHLE, ERICH MEYER). Das zuletzt genannte Symptom unterscheidet diese
Form von Albuminurie von der orthotischen, bei der die Anzeichen voraus-
gegangenen Blutzerfalls fehlen. Es weist aber die Abhängigkeit von der Haltung
auf die Nieren als das hauptsächlich beteiligte Organ hin. Hiermit stimmt
überein, daß nach FÖRSTER, FEIGL und QUERNER[1], sowie nach JUNDELL und
TRIER[2] bei Sportsübungen und bei langdauernden Armeegepäckmärschen nicht
ganz selten ein leichter, von manchen Autoren als physiologischer Grad von
Hämoglobinurie bezeichnet, vorkommen kann. SCHELLONG nimmt mit Recht
an, daß die relativ häufigere „Anstrengungsalbuminurie" sich wohl nur graduell
von der Marschhämoglobinurie unterscheidet. Abkühlung hat in den einwandfrei beobachteten Fällen keinen Einfluß, dagegen spielen auch hier starke *Vaso-
motorenstörungen* eine nicht geringe Rolle. Auch die Tatsache, daß in manchen
Fällen zuerst Eiweiß im Urin erscheint (KAST, KOELMANN[3], ROSENTHAL) und
erst später gelöstes Blut, weist vielleicht auf die Bedeutung der Nieren hin.
Im Blutserum ist von neueren Autoren (ROSENTHAL, KLEIN[4], ERICH MEYER,
SCHELLONG) Hämoglobin, jedoch stets in geringeren Mengen als bei der Kältehämoglobinurie, gefunden worden. Nach SCHELLONG ist im *larvierten Anfall* der
Bilirubingehalt des Serums vermehrt. Bemerkenswert ist, daß Ikterus, Leber-
und Milzvergrößerung gewöhnlich nicht, und bei gehäuften Anfällen nur in ganz
geringem Grade gefunden werden. Eine Beziehung zur Lues ist nicht vorhanden.
Das DONATH-LANDSTEINERsche Hämolysin der Kälte-Hämoglobinurie ist in
allen echten Fällen, auch bei Vermeidung der oben angegebenen Fehler, stets
vermißt worden. Nach alledem kann es keinem Zweifel unterliegen, *daß die
Marschhämoglobinurie wesensverschieden von der Kältehämoglobinurie ist.* Wenn
auch der Mechanismus ihrer Entstehung nicht vollkommen geklärt ist, so weist

---

[1] FEIGL u. QUERNER: Zeitschr. f. klin. Med. Bd. 83, S. 197. 1913.
[2] JUNDELL u. TRIER: Nord. med. arch. Bd. 44, Afd. II, S. 154. 1911/12; ref. Kongreß-
zentralbl. f. inn. Med. Bd. 2, S. 414.
[3] KOELMANN, zit. nach SCHELLONG: Dissert. Breslau 1896.
[4] KLEIN: Berlin. klin. Wochenschr. 1920, S. 974.

doch das Fehlen stärkerer Krankheitserscheinungen, vor allem das des Fiebers, des Ikterus, der Leber- und Milzvergrößerung, darauf hin, daß von dem gelösten Hämoglobin nur ein geringer Anteil ins Blut gelangt, dagegen ist es höchst wahrscheinlich, daß die Nieren bei der Entstehung eine besondere Rolle spielen. Die Anschauung von Porges und Strisower, nach der weniger resistente Erythrocyten in der Milz in größerer Menge zugrunde gehen sollen, ist schwer nachzuprüfen und erscheint vorläufig wenig wahrscheinlich. Auch die Annahme von Förster, der die Marschhämoglobinurie in Beziehung zu der später zu besprechenden „muskulären oder paralytischen" setzt, erscheint wenig gestützt. Auftretende Schmerzen in der Lendengegend, die diesem Autor auf muskuläre Störungen hindeuten, werden, wie Erich Meyer und Schellong betonen, bei allen Hämoglobinurien beobachtet, gehen sogar diesen fast immer voraus und kommen gelegentlich auch nach Bluttransfusionen vor, wenn diese zur Hämoglobinurie führen.

III. Die paralytische Hämoglobinurie (Paroxysmale Myoglobinurie).

Bei Pferden, seltener auch beim Rind, ist eine eigenartige, plötzlich auftretende, mit Zittern, Steifheit und Lähmung der hinteren Extremitäten einhergehende Krankheit beschrieben, die gelegentlich ausheilen, in anderen Fällen unter urämischen Erscheinungen, Muskelkrämpfen und Urämie zum Tode führen kann. Die befallenen Muskel fühlen sich derb an, bei den Sektionen der Tiere findet man die erkrankten *Muskelgruppen fischfleischähnlich* aussehend, wie gekocht, bisweilen grau und gelblich verfärbt. Die *mikroskopische Untersuchung* ergibt hochgradige Degenerationen, wie sie in der menschlichen Pathologie als Zenkersche Muskeldegenerationen bei Typhus beschrieben worden sind. Auf der Höhe der Erkrankung enthält der Harn viel gelöstes Hämoglobin und Methämoglobin. Die Krankheit ist in früheren Jahren als „*Spinalapoplexie*", als „*Windrehe*", als „*rheumatische Kreuzlähmung*", als „*schwarze Harnwinde*" und unter anderen Namen in der Tierpathologie[1] beschrieben worden. Eine gleiche Erkrankung ist auch einmal beim Zebra beschrieben worden. Die Abgrenzung nach der veterinär-medizinischen Literatur ist nicht ganz leicht, da offenbar häufig andere Formen von Hämoglobinurie mit der geschilderten verwechselt worden sind. So ist namentlich die bei *Piroplasmen*infektion der Rinder vorkommende oft hierher gerechnet worden. Nach Wirth[2] scheint eine endemisch in Österreich vorgekommene Erkrankung hauptsächlich trächtige Stuten einer bestimmten Gegend befallen zu haben. Hierbei sind Kieferklemme und Schlingbeschwerden beobachtet worden. Die befallenen Muskeln sollen dieselben degenerativen Veränderungen aufweisen wie bei der paralytischen Hämoglobinurie. *Beim Menschen* ist zuerst von Friedrich Meyer-Betz[3] *im Jahre 1910* ein Fall beschrieben worden, der große Ähnlichkeit mit den erwähnten Tierhämoglobinurien hatte und der durch vergleichende Untersuchung mit der Kältehämoglobinurie zum ersten Male eine genauere Analyse erlaubte.

Der Fall betraf einen 13jährigen Jungen, der im schwersten Zustand ausgeblutet in die Klinik eingewiesen wurde und so starke Muskeldegenerationen zeigte, daß er den Kopf

---

[1] Literatur siehe bei Kunth u. du Toit: Tropenkrankheiten der Haustiere. Leipzig: J. A. Barth 1921, im Handb. s. o. Kapitel Piroplasmosen. Siehe auch Hutyra u. Marek: Spez. Pathol. u. Therap. d. Haustiere Bd. I, S. 837. Kapitel Hämoglobinurie. Jena: G. Fischer 1909.

[2] Wirth: Wien. tierärztl. Monatsschr. 1921, S. 97.

[3] Meyer-Betz: Dtsch. Arch. f. klin. Med. Bd. 101, S. 86. 1911.

kaum erheben und die Arme nicht bis zur Mundhöhe bringen konnte. Die Krankheitserscheinungen waren ganz plötzlich aus vollem Wohlbefinden eingetreten, hatten zu schweren Leibschmerzen, Erbrechen und heftigem Nasenbluten geführt. Auf der Höhe der Erkrankung war der Harn typisch hämoglobinurisch. Ähnliche Anfälle hatte der Knabe schon öfter überstanden, sich aber vollständig erholt. Nach dem in der Klinik beobachteten Anfall bot er ein Bild, wie man es in allen Einzelheiten bei der *progressiven Muskeldystrophie* findet. Trotz der Schwere der Erscheinungen trat nach einigen Wochen völlige Gesundung ein.

Einen ähnlichen Fall hat FRITZ PAUL[1] beobachtet, doch verlief dieser viel schwerer mit Fieber und starken Darmerscheinungen. Diese blieben bestehen, auch nachdem die Hämoglobinurie verschwunden war. Der Kranke ging schließlich in soporösem Zustand zugrunde. Bei der *Sektion* fand sich eine hochgradige *Entzündung des ganzen Ileums* mit Schleimhautblutungen und Nekrosen, die *Muskulatur* des Schultergürtels, der Arme, des Bauches und der unteren Extremitäten war auf beiden Seiten in eine *fischfleischähnliche Masse* von teils *wachsgrauer, gelber, rosaroter* Farbe umgewandelt, sie war brüchig und von weißen Stippchen durchsetzt. Die *histologische Untersuchung* ergab die typischen Erscheinungen der *Zenkerschen Muskeldegeneration* mit Regenerationserscheinungen. In beiden Fällen war das *Donath-Landsteinersche Hämolysin nicht* vorhanden, das *Blut war frei von Hämoglobin*. Ein dritter Fall ist von GÜNTHER[2] beschrieben und als *Myositis myoglobinurica* bezeichnet worden. Nach den Ausführungen von MEYER-BETZ und PAUL handelt es sich dabei um eine höchstwahrscheinlich vom Darm ausgehende, schwere, bisher allerdings durch eine unbekannte Ursache ausgelöste Allgemeinerkrankung. MEYER-BETZ nimmt an, daß eine gemeinsame Noxe die verschiedenen Organe träfe und es sich bei der Hämoglobinurie um ein Produkt des Muskel- und Blutzerfalls handele.

Daß es nach Muskelerkrankung, wenn auch selten, zu Hämoglobinurie kommen kann, scheint aus einer Beobachtung von MINAMI[3] hervorzugehen, der nach einer Verschüttung im Kriege Hämoglobinurie beobachtete und annimmt, daß es durch die freiwerdenden Muskelzerfallprodukte einerseits zu Nierenschädigungen, andererseits zu Blutzerfall kommen könne.

Es ist in der allgemeinen Besprechung der Hämoglobinurien bereits darauf hingewiesen worden, daß bei ihrer Entstehung die verschiedenartigsten *Gifte* und *Infektionen* von Bedeutung sind, daß diese Formen sich aber von den paroxysmalen Hämoglobien unterscheiden. In einer gewissen Beziehung zu diesen steht jedoch das bisweilen unter heftigen Paroxysmen auftretende, bei Malariakranken vorkommende *Schwarzwasserfieber*, das sich nach Behandlung mit Chinin, gelegentlich aber auch nach solcher mit Salvarsan, Phenacetin, Antipyrin und Methylenblau, ja auch nach Röntgenbestrahlung der Milz, entwickeln kann. Diese meist gefährliche Komplikation der Malaria ist nicht etwa als Chininvergiftung aufzufassen, auch nicht als eine besonders schwere Form der Infektion. Sie kommt zwar häufiger bei tropischen Formen vor, ist aber auch bei Tertiana und Quartana beobachtet worden. Die *Auslösung dieser Hämoglobinurie scheint durch das Zusammenwirken mehrerer Momente zu entstehen.* Bemerkenswert ist, daß hierbei *niemals ein Hämolysin im Blut* nachgewiesen werden konnte und daß die Empfindlichkeit gegenüber den genannten Medikamenten außerordentlich wechselt. Aus der sehr umfangreichen Literatur über Schwarzwasserfieber, über die an anderer Stelle dieses Werkes berichtet wird, kann hier nur die Beziehung zu anderen Hämoglobinurien hervorgehoben werden. Bemerkenswert ist ein von SCHILLING

---

[1] PAUL: Wien. Arch. f. inn. Med. Bd. 7, S. 53. 1924.
[2] GÜNTHER: Münch. med. Wochenschr. 1923, S. 517.
[3] MINAMI: Virchows Arch. f. pathol. Anat. u. Physiol. Bd. 245, S. 247. 1923.

und Jossmann[1] beobachteter Fall, der nach künstlicher Infektion mit einem sicheren Stamm von Malaria tertiana bei der Behandlung eines Paralytikers mit diesem Verfahren entstand. Es ist möglich, daß hier die gleichzeitig bestehende luetische Erkrankung das Zustandekommen der Hämoglobinurie begünstigte.

Die *Piroplasmen-Hämoglobinurie*, die beim *Texasfieber* der Rinder, ferner auch bei der *Zeckeninfektion* beschrieben worden ist, bedarf einer genaueren Untersuchung mit modernen Methoden. Das gelegentliche *Vorkommen* von Hämoglobinurie bei *hämolytischem Ikterus*, sowie bei *Splenomegalie mit Ikterus* (Giffin[2], Bettmann[3]) weist daraufhin, daß in manchen Fällen von der Milz aus bei gesteigertem Blutzerfall gelöstes Hämoglobin ins Blut kommen kann, das bei großer Menge von den blutabbauenden Organen nicht verarbeitet wird und dann zur Ausscheidung gelösten Farbstoffes im Urin führt. Hierdurch wird es verständlich, daß Hämoglobinurie auch *ohne* das Vorhandensein einer nachweisbaren Nierenstörung und ohne die Anwesenheit eines Hämolysins im Blute auftreten kann.

---

[1] Schilling u. Jossmann: Klin. Wochenschr. Jg. 3, S. 1894.
[2] Giffin, zit. nach Referat in Kongreßzentralbl. f. inn. Med. Bd. 29, S. 107. 1923.
[3] Bettmann: Münch. med. Wochenschr. 1900, Nr. 23.

Die theoretische Grundlage für die Bedeutung der Wasserstoffionenkonzentration des Blutes.

Von

L. MICHAELIS

z. Zt. Baltimore[1].

Mit 2 Abbildungen.

1. Definitionen.

Der Begriff der sauren oder alkalischen Reaktion ist im Laufe der Entwicklung der physikalischen Chemie in zwei Teilbegriffe zerlegt worden, die Titrationsacidität bzw. -alkalität, und die Wasserstoffionenkonzentration. Diese beiden Größen sind nicht eindeutig voneinander abhängig. Die Konzentration der H-Ionen wird in der Regel in Gramm-Ionen pro Liter gemessen, was bei den H-Ionen praktisch identisch ist mit g pro l. Das Symbol für die Konzentration der H-Ionen ist C_{H^+} oder $[H^+]$ oder $[H^\cdot]$ oder einfach h. Statt dieser Konzentration selbst gibt man zweckmäßigerweise auch den Logarithmus ihres reziproken Wertes an, erstens aus theoretischen Gründen, denn viele Funktionen werden graphisch viel einfacher bei Anwendung der Logarithmen, und zweitens aus praktischen Gründen, weil die Methoden der Messung zunächst auf diesen Logarithmus führen. Der Logarithmus des *reziproken* Wertes wird zur Vermeidung der Minuszeichen gewählt. Er ist von SOERENSEN[2] als *Wasserstoffexponent* p_H bezeichnet worden. Der Numerus h selbst wurde von MICHAELIS[3] als *Wasserstoffzahl* bezeichnet. Manche Autoren benutzen dieses Wort aber synonym mit Wasserstoffexponent. Da eine Verwechslung nicht möglich ist, mag die Schwankung in der Bezeichnung hingenommen werden.

Die Standardmethode zur Bestimmung von h ist die Messung der elektromotorischen Kraft der Gaskette, alle anderen Methoden müssen an dieser geeicht werden. Nach den im folgenden Abschnitt entwickelten Prinzipien wird aus einer elektromotorischen Kraft die Konzentration der H-Ionen berechnet, wenigstens zweifelte man bis vor wenigen Jahren nicht daran, daß das möglich sei. Was man aber in Wahrheit berechnet, ist nicht die eigentliche räumliche Konzentration, sondern eine gewisse thermodynamische Funktion, die *Aktivität* der H-Ionen. In der Lehre von der chemischen Affinität hat man von jeher mit dem Begriff der „aktiven Masse" operiert, welche in die Formel des Massenwirkungsgesetzes an Stelle der wahren Konzentration einzusetzen ist und nur im Fall sehr verdünnter Lösungen ihr gleich ist. Der Begriff der *thermodynamischen Aktivität* ist aber erst von G. N. LEWIS[4] exakt definiert worden. Diesem Begriff

---

[1] Johns Hopkins University.

[2] SÖRENSEN, S. P. L.: Enzymstudien. II. Biochem. Zeitschr. Bd. 21, S. 131. 1909.

[3] MICHAELIS, L.: Die Wasserstoffionenkonzentration. 1. Aufl. Berlin 1914.

[4] LEWIS, G. N., u. RANDALL: Thermodynamics. London u. New York 1922.

haftet, wie vielen thermodynamischen Funktionen, die Unbequemlichkeit an, daß er eine willkürliche Integrationskonstante enthält, welche hier als Proportionalitätsfaktor erscheint. Derselbe wird am zweckmäßigsten so festgesetzt, daß in sehr verdünnten Lösungen, in der die idealen Gasgesetze angewendet werden dürfen, die Aktivität gleich der wahren Konzentration wird. Dann ist bei höheren Konzentrationen die Aktivität einfach eine mit einem Korrekturfaktor multiplizierte Konzentration. Dieser Korrekturfaktor heißt nach N. Bjerrum[1] der *Aktivitätskoeffizient.* Die Aktivität der H-Ionen ist es, welche man mit der Gaskette messen kann.

Es ist durchaus erforderlich, die thermodynamische Betrachtung, welche der Definition der H-Ionenaktivität zugrunde liegt, sich klar zu machen. Es ist zweifelhaft, ob man in jedem Fall die wirkliche *Konzentration* einer einzelnen freien Ionenart überhaupt scharf definieren kann. Es ist heute berechtigter, den Satz auszusprechen: „HCl ist in Lösung immer total dissoziiert, aber die chemische Wirksamkeit der H-Ionen ist kleiner als sie für eine unelektrische Molekülart bei gleicher Konzentration zu erwarten wäre", als zu sagen: „HCl ist nur teilweise in freie Ionen dissoziiert". Die zweite Ausdrucksweise ist sicherlich die unbestimmtere, denn wenn wir einer HCl-Lösung von bestimmter Konzentration einen bestimmten „Dissoziationsgrad" zuschreiben wollten, so müßten wir annehmen, daß diejenige Menge H-Ionen, welche für die elektrische Leitfähigkeit als frei beweglich zu betrachten sind, verschieden ist von derjenigen, welche für die osmotische Wirkung als freie selbständige Moleküle auftreten, und wiederum verschieden von derjenigen, welche die chemische Massenwirkung bestimmt. Die genaue Definition der thermodynamischen Aktivität geht auf folgende Überlegung zurück. Nehmen wir eine galvanische Kette mit zwei gleichen Pt-H_2-Elektroden, welche stets mit Wasserstoffgas von 1 Atmosphäre im Gleichgewicht stehen und in Lösungen von verschiedener Acidität eintauchen. Wenn wir die EMK einer solchen Kette berechnen wollen, so müssen wir den chemischen Vorgang kennen, welcher sich in der Kette bei ihrer reversiblen Betätigung abspielt. Schließen wir den Strom solange, bis die Elektrizitätsmenge $F = 96540$ Coulombs durch einen beliebigen Querschnitt des Stromkreises gegangen ist, so ist auf der einen Seite $^1/_2$ Mol. H_2-Gas entwickelt, auf der andern Seite ebensoviel verbraucht worden. Die Zustandsänderung der Gasräume ist also dieselbe, als ob reversibel und isotherm $^1/_2$ Mol. H_2-Gas von dem einen Gasraum in den andern transportiert worden wäre. Da nach der Voraussetzung die Kette so eingerichtet sein soll, daß der Wasserstoffdruck der Elektrodenräume sich nicht ändert, liefert dieser Transport keine Arbeit. Zweitens verschwindet aus der einen Lösung 1 Mol. H^+-Ionen und ebensoviel erscheinen neu in der andern Lösung. Diese Zustandsänderung ist dieselbe, als ob 1 Gramm-Mol H^+-Ionen aus der einen Lösung in die andere transportiert worden wäre. Diese Zustandsänderung geschieht bei der Betätigung der Kette, wenn sie nahezu kompensiert durch eine elektromotorische Gegenkraft mit sehr geringer Stromstärke arbeitet, reversibel und isotherm. Stellen wir uns auf den Standpunkt, daß für die gelösten H-Ionen die idealen Gasgesetze gelten, so berechnet sich die Transportarbeit $A = RT \ln \dfrac{c_2}{c_1}$, wo c_1 und c_2 die Konzentrationen der H-Ionen in den beiden Lösungen bedeuten. Wenn wir aber uns den wahren Verhältnissen anpassen und die idealen Gasgesetze nicht gelten lassen, dann können wir die gewonnene Arbeit A nur folgendermaßen ausdrücken:

$$A = \bar{F}_{H_2} - \bar{F}_{H_1}. \tag{1}$$

[1] Bjerrum, N.: Zeitschr. f. physikal. Chem. Bd. 104, S. 406. 1923.

$\overline{F}_{H_2^+}$ und $\overline{F}_{H_1^+}$ bedeutet die molare, partielle, freie Energie der gelösten H-Ionen[1]. Ist die gesamte freie Energie der Lösung $= F$, so versteht man unter der partiellen, molaren freien Energie $\overline{F}_a$ eines ihrer Bestandteile

$$\overline{F}_a = \frac{\partial F}{\partial a},$$

wo a die Menge dieses Bestandteils bedeutet, in unserem Falle also die der H-Ionen. Die partiale, molare, freie Energie der H-Ionen in 1 Liter einer Lösung ist daher

$$\overline{F}_{H^+} = \frac{\partial F}{\partial C_{H^+}},$$

d. h. sie ist die Vermehrung der freien Energie der Lösung, welche eintritt, wenn man zu einer sehr großen Menge der Lösung 1 Mol H^+-Ionen zugibt. Also ist in den beiden Lösungen der Kette

$$\overline{F}_{H_1^+} = \frac{\partial F_1}{\partial C_{H^+}}, \qquad \overline{F}_{H_2^+} = \frac{\partial F_2}{\partial C_{H^+}}.$$

Die bisher betrachteten Zustandsänderungen beim Stromdurchgang betreffen nur die unmittelbare Umgebung der Elektroden. Eine weitere Zustandsänderung besteht darin, daß die gelösten Elektrolyte transportiert werden. Der Transport *innerhalb* der Lösung 1 und *innerhalb* der Lösung 2 liefert keine Arbeit, weil hier die einzelnen Ionen nach Orten transportiert werden, wo sie die gleiche Konzentration wie vorher haben. Dagegen ist der Transport über die Berührungsstelle der beiden Lösungen hinweg im allgemeinen mit einer Änderung der freien Energie verbunden. Die exakte Verwendbarkeit der ganzen Methode beruht nun auf der Möglichkeit, die an der Berührungsstelle der Flüssigkeiten stattfindende Änderung der freien Energie entweder zu berechnen, oder experimentell zu vernichten. Da eine exakte Berechnung schon in einfachen Fällen, vielmehr noch bei den komplizierten physiologischen Flüssigkeiten auf unüberwindliche Schwierigkeiten stößt, ist man auf die experimentelle Vernichtung des Flüssigkeitspotentials angewiesen. Dies geschieht im allgemeinen dadurch, daß man zwischen die beiden Lösungen eine gesättigte KCl-Lösung einschaltet. Die beiden Ionen dieses Elektrolyten haben praktisch die gleiche Wanderungsgeschwindigkeit und die Theorie ergibt, daß erstens bei der elektrischen Überführung eines solchen Elektrolyten aus einer konzentrierteren in eine dünnere Lösung kein Flüssigkeitspotential sich bemerkbar macht, und zweitens, daß an der Grenze einer hochkonzentrierten KCl-Lösung gegen eine verdünnte Lösung anderer Elektrolyte das Flüssigkeitspotential stark herabgedrückt wird. Dies ist um so vollkommener der Fall, je größer die KCl-Konzentration im Verhältnis zur Elektrolytkonzentration der anderen Lösung ist. Eine theoretisch vollkommene Vernichtung dieses Diffusionspotentials ist auf diese Weise zwar nicht möglich und dieser Umstand hat sogar G. N. Lewis[1] veranlaßt, derartige Konzentrationsketten mit Überführung zur exakten Berechnung thermodynamischer Daten überhaupt zu verwerfen. Aber in vielen Fällen, besonders gerade bei den physiologischen Flüssigkeiten, liegen die Verhältnisse insofern günstig, daß man bei richtiger Arbeitsweise die Größenordnung des übrigbleibenden Diffusionspotentials auf wenige Zehntel Millivolt veranschlagen kann, was praktisch in die Fehlergrenze der Messung fällt. Wenn wir also annehmen, daß die Diffusionspotentiale in einer Konzentrationskette vernachlässigt werden dürfen und die Überführung der Elektrolyte innerhalb der Kette mit keiner meßbaren Änderun

---

[1] Lewis, G. N., u. Randall: Zitiert auf S. 601.

der freien Energie verbunden ist, so ist die gesamte Änderung der freien Energie, oder was dasselbe bedeutet, falls die Kette reversibel und isotherm arbeitet, die gesamte *Arbeits*leistung der Kette die in Formel (1) angegebene Größe. Hiermit ist die strenge thermodynamische Behandlung abgeschlossen. Nun lehrt ferner die Erfahrung, daß, wenn ein Stoff in sehr verdünnter Lösung vorhanden ist, für seine Zustandsänderungen die idealen Gasgesetze angewendet werden dürfen. Unter dieser Bedingung ist die Differenz der partialen, molaren freien Energie eines in der Konzentration c_1 gelösten Stoffes gegen die des gleichen in der Konzentration c_2 gelösten Stoffes

$$\overline{F}_1 - \overline{F}_2 = RT\left(\ln c_1 - \ln c_2\right). \tag{2}$$

In diesem Fall können wir also setzen

$$\overline{F}_1 = RT \ln c_1 + \text{const},$$
$$\overline{F}_2 = RT \ln c_2 + \text{const}.$$

Für höhere Konzentrationen gilt dies nicht mehr. Aber auch wenn der gelöste Stoff in niederer Konzentration vorhanden ist, gilt diese Beziehung nicht mehr, falls sich neben ihm noch andere gelöste Stoffe in wechselnder Konzentration befinden. Besonders groß sind die Abweichungen, wenn es sich um Ionen handelt. Um nun die Formel (2) formal auch solchen Fällen anzupassen, kann man folgende Definition einführen. Wir verstehen unter der *Aktivität* a eines gelösten Stoffes, z. B. des H-Ion, eine Größe, welche definiert ist durch die Gleichung

$$\overline{F}_{\mathrm{H}_1^+} - \overline{F}_{\mathrm{H}_2^+} = RT\left(\ln a_{\mathrm{H}_1^+} - \ln a_{\mathrm{H}_2^+}\right).$$

$a_{\mathrm{H}_1^+}$ und $a_{\mathrm{H}_2^+}$ bedeutet die „Aktivität" des gelösten Stoffes, also der H-Ionen, in der ersten bzw. zweiten Lösung, und daher ist

$$F_{\mathrm{H}_1^+} = RT \ln a_{\mathrm{H}_1^+} + \text{const},$$
$$F_{\mathrm{H}_2^+} = RT \ln a_{\mathrm{H}_2^+} + \text{const}.$$

Die Wahl der Konstanten steht uns frei, muß aber, wenn sie einmal für die eine Lösung festgesetzt ist, für die andere beibehalten werden. Wir können die Konstante auch folgendermaßen ausdrücken

$$\overline{F}_{\mathrm{H}_1^+} = RT \ln\left(k a_{\mathrm{H}_1^+}\right),$$
$$\overline{F}_{\mathrm{H}_2^+} = RT \ln\left(k a_{\mathrm{H}_2^+}\right).$$

k variiert erfahrungsgemäß mit der Konzentration und nähert sich mit zunehmender Verdünnung einem Grenzwert. Es ist nun zweckmäßig, k gleich 1 zu setzen, wenn es sich um eine wässerige und sehr elektrolytarme, *sehr* verdünnte Lösung handelt. Durch diese Festsetzung erreichen wir, daß in sehr verdünnten wässerigen Lösungen die Aktivität gleich der Konzentration wird. Wenn wir die Aktivität der H-Ionen in dem so festgesetzten Maßstab messen, können wir sie die auf „wässerige Lösung bezogene Aktivität" nennen. Der Unterschied der partialen, molaren, freien Energie der H-Ionen in zwei Lösungen von verschiedener Konzentration, welche aber beide außerordentlich klein sind, ist demnach

$$\overline{F}_{\mathrm{H}_1^+} - \overline{F}_{\mathrm{H}_2^+} = RT\left(\ln a_{\mathrm{H}_1^+} - \ln a_{\mathrm{H}_2^+}\right) = RT\left(\ln c_{\mathrm{H}_1^+} - \ln c_{\mathrm{H}_2^+}\right).$$

Ist die Lösung 1 unendlich verdünnt, die Lösung 2 aber konzentriert, so bleibt derjenige Ausdruck unverändert, welcher die Aktivitäten, a, enthält, dagegen gilt der andere nicht mehr genau, welcher die Konzentrationen, c, enthält. Wir können ihn aber wieder zutreffend machen, indem wir jedes c mit einem besonderen Faktor f multiplizieren, den man den *Aktivitätsfaktor* nennt. Dieser ist für die eine, sehr verdünnte Lösung gleich 1, für die andere Lösung je nach ihrer Konzentration und je nach der Anwesenheit anderer Ionenarten verschieden von 1. Die Abweichung des Aktivitätsfaktors von 1 ist also ein Maßstab für die Abweichung von den idealen Gasgesetzen. Umgekehrt ist die Aktivität der H-Ionen diejenige Größe, welche man an Stelle ihrer Konzentration einzusetzen hat, wenn man die freie Energie nach derselben Formel berechnen will, nach der man sie im Fall unendlicher Verdünnung aus der Konzentration berechnet.

Es gibt einen einzigen Fall, in welchem die *Konzentration* der freien H-Ionen eine einfach angebbare, eindeutige Größe ist, nämlich eine äußerst stark verdünnte Lösung einer starken Mineralsäure, wie HCl. Als praktisch ausreichende genügende Verdünnung mag eine 0,001 molare Lösung derselben gelten. Alle Theorien der elektrolytischen Dissoziation stimmen zweifellos darin überein, daß in einer solchen Lösung HCl praktisch vollkommen dissoziiert ist und die H-Ionen sich wie vollkommen selbständige Moleküle verhalten. Im Sinne der ARRHENIUS-schen älteren Dissoziationstheorie würde man sagen: „In dieser Lösung gibt es praktisch keine undissoziierten HCl-Moleküle"; im Sinne der neueren Aktivitätstheorie würde man sagen: „In einer so verdünnten HCl-Lösung sind die einzelnen Ionen im Mittel so weit voneinander entfernt, daß die interionischen elektrostatischen Kräfte vernachlässigt werden können und die Ionen sich in bezug auf ihr Verhalten zu den idealen Gasgesetzen von unelektrischen Molekülarten nicht unterscheiden". Im Sinne unserer Definition werden wir die Aktivität der H-Ionen einer solchen Lösung gleich ihrer Konzentration setzen und die Aktivitäten der H-Ionen in allen andern beliebigen Lösungen dadurch messen, daß wir mit Hilfe der Gaskette die Aktivität der H-Ionen mit der unseres Standardobjektes vergleichen. Wieweit das in der Praxis durchführbar ist, soll nunmehr besprochen werden.

Von verschiedenen Seiten ist vorgeschlagen worden, die Alkalität einer Lösung statt in der jetzt eingebürgerten Weise mit p_H, direkt durch das Potential gegen eine Wasserstoffelektrode zu bezeichnen. Die Autoren, welche diesen Vorschlag machen, meinen, daß das Potential ein von Hypothesen weniger abhängiger Begriff sei als p_H. In Wahrheit ist aber gar kein Unterschied in den beiden Angaben vorhanden, denn p_H ist nichts anderes als das Potential, gemessen in einer anderen Einheit. Der Proportionalitätsfaktor dieser beiden Maßstäbe ist von der Temperatur abhängig, und zwar derartig, daß in sehr verdünnten wässerigen Lösungen starker Säuren die Aktivität bei jeder Temperatur gleich der Konzentration wird. Dies erhöht die Anschaulichkeit sehr. Außerdem möge man nicht vergessen, daß der Unterschied der Aktivität und der wahren Konzentration in einigermaßen verdünnten Lösungen, wie sie z. B. das Blut darstellt, doch nur klein ist. So wichtig es ist, sich dieses Unterschiedes bewußt zu bleiben, so ungerechtfertigt ist es, seine quantitative Bedeutung zu übertreiben.

2. Die Methoden zur Messung von p_H.

Die Methoden können hier nur prinzipiell und kritisch, aber nicht in technischen Einzelheiten besprochen werden. Die Standardmethode besteht in der Messung der elektromotorischen Kraft einer Konzentrationskette, bestehend aus zwei Pt-H_2-Elektroden, von denen die eine in die zu untersuchende Lösung — Blut, Plasma u. dgl. — taucht, während die andere in eine Lösung von bekanntem p_H taucht. Diese Methode wurde für das Blut zuerst von HÖBER[1] angewendet.

---

[1] HÖBER, R.: Pflügers Arch. f. d. ges. Physiol. Bd. 81, S. 522. 1900; Bd. 99, S. 572. 1903.

Es ist theoretisch belanglos, daß man in der Praxis als Ableitungselektrode statt der Wasserstoffelektrode mit der erwähnten zweiten Lösung irgendeine andere gut definierte Elektrode, z. B. eine Kalomelelektrode benutzt, da die Eichung der Kalomelelektrode auf alle Fälle gegen eine Lösung von bekanntem p_H mit einer Wasserstoffelektrode ausgeführt werden muß. Die elektromotorische Kraft der Konzentrationskette steht in folgender Beziehung zur Aktivität der H-Ionen in den beiden Lösungen. Wenn die Elektrizitätsmenge $\mathfrak{F}$ bei konstanter elektromotorischer Kraft E durch einen beliebigen Querschnitt der geschlossenen Kette geflossen ist, so ist die geleistete Arbeit $= E\mathfrak{F}$. Diese Arbeit muß gleich sein dem Verlust an freier Energie in der Kette. Unter der Voraussetzung, daß das Diffusionspotential durch Zwischenschaltung von KCl-Lösung praktisch $= 0$ gemacht ist und daher die Überführung der Elektrolyte innerhalb des ganzen Flüssigkeitsgebietes der Kette keine Änderung der freien Energie verursacht, ist der einzige Verlust an freier Energie der Unterschied der partialen, freien Energie der H-Ionen, wenn 1 Mol. H-Ionen aus der Flüssigkeit in der Umgebung der einen Elektrode verschwindet und in der Umgebung der andern Elektrode wieder auftaucht. Die Differenz dieser freien Energie ist nach dem Vorangegangenen $= RT \ln \dfrac{h_1}{h_2}$, wo h_1 und h_2 die Aktivitäten der H-Ionen in den beiden Lösungen bedeuten. Daher ist

$$E = \frac{RT}{F} \ln \frac{h_1}{h_2}\,.$$

T ist die absolute Temperatur. Verwandeln wir die natürlichen Logarithmen in dekadische und setzen für die Konstante R den Zahlenwert im konventionellen elektrischen Maßsystem ein, so ist

$$E = 0{,}0001983\ T \log^{10} \frac{h_1}{h_2}\ \text{Volt}\,,$$

also für 38° C

$$E = 0{,}06167 \log^{10} \frac{h_1}{h_2}\ \text{Volt}\,.$$

Ist also h_1 bekannt und wird E gemessen, so kann die Gleichung nach h_2 aufgelöst werden.

Die Messung der elektromotorischen Kraft geschieht wohl ausschließlich nach der Kompensationsmethode von Dubois-Reymond und Poggendorf, mit verschiedenartiger Technik[1]. Als Potentiometer kann ein einfacher gut geeichter Meßdraht, wie bei Leitfähigkeitsbestimmungen, oder ein doppelter Satz von festen Widerständen benutzt werden, oder ein fertiges Potentiometer, welche heute in vorzüglichem Zustand fertig zu haben sind, z. B. der Typus von Leeds und Northrup. Als Nullinstrument kann man ausreichend ein Capillarelektrometer oder das noch empfindlichere Spiegelgalvanometer benutzen[2]. Die Empfindlichkeit bei nicht zu schlecht leitenden Flüssigkeiten ist derart, daß man mit einem gut gepflegten Capillarelektrometer die Zehntel-Millivolt noch ziemlich genau schätzen kann, während mit einem empfindlichen Galvanometer noch die Hundertstel Millivolt geschätzt werden können. Die Reproduzierbarkeit der Messungen bei einfachen Lösungen ist bis auf wenige Zehntel Millivolt genau, bei schwierigen Objekten wie Blut darf man immerhin eine Reproduzierbarkeit innerhalb eines Millivolts in der Regel verlangen. Ein Millivolt Unterschied bedeutet einen p_H-Unterschied von 0,018. Die p_H-Angaben auf Grund einzelner Messungen dürften also bis auf eine oder zwei Einheiten der zweiten Dezimale von p_H genau erreichbar sein.

---

[1] Die Technik ist beschrieben in L. Michaelis: Zitiert auf S. 601, ferner M. W. Clark: The Determination of Hydrogen Ion Concentration. 2. Aufl. Baltimore 1922 (mit vollständiger Literatursammlung über p_H).

[2] Ein sehr empfehlenswertes Modell ist das Spiegelgalvanometer Leeds u. Northrup, Type K. Es ist stets gebrauchsfertig, verträgt die robusteste Behandlung und hat eine Empfindlichkeit von 1 bis $2 \cdot 10^{-8}$ Ampere für 1 mm Ausschlag.

Diese Methode zeigt also das p_H immer nur relativ zu einem als bekannt vorausgesetzten Standardwert. Es muß also das p_H irgend einer leicht reproduzierbaren Lösung, welche als Bezugswert benutzt werden kann, genau bekannt sein. Wenn es auf große Genauigkeit ankommt, ist die Festsetzung einer solchen Eich-Lösung nur unter Aufgebot des ganzen theoretischen Apparates der Aktivitätstheorie möglich. Die in früheren Jahren ausgeführten Eichungen verwenden in der Regel etwas stärkere und neutralsalzhaltige HCl-Lösungen. So beziehen sich z. B. die am meisten üblichen Standardisierungen nach Sörensen[1] auf verdünnte, z. B. 0,01n HCl-Lösungen, welche KCl in einer Gesamt-Cl-Konzentration von 0,1n enthalten. Das p_H dieser Lösungen wurde auf Grund der Arrhenius-schen Dissoziationstheorie berechnet. Der Dissoziationsgrad der HCl wird als gleich dem einer reinen HCl-Löung von gleicher gesamter Cl-Konzentration betrachtet und der Dissoziationsgrad dieser reinen HCl-Lösung in der früher üblichen Weise aus dem Verhältnis der molekularen Leitfähigkeit von HCl bei dieser Konzentration und der bei unendlicher Verdünnung berechnet. Dieser Eichwert wäre folgender: eine Lösung, welche 0,01 n-HCl und 0,09n-KCl enthält, hat das p_H von 2,04. Der wahre Wert ist möglicherweise um ein wenig größer. Es sind verschiedene Versuche zu seiner Korrektur gemacht worden, jedoch sind diese nicht einwandfrei. Da die Korrektur, welche später einmal eingeführt werden könnte, nur darin besteht, daß alle p_H-Messungen mit einer konstanten Zahl addiert werden müssen, welche noch dazu wahrscheinlich bei weitem nicht einmal an 0,1 heranreicht, so ist es praktisch belanglos, den üblichen, wenn auch etwas willkürlichen Standardwert vorläufig beizubehalten, bis die definitive Eichung feststeht. (Siehe dazu auch M. W. Clark[2] und Sörensen und Linderström-Lang[3].) Auf Grund aller Erfahrungen und Literaturstudien scheint es mir wahrscheinlich, daß das p_H des sog. Standardacetat ($^1/_{10}$ Mol Essigsäure $+$ $^1/_{10}$ Mol Na-Acetat im Liter) innerhalb aller für gewöhnlich in Betracht kommenden Temperaturen $= 4,62$ gesetzt werden kann. Dieser Wert mag bis auf weiteres als der beste Bezugswert empfohlen werden.

Die beiden schwierigsten Probleme der p_H-Messung im Blut sind der Einfluß der CO_2 und des O_2 erstens auf das Potential bei gegebenem p_H, und zweitens auf das p_H selbst.

a) Der Einfluß des CO_2.

Die h des Blutes ist von seinem Gehalt an CO_2 abhängig. Da der natürliche CO_2-Gehalt des Blutes in Berührung mit der H_2-Atmosphäre der Gaselektrode geändert wird, so ist es fast das wichtigste Problem der Methodik, diesen Fehler zu vermeiden. Höber[4], dem wir die Einführung der Gaskettenmethode für die Messung des Blutes verdanken, hat schon gezeigt, daß h in gesetzmäßiger Weise geändert werden kann je nach der CO_2-Menge, die man dem durchströmenden Wasserstoff beimischt. Hasselbalch[5] hat zuerst ein Verfahren angegeben, um den CO_2-Fehler zu vermeiden. Das Blut wird zunächst mit der reinen H_2-Atmosphäre des Elektrodenraumes durch Schütteln in CO_2-Gleichgewicht gebracht und dann unter Beibehaltung dieser Atmosphäre eine neue Blutprobe eingefüllt und diese Erneuerung evtl. solange wiederholt, bis das neu eingefüllte Blut einen Gasraum von solchem CO_2-Gehalt schon vorfindet, mit dem es in Gleichgewicht steht. Michaelis u. Davidoff[6] erreichten das gleiche, indem sie eine möglichst kleine Wasserstoffblase mit mindestens dem 10fachen Volumen Blut im Elektrodengefäß ins Gleichgewicht brachten. Die dem Blut entzogene CO_2-Menge ist dann so klein, daß sie vernachlässigt werden kann. Im übrigen wird der etwa noch übrig bleibende Fehler dadurch kompensiert, daß die Verdünnung des Wasserstoffs mit CO_2 einen Fehler gleicher Größenordnung im entgegengesetzten Sinne erzeugt. Gerinnung an der Elektrode hindert die Einstellung eines be-

---

[1] Sörensen, S. P. L.: Zitiert auf S. 601.
[2] Clark, M. W.: The Determination of Hydrogen Ions. 2. Aufl. Baltimore 1922 (Literatur bis 1922).
[3] Sörensen, S. L. P. u. K. Linderström-Lang: Cpt. rend. trav. labor. Carlsberg, Kopenhagen Bd. 15, Nr. 6. 1924.
[4] Höber, R.: Zitiert auf S. 605.
[5] Hasselbalch, K. H.: Biochem. Zeitschr. Bd. 49, S. 451. 1913.
[6] Michaelis, L. u. W. Davidoff: Biochem. Zeitschr. Bd. 46, S. 131. 1912.

stimmten Potentials und kann ohne Fehler durch Hirudin verhindert werden. Auch Verdünnung des Blutes mit 0,9% NaCl-Lösung aufs 3—4fache ändert p_H praktisch nicht. Neuerdings ist E. Warburg wieder auf das Prinzip von Höber zurückgekommen und durchströmt das Blut mit Wasserstoff, dem ein bekannter Gehalt an CO_2 zugesetzt ist. Mit dieser Methode kann man zwar nicht das p_H des Blutes in seinem originalen CO_2-Gehalt messen, aber nach Kenntnis der CO_2-Spannung des Blutes auf die später zu besprechende Weise leicht umrechnen. Diese Methode scheint zur Erreichung wirklichen Gleichgewichtes bei der Messung die sicherste bei recht großer Einfachheit zu sein.

b) Die Berücksichtigung des Sauerstoffs.

Sauerstoff verhält sich an der Platinelektrode wie ein elektromotorisch wirksames Gas; der Wasserstoffatmosphäre beigemischt, ist es nicht, wie CO_2 ein indifferentes Verdünnungsmittel, welches das Potential nur dadurch beeinflußt, daß es den Partialdruck des H_2 vermindert, sondern es hat einen starken spezifischen Einfluß auf das Potential. Schon gewöhnliche wässerige Lösungen sind niemals frei von O_2, und in viel höherem Maße gilt das für Blut. Nun wird an der schwarzen Platinoberfläche $^1/_2\,O_2$ und H_2 katalytisch zu H_2O vereinigt und dadurch der Sauerstoff allmählich unschädlich gemacht. Man darf annehmen, daß die bei ruhender H_2-Atmosphäre stets vorhandene *Langsamkeit* der Einstellung eines konstanten Potentials darauf beruht, daß die katalytische Entfernung des O_2 eine gewisse Zeit erfordert. Erforderlich ist nur, daß *in der nächsten Nachbarschaft des Platins* und der Oberfläche gegen die Gasblase der Sauerstoff vollständig reduziert ist. Bei Gegenwart von Oxyhämoglobin ist nun soviel O_2 vorhanden, daß an eine vollkommene Reduktion des O_2 auch nach langem Schütteln nicht zu denken ist. Schütteln stellt zwar das CO_2-, aber nicht das O_2-Gleichgewicht her. Das letztere tritt erst nach Beendigung des Schüttelns beim ruhigen Stehen und nur in der nächsten Nachbarschaft des Platins ein. Dabei wird der vom Platin absorbierte H_2 verbraucht und muß durch Nachdiffusion aus dem Gasraum ergänzt werden. So tritt wenigstens in der Nachbarschaft des Platin ein Gleichgewicht ein, welches um so rascher erreicht wird, je kürzer der Diffusionsweg für den H_2 zu den in die Flüssigkeit hineinragenden Partien des Platins ist. Dies ist der Grund für die Notwendigkeit des von Michaelis und Davidoff[1] eingeführten Kunstgriffes, den auch Hasselbalch[2] und E. Warburg[3] als unentbehrlich für p_H-Messungen im Blut anerkannt haben: nämlich als Elektrode einen Platin*draht* statt eines Bleches zu nehmen und diesen in die Flüssigkeit nur gerade eben bis zur Berührung eintauchen zu lassen. Alle potentiometrischen Messungen geben daher immer nur das p_H des reduzierten Blutes an. Da aber das Oxyhämoglobin eine stärkere Säure ist als das reduzierte Hämoglobin, so ist anzunehmen, daß unter sonst gleichen Bedingungen das p_H des sauerstoffhaltigen Blutes etwas kleiner ist als das reduzierte. Dies gilt aber nicht für das Plasma, wenn es von den Blutkörperchen getrennt ist.

Als zweite Methode für die p_H-Bestimmung des Blutes kommt die *Indicatorenmethode* in Betracht. Dale und Evans[4] haben sie für das Blut in folgender Weise ausgearbeitet. Sie lassen eine Blutprobe unter Kautelen, welche das Entweichen von CO_2 verhindern, durch eine Kollodiummembran gegen reines Wasser dialysieren. Die Menge des Wassers muß gegenüber der Blutmenge klein sein. Nach einer halben Stunde ist das Dialysegleichgewicht erreicht, und nun wird im

---

[1] Michaelis, L. u. W. Davidoff: Zitiert auf S. 607.
[2] Hasselbalch, K. H.: Zitiert auf S. 607.
[3] Warburg, E.: Biochem. journ. Bd. 16, S. 153. 1922.
[4] Dale u. Evans: Journ. of physiol. Bd. 54, S. 167. 1920.

Dialysat das p_H nach der Indicatorenmethode von SOERENSEN mit Neutralrot oder Phenolsulphophthalein als Indicator und mit Phosphatpuffern als Vergleichslösung bestimmt. LINDHARD[1] hat diese Methode als Mikromethode ausgearbeitet, so daß wenige Tropfen Blut zur Bestimmung genügen. Die Übereinstimmungen der colorimetrischen Methode mit den potentiometrischen sind vorzüglich. Es wäre eigentlich zu erwarten, daß infolge des Donnaneffektes das p_H außen und innen nicht ganz gleich ist. Aber in so elektrolytreicher Lösung, wie sie das Blut darstellt, kann dieser Effekt nur klein sein. VAN SLYKE (S. 612) berechnet den dadurch verursachten Fehler im p_H zu 0,02. Auch CULLEN und HASTINGS[2] haben eine ähnliche Indicatorenmethode zur direkten p_H-Messung im Plasma ausgearbeitet, wobei sie eine 20fache Verdünnung des Plasmas benutzen und eine diese Verdünnung betreffende, sowie eine die Temperatur betreffende Korrektur anbringen. Ähnlich arbeiten MYERS, SCHMITZ und BOOHER[3]. Noch einige andere Modifikationen sind beschrieben worden, besonders sei verwiesen auf die Methode von CULLEN[4] sowie HAWKINS[5].

Eine dritte Methode zur p_H-Bestimmung im Blut ist die von HASSELBALCH[6] ausgearbeitete gasanalytische Methode. Sie beruht auf folgendem Prinzip. In jeder Lösung, welche eine schwache Säure in Gemisch mit ihrem Alkalisalz enthält, wird h durch das Verhältnis der freien Säure zu ihrem Alkalisalz bestimmt, also auch z. B. durch das Verhältnis der Menge der freien CO_2 zum Bicarbonat, und es ist

$$h = k' \cdot \frac{(\text{freie } CO_2)}{(\text{Bicarbonat})} .$$

Die Konzentration der freien CO_2 kann aus einer Bestimmung der CO_2-Tension leicht berechnet werden, und die Bicarbonatmenge ist die Differenz der ebenfalls gasanalytisch bestimmbaren Gesamtkohlensäure, welche durch Ansäuerung des Blutes ausgetrieben werden kann, und der freien CO_2. Die Schwierigkeit liegt nur in der Einsetzung des richtigen Wertes für k'. Früher war die allgemeine Deutung:

$$k' = \frac{k}{\gamma} ,$$

wo k die Dissoziationskonstante der Kohlensäure und γ der Dissoziationsgrad des Natriumbicarbonats ist. Seit der Entwicklung der Ionenaktivitätstheorie, insbesondere durch G. N. LEWIS und durch BJERRUM ist diese Deutung unhaltbar geworden, denn wir glauben heute zu wissen, daß der Dissoziationsgrad eines Salzes wie $NaHCO_3$ überhaupt nicht variiert und immer $= 1$ ist, daß aber die Aktivität der HCO_3'-Ionen von der Gesamtmenge und von der Art der überhaupt in der Lösung befindlichen Elektrolyte abhängt. Somit kann man k' die „auf den Elektrolytgehalt des Blutes reduzierte Dissoziationskonstante" der CO_2 nennen. So nannte sie auch HASSELBALCH, aber er hatte die selbst vom Standpunkt der damaligen Theorie unzutreffende Vorstellung, daß k' nur von der Menge des Bicarbonats und nicht z. B. von der des NaCl abhänge. Infolgedessen benutzt er für Blutproben von verschiedenem Bicarbonatgehalt ein verschiedenes k', während doch selbst vom Standpunkt der alten Dissoziationstheorie nach der Regel von ARRHENIUS nur die *Gesamtmenge* des Na maßgeblich wäre, welche ja im Blute kaum einer merklichen Variation unterworfen ist. HASSELBALCH

---

[1] LINDHARD, J.: Meddel. fra Carlsberg laborat. Bd. 14, Nr. 1. 1921.

[2] CULLEN, G. E. A. u. A. B. HASTINGS: Journ. of biol. chem. Bd. 52, S. 517. 1922.

[3] MYERS, SCHMITZ u. BOOHER: Proc. of the soc. f. exp. biol. a. med. Bd. 20, S. 362. 1923.

[4] CULLEN, G. C.: Journ. of biol. chem. Bd. 52, S. 501. 1922.

[5] HAWKINS, J. A.: Journ. of biol. chem. Bd. 57, S. 493. 1923.

[6] HASSELBALCH, H. K.: Biochem. Zeitschr. Bd. 78, S. 112. 1916.

legte der gasanalytischen Methode folgende Ableitung zugrunde. Ist k die Dissoziationskonstante der Kohlensäure, α der Dissoziationsgrad des $NaHCO_3$, so ist

$$k = \frac{[H^{\cdot}] \cdot \alpha \cdot [Bicarb]}{[CO_2]} \, .$$

Da

$$\frac{k}{\alpha} = k'$$

sein soll, so folgt:

$$[H^{\cdot}] = k' \cdot \frac{[CO_2]}{[Bicarb]}$$

oder

$$p_H = p_{k'} + \log \frac{[Bicarb]}{[CO_2]} \, .$$

(Von diesem $p_{k'}$, nimmt also Hasselbalch irrtümlicherweise an, daß es nur von der Konzentration des Bicarbonats abhänge.) Zur Ausführung der Methode muß man zunächst das Blut mit einer CO_2-haltigen Luft bei bestimmter Temperatur ins Gleichgewicht bringen und die CO_2-Spannung der Luft bestimmen. Ist a der Absorptionskoeffizient der CO_2 für Blut bei dieser Temperatur, so ist die freie CO_2 in Volumprozenten

$$= \frac{100 \cdot p \cdot a}{760} \, .$$

In einer anderen Blutprobe wird die gesamte CO_2 in Volumprozenten bestimmt. Die Differenz dieser und der freien CO_2 ist die gebundene CO_2 oder die Bicarbonat-Kohlensäure s. Durch Einsetzen in die früheren Gleichungen erhält man

$$p_H = p_{k'} + \log \frac{s}{\dfrac{100 \cdot p \cdot a}{760}} \, . \tag{1}$$

Hasselbalch sagt aber statt dessen: „Bei Berücksichtigung der Zweibasischkeit der CO_2 erhält man

$$p_H = p_{k'} + \log \frac{s}{\dfrac{2 \cdot 100 \cdot p \cdot a}{760}} \, .\text{``} \tag{2}$$

Praktisch kann man natürlich ebensogut Gleichung (2) wie (1) benutzen, aber die Konstante hat dann einen verschiedenen Sinn. Bei Anwendung von (2) ist $p_{k'}$ nicht mehr die sinngemäße reduzierte „Dissoziationskonstante`` der Kohlensäure.

Die Hasselbalchsche gasanalytische Methode hat sich praktisch gut bewährt, aber seine Theorie der reduzierten Dissoziationskonstante der Kohlensäure hat eine wesentliche Veränderung erfahren müssen. Diese Konstante hängt nicht allein von der Konzentration des Bicarbonats ab, wie Hasselbalch ursprünglich meinte, aber auch nicht allein von der Art und Konzentration aller Elektrolyte des Plasmas, wie sie die moderne Ionenaktivitätstheorie nach Lewis, Bjerrum, Debye erfordern würde, sondern auch noch von anderen Umständen, insbesondere von der Beschaffenheit der Blutkörperchen, wie E. Warburg[1] gezeigt hat. Insbesondere kommt es auf das Volumen der Blutkörperchen relativ zum Gesamtblut, und auf die Verteilung der Carbonationen zwischen Blutkörperchen und Plasma an. Methodisch folgt daraus, daß der für eine jeweilige Blutprobe zu benutzende Wert von $p_{k'}$ nicht nur eine Kenntnis des Bicarbonatgehaltes des Bluts erfordert, sondern auch eine Kenntnis des relativen

---

[1] Warburg, E.: Zitiert auf S. 608.

Volums der Blutkörperchen und der Bicarbonatverteilung zwischen Plasma und Blutkörperchen. E. WARBURG glaubt sogar gefunden zu haben, daß $p_{k'}$ ein wenig vom p_H abhängig ist, und dieser Befund ist von PETERS, BULGER und EISENMANN[1] bestätigt worden. Im Grunde ist also $p_{k'}$ eine von Fall zu Fall zu eichende empirische Konstante. Ist diese für eine gegebene Blutart gut geeicht, so hat allerdings die gasanalytische Methode den Vorteil, daß sehr kleine Unterschiede im p_H relativ sicherere Ausschläge in den Messungen ergeben.

3. Der chemische Mechanismus der h-Regulation im Blut; Theorie des Ionengleichgewichts.

Man mißt in der Regel das p_H des Blutplasmas (bzw. Serums), und wir beginnen deshalb mit der Betrachtung des Plasmas im Sinne eines chemisch homogenen Systems ohne die zweite Phase, welche die Blutkörperchen darstellen. Das Plasma kann man sich vorstellen als eine Lösung 1. von Carbonatpuffer, d. h. CO_2 + Bicarbonat, 2. von Phosphatpuffer, d. h. primäres + sekundäres Phosphat, 3. von Eiweißkörpern, welche bei dem p_H des Blutes überwiegend als Anionen, zum Teil auch in unelektrischer Form vorhanden sind, und welche an der Pufferung teilnehmen, 4. nur in pathologischen Fällen auch aus Puffern, an denen unverbrennliche Säuren, wie Acetessigsäure und Oxybuttersäure, beteiligt sind, 5. aus Neutralsalzen. Da die molare Konzentration der Carbonatpuffer die der anderen weit übertrifft, kann man in *erster* Annäherung schon einen Einblick erhalten, wenn man die Blut*flüssigkeit* (nicht das Gesamtblut) als einen reinen Carbonatpuffer betrachtet. In einem solchen ist

$$h = k' \cdot \frac{[CO_2]}{[\text{Bicarb}]} \, ,$$

wo k' die auf den Gesamtelektrolytgehalt des Blutes reduzierte Dissoziationskonstante der Kohlensäure ist. Wenn diese Auffassung streng richtig wäre, so müßte in Plasma oder Serum h der freien CO_2 proportional wachsen, wenn man eine Probe Plasma allmählich mit einem immer steigenden CO_2-Partialdruck ins Gleichgewicht bringt. Dies trifft wenigstens einigermaßen wirklich zu. In einem solchen Versuch fand z. B. HASSELBALCH:

Gesamtmenge der CO_2 in Vol.%	Freie CO_2		Gebunden CO_2	CO_2		freie CO_2 relativ
	in mm Hg[2]	in Vol.%		Bicarbonat	relativ	
23	0	0	—	—	—	—
48	8	0,538	47,46	0,168	1	1
52	19,5	1,310	50,69	0,384	2,28	2,4
57	38	2,554	54,45	0,70	4,17	4,7
62	61	4,099	57,9	1,06	6,0	7,5
65	92	6,182	58,8	1,56	9,29	9,1

Streng trifft die Proportionalität nicht zu, weil auch andere Puffer als Carbonat vorhanden sind. Die hinzugefügte Kohlensäure setzt sich z. B. mit den Phosphaten in folgender Weise zum Teil um:

$$H_2CO_3 + Na_2HPO_4 \rightleftarrows NaHCO_3 + NaH_2PO_4$$

oder

$$H_2CO_3 + \text{Eiweiß-Na} \rightleftarrows NaHCO_3 + \text{Eiweiß-H} \quad \text{(d. h. unelektrisches Eiweiß)}$$

Also, die zugeführte CO_2 wird nicht vollkommen zur Vermehrung der freien CO_2 verwendet, sondern auch, wenn auch nur zum kleineren Teil, zur Vermehrung der Bicarbonatmenge. Daher wächst h weniger, als der zugeführten CO_2 bei einem

---

[1] PETERS, BULGER u. EISENMANN: Journ. of biol. chem. Bd. 55, S. 687. 1923.

reinen Carbonatpuffer entsprechen würde. Dies kann man so ausdrücken: In einem reinen Carbonatpuffer (enthaltend Bicarbonat und freies CO_2) verteilt sich zugeführtes CO_2 zwischen Gasraum und Lösung gemäß dem physikalischen Absorptionskoeffizienten, die Menge des Bicarbonats wird durch Zufuhr von freiem CO_2 nicht geändert. Im Serum wird aber ein Teil der zugefügten CO_2 gebunden, d. h. in Bicarbonat verwandelt. Eine Kurve, welche die gebundene CO_2 als Funktion der freien CO_2 ausdrückt, nennt man die CO_2-Bindungskurve. Man mißt die gebundene CO_2 gewöhnlich in Volumenprozenten, die freie in mm-Hg-Druck. In reiner Bicarbonatlösung mit oder ohne Neutralsalze verläuft diese Kurve streng linear, im Serum weicht sie ein wenig vom linearen Verlauf ab, sie wird allmählich etwas flacher.

Viel beträchtlicher aber ist diese Abweichung beim *Gesamtblut*. Denn die Substanz der Blutkörperchen, insbesondere das Hämoglobin wirkt in dieser Beziehung viel stärker als die Substanzen des Serums. Das Hämoglobin ist offenbar viel stärker sauer als das Serumeiweiß. Die Pufferwirkung des Hämoglobins ist aber theoretisch etwas anders zu behandeln, weil dasselbe sich in einer zweiten Phase, in den Blutkörperchen, befindet.

Hiermit kommen wir zu der Erörterung, wie die Verteilung der CO_2 sich gestaltet, wenn man das Blut als Ganzes betrachtet, mitsamt den Blutkörperchen. Zunächst wäre daran zu denken, daß das Hämoglobin CO_2 chemisch binden könnte, und zwar auf Grund seiner basischen Eigenschaften, die es als Ampholyt doch auch besitzt. Nun ist aber der isoelektrische Punkt des Hämoglobins nach Michaelis[1] bei $p_H = 6{,}8$. Bei jedem größeren p_H ist das Hämoglobin praktisch nur als Anion, nicht als Kation, vorhanden und kann daher mit CO_2 kein Salz bilden. Das p_H im Blut ist aber selbst in extrem pathologischen Fällen größer als 6,8, und diese Möglichkeit einer meßbaren CO_2-Bindung fällt daher fort. Es besteht zweitens die Möglichkeit einer CO_2-Bindung in carbaminsäureartiger Weise, wie sie Siegfried für Aminosäuren beschrieben hat und wohl auch für Eiweißstoffe erwartet werden kann. Aber E. Warburg hat wie mir scheint überzeugend nachgewiesen, daß im Blut die Bedingung für die Entstehung solcher Carbaminsäuren gar nicht gegeben ist.

Aber in einer anderen Weise beteiligt sich das Hämoglobin an der CO_2-Verteilung, wie E. Warburg und van Slyke[2] nachgewiesen haben. Das hängt damit zusammen, daß Hämoglobin als Anion eine Dissoziationskonstante hat, welche von gleicher Größenordnung ist wie die der Kohlensäure. Es ist daher imstande, CO_2 aus $NaHCO_3$ teilweise zu verdrängen. Dazu kommt noch, daß Oxyhämoglobin eine stärkere Säure ist als reduziertes Hämoglobin. Dies wurde zuerst von Christiansen, Douglas und Haldane[3] festgestellt und von van Slyke, Heidelberger und Neill[2] durch Messung des Alkalibindungsvermögens einer reinen Hämoglobinlösung bei gegebenem p_H, einmal in reduziertem, ein anderes Mal in oxydiertem Zustand nachgewiesen. Diese Autoren fanden, daß bei der normalen Blutreaktion $p_H = 7{,}4$ pro g-Mol. krystallisiertes Oxyhämoglobin vom Pferde $2{,}15 \pm 0{,}10$ Äquivalente Alkaliionen gebunden werden, von reduziertem Hämoglobin unter gleichen Bedingungen $0{,}68 \pm 0{,}10$ Äquivalente Alkaliionen weniger. Aus der Pufferungsgröße des Hämoglobins glauben

---

[1] Michaelis, L. u. D. Takahashi: Biochem. Zeitschr. Bd. 29, S. 439. 1910.

[2] van Slyke, D. u. Mitarbeiter: Siehe die Zusammenstellung dieses Arbeitsgebietes in: The Theory and Applications of Colloidal Behavior, herausgeg. von R. H. Bogue. New York 1924, Bd. I; darin Donald D. van Slyke: The colloidal behaviour of the body flds, S. 98—122. — Ferner van Slyke, Hastings, Heidelberger u. Neill: Journ. of biol. chem. Bd. 54, S. 481. 1922. — van Slyke, Wu u. McLean: Ebenda Bd. 56, S. 765. 1923.

[3] Christiansen, Douglas u. Haldane: Journ. of physiol. Bd. 48, S. 244. 1914.

sie berechnen zu können, daß bei p_H 7,2 bis 7,5 mindestens 5 einwertige Säuregruppen im Hämoglobinmolekül sich an der Alkalibindung beteiligen.

Die Beteiligung des Hämoglobins an der Pufferung kommt am besten zum Ausdruck, wenn man die CO_2-Bindungskurve des Serums, des Blutes und einer Aufschwemmung von Blutkörperchen in NaCl-Lösung miteinander vergleicht, vgl. hierüber das Kapitel: Blutgase.

Die Beteiligung des Hämoglobins an der Pufferung äußert sich dadurch, daß dasselbe die Ursache für einen eigenartigen Austausch zwischen den Anionen der Blutkörperchen und des Plasmas ist, welcher heute auf einen Donnaneffekt zurückgeführt zu sein scheint, bei welchem das Hämoglobin die Rolle des nicht diffusiblen, innerhalb einer Membran eingeschlossenen Ions spielt. Vor langer Zeit fanden N. ZUNTZ[1] und HAMBURGER[2], daß bei einer Erhöhung der CO_2-Tension Cl' aus dem Plasma in die Blutkörperchen tritt. Die Deutung, welche ZUNTZ in einer für die damalige Zeit auffällig weitsichtigen Weise gab, ist, daß Chlorionen des Plasmas gegen Bicarbonationen der Blutkörperchen ausgetauscht werden. Wir können heute diesen Austauschprozeß als eine Teilerscheinung eines Vorgangs betrachten, den man die Einstellung eines DONNANschen Gleichgewichtes nennt. Dieser Vorgang findet immer statt, wenn zwei Lösungen durch eine Membran voneinander getrennt sind, welche für eine oder einige der gelösten Ionenarten undurchlässig ist. Die diffussionsfähigen Ionenarten müssen sich dann derartig verteilen, daß das Konzentrationsverhältnis für jede beliebige vorhandene Kationenart das gleiche ist, für jede beliebige Anionenart das reziproke dieses Wertes. (Für den Fall mehrwertiger Ionen erfordert dieses Gesetz eine gewisse Modifikation, auf welche wir nicht einzugehen brauchen, weil dieser Fall praktisch für das Blut nicht in Betracht kommt.) Diese Theorie wurde von E. WARBURG[3] und von VAN SLYKE[4] mit großem Erfolg auf das Verteilungsgleichgewicht zwischen Blutkörperchen und Plasma angewendet. VAN SLYKE legt seinen Ableitungen folgende Annahmen zugrunde.

1. Der osmotische Druck des Plasmas ist stets gleich dem innerhalb der Blutkörperchen.

2. Im Plasma und in den Blutkörperchen sind die positiven Ladungen der Alkalikationen gerade ausgeglichen durch negative Ionen, welche zum Teil aus nicht diffusiblen Eiweißanionen, zum Teil von diffusiblen Anionen dargestellt werden. Von den letzteren kommen quantitativ nur Cl' und HCO_3' praktisch in Betracht.

3. Für den osmotischen Druck kommen außer den Proteinionen nur K', Na', Cl' und HCO_3' praktisch in Betracht.

4. Von den Proteinionen hat nur das Hämoglobin einen meßbaren Anteil am osmotischen Druck. Die Serumproteine und die Nichtelektrolyte können vernachlässigt werden, der Anteil des Hämoglobins auf den osmotischen Druck innerhalb der Blutkörperchen beträgt dagegen gegen 10 %.

5. Die Zellmembran ist durchlässig für Wasser und für H'- oder OH'-Ionen oder für beide zugleich, was für die Schlußfolgerung belanglos wäre.

6. Die Zellmembran ist undurchlässig für Proteine sowie für K' und Na'-Ionen, nach den Untersuchungen von GÜRBER, DOISY und EATON[5].

---

[1] ZUNTZ, N.: Dissertation Bonn 1868.

[2] HAMBURGER, H. J.: Zeitschr. f. Biol. Bd. 28, S. 405. 1892; Arch. f. Physiol. 1894, S. 419.

[3] WARBURG, E.: Zitiert auf S. 608.

[4] VAN SLYKE: Zitiert auf S. 612.

[5] GÜRBER, A.: Jahresber. d. Tierchem. Bd. 25, S. 165. 1895. — DOISY, E. A. u. E. P. EATON: Journ. of biol. chem. Bd. 47, S. 377. 1921.

7. Alle Proteine des Blutes befinden sich in dem p_H-Bereich physiologischer Grenzen nach MICHAELIS[1] auf der alkalischen Seite des isoelektrischen Punktes und sind daher, soweit ionisiert, Anionen.

8. Die Menge der von den Proteinen gebundenen Alkaliionen steigt innerhalb physiologischer Grenzen des p_H linear mit dem p_H.

9. Im physiologischen p_H-Bereich bindet reduziertes Hämoglobin pro Mol (berechnet nach dem Eisengehalt) 0,5 bis 0,7 Äquivalente Alkali weniger als Oxyhämoglobin.

Ferner legt er folgende physikochemische Annahmen zugrunde: Bei der nahezu neutralen Reaktion des Blutes sind alle starken Alkalien praktisch als Neutralsalze zugegen. Die Menge der gesamten Basen ist gleich der Summe der Basen-Proteinsalze und der Salze der gewöhnlichen Anionen, welche praktisch nur Cl' und HCO_3' sind. Die Ionenverteilung wird durch das DONNANsche Gesetz reguliert.

Auf Grund dieser Annahmen berechnet VAN SLYKE die p_H-Differenz innerhalb der Blutkörperchen und im Plasma und kommt zu dem Resultat, welches in dem Diagramm 1 dargestellt ist. Die Abszisse stellt das p_H des Serums dar. Die Ordinate, wenn man den links angeschriebenen Maßstab zugrunde legt, bezieht sich auf die oberen beiden Kurven und ist das Verhältnis der h im Serum und in den Blutkörperchen, r. Die eingetragenen Marken geben aus vier verschiedenen Versuchsreihen die experimentell ermittelten Werte von r, für die Cl-Ionen mit der Marke ●, und für die KCO_3-Ionen ○. Der rechte Maßstab der Ordinate gibt den Wert von $-\log r$ und bezieht sich auf die beiden unteren Kurven. Aus diesen kann man die p_H-Differenz zwischen Plasma und Serum direkt ablesen. Je alkalischer die Reaktion ist, um

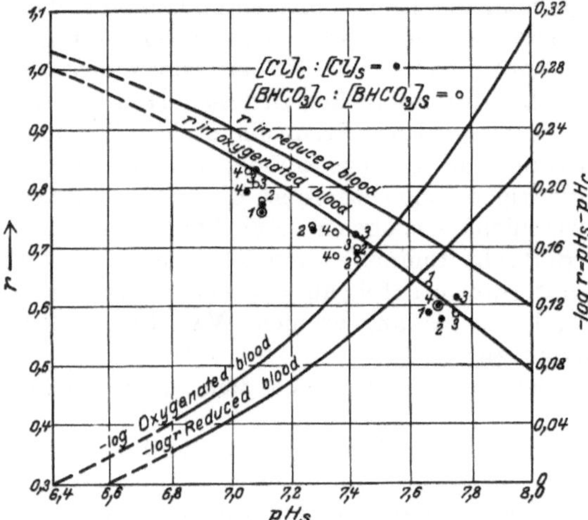

Abb. 70.   Diagramm 1 nach D. D. VAN SLYKE.
(Aus BOGUE: The Theory and Application of Colloidal Behavior.)

so größer ist diese Differenz, ferner ist sie für O_2 haltiges Blut größer als für reduziertes.

Dieses Kapitel über den *chemischen* Mechanismus der Regulation des p_H ist naturgemäß nicht scharf zu begrenzen gegen das Kapitel von der *physiologischen* Regulation desselben, und man wird in diesem Kapitel (J. XIV) Fragen behandelt finden, die den engsten Anschluß an die hier erörterten haben.

4. Die Ergebnisse der p_H-Messung im normalen und pathologischen Blut.

Es sei voraus bemerkt, daß heute die Frage nach den p_H-Werten des Blutes unter verschiedenen Bedingungen als eigenes Kapitel der Physiologie keine isolierte Daseinsberechtigung mehr hat. Sie ist eine Teilfrage des gesamten Ionengleichgewichts geworden. Z. B. die Frage des p_H im Blut bei Tetanie kann

---

[1] MICHAELIS, L.: Die Wasserstoffionenkonzentration. 1. Aufl. Berlin 1914 (daselbst Literatur bis 1914).

erschöpfend nur im Rahmen der gesamten pathologischen Physiologie der Tetanie abgehandelt werden. Da es aber erwünscht sein mag, einige Zahlenangaben für normale und pathologische Fälle an dieser Stelle nachschlagen zu können, so sei die folgende Zusammenstellung versucht.

Im menschlichen normalen Blutplasma wird von den verschiedensten Autoren heute p_H zwischen den engen Grenzen von etwa 7,3 und 7,4 gefunden, z. B.:

H. Straub und Kl. Meier[1] (reduziertes p_H des Blutes)	7,30 bis 7,42
Peters, Barr und Rule[2] (dasselbe)	7,25 „ 7,45
L. Michaelis[3] (p_H des venösen Blutes)	7,33 „ 7,44
H. Straub[4] (dasselbe)	7,28 „ 7,50
van Slyke[5] (normales Serum)	7,3 „ 7,5
Cullen und Robinson[6] (Blut gesunder Studenten)	7,28 „ 7,41
Dieselben (zeitliche Schwankung bei einem Individuum in mehreren Tagen)	7,30 „ 7,40
Drucker und Cullen[7] (Capillarblut normaler Säuglinge)	7,34 „ 7,44

Der Unterschied zwischen arteriellen und venösem Blut ist sehr gering. Wird die Messung bei gleicher O_2-Spannung vorgenommen, so findet sich nach Hasselbalch[8] 7,45 (Arterie) und 7,31 (Vene). Wenn aber arterielles Blut bei arterieller, und venöses Blut bei venöser O_2-Spannung gemessen wird, so wird durch die oben beschriebene Wirkung der Variation des O_2-Druckes sogar dieser kleine Unterschied so gut wie ausgeglichen. Es dürften nur ganz wenige Einheiten in der 2. Dezimalstelle von p_H übrigbleiben, oder mit anderen Worten, die Konzentration der H-Ionen unterscheidet sich gewöhnlich nur um 5 bis 10% in Arterie und Vene.

Der häufigere Fall der Abweichung vom Normalen besteht darin, nach der Seite der *Säuerung* sich zu verändern. Solche Zustände faßt man als *Acidose* zusammen. In der Tat ist ja das Ergebnis des Stoffwechsels überwiegend die Bildung von Säuren (CO_2, Milchsäure, evtl. die Säuren der Acetonkörpergruppe), und ein wesentlicher Teil alles Lebens besteht im Kampf gegen diese Säuren. Wo die Regulation versagt, wird also Tendenz zur Säuerung hervortreten. Diese Tendenz ist aber nicht notwendigerweise mit einer Erhöhung der h (einem Sinken des p_H) verbunden. Vielmehr können, wo übermäßige Säuren entstehen, oder wo mit anderen Worten die Regulation der Säureproduktion gestört ist, die Regulationsvorrichtungen zur Aufrechterhaltung der h stärker in Anspruch genommen werden und die normale h wirklich aufrechterhalten. In diesem Falle spricht man nach Hasselbalch von einer *kompensierten Acidose*. Versagen aber sogar schließlich diese Vorrichtungen und steigt die h wirklich, so besteht eine „unkompensierte" oder „wahre" oder „manifeste" Acidose. Jeder pathologische Zustand, der zu einer Acidose führt, führt zunächst zur kompensierten, und erst viel später manchmal zur unkompensierten Acidose. Selbst beim Diabetes mit Acetonkörpern kann trotz sehr großer Mengen von Oxybuttersäure und daher sehr kleinen Mengen von Bicarbonaten im Blut die Acidose kompensiert bleiben. Der Beginn der Kompensationsstörung ist hier fast gleichbedeutend mit dem Coma diabeticum.

---

[1] Straub, H. u. Klara Meier: Dtsch. Arch. f. klin. Med. Bd. 129, S. 54. 1919.
[2] Peters, Barr u. Rule: Journ. of biol. chem. Bd. 45, S. 489. 1921.
[3] Michaelis, L.: Die Wasserstoffionenkonzentration. 1. Aufl. Berlin 1914.
[4] Straub, H.: Ergebn. d. inn. Med. Bd. 25, S. 1. 1924.
[5] van Slyke, D. D.: Journ. of biol. chem. Bd. 48, S. 153. 1921.
[6] Cullen, G. E. u. H. W. Robinson: Journ. of biol. chem. Bd. 57, S. 533. 1923.
[7] Drucker, P. u. G. E. Cullen: Journ. of biol. chem. Bd. 64, S. 221. 1925.
[8] Hasselbalch, K. A.: Biochem. Zeitschr. Bd. 78, S. 112. 1916.

Das Säurebasen-Gleichgewicht im Blutplasma kann ausreichend durch zwei Variable definiert werden, die verschieden gewählt werden können. Van Slyke[1] schlägt als Variable vor 1. gesamte CO_2-Menge des Serums, in Volumenprozenten, 2. p_H. Der normale Zustand ist durch folgendes Symbol charakterisiert:

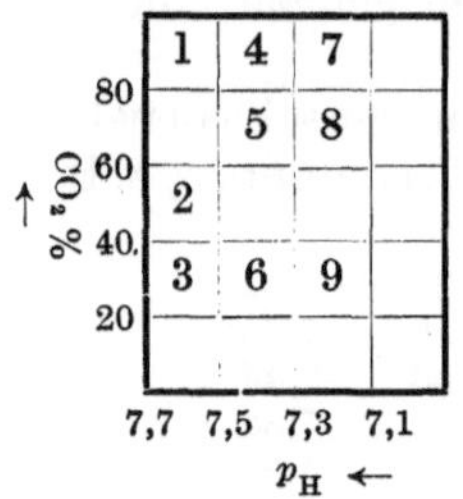

Abb. 71. Diagramm 2 nach van Slyke.

$$A \cdot B \cdot C = 7,4 \text{ und } 50,$$

lies: „Säure-Basen-Gleichgewicht ($Acid$-$Base$-$Condition$) ist charakterisiert durch $p_H = 7,4$ und Gesamt-CO_2 im Serum $= 50$ Vol.-%". Eine kompensierte Acidose besteht darin, daß trotz Veränderung der CO_2-Menge das p_H normal bleibt. Van Slyke unterscheidet sechs verschiedene Gruppen der Störungen des $A \cdot B \cdot C$, die aus dem nebenstehenden Schema ersichtlich sind. Feld 5 ist das Bereich des Normalen.

I. Unkompensierter Alkaliüberschuß (Feld 1).

II. Unkompensiertes CO_2-Defizit (Feld 2 u. 3).

III. Kompensierter Überschuß an Alkali oder an CO_2 (Feld 4).

IV. Kompensiertes Defizit an Alkali oder an CO_2 (Feld 6).

V. Unkompensierter CO_2-Überschuß (Feld 7 u. 8).

VI. Unkompensiertes Alkalidefizit (Feld 9).

Im folgenden seien einige der wichtigeren pathologischen Zustände, bei denen Acidose eintritt, etwas näher erörtert.

1. Experimentelle Zufuhr von Säuren.

Von den zahlreichen Versuchen über den Einfluß künstlich einverleibter Säuren sei die folgende Tabelle von Austin und Cullen[2] wiedergegeben. Die Säure wurde Hunden intravenös injiziert.

Säure	Konzentration in Molarität	Injizierte Menge in Millimol pro kg Tier	Zeitdauer der Injektion in Minuten	Änderung der Bicarbonat- menge in Millimol pro Millimol/kg der Säure	Änderung des p_H pro Millimol der Säure kg Tier
HCl	1,0	2,2	10	−6,0	−0,11
,, ...	1,0	2,2	10	−7,0	−0,06
,, ...	1,0	1,4	6	−6,0	−0,06
H_3PO_4	0,1	1,4	49	−4,0	−0,16
NaH_2PO_4	0,1	4,9	52	−2,0	−0,03
Milchsäure	1,0	2,2	6	−2,0	+0,01

Das Fehlen der p_H-Änderung bei Milchsäure dürfte auf eine Synthese derselben im Tierkörper (Meyerhofsche Reaktion) zurückzuführen sein. Nach Haldane[3] sowie Gamble und Ross[4] wirkt einverleibtes NH_4Cl wie eine Säure, weil NH_3 in Harnstoff verwandelt und daher HCl frei gesetzt wird. Ähnlich wirkt nach Gamble, Ross und Tisdall[5] auch eingenommenes $CaCl_2$. Das Ca wird im Darm als Carbonat ausgeschieden, das Cl-Ion tauscht sich dabei mit dem HCO_3-Ion des Blutes aus. Umgekehrt erhöht die Einverleibung von Basen, wie zu erwarten, das Bicarbonat im Blut, unter Umständen auch das p_H[6].

[1] van Slyke, D. D.: Zitiert auf S. 615.

[2] Austin, J. H. u. G. E. Cullen: Medicine (Analytical Reviews), Artikel: „Hydrogen Ion Conc. of Blood", Bd. IV. Baltimore 1925.

[3] Haldane, J. B. S., R. Hill u. J. M. Luck: Journ. of physiol. Bd. 57, S. 301. 1923.

[4] Gamble, J. S. u. G. S. Ross: Americ. journ. of dis. of childr. Bd. 25, S. 470. 1923.

[5] Gamble, J. S., G. S. Ross u. F. F. Tisdall: Americ. journ. of dis. of childr. Bd. 25, S. 455. 1923.

[6] Palmer, W. W. u. D. D. van Slyke: Journ. of biol. chem. Bd. 32, S. 499. 1917.

Auch bei Nephritis[1] ist eine unzweifelhafte Acidose beobachtet worden, deren Bedeutung von klinischer Seite wiederholt bearbeitet worden ist, aber besser im Zusammenhang des Kapitels über Nierenfunktion behandelt werden kann.

Die Acidosis bei Diabetes mellitus[2] mit Acetonkörperausscheidung ist seit langem bekannt. Sie beruht darauf, daß die Oxybuttersäure und Acetessigsäure einen Teil des Na in Beschlag legen, der normalerweise als Bicarbonat vorhanden ist. Denn diese beiden Säuren sind wesentlich stärkere Säuren als Kohlensäure. Daher ist die Menge des Bicarbonat vermindert. Lange Zeit bleibt selbst bei hohem Gehalt an diesen unverbrennlichen Säuren das p_H infolge Regulation der CO_2-Menge durch die Atmung normal, die Acidose ist kompensiert. Mit dem Coma diabeticum hört die Kompensation auf. p_H sinkt, unter Umständen bis unter 7,0[3]. Alkalibehandlung kann vorübergehend die Verhältnisse bedeutend der Norm annähern. Vor allem aber wird durch Behandlung mit Insulin[4] das normale Säurebasengleichgewicht und p_H wieder hergestellt.

Im anaphylaktischen Shock wurde beim Menschen und beim Hunde von EGGSTEIN und anderen eine Verminderung der Alkalireserve und auch manifeste Acidose beobachtet.

Bei *Tetanie*[5] wurde eine Erhöhung der Alkalität beobachtet. Welche Rolle das vermehrte p_H bei der Tetanie spielt, ist noch nicht ganz geklärt. Einerseits wurde durch intravenöse Einverleibung von Alkali bei Hunden Tetanie erzeugt. So erhielten AUSTIN und CULLEN[6] durch Injektion von Na_2HPO_4 beim Hunde Tetanie, wobei p_H ein wenig stieg (von 7,34 auf 7,36), während in Kontrollversuchen mit NaH_2PO_4 unter gleichen Bedingungen p_H fiel und keine Tetanie entstand. Andererseits zeigte sich, daß bei diesen Injektionen aber auch der Ca-Gehalt des Blutes wesentlich geändert wird, so daß die primäre ursächliche Bedeutung der Alkaliwirkung zweifelhaft geworden ist.

Bei starken experimentellen Hämorrhagien fand WILSON[7] Abnahme des Bicarbonats, welche aber bald überkompensiert wurde. Gleichzeitig stieg p_H bis zu abnorm alkalischen Werten.

Angaben über p_H-Änderung beim Carcinom[8] sind nicht bestätigt worden. Nach Röntgenbestrahlung fand HUSSEY[9] beim Kaninchen Steigerung der Alkalireserve und des p_H, letzteres um 0,11 bis 0,18, welche noch nach zwei Tagen andauerte. KROETZ[10] fand nach Röntgen- und Ultraviolettbestrahlung beim Menschen während der ersten Stunde eine Abnahme des p_H um 0,02 bis 0,09, später eine Zunahme über die Norm um den gleichen Betrag, welche mehrere Tage bestehen kann. BALDERREY und BARKUS[11] fanden bei Sonnenbestrahlung eine Erhöhung der Alkalität, welche bei hellen Tagen durchschnittlich zu einer p_H-Steigerung von 0,17 führte, besonders bei wenig pigmentierten Menschen.

Bei der chirurgischen Narkose mit verschiedenen Narkotica scheint eine verminderte Abdunstung von CO_2 durch die Lunge, aber auch gleichzeitig einer

---

[1] LINDNER, G. C., A. HILLER u. D. D. VAN SLYKE: Journ. of clin. invest. Bd. 1, S. 247. 1925.

[2] STILLMAN, E. D. D. VAN SLYKE u. R. FITZ: Journ. of biol. chem. Bd. 30, S. 405. 1917.

[3] MICHAELIS, L.: Zitiert auf S. 615.

[4] CULLEN, G. E., u. L. JONAS: Journ. of biol. chem. Bd. 57, S. 541. 1923.

[5] BIGWOOD, E. J.: Cpt. rend. des séances de la soc. de biol. Bd. 91, S. 375. 1924.

[6] AUSTIN, J. H. u. G. E. CULLEN: Zitiert auf S. 616.

[7] WILSON, D. W.: Neutrality Regulation in the body. Physiol. review Bd. 3, S. 295. 1923.

[8] MENTEN, M. L. u. G. W. CRILE: Americ. journ. of physiol. Bd. 38, S. 225. 1915.

[9] HUSSEY, R. G.: Journ. of gen. physiol. Bd. 4, S. 511. 1922.

[10] KROETZ, C.: Biochem. Zeitschr. Bd. 151, S. 148. 1924.

[11] BALDERREY, F. C. u. O. BARKUS: Americ. review of tubercul. Bd. 9, S. 107. 1924.

Verminderung der Alkalireserve regelmäßig vorzukommen, welche aber nach Aufhören der Narkose sich bald wieder ausgleichen.

Bei *Schwangerschaft* fanden Losee und van Slyke[1] und einige Autoren nach ihnen eine leichte Verminderung des Bicarbonats, wenigstens im Mittel, wenn auch nicht in jedem einzelnen Fall (47 bis 65 Vol.% gegen 58 bis 65 Vol.% normalerweise). Hasselbalch und Gammeltoft[2] fanden in den späteren Monaten der Schwangerschaft eine stärkere Verminderung der CO_2-Spannung der Alveolarluft, als dem Bicarbonatgehalt des Blutes zur Aufrechterhaltung des normalen p_H entsprechen würde. Dem entspricht die Beobachtung von L. Michaelis[3], daß im Durchschnitt p_H bei Schwangeren etwa um 0,05 größer ist als normalerweise. Auch Marrack und Boone[4] fanden 7,35 bis 7,55 bei Schwangeren gegenüber 7,30 bis 7,45 normalerweise. Die Ausschläge sind zwar klein, aber von verschiedenen Autoren unabhängig voneinander gefunden worden. Man kann den Zustand auffassen als ursprünglich eine Acidose (Verminderung des Bicarbonats), welche aber durch übernormale Lungenventilation überkompensiert ist. Vielleicht ist aber auch die Hyperventilation das Primäre, und der Verlust an Bicarbonat als Regulationsreaktion aufzufassen.

[1] Losee, J. R. u. D. D. van Slyke: Americ. journ. of med. science Bd. 153, S. 94. 1917.
[2] Hasselbalch, K. A. u. S. A. Gammeltoft: Biochem. Zeitschr. Bd. 68, S. 206. 1915.
[3] Michaelis, L.: Zitiert auf S. 615.
[4] Marrack, J. u. W. B. Boone: Brit. journ. of exp. pathol. Bd. 4, S. 261. 1923.

Die Viscosität des Blutes.

Von

S. M. NEUSCHLOSZ
Rosario de Santa Fé.

Zusammenfassende Darstellungen.

DETERMANN: Die Viscosität des menschlichen Blutes. Wiesbaden 1910. — HENSLER, J.:
Der heutige Stand der Lehre von der Viscosität des Blutes. Inaug.-Dissert. Zürich 1908. —
NAEGELI, O.: Blutkrankheiten und Blutdiagnostik. 3. Aufl. Leipzig 1919. — TIGERSTEDT, R.:
Die Physiologie des Kreislaufes. 2. Aufl., Bd. III, S. 12—28. Berlin u. Leipzig 1922.

I. Allgemeines.

Der Begriff der Viscosität wurde zuerst von POISEUILLE[1] entwickelt. Die
ihm zugrunde liegenden physikalischen Tatsachen wurden von diesem Forscher in
folgenden 3 Sätzen zusammengefaßt: 1. Die Menge einer Flüssigkeit, die bei
einer gegebenen Temperatur durch eine capillare Röhre in derselben Zeit durchströmt, ist innerhalb gewisser Grenzen dem vorhandenen Druck proportional.
2. Bei gleichem Drucke, gleicher Temperatur und gleichem Querschnitte, ist die
durchfließende Flüssigkeitsmenge der Röhrenlänge umgekehrt proportional.
3. Bei gleichem Drucke, gleicher Temperatur und gleicher Röhrenlänge, ist die
durchfließende Flüssigkeitsmenge der vierten Potenz des Durchmessers proportional. POISEUILLE gibt sein Gesetz demnach mit folgender Gleichung wieder:

$$Q = K \frac{P D^4}{L},$$

wobei Q die Flüssigkeitsmenge, P den Druck, D den Durchmesser und L die
Länge des Rohres bedeutet.

Von theoretischen Überlegungen ausgehend, läßt sich diese Gleichung ebenfalls ableiten [HAGENBACH[2] NEUMANN[3]]. Es ergibt sich hierbei:

$$Q = \frac{\pi \cdot P D^4}{128 \, v L}.$$

Die Gleichung ist also identisch mit der POISEUILLEschen, nur ist die Kon-
stante K durch $\frac{\pi}{128 \, v}$ ersetzt. Die Konstante v wird als K o e f f i z i e n t d e r V i s -
c o s i t ä t oder auch a b s o l u t e Z ä h i g k e i t bezeichnet. Nach der Definition von
HAGENBACH ist sie die Kraft, die nötig ist, um zwei Flüssigkeitsschichten von 1 qcm
Oberfläche mit einer solchen Geschwindigkeit aneinander vorbeizuschieben, daß
die eine in bezug auf die andere, in der Sekunde um die Entfernung zweier Moleküle
vorrückt. Für destilliertes Wasser beträgt v bei 0° 0,0179, bei 20° 0,01 und bei
37° 0,007. Für wässerige Lösungen ist sie ausnahmslos größer, als die genannten

---

[1] POISEUILLE: Ann. de chim. et de phys. Bd. 7. 1843.
[2] HAGENBACH: Ann. d. Phys. u. Chem. Bd. 185, S. 400. 1860.
[3] NEUMANN: Arch. f. (Anat. u.) Physiol. 1860, S. 88.

Werte. Statt den Reibungskoeffizienten benutzen manche Autoren lieber den reziproken Wert desselben Koeffizienten. Unter den Physiologen arbeitet hauptsächlich Burton-Opitz meistenteils mit dieser Größe.

Aus praktischen Gründen hat es sich jedoch fast allgemein eingebürgert, nicht die Werte der absoluten Zähigkeit für die einzelnen Flüssigkeiten anzugeben, sondern mit den Werten der relativen Viscosität zu arbeiten. Diese wird auf Wasser bezogen, indem die Zähigkeit der betreffenden Flüssigkeit mit der entsprechenden Zahl für Wasser dividiert wird.

Die für physiologische und medizinische Zwecke meistenteils gebrauchten Viscosimeter sind nun derart konstruiert, daß entweder die Zeit gemessen wird, welche eine Flüssigkeit beansprucht, um durch eine gewisse Capillare durchzufließen (Viscosimeter von Ostwald, Hirsch und Beck, Determann), oder aber wird die Menge der Flüssigkeit bestimmt, die während einer gegebenen Zeit durchfließt (Apparate von Hess, Münzer und Bloch). Bei diesen letzteren Viscosimetern wird als Maßstab der Zeit nicht eine willkürliche Einheit gewählt, sondern jene Zeit genommen, welche destilliertes Wasser notwendig hat, um eine gleiche Capillare unter gleichen äußeren Bedingungen zu durchfließen. Hierbei ergibt also die durchfließende Menge der in Frage kommenden Flüssigkeit unmittelbar den reziproken Wert der relativen, auf Wasser bezogenen Viscosität an. Bei den erstgenannten Viscosimeterarten muß man noch die Durchlaufszeit derselben für Wasser bestimmen. Das Verhältnis der beiden Durchlaufszeiten ist gleich der relativen Viscosität der untersuchten Flüssigkeit.

Diese Beziehungen bestehen jedoch nur soweit zu Recht, als das Poiseuillesche Gesetz Geltung hat. Bereits dieser Forscher selbst hat darauf hingewiesen, daß dies nur der Fall ist, wenn die Länge der Capillarröhre im Verhältnis zu deren Querschnitt nicht zu klein ist. Auf Grund der Versuche Poiseuilles stellte später Grüneisen[1] folgende empirische Formel auf:

$$\omega = 6{,}6 \times 10^{-6} \times \frac{v}{D\,s}\left(\frac{L}{D} - 4{,}5\right)^{2{,}08},$$

worin ω jene Durchflußgeschwindigkeit bedeutet, bei welcher der Wert für v sich um 0,001 verändert. S ist das spezifische Gewicht der Flüssigkeit, L und D die oben angegebenen Dimensionen der Capillare. Eine weitere Voraussetzung des Poiseuilleschen Gesetzes ist, daß die vom Druck geleistete Arbeit vollständig für die Überwindung der inneren Reibung in der Capillare verwendet wird. Praktisch ist diese Forderung jedoch niemals erfüllt, da die Flüssigkeit aus der Capillare immer mit einer gewissen Geschwindigkeit, also mit einem Vorrat an kinetischer Energie herausströmt. Diese ist dem Quadrate der Ausströmungsgeschwindigkeit proportional und nimmt daher mit dieser rasch ab. Bei geringen Ausflußgeschwindigkeiten wird sie vollends vernachlässigbar.

Eine weitere Einschränkung der Gültigkeit des Poiseuilleschen Gesetzes ist zum erstenmal von Reynolds[2] angezeigt worden, der den Nachweis erbrachte, daß in Flüssigkeiten, welche sich unter einem sehr hohen Druckgefälle, also besonders rasch bewegen, die einzelnen Flüssigkeitsteilchen anstatt der sonst allgemein gleitenden Bewegung in eine rollende übergehen. Dies bedeutet, daß sie nicht mehr geradlinige Bahnen beschreiben, sondern sich in krummen, mehr oder weniger unregelmäßigen Linien fortbewegen. Das Poiseuillesche Gesetz gilt jedoch nur solange, als die Flüssigkeitsbewegung eine ausschließlich gleitende ist. Die mittlere Geschwindigkeit, bei welcher die rein gleitende Bewegung der Flüssigkeitsteilchen in eine teilweise rollende oder wirbelnde übergeht, läßt sich nach Reynolds mit Hilfe des folgenden Ausdruckes berechnen:

$$\omega = 26\,\frac{V}{d\,s}\ \mathrm{cm} \cdot \mathrm{sec}^{-2}.$$

Hierbei ist ω die genannte kritische Geschwindigkeit, d der Durchmesser der Röhre und s das spezifische Gewicht der Flüssigkeit.

Eine für die Biologie und namentlich für die Viscosimetrie des Blutes wesentlich größere Bedeutung haben jedoch Untersuchungen erlangt, welche von Hess

---

[1] Grüneisen: Arb. a. d. Phys.-Techn. Reichsanstalt Bd. 4, S. 159. 1905.
[2] Reynolds: Philos. transact. of the roy. soc. of London Bd. 174, S. 949. 1883.

und seinen Mitarbeitern ausgeführt worden sind. In einer größeren Anzahl von Arbeiten hat HESS nachgewiesen, daß für heterogene Gemische und Kolloide, das POISEUILLEsche Gesetz in seiner ursprünglichen Fassung, keine uneingeschränkte Gültigkeit besitzt. Im Sinne dieses Gesetzes ist doch die gleiche Capillare und eine konstante Temperatur vorausgesetzt, das Produkt von Druckgefälle und Durchflußgeschwindigkeit für eine gegebene Flüssigkeit eine konstante Größe. Für homogene Flüssigkeiten, wie Wasser oder wässerige Lösungen von Krystalloiden, läßt sich diese Gesetzmäßigkeit auch nachweisen. Bei Arbeiten mit Blut fand jedoch HESS[1], daß das erwähnte Produkt nur innerhalb eines beschränkten Druckbereiches unverändert bleibt, um dann mit Abnahme des Druckes zuzunehmen. Diese Tatsache läßt sich wohl am besten an der Hand nebenstehender Zahlen veranschaulichen.

In weiteren Untersuchungen gelang es HESS[2], auch die Ursache für das abnorme Verhalten heterogener Gemische aufzuklären. Das Ergebnis seiner Untersuchungen war kurz das folgende: In homogenen Flüssigkeiten setzt sich deformierenden Kräften nur die innere Reibung entgegen. Die Größe derselben wird durch das POISEUILLEsche Gesetz einwandfrei wiedergegeben. In heterogenen Gemischen und Kolloiden, gesellt sich zur Viscosität noch ein weiterer Faktor hinzu, welcher einer Deformierung der Flüssigkeit entgegenarbeitet. Dies ist der elastische *Deformationswiderstand.* Der letztere ist, wie allgemein bekannt, eigentlich eine Eigenschaft fester Körper. Verschieden konzentrierte Lösungen von Kolloiden ergeben aber eine kontinuierliche Übergangsreihe zwischen homogenen Flüssigkeiten und festen Körpern. So unterscheidet sich z. B. eine extrem verdünnte Gelatinelösung kaum nennenswert von destilliertem Wasser, während eine 20—30proz. Gelatinegallerte sich bereits durchaus als fester Körper verhält. Das, was einer Gallerte den Anschein eines festen Körpers gibt, ist nicht, wie vielfach fälschlich angenommen wird, ihre Viscosität, sondern die Kohäsionskraft, welche ihre einzelnen Teilchen aneinander bindet, oder mit anderen Worten, ihr elastischer Deformationswiderstand.

Von HESS[3] ist auch darauf hingewiesen worden, daß vom energetischen Gesichtspunkte aus, ein wichtiger Unterschied zwischen der Verschiebungselastizität und der Viscosität besteht. Die in Reibung übersetzte kinetische Energie, erscheint letzten Endes ausschließlich in Form von Wärme und kann niemals irgendwelche Arbeit leisten. Bei der Überwindung der Elastizität eines Körpers — sei dieser nun flüssig oder fest — entstehen im Inneren desselben Spannungen, welche ein Zurückschnellen des Systems in seinen ursprünglichen Zustand bewerkstelligen und hierbei äußere Arbeit leisten können. Auch konnte HESS nachweisen, daß die Größe der beiden Eigenschaften in verschiedenen Flüssigkeiten vollkommen unabhängig voneinander sein kann. So gibt es Flüssigkeiten mit hoher Viscosität und fehlender Verschiebungselastizität (Glycerin), während andere eine verhältnismäßig geringe Viscosität mit hoher Verschiebungselastizität vereinen (2—3proz. Stärkelösung).

Tabelle 1.

Druck in cm H_2O	Druck × Zeit cm
52,0	122
38,8	121
27,2	121
22,8	123
14,7	129
10,8	133
6,8	141
4,2	153
2,25	170

---

[1] HESS: Zeitschr. f. klin. Med. Bd. 71, S. 1; Bd. 74, S. 5. 1912; Arch. f. (Anat. u.) Physiol. 1912, S. 197; Pflügers Arch. f. d. ges. Physiol. Bd. 140, S. 354. 1911; Bd. 162, S. 187. 1915. — Siehe ferner ROTHMANN: ebenda Bd. 155, S. 318. 1914.

[2] HESS: Pflügers Arch. f. d. ges. Physiol. Bd. 162, S. 187. 1915; Kolloid-Zeitschr. Bd. 27, S. 1. 1920.

[3] HESS: Pflügers Arch. f. d. ges. Physiol. Bd. 162, S. 187. 1915.

Ein weiterer für die uns interessierenden Probleme, besonders wichtiger Unterschied zwischen den beiden in Rede stehenden Eigenschaften heterogener Flüssigkeiten ist, daß während die Reibung mit zunehmendem Druckgefälle bzw. Durchflußgeschwindigkeit ebenfalls stark zunimmt, die Verschiebungselastizität eine konstante, unveränderliche Eigenschaft der Körper ist. Die Bedeutung der letzteren nimmt also mit Erhöhung des Druckgefälles ständig ab und kann von einem gewissen Drucke aufwärts gänzlich vernachlässigt werden. Von hier ab gilt also das Poiseuillesche Gesetz und das praktisch wichtige Ergebnis der Untersuchungen von Hess gipfelt darin, daß, um die wahre Viscosität einer heterogenen Flüssigkeit oder einer kolloidalen Lösung zu bestimmen, es notwendig erscheint, das Druckgefälle im Viscosimeter nicht unter eine gewisse Größe sinken zu lassen.

Eine genaue Bestimmung der Gültigkeitsgrenzen des Poiseuilleschen Gesetzes für verschiedene heterogene Flüssigkeiten, wurde dann von Hess Schüler, Rothlin[1], ausgeführt. Seine Untersuchungen erstrecken sich auf defibriniertes Blut, Blutserum und eine Suspension der Formelemente des Blutes in 0,9 Kochsalzlösung, ferner auf Lösungen von Gelatine, Stärke, Dextrin, Agar-Agar und Eiereiweiß. Für Serum fand er die untere Grenze für die Gültigkeit des Poiseuilleschen Gesetzes bei 10—14 cm Hg, für gewaschene Blutkörperchen und für defibriniertes Blut bei annähernd 50 cm Hg. Unterhalb dieses Druckes nimmt das Produkt: Druck × Durchflußzeit erst allmählich, unterhalb 10 cm Hg jedoch rasch zu. Bei 1 cm Hg kann der „relative Strömungswiderstand" bisweilen den 2,5fachen Wert des bei 50 cm Hg beobachteten erreichen. Zu prinzipiell ähnlichen Resultaten gelangte neuerdings auch Rossbach[2]. Auf Grund dieser Beobachtungen unterzog Rothlin[3] die verschiedenen Methoden der Viscosimetrie eines kritischen Vergleiches auf ihre Brauchbarkeit, beim Arbeiten mit organischen Kolloiden und heterogenen Gemischen, wie Blut. Er kommt zu dem Schlusse, daß der Forderung die Höhe des Druckgefälles betreffend, einzig und allein der Apparat von Hess Genüge leistet, während sämtliche Befunde, welche mittels anderer Apparate erhoben wurden, einer Revision bedürftig sind.

Aus den Arbeiten von Hess und Rothlin geht es demnach hervor, daß die *echte Viscosität* einer heterogenen Flüssigkeit auf Grund des Poiseuilleschen Gesetzes einwandfrei nur dann bestimmt werden kann, wenn der verwendete Druck ein Minimum übersteigt. Es besteht ferner unzweifelhaft zu Recht, daß unter den bisher üblichen Methoden dieser Bedingung nur beim Hessschen Apparate genügendermaßen Rechnung getragen wird. Hieraus folgt jedoch noch keineswegs, daß sämtliche Untersuchungen, welche mittels anderer Apparate, so namentlich des Ostwaldschen Viscosimeters, ausgeführt worden sind, nunmehr gänzlich wertlos seien[4]. Für viele Untersucher war ja die Bestimmung der Viscosität z. B. des Blutserums, kein Endzweck, sondern es galten ihnen Änderungen derselben lediglich als ein Zeichen für Alterationen im Lösungszustande der Serumkolloide. So haben z. B. Pauli[5] und seine Mitarbeiter gezeigt, daß

---

[1] Rothlin: Zeitschr. f. klin. Med. Bd. 89, S. 233. 1920.

[2] Rossbach: Zeitschr. f. d. ges. exp. Med. Bd. 34, S. 373. 1923.

[3] Rothlin: Biochem. Zeitschr. Bd. 98, S. 34. 1919.

[4] Es ist übrigens selbstverständlich, daß die Überlegungen Hess' und Rothlins für mittels anderer Viskosimeter erhaltene Werte stets nur eine — durch das Hinzukommen des Deformationswiderstandes verursachte — Erhöhung, niemals jedoch eine Herabsetzung der gemessenen Viskositätswerte erwarten lassen. Die vor kurzem erfolgte Angabe Petschachers (Zeitschr. f. d. ges. exp. Med. Bd. 47, S. 324, 1925), derzufolge die mittels des Ostwaldchen Viskosimeters erhaltenen Werte für die Serumviskosität niedriger wären, als die nach Hess bestimmten, ist daher unverständlich.

[5] Siehe Pauli: Kolloidchemie der Eiweißkörper. Dresden u. Leipzig 1920.

Änderungen im Ionisationsgrade von Eiweißkörpern mit einer entsprechenden Änderung im relativen Strömungswiderstande ihrer Lösungen einhergehen. Diese Autoren arbeiteten ausschließlich mit dem OSTWALDschen Apparate und so ist es möglich, daß die von ihnen beobachteten Veränderungen, welche Eiweißlösungen z. B. durch Säurezusatz erfahren, sich nicht lediglich auf ihre Viscosität, sondern auch auf ihre Verschiebungselastizität beziehen. Dieser Umstand ist aber für die von ihnen behandelten Probleme gleichgültig, da sie doch die Veränderungen im Strömungswiderstande ihrer Eiweißlösungen lediglich als Zeichen dessen auffassen, daß der Dissoziations- und Hydratationsgrad der betreffenden Proteinkörper eine Alteration erfahren hat. Dasselbe gilt auch von den Untersuchungen LOEBS[1] welcher Viskositätsänderungen ebenfalls nur als Zeichen physiko-chemicher Alterationen -- obzwar anderer Art als die von PAULI angenommen — ansieht.

Ganz anders verhält sich die Sache natürlich dann, wenn die beobachteten Viscositäten als Grundlage hämodynamischer Studien dienen sollen. In diesem Falle ist es natürlich durchaus nicht gleichgültig, ob lediglich die Viscosität des Blutes, oder aber auch seine Verschiebungselastizität mitbestimmt wird. Der im Kreislauf eines lebenden Tieres oder Menschen herrschende Blutdruck ist — zumindest auf der arteriellen Seite — unter allen Umständen so hoch, daß die Verschiebungselastizität des Blutes neben seiner Viscosität vernachlässigt werden kann, und so muß auch von einer viscosimetrischen Methodik, welche uns über die im Kreislaufe herrschenden Verhältnisse Auskunft geben soll, gefordert werden, daß es sich bei derselben ebenso verhalte. Für derartige Untersuchungen gelten also die Einwendungen von HESS und ROTHLIN uneingeschränkt gegenüber allen Methoden, bei welchen genannte Ausführungen nicht berücksichtigt worden sind.

Nach diesen allgemeinen Betrachtungen sollen im folgenden jene Beobachtungen besprochen werden, welche bisher über die Viscosität des Blutes und seiner einzelnen Bestandteile unter physiologischen, pathologischen und künstlich veränderten Bedingungen erhoben worden sind. In einem ersten Abschnitte soll zunächst die Viscosität des Plasmas und des Serums besprochen werden, während ein zweiter Abschnitt der Viscosität des Gesamtblutes gewidmet werden soll.

II. Die Viscosität des Serums und des Plasmas.

a) Normalwerte für die Viscosität des Serums und des Plasmas bei verschiedenen Spezies.

Die Viscosität des Serums und des Plasmas bewegt sich beim Menschen und auch bei Wirbeltieren zwischen verhältnismäßig engen Grenzen. Für die auf Wasser bezogene relative Viscosität des Serums verschiedener Tiere, geben TRUMPP[2], MAYER[3] und TROMSDORFF[4] die in Tab. 2 zusammengestellten Mittelwerte. — Die Angaben verschiedener Autoren bezüglich derselben Spezies variieren also teilweise unter sich ebenso stark, wie die Viscositäten der verschiedenen Tierarten. Die Schwankungen in der Viscosität des Plasmas, sind nach MAYER[5] etwas größer als die in dem des Serums. Bei sämtlichen untersuchten Plasmen, bewegte sie sich zwischen 1,58 und 2,29. WEBER[6] wies nach, daß ein Parallelismus

---

[1] LOEB: Proteins and the theory of colloidal behaviour. New-York und London, 1922.
[2] TRUMPP: Dtsch. med. Wochenschr. 1909, S. 2248.
[3] MAYER, A.: Cpt. rend. des séances de la soc. de biol. 1902.
[4] TROMSDORFF: Arch. f. exp. Pathol. u. Pharmakol. Bd. 45, S. 83. 1901.
[5] MAYER, A.: Cpt. rend. des séances de la soc. de biol. 1902.
[6] WEBER: Zeitschr. f. Biol. Bd. 70, S. 211. 1919.

zwischen der Viscosität des Serums und des Plasmas in jedem einzelnen Falle besteht und daß letztere etwa 20—25% höher ist, als die erste.

Tabelle 2. Viscosität des Serums bezogen auf Wasser.

	Trumpp	Mayer	Tromsdorff
Mensch	1,78	1,56	1,65
Pferd	1,85	1,72	2,04
Rind (Ochs).	1,9	1,77	1,81
Kalb	1,4	1,55	1,55
Hammel	2,15	—	1,01
Schaf	—	1,71	—
Schwein	1,6	1,69	1,69
Kaninchen	1,35	1,43	1,49
Hund	—	1,56	1,74
Ziege	—	—	1,75
Hahn	—	—	1,60
Frosch	—	—	1,49

b) Bedeutung der absoluten Eiweißkonzentration für die Viscosität des Serums.

Bereits Bottazzi[1] wies darauf hin, daß ein gewisser Zusammenhang zwischen dem Eiweißgehalt und der Viscosität des Serums besteht. Scheitlin[2] (unter Zangger) stellte das gleiche in bezug auf die Abhängigkeit der Viscosität von dem spezifischen Gewichte des Serums fest, welch letzteres seinerseits natürlich in erster Reihe wieder von der Eiweißkonzentration abhängt. So fand er z. B. bei einem normalen Pferde mit einer Serumviscosität von 1,42 ein spezifisches Gewicht von 1020,5, bei einem anderen $\eta = 1,71$ und spezifisches Gewicht $= 1024,2$ und bei einem dritten $\eta = 2,0$ und spezifisches Gewicht $= 1027,0$. Diese Gesetzmäßigkeit fand sich jedoch keineswegs in jedem Falle, in dem Sera mit hoher Viscosität und geringem spezifischen Gewichte, andererseits Sera mit geringer Viscosität und hohem spezifischen Gewichte zur Beobachtung kamen. Auch A. Meyer leugnet auf Grund seiner Versuche mit Pferde- und Hundeplasma, daß eine unmittelbare Beziehung zwischen spezifischem Gewicht und Viscosität bestände.

Die ersten, die eine systematische Untersuchung über die Abhängigkeit der Viscosität des Plasmas von seiner Eiweißkonzentration ausführten, waren wohl Kämmerer und Waldmann[3]. Aus ihren graphischen Darstellungen ergibt sich, daß der Parallelismus zwischen beiden Größen in vielen Fällen zwar recht ausgesprochen, aber immerhin nicht vollkommen ist. Ähnliche Befunde erhob auch Weber[4]. Auf Grund der ihm bekanntgewordenen Zahlen gab Nägeli[5] eine kleine Tabelle, in welcher er zu verschiedenen Eiweißkonzentrationen die entsprechende normale Serumviscosität zuordnet..

Die von Nägeli entworfene Tabelle, deren Werte noch vielfach als Norm angesehen werden, leidet jedoch an einem nicht unbeträchtlichen Nachteile. Dieser bezieht sich auf die Methodik der ihr zugrundeliegenden Eiweißbestimmungen. Nägeli arbeitete nämlich mit dem Refraktometer und berechnete die jeweilige Eiweißkonzentration aus der Serumrefraktion, auf Grund der Angaben von Reiss[6]. Nun steht es aber außer Zweifel, daß mittels der refraktometrischen Methode, und namentlich den Reissschen Tabellen, keine verläßliche Eiweiß-

---

[1] Bottazzi: Arch. ital. de biol. 1898. [2] Scheitlin: Dissert. Zürich 1902.
[3] Kämmerer u. Waldmann: Dtsch. Arch. f. klin. Med. Bd. 109, S. 524. 1913.
[4] Weber: Zeitschr. f. Biol. Bd. 70, S. 211. 1919.
[5] Naegeli: Blutkrankheiten und Blutdiagnostik. 3. Aufl. Leipzig 1919.
[6] Reiss: Ergebn. d. inn. Med. u. Kinderheilk. Bd. 10, S. 531. 1913.

bestimmung ausgeführt werden kann. Auf einige der Fehlerquellen der REISS-schen Methode ist vor kurzem von H. FREUND[1] (unter NEUSCHLOSZ) hingewiesen worden. Es zeigte sich in dieser Arbeit, daß durch Veränderungen im Lösungszustande der Serumeiweißkörper ganz beträchtliche Verschiebungen der Refraktion zustande kommen können, wenn die Gesamteiweißkonzentration auch unverändert bleibt. Parallel ausgeführte refraktometrische und chemische Eiweißbestimmungen[2] zeigten ferner, daß in nativen Seris das Ergebnis beider Methoden bis zu 20% auseinandergehen kann, ohne daß irgendwelche konstante Beziehung zwischen beiden Werten hätte nachgewiesen werden können.

Auch BERGER und PETSCHACHER[3], die eine sehr eingehende Nachprüfung der refraktometrischen Eiweißbestimmungsmethoden ausführten, kommen zum Schlusse, daß nach dem Verfahren von REISS falsche und zwar zu hohe Eiweißwerte erhalten werden. Der absolute Fehler der Methode kann bis zu 1,5% betragen, ist jedoch keineswegs konstant. Nach den genannten Autoren ist er in erster Reihe dadurch bedingt, daß REISS für sämtliche Serumproteine ein gleiches Brechungsvermögen angenommen hat, während in Wahrheit dasjenige der Globuline höher als das der Albumine ist. Daher soll der Bestimmungsfehler um so größer sein, je mehr Globulin das betreffende Serum enthält. Eine weitere Fehlerquelle der Methode scheint darin zu liegen, daß die Schwankungen in der Restrefraktion des Serums ganz wesentlich größere sein können, als REISS angenomhat. Zu ganz ähnlichen Resultaten und zu einer entsprechenden Ablehnung der refraktometrischen Eiweißbestimmung gelangten neuerdings auch STARLINGER und HARTL[4]. So glücklich demnach auch der Grundgedanke NÄGELIS war, welcher ihn zur Zusammenstellung seiner Tabellen veranlaßte, haben seine Zahlen nur einen geringen praktischen Wert.

Unter diesen Umständen ergab sich natürlicherweise die Notwendigkeit, derartige Tabellen auf Grund von Eiweißkonzentrationszahlen auszuarbeiten, die mit einer einwandfreien chemischen Methode bestimmt waren. Für verschiedene Tierarten ist dies seitens BIRCHER[5] (unter HESS) erfolgt. Die Eiweißbestimmungen führte BIRCHER nach Hitzekoagulation des Serums gravimetrisch aus. Zur Viscosimetrie diente ihm der HESSsche Apparat. Die von ihm erhaltenenen Zahlen sind in Tab. 3 wiedergegeben:

Tabelle 3.

Rinderserum		Schweineserum		Schafserum	
Eiweißprozente	Viscosität korr. auf 15°	Eiweißprozente	Viscosität korr. auf 15°	Eiweißprozente	Viscosität korr. auf 15°
0,75	1,05	0,83	1,07	0,7	1,05
1,5	1,10	1,66	1,13	1,4	1,11
2,25	1,16	2,49	1,205	2,1	1,16
3,0	1,22	3,32	1,28	2,8	1,21
3,75	1,28	4,15	1,37	3,5	1,275
4,12	1,32	4,56	1,42	3,85	1,31
4,50	1,35	4,98	1,47	4,2	1,35
4,87	1,405	5,81	1,56	4,55	1,38
5,25	1,435	6,23	1,615	4,9	1,41
5,62	1,48	6,65	1,68	5,25	1,445
6,0	1,53	7,48	1,82	5,6	1,50
6,75	1,63	8,30	1,95	6,3	1,58
7,5	1,74	—	—	7,0	1,68

[1] FREUND: Verhandl. d. dtsch. Kongr. f. inn. Med., Wiesbaden 1922.
[2] Siehe HELLWIG u. NEUSCHLOSZ: Klin. Wochenschr. Bd. 1, S. 1988. 1922.
[3] BERGER u. PETSCHACHER: Zeitschr. f. d. ges. exp. Med. Bd. 36, S. 258. 1923.
[4] STARLINGER und HARTL: Biochemische Zeitschr. Bd. 160, S. 225, 1925.
[5] BIRCHER: Pflügers Arch. f. d. ges. Physiol. Bd. 182, S. 1. 1920.

Für Menschenserum wurde von HELLWIG und NEUSCHLOSZ[1] eine derartige Tabelle (Tab. 4) ausgearbeitet.

Sie verfuhren folgendermaßen: Den Ausgangspunkt bildeten Blutsera jugendlicher und in jeder Hinsicht als normal zu betrachtender Individuen. Es wurden frühmorgens in nüchternem Zustande den Versuchspersonen etwa 300 ccm Blut aus einer nach Möglichkeit wenig gestauten Armvene gewonnen und das sich ergebende Serum zunächst auf seine Viscosität und Eiweißkonzentration untersucht. Die Viscosimetrie wurde mit dem OSTWALDschen Apparate ausgeführt, die Eiweißkonzentration auf Grund einer Stickstoffbestimmung nach KJELDAHL festgestellt. Ein Teil des Serums wurde durch ein BECHHOLDsches Ultrafilter solange filtriert, bis etwa ein Drittel der gesamten Flüssigkeitsmenge durchgegangen war. Der Filterrückstand wurde ebenfalls viscosimetriert und seine Eiweißkonzentration bestimmt. Nun wurden aus Rückstand, Ultrafiltrat und ursprünglichem Serum eine Reihe von Gemischen hergestellt, deren Eiweißkonzentration sich leicht berechnen ließ. Diese Gemische wurden dann einzeln der Viscosimetrie unterzogen und auf diese Weise die Viscosität bestimmt, welche verschiedenen Eiweißkonzentrationen zugeordnet war. Nachdem dasselbe Verfahren in einer größeren Anzahl von Fällen angewandt worden war, wurde ein Mittelwert aus den übrigens recht gut übereinstimmenden Einzelzahlen berechnet.

Tabelle 4. Menschenserum.

E	η	E	η	E	η	E	η	E	η
2,5	1,20	4,5	1,405	6,5	1,60	8,5	1,92	10,5	2,34
2,6	1,23	4,6	1,410	6,6	1,615	8,6	1,94	10,6	2,36
2,7	1,24	4,7	1,42	6,7	1,625	8,7	1,96	10,7	2,38
2,8	1,25	4,8	1,43	6,8	1,635	8,8	1,98	10,8	2,40
2,9	1,26	4,9	1,44	6,9	1,645	8,9	2,00	10,9	2,42
3,0	1,27	5,0	1,45	7,0	1,66	9,0	2,02	11,0	2,44
3,1	1,28	5,1	1,46	7,1	1,68	9,1	2,04	11,1	2,46
3,2	1,285	5,2	1,47	7,2	1,69	9,2	2,06	11,2	2,48
3,3	1,29	5,3	1,48	7,3	1,70	9,3	2,08	11,3	2,50
3,4	1,30	5,4	1,49	7,4	1,72	9,4	2,10	11,4	2,52
3,5	1,31	5,5	1,505	7,5	1,74	9,5	2,12	11,5	2,54
3,6	1,32	5,6	1,515	7,6	1,755	9,6	2,145	11,6	2,56
3,7	1,33	5,7	1,52	7,7	1,77	9,7	2,17	11,7	2,58
3,8	1,34	5,8	1,53	7,8	1,785	9,8	2,195	11,8	2,60
3,9	1,35	5,9	1,54	7,9	1,80	9,9	2,22	11,9	2,62
4,0	1,36	6,0	1,55	8,0	1,825	10,0	2,24	12,0	2,645
4,1	1,37	6,1	1,56	8,1	1,85	10,1	2,26	12,1	2,67
4,2	1,38	6,2	1,57	8,2	1,87	10,2	2,28	12,2	2,69
4,3	1,39	6,3	1,58	8,3	1,885	10,3	2,30	12,3	2,70
4,4	1,40	6,4	1,59	8,4	1,90	10,4	2,32	12,4	2,74

Wie erwähnt, arbeiteten HELLWIG und NEUSCHLOSZ mit dem Viscosimeter von OSTWALD, und so hätte nach dem, was weiter oben über die Untersuchungen von HESS und ROTHLIN gesagt worden ist, die Möglichkeit bestehen können, daß die von ihnen erhaltenen Viscositätswerte nicht unmittelbar mit jenen vergleichbar wären, welche mit dem in der Klinik allgemein üblichen HESSschen Apparate erhoben werden. Um diesen Einwand zu beheben, haben ELLINGER und NEUSCHLOSZ[2] eine Untersuchung ausgeführt, indem sie die relativen Viscositäten verschiedener Serumverdünnungen einmal bei gewöhnlichem Druck und dann unter einem Überdruck von 20 cm Hg — beidemale im OSTWALDschen Viscosimeter — miteinander verglichen. Es zeigte sich, daß die Abhängigkeit der Viscosität von der Eiweißkonzentration in beiden Versuchsreihen eine vollkommen gleiche Kurve ergab, die von HELLWIG und NEUSCHLOSZ angegebenen Zahlen also sich mit irgendwelchen anderen vergleichen lassen — unabhängig von dem Druckgefälle, bei welchem die Viscosimetrie vorgenommen wurde.

---

[1] HELLWIG u. NEUSCHLOSZ: Klin. Wochenschr. Bd. 1, S. 1888. 1922.
[2] ELLINGER u. NEUSCHLOSZ: Biochem. Zeitschr. Bd. 127, S. 254. 1922.

Wie aus den angeführten Zahlen ersichtlich ist, verhalten sich sämtliche Eiweißkonzentrations-Viscositätskurven prinzipiell gleich. Der Anstieg der Viscosität ist bei geringen Eiweißkonzentrationen zuerst ein allmählicher, wird dann immer schneller, um schließlich bei den höchsten Eiweißzahlen sich asymptotisch der Ordinate zu nähern. Ein mathematischer Ausdruck für diese gegen die Abszisse konvexe Kurve ist bisher noch nicht entwickelt worden.

c) Versuche zur Bestimmung der anderen Faktoren, welche neben der Eiweißkonzentration von Einfluß auf die Serumviscosität sind.

Wie bereits erwähnt wurde, fanden schon frühere Autoren, daß die Abhängigkeit der Serumviscosität von der Eiweißkonzentration keine absolute ist. Es finden sich stets eine Anzahl von Sera, deren Viscositäten sich merklich von denjenigen unterscheiden, welche sich auf Grund der angeführten Tabellen aus ihrer Eiweißkonzentration ergeben würden. Abgesehen von verschiedenen pathologischen Zuständen und Arzneiwirkungen, von denen noch später die Rede sein wird, läßt es sich zeigen, daß allein schon eine ausgiebigere Nahrungsaufnahme genügt, um zuweilen nicht unerhebliche Verschiebungen im Verhältnisse der Viscosität zur Eiweißkonzentration zu verursachen. So gelten z. B. die oben wiedergegebenen Zahlen von HELLWIG und NEUSCHLOSZ mit voller Strenge nur dann, wenn das Blut im nüchternen Zustande frühmorgens entnommen worden ist.

Um nun diese Abweichungen von der Norm quantitativ zu fassen, sind in neuerer Zeit eine Anzahl Verfahren angegeben worden, von denen hier diejenigen von BIRCHER[1]), von HELLWIG und NEUSCHLOSZ[2]), von RUSZNYÁK[3]), von PETSCHACHER[4]), von HAFNER[5]) und von STARLINGER und HARTL[6]) uns beschäftigen sollen. Die Tatsache, daß diese Methoden fast gleichzeitig veröffentlicht worden sind, kann wohl als ein Beweis dafür angesehen werden, daß eine genauere Bestimmung derjenigen Faktoren, welche neben der absoluten Eiweißkonzentration, die Serumviscosität mit beeinflussen, ein allgemein empfundenes Bedürfnis geworden ist.

BIRCHER bestimmt die Viscosität des Serums mit dem Apparate von HESS und seinen Brechungsindex mit dem Refraktometer von PULFRICH. Aus diesen beiden Größen berechnet er seinen „refrakto-viscosimetrischen Quotienten", und zwar auf folgende Weise:

$$Q = \frac{\text{Refraktometerwert in PULFRICHS Einheiten} \times 10}{\eta}.$$

Dieser Quotient ist nach BIRCHER bei normalen Individuen stets höher als 320. Die Einwände, welche gegen die refraktometrische Eiweißbestimmung des Serums erhoben werden können, sind bereits oben ausgeführt worden. BIRCHER verwendet zwar nicht die REISSsche Tabelle und rechnet nicht mit Eiweißkonzentrationen, sondern unmittelbar mit dem Refraktionsindex des Serums. Nichtsdestoweniger betrachtet auch er die Refraktion als ein Maß für den Eiweißgehalt des Serums und basiert seine Überlegungen auf diese Annahme. Auf die Veränderungen des refrakto-viscosimetrischen Quotienten, welche BIRCHER unter pathologischen Bedingungen beobachten konnte, werden wir noch später zurückkommen müssen, doch sei gleich hier darauf hingewiesen, daß sämtliche Bedenken, welche sich gegenüber der refraktometrischen Eiweißbestimmungsmethode im Serum erheben lassen, auch bei der Beurteilung seiner Ausführungen mitberücksichtigt werden müssen.

---

[1] BIRCHER: Journ. of lab. a. clin. med. Bd. 7, S. 660. 1922.

[2] HELLWIG u. NEUSCHLOSZ: Klin. Wochenschr. Jg. 1, S. 1988. 1922. — NEUSCHLOSZ: Zeitschr. f. d. ges. exp. Med. Bd. 44, S. 215. 1924.

[3] RUSZNYÁK: Biochem. Zeitschr. Bd. 133, S. 360. 1922.

[4] PETSCHACHER: Zeitschr. f. d. ges. exp. Med. Bd. 36, S. 32. 1923; Bd. 41, S. 142. 1924; Bd. 47, S. 324. 1925; Bd. 48, S. 421 u. Bd. 50, S. 473. 1926.

[5] HAFNER: Klin. Wochenschr. 1925, S. 597 u. 802; Arch. f. exp. Pathol. u. Pharmakol. Bd. 101, S. 335. 1924; Biochem. Zeitschr. Bd. 165, S. 29. 1925.

[6] STARLINGER u. HARTL: Biochem. Zeitschr. Bd. 160, S. 225. 1925.

Im Grunde genommen den gleichen Zweck wie Bircher mit seinem refrakto-viscosimetrischen Quotienten verfolgten Hellwig und Neuschlosz mit der Aufstellung des Begriffes des „Viscositätsfaktors". Bei der Berechnung desselben bedienen sich die genannten Autoren ihrer Tabelle, welche die normalerweise vorhandene Abhängigkeit der Serumviscosität von der jeweiligen Eiweißkonzentration wiedergibt. Sie bestimmen zuerst die Viscosität und den Eiweißgehalt des zu untersuchenden Serums, dann suchen sie in der erwähnten Tabelle jenen Viscositätswert auf, welcher der gefundenen Eiweißkonzentration zugeordnet ist. Die tatsächlich vorhandene Viscosität dividiert durch diejenige, welche sich in der Tabelle fand, ergibt den Viscositätsfaktor des betreffenden Serums. Nach Hellwig und Neuschlosz bewegt sich dieser bei normalen Individuen und bei nüchtern entnommenem Blute zwischen 0,96 und 1,04. Neuerdings wurde die nämliche Größe, welche von Hellwig und Neuschlosz ursprünglich als Viscositätsfaktor bezeichnet wurde, von P. Spiro[1] mit dem Namen „spezifische Viscosität" bezeichnet. Da dieser Ausdruck glücklicher gewählt erscheint, als der von Hellwig und Neuschlosz vorgeschlagene, hat ihn in späteren Arbeiten auch Neuschlosz angenommen.

Eine weitere Arbeit, aus welcher die gleichen Bestrebungen hervorgehen wie aus den oben besprochenen, stammt von Rusznyák. Während aber die bisher genannten Autoren die Faktoren, welche neben der absoluten Eiweißkonzentration des Serums und unabhängig von dieser die Viscosität beeinflussen, nur auf rechnerische Weise zu ermitteln suchten, ging Rusznyák so vor, daß er die verschiedenen Sera faktisch auf dieselbe Eiweißkonzentration brachte. Zu diesem Zwecke wurden die Sera durch ein Bechholdsches Ultrafilter so lange filtriert, bis der Filterrückstand in bezug auf seine Eiweißkonzentration mehr als 10% betrug. Mittels des Ultrafiltrates wurde der Rückstand dann auf genau 10% verdünnt und viscosimetriert. Der so erhaltene Wert wird von Rusznyák als „reduzierte Viscosität" des Serums bezeichnet. Sie bewegt sich nach diesem Autor normalerweise zwischen 2,0 und 2,7, meistens sogar zwischen 2,2 und 2,4 und beträgt im Durchschnitt 2,35. Diesen Zahlen muß jedoch entgegengehalten werden, daß sie einerseits nur auf Grund eines Materials von 12 Fällen bestimmt, andererseits ausschließlich kranke Individuen zu den Untersuchungen herangezogen worden sind, von denen Rusznyák mehr oder weniger willkürlich annehmen zu können glaubt, daß sie ein normales Blutserum besäßen. Diese Tatsachen schränken den Wert der von Rusznyák angegebenen Zahlen ganz außerordentlich ein. Was die Methode selbst betrifft, so dürfte sie in ihren Prinzipien wohl einwandfrei sein. Gegen den Einwand, daß durch die Ultrafiltration der Sera Veränderungen im Lösungszustande der Serumeiweißkörper verursacht werden könnten, spricht die von Hellwig und Neuschlosz festgestellte Tatsache, daß die Eiweißkonzentrations-Viscositätskurve durch Ultrafiltration eingedickter Sera sich vollkommen an die der nativen Sera anschließt. Wie dem aber auch immer sei, ist die Rusznyáksche Methode außerordentlich kompliziert und langwierig und benötigt dazu recht erhebliche Serummengen. Diese Umstände dürften ihre Einführung in die Klinik zweifellos sehr erschweren.

Petschacher versuchte zuerst[2] die spezifische Viscosität der Serumeiweißkörper einfach dadurch zu ermitteln, daß er die auf Wasser bezogene relative Viscosität des Serums mit der Eiweißkonzentration dividierte. Später ersetzte er diese Größe durch die der „*spezifischen Viscositätserhöhung*"[3], welche er nach der Formel: $\eta' = \dfrac{\eta - 1,02}{c}$ berechnet, worin η' die spezifische Viscositätserhöhung, η die mit dem Hessschen Apparate ermittelte relative Viscosität und c die refraktometrisch bestimmte Eiweißkonzentration darstellt. Die Zahl 1,02 gilt für Petschacher als die Viscosität des eiweißfreien Serums. Die so berechnete Größe stellt demnach die Erhöhung der Viscosität dar, die der Zusatz von 1% Eiweiß derselben qualitativen Eigenart, wie das im Serum vorhandene, zum eiweißfreien Dispersionsmittel verursachen würde. Nach den Erfahrungen Petschachers und seiner Mitarbeiter bewegt sich „die spezifische Viscositätserhöhung" normaler Sera zwischen 0,085 und 0,105. In pathologischen Fällen ist sie oft größer.

Gegen diese Berechnungsweise sind zuerst von Neuschlosz[4], später auch von Starlinger und Hartl[5] Einwände erhoben worden. Die Ausführungen Petschachers beruhen nämlich auf der Annahme, daß die Viscosität einer Eiweißlösung — dieselbe Qualität des Eiweißes vorausgesetzt — zumindest annähernd proportional zur Eiweißkonzentration zunimmt. Dies ist nun aber, wie aus den weiter oben mitgeteilten Zahlen hervorgeht, nicht der Fall. In einer folgenden Arbeit hat dann Petschacher[6] hierauf entgegnet, daß die

[1] Spiro, P.: Kolloid-Zeitschr. Bd. 31, S. 345. 1922.
[2] Petschacher: Zeitschr. f. d. ges. exp. Med. Bd. 36, S. 32. 1923.
[3] Petschacher: Zeitschr. f. d. ges. exp. Med. Bd. 41, S. 142. 1924.
[4] Neuschlosz: Zeitschr. f. d. ges. exp. Med. Bd. 44, S. 215. 1924.
[5] Starlinger u. Hartl: Biochem. Zeitschr. Bd. 160, S. 225. 1925.
[6] Petschacher: Zeitschr. f. d. ges. exp. Med. Bd. 47, S. 324. 1925; Bd. 50, S. 473. 1926.

so entstandenen Fehler für praktische Zwecke meistens ohne Bedeutung seien. Um aber auch ein genaueres Arbeiten mit seiner Methode zu ermöglichen, teilt er ein Diagramm mit, aus dem die Normalwerte für die „spezifische Viscositätserhöhung" bei den verschiedenen in Frage kommenden Eiweißkonzentrationen hervorgehen. Mit Hilfe dieser Normalzahlen läßt sich dann jedesmal feststellen, ob ein Serum sich pathologisch verhält oder nicht.

Während die bisher besprochenen Untersuchungen hauptsächlich von klinisch-biologischen Gesichtspunkten aus unternommen wurden, ging HAFNER[1] bei Aufstellung seines Begriffes der „*Zustandsviscosität*" von allgemein physiko-chemischen Betrachtungen aus. Diese Eigenschaft des Serums soll den jeweiligen Zustand der Serumproteine charakterisieren und läßt sich durch zwei verschiedene Größen darstellen. Um sie zu errechnen, werden zuerst die beiden Differenzen δ und δ_0 gebildet, wobei δ die Differenz zwischen der Viscosität des Serums (η) und seines Ultrafiltrates (η^1) bedeutet, während δ_0 denselben Wert für ein Normalserum der gleichen Eiweißkonzentration darstellt ($\eta_0 - \eta_0'$). Aus diesen beiden Differenzen berechnet HAFNER die Größen m und n, welche für die Zustandsviscosität maßgebend sind: $m = \delta - \delta_0$ und $n = \dfrac{\delta}{\delta_0}$. Bei einem normalen Serum muß m offenbar gleich 0, n gleich 1 sein. Ist m eine positive Zahl und n größer als 1, so ist die Zustandsviscosität erhöht, im entgegengesetzten Fall erniedrigt. HAFNER bestimmt den Eiweißgehalt seiner Sera refraktometrisch und gebraucht daher beim Vergleich von Eiweißkonzentration und Viscosität die obenerwähnte Tabelle von NÄGELI.

Was schließlich die von STARLINGER und HARTL eingeführte „*relative Viscosität*" betrifft, so ist sie im wesentlichen mit der Zustandsviscosität n nach HAFNER gleichbedeutend, nur daß diese Autoren sich einer maßanalytischen Eiweißbestimmungsmethode und demzufolge der Tabelle von HELLWIG und NEUSCHLOSZ bedienen. Der von ihnen vorgeschlagene Ausdruck „*relative Viscosität*" ist übrigens von mehreren Autoren einstimmig abgelehnt worden[1,2], da er bereits für die Größe η im allgemeinen Gebrauche steht.

Vergleichen wir die beschriebenen Methoden miteinander, inwieweit sie den Zweck erfüllen, jene Faktoren, welche neben und unabhängig von der absoluten Eiweißkonzentration die Viscosität des Serums beeinflussen, quantitativ zu fassen, und inwieweit die durch sie sich ergebende Zahlen tatsächlich als ein Maß für den Einfluß, den die genannten Faktoren in einem Einzelfalle ausüben, angesehen werden können, kommen wir auf Grund obiger Ausführungen zu folgendem Schluß. Die zuerst vorgeschlagene Methode PETSCHACHERS ist vom Autor selbst später fallengelassen worden und braucht daher nicht berücksichtigt zu werden Auch diejenige BIRCHERS ist nicht einwandfrei.

Der refrakto-viscosimetrische Quotient wäre dann ein verläßliches Maß für die Faktoren, welche die Serumviscosität neben seinem Eiweißgehalte beeinflussen, wenn der refraktometrische Index des Serums wirklich lediglich von seiner Eiweißkonzentration abhänge. Daß dies jedoch keineswegs der Fall ist, wurde ja oben dargetan. Unter den tatsächlich herrschenden Verhältnissen besteht demnach die Möglichkeit, daß refraktometrischer Index und Viscosität des Serums auch bei konstantem Eiweißgehalte eine parallele Verschiebung erfahren und so der Quotient BIRCHERS unverändert bliebe trotz Alterationen im Lösungszustande der Serumproteine. Im Gegenteil scheint eine merkliche Veränderung des BIRCHERschen Quotienten gegenüber der Norm tatsächlich in dem Sinne zu sprechen, daß eine Alteration in der qualitativen Zusammensetzung des Serums vorliegt.

Gegen die Methode RUSZNYÁKS läßt sich neben dem Umstande, daß die ihr zugrundeliegenden Normalzahlen noch nicht genügendermaßen fundiert erscheinen, auch noch ihre Schwerfälligkeit einwenden, welche sie für größere Serienuntersuchungen ungeeignet macht. Die Methode der „spezifischen Viscositätserhöhung" von PETSCHACHER dürfte seitdem der Autor die obenerwähnten Verbesserungen eingeführt hat, zumindest praktisch zufriedenstellend sein und scheint in klinischer Hinsicht brauchbare Resultate zu ergeben. Nur wird diesem Verfahren, ebenso wie dem theoretisch völlig einwandfreien von HAFNER nach wie vor entgegengehalten werden müssen, daß die Refraktometrie trotz allen eingeführten Korrekturen doch nicht als korrekte Eiweißbestimmungsmethode angesehen werden kann. Da die „relative Viscosität" im Sinne STARLINGERS

---

[1] HAFNER: Biochem. Zeitschr. Bd. 165, S. 29. 1925.
[2] PETSCHACHER: Zeitschr. f. d. ges. exp. Med. Bd. 50, S. 473. 1926.

und Hartls — abgesehen von der unglücklich gewählten Bezeichnung — identisch mit der Zustandsviscosität (n) Hafners ist, bedarf sie keiner weiteren Erörterung.

Alles in allem dürfen wohl die Methoden von Hellwig und Neuschlosz, von Petschacher und von Hafner als prinzipiell gleichwertig angesehen werden. Die Ausschläge, die die spezifische Viscositätserhöhung und die Zustandsviscosität im Einzelfalle aufweisen, sind absolut genommen wohl größer als die der spezifischen Viscosität, dafür sind aber auch die Normalwerte für die erstgenannten Größen bedeutenderen Schwankungen unterworfen als die der letzteren[1]. Welche dieser Methoden sich in der Praxis als die brauchbarste erweisen wird, oder ob sich mehrere von ihnen nebeneinander bewähren werden, ist demnach eine Frage, auf die nur zukünftige Erfahrungen eine Antwort geben werden können.

Es wurde auf diese Methoden und ihre kritische Würdigung des näheren eingegangen, weil sie für die zukünftige Beurteilung der Frage nach der qualitativen Zusammensetzung und dem Lösungszustande des Serumeiweißes von Bedeutung zu werden versprechen. Demgegenüber sind die bisher mit ihrer Hilfe ermittelten Tatsachen vorerst noch spärlich und nicht ganz eindeutig. Sie werden weiter unten im Anschluß an die unter pathologischen Bedingungen zu beobachtenden Veränderungen der Serumviscosität besprochen werden.

d) Der Einfluß physikalischer Faktoren auf die Viscosität des Serums und des Plasmas.

Schon Poiseuille beobachtete, daß die Viscosität von Flüssigkeiten bei Erhöhung der Temperatur abnimmt. Die des Serums nimmt zuerst schneller ab als die des Wassers, dann langsamer und von einer gewissen Temperatur an geht sie wieder in die Höhe. Auf diese Weise geht die auf Wasser bezogene relative Viscosität des Serums bei Erhöhung der Temperatur durch ein Minimum. Diese Tatsache wurde zum erstenmal einwandfrei von Rossi[2] festgestellt. In neuerer Zeit wurde sie von Rothlin[3] unter Hess eingehend untersucht. Dieser Autor fand z. B. bei Schweineserum folgende Werte für die Änderungen der relativen Viscosität pro Grad Temperaturerhöhung — stets auf die Viscosität des Wassers bei der jeweiligen Temperatur bezogen und diese gleich 1 gesetzt:

Tabelle 5.

zwischen	26—30°	. . . . . .	−0,0050	zwischen	50—54°	. . . . .	+0,0025
„	30—46°	. . . . . .	−0,0025	„	54—58°	. . . . .	+0,0125
„	46—50°	. . . . .	±0	„	58—62°	. . . . .	+0,0300

Etwas abweichend, wenn auch prinzipiell analog, sind die diesbezüglichen Angaben von Chalier und Chevalier[4]. Nach diesen Autoren nimmt die relative Viscosität des Serums (η) zwischen 10 und 59° ab, von 59 bis 66° bleibt sie konstant, um dann von 66 bis 74° allmählich, von 74 bis 76° rasch zuzunehmen. Nach ihnen hängt die Viscositätszunahme mit der beginnenden Hitzekoagulation zusammen.

Die Abnahme der relativen Viscosität des Serums wird also mit der Erhöhung der Temperatur immer geringer und schlägt schließlich in Zunahme um, die immer beträchtlicher wird, bis das Serum der Hitzekoagulation verfällt. Die Abnahme

---

[1] Siehe diesbezüglich z. B. die tabellarische Zusammenstellung bei Petschacher (Zeitschr. f. d. ges. exp. Med. Bd. 47, S. 324. 1925).

[2] Rossi: Arch. di fisiol. Bd. 1, S. 500. 1904.

[3] Rothlin: Pflügers Arch. f. d. ges. Physiol. Bd. 179, S. 195. 1920.

[4] Chalier u. Chevalier: Cpt. rend. des séances de la soc. de biol. Bd. 90, S. 224. 1924.

der relativen Viscosität ist eine reversible Veränderung, die Zunahme geht hingegen mit irreversiblen Zustandsänderungen der Serumproteine einher. Diese Tatsache wurde neuerdings auch von VILLA[1] und von DI MACCO[2] festgestellt, die die untere Temperaturgrenze für das Auftreten irreversibler Veränderungen, für Pferdeserum bei 55° fanden. Die Natur der Veränderungen, welche die Eiweißkörper bei dieser Temperatur erfahren, ist noch nicht bekannt, doch ist es wahrscheinlich, daß sie dieselben sind, die auch die sog. Inaktivierung des Serums bedingen. Ähnlich wie Erwärmen wirken auf die Serumviscosität nach PETSCHACHER[3] auch Schütteln und Bestrahlen mit ultravioletten oder Röntgenstrahlen. In allen diesen Veränderungen sieht PETSCHACHER Zeichen des künstlich herbeigeführten frühzeitigen Alterns des Serums.

e) Der Einfluß chemischer Agenzien auf die Viscosität des Serums und des Plasmas.

1. In vitro.

Die überwiegende Mehrzahl der Untersuchungen, welche über den Einfluß von chemischen Agenzien auf die Viscosität der Serumeiweißkörper ausgeführt wurde, bezieht sich auf künstlich mehr oder weniger gereinigte Substanzen. Auf eine Besprechung dieser Arbeiten und ihrer Ergebnisse können wir an dieser Stelle nicht eingehen und verweisen diesbezüglich auf den Abschnitt über allgemeine Kolloidchemie in diesem Handbuche. Das wesentlichste Ergebnis all dieser Untersuchungen, die hauptsächlich von PAULI[4] und seinen Schülern, ferner von LOEB[5], ausgeführt worden sind, ist die Feststellung, daß sämtliche Einflüsse, welche die Ionisation der Eiweißkörper begünstigen, ihre Viscosität erhöhen. PAULI betrachtet eine Viscositäterhöhung einer Eiweißlösung als unmittelbares Zeichen für eine Zunahme der Ionisation des betreffenden Proteinkörpers. Die Ursache hierfür ist, daß die Ionen des Eiweißes stärker hydratisiert sind, als neutrale Moleküle desselben und die verstärkte Hydratation ihrerseits eine Erhöhung der Viscosität herbeiführt. Nach den Erfahrungen LAQUEUR und SACKURS[6] und der PAULISchen Schule, sind es in erster Reihe *Säuren* und *Basen*, welche viscositätserhöhend auf Eiweißlösungen wirken, während Neutralsalze im allgemeinen einen gegenteiligen Effekt ausüben. Nach den Ausführungen LOEBS wären die Viscositätsänderungen, welche Elektrolyte in Eiweißlösungen verursachen, auf ein Donnangleichgewicht zurückzuführen und hingen mit Potenzialdifferenzen zusammen, welche zwischen dem Inneren der Micellen und der Außenlösung auftreten.

Über die Wirkungen dieser Substanzen auf *natives* Serum oder Plasma liegen nur äußerst spärliche Angaben vor. Kohlensäure scheint nach den Beobachtungen von FERRAI[7] und KORÁNYI und BENCE[8] keinen Einfluß auf die Viscosität des Plasmas oder Serums zu haben und obwohl nach PETSCHACHER und TROPPER[9] durch Asphyxie eine Viscositätserhöhung des Serums hervorgerufen wird, beruht diese Wirkung nach MAINZER und CONITZER[10] sicherlich nicht auf einem direkten Einfluß der Kohlensäure auf die Serumproteine. Diese Tatsache hat insofern auch

---

[1] VILLA: Cpt. rend. hebdom. des séances de l'acad. des sciences Bd. 174, S. 1131. 1922.

[2] DI MACCO: Ann. di clin. e med. sper. Bd. 15, S. 69. 1925.

[3] PETSCHACHER: Zeitschr. f. d. ges. exp. Med. Bd. 47, S. 348. 1925.

[4] PAULI: Kolloidchemie der Eiweißkörper. Dresden u. Leipzig 1920.

[5] LOEB: Proteins and the theory of colloidal behavior. New York a. London 1922.

[6] LAQUEUR u. SACKUR: Beitr. z. chem. Physiol. u. Pathol. Bd. 3, S. 193. 1903.

[7] FERRAI: Arch. di fisiol. Bd. 1, S. 385. 1904.

[8] KORÁNYI u. BENCE: Pflügers Arch. f. d. ges. Physiol. Bd. 110, S. 520. 1905.

[9] PETSCHACHER u. TROPPER: Wien. Arch. f. inn. Med. Bd. 13, S. 1. 1926.

praktisches Interesse, als aus ihr hervorgeht, daß eine evtl. Stauung bei der Blutentnahme keine nennenswerte Veränderung genannter Werte herbeiführen kann. Stärkere Säuren erhöhen die Viscosität, aber nur in erheblichen Konzentrationen. Dies zeigt sich namentlich aus den Versuchen von Belák[1]. Nach seinen Angaben beginnt Salzsäure die Viscosität von Rindenserum von etwa $n/_{10}$-Konzentrationen aufwärts merklich zu erhöhen. Essigsäure und Milchsäure sind in dieser Konzentration noch unwirksam. Da Belák keine Bestimmung der H-Ionenkonzentration in seinen Serumgemischen vornahm, haben diese Bestimmungen nur einen verhältnismäßig geringen Wert. Es ist jedoch wahrscheinlich, daß die relative Unwirksamkeit der Säuren in erster Reihe als eine Folge der weitgehenden Pufferung des Serums anzusehen ist.

Nach Frei[2] verursacht Alkalizusatz zum Serum unregelmäßiges Sinken und Steigen der Viscosität desselben. Ellinger und Neuschlosz[3], die diese Verhältnisse bei gleichzeitiger Bestimmung des p_H untersuchten, fanden bei mit Ringer-Lösung zur Hälfte verdünntem Serum nach NaOH-Zusatz: bei = 8,2 eine Herabsetzung der Viscosität um 14%, bei p_H = 8,75 eine Zunahme um 3%, und bei p_H = 8,9 um 10%. An Vollserum fanden hingegen Cluzet und Chevalier[4] bei allmählicher Alkalinisierung erst eine Zunahme der Viscosität bis p_H = 10,5 und eine darauffolgende Abnahme derselben.

Die Wirkung verschiedener Neutralsalze auf die Viscosität des Plasmas ist zuerst von Adam[5] untersucht worden. Er fand eine Herabsetzung derselben durch NaJ, KJ, und RbJ ferner KBr, eine Erhöhung durch NaBr und NaCl. Ellinger und Neuschlosz[6] geben folgende Zahlen für die Beeinflussung der Viscosität des Serums durch $n/_6$-Na-Salzlösungen an, die in gleichen Mengen mit inaktiviertem Pferdeserum gemischt worden sind: CNS': —3%, J': —2%, Br': +0, Acetat: +3%, SO_4'' +4%, Citrat: +7%. Es findet sich also bei dieser Wirkung die klassische Hofmeistersche Reihe wieder, jedoch erscheint diese in umgekehrter Folge, wenn wir in der Viscosität ein Maß für den Quellungsgrad der Serumeiweißkörper erblicken. Auf der alkalischen Seite des isoelektrischen Punktes wird dieser bei den meisten anderen Objekten doch von Neutralsalzen derart beeinflußt, daß derselbe durch die Ionen J' und CNS' erhöht, durch SO_4'' und Citrat herabgesetzt wird. Daß wir beim Serum ein gerade umgekehrtes Verhalten vorfinden, kann dadurch bedingt sein, daß eine Reihenumkehr erfolgt ist, wie sie in der kolloidchemischen Literatur häufig beschrieben wurde, oder aber, daß die Neutralsalzwirkungen auf die Serumviscosität im Grunde gar nicht Veränderungen des Hydratationsgrades der betreffenden Proteine, sondern Einflüsse anderer Art darstellen. Eine Entscheidung dieser Frage ist derzeit wohl noch nicht möglich.

Die Wirkung der Kationen auf die Serumviscosität fanden Ellinger und Neuschlosz außerordentlich gering. Die Alkalikationen üben gar keine nachweisbare Wirkung aus, die zweiwertigen Erdalkalien setzen die Serumviscosität etwas herab. Merkwürdigerweise soll nach Simon[7] auch Kochsalz, und zwar schon in verhältnismäßig geringen Konzentrationen die Viscosität des Serums herabsetzen.

Von anderen Substanzen ist von Ellinger und Neuschlosz[8] namentlich die Wirkung einiger *Diuretica* auf die Serumviscosität in vitro untersucht worden.

[1] Belák: Biochem. Zeitschr. Bd. 90, S. 96. 1918.
[2] Frei: Transvaal med. journ. 1908.
[3] Ellinger u. Neuschlosz: Biochem. Zeitschr. Bd. 127, S. 254. 1922.
[4] Cluzet u. Chevalier: Cpt. rend. des séances de la soc. de biol. Bd. 94, S. 862. 1926.
[5] Adam: Zeitschr. f. klin. Med. Bd. 68, S. 87. 1909.
[6] Ellinger u. Neuschlosz: Biochem. Zeitschr. Bd. 127, S. 254. 1922.
[7] Simon: Studii Sassaresi Bd. 3, S. 310. 1925.
[8] Ellinger und Neuschlosz: Bioch. Zeitschr. Bd. 127. S. 254. 1922.

So wirken z. B. geringe Coffeinmengen herabsetzend auf die Viscosität des Serums, mittlere erhöhend und ganz hohe wieder herabsetzend. Quecksilberionen wirken umgekehrt in kleinen Mengen erhöhend, in mittleren und großen herabsetzend auf die Serumviscosität. Eine ähnliche zweiphasige Wirkung, wie das Coffein, haben auch manche Hormonpräparate, namentlich Schilddrüsen- und Hypophysenhinterlappenextrakte. Lediglich viscositätsvermindernd wirkt Harnstoff und überwiegend so auch Digitalis und Strophanthin. Nach Cossu[1] kommt dem molekularen Jod, nach Hayashi[2] auch dem Alkohol eine starke viscositätserhöhende Wirkung zu.

Unter den Toxinen kommt dem Cobragifte eine ausgesprochene, wenn auch recht inkonstante viscositätserhöhende Wirkung zu. Noch weniger konstant sind die Wirkungen mancher Bakteriengifte, wie Diphtherietoxin usw.[3]. Alle diese Beobachtungen bedürfen jedoch einer Nachprüfung und weiterer Ausarbeitung.

2. In vivo.

Die Serum- oder Plasmaviscosität ist, wie oben des näheren auseinandergesetzt wurde, eine komplexe Größe und ist von zwei voneinander mehr oder weniger unabhängigen Faktoren bedingt: der absoluten Eiweißkonzentration und einem qualitativen Faktor, welcher sich in der Höhe der spezifischen Viscosität äußert. Von diesen beiden Faktoren ist in den meisten Fällen der erste von überwiegendem Einflusse, so daß die Serumviscosität im großen und ganzen nach Maßstab des jeweiligen Eiweißgehaltes eine hohe oder eine niedrige sein wird. Es ist demzufolge auch direkt der Vorschlag gemacht worden, die Viscosimetrie als schnelle und einfache Methode zur angenäherten Bestimmung der Eiweißkonzentration im Serum zu gebrauchen. Obwohl dies zweifellos nicht angängig ist —die qualitativen Faktoren haben hierzu einen viel zu großen und namentlich zu sehr wechselnden Einfluß — lassen sich aus der Serumviscosität allein keine Schlüsse auf irgendwelche andersartige Veränderungen des Serums ziehen. Außerdem scheint der Organismus, wovon später noch ausführlich die Rede sein soll, über gewisse Regulationsmechanismen zu verfügen, welche bei einer plötzlichen Änderung der Serumviscosität in Funktion treten und dieselbe wieder auf ihren ursprünglichen Wert zurückzubringen trachten.

Solange also die Serumviscosität als eine absolute Größe betrachtet und nicht in ihre Einzelfaktoren zerlegt worden ist, konnte keine klare Einsicht in die Veränderungen gewonnen werden, welche durch experimentelle Eingriffe oder pathologische Prozesse in ihr herbeigeführt werden. Deshalb sollen hier bloß die wichtigsten der diesbezüglichen älteren Angaben kurz erwähnt werden.

Im Gegensatz zu seiner Wirkung in vitro fanden Müller und Inada[4] und Kottmann[5], daß KJ-Darreichung die Serumviscosität in vivo nicht beeinflußt. Hingegen konstatierten Bottazzi[6] und seine Mitarbeiter eine Herabsetzung der Serumviscosität nach intravenöser NaCl-Infusion (wohl infolge der Verdünnung des Blutes). Nach demselben Autor erhöhen Gelatineinjektionen die Serumviscosität. Bei akuter Phosphorvergiftung fand Rotky[7] in vier Fällen merklich erhöhte Plasmaviscositäten (bis $\eta = 2{,}46$). Interessant ist die Tatsache, daß Sättigung mit Kohlensäure die Viscosität des Serums auch in vivo nicht merklich ändert.

---

[1] Cossu: Arch. di fisiol. Bd. 22, S. 399. 1925.
[2] Hayashi: Kolloid-Zeitschr. Bd. 36, S. 227. 1925.
[3] Ellinger u. Neuschlosz: Zitiert auf S. 632.
[4] Müller u. Inada: Dtsch. med. Wochenschr. 1904, S. 1751.
[5] Kottmann: Korrespondenzbl. f. Schweiz. Ärzte 1907.
[6] Bottazzi, d'Errico u. Japelli: Biochem. Zeitschr. Bd. 7, S. 19. 1908.
[7] Rotky: Zeitschr. f. Heilk. 1907, H. 2.

634   S. M. Neuschlosz: Die Viscosität des Blutes.

Dies wurde schon von Ewald[1] festgestellt, dann von Ferrai und Korányi[2] und Bence[3] und neuerdings auch von Schultz[4] bestätigt. Nach Brunetti und Elek[5] ist allerdings die spezifische Serumviscosität in venösem Blut höher als im arteriellen, während nach Petschacher und Tropper[6] Sauerstoffmangel charakteristische Veränderungen der Serumviscosität herbeiführen soll. Mainzer und Conitzer[7] konnten jedoch zeigen, daß es sich hierbei nicht um eine unmittelbare Wirkung der Kohlensäureanhäufung handelt.

Eine bessere Übersicht der durch die verschiedensten Faktoren verursachten Änderungen der Serumviscosität werden uns voraussichtlich jene Untersuchungen verschaffen, welche bereits die notwendig gewordene Trennung der beiden hauptsächlichen Faktoren der Serumviscosität berücksichtigen und über deren theoretische Grundlagen in den vorhergehenden Abschnitten ausführlich die Rede war.

Auch auf diesem Gebiete ist zunächst nur ein erster Anfang gemacht worden, als welcher Untersuchungen von Ellinger und Neuschlosz[8, 9] über die Veränderungen der Serumviscosität im Laufe der Einwirkung *diuretischer Arzneimittel* an Menschen und Tieren angesehen werden können. Die Autoren bestimmten die Viscosität des Serums und seinen Eiweißgehalt vor und verschiedenemale während der Wirkung der Diuretica und berechneten auf Grund der Tabelle von Hellwig und Neuschlosz die jeweilige spezifische Viscosität des Serums. Sie fanden sie herabgesetzt während der Diurese durch Purinkörper, Digitalisglykoside, Harnstoff; erhöht durch Quecksilberpräparate (Novasurol, Kalomel) und Schilddrüsenextrakte; unverändert bei der Salzdiurese. Die absolute Viscosität kann hierbei — infolge Verdünnung oder Konzentrierung des Blutes — ganz andere Veränderungen durchmachen, die im allgemeinen ganz wesentlich weniger regelmäßig verlaufen, als die der spezifischen Viscosität. Auf die aus diesen Tatsachen abgeleiteten Theorien bezüglich des Mechanismus der diuretischen Wirkung der genannten Substanzen können wir hier nicht des Näheren eingehen, doch sei darauf hingewiesen, daß in allen Fällen die Veränderungen in der spezifischen Serumviscosität zeitlich *vor* den Wasserverschiebungen auftreten. Im allgemeinen folgt auf eine Herabsetzung der spezifischen Viscosität eine Konzentrierung des Blutes (z. B. unter Coffeinwirkung), während eine Erhöhung der spezifischen Viscosität eine Hydrämie zur Folge hat. Diese Tatsachen lassen sich leicht auf Grund der Annahme erklären, daß die Viscosität des Serums ein Maß der Hydratation und des Quellungsdruckes seiner Eiweißkörper darstellt. Dann versteht es sich nämlich, daß bei Erhöhung der Viscosität und des Quellungsdruckes des Serums ein Wasserstrom aus den Geweben zur Blutbahn erfolgt, es also zu einer Hydrämie kommt, während andererseits bei Herabsetzung der Serumviscosität eine Wasserabgabe — durch die Nieren und in die Gewebe — vor sich geht und das Blut konzentrierter wird. Unabhängig von diesen Überlegungen müssen wir aber die Tatsache, daß eine Verdünnung des Blutes als Folge einer Zunahme, eine Konzentrierung desselben nach einer Abnahme der spezifischen Serumviscosität auftritt, als eine wichtige Regulationsvorrichtung des Organismus ansehen, mit Hilfe welcher dieser bestrebt ist, die absolute Viscosität des Blutes auf unveränderter Höhe festzuhalten.

[1] Ewald: Arch. f. Anat. (u. Physiol.) 1877, S. 224.
[2] Ferrari: Arch. di fisiol. Bd. 1, S. 385. 1904.
[3] Korányi u. Bence: Pflügers Arch. f. d. ges. Physiol. Bd. 110, S. 520. 1905.
[4] Schultz: Zeitschr. f. d. ges. exp. Med. Bd. 31, S. 221. 1923.
[5] Brunetti u. Elek: Zeitschr. f. d. ges. exp. Med. Bd. 47, S. 277. 1925.
[6] Petschacher u. Tropper: Wien. Arch. f. inn. Med. Bd. 13, S. 1. 1926.
[7] Mainzer u. Conitzer: Zeitschr. f. d. ges. exp. Med. Bd. 51, S. 762. 1926.
[8] Ellinger u. Neuschlosz: Biochem. Zeitschr. Bd. 127, S. 254. 1922.
[9] Neuschlosz: Zeitschr. f. d. ges. exp. Med. Bd. 41, S. 664. 1924.

Die Angaben von ELLINGER und NEUSCHLOSZ, soweit sich diese auf die Coffeinwirkung beziehen, wurden von OEHME und SCHULTZ[1] nachgeprüft und nicht bestätigt. Sie finden im Gegensatz zu den genannten Autoren, daß die Viscosität des Serums sich während des

ganzen Verlaufs der Coffeinwirkung parallel zur Eiweißkonzentration bewegt, und folgern hieraus, daß diese Substanz einen Einfluß auf die Quellbarkeit der Serumeiweißkörper nicht besitzt. Nun führten OEHME und SCHULTZ ihre Eiweißbestimmungen mit der refraktometrischen Methode aus und halten trotz den gegenteiligen Feststellungen FREUNDS[2] daran fest, daß diese Methode einwandfreie Zahlen für die Serumkonzentration ergebe. Ihre Meinung stützen die Autoren auf eine Anzahl Arbeiten anderer Forscher — die sich jedoch gar nicht auf Serum beziehen — und hielten es nicht für notwendig, die Befunde FREUNDS nachzuprüfen oder zumindest einige parallele Eiweißbestimmungen mit einer chemischen Methode auszuführen. Auf die Fehlerquellen der refraktometrischen Eiweißbestimmung im Serum ist schon früher hingewiesen worden. Hier soll nur hervorgehoben werden, daß FREUND gerade bei der Coffeinwirkung einen weitgehenden Parallelismus in den Verschiebungen der Viscosität und der Refraktion des Serums beobachtete, welche die negativen Befunde von OEHME und SCHULTZ vollkommen zu erklären imstande ist, so daß diese keineswegs als eine Widerlegung der Angaben von ELLINGER und NEUSCHLOSZ angesehen werden können.

f) Veränderungen der Viscosität des Serums bei spontanen oder experimentell verursachten Krankheitszuständen der Tiere und des Menschen.

Nach den bisherigen Erfahrungen scheinen namentlich vier Arten von Krankheiten mit ausgesprochenen Veränderungen der Serumviscosität einherzugehen: nämlich die Krankheiten des Blutes selbst (Anämien usw.), dann Störungen auf dem Gebiete der inneren Sekretion, wobei namentlich pathologische Veränderungen der Schilddrüse zu erwähnen sind, ferner Störungen seitens der Zirkulation und der Nierentätigkeit, namentlich wenn dieselben die Ausbildung von Ödemen zur Folge haben und schließlich Krankheiten, bei denen ein erhöhter Abbau von Körpereiweiß vor sich geht (bösartige Geschwülste, Infektionskrankheiten).

Die geringsten Werte, welche für die Viscosität des Serums von NÄGELI[3] überhaupt gefunden wurden, beziehen sich auf Fälle von *perniziöser Anämie* (bis hinab zu $\eta = 1{,}45$). Dagegen scheint die Serumviscosität bei anderen Anämieformen nicht regelmäßig herabgesetzt zu sein, bei *Carcinomanämie* finden sich sogar zuweilen ganz auffallend hohe Werte für dieselbe. Jedoch kommen auch hier manchmal niedrige Viscositätswerte vor. Aus NÄGELIS Zahlen lassen sich im allgemeinen keine Regeln ableiten. Nach ROTKY[4] und KOTTMANN[5] ist die Viscosität des Plasmas bei den meisten Blutkrankheiten verhältnismäßig erhöht, doch hebt auch dieser letztere die geringe Plasmaviscosität bei perniziöser Anämie hervor. Erwähnenswert sind auch die alten, scheinbar niemals nachgeprüften Angaben von CESANA[6] über die Bedeutung der Milz für die Serumviscosität. Nach diesem Autor soll Exstirpation der Milz eine starke Erhöhung der Serumviscosität herbeiführen; auch soll Blut, welches aus der Milzvene stammt, ein höher viscöses Serum liefern, als solches, das aus anderen venösen Gebieten gewonnen wurde. Eine weitere Verfolgung dieser Angaben würde sich wohl lohnen.

Über die Bedeutung der *inneren Sekretion* für die Serumviscosität stammen die ältesten Angaben von FANO und ROSSI[7]. Sie fanden, daß die Exstirpation der Schilddrüse bei Hunden und Kaninchen eine merkliche Zunahme der Serumviscosität verursacht. Diese Erscheinung trat auch dann auf, wenn eine Kachexie nicht zu beobachten war. Wurden mit der Schilddrüse auch die Epithelkörperchen

[1] SCHULTZ: Zeitschr. f. d. ges. exp. Med. Bd. 31, S. 221. 1923.
[2] FREUND: Verhandl. d. Kongr. f. inn. Med., Wiesbaden 1922.
[3] NÄGELI: Blutkrankheiten und Blutdiagnostik. Leipzig 1912.
[4] ROTKY: Zeitschr. f. Heilk. 1907, H. 2.
[5] KOTTMANN: Korrespondenzbl. f. Schweiz. Ärzte 1907.
[6] CESANA: Arch. di fisiol. Bd. 4, S. 169. 1908.
[7] FANO u. ROSSI: Arch. di fisiol. Bd. 2, S. 589. 1907.

entfernt, so trat eine Zunahme der Serumviscosität ebenfalls auf, doch war diese geringer, als wenn die Epithelkörperchen geschont wurden. Bei einem Hunde mit spontaner Hypertrophie der Schilddrüse, fand sich die Serumviscosität stark herabgesetzt. Bei Menschen fand Deusch[1] bei Myxödem eine beträchtliche Erhöhung der Serumviscosität (bis $\eta = 2,1$) und eine ebenfalls erhöhte Refraktion (mittels der Reissschen Tabelle als Eiweiß berechnet 10,4%). Nach Behandlung der Kranken mit Schilddrüsenpräparaten näherten sich diese Werte der Norm. Bei Hyperthyreose und Basedowscher Krankheit fand Deusch durchweg herabgesetzte Werte für die Viscosität und auch für die Refraktion des Serums. Einen Parallelismus zwischen Verschiebungen beider Größen fand er hingegen nicht.

Hellwig und Neuschlosz[2] untersuchten das Verhalten der spezifischen Viscosität (Viscositätsfaktor) bei Erkrankungen des *Schilddrüsenapparates*. Sie kommen zu dem Schluß, daß bei Hyperthyreose regelmäßig eine Herabsetzung der spezifischen Viscosität des Serums zu beobachten ist (bis 0,83), doch ist diese Herabsetzung keineswegs proportional zum Grade der Schilddrüsenhyperfunktion. Es kommen vielmehr verhältnismäßig geringfügige Hyperthyreosen zur Beobachtung, die mit einer stark verminderten spezifischen Serumviscosität einhergehen, während im Gegensatz, bei schweren Fällen von Basedowscher Krankheit, die Herabsetzung manchmal nur gering ist. Obwohl demnach quantitative Beziehungen zwischen Schilddrüsenhyperfunktion und Herabsetzung der spezifischen Serumviscosität nicht vorhanden zu sein scheinen, glaubten Hellwig und Neuschlosz auf Grund ihres Materials, die Verminderung der spezifischen Viscosität des Serums als ein charakteristisches Symptom für Hyperthyreose hinstellen zu dürfen, welches zur Diagnostik zweifelhafter Fälle mit Vorteil herangezogen werden kann. Dieser Folgerung wurde jedoch von Frey und Stahnke[3] widersprochen. Diese Autoren fanden, daß eine Herabsetzung des Viscositätsfaktors auch bei nicht hyperthyreotischen Kropfkranken vorkommt, während sie bei Hyperthyreosen unter Umständen vermißt werden kann. Bei einer genauen Durchsicht der Zahlen von Frey und Stahnke zeigt sich jedoch die merkwürdige Tatsache, daß ihre Normalfälle außerordentlich häufig spezifische Viscositäten aufweisen, welche sich durchaus oberhalb jener Grenze befinden, die von Hellwig und Neuschlosz als normal angegeben worden ist. Dagegen bewegen sich ihre Fälle von Hyperthyreose um die untere Grenze der Norm herum.

Obwohl Frey und Stahnke angeben, genau die methodologischen Vorschriften von Hellwig und Neuschlosz befolgt zu haben, liegt daher doch die Annahme nahe, daß irgendeine Differenz in der technischen Ausführung beider Untersuchungsreihen vorliegen müsse. Sonst wären die großen Differenzen in bezug auf die Normalwerte der spezifischen Serumviscosität unverständlich. Wie dem aber auch immer sei, zeigen auch die Zahlen von Frey und Stahnke einen deutlichen Unterschied in der spezifischen Viscosität der Sera von Individuen mit erhöhter Schilddrüsenfunktion einerseits, mit normaler andererseits. Am deutlichsten tritt dieser Unterschied zutage, wenn wir die Mittelwerte aus den spezifischen Serumviscositäten für beide Gruppen, einmal aus den Zahlen von Hellwig und Neuschlosz und dann aus jenen von Frey und Stahnke berechnen. Der Mittelwert aus den spezifischen Viscositäten bei Normalfällen ist von Hellwig und Neuschlosz (21 Fälle) 1,01, nach Frey und Stahnke (11 Fälle) 1,03, bei Hyperthyreosen berechnet sich aus den 17 Fällen von Hellwig und Neuschlosz 0,93, aus den 10 Fällen von Frey und Stahnke 0,98. Ein Unterschied ist also in beiden Fällen vorhanden, obwohl er bei Hellwig und Neuschlosz prozentuell größer ist. Warum die absoluten Zahlen von Frey und Stahnke größer sind, läßt sich zunächst nicht mit Bestimmtheit sagen. Ebensowenig läßt es sich derzeit entscheiden, ob der nachgewiesene und zweifellos vorhandene Unterschied zwischen der spezifischen

[1] Deusch: Dtsch. Arch. f. klin. Med. Bd. 134, S. 342. 1920.
[2] Hellwig u. Neuschlosz: Klin. Wochenschr. Bd. 1, S. 1988. 1922.
[3] Frey u. Stahnke: Klin. Wochenschr. Bd. 2, S. 1742. 1923.

Serumviscosität normaler und hyperthyreotischer Individuen ausreicht, als diagnostisches Merkmal verwendet zu werden, so wie das ursprünglich HELLWIG und NEUSCHLOSZ gedacht haben. Neuere Untersuchungen von NEUSCHLOSZ[1] scheinen allerdings hierfür zu sprechen. Sie zeigen jedenfalls, daß die Herabsetzung der spezifischen Serumviscosität in jedem Falle parallel mit der als charakteristisch für Hyperthyreose angesehenen Steigerung des Grundumsatzes verläuft.

Den Zusammenhang zwischen spezifischer Serumviscosität und Schilddrüsenfunktion konnten HELLWIG und NEUSCHLOSZ noch dadurch dartun, daß sie zeigten, daß nach operativer Verkleinerung der Schilddrüse die spezifische Serumviscosität zunächst stark ansteigt, um sich dann allmählich abfallend der Norm zu nähern. Bei einem Fall von Myxödem fanden sie eine stark erhöhte spezifische Viscosität.

Mit der spezifischen Viscosität des Serums befaßte sich auch in letzter Zeit P. SPIRO[2]. Um seinen Überlegungen eine breitere Unterlage zu erteilen, verwendet er außer eigenen Zahlen solche von anderen Autoren, nämlich ALDER[3], LÖBNER[4], FRÄNKEL-TISSOT[5], HELLWIG und NEUSCHLOSZ[6], FODOR und FISCHER[7]. Als Normalwerte erachtete SPIRO nicht diejenigen der oben wiedergegebenen Tabelle von HELLWIG und NEUSCHLOSZ, sondern die des NÄGELIschen[8] Werkes. Auf Grund dieser Zahlen berechnet er die spezifische Viscosität für insgesamt 330 Menschensera, von denen er selbst 107 untersuchte, während die Angaben über die anderen den genannten Autoren entstammen. In seinen eigenen Untersuchungen wendete er, ähnlich wie NÄGELI, zur Eiweißbestimmung die refraktometrische Methode NÄGELIS an. Die Schlußfolgerung seiner Untersuchungen lautet dahin, daß die spezifische Viscosität des Serums unter pathologischen Umständen zwar erhöht, aber niemals herabgesetzt sein kann, die Normalwerte derselben also gleichzeitig Minimalwerte darstellen.

Gegen die Ausführungen SPIROS lassen sich jedoch folgende Einwände erheben: Die Zahlen der NÄGELIschen Tabelle sind — wie erwähnt — auf Grund der refraktometrischen Methode entstanden. Es ist demnach unzulässig, diese Zahlen mit solchen zu vergleichen, welche auf chemischen Eiweißbestimmungen beruhen (z. B. die von HELLWIG und NEUSCHLOSZ oder die von FODOR und FISCHER), da doch die Ergebnisse beider Methoden in Einzelfällen bis zu 20% auseinandergehen können. Abgesehen hiervon kann nach unseren obigen Ausführungen die refraktometrische Methode nicht als einwandfrei gelten, namentlich wenn es sich darum handelt, eine strenge Trennung der Gesamteiweißkonzentration des Serums von jenen Faktoren, die die Serumproteine qualitativ beeinflussen, durchzuführen.

Infolge dieser Umstände ist es unmöglich, den Ausführungen SPIROS großes Gewicht beizulegen, und seine Schlußfolgerung muß abgelehnt werden, um so mehr, als doch die vorerwähnten Arbeiten gezeigt haben, daß eine Herabsetzung der spezifischen Viscosität unter den normalen Wert unter pathologischen Bedingungen sehr wohl vorkommen kann. Daß dies verhältnismäßig selten ist, muß allerdings zugegeben werden und geht unter anderem auch aus den Untersuchungen PETSCHACHERS[9] hervor, der im wesentlichen die Angaben SPIROS bestätigen konnte. Doch fanden z. B. STARLINGER und HARTL[10] wieder die spezifische Serumviscosität — nach ihrer Nomenklatur relative Viscosität — in einer Anzahl von Fällen deutlich herabgesetzt.

---

[1] NEUSCHLOSZ: Klinische Wochenschrift, Bd. 3, S. 1013. 1924.

[2] SPIRO, P.: Klin. Wochenschr. Jg. 2, S. 1744. 1923; Arch. f. exp. Pathol. u. Pharmakol. Bd. 100, S. 38. 1923.

[3] ALDER: Dtsch. Arch. f. klin. Med. Bd. 126, S. 372. 1918.

[4] LÖBNER: Dtsch. Arch. f. klin. Med. Bd. 127, S. 401. 1918.

[5] FRÄNKEL-TISSOT: Schweiz. med. Wochenschr. 1922.

[6] HELLWIG u. NEUSCHLOSZ: Klin. Wochenschr. Jg. 1, S. 1988. 1922.

[7] FODOR u. FISCHER: Zeitschr. f. d. ges. exp. Med. Bd. 29, S. 465. 1922.

[8] NÄGELI: Blutkrankheiten und Blutdiagnostik. Leipzig 1919.

[9] PETSCHACHER: Wien. klin. Wochenschr. 1924, S. 1234.

[10] STARLINGER u. HARTL: Biochem. Zeitschr. Bd. 160, S. 225. 1925.

Bei *Niereninsuffizienz* stellten Rotky[1] und Kottmann[2] vielfach eine Erhöhung der Plasmaviscosität fest. Diese Feststellung ist um so merkwürdiger, als doch genannter Zustand häufig mit einer Hydrämie, also einer Herabsetzung der prozentuellen Eiweißkonzentration im Plasma einhergeht. Eine Erklärung hierfür ergibt sich jedoch aus neueren Untersuchungen von Rusznyák[3], der die reduzierte Viscosität des Serums bei Nephritikern, die an Ödem litten, ganz außerordentlich erhöht fand. Auch Spiro[4] fand bei Nephritikern erhöhte Werte für die spezifische Viscosität des Serums. Es liegt also offenbar in diesen Fällen eine qualitative Veränderung der Serumeiweißkörper vor, derzufolge die spezifische oder, was im wesentlichen dasselbe ist, die reduzierte Viscosität des Serums eine Erhöhung erfährt. Durch diese qualitative Veränderung des Serums wird die viscositätsvermindernde Wirkung der Hydrämie kompensiert und, wie es scheint, manchmal sogar auch überkompensiert, so daß die absolute Serumviscosität normale oder, wie Rotky und Kottmann fanden, auch erhöhte Werte erreichen kann. Andererseits kommen zweifellos auch Fälle vor, bei welchen die Niereninsuffizienz nicht nur von keiner Hydrämie, sondern im Gegenteil sogar von einer Eindickung des Blutes begleitet wird. In diesen Fällen zeigt die spezifische Viscosität des Serums im allgemeinen eine Herabsetzung. Wir haben es hier also offenbar mit einer Regulation des Organismus zu tun, die bestrebt ist, die Viscosität des Serums auch unter pathologisch veränderten Bedingungen, auf einer normalen Höhe zu erhalten. Endgültig geklärt ist der Mechanismus dieser Regulation noch nicht. Nehmen wir an, daß die Veränderungen der Blutkonzentration primär entstanden seien, so erscheint die Ursache der qualitativen Veränderungen der Serumeiweißkörper vollkommen rätselhaft. Dagegen, wenn wir diese letzteren uns als primär entstanden vorstellen — etwa durch Stoffwechselprodukte herbeigeführt, welche die Insuffizienz der Niere im Organismus zurückgehalten hat — so ließe sich der Regulationsmechanismus folgendermaßen erklären. Die erhöhte spezifische Viscosität des Serums ist ein Zeichen für einen erhöhten Quellungsdruck seiner Eiweißkörper. Demzufolge binden dieselben mehr Wasser als normalerweise, und es entsteht eine Hydrämie. Andererseits, wenn die spezifische Viscosität und der Quellungsdruck des Serums herabgesetzt ist, kommt es zu einer Wasserabgabe seitens des Blutes. Das freigewordene Wasser wird zum Teile vielleicht von den Nieren ausgeschieden, während ein anderer Teil wahrscheinlich von den Geweben aufgenommen wird.

Im Gegensatz zu dieser von Ellinger und Neuschlosz[5] entwickelten Theorie stehen gewisse Ausführungen von Rusznyák[6], welche zunächst nur in einer kurzen vorläufigen Mitteilung veröffentlicht worden sind. Rusznyák stellte fest, daß das Blutplasma bei Niereninsuffizienz im allgemeinen große Mengen Fibrinogen enthält, ein Eiweißkörper, der eine hohe spezifische Viscosität mit geringer Quellbarkeit vereint. Hiernach würde also eine erhöhte spezifische Viscosität des Plasmas eine Herabsetzung in seinem Quellungsdruck bedeuten. Um diesen Anschauungen gegenüber Stellung nehmen zu können, muß die ausführliche Mitteilung Rusznyáks abgewartet werden. Zunächst können wir nur darauf hinweisen, daß die oben angeführten Untersuchungen, und zwar so gut die von Ellinger und Neuschlosz wie auch die von Rusznyák selbst, mit Serum ausgeführt worden sind, also ihre Resultate nicht auf Fibrinogen bezogen werden

[1] Rotky: Zeitschr. f. Heilk. 1907, H. 2.
[2] Kottmann: Korrespondenzbl. f. Schweiz. Ärzte 1907.
[3] Rusznyák: Biochem. Zeitschr. Bd. 133, S. 360. 1922.
[4] Spiro, P.: Arch. f. exp. Pathol. u. Pharmakol. Bd. 100, S. 38. 1923.
[5] Ellinger u. Neuschlosz: Verhandl. d. dtsch. pharm. Ges., Freiburg 1921.
[6] Rusznyák: Klin. Wochenschr. Jg. 2, S. 1479. 1923.

können. Andererseits ist es auch schwer zu verstehen, wie ein herabgesetzter Quellungsdruck im Plasma mit Hydrämie einhergehen könne, wie dies Rusznyák bei Niereninsuffizienz anzunehmen scheint.

Daß die spezifische Viscosität des Serums bei gewissen Erkrankungen, welche dadurch gekennzeichnet sind, daß sie mit einem erhöhten Eiweißabbau im Organismus einhergehen, erhöht ist, wurde zuerst von Bircher[1] gezeigt. Demzufolge fand dieser Autor einerseits bei Krebskranken, andererseits bei Tuberkulösen eine merkliche Herabsetzung seines refrakto-viscosimetrischen Quotienten, und zwar scheint dieser um so niedriger zu sein, je aktiver der vorliegende Prozeß ist. Auch P. Spiro[2] fand die spezifische Viscosität des Blutes bei akuten Infektionskrankheiten, bösartiger Tuberkulose und Tumoren, Kauftheil und Simó[3] bei Fällen von Arthritis, Galehr[4] bei malignen Geschwülsten erhöht. Daß unter diesen Verhältnissen gewisse Substanzen im Blute zirkulieren, welche auch in vitro eine Erhöhung der Serumviscosität herbeizuführen imstande sind, hat Neuschlosz[5] dadurch gezeigt, daß er geringe Mengen des Serums von Tumorkranken zu normalem, inaktiviertem Pferdeserum hinzufügte und hierdurch eine merkliche Viscositätserhöhung erzielte. Normalsera hatten einen derartigen Effekt niemals.

g) Über das Wesen der die Serumviscosität beeinflussenden qualitativen Faktoren.

In den vorhergehenden Abschnitten ist wiederholt gezeigt worden, daß für die jeweilige Höhe der Serumviscosität außer seinem absoluten Eiweißgehalt noch andere, qualitative Faktoren mitbestimmend sein müssen. Es sind auch jene Methoden besprochen worden, mit deren Hilfe wir imstande sind, die Gesamtheit dieser qualitativen Faktoren zahlenmäßig zu bestimmen. Über ihre Natur ist jedoch bisher noch kaum die Rede gewesen. In diesem Abschnitte sollen unsere diesbezüglichen Kenntnisse und Anschauungen kurz erörtert werden.

Die ersten Versuche in dieser Richtung stammen aus der Schule Nägelis. Die Untersuchungen wurden von Heyder[6] begonnen und dann namentlich von Rohrer[7] fortgesetzt. Die genannten Autoren zeigten zunächst, daß dem Globulin eine höhere spezifische Viscosität zukommt als dem Albumin. Ausgehend von gereinigten Lösungen beider Eiweißkörper, stellten sie verschiedene Gemische her und beobachteten, daß in ihnen, die gleiche absolute Eiweißkonzentration vorausgesetzt, die Viscosität um so höher war, je mehr *Globulin* das Gemisch enthielt.

Rohrer gelang es sogar, auf Grund dieser Tatsache eine empirische Kurve zu entwerfen, mit Hilfe welcher es möglich sein sollte, aus der absoluten Eiweißkonzentration (refraktometrisch bestimmt) einerseits und der Viscosität andererseits das Verhältnis zu bestimmen, in welchem sich Albumin und Globulin im betreffenden Gemisch vorfinden. Die so erhaltenen Zahlen wurden mit Hilfe chemischer Bestimmungsmethoden kontrolliert und zeigten sich für künstliche Gemische, wie sie Rohrer dargestellt hatte, richtig.

Zu ähnlichen Resultaten wie Rohrer gelang später auch Mozai[8], während Bosse und Handovsky[9] bereits Zahlenangaben machen konnten, nach welchen je 1% Albumin den Wert η um 0,08, 1% Pseudoglobulin um 0,12 und 1% Euglobulin um 0,21 erhöhen. Diese Koeffizienten mit der jeweiligen Konzentration der betreffenden Eiweißfraktion

[1] Bircher: Journ. of labor. a. clin. med. Bd. 7, S. 733. 1922.

[2] Spiro, P.: Arch. f. exp. Pathol. u. Pharmakol. Bd. 100, S. 36. 1923.

[3] Kauftheil u. Simó: Wien. Arch. f. inn. Med. Bd. 11, S. 191. 1925.

[4] Galehr: Wien. Arch. f. inn. Med. Bd. 9, S. 379. 1924.

[5] Neuschlosz: Mem. inform. del inst. de med. exp. Buenos Aires 1923, S. 255.

[6] Heyder: Dissert. Tübingen 1915.

[7] Rohrer: Dtsch. Arch. f. klin. Med. Bd. 121, S. 221. 1916; Schweiz. med. Wochenschrift 1922.

[8] Mozai: Mitt. a. d. med. Fak. d. Kais. Univ. Tokyo Bd. 32, S. 375. 1925.

[9] Bosse u. Handovsky: Pflügers Arch. f. d. ges. Physiol. Bd. 210, S. 50. 1925.

multipliziert und zu dem η-Wert des eiweißfreien Ultrafiltrates addiert, sollen die Gesamt-viscosität des Serums ergeben.

Gegen die Übertragung der Rohrerschen Befunde auf natives Serum sind Einwände zuerst von Wanner[1] erhoben worden. Er zeigte, daß durch Verdünnen von Serum mit Wasser oder Salzlösungen die Werte für Refraktion und Viscosität sich derart ändern, daß der Quotient Albumin/Globulin, nach der Methode Rohrers ermittelt, Schwankungen unterworfen ist, welche bis zu 20% betragen können. Gegen die Einwendungen Wanners weist Rohrer[2] darauf hin, daß sein Verfahren für künstlich veränderte Sera keine Gültigkeit besitze, hält aber daran fest, daß sie für native Sera brauchbar sei. Den effektiven Nachweis, daß sich dies auch tatsächlich so verhält, erbrachte aber Rohrer weder in seinen früheren, noch in seinen späteren Arbeiten. Dieser Beweis hätte praktischerweise doch allein so geführt werden können, indem bei einer größeren Reihe von Seris gezeigt worden wäre, daß der Quotient Globulin/Albumin, nach der Rohrerschen und mit Hilfe einer einwandfreien chemischen Methode bestimmt, gut übereinstimmende Werte ergebe. Einer derartigen Nachprüfung wurden die Rohrerschen Angaben von Neuschlosz und Trelles[3] unterzogen. Sie bestimmten bei etwa 50 nativen Seris die Viscosität, den absoluten Eiweiß-gehalt und die Globulinkonzentration. Aus den ersten beiden Zahlen wurde dann die spezi-fische Viscosität der Sera auf Grund der Tabelle von Hellwig und Neuschlosz berechnet. Für den Fall, daß die Rohrerschen Feststellungen auch für native Sera Geltung hätten, müßte sich auf diese Weise ein Parallelismus zwischen der spezifischen Viscosität des Serums einerseits und dem Quotienten Globulin/Albumin andererseits ergeben. Dieser Parallelismus fand sich jedoch nicht. Es zeigte sich vielmehr, daß eine hohe spezifische Viscosität mit geringem Globulingehalt und umgekehrt eine niedrige spezifische Viscosität mit hohem Globulingehalt einhergehen kann. Auch Hafner[4], der in einer eingehenden Untersuchung den Globulin-begriff und die verschiedenen zur Globulinbestimmung vorgeschlagenen Methoden einer genauen Prüfung unterzogen hat, gelangte zu einer Ablehnung der Rohrerschen Methode. Die praktische Unzulänglichkeit der Rohrerschen Methode wurde auch von Berger und Petschacher[5] nachgewiesen. Sie fanden, daß bei Normalsera das Rohrersche Diagramm zwar korrekte Werte liefern kann, daß jedoch bei pathologischen Seris regelmäßig zu hohe Globulinwerte mit demselben erhalten werden. Der Fehler erreichte in einem Falle 43% und betrug in 33 aus 50 Fällen mehr als 20%. In einer späteren Mitteilung gibt dann Pet-schacher[6] ein Diagramm, aus dem der Einfluß des Albumin-Globulinquotienten auf die spezifische Viscositätserhöhung hervorgeht und mittels dessen beurteilt werden kann, inwie-weit in einem gegebenen Falle auch andere Faktoren genannte Größe mit beeinflußt haben. Auch Bosse und Handovsky[7] heben hervor, daß die von ihnen angegebenen Zahlen nur für normale Sera Geltung haben und in pathologischen Fällen häufig versagen.

Auf Grund dieser Feststellungen kommen wir also zu dem Schlusse, daß, obwohl der Quotient Globulin/Albumin zweifellos einen gewissen Einfluß auf die spezifische Viscosität des Serums ausübt, derselbe jedenfalls nicht der ausschlag-gebende, vielleicht auch nicht einmal der wichtigste Faktor in dieser Hinsicht ist.

Ein anderer Faktor, der bei der Beurteilung der spezifischen Viscosität des Serums unbedingt mitberücksichtigt werden muß, ist der *kolloidale Lösungs-zustand* der Serumeiweißkörper. Über jene Einflüsse, welche für diesen mitbe-stimmend sind, war in den früheren Abschnitten schon wiederholt die Rede gewesen. Daß die Hydratation der Proteine auch im nativen Serum eine wechselnde Größe darstellt, kann wohl als sicher angesehen werden. Eine einwandfreie Bestimmung desselben ist jedoch einstweilen noch nicht geglückt. In gereinigten Lösungen von Eiweißkörpern wird im allgemeinen die Viscosität als ein Maß ihrer Hydratation angesehen, ob jedoch dies auch in Gemischen von der Art des Serums abhängig ist, ist noch nicht einwandfrei gezeigt worden. Als die gewich-tigsten Argumente in diesem Sinne dürften vielleicht Versuche von Ellinger und Neuschlosz[8] angesehen werden, aus denen hervorging, daß ein Zu-

[1] Wanner: Schweiz. med. Wochenschr. 1922.
[2] Rohrer: Schweiz. med. Wochenschr. 1922.
[3] Neuschlosz u. Trelles: Klin. Wochenschr. Bd. 2, S. 5. 1922.
[4] Hafner: Arch. f. exp. Pathol. u. Pharmakol. Bd. 101, S. 335. 1924.
[5] Berger u. Petschacher: Zeitschr. f. d. ges. exp. Med. Bd. 36, S. 258. 1923.
[6] Petschacher: Zeitschr. f. d. ges. exp. Med. Bd. 47, S. 324. 1925.
[7] Bosse u. Handovsky: Pflügers Arch. f. d. ges. Physiol. Bd. 210, S. 50. 1925.
[8] Ellinger u. Neuschlosz: Biochem. Zeitschr. Bd. 127, S. 254. 1922.

sammenhang zwischen der Viscosität des Serums und seiner *Ultrafiltrierbarkeit* besteht.

Als Maß für die letzterwähnte Eigenschaft betrachten die genannten Autoren jene Menge Ultrafiltrates, die bei einem gegebenen Drucke durch dasselbe Filter in einer gegebenen Zeit durchgeht. Diese Menge zeigte sich nun stets um so größer, je geringer die spezifische Viscosität des Serums war. Da nun das Hindernis, welches der Abpressung des Filtrates im Ultrafilter entgegenarbeitet, in erster Reihe der Quellungsdruck des Serums ist und dieser seinerseits wieder von der Hydratation der vorhandenen Eiweißkörper abhängt, so schließen ELLINGER und NEUSCHLOSZ, daß auch die spezifische Viscosität des Serums hauptsächlich durch diesen Faktor beeinflußt wird. Da jedoch der Parallelismus kein vollkommener ist, andererseits die Ultrafiltrationsgeschwindigkeit sicherlich auch von anderen Faktoren, wie z. B. Oberflächenspannung und Absorbierbarkeit abhängt, so können die genannten Feststellungen zunächst noch nicht als entscheidend angesehen werden. Nach neueren Untersuchungen von PETSCHACHER, RITTMANN und GALEHR[1] bestehen gewisse — jedoch zunächst noch nicht klar übersehbare — Beziehungen zwischen der spezifischen Viscositätserhöhung einerseits und Reststickstoff, K- und Ca-Gehalt, Leitfähigkeit und CO_2-Kapazität des Serums andererseits.

Die endgültige Beantwortung der Frage nach den Faktoren, welche die spezifische Viscosität des Serums bestimmen, bleibt jedoch zukünftigen Arbeiten vorbehalten.

III. Die Viscosität des Gesamtblutes.

Nur die wenigsten viscosimetrischen Methoden gestatten die Bestimmung der Viscosität des unveränderten Blutes in dem Zustande, in welchem es aus den Gefäßen gewonnen wird. Um ein bequemes, ruhiges Arbeiten zu ermöglichen, und namentlich, um die Bestimmungen an derselben Blutprobe wiederholen zu können, haben die meisten Autoren die Gerinnung des Blutes durch Zusatz gewisser Substanzen verhindert. Als gerinnungshemmende Stoffe werden einerseits Salze mit Ca-fällendem Anion, wie Oxalat, Zitrat und Fluorid oder Hirudin verwendet. Außerdem wurde eine Reihe von Untersuchungen an durch Schlagen defibriniertem Blute ausgeführt. Während die erstgenannten Methoden beim selben Blute unter sich übereinstimmende Werte liefern, ist die Viscosität des defibrinierten Blutes nach Angaben von BURTON-OPITZ[2] merklich geringer als die des normalen. Merkwürdig ist ferner die Tatsache, daß die Viscosität des defibrinierten Blutes, durch Stehen während 24 Stunden eine merkliche Erhöhung erfährt, während dies bei einem Blut das auf andere Weise ungerinnbar gemacht wurde, nicht der Fall zu sein scheint.

Für die auf Wasser bezogene relative Viscosität des defibrinierten Blutes, gibt EWALD[3] beim Menschen Werte zwischen 2,5 und 4,0 an. HARO[4] fand beim Kalb 5,6, beim Hund 5,2. TROMSDORFF[5] gibt für verschiedene Tierarten bei 15° folgende Normalwerte für die Viscosität des defibrinierten Blutes an: Pferd 8,36, Rind 5,97, Ziege 6,03, Hund 4,96, Schwein 6,24, Mensch 6,02, Hahn 5,13, Hammel 4,57, Kalb 4,24, Kaninchen 3,47.

Als Durchschnittszahlen für nicht defibriniertes Blut, gibt HESS[6] bei 18° für den Menschen 4,5, BURTON-OPITZ[7] bei 37° für Hundeblut 5,5, für Kaninchenblut 3,5.

---

[1] PETSCHACHER, RITTMANN u. GALEHR: Zeitschr. f. d. ges. exp. Med. Bd. 48, S. 421. 1926.
[2] BURTON-OPITZ: Pflügers Arch. f. d. ges. Physiol. Bd. 119, S. 363. 1907.
[3] EWALD: Arch. f. (Anat. u.) Physiol. 1877, S. 224.
[4] HARO: Cpt. rend. hebdom. des séances de l'acad. des sciences Bd. 83, S. 696. 1886.
[5] TROMSDORFF: Arch. f. exp. Pathol. u. Pharmakol. 1905, S. 82.
[6] HESS: Dtsch. Arch. f. klin. Med. Bd. 94, S. 404. 1908.
[7] BURTON-OPITZ: Zentralbl. f. Physiol. Bd. 18, S. 16. 1914.

Die Abhängigkeit von der Temperatur zeigen bei defibriniertem Blute folgende Zahlen von Rothlin[1] (Tab. 6).

Tabelle 6.

T.	η	T.	η
16°	4,22	42°	3,56
22°	3,97	45°	3,50
30°	3,80	50°	3,52
38°	3,64		

Tabelle 7

Alter	Männer	Frauen
0—10	3,9	3,8
10—20	4,4	4,2
20—35	4,7	4,2
35—50	4,9	4,4
50—80	4,7	4,5

Die Temperaturabhängigkeit der Viscosität scheint also bei defibriniertem Blute die gleiche zu sein, wie beim Serum. Auch hier geht die relative Viscosität durch ein Minimum. Analog verhalten sich gewaschene Blutkörperchen, wenn sie in physiologischer Kochsalzlösung suspendiert werden. Eine weitere Feststellung Rothlins bezieht sich auf die Abhängigkeit des Temperaturkoeffizienten des Strömungswiderstandes von dem Druckgefälle. Dieser nimmt mit abnehmenden Drucke zu.

Die Abhängigkeit der Blutviscosität vom Geschlecht und Alter beim Menschen ist aus folgender Zusammenstellung von Hess[2] (Tab. 7) ersichtlich.

Der Geschlechtsunterschied zeigt sich also darin, daß der Viscositätsmittelwert bei Frauen jeden Alters geringer ist als bei Männern. Am größten ist dieser Unterschied im dritten Jahrzehnt. Auffallende Abweichungen nach dem Alter finden sich namentlich während des ersten Dezenniums, dann steigt die Viscosität des Blutes erst schnell, später langsamer. Sie erreicht bei Männern im fünften Dezennium ein Maximum, während sie bei Frauen auch noch weiter ansteigt.

Die Faktoren, die nach den ausgedehnten Erfahrungen Naegelis[3], die Viscosität des Gesamtblutes im Einzelfalle beeinflussen, sind die folgenden: 1. die Viscosität des Plasmas bzw. des Serums, 2. die Zahl der roten Blutkörperchen, 3. der Hämoglobingehalt, 4. bei erheblicher Leukocytose oder Leukämie die Zahl der weißen Blutkörperchen, 5. die Größe und Beschaffenheit der zirkulierenden Zellen, 6. der Kohlesäuregehalt des Blutes, 7. die Salze des Plasmas. Nach dem genannten Autor muß die Viscosität des Blutes ebenfalls eine normale sein, wenn sämtliche erwähnte Faktoren sich innerhalb normaler Grenzen bewegen. Die Viscosität stellt in diesem Sinne gewissermaßen die eine Seite einer Gleichung dar, auf deren anderen Seite alle anderen genannten Größen sich befinden. Naegeli empfiehlt daher die Viscosimetrie als Generalkontrolle für die Blutuntersuchungen im allgemeinen, worin er sicher vollkommen Recht hat.

In den nachfolgenden Abschnitten soll nun im einzelnen dargetan werden, inwieweit und auf welche Weise die oben aufgezählten Faktoren — mit Ausnahme der Serumviscosität, welche bereits abgehandelt wurde — die Gesamtviscosität des Blutes beeinflußten.

a) Die Abhängigkeit der Blutviscosität von der Blutkörperchenzahl und der Hämoglobinmenge.

Der erste, welcher die entscheidende Bedeutung der Blutkörperchenzahl für die Viscosität erkannte, war Jacoby[4]. Dies wurde dann von Bottazzi[5], Weber und Watson[6], Korányi und Bence[7] im wesentlichen bestätigt.

[1] Rothlin: Pflügers Arch. f. d. ges. Physiol. Bd. 179, S. 195. 1920.
[2] Hess: Dtsch. Arch. f. klin. Med. Bd. 94, S. 404. 1908.
[3] Naegeli: Blutkrankheiten und Blutdiagnostik. Leipzig 1912.
[4] Jacoby: Dtsch. med. Wochenschr. 1901.
[5] Bottazzi: Arch. ital. de biol. 1898.
[6] Weber u. Watson: Folia haematol. Bd. 1, S. 528. 1904.
[7] Korányi u. Bence: Pflügers Arch. f. d. ges. Physiol. Bd. 110, S. 526. 1905.

Bei künstlichen Gemischen von Serum und Blutkörperchen fand Burton-Opitz[1] folgende Viscositätswerte (bei 37°, reines Serum): $\eta = 1,6$, 2,4 Millionen r. B. $\eta = 2,0$, 3,5 Mill. r. Bl. $\eta = 2,5$, 4,7 Mill. r. B. $\eta = 3,3$. Blunschy[2] gibt für die Viscosität künstlicher Gemische von Blutkörperchen und Plasma folgende Zahlen an: r. Bl. 0, $\eta = 1,6$; r. Bl. 2,31 Mill., $\eta = 2,4$; r. Bl. 4,63 Mill., $\eta = 3,9$; r. Bl. 6,18 Mill., $\eta = 6,04$; r. Bl. 7,72 Mill., $\eta = 8,6$. Dieselben roten Blutkörperchen, in einer 0,95proz. NaCl-Lösung suspendiert, ergaben folgende Viscositätswerte: r. Bl. 0, $\eta = 1,01$; r. Bl. 2,31 Mill., $\eta = 1,4$; r. Bl. 4,63 Mill., $\eta = 2,8$; r. Bl. 6,18 Mill., $\eta = 4,15$; r. Bl. 7,72 Mill., $\eta = 6,0$.

Aus diesen Zahlen ergibt sich erstens, daß durch den Zusatz derselben Menge roter Blutkörperchen die Viscosität um so mehr zunimmt, je mehr Blutkörperchen bereits vorher in der Suspension vorhanden waren. Zu gleicher Zeit ist es ersichtlich, daß die Plasmablutkörperchenkurve steiler in die Höhe geht, als die Kochsalzblutkörperchenkurve. Diese beiden Tatsachen lassen sich so zusammenfassen, daß die viscositätserhöhende Wirkung einer gegebenen Menge Blutkörperchen um so größer ist, je höher die Anfangsviscosität des Gemisches war. Nichtsdestoweniger findet Blunschy einen ziemlich weitgehenden Parallelismus zwischen Viscosität und Blutkörperchenzahl im Blute normaler Individuen. Dieser Zusammenhang scheint noch ausgesprochener zwischen Viscosität und Hämoglobinmenge zu sein. Auf Grund der von Blunschy gefundenen Zahlen, berechnete Hess[3] einen Quotienten, in dem er den Hämoglobin- durch den Viscositätswert dividierte. Dieser Quotient bewegt sich bei normalem Blute, zwischen 17 und 21 und ist nur selten von 19 wesentlich verschieden. Fällt der Quotient außerhalb den genannten Grenzen, so meint Hess mit Sicherheit darauf schließen zu können, daß es sich um ein pathologisch verändertes Blut handelt. Zeigen unter solchen Umständen die Blutkörperchen keine Abnormität, so folgert Hess auf Veränderungen seitens des Plasmas.

Noch engere Beziehungen fand Frey[4] zwischen Blutkörperchenvolumen und Viscosität. Als Maß für das prozentuale Volumen der Blutkörperchen, dient ihm die Höhe des Sedimentes, welches in einer Zentrifuge mit einer Tourenzahl von 4000—5000 in fünf Minuten erhalten wird. Frey erachtet es als möglich, das Volumen der roten Blutkörperchen aus der Viscosität direkt zu berechnen und gibt hierfür folgende Formel an:

$$\text{Volumprozent der roten Blutkörperchen} = 2,5 \cdot \eta^2.$$

Obwohl diese Formel theoretisch sicherlich nicht einwandfrei ist, da sie die Vicositätsschwankungen des Plasmas vollkommen unberücksichtigt läßt, muß zugegeben werden, daß die experimentell bestimmten Blutkörperchenvolumina in den Versuchen Freys recht gute Übereinstimmung mit dem aus der Viscosität berechneten aufweisen. Ein ähnlicher Vorschlag ist später auch von Alder[5] gemacht worden, indem er die Abhängigkeit der Blutviscosität von dem Blutkörperchenvolumen graphisch darstellt und angibt, daß mit Hilfe seiner Kurve aus einer Größe die andere ohne weiteres abgelesen werden könne.

Obwohl demnach sämtliche Autoren in der Tatsache einig sind, daß mit zunehmender Blutkörperchenmenge die Viscosität entsprechend ansteigt, und daß die Blutkörperchenzahl — (oder Volum-) Viscositätskurve bei wenig Blutkörperchen allmählich, bei höherer Zahl immer steiler in die Höhe geht, sind die absoluten Zahlen, welche sich aus den Arbeiten der verschiedenen Autoren bei einer gewissen Blutkörperchenmenge — auch dieselbe Serumviscosität vorausgesetzt — für die Viscosität des Gesamtblutes ergeben, vielfach verschieden.

[1] Burton-Opitz: Pflügers Arch. f. d. ges. Physiol. Bd. 119, S. 368. 1907.
[2] Blunschy: Dissert. Zürich 1908.
[3] Hess: Dtsch. Arch. f. klin. Med. Bd. 94, S. 504. 1908.
[4] Frey: Transvaal med. journ. 1908, S. 59.
[5] Alder: Zeitschr. f. klin. Med. Bd. 88, S. 49. 1919.

So findet z. B. Ulmer[1] bei 40% Blutkörperchengehalt und einer Serumviscosität von 1,8 eine Zahl 3,5; Alder[2] unter denselben Bedingungen 3,9 und Bircher[3] 4,5 für die Viscosität des Gesamtblutes. Betrachten wir die Verhältnisse bei verschiedenen Tieren, so zeigen sich die Unterschiede noch größer, und sie werden noch wesentlich bedeutender, wenn anstatt des Blutkörperchenvolums die Blutkörperchenzahl als Abszisse genommen wird. In diesem letzten Fall ergeben sich z. B. aus einer Kurvenschar Birchers bei 8 Mill. Blutkörperchen und einer Serumviscosität von 1,75 bei Schweineblut eine Gesamtviscosität von 5,5, bei Schafblut hingegen 3,2. Diese Unstimmigkeiten zwischen den Beobachtungen verschiedener Autoren dürfen wohl mindestens zum Teil darauf zurückgeführt werden, daß sie nicht bei der gleichen Temperatur erhoben wurden. Aus neueren Untersuchungen von Berczeller und Wastl[4] geht nämlich hervor, daß der Viscositätskoeffizient einer Blutkörperchensuspension um so höher ist, je mehr Blutkörperchen und je weniger Plasma sie enthält.

Durch diese Umstände erscheint es daher ausgeschlossen, daß aus der Viscosität des Blutes direkt auf die Blutkörperchenmenge geschlossen werden könne, wie dies Frey und Alder annehmen. Die zu diesem Zwecke ausgearbeiteten Methoden von Ulmer und Bircher, welche theoretisch besser fundiert erscheinen, sind zwar auch mit einer Viscosimetrie verbunden, haben aber nichts mit der tatsächlichen Viscosität des Blutes zu tun, so daß auf dieselben in diesem Zusammenhange lediglich hingewiesen werden kann.

Über die Abhängigkeit der Blutviscosität von der Menge der roten Blutkörperchen, sind theoretische Überlegungen von Hatschek[5], andererseits von Hess[6] veröffentlicht worden.

Wie bekannt, stammt die Theorie von der Viscosität heterogener Systeme von Einstein[7]. In seinen Überlegungen setzt dieser Forscher voraus, daß die suspendierten Teilchen starr und streng kugelförmig sind und daß sie nur einen kleinen Teil der Gesamtflüssigkeit einnehmen. Unter diesen Bedingungen kommt Einstein zu folgender Formel:

$$\eta_s = \eta_M (1 + 2 \cdot 5\,\varphi)$$

worin η_s die Viscosität der Suspension, η_M die der suspendierenden Flüssigkeit und φ das Gesamtvolumen der suspendierten Teilchen in der Volumeinheit darstellen. Wie ersichtlich, ergibt die Gleichung eine lineare Abhängigkeit der Gesamtviscosität von dem Volum der suspendierten Teilchen. Wie wir nun oben gesehen haben, trifft dies für Blut nicht zu, was ja verständlich ist, da doch keine der von Einstein angenommenen Bedingungen in diesem Falle erfüllt ist.

Für konzentriertere Suspensionen entwickelte Hatschek folgende Formel:

$$\eta_s = \frac{\eta_M}{1 - \sqrt[3]{\varphi}}\,.$$

Gegen die Annahme, welche von Hatschek bei Ableitung obiger Beziehung gemacht worden ist, wurden von Hess[8] gewisse Einwände erhoben. Er selbst hat[9], von ganz anderen Voraussetzungen ausgehend, folgende Formel aufgestellt:

$$\eta_s = \frac{\eta_M}{1 - \beta\,\varphi}\,,$$

worin β einen empirischen Faktor darstellt, welcher sich zwischen 1,16 und 2,5 bewegt und im allgemeinen um so größer ist, je kleiner die Menge der suspendierten Teilchen im be-

---

[1] Ulmer: Dissert. Zürich 1909. — Siehe auch Hess: Vierteljahrsschr. f. gerichtl. Med. u. öff. Sanitätswesen (3) Bd. 44, S. 1.

[2] Alder: Korrespondenzbl. f. Schweiz. Ärzte 1918, Nr. 42.

[3] Bircher: Pflügers Arch. f. d. ges. Physiol. Bd. 182, S. 1. 1920.

[4] Berczeller u. Wastl: Biochem. Zeitschr. Bd. 167, S. 195. 1926.

[5] Hatschek: Kolloid-Zeitschr. Bd. 8, S. 34. 1911; Bd. 12, S. 258. 1913.

[6] Hess: Kolloid-Zeitschr. Bd. 27, S. 1. 1920.

[7] Einstein: Ann. d. Physik Bd. 19, S. 289. 1906; Kolloid-Zeitschr. Bd. 27, S. 137. 1920.

[8] Hess: Pflügers Arch. f. d. ges. Physiol. Bd. 140, S. 354. 1911.

[9] Hess: Kolloid-Zeitschr. Bd. 27, S. 1. 1920.

treffenden Falle ist. Nun hat HATSCHEK[1] in einer neueren Arbeit gezeigt, daß der empirisch eingeführte Faktor von HESS in ausgezeichneter Weise folgender Beziehung genügt:

$$\beta = \frac{1}{\sqrt[3]{\varphi^2}}\,.$$

Hierdurch wird aber die Gleichung HESS in die HATSCHEKs überführt, so daß sich dieselbe trotz den Kritiken des ersteren, praktisch als brauchbar erweist. Das praktisch bedeutendste Ergebnis dieser Überlegungen ist die Feststellung, daß die Viscosität einer Suspension von dem Dispersitätsgrade und der Teilchenzahl unabhängig ist und lediglich durch das Gesamtvolumen der suspendierten Partikel beeinflußt wird. Demgegenüber konnten jedoch BERCZELLER und WASTL[2] feststellen, daß Blutkörperchensuspensionen leichter durch Röhren fließen, als Hefesuspensionen derselben Dichtigkeit. Dies soll nach ihnen mit Unterschieden in der Form der suspendierten Partikelchen zusammenhängen.

Nun verstehen wir auch, warum die Beziehungen zwischen Blutkörperchenvolumen und Viscosität engere sind als die zwischen der letzteren und der Blutkörperchenzahl. Es ist doch bekannt, daß die Größe der Blutkörperchen bei verschiedenen Tieren zwischen weiten Grenzen schwanken kann. Warum jedoch auch die Beziehungen zwischen Blutkörperchenvolumen und Viscosität — die gleiche Plasmaviscosität vorausgesetzt — ebenfalls keine völlige Konstanz aufweisen, bleibt auch unter diesen Verhältnissen zunächst unerklärt.

b) Der Einfluß der weißen Blutkörperchen auf die Viscosität des Blutes.

Die Leukocyten betragen bekanntlich unter normalen Verhältnissen — sowohl ihrer Zahl, wie auch ihrem Gesamtvolumen nach — nur einen geringen Bruchteil der roten Blutkörperchen. Ihr Einfluß auf die Blutviscosität kann daher unter diesen Bedingungen füglich vernachlässigt werden. Dieser Standpunkt wurde unter den früheren Autoren, namentlich von BENCE[3] und KOTTMANN[4], eingenommen. Ersterer stellte z. B. fest, daß die Verdauungsleukocytose keine Erhöhung der Viscosität herbeiführt. Demgegenüber wurde von JACOBY[5] den Leukocyten auch normalerweise ein gewisser Einfluß auf die Viscosität zugeschrieben. Das einzige Argument, welches er zugunsten seiner Anschauung beibringt, nämlich die Abnahme der Blutviscosität beim Defibrinieren (wobei bekanntlich viele Leukocyten zerstört werden) kann jedoch kaum als überzeugend angesehen werden.

Ganz anders verhält sich die Sache bei Leukämien. Daß bei diesen oft, trotz der bestehenden Anämie, eine hohe Blutviscosität gefunden werden kann, zeigte schon DETERMANN[6]. Nach BACHMANN[7] kann dies allerdings nicht als Regel angesehen werden, doch erhob er auch manchmal ähnliche Befunde. Dies wird namentlich für myeloische Leukämien auch von NAEGELI[8] bestätigt.

c) Der Einfluß des Kohlensäuregehaltes. Der Unterschied zwischen der Viscosität des arteriellen und des venösen Blutes.

Bereits HARO[9] fand, daß der Kohlensäuregehalt des Blutes einen nicht unbeträchtlichen Einfluß auf seine Viscosität ausübt. Der gleiche Befund wurde

[1] HATSCHEK: Kolloid-Zeitschr. Bd. 27, S. 163. 1920.
[2] BERCZELLER u. WASTL: Biochem. Zeitschr. Bd. 153, S. 11. 1924.
[3] BENCE: Dtsch. med. Wochenschr. 1904, S. 591.
[4] KOTTMANN: Korrespondenzbl. f. Schweiz. Ärzte 1907.
[5] JACOBY: Dtsch. med. Wochenschr. 1901.
[6] DETERMANN: Die Viscosität des menschlichen Blutes. Wiesbaden 1910.
[7] BACHMANN: Dtsch. Arch. f. klin. Med. Bd. 94, S. 409. 1908.
[8] NAEGELI: Blutkrankheiten und Blutdiagnostik. Leipzig 1912.
[9] HARO: Cpt. rend. hebdom. des séances de l'acad. des sciences Bd. 83, S. 697. 1876.

dann von Korányi und Bence[1], Ferrai[2], Determann[3] und auch anderen Autoren erhoben. Da, wie bereits oben erwähnt wurde, die Viscosität des Serums durch seinen Kohlensäuregehalt kaum merklich beeinflußt wird, bezieht sich die Wirkung dieses Gases offenbar auf die Blutkörperchen. Ferrai gibt z. B. an, daß die Viscosität von defibriniertem Hundeblut, durch die Durchleitung von Kohlensäure in einem Falle um 83% anstieg. In einem anderen Falle wurde das Blut erst mit Kohlensäure gesättigt, dann durch Durchleitung von Luft die Kohlensäure wieder beseitigt, wodurch eine Abnahme der Viscosität um 33% herbeigeführt wurde.

Die viscositätserhöhende Wirkung der Kohlensäure ist auch aus folgendem Versuche von Korányi und Bence gut ersichtlich: das native Blut eines Hundes hatte die Viscosität $\eta = 5,38$. Nach Durchleitung einer geringen Menge Kohlensäure stieg sie auf $\eta = 6,16$, nach mehr Kohlensäure auf $\eta = 6,41$ und schließlich sogar auf $\eta = 6,89$. Die genannten Autoren publizieren eine große Anzahl von Versuchen, die sie mit dem Blute verschiedener Tiere ausführten, welche ausnahmslos dasselbe Resultat ergaben.

In Übereinstimmung mit diesen in vitro-Versuchen fanden nun Burton-Opitz[4] und Hess[5], *daß das venöse Blut eine höhere Viscosität hat, als das arterielle.* Aus Hundeversuchen des erstgenannten Autors lassen sich hierfür folgende Zahlen für η berechnen:

Tabelle 8.

	Arterielles Blut	Venöses Blut
Hund I	5,7	6,1
„ II	5,0	5,6
„ III	4,7	5,2

Daß dieser Unterschied tatsächlich durch den Kohlensäuregehalt des venösen Blutes bedingt ist, konnte Burton-Opitz dadurch beweisen, daß er zeigte, daß nach Einatmen von Kohlensäure auch der Viscositätswert des arteriellen Blutes stark anstieg und einmal sogar den ganz außerordentlich hohen Wert von 10,3 erreichte.

Erwähnenswert ist auch die merkwürdige Angabe von Korányi und Bence[6], daß eine Übersättigung des Blutes mit *Sauerstoff* die Viscosität desselben ebenfalls erhöht. So stieg in einem ihrer Versuche die Viscosität von Schweineblut durch diese Behandlung von 5,66 auf 6,79.

d) Tagesschwankungen der Viscosität des Blutes. Einfluß der Ernährung und der Lebensweise.

Über die Tagesschwankungen der Viscosität liegen eingehende Untersuchungen von Blunschy[7] vor. Die verschiedenen von ihm aufgenommenen diesbezüglichen Kurven zeigen zwar gewisse Unterschiede unter sich, doch sie stimmen fast ausnahmslos in folgenden Punkten überein: Unmittelbar nach dem Aufstehen zeigt sich eine merkliche Erhöhung der Viscosität, die bei Bettlägerigen um dieselbe Tageszeit nicht zu beobachten ist. Dann fällt die Viscosität langsam ab, erreicht in den späten Nachmittagstunden ein Minimum, um abends wieder etwas anzusteigen.

---

[1] Korányi u. Bence: Pflügers Arch. f. d. ges. Physiol. Bd. 110, S. 520. 1905.
[2] Ferrai: Arch. di fisiol. Bd. 1, S. 383. 1904.
[3] Determann: Zeitschr. f. klin. Med. Bd. 59, S. 218. 1906.
[4] Burton-Opitz: Pflügers Arch. f. d. ges. Physiol. Bd. 119, S. 363. 1907.
[5] Hess: Münch. med. Wochenschr. 1907, S. 2786.
[6] Korányi u. Bence: Pflügers Arch. f. d. ges. Physiol. Bd. 110, S. 520. 1905.
[7] Blunschy: Dissert. Zürich 1908.

Die Ernährungsweise betreffend gab BURTON-OPITZ[1] an, daß *Fleischfütterung die Blutviscosität bei Hunden stark in die Höhe treibt*. Auch fettreiche Nahrung erhöht dieselbe, wenn auch nicht in demselben Maße wie Eiweiß. Die geringsten Werte fand BURTON-OPITZ nach Kohlehydraten. Bei Kaninchen war die Blutviscosität am geringsten nach Mohrrübenfütterung, höher im Hungerzustande und am höchsten nach Verabreichung von Hafer. An *Menschen* konnte demgegenüber BENCE[2] keinen merklichen Einfluß der Ernährung auf die Viscosität des Blutes nachweisen. Gegen diese negativen Befunde wird von DETERMANN[3] eingewendet, daß die verschiedenartigen Diäten in BENCES Versuchen zu kurze Zeit hindurch eingehalten wurden. Er selbst fand bei *Vegetariern* eine konstante, wenn auch nicht sehr beträchtliche Verminderung der Viscosität Fleischessern gegenüber.

Mäßige *körperliche Arbeit* beeinflußt die Blutviscosität nach DETERMANN[3] nicht merklich, schwere Arbeit hingegen — namentlich, wenn sie mit starkem Schwitzen einhergeht — erhöht dieselbe. BLUNSCHY[4] fand nach mäßiger Arbeit sogar eine Abnahme der Viscosität, während nach schwerer Arbeit er sie ebenfalls erhöht fand. Über ähnliche Befunde berichtet auch BACHMANN[5]. Dieser Autor stellte ferner fest, daß bei Individuen mit insuffizienten Herzen eine merkliche Erhöhung der Blutviscosität bereits bei verhältnismäßig leichter Arbeit eintritt, die das Blut normaler Menschen unbeeinflußt läßt. Er glaubt sogar, auf diese Tatsache gewissermaßen ein funktionelle Herzdiagnostik aufbauen zu können. Offenbar handelt es sich bei diesen Ausschlägen um die Wirkung der Kohlensäureansammlung im Blute.

e) Einfluß von experimentellen Alterationen auf die Viscosität des Blutes.

1. In vitro.

Bereits jene Eingriffe, welche zur Verhinderung der Blutgerinnung vorgenommen werden, können gewisse Veränderungen in seiner Viscosität bedingen. *Hirudin* scheint nach den Angaben von JACOBY[6], WELCH[7], BENCE[8] und DETERMANN[9], allerdings die Viscosität nicht merklich zu beeinflussen, hingegen wirken *Oxalate* nach BURTON-OPITZ[10] deutlich erhöhend auf dieselbe. In einem Versuch an Hundeblut fand dieser Autor gleichzeitig eine entsprechende Erhöhung des spezifischen Gewichtes. Wird das Blut durch Schlagen defibriniert, so nimmt seine Viscosität nach DUNCAN und GAMPER[11], JACOBY[12], BURTON-OPITZ[13] und BENCE[14] ab. Dieser letztere fand hierbei das spezifische Gewicht unverändert. Dagegen beobachtete BURTON-OPITZ eine Abnahme des spezifischen Gewichtes. Die Vicositätsabnahme geht auch nach der Entfernung des Fibrinogens noch weiter fort: so fand BURTON-OPITZ einmal unmittelbar nach Defibrinierung des Blutes bei einem Hunde $\eta = 8{,}6$, nach 2 Stunden hingegen $\eta = 7{,}2$, was einer Abnahme von 17% entspricht. Nach 24 Stunden soll hingegen die Viscosität

---

[1] BURTON-OPITZ: Pflügers Arch. f. d. ges. Physiol. Bd. 82, S. 466. 1900.
[2] BENCE: Zeitschr. f. klin. Med. Bd. 58, S. 423. 1906.
[3] DETERMANN: Zeitschr. f. klin. Med. Bd. 59, S. 218. 1906.
[4] BLUNSCHY: Dissert. Zürich 1908.
[5] BACHMANN: Med. Klinik 1910.
[6] JACOBY: Dtsch. med. Wochenschr. 1901.
[7] WELCH: Heart Bd. 3, S. 118. 1911.
[8] BENCE: Zeitschr. f. klin. Med. Bd. 58, S. 423. 1906.
[9] DETERMANN: Zeitschr. f. klin. Med. Bd. 59, S. 218. 1906.
[10] BURTON-OPITZ: Pflügers Arch. f. d. ges. Physiol. Bd. 82, S. 466. 1900.
[11] DUNCAN u. GAMGER: Journ. of physiol. Bd. 5, S. 156. 1871.
[12] JACOBY: Dtsch. med. Wochenschr. 1901.
[13] BURTON-OPITZ: Americ. journ. of physiol. Bd. 7, S. 251. 1902.
[14] BENCE: Zeitschr. f. klin. Med. Bd. 58, S. 423. 1906.

wieder zunehmen. Diese dürfte nach der Annahme von Burton-Opitz durch eine Formveränderung der Erythrocyten hervorgerufen werden.

Der erste, der die Wirkung verschiedener Chemikalien auf die Viscosität des Blutes untersuchte, war Ewald[1]. Er fand, das gewisse Substanzen, wie z. B. Chloral, Nicotin oder glykocholsaures Natrium, eine Steigerung der Blutviscosität verursachen, welche mit einer Zerstörung der roten Blutkörperchen und Lackfarbenwerden des Blutes einhergeht.

Daß die Hämolyse im allgemeinen nicht, wie zunächst erwartet werden könnte, eine Herabsetzung, sondern gerade im Gegenteil eine Erhöhung der Blutviscosität verursacht, hat dann Adam[2] festgestellt. Zum gleichen Resultate kamen auch Determann[3] und Trumpp[4]. Trevan[5] gibt an, daß die Blutviscosität auch bei der Saponinhämolyse eine Erhöhung erfährt. Diese Tatsache erscheint um so merkwürdiger, als, nach dem, was in den vorhergehenden Abschnitten auseinandergesetzt wurde, die roten Blutkörperchen ihren Einfluß gerade dadurch auf die Blutviscosität ausüben, daß sie als suspendierte Teilchen funktionieren. Durch die Zerstörung der Blutkörperchen wird das Blut in ein homogenes Gemisch verwandelt — die übrigbleibenden Stromata können infolge ihres geringen Volumens wohl kaum einen nennenswerten Einfluß ausüben —, dessen Viscosität geringer sein müßte, als die der früher vorhandenen Suspension. Daß dies dennoch nicht so ist, kann nur so gedeutet werden, daß aus dem Innern der Blutkörperchen bei ihrer Zerstörung Substanzen nach außen gelangen, die ihrerseits viscositätserhöhend wirken. Diesen Befunden steht die Angabe von Burton-Opitz[6] gegenüber, daß die Viscosität durch Gefrieren hämolysierten Blutes durch diese Behandlung geringer wird. Neuerdings zeigte dieser Autor aber[7], daß nach einmaligem Gefrieren und Wiederauftauen die Viscosität des Blutes ebenfalls zunimmt, daß aber nach mehrmaliger Wiederholung der Prozedur eine Abnahme erfolgt. Jedenfalls handelt es sich hier um äußerst merkwürdige Erscheinungen, deren weitere Untersuchung dringend erwünscht wäre.

Viscositätserhöhend wirken nach Ewald noch eine Reihe von Substanzen, wie Äther, Chinin, Phosphorsäure und auch Curare. Auch Harnstoff scheint manchmal die Blutviscosität zu erhöhen. Poiseuille[8] fand eine Viscositätserhöhung durch Alkohol, eine Erniedrigung durch Kaliumnitrat und Ammoniumacetat. Ähnlich wirken nach Haro[9] auch Chloroform, nach Aronheim[9] größere Mengen von Silbernitrat, Ammoniumchlorid, ferner die Sulfate, Chloride, Jodide und Nitrate der Alkalien. Obwohl nähere Angaben über den Wirkungsmechanismus dieser Substanzen noch fehlen, ist es anzunehmen, daß sie im wesentlichen das Volumen der Blutkörperchen herabsetzen.

2. In vivo.

Noch viel weniger übersichtlich sind die Veränderungen, welche die Blutviscosität durch intravitale Eingriffe erfährt. Aufsehen erregte seinerzeit die Angabe von Müller und Inada[10], daß bei regelmäßiger Darreichung von *Jodkali* eine Herabsetzung der Blutviscosität zu beobachten sei.

Diese Angabe wurde auch von Boveri[11] bestätigt, während Determann[12] an Menschen und Lindmann[13] an Tieren keine Herabsetzung finden konnten. Auch Adam[14] gibt an,

[1] Ewald: Arch. f. (Anat. u.) Physiol. 1877, S. 216.

[2] Adam: Zeitschr. f. klin. Med. Bd. 68, S. 187. 1909.

[3] Deternman: Zeitschr. f. klin. Med. Bd. 59, S. 290. 1906.

[4] Trumpp: Dtsch. med. Wochenschr. 1909, S. 2248.

[5] Trevan: Biochem. journ. Bd. 12, S. 67. 1918.

[6] Burton-Opitz: Pflügers Arch. f. d. ges. Physiol. Bd. 119, S. 366. 1907.

[7] Burton-Opitz: Americ. journ. of physiol. Bd. 35, S. 53. 1914.

[8] Poiseuille: Cpt. rend. hebdom. des séances de l'acad. des sciences Bd. 16, S. 433. 1843.

[9] Haro: Cpt. rend. hebdom. des séances de l'acad. des sciences Bd. 83, S. 696. 1886.

[10] Müller u. Inada: Dtsch. med. Wochenschr. 1904, S. 1751.

[11] Boveri: Clin. med. ital. 1906, S. 389.

[12] Determann: Dtsch. med. Wochenschr. 1908, S. 1871.

[13] Lindmann: Dissert. Marburg 1908.

[14] Adam: Zeitschr. f. klin. Med. Bd. 68, S. 187. 1909.

daß er durch Jodkali bei 30 Fällen nur bei 6 eine merkliche Abnahme der Blutviscosität feststellen konnte. Der letztgenannte Autor ist der Meinung, daß insofern eine Wirkung des KJ vorhanden sei, diese in erster Reihe sich auf das Plasma lokalisiere, während MÜLLER und INADA die Plasmaviscosität unverändert fanden und daher auf eine Veränderung der Blutkörperchen schließen. Merkwürdig ist, daß LINDMANN, der KJ unwirksam fand, eine gewisse, wenn auch nicht sehr beträchtliche Abnahme der Blutviscosität nach der Einverleibung größerer Mengen von NaCl und NaBr nachgewiesen haben will. Auch diese Frage bedarf jedenfalls noch einer weiteren Klärung.

Über die Einwirkung einiger Mineralwasser liegen Angaben von NICOTRA-FERRO[1] und von BOVERI[2] vor. Ihre Versuche sind ziemlich unübersichtlich. Im allgemeinen scheinen sie dafür zu sprechen, daß die verwendeten Wasser die Blutviscosität nur insofern beeinflussen, als sie Hydrämie oder eine Eindickung des Blutes — infolge ihrer abführenden Wirkung — verursachen. Daß auch Wasseraufnahme allein eine nicht unbeträchtliche Abnahme der Blutviscosität verursachen kann, zeigten neuerdings GREENE und ROWNTREE[3]. BURTON-OPITZ[4] fand bei narkotisierten Hunden — Morphininjektion mit nachfolgender Chloroformäthernarkose — nur unbedeutende Abweichungen gegenüber der Norm. Bei leichter *Narkose* scheint die Viscosität des Blutes eher etwas herabgesetzt zu sein, während sie bei tiefer Narkose erhöht ist. Diese letzte Wirkung kann aber auch als die Folge der ungenügenden Ventilation und der Kohlensäureanhäufung gedeutet werden.

K. HERZOG[5] gibt an, bei Hunden nach Injektion von *Strophanthin, Adonidin* und *Adrenalin* Viscositätserhöhung beobachtet zu haben, während die Einatmung von *Amylnitrit* eine Herabsetzung verursachen soll. Wie weit es sich hierbei um Veränderungen der Blutkonzentration handelt, ist nicht ersichtlich. Als sicher durch eine Eindickung des Blutes verursacht, können die Viscositätserhöhungen des Blutes angesehen werden, welche BLUNSCHY[6] nach Coffein und ZANDA[7] nach Coffein und Diuretin beobachtete, da es allgemein bekannt ist, daß die Diurese, welche diese Stoffe verursachen, mit einer Zunahme der Blutkonzentration einhergeht. Ungeklärt bleibt hingegen zunächst der Befund BLUNSCHYs, nach welcher Campherdarreichung eine Herabsetzung der Blutviscosität verursacht. Digitalis fand derselbe Autor merkwürdigerweise vollkommen unwirksam.

Daß *Alkohol*injektionen erhöhend auf die Blutviscosität wirken, stellte bereits POISEUILLE[8] fest. BURTON-OPITZ[9] beobachtete dieselbe Wirkung auch nach peroraler Zufuhr von Alkohol. BLUNSCHY[10] meint, daß die Blutviscosität beim Menschen unmittelbar nach Alkoholzunahme herabgesetzt sei, dann hingegen eine Erhöhung erfahre. Nach subcutaner Injektion von Zucker fand ZANDA[11] eine Abnahme der Blutviscosität.

Daß die intravenöse *Injektion von hydrophylen Kolloiden,* wie Gelatine oder 10% Gummilösung, eine Erhöhung der Viscosität verursacht, ist zuerst von BOTTAZZI[12] dann von JACOBY[13] festgestellt worden. In neuerer Zeit liegen hier-

---

[1] NICOTRA-FERRO: Arch. di farmacol. e terapia Bd. 13, S. 181. 1909.

[2] BOVERI: Idrol., climatol. e terapia fisica Bd. 18, S. 10. 1908.

[3] GREENE u. ROWNTREE: Americ. journ. of physiol. Bd. 68, S. 111. 1924.

[4] BURTON-OPITZ: Journ. of physiol. Bd. 32, S. 17. 1904.

[5] HERZOG, zit. nach DETERMANN: Die Viscosität des Blutes. Wiesbaden 1910.

[6] BLUNSCHY: Dissert. Zürich 1908.

[7] ZANDA: Arch. di farmacol. a terapia Bd. 12, S. 387. 1909.

[8] POISEUILLE: Cpt. rend. dhebom. des séances de l'acad. des sciences Bd. 16, S. 433. 1843.

[9] BURTON-OPITZ: Journ. of physiol. Bd. 32, S. 17. 1904.

[10] BLUNSCHY: Dissert. Zürich 1908.

[11] ZANDA, zit. nach DETERMANN: Die Viscosität des Blutes. Wiesbaden 1910.

[12] BOTTAZZI: Arch. ital. de biol. 1898.

[13] JACOBY: Dtsch. med. Wochenschr. 1901.

über eingehende Untersuchungen von Bayliss[1] vor, der diese Tatsache auch therapeutisch auszunutzen versuchte. Es ist bekannterweise ein allgemein übliches Verfahren, bei schweren Blutverlusten die kreisende Flüssigkeitsmenge durch intravenöse Salzinjektionen zu erhöhen. Der Erfolg dieser Maßnahme ist jedoch nur von kurzer Dauer, weil infolge der herbeigeführten Hydrämie die injizierte Flüssigkeitsmenge zum Teil rasch mit dem Harn ausgeschieden, zum anderen Teile von den Geweben aufgenommen wird. Ist die eingeführte Flüssigkeit jedoch nicht nur isotonisch, sondern auch isoviskös, so binden die Kollodie das Wasser, welches dann längere Zeit hindurch in der Gefäßbahn festgehalten wird. Zu diesem Zwecke schlug Bayliss Infusionen mit einer Gummilösung vor. Ähnliche Versuche mit Gelatine wurden auch von Kestner[2] ausgeführt.

Die Wirkung *thermischer Faktoren* auf die Blutviscosität wurde zuerst eingehend von Determann[3] untersucht. Dieser fand nach kalten Bädern, welche von einer Hautreaktion gefolgt waren, fast regelmäßig eine Zunahme der Blutviscosität. Auch scheinen lokale kalte Bäder, ebenfalls lokal, die Viscosität des Blutes zu erhöhen. Heiße Bäder setzen die Viscosität des Blutes mehr oder weniger herab, wie dies außer Determann auch von Burton-Opitz[4], Hess[5], Broeking[6] und Jakab[7] festgestellt worden ist. Nach den Angaben von Hess ist diese Abnahme jedoch zu gering, um von hämodynamischem Standpunkte eine Bedeutung haben zu können. Erwähnenswert ist, daß nach Determann die Blutviscosität im heißen Bade auch dann abnimmt, wenn dasselbe eine starke Schweißabsonderung zur Folge hat. Heiße Luftbäder, die eine starke Perspiration verursachen, führen hingegen zu einer Eindickung des Blutes und zu einer entsprechenden Zunahme seiner Viscosität. Die Ursache dieses Unterschiedes ist einstweilen unklar.

f) Die Veränderungen der Blutviscosität bei Krankheiten.

Von Burton-Opitz[8] stammt die Feststellung, daß die Gesamtviscosität des Blutes bei fiebernden Tieren im allgemeinen erhöht ist. Nicolls[9] hält dieses Verhalten für eine direkte Folge der Temperaturerhöhung und meint, daß sich diesbezüglich sämtliche Fieberarten gleich verhalten müssen. Einer genaueren Untersuchung wurden diese Verhältnisse dann von Bachmann[10] unterzogen. Er bestimmte außer der Viscosität des Blutes seinen Hämoglobingehalt (nach Sahli-Gowers) und berechnet aus diesen beiden Größen den Quotienten Hämoglobin/Viscosität. Wie oben bereits erwähnt wurde, bewegt sich dieser Quotient bei normalen Individuen nach den Angaben von Hess zwischen 17 und 21. Bachmann erachtet 20 als Normalwert. Unter den akuten fieberhaften Infektionskrankheiten fand er den Quotienten regelmäßig herabgesetzt — die Viscosität also erhöht — bei kruppöser *Pneumonie* und bei epidemischer *Meningitis*. Ebenso regelmäßig erhöht war der Quotient bei Abdominaltyphus. In allen diesen Fällen war der Hämoglobingehalt stets annähernd normal, während die Viscosität bei Pneumonie und Meningitis erhöhte Werte, bei Typhus herabgesetzte Werte aufwies. Ein herabgesetzter Quotient findet sich auch bei den verschiedensten

---

[1] Bayliss: Journ. of pharmacol. a. exp. therapeut. Bd. 15, S. 1. 1920.
[2] Kestner: Münch. med. Wochenschr. 1919, S. 1086.
[3] Determann: Berlin. klin. Wochenschr. 1907, S. 895.
[4] Burton-Opitz: Journ. of exp. med. Bd. 1, S. 25. 1906.
[5] Hess: Wien. klin. Rundschau 1908, Nr. 38.
[6] Broeking: Med. Klinik 1909, Nr. 40.
[7] Jakab: Zeitschr. f. Balneol. 1908.
[8] Burton-Opitz: Pflügers Arch. f. d. ges. Physiol. Bd. 112, S. 189. 1906.
[9] Nicolls: Journ. of physiol. Bd. 20, S. 412. 1896.
[10] Bachmann: Dtsch. Arch. f. klin. Med. Bd. 94, S. 409. 1908.

Formen von Tuberkulose, wobei die Viscosität fast niemals in dem Maße herabgesetzt erscheint, wie es der Hämoglobinarmut entsprechen würde. Ein ähnliches
Verhalten zeigt sich auch bei akuter Miliartuberkulose, so daß BACHMANN es
für möglich erachtet, den Quotienten Hämoglobin/Viscosität zur Differential-
diagnose letzterwähnter Krankheit, gegenüber Typhus zu verwerten.

Die Tatsache, daß Krankheiten, bei denen erfahrungsgemäß eine starke Leukocytose
zu bestehen pflegt, wie Pneumonie und Meningitis, mit einer Erhöhung der Blutviscosität
einhergehen, während bei Typhus die Leukopenie mit einer Herabsetzung derselben verbunden ist, würde zunächst die Vermutung nahelegen, daß die Diskrepanz zwischen Hämoglobingehalt und Viscosität durch den verschiedenen Gehalt des Blutes an weißen Blutkörperchen bedingt sei. Hiergegen wird jedoch von BACHMANN darauf hingewiesen, daß
bei Leukämien die Blutviscosität trotz einer Leukocytenzahl von 400000 nicht erhöht sein
muß. Es muß also ein spezifischer Einfluß der in Frage kommenden Bakterien bzw. ihrer
Toxine auf die Viscosität des Blutplasmas angenommen werden.

Bei *Erkrankungen des Zirkulationssystems* und bei Lungenkrankheiten, wenn
sie mit Zyanose einhergehen, also wenn es zu einer Überladung des Blutes mit
Kohlensäure kommt, fanden KORÁNYI und BENCE[1] durchwegs erhöhte Werte
für die Blutviscosität. In diesem Zusammenhange sind auch Versuche von BACH-
MANN[2] von Interesse, welcher einmal bei organischen Herzkranken, dann bei
Herzneurotikern, eine gewisse, genau bestimmte mäßige körperliche Arbeit
ausführen ließ und vor und nach derselben die Viscosität des Blutes bestimmte.
Bei Neurotikern war niemals eine nennenswerte Änderung nachweisbar, während
Kranke mit organisch insuffizienten Herzen, stets mit einer starken Erhöhung
der Blutviscosität reagierten. Auch diese Erscheinung muß wohl als die Folge
einer Kohlensäureanhäufung im Blute angesehen werden.

Bei *Nephritikern* scheint nach den Angaben von ROTKY[3], BENCE[4], BACH-
MANN[5] KOTTMANN[6], HIRSCH und BECK[7] die Viscosität des Blutes fast regelmäßig
herabgesetzt zu sein, dies wohl infolge der Hydrämie. Wie weit diese Tatsache mit dem erhöhten Blutdruck und der Herzhypertrophie in Zusammenhang steht, läßt sich zunächst noch nicht entscheiden. Die Angaben über die
Höhe der Viscosität bei Urämie sind wiedersprechend. HIRSCH und BECK[7] berichten über eine Zunahme derselben, BENCE[8] hingegen fand sie herabgesetzt.

Bei *Erkrankungen des Blutes* selbst geht die Viscosität im allgemeinen parallel
der Blutkörperchenzahl [DEMMING und WATSON[9], DETERMANN[10], MÜNZER[11],
NAEGELI[12] usw.]. Sie ist also bei Anämien im allgemeinen herabgesetzt, bei Polyglobulie erhöht. Bei Leukämien fanden DETERMANN[13], KOTTMANN[14], und
ROTKY[15] im allgemeinen erhöhte Werte, während, wie erwähnt, BACHMANN[16]
häufig eine normale Viscosität beobachtete.

---

[1] KORÁNYI u. BENCE: Pflügers Arch. f. d. ges. Physiol. Bd. 110, S. 520. 1905.
[2] BACHMANN: Med. Klinik 1910.
[3] ROTKY: Zeitschr. f. Heilk. 1907, H. 2.
[4] BENCE: Zeitschr. f. klin. Med. Bd. 58, S. 423. 1906.
[5] BACHMANN: Dtsch. Arch. f. klin. Med. Bd. 94, S. 409. 1908.
[6] KOTTMANN: Korrespondenzbl. f. Schweiz. Ärzte 1907.
[7] HIRSCH u. BECK: Dtsch. Arch. f. klin. Med. Bd. 69, S. 519. 1901.
[8] BENCE: Zeitschr. f. klin. Med. Bd. 58, S. 423. 1906.
[9] DEMMING u. WATSON: Proc. of the roy. soc. of London Bd. 78, S. 388. 1906.
[10] DETERMANN: Die Viscosität des Blutes. Wiesbaden 1910.
[11] MÜNZER: Münch. med. Wochenschr. 1908, S. 410.
[12] NAEGELI: Blutkrankheiten und Blutdiagnostik. Leipzig 1912.
[13] DETERMANN: Die Viscosität des Blutes. Wiesbaden 1910.
[14] KOTTMANN: Korrespondenzblatt f. Schweizer Ärzte. 1907.
[15] ROTKY: Zeitschr. f. Heilkunde. 1907. H. 2.
[16] BACHMANN: Deutsches Archiv f. Klin. Med. Bd. 94, S. 409. 1908.

Die Permeabilität der Erythrocyten.

Von

RUDOLF HÖBER

Kiel.

Das Thema der Permeabilität der Erythrocyten mußte im Rahmen der Lehre vom Stoffaustausch zwischen Protoplast und Umgebung bereits in Band I ausführlich behandelt werden, weil die roten Blutkörperchen diejenigen unter den tierischen Zellen sind, die sich aus naheliegenden Gründen besonders gut zu derartigen Untersuchungen eignen und deshalb besonders oft zum Objekt der Forschung gewählt wurden. Deshalb wird unter Hinweis auf das früher Gesagte hier nur in Kürze das Wesentliche hervorgehoben werden.

So wie zahlreiche tierische und pflanzliche Zellen verhalten sich auch die Blutkörperchen gegenüber zahlreichen gelösten Stoffen *osmotisch wie von einer semipermeablen Membran umgeben*. Zum erstenmal machte H. J. HAMBURGER[1] auf die Analogie mit der TRAUBEschen Zelle aufmerksam; er probierte aus, wie stark man die physiologische Kochsalzlösung mit Wasser verdünnen muß, damit alsbald soeben Hämoglobinaustritt zustande kommt; dann ermittelte er diejenigen Konzentrationen von verschiedenen neutralen anorganischen Alkalisalzen, in deren Gegenwart gleichfalls das Hämoglobin eben auszutreten beginnt, und fand so, daß die Lösungen alle gleich hämolytisch wirken, wenn sie äquimolar sind. Daraus konnte der Schluß gezogen werden, daß eine osmotische Schwellung entsprechend den Lösungsgesetzen die Ursache der Zellzerstörung ist[2]. Läßt man die Salze in äquimolarer, aber der physiologischen Kochsalzlösung entsprechender Konzentration einwirken, dann bemerkt man freilich, daß sie auch einen individuell verschiedenen Einfluß ausüben können; aber die Hämolyse beginnt nun erst nach langer Zeit, offenbar dadurch, daß die an sich bestehende Semipermeabilität allmählich, je nach der Natur des wirkenden Salzes verschieden rasch, zerstört wird (HÖBER[3]). Wie die anorganischen Salze verhalten sich zahlreiche organische Verbindungen, nämlich im wesentlichen alle die, welche lipoidunlöslich bzw. oberflächeninaktiv sind. Die Blutkörperchen folgen also den zuerst von OVERTON aufgestellten Permeabilitätsregeln; sie sind daher, an ihrem osmotischen Verhalten gemessen, impermeabel oder wenigstens dyspermeabel für die Zucker, Hexite, Aminosäuren und für Salze zahlreicher organischer Säuren. Eine sehr bemerkenswerte Ausnahme machen dabei aber die Monosaccharide in ihrem Verhältnis zu den menschlichen Blutkörperchen. Diese sind im Gegensatz zu den Blutkörperchen anderer Säugetiere relativ

---

[1] HAMBURGER: Arch. f. (Anat. u.) Physiol. 1886, S. 466; 1897, S. 31; Zeitschr. f. physikal. Chem. Bd. 6, S. 319. 1890.

[2] EGE: Biochem. Zeitschr. Bd. 130, S. 99. 1922.

[3] HÖBER: Biochem. Zeitschr. Bd. 14, S. 209. 1908.

durchlässig für Hexosen und Pentosen und schwellen daher in deren isotonischen Lösungen langsam bis zur schließlichen Lyse an[1].

Von den lipoidunlöslichen, oberflächeninaktiven Stoffen führt nun, nach ihrem osmotischen Verhalten beurteilt, eine kontinuierliche Reihe zu den ausgesprochen lipoidlöslichen oberflächenaktiven Stoffen (GRIJNS[2], HEDIN[3]); in den reinen isotonischen Lösungen der letzteren tritt sofort Lyse wie in destilliertem Wasser ein. Dies trifft z. B. für die einwertigen Alkohole, Aldehyde, Ketone, Äther, Ester u. a. zu, die chemisch zum Teil recht indifferent sind und eben vermöge der genannten physicochemischen Eigenschaften, entsprechend der Lipoid- oder der Adsorptionstheorie der Permeabilität, wirken. Ein Zwischenglied zwischen den Hexiten und Hexosen einerseits, den einwertigen Alkoholen und Aldehyden andererseits, bildet z. B. das Glycerin, das durch ein verhältnismäßig geringes Penetrationsvermögen ausgezeichnet ist.

Diese Ergebnisse osmotischer Experimente decken sich nun recht gut mit den Anschauungen, zu denen man durch andere Methoden, die Permeabilität der Blutkörperchen zu untersuchen, geführt wird. So zeigte sich bei der *chemischen Untersuchung* der Glucoseverteilung, daß der Zucker in die Blutkörperchen von Schwein, Hammel, Rind, Ziege, Pferd, Katze, Kaninchen, Meerschweinchen, Gans, Frosch nicht oder nur wenig aufgenommen wird, während er sich reichlich auf die des Menschen (und Affen)[4] verteilt. Soweit aber eine Aufnahme bei den erstgenannten gefunden wurde, ist sie wahrscheinlich als eine Adsorption an die Oberfläche oder als eine Bindung aufzufassen, da der chemischen Aufnahme keine osmotisch nachweisbare parallel geht. Diese Verhältnisse bedürfen noch sehr der Aufklärung. Auch bezüglich der anorganischen Salze läßt sich im großen Ganzen Übereinstimmung zwischen osmotischer und chemischer Analyse feststellen. Wie in zahlreichen Zellen, so sind auch innerhalb der Blutkörperchen die anorganischen Salze in vollkommen anderen Mengenverhältnissen gespeichert als in der Flüssigkeit, die sie umspült, dem Plasma. Dies lehrten insbesondere die Aschenanalysen von ABDERHALDEN[5], aus denen hervorgeht, daß bei den Erythrocyten verschiedener Säugetiere die Konzentrationen der einzelnen anorganischen Ionen charakteristisch verschieden sind.

Der daraus gezogene Schluß, daß die Oberflächengrenzschicht der Blutkörperchen vermöge der Eigenschaft der Semipermeabilität den Ausgleich per diffusionem verwehrt, wird durch *elektrische Messungen* gestützt. Es ist schon lange bekannt[6], daß Blutkörperchenbrei in einem starken Mißverhältnis zu seinem Salzgehalt ein 50- bis 70mal geringeres Leitungsvermögen besitzt als das Plasma. Die Schlußfolgerung ist allerdings nur bindend, wenn gezeigt werden kann, daß der Blutkörpercheninhalt an sich leitungsfähig ist, die im Innern befindlichen Ionen also frei beweglich sind. Daß dies wenigstens zum Teil der Fall ist, lehren die Messungen der *Leitfähigkeit des Zellinnern*. Diese wird nämlich möglich, wenn man statt des gewöhnlichen Wechselstroms von kleiner Frequenz

---

[1] MASING: Pflügers Arch. f. d. ges. Physiol. Bd. 149, S. 227. 1912. — KOZAWA (unter HÖBER): Biochem. Zeitschr. Bd. 60, S. 231. 1914. — EGE: Ebenda Bd. 111, S. 189. 1920; Bd. 114, S. 88. 1921.

[2] GRIJNS: Pflügers Arch. f. d. ges. Physiol. Bd. 63, S. 86. 1896.

[3] HEDIN: Pflügers Arch. f. d. ges. Physiol. Bd. 68, S. 229. 1897; Bd. 70, S. 525. 1898.

[4] RONA, MICHAELIS u. DÖBLIN: Biochem. Zeitschr. Bd. 16, S. 60. 1909; Bd. 18, S. 375 u. 514. 1909; Bd. 31, S. 215. 1911. — MASING: Zitiert unter Fußnote 1. — KOZAWA: Zitiert unter Fußnote 1. — BRINKMAN u. VAN DAM: Arch. internat. de physiol. Bd. 15, S. 105. 1919.

[5] ABDERHALDEN: Hoppe-Seylers Zeitschr. f. physiol. Chem. Bd. 25, S. 67. 1898. Ferner KRAMER u. TISDALL: Journ. of biol. chem. Bd. 53, S. 241. 1922.

[6] RÓTH: Zentralbl. f. Physiol. Bd. 11, S. 271. 1897. — BUGARSZKY u. TANGL: Ebenda Bd. 11, S. 297. 1897. — STEWART: Ebenda Bd. 11, S. 332. 1897.

Hochfrequenzstrom anwendet, weil dann die Grenzflächenpolarisation, also der auf Polarisation beruhende Widerstand, annähernd gleich 0 wird. Derartige Messungen ergaben, daß die „innere Leitfähigkeit" der Blutkörperchen ungefähr der einer 0,2 proz. NaCl-Lösung entspricht (Höber[1], Fricke[2], McClendon[3]).

Hiernach würde man also zunächst annehmen können, daß die Blutkörperchenoberfläche ionendurchlässig ist. Dies ist jedoch nicht richtig. Der hohe Widerstand, den die Blutkörperchen dem elektrischen Strom darbieten, könnte ja auch darauf beruhen, daß eine der beiden Ionenarten, Kationen oder Anionen, sich nicht an der Leitung beteiligen kann. Tatsächlich sind *die Blutkörperchen allein permeabel für die Anionen der anorganischen Salze, aber impermeabel für Kationen*. Dies wird am einfachsten mit chemischen Methoden bewiesen. Wenn man z. B. Blutkörperchen in isotonischer Natriumsulfatlösung suspendiert, so tritt reichlich Cl in die Lösung über; suspendiert man dagegen die Blutkörperchen in isotonischer NaCl-Lösung, deren Cl-Gehalt den des Serums übertrifft, so verschwindet Cl aus der Lösung[4]. Leitet man durch Blut CO_2, so daß sich im Innern der Blutkörperchen durch Reaktion der Kohlensäure mit dem Hämoglobin reichlich HCO_3-Ionen bilden, so sinkt der Cl-Gehalt des Serums und seine Alkalireserve steigt, weil Cl und HCO_3 sich austauschen; leitet man dagegen CO_2 durch eine Suspension von Blutkörperchen in isotonischer Rohrzuckerlösung, so erscheint kein HCO_3 in der Außenflüssigkeit[5]. In allen diesen Fällen ergibt aber die chemische Analyse ferner, daß die Verteilung von K und Na auf die Blutkörperchen und die suspendierende Lösung sich nicht ändert[6]. Die Blutkörperchen sind also anionenpermeabel und kationenimpermeabel. Diese Feststellung findet natürlich keine Erklärung in der Lipoidtheorie, die, wie wir sahen, im übrigen die Permeabilitätsverhältnisse bei den Blutkörperchen in mancher Hinsicht recht befriedigend zum Ausdruck bringt. Eine Erklärung bietet sich jedoch auf Grund der Untersuchungen von Michaelis[7], welcher fand, daß scharf getrocknete Kollodiummembranen ebenso selektiv kationendurchlässig sind wie die Blutkörperchen anionendurchlässig. Diese Durchlässigkeit der Kollodiummembranen beruht nach den Untersuchungen von Michaelis und Collander[8] auf ihrer Porosität; ein Kation dringt um so leichter durch, je kleiner sein Durchmesser ist. In entsprechender Weise lassen sich die Verhältnisse bei den Blutkörperchen erklären, wenn man annimmt, daß ihre Permeabilität nicht bloß von einer lipoiden Beschaffenheit der Plasmahaut abhängt, sondern daß diese letztere außerdem noch Flächenteilchen enthält, die porös für Anionen sind. Der Beweis hierfür ist durch Mond[9] folgendermaßen geführt worden: erstens gelingt es, die kationenpermeablen Kollodiummembranen von Michaelis in exquisit anionenpermeable zu verwandeln, wenn man den elektronegativen Charakter des Kollodiums durch

[1] Höber: Pflügers Arch. f. d. ges. Physiol. Bd. 148, S. 189. 1912.
[2] Fricke u. Morse: Journ. of gen. physiol. Bd. 9, S. 153. 1925.
[3] McClendon: Journ of biol. chem. Bd. 67, VII. 1926.
[4] Siebeck: Arch. f. exp. Pathol. u. Pharmakol. Bd. 85, S. 214. 1919. — Wiechmann (unter Höber): Pflügers Arch. f. d. ges. Physiol. Bd. 189, S. 109. 1921. — Rohony: Kolloidchem. Beihefte Bd. 8, S. 337. 1916. — Ege: Biochem. Zeitschr. Bd. 107, S. 246. 1920; Bd. 115, S. 109. 1921.
[5] Hamburger: Zeitschr. f. Biol. Bd. 28, S. 405. 1892; Arch. f. (Anat. u.) Physiol. 1893, Suppl. S. 157; 1894, S. 419; 1898, S. 1. — Loewy u. Zuntz: Pflügers Arch. f. d. ges. Physiol. Bd. 58, S. 511. 1894. — Koeppe: Ebenda Bd. 67, S. 189. 1897.
[6] Gürber: Sitzungsber. d. physik.-med. Ges. Würzburg 1895. — Doisy u. Eaton: Journ. of biol. chem. Bd. 47, S. 377. 1921. — Mukai: Journ. of physiol. Bd. 55, S. 356. 1921.
[7] Michaelis u. Fujita: Biochem. Zeitschr. Bd. 161, S. 47. 1925.
[8] Collander: Kolloidchem. Beihefte Bd. 20, S. 273. 1925.
[9] Mond: Pflügers Arch. f. d. ges. Physiol. Bd. 219, S. 467. 1928.

Zusatz des basischen Farbstoffs Rhodamin in einen positiven umwandelt. Man erhält so eine künstliche Membran, welche die Verhältnisse bei den Blutkörperchen imitiert. Man kann danach schließen, daß die Ionenpermeabilität der Blutkörperchen darauf beruht, daß ihre Oberfläche poröse Oberflächenelemente von elektropositivem Charakter enthält. In der Tat gelingt es, wie MOND[1] zeigte, durch vorsichtigen Zusatz von OH' zu einem Blutkörperchenbrei, die Oberflächenladung so weit zu negativieren, daß die typische Anionenpermeabilität in eine exquisite Kationenpermeabilität umschlägt.

Nach den bisherigen Kenntnissen kommt die Eigenschaft der selektiven Anionenpermeabilität allein den roten Blutkörperchen zu, unter diesen auch den kernhaltigen, wie RAAB[2] bei den Gänseerythrocyten feststellte.

---

[1] MOND: Pflügers Arch. f. d. ges. Physiol. Bd. 217, S. 618. 1927.
[2] RAAB (u. HÖBER): Ebenda Bd. 216, S. 540. 1927.

Kataphorese, Ladung und Agglutination der Erythrocyten; die Senkungsreaktion.

Von

RUDOLF HÖBER

Kiel.

Mit 3 Abbildungen.

Wie die meisten suspendierten Stoffe, so bewegen sich auch die roten Blutkörperchen, wenn man sie in einem geeigneten Suspensionsmittel in ein Potentialgefälle bringt. Sie verraten dadurch das Vorhandensein eines elektrokinetischen Potentials an ihrer Oberfläche, das zwischen dem freien Suspensionsmittel und einer durch Adsorption den Blutkörperchen fest anhaftenden Schicht des Suspensionsmittels gelegen ist. Man kann die Größe des Potentials aus der HELMHOLTZ-PERRINschen Gleichung

$$v = \frac{\zeta E D}{4 \pi \eta}$$

berechnen; darin bedeutet v die Geschwindigkeit der kataphoretisch bewegten Teilchen, ζ das elektrokinetische Potential, E das Potentialgefälle der von außen angelegten elektromotorischen Kraft innerhalb der Kataphoresekammer, D die Dielektrizitätskonstante und η die Reibungskonstante des Suspensionsmittels.

Geeignete Kammern zur Aufnahme der Zellsuspensionen sind von PUTTER[1], NORTHROP[2] und NETTER[3] angegeben worden. Man mißt v einmal in $^1/_6$ und einmal in $^1/_2$ Kammerhöhe ($v_{(1/6)}$ und $v_{(1/2)}$); die wahre Geschwindigkeit ist dann $v = {}^3/_4\,v_{(1/6)} + {}^1/_4\,v_{(1/2)}$*. E ergibt sich durch Rechnung aus der angelegten elektromotorischen Kraft, dem Widerstand des ganzen Systems und dem der Kammer und wird auf die Längeneinheit der mit prismatischem Querschnitt versehenen Kammer bezogen.

Seiner Natur nach kann das ζ-Potential eines suspendierten Teilchens durch Adsorption der verschiedenartigsten Stoffe verändert werden, insbesondere durch Adsorption von Ionen oder von geladenen Kolloidteilchen. Dies zeigt sich auch aufs deutlichste bei den Blutkörperchen.

I. Das ζ-Potential der Blutkörperchen in Gegenwart verschiedener Elektrolyte.

Die Blutkörperchen bewegen sich gewöhnlich zur Anode, tragen also eine negative Ladung (HÖBER[4]). In einer elektrolytfreien Lösung, z. B. in isotonischer Rohrzuckerlösung suspendiert, führen sie ein Potential von 40 bis 60 Millivolt.

---

[1] PUTTER: Zeitschr. f. Immunitätsforsch. u. exp. Therapie, Orig. Bd. 32, S. 538. 1921.

[2] NORTHROP: Journ. of gen. physiol. Bd. 4, S. 629. 1922. — NORTHROP u. KUNITZ: Ebenda Bd. 7, S. 729. 1925. — FREUNDLICH u. ABRAMSON: Zeitschr. f. physiol. Chem. Bd. 128, S. 25. 1927.

[3] NETTER: Pflügers Arch. f. d. ges. Physiol. Bd. 208, S. 16. 1925.

* v. SMOLUCHOWSKI, in Graetz' Handb. d. Elektriz. u. d. Magn. Bd. II. 1914.

[4] HÖBER: Pflügers Arch. f. d. ges. Physiol. Bd. 101, S. 607. 1904; Bd. 102, S. 196. 1904.

Setzt man Salze hinzu, so sinkt das Potential und kann bei größeren Salzkonzentrationen bis auf 0 abfallen. Salze der Erden und der Schwermetalle wirken stärker als Alkalisalze[1]. Genau so verhalten sich auch andere negative Suspensionen, z. B. Öltröpfchen; ihr ζ-Potential gegen reines Wasser wird zu 50 bis 70 Millivolt angegeben. Bei den gewöhnlichen negativen Suspensionen bewirkt ein kleiner Zusatz von Salz meist ein Steigen des Potentials, das dann erst bei weiterer Vergrößerung der Salzkonzentration in einen Abfall umschlägt; dieser Anstieg ist bei den Blutkörperchen bisher nicht mit Sicherheit konstatiert worden.

Die Erklärung für das Verhalten ist folgende: Bei kleinen Salzkonzentrationen überwiegt die Adsorption des Anions, bei Steigerung der Konzentration drängt dann aber auch mehr und mehr Kation in die flüssige Adsorptionshaut, die die adsorbierende Zelle umgibt, so daß das Potential sinken muß. Bei großen Salzkonzentrationen wird das Potential schließlich 0, oder richtiger scheinbar 0, erstens weil die elektrische Doppelschicht nach GOUY bei hohen Konzentrationen so dünn wird, daß der Potentialfall nicht mehr bis in die sonst elektrokinetisch wirksame Grenze zwischen der adsorptiv festgelegten und der frei beweglichen Flüssigkeit hineinreicht, zweitens weil die hohe Leitfähigkeit des Suspensionsmittels den kinetischen Effekt an den suspendierten Teilchen mehr oder weniger aufhebt.

Das negative Zellpotential in elektrolytfreier Lösung ist nach NETTER[2] wohl mehr oder weniger auf die Dissoziation der Eiweißkörper zu beziehen, die zu den Bauelementen der Zelloberfläche gehören und entsprechend der Lage ihres isoelektrischen Punktes gewöhnlich, d. h. bei annähernd neutraler Reaktion, als Anionen auftreten, also Kationen abdissoziieren. Besonders spricht das Verhalten bei verschiedener Wasserstoffzahl dafür. Wenn man diese bei konstant gehaltener Salzkonzentration variiert, so ändert sich nach NETTER[3] das ζ-Potential bei Rinderblutkörperchen, die ungewaschen in das verschieden stark mit HCl oder NaOH versetzte isotonische Gemisch von $^{m}/_{12}$- NaCl $+\ 5\%$ Rohrzucker eingetragen sind, entsprechend der Abb. 72.
Das negative Potential sinkt also bei fallendem pH erst allmählich, dann steil ab. ·Bei etwa pH 3,7 wird in diesem Fall das Potential 0, der isoelektrische Punkt ist erreicht. Bei noch niedrigerem pH nehmen die Blutkörperchen positive Ladung an. Dieser Kurvenverlauf ähnelt dem, der die Abhängigkeit der Dissoziation eines Ampholyten, zu denen ja auch die Eiweißkörper gehören, von der H·-Konzentration wiedergibt. Den Dissoziationsverhältnissen bei den Eiweißkörpern entspricht ferner, daß nach NETTER[4] der isoelektrische Punkt der Blutkörperchen um so weiter im Sauren gefunden wird, je höher die Salzkonzentration ist.

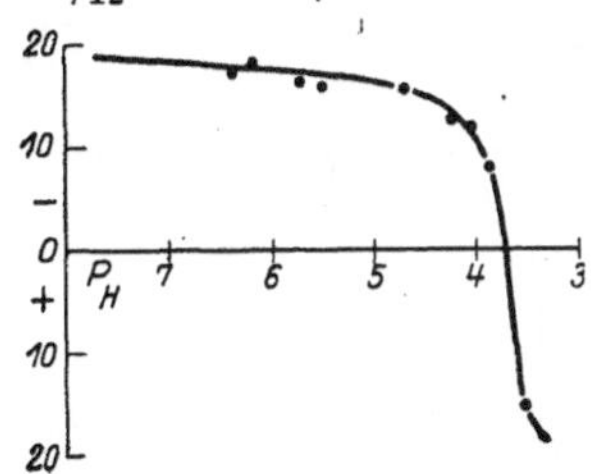

Abb. 72. Ungewaschene Rinderkörperchen in in 1 Teil $^{m}/_{8}$ NaCl + 1 Teil 10 % Rohrzucker. (Nach· NETTER.)

Auch die Abhängigkeit des elektrokinetischen Zellpotentials von der Gegenwart von Kationen der Schwermetalle, der seltenen Erden und der basischen Farbstoffe entspricht den Verhältnissen bei den Suspensionen und den Suspen-

---

[1] NORTHROP u. FREUND: Journ. of gen. physiol. Bd. 6, S. 603. 1924. — OLIVER u. BARNARD: Ebenda Bd. 7, S. 225. 1924. — NETTER: Zitiert auf S. 656, u. Klin. Wochenschr. Jg. 3, S. 2254. 1924.

[2] NETTER: Zitiert auf S. 656.

[3] Siehe auch COULTER: Journ. of gen. physiol. Bd. 3, S. 309. 1922. — SCHRÖDER, V.: Pflügers Arch. f. d. ges. Physiol. Bd. 215, S. 32. 1926.

[4] Siehe ferner HAFFNER: Pflügers Arch. f. d. ges. Physiol. Bd. 196, S. 15. 1922. — EGGERTH: Journ. of gen. physiol. Bd. 6, S. 587. 1924.

sionskolloiden. Diese durch besonders starke Adsorbierbarkeit ausgezeichneten Ionen entladen ähnlich wie die H-Ionen die Zellen bereits in geringer Konzentration oder laden sie sogar um[1].

II. Einfluß der Eiweißkörper auf das Zellpotential.

Besonders großes Interesse beansprucht die Beeinflussung des Potentials durch die Gegenwart von gelösten Eiweißkörpern im Suspensionsmedium; denn die unspezifische Zellagglutination, namentlich die in den letzten Jahren so viel untersuchte Agglutination und Sedimentierung der roten Blutkörperchen steht damit in engem Zusammenhang. Netter[2] fand nun, daß, wenn man durch mehrmaliges Waschen mit isotonischen oder halbisotonischen (entsprechend mit Rohrzucker versetzten) Salzlösungen die Blutkörperchen von anhaftenden Serumeiweißkörpern nach Möglichkeit befreit, das Potential dadurch nur unwesentlich verändert wird; die Potentialhöhe ist also bei den Blutkörperchen von ihrem Medium her wohl vorwiegend durch die Salze und nicht durch die Eiweißkörper bestimmt. Dagegen findet man, daß diese Potentialhöhe von Blutkörperchenart zu Blutkörperchenart verschieden sein kann; so ist nach Netter das Potential der Pferdeblutkörperchen etwas höher als das der Rinderblutkörperchen; ein Grund kann dafür bisher nicht angegeben werden.

Vergleicht man nun den Gang des Potentials dieser beiden Blutkörperchenarten bei Änderung der Wasserstoffzahl, so findet man, daß — gleichgültig, ob die Blutkörperchen gewaschen oder ungewaschen in die suspendierende Salzlösung eingetragen werden — der isoelektrische Punkt der Pferdeblutkörperchen stets bei einem etwas höheren pH gelegen ist als der der Rinderblutkörperchen (siehe Abb. 73 nach Netter); die beiden Potentialkurven überschneiden also einander. Dabei liegt bei beiden Blutkörperchenarten der isoelektrische Punkt — gemäß dem vorher Gesagten — bei einem um so größeren pH, je kleiner die Salzkonzentration im Suspensionsmedium ist. Geht man mit der Salzkonzentration aber genügend weit herunter ($^m/_{2000}$-Acetat), so macht man die bemerkenswerte Feststellung, daß die Lage des isoelektrischen Punktes doch jetzt evtl. davon abhängt, ob die Blutkörperchen vorher (durch Waschung mit isotonischer NaCl-Lösung) von den anhaftenden Eiweißkörpern mehr oder weniger befreit wurden oder nicht; der isoelektrische Punkt der Rinderblutkörperchen liegt nach Netter jetzt vor der Waschung bei pH 5,2, nach der Waschung bei pH 4,7; der isoelektrische Punkt der Pferdeblutkörperchen liegt dagegen in jedem Fall bei pH 5,2. Netter erklärt dies in Anknüpfung an die bekannte Feststellung von Fåhraeus[3], daß die Neigung der Blutkörperchen zur Agglutination und Sedimentierung von dem Verhältnis von Globulin zu Albumin in der Blutflüssigkeit abhängt, daß also Pferde- und Rinderblut sich in der Senkungsgeschwindigkeit ihrer Blutkörperchen deshalb so sehr voneinander unterscheiden, weil im Pferde-

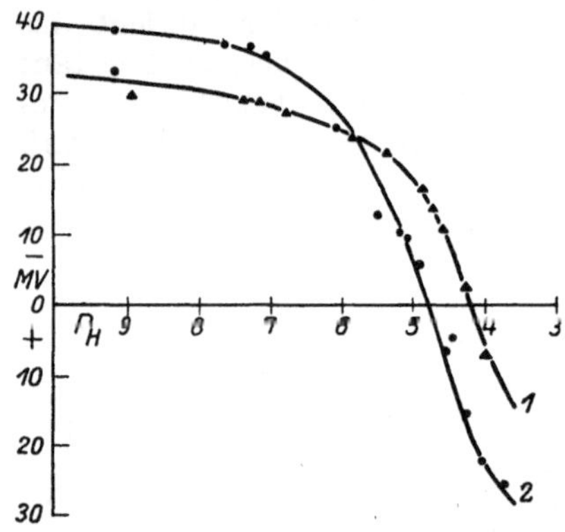

Abb. 73. 1. Gewaschene Rinderblutkörperchen. 2. Gewaschene Pferdeblutkörperchen in $^m/_{40}$ Acetat. (Nach Netter.)

---

1 Siehe dazu Oliver u. Barnard: Zitiert auf S. 656.
2 Netter: Zitiert auf S. 657.
3 Fåhraeus: Hygiea 1918; Acta med. scandinav. Bd. 55, S. 1. 1921.

serum so sehr viel mehr Globuline enthalten sind als im Rinderserum, in dem das Albumin mehr überwiegt. Danach kann man nämlich annehmen, daß bei den Blutkörperchen, die ungewaschen in $^m/_{2000}$ Acetat suspendiert wurden, der isoelektrische Punkt deshalb beide Male bei pH 5,2 liegt, weil die nur in Gegenwart von reichlich Salz löslichen Globuline beide Male aus dem anhaftenden Serum ausfallen und eine Hülle um die Blutkörperchen bilden; pH 5,2 entspricht ungefähr dem isoelektrischen Punkt der Globuline. Werden die Blutkörperchen dagegen vor Eintragung in die $^m/_{2000}$ Acetatlösung gewaschen, so wird dadurch die natürliche Adsorptionshaut der Blutkörperchen freigelegt, in der bei den Pferdeblutkörperchen wohl die Globuline überwiegen, bei den Rinderblutkörperchen die Albumine, deren isoelektrischer Punkt bei pH 4,7 gelegen ist.

Für diese Deutung spricht, daß man die Verhältnisse nach NETTER einigermaßen modellmäßig nachbilden kann, indem man Kaolin statt Blutkörperchen in Serum einträgt; in $^m/_{2000}$ Acetat findet man dann auch bei dem mit Eiweiß behafteten Kaolin bei pH 5,2 einen isoelektrischen Punkt, der bei höheren Salzgehalten mehr ins Saure rückt.

III. ζ-Potential und Agglutination.

Wie bei Suspensionen und bei hydrophoben Kolloiden hängt auch bei den Blutkörperchen die Stabilität ihrer Suspension mit der Ladung zusammen. Je niedriger das ζ-Potential, um so größer wird die Neigung der Blutkörperchen sich aneinander zu lagern, zu agglutinieren und dadurch zu sedimentieren. Daher wirken auf die negativ geladenen Blutkörperchen vor allem die Kationen agglutinierend, und zwar nach denselben Regeln, die auch in der Kolloidchemie für die Ausflockung gültig sind; also Wertigkeit und elektrolytische Lösungstension entscheiden in erster Linie. Demnach ist die Agglutinabilität gering gegenüber Alkali- und Erdalkalisalzen, groß gegenüber Salzen mit drei- und vierwertigem Kation (HIRSCHFELD[1], ARRHENIUS[2]).

Die Ausflockung als Folge einer Entladung kommt aber nicht erst im isoelektrischen Punkt zustande, sondern wie bei den hydrophoben Kolloiden beginnt sie, wenn das sog. kritische Potential erreicht ist, das allerdings je nach Umständen verschieden gelegen sein kann.

1. *Einfluß von Elektrolyten.* Entlädt man die Blutkörperchen durch Salze mit mehrwertigem Kation, so findet man bei Anwendung von Schwermetallsalzen und Salzen der seltenen Erden das kritische Potential bei etwa 6 Millivolt (NORTHROP und FREUND[3]), also niedriger als im allgemeinen bei den hydrophoben Solen und bei Bakterien, bei denen es nach den Untersuchungen von LOEB[4] und NORTHROP und DE KRUIF[5] u. a. bei etwa 15 Millivolt liegt. Entlädt man die Blutkörperchen mit Erdalkalisalz, so agglutinieren sie selbst beim Potential 0 noch nicht. Dies wird wohl mit Recht darauf zurückgeführt, daß es für die Suspensionsstabilität außer auf die Ladung auch auf die Kohäsion der Blutkörperchen untereinander bzw. — auf das Suspensionsmittel bezogen — auf die Affinität der Blutkörperchen zu diesem, also zum Wasser, also auf die Hydrophilie der Blutkörperchenoberfläche ankommt. NETTER verweist zum Vergleich auf die Feststellung von LOEB[6], daß Kollodiumpartikeln, die mit der

---

[1] HIRSCHFELD: Arch. f. Hyg. Bd. 63, S. 237. 1907.

[2] ARRHENIUS: Medd. k. vetensk. akad. Nobelinstitut Bd. 1, Nr. 13. 1909.

[3] NORTHROP u. FREUND: Journ. of gen. physiol. Bd. 6, S. 603. 1924. Siehe auch OLIVER u. BARNARD: Ebenda Bd. 7, S. 99. 1924.

[4] LOEB, J.: Journ. of gen. physiol. Bd. 6, S. 215. 1923.

[5] NORTHROP u. DE KRUIF: Journ. of gen. physiol. Bd. 4, S. 639. 1923.

[6] LOEB: Journ. of gen. Physiol. Bd. 5, S. 479. 1923.

stark hydrophilen Gelatine überzogen sind, ebenfalls beim Potential 0 nicht
ausflocken. Auch Versuche von Radsma sprechen für einen Einfluß verschieden-
gradiger Hydrophilie; wenn man Blutkörperchen in der isotonischen Lösung
eines indifferenten Nichtleiters, wie Rohrzucker, Traubenzucker, Mannit, mehrmals wäscht, so agglutinieren sie schließlich. Nach Rohony[1] und Radsma[2] ist
Mitbedingung das gleichzeitige Vorhandensein einer schwach sauren Reaktion,
wie sie etwa bei einer leichten Zersetzung des Zuckers oder von CO_2 herrühren
kann; nach Coulter[3] wird in Rohrzuckerlösung schon durch Absorption der
Luft-CO_2 eine Reaktion von pH 4,75 hergestellt, bei der die Blutkörperchen
isoelektrisch werden. Radsma[4] hat nun gefunden, daß schon ein sehr geringfügiger Zusatz von Salz (von NaCl etwa 0,0007%) genügt, um die Agglutination
merklich zu vermindern, und daß dabei die verschiedenen Anionen verschieden
desagglutinierend wirken; der Einfluß wächst entsprechend der für die Löslichkeit der hydrophilen Kolloide maßgebenden Reihenfolge: $Cl < Br$, $NO_3 < J$
$< SCN$. Wahrscheinlich handelt es sich dabei um eine Beeinflussung des Lösungszustandes der Globuline. Von diesen ist bekannt, daß ihre Lösungen um so mehr
den Charakter von Suspensionskolloidsolen annehmen, je ärmer an Salz sie sind;
je suspensionskolloider sie aber sind, um so empfindlicher werden sie gegen
so aktive Ionen wie H˙. In Gegenwart von reichlicher Neutralsalz wird demgegenüber der hydrophile Charakter vorherrschend. Dies wechselnde Verhalten
äußert sich auch sehr deutlich an den Blutkörperchenstromata (Haffner[5]).
Diese fallen aus lysiertem Blut in ihrem isoelektrischen Punkt um so leichter
aus, je elektrolytärmer das Lysat ist; dabei erkennt man unter dem Mikroskop,
daß die Verarmung an Salz die Substanz der Stromata verdichtet, so daß sie gut
sichtbar werden, während sie durch NaCl-Zusatz infolge von Auflockerung zum
Verschwinden gebracht werden können.

   3. Der Einfluß der Eiweißkörper und die Senkungsreaktion. Der Einfluß
der Eiweißkörper auf die Agglutination ist in den Vordergrund des Interesses
gerückt, seit Fåhraeus[6] seine bekannte Beobachtung machte, daß beim Menschen
die Erythrocyten infolge von Agglutination beschleunigt zu Boden sinken,
wenn es sich um das Blut einer Graviden handelt oder um das Blut von Personen, die akut und infektiös erkrankt sind, und daß diese Zustände mit einer
Vermehrung der Gesamtglobuline im Plasma einhergehen. Suspendiert man
die Blutkörperchen statt in Plasma oder Serum in Fibrinogen-, Globulin- und
Albuminlösungen, so zeigt sich, daß Agglutination und Sedimentierung im
Fibrinogen am raschesten, im Albumin am langsamsten zustande kommen.
Dies ist um so auffallender, als die Viscosität in der Fibrinogenlösung am größten,
in der Albuminlösung am geringsten ist und nach der bekannten Stokesschen
Formel für das Fallen schwebender Teilchen die Geschwindigkeit der Sedimen-
tierung umgekehrt proportional dem Reibungsfaktor ist.

   Es lag nahe zu prüfen, ob die Steigerung der Agglutination und Sedimentierung mit einer Erniedrigung des elektrokinetischen Potentials der Zellen
zusammenhänge, die irgendwie dadurch zustande kommen könnte, daß die
Eiweißkörper des Plasmas oder Serums sich in anderen Mengenverhältnissen
an der Bildung einer Adsorptionshülle um die Zellen beteiligen als sonst, so daß
die Kohäsionskräfte mehr das Übergewicht bekommen.

---

[1] Rohony: Kolloidchem. Beihefte Bd. 8, S. 337. 1916.
[2] Radsma: Arch. néerland. de physiol. de l'homme et des anim. Bd. 3, S. 365. 1919.
[3] Coulter: Journ. of gen. physiol. Bd. 3, S. 309. 1921.
[4] Radsma: Biochem. Zeitschr. Bd. 89, S. 211. 1918. Ferner Raue: Arch. f. exp. Pathol.
u. Pharmakol. Bd. 93, S. 150. 1922. — Ehrismann: Biochem. Zeitschr. Bd. 141, S. 531. 1923.
[5] Haffner: Pflügers Arch. f. d. ges. Physiol. Bd. 196, S. 15. 1922.
[6] Fåhraeus: Zitiert auf S. 658.

Diese Aufgabe ist erst neuerdings für den besonderen Fall der *Isohämagglutination*, also der Agglutination von Blutkörperchen durch ein geeignetes Serum einer anderen Blutgruppe gelöst worden. Schütz und Wöhlisch[1] fanden, daß die Kataphoresegeschwindigkeit der Blutkörperchen in einem entsprechenden heterologen Serum stark herabgesetzt ist; V. Schröder[2] zeigte direkt die (partielle) Entladung durch Bestimmung des ζ-Potentials.

Fåhraeus[3] schlug einen anderen Weg ein; er stellte diejenige Konzentration an aktiven Kationen (La···) fest, in deren Gegenwart die Blutkörperchen gerade die Kataphoresegeschwindigkeit 0 annehmen. Es ergab sich auf diese Weise in der Tat ein Zusammenhang zwischen Stärke der Senkungsreaktion und Entladbarkeit, wie sie folgende Tabelle für menschliches Citratblut zeigt:

Senkungsreaktion bei verschiedenen Bluten in mm/St.	Entladende La-Konzentration				
	$m/_{1500}$	$m/_{1200}$	$m/_{750}$	$m/_{500}$	$m/_{200}$
Mann 2	—	—	—	+	+
Gravida 26	—	—	+	+	+
Gravida 45	—	+	+	+	+

Die Blutkörperchen des zweiten Gravidblutes werden also schon durch $^m/_{1000}$ La umgeladen, die des männlichen Blutes durch $^m/_{500}$.

Den sehr verschiedenen Einfluß von Globulin und Albumin auf die Entladbarkeit gibt folgender Versuch von Kanai[4] wieder:

Suspendierende Lösung	Senkungsreaktion in mm/St.	La-Konzentration				
		$m/_{1250}$	$m/_{1000}$	$m/_{750}$	$m/_{500}$	$m/_{400}$
Pseudoglobulin	51	±	+	++	++	++
gl. Tl. Pseudoglobulin und Albumin .	4	—	±	+	+	++
Albumin	1	—	—	±	+	+

Es gibt weiter verschiedene Einflüsse auf die Eiweißlösungen, durch die man die Stabilität der in ihnen hergestellten Blutkörperchensuspension stören kann. So hat Fåhraeus bemerkt, daß, wenn man Blutserum einige Stunden auf eine Temperatur zwischen 26° und 42° erwärmt und dann bei Zimmertemperatur Blutkörperchen einträgt, die Senkungsreaktion abgeschwächt ist, und zwar um so mehr, je näher die Temperatur an 42° lag, daß diese Verzögerung aber nicht zustande kommt, wenn man das Serum während des Erwärmens schüttelt. Das gleiche gilt nach Kanai für die Lösungen der verschiedenen Eiweißfraktionen des Blutplasmas. Ferner hat R. Mond[5] festgestellt, daß man auch durch Bestrahlen mit ultraviolettem Licht die agglutinierende und sedimentierende Kraft der verschiedenen Eiweißlösungen verändern kann. In allen diesen Fällen wird die Entladbarkeit der in die Lösungen eingetragenen Blutkörperchen parallel geändert. Die folgende Tabelle gibt ein Beispiel:

Vorwärmung von 5,4% Pseudoglobulin bei	Senkungsreaktion	Umladepunkt für La
22°	35	$^m/_{1000}$
42° ohne Schütteln	18	$^m/_{500}$
42° mit ,,	36	$^m/_{1000}$

[1] Schütz u. Wöhlisch: Zeitschr. f. Biol. Bd. 82, S. 265. 1925.

[2] Schröder, V.: Pflügers Arch. f. d. ges. Physiol. Bd. 215, S. 32. 1926.

[3] Fåhraeus (unter Höber): Biochem. Zeitschr. Bd. 89, S. 355. 1918.

[4] Kanai (unter Höber): Pflügers Arch. f. d. ges. Physiol. Bd. 197, S. 583. 1922. — Ferner Linzenmeier (unter Höber): Ebenda Bd. 186, S. 282. 1921; Bd. 181, S. 169. 1920. — Starlinger: Biochem. Zeitschr. Bd. 114, S. 122. 1921; Bd. 122, S. 105. 1921.

[5] Mond: Pflügers Arch. f. d. ges. Physiol. Bd. 197, S. 574. 1922; auch Bd. 196, S. 540. 1922.

Für den verschiedenen Einfluß der Eiweißkörper haben Höber und Mond[1] zunächst folgende Vorstellung entwickelt: Die durch Adsorption entstandenen Blutkörperchen-Eiweißkomplexe sind Träger einer elektrischen Ladung, deren Größe von dem Anionenbildungsvermögen der jeweils anhaftenden Eiweißkörper abhängt; dies Vermögen ist aber eine Funktion der Lage des isoelektrischen Punktes der Eiweißkörper im Verhältnis zur Reaktion des Blutes. Die Albumine haben eine stärkere Tendenz zur Anionenbildung als die Globuline, weil der isoelektrische Punkt von Albumin bei pH 4,7, der der Globuline bei pH 5,4 gelegen ist.

Zugunsten dieser Vorstellung kann man anführen, daß die Entladbarkeit von Zellen willkürlich variiert werden kann, wenn man sie nach sorgfältiger Waschung in die verschiedenen Eiweißlösungen einträgt, so daß sie verschiedene Adsorptionshüllen erhalten. In dieser Weise bewirkte Ley[2], daß Pferdeblutkörperchen, in Phosphatpuffer von verschiedenem pH eingetragen, nach Beladung mit Fibrinogen bei dem größten, nach Beladung mit Albumin bei dem kleinsten pH agglutinierten. Ähnliche Beobachtungen machten Northrop und de Kruif[3] sowie Eggerth und Bellows[4] bei Bakterien. Ein Versuch von Northrop und de Kruif ist in Abb. 74 wiedergegeben. Es handelt sich um

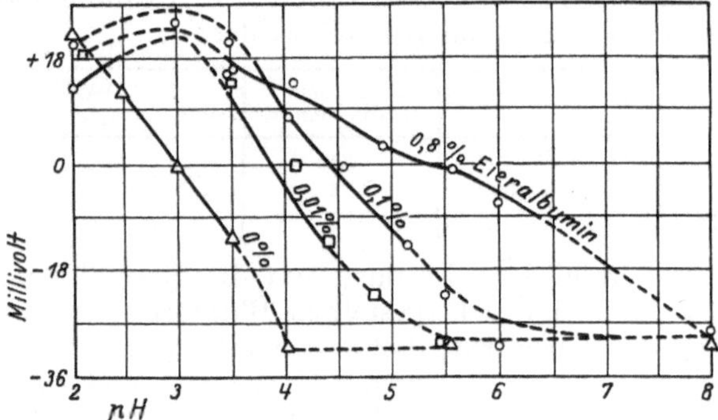

Abb. 74. Verschiebung des isoelektrischen Punktes von Bact. lepisepticum durch Eieralbumin.

eine Verschiebung des isoelektrischen Punktes des Bact. lepisepticum durch Beladung mit Eieralbumin. Die Kurven geben den Verlauf des ζ-Potentials in Abhängigkeit von der H·-Konzentration wieder; die ausgezogenen Kurvenstücke entsprechen den Gebieten kräftiger Agglutination. Man sieht, daß das kritische Potential sowohl oberhalb wie unterhalb des isoelektrischen Punktes stets bei etwa 12 Millivolt erreicht ist. Der isoelektrische Punkt liegt in Abwesenheit von Albumin bei etwa pH 3 und ist durch die Gegenwart von 0,8% Albumin bis etwa pH 5,2 verschoben. Ganz ähnlich wie die Zellen verhält sich nach Mond[5] eine Lecithinsuspension, der Albumin oder Globulin zugesetzt wird. Während das Flockungsoptimum der ursprünglichen Suspension bei pH 2,3 gelegen ist, genügen schon relativ kleine Zusätze von Albumin oder Globulin, um das Optimum in deren isoelektrischen Punkt, pH 4,7 und pH 5,4, zu

[1] Höber u. Mond: Klin. Wochenschr. Jg. 1, S. 2412. 1922.
[2] Ley (unter Höber): Pflügers Arch. f. d. ges. Physiol. Bd. 197, S. 599. 1922. — Ferner Coulter: Journ. of gen. physiol. Bd. 4, S. 403. 1922.
[3] Northrop u. de Kruif: Journ. of gen. physiol. Bd. 4, S. 655. 1922.
[4] Eggerth u. Bellows: Journ. of gen. physiol. Bd. 4, S. 669. 1922.
[5] Mond: Pflügers Arch. f. d. ges. Physiol. Bd. 197, S. 574. 1923. — Ferner Feinschmidt: Biochem. Zeitschr. Bd. 38, S. 244. 1912.

verlagern. Das Eiweiß kann also die Lecithinteilchen so vollkommen umhüllen, daß seine eigenen elektrischen Eigenschaften maskiert werden. Dies lehrt die folgende Tabelle:

	Veränderung der Lecithinflockung durch Albumin und Globulin bei pH =							
	5,9	5,3	4,7	4,1	3,5	2,9	2,3	1,7
ohne Eiweißzusatz	+	+	+	+	+	++	+++ ++	+++ +
mit etwas Albumin	+	+	+++ +	+	+	+	−	−
„ „ Globulin	+++	+++ ++	+++ +	++	++	++	+	+

Nun ist aber die Dissoziation der umhüllenden Eiweißkörper sicher nicht allein entscheidend für die Stabilität der Zellsuspension in den Sera. Dagegen spricht die vorher (S. 656) angeführte Feststellung von NETTER, daß die so leicht agglutinierenden Pferdeblutkörperchen in ihrem Serum nicht nur kein niedrigeres ζ-Potential führen als die Rinderblutkörperchen, sondern sogar ein etwas höheres. WÖHLISCH[1] hat auch dagegen geltend gemacht, daß nach seinen Untersuchungen der isoelektrische Punkt des Fibrinogens keineswegs noch näher gegen den Neutralpunkt hin gelegen sei als der des Serumglobulins, nämlich bei pH 4,9.

HÖBER und MOND[2] haben aber schon darauf hingewiesen, daß die Globuline, abgesehen von ihrer relativ geringen Tendenz zur Anionenbildung, auch deshalb die Agglutination und Sedimentierung im Verhältnis zum Albumin begünstigen können, weil ihre Lösungen instabiler sind, weil sich mit der Zeit in ihnen spontan sichtbare Flocken oder schon vorher unsichtbare Aggregate bilden, deren Anwesenheit ihren Lösungen die hohe Viscosität erteilt, die mit der Zunahme der Aggregatbildung dann fort und fort wächst. In noch vermehrtem Maß besitzen diese Labilität die Fibrinogenlösungen, deren Viscosität sich auch in ihrer großen Klebrigkeit äußert. So können die Eiweißkörper, wenn sie sich durch Adsorption an die Blutkörperchen anheften, auf diese ihre Labilität übertragen[3]. Auf die Klebrigkeit haben WÖHLISCH und BOHNEN[1] besonderen Nachdruck gelegt; sie machten die interessante Beobachtung, daß, wenn man die Ketten von Blutkörperchen, die sich im Gravidcitratblut bilden, unter dem Mikroskop zerquetscht, sich zwischen den einzelnen Blutkörperchen zuerst feine Fäden spannen, die dann abreißen. Nach WÖHLISCH handelt es sich dabei um ein Gel des Fibrins, das an der Blutkörperchenoberfläche aus dem Fibrinogen entsteht, und das außer durch die Verklebung auch dadurch die Agglutination begünstige, daß sein isoelektrischer Punkt der Blutreaktion näher liegt als der des Fibrinogens, nämlich bei pH 6,0 statt pH 4,9[4].

Ein weiteres Moment, das beim Zustandekommen der größeren Instabilität in Rechnung gezogen werden muß, ist das, daß die verschiedenen Eiweißkörper

---

[1] WÖHLISCH: Zeitschr. f. exp. Med. Bd. 40, S. 137. 1924. — WÖHLISCH u. BOHNEN: Klin. Wochenschr. Jg. 3, S. 472. 1924. — Ferner: QUAGLIARIELLO: Arch. di scienze biol. Bd. 8, S. 35. 1925. — NORDBÖ, Biochem. Zeitschr. Bd. 190, 150. 1927. — Siehe demgegenüber KUGELMASS: Arch. internat. de physiol. Bd. 2, S. 139. 1923.

[2] HÖBER u. MOND: Zitiert auf S. 662.

[3] Siehe auch H. SACHS u. v. OETTINGEN: Münch. med. Wochenschr. 1921, S. 12. — v. OETTINGEN: Biochem. Zeitschr. Bd. 118, S. 67. 1921. — STARLINGER: Ebenda Bd. 122, S. 105. 1921.

[4] Über den agglutinierenden Einfluß anderer klebriger Stoffe (Gelatine, Gummi, Agar, Speichel) siehe LINZENMEIER (unter HÖBER): Pflügers Arch. f. d. ges. Physiol. Bd. 181, S. 169. 1920; Bd. 186, S. 272. 1921. — STARLINGER: Biochem. Zeitschr. Bd. 122, S. 105. 1921. — v. KRÜGER: Zeitschr. f. Biol. Bd. 79, S. 145. 1923. — BRINKMAN u. WASTL: Biochem. Zeitschr. Bd. 124, S. 25. 1921. — BERCZELLER u. WASTL: Ebenda Bd. 140, S. 368. 1923.

auch bei gleichem Anfangspotential wohl verschieden leicht zu entladen sind, was übrigens mit der eben genannten verschiedenen Labilität in Zusammenhang stehen dürfte. Wir sahen vorher, daß, je instabiler eine Blutkörperchensuspension ist, um so kleinere $La^{...}$-Konzentrationen zureichen, um den isoelektrischen Zustand herzustellen. In vergleichbarer Weise wird z. B. nach Oliver und Barnard[1] bei gleichem Anfangspotential das kritische Potential von suspendiertem denaturiertem Eieralbumin bei $^m/_{4096}$ $CuCl_2$ erreicht, von Cholesterin bei $^m/_{2048}$ und von Lecithin bei $^m/_{512}$[2].

Betrachten wir zum Schluß noch einmal *die Natur der kataphoretisch gemessenen Zellpotentiale!* Nach der gegebenen Darstellung rühren sie erstens von der Adsorption von Ionen her und zweitens von der Dissoziation der Eiweißkörper, die die Zelloberfläche bilden helfen. Man könnte die Anführung eines dritten Moments vermissen, nämlich die der selektiven Ionenpermeabilität, wie wir sie bei den roten Blutkörperchen als Anionenpermeabilität kennen; denn sie gibt ja Anlaß zum Auftreten eines Donnanpotentials, das einem thermodynamischen Elektrodenpotential gleichzusetzen ist. Nun machen es aber schon die Versuche, die hier angeführt wurden, d. h. der Nachweis der Bedeutung von Ionenadsorption und Eiweißdissoziation unwahrscheinlich, daß das Donnanpotential eine namhafte Rolle bei der Zelladung spielt. Aber auch die Natur der thermodynamischen Potentiale, so wie man sie gegenwärtig auffaßt, spricht dagegen. Denn für die ζ-Potentiale wird angenommen, daß die elektrische Doppelschicht, deren eine Seite in der durch Adsorption an der Oberfläche der suspensen Phase festgelegten Flüssigkeitshaut gelegen ist, während die andere in der frei beweglichen Flüssigkeit liegt, eine merkliche räumliche Ausdehnung hat, während beim thermodynamischen Potential die beiden Lagen der Doppelschicht wahrscheinlich in molekularem Abstand einander dicht gegenüberliegen, die eine in der einen, die andere in der anderen Phase[3].

Die Senkungsreaktion hat bekanntlich von seiten der Klinik sehr große Beachtung gefunden, da sie in pathologischen Fällen stark von der Norm abweichen kann. Aus diesem Grunde seien noch kurz *die Technik sowie die normalen Maße der Reaktion* angeführt[4]. Auf Grund einer großen Erfahrung und des Vergleichs verschiedener Verfahren empfiehlt Westergren folgende Technik: Etwa 1 ccm Blut wird in einer Punktionsspritze mit $^1/_4$ seines Volumens einer 3,8proz. (isotonischen) Lösung von krystallisiertem dreibasischem Natriumcitrat gemischt; mit der Mischung wird ein Röhrchen von etwa 2,5 mm Durchmesser bis zur Höhe von 200 mm gefüllt und die in der Säule durch die Blutkörperchensenkung oben freiwerdende Plasmaschicht nach 1, 2 und 24 Stunden gemessen. Normalerweise senken sich dann die Blutkörperchen pro Stunde beim Mann um 3 bis 7 mm, bei der Frau um 7 bis 11 mm, beim Neugeborenen um 1 bis 2 mm. Die Senkung ist in der Gravidität fast regelmäßig vom vierten Monat ab verstärkt, ferner in Krankheitsfällen bei allen akut entzündlichen Affektionen, bei der Bildung maligner Tumoren, bei Frakturen u. a.

3. Kataphorese und Agglutination der Blutkörperchen verschiedener Tiere. Auf Seite 658 wurden Beobachtungen erwähnt, nach denen die Erythrocyten vom Pferd leichter durch aktive Ionen ($H^{.}$, $La^{...}$) isoelektrisch gemacht werden können als die vom Rind. Kozawa[5] hat in dieser Hinsicht eine ganze Anzahl von Tierarten miteinander verglichen. Er fand bei Untersuchung in isotonischen Phosphatpuffergemischen, daß die Blutkörperchen vom Kaninchen am leichtesten, d. h. durch die kleinste $H^{.}$-Konzentration entladen werden, die Blut-

<hr>

[1] Oliver u. Barnard: Americ. journ. of physiol. Bd. 73, S. 401. 1925.

[2] Siehe hierzu auch Netter: Zitiert auf S. 656.

[3] Siehe Freundlich: Kapillarchemie, 2. Aufl., S. 339ff. 1922. — Auch Netter: Pflügers Arch. f. d. ges. Physiol. Bd. 208, S. 16. 1925.

[4] Siehe hierzu Fåhraeus: Acta med. scandinav. Bd. 55, S. 1. 1921. — Westergren: Ergebn. d. inn. Med. u. Kinderheilk. Bd. 26, S. 1. 1924. — Wiechmann: Klin. Wochenschr. Jg. 2, S. 601. 1924.

[5] Kozawa (unter Höber): Biochem. Zeitschr. Bd. 60, S. 146. 1914. — Siehe ferner Bernardi, Arch. di scienze biol. 8, 1. 1926.

körperchen von Rind und Schwein am schwersten. Es ergab sich die Reihenfolge: Kaninchen > Meerschweinchen > Pferd, Katze, Mensch > Hund > Ziege > Hammel > Rind, Schwein. Fast die gleiche Reihenfolge fand er bei Suspension der Blutkörperchen in 0,95% NaCl mit verschieden großen Zusätzen von Lanthannitrat. Man kann aber auch noch auf einem ganz anderen Weg zu ungefähr der gleichen Anordnung der Tierarten nach der Entladbarkeit ihrer Blutkörperchen gelangen. LANDSTEINER[1] maß den isoelektrischen Punkt der verschiedenen durch Wärmehämolyse gewonnenen Blutkörperchenstromata dadurch, daß er sie in Essigsäure-Acetatpuffer eintrug und ihre Flockbarkeit feststellte. So fand er, mit den am leichtesten flockbaren angefangen, die Reihenfolge: Kaninchen > Meerschweinchen > Katze > Pferd > Mensch > Hammel, Ziege > Rind. Flockung der Zellkolloide hat nun aber durch Zerstörung der Zellstruktur Lyse zur Folge[2]. Deshalb ist es erklärlich, daß nach KOZAWA weiter auch die Säurehämolyse der verschiedenen Blutkörperchen in einer ungefähr ihrer Umladbarkeit entsprechenden Abstufung eintritt, nämlich in der Reihenfolge: Meerschweinchen > Kaninchen, Katze > Hund, Ziege > Mensch, Rind, Pferd, Hammel > Schwein. Auf abermals anderem Wege maßen H. STRAUB und KL. MEIER[3] die Blutkörperchenentladung, nämlich durch Feststellung der H·-Konzentration, bei welcher in der Suspension der verschiedenen Blutkörperchen in NaCl-Lösung ein plötzlicher Anstieg des Kohlensäurebindungsvermögens zustande kommt, der aus hier nicht näher zu erörternden Gründen von STRAUB und KL. MEIER als Ausdruck der Entladung der Plasmahautkolloide gedeutet wurde. Auch sie fanden ungefähr die gleiche Reihenfolge der Tierarten, nämlich: Meerschweinchen > Pferd, Mensch > Hund, Ziege, Hammel > Schwein > Kaninchen > Rind; nur die Stellung des Kaninchens ist dabei von der in den anderen angeführten Reihen stark abweichend. Außerdem verläuft merkwürdigerweise die Reihe von STRAUB und MEIER zu den übrigen invers; denn der Knick in der Kurve des Kohlensäurebindungsvermögens für die Blutkörperchen vom Meerschweinchen ist bei der höchsten, für die Blutkörperchen vom Rind bei der niedrigsten H·-Konzentration gelegen.

Unter noch anderen Bedingungen sind aber auch völlig abweichende Abstufungen gefunden, so von HIRSCHFELD[4] auf Grund von Versuchen über Agglutination und Sedimentierung der verschiedenen Tierblutkörperchen in den verschiedenen Sera, und von KOSAKA und SEKI[5] bei Beobachtungen über die Geschwindigkeit des kataphoretischen Transports der in NaCl-Lösung suspendierten Blutkörperchen. Die Erscheinungen bedürfen noch genauerer Analyse.

[1] LANDSTEINER: Biochem. Zeitschr. Bd. 50, S. 176. 1913.
[2] MICHAELIS u. TAKAHASHI: Biochem. Zeitschr. Bd. 29, S. 439. 1910. — Ferner KOZAWA: Zitiert auf S. 664. — HÖBER u. SPAETH: Pflügers Arch. f. d. ges. Physiol. Bd. 159, S. 433. 1914.
[3] STRAUB, H. u. KL. MEIER: Biochem. Zeitschr. Bd. 134, S. 606. 1923.
[4] HIRSCHFELD: Arch. f. Hyg. Bd. 63, S. 237. 1907.
[5] KOSAKA u. SEKI: Comm. Okayama Med. Soc. 1921.